# Handbuch für Technisches Produktdesign

Andreas Kalweit, Christof Paul, Dr. Sascha Peters, Reiner Wallbaum
*Herausgeber*

# Handbuch für Technisches Produktdesign

Material und Fertigung
Entscheidungsgrundlagen für Designer und Ingenieure

Springer    VDI

## IMPRESSUM

*Herausgeber:*
Dipl.-Ing. (FH), Dipl.-Des. Andreas Kalweit,
Dipl.-Des. Christof Paul,
Dr. phil. Dipl.-Ing. Dipl.-Des. (BA) Sascha Peters,
Reiner Wallbaum

*Autor/ Text:*
Dr. Sascha Peters

*Autoren/ Bildhafte Darstellung:*
Andreas Kalweit, Christof Paul, Reiner Wallbaum

*Recherche, Didaktik und Redaktion:*
Andreas Kalweit, Christof Paul, Dr. Sascha Peters,
Reiner Wallbaum

*Buchidee:*
Reiner Wallbaum

*Lektorat:*
Heinrich Wiede

*Titelfoto:*
Glasobjekt »waterbubble«
Dr. Sascha Peters

*Layout und Grafik:*
www.uniteddesignworkers.com


**Dr. Sascha Peters**
St. Pauli Straße 65
28203 Bremen
Germany
dr.peters@saschapeters.com

**Andreas Kalweit,**
**Christof Paul,**
**Reiner Wallbaum**
Schlossstraße 1a
44795 Bochum
Germany
andreas@uniteddesignworkers.com
paul@uniteddesignworkers.com
reiner@uniteddesignworkers.com


*Bibliografische Information der Deutschen Bibliothek*
*Die Deutsche Bibliothek verzeichnet diese Publikation in*
*der Deutschen Nationalbibliografie;*
*detaillierte bibliografische Daten sind im Internet über*
*http://dnb.ddb.de abrufbar.*

ISBN 10    3-540-21416-X Berlin Heidelberg New York
ISBN 13    978-3-540-21416-8 Berlin Heidelberg New York

*Dieses Werk ist urheberrechtlich geschützt. Die dadurch*
*begründeten Rechte, insbesondere die der Übersetzung, des*
*Nachdrucks, des Vortrags, der Entnahme von Abbildungen und*
*Tabellen, der Funksendung, der Mikroverfilmung oder Verviel-*
*fältigung auf anderen Wegen und der Speicherung in Daten-*
*verarbeitungsanlagen, bleiben, auch bei nur auszugsweiser*
*Verwertung, vorbehalten. Eine Vervielfältigung dieses Werkes*
*oder von Teilen dieses Werkes ist auch im Einzelfall nur in den*
*Grenzen der gesetzlichen Bestimmungen des Urheberrechts-*
*gesetzes der Bundesrepublik Deutschland vom 9. September*
*1965 in der jeweils geltenden Fassung zulässig. Sie ist grund-*
*sätzlich vergütungspflichtig. Zuwiderhandlungen unterliegen*
*den Strafbestimmungen des Urheberrechtsgesetzes.*

*Springer ist ein Unternehmen von Springer Science+Business*
*Media*
*springer.de*
*© Springer-Verlag Berlin Heidelberg 2006*
*Printed in Germany*

*Die Wiedergabe von Gebrauchsnamen, Handelsnamen, Wa-*
*renbezeichnungen usw. in diesem Buch berechtigt auch ohne*
*besondere Kennzeichnung nicht zu der Annahme, dass solche*
*Namen im Sinne der Warenzeichen- und Markenschutz-Gesetz-*
*gebung als frei zu betrachten wären und daher von jedermann*
*benutzt werden dürften. Sollte in diesem Werk direkt oder*
*indirekt auf Gesetze, Vorschriften oder Richtlinien (z. B. DIN,*
*VDI, VDE) Bezug genommen oder aus ihnen zitiert worden*
*sein, so kann der Verlag keine Gewähr für die Richtigkeit,*
*Vollständigkeit oder Aktualität übernehmen. Es empfiehlt sich,*
*gegebenenfalls für die eigenen Arbeiten die vollständigen*
*Vorschriften oder Richtlinien in der jeweils gültigen Fassung*
*hinzuzuziehen.*

*Einbandgestaltung: Frido Steinen-Broo, Girona*
*nach Vorschlägen von www.uniteddesignworkers.com*
*Satz: Digitale Druckvorlage der Herausgeber*

*Gedruckt auf säurefreiem Papier        68/3020/m - 5 4 3 2 1 0*

## VORWORTE

### Innovationskultur

Unternehmen gelten in der Regel dann als erfolgreich, wenn sie mit ihren Produkten und Dienstleistungen in hart umkämpften Märkten bestehen oder gar neue Märkte generieren können. Als besonders erfolgreiche Beispiele seien hier Porsche mit dem 911er, Beck´s Gold, der Mini von BMW sowie der iPod von Apple erwähnt.
Diese Erfolge sind Zeugnis einer Innovationskultur, die das besonders in Deutschland vorherrschende technologiegeprägte und auf eindimensionale Prozessketten zwischen Wissenschaft und Wirtschaft beschränkte Innovationsverständnis überwunden hat.

So belegen die oben genannten Beispiele einerseits den technologisch hohen Stand der jeweiligen Produktentwicklung. Die Innovationskraft liegt aber offensichtlich nicht allein in der Technologie, die »gefühlte Qualität« gewinnt zunehmend an Bedeutung. Ein folgerichtiger Vorgang jenseits der »Bedürfnisbefriedigung« vergangener Dekaden. Heute entscheiden die emotionale Aufladung und Bedeutung von Marken bis hin zur Mythenbildung stärker denn je über die Kaufentscheidungen von Menschen.

Der globale Wettbewerb wird zukünftig eine interdisziplinäre, rekursive Innovationskultur fordern, die nicht allein Technologien und Produkte entwickelt. Es sind die Lebensentwürfe, die Wünsche und Vorstellungen der Menschen sowie die Akzeptanz gegenüber neuen Technologien und Anwendungen gleichsam mit zu entwickeln. Bemerkenswert, dass in diesem Zusammenhang das Wirtschaftspotenzial der kreativen Dienstleister in Deutschland entweder gar nicht oder nur in geringem Umfang erkannt und entsprechend gefördert wird. Denn Disziplinen wie Design, Marketing, Werbung, PR, Medienwirtschaft, Fotografie, aber auch Architektur sind aufgrund ihrer Ausrichtung auf Nutzer und Märkte sowie durch die Entwicklung kreativer Methoden prädestiniert, entscheidende Impulsgeber für Innovationen zu sein.

Die Bremer Design GmbH fördert deshalb gezielt die Kreativen Industrien. Durch deren frühzeitige Einbindung und die strukturelle Verknüpfung der Bereiche Wissenschaft und Wirtschaft mit den Kreativen Industrien wird Bremen zum Modellstandort für eine neue Innovationskultur. Vor diesem Hintergrund stellt das vorliegende Handbuch für Ingenieure wie Designer mit seinem ebenso detaillierten wie fundierten Wissensfundus in einzigartiger Weise einen unverzichtbaren und längst fälligen Brückenschlag zwischen den Innovationsakteuren her.

*Heinz-Jürgen Gerdes*

*Geschäftsführer der Bremer Design GmbH*
*Leiter des Design Zentrum Bremen*

## Interdisziplinarität schafft Innovationen

Die deutsche und europäische Hochleistungsmedizin genießt weltweit einen hervorragenden Ruf. Grundlage hierfür ist ihre Innovationsfähigkeit. Wichtige Entwicklungen der letzten Jahrzehnte stammen aus Deutschland, wie beispielsweise die Endoskopie, der Ballonkatheter und nicht zuletzt die Mikrotherapie. Auf dem Weltmarkt Gesundheit haben unsere Produkte gute Chancen, denn unsere Medizin hat hochwertige Ware zu bieten und der Bedarf danach wächst rasant. Wir sollten gerade diese Innovationsstärke erhalten und fördern, damit nicht auch künftig medizinische Neuerungen, wie die oben genannten, hier entwickelt werden, aber anderswo vermarktet. Jeder profitiert von Investitionen in die medizinische Forschung, denn letztlich sind wir alle irgendwann Patienten. Aber finanzieller Aufwand allein reicht nicht aus. Notwendig ist auch eine Vernetzung der verschiedenen Fachdisziplinen. Die Interdisziplinarität ist das Modell der Zukunft.

Viele Ideen und Innovationen verdanken ihre Entstehung dem Austausch von Wissen. Der neue Blick auf das eigene Fachgebiet und die Verbindung mit fachfremden Methoden führen oft fast automatisch zu innovativen Techniken. Auch die Verbindung von Medizin und Design bietet diese Chance. Wurden in der Vergangenheit medizinische Geräte meist nach funktionalen Gesichtspunkten entworfen, hat man heute die positive Wirkung des Designs entdeckt.

Design als strategisches Instrument und Wirtschaftsfaktor in einem Unternehmen kann einen Stellenwert einnehmen, der neue Entwicklungspotenziale aus den verschiedenen Disziplinen zusammenführend erschließen kann. Patienten können durch freundliche Form und Farbgebung beruhigt werden. Monströse Apparaturen sind oft schlecht handhabbar, können Angstgefühle hervorrufen und werden zunehmend aus modernen Praxen verschwinden, da sich mittlerweile hierfür eine Wahrnehmung entwickelt hat. So ergibt sich, bei gleicher Technik, aber anderem Erscheinungsbild, ein nicht zu unterschätzender Wettbewerbsvorteil. Es geht also nicht nur um Abbau von Ängsten. Qualitativ hochwertiges und ergonomisches Design ist zusätzlich im Hinblick auf die Benutzerfreundlichkeit und einfache Handhabbarkeit sehr wichtig, da die Behandlungsqualität erhöht werden kann. Auch die Wahl des Materials kann den positiven Einfluss des Design steigern. Zum Einsatz sollten vor allem Stoffe kommen, die den Körper des Patienten nicht zusätzlich belasten. Außerdem kann die verstärkte Verarbeitung von wiederverwertbaren Materialien in der Medizin, aber nicht nur dort, sondern auch in allen anderen Lebensbereichen, wesentlich zur Entlastung der Umwelt beitragen.

*Prof. Dr. Dietrich Grönemeyer*

*Vorsitzender des Fachgebiets Medizintechnik im VDI*

## DIE IDEE ZU DIESEM BUCH...

Kreative sind Seismographen für Themen und Bedürfnisse die nach Umsetzung verlangen. Meistens arbeiten sie an mehreren Projekten gleichzeitig und immer sind sie mit verschiedenen Ideen beschäftigt. Einige dieser Ideen verflüchtigen sich; andere hingegen bleiben beharrlich in den Köpfen, nehmen Gestalt an und warten auf die richtigen Bedingungen, umgesetzt zu werden.

Das hier vorliegende »Handbuch für Technisches Produktdesign« ist die Realisierung einer Idee, die aus den gewonnenen Erfahrungen in der Berufstätigkeit als Designer und Ingenieure in Produktentwicklung und Forschung entstanden ist. Als Weggefährtin der vier Herausgeber verfolgte ich die Umsetzung des Buches, welches ermöglicht, die Bereiche »Werkstoffe« und »Fertigungstechniken«, die oftmals getrennt thematisiert werden, vernetzt zu erfahren.

Ziel des Buches ist es, durch eine übersichtliche und verlinkte Darstellung der Inhalte einen effizienten Wissenserwerb zu unterstützen, der für die Entwicklung innovativer, technischer Produkte unabdingbar ist.

Hilfreich für den Leser ist, dass alle in dem Kompendium aufgeführten Themen mit einem Detaillierungsgrad aufbereitet werden: Neben einem fundierten theoretischen Basiswissen, wird der Praxisbezug durch Anwendungsbeispiele hergestellt und es wird ein Vergleich über die Wirtschaftlichkeit von Materialien und Fertigungstechniken gegeben. Die prägnante und ästhetische Darstellung ermöglicht eine gute Nachvollziehbarkeit komplexer Strukturen und Verfahren. Somit optimiert das »Handbuch für Technisches Produktdesign« den Rechercheaufwand und fungiert als Impulsgeber für alle an der Produktentwicklung beteiligten Professionen.

Dass es nicht nur bei dem Vorsatz geblieben ist, dieses Buchprojekt zu realisieren ist typisch für die Arbeitsweise der Herausgeber: Das Potenzial einer Idee zu erkennen und sich nicht von der Komplexität ihrer Umsetzung beeindrucken zu lassen; sondern vielmehr mit einer pragmatischen Professionalität an die Aufgabe zu gehen.

*Dipl.-Des. Petra Gersch*
*Institut für Ergonomie und Designforschung der*
*Universität Duisburg-Essen*

## EINLEITUNG

Innovationen sind zum entscheidenden Schlüssel für Unternehmen in einer post-industriellen Gesellschaft geworden. Marktfähige Produkte entstehen heute aus einer Synthese von technologischem Wissen einerseits und der Fähigkeit zur frühzeitigen Identifikation sozioökonomischer Trends andererseits. Die Schnittstelle zwischen Design und Technik hat sich zum Inkubator für Produktideen entwickelt, von dem bedeutende Innovationsimpulse ausgehen.

Jede Produktentwicklung verlangt von den beteiligten Disziplinen umfangreiches Fachwissen. Kenntnisse über Materialien und Fertigung sind zentrale Themen, die vom Designer bis zum Ingenieur vorausgesetzt werden. Das vorliegende »Handbuch für Technisches Produktdesign« befasst sich mit diesen zwei Themenfeldern. Vertreter kreativer Disziplinen werden umfassend über technologisches Wissen zu den bedeutendsten Werkstoffgruppen und Produktionsmöglichkeiten informiert. Wichtige Zusammenhänge werden anschaulich und wissenschaftlich fundiert in Form eines umfassenden Nachschlagewerks aufbereitet. Die Informationen sind zahlreichen Veröffentlichungen entnommen und wurden um die Erfahrungen der Herausgeber ergänzt. Das Wissen ist dabei in einer Art präsentiert, die die Denkweise von Designern und Ingenieuren anspricht und unterstützt. Eine schnelle und umfassende Informationsaufnahme der technologischen Rahmenbedingungen für einen Produktentwurf wird auf diese Weise in kürzester Zeit möglich.

Das Buch gibt Anstoß, um über den eigenen Horizont hinauszublicken, kreativ mit Materialien und Fertigungsmethoden umzugehen, Belange anderer Disziplinen besser zu verstehen und der Forderung nach Innovation gerecht zu werden. Die umfangreiche und übersichtliche Sammlung von Informationen erweitert den Möglichkeitsspielraum bei der Produktentwicklung. Weitreichende Innovationen und wirtschaftlich erfolgreiche Produkte werden ebenso gefördert wie eine effiziente Kooperation zwischen Designern und Technologen.

Wir wünschen allen Lesern viel Freude bei einer Entdeckungsreise durch die Welt der Werkstoffe und Produktionstechniken und viel Erfolg bei der Umsetzung der gewonnenen Erkenntnisse im interdisziplinären Innovationsprozess!!

*Die Herausgeber*
*Juni 2006*

*Inhaltsverzeichnis*

# INHALT

IMPRESSUM ............................................................................................................... 3

VORWORTE ............................................................................................................... 4

EINLEITUNG .............................................................................................................. 6

INHALTSVERZEICHNIS ............................................................................................. 8

| | | |
|---|---|---|
| MET | METALLE | 19 |
| MET 1 | Charakteristika und Materialeigenschaften | 21 |
| MET 1.1 | Zusammensetzung und Struktur | 21 |
| MET 1.2 | Physikalische Eigenschaften | 23 |
| MET 1.3 | Mechanische Eigenschaften | 23 |
| MET 1.4 | Chemische Eigenschaften | 23 |
| MET 2 | Prinzipien und Eigenheiten der Metallverarbeitung | 24 |
| MET 3 | Vorstellung einzelner Metallsorten | 25 |
| MET 3.1 | Eisenwerkstoffe | 26 |
| MET 3.1.1 | Eisenwerkstoffe – Gusseisen | 30 |
| MET 3.1.2 | Eisenwerkstoffe – Stahl | 31 |
| MET 3.1.3 | Eisenwerkstoffe – Edelstahl | 35 |
| MET 3.2 | Nichteisenleichtmetalle | 36 |
| MET 3.2.1 | Nichteisenleichtmetalle – Aluminiumlegierungen | 36 |
| MET 3.2.2 | Nichteisenleichtmetalle – Magnesiumlegierungen | 37 |
| MET 3.2.3 | Nichteisenleichtmetalle – Titanlegierungen | 38 |
| MET 3.3 | Nichteisenschwermetalle | 39 |
| MET 3.3.1 | Nichteisenschwermetalle – Kupferlegierungen | 39 |
| MET 3.3.2 | Nichteisenschwermetalle – Bronze | 41 |
| MET 3.3.3 | Nichteisenschwermetalle – Messing | 42 |
| MET 3.3.4 | Nichteisenschwermetalle – Zinklegierungen | 43 |
| MET 3.3.5 | Nichteisenschwermetalle – Zinnlegierungen | 44 |
| MET 3.3.6 | Nichteisenschwermetalle – Nickellegierungen | 45 |
| MET 3.3.7 | Nichteisenschwermetalle – Blei | 46 |
| MET 3.3.8 | Nichteisenschwermetalle – Chrom | 47 |
| MET 3.4 | Edelmetalle | 48 |
| MET 3.4.1 | Edelmetalle – Gold | 48 |
| MET 3.4.2 | Edelmetalle – Silber | 50 |
| MET 3.4.3 | Edelmetalle – Platin | 52 |
| MET 3.5 | Halbmetalle – Silizium | 53 |
| MET 4 | Eigenschaftsprofile der wichtigsten Metallwerkstoffe | 54 |
| MET 5 | Besonderes und Neuheiten im Bereich der Metalle | 56 |
| MET 5.1 | Metallschaum | 56 |
| MET 5.2 | Formgedächtnislegierungen (shape memory alloys) | 57 |
| MET 5.3 | Metallische Gläser (amorphe Metalle) | 58 |
| MET | Literatur | 59 |
| KUN | KUNSTSTOFFE | 61 |
| KUN 1 | Charakteristika und Materialeigenschaften | 63 |
| KUN 1.1 | Zusammensetzung und Struktur | 63 |
| KUN 1.2 | Einteilung der Kunststoffe | 64 |
| KUN 1.3 | Physikalische Eigenschaften | 65 |
| KUN 1.4 | Mechanische Eigenschaften | 66 |
| KUN 1.5 | Chemische Eigenschaften | 66 |
| KUN 1.6 | Additive und Faserzumischung | 66 |

| | | |
|---|---|---|
| KUN 2 | Prinzipien und Eigenheiten der Kunststoffverarbeitung | 69 |
| KUN 2.1 | Herstellung einer Silikonform | 70 |
| KUN 2.2 | Verfahren zur Herstellung faserverstärkter Kunststoffe | 71 |
| KUN 2.3 | Kunststoffrecycling | 73 |
| KUN 3 | Kunststoffgerechte Konstruktion | 75 |
| | | |
| KUN 4 | Vorstellung einzelner Kunststoffe | 77 |
| KUN 4.1 | Thermoplaste | 77 |
| KUN 4.1.1 | Thermoplaste – Polyethylen (PE) | 77 |
| KUN 4.1.2 | Thermoplaste – Polypropylen (PP) | 78 |
| KUN 4.1.3 | Thermoplaste – Polystyrol (PS) | 79 |
| KUN 4.1.4 | Thermoplaste – Polycarbonat (PC) | 81 |
| KUN 4.1.5 | Thermoplaste – Polyvinylchlorid (PVC) | 82 |
| KUN 4.1.6 | Thermoplaste – Polyamid (PA) | 83 |
| KUN 4.1.7 | Thermoplaste – Polymethylmethacrylat (PMMA) | 84 |
| KUN 4.1.8 | Thermoplaste – Polyoxymethylen/ Polyacetal (POM) | 85 |
| KUN 4.1.9 | Thermoplaste – Fluorpolymere | 86 |
| KUN 4.1.10 | Thermoplaste – Polyesther | 87 |
| KUN 4.1.11 | Thermoplaste – Zelluloseester | 88 |
| KUN 4.1.12 | Thermoplaste – Polyimide | 89 |
| KUN 4.1.13 | Thermoplaste – Polymerblends | 92 |
| KUN 4.2 | Duroplaste | 93 |
| KUN 4.2.1 | Duroplaste – Polyesterharze | 93 |
| KUN 4.2.2 | Duroplaste – Epoxidharze (EP) | 94 |
| KUN 4.2.3 | Duroplaste – Phenolharze (PF) | 95 |
| KUN 4.2.4 | Duroplaste – Aminoplaste | 96 |
| KUN 4.2.5 | Duroplaste/Elastomere – Polyurethan (PUR) | 97 |
| KUN 4.3 | Elastomere | 98 |
| KUN 4.3.1 | Elastomere – Gummi-Elastomere | 98 |
| KUN 4.3.2 | Elastomere – Silikone | 101 |
| KUN 4.3.3 | Elastomere – Thermoplastische Elastomere (TPE) | 102 |
| KUN 4.4 | Polymerschäume | 103 |
| KUN 4.5 | Faserverstärkte Kunststoffe | 104 |
| KUN 4.6 | Teilchenverstärkte Kunststoffe | 105 |
| | | |
| KUN 5 | Eigenschaftsprofile der wichtigsten Kunststoffe | 106 |
| | | |
| KUN 6 | Besonderes und Neuheiten im Bereich der Kunststoffe | 108 |
| KUN 6.1 | Elektrizität leitende Kunststoffe (Polymerelektronik) | 108 |
| KUN 6.2 | Biokompatible Kunststoffe | 109 |
| KUN 6.3 | Biokunststoffe | 110 |
| KUN 6.4 | Hochtemperaturbeständige Kunststoffe | 111 |
| | | |
| KUN | Literatur | 112 |
| | | |
| **KER** | **KERAMIKEN** | **115** |
| | | |
| KER 1 | Charakteristika und Materialeigenschaften | 118 |
| KER 1.1 | Einteilung keramischer Werkstoffe | 118 |
| KER 1.2 | Bindungstyp und Eigenschaftsprofil | 121 |
| | | |
| KER 2 | Prinzipien und Eigenheiten der Verarbeitung von Keramiken | 122 |
| KER 2.1 | Aufbereitung der Ausgangsmaterialien | 122 |
| KER 2.2 | Formen silikatkeramischer Tonmassen | 122 |
| KER 2.3 | Formen pulverbasierter keramischer Ausgangsmassen | 124 |
| KER 2.4 | Brandvorbereitung | 125 |
| KER 2.5 | Hochtemperaturprozess | 125 |
| KER 2.6 | Oberflächenveredelung | 125 |
| KER 2.7 | Fügen keramischer Bauteile | 127 |
| | | |
| KER 3 | Keramikgerechte Gestaltung | 128 |
| | | |
| KER 4 | Vorstellung einzelner keramischer Werkstoffe | 130 |
| KER 4.1 | Silikatkeramik – Porzellan | 130 |

## Inhaltsverzeichnis

| | | |
|---|---|---|
| KER 4.2 | Silikatkeramik – Steinzeug und keramische Baustoffe | 133 |
| KER 4.3 | Silikatkeramik – Irdenware | 136 |
| KER 4.4 | Hochleistungssilikatkeramik | 137 |
| KER 4.5 | Oxidkeramik – Aluminiumoxid | 138 |
| KER 4.6 | Oxidkeramik – Zirkondioxid | 139 |
| KER 4.7 | Nichtoxidkeramik – Siliziumkarbid | 140 |
| KER 4.8 | Nichtoxidkeramik – Siliziumnitrid | 141 |
| KER 4.9 | Keramische Beschichtungen | 142 |
| | | |
| KER 5 | Eigenschaftsprofile der wichtigsten Keramiken | 143 |
| | | |
| KER 6 | Besonderes und Neuheiten im Bereich keramischer Werkstoffe | 144 |
| KER 6.1 | Keramikschaum | 144 |
| KER 6.2 | Biokeramiken | 145 |
| KER 6.3 | Biomorphe Keramik | 146 |
| KER 6.4 | Porzellanfolien | 147 |
| | | |
| KER | Literatur | 148 |
| | | |
| **HOL** | **HÖLZER** | **151** |
| | | |
| HOL 1 | Charakteristika und Materialeigenschaften | 153 |
| HOL 1.1 | Holzarten und deren Einteilung | 153 |
| HOL 1.2 | Zusammensetzung und Struktur | 153 |
| HOL 1.3 | Physikalische Eigenschaften | 155 |
| HOL 1.4 | Mechanische Eigenschaften | 156 |
| | | |
| HOL 2 | Prinzipien und Eigenheiten der Holzverarbeitung | 158 |
| HOL 2.1 | Materialaufbereitung | 158 |
| HOL 2.2 | Fügen von Holz | 159 |
| HOL 2.3 | Biegen von Holz | 161 |
| HOL 2.4 | Oberflächenbehandlung | 162 |
| | | |
| HOL 3 | Holzwerkstoffe | 164 |
| HOL 3.1 | Massivhölzer | 164 |
| HOL 3.2 | Furniere | 166 |
| HOL 3.2.1 | Besondere Furnierhölzer | 167 |
| HOL 3.3 | Lagenholz | 170 |
| HOL 3.3.1 | Lagenholz – Furnierplatten (Sperrholz) | 170 |
| HOL 3.3.2 | Lagenholz – Besondere Furnierplatten | 171 |
| HOL 3.3.3 | Lagenholz – Schichtholz | 172 |
| HOL 3.3.4 | Lagenholz – Besonderes Schichtholz | 172 |
| HOL 3.3.5 | Lagenholz – Kunstharzpressholz | 172 |
| HOL 3.4 | Verbundplatten | 173 |
| HOL 3.4.1 | Besondere Verbundplatten | 173 |
| HOL 3.5 | Holzspan- und Holzfaserplatten | 174 |
| HOL 3.5.1 | Besondere Holzspan- und -faserplatten | 175 |
| HOL 3.6 | Biegbare Werkstoffplatten | 178 |
| | | |
| HOL 4 | Vorstellung einzelner Holzarten | 179 |
| | | |
| HOL 5 | Ersatzholzarten und Besonderes im Bereich der Hölzer | 184 |
| HOL 5.1 | Flüssigholz | 184 |
| HOL 5.2 | Engineered Wood Products | 185 |
| HOL 5.3 | Kork | 186 |
| HOL 5.4 | Rindentuch | 187 |
| | | |
| HOL | Literatur | 188 |
| | | |
| **PAP** | **PAPIERE** | **191** |
| | | |
| PAP 1 | Charakteristika und Herstellungsprozess | 193 |
| PAP 1.1 | Zusammensetzung und Struktur | 193 |

| PAP 1.2 | Herstellungsprozess von Papier | 194 |
| --- | --- | --- |
| PAP 1.3 | Papiereigenschaften | 197 |
| PAP 1.3.1 | Laufrichtung | 197 |
| PAP 1.3.2 | Hygroskopie | 198 |
| PAP 1.3.3 | Festigkeit | 198 |
| PAP 1.3.4 | Alterungsbeständigkeit | 198 |
| | | |
| PAP 2 | Prinzipien und Eigenheiten der Papierveredelung und -verarbeitung | 199 |
| PAP 2.1 | Imprägnieren | 199 |
| PAP 2.2 | Lackieren und Bedrucken | 199 |
| PAP 2.3 | Kaschieren | 199 |
| PAP 2.4 | Falzen | 200 |
| | | |
| PAP 3 | Vorstellung einzelner Papiere, Kartons und Pappen | 200 |
| | | |
| PAP 4 | Papierformate und Maßeinheiten | 204 |
| | | |
| PAP 5 | Besonderes und Neuheiten im Bereich von Papier, Karton und Pappe | 205 |
| PAP 5.1 | Papiertextilien | 205 |
| PAP 5.2 | Papier im Wohnbereich | 206 |
| PAP 5.3 | Papier in der Architektur | 207 |
| PAP 5.4 | Kartonage im Flugzeugbau | 208 |
| PAP 5.5 | Papierschaum | 208 |
| | | |
| PAP | Literatur | 209 |
| | | |
| GLA | GLÄSER | 211 |
| | | |
| GLA 1 | Charakteristika und Herstellung | 214 |
| GLA 1.1 | Struktur und Eigenschaften von Gläsern | 214 |
| GLA 1.2 | Besondere Kenngrößen für Glaswerkstoffe | 215 |
| GLA 1.3 | Einteilung der unterschiedlichen Glassorten | 216 |
| GLA 1.4 | Zusammensetzung und Herstellung | 217 |
| | | |
| GLA 2 | Prinzipien und Eigenheiten der Glasherstellung- und verarbeitung | 218 |
| GLA 2.1 | Verfahren der Glasherstellung | 218 |
| GLA 2.1.1 | Floatverfahren | 218 |
| GLA 2.1.2 | Gussglasverfahren | 219 |
| GLA 2.1.3 | Ziehverfahren | 220 |
| GLA 2.1.4 | Mundblasverfahren | 220 |
| GLA 2.1.5 | Maschinelle Blasverfahren | 221 |
| GLA 2.1.6 | Pressen | 222 |
| GLA 2.2 | Prinzipien der Glasverarbeitung | 222 |
| GLA 2.2.1 | Zerspanende Glasbearbeitung | 222 |
| GLA 2.2.2 | Umformende Glasbearbeitung | 224 |
| GLA 2.2.3 | Fügen | 225 |
| GLA 2.2.4 | Oberflächenbehandlung und -beschichtung | 226 |
| GLA 2.2.5 | Herstellung von Spiegelflächen | 227 |
| GLA 2.2.6 | Entspiegelte Gläser | 228 |
| | | |
| GLA 3 | Vorstellung einzelner Glaswerkstoffe | 229 |
| GLA 3.1 | Kalknatronglas | 229 |
| GLA 3.2 | Borosilikatglas | 230 |
| GLA 3.3 | Bleiglas | 231 |
| GLA 3.4 | Kieselglas (Quarzglas) | 232 |
| GLA 3.5 | Glaskeramik | 233 |
| GLA 3.6 | Naturgläser | 234 |
| GLA 3.7 | Obsidian | 235 |
| | | |
| GLA 4 | Spezialgläser | 236 |
| GLA 4.1 | Sicherheitsgläser | 236 |
| GLA 4.2 | Schutzgläser | 238 |
| GLA 4.3 | Bauglas – Glasbausteine | 240 |
| GLA 4.4 | Bauglas – Profilbaugläser | 241 |

## Inhaltsverzeichnis

| | | |
|---|---|---|
| GLA 4.5 | Bauglas – Glaswolle | 242 |
| GLA 4.6 | Bauglas – Schaumglas | 243 |
| GLA 4.7 | Glasfasern | 244 |
| | | |
| GLA 5 | Eigenschaftsprofile wichtiger Glaswerkstoffe | 245 |
| | | |
| GLA 6 | Besonderes und Neuheiten im Bereich der Gläser | 246 |
| GLA 6.1 | Bioglas | 246 |
| GLA 6.2 | Dünngläser | 246 |
| GLA 6.3 | Selbstreinigende Gläser | 248 |
| GLA 6.3 | Intelligente Gläser | 249 |
| | | |
| GLA | Literatur | 250 |

| | | |
|---|---|---|
| **TEX** | **TEXTILIEN** | **253** |
| | | |
| TEX 1 | Charakteristika und Materialeigenschaften | 255 |
| TEX 1.1 | Einteilung textiler Werkstoffe | 255 |
| TEX 1.2 | Eigenschaften textiler Werkstoffe | 256 |
| TEX 1.3 | Internationale Größentabellen für Bekleidungen | 257 |
| TEX 1.4 | Textilpflegekennzeichnung | 257 |
| | | |
| TEX 2 | Textilprodukte und ihre Herstellung | 258 |
| TEX 2.1 | Fadenherstellung | 258 |
| TEX 2.2 | Textile Flächen und Strukturen | 262 |
| TEX 2.2.1 | Textile Flächen und Strukturen – Gewebe | 264 |
| TEX 2.2.2 | Textile Flächen und Strukturen – Vlies, Filz | 266 |
| TEX 2.2.3 | Textile Flächen und Strukturen – Maschenware | 267 |
| TEX 2.2.4 | Textile Flächen und Strukturen – Nähwirkware, Tufting, Laminate | 269 |
| | | |
| TEX 3 | Prinzipien der Textilienveredelung | 270 |
| | | |
| TEX 4 | Vorstellung einzelner Textilfasern | 273 |
| TEX 4.1 | Pflanzliche Naturfasern | 273 |
| TEX 4.1.1 | Pflanzliche Naturfasern – Baumwolle | 273 |
| TEX 4.1.2 | Pflanzliche Naturfasern – Kapok | 273 |
| TEX 4.1.3 | Pflanzliche Naturfasern – Leinen (Flachs) | 274 |
| TEX 4.1.4 | Pflanzliche Naturfasern – Hanf | 274 |
| TEX 4.1.5 | Pflanzliche Naturfasern – Jute | 275 |
| TEX 4.1.6 | Pflanzliche Naturfasern – Ramie | 275 |
| TEX 4.1.7 | Pflanzliche Naturfasern – Sisal | 276 |
| TEX 4.1.8 | Pflanzliche Naturfasern – Manila | 276 |
| TEX 4.1.9 | Pflanzliche Naturfasern – Kokos | 277 |
| TEX 4.2 | Tierische Naturfasern | 277 |
| TEX 4.2.1 | Tierische Naturfasern – Wolle | 277 |
| TEX 4.2.2 | Tierische Naturfasern – Seide | 279 |
| TEX 4.3 | Zellulosefasern | 280 |
| TEX 4.3.1 | Zellulosefasern – Viskose, Modal | 280 |
| TEX 4.3.2 | Zellulosefasern – Lyocell | 280 |
| TEX 4.3.3 | Zellulosefasern – Cupro | 281 |
| TEX 4.3.4 | Zellulosefasern – Acetat, Triacetat | 281 |
| TEX 4.4 | Synthesefasern | 282 |
| TEX 4.4.1 | Synthesefasern – Polyamid | 282 |
| TEX 4.4.2 | Synthesefasern – Aramid | 282 |
| TEX 4.4.3 | Synthesefasern – Polyester | 283 |
| TEX 4.4.4 | Synthesefasern – Polyurethan | 283 |
| TEX 4.4.5 | Synthesefasern – Polyacryl | 284 |
| TEX 4.4.6 | Synthesefasern – Polytetrafluorethylen | 284 |
| TEX 4.4.7 | Synthesefasern – Polyvinylchlorid | 285 |
| TEX 4.4.8 | Synthesefasern – Polyolefine | 285 |
| TEX 4.5 | Anorganische Chemiefasern | 286 |
| TEX 4.6 | Hochleistungsfasern für technische Textilien | 287 |
| TEX 4.7 | Leder | 288 |
| TEX 4.8 | Pelz | 289 |

| | | |
|---|---|---|
| TEX 5 | Eigenschaftsprofile der wichtigsten Faserwerkstoffe und Verwendung | 290 |
| TEX 6 | Verwendungsbereiche und Innovationsfelder technischer Textilien | 292 |
| TEX 6.1 | Schutz- und Sicherheitstextilien | 292 |
| TEX 6.2 | Intelligente Textilien (smart textiles) | 293 |
| TEX 6.3 | Sport- und Fahrzeugtextilien | 294 |
| TEX 6.4 | Bautextilien | 295 |
| TEX 6.5 | Medizintextilien | 296 |
| TEX | Literatur | 297 |
| MIN | **MINERALISCHE WERKSTOFFE UND NATURSTEINE** | 299 |
| MIN 1 | Charakteristika und Materialeigenschaften | 302 |
| MIN 1.1 | Zusammensetzung und Struktur | 302 |
| MIN 1.2 | Eigenschaften | 305 |
| MIN 1.3 | Einteilung natürlicher Gesteine | 307 |
| MIN 1.4 | Industriesteine und Gesteinswerkstoffe | 311 |
| MIN 2 | Prinzipien und Eigenheiten der Verarbeitung mineralischer Werkstoffe | 312 |
| MIN 3 | Konstruktionsregeln für Natursteinmauerwerke | 314 |
| MIN 4 | Vorstellung wichtiger Gesteinswerkstoffe | 317 |
| MIN 4.1 | Mineralien | 317 |
| MIN 4.1.1 | Mineralien – Siliziumdioxide | 317 |
| MIN 4.1.2 | Mineralien – Silikate | 318 |
| MIN 4.1.3 | Mineralien – Sulfate | 320 |
| MIN 4.1.4 | Mineralien – Oxide | 321 |
| MIN 4.1.5 | Mineralien – Karbonate | 321 |
| MIN 4.1.6 | Mineralien – Ton | 322 |
| MIN 4.2 | Magmagesteine | 323 |
| MIN 4.2.1 | Magmagesteine – Tiefengesteine | 323 |
| MIN 4.2.2 | Magmagesteine – Erdgussgesteine | 324 |
| MIN 4.3 | Metamorphe Gesteine | 325 |
| MIN 4.3.1 | Metamorphe Gesteine – Gneise, Serpentinit, Dachschiefer | 325 |
| MIN 4.3.2 | Metamorphe Gesteine – Marmor | 326 |
| MIN 4.4 | Sedimentgesteine | 327 |
| MIN 4.4.1 | Sedimentgesteine – Kalksteine, Dolomite, Kreide | 327 |
| MIN 4.4.2 | Sedimentgesteine – Sandsteine | 328 |
| MIN 4.4.3 | Sedimentgesteine – Lehm | 330 |
| MIN 4.5 | Natursteine | 332 |
| MIN 4.5.1 | Natursteine – Edel- und Schmucksteine | 332 |
| MIN 4.5.2 | Natursteine – Kohlewerkstoffe | 334 |
| MIN 4.6 | Mineralische Bindemittel | 335 |
| MIN 4.7 | Mörtel | 337 |
| MIN 4.8 | Beton | 338 |
| MIN 4.9 | Bitumenhaltige Werkstoffe | 340 |
| MIN 4.10 | Industriesteine mit mineralischem Binder | 341 |
| MIN 4.11 | Harzgebundene Industriesteine | 344 |
| MIN 5 | Eigenschaftsprofile wichtiger mineralischer Werkstoffe und Natursteine | 345 |
| MIN 6 | Besonderes und Neuheiten im Bereich mineralischer Werkstoffe | 346 |
| MIN 6.1 | Lichtdurchlässiger Beton | 346 |
| MIN 6.2 | Synthetische Diamanten | 347 |
| MIN 6.3 | Shimizu Megacity – Pyramidenstadt aus Grafit-Nanotubes | 347 |
| MIN | Literatur | 348 |
| VER | **VERBUNDWERKSTOFFE** | 351 |
| VER 1 | Einteilung und Aufbau | 352 |

## Inhaltsverzeichnis

| | | |
|---|---|---|
| VER 2 | Vorstellung einzelner Verbundwerkstoffe | 353 |
| VER 2.1 | Hartmetalle | 353 |
| VER 2.2 | Bimetalle | 354 |
| VER 2.3 | Verbundrohre | 354 |
| VER 2.4 | Getränkeverbundverpackung | 355 |
| | | |
| VER | Literatur | 355 |
| | | |
| FOR | FORMEN UND GENERIEREN | 359 |
| | | |
| FOR 1 | Urformen – Gießen | 361 |
| FOR 1.1 | Gießen – Gestaltungsregeln | 364 |
| FOR 1.2 | Gießen – Spritzgießen | 367 |
| FOR 1.3 | Gießen – Feingießen | 371 |
| FOR 1.4 | Gießen – Druckgießen | 372 |
| FOR 1.5 | Gießen – Gießen unter Vakuum | 373 |
| FOR 1.6 | Gießen – Schleuder- und Rotationsgießen | 374 |
| FOR 1.7 | Gießen – Stranggießen | 375 |
| FOR 1.8 | Gießen – Polymergießen | 376 |
| | | |
| FOR 2 | Urformen – Sintern | 376 |
| FOR 2.1 | Sintern – Gestaltungsregeln | 378 |
| | | |
| FOR 3 | Urformen – Schäumen | 379 |
| | | |
| FOR 4 | Urformen – Extrudieren | 380 |
| FOR 4.1 | Extrudieren – Gestaltungsregeln | 382 |
| | | |
| FOR 5 | Urformen – Blasformen | 382 |
| FOR 5.1 | Blasformen – Gestaltungsregeln | 384 |
| FOR 5.2 | Blasformen – Maschinelles Glasblasformen | 385 |
| FOR 5.3 | Blasformen – polymerer Werkstoffe | 386 |
| | | |
| FOR 6 | Druckumformen | 387 |
| FOR 6.1 | Druckumformen – Einpressen | 387 |
| FOR 6.2 | Druckumformen – Walzen | 387 |
| FOR 6.3 | Druckumformen – Schmieden | 389 |
| FOR 6.3.1 | Schmieden – Gestaltungsregeln | 390 |
| FOR 6.4 | Druckumformen – Pressformen | 392 |
| FOR 6.5 | Druckumformen – Fließpressen | 393 |
| FOR 6.6 | Druckumformen – Strangpressen | 396 |
| | | |
| FOR 7 | Zugdruckumformen | 397 |
| FOR 7.1 | Zugdruckumformen – Tiefziehen | 397 |
| FOR 7.2 | Zugdruckumformen – Durchziehen | 399 |
| FOR 7.3 | Ziehen – Gestaltungsregeln | 400 |
| FOR 7.4 | Zugdruckumformen – Innenhochdruckformen | 401 |
| FOR 7.5 | Zugdruckumformen – Drücken | 402 |
| FOR 7.6 | Zugdruckumformen – Wölbstrukturieren | 403 |
| | | |
| FOR 8 | Zugumformen – Streckziehen | 404 |
| | | |
| FOR 9 | Biegen | 405 |
| FOR 9.1 | Biegen – Gestaltungsregeln | 407 |
| | | |
| FOR 10 | Generative Verfahren | 408 |
| FOR 10.1 | Gestaltungsregeln und Prototypenarten | 409 |
| FOR 10.2 | Generative Verfahren – Stereolithographie (SL) | 411 |
| FOR 10.3 | Generative Verfahren – Lasersintern (LS) | 412 |
| FOR 10.4 | Generative Verfahren – Laminate-Verfahren | 413 |
| FOR 10.5 | Generative Verfahren – Extrusionsverfahren | 414 |
| FOR 10.6 | Generative Verfahren – 3D-Printing (3D-P) | 415 |
| FOR 10.7 | Auswahl generativer Techniken | 416 |

| | | |
|---|---|---|
| FOR | Literatur | 418 |

| | | |
|---|---|---|
| **TRE** | **TRENNEN UND SUBTRAHIEREN** | **421** |
| TRE 1 | Zerspanen | 423 |
| TRE 1.1 | Zerspanen – Strahlen | 426 |
| TRE 1.2 | Zerspanen – Schleifen | 427 |
| TRE 1.2.1 | Schleifen – Gestaltungsregeln | 430 |
| TRE 1.3 | Zerspanen – Polieren | 431 |
| TRE 1.4 | Zerspanen – Sägen | 432 |
| TRE 1.5 | Zerspanen – Drehen | 433 |
| TRE 1.5.1 | Drehen – Gestaltungsregeln | 435 |
| TRE 1.6 | Zerspanen – Fräsen | 436 |
| TRE 1.6.1 | Fräsen – Gestaltungsregeln | 439 |
| TRE 1.7 | Zerspanen – Bohren | 440 |
| TRE 1.7.1 | Bohren – Gestaltungsregeln | 443 |
| TRE 1.8 | Zerspanen – Räumen, Hobeln, Stoßen | 444 |
| TRE 1.8.1 | Räumen, Hobeln, Stoßen – Gestaltungsregeln | 444 |
| TRE 1.9 | Zerspanen – Honen | 446 |
| TRE 1.10 | Zerspanen – Läppen | 447 |
| TRE 2 | Schneiden | 448 |
| TRE 2.1 | Schneiden – Scherschneiden | 448 |
| TRE 2.1.1 | Scherschneiden, Stanzen – Gestaltungsregeln | 450 |
| TRE 2.2 | Schneiden – Strahlschneiden | 452 |
| TRE 2.3 | Schneiden – Thermoschneiden | 454 |
| TRE 3 | Abtragen | 455 |
| TRE 3.1 | Abtragen – Funkenerosives Abtragen (EDM) | 458 |
| TRE 3.2 | Abtragen – Laserabtragen und -strukturieren | 459 |
| TRE 3.3 | Abtragen – Chemisches Abtragen (Ätzen) | 461 |
| TRE 3.4 | Abtragen – Beizen | 462 |
| TRE 3.5 | Abtragen – Elektrochemisches Abtragen (ECM) | 463 |
| TRE | Literatur | 464 |

| | | |
|---|---|---|
| **FUE** | **FÜGEN UND VERBINDEN** | **467** |
| FUE 1 | An-/Einpress- und Schnappverbindungen | 469 |
| FUE 1.1 | An-/Einpress- und Schnappverbindungen – Pressverbindungen | 469 |
| FUE 1.2 | An-/ Einpress- und Schnappverbindungen – Schnappverbindungen | 470 |
| FUE 1.2.1 | Schnappverbindungen – Gestaltungsregeln | 471 |
| FUE 1.3 | An-/ Einpress- und Schnappverbindungen – Nieten | 472 |
| FUE 1.3.1 | Nieten – Gestaltungsregeln | 473 |
| FUE 1.4 | An-/Einpress- und Schnappverbindungen – Schrauben | 474 |
| FUE 1.4.1 | Schrauben – Gestaltungsregeln | 475 |
| FUE 2 | Fügen durch Einbetten und Ausgießen | 477 |
| FUE 3 | Fügen durch Umformen | 480 |
| FUE 4 | Kleben | 481 |
| FUE 4.1 | Klebstoffarten | 482 |
| FUE 4.2 | Kleben – Gestaltungsregeln | 485 |
| FUE 5 | Schweißen | 486 |
| FUE 5.1 | Schweißen – Gestaltungsregeln | 487 |
| FUE 5.2 | Schweißen – Widerstandspunktschweißen | 489 |
| FUE 5.3 | Schweißen – Lichtbogenhandschweißen | 490 |
| FUE 5.4 | Schweißen – Schutzgasschweißen | 491 |
| FUE 5.5 | Schweißen – Gasschmelzschweißen | 492 |
| FUE 5.6 | Schweißen – Warmgasschweißen | 493 |
| FUE 5.7 | Schweißen – Laserschweißen | 494 |

## Inhaltsverzeichnis

| | | |
|---|---|---|
| FUE 5.8 | Schweißen – Reibschweißen | 495 |
| FUE 5.9 | Schweißen – Ultraschallschweißen | 496 |
| FUE 5.10 | Schweißen – Heizelementeschweißen | 497 |
| FUE 6 | Löten | 498 |
| FUE 6.1 | Löten – Lötverfahren | 499 |
| FUE 6.2 | Löten – Gestaltungsregeln | 501 |
| FUE 7 | Nähen, Stricken, Weben | 502 |
| FUE 8 | Wirtschaftlichkeit verschiedener Fügeverfahren und deren Kombinationen | 503 |
| FUE | Literatur | 504 |
| BES | **BESCHICHTEN UND VEREDELN** | 507 |
| BES 1 | Beschichten aus flüssigem Zustand | 509 |
| BES 1.1 | Beschichten aus flüssigem Zustand – Spritzen | 509 |
| BES 1.2 | Beschichten aus flüssigem Zustand – Elektrostatisches Lackieren | 510 |
| BES 1.3 | Beschichten aus flüssigem Zustand – Tauchen | 511 |
| BES 1.4 | Beschichten aus flüssigem Zustand – Siebdruck | 512 |
| BES 1.5 | Beschichten aus flüssigem Zustand – Tampondruck | 516 |
| BES 1.6 | Beschichten aus flüssigem Zustand – Emaillieren (Glasieren) | 517 |
| BES 2 | Dekorationsverfahren | 518 |
| BES 2.1 | Dekorationsverfahren – Wassertransferdruck | 518 |
| BES 2.2 | Dekorationsverfahren – Heißprägen | 519 |
| BES 2.3 | Dekorationsverfahren – In-Mold Decoration | 520 |
| BES 3 | Beschichten aus breiigem Zustand – Putzen | 521 |
| BES 4 | Beschichten aus festem Zustand | 522 |
| BES 4.1 | Beschichten aus festem Zustand – Thermisches Spritzen | 522 |
| BES 4.2 | Beschichten aus festem Zustand – Pulverbeschichten | 523 |
| BES 4.3 | Beschichten aus festem Zustand – Elektrostatisches Pulverbeschichten | 524 |
| BES 4.4 | Beschichten aus festem Zustand – Wirbelsintern | 525 |
| BES 5 | Beschichten durch Schweißen und Löten | 526 |
| BES 5.1 | Beschichten durch Schweißen und Löten – Auftragschweißen | 526 |
| BES 5.2 | Beschichten durch Schweißen und Löten – Auftraglöten | 527 |
| BES 6 | Beschichten aus gasförmigem und ionisiertem Zustand | 528 |
| BES 6.1 | Beschichten aus gasförmigem und ionisiertem Zustand – PVD-Verfahren | 528 |
| BES 6.2 | Beschichten aus gasförmigem und ionisiertem Zustand – CVD-Verfahren | 529 |
| BES 6.3 | Beschichten aus gasförmigem und ionisiertem Zustand – Elektrolyt. Abscheiden | 530 |
| BES 6.4 | Beschichten aus gasförmigem und ionisiertem Zustand – Chemisches Abscheiden | 531 |
| BES 6.5 | Beschichten aus gasförmigem und ionisiertem Zustand – Anodisieren | 532 |
| BES 7 | Diffusionsschichten | 533 |
| BES 8 | Beschichten – Gestaltungshinweise | 534 |
| BES | Literatur | 535 |
| GES | *KOSTENREDUZIERENDES GESTALTEN UND KONSTRUIEREN* | 537 |
| GES 1 | Fertigungsgerechte Gestaltung | 539 |
| GES 2 | Montagegerechte Gestaltung | 542 |
| GES 3 | Materialkosten reduzierende Gestaltung | 544 |
| GES 4 | Recycling- und entsorgungsgerechte Gestaltung | 545 |

| | | |
|---|---|---|
| GES 5 | Lager- und transportkostengerechte Gestaltung | 546 |
| GES | Literatur | 547 |

| | | |
|---|---|---|
| KEN | WERKSTOFFKENNWERTE | 548 |

SACHWORTVERZEICHNIS .................................................. 550

ADRESSENVERZEICHNIS .................................................. 564

VITAE .................................................. 570

NACHWORT .................................................. 571

DANKE SCHÖN .................................................. 571

## MET
## METALLE

*Abkantbank, Amboss, Anker, Antenne, Armatur, Armreif, Axt, Backform, Baggerarm, Bahnwaggon, Batterie, Beil, Besteck, Bleischürze, Bohrer, Bohrinsel, Bolzen, Bolzenschneider, Brieföffner, Brillengestell, Brücke, Büchse, Bügeleisen, Campingkocher, Computerchip, Container, Dachbelag, Dampfmaschine, Dart, Degen, Diskus, Dolch, Dosenöffner, Drahtbürste, Drehverschluss, Drehmaschine, Dreirad, Druckkessel, Düse, Eisenbahnwaggon, Eisenwolle, Elektromagnet, Elektrozaun, Fahrradrahmen, Federgabel, Feile, Felge, Fenstergriff, Flaschenöffner, Fräser, Füllfeder, Gabel, Gabelstapler, Gastank, Gasturbine, Gartenzaun, Gelenkprothese, Gepäckträger, Getreidesilo, Getriebe, Gewehr, Gewinde, Gewindestange, Gitter, Glocke, Golfschläger, Granate, Grillrost, Gully, Gürtelschnalle, Haarspange, Haarnadel, Hammer, Handschelle, Hantel, Harpune, Heftklammer, Heftzwecke, Heizkörper, Hochspannungsmast, Hubwagen, Hufeisen, Imbuss, Implantat, Käsereibe, Kanaldeckel, Kanone, Karabinerhaken, Karosserie, Kartoffelmesser, Kartusche, Kelch, Kette, Kessel, Kerzenständer, Klangkugel, Kleiderhaken, Klettergerüst, Knochennagel, Kochplatte, Konservendose, Korkenzieher, Kran, Krawattennadel, Kronkorken, Küchenwaage, Kühlschlange, Kugellager, Kufe, Kupplung, Lanze, Lampenschirm, Laternenpfahl, Lavinenschutz, Leiterbahn, Löffel, Lüfterrad, Manschettenknopf, Maschendraht, Medaille, Meißel, Messer, Messschieber, Messschraube, Mistgabel, Motorblock, Münze, Nadel, Nagel, Nasenring, Niete, Nockenwelle, Nussknacker, Öllampe, Orgelpfeife, Panzertür, Pfanne, Pigment, Pinzette, Pistole, Planierraupe, Pleuel, Pokal, Posaune, Presse, Propeller, Prothese, Pumpengehäuse, Quirl, Rasierklinge, Rakete, Reflektor, Regenrinne, Reibe, Reißverschluss, Rohrsystem, Rolltreppe, Rutsche, Säbel, Sägeblatt, Satellit, Saxophon, Scharnier, Schaufel, Schere, Schiene, Schild, Schlüssel, Schmuck, Schneepflug, Schneeschippe, Schranke, Schraube, Schraubendreher, Schraubschlüssel, Schraubstock, Schubkarre, Schusswaffe, Schutzhelm, Schutzschild, Schwert, Sense, Sicherheitsnadel, Sieb, Skalpell, Skulptur, Solarpanel, Spaten, Speer, Speiche, Spindel, Spirale, Spritzgusswerkzeug, Spule, Stacheldraht, Strahltriebwerk, Straßenschild, Stromkabel, Suppenkelle, Tanker, Taschenmesser, Thermoskanne, Toaster, Topf, Treppengeländer, Tresor, Triangel, Triebwerk, Trompete, Türklinke, Turbinenschaufel, Uhrwerk, Unterlegscheibe, Unterwasserseeboot, Ventil, Ventilator, Vogelkäfig, Wagenheber, Walze, Wälzlager, Wärmeschutzschicht, Wärmetauscher, Wäschetrommel, Wasserhahn, Wasserturbine, Wippe, Wohnmobil, Wok, Xylofon, Ytterbium, Zahnersatz, Zahnfüllung, Zahnrad, Zange, Zinnsoldat, Zylinder*

## Kapitel MET
### Metalle

*Der Zustand eines aufgeblasenen Körpers ist aus dem Sport- und Freizeitsektor bei Fußbällen oder Luftmatratzen schon lange bekannt. In der Regel kommen Kunststoffe zum Einsatz, die über elastische Eigenschaften verfügen und vor allem den Eindruck von Flexibilität vermitteln. Dass sich dieser auch mit üblicherweise festen Materialien realisieren lässt, ist zunächst erstaunlich, zeigt aber, welch vielfältige Eigenschaften Metalle aufweisen können. Im vorliegenden Fall wird ein anfänglich gerades Stahlrohr durch hohen Druck einer Flüssigkeit in eine vorgegebene geometrische Form »geblasen«.*

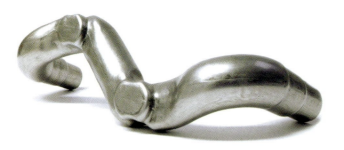

*Bild: Bauteilherstellung mit dem Innenhochdruckformverfahren* FOR 7.4.

Dies ist nur ein Beispiel von vielen, das zeigt, wie durch Weiterentwicklungen im Bereich der Verarbeitung immer wieder neue Anwendungsoptionen für Metalle erschlossen werden. Die logische Kopplung von technologischem Fortschritt und Produktinnovation ist evident und kann schon seit etwa 10000 Jahren beobachtet werden. Damals wurden im nördlichen Persien auf dem Gebiet des heutigen Iran die ersten metallurgischen Verfahrensprinzipien entdeckt. In primitiven Holzöfen schmolz man *Malachit*, ein kupferhaltiges Mineral, und goss erste Gegenstände und Waffen aus dem metallischen Werkstoff. Durch Handel und Auswanderungen verbreiteten sich die Schmelztechniken zunächst unter den Hochkulturen des Zweistromlandes. Über Ägypten und Nordafrika sowie Vorderasien und Griechenland kamen die Technologien schließlich nach Spanien und ins mittlere Europa. Die kulturelle Entwicklung menschlicher Zivilisation ist folglich eng mit technologischen Neuerungen gerade im Bereich der Metallurgie verbunden. Das gesellschaftliche Fundament basiert förmlich auf den Gebrauchsoptionen metallischer Werkstoffe. So wird die militärische Überlegenheit der alten Römer mit dem systematischen Einsatz von Waffen aus Eisen zu einer Zeit begründet, in der andere Völker immer noch das weichere Bronze, eine Kupfer-Legierung MET 3.3.2, verwendeten.

Die nächsten Entwicklungsschritte von Metallen konzentrierten sich auf Eisenwerkstoffe. So war die wirtschaftliche Erschließung des amerikanischen Kontinents gekoppelt an die Entdeckung einer Möglichkeit zur Stahlproduktion. Die ersten Eisenbahnen wurden gebaut. Sie ermöglichten den schnellen und unkomplizierten Transport von Gütern von der Ostküste bis tief in den mittleren Westen. Zudem führte die Entwicklung von Stahlbeton MIN 4.8 zum Bau von sehr hohen Gebäuden wie dem Kölner Dom und Wolkenkratzern in Städten mit einer schnell steigenden Bevölkerungsdichte (z.B. New York). Immer vielfältigere Legierungsformen MET 1.1 der Metalle und die Entdeckung neuer Elemente in der ersten Hälfte des 19. Jahrhunderts brachten weitere Erfindungen hervor und beschleunigten die zivilisatorische Entwicklung bis in unsere heutige Gesellschaft. Obwohl die Bedeutung metallischer Werkstoffe seit dem Aufkommen keramischer und polymerer Werkstoffe leicht rückläufig zu sein scheint, zeigen aktuelle Fortschritte, dass das Gebrauchspotenzial metallischer Werkstoffe noch immer nicht vollständig ausgeschöpft ist. Besonders hervorzuheben seien an dieser Stelle die Entwicklungsfortschritte schichtweise generativer Verfahren zur Herstellung individuellen Zahnersatzes MET 3.4.1, die Qualifizierung hochfester MMC (Metal Matrix Composites VER 1) oder die seit nunmehr einer Dekade entwickelte Option zum Schäumen von Metallen MET 5.1. Im Hochtemperaturbereich versucht man durch die Entwicklung von Superlegierungen MET 3.3.6 neue Optionen für die Luft- und Raumfahrt zu schaffen. Weitere Entwicklungspotenziale bestehen für metallische Gläser MET 5.3 und Formgedächtniswerkstoffe MET 5.2.

*Bild: Edelstahlfassade des »Neuen Zollhofes« im Düsseldorfer Hafen./ Architekt: Frank O. Gehry*

## MET 1
### Charakteristika und Materialeigenschaften

Mit einem Anteil von 75% weisen die meisten Elemente im Periodensystem (PSE) metallische Charakteristika auf. Die Eigenschaften von Metallen und das entsprechende Verhalten während der Verarbeitung sind auf den kristallinen Aufbau und die in der Struktur frei beweglichen Elektronen zurückzuführen.

## MET 1.1
### Zusammensetzung und Struktur

Vergrößert man mit einem Mikroskop die Bruchstellen von metallischen Werkstoffen deutlich, so lassen sich einzelne Körner erkennen, die einer räumlichen Ordnung folgen und ein regelmäßiges Gefüge bilden. Die Anordnung erfolgt auf Basis eines *Raum-* oder *Kristallgitters* (Hornbogen 2002).

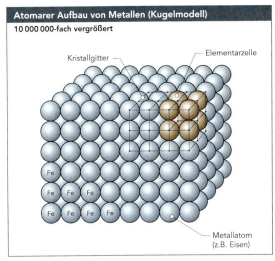

Abb. 1: nach [8]

Ein Werkstoff mit einer unregelmäßigen und willkürlichen Anordnung von Molekülen und Atomen wird als *amorph* bezeichnet. Hierzu zählen beispielsweise Glas GLA 1.1, Flüssigkeiten und Kunststoffe KUN 1.1, die sich daher klar von der Gruppe der Metalle abgrenzen lassen.

Die *Kristallstruktur* von Metallen wird auf atomarer Ebene durch die Zusammenhaltskräfte zwischen den einzelnen Teilchen bestimmt. Die *metallische Bindung* entsteht während der Metallgewinnung durch Erstarrung aus der Schmelze. Metallatome neigen zur Abgabe von negativ geladenen Elektronen. *Metallionen* mit positiver Ladung bilden sich, die durch dazwischen liegende, frei bewegliche Elektronen zusammengehalten werden. Die metallische Kristallstruktur mit hoher Festigkeit entsteht, wobei die *Elektronenwolke* die Weiterleitung von Wärme und elektrischen Strömen fördert. In der Werkstoffkunde wurden die drei Grundgittertypen *kubisch-raumzentriert* (krz), *kubisch-flächenzentriert* (kfz) und *hexagonal* (hdp) identifiziert, wonach sich die einzelnen Metalle in ihrer Kristallstruktur unterscheiden lassen.

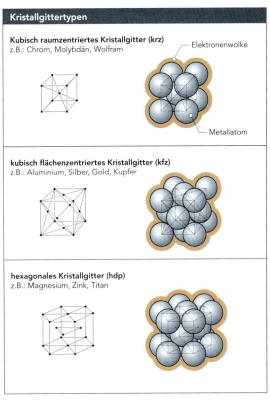

Abb. 2: nach [15]

Während der Abkühlung der Metallschmelze geht das flüssige Material nicht plötzlich in einen starren Zustand über. Vielmehr ist ein sich langsam abzeichnender Verdichtungsprozess erkennbar. *Kornbildung* und Kristallgitterentstehung lassen sich entlang des Erstarrungsprozesses in vier Phasen aufteilen (Dobler et al. 2003):

1. Die erste Abkühlungsstufe ist gekennzeichnet durch eine langsamer werdende Bewegung der frei in der Schmelze vorliegenden Metallatome.

2. Die Bildung von Kristallen setzt bei der für jedes Metall spezifischen Erstarrungstemperatur (Eisen: 1536°C) ein. Metallatome ordnen sich entsprechend eines Gittertyps an. Erste Verbünde entstehen, und Kristallisationskeime bilden sich.

3. Ausgehend von der ersten Keimbildung wachsen die Kristallstrukturen durch die immer weiter fortschreitende Anordnung von Einzelatomen an. Die Kristalle oder Körner werden größer und stoßen bei geringer werdender Schmelze an ihren Grenzen aneinander. Die Temperatur bleibt während dieses Prozesses konstant. Restatome zwischen den *Korngrenzen*, die in keine Kristallstruktur aufgenommen werden konnten, setzen sich als Fremdatome zwischen die Kornstruktur und bilden so genannte Korngrenzen.

4. Nachdem alle Atome in der Gefügestruktur angeordnet sind und nicht mehr frei beweglich in der Schmelze vorkommen, nimmt die Temperatur durch Wärmeentzug schnell ab. Das Metall ist vollkommen erstarrt. Korngrenzen haben sich vollständig ausgebildet.

## Kapitel MET
### Metalle

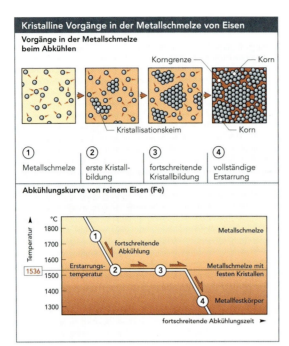

Abb. 3: nach [8]

Die Werkstoffeigenschaften werden durch die Eigenheiten des kristallinen Aufbaus beeinflusst. So weist beispielsweise ein Werkstoff mit einem feinen Gefüge und kleinen Korngrößen höhere Festigkeitswerte und eine günstigere Dehnfähigkeit auf als Strukturen mit grober Körnung. Zur Verbesserung der Bearbeitung oder Steigerung der Festigkeitseigenschaften kann die Gefügestruktur durch eine nachträgliche Wärmebehandlung (Glühen) beeinflusst werden.

*Glühen*
*ist eine Wärmebehandlung, bei der das Werkstück zuerst erwärmt, dann auf Glühtemperatur gehalten und anschließend langsam wieder abgekühlt wird.*

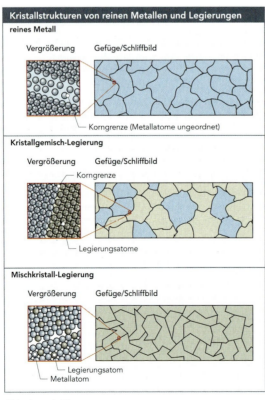

Abb. 4: nach [8]

Des Weiteren bewirkt eine umformende Bearbeitung (z.B. Walzen) unter Wärme oder das Zulegieren anderer Werkstoffe Veränderungen der Eigenschaften. **Legierungen** sind folglich Mischungen zwischen Metallen oder auch Metallen mit Nichtmetallen, wobei die heterogene Kristallstruktur eine zielgerichtete Eigenschaftsverbesserung ermöglicht.

Alle Metalle sind schmelzbar und können im flüssigen Zustand miteinander vermischt werden. Für technische und industrielle Anwendungen werden in der Regel Legierungen reinen metallischen Werkstoffen vorgezogen, da ein meist besseres Korrosionsverhalten, höhere Festigkeiten oder günstigere Härtewerte erreicht und die Eigenschaften je nach Anwendung gezielt beeinflusst werden können.

| Beispiele für einige Legierungen | | |
|---|---|---|
| Name | Bestandteile | Anwendungsbeispiele |
| Amalgam | Quecksilberlegierung | Zahnfüllung |
| Aluminiumlegierung | Aluminium, Kupfer | Fahrräder, Fenster, Möbel |
| Bronze | Kupfer mit Zinn oder Zink | Denkmäler, Architektur, Siebdrähte, Armaturen, Glocken, Medaillien |
| Britannia-Metall | Zinn, Antimon | Tafelgeschirr, Kunstgegenstände |
| Constantan® | Kupfer, Nickel | Schaltkreise, Münzen |
| Duralumin® | Aluminium, Kupfer, Magnesium, Mangan, Silizium | Transportbehälter, Konstruktionsteile |
| Invar | Eisen, Nickel | Bimetalle, Uhren |
| Messing | Kupfer, Zink | Schmuck, Musikinstrumente, Armaturen im Sanitärbereich |
| Neusilber | Kupfer, Nickel, Zink | Kontaktverbinder in der Elektroindustrie, Feinmechanische Geräte, Untergrundmaterial für Besteck |
| Lötzinn | Blei, Zinn | Lötmaterial in der Elektroindustrie |
| Rotguss | Kupfer, Zinn, Zink, Blei | Gleitlager |
| Silberlot | Kupfer, Zink, Silber | Lötverbindungen von Kupferrohren |
| Silumin | Aluminium-Silizium-Legierung | Motor- und Fahrzeugbau |
| Widia | Wolfram, Kobalt, Titan Kohlenstoff | Werkzeugschneidplatten, Bauteile in der Umformtechnik |
| Weißgold | Gold, Palladium, Kupfer, Zink | Schmuck, Kunst |
| Zinnbronze | Kupfer, Zinn | Glocken, Zahnräder, Turbinen |

Abb. 5

Bild: Glühende Bramme./ Foto: Stahl-Zentrum

## MET 1.2
### Physikalische Eigenschaften

Insbesondere die physikalischen Eigenschaften metallischer Werkstoffe und Legierungen werden durch die Besonderheit und Stärke der metallischen Bindung beeinflusst. Bedingt durch die frei beweglichen, delokalisierten Elektronen der *Metallbindung* (Elektronengas), sind Metalle gute Leiter für Wärme und elektrischen Strom. Kupfer und Silber sollten in diesem Zusammenhang als die Metalle mit den besten leitenden Eigenschaften besondere Erwähnung finden. Im Vergleich weisen nichtmetallische Werkstoffe, wie Glas oder Kunststoffe sehr schlechte Leiteigenschaften auf.

Weitere typische physikalische Eigenschaften sind der metallische Glanz (im polierten Zustand) und die gute Reflexionsfähigkeit für Licht, die hohen Schmelzpunkte sowie die durch die komprimierte Atompackung hervorgerufene meist hohe Dichte und Festigkeit. Maßabweichungen durch thermische Längenausdehnung sollten vor allem dann berücksichtigt werden, wenn bei der Bearbeitung metallischer Werkstoffe hohe Wärmebelastungen zu erwarten sind (z.B. beim Schweißen), aber dennoch präzise Maße mit hohen Toleranzen eingehalten werden sollen. Die Schmelzpunkte von Metallen sind im Vergleich zu anderen Werkstoffen sehr hoch und liegen für besonders hochtemperaturbeständige Superlegierungen bei Werten über 1500°C. Einige Metalle wie Stahl- oder Eisenwerkstoffe besitzen magnetische Eigenschaften.

## MET 1.3
### Mechanische Eigenschaften

Die mechanischen Eigenschaften von Metallen sind differenziert in ihrer *Elastizität* und *Plastizität* herauszustellen. Dabei verhalten sich einige Werkstoffe wie *Federstahl* rein elastisch. Dies bedeutet, dass nach einer Formveränderung durch Einwirken einer äußeren Kraft der Werkstoff wieder seine ursprüngliche Gestalt annimmt.

Andere Metalle wie Blei weisen ein rein plastisches Verhalten auf. Der Werkstoff wird bleibend verformt und federt nicht zurück. Die meisten Metalle und Legierungen sind durch ein kombiniertes elastisch-plastisches Verhalten geprägt. Bei geringer Krafteinwirkung werden zunächst elastische Änderungen erkennbar, die mit größer werdender Belastung in einer plastischen Verformung münden. Auf kristalliner Ebene ist zunächst nur ein leichtes Rücken der Atome auszumachen. Erst bei größeren Kräften wird eine ständige Verschiebung ganzer atomarer Lagen erreicht, womit das Bauteil in der Regel bleibende Schäden aufweist.

## MET 1.4
### Chemische Eigenschaften

Metalle können gute bis sehr gute Beständigkeit gegen atmosphärische Einflüsse oder chemische Substanzen aufweisen, was unter dem Begriff der *Korrosionsbeständigkeit* zusammengefasst wird. Die rein mechanische Interaktion einer metallischen Oberfläche mit der Umgebung wird als *Verschleiß* bezeichnet und zählt nicht zur *Korrosion* (Bargel, Schulze 2004). Während unlegierte Eisenwerkstoffe unter Einfluss von Feuchte oxidieren und Rost bilden, verfügen vor allem Kupfer- oder Aluminiumwerkstoffe über eine gute Korrosionsbeständigkeit. Hohe Temperaturen regen die Ausprägung von Oxidschichten an. *Edelmetalle* wie Gold, Silber oder Platin gehen fast gar keine Reaktion mit Substanzen der Umgebung ein, womit der reine Glanz zu begründen ist. Der Name »edel« ist aus dieser besonderen Eigenschaft abgeleitet. Um die Beständigkeit von wenig edlen Metallen und Legierungen zu verbessern (z.B. unlegierte Stähle), können sie mit korrosionsbeständigeren Werkstoffen wie Chrom oder Nickel beschichtet oder legiert werden.

Einige Metallwerkstoffe und -legierungen wirken sich negativ auf die Umwelt und gesundheitsschädlich auf den menschlichen Organismus aus. Zu diesen zählen beispielsweise Blei, Cadmium und Quecksilber. Das Einatmen von Feinstaub aus Blei oder von Quecksilberdämpfen sollte vermieden werden. Vollkommen unbedenkliche Metalle sind Aluminium, Eisen oder Stahl.

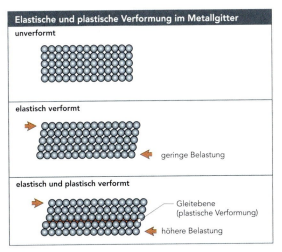

Abb. 6

## MET 2
### Prinzipien und Eigenheiten der Metallverarbeitung

Nahezu alle heute bekannten Fertigungstechnologien sind auf Grund der vielfältigen Anwendungsoptionen für Metalle und deren Legierungen in den letzten beiden Jahrhunderten entwickelt worden. Da die detaillierte Erläuterung der einzelnen Verfahren in den Technologie-Kapiteln folgt, soll hier lediglich ein Überblick über die bestehenden Bearbeitungsmöglichkeiten gegeben werden.

*Härten*

*ist eine Wärmebehandlung, die Stahlbauteile hart und widerstandsfähig bzw. verschleißfest macht.*
*Härten besteht aus den Arbeitsschritten: Erwärmen, Abschrecken und Anlassen.*

*Abschrecken*

*ist das rasche Abkühlen mit Wasser, Öl oder Luft der auf Härtetemperatur erwärmten Stahlbauteile. Nach dem Abschrecken ist der Stahl sehr spröde und hart.*

*Anlassen*

*Nach dem Abschrecken werden die gehärteten Bauteile nochmals auf Anlasstemperatur (niedrigere Temperatur als beim Härten) erwärmt. Dadurch wird die Sprödigkeit des Stahls vermindert. Die Härte nimmt hierbei nur geringfügig ab.*

*Vergüten*

*Das Anlassen gehärteter Stähle nennt man auch Vergüten.*

Bild: Materialabtrag beim Fräsen.

### Aufbereitung und zerspanender Materialabtrag

Metallische Werkstoffe sind als Halbzeuge in Form von Profilen, Platten oder als Stangen bzw. Drähte im Handel erhältlich. Diese müssen für die Weiterverarbeitung meist vorbehandelt werden.
Es stehen eine Vielzahl vor allem Span abhebender Verfahren ↗ TRE 1 wie Sägen, Fräsen, Drehen, Räumen und Schleifen oder ätzende Substanzen (z.B. verdünnte Schwefelsäure) zur Verfügung, um die Metalloberflächen von unschönen Korrosionsschichten zu befreien und einen Zuschnitt in den gewünschten Maßen zu realisieren. Zudem werden Metalloberflächen zur Beschichtung oder Veredelung mit Material abtragenden Verfahren vorbereitet (z.B. Sandstrahlen) ↗ TRE 1.1, oder es wird eine Endbearbeitung durch Polieren bzw. Läppen durchgeführt ↗ TRE 1.10.

### Urformen und Umformen

Neben der Option zur Formgebung metallischer Bauteile durch eine zerspanende, Material abhebende Bearbeitung stehen gießtechnische Verarbeitungsmethoden zur Verfügung, mit denen metallische Werkstoffe direkt aus der Schmelze in die endformgenaue Kontur überführt werden können. Hierfür eignet sich das Sand- ↗ FOR 1 und Feingießen ↗ FOR 1.3 für die Einzelfertigung komplexer Formgeometrien. Druck- ↗ FOR 1.4 und Stranggießen ↗ FOR 1.7 sind Verfahren der Massenproduktion. Außerdem kann, ausgehend von Metallpulvern, eine Formgebung innerhalb der pulvermetallurgischen Prozesskette durch Sintervorgänge ↗ FOR 2 erfolgen.

Auf Grund der plastischen Verformungsmöglichkeiten haben sich für Metalle eine Reihe umformender Technologien entwickelt. So können Metalle durch Biegen ↗ FOR 9, Ziehen ↗ FOR 8 und Drücken ↗ FOR 7 geformt werden. Druckumformtechnologien wie Walzen, Fließ- oder Strangpressen und Schmieden ↗ FOR 6 dienen vor allem zur Weiterverarbeitung metallischer Bauteile in großen Serien.

### Fügen

Schweißen und Löten ↗ FUE 5, FUE 6 sind die für Metalle üblichen Fügeverfahren zur Herstellung unlöslicher Verbindungen. In jüngster Vergangenheit konnte zudem die Klebetechnologie für eine Vielzahl von Anwendungen entwickelt werden und die das Bauteil thermisch belastenden Verfahren teilweise ersetzen. Lösliche Verbindungen werden in aller Regel mit Schrauben, Nieten oder Passfedern hergestellt.

### Beschichtung und Veredelung

Zur Verbesserung der optischen Eigenschaften, der ästhetischen Qualität, der Korrosionseigenschaft und des Verschleißschutzes werden metallische Werkstoffe beschichtet. Die hierfür zur Verfügung stehenden Verfahren reichen vom einfachen Spritz- und Tauchlackieren ↗ BES 1.1, BES 1.2, BES 1.3 über das elektrostatische Pulverbeschichten ↗ BES 4.3, Wirbelsintern ↗ BES 4.4 und Auftragschweißen bis hin zu CVD-, PVD- und galvanischen Verfahren zum Aufbringen besonders dünner Beschichtungen ↗ BES 6. Außerdem können die Eigenschaften der Oberflächenrandzone durch Diffusionsvorgänge optimiert werden. Hier sind vor allem das Aufkohlen, Glühen, Härten, Vergüten, Nitrieren, Phosphatieren und Chromatisieren zu nennen ↗ BES 7.

## MET 3
### Vorstellung einzelner Metallsorten

Metalle werden auf Grund der großen Bedeutung der Eisenlegierungen in *Eisen-* und *Nichteisenwerkstoffe* eingeteilt. Eisenwerkstoffe sind Eisenguss- und Stahllegierungen, deren Hauptbestandteil Eisen ist. Nichteisenmetalle werden unterteilt in Leichtmetalle mit einer Dichte von weniger als 5 kg/dm$^3$ und Schwermetalle mit einer Dichte von mehr als 5 kg/dm$^3$. Als *Edelmetalle* werden metallische Werkstoffe bezeichnet, die besonders widerstandsfähig sind und in der atmosphärischen Umgebung nur unwesentlich oxidieren oder anlaufen. Sie weisen eine geringe Neigung zur chemischen Reaktion mit Säuren, Basen oder Salzen auf. Zu Ihnen zählen Silber, Gold und die Metalle der Platingruppe. *Gold* ist das edelste Metall. Es lässt sich lediglich mit Königswasser, einem Gemisch aus Salpeter- und Salzsäure, lösen. Edelmetalle und deren Legierungen werden wegen ihres metallischen Glanzes und der guten Hautverträglichkeit vielfach als Schmuckwerkstoffe genutzt und zählen zu den Schwermetallen (Brepohl 1998).

| Übersicht der Werkstoffe | | | |
|---|---|---|---|
| METALLE | Eisenwerkstoffe | Stähle | z.B. Baustahl, Werkzeugstahl |
| | | Eisen-Guss-Werkstoffe | z.B. Gusseisen, Temperguss, Stahlguss |
| | Nichteisen-Metalle | Schwermetalle ϱ>5kg/dm$^3$ | z.B. Kupfer, Zink, Blei |
| | | Leichtmetalle ϱ<5kg/dm$^3$ | z.B. Aluminium, Magnesium, Titan |
| NICHT-METALLE | | Naturwerkstoffe | z.B. Granitstein, Grafit, Holz |
| | | synthetische Werkstoffe | z.B. Kunststoffe, Glas, Keramik |
| VERBUND-WERKSTOFFE | | | z.B. verstärkte Kunststoffe, Hartmetalle |
| HALB-METALLE | | | können von der elektrischen Leitfähigkeit und vom Aussehen her weder den Metallen noch den Nichtmetallen zugeordnet werden, z.B. Bor, Silizium, Germanium, Arsen, Selen, Antimon, Tellurr... |

*Abb. 7: nach [8]*

Die Eigenschaft zur Leitung elektrischen Stroms ist ein charakteristisches Merkmal, mit dem sich Metalle von Nichtmetallen unterscheiden. Das Eigenschaftsprofil von Halbmetallen befindet sich in einem dazwischen liegenden Grenzbereich. Sie weisen eine nur geringe Leitfähigkeit auf, die mit zunehmender Erwärmung allerdings gesteigert werden kann. Durch die gezielte Einlagerung von Fremdatomen (Dotierung) können sie als Leiter genutzt werden. Die große technische Bedeutung von Silizium MET 3.5 für die Halbleiterindustrie ist vor diesem Hintergrund zu verstehen.

Die Kurznamen von Leicht- und Schwermetallen (außer Aluminium) bestehen aus Informationseinheiten zur chemischen Zusammensetzung, zum Gießverfahren sowie Angaben zum Werkstoffzustand oder zur Festigkeit. Des Weiteren werden Werkstoffnummern benutzt, die Tabellenbüchern entnommen werden können.

Die Bezeichnung von Aluminiumwerkstoffen weicht ein wenig ab. Es wird zwischen Aluminiumhalbzeugen und -gussteilen unterschieden. Der Werkstoffzustand bzw. Gusszustand ist gesondert ausgewiesen.

| Bezeichnungssystem von Leicht- und Schwermetallen | |
|---|---|
| **Gießverfahren (Bsp.)** | **Chemische Zusammensetzung (Bsp.)** |
| G  Sandguss | CuZn13 — 13% Zn, Rest Cu |
| GD Druckguss | ZnAl4Cu1 — 4% Al, 1% Cu, Rest Zn |
| GK Kokillenguss | CuAl10Ni — 10% Al, Ni nicht angegeben, Rest Cu |
| GZ Schleuderguss | |
| **Festigkeit (Bsp.)** | **Werkstoffzustand (nur Cu+Leg.; Bsp.)** |
| F20  Zugfestigkeit $R_m$ = 20 x 10 = 200 N/mm$^2$ | D — gezogen |
| | R620 — Zugfestigkeit $R_m$ = 620 N/mm$^2$ |
| **Beispiele** | **Erläuterung** |
| CuZn28R310 | Kupfer-Zink-Legierung mit 28% Zink, $R_m$ = 310 N/mm$^2$ |
| G-CuSn12Pb | Sandguss, Kupfer-Zinn-Legierung mit 12% Zinn und etwas Blei |
| EN AW-Al MgSiCu-H111 | Kurznamen einer Al-Knetlegierung (Europäische Norm, Aluminium-Halbzeug, Aluminium, Legierungselemente, Werkstoffzustand) |
| EN AC-Al Mg5 KF | Kurznamen einer Al-Gusslegierung (Europäische Norm, Aluminium-Gussstück, Aluminium, Legierungselemente, Kokillenguss, Gusszustand) |

*Abb. 8: nach [8]*

Die Bezeichnung von Edelmetalllegierungen erfolgt nach dem Gehalt der edlen Komponente in Promille. Darüber hinaus existieren Sonderbezeichnungen für Silber und Gold, die in den Materialkapiteln vorgestellt werden. Das Bezeichnungssystem von Stahlwerkstoffen wird im Abschnitt Eisenwerkstoffe erläutert MET 3.1.

## MET 3.1
### Eisenwerkstoffe

Die Nutzung von Eisenwerkstoffen machte den Menschen wesentlich mehr Schwierigkeiten als die Verwendung der weicheren Metalle Gold, Silber, Kupfer, Blei oder Zinn. Die Eisenzeit setzte deshalb erst im zweiten Jahrtausend vor Christus ein. Das bis dahin vorrangig verwendete Bronze wurde nach und nach durch das wesentlich härtere Eisen ersetzt. Vor allem die Römer setzten bei ihrer Waffenproduktion auf den Werkstoff und wurden zur technisch weit überlegenen Militärmacht. Die Roheisengewinnung erfolgte in primitiven, mit Holzkohle befeuerten Öfen. Mit Beginn der industriellen Revolution seit dem 18. Jahrhundert konnte durch Optimierung der Schmelztechnologie und Ersetzen der Holzkohle durch Steinkohle und Koks die wirtschaftliche Bedeutung von Eisen enorm gesteigert werden. Die gezielte Verwendung von Eisenwerkstoffen machte in der Folge den Bau von Eisenbahnen und Schienenstrecken, von Hochhäusern und Brücken sowie großvolumigen Frachtschiffen erst möglich. Vor allem die Kombination der Materialien Stahl und Glas ermöglichte im Bereich der Gestaltung und Architektur völlig neue Möglichkeiten und erlaubte den Bau überdachter Einkaufspassagen (z.B. Galleria Vittorio Emanuele II in Mailand) oder lichten Austellungshallen wie dem Kristallpalast zur ersten Weltausstellung 1851 in London.

Bild: Dachkonstruktion./ Olympiagelände in Montreal

Da Eisenlegierungen und Stahl sehr preisgünstig verarbeitet, die Eigenschaften anwendungsspezifisch durch Zulegieren oder Wärmebehandlung beeinflusst und die Rohstoffe aus Eisenschrott leicht zurückgewonnen werden können, kommen sie heute bei über 90% aller Metallanwendungen auf der ganzen Welt zum Einsatz (Hornbogen, Warlimont 1996). In den letzten Jahren ist durch die steigende Bedeutung von Umweltaspekten aber eine zunehmende Ablösung von Eisen- und Stahlerzeugnissen durch leichtere Bauteile aus Kunststoffen, Magnesium und Aluminium oder Verbundkonstruktionen zu erkennen.

Der heute übliche Weg der Eisen- und Stahlerzeugung findet seinen Anfang bei der Roheisenherstellung aus Eisenerzen im *Hochofen*. Dieser erreicht heute eine Höhe von etwa 50 Metern und einen Durchmesser von 10 Metern. Der über eine durchschnittliche Dauer von 10 Jahren im Betrieb befindliche Hochofen wird kontinuierlich schichtweise mit Eisenerzen, weiteren Zuschlägen und *Koks* befüllt (beschickt). Von unten wird heiße Luft mit einer Temperatur zwischen 1000°C und 1300°C eingeblasen. Der Koks verbrennt, und die steigenden Temperaturen (etwa 1600°C) bewirken das Schmelzen der Bestandteile einer ganzen Schichtbefüllung. *Roheisen* wird aus dem Erz gewonnen (reduziert) und nimmt bis zu 4,3% Kohlenstoff auf. Dadurch verringert sich der Schmelzpunkt des Metalls auf etwa 1150°C. Das Roheisen verflüssigt sich und kann aus dem Ofen abgeführt werden.

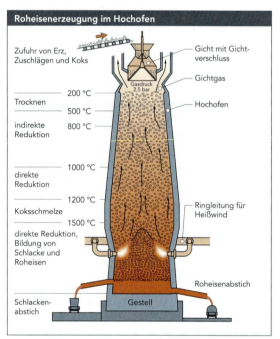

Abb. 9: nach [8]

Roheisen enthält neben Kohlenstoff eine Vielzahl von Fremdbestandteilen wie Silizium, Mangan, Schwefel oder Phosphor, die eine umformende Verarbeitung behindern und somit die industrielle Nutzung des Werkstoffs erschweren. Eisen ist in dieser rohen Form spröde und würde auf Grund des hohen Kohlenstoffgehalts unmittelbar nach Erwärmen erweichen. Zur Erzeugung verwertbaren Stahls müssen folglich der Kohlenstoffgehalt herabgesetzt und die Anzahl der störenden Elemente erheblich reduziert werden. Dieser Prozess wird als *Frischen* bezeichnet (Bargel, Schulze 2004). Hier gehören das Sauerstoffaufblas- und das Elektrolichtbogenverfahren zu den bedeutendsten Techniken.

Das *Aufblasverfahren* kommt vor allem zur Herstellung unlegierter Stähle im Anschluss an einen Hochofenprozess zum Einsatz. Auch kann ein geringer Anteil Eisenschrott der Schmelze beigemengt werden. Sauerstoff wird in das flüssige Roheisen geblasen und bewirkt eine Reaktion mit den unerwünschten Bestandteilen der Metallschmelze. Die Masse beginnt wegen des Aufsteigens der durch die Reaktion aufsteigenden Gase zu kochen. Durch Zuführung von Kalk werden diese an der Oberfläche in einer flüssigen Schlacke gebunden. Diese lässt sich leicht vom Stahlmaterial trennen. Während des Blasprozesses oxidiert der größte Teil des Kohlenstoffs (C) zu Kohlenmonoxid (CO) und Kohlendioxid ($CO_2$). Die Gase verflüchtigen sich über die Abzugseinheit und der Kohlenstoff-Gehalt sinkt in der Folge auf weniger als 0,05%. Vor dem Abgießen des Stahls können die für den jeweiligen Einsatzfall benötigten Eigenschaften durch Zugabe entsprechender Legierungselemente beeinflusst werden. Die Effekte der einzelnen Legierungs- und Begleitelemente auf das Eigenschaftsprofil des Stahls können der Tabelle auf der folgenden Seite entnommen werden.

Das *Elektrolichtbogenverfahren* dient in der Hauptsache zum Einschmelzen von Stahl- und Eisenschrott. Zudem wird auf in Schachtöfen produzierten *Eisenschwamm* zurückgegriffen. Elektroden ragen in das Kesselinnere und erzeugen auf elektro-induktivem Weg die Energie zum Schmelzen der Ausgangsmaterialien. Da Temperaturen von annähernd 3500°C erreicht werden können, eignet sich die Technologie auch zur Verarbeitung von Edelstahlresten und Legierungsmetallen mit besonders hohen Schmelztemperaturen wie Wolfram oder Molybdän. Wie beim Blasverfahren wird Kalk zur Schlackenbildung beigeführt. Auf Grund der guten Steuerbarkeit des Verfahrens und der Möglichkeit zur Einstellung der Schmelztemperaturen lassen sich mit dem Elektrostahlverfahren nahezu alle Stahlsorten herstellen.

*Eisenschwamm* ist ein festes Produkt der Direktreduktion. Die Reduktion des Eisenerzes mit den Gasen Kohlenstoffmonoxid und Wasserstoff ergibt ein schwammartiges Produkt mit großem Porenvolumen. Eisenschwamm weist eine hohe Reinheit auf und wird im Elektrolichtbogenofen weiterverarbeitet. Es lassen sich qualitativ sehr hochwertige Stahlsorten herstellen.

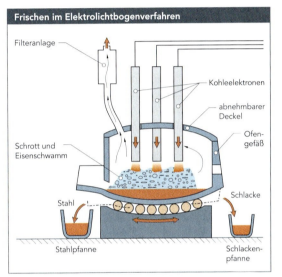

Abb. 11: nach [8]

Zur Optimierung der Materialeigenschaften wird der Stahl nach dem Frischen in der Regel einer Nachbehandlung unterzogen. Hier haben sich Vakuumbehandlungen, Umschmelz- und Spülverfahren entwickelt, um die Bildung eines homogenen Materialgefüges zu unterstützen, Blasenbildung durch Gaseinschlüsse zu vermeiden und letzte Verunreinigungen zu beseitigen.

Abb. 10: nach [8]

Bild: Blasstahlwerk./ Foto: Stahl-Zentrum

## Kapitel MET
### Metalle

| Legierungs-/Begleitelemente bei Gusseisen und Stählen | | | |
|---|---|---|---|
| Element | ...erhöht | ...vermindert | Beispiele |
| **Legierungsmetalle** | | | |
| Aluminium Al | Zunderwiderstand, Eindringen von Stickstoff | | 34CrAlMo5 |
| Chrom Cr | Zugfestigkeit, Härte, Warm-, Verschleißfestigkeit, Korrosionsbeständigkeit | Dehnung (in geringem Maße) | X5CrNi18-10 Nichtrostender Stahl |
| Cobalt Co | Härte, Schneidhaltigkeit, Warmfestigkeit | Kornwachstum bei höheren Temperaturen | HS10-4-3-10 Schnellarbeitsstahl mit 10% Co, z.B. für Drehmeißel |
| Mangan Mn | Zugfestigkeit, Durchhärtbarkeit, Zähigkeit (bei wenig Mn) | Zerspanbarkeit, Kaltformbarkeit, Grafitausscheidung bei Grauguss | 28Mn6 Vergütungsstahl, z.B. für Schmiedeteile |
| Molybdän Mo | Zugfestigkeit, Warmfestigkeit, Schneidhaltigkeit, Durchhärtung | Anlasssprödigkeit, Schmiedbarkeit (höherer Mo-Anteil) | 56NiCrMoV7 Warmarbeitsstahl, z.B. für Strangpressdorne |
| Nickel Ni | Festigkeit, Zähigkeit, Durchhärtbarkeit, Korrosionsbeständigkeit | Wärmedehnung | EN-GJS-NiCr30-3 Austenitisches Gusseisen mit Kugelgrafit |
| Vanadium V | Dauerfestigkeit, Härte, Warmfestigkeit | Empfindlichkeit gegen Überhitzung | 115CrV3 Werkzeugstahl z.B. für Gewindebohrer |
| Wolfram W | Zugfestigkeit, Härte, Warmfestigkeit, Schneidhaltigkeit | Dehnung (in geringem Maße), Zerspanbarkeit | HS6-5-2 Schnellarbeitsstahl mit 6% W, z.B. für Räumnadeln |
| **Nichtmetallische Begleitelemente** | | | |
| Kohlenstoff C | Festigkeit und Härte (Maximum bei 0,9%), Härtbarkeit, Rissbildung (Flocken) | Schmelzpunkt, Dehnung, Schweiß- und Schmiedbarkeit | C60 Vergütungsstahl mit $R_m = 800$ N/mm² |
| Wasserstoff H₂ | Alterung durch Versprödung, Zugfestigkeit | Kerbschlagzähigkeit | Wird bei der Stahlherstellung entfernt, z.B. mit Vakuumbehandlung |
| Stickstoff N₂ | Versprödung, Austenitbildung | Alterungsbeständigkeit, Tiefziehfähigkeit | X2CrNiMoN17-13-5 Austenitischer Stahl |
| Phosphor P | Zugfestigkeit, Warmfestigkeit, Korrosionswiderstand | Kerbschlagzähigkeit, Schweißbarkeit | Macht die Schmelze von Stahlguss und Gusseisen dünnflüssig |
| Schwefel S | Zerspanbarkeit | Kerbschlagzähigkeit, Schweißbarkeit | 10SPb20 Automatenstahl |
| Silizium Si | Zugfestigkeit, Dehngrenze, Korrosionsbeständigkeit | Bruchdehnung, Schweißbarkeit, Zerspanbarkeit | 60SiCr7 Federstahl mit einer Zugfestigkeit $R_m = 1600$ N/mm² |

Abb. 12: nach [2,18]

Bilderleiste unten: Gießerei./ Fotos: Die Küpper-Gruppe

Die Stahlproduktion wird mit dem Abgießen des flüssigen Werkstoffs zu Stranggussprofilen oder einzelnen Blöcken abgeschlossen. Das *Blockgießen* wurde in den letzten Jahrzehnten auf Grund der erzielbaren feineren Gefügestrukturen beim Stranggießen allerdings bis auf wenige Ausnahmen nahezu vollständig ersetzt. Lediglich großvolumige Schmiedeteile werden noch im Block vergossen. Die stranggegossenen Profile können mit umformenden Technologien wie Ziehen, Walzen, Strangpressen und Schmieden zu Halbzeugen und fertigen Bauteilen verarbeitet werden.

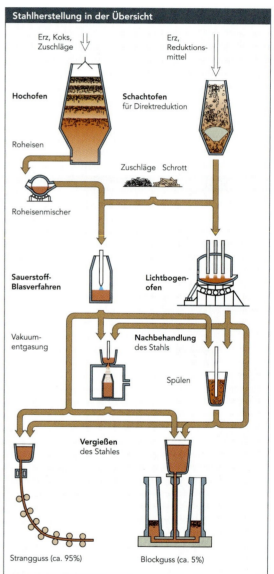

Abb. 13: nach [8]

| Einteilung der Eisenwerkstoffe | |
|---|---|
| **Stähle** | **Kohlenstoffgehalt (%)** |
| Baustähle, unlegiert | 0,17...0,5 |
| Einsatzstähle, unlegiert | 0,1...0,9 |
| Vergütungsstähle, unlegiert | 0,2...0,6 |
| Werkzeugstähle, unlegiert | 0,5...1,4 |
| Werkzeugstähle, legiert | 0,2...2,06 |
| **Gusswerkstoffe** | |
| Gusseisen mit Lamellengrafit (GJL) | 2,6...3,6 |
| Gusseisen mit Kugelgrafit (GJS) | 3,2...4,0 |
| Temperguss, entkohlend geglüht (GJMW) | 0,5...1,7 getempert 2,5...3,5 ungetempert |
| Temperguss, nicht entkohlend geglüht (GJMB) | 2,0...2,9 |
| Stahlguss (GS) | 0,15...0,45 |

Abb. 14: nach [8]

Eisenwerkstoffe lassen sich grob in die Hauptgruppen Stahl und Gusseisen unterteilen. Dabei bestimmt vor allem der im Gefüge eingelagerte Kohlenstoffgehalt die jeweiligen Verarbeitungsverfahren und mechanischen Eigenschaften. Ein hoher Anteil wirkt sich positiv auf die Härte, jedoch negativ auf die Bearbeitbarkeit aus. Stahl enthält daher neben anderen Legierungselementen weniger, Gusseisen mehr als 2,06% Kohlenstoff.

*Bild unten: Hochofen 5 Rogesa, Dillingen./*
*Foto: Stahl-Zentrum*

## MET 3.1.1
### Eisenwerkstoffe – Gusseisen

*Eigenschaften*
Gusseisen enthält 2,2% bis 4,5% Kohlenstoff und weist vor allem sehr gute Fließeigenschaften auf. Es kann daher gießtechnisch gut verarbeitet werden, ist spröde und wegen des hohen Kohlenstoffgehalts sehr hart. Gusseisenwerkstoffe rosten unter Einfluss von Feuchtigkeit und sind sehr empfindlich für Schlagbeanspruchungen. Man unterscheidet Gusseisen mit Lamellengrafit (Grauguss), Gusseisen mit Kugelgrafit und Temperguss.

| Gefüge verschiedener Gusseisenwerkstoffe | | | |
|---|---|---|---|
| Werkstoff | Gefüge M 100:1 | Erscheinung des Kohlenstoffs | Zugfestigkeit |
| Gusseisen mit Lamellengrafit | | grobblätterig (Grafit- und Streifenzementit) | 100... 350 N/mm$^2$ |
| Gusseisen mit Lamellengrafit | | feinblätterig (Grafit- und Streifenzementit) | 100... 350 N/mm$^2$ |
| Gusseisen mit Kugelgrafit | | kugelig (Grafit- und Streifenzementit) | 400... 900 N/mm$^2$ |
| Schwarzer Temperguss | | flockig (Grafit- und Streifenzementit) | 300... 800 N/mm$^2$ |
| Unlegierter Stahlguss | | (Streifenzementit) | 380... 600 N/mm$^2$ |

*Abb. 15: nach [8]*

Die Einlagerung des Kohlenstoffs als *lamellen-* oder *blattartige Gefügestruktur* bewirkt gute Gleiteigenschaften. Der Werkstoff weist zudem eine hohe Zähigkeit und hohe Dämpfungseigenschaften bei geringen Festigkeitswerten auf. Die Widerstandsfähigkeit gegenüber Druck ist um den Faktor 4 höher als gegen Zugbeanspruchung. Auf Grund der grau erscheinenden Bruchstellen ist die Bezeichnung »*Grauguss*« weit geläufig.

*Kugelförmige Grafitstrukturen* im Eisengefüge bewirken eine Festigkeitssteigerung. Das Eigenschaftsprofil von Gusseisen mit Kugelgrafit liegt daher nahe an dem von Stahlwerkstoffen.

*Temperguss* beinhaltet neben 3% Kohlenstoff noch Silizium und Mangan. Die Festigkeitswerte liegen zwischen denen von Grauguss und Gusseisen mit Kugelgrafit.

*Bild: Kanalisationsdeckel aus Gusseisen, New York./ USA*

*Verwendung*
Die gute gießtechnische Verarbeitbarkeit ermöglicht den Einsatz von Eisengusswerkstoffen zur Herstellung von Bauteilen mit komplexen Formgeometrien. Eisengusswerkstoffe haben daher schon seit dem 19. Jahrhundert für technische Komponenten eine große Bedeutung. Grauguss wird als Gehäuse- und Maschinenbettmaterial und zur Herstellung von Kanaldeckeln verwendet. Für dünnwandige Gussteile mit komplizierten Formen hat sich Temperguss bewährt. Gusseisen mit Kugelgrafit wird wegen der hohen Festigkeit für Anwendungen mit hohen Schwingbeanspruchungen wie Kurbelwellen, Zahnräder oder Pumpengehäuse eingesetzt.

*Verarbeitung*
Der hohe Kohlenstoffgehalt bewirkt das ausgezeichnete Fließverhalten von Gusseisen. Zudem ist Gusseisen leicht spanend zu bearbeiten (z.B. Bohren). Umformende Bearbeitungen sind jedoch nur mit extremem Aufwand möglich. Die Schweißbarkeit ist eingeschränkt.

*Wirtschaftlichkeit*
Eisengusswerkstoffe sind sehr preiswert herzustellen und zu verarbeiten. Vor allem Grauguss ist einer der preisgünstigsten Werkstoffe überhaupt.

*Alternativmaterialien*
Stahlguss, Leichtbauwerkstoffe wie Aluminium, Magnesium oder faserverstärkte Kunststoffe

## MET 3.1.2
### Eisenwerkstoffe – Stahl

*Eigenschaften*

Stahl enthält weniger als 2,06% Kohlenstoff (Bargel, Schulze 2004) und wird entsprechend den für den jeweiligen Anwendungsfall erforderlichen Eigenschaften mit Legierungselementen wie Chrom, Mangan oder Nickel auflegiert oder einer Wärmebehandlung unterzogen. Somit nimmt der Werkstoff ein breites Eigenschaftsprofil ein. Stahl verfügt in der Regel über eine hohe Zähigkeit. Die Dehnbarkeit nimmt mit abnehmendem Kohlenstoffgehalt zu. Wegen der Vielzahl von Stahlsorten mit sehr unterschiedlicher Charakteristik wird an dieser Stelle auf die entsprechende Fachliteratur verwiesen (z.B. Bargel, Schulze 2004; Beitz, Grote, 2001; Berns 1993; Heinzler et al. 1997, Kiessler 1992; Merkel, Thomas 2003; Wegst, Wegst 2004). Die wichtigsten Stähle sind in nachfolgender Tabelle aufgeführt.

| Übersicht der wichtigsten Stahlsorten | |
|---|---|
| **Unlegierte Stähle** | |
| Grundstähle | Grundstähle |
| Qualitätsstähle | Allgemeine Baustähle;<br>Stähle mit C-Gehalt < 0,12%;<br>Einsatzstähle mit C-Gehalt bis 0,25%;<br>Nitrierstähle;<br>Vergütungsstähle mit C-Gehalt von 0,2%... 0,65%;<br>Stähle mit C-Gehalt ≥ 0,55%;<br>Stähle mit höherem P- und S-Gehalt (z.B. Automatenstähle) |
| Edelstähle | Stähle mit besonderen physikalischen Eigenschaften;<br>Bau-, Maschinenbau und Behälterstähle mit < 0,5% C;<br>Maschinenbaustähle mit ≥ 0,5% C;<br>Bau-, Maschinenbau und Behälterstähle mit besonderen Anforderungen; Werkzeugstähle |
| **Legierte Stähle** | |
| Qualitätsstähle | Stähle mit besonderen physikalischen Eigenschaften;<br>Stähle für verschiedene Anwendungsbereiche |
| Edelstähle | Werkzeugstähle, wie z.B. Kaltarbeitsstähle, Warmarbeitsstähle, Schnellarbeitsstähle;<br>Chemisch beständige Stähle<br>Bau-, Maschinen- und Behälterstähle |

Abb. 16: nach [2]

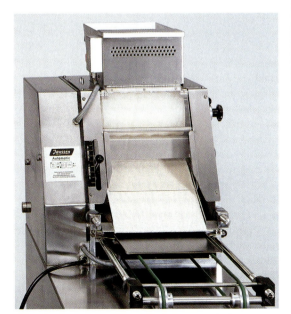

*Bild: Einsatz von Edelstahl in der Nahrungsmittelindustrie, Gebäckformmaschine./ Fa. NFF Janssen, Krefeld*

Grob unterschieden werden unlegierte und legierte Stahlsorten. Bei unlegiertem Stahl wird ein entsprechender Grenzgehalt eines Legierungselementes nicht überschritten (siehe Abb. 17). Als hoch legiert gilt ein Stahlwerkstoff dann, wenn er mehr als 5% eines Legierungswerkstoffes enthält. Obwohl Stahlguss nur einen geringen Kohlenstoffanteil enthält, lässt er sich gießen und tritt somit in Konkurrenz zu Eisenguss.

| Grenzwerte der Legierungelemente bei unlegiertem Stahl | | | | | |
|---|---|---|---|---|---|
| Element | % | Element | % | Element | % |
| Al | 0,30 | Mo | 0,08 | Si | 0,60 |
| Bi | 0,10 | Nb | 0,06 | Te | 0,10 |
| Co | 0,30 | Ni | 0,30 | Ti | 0,05 |
| Cu | 0,40 | Pb | 0,40 | V | 0,10 |
| Mn | 1,65 | Se | 0,10 | W | 0,30 |

Abb. 17: nach [8]

Die Korrosionsbeständigkeit von Stahlwerkstoffen kann durch Zulegieren von Chrom, Nickel oder Silizium entscheidend verbessert werden.
Edelstähle ↗ MET 3.1.3 rosten nicht und können in feuchter oder steriler Umgebung eingesetzt werden. Im Gestaltungsbereich wird Stahl aber gerade wegen seiner Neigung zur Korrosion und zur Bildung von Rost verwendet. Hier sind Skulpturen, Bildhauereien und Installationen im architektonischen Bereich zu nennen, die erst nach einer gewissen Zeit ihre eigentliche Erscheinung (*Patina*) erhalten.

*Bild: Cortenstahl, Ausstellungspark MANNUS in Arnsberg./ banz+riecks architekten*

## Verwendung

Stahl kommt nahezu in allen Technologie- und Lebensbereichen zur Anwendung. Die verschiedenen Stahlsorten werden in Bau- und Werkzeugstähle unterteilt.

*Baustähle* finden im Baugewerbe und im Fahrzeug-, Schiffs- oder Maschinenbau Verwendung. Sie weisen in der Regel einen mittleren Kohlenstoffgehalt auf und sind daher gut plastisch verformbar. Zu den Baustählen zählen beispielsweise Einsatz-, Automaten-, Nitrier- und Vergütungsstähle.

*Einsatzstähle* sind Werkstoffe mit geringem Kohlenstoffgehalt, deren Randzone gehärtet wird (Aufkohlen). Auf Grund der hohen Verschleißfestigkeit wird diese Stahlsorte häufig zur Fertigung von Zahnrädern verwendet.

Das Hauptverwendungsgebiet von *Automatenstählen* ist die Fertigung von Drehteilen. Auf Grund eines hohen Schwefelgehaltes bilden sich bei der spanenden Bearbeitung kurzbrüchige Späne, was sich vorteilhaft auf die Drehbearbeitung auswirkt und kürzere Bearbeitungszeiten zulässt.

*Nitrierstähle* eignen sich auf Grund der verschleißfesten Oberfläche besonders für stark beanspruchte Bauteile. Die Festigkeitssteigerung wird durch Einbringen von Stickstoff in die Randzone erzielt.

Die hohen Festigkeitswerte und die große Zähigkeit erhalten *Vergütungsstähle* durch eine Kombination aus Härten und anschließendem Anlassen bei Temperaturen zwischen 500°C und 700°C. Vergütungsstähle werden in der Hauptsache für Bauteile eingesetzt, die einer hohen dynamischen Beanspruchung ausgesetzt sind (z.B. Walzen, Wellen, Achsen).

*Werkzeugstähle* kommen im Formenbau zur Fertigung von Druck- und Spritzgussformen oder Schmiedegesenken zur Anwendung. Außerdem werden Werkzeuge für die spanende Bearbeitung (z.B. Bohrer oder Fräser) erstellt. Je nach Verarbeitungstemperatur unterscheidet man Kalt-, Warm- und Schnellarbeitsstähle.

*Kaltarbeitsstähle* können bei Temperaturen bis 200°C eingesetzt werden und eignen sich daher für Schneid- und Tiefziehwerkzeuge und Formen für niederschmelzende Materialien.

*Warmarbeitsstähle* finden Verwendung in höheren Temperaturbereichen. Die Anwendungen reichen von Schmiedegesenken über Druckgussformen bis hin zu Pressstempeln.

*Schnellarbeitsstähle* werden in der Zerspanung (z.B. Bohrer) und für Umformarbeiten eingesetzt.

**Aufkohlen**
*ist ein Anreichern der Stahloberfläche mit Kohlenstoff, um diese härter zu machen.*

Darüber hinaus existieren Stähle für Sonderanwendungen mit entsprechenden Eigenschaften. Hierzu zählt beispielsweise *Federstahl*, ein sehr flexibles Material mit hoher Wechselbeständigkeit und Dauerfestigkeit. Er besteht meist aus Edelstahl und ist in Form von Blechen oder als Draht auf dem Markt erhältlich.

| Warmgewalzte Stähle für vergütbare Federn nach DIN EN 10089 | | | | |
|---|---|---|---|---|
| Stahlsorte<br>Werkstoffnummer | $R_{p0,2}$ (min) in MPa | $R_m$ in MPa | Bruchdehnung A (min) in % | Brucheinschnürung Z (min) in % |
| 38 Si 7<br>1.5023 | 1150 | 1300… 1600 | 8 | 35 |
| 56 Si 7<br>1.5026 | 1300 | 1450… 1750 | 6 | 25 |
| 55 Cr 3<br>1.7176 | 1250 | 1400…1700 | 3 | 20 |
| 56 SiCr 7<br>1.7106 | 1350 | 1500… 1800 | 6 | 25 |
| 51 CrV 4<br>1.8159 | 1200 | 1350…1650 | 6 | 30 |
| 46 SiCrMo 6<br>1.8062 | 1400 | 1550…1850 | 6 | 35 |
| 52 SiCrNi 5<br>1.7117 | 1300 | 1450… 1750 | 6 | 35 |
| 52 CrMoV 4<br>1.7701 | 1300 | 1450… 1750 | 6 | 35 |
| **Verwendungsbeispiel:**<br>Federringe, Blatt-, Schrauben-, Teller-, Drehstab-, Ringfedern | | | | |

*Abb. 18: nach [22]*

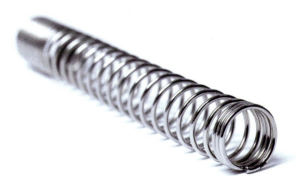

*Bild: Feder aus Federstahl, verchromt.*

## Verarbeitung

Die handwerkliche Bearbeitung von Stahl gestaltet sich auf Grund der meist größeren Härte im Vergleich mit anderen Werkstoffen als schwierig. Alle Stahlsorten sind unter dem Einfluss von Wärme umformend zu verarbeiten, wozu eine entsprechende Ausstattung benötigt wird. Werkstoffe mit niedrigem Kohlenstoffgehalt lassen sich einfacher plastisch verformen. Nach der Kaltumformung ist allerdings mit erhöhten Festigkeitswerten zu rechnen, die Dehnbarkeit nimmt ab. Durch Wärmebehandlungen (z.B. Härten, Vergüten  MET 2,  BES 7) können die Festigkeitswerte entscheidend verbessert werden. Leider nimmt die Verarbeitbarkeit danach ab. Die Schweißeignung wird von den Legierungselementen und dem Kohlenstoffgehalt bestimmt. Die für die einzelnen Stahlwerkstoffe entsprechenden Bearbeitungsmöglichkeiten sind wegen der Vielfältigkeit der Fachliteratur zu entnehmen.

Stahl kann auf einfachem Wege durch eine Wärmebehandlung gefärbt werden. Da lediglich Temperaturen zwischen 220°C und 300°C erforderlich sind, ist dies für kleine Bauteile sogar im heimischen Ofen möglich. Dieser ist auf die für die entsprechende Farbigkeit benötigte Temperatur vorzuwärmen. Das Stahlbauteil oder -halbzeug wird anschließend so lange im Ofen gelagert, bis sich die Anlauffärbung gebildet hat. Verunreinigungen und Oxidschichten sind vor der Wärmebehandlung von den Oberflächen zu entfernen. Hierzu kann es geschliffen oder mit stark verdünnter Schwefelsäure gereinigt werden. Auf der von der Oxidschicht (z.B. Zunder) gereinigten Materialoberfläche perlen beim abschließenden Spülen keine Wassertropfen mehr ab. Weitere Wärmebehandlungsverfahren sind im Kapitel Diffusionsschichten ↗ BES 7 zusammengefasst.

| Glühtemperaturen und erzielbare Farbigkeit | |
|---|---|
| Farben | Temperatur |
| silbriggelb | 220 °C |
| hellgelb | 225 °C |
| strohgelb (hell - dunkel) | 230 - 245 °C |
| dunkelgelb | 250 °C |
| gelbbraun | 255 °C |
| braun | 260 °C |
| rotbraun (hell - dunkel) | 260 - 270 °C |
| purpur (hell - dunkel) | 275 - 290 °C |
| blau | 295 °C |
| dunkelblau | 300 °C |

Abb. 19: nach [30]

Eine schwarze Färbung lässt sich bei Stahlbauteilen auch chemisch durch Tauchen in eine Lösung aus 3,5 Liter Wasser und 6 Teelöffeln Natriumthiosulfat erzielen.

Bild: Zunderschicht auf Stahl.

### Wirtschaftlichkeit und Handelsformen

Stahl gehört zu einem der preisgünstigsten Werkstoffen mit einem breiten Anwendungsspektrum. Das Recycling ist unkompliziert. Stahlwerkstoffe sind in nahezu allen Handelsformen von Voll- über Rohr- und Hohlprofilen, U- und T-Trägern bis hin zu Blechen, Bändern und Drähten auf dem Markt erhältlich.

| Handelsformen von Stahlwerkstoffen | |
|---|---|
| Form | Bezeichnungsbeispiele |
| Stabstähle | Flach DIN 174 – 16x8 – X5CrNi18 – 10<br>Blanker Flachstahl, 16 mm breit, 8 mm dick, aus nichtrostendem Stahl<br><br>Rund DIN 670 – 32 – 35S20+C<br>Blanker Rundstahl, Ø32 mm, ISO-Toleranzfeld h8 aus Automatenstahl 35S20, kaltverformt<br><br>Vierkant DIN 1014 – 10 – C80U<br>Warmgewalzter Vierkantstahl mit 10 mm Seitenlänge aus Werkzeugstahl |
| Formstähle | U-Profil DIN 1026 – U240 – S235JRG1<br>U-Stahl mit 240 mm Höhe aus Stahl S235JRG1<br><br>I-Profil DIN 1025 – IPB220 – S235JR<br>Breiter I-Träger (Doppel-T-Träger), 220 mm hoch, aus Stahl S235JR, warmgewalzt<br><br>L-Profil EN 10056 – 100x5x8 – S235JO<br>Ungleichschenkeliger Winkelstahl, Schenkelbreiten 100 mm und 50 mm, Schenkeldicke 8 mm, aus Stahl S235JO |
| Hohlprofile, Rohre | Rohr DIN 2391 – 60x4 – S355J2G3N<br>Nahtloses Präzisionsstahlrohr, 60 mm Außen-Ø, 4 mm Wanddicke, aus Stahl S355J2G3N<br><br>Rohr DIN 2906 – 1140x115x16 – S235JR<br>Rechteckiges Vierkantrohr, lichte Weite 115 mm x 140 mm, Wanddicke 16mm, aus Stahl S235 JR<br><br>Hohlprofil EN 10210 – 60x60x5 – S355JO, verzinkt<br>Quadratisches Hohlprofil, 60 mm breit, Wanddicke 5mm, verzinkt, aus Stahl S355JO |
| Bleche, Bänder | Blech EN 10130 – 2 – DC04 – Bm<br>Kaltgewalztes Blech aus weichen Stählen, 2 mm dick, beste Oberfläche, matte Ausführung<br><br>Blech EN 10029 – 4,5x2000x4500 – S235JO<br>Warmgewalztes Stahlblech, 4,5 mm dick, aus S235JO, 2000 mm breit, 4500 mm lang |
| Drähte | Draht DIN 2077 – 50CrV-8<br>Verzinkter Stahldraht aus legiertem Stahl C4D, Ø5 mm<br><br>Draht DIN 2077 – 50CrV-8<br>Runder, warmgewalzter Federdraht, Ø8 mm, aus Vergütungsstahl 50CrV |

Abb. 20: nach [8]

### Alternativmaterialien

Eisengusswerkstoffe, Edelstahl, Leichtbauwerkstoffe wie Aluminium, Titan, Magnesium oder faserverstärkte Kunststoffe

*Zunder*

*nennt man die Korrosionsschicht auf Metalloberflächen, die durch Einwirkung des oxidierenden Gases Sauerstoff entsteht.*

## Kapitel MET
### Metalle

### Bezeichnung von Stahlwerkstoffen

Das Bezeichnungssystem von Stählen lässt die Klassifizierung des Werkstoffs nach Verwendungszweck und Eigenschaften, chemischer Zusammensetzung und Werkstoffnummern zu. Außerdem existieren Markennamen oder historisch etablierte Bezeichnungen (z.B. St52, Invar), was die Schwierigkeit zur eindeutigen Kennzeichnung erkennen lässt.

### Klassifizierung nach Verwendungszweck und Eigenschaften

Die Bezeichnung setzt sich aus Haupt- und Nebenbezeichnung zusammen. Das Hauptsymbol gibt die Stahlgruppe und die mechanische Eigenschaft mit dem Wert der Streckgrenze, das Nebensymbol die Kerbschlagzähigkeit sowie besondere Eigenschaften an.

**Bezeichnung von Stählen nach Verwendung und Eigenschaft**

Aufbau eines Kurznamens: S 355 J2G1 W

| Hauptsymbole (Bsp.) | | Zusatzsymbole (Bsp.) | | | | |
|---|---|---|---|---|---|---|
| Kennbuchstabe und Anwendungsbereich | Streckgrenze $R_e$ | Gruppe 1 | | | | Gruppe 2 |
| D Flachstähle zum Kaltumformen | Zahl für Mindeststreckgrenze in N/mm² | Kerbschlagarbeit in Joule | | | Prüftemp. in °C | M thermo-mechanisch gewalzt |
| | | 27J | 40J | 60J | | |
| E Maschinenbaustähle | | | | | | C besonders kalt umformbar |
| | | JR | KR | LR | +20 | L für tiefe Temperaturen |
| H Flacherzeugnisse aus höherfesten Stahl | | J0 | K0 | L0 | 0 | N normalgeglüht |
| | | J2 | K2 | L2 | -20 | Q vergütet |
| L Stähle für Leitungsrohre | | J3 | K3 | L3 | -30 | G andere Merkmale |
| | | | | | | H für Hohlprofile |
| P Stähle für Druckbehälter | | J4 | K4 | L4 | -40 | T für Rohre |
| | | J5 | K5 | L5 | -50 | W wetterfest |
| R Stähle für Schienen | | J6 | K6 | L6 | -60 | |
| S Stähle für den Stahlbau | | | | | | |

Erläuterung zu S 355 J2G1 W:
Stahl für den Stahlbau (S) mit einer Mindeststreckgrenze von $R_e$=355 N/mm² und einer Kerbschlagarbeit von 27 J bei -20 °C (J2). Er ist unberuhigt vergossen (G1) und wetterfest (W).

*Abb. 21: nach [8]*

### Klassifizierung nach chemischer Zusammensetzung

Diese Art der Stahlbezeichnung lässt Rückschlüsse auf die Zusammensetzung des Werkstoffs zu. Im Klassifizierungssystem wird zwischen unlegierten Stählen mit einem Mangangehalt von weniger als 1%, legierten- und hoch legierten Stählen sowie Schnellarbeitsstählen unterschieden.

### Klassifizierung nach Werkstoffnummer

Neben den vorgestellten Bezeichnungsoptionen existieren Werkstoffnummern, die eine Klassifizierung mit Hilfe von Tabellenbüchern möglich machen.

**Bezeichnung von Stählen nach chemischer Zusammensetzung**

Unlegierte Stähle mit einem Mangangehalt < 1%
(außer Automatenstähle)

| Hauptsymbole (Bsp.) | Zusatzsymbole (Bsp.) | |
|---|---|---|
| C und Kennzahl (Kennzahl = Kohlenstoffgehalt in % · 100) | E maximaler S-Gehalt<br>R Bereich des S-Gehaltes<br>C besondere Eignung zum Kaltumformen<br>G andere Merkmale | S für Federn<br>U für Werkzeuge<br>W für Schweißdraht<br>D zum Drahtziehen |

Beispiel: C35E
ist ein unlegierter Stahl (C) mit einem Mangangehalt < 1%, einem C-Gehalt von 0,35% und einem vorgeschriebenen maximalen Schwefelgehalt (E). Diese Stähle werden z.B. als Vergütungsstähle verwendet.

**Legierte Stähle / Gehalt jedes Legierungselementes < 5%**
(außer Schnellarbeitsstähle),
unlegierte Stähle mit einem Mangangehalt > 1% und unlegierte Automatenstähle

| Kurzname besteht aus: | Multiplikationsfaktoren | |
|---|---|---|
| - Kennzahl für den 100fachen Kohlenstoffgehalt<br>- den chemischen Symbolen der Legierungselemente<br>- den mit Faktoren multiplizierten Gehalten der Legierungselemente (siehe nebenstehende Tabelle) | Legierungselement | Faktor |
| | Si, Co, Cr, W, Ni, Mn<br>(Merke: »**Si**e, **Co**nrad **Cr**amer **W**usste **Ni**e **Man**gan«) | 4 |
| | Al, Cu, Mo, Ta, Ti, V, Pb | 10 |
| | C, N, P, S | 100 |
| | B | 1000 |

Beispiel: 16MnCr5
ist ein legierter Einsatzstahl mit 16/100 = 0,16% C und 5/4 = 1,25% Mn. Der Cr-Gehalt ist nicht angegeben.

**Legierte Stähle / Gehalt jedes Legierungselementes > 5%**

Kurzname besteht aus:
- dem Kennbuchstaben X für »hochlegierte« Stähle
- der Kennzahl für den 100fachen Kohlenstoffgehalt
- den chemischen Symbolen der Legierungselemente
- den Gehalten der Legierungselemente, die direkt in % angegeben sind

Beispiel: X10CrNi18-8
ist ein legierter Stahl mit 10/100 = 0,10% C, 18% Cr, 8% Ni. Dieser Stahl gehört zu den nichtrostenden Stählen.

**Schnellarbeitsstähle**

Kurzname besteht aus:
- dem Kennbuchstaben HS für Schnellarbeitsstähle
- den Gehalten der Legierungselemente (Reihenfolge W, Mo, V, Co), die direkt in % angegeben sind

Beispiel: HS6-5-2-5
ist ein Schnellarbeitsstahl mit 6% Wolfram, 5% Molybdän, 2% Vanadium und 5% Cobalt

*Abb. 22: nach [8]*

**Bezeichnung von Stählen und Gusseisen mit Werkstoffnummern**

Werkstoffnummern der Stähle

besteht aus:
- Hauptgruppennummer 1 für Stahl
- zweistellige Nummer für die Stahlgruppe
- zweistellige Zählnummer (erweiterbar auf vier Stellen)

Beispiel: 1.0223(XX)

| Werkstoff-Hauptgruppe<br>1 für Stahl | Stahlgruppennummer<br>02 für Baustahl | Zählnummer<br>23<br>(erweiterbar) |
|---|---|---|

Der Nummernschlüssel kann Tabellenbüchern entnommen werden.

**Werkstoffnummern der Gusseisenwerkstoffe**

besteht aus:
- sieben Positionen, die ohne Zwischenraum aneinander geschrieben werden. Die Bedeutung der Nummern kann Tabellenbüchern entnommen werden.

Beispiel: EN-JS 1060 (für ENGJS-600-3)

| 1) Europäische Norm (EN) | 2+3) Gusseisen mit Kugelgrafit (JS) | 4) Zugfestigkeit (1) | 5+6) Werkstoffkennziffer (06) | 7) keine besonderen Anforderungen (0) |

*Abb. 23: nach [8]*

## MET 3.1.3
### Eisenwerkstoffe – Edelstahl

Die Erfindung eines Verfahrens zur Herstellung edler Stähle zu Beginn des 20. Jahrhunderts beschleunigte die Entwicklung von Bauteilen und Produkten für Bereiche, in denen Werkstoffe mit nicht rostenden Eigenschaften benötigt wurden. Zum ersten Mal konnten so wiederverwendbare und sterilisierbare Instrumente für den medizinischen Bereich aus Eisenwerkstoffen hergestellt werden.

*Eigenschaften*
Edelstähle sind Stahlwerkstoffe, deren Eigenschaften durch zulegierte Materialien (z.B. Nickel) und Stahlveredler verbessert werden. Kennzeichnend ist ein hoher Chromanteil, der meist einen Wert von 12% übersteigt. Hingegen ist der Phosphor- und Schwefelgehalt meist unbedeutend. Im Gegensatz zu anderen Eisenwerkstoffen sind Edelstähle extrem korrosionsbeständig und nicht rostend. Es lassen sich sehr gute und besondere Oberflächenqualitäten mit optischen Effekten und Spiegelungen erzielen. Die Festigkeits- und Härtewerte sind hoch.

Für Großanlagen der chemischen Industrie bieten Edelstähle ebenso vorteilhafte Eigenschaften wie für die Meerestechnik und den Umweltschutz (z.B. Rauchgasreinigung).

*Verarbeitung*
Die Verarbeitung von Edelstählen ist auf Grund der hohen Festigkeitswerte schwierig. Der Werkstoff kann gewalzt und in dünnwandige Bleche geformt werden. Zudem weisen Edelstähle eine gute Schweißeignung auf. Optische Effekte werden durch polierte, fein geschliffene, grob bearbeitete oder gebürstete Oberflächen erzielt.

*Wirtschaftlichkeit und Handelsformen*
Wegen der hohen Werkstoffkosten werden in aller Regel nur Edelstahlbleche verarbeitet und als Verkleidung für günstige aber nicht korrosionsbeständige Materialien verwendet. Nickel und Chrom sind die Legierungselemente, deren Anteil die Kosten für Edelstähle in die Höhe treiben.

*Alternativmaterialien*
Beschichteter Stahl (z.B. verchromt), Nickel- und Titanlegierungen, Bronzen

*Bild: Klappgrill aus Edelstahl./ Hersteller: Ledder Werkstätten/ Foto: Bastian Heßler/ Design: www.UNITED-DESIGNWORKERS.com*

*Bild: Erscheinung von Edelstahl./ Spülbecken von bulthaup*

*Verwendung*
Die Produktionsmöglichkeit und Verarbeitung von Edelstählen hat die Anwendungsoptionen von Eisenwerkstoffen in Bereichen erweitert, in denen die Neigung zum Rosten und zur Korrosion ein Hemmnis darstellen würde. Derzeit erfreuen sich Haushaltsprodukte und Möbel mit Edelstahloberflächen steigender Beliebtheit. Vor allem für Schneidwerkzeuge und Klingen jeglicher Art sowie nicht rostende Apparaturen eignen sich Edelstähle in besonderem Maße. Darüber hinaus kommt der Werkstoff im Baugewerbe, in Spülmaschinen, beim Heizkesselbau oder zur Herstellung von Befestigungselementen wie Schrauben oder Nägeln zum Einsatz.

*Bild rechts: »Edelstahlseife«. Durch Waschen unter kaltem Wasser werden unangenehme Gerüche (z.B. von Knoblauch, Zwiebeln, Fisch, Benzin) durch eine chemische Reaktion schonend und hautfreundlich beseitigt.*

*Bild unten: Kinderbesteck »Baba« aus 18/10 Edelstahl./ Design: Claudia Christl./ Produzent: Wilkens*

## MET 3.2
### Nichteisenleichtmetalle

## MET 3.2.1
### Nichteisenleichtmetalle – Aluminiumlegierungen

Nach Sauerstoff und Silizium steht Aluminium an dritter Stelle in der Häufigkeit aller Elemente und ist in meist gebundener Form zu etwa 8% am Aufbau der Erdkruste beteiligt. Der Name ist vom lateinischen Begriff »alumen« abgeleitet, einem seit dem Altertum bekannten Material (Kaliumaluminiumsulfat) zum Gerben von Leder. Aluminium wurde 1821 zum ersten Mal aus *Bauxit* gewonnen. Trotz des erforderlichen hohen Energiebedarfs bei der Herstellung sind Aluminiumlegierungen neben Stahl die wichtigsten technischen Werkstoffe.

### Eigenschaften

Dies liegt vor allem an der geringen Dichte des Werkstoffs (2,7 kg/dm$^3$) bei Festigkeitswerten, die mit denen von Baustählen vergleichbar sind. Aluminium ist ein leichtes und in reiner Form weiches Material mit einer silberweiß glänzenden Erscheinung. Es reagiert unmittelbar mit dem in der Luft enthaltenen Sauerstoff und bildet dabei eine dünne, durchsichtige und am Grundmaterial fest haftende Oxidationsschicht mit hoher Witterungs- und Korrosionsbeständigkeit. Außerdem weist Aluminium eine hohe Widerstandsfähigkeit gegenüber Chemikalien auf und ist beständig gegenüber organischen Säuren. Aluminiumlegierungen sind sehr gute Leiter für elektrischen Strom und Wärme. Die Leitfähigkeit wird nur von Silber und Kupfer übertroffen (Ostermann 1998).

Bild: Das Gehäuse besteht aus einem tragenden Aluminiumdruckgusskörper, in dem die technischen Komponenten integriert sind./ Fotos: rhombus

Abb. 24: nach [8]

Bild unten: Dekorblech aus Aluminium./ Hersteller: Fielitz

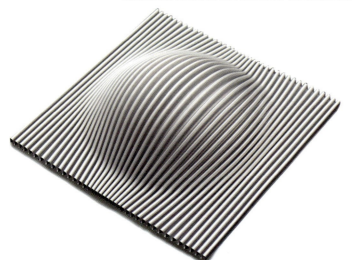

### Verwendung

Das Eigenschaftsprofil, im Besonderen das geringe Gewicht bei gleichzeitig guter Festigkeit, macht Aluminium zu einem der bedeutendsten Werkstoffe für den Leichtbau in der Fahr- und Flugzeugindustrie. Seit den 90er Jahren ist Aluminium für Kfz-Karosserien bekannt. Im Sport-, Camping- und Freizeitbereich finden sich viele Gebrauchsgegenstände und Sportgeräte aus Aluminium, die die Belastungen des menschlichen Körpers so gering wie möglich halten. Weitere Anwendungen liegen im Sanitär- und Architekturbereich. Die guten Eigenschaften zum Leiten elektrischen Stroms machen Aluminium für die Elektroindustrie interessant. Wegen der Undurchlässigkeit für Sauerstoff werden Nahrungs- und Genussmittel mit Aluminiumfolien vor frühzeitigem Verderb geschützt. Das Leichtmetall hat eine große Bedeutung für den Behälter- und Apparatebau und wird wegen der guten Chemikalienbeständigkeit in der chemischen Industrie verwendet. Die gute Witterungsbeständigkeit, das geringe Gewicht und die leichte Verarbeitbarkeit macht ihn für das Baugewerbe geeignet.

### Verarbeitung

Aluminium und seine Legierungen lassen sich relativ leicht sowohl warm als auch kalt umformen (z.B. Tiefziehen, Biegen) und sind sehr gut gießbar. Etwa 30% aller Aluminiumbauteile gehen auf Gießverfahren (z.B. Druckguss) zurück. Für umformende Bearbeitungen ist besonders das Strangpressen geeignet. Da Aluminium sehr weich ist, neigt es bei der spanabhebenden Bearbeitung zum Schmieren. Um hier eine gute Oberflächenqualität zu erzielen, sollte eine hohe Schnittgeschwindigkeit bei großem Spanwinkel gewählt werden. Aluminiumbauteile lassen sich sowohl schweißen (WIG-, MIG-Verfahren FUE 5.4) als auch löten. Jedoch muss die Oxidationsschicht zunächst entfernt und deren Neubildung verhindert werden. Die Verwendung von Flussmitteln oder Schutzgas ist unabdingbar. Mit Epoxid- oder Phenolharzen FUE 4.2.1, FUE 4.2.2 lassen sich Klebeverbindungen erstellen, deren Bedeutung in den letzten Jahren stark zugenommen hat. Aluminium kann sowohl geschliffen als auch poliert werden. Für farbige Oberflächen wird häufig das Anodisieren BES 6.5 verwendet, bei dem eine Korrosionsschicht aus $Al_2O_3$ elektrolytisch aufgebracht wird.

### Wirtschaftlichkeit und Handelsformen

Aluminiumprofile werden direkt aus der Schmelze erzeugt und sind in den unterschiedlichsten Formen auf dem Markt erhältlich. Außerdem können Bleche und Drähte günstig erworben werden. Der Preis von Aluminium liegt volumenbezogen etwa um den Faktor 1,5 über dem von Stahl. Bei den Aluminiumlegierungen werden Al-Knetlegierungen und Al-Gusslegierungen unterschieden (Bargel, Schulze 2004).

### Alternativmaterialien

Titan, Magnesium, faserverstärkte Kunststoffe (z.B. GFK), Stahl

## MET 3.2.2
### Nichteisenleichtmetalle – Magnesiumlegierungen

Magnesium ist der leichteste metallische Werkstoff, dessen technisches Potenzial auf Grund der hohen chemischen Reaktivität jedoch noch nicht vollends ausgeschöpft ist. Nur etwa 100000 Tonnen pro Jahr werden für Konstruktionszwecke verwendet (Ilschner, Singer 2005). Der Name des Werkstoffs geht auf die Region Magnesia (heute Magnisia) in Griechenland zurück, wo Mitte des 18. Jahrhunderts Kalzium- und Magnesiumsalze entdeckt wurden. Allerdings begann die technische Verwertung des Werkstoffs erst gegen Ende des 19. Jahrhunderts. Es ist das achthäufigste Element der Erde und hat ein Vorkommen von etwa 2% in der Erdkruste.

*Eigenschaften*
Verglichen mit Aluminium ist Magnesium ein relativ weiches Material mit einem silberweißen Glanz. In der Luft reagiert es direkt mit Sauerstoff und bildet eine weißlichgraue und poröse Oxidschicht. Die hohe Reaktivität des Werkstoffs ist jedem aus dem Chemieunterricht bekannt, wo Magnesium im Experiment mit einer sehr hellen, weißen Flamme verbrannt wird. Das herausragende Charakteristikum des Leichtmetalls ist sein geringes Gewicht. Mit einer Dichte von nur 1,74 kg/dm$^3$ erreicht es den Wert von Aluminium nur etwa zu einem Drittel. Gleiches gilt für die elektrische Leitfähigkeit im Vergleich zu Kupfer. Die niedrigen Festigkeitswerte und der mäßige chemische Widerstand von Magnesium können durch Zulegieren von Aluminium oder anderen Legierungselementen verbessert werden.

*Verwendung*
In den letzten Jahren ist Magnesium als Leichtbauwerkstoff für die Fahrzeug- und Luftfahrtindustrie ins Interesse zahlreicher Entwicklungsprojekte gerückt. Das geschätzte Gesamtpotenzial von 50 kg bis 80 kg pro Kraftfahrzeug wird aber noch nicht erreicht. Dies hängt mit den schlechten mechanischen Eigenschaften zusammen. Durch Zulegieren von Aluminium, Mangan, Silizium oder Zink werden die Werte verbessert, wodurch Magnesiumgusslegierungen heute schon in Leichtbaukonstruktionen zu Motorhauben, Heckklappen, Türmodulen, Felgen oder Karosserieelementen verarbeitet werden oder im Motorbau Verwendung finden (Weißbach 2004). Zudem werden sie für Gehäuse im Elektronikbereich eingesetzt. Wegen seiner hohen Reaktivität wird Magnesium für Blitzlichter und Leuchtmunition verwendet. Die praktisch unbegrenzte Verfügbarkeit und gute Recyclingfähigkeit machen das Leichtmetall für Anwendungen im Maschinen- und Fahrzeugbau geeignet. Als Mineral ist Magnesium zudem wichtig für den menschlichen Organismus. Ein Mangel kann zu Depressionen, Muskelkrämpfen und Herzrhythmusstörungen führen. Die natürliche Aufnahme über die Nahrung (Spinat, Nüsse) kann durch Magnesiumtabletten ergänzt werden.

*Verarbeitung*
Magnesium kann gut zerspant und sehr gut vergossen werden. Etwa 90% der Magnesiumformteile werden im Druckgussverfahren verarbeitet. Die hohen Fließgeschwindigkeiten gestatten deutlich geringere Wandstärken im Vergleich zu Aluminium. Die durch die hohe Affinität zum Sauerstoff bestehende starke Oxidationsneigung bedingt allerdings für Gießvorgänge ein Auflegieren des Werkstoffs. Daher sind besondere Mg-Gusslegierungen entwickelt worden. Magnesium kann mit doppelt so hohen Schnittgeschwindigkeiten zerspant werden wie Aluminium. Das Umformen des Werkstoffs ist mit unterschiedlichen Presstechniken ebenso möglich wie durch Walzen oder Schmieden. Stranggepresste Magnesiumprofile haben in zahlreichen Gebrauchsgegenständen Verwendung gefunden. Zum Schweißen von Magnesiumlegierungen ist das WIG-Schweißen oder das Gasschmelzschweißen üblich.

*Wirtschaftlichkeit und Handelsformen*
Die Kosten für Magnesium liegen höher als die von Aluminium, fallen aber wesentlich geringer aus als die für Titan. Magnesiumprofile stehen in unterschiedlichen Querschnittsformen als Blech, Band und Rohr oder in verschiedenen Drahtquerschnitten zur Verfügung.

*Alternativmaterialien*
Aluminium, Titan, faserverstärkte Kunststoffe

Bild: Kurbelgehäuse der Motorsäge durch Magnesiumdruckguss./ Foto: STIHL AG & Co. KG

## MET 3.2.3
### Nichteisenleichtmetalle – Titanlegierungen

Titandioxid wurde erstmals im englischen Cornwall 1789 nachgewiesen. Unabhängig davon entdeckte der deutsche Chemiker Heinrich Klapproth 1795 das Leichtmetall und benannte das neue Element nach den Titanen, riesigen Gestalten der griechischen Mythologie. Der Titananteil der Erdkruste liegt etwa bei 0,5%. Das Metall gilt mit seinen Legierungen als der jüngste unter den klassischen metallischen Konstruktionswerkstoffen. Seine Herstellung gelang erstmals 1910. Während der Koreakrise in den 50er Jahren erlangte der Werkstoff Bedeutung für den militärischen Flugzeugbau (Ilschner, Singer 2005).

### Eigenschaften
Reintitan verfügt über ähnliche Festigkeitswerte wie Stahl, ist aber um 40% leichter. Das macht den Werkstoff neben Aluminium und Magnesium als typisches Material für Leichtbauanwendungen besonders geeignet. Seine gute thermische Belastbarkeit und Hitzebeständigkeit sind herauszustellen. In reiner Form (99,2%) hat Titan eine silberweiße Erscheinung. Es ist chemisch gesehen als unedel zu betrachten, bildet aber schnell eine gut schützende Oxidschicht, mit der die hohe Korrosionsbeständigkeit und Resistenz gegenüber chemischen und atmosphärischen Einflüssen erklärt werden kann. Zudem weisen Titanwerkstoffe eine geringe Wärmeausdehnung und niedrige elektrische Leitfähigkeit auf. Am häufigsten wird der Werkstoff Titan in Legierungen mit Aluminium, Zinn, Molybdän oder Zirkonium eingesetzt (Peters, Legens, Kumpfert 1998).

**Implantate aus Titan**
*Die hohe Verschleißfestigkeit und gute Körperverträglichkeit macht ihn als Werkstoff für Implantate unentbehrlich.*

Bild: Implantate für Hüftgelenke aus Titan./ Hersteller: Peter Brehm

Bild: Guggenheim-Museum in Bilbao von Frank O. Gehry, Außenhülle des Gebäudes besteht aus gebogenen Titanplatten.

### Verwendung
Wegen der hohen Herstellungskosten werden Titanlegierungen für Anwendungen verwendet, bei denen der Werkstoff auf Grund seiner Eigenschaften konkurrenzlos ist. So bieten seine hohen Festigkeitswerte im Verbund mit der guten thermischen Beständigkeit und geringen Dichte ideale Voraussetzungen für den Einsatz im Flugzeugbau und in der Raumfahrt. Gegenwärtig werden 90% der Titanherstellung in diesem Bereich verwendet. Überschallflugzeuge bestehen zu einem großen Anteil aus dem Leichtmetall. Die hohe Verschleißfestigkeit und gute Körperverträglichkeit macht ihn als Werkstoff für Implantate, Prothesen und Knochennägel besonders geeignet. Gelenkprothesen aus Titan weisen eine sehr hohe Lebensdauer auf. Ein weiteres Anwendungsfeld ist die Schmuckherstellung. Zudem werden Titanlegierungen als Leichtbauwerkstoffe für Sportgeräte, Notebooks und Kameras eingesetzt. Der Vorteil des Materials für Brillengestelle ist offensichtlich. Titan kann die Witterungsbeständigkeit und Festigkeit von Kunststofffolien erhöhen und die Korrosionseigenschaften von Apparaten in der chemischen Industrie verbessern. Hier dient es beispielsweise zur Auskleidung von Säurebehältern. Titanbeschichtungen erhöhen bei Gläsern die Eigenschaften zur Wärmedämmung ↗ GLA 4.5. Als weißes Pigment und Färbemittel für Kunststoffe, Papier oder Lacke kommen Titanoxide schon seit Jahrzehnten zum Einsatz.

### Verarbeitung
Titan ist ein sehr zäher Werkstoff und daher nur schwer zerspanbar. Zur Kaltumformung (z.B. Tiefziehen ↗ FOR 7.1, Biegen ↗ FOR 9, Abkanten) muss die Elastizität des Materials (Neigung zur Rückfederung) sowie die Rissempfindlichkeit berücksichtigt werden. Die Umformung sollte daher unter Einfluss von Wärme bei Temperaturen zwischen 150°C bis 450°C erfolgen (Merkel, Thomas 2003). Gewalzt oder geschmiedet werden Titanwerkstoffe bei Temperaturen von etwa 800°C. Über 950°C wird das Metall spröde. Warmumformungen und Schweißen sind daher schwierig. Lediglich Edelgasschweißverfahren lassen sich problemlos anwenden (Seidel 2005). Wegen der hohen Reaktivität der Titanschmelze und der hohen Verarbeitungstemperaturen haben Gießverfahren für die Formteilherstellung keine große Bedeutung. Glänzende Metalloberflächen ergeben sich nach der Behandlung mit einem Gemisch aus Salpeter- und Flusssäure (1 Teil 30%ige wässrige $HNO_3$ und 4 Teile 40%iger HF). Titanwerkstoffe lassen sich ausgezeichnet polieren.

### Wirtschaftlichkeit und Handelsformen
Die Gewinnung von Titan ist kostspielig, obwohl die Vorkommen durchaus reichhaltig sind. Der Werkstoff ist massebezogen etwa 10 Mal teurer als Aluminium.

### Alternativmaterialien
Aluminium, Magnesium, faserverstärkte Kunststoffe, MMC

## MET 3.3
### Nichteisenschwermetalle

## MET 3.3.1
### Nichteisenschwermetalle – Kupferlegierungen

Kupfer gilt als erster Werkstoff der Menschheitsgeschichte. Er wurde bereits vor ungefähr 9000 Jahren in der Steinzeit verwendet und zu Gegenständen geformt. Im Gebiet Vorderasiens und um das östliche Mittelmeer nutzten die ersten Hochkulturen den Werkstoff zur Herstellung von Waffen, Münzen und zum Bau von Denkmälern. So bestand der Koloss von Rhodos aus dem zyprischen Erz »aes cyprium«, wie die Römer den Werkstoff nannten (Seidel 2005). Heute kommen im technischen Bereich neben reinem Kupfer (bis zu einem Anteil von 99,3% Cu) vor allem Kupferlegierungen wie Neusilber (Kupfer-Zink-Nickel Legierung ↗ MET 3.3.4), Messing ↗ MET 3.3.3 oder Bronze ↗ MET 3.3.2 zur Anwendung.

### Eigenschaften
Nach Silber und Gold weist Kupfer die beste elektrische Leitfähigkeit auf und ist ein sehr guter Wärmeleiter. Der Werkstoff ist zudem gut dehnbar. Reines Kupfer ist hellrot, oxidiert aber schnell mit der in der Luft enthaltenen Kohlensäure und bildet dabei eine hellgrüne Schicht aus basischen Kupferkarbonat (Bargel, Schulze 2004). Je nach Art der Kupferlegierung kann die Oxidschicht auch eine Färbung zwischen rötlichem Braun und bläulichem Grün annehmen. Diese ist als eine Art Schutzschicht zu verstehen, woraus sich die hohe Beständigkeit gegenüber Feuchtigkeit und Meerwasser erklärt. Als Bauwerkstoff bringt erst der Alterungsprozess von Kupferlegierungen die vollständige optische Qualität zum Vorschein. Der Einsatz des Materials im Baugewerbe ist üblich, wobei Anwendungen als Dachbelag gelegentlich vorzufinden ist. Für die Lagerung von Fruchtsäften und Weinen ist wegen der enthaltenen Essigsäure Kupfer nicht geeignet.

Bild: Kupferverkleidung – Polizeiwache in München./ Foto: KM Europa Metal AG, Osnabrück

### Verwendung
Das Haupteinsatzgebiet für Kupferlegierungen (70%) sind Anwendungen in der Elektrotechnik (z.B. Platinen, Spulen, Generatoren, Computerchips). Darüber hinaus wird der Werkstoff auch für Frei- und Oberstromleitungen genutzt, wo neben der guten Leitfähigkeit auch die vergleichsweise hohen Festigkeitswerte von Kupfer ausgenutzt werden. Die guten Wärmetransporteigenschaften machen den Werkstoff für Heizanlagen und Wärmetauscher besonders geeignet. Für Kühlschlangen (z.B. in Kühlschränken) ist darüber hinaus die Beständigkeit des Eigenschaftsprofils von Kupferwerkstoffen auch bei niedrigen Temperaturen wichtig. Die sehr gute Beständigkeit gegen Feuchte wird im Baugewerbe und im Sanitärbereich genutzt. Die gesundheitliche Unbedenklichkeit und die Eigenschaft zur Hemmung des Wachstums bestimmter Bakterien machen Kupfer für Rohrleitungssysteme im Bereich der Trinkwasserversorgung und für den Kesselbau in Brauereien geeignet. Außerdem wirken sich die desinfizierenden Eigenschaften positiv auf die Nutzung von Kupferlegierungen für Türklinken und Fenstergriffe aus. Die Ausbreitung von Keimen wird behindert. Auf Grund der sich langsam bildenden hellgrünen Patina des Werkstoffs ist dieser vor allem auch im Kunstgewerbe beliebt. Die gute Färbbarkeit wird als architektonisches Gestaltungsmittel genutzt. Auch in der Münzherstellung werden Kupferlegierungen häufig verwendet. Die goldfarbene 1 Euro-Münze besteht beispielsweise aus einer Kupfer-Zink-Aluminium-Zinn-Legierung.

### Verarbeitung
Die Zähigkeit von Kupferwerkstoffen beeinflusst die zerspanende Bearbeitung eher negativ. Der Werkstoff neigt zum Schmieren, kann aber geschliffen und poliert werden. Glänzende Kupferoberflächen müssen vor Oxidationsvorgängen mit einem Lacküberzug geschützt werden. Da geschmolzenes Kupfer zur Aufnahme von Gasen wie Sauerstoff neigt und zudem ein schlechtes Formfüllungsvermögen aufweist, ist der Werkstoff nur sehr schwer vergießbar. Als Gießwerkstoff kommen daher nur Kupferlegierungen in Frage (z.B. Bronze-Kupfer-Zinn-Legierung). Spanlose Umformprozesse (Drücken, Walzen) sind unproblematisch möglich. Eine Umformung bis zu einer Temperatur von maximal 350°C ist zu empfehlen, da bei größerer Erwärmung die Gefahr zum Bruch sprunghaft ansteigt. Besonders hervorzuheben ist die sehr gute Tiefziehbarkeit von Kupferblechen. Drähte können bis zu einem Durchmesser von 0,1 mm kalt gezogen werden. Die Biegetechnologie ist weitestgehend komplikationsfrei anwendbar. Das Fügeverfahren für Kupferbauteile ist das Löten. Es kann sowohl weich als auch hart gelötet werden. Zudem lässt sich Kupfer vor allem unter Schutzgas (WIG, MIG) schweißen. Klebeverbindungen entstehen am günstigsten unter Verwendung von Epoxidharz- oder Cyanacrylatklebern.

*Oxidation*

ist eine chemische Reaktion und beschreibt nicht nur die Bildung von Oxiden (Verbindungen mit Sauerstoff), sondern auch Reaktionen, bei denen Wasserstoffatome einer Verbindung entzogen (reduziert) werden.

*Grünspan*

ist giftiges Kupferacetat und bildet sich durch eine Reaktion von Essigsäure mit Kupfer

Bild: Kupferrohr./ Foto: KM Europa Metal AG, Osnabrück

Bild: Kupferblech./ Foto: KM Europa Metal AG, Osnabrück

## Kapitel MET
### Metalle

*Patina*
Die Patina, die insbesondere durch Oxidation auf Metallen entsteht, bildet einen Versiegelungs-Schutz, z.B. wie bei dieser ornamentverzierten Kupferfassade in Boston, USA.

Auf Grund der hohen Reaktivität mit oxidierenden Säuren lässt sich eine Färbung von Kupferoberflächen mit relativ einfachen Mitteln dauerhaft bewerkstelligen. Die dafür notwendigen Chemikalien sind in Apotheken oder Drogerien frei erhältlich. Eine gleichmäßige Schicht und Verfärbung (Patina) wird durch Tauchen des Kupferbauteils in die für die gewünschte Oberflächenfarbe erforderliche chemische Substanz erreicht. Behältnisse aus Porzellan, Glas oder Polyurethan und eine entsprechende Schutzbekleidung für den Werkstattbereich (Handschuhe, Schutzbrille) sind empfehlenswert.

Vor der Behandlung ist der Kupferwerkstoff von Verunreinigungen auf der Oberfläche zu befreien. Dies kann spanend durch einfaches Schleifen oder aber durch Einsatz stark verdünnter Schwefelsäure oder eines Flussmittels wie beim Löten ↗ FUE 6 erfolgen. Sobald beim abschließenden Spülen keine Wassertropfen mehr abperlen, kann von einer vollständig gereinigten Kupferoberfläche ausgegangen werden.

Bild: Gefärbtes Kupferrohr durch Oberflächenbehandlung.
Bild unten: Fitting aus Kupfer, hergestellt durch Innenhochdruckformen (Rohrkuppe muss noch abgetrennt werden).

Nach Sprenger, Struhk 2004 wird für das Färben in den gewünschten Farbtönen Grün, Braun oder Schwarz folgende chemische Behandlung empfohlen:

**Grünspan:**
3 Teile Kupferkarbonat, 1 Teil Kupferacetat, 1 Teil Weinstein, 1 Teil Ammoniumchlorid (Salmiak) und 8 Teile Essigsäure (Essigessenz) mischen, das Bauteil eintauchen und die Substanz gleichmäßig mit einem Pinsel auf die Oberfläche auftragen. Der Grünspaneffekt bildet sich nach einigen Tagen. Alternativ können der Saft von Dosensauerkraut oder auch handelsübliche fertige Patiniermittel eingesetzt werden.

**Braun:**
Das Kupferbauteil solange in eine Lösung aus 2 Teelöffeln Kalischwefel und 4,5 Liter heißem Wasser tauchen, bis die gewünschte Färbung einsetzt. Abschließend spülen.

**Schwarz:**
Zur Erzielung einer schwarzen Färbung wird das Werkstück in eine Lösung aus 1 Teelöffel Kalischwefelleber und 1/4 Teelöffel Ammoniakwasser in 1 Liter kaltes Wasser getaucht.

*Wirtschaftlichkeit und Handelsformen*
Gewalzte Bleche oder Bänder und gezogene nahtlose Rohre und Drahtprofile sind die üblichen erhältlichen Halbzeuge von Kupferlegierungen.

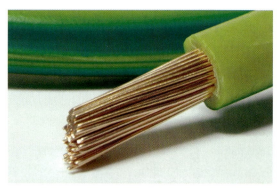

Bild: Kupferkabel.

Rohre können zudem auch gepresst werden. Außerdem ist Stangen- und Blockmaterial auf dem Markt erhältlich. Der Preis für Kupfer liegt höher als der für Stähle und bewegt sich auf einem vergleichbaren Niveau mit Aluminium (Ilschner, Singer 2005).

*Alternativmaterialien*
Edelstahl, Silber für besondere elektrische Leitungen, Chrombeschichtungen

## MET 3.3.2
### Nichteisenschwermetalle – Bronze

Das schon vor etwa 3500 Jahren bekannte Bronze, das einer ganzen kulturellen Epoche, der Bronzezeit (2000-1000 v. Chr.), seinen Namen gab, ist ein Legierungsprodukt aus etwa 80% bis 90% Kupfer und Zinn und war die erste vom Menschen gezielt genutzte Legierung. Waffen und Werkzeuge aus Bronze verdrängten in dieser Zeit auf Grund der höheren Festigkeit die bis dahin aus Stein und Kupfer gefertigten Werkzeuge. Ein damaliges Zentrum für Handel und Verarbeitung lag in der Stadt Brindisi im südlichen Italien. Die Bezeichnung Bronze geht auf den lateinischen Ortsnamen »Brundisium« zurück.

*Eigenschaften*
Heute werden alle Kupferlegierungen mit einem Kupfergehalt von mehr als 60% als Bronzen bezeichnet. Nach dem Hauptlegierungselement unterscheidet man das typische *Zinnbronze* als Legierung aus Kupfer und Zinn, *Aluminiumbronze* aus einer Verbindung von Kupfer und Aluminium und *Rotguss* als *Mehrstoffbronze* aus Kupfer, Zinn und Zink. Zinn verschafft der Bronze höhere Festigkeitswerte und Verschleißeigenschaften im Vergleich zu reinem Kupfer. Aluminiumbronze als Legierungsprodukt ist darüber hinaus zäh und besonders korrosionsbeständig. Rotguss hat vor allem gute Gleiteigenschaften. Des Weiteren sind Bronzen mit den Legierungselementen Silber, Beryllium, Mangan, Silizium und Phosphor in Anwendung (Shackelford 2005, Seidel 2005).

*Verwendung*
Bronze wird wegen der warmbraunen *Patina* seit jeher zur Herstellung von Kunstgegenständen, Denkmälern und Skulpturen genutzt. Da der Werkstoff auch für Medaillen für sportliche Auszeichnungen Verwendung findet, wird er oftmals fälschlicherweise den Edelmetallen zugeordnet. Im Bereich der Innenarchitektur erleben Bronzen neben anderen Kupferlegierungen derzeit eine Renaissance. Wegen der guten Dämpfungseigenschaften werden Glocken zu einem Großteil aus Bronze hergestellt. Technische Anwendung findet die Zinnbronze auf Grund ihrer Verschleißfestigkeit als Lagerwerkstoff in Pumpen. Weitere Produktbeispiele sind Membrane, Federn und Siebdrähte. Rotguss wird für Gleitanwendungen in Getrieben und als Armaturwerkstoff, Aluminiumbronze wegen seiner Korrosionsbeständigkeit vor allem in der chemischen Industrie und für Schiffsschrauben verwendet.

*Verarbeitung*
Eine zerspanende Bearbeitung von Bronzelegierungen ist möglich, wohingegen sich die Umformbarkeit in der Regel auf die Kaltverformung beschränkt. Zinnbronzen werden in der Hauptsache gießtechnisch (Sand-, Strang- oder Schleuderguss) verarbeitet. Dabei muss ein Schwindmaß zwischen 0,75% und 1,5% berücksichtigt werden (Beitz, Grote 2001). Schweißen lassen sich Bronzen nur eingeschränkt, löten hingegen gut.

*Wirtschaftlichkeit und Handelsformen*
Kupfer-Zinn-Legierungen sind in Form von Blechen, Bändern, Stangen und Rohren auf dem Markt erhältlich. Obwohl Bronzen die Festigkeitswerte von nicht rostenden Stählen erreichen, müssen die deutlich höheren Kosten beachtet werden.

*Alternativmaterialien*
Edelstahl, Bronzen, Silber für besondere elektrische Leitungen

*Bild: Denkmal aus Gussbronze.*

### MET 3.3.3
### Nichteisenschwermetalle – Messing

Messing ist ein Legierungsprodukt aus Kupfer und aus bis zu 45% Zink. Es wurde bereits im 3. Jahrtausend vor Christus in der Umgebung des antiken Babylon zur Herstellung von Schmuck und anderen Gegenständen mit ästhetischer Qualität verwendet. Es ist die in der Technik am häufigsten genutzte Kupferlegierung. Etwa 70 verschiedene Messingsorten sind bekannt, zu denen beispielsweise *Gelb*- und *Rotmessing* sowie das *Gold*- bzw. *Rottombak* gehören.

Bild: Trompete aus Messing.

#### Eigenschaften
Zink bewirkt gegenüber Kupfer eine Steigerung von Härte und Festigkeit. Wie Kupfer verfügt Messing über gute Eigenschaften zur Leitung von elektrischem Strom und Wärme und weist eine gute Korrosions- und Witterungsbeständigkeit auf. Die einzelnen Messinglegierungen unterscheiden sich im Wesentlichen durch den Zinkanteil, der in der Nomenklatur besonders hervorgehoben wird (z.B. CuZn37 mit einem Zinkanteil von 37%). Früher hatte Messing eine eigene Bezeichnung (Ms) mit Betonung auf den Kupfergehalt, so dass für das Beispiel auch der Name Ms 63 kursiert. Bei einem hohen Kupferanteil wirkt Messing goldbraun und variiert mit dessen Abnahme bis ins goldgelbe. Hervorzuheben ist die besondere Klangqualität des Werkstoffs, die es für Musikinstrumente besonders geeignet macht.

#### Verwendung
Die hohe Witterungsbeständigkeit in Kombination mit einer hohen Verschleißfestigkeit macht Messinglegierungen vor allem für das Baugewerbe (z.B. Rohrsysteme, Badinstallationen, Armaturen) interessant. Auf Grund der Ähnlichkeit mit Gold kommt Messing aus Kostengründen für Beschläge, Dekorbleche und Schmuckerzeugnisse zum Einsatz. Zudem werden Blechblasinstrumente aus dieser Kupferlegierung hergestellt. Weitere Anwendungen sind Heizungen in Fahrzeugen, Münzen, Patronenhülsen, Uhrengehäuse und korrosionsfeste Teile der optischen Industrie.

#### Verarbeitung
Messing ist einfacher zu zerspanen als reines Kupfer. Der Zusatz von 1%–3% Blei verbessert diese Eigenschaft. Hier bietet die Legierung CuZn39Pb2 (39% Zink, 2% Blei) die besten Werte, die nur noch von Aluminiumlegierungen übertroffen wird (Bargel, Schulze 2004). Eine Umformung von Messingbauteilen ist unproblematisch (z.B. Tiefziehen, Drücken, Walzen, Prägen, Biegen). Zum Schweißen sollte das WIG-Verfahren FUE 5.4 bevorzugt werden. Messing lässt sich leicht löten und kann besser geschweißt werden als Kupfer. Der Werkstoff ist gut schleif- und polierbar. Wie die Bronzen kann auch Messing gießtechnisch verarbeitet werden. Die chemische Färbbarkeit ist mit den unter Kupfer genannten Möglichkeiten möglich.

#### Wirtschaftlichkeit und Handelsformen
Die üblichen auf dem Markt erhältlichen Messinghalbzeuge sind gezogene Profile, Drähte und Bleche. Die Kosten für Messing liegen höher als für die edlen, nicht rostenden Stahlsorten.

#### Alternativmaterialien
Edelstahl, Bronzen, Gold im Schmuck- und Dekorbereich

*Bild unten: Dreh- und Frästeile aus Messing./ Hersteller: Weber-CNC-Bearbeitung/ Foto: Bastian Heßler*

## MET 3.3.4
### Nichteisenschwermetalle – Zinklegierungen

Die zackenförmige Erstarrung der Materialoberfläche gab dem Nichteisenmetall Zink seinen Namen. Laut einer Studie der US-amerikanischen Bergbaubehörde verbraucht ein Mensch etwa 331 kg des Metalls in seinem Leben (Lefteri 2004). Und dabei sind nicht nur der industrielle und häusliche Gebrauch gemeint. Als Spurenelement für den Stoffwechsel des Menschen wirkt sich Zink positiv auf die Funktionsfähigkeit unseres Immunsystems aus.

*Bild: Modelleisenbahn durch Zinkdruckguss./*
*Foto: Jacques B./ Initiative Zink*

### Eigenschaften
Zink ist ein bläulich weißes, recht sprödes Schwermetall, dessen Vorkommen nach Aluminium und Kupfer an dritter Stelle aller Nichteisenmetalle steht. Es weist eine hohe Festigkeit und Härte sowie eine sehr gute elektrische Leitfähigkeit auf. Der Werkstoff zählt zu den nur wenig edlen Metallen. In der normalen Luftatmosphäre bilden sich fest haftende Oxidschichten. Zink ist mit anderen Metallen wie Aluminium oder Kupfer leicht zu legieren (Riehle, Simmchen 1997). Messing ist ein Legierungsprodukt aus Zink und Kupfer. Auf Grund der hohen Reaktivität darf der Werkstoff nicht in Kontakt mit Lebensmitteln kommen. Zinkoxiddämpfe sind in geringem Maße toxisch (grippeartige Symptome).

*Bild: Zinkdruckguss mit einer Chrom-Nickel-Oberfläche für das Fronthaubensymbol der Marke Maybach./*
*Foto: DaimlerChrysler AG, Mercedes Car Group*

### Verwendung
Zink wird zu 32% als Beschichtungswerkstoff zur Verbesserung der Korrosionseigenschaften und als Rostschutz für Eisenwaren und Stahl eingesetzt (nach WirtschaftsVereinigung Metalle 2004). 24% der Zinkproduktion in Deutschland sind Halbzeuge wie Dachrinnen, Fassaden und Dachelemente, die aus Zinkblech bestehen. Typische Anwendungen für verzinkte Bauteile sind Chassis von LKW, Karosseriebleche, Straßenmöblierung (Leitplanken, Laternenmasten, etc.) und Bauanwendungen (Träger, Geländer, Tore). Weiterhin sind Rohre, Drähte oder Bänder häufig verzinkt. Im Haushaltsgerätemarkt finden sich darüber hinaus zahlreiche Anwendungen. Auf Grund der niedrigen Schmelztemperaturen eignet sich das Metall hervorragend für die gießtechnische Formgebung. Es gewährleistet somit die günstige Herstellung von Gegenständen und Bauteilen aus Metall mit komplexen Formgeometrien, z.B. Türklinken, Gerätebau und Spielzeuge. Darüber hinaus findet Zink im Elektronikbereich und bei der Herstellung von Trockenbatterien Verwendung.

### Verarbeitung
Komplexe Formgeometrien aus Zinklegierungen werden üblicherweise im Druckguss mit hohen Stückzahlen erstellt. Wegen des niedrigen Schmelzpunktes können sie zudem im Kokillenguss verarbeitet werden. Der Werkstoff lässt sich sowohl kalt als auch warm umformen. Bei etwa 100°C ist das Metall leicht zu schmieden. Die bekannten Fügetechnologien sind anwendbar. Beim Löten können Zinn- oder Kadmiumlote verwendet werden. Zink kann poliert und geschliffen werden. Ein Farbauftrag ist möglich. Die Beschichtung mit Zink erfolgt durch Tauchvorgänge in das flüssige Metall (Feuerverzinken) oder im galvanischen Prozess BES 6.3. Außerdem kann es durch Spritzverzinken aufgebracht werden.

### Wirtschaftlichkeit und Handelsformen
Zink ist ein relativ preiswerter Werkstoff. Je nach Zinkgehalt werden Zinkerzeugnisse in 5 Sorten unterteilt: Z1 – 99,995%, Z2 – 99,99%, Z3 – 99,95%, Z4 – 99,5%, Z5 – 98,5% (Wendehorst 2004). Für das Bauwesen sind gewalzte Flacherzeugnisse aus *Titanzink*, einem legierten Zink, als Band, Blech oder Streifen erhältlich. Das Material wird auch als Folienmaterial vertrieben.

### Alternativmaterialien
Aluminiumlegierungen beim Druckguss, thermoplastische Kunststoffe für den konventionellen Spritzguss

*Bild: Spielzeugauto mit Karosserie durch Zinkdruckguss.*

## MET 3.3.5
### Nichteisenschwermetalle – Zinnlegierungen

Als eines der Hauptlegierungselemente von Bronze ist die Bedeutung von Zinn seit der Antike mit der Anwendungsvielfalt dieser speziellen Kupferlegierung als Gebrauchsgegenstand oder Waffe unmittelbar verbunden. Da das Vorkommen im Mittelmeerraum sich als unbedeutend erwies, wurden schon früh Handelsrouten nach Südengland und Nordpersien erschlossen. Einige Historiker führen sogar den Trojanischen Krieg um etwa 1000 vor Christus auf die Notwendigkeit eines freien Zugangs zu Rohstoffen aus Vorderasien zurück.

Bild: Weißblechdosen und Kanister mit Zinnbeschichtung./ Foto: HUBER VERPACKUNGEN GmbH & Co. KG

### Eigenschaften
Zinn ist ein sehr weiches und dehnbares Schwermetall mit einem silbrig weißen Glanz, das sich mit dem Fingernagel ritzen lässt. Es hat einen auffallend niedrigen Schmelz- aber einen hohen Siedepunkt. Durch seine Oxidschicht ist es gegenüber Luft, Wasser und organischen Säuren mit niedrigen Konzentrationen beständig, womit seine gute Wetterresistenz zu begründen ist. Zinnlegierungen sind ungiftig und in Kontakt mit Lebensmitteln unproblematisch. Der Zerfall des Materials bei tiefen Temperaturen wurde im Mittelalter als »Zinnpest« bezeichnet.

Bild: Blechdose mit Zinnbeschichtung auf der Außenseite.

### Verwendung
Zinn hat als Beschichtungsmaterial für Konservendosen (*Weißblech*) oder Backformen in der Lebensmittelindustrie eine große Bedeutung. Zum einen ist der Kontakt mit Lebensmitteln unbedenklich, zum anderen dient es der Optimierung der Korrosionsbeständigkeit und Härte der Blechdose. Darüber hinaus werden Zinnüberzüge auch zur Verbesserung der optischen Qualität genutzt. Bei der Herstellung von Flachglas schwimmt die Glasmasse bis zur Erstarrung auf einer flüssigen Zinnschmelze (Floatverfahren GLA 2.1.1). Im Kunsthandwerk findet es auf Grund der leichten Verarbeitbarkeit reges Interesse. Beispielsweise wird Zinnblech schon seit Jahren bei der Herstellung von Orgelpfeifen verwendet. Früher war das Vergießen des Werkstoffs zur Herstellung von Zinnsoldaten in der heimischen Umgebung gerade bei Kindern und Jugendlichen beliebt. Auch das Lametta für den Christbaumschmuck wird aus Zinn gefertigt. Darüber hinaus wird der Werkstoff als Legierungselement in einer Vielzahl von Anwendungen genutzt. Zinnlegierungen kommen bei der Herstellung transparenter Displays zur Anwendung und werden als Desinfektionsmittel eingesetzt. Die 1-Euro Münze enthält etwa 1% Zinn. Auf Grund der hohen Lichtbrechung wird Zinndioxid bei der Herstellung optischer Geräte verwendet.

### Verarbeitung
Zinn lässt sich wegen des niedrigen Schmelzpunktes sehr gut gießen. Hier ist vor allem die Druckgusstechnik FOR 1.4 für die Erstellung komplexer Formgeometrien geeignet. Darüber hinaus wird es als Lötmaterial (Weichlot) verwendet. Der Werkstoff lässt sich sehr gut zu dünnem Folienmaterial verformen und auswalzen (z.B. *Lametta*). Charakteristisch für umformende Verarbeitungen wie etwa das Biegen von Stangenmaterial ist ein eigenartiges Geräusch, das auch unter dem Namen »*Zinngeschrei*« bekannt ist. Es ist auf Reibungsvorgänge im kristallinen Bereich zurückzuführen. Beschichtungen aus dem Werkstoff, z.B. für Blechdosen in der Lebensmittelindustrie, werden durch Tauchprozesse (Feuerverzinnen BES 1.3) oder über die Galvanik meist auf Eisen oder Kupfer aufgebracht.

### Wirtschaftlichkeit und Handelsformen
In den letzten Jahren sind die Preise für Zinnlegierungen auf Grund steigender Nachfrage vor allem aus China stetig gestiegen. Es ist in Form von Drähten, dünnen Blechen und Rohren auf dem Markt erhältlich. Zinn wird in den 5 Reinheitsklassen Sn 99,9; Sn 99,75; Sn 99,5; Sn 99 und Sn 98 hergestellt (Merkel, Thomas 2003). Folien dienen dem Isolierzweck und werden zum Löten verwendet.

### Alternativmaterialien
Zink für Beschichtungen, Aluminium im Bereich des Folienmaterials

## MET 3.3.6
## Nichteisenschwermetalle – Nickellegierungen

Der Name »Nickel« stammt von Bergkobolden, die einer Sage folgend Kupfer in das bis dahin wertlose Metall verwandelten. *Kupfernickel* wurde als falsches Kupfer bezeichnet, und es war lange Zeit nicht bekannt, dass es sich bei dem Material nicht um eine Kupferlegierung sondern um ein eigenständiges Metall handelt. Obwohl Funde aus dem antiken Griechenland zeigen, dass Nickel und seine Legierungen bereits vor etwa 4000 Jahren verarbeitet wurden, setzte die industrielle Verwertbarkeit erst mit dem von Farraday 1843 entwickelten Verfahren zur galvanischen Vernickelung ein.

*Eigenschaften*
Nickel ist ein silberweißes, sehr zähes aber durchaus dehnbares Metall mit hohem Schmelzpunkt (1453°C) und hoher Temperaturbeständigkeit. Seine Eigenschaften sind mit Kupfer vergleichbar. Die Härte liegt aber um einiges höher. Es kommt in der Natur meist in gebundener Form mit Kobalt vor. Beide zählen zu den Schwermetallen. In einem aufwändigen Verfahren wird Nickel aus dem Erz gewonnen und zur Steigerung von Festigkeit, Elastizität, Wärme- und Korrosionsbeständigkeit mit Chrom, Mangan, Magnesium oder Aluminium auflegiert. Bei vielen Menschen bewirken Nickellegierungen allergische Reaktionen.

*Verwendung*
Die besonders hohe Korrosions- und Wärmebeständigkeit von Nickellegierungen sind die im industriellen Kontext am häufigsten genutzten Eigenschaften. So dient Nickel vor allem als Legierungselement in der Stahlproduktion (Ilschner, Singer 2005) und für Kupferlegierungen zur Erhöhung der Festigkeit. Als galvanisch aufgebrachter Beschichtungswerkstoff optimiert Nickel die mechanischen Eigenschaften von Bauteiloberflächen. Nickellegierungen sind daher häufig in Gasturbinen, Panzerplatten und Feuerwaffen vorzufinden. Außerdem ist der Werkstoff für den Bau chemischer Anlagen von Bedeutung und wird in Batterien verwendet. Die gute Korrosionsbeständigkeit macht Nickellegierungen auch für die Münzherstellung interessant. Im Flugzeug- und Raketenbau werden so genannte *Superlegierungen* mit extremer Temperaturwechselbeständigkeit auf Nickel-Basis hergestellt. Bekannte Handelsnamen dieser hochwarmfesten Nickellegierungen sind Inconel® (Nickel-Chrom-Eisen), Hastelloy® (Nickel-Molybdän-Eisen-Chrom) oder Udimet® (Nickel-Molybdän-Eisen-Chrom-Aluminium-Titan-Kobalt) (Heubner, Klöwer 2002).

*Verarbeitung*
Nickel kann mit umformenden Verfahren (Stanzen, Walzen) sehr gut kalt verarbeitet werden. Ein günstiger Temperaturwert für die Warmumformung zum Pressen oder Schmieden liegt bei etwa 1100°C. Ein zerspanender Materialabtrag sollte nach Abkühlung erfolgen, da das Material in weichem Zustand eine hohe Zähigkeit aufweist. Als Fügetechniken können neben den üblichen Lötverfahren auch das Press- und Schmelzschweißen eingesetzt werden. Nickellegierungen lassen sich gießen. Filigrane Strukturen werden bei den Superlegierungen üblicherweise im Feinguss erzeugt.

*Wirtschaftlichkeit und Handelsformen*
Der hohe Preis von Nickellegierungen kann auf die komplexe Gewinnung aus Metallerzen zurückgeführt werden. Er liegt aufs Volumen bezogen etwa beim vierfachen des Preises von Titanwerkstoffen. Superlegierungen sind in großformatigen Blechen oder als Schmiedestücke verfügbar.

*Alternativmaterialien*
Edelstahl, Superlegierungen auf Basis von Eisen oder Kobalt, Chromlegierungen

*Bild: Nickellegierung im Mittelteil der 1-Euro Münze.*

## Kapitel MET
### Metalle

### MET 3.3.7
### Nichteisenschwermetalle – Blei

Der niedrige Schmelzpunkt von Blei (327°C) macht seit dem Altertum eine relativ unkomplizierte Herstellung und Gewinnung aus Erzen möglich. Somit gehört Blei zu einem der ältesten Metallwerkstoffe schlechthin. Es wurde bereits vor ungefähr 5000 Jahren im alten Ägypten gewonnen und erlangte vor allem im Bereich des östlichen Mittelmeers eine hohe Bedeutung. Im Mittelalter war es das Hauptmaterial zur Fassung von Kirchenfenstern und wurde lange Zeit für Dacheindeckungen, Rohre und als Geschossmaterial verwendet. Besonders bekannt sind die Bleiverliese im mittelalterlichen Dogenpalast in Venedig.

### Eigenschaften
Blei hat eine graue Farbigkeit und zählt zu einem der weichsten Schwermetalle. Nach einem Schnitt glänzen die Bearbeitungsflächen, laufen aber nach kürzester Zeit in der Luft bläulich an. Die sich bildenden Oxidschichten verleihen dem Werkstoff einen guten Korrosionsschutz. Blei kann weder in Schwefel- noch in Flusssäure gelöst werden. Das Material ist leicht verformbar, was mit der hohen Dehnbarkeit bei gleichzeitig geringerer Elastizität zu erklären ist. Auf Grund der hohen toxischen Gefahr von Bleidämpfen und -verbindungen kommt der Werkstoff nicht mehr für Gebrauchsgegenstände im Haushaltsbereich in Frage. Der Kontakt mit der Haut oder mit Lebensmitteln sollte vermieden werden. Bleiabfälle müssen gesondert entsorgt werden.

Bild: Fassade aus Blei./ Foto: banz+riecks architekten

### Verwendung
Wegen der guten Beständigkeit gegenüber starken Säuren wird Blei in der chemischen Industrie für den Apparate- und Behälterbau eingesetzt. In die Herstellung von Batterien fließt ungefähr die Hälfte der Bleiproduktion überhaupt. Da sich Kohlensäure und Luft mit Blei zu einer unlöslichen Schutzschicht aus Bleikarbonat verbinden, wird der Werkstoff für unterirdische Kabel und zur Ummantelung von Seeleitungen verwendet. Die lange Zeit bei Trinkwasserleitungen üblichen Bleirohre sind auf Grund der toxischen Gefahren allerdings seit etwa 3 Jahrzehnten nicht mehr im Gebrauch. Blei verfügt über ausgezeichnete Eigenschaften zum Schutz gegen Röntgenstrahlung und Radioaktivität. Der Werkstoff wird daher für Bleischürzen im medizinischen Umfeld, zur Abschirmung von radioaktivem Müll und für Kathodenstrahlröhren bei Bildschirmen eingesetzt. Wegen der hohen Dichte benutzen Taucher Bleigewichte, um den Auftriebskräften der Ausrüstung entgegenzuwirken. Der Werkstoff kommt außerdem im Audiobereich zur Klangbeeinflussung zur Anwendung (Shackelford 2005). Bleilegierungen werden zur Herstellung von Farbpartikeln genutzt und haben bei der Glasverarbeitung einen hohen Stellenwert. *Bleiweiß* ist das weiße Pigment mit der höchsten Deckkraft. Das rote Farbpigment *Mennige* wird auch für den Rostschutz verwendet. Lange Zeit war Blei das bedeutendste *Antiklopfmittel*, um frühzeitiges Entzünden des Kraftstoffgemisches während der Verdichtung im Motor zu verhindern. Seit Mitte der neunziger Jahre wurde es durch das ungiftige *Methyltertiärbutylether* (MTBE) ersetzt.

### Verarbeitung
Blei lässt sich einfach spanend und umformend verarbeiten. Auf Grund der leichten Dehnbarkeit und des hohen Formänderungsvermögens kann das Material leicht zu Blechen gewalzt und zu Rohren gepresst werden. Es sind jedoch keine feinen Drähte ziehbar. Der Werkstoff lässt sich sowohl schweißen als auch löten und kann vergossen werden. Bleibeschichtungen werden elektrolytisch, im Tauchverfahren oder durch thermisches Spritzen (Flammspritzen) aufgetragen.

### Handelsformen
Bleibleche werden in den gewalzten Sorten *Hüttenblei* und *Feinblei* in Dicken zwischen 0,5 und 15 mm in Form von Tafeln oder streifenförmig als Rollen vertrieben. Sie dienen zum Schutz vor radioaktiver Strahlung und Röntgenstrahlung. Auch Bleirohre werden für Entwässerungsanlagen immer noch angeboten. *Bleiwolle* kann zum Dichten von Muffenverbindungen im Baugewerbe genutzt werden (Wendehorst 2004).

### Alternativmaterialien
Kupfer- und Zinklegierungen

---

*»Bleistift«*

ist ein Schreibutensil mit einer Grafitmine, die in einen Holzschaft eingebettet ist.
Ende des Mittelalters schrieb man mit Legierungen aus Blei und Silber. Heutzutage befindet sich im »Bleistift« Grafit.

## MET 3.3.8
### Nichteisenschwermetalle – Chrom

Chrom wurde zuerst als Bestandteil des Rotbleierzes im Ural entdeckt. Seit 1770 war es als Farbpigment im Einsatz. Ende des 18. Jahrhunderts wurde Chromgelb zur Modefarbe. Vor diesem Hintergrund wird die Namensgebung des Metalls als Ableitung vom griechischen Begriff für Farbe »chroma« schnell verständlich.

### Eigenschaften
In reinem Zustand ist Chrom ein zähes, sehr hartes aber elastisches Schwermetall. Es ist gegenüber atmosphärischen Einflüssen besonders beständig und oxidiert weder an der Luft noch im Wasser. Somit sind Chromverbindungen für die Verwendung als Beschichtungswerkstoff zum Schutz vor Rost und zur Verbesserung der Festigkeit besonders wertvoll. Zudem ist die silberweiße, leicht bläulich glänzende Erscheinung unter optischen Aspekten sehr interessant. Chromhaltige Abwässer und Abgase belasten die Umwelt und erhöhen das Lungenkrebsrisiko.

*Bild: Chrombeschichtung.*

### Verwendung
Auf Grund der starken Sprödigkeit kommt Chrom nicht als klassischer Werkstoff zum Einsatz, ist aber eines der wichtigsten Gebrauchsmetalle. Dies liegt an der Möglichkeit zur Verbesserung der Korrosionsbeständigkeit von Stahlwerkstoffen mit Chrombeschichtungen (z.B. Chromstahl, Chromnickelstahl). Zudem optimiert das Zulegieren von Chrom die mechanischen Eigenschaftswerte von Eisenwerkstoffen und Edelstählen in Bezug auf Festigkeit und Härte (Bargel, Schulze 2004). Die Verbesserung der Hitze- und Anlaufbeständigkeit von niedrig legierten Stählen kann durch Einbringen von Chrom in das Gefüge der Randzone erfolgen (Chromatisieren BES 7). Stark glänzende Chromoberflächen sind vor allem für dekorative Anwendungen bekannt. Die einfache Reinigung macht die mit Chrom überzogenen Bauteile für Armaturen im Bad, als Griffe oder Fahrradteile interessant. Außerdem werden Chromverbindungen zum Färben von Textilien oder als Farbpigmente eingesetzt.

### Verarbeitung
Die Verarbeitungsmöglichkeiten sind in der Hauptsache auf die üblichen Beschichtungs- und Legierungstechnologien beschränkt. Bis zu 0,5 mm dicke Überzugsschichten können durch galvanisches Abscheiden (Hartverchromen) aufgebracht werden und eine Steigerung der Verschleißfestigkeit von Bauteilen und Werkzeugen bewirken. Das Glanzverchromen dient zur Erzeugung dekorativer Oberflächen. Im PVD- oder CVD-Verfahren BES 6.1, BES 6.2 werden Chromschichten von Dicken zwischen 0,3 µm und 6 µm aufgebracht. Durch die Galvanik BES 6.3 werden Cr-Überzüge erzeugt.

### Alternativmaterialien
Nickel-, Kupfer- und Titanlegierungen

*Bild: Mehrzweckstuhl »parlando« mit Chromgestell./ Hersteller: drabert GmbH/ Foto: Volker Bültmann, Petershagen/ Design: A. Kalweit, A. Pankonin, R. Wallbaum*

## MET 3.4
### Edelmetalle

### MET 3.4.1
### Edelmetalle – Gold

Gold, Silber und Kupfer begleiten als Werkstoffe die kulturelle Entwicklung des Menschen seit der frühen Antike. Vor allem Gold hatte wegen seiner edlen Erscheinung für die unterschiedlichen Völker und Gesellschaften eine besondere Bedeutung. Während der lateinische Sprachraum den gelben Glanz des Metalls mit dem Licht der Morgenröte (lateinisch »aurora«) verband und ihm den Namen »aurum« verlieh, betonte der indogermanische Kulturkreis das leichte gelbe Schimmern des Werkstoffs (indogermanisch: »ghel«). Im alten Ägypten galt Gold als göttliches Element. Die Leichname der Pharaonen wurden mit Goldmasken geschmückt, um deren Unsterblichkeit zu bewirken. In der Grabkammer von Tutanchamun fand man 1922 neben der Mumie drei Särge aus massivem Gold mit einem Gewicht von 108 kg sowie den Thronsessel mit einer kompletten Goldbeschichtung.

Reines Gold wird heute durch eine Aufeinanderfolge zweier Verfahrensschritte gewonnen. Bei der Amalgierung wird durch die Verwendung von *Quecksilber* ungefähr 2/3 des Goldes aus dem Gesteinsfund herausgelöst. Die restliche Herauslösung erfolgt in einer Cyanidlaugerei. Auf Grund des extrem weichen Zustandes reinen Goldes und des großen Wertes wird der Werkstoff häufig mit Silber oder Kupfer legiert. *Rotgold* enthält einen hohen Anteil Kupfer, *Gelbgold* ungefähr gleiche Mengen Silber und Kupfer. *Weißgold* ist ein Legierungsprodukt aus Gold, Palladium, Kupfer und Zink.

Die Zusammensetzungen und Mischungsverhältnisse sind dabei gesetzlich geregelt. Der Goldgehalt wird in Promille angegeben. Beispielsweise besteht die Goldlegierung 333/000 zu einem Drittel aus dem wertvollen Edelmetall. Die gebräuchlichen Legierungen sehen eine Staffelung in die Mischungsverhältnisse 333/000, 585/000 und 750/000 vor. Münzen werden in aller Regel aus 900/000 Gold hergestellt und sind mit 10% Kupfer auflegiert. Ausnahme ist beispielsweise der australische »Nugget« der zu 99,95% aus nahezu reinem Gold besteht. Neben dem Mischungsverhältnis ist seit dem Mittelalter zur Bezeichnung einer Goldlegierung auch die Maßeinheit des *Karat* (abgekürzt: kt) üblich. Dabei wird die Gehaltsangabe nicht in tausend Teile sondern in 24 Karate aufgeteilt. Reines Gold entsprechen demzufolge 24 Karaten. Die 333/000 Goldlegierung kommt 8 Karaten gleich. Die Bezeichnung stammt vom Samen des Johannisbrotbaums, mit denen in der Antike Edelsteine und -metalle abgewogen wurden.

Die Angabe des Goldpreises erfolgt in Bezug auf eine *Feinunze*. Dies ist eine Mengenbezeichnung und entspricht einem Gewicht von 31,1035 Gramm Feingold.

Bild: Goldring von Xen./ Foto: Xen GmbH

### Eigenschaften

Gold ist ein weicher und extrem dehnbarer Werkstoff mit einer hohen Dichte. Aus einem Gramm des Metalls lässt sich ein etwa 3 Kilometer langer Draht herstellen. Neben Kupfer ist es das einzige Metall mit einer farbigen Erscheinung. Die besonders edle Materialoberfläche läuft weder in Luft noch unter Wasser an und ist resistent gegen chemische Substanzen. Nach Kupfer und Silber gehört Gold zu den besten Leitern für Wärme und elektrischen Strom. Es ist zudem das einzige Metall, das in elementarer Form in der Natur vorkommt und auf Grund seines Glanzes leicht zu erkennen ist. Allerdings weist es stets Verunreinigungen mit anderen metallischen Elementen wie Silber, Kupfer oder Quecksilber auf.

| Goldlegierungen und Erscheinung | | | | |
|---|---|---|---|---|
| Farbe | Gewichtsanteile auf 1000 Anteile | | | Dichte (kg/dm³) | Schmelzpunkt (°C) |
| | Feingold | Feinsilber | Kupfer | | |
| **Goldlegierungen 750/000** | | | | | |
| hellgelb | 750 | 125 | 125 | 15,4 | 895 |
| rötlichgelb | 750 | 83 | 167 | 15,2 | 882 |
| orangerot | 750 | 36 | 214 | 15,0 | 880 |
| hochrot | 750 | 0 | 250 | 14,8 | 890 |
| **Goldlegierungen 585/000** | | | | | |
| hellgelb | 585 | 294 | 166 | 13,7 | 857 |
| orangegelb | 585 | 138 | 277 | 13,3 | 867 |
| rötlichgelb | 585 | 104 | 311 | 13,2 | 885 |
| orangerot | 585 | 60 | 355 | 13,1 | 907 |
| **Goldlegierungen 333/000** | | | | | |
| blassgrün | 333 | 533 | 134 | 12,0 | 866 |
| strohgelb | 333 | 267 | 400 | 11,3 | 856 |
| rötlichgelb | 333 | 167 | 500 | 11,1 | 904 |

Abb. 25

### Verwendung

Zu einem Anteil von ungefähr 60% werden die Goldvorräte zur Herstellung von Schmuck oder Luxusgütern verwendet. Des Weiteren dienen Goldbarren zur Währungssicherung, Geldanlage sowie Münzherstellung. Bekannte Goldmünzen sind der »Krüger-

rand« oder der »Maple Leaf« (jeweils 1 Unze). Vor allem im Altertum und Mittelalter wurde Blattgold zur Beschichtung von Rahmen, Skulpturen, Büchern, Ikonen und Stuck verwendet. Dieses hat heute etwa eine Dicke von 0,000003 mm (Laska, Felsch 1992). In der Dentaltechnik wird Gold als Zahnersatz und zur Füllung kariöser Stellen eingesetzt. Im Elektronikbereich kommt Gold wegen der guten Leitfähigkeit für Elektrizität vor allem als Werkstoff für schaltende Kontakte zur Anwendung. Für Produkte der optischen Industrie wird das wertvolle Edelmetall wegen der Eigenschaft zur Reflexion von UV-Strahlung und energiereichem Licht bei hochwertigen Spiegeln, zur Produktion von Sonnenschutzgläsern oder Reflektoren für Satelliten genutzt. In der Raumfahrt sind wichtige Bauteile zur Verhinderung von Korrosion mit Gold beschichtet.

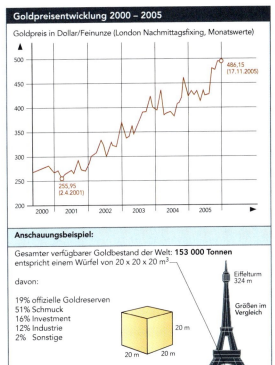

Abb. 26: nach [FAZ, 20. November 2005, Nr. 46]

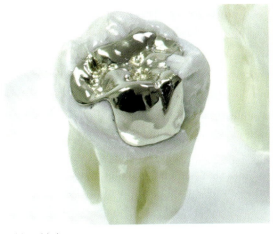

Bild: Goldinlay.

### Verarbeitung

Die umformende Bearbeitung von Gold ist wegen des hohen Formveränderungsvermögens unkompliziert. Es kann hervorragend zu Folien mit einer Dicke von bis 0,1 µm ausgewalzt und zu feinem Drahtmaterial verarbeiten werden und ist schmiedbar. Bauteilvergoldungen werden durch elektrolytisches Abscheiden erzeugt. Ein zerspanender Materialabtrag ist bei der Schmuckherstellung üblich. Auf Grund der Kostbarkeit des Edelmetalls werden die abfallenden Späne gesammelt und können eingeschmolzen werden. Zum Fügen wird die Löttechnik verwendet. Oberflächen aus Gold können poliert und geschliffen werden. Eine genaue Beschreibung der handwerklichen Techniken des Goldschmieds findet man in entsprechender Fachliteratur (Brepohl 1998). Jüngst konnte Goldpulver auch durch Lasersintern verarbeitet werden.

### Wirtschaftlichkeit und Handelsformen

Gold ist sehr selten und wird zu einem hohen Preis gehandelt. Die Deutsche Bank rechnete aus, dass das gesamte verfügbare Gold der Erde (153000 Tonnen) zusammengeschmolzen einen Würfel mit einer Kantenlänge von lediglich 20 Metern ergeben würde. Obwohl die Schwankungen beim Goldpreis in der Regel moderat sind, ist in den letzten Jahren ein steter Anstieg zu beaobachten. Mitte November 2005 wurde eine Feinunze mit 489,50 US-Dollar gehandelt, was einem 17-Jahreshoch entsprach.

Die größten Goldvorkommen befinden sich in Witwatersrand im Süden Afrikas. Weitere Förderregionen sind in den USA, Australien und China zu finden. Die gesamte Weltjahresproduktion lag in 2000 für Gold bei 2568 Tonnen. In Europa haben die rumänischen Goldvorkommen eine nach wie vor hohe Bedeutung.

Wegen der hohen Kosten ist die Recyclingrate von Goldwerkstoffen sehr hoch. Etwa 90% der Goldabfälle und des Altgoldes wird recycelt. Das Edelmetall ist auf dem Markt in Form von Drähten sowie als Folien-, Blatt- oder Blechmaterial erhältlich.

### Alternativmaterialien

Silber und Platin für die Schmuckherstellung, Palladium in der Dentaltechnik

Bild: Goldmünzen./ »Krügerrand«

## MET 3.4.2
### Edelmetalle – Silber

Neben Gold, Kupfer, Blei, Zinn, Eisen und Quecksilber gehört Silber zu einem der sieben metallischen Werkstoffe der Antike, deren Eigenschaften nachhaltig die gesellschaftliche Entwicklung bis hin in unsere heutige Zeit geprägt und beeinflusst haben. Erste Funde stammen aus dem 4. Jahrtausend vor Christus. Die antiken Griechen verwendeten das Metall zur Konservierung von Wein. Der Name Silber stammt vom germanischen »silabra« oder gotischen »silubr« ab. Romanische Sprachen nutzen zur Bezeichnung des Metalls Ableitungen des lateinischen »argentum«, dessen Wurzeln auf den griechischen Begriff für weiß-metallisch »argyros« zurückgehen. Nach der Entdeckung Amerikas wurden große Mengen Silber über den Rio de la Plata nach Europa verschifft, was Argentinien seinen Ländernamen verlieh. Eines der größten Vorkommen entdeckte man in der sagenumwobenen Stadt Potosi im heutigen Bolivien. Weitere bekannte Silberstädte in Lateinamerika sind die mexikanischen Orte Taxco und Guanajuato, die sich zu touristischen Anziehungspunkten entwickelt haben.

Bild unten: Besteck aus Alpaca

### Eigenschaften

Silber kommt in der Natur 20 Mal häufiger vor als Gold. Als Edelmetall ist es in der normalen Luftatmosphäre korrosionsbeständig und verfügt über eine weiß glänzende Oberfläche. Schwefelige Verunreinigungen der Luft bewirken allerdings ein braunes bis schwarzes Anlaufen (Silbersulfidschicht), was eine Reinigung dekorativer Oberflächen aus Silber von Zeit zu Zeit erforderlich macht. Das Edelmetall ist weich und daher leicht verformbar, weshalb es seit jeher für die Schmuckherstellung verwertet wird. Das Metall ist darüber hinaus der beste Leiter für Wärme und Strom. Zudem ist Silber nach Gold der dehnbarste Werkstoff überhaupt und kann zu bläulich-grün schimmerndem *Blattsilber* gewalzt werden. Es hat von allen Materialien die besten Reflexionseigenschaften für Strahlungen (z.B. Licht oder Wärme).

Bild unten: Feinschmeckerbesteck aus 925/000 Sterlingsilber (Entwurf für die Marke Wilkens)./ Design: Claudia Christl

Silber wird selten in reiner Form verarbeitet, sondern meist mit anderen Werkstoffen auflegiert. Das zur Schmuckherstellung beliebte Sterling-Silber ist ein Legierungsprodukt aus 7,5% Kupfer und 92,5% Silber. Der Kupferanteil bewirkt eine Festigkeitssteigerung. Weitere Legierungsmetalle sind Zinn, Zink oder Nickel. Der Silbergehalt von Legierungen wird in Promille angegeben (z.B. 925/000 Silber). Weitere handelsübliche Legierungen sind 800/000, 835/000, 900/000 oder 935/000 Silber. Der als *Neusilber* bezeichnete Werkstoff ist kein Silber sondern eine Legierung aus Kupfer, Nickel und Zink.

| Silberlegierungen | | | | |
|---|---|---|---|---|
| Gewichtsanteile auf 1000 Anteile | | | Dichte (kg/dm$^3$) | Schmelzpunkt (°C) |
| Feingehalt | Feinsilber | Kupfer | | |
| 950/000 | 950 | 50 | 10,4 | 914 |
| 935/000 | 935 | 65 | 10,32 | 896 |
| 925/000 | 925 | 75 | 10,3 | 896 |
| 900/000 | 900 | 100 | 10,23 | 875 |
| 835/000 | 835 | 165 | 10,16 | 838 |
| 800/000 | 800 | 200 | 10,14 | 820 |
| Email-Silber für Emaillierungen | | | | |
| 970/000 | 970 | 30 | 10,4 | 940 |

Abb. 27

Eine alte Maßeinheit zur Angabe des Silbergehaltes ist das *Lot*. Reines Silber wird mit der Bezugsgröße 16 gekennzeichnet. Zahlen zwischen 8 und 15 geben auf alten Schmückstücken den entsprechenden Silberanteil an. Ein 8-lotiges Besteck besteht zur Hälfte aus Silber. 14-lotiges Silber entspricht der heute üblichen Angabe von 875/000.

Das häufig als *Silberersatz* verwendete Alpaca ist eine Legierung aus Kupfer, Nickel und Zink (siehe Bild links).

### Verwendung

Silber ist von allen Edelmetallen das am häufigsten verwendete. Die optischen Qualitäten machen es für Schmuckstücke, hochwertige Bestecke und Porzellan sowie Münzen besonders geeignet. Darüber hinaus findet es wegen seines hervorragenden Eigenschaftsprofils zur Leitung von elektrischem Strom Verwendung in der Schwach- und Starkstromtechnik. Hierfür werden in der Regel Silber-Verbundwerkstoffe verarbeitet. Zur Herstellung von Produkten mit hochwertigen Spiegeloberflächen (z.B. Christbaumkugeln) und Wärme reflektierenden Fenstern wird Silber wegen seiner extrem guten Reflexionseigenschaften eingesetzt. Weitere Anwendungsfelder liegen im Bereich chirurgischer Instrumente, in der Dentaltechnik und Fotochemie. Im letzteren wird die hohe Lichtempfindlichkeit des Materials für die Fotoerstellung genutzt. Als Fäden in antimikrobiellen Textilien eingebracht, hemmt es die Ausbreitung von Keimen und Gerüchen. Im Kühlschrankinnern aufgebrachte Silberbeschichtungen verhindern durch Unterbrechung des Stoffwechsels von Bakterien und Schimmelpilzen deren Wachstum und Vermehrung nachhaltig.

*Verarbeitung*
Auf Grund seiner hohen Dehnfähigkeit lässt sich Silber sehr gut umformend bearbeiten und kann gegossen werden. Es ist gut schmiedbar und wird leicht zu Folienmaterial ausgewalzt oder zu Drähten gezogen. Silber kann zu Münzen geprägt und in Form von Stabmaterial und Blechen leicht gebogen werden. Die zerspanende Bearbeitung ist unproblematisch. Silberoberflächen können poliert werden. Löten ist die vorwiegende Fügetechnologie bei der Schmuckherstellung. Bestecke werden auf elektrolytischem Weg mit Silber beschichtet.

Schwarz angelaufenes Silber kann mit folgender Lösung schonend gereinigt werden:

85 g Thioharnstoff, 10 ml konzentrierte Essigsäure (Essigessenz), 5 ml Tensid (Netzmittel) in 1 l Wasser lösen und Bauteil eintauchen bis Verunreinigungen verschwunden sind.

Auch der umgekehrte Weg ist zur Erzielung einer alten oder antiken Erscheinung möglich. Hierzu können Bauteile aus Silber in folgenden Lösungen eingetaucht werden. Der entsprechende Farbeffekt stellt sich nach Einwirken der Substanzen ein:

Braun:
100 g Kupfersulfat und 50 g Ammoniumchlorid (Salmiak) gelöst in einem Liter 15%iger Essigsäure

Altsilber:
5 g Schwefelleber und 10 g Ammoniumkarbonat in einem Liter destillierten Wasser lösen und Silberteil bei etwa 80°C eintauchen. Eine grau-blau-braune Färbung der Vertiefungen stellt sich ein. Die größeren Flächen und Erhöhungen können blank poliert werden.

*Wirtschaftlichkeit und Handelsformen*
Silber ist wesentlich preisgünstiger als Gold und Platin und wird daher im Schmuckbereich häufig bevorzugt. Reines Silber wird in Form von Barren, Blechen und Drähten gehandelt. Die Recyclingrate von Silber liegt bei über 90%. Die größten Vorkommen liegen in Mexiko, Peru, Australien und China.

*Alternativmaterialien*
Gold und Platin für die Schmuckherstellung, Kupfer für Anwendungen im elektrischen Bereich

Bild: Schiffsmodell aus 935er Silber./ Produzent: Koch & Bergfeld Silbermanufaktur F. Blume GmbH

## MET 3.4.3
### Edelmetalle – Platin

Platin wurde bereits von den Indianern Südamerikas als Werkstoff genutzt. Spanische Goldsucher entdeckten es bei Stämmen im heutigen Kolumbien und brachten das Metall nach Europa. Das damals gefundene Material konnte jedoch zunächst nicht verarbeitet werden und galt als unedel. Der Export war sogar zunächst verboten, um das Fälschen von Goldmünzen zu verhindern. Platin galt als minderwertig und wurde wegen seiner grauweiß glänzenden Erscheinung mit Silber in Verbindung gebracht. Die Spanier nannten es »platina« die Verniedlichung bzw. Verkleinerung des spanischen Begriffs für Silber »plata«.

### Eigenschaften
Platin ist ein sehr widerstandsfähiges und schweres Edelmetall mit der drittgrößten Dichte aller bekannten Elemente. Vergleichbar mit anderen Edelmetallen ist die hohe Beständigkeit gegenüber chemischen und atmosphärischen Einflüssen. Es verhält sich dabei ähnlich wie Gold. Im polierten Zustand verfügt Platin über einen weißen Glanz, was es für Produkte mit optischen Qualitäten interessant macht. Mit *Palladium*, *Iridium*, *Rhodium*, *Ruthenium* und *Osmium* bildet es die Gruppe der *Platinmetalle*.

Reines Platin ist für die Schmuckherstellung zu weich und wird daher auflegiert. Häufig findet Platin 960 (96% Platin) Verwendung.

Bild links: Platin-Spannring® (Pt 950), Niessing, Vreden
Bild unten: Platinring (Pt 950) mit einem Aquamarin./ Meister, Radolfzell und Wollerau (Schweiz)/ Fotos: Platin Gilde International (Deutschland) GmbH

### Verwendung
Als Material zur Herstellung von Schmuckstücken wird Platin seit kurzem wieder häufiger verwendet, da es nur wenig anläuft und besonders haltbar ist. Es ist für Edelsteinfassungen besonders geeignet. Darüber hinaus findet Platin im Bereich elektrischer und medizinischer Geräte zahlreiche Anwendungen (z.B. Herzschrittmacher) und wird für Zahnimplantate eingesetzt (Münch 2000). In Russland prägte man lange Zeit Rubelmünzen aus dem Werkstoff. Eichmaße wie das »*Pariser Urmeter*« oder der »*Prototyp-Kilogramm*« bestehen zu einem großen Anteil aus dem Edelmetall. Dabei wurden die hohe Härte und die besondere Temperaturstabilität einer Legierung aus Platin und Iridium als Werkstoff genutzt. Der edle Werkstoff hat stark absorbierende Eigenschaften, wodurch er für moderne Drei-Wege-Katalysatoren über eine hohe Bedeutung zur Umwandlung von Abgasen verfügt. In Glasapparaturen werden Stromleitungen aus Platin eingeschmolzen. Außerdem werden Platinwannen und -tiegel in der Glasindustrie zum Schmelzen und Gießen von Spezialgläsern und zur Herstellung von Glasfasern ↗ GLA 4.7 eingesetzt.

Bild: Platinnugget./ Foto: Platin Gilde International (Deutschland) GmbH

### Verarbeitung
Platin ist dehnbar und lässt sich hervorragend umformend bearbeiten. Die Materialdicke kann beim Walzen und Ziehen um bis zu 90% reduziert werden, was die Verarbeitung zu Drähten und Folien unterstützt. Bei Umformarbeiten haben sich *Bienenwachs* oder *Wollfett* als Schmiermittel bewährt. Zum Fügen sollten Schweißverfahren bevorzugt werden. Wegen der hohen Schmelztemperaturen ist die gießtechnische Formgebung bei einer Reihe von Platinlegierungen eher problematisch. Schleifen und Polieren von Platinoberflächen sind üblich. Matte Oberflächen erzielt man durch Bürsten oder Strahlen.

### Wirtschaftlichkeit und Handelsformen
Platin ist ein relativ kostbares Material und teurer als Silber. Es ist als Halbzeug in Form von Drähten, Folien und Gitternetzen erhältlich.

### Alternativmaterialien
Gold und Silber in der Medizintechnik, Palladium für katalytische Funktionen

## MET 3.5
## Halbmetalle – Silizium

Mit einem Anteil von etwa 26% in der äußeren Erdkruste ist Silizium das zweithäufigste Element der Erde. Es kommt allerdings nicht in reiner Form vor, sondern tritt in der Natur ausschließlich in gebundener Form als Oxid auf. Mit Sauerstoff chemisch zu Siliziumdioxid ($SiO_2$) gebunden, ist es der Hauptbestandteil vieler Gesteinsformen wie Sandstein MIN 4.4.2, Schiefer oder Ton MIN 4.1.6. Außerdem bestehen die Halbedelsteine Amestyst, Onyx, Achat, Rauch- oder Rosenquarz MIN 4.5.1 vorwiegend aus $SiO_2$. Der Name des Elements wurde nach seiner Entdeckung 1822 durch Jöns Jakob Berzelius folgerichtig vom lateinischen Begriff für Kieselstein »silex« abgeleitet. Wegen seiner großen Bedeutung für die Chipherstellung ist ein ganzes Tal in Kalifornien, das »Silicon Valley«, nach dem Werkstoff benannt.

Bild: Solarzellen auf einer Fertigungshalle./ Fotos: banz+riecks architekten

### Eigenschaften

Die Eignung für die Halbleiterindustrie hängt mit der besonderen Eigenschaft des Halbmetalls zusammen, die elektrische Leitfähigkeit durch die Einlagerung von Fremdatomen (Dotierung) wie Bor, Phospor oder Arsen gezielt zu verändern. Auf diese Weise können leitende und nicht leitende Bereiche erzeugt werden, was für die Herstellung von elektronischen Schaltungen von besonderem Wert ist. Hierzu ist hochreines Silizium erforderlich, das in aufwendigen chemischen Prozessen bei Temperaturen von über 2000 °C aus Siliziumdioxid reduziert wird. Elementares Silizium ist hart und spröde, hat eine grauschwarze Färbung und weist nach zerspanender Bearbeitung eine metallisch glänzende Oberfläche auf. Wird die Silizium-Sauerstoff-Verbindung $SiO_4$ polymerisiert, erhält man *Silikon*, einen der wichtigsten überaus hitzebeständigen Kunststoffe.

### Verwendung

Neben seiner Verwendung als Legierungselement für Stahlwerkstoffe oder Schleif- und Poliermittel ist Silizium in hochreiner kristalliner Form der bedeutendste Werkstoff für die Halbleiterindustrie und Mikroelektronik. Zur Herstellung von Computerchips, Dioden, Transistoren oder Widerständen wird elementares Silizium in sehr dünnen Schichten verwendet. Aktuelle Forschungsarbeiten beschäftigen sich mit der Entwicklung von nur wenige Mikrometer großen Bauelementen für die Mikroelektronik und Mikrosystemtechnik. Anwendungsgebiet ist insbesondere die Medizintechnik, wo miniaturisierte Systeme beispielsweise für die mikroinvasible Chirurgie benötigt werden. Flexible und ultradünne Speicherchips werden in Zukunft die Herstellung intelligenter und flexibler Etiketten oder »smart clothes«, also von Bekleidung mit Zusatzfunktionen wie beispielsweise integrierten Messsystemen ermöglichen. Erste mobile Kommunikationsanwendungen sind bereits auf dem Markt erhältlich. Ein weiterer großer Anwendungsbereich ist das Gebiet der Fotovoltaik zur Herstellung von Solarzellen (Hilleringmann 1999). Siliziumdioxid ($SiO_2$) ist darüber hinaus der bedeutendste Rohstoff für die Glasherstellung GLA 3. Ein weiterer zukünftiger Anwendungsbereich wird in der Verwendung von Silizium als Sprengstoff gesehen. Wissenschaftler der Technischen Universität München haben entdeckt, dass poröses Silizium unter Einwirkung von Laserstrahlung sehr explosiv sein kann. Bei den Versuchen konnte die Detonationsenergie von TNT oder Dynamit übertroffen werden. In gebundener silikatischer Form ist Silizium sehr wichtig für den menschlichen Organismus. Ein Mangel kann zu Störungen im Knochenwachstum führen.

### Verarbeitung

Etwa 0,5 mm dicke Siliziumscheiben (*Wafer*) werden standardmäßig durch mehrere Schneid-, Schleif- und Läppvorgänge aus monokristallinem Silizium hergestellt. Die einzelnen Prozessschritte können mit Ultraschall unterstützt werden. Die Weiterbearbeitung erfolgt mittels geeigneter Ätz- und Polierverfahren. Zur besseren Handhabung werden die dann nur noch mehrere Zehntel Millimeter dicken Siliziumschichten auf Folien laminiert.

### Wirtschaftlichkeit und Handelsformen

Reines Silizium ist im Handel sowohl in Pulverform als auch in größeren Stücken erhältlich. Waferscheiben haben einen Durchmesser von bis zu 300 mm. Derzeit wird an einer produktionstechnischen Prozesskette zur Herstellung von Wafern mit einem Durchmesser von 450 mm geforscht. Nach erfolgreicher Qualifizierung der hierfür benötigten Technologien könnten Wafer zu niedrigen Preisen für Computerchips und Solarzellen produziert werden und die derzeitigen Engpässe ausgleichen.

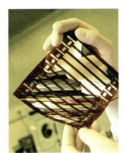

*Bild: Organische Solarzellen. Im Gegensatz zu den heute verbreiteten Siliziumzellen können organische Solarzellen auf Folien gedruckt werden. Daher sind sie flexibel und wesentlich leichter. Eine weitere Stärke dieser Technologie sind die sehr niedrigen Herstellungskosten./ Foto: Siemens Pressebild*

## MET 4
### Eigenschaftsprofile der wichtigsten Metallwerkstoffe

| Einige Industrie-Metalle in der Übersicht ||
|---|---|
| **Metall** | **Eigenschaften/ Verwendung** |
| Aluminium (Al) | Leichtmetall (hellgrausilber), sehr dehnbar, gute Leitfähigkeit für Wärme und Elektrizität, gute Chemikalienbeständigkeit./ Verwendung: Leichtbau in der Fahr- und Flugzeugindustrie, Sport-, Camping-, Freizeit-, Sanitär- und Baubereich. |
| Antimon (Sb) | Sprödes Metall (hell-silberglänzend)./ Verwendung: Legierungsmetall, um die Härte und Gussfähigkeit anderer Metalle zu erhöhen. |
| Beryllium (Be) | Verwendung: Dient in Legierungen mit Kupfer oder Nickel zur Herstellung von Uhrenfedern. |
| Blei (Pb) | Sehr weich, an frischer Oberfläche blau glänzend, gute Beständigkeit gegenüber starken Säuren/ Verwendung: Batterien, Schutz gegen Röntgenstrahlen, Apparate- und Behälterbau, Ummantelung von unterirdischen Kabeln und Seeleitungen. |
| Kupfer-Zinn-Legierungen (z.B. Bronze) | Bronzen sind Legierungen aus Kupfer (mind. 60%) mit Zinn, Zink oder Aluminium. Je nach Verhältnis erhält man die verschiedenen Bronzesorten. Rotguss enthält neben Kupfer bis zu 11% Zinn, bis zu 9 % Zink, bis zu 7% Blei und bis zu 2,5% Nickel. Außerdem gibt es noch Aluminiumbronze, bei der bis zu 20% Aluminium beigemischt ist./ Verwendung: Kunstgegenstände, Denkmäler, Skulpturen, Innenarchitektur, Lagerwerkstoff, Glocken, Membrane, Federn, Siebdrähte, Armaturwerkstoff, Schiffsschrauben. |
| Cadmium (Cd) | Cadmium (silberweiß glänzend), überzieht sich an der Luft mit einer dünnen Oxidschicht. Das Einatmen von Cadmium-dämpfen ist giftig, senkt als Legierzusatz den Schmelzpunkt der Legierung und erhöht die Dehnbarkeit. |
| Chrom (Cr) | Erhöht als Legierungselement Zugfestigkeit, Härte, Warm-, Verschleißfestigkeit, Korrosionsbeständigkeit./ Verwendung: Verchromen dient als Schutz vor Oxidation und Zierde von Metallen, meist Stahl. |
| Eisen (Fe) (Fe-Legierung z.B. Stahl) | Oft in Legierungen als Stahl zusammen mit Chrom, Silicium, Nickel, Mangan, Kohlenstoff, Wolfram,..../ Verwendung: Bau von Häusern, Schiffen, Autos, Maschinen, Werkzeugen,... |
| Gold (Au) | Weich, sehr dehnbar. Dünne Goldfolie lässt Licht grün durchscheinen./ Verwendung: Schmuckmetall, Elektronik, Zahnmedizin, optische Industrie (reflektiert UV-Strahlung und energiereiches Licht). |
| Iridium (Ir) | Extrem hart und korrosionsfest./ Verwendung: Wird mit Metallen wie Gold und Osmium als Legierungszusatz verwendet. Außerdem kommt es in Zündkerzen im Elektronikbereich zum Einsatz. |
| Kupfer (Cu) | Weiches, rötliches, sehr dehnbares Schwermetall, zweitbester elektrischer Leiter, desinfizierende Eigenschaften./ Verwendung: Elektrotechnik (z.B. Platinen, Spulen, Generatoren, Lötkolben, Computerchips), Heizanlagen und Wärme-tauscher, Rohrleitungen, Münzen. |
| Magnesium (Mg) | Leichtestes Metall, unedles Leichtmetall mit hoher chemischer Reaktivität./ Verwendung: Leichtbauwerkstoff für die Fahrzeug- und Luftfahrtindustrie, Gehäuse im Elektronikbereich, Leuchtmunition, Medikamente. |
| CuZn-Legierungen (z.B. Messing) | Leitet elektrischen Strom und Wärme und weist eine gute Korrosions- und Witterungsbeständigkeit auf./ Verwendung: Rohrsysteme, Badinstallationen, Armaturen, Beschläge, Dekorbleche, Schmuckerzeugnisse, Heizungen in Fahrzeugen, Münzen, Patronenhülsen, Uhrgehäuse und korrosionsfeste Teile der optischen Industrie. |
| Neusilber | Hart aber elastisch. Legierung aus 50…67% Kupfer, 10…25% Nickel und 12…26% Zink. Das Nickel verleiht der Legierung ein silberweißes Aussehen./ Verwendung: Elektronikfedern in Relais, Reisverschlüsse, Bestecke, (Handelsnamen sind Argentan, Alfenide, Alpaca, Christofle, Pakfong, Hotelsilber, Platinin…). |
| Nickel (Ni) | Besonders hohe Korrosions- und Wärmebeständigkeit, sehr dehnbar und zäh, lässt sich gut polieren, Nickel kann Allergien auslösen. Der Staub gilt als krebserzeugend./ Verwendung: Legierungen (z.B. Edelstahl, Neusilber, Nickelweiß-gold, aber auch für galvanische Oberflächen), Gasturbinen, Panzerplatten, Feuerwaffen, Batterien, Münzen, Flugzeug- und Raketenbau (Superlegierungen mit extremer Temperaturwechselbeständigkeit). |
| Osmium (Os) | Osmium ist das schwerste aller Metalle. Macht Legierungen besonders hart./ Verwendung: Industrie-Katalysatoren, Kontrastmittel (Elektronenmikroskop). |
| Quecksilber (Hg) | Halbedles Schwermetall (silberglänzend), bei Zimmertemperatur flüssig, Dämpfe sind giftig./ Verwendung: Thermometer, Dental-Amalgam, Schmuck-Amalgam. |
| Palladium (Pd) | Silberweißes Edelmetall./ Verwendung: Katalysatoren, Elektrotechnik, Legierungen (z.B. Weißgold). |
| Platin (Pt) | Edelmetall (silbergrau glänzend), sehr zäh und schwer, hohe Beständigkeit gegenüber chemischen und atmosphärischen Einflüssen./ Verwendung: Schmuck, medizinische Geräte, elektronische Geräte, Katalysatoren. |
| Rhodium (Rh) | Verwendung: Katalysatoren, Legierungsbeimischung. |
| Ruthenium (Ru) | Verwendung: Katalysatoren, galvanische Oberflächen, Sonderlegierungen. |
| Silber (Ag) | Sehr dehnbares, weiches Edelmetall, beste elektrische Leiteigenschaften./ Verwendung: Schmuck, Münzmetall, elektrische und medizinische Geräte, Fotochemie, hochwertige Spiegeloberfläche. |
| Titan (Ti) | Etwa 40% leichter als Stahl bei annähernd gleicher Festigkeit, gute thermische Belastbarkeit und Hitzebeständigkeit, bildet eine gut schützende Oxidschicht, die hoch korrosionsbeständig und resistent gegenüber chemischen und atmosphärischen Einflüssen ist./ Verwendung: Medizintechnik, Fahrzeug- und Luftfahrtindustrie, Gelenkprothesen, Schmuck, Sportgeräte, Laptops und Kameras, Auskleidung von Säurebehältern, weißes Pigment/Färbemittel für Kunststoffe/Papiere/Lacke. |
| Tantal (Ta) | Verwendung: Kondensatoren, Ofenauskleidungen, Laborartikel der chemischen Industrie. |
| Wolfram (W) | Element mit der höchsten Schmelz- und Siedetemperatur aller Metalle, Wolfram erhöht die Zugfestigkeit, Härte und Warmfestigkeit./ Verwendung: Glühdraht in Lampen, legierte Stähle. |
| Zink (Zn) | Sprödes Schwermetall (bläulich-weiß), witterungsbeständig./ Verwendung: Legierungsmetall (für Messing, Tombak, Neusilber), Beschichtungswerkstoff zur Verbesserung der Korrosionseigenschaften, Elektronikbereich, Trockenbatterien. |
| Zinn (Sn) | Schwermetall (silberglänzend), weich, dehnbar./ Verwendung: Lötzinn (Beimischung von Blei), Legierungszusatz, Beschichtungsmaterial für Konservendosen (Weißblech) oder Backformen in der Lebensmittelindustrie. |

*Abb. 28: in Anlehnung an [8]*

## Einige Industrie-Metalle in der Übersicht

| Metall | Dichte $\rho$ (kg/dm³) | Schmelzpunkt $\vartheta_s$ bei 1,013 bar (°C) | Wärmeleitfähigkeit $\lambda$ bei 20°C (W/m·k) | Längenausdehnungskoeffizient 0…100°C $\alpha_l$ (1/°C oder 1/K)·10⁻⁶ | E-Modul $E$ (N/mm²) |
|---|---|---|---|---|---|
| Aluminium (Al) | 2,7 | 659 | 204 | 23,8 | 70 000 |
| Antimon (Sb) | 6,69 | 630,5 | 22 | 10,8 | – |
| Beryllium (Be) | 1,85 | 1 280 | 165 | 12,3 | – |
| Blei (Pb) | 11,3 | 327,4 | 34,7 | 29,0 | ca. 18 000 |
| Kupfer-Zinn-Legierungen (z.B. Bronze) | 7,4…8,9 | 900 | 46 | 17,5 | – |
| Cadmium (Cd) | 8,64 | 321 | 9,1 | 30,0 | – |
| Chrom (Cr) | 7,2 | 1 903 | 69 | 8,4 | 289 000 |
| Eisen (Fe) (Fe-Legierung z.B. Stahl) | 7,85 (unleg. Stahl) | 1 500 | 81 (Fe) 48…58 (unleg. Stahl) | 11,9 (unleg. Stahl) | 196 000 (Fe) 210 000 (unleg. Stahl) |
| Gold (Au) | 19,3 | 1 064 | 310 | 14,2 | 82 000 |
| Iridium (Ir) | 22,4 | 2 443 | 59 | 6,5 | – |
| Kupfer (Cu) | 8,96 | 1 083 | 384 | 16,8 | 100 000…130 000 |
| Magnesium (Mg) | 1,74 | ca. 650 | 172 | 26,0 | > 40 000 |
| CuZn-Legierungen (z.B. Messing) | 8,4…8,7 | 900…1 000 | 105 | 18,5 | – |
| Neusilber | ca. 8,4 | 960 | – | – | – |
| Nickel (Ni) | 8,91 | 1 455 | 59 | 13,0 | 214 000 |
| Osmium (Os) | 22,5 | 3 050 | – | – | 551 000 |
| Quecksilber (Hg) | 13,5 | - 39 | 10 | 180,0 (Volumenausdehnungskoeffizient) | – |
| Palladium (Pd) | 12,0 | 1 552 | – | – | – |
| Platin (Pt) | 21,5 | 1 769 | 70 | 9,0 | 172 000 |
| Rhodium (Rh) | 12,4 | 1 963 | – | – | – |
| Ruthenium (Ru) | 12,4 | 2 250 | – | – | – |
| Silber (Ag) | 10,5 | 961,5 | 407 | 19,3 | – |
| Titan (Ti) | 4,5 | 1 670 | 15,5 | 8,2 | 116 000 |
| Tantal (Ta) | 16,6 | 2 996 | 54 | 6,5 | > 150 000 |
| Wolfram (W) | 19,27 | 3 390 | 130 | 4,5 | 406 000 |
| Zink (Zn) | 7,13 | 419,5 | 113 | 29,0 | – |
| Zinn (Sn) | 7,29 | 231,9 | 65,7 | 23,0 | > 40 000 |

## MET 5
### Besonderes und Neuheiten im Bereich der Metalle

### MET 5.1
### Metallschaum

Schon in den 40er Jahren des letzten Jahrhunderts wurde die Idee für einen neuen Werkstoff geboren, der zum einen die hohe Steifigkeit von Metallen und zum anderen die Leichtigkeit eines Naturschwamms aufweisen sollte. Seit dieser Zeit konnte mit einer Vielzahl von Forschungsprojekten der Ansatz des Metallschaums weiterentwickelt werden. Die neuen Werkstoffe, die in offen- oder geschlossenporiger Form für Metalle wie Aluminium, Zink, Zinn, Blei, und Magnesium bereits vorliegen oder erfolgreich erprobt wurden, versprechen vor allem im Bereich der Gestaltung völlig neuartige Anwendungsmöglichkeiten.

*Eigenschaften*
Der große Vorteil von Metallschäumen, was ihren Einsatz für den Leichtbau von Automobilen und Flugzeugen besonders interessant macht, ist das sehr gute Verhältnis zwischen Festigkeit und Masse. Trotz der offenen Struktur und der geringen Dichte, die nur 90% des Wertes vergleichbaren Vollmaterials ausmacht, wird eine hohe Steifigkeit erzielt. Gute dämpfungs- sowie schall- und wärmeabsorbierende Eigenschaften gehen damit einher. Die dreidimensionale Struktur ist in ihrer Erscheinung vergleichbar mit natürlichen Schwämmen oder Korallen. Die Dichte von Aluminiumschäumen ist so gering, dass Bauteile aus dem Material in Wasser schwimmen.

*Bild: Aluminiumschaum zwischen Plattenmaterial – hierdurch entsteht eine leichte Gesamtplatte.*

*Verwendung*
Vor allem Metallschäume aus Aluminium haben in der letzten Dekade Anwendungsmöglichkeiten im Automobilbereich zum Beispiel zur Versteifung von Cabriolets oder in der Luft- und Raumfahrtindustrie erschlossen. Die guten Dämpfungseigenschaften können für den Aufprallschutz genutzt werden. Darüber hinaus verspricht man sich auf Grund der Biokompatibilität und Elastizität des Werkstoffs für die Medizintechnik weitere Einsatzfelder. So wird beispielsweise an der Qualifizierung von Aluminiumschäumen für Zahnimplantate geforscht. Die knochenähnliche Porosität würde ein gutes Verwachsen mit biologischem Gewebe ermöglichen. Weitere Anwendungsoptionen liegen in der Architektur oder im Designbereich, wo Eigenschaften zur Absorption von Wärme und Schall in Kombination mit auffälligen ästhetischen Qualitäten besonders geschätzt werden.

*Verarbeitung*
Metallschäume können mit allen üblichen Verfahren mechanisch bearbeitet werden (z.B. Drehen, Fräsen). Da meist endformnahe Bauteile erstellt werden können, ist eine umformende Bearbeitung in der Regel nicht notwendig. Sandwichstrukturen aus Schaummaterial und Metallblechen können umgeformt werden. Metallschäume sind mit dem Laser schweißbar und sind zu kleben. Schraubverbindungen werden unter Zuhilfenahme von eingeschäumten Buchsen hergestellt (Banhardt, Ashby, Fleck 2002).

*Wirtschaftlichkeit und Handelsformen*
Verbundmaterialien aus Aluminiumschaum und Metallblechen oder -profilen sowie offenporige Metallbauteile mit maximalen Teilemaßen von 1000 x 500 x 400 $mm^3$ können beim Fraunhofer IFAM in Bremen bezogen werden.

*Alternativmaterialien*
Metallwabenstrukturen, Hölzer, besonders steife Kunststoffschäume

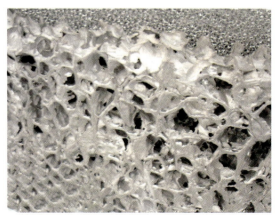

*Bild: Aluminiumschaum.*

## MET 5.2
### Formgedächtnislegierungen (shape memory alloys)

Der *Formgedächtniseffekt* wurde erstmals 1932 an einer Silber-Kadmium-Legierung erfolgreich erprobt.

Bild: Fettspreizer aus Memorymetall./
Foto: Memory-Metalle GmbH

### Eigenschaften
Als *Memorymetalle* bezeichnete Werkstoffe speichern Forminformationen in ihrem molekularen Gefüge. Zu diesen zählen Legierungen aus Nickel und Titan, die auch unter den Bezeichnungen Nitional, Tini-Alloy oder Livewire bekannt sind, oder Legierungen aus Kupfer und Zink (NiTi, CuZn, CuZnAl, CuZnNi weiterhin FeNiAl, AuCd) (Gümpel 2004). Bei tiefen Temperaturen kann die Metalllegierung scheinbar plastisch verformt werden. Nach Erwärmung über die Umwandlungstemperatur des Gefüges nimmt diese ihre ursprüngliche Form wieder ein. Dabei kann zwischen dem *Einweg-Memory-Effekt*, der eine einmalige Rückbesinnung auf die ursprüngliche Form meint, und dem *Zweiweg-Memory-Effekt*, der mehrfache Formwechsel möglich macht, unterschieden werden (Merkel, Thomas 2003). Der Temperaturbereich, in dem Memorymetalle auf der Basis einer Nickel-Titan-Legierung ihr besonderes Eigenschaftsprofil ausspielen, liegt zwischen -35°C und +85°C. Formgedächtnislegierungen können große Kräfte in mehreren 100000 Bewegungszyklen ohne Ermüdung übertragen. Vor allem Nickel-Titan-Legierungen MET 3.3.6 sind zudem biokompatibel und extrem korrosionsbeständig.

### Verwendung
Memorymetalle kommen insbesondere dort zum Einsatz, wo Bewegungen in einem begrenzten Raum ermöglicht werden sollen. Ein Beispiel hierfür ist die Ansteuerung zum Aufstellen von Sonnensegeln in der Raumfahrt. Auf Grund der guten Biokompatibilität einiger Formgedächtnislegierungen wird auch an Anwendungen in der Medizintechnik gearbeitet. Ein Beispiel ist eine an der RWTH Aachen entwickelte miniaturisierte Blutpumpe. In komprimierter Form wird diese mittels eines Katheders in ein Blutgefäß nahe dem Herzen geführt. Die Wärme des Blutes genügt, um den Memory-Effekt auszulösen und die Pumpe in ihre wirksame Form zu entfalten. Die US-Navy entwickelt derzeit ein Tarnkappen-U-Boot, das durch unscheinbare Schwingungen einer aus einer Nickel-Titan-Legierung bestehenden Schwanzflosse angetrieben werden soll. Weitere Anwendungsbereiche sind Stellvorrichtungen in industriellen Anwendungen oder beispielsweise in Waschmaschinen.

### Verarbeitung
Vor dem Hintergrund des beschriebenen Effekts ist die umformende Bearbeitung die wohl am häufigsten durchgeführte. Die weiteren Möglichkeiten zur Verarbeitung werden durch die in den jeweiligen Legierungen enthaltenen Elemente beeinflusst.

### Wirtschaftlichkeit und Handelsformen
Formgedächtnislegierungen sind in Blechform oder als Drahtmaterial im Handel erhältlich. Die Herstellung von Nickel-Titan-Legierungen ist nicht gerade kostengünstig und übersteigt die bereits hohen Kosten der Rohstoffe. Preiswerter sind Kupfer-Zink-Legierungen. Allerdings verfügen diese nicht über eine besondere Ausprägung des Formgedächtniseffektes.

### Alternativmaterialien
Thermobimetalle für Stellelemente

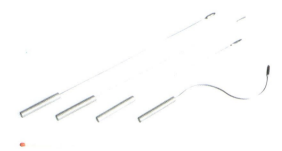

Bild oben: Koronarsonden aus Memorymetall.
Bild links: Stent aus Memorymetall.
Bilder rechts: Draht aus Memorymetall formt sich zu einer Büroklammer/ Alle Fotos: Memory-Metalle GmbH

### MET 5.3
### Metallische Gläser (amorphe Metalle)

Seit Ende der sechziger Jahre ist bekannt, dass durch sehr schnelles Abkühlen einer Schmelze metallische Gläser mit einem amorphen Gefüge und hervorragenden mechanischen Eigenschaften entstehen (Haasen 1994).

*Eigenschaften*
Die besonderen Eigenschaften gehen auf die für Metalle ungewöhnliche, nicht strukturierte Anordnung der Atome zurück, was allgemein mit dem Begriff »amorph« ↗ MET 1.1 beschrieben wird. Metallische Gläser auf der Basis von Aluminium oder Titan haben geringe Dichten, sind hochfest und weisen eine sehr gute Härte auf. Zudem sind sie extrem korrosionsbeständig und besitzen hohe Zugfestigkeit und Elastizität, womit der Unterschied zu üblichen Gläsern begründet ist. Sie sind lichtundurchlässig und wenig spröde. Die besonderen Fähigkeiten zur Leitung elektrischer Ströme lassen amorphe Metalle auf Veränderungen magnetischer Felder reagieren, was sie zum Empfang von Funkwellen befähigt. Metallische Gläser sind bis zu Temperaturen von 500°C stabil. Bei höheren Werten streben diese nach Rückkehr in die energetisch günstigere kristalline Struktur (Entglasung).

*Verarbeitung*
Die Herstellung metallischer Gläser erfolgt durch Aufspritzen eines Strahls auf ein schnell rotierendes Rad aus einem besonders wärmeleitenden Werkstoff. Es entstehen Bänder mit einer Dicke von bis zu 100 Mikrometern. Diese können als Funkempfänger oder zur Abschirmung gegen magnetische Felder eingesetzt werden. Mit dem Laserstrahl oder durch Aufdampfvorgänge können Glasstrukturen in die oberen Bereiche von Metalllegierungen eingebracht werden und dort die Korrosionseigenschaften und Festigkeiten verbessern. Schneidende Bearbeitungsprozesse oder thermische Fügeverfahren sind nicht ohne weiteres auf metallische Gläser anwendbar. Eine Alternative zur Verarbeitung bietet die Pulvermetallurgie (Kretschmer, Kohlhoff 1995).

*Alternativmaterialien*
Titan- oder hochfeste Stahllegierungen

## MET
## Literatur

[1] Banhardt, J.; Ashby, M. F.; Fleck, N. A.: Cellular Metals and Metal Foaming Technology. Tagungsband der 2. Internationalen Tagung 18.-20.6.2001, Bremen.

[2] Bargel, H.-J.; Schulze, G.: Werkstoffkunde. Berlin, Heidelberg: Springer Verlag, 8. Auflage, 2004.

[3] Beitz, W; Grote, K.-H.: Dubbel - Taschenbuch für den Maschinenbau. Berlin, Heidelberg: Springer Verlag, 20. Auflage, 2001.

[4] Berns, H.: Hartlegierungen und Hartverbundwerkstoffe. Berlin, Heidelberg: Springer Verlag, 1998.

[5] Berns, H.: Stahlkunde für Ingenieure. Berlin, Heidelberg: Springer Verlag, 2. Auflage, 1993.

[6] Brepohl, E.: Theorie und Praxis des Goldschmieds. München, Wien: Fachbuchverlag Leipzig im Carl Hanser Verlag, 13. Auflage, 1998.

[7] Bürgel, R.: Handbuch Hochtemperatur-Werkstofftechnik. Braunschweig, Wiesbaden: Vieweg Verlag, 2. Auflage, 2001.

[8] Dobler, H.-D.; Doll, W.; Fischer, U.; Günter, W.; Heinzler, M.; Ignatowitz, E.; Vetter, R.: Fachkunde Metall. Haan-Gruiten: Verlag Europa-Lehrmittel, 54. Auflage, 2003.

[9] Easterling, K.: Werkstoff im Trend. Berlin: Verlag Technik, 1997.

[10] Gümpel, P.: Formgedächtnislegierungen. Renningen: Expert-Verlag, 2004.

[11] Haasen, P.: Physikalische Metallkunde. Berlin, Heidelberg: Springer Verlag, 3. Auflage, 1994.

[12] Heinzler, M.; Kilgus, R.; Näher, F.; Paetzold, H.; Röhrer, W.; Schilling, K.: Tabellenbuch Metall. Haan-Gruiten: Verlag Europa-Lehrmittel, 40. Auflage, 1997.

[13] Heubner, U.; Klöwer, J.: Nickelwerkstoffe und hochlegierte Sonderstähle. Renningen: Expert-Verlag, 3. Auflage, 2002.

[14] Hilleringmann, U.: Silizium-Halbleitertechnologie. Stuttgart: B.G. Teubner Verlag, 2. Auflage, 1999.

[15] Hornbogen, E.: Werkstoff – Aufbau und Eigenschaften von Keramik-, Metall-, Polymer- und Verbundwerkstoffen. Berlin, Heidelberg: Springer Verlag, 7. Auflage, 2002.

[16] Hornbogen, E.; Warlimont, H.: Metallkunde – Aufbau und Eigenschaften von Metallen und Legierungen. Berlin, Heidelberg: Springer Verlag, 3. Auflage, 1996.

[17] Ilschner, B.; Singer, R.F.: Werkstoffwissenschaften und Fertigungstechnik. Berlin, Heidelberg: Springer Verlag, 4. Auflage, 2005.

[18] Kiessler, H.: Kleine Stahlkunde für den Maschinenbau. Düsseldorf: Verlag Stahleisen, 3. Auflage, 1992.

[19] Kretschmer, T.; Kohlhoff, J.: Neue Werkstoffe – Überblick und Trends. Berlin, Heidelberg: Springer Verlag, 1994.

[20] Laska, R.; Felsch, C.: Werkstoffkunde für Ingenieure. Braunschweig, Wiesbaden: Vieweg Verlag, 1992.

[21] Lefteri, C.: Metall – Material, Herstellung, Produkte. Ludwigsburg: avedition, 2004.

[22] Merkel, M.; Thomas, K.-H.: Taschenbuch der Werkstoffe. München, Wien: Fachbuchverlag Leipzig im Carl Hanser Verlag, 2003.

[23] Münch v., W.: Werkstoffe der Elektrotechnik. Stuttgart: B.G. Teubner Verlag, 8. Auflage, 2000.

[24] Ostermann, F.: Anwendungstechnologie Aluminium. Berlin, Heidelberg: Springer Verlag, 1998.

[25] Peters, M.; Legens, C.; Kumpfert, J.: Titan und Titanlegierungen. Weinheim: Wiley VCH, 1998.

[26] Riehle, M.; Simmchen, E.: Grundlagen der Werkstofftechnik. Stuttgart: Deutscher Verlag für Grundstoffindustrie, 1997.

[27] Ruge, J.; Wohlfahrt, H.: Technologie der Werkstoffe. Braunschweig, Wiesbaden: Vieweg, 6. Auflage, 2001.

[28] Seidel, W.: Werkstofftechnik. München, Wien: Carl Hanser Verlag, 6. Auflage, 2005.

[29] Shackelford, J.F.: Werkstofftechnologie für Ingenieure. München: Parson Studium, 6. Auflage, 2005.

[30] Sprenger, T.; Struhk, C.: modulor – material total. Berlin, 2004.

[31] Wegst, C.; Wegst, M.: Stahlschlüssel. Marbach: Stahlschlüssel Verlag Wegst, 20. Auflage, 2004.

[32] Weißbach, W.: Werkstoffkunde und Werkstoffprüfung. Wiesbaden: Vieweg Verlag, 15. Auflage, 2004.

[33] Wendehorst, R.: Baustoffkunde. Hannover: Curt R. Vincentz Verlag, 26. Auflage, 2004.

Bild: Turnschuh adidas »a³«. Extrem belastbare und superweiche Zwischensohle aus Elastollan® (thermoplastisches Polyurethan-Elastomer)./
Hersteller und Foto: Elastogran GmbH – BASF Gruppe

## KUN
## KUNSTSTOFFE

*Abdichtfolie, Abdeckhaube, Ampel, Angelrute, Angelschnur, Arbeitsplatte, Armatur, Aufkleber, Badewanne, Batteriekasten, Becher, Behälter, Benzinschlauch, Beschichtung, Besteckgriff, Bilderrahmen, Billardkugel, Blisterverpackung, Blumenkasten, Blumensteckschwamm, Blumentopf, Bodenbelag, Brillenglas, Brillengestell, Büroartikel, Bürste, Campinggeschirr, CD, Computergehäuse, Computertastatur, Dachfolie, Dachrinne, Dämmplatte, Dichtung, Drahtisolation, Drehverschluss, Dübel, Dunstabzugshaube, Duschvorhang, DVD, Eierbecher, Einweggeschirr, Eiskübel, Fassadenverkleidung, Feder, Feuerzeug, Fensterprofil, Filmdose, Filmspule, Filter, Fischereinetz, Flasche, Flugzeuginnenverkleidung, Flugzeugmodell, Förderband, Frischhaltefolie, Frisierhaube, Fußball, Gardinenrolle, Gartenmöbel, Gefrierbeutel, Gemüseschale, Getränkekasten, Gleitlager, Gummistiefel, Haarspange, Handtasche, Handygehäuse, Hartschalenkoffer, Heizungsgebläse, Hochsprungstange, Hundenapf, Imprägniermittel, Inliner, Isolierrohr, Joghurtbecher, Kabelanschluss, Kabelführung, Kabelummantelung, Kaffeefilter, Kamm, Kammerazubehör, Karosserie, Kassettengehäuse, Kindermöbel, Klarsichthülle, Klebefolie, Klebstoff, Kleiderbügel, Klemmleiste, Knopf, Kolbenring, Kontaktlinse, Kopfhörerbügel, Kosmetikdose, Kreditkarte, Kühlschrankinnenbehälter, Kugelschreibergehäuse, Kunstblume, Kunstrasen, Kunstleder, Lampenschirm, Laufrollen, Leiterplatte, Leuchtreklame, Lichtdach, Linse, Lüfterrad, Lüftungssystem, Luftballon, Luftmatratze, Lupe, Mikrowellengeschirr, Modelleisenbahn, Modeschmuck, Motorradhelm, Motorhaube, Müllcontainer, Musikinstrument, Obstschale, Ohrenstäbchen, Pfannengriff, Plane, Propeller, Protektor, Pumpengehäuse, Puppe, Radkappe, Reflektor, Regenmantel, Reifen, Rohrleitung, Rolladenprofil, Rollschuhstopper, Salatschale, Schallplatte, Schallschutz, Schalthebel, Scharnier, Schaumstoffmatratze, Scheinwerfergehäuse, Schirm, Schlauch, Schlitten, Schnappverschluss, Schneidebrett, Schrumpffolie, Schrumpfschlauch, Schuhabsatz, Schuhsohle, Schuhspanner, Schutzverglasung, Segelboot, Segel, Sicherheitskleidung, Silofolie, Sitzsack, Sitzschale, Spielzeug, Sommerskipiste, Spoiler, Sprungmatte, Spulenkörper, Staubsaugerteil, Starkstromisolator, Stecker, Steckdose, Stoßstange, Stuhl, Surfbrett, Tastatur, Telefongehäuse, Teppichgewebe, Tischdecke, Tischplatte, Tischtennisball, Toilettensitz, Tonband, Trafogehäuse, Tragetasche, Transportkasten, Treibstofftank, Trennwand, Tube, Türfüllung, Türgriff, Uhrenglas, Unterwasserscheinwerfer, Ventilator, Verbandkasten, Verbundfolie, Verkehrsschild, Verpackung, Verschlussstopfen, Verteilerdose, Videokassette, Wärmflasche, Wäscheklammer, Wäschekorb, Warndreieck, Warnsignal, WC-Spülkasten, Werbebanner, Werkzeuggriff, Wohnwagenverglasung, Würfel, Zahnbürste, Zahnersatz, Zahnrad, Zeichengerät, Zelt, Zierprofil, Zündkerzenstecker*

## Kapitel KUN
### Kunststoffe

Anders als Metalle, Keramiken oder Hölzer sind synthetische Werkstoffe künstlich hergestellte Materialien, die dank ihres sehr großen Anwendungsspektrums und der wirtschaftlichen Verarbeitung weit verbreitet sind. Wurden die ersten Kunststoffe im 19. Jahrhundert noch aus Naturprodukten wie Kautschuk oder Zellulose gewonnen, ist heute **Erdöl** der Hauptrohstoff für die Produktion von Kunststoffen. Die Möglichkeit zur fast beliebigen Einstellung der Materialeigenschaften hat den synthetischen Werkstoffen den Einzug in nahezu alle Lebens- und Technologiebereiche ermöglicht. Von der **A**rbeitsschutzbrille bis hin zur **Z**ahnbürste ersetzten sie die bis dahin üblichen Materialien und eröffneten zum Teil vollkommen neue Verwendungsfelder. Für manche gelten Kunststoffe gar als »Rückgrat der technisierten Zivilisation« (Phantastisch Plastisch 1995), ohne die Wohlstand in den Industrienationen nicht möglich gewesen wäre.

*Ende der sechziger Jahre war der Wunsch nach gesellschaftlicher Veränderung groß. Konservative Wertvorstellungen wurden abgelehnt, eine freie Lebensentfaltung bevorzugt. Aufblasbare Möbel aus Kunststoff oder mit Styroporkugeln gefüllte Sitzsäcke entsprachen diesem Zeitgeist. Der Mensch sollte durch die Form eines Möbelstücks nicht in eine vorbestimmte Haltung gezwungen werden, sondern vielmehr das Sitzmöbel sich an den menschlichen Körper anpassen.*

*Bild: Aufblasbare Möbel aus PVC Kunststoff als Ausdruck der Protesthaltung gegen konservative Lebensentwürfe gegen Ende der 60er Jahre. »Blow Inflatable Armchair«, 1967, von P. Lomazzi, D. D'Urbino, J. De Pas, Produziert durch Zanotta S.p.A., Italien*

Das positive Image dieser Werkstoffgruppe in unserer heutigen Zeit wurde den Kunststoffen aber nicht immer zuteil. Noch in den sechziger Jahren galten synthetische Materialien als ideale Grundlage, um durch die nahezu unendliche Freiheit in Formgebung und Farbigkeit der Protesthaltung gegenüber konservativen Lebensentwürfen Ausdruck zu verleihen. Die Verwendung von Kunststoffen hatte ihren ersten Höhepunkt erreicht. Ab den ausgehenden 70er Jahren waren sie allerdings unter dem Sammelbegriff »Plastik« als billig, minderwertig und umweltschädlich verschrien. Erst die Entwicklung synthetischer Hochleistungswerkstoffe (z.B. Fluorpolymere KUN 4.1.9), die Einführung eines konsequenten Abfallrecyclings und der hochwertige Einsatz von Kunststoffen mit transluzenten Eigenschaften für Möbel, Haushaltsgeräte und Gebrauchsgegenstände in den 90er Jahren führte zu einer wieder positiven Einstellung gegenüber dieser Werkstoffgruppe. Das Entwickeln und Arbeiten mit Kunststoffen im Design wird dabei nicht mehr nur an formal-ästhetischen Qualitäten festgemacht, sondern wirft Fragen nach den Werkstoff-Kreisläufen KUN 2.3 auf. Das Bild der mit Einweggeschirr gefüllten, überquellenden Mülltonnen konnte revidiert werden.

*Bild: Kennzeichnung recyclingfähiger Kunststoffe.*

Tatsächlich lassen sich in den letzten 150 Jahren eine ganze Reihe von Beispielen finden, die zeigen, dass der Einsatz von Kunststoffen die bisherige Sicht auf ein Produkt und seine Gebrauchsfunktionen revolutionierte.

Schon 1870 versuchten die Brüder Hyatt mit ihrer Erfindung einer Billardkugel aus Zelluloid KUN 4.1.11, der Gefährdung der Elefanten als Quelle für Elfenbein entgegen zu wirken. 1907 entdeckte der Belgier Leo Hendrik Baekeland sowohl den duroplastischen Werkstoff Phenolharz KUN 4.2.3, als auch ein Verfahren zum Verpressen dieses neuen Materials unter Hitze. Der unter dem Handelsnamen Bakelit® vertriebene Kunststoff trat für den Haushaltsgerätebereich in Konkurrenz zu Porzellan, Metall, Glas und Keramik. Auf Grund seiner schlechten Leitfähigkeit setzte er sich bei Thermoskannen und Bügeleisen, wegen der schweren Zerbrechlichkeit für Küchenwaagen und Gehäusen von Küchengeräten durch. Nach dem zweiten Weltkrieg machte der Chemiker Tupper durch die Erfindung eines luftdichten Verschlusses aus Polyethylen KUN 4.2.5 von sich hören und wurde zum weltweit bedeutendsten Produzenten für Lebensmittelverpackungen.

Ab 1930 entwickelten sich Polyvinylchlorid ↗ KUN 4.1.5 und Polystyrol ↗ KUN 4.1.3 zu den wichtigsten Isolations- und Kabelmantelmaterialien für die Elektro- und Kommunikationstechnologie. PVC hat sich ab den 50er Jahren in der Produktion von Schallplatten durchgesetzt. Für die Speicherung von Daten auf CD und DVD werden seit den 90er Jahren Polycarbonat ↗ KUN 4.1.4 oder Polymethylmethacrylat ↗ KUN 4.1.7 verwendet.

Bild: Verwendung von Kunststoffen für Sportgeräte./ Hersteller: LORCH-Boards/ Foto: Garzke/Franova/ Design: www.UNITEDDESIGNWORKERS.com

Vor allem im Sport haben synthetische Werkstoffe zu einer enormen Leistungssteigerung beigetragen. Der erste Kunststoff-Skischuh aus Polyurethan ↗ KUN 4.2.5 kam 1969 auf den Markt. Er wog nur 2 Kilogramm, war wesentlich bequemer als seine Vorgänger und verringerte vor allem das Unfallrisiko. Die Leichtigkeit und Elastizität moderner Sportschuhe förderte darüber hinaus die Leistungsfähigkeit der Sportler bei Laufwettbewerben. Besonders seien an dieser Stelle die Entwicklungen im Stabhochsprung genannt. Waren um 1940 noch Bambus- oder Holzstangen im Einsatz, so machte erst die Verwendung von Stabhochsprungstäben aus glasfaserverstärktem Epoxidharz ↗ KUN 4.2.2 Sprünge über die Marke von 6 Metern möglich.

Im industriellen Bereich kann vor allem die Verwendung von Kunststoffen beim Bau von Kraft- und Nutzfahrzeugen herausgestellt werden. Wurden im Automobilbau noch vor Jahren vorwiegend metallische Werkstoffe verwendet, führte der Einsatz synthetischer Materialien zu einer Gewichtsverringerung und optimierte den Kraftstoffverbrauch nachhaltig. Ein Mittelklassewagen enthält mittlerweile bis zu 150 kg Kunststoffe.

Der nächste Evolutionsschritt bei den synthetischen Werkstoffen sieht die Entwicklung funktionaler Polymere vor. Dies sind Kunststoffe, die entgegen ihrer traditionellen Qualitäten als Isolatoren auch Eigenschaften zur Leitung elektrischer Ströme und Wärme vorweisen können (Eibeck 2005). Während die thermische Leitfähigkeit die Kühlung von Prozessoren über die Gehäusewandung von elektrischen Komponenten beschleunigen soll, werden mit elektrisch leitfähigen Polymerwerkstoffen neue Anwendungen in den Bereichen Funketiketten zur Vereinfachung logistischer Prozesse (RFID) oder Licht emittierender Oberflächen (OLED) ermöglicht ↗ KUN 6.1. Weiterhin zählen zu den Funktionspolymeren auch solche mit transparenten Eigenschaften.

## KUN 1
### Charakteristika und Materialeigenschaften

Die besonderen Eigenschaften künstlicher Werkstoffe gehen auf ihren speziellen Produktionsprozess zurück, bei dem auf molekularer Ebene organische Kohlenwasserstoffverbindungen scheinbar beliebig zusammengesetzt werden. Grad und Art der molekularen Vernetzung sowie der chemische Aufbau sind dabei entscheidend für das spätere physikalische, mechanische und chemische Verhalten. Die große Anzahl existierender Kunststoffe mit unterschiedlichen Eigenschaftsprofilen basiert auf den vielfältigen Variationsmöglichkeiten in der Herstellung.

### KUN 1.1
### Zusammensetzung und Struktur

Als Ausgangsstoffe für die Gewinnung von Kunststoffen dienen Erdöl, Erdgas oder Kohle, in denen sich Kohlenwasserstoffe hoch konzentriert haben (Schwarz 2002). Erdöl hat nach wie vor die höchste Bedeutung. In chemischen Anlagen werden zunächst einzelne Grundmoleküle gleicher Struktur (**Monomere**) synthetisch isoliert. Die eigentliche Herstellung der künstlichen Werkstoffe erfolgt durch Verknüpfung einer Vielzahl dieser Monomere zu faden- und kettenartigen Makromolekülen, den **Polymeren**.

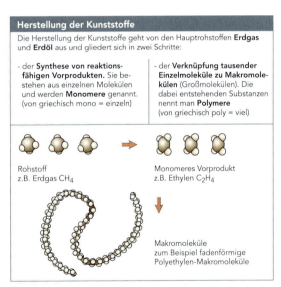

Abb.1: nach [6]

Es existieren die drei Reaktionsmechanismen Polymerisation, Polykondensation und Polyaddition, durch die makromolekulare Strukturen auf Basis von Monomeren entstehen können:

Die **Polymerisation** bezeichnet den Vorgang der fadenförmigen Aneinanderreihung durch eine ausgelöste Kettenreaktion zwischen reaktionsfähigen Monomeren und Auflösung der Mehrfachbindung unter Einfluss von Katalysatoren. Dabei können sowohl Monomere gleicher Zusammensetzung (Homopolymerisation) als auch zwei oder mehrere Monomere unterschiedlicher Struktur (Co-Polymerisation) zur Reaktion gebracht werden.

*griech.:*
*durus – hart*
*therma – Wärme*

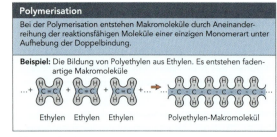

Abb.2: nach [6]

**Polykondensation** ist die stufenweise Verbindung einer Vielzahl von Monomeren zweier unterschiedlicher Strukturformen zu einem engmaschig vernetzten Makromolekül unter Abspaltung von Molekülen niederer Komplexität wie beispielsweise Wasser ($H_2O$).

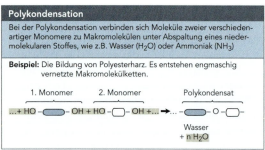

Abb.3: nach [6]

Bei der **Polyaddition** werden weit- oder engmaschige Polymerstrukturen durch wechselseitige Anlagerung verschiedener Monomere auf intermolekularer Ebene unter Platzwechsel von Wasserstoffatomen erzeugt. Beispielsweise gehen Polyurethane und Epoxidharze auf diesen Reaktionstyp zurück.

**Latex**
*oder Naturkautschuk ist der milchige Saft tropischer Kautschuk liefernder Pflanzen.*

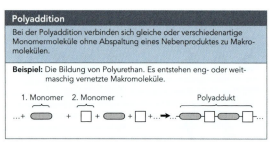

Abb.4: nach [6]

Bild: Fahrradschlauch-Armreif aus Gummi (PFFFT)./ Design: Fabian Seibert/ www.suelzkotlett.de

Bild: Tastatur aus elastischem Silikon.

## KUN 1.2
### Einteilung der Kunststoffe

An Hand der innermolekularen Struktur und der daraus resultierenden Eigenschaften unterteilt man Kunststoffe in Thermoplaste, Duroplaste und Elastomere. Die Bezeichnung folgt den bei der Erwärmung erkennbaren Unterschieden im mechanischen Verhalten (Braun 2003, Retting 1991, Shackelford 2005).

**Thermoplaste** sind Makromoleküle mit einer fadenförmig verschlungenen, aber unvernetzten Polymerstruktur. Sie sind bei Raumtemperatur hart und meist spröde, lassen sich aber nach Erwärmung plastisch verformen. Bei starker Wärmezufuhr ist sogar mit einer Verflüssigung zu rechnen, da Verknüpfungspunkte zwischen den einzelnen Molekülfäden fehlen. Nach Überschreitung eines definierten Temperaturbereichs zersetzen sich Thermoplaste oder beginnen zu brennen.

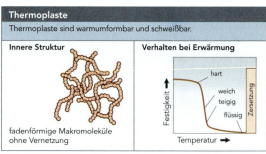

Abb.5: nach [6]

Die Mehrzahl der bekannten Kunststoffe ist der Gruppe der Thermoplaste zuzurechnen (z.B. Polystyrol, Polypropylen, Polyethylen). Dies hängt vor allem mit der guten Bearbeitbarkeit zusammen. Thermoplaste lassen sich nach Erwärmung verformen, sind schweißbar und werden meist durch Spritzgießen ↗ FOR 1.2 oder Extrudieren ↗ FOR 4 zu Halbzeugen und Formteilen in großen Stückzahlen verarbeitet.

**Elastomere** (z.B. Silikone, Kautschuk) sind auf Grund ihrer weitmaschig vernetzten Molekularstruktur elastisch verformbar. Die Anzahl der Vernetzungspunkte bestimmt den Härtegrad bei Druckbeanspruchung. Nach Rücknahme einer Krafteinwirkung bildet sich die Verformung zurück. Daher sind Elastomere nicht bleibend verformbar. Auch bei Erwärmung verändert sich ihr Zustand nur unwesentlich, wodurch Fügevorgänge durch Wärmezufuhr wie beim Schweißen nicht ausgemacht werden können. Elastomere sind daher nicht schmelzbar und unlöslich.

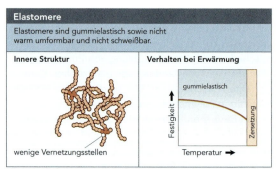

Abb.6: nach [6]

Die Eigenschaften von *Duroplasten* (z.B. Phenolharze, Aminoplaste) sind auf ihre engmaschige und stark vernetzte Polymerstruktur zurückzuführen. Eine Verschiebung der Molekülketten bei Erwärmung ist nahezu ausgeschlossen, da sie sich gegenseitig behindern. Duroplaste können nach der Formgebung lediglich zerspanend bearbeitet werden. Thermisches Verformen, Schmelzen oder Aufquellen sind ausgeschlossen. Typische Vertreter sind beispielsweise Epoxidharze, bei denen die Aushärtung und Formgebung aus den beschriebenen Gründen durch die Zusammenführung der zwei Komponenten meist erst am Einsatzort erfolgt.

| Thermische Eigenschaften | |
|---|---|
| Material | Wärmeleitfähigkeit $\lambda$ |
| Ungefülltes Polyethylen (PE) | $\lambda \approx$ 0,3 bis 0,4 W/mK |
| Ungefülltes Polystyrol (PS) | $\lambda \approx$ 0,2 W/mK |
| Geschäumtes Polystyrol (EPS) | $\lambda \approx$ 0,003 W/mK |
| Eisen (Fe) | $\lambda \approx$ 50 W/mK |
| Aluminium (Al) | $\lambda \approx$ 230 W/mK |

Abb.8: nach [4]

| Duroplaste | |
|---|---|
| Duroplaste sind nicht umformbar und nicht schweißbar. | |
| 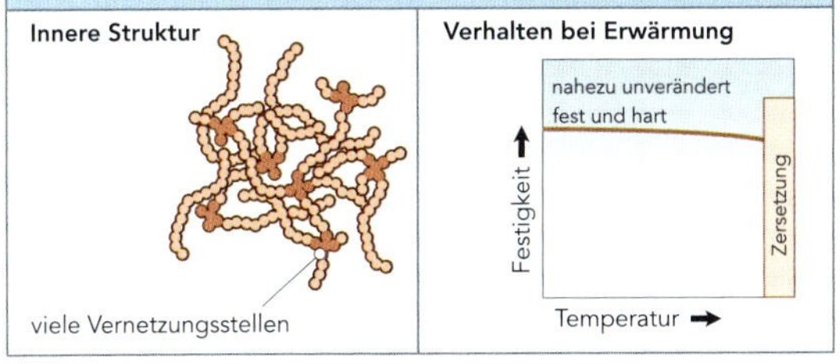 Innere Struktur | Verhalten bei Erwärmung |
| viele Vernetzungsstellen | nahezu unverändert fest und hart / Festigkeit / Zersetzung / Temperatur |

Abb.7: nach [6]

## KUN 1.3
### Physikalische Eigenschaften

Neben den Verhaltensmustern der unterschiedlichen Kunststofftypen unter Wärmeeinwirkung lassen sich weitere charakteristische Eigenschaften finden, mit denen synthetische Werkstoffe von anderen Materialgruppen abgegrenzt werden können.

Bezeichnend für Kunststoffe ist ihre geringe Dichte. Sie liegt zwischen 0,9 und 2,2 g/cm³ und damit unter der metallischer Leichtwerkstoffe oder anderer anorganischer Materialien. Da sie aber vergleichsweise dennoch gute mechanische Eigenschaften aufweisen, haben sich Kunststoffe als alternative Leichtbaumaterialien für die Automobil- und Luftfahrtindustrie durchsetzen können.

Bei der Verwendung im industriellen Bereich sind vor allem die im Vergleich zu Metallen geringe Wärmeleitfähigkeit und die Strom isolierenden Eigenschaften von Kunststoffen entscheidende Kriterien. Dies ist auf die sehr niedrige Anzahl freier Elektronen in den molekularen Strukturen synthetischer Werkstoffe zurückzuführen, weswegen sie für Kabelummantelungen und Einhäusungen elektrischer Geräte besonders geeignet sind. Die guten Wärmedämmungseigenschaften machen vor allem Schaumstoffplatten für das Baugewerbe bestens geeignet. Thermoplastische Kunststoffe sind in einem engen Temperaturbereich stabil und schmelzen schon bei niedrigen Werten. Tiefe Temperaturen ändern die Gebrauchseigenschaften von Duroplasten kaum, bei Thermoplasten muss mit einer Versprödung gerechnet werden.

Wie andere Nichtleiter neigen Kunststoffe bei Reibung zu elektrostatischer Aufladung. Dies hat die Anziehung von Staub zur Folge und kann bei einer Funkenentladung Brände und Explosionen auslösen. Je nach Anwendungsfall müssen daher leitende Substanzen beigemischt oder antistatische Beschichtungen aufgebracht werden.

Das akustische Verhalten ist für geschäumte und kompakte Kunststoffe sehr unterschiedlich. Während eine dichte Struktur die Schallausbreitung fördert, sind offenporige Schaumstoffe schallabsorbierend. Die Reflexion von Schallwellen ist auf Grund der geringen Masse von Kunststoffen nahezu ausgeschlossen.

Entscheidend für die Verwendung synthetischer Werkstoffe ist insbesondere die Möglichkeit zur Erzielung hervorragender Oberflächenqualitäten. Dies ist darauf zurückzuführen, dass sich die Oberflächenstruktur formgebender Werkzeuge (z.B. Spritzgießen) nahezu direkt auf das Material übertragen lässt. Sie kann je nach Kunststoffsorte von glatt glänzend bis matt diffus eingestellt werden. Außerdem ist mit amorphen synthetischen Werkstoffen (z.B. PMMA KUN 4.1.7) eine nahezu glasklare Transparenz erzielbar. Teilkristalline Kunststoffe sind in ihrer Erscheinung opak oder milchig. Durch Zusatz von Farbpigmenten können Kunststoffe beliebig eingefärbt werden. Dies ist sowohl deckend, durchscheinend als auch transparent möglich.

*Bild: Kunststoffe können beliebig eingefärbt werden; Plexiglas®, satiniert, transparent und farbig./ Degussa AG*

PLEXIGLAS® für Designanwendungen

- Licht und Leuchten
- Inneneinrichtungen und Messebau
- Schutzverglasungen
- Modellbau

www.plexiglas.de
www.plexiglas.net

## KUN 1.4
### Mechanische Eigenschaften

Je nach Kunststoffsorte können die mechanischen Eigenschaften sehr unterschiedlich ausfallen und auf den jeweiligen Anwendungsfall eingestellt werden. Die Festigkeitswerte sind im Vergleich deutlich niedriger als bei Metallen, können aber durch Faserzusätze ↗ KUN 1.6 entscheidend verbessert werden (Moser 1992). Nach Einbettung von Glas- oder Kohlenstofffasern sind sogar Werte erzielbar, die die mechanische Festigkeit von Stählen übersteigt. Die weiteren Einflüsse auf das Eigenschaftsprofil von Kunststoffen können nachfolgender Tabelle entnommen werden.

| Einflüsse von Fasern auf die Eigenschaften von Kunststoffen | |
|---|---|
| Eigenschaften | Einfluss |
| Steifigkeit, Festigkeit, Kerbempfindlichkeit, Wärmeformbeständigkeit | steigt |
| Kriechneigung, Zähigkeit, Wärmeausdehnung, Schwindungsneigung | sinkt |

*Abb.9: nach [4]*

Weitere Charakteristika künstlicher Werkstoffe sind ihre guten Gleit- und Antihafteigenschaften, wodurch die Verwendung beweglicher Bauteile ohne Schmierung möglich ist. Dies trifft vor allem auf technische Kunststoffe wie Polyacetal (POM) ↗ KUN 4.1.5 oder Polyamid (PA) ↗ KUN 4.1.6 zu, bei denen die Kombination selbstschmierender Eigenschaften und hoher Verschleiß- und Schlagfestigkeit Anwendungen unter dynamischer Belastung rechtfertigen (Dominighaus 1999). Auf Grund der geringen *Laufgeräusche* sind diese Materialien besonders für Zahnräder geeignet.

Durch Wärmezufuhr wird die Dehnbarkeit vor allem thermoplastischer Werkstoffe gesteigert. Die gute Fließfähigkeit dieser Gruppe synthetischer Materialien macht eine kostengünstige Verarbeitung und Formgebung möglich.

## KUN 1.5
### Chemische Eigenschaften

Kunststoffe zeichnen sich durch gute Korrosionsbeständigkeit aus. Anders als bei Metallen müssen synthetische Werkstoffe zum Schutz gegen Witterungs- und Umwelteinflüsse weniger stark geschützt werden. Kunststoffe werden daher häufig zur Beschichtung von wenig widerstandsfähigen Werkstoffen verwendet. Die Chemikalienresistenz liegt für die meisten Sorten meist höher als bei Edelstählen. Allerdings sind synthetische Werkstoffe anfällig gegenüber Lösungsmitteln.

| Charakteristische Eigenschaften und Verwendungsoptionen für Kunststoffe | | |
|---|---|---|
| Geringe Dichte: 0,9 bis 1,4 kg/dm³ (Ausnahme PTFE: ρ = 2,2 kg/dm³) | Behälter, Kfz-Teile, Flugzeugteile, Leichtbauteile | Beispiele: Fässer, Kanister, Lüfterrad, Pkw-Armaturentafel |
| Je nach Sorte hart und fest oder weich und elastisch. Gut formbar und bearbeitbar | Maschinenteile, Gummielastische Bauteile, Gehäuse | Beispiele: Getriebeteile, Pkw-Reifen, Maschinen-Gehäuse |
| Elektrisch isolierend, wärme- und schalldämmend | Werkzeuggriffe, Elektrobauteile, Wärmedämmmaterial | Beispiele: Werkzeuggriffe, Drehstromstecker, Dämmplatten |
| Witterungs- und chemikalienbeständig gegen viele Chemikalien und agressive Umwelteinflüsse | Chemikaliengefäße, Rohrleitungen, Armaturen, Beschichtungen | Beispiele: Pkw-Aggregatgehäuse, Rohr-Auskleidungen, Beschichtungen |

*Abb.10: nach [6]*

## KUN 1.6
### Additive und Faserzumischung

Die Eigenschaften künstlicher Werkstoffe lassen sich durch Verwendung von Zusätzen und Hilfsstoffen wie Stabilisatoren, Weichmachern, Füllstoffen, Farb- und Treibmitteln und durch Faserzumischung verbessern. Das Anwendungspotenzial von Kunststoffen wird auf diese Weise enorm erweitert.

Während Stabilisatoren die Witterungsbeständigkeit erhöhen, können Lichtschutzmittel den Einfluss von UV-Strahlungen auf die Materialeigenschaften verringern. Weichmacher werden zugesetzt, um der Sprödigkeit einiger Kunststoffe entgegenzuwirken und somit die Neigung zum Bruch bei Belastung herabzusetzen. Zudem wird die plastische Verformbarkeit verbessert. Die Beimischung von Treibmitteln ist Voraussetzung zur Herstellung synthetischen Schaumstoffs. Füllstoffe dienen zur Streckung der Kunststoffmenge und zur Veränderung des Eigenschaftsprofils.

Dies trifft vor allem auf die Möglichkeit der Einbettung von Fasern zu, die grundsätzlich für jeden Kunststoff existiert. Sie sind die Festigkeit steigernde Komponente von *Faserverbundwerkstoffen* ↗ VER. Als Resultat entstehen Konstruktionswerkstoffe, die die positiven Eigenschaften (z.B. geringe Dichte) und die leichte Verarbeitbarkeit von Kunststoffen mit der hohen Festigkeit des Fasermaterials vereinen. Nachteilige Charakteristika werden durch das Profil des jeweiligen Partners überdeckt. Ein Faseranteil von 30–50% ist durchaus üblich. Man unterscheidet *Endlos-, Lang-* und *Kurzfasern*. Während Endlos- und Langfasern in Kombination mit duroplastischen Reaktionsharzen angewendet werden, sind Kurzfasern zur Verstärkung thermoplastischer Kunststoffe im Einsatz. Hinweise zur Dimensionierung von Faserverbundkunststoffen werden in Michaeli et al. 1995 gegeben.

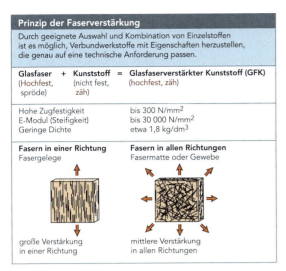

Abb.11: nach [6]

Auf Grund der guten mechanischen Eigenschaften und des niedrigen Preises sind *Glasfasern* ↗ GLA 4.7 das wichtigste Fasermaterial zur Verstärkung von Kunststoffen. Sie verfügen über hohe Zugfestigkeit (bis 2400 N/mm²) und geringe Dichte (etwa 2,6 g/cm³). Die Sprödigkeit wird im Verbund durch die Zähigkeit des Kunststoffes ausgeglichen. Glasfasern liegen für eine Verarbeitung in Form von Rovings (grobes Gewebe), Gelegen, Matten, Strängen oder Faserrollen vor. Verbundwerkstoffe mit Glasfasern werden als »*GFK*« oder glasfaserverstärkte Kunststoffe bezeichnet.

*Aramidfasern* haben etwa die gleiche Festigkeit wie Glasfasern, sind aber sehr viel dehnfähiger und damit zäher ↗ TEX 4.4.2. Zudem sind sie nur schwer entflammbar, schmelzen nicht und sind bis zu einer Temperatur von 160°C formbeständig. Sie werden zur Vermeidung von Splitterungen für schlag- und stoßbeanspruchte Bauteile im Flugzeugcockpit oder in schusssicheren Westen verwendet. Mit Aramidfasern verstärkte Verbundwerkstoffe sind kostspielig und unter der Abkürzung »*RFK*« im Markt erhältlich. DuPont vertreibt sie unter dem Handelsnamen Kevlar®.

Bild: Kohlenstofffasern (Karbonfasern)

Die teuren *Kohlenstofffasern* werden für spezielle Einsatzfälle im Flugzeugbau oder in der Raumfahrt verwendet, wo die Festigkeitswerte von Glas- oder Aramidfasern nicht mehr ausreichen. Kohlefasern weisen Zugfestigkeiten bis 3600 N/mm² auf, wodurch beispielsweise der Bau von Tragflügelprofilen mit sehr geringen Bauhöhen für Segelflugzeuge möglich ist. Kohlenstofffaserverstärkte Kunststoffe sind unter dem Namen »*CFK*« bekannt.

Da sich faserverstärkte Kunststoffe wegen der Materialmischung nur schwer recyceln lassen, werden zur Verbesserung des Eigenschaftsprofils immer häufiger *Pflanzenfasern* (Flachs, Hanf, Kokos, Bambus, Holz) genutzt. Diese weisen zwar keine so hohen Festigkeiten wie Kohlenstoff-, Glas- oder Aramidfasern auf, sind aber leichter zu entsorgen, geräusch- und wärmedämmend und atmungsaktiv. Anwendungsbeispiele sind Schutzhelme oder Pkw-Innenverkleidungen.

| Einflüsse von Füll- und Faserstoffen auf die Eigenschaften von Kunststoffen | | | | | | | | | | | | | | | |
|---|---|---|---|---|---|---|---|---|---|---|---|---|---|---|---|
| | Textilglas | Asbest | Wollastonit | C-Fasern | Whiskers | Synthesefasern | Cellulose | Glimmer | Talkum | Grafit | Sand-/Quarzpulver | Silika | Kaolin | Glaskugeln | Kalciumkarbonat | Metalloxide | Ruß |
| Zugfestigkeit | ++ | + | + | ++ | ++ | | | + | ○ | | + | | + | + | | | + |
| Druckfestigkeit | + | | | + | | | | | | + | | | + | + | | | |
| E-Modul | + | + | + | + | + | | | + | + | + | | + | + | | + | + | + |
| Schlagzähigkeit | + | − | − | − | + | + | + | − | − | | − | − | − | + | − | + | |
| reduzierte Schwindung | + | + | + | + | | | | + | + | + | + | + | + | + | + | + | |
| bessere Wärmeleitfähigkeit | | + | + | | | | | | + | + | + | | | + | | + | |
| bessere Wärmestandfestigkeit | + | + | + | + | | | | + | + | | | | + | | + | + | |
| elektrische Leitfähigkeit | | | | + | | | | | | + | | | | | | | + |
| elektrischer Widerstand | | + | | | | | | + | + | | | + | + | | + | | |
| Wärmebeständigkeit | | + | | | | | | + | + | + | + | | | | + | + | |
| chemische Beständigkeit | | + | + | | | | | + | ○ | | | + | + | | | | |
| besseres Abriebverhalten | | | + | | | | | + | + | + | | | | | | | |
| Extrusionsgeschwindigkeit | + | + | | | | | | | + | | | | + | | + | | |
| Abrasion in Maschinen | − | ○ | | ○ | ○ | ○ | | | ○ | ○ | | | | ○ | ○ | | ○ |
| Verbilligung | + | + | + | | | + | + | + | + | + | + | + | + | + | + | + | |
| reduzierte thermische Ausdehnung | + | + | | + | | | | + | + | | + | + | + | + | | + | |

Abb.12: nach [30]

Bild unten: Surfbrettfinne aus GFK.

## Kapitel KUN
### Kunststoffe

*Lieferformen von Fasermaterialien*

Je nach Anwendungsfall und Verarbeitungsmethode sind unterschiedliche Faserformen auf dem Markt erhältlich:

Abb.13: nach [21]

Mit *Rovings* werden Faserstränge bezeichnet, die aus parallel nebeneinander liegenden, nicht miteinander versponnenen Fasern bestehen. Diese weisen einen Durchmesser von etwa 1 mm auf und finden in der *Faserwickeltechnik* KUN 2.2 häufig Verwendung. Das Auseinanderziehen oder die Verstreckung wirken sich während der Verarbeitung positiv auf das Ergebnis aus.

*Vliese* sind Matten aus völlig ungeordneten, wirr zusammengelegten Fasern, die auch unter der Bezeichnung *Wirrglas* bekannt sind. Die Verarbeitung ist einfach. Jedoch sind die erreichbaren Festigkeitswerte eher niedrig.

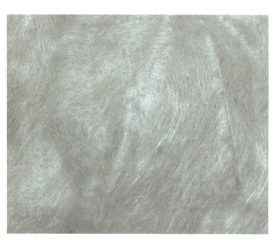

Bild: Glasfaservlies.

Bild unten: Die oben gezeigten GFK-Hauben im fertigen Zustand./ TÜNKERS Maschinenbau GmbH/ Foto: Herf & Braun
Design: www.UNITED**DESIGN**WORKERS.com

Bei *Gewebe* oder *Geflecht* sind die Faserstränge miteinander in geordneter Form verwoben. Auf Grund der universellen Einsetzbarkeit und der leichten Verarbeitung sind Gewebe die am häufigsten genutzte Faserform. Auch komplizierte Formgeometrien lassen sich realisieren. Selbst beim Handlaminieren können enge Wölbungen sehr gut angepasst werden.

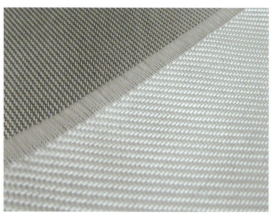

Bild: Glasfasergewebe.

Bild: Glasfaserverstärkte Kunststoffhaube.

Ein *Gelege* ist eine Zwischenform zwischen einem Roving und einem Gewebe. Die einzelnen Faserstränge sind parallel in einzelne Schichten gelegt und werden lediglich mit dünnen Fäden zusammengehalten.
Vor allem beim *Handlaminieren* KUN 2.2 können Gelege im Vergleich zu Rovings leichter positioniert und verarbeitet werden. Mehrere Verstärkungsrichtungen sind erzielbar.

Von *Prepags* spricht man, wenn die beschriebenen Faserformen nicht trocken, sondern schon mit einem Spezialharz imprägniert bezogen werden. Die Aushärtung des Fasermaterials erfolgt unter Wärmezufuhr.

## KUN 2
### Prinzipien und Eigenheiten der Kunststoffverarbeitung

Mit der Einteilung der Kunststoffe in Thermoplaste, Elastomere und Duroplaste wurden die wesentlichen Unterschiede in der Verarbeitung vor dem Hintergrund des unterschiedlichen Verhaltens bei Erwärmung bereits beschrieben. Die Formgebungsmöglichkeiten sind sehr stark mit diesen Eigenschaften verbunden.

*Bindenähte*
*Beim Gießen thermoplastischer Kunststoffe muss auf die Bildung von Bindenähten geachtet werden. Diese entstehen während der Formfüllung, wenn das plastifizierte Material auf Grund von Durchbrüchen oder Innenstrukturen getrennt wird und hinterher wieder zusammenfließt. Die Schmelzfronten haben sich in der Zwischenzeit auf molekularer Ebene bereits orientiert und können keine homogene Struktur mehr bilden. Bindenähte stellen Bauteilschwachstellen dar, an denen das Material unter Belastung schnell nachgibt und reißt. Eine intelligente Positionierung des Angusskanals beim Formenbau kann Länge und Anzahl von Bindenähten reduzieren helfen. Eine Verfestigung der betroffenen Stellen durch lange Abkühlzeiten kann die negativen Auswirkungen von Bindenähten verringern.*

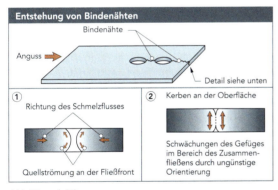

Abb.14: nach [4]

Bild: Unschöne Bindenähte im sichtbaren Bereich der Bauteiloberfläche, Anguss ist hier im Bild unten rechts.

### Formen
*Thermoplaste* bieten auf Grund der Verflüssigungsmöglichkeit unter Wärme die besten Verarbeitungsoptionen. *Spritzgießen* FOR 1.2 und *Extrusion* FOR 4.1 sind die üblichen Verfahren zur Massenproduktion von Kunststoffbauteilen. Granulat oder Pulver wird als Ausgangsstoff unter hohen Temperaturen plastifiziert und in Formen gespritzt bzw. gepresst oder in einem Extruder zu Halbzeugen, Platten oder Folien geformt. Weitere Massenverfahren zur Formgebung thermoplastischer Kunststoffe sind das *Blasformen* FOR 5.3, *Pressen* FOR 6.4 oder das *Schleuder-* und *Rotationsgießen* FOR 1.6. Duroplastische Formmassen werden durch Pressformen FOR 6.4 verarbeitet.

Die meisten synthetischen Werkstoffe können auch zu *Polymerschäumen* FOR 3 geschäumt werden. Hier sind vor allem die Kunststoffe PE, PP, PS oder PUR zu nennen. Zur Herstellung von Bauteilen in kleinen und mittleren Stückzahlen steht das *Polymer-* FOR 1.8 oder *Vakuumgießen* FOR 1.5 zur Verfügung.

*Elastomere* und *duroplastische* Formmassen können nur vor der eigentlichen polymeren Vernetzung formgebend verarbeitet werden. Eine nachträgliche Verflüssigung durch Erwärmung ist nicht möglich. Die Grundwerkstoffe werden in eine Form gegossen oder als Festmassen in die gewünschte Geometrie gepresst (z.B. Pressformen) und abschließend ausgehärtet.

### Umformen
Lediglich thermoplastische Kunststoffen können unter Einbringung von Wärme umgeformt werden. Die Werkstoffe werden hierzu bis zum Erweichen erhitzt. Platten oder Stabmaterial werden durch Warmumformen vor allem dann bearbeitet, wenn eine zweidimensionale Bauteilgeometrie erforderlich ist oder Formveränderungen durch einfaches Biegen möglich ist. Die Herstellung der Werkzeugform ist bei diesen Verfahren preisgünstig. Der Herstellungsprozess von Folien in *Walzwerken* unter Druck und Wärme wird *Kalandrieren* FOR 4 genannt (Nentwig 1994). Wenn hohe Stückzahlen die Werkzeugkosten rechtfertigen, kann bei einfachen Geometrien (z.B. Joghurtbecher) das *Thermoformen* FOR 7.1, *Tiefziehen* FOR 7.1 oder *Blasformen* FOR 5.3 auch in drei Dimensionen erfolgen (Ruge, Wohlfahrt 2001).

| Umformtemperaturen einiger Kunststoffe | | | |
|---|---|---|---|
| ABS | 100 bis 150 °C | PS | 100 bis 150 °C |
| PC | 150 bis 210 °C | PVC-hart | 110 bis 140 °C |
| PMMA | 130 bis 170 °C | PET | 120 bis 160 °C |

Abb.15: nach [3, 35]

### Zerspanende Bearbeitung

Eine spanabhebende Bearbeitung thermoplastischer und duroplastischer Kunststoffe ist möglich, jedoch nur in wenigen Fällen sinnvoll und problemlos realisierbar. Durch schlechte Wärmeleitung kommt es bei der Zerspanung von Thermoplasten an der Bearbeitungsstelle schnell zu einem Wärmestau, der ein Schmelzen und Schmieren des Materials zur Folge hat. Eine kontrollierte Bearbeitung ist dann nur noch selten möglich und bedarf einer Zwischenkühlung. Duroplaste lassen sich nach der Aushärtung meist nur mit gehärteten Werkzeugschneiden TRE zerspanend bearbeiten.

### Fügen

Zur Herstellung von Fügeverbindungen an thermoplastischen Bauteiloberflächen lassen sich verschiedene Schweißverfahren nutzen. An dieser Stelle seien vor allem das *Warmgas-*, *Heizelemente-* und *Vibrationsschweißen* FUE 5.8, FUE 5.9, FUE 5.10 genannt. Duroplaste und Elastomere können nur geklebt, jedoch nicht geschweißt werden. Klebeverbindungen thermoplastischer Bauteile werden meist mit physikalisch abbindenden Klebstoffen (z.B. Lösungsmittel- oder Kontaktklebstoffe), solche an duroplastischen und elastomeren Werkstoffen mit chemisch abbindenden Klebern (z.B. Zweikomponenten Epoxidharzkleber) hergestellt (Potente 2004).

### Beschichtung und Veredelung

Mit Kunststoffen lassen sich qualitativ sehr hochwertige Oberflächengüten erzielen, da sie sich im formgebenden Prozess ziemlich genau der Struktur der Werkzeugform anpassen. Nach der Formgebung können Kunststoffe leicht lackiert, bedruckt oder galvanisch metallisiert werden BES 6. Metallisierte Kunststoffoberflächen sind vor allem aus den Reflektoren von Autoscheinwerfern bekannt. Weitere Veredelungstechniken für Kunststoffoberflächen sind das Prägen, Strahlen und Polieren (Knappe, Laml, Heuel 1992).

**Übersicht: Verarbeitungsverfahren der Kunststoffe**

| Fertigungsverfahren | Thermoplaste | Duroplaste | Elastomere |
|---|---|---|---|
| Urformen | Spritzgießen; Gießen; Pressen; Kalandrieren; Sintern; ... | Schichtpressen von härtbaren Formmassen; Laminieren mit Glasfaserverstärkung; ... | Spritzgießen; Pressvulkanisation; ... |
| Umformen *) z.B. unter Wärmeeinfluss | Abkanten*; Biegen*; Prägen*; Tiefziehen*; ... | nicht möglich | nicht möglich |
| Trennen | spanende Formgebung | spanende Formgebung | spanende Formgebung |
| Fügen | Kleben; Schweißen; ... | Kleben; ... | Kleben; ... |

Abb.16: nach [38]

### KUN 2.1
### Herstellung einer Silikonform

Da Silikonformen häufig im Modellbau Verwendung finden und auch den Abguss von Kunststoffbauteilen in der Einzelproduktion oder Kleinserie im Designbereich möglich machen, wird im Folgenden die Vorgehensweise zur Anfertigung kurz erläutert.

Die Herstellung einer *Silikongießform* setzt das Vorhandensein eines Urmodells voraus. Dieses kann mit konventionellen Verfahren wie Fräsen manuell, z.B. aus Holz, hergestellt werden oder in Form eines *Rapid Prototyping Modells* FOR 10 vorliegen. Bevorzugt wird die *Stereolithographie* FOR 10.2 verwendet, was allerdings dreidimensionale Produktdaten erforderlich macht.

*Bild: Basismodell im STL-Verfahren aufgebaut mit angeklebtem Angusskanal aus Kunststoffhalbzeugen./ Foto: CNC-Speedform AG*

Schritt 1:
Bevor das *Urmodell* in Silikon abgegossen werden kann, muss es gesäubert und getrocknet werden. Obwohl Silikon KUN 4.3.2 auf Grund selbst trennender Eigenschaften in der Regel nicht am Urmodell kleben bleibt, wird die Aufbringung eines *Trennmittels* (z.B. *Silikonöl* oder *Vaseline*) empfohlen, um eine leichte Ausformung zu ermöglichen. Vor allem bei Modellen aus porösen Materialien (z.B. Holz, Gips, Ton, Stein) verhindert es das Eindringen des Silikons in die offene Struktur.

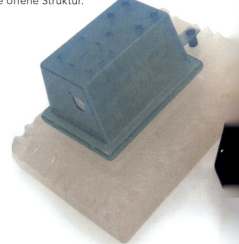

Schritt 2:
Anschließend wird mit einem Klebeband die Trennebene der späteren Silikonformhälften am Modell gekennzeichnet und das Urmodell in einem Gießrahmen fixiert.

Schritt 3:
Bei der Anmischung der Silikonformmasse ist darauf zu achten, dass keine Luftblasen entstehen, da sonst mit Einbußen bei der Oberflächenqualität gerechnet werden muss. Luft kann mit einem Vakuumgerät oder in einer *Vakuumkammer* entfernt werden.

Schritt 4:
Das Eingießen der vorbereiteten Mischung in den Gießrahmen erfolgt langsam von unten nach oben, damit sich keine Lufteinschlüsse ergeben.

Schritt 5:
Nach Aushärtung der Silikonformmasse wird der Gießrahmen entfernt und das Silikon entlang der Trennebene mit einem scharfen Messer oder Skalpell aufgeschnitten. Das Urmodell kann in der Regel problemlos entnommen werden.

Schritt 6:
Angusskanal und Entlüftungskanäle werden anschließend so festgelegt, dass eine gleichmäßige Befüllung der Silikonform mit Gießmassen wie *Polyurethan* KUN 4.2.5 oder *Epoxidharz* KUN 4.2.2 ohne Lufteinschlüsse möglich ist. Abgüsse erfolgen unter Vakuum FOR 1.5.

Durch das geringe Schwindmaß des Silikons von weniger als 0,1 % ist die Anfertigung sehr maßgenauer Abgüsse möglich. Neben Bauteilen aus Kunststoff werden Silikonformen auch zur Herstellung von Modellen aus Gips, Beton oder Wachs verwendet.

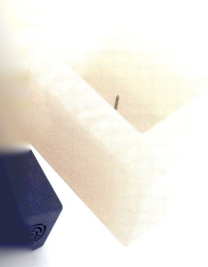

Bild: Abguss in einer Silikonform./ Foto: CNC-Speedform AG

## KUN 2.2
### Verfahren zur Herstellung faserverstärkter Kunststoffe

Neben den konventionellen Verfahren zur Verarbeitung synthetischer Werkstoffe stehen zur Herstellung faserverstärkter Bauteile verschiedene Techniken zur Verfügung, deren Prinzipien sich hinsichtlich des erreichbaren Fasergehalts, der verarbeitbaren Faserlängen und der Verlegeart unterscheiden.

Kurze Fasern bis zu einer Länge von einem Millimeter werden zur Anfertigung kleiner Bauteile mit niedrigen Festigkeitswerten zunächst in die Kunststoffmasse eingemischt. Anschließend erfolgt die Formgebung durch *Spritzgießen* oder *Pressformen*. Beim Pressformen sind durch Einlegen in Harz getränkter Fasermatten auch mittelgroße Bauteilgeometrien erzielbar.

Das gebräuchlichste und einfachste Verfahren zur Herstellung großvolumiger und verstärkter Kunststoffteile ist das *Handlaminieren*. Eine Werkzeugform wird als Grundlage für das händische Andrücken einzelner in Harz getränkter Faser- und Gewebeschichten mit einer Rolle benutzt. Zur Herstellung hochfester Bauteilwände muss nach Auflegen der einzelnen Faserschichten ein gleichmäßiger Harzauftrag mit dem Pinsel erfolgen. Handlaminieren wird beispielsweise zur Herstellung von Bootsrümpfen oder Flügelkomponenten für Segelflugzeuge oder Windkraftanlagen angewendet. Faseranteile zwischen 40–45% sind möglich.

Das *Faserharzspritzverfahren* dient zur Anfertigung großer Bauteile in kleinen bis mittleren Serien. Einem manuell geführten Spritzgerät wird ein Faserstrang zugeführt, auf die gewünschte Länge zerkleinert und durch Druckluft in einer flüssigen Kunststoffmasse aus Harz, Binder und Beschleuniger auf ein Formwerkzeug geblasen. Mit diesem Verfahren werden ausschließlich *Polyesterharze* KUN 4.2.1 verarbeitet. Typische Anwendungen sind Badewannen, Dachstrukturen oder die Wandung von Schwimmbecken.

Ein automatisierbares Verfahren zur Produktion hochfester Rohre oder Tanks in großen Stückzahlen ist das *Nasswickeln*. Faserstränge werden durch ein mit aushärtbarem Flüssigkunststoff gefülltes Tränkbad gezogen, saugen sich voll und werden auf einem sich drehenden Hohlkörper aufgewickelt. Unter Zufuhr von Wärme härten die Fasern aus, wodurch rotationssymmetrische Bauteilgeometrien entstehen. Eine kostengünstige Produktion kann durch Erhöhung der Wickelgeschwindigkeit unter Nutzung eines Ringfadenauges erreicht werden. Durchmesser von bis zu 60 cm sind herstellbar (Schwarz et al. 2002).

Bild: Infrarotunterstütztes Wickeln eines thermoplastischen Prepregs, Produktionstechnik für faserverstärkte Kunststoffe./
Foto: Adelheid Peters, Fraunhofer-Institut für Produktionstechnologie IPT

Im *Rotations-* oder *Schleudergießverfahren* FOR 1.6 werden unter Ausnutzung der Fliehkräfte rotationssymmetrische Hohlkörper wie Rohre mit Faserunterstützung hergestellt. Fasermatten werden in eine Schleudertrommel eingelegt und Harz, Härter und Beschleuniger über eine Einspritzvorrichtung zugeführt. Die Zentrifugalkräfte bewirken die gleichmäßige Verteilung der Kunststoffmasse während der Aushärtung. Es lassen sich Bauteile mit gleichmäßigen Wanddicken und glatter Außenfläche herstellen.

Zur Massenproduktion von Halbzeugen und profilierten Platten aus faserverstärktem Material stehen Anlagen zur Verfügung, die kontinuierliches *Laminieren* ermöglichen. Harz- und Faserschichten werden zusammengeführt und beidseitig mit Trennfolien umschlossen. Anschließend wird das Schichtpaket einem Aushärtofen zugeführt und kann dort unter Verwendung von Profilwerkzeugen zu Bahnen mit speziellen Strukturgeometrien verfestigt werden.

Bild: Karosserie eines Golfscooters mit glasfaserverstärkten Kunststoffhauben/ Hersteller: TÜNKERS Maschinenbau GmbH/ Foto: Herf & Braun/
Design: www.UNITED**DESIGN**WORKERS.com

Bild: Stuhl aus faserverstärktem Kunststoff./ Design: Verner Panton/ Panton Chair/ Entwurf 1959-60/ Hersteller: Vitra

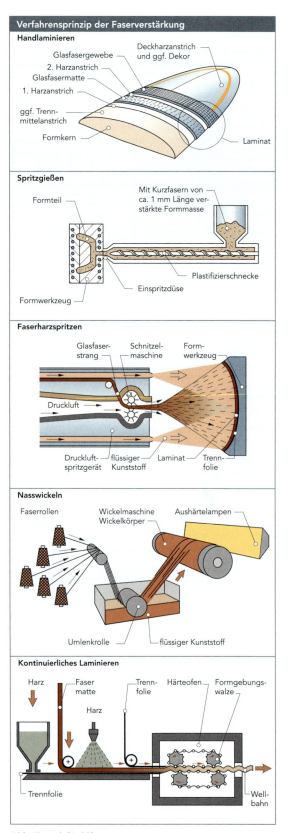

Abb.17: nach [6, 20]

**Weitere Verfahren**
Pressformen, Rotationsschleudern

Bild: Mast für Surfsegel aus gewickelten Glas- und Kohlenstofffasern.

## KUN 2.3
### Kunststoffrecycling

Der schlechte Ruf von Kunststoffen als Materialien mit hoher Umweltbelastung konnte durch Umsetzung eines konsequenten Abfallrecyclings und durch Denken in Werkstoffkreisläufen in den neunziger Jahren ins Positive gekehrt werden. Betrachtet man die gesamte Wertschöpfungskette eines Produktes unter Berücksichtigung aller Umwelteinflüsse, wie Energie- und Ressourcennutzung, Klimaveränderung, Wasser- und Bodenschädigung sowie Abfallerzeugung und -beseitigung, schneiden Kunststoffe vielfach günstiger ab als einige konkurrierende Materialien wie Hölzer, Gläser oder Metalle.

Dies hängt mit den besonderen Eigenschaften von Kunststoffen zusammen, durch die Gewichtsreduzierungen oder die Integration vieler Funktionen in einem Bauteil ermöglicht werden (z.B. durch Schnapphaken  FUE 1.2).
Eine Optimierung der Energie- und Ressourcennutzung beim Transport, in der Produktion und Konstruktion ist vor allem mit Kunststoffen möglich.

| Entsorgungsmethoden für Kunststoffe und Stoffkreisläufe | | |
|---|---|---|
| Wiederverwertung | Produktrecycling | Erzeugnismehrfachnutzung für gleiche oder unterschiedliche Zweckbestimmung |
| | Stoffrecycling | Wiederverarbeitung aufbereiteter Rücklaufmaterialien (Recyclate) als Regenerate bzw. Regranulate |
| | | Chemisches Recycling durch Stoffumwandlung (Pyrolyse, Solvolyse u.a.) |
| | Energierecycling | Verbrennung von Abfall-, Alt- und Reststoffen |
| Endlagerung | Deponierung | Kompostierung biologisch abbaubarer Stoffe |
| | | Endlagerung nicht abbaubarer Stoffe |

Abb.18: nach [30]

Darüber hinaus lassen sich Kunststoffe auf vielfältige Weise der Wiederverwertung zuführen. An erster Stelle ist die erneute Verwendung einzelner Bauteile oder Produktgruppen zu nennen (z.B. Pfandflaschen oder Getränkekästen in der Lebensmittelindustrie). Die zweite Stufe sieht das Recycling von Abfällen vor. Die letzte Möglichkeit der Verwertung von Kunststoffabfällen bildet die Verbrennung mit dem Ziel der Energiegewinnung. An dieser Stelle ist zu erwähnen, dass nur etwa 5% der Weltölproduktion zur Kunststoffherstellung verwendet und fast 90% direkt zur Energiegewinnung verfeuert werden.

*Heizwerte* verschiedener Kunststoffarten sind in nachfolgender Tabelle in einer vergleichenden Gegenüberstellung zu konventionell zur Energiegewinnung eingesetzten Werkstoffen dargestellt.

| Heizwerte verschiedener Kunststoffsorten | | |
|---|---|---|
| Heizwert in kWh/kg | Polymere (ohne Zusatzstoffe) (Beispiele) | Brennstoffe |
| > 10 | Polyolefine, Dien- und Olefinkautschuk, PS, S/B, SAN, ABS, ASA, E/VA, E/VAL, (PPE+S/B) | Heizöl, Benzin |
| > 7...10 | A/MMA, MBS, S/MMA, S/MA/B, Polyamide, PVAL, PC, PEC, PBT, PPS, PSU, PPSU, PEI, PEEST, EP, PF, UP, LCP (Copolyester) | Steinkohle |
| > 4...7 | PMMA, PUR, POM, PET, PVC, VC/VAC, PVF, CSF, PEESTUR, PEBA, PBI, PES, Zellulose, Zelluloseester und -ether, Stärke | Holz, Papier, Braunkohlenbrikett |
| > 1,5...4 | PVC-C, VDC/VC, PVDF, VDF/HFP, E/TFE, E/CTFE, UF, MF, VF | Rohbraunkohle |
| bis 1,5 | PTFE, FEP, PCTFE, PFA | keine Brennstoffe |

Abb.19: nach [30]

Beim Kunststoffrecycling unterscheidet man zwischen der Umschmelzung von Abfällen thermoplastischer Werkstoffe in Kunststoffgranulate und der chemischen Stoffumwandlung in deren Grundbestandteile. Recyclatgranulate können den Produktionsprozessen erneut zugeführt werden. Diese Form der Werkstoffwiederverwendung ist jedoch auf thermoplastische Kunststoffe beschränkt, da die Plastifizierung unter Wärmezufuhr leicht möglich ist. Elastomere und Duroplaste können durch Umschmelzen nicht aufbereitet werden. Hier wird auf die chemische Stoffumwandlung verwiesen. Außerdem können Duroplastrecyclate zerkleinert und als Füllstoffe der Wiederverarbeitung zugeführt werden.

Die Qualität des Kunststoffrecyclats und die Möglichkeit zur Rückführung in den Produktionsprozess werden vor allem durch die sortenreine Trennung des Abfalls bestimmt. Eine Vermischung verschiedener Kunststoffsorten macht die Wiederverwendung lediglich in Form von Polymerblends KUN 4.1.13 möglich. Die Entwicklung neuer Aufbereitungsverfahren bietet in der jüngeren Vergangenheit aber auch die Möglichkeit, nicht getrennte Abfälle aus Kunststoffen, Papier, Holz und Metallen zu dickwandigen Produkten wie Bänken, Pfählen, Pfosten oder Spielplatzgeräten zu verarbeiten. Die Werkstoffabfälle werden dafür grob vorsortiert, zerkleinert und in einem Walzenextruder je nach Bestandteilen bei Temperaturen zwischen 140°C und 180°C zu einer teigigen Masse plastifiziert. Diese lässt sich in Werkzeugformen abkühlen. Es können Bauteile in den unterschiedlichsten Formgeometrien hergestellt werden (*Lefteri 2001*).

Bild: Verbundschaum mit Elastoflex® W Bindemittelsystemen: klein gehäckselter Schaum (u.a. aus Schnittverlusten aus der Schaumfertigung) wird wieder zu Formteilen verpresst./
Hersteller und Fotos: Elastogran GmbH – BASF Gruppe

Zur chemischen Stoffumwandlung von Kunststoffabfällen kommen die Verfahren *Hydrolyse* und Pyrolyse zur Anwendung. Innerhalb des Hydrolyseprozesses werden unter Wasserdampf Schaumstoffe oder geschäumte Bauteile aus Polyurethan sowie Bodenbeläge, technische Teile oder Textilien aus Polyamid und Polyesther in ihre Ausgangsprodukte zurückgeführt.

Durch *Pyrolyse* werden Kunststoffabfälle unter Sauerstoffabschluss bei Temperaturen zwischen 400°C und 800°C in die petrochemischen Bestandteile zerlegt. Es entsteht ein hochreines Heizgas, das im Haushalt oder zur Beheizung von Wohnräumen verwendet werden kann. Der Heizwert von Pyrolyseprodukten ist höher als bei einer einfachen Verbrennung von Kunststoffabfällen in einer Müllverbrennungsanlage.

Im Zusammenhang mit der Verwertung von Kunststoffabfällen bleibt zu erwähnen, dass seit einigen Jahren an der Entwicklung von *Biokunststoffen* KUN 6.3 gearbeitet wird, die in natürlicher Umgebung kompostiert werden können. Man verspricht sich von diesen Materialien ganz neue ökologische Entsorgungsmöglichkeiten. Die Vision eines geschlossenen Stoff- und $CO_2$-Kreislaufs scheint mit diesen neuen Entwicklungsansätzen möglich.

Bild: Der Bürostuhl der italienischen Firma Marconi S.A.S. wurde zum »Kunststoff-Recycling-Produkt des Jahres« gekürt. Das Besondere an dem Bürostuhl: Alle innen liegenden Konstruktionsteile sind vollständig aus Recyclingkunststoff gefertigt. Sie stammen aus Verpackungen, die Verbraucher in der »Gelben Tonne« oder dem »Gelben Sack« gesammelt haben. Der Fuß des Stuhls besteht komplett aus recyceltem glasfaserverstärktem Polyamid (PA). Das Produkt kann vollständig wiederverwertet werden./ Foto: © Marconi S.A.S.

Bild: PET-Flaschen aus automatischer Wertstoffsortierung – Der Markt für Verpackungen aus Polyethylenterephthalat wächst und damit auch der Bedarf an hochwertigen Verwertungsverfahren./ Foto: Thomas Mayer, © Der Grüne Punkt – Duales System Deutschland GmbH

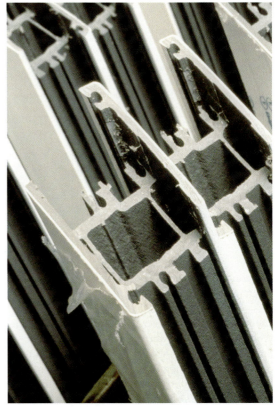

Bild: Recyclingkunststoffe können für zahlreiche Bauelemente (z.B. Profile für Fensterrahmen, Plattenwerkstoffe) eingesetzt werden. Die Recyclingprodukte genügen den hohen deutschen Qualitätsanforderungen./ Foto: Thomas Mayer, © Der Grüne Punkt – Duales System Deutschland GmbH

## KUN 3
### Kunststoffgerechte Konstruktion

**Kunststoffgerechte Konstruktion**

| Wichtige Anforderungen: | - beanspruchungsgerechte Gestaltung<br>- werkstoffgerechte Gestaltung<br>- fertigungsgerechte Gestaltung |
|---|---|

**Gestalten von Spritzgießprodukten**
für behälterartige, gehäuseartige, flächige und komplexe Produkte

- Wanddicke so gering wie möglich, um eine geringe Zykluszeit zu realisieren. Hierbei muss allerdings die stets begrenzte Fließfähigkeit des einzusetzenden Werkstoffs mit berücksichtigt werden.
- Gleiche Wanddicken vorsehen, Masseanhäufungen vermeiden, um gleichmäßiges Abkühlen und gleichmäßige Schwindung zu erzielen sowie Lunker und Verzug zu vermeiden.
- Ecken und Kanten mit Radien versehen, um einen guten Fluss der Schmelze und eine gute Entformung zu ermöglichen sowie Kerbspannungen zu verringern.
- Rippen spritzgießgerecht gestalten, damit keine Einfallstellen auf der Rückseite zu erkennen sind.
- Ausreichende Konizität vorsehen, um das Spritzprodukt gut entformen zu können.
- Hinterschneidungen vermeiden, um ein möglichst einfaches Werkzeugkonzept zu ermöglichen.
- Die Positionierung des Angusses beachten, um wenig Bindenähte, geeignete Orientierung und gleichmäßige Fließwege zu erreichen. Den Anguss möglichst nicht auf Sichtflächen setzen.
- Gewinde und Formteile spritzgerecht gestalten, um Nachbearbeitung zu vermeiden.
- Schweißnähte usw. angemessen berücksichtigen.

**Gestalten von gepressten Produkten**
für flächige Produkte

- Wanddicke so gering wie möglich, um eine geringe Zykluszeit zu realisieren.
- Gleiche Wanddicken vorsehen, Masseanhäufungen vermeiden, um gleichmäßiges Abkühlen/Aushärten und gleichmäßige Schwindung zu erzielen sowie Lunker und Verzug zu vermeiden.
- Ecken und Kanten mit Radien versehen, um einen guten Fluss der Schmelze und eine gute Entformung zu ermöglichen sowie Kerbspannungen zu verringern.
- Rippen pressgerecht gestalten, damit keine Einfallstellen auf der Rückseite zu erkennen sind.
- Ausreichende Konizität vorsehen, um das Pressprodukt gut entformen zu können.
- Hinterschneidungen vermeiden, um ein möglichst einfaches Werkzeugkonzept zu ermöglichen.
- Die Positionierung des Materialzuschnittes beachten, um wenig Bindenähte und geringe Fließwege zu erzielen.
- Gewinde und Formteile pressgerecht gestalten, um Nachbearbeitung zu vermeiden.

**Gestalten von blasgeformten Produkten**
für behälterartige Produkte oder Hohlkörper

- Gleiche Wanddicken vorsehen, um gleichmäßiges Abkühlen zu ermöglichen.
- Ecken und Kanten mit Radien versehen, um das Anlegen des Materials zu ermöglichen und die Entformung zu erleichtern.
- Großflächige ebene Flächen vermeiden, um Verwerfungen zu reduzieren.

Abb.20

Abb.21: nach [4, 9, 11, 22]

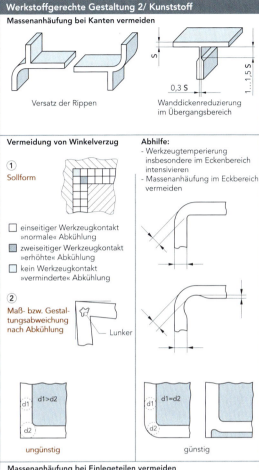
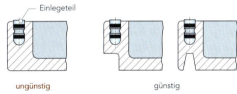
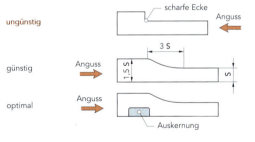
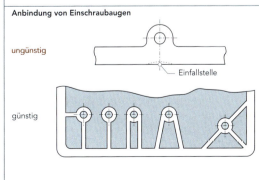

Abb.22: nach [4, 9, 11, 22]

---

*Anguss*

Die Schmelze wird unter hohem Druck (je nach Werkstoff zwischen 500 und 2000 bar) durch die ans Werkzeug angedrückte Düse in den Angusskanal in den formgebenden Hohlraum des temperierten Spritzgießwerkzeugs gedrückt. Der Anguss muss in der Regel anschließend entfernt werden.

*Hinterschnitt*

Mit Hinterschnitt bezeichnet man eine geometrische Ausprägung des Werstücks, die eine Entformung ohne z.B. zusätzliche Schieber oder »verlorene Kerne« verhindert.

*Zwangsentformung*

Ein Werkstück mit Hinterschnitt ist unter »Zwang« entformbar, wenn sich der Werkstoff im zulässigen Bereich elastisch verhält.

*Entgraten*

Fertigungsbedingte, unsaubere oder scharfe Kanten (Grate) müssen aus optischen oder sicherheitstechnischen Gründen entweder mechanisch oder thermisch »entschärft« bzw. entgratet werden.

Bild: Thermisches Entgraten eines Kunststoffbauteils./ Foto: Heraeus, Hanau

## Kapitel KUN
### Kunststoffe

*Einfallstellen*

Bei Bauteilen mit versteifenden Kunststoffrippen können je nach Materialauswahl und Geometrie Einfallstellen auf der Außenfläche entstehen.

Bild: Kunststoffrippen auf der Innenseite.

Bild: Einfallstellen auf der Außenseite. Dieses Bauteil wird anschließend mit einem weiteren, weichen Material umspritzt, so dass die Einfallstellen kaschiert werden.

*Angusskanal*

Durch den Angusskanal wird das Spritzgussmaterial in den formgebenden Hohlraum des temperierten Spritzgießwerkzeugs gedrückt. Während des Spritzvorgangs verbleibt überschüssiges Material in dem Angusskanal, das nach der Abkühlung vom Bauteil entfernt wird.

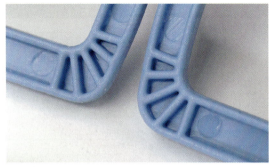

Bild: Versteifungsrippen auf der Bauteilunterseite vermeiden Materialanhäufungen./ Hersteller: Froli

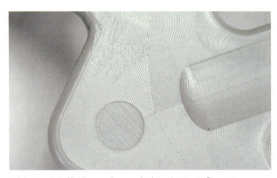

Bild: Kunststoffteile werden nach dem Spritzgießen mit Auswerfern aus der Spritzgießform geworfen. Die Auswerfer sollten nicht auf sichtbare Flächen ansetzen, da diese dort kreisrunde Abdruckstellen hinterlassen./ Hersteller: Froli

Bild: Sichtflächen auf Kunststoffteilen sind meist mit einer Struktur versehen. Auf den nicht sichtbaren Oberflächen können Frässpuren sichtbar bleiben, um die Kosten des Formenbaus gering zu halten.

Bild: Mit einfachen Spritzgießwerkzeugen können Schnapphaken zur Verbindung von Bauteilen gefertigt werden. Der Hinterschnitt im Schnapphaken wird durch eine Öffnung ermöglicht, durch die das Werkzeug (»Schieber«) den Haken formen kann./ Beispielteile: Froli

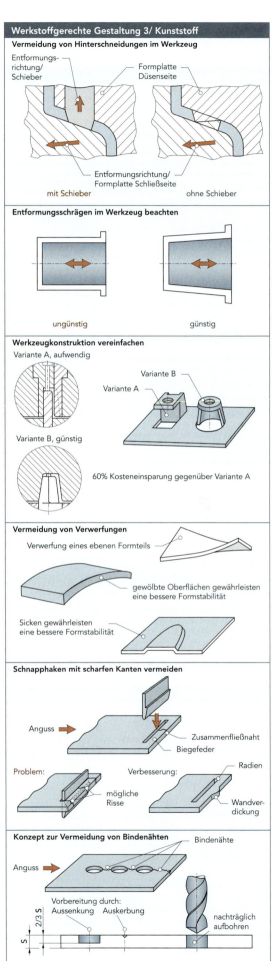

Abb.23: nach [4, 9, 11, 22]

## KUN 4
### Vorstellung einzelner Kunststoffe

### KUN 4.1
### Thermoplaste

### KUN 4.1.1
### Thermoplaste – Polyethylen (PE)

Das Polyethylen ist eines der wichtigsten und gebräuchlichsten Polymere überhaupt (Shackelford 2005) und zählt zur Gruppe der *Polyolefine* (Ethylen, Propylen- und Buthylenpolymere). Es wurde bereits 1898 vom Chemiker Hans von Pechstein entdeckt, konnte aber erst seit den 50er Jahren des 20. Jahrhunderts wirtschaftlich hergestellt werden.

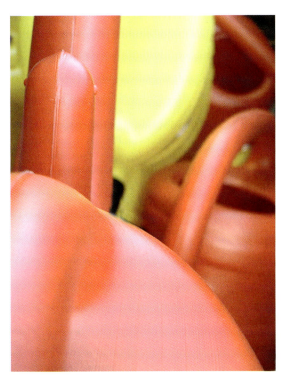

Bild: Gießkanne aus PE.

#### Eigenschaften
Der Kunststoff ist ein teilkristalliner Thermoplast mit einem hohen Anteil fadenförmiger Makromoleküle in einer kristalinen Struktur und regelmäßigen Anordnung. Dadurch weist der Werkstoff gute mechanische Eigenschaften auf, ist bis zu einer Temperatur von etwa 80°C formstabil, relativ steif und besitzt eine hohe Reißdehnung. Polyethylen ist resistent gegen Wasser, Nahrungsmittelsäfte und Säuren und lässt sich kostengünstig und vielfältig verwenden. Zudem verfügt der Kunststoff über sehr gute Elektroisolationseigenschaften. Grundsätzlich unterscheidet man Polyethylen hoher (*PE-HD*; High Density) und niedriger Dichte (*PE-LD*, Low Density). Die mechanischen Eigenschaften verbessern sich mit steigender Dichte und höherem Kristallanteil. Ungefärbtes Polyethylen (PE-HD) ist milchig-weiß und matt. Polyethylen (PE-LD) ist transparent.

#### Verwendung
Die 1949 entwickelte Tupperware® zur wasserundurchlässigen Aufbewahrung von Lebensmitteln ist eine in der breiten Bevölkerung bekannte Anwendung von Polyethylen. Typische Bauteile aus PE-HD sind des Weiteren Fässer, Flaschen, Verschlusskappen, Getränkekästen, Eimer oder Abwasserrohre. Polyethylen niedriger Dichte wird vor allem in der Herstellung von Schrumpffolien für Verpackungen, Tuben, Säcken, Tragetaschen oder Abdeckfolien verwendet. Für Anwendungen im elektrischen Bereich (z.B. Starkstromleitungen) wird der Werkstoff auf chemischem Weg oder unter Einsatz von Strahlungen stärker vernetzt (*PE-X*).

#### Verarbeitung
Polyethylen lässt sich sehr einfach verarbeiten. Die üblichen Formgebungsverfahren sind das Spritzgießen und Extrudieren sowie das Vakuum- und Blasformen. Die Biegbarkeit verbessert sich mit steigender Dichte. PE lässt sich zerspanend bearbeiten, wobei wegen der Gefahr der Überhitzung auf eine schnelle Wärmeabfuhr zu achten ist. Der Werkstoff weist eine sehr niedrige Oberflächenenergie auf und kann deshalb erst nach Vorbehandlung (Sandstrahlen, Beflammen oder Behandlung mit Chromschwefelsäure) bedruckt oder beklebt werden. Geeignete Klebstoffe sind Epoxidharz oder Cyanacrylatkleber.

#### Wirtschaftlichkeit und Handelsformen
Polyethylen ist ein preiswerter synthetischer Werkstoff und als Granulat oder Pulver sowie in Form von Platten, Rohren, Stäben, Blöcken oder als Folienmaterial erhältlich.

#### Alternativmaterialien
PP, PS, PVC, ABS, SAN, Aluminiumfolien zur Verpackung von Lebensmitteln, EVOH

Bild: Flaschen aus PE./ 1983/ Design: Juris Mednis

## KUN 4.1.2
### Thermoplaste – Polypropylen (PP)

Wie Polyethylen gehört auch das Polypropylen mit seinen thermoplastischen Eigenschaften zur Gruppe der Polyolefine. Seine Produktion gelang erstmals 1954 durch das Unternehmen Montecatini. Es wurde 1957 von der Hoechst AG auf den Markt gebracht. Giulio Natta und Karl Ziegler erhielten 1963 für Ihre Entdeckungen auf dem Gebiet der produktionstechnischen Herstellung der Polyolefine PP und PE den Nobelpreis für Chemie.

### Eigenschaften
Polypropylen gilt mit einer Dichte von 0,9 g/cm³ als leichtester aller synthetischen Werkstoffe. Durch den großen Anteil kristalliner Struktur (60–70%) weist der Kunststoff eine hohe Steifigkeit, Festigkeit und Härte auf, ist sehr zäh und etwa bis zu einer Temperatur von 110°C formstabil. Polypropylen ist der härteste aller Polyolefinpolymere (PE, PP, PVC). Es besitzt eine hohe Hitzebeständigkeit, Kratz- und Reibungsfestigkeit. Durch seine gute Beständigkeit gegenüber Chemikalien, Säuren und Laugen ist kaum ein Unterschied zum Eigenschaftsprofil von Polyethylen auszumachen. Auch die elektrischen Eigenschaften sind mit denen von PE vergleichbar. Polypropylen hat eine weißlich-matte und halbdurchsichtige Erscheinung. Abfälle aus dem Werkstoff sind leicht zu recyceln.

### Verwendung
Polypropylen ist wärmebeständiger als Polyethylen. Deshalb wird es vorzugsweise zur Herstellung von Haushaltsgeräten, Innenteilen von Geschirrspülern und kochfesten Platten für die Küche verwendet. Weitere Anwendungsbeispiele sind Spielzeug, Koffer, Flaschenverschlüsse, Schuhabsätze oder Kassettenhalterungen. Kunststoffteile im Innenraum von Automobilen gehören ebenso zum Gebrauchsspektrum des Werkstoffs wie Armaturen und Rohrleitungen für das Bauwesen. Auf Grund seiner guten Isolationseigenschaften wird der Werkstoff auch zur Ummantelung von Kabeln, Drähten und als Isolierfolie verwendet. Zudem findet Polypropylen in Möbeln und Sportartikeln häufig Verwendung. In den 90er Jahren überzeugten die von Authentics aus PP hergestellten Produkte durch ihre ästhetische Qualität, wodurch hochwertige Verwendungsmöglichkeiten erschlossen wurden. Außerdem hat sich der Werkstoff zur Herstellung von Teppichgrundgeweben, künstlichem Rasen und Sommerskipisten bewährt.

### Verarbeitung
Die Bearbeitungsmethoden des Kunststoffs ähneln dem von Polyethylen. Eine spanlose Umformung von Polypropylen, z.B. durch Tiefziehen, ist bei Temperaturen zwischen 160–200°C möglich (Schwarz 2002). Darüber hinaus können PP-Formteile mittels Spritzgießen, Extrudieren, Stranggießen oder Blasformen produziert werden. Die Verarbeitungstemperaturen liegen bei diesen urformenden Verfahren zwischen 220°C und 270°C. Die zerspanende Bearbeitung ist ebenso möglich. Wie bei Polyethylen muss die Oberfläche zum Bedrucken oder Kleben chemisch oder mechanisch vorbehandelt werden. Zum Fügen haben sich neben der Klebetechnik das Heizelemente-, Warmgas- und Reibschweißen durchgesetzt. Polypropylen ist polierbar.

### Wirtschaftlichkeit und Handelsformen
Polypropylen zählt zu den kostengünstigen Massenkunststoffen. Granulate und Pulver aus PP sowie Halbzeuge in Form von Folien, Platten, Stangen, Profilen und Stangen sind auf dem Markt erhältlich.

### Alternativmaterialien
PE, PS, PVC, ABS, SAN, Aluminiumfolien zur Verpackung von Lebensmitteln, EVOH

*Bilder: »SUPERLINE« Messbecher aus PP mit Siebdruck bedruckt./ Fotos oben: EMSA GmbH*

*Bild: Trinkbecher aus PP.*

*Bilder: »LEO« Blumengießer aus PP, stapelbar. Im Gegensatz zu der Gießkanne auf der vorherigen Seite benötigt diese wesentlich weniger Platz in der Lagerhaltung./ Fotos: EMSA GmbH*

*Bild: »CLIP & CLOSE« Frischhaltedose aus PP mit separater Silikondichtung./ Foto: EMSA GmbH*

## KUN 4.1.3
### Thermoplaste – Polystyrol (PS)

Bereits 1835 entdeckte Eduard Simon das Prinzip der Polymerisation, als es ihm gelang, Styrol aus der Rinde des Styraxbaumes zu destillieren. Der Grundstein für die Entwicklung thermoplastischer Kunststoffe war gelegt. Die industrielle Produktion von Polystyrol begann in Deutschland im Jahr 1930 in den Werken der I.G.-Farben-Industrie in Ludwigshafen. Ein weiterer Meilenstein in der Entstehungsgeschichte des Werkstoffs ist die Entdeckung eines Aufschäumverfahrens von Polystyrol zu Styropor® im Jahr 1949. Die Verwendung von Polystyrolschaum bei der Bergung eines Frachters im Hafen von Kuweit im Jahre 1963 brachte Styropor® erstmals ins Rampenlicht. Der Durchbruch zur industriellen Nutzung war vollzogen (Kreutz, Scholte 2004).

- PS-Partikelschaum (15–50 kg/m³)
- Styrofoam-Extrusionsschaum (60–200 kg/m³)
- Strukturschaum (0,5–0,9 g/cm³)

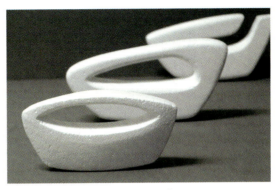
Bild: PS-Schaum als Modellbaumaterial.

Bild: Joghurtbecher aus PS.

### Eigenschaften
Polystyrol eignet sich zur Herstellung qualitativ hochwertiger und glatt glänzender Oberflächen mit hoher chemischer Beständigkeit gegenüber Flüssigkeiten. Der Werkstoff ist hart und steif, aber auch spröde und schlagempfindlich. Er weist im Gegensatz zu den Polyolefinen PP und PE keinen kristallinen Anteil auf. Die Witterungsbeständigkeit des Kunststoffs ist als gering zu bewerten, weshalb sich der Werkstoff nicht für Außenanwendungen eignet. Polystyrol vergilbt. Zur Verbesserung der Eigenschaften von reinem PS, vor allem zur Beseitigung der Sprödigkeit, kann die Ausgangsmasse mit Zusätzen wie Butadien und/oder Acrylnitril gemischt werden. Es entstehen modifizierte Polystyrolsorten wie *Styrol/Acrylnitril-Copolymer (SAN)*, *Acrylnitril-Butadien-Styrol-Copolymerisat (ABS)* und *schlagfestes Polystyrol (SB)*. Sie weisen im Vergleich zum Ausgangsmaterial eine höhere Festigkeit, Kratzbeständigkeit, Härte und Zähigkeit auf.

*Styropor®* ist geschäumtes Polystyrol mit geringer Dichte und Festigkeit aber sehr guten Wärmeisolationseigenschaften. Der Werkstoff reagiert sehr empfindlich auf mechanische Belastungen. Verschiedene Schäumverfahren haben sich entwickelt, mit denen Styroporsorten ↗ KUN 4.4 unterschiedlicher Dichtewerte hergestellt werden können:

### Verwendung
Joghurtbecher oder Wegwerfgeschirr sind Beispiele für die Verwendung von Polystyrol, die jedermann bekannt sind. Wegen der geringen Kosten werden viele Massenartikel bis zu einem Gewicht von 10 kg aus dem Werkstoff hergestellt. Hier sind Spielzeuge, Haushaltsgegenstände, Blumentöpfe, Schreibgeräte, Uhren, Verpackungen für Medikamente und Kosmetika sowie Bauteile mit hoch glänzenden Oberflächen zu nennen.

Bild: Becher aus PS./ Foto: PAPSTAR

Die modifizierten schlag- und wärmefesten Polystyrene ABS und SAN kommen vor allem für höher belastete Produkte und Bauteile zur Anwendung. Beispiele sind Telefongehäuse, Kühlschrankeinsätze, Staubsaugergehäuse, Wandverkleidungen, Kassettenhüllen, Stabmixer oder Gartentische. Ein prominentes Beispiel für den Einsatz von ABS sind Lego®-Bausteine.

PS-Schaum/ Styropor® wird als Formteil oder Flockenmaterial vor allem zur Verpackung stoßempfindlicher Güter (z.B. Elektronikgeräte) verwendet. Außerdem finden PS-Schaumkugeln als Füllmaterial für Möbel (z.B. Sitzsäcke) Anwendung. PS-Hartschaumplatten dienen zur Anfertigung großvolumiger Anschauungs- und Volumenmodelle im Architekturbereich und werden auf Grund ihrer guten Isolationseigenschaften zur Schall- und Wärmedämmung im Baugewerbe eingesetzt. Außerdem wird PS-Schaum auf Grund seiner dämmenden Fähigkeiten im Fahrzeugbau verwendet.
Als umweltfreundlicher und natürlich abbaubarer Ersatzwerkstoff für PS-Schaum wurde vor einigen Jahren Papierschaum ↗ PAP 5.5 entwickelt und erfolgreich im Markt eingeführt.

Bild: Modellflugzeug aus PS-Schaum.

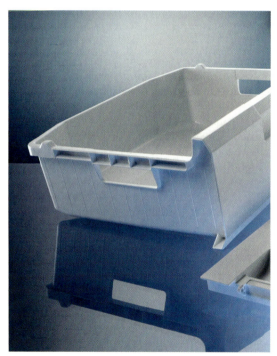

Bild: Schubladen und Kühlschrankeinsätze aus PS./Foto: BASF

### Verarbeitung

Reines Polystyrol lässt sich sehr gut spritzgießen. Auf Grund von Orientierungen in Richtung der Fließrichtung kann allerdings eine Beeinträchtigung der mechanischen Festigkeit quer dazu auftreten. Die modifizierten Sorten werden vorzugsweise mittels Extrusion zu Profilen oder Plattenmaterial konfektioniert. Eine spanlose Umformung zu Becher- und Tellerformaten ist bei Temperaturen zwischen 150°C und 200°C im Tiefziehverfahren und Thermoformen möglich. Dünnwandige Bauteilgeometrien werden spritz- oder extrusiongeblasen. Alle Polystyrensorten können zerspanend bearbeitet und zugeschnitten werden. Klebeverbindungen zwischen PS-Oberflächen sind mit Lösungsmittelklebstoffen wie Dichlormethan herstellbar. Bauteile aus Polystyrol können mit anderen Materialien durch Polymerisations- (z.B. Cyanacrylatkleber) oder Kontaktklebstoffen gefügt werden. Polyurethankleber stehen darüber hinaus für Bauteile aus ABS zur Verfügung. Wegen der sehr guten Klebbarkeit der Polystyrene wird nur in Ausnahmefällen auf Ultraschallschweißen zurückgegriffen. Die Oberflächenqualität des Werkstoffs kann auf einfache Weise durch Polieren oder Schleifen gewährleistet werden. Sieb- und Tampondruck sind für Polystyrene anwendbar. Außerdem können ABS-Oberflächen galvanisch mit Metall beschichtet werden.

**Hartschaumplatten** aus Polystyrol lassen sich mit einem Cutter oder einer Band-, Kreis- oder Thermosäge ⇨ TRE 1.4, TRE 2.3 bearbeiten. Unebenheiten und Ausbrüche werden im Allgemeinen mit Spachtelmasse beseitigt. Eine Oberflächenendbearbeitung ist mit mittelfeinem Schleifpapier möglich. Styropor reagiert empfindlich auf Lösungsmittel, so dass zum Kleben von Werkstoffoberflächen aus geschäumtem Polystyrol Dispersionsklebstoffe (Styroporkleber) oder Kontaktklebstoffe auf Kautschukbasis empfohlen werden.

### Wirtschaftlichkeit und Handelsformen

Polystyrol zählt zu den preiswertesten Kunststoffen. Es ist als Granulat zur Weiterverarbeitung im Spritzguss- und Extrusionsverfahren erhältlich. Darüber hinaus werden Halbzeuge und Profile (Rohre, Stäbe, Blöcke, Platten, Folien) vertrieben. Styropor-Hartschaumplatten sind mit Dichten zwischen 20 kg/m$^3$ und 200 kg/m$^3$ auf dem Markt erhältlich.

### Alternativmaterialien

PP, HD-PE, PA, Papierschaum als Ersatz für Styropor

## KUN 4.1.4
### Thermoplaste – Polycarbonat (PC)

Die Bayer AG meldete den von Hermann Schnell erstmals am 28. Mai 1953 hergestellten Werkstoff Polycarbonat noch im gleichen Jahr zum Patent an und vertreibt das seit 1956 großtechnisch produzierte Material unter dem Handelsnamen Makrolon®. Zeitgleich zu den Arbeiten von Schnell wurde der Werkstoff bei General Electric eher zufällig als zähe Masse in einer Vorratsflasche entdeckt und kam 1958 unter der Marke Lexan® auf den Markt.

*Eigenschaften*
Polycarbonate sind amorphe Thermoplaste mit einer auch bei großen Materialdicken lichtdurchlässigen, glasklaren Transparenz und guten optischen Qualitäten. Sie besitzen eine hohe Schlagfestigkeit und sehr gute Formstabilität in einem weiten Temperaturspektrum. Darüber hinaus weist der Werkstoff gute elektrische Isolationseigenschaften und eine gute Beständigkeit gegenüber Witterungseinflüssen und Wärme auf. Ein nahezu gleich bleibendes Eigenschaftsprofil, auch bei sich verändernden Temperaturen, ermöglicht den Einsatz des Werkstoffs von -150°C bis +135°C. Die guten mechanischen Eigenschaften können für hohe Beanspruchungen durch Einbetten von Fasern (z.B. Glasfasern) verbessert werden. Faserverstärkte Varianten können teilweise bis zu einer Temperatur von 145°C verwendet werden.

*Bild: CDs aus Polycarbonat.*

*Verwendung*
Klares Polycarbonat mit einer Lichtdurchlässigkeit von 80–90% wird für unzerbrechliche Verglasungen von Wohnwagen und landwirtschaftlichen Fahrzeugen, Schutzhelme, Visiere oder Sicherheitsgläser verwendet. Wegen seiner guten Lebensmittelverträglichkeit kommt der Werkstoff auch zur Herstellung von Nahrungsmittelverpackungen zur Anwendung. Ein großer Teil der Produktion von Polycarbonat geht in die Herstellung von CDs und DVDs.

Weitere anschauliche Anwendungsfelder sind Schreib- und Zeichengeräte, Staubsaugergehäuse, Küchengeräte, Füllfederhalter und optische Geräte. Die guten mechanischen und elektrischen Eigenschaften machen Polycarbonat für Radio- und Fernsehgehäuse und als Konstruktionswerkstoff für die Elektroindustrie interessant (z.B. Trafogehäuse, Schalter, Stecker, Kontaktleisten, Leuchtstoffröhrensockel). In der Lichttechnik wird PC als Abdeckung für Leuchten und Blinker verwendet. Aus dem Werkstoff werden auch Schrumpf- und Isolierfolien sowie Klebebänder gefertigt. Wegen der einfachen Verarbeitbarkeit wird der Werkstoff auch im Modellbau eingesetzt. Bautechnische Anwendungen sind Brückenbrüstungen, Verglasungen im Dachbereich oder Panzergläser.

*Verarbeitung*
Polycarbonat kann bei Temperaturen von 250°C und 300°C durch Spritzgießen oder Extrusion formgebend verarbeitet werden. Das Vakuumformen von Folien ist bei etwa 180°C möglich. Hohlkörper werden durch Blasformen erzeugt. Der Werkstoff ist einfach zu zerspanen und kann mit Sägen zugeschnitten werden. Warmumformen ist zwischen 180°C und 210°C möglich. Fügeverbindungen werden zwischen löslichen Kunststoffen mit Lösungsmittelklebstoffen wie Dichlormethan hergestellt. Für Paarungen mit nicht löslichen Materialien (z.B. Metall, Stein, Keramik) steht Silikonkautschuk zur Verfügung. Polycarbonate können auch geschweißt werden (Heizelementeschweißen). Für größere Teile wird vorzugsweise Warmgasschweißen angewendet. PC-Werkstoffe sind metallisierbar und können sowohl transparent als auch deckend gefärbt werden.

*Handelsformen*
Halbzeuge können in Form von Rohren, Stangen, Profilen und Folien bezogen werden. Platten werden in der Regel mit Schutzfolien geliefert.

*Alternativmaterialien*
PET, PBT, POM, PMMA (Acrylglas)

*Bild: Teesieb aus PC./ Hersteller: Bodum*

## KUN 4.1.5
### Thermoplaste – Polyvinylchlorid (PVC)

Bevor 1935 die Massenproduktion von Polyvinylchlorid in den Werken der I.G.-Farben-Industrie in Wolfen und Bitterfeld aufgenommen wurde, waren die ersten Produktionsanlagen schon Ende der 20er Jahre in den USA in Betrieb. Heute ist PVC hinter PE und PP der Kunststoff mit der drittgrößten Bedeutung.

*Eigenschaften*
Die großen Produktionsmengen von Polyvinylchlorid sind zum einen auf die geringen Herstellungskosten zurückzuführen. Zum anderen verdankt der Werkstoff seine hohe Bedeutung seiner Funktion als Speicher- und Auffangmedium für Chlor. Die auf dem Markt erhältlichen Spezifikationen werden in *Hart-* und *Weich-PVC* unterteilt. Die harte Variante (*PVC-U*) zeichnet sich durch hohe Festigkeit und Steifigkeit, Härte und hervorragende Widerstandsfähigkeit gegenüber chemischen Substanzen aus. Der Werkstoff ist bis zu einer Temperatur von 60°C einsetzbar. Das Einbringen von Weichmachern verschafft *PVC-P* gummielastische Eigenschaften und vergrößert somit das Anwendungsspektrum für entsprechende Einsatzfälle (z.B. Schläuche). Allerdings gehen mit dieser Erweiterung des Profils geringere thermische und chemische Beständigkeiten einher. PVC ist in aller Regel nicht für den Lebensmittelbereich geeignet. Durch Hautkontakt mit dem Ausgangswerkstoff Vinylchlorid in der Produktion und Einatmen giftiger Dämpfe, z.B. nach einem Brand, ergeben sich gesundheitsschädliche Risiken.

*Verwendung*
Wegen der schweren Entflammbarkeit werden PVC-Werkstoffe vor allem im Baugewerbe für Fensterrahmen, Rolladenprofile und Dachrinnen eingesetzt. Hart-PVC kommt darüber hinaus für Rohrleitungen, im Maschinen- und chemischen Apparatebau, in der Verpackungsindustrie und in der Foto- und Medizintechnik zur Anwendung. Typische Produktbeispiele der weichen Spezifikation PVC-P sind transparente Schläuche, Kabel- und Leitungsisolationen, Dichtungen, Bodenbeläge, Kunstleder, Schwimmspielzeuge, Regenbekleidung, Schutzhandschuhe oder Tischdecken im Haushalt.

*Verarbeitung*
PVC-U kann spritzgegossen, extrudiert, geschäumt, gesintert oder im Blasverfahren geformt werden. Für die weiche Variante stehen Beschichtungsverfahren wie Flammspritzen, Tauchen und Streichen zur Verfügung. PVC-U lässt sich gut schäumen. Die spanlose Umformung von Hart-PVC ist bei Temperaturen von etwa 130°C möglich. Eine zerspanende Fertigung entfällt bei PVC-P völlig. PVC-Werkstoffe lassen sich sehr gut schweißen (z.B. Warmgas-, Reib-, Ultraschallschweißen). Zum Kleben stehen Kunststoffkleber und spezielle Kontaktkleber zur Verfügung. PVC-Platten oder Folien können im Siebdruckverfahren bedruckt werden.

*Wirtschaftlichkeit und Handelsformen*
Den geringen Herstellkosten von Polyvinylchlorid stehen umweltbelastende Eigenschaften und somit Folgekosten für die Entsorgung gegenüber. Es sollte daher stets die Verwendung von Alternativmaterialien geprüft werden. PVC ist in Form von Platten, Profilen, Folien, Blöcken, Stangen und Hartschäumen erhältlich.

*Alternativmaterialien*
PP, PE, PTFE

Bild: Schlauch aus PVC mit Gewebeverstärkung.

Bild: Schwimmball aus PVC.

## KUN 4.1.6
### Thermoplaste – Polyamid (PA)

Die Vorarbeiten zur Entdeckung des synthetischen Werkstoffs Polyamid gehen auf W. H. Carothers zurück, der 1929 eine Forschungsgruppe bei Du Pont de Nemours (USA) leitete. Bereits 1930 wurde eher zufällig ein synthetisches, seidenähnliches Fasermaterial entdeckt. Der patentrechtliche Schutz von Polyamid 6.6 erfolgte 1935. Die Markteinführung unter dem Markennamen Nylon® (PA66) im Jahr 1938 wurde von einer groß angelegten Werbekampagne in den USA begleitet. Innerhalb von 4 Tagen konnten 6 Millionen Paar Nylon-Strümpfe verkauft werden. In Deutschland wurde eine Lücke im Patent genutzt und der Werkstoff unter dem Namen Perlon® (PA6) auf den Markt gebracht.

*Eigenschaften*
Der Aufbau von Polyamidfasern ähnelt dem natürlicher Eiweißstoffe wie Seide ↗ TEX 4.2.2. Sie weisen allerdings bessere mechanische Eigenschaften und eine höhere Reiß- und Scheuerfestigkeit auf. Als Werkstoff ist Polyamid abriebfest, thermisch und chemisch beständig, lichtstabil und hält auch hohen Stoßbelastungen stand. Charakteristisch für das Material ist seine milchig-weiße Erscheinung. Wegen der Neigung zur Aufnahme von Wasser müssen Längenänderungen berücksichtigt werden. Die elektrischen Isolationswerte sind abhängig vom Wassergehalt. Für Anwendungen im Maschinenbau und in der Feinwerktechnik wurden die teilkristallinen Polyamide PA6, PA66, PA11, PA12 und PA610 entwickelt. Diese weisen auch bei tiefen Temperaturen eine gute Zähigkeit auf und können dynamisch hoch beansprucht werden. Auch unter Langzeitbeanspruchung zeigen Polyamide kaum Ermüdungserscheinungen. Herausragend ist das gute Dämpfungsvermögen der Werkstoffgruppe.

*Verwendung*
Auf Grund des hervorragenden Eigenschaftsprofils sind Polyamide als Leichtbau- und Konstruktionswerkstoffe in nahezu allen technischen Bereichen zu finden. Maschinenelemente wie Laufrollen, Zahnräder oder Gleitlager mit sehr leisen Laufeigenschaften werden aus dem Werkstoff hergestellt. Eingesetzt im Motorraum bieten Polyamidbauteile Möglichkeiten zur Minderung des Fahrzeuggewichts. Präzisionsbauteile für den Elektronikbereich und in der Feinwerktechnik mit Isolationseigenschaften werden aus Polyamiden gefertigt. Die geringe Gas- und Dampfdurchlässigkeit macht den Werkstoff darüber hinaus für Lebensmittelverpackungen geeignet. Transparente Nylonfäden werden zu Dekorationszwecken verwendet. Ein bedeutendes Anwendungsgebiet für Polyamidfasern ist die Textilindustrie ↗ TEX 4.4.1. Weitere Verwendung finden Polyamidfasern als Puppenhaar, für Angelschnüre und Fischereinetze.

*Verarbeitung*
Polyamide sind teilkristalline Thermoplaste, die sehr gut spritzgegossen werden können. Profile entstehen nach Extrusion. Hohlkörper werden durch Blasformen erzeugt. Für großvolumige Tanks kommt auch das Rotationsformen bzw. der Schleuderguss zur Anwendung. Die zerspanende Bearbeitung durch Drehen oder Fräsen ist unkompliziert. Als umformende Verarbeitung ist das Strangpressen zu nennen. Das Kleben von Polyamidbauteilen ist schwierig. Zum Schweißen können das Warmgas- und Heizelementeschweißverfahren genutzt werden. Die Qualität einer Polyamidoberfläche lässt sich leicht mit feinem Schleifpapier optimieren. PA-Beschichtungen für metallische Bauteile zum Schutz gegen Korrosion werden mittels Wirbelsintern und Flammspritzen erzeugt. Bei einigen Polyamidsorten können Metallüberzüge galvanisch aufgebracht werden.

*Alternativmaterialien*
ABS, PP, PBT, POM

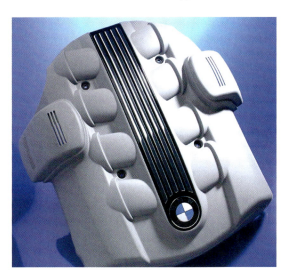

*Bild: Mit ihrer zunehmenden Leistungsfähigkeit halten Kunststoffe immer stärker Einzug in Bereiche mit sehr hoher Temperaturbelastung, wo sie Anwendungen aus Metall ersetzen. Im Automobil-Motorraum treten Betriebstemperaturen von 180…200°C auf, wofür der Kunststoff Ultramid® A3WG10 entwickelt wurde, einen Compound der auf PA66 mit 50% Glasfasern basiert./ Foto: BASF*

### KUN 4.1.7
### Thermoplaste – Polymethylmethacrylat (PMMA)

*Acrylglas* konnte zum ersten Mal 1933 durch den Chemiker Otto Röhm in Darmstadt hergestellt werden. Es wurde unter dem Markennamen *Plexiglas*® bekannt. Der Werkstoff geht auf Entdeckungen aus dem Jahr 1872 zurück. Seit seiner Promotion im Jahr 1901 war Röhm der Idee eines Gummiersatzes aus Kunststoff auf der Spur. Seine Forschungsleistungen wurden 1937 auf der Weltausstellung in Paris mit einer goldenen Medaille ausgezeichnet.

*Eigenschaften*
Polymethylmethacrylat (PMMA) lässt sich auf Grund seines Eigenschaftsprofils zwischen einer zähen und biegsamen Glassorte und einem steifen Kautschuk einordnen. Es ist lichtdurchlässig, hat eine hohe Brillanz und weist eine hervorragende Witterungsbeständigkeit gegenüber chemischen Einflüssen auf. Mit einer Dichte von 1,18 g/cm$^3$ ist Acrylglas nur halb so schwer wie normales Fensterglas, weshalb es sich für vielfältige Anwendungen im optischen Bereich hervorragend eignet. Zu beachten ist die Gefahr des Zerkratzens der Oberfläche. Vorteilhaft ist im Vergleich zu Glas das Fehlen scharfkantiger Splitter bei Bruch. Die Gebrauchstemperaturen reichen bis zu Werten von 65°C. PMMA-Sondervarianten können bis zu 95°C eingesetzt werden. Von Acrylgläsern gehen keine toxischen Gefahren aus. Sie sind daher für den Kontakt mit Lebensmitteln zugelassen. Recycling ist möglich.

*Verwendung*
Wegen der hervorragenden optischen Eigenschaften und einer Lichtdurchlässigkeit von 92% eignet sich der Werkstoff zur Herstellung von Brillengläsern, Lupen, Projektoren, Prismen, Uhrgläsern und Linsen. Weitere typische Einsatzfelder sind Dachverglasungen, durchsichtige Rohrleitungen, Werbeschilder, Schreib- und Zeichengeräte. Aus dem Haushalts- und Sanitärbereich sind Schüsseln, Bestecke, Waschbecken, Duschkabinen oder Badewannen bekannt. Die guten elektrischen Eigenschaften werden für Leuchtenabdeckungen, Lampenfassungen oder Schalttafeln genutzt. Als Werkstoff für den Modellbau ist Acrylglas nicht mehr wegzudenken. Bei Musikinstrumenten wird PMMA zur Herstellung von Tasten verwendet. Außerdem ist Polymethylmethacrylat für Schutzverglasungen geeignet.

*Verarbeitung*
Die Verarbeitung von PMMA-Werkstoffen zu Formteilen kann durch Polymer- oder Spritzgießen, im Schleuderguss oder durch Extrusion erfolgen. Acrylglas lässt sich darüber hinaus mit allen zerspanenden Verfahren bearbeiten. Die Umformung von Plattenmaterial ist bei Temperaturen zwischen 130°C und 180°C möglich. PMMA ist sehr gut klebbar. Bei Verwendung von Polymerisationsklebstoffen auf Acrylatbasis entstehen nahezu unsichtbare Klebenähte. Leichte Kratzer können mit Polierpasten entfernt werden. Zur Beseitigung tiefer Kratzspuren empfiehlt sich die Verwendung wasserfesten Schleifpapiers unterschiedlicher Körnung (320-400-600-1000).

*Handelsformen*
Niedermolekulare PMMA-Sorten sind als Pulver oder Granulat erhältlich und können gießtechnisch verarbeitet werden. Hochmolekulares Acrylglas ist nur als Halbzeug in Form von Platten, Blöcken, Rohren, Stangen oder Lichtleitfasern erhältlich.

*Alternativmaterialien*
Glas, PC, PS, PVC, PET

*Bild: Fahrradleuchte.*

*Bild: Schutzbrillengläser aus PMMA./ Hersteller: UVEX*

## KUN 4.1.8
**Thermoplaste – Polyoxymethylen/ Polyacetal (POM)**

Hinter der Abkürzung »POM« verbirgt sich der seit 1959 auf dem Markt befindliche, synthetische Werkstoff Polyoxymethylen, der auch als *Polyformaldehyd* oder Polyacetal bekannt ist. Er wurde unter dem Namen Delrin® zunächst von DuPont vertrieben. Weitere Marken wie Hostaform®, Kermatal®, Sniatal® oder Ultraform® kamen von anderen Herstellern hinzu.

### Eigenschaften
Die sehr guten mechanischen Gebrauchseigenschaften des Thermoplasts gehen auf den kristallinen Anteil von etwa 70%–75% zurück. Neben den guten Werten für Steifigkeit und Festigkeit sind die chemische Resistenz gegenüber Kraftstoffen, Ölen und Lösungsmitteln sowie die guten Federungseigenschaften besonders herauszustellen. Der niedrige Reibwiderstand und die hohe Abrieb-, Verschleiß- und Ermüdungsfestigkeit machen Polyacetal vor allem als Lager- und Zahnradwerkstoff geeignet. Die hohe Maßhaltigkeit ist ideal für Präzisionsbauteile. Der Werkstoff weist eine hohe Formstabilität bei hohen Temperaturen von über 100°C auf und besitzt gute isolierende Eigenschaften gegenüber elektrischen Strömen. Einsatzfälle bis zu Temperaturen von -40°C sind denkbar. Der Kunststoff ist milchig-weiß bis grau, kann aber gefärbt werden. Häufig wird das Eigenschaftsprofil durch Einbettung von Fasersträngen verbessert. Unter Sonneneinstrahlung ist eine Versprödung von POM-Bauteilen festzustellen.

### Verwendung
Polyacetal lässt sich sehr einfach blasformen und zu Profilen wie Stangen oder Rohren extrudieren. Durch Spritzgießen können Wandstärken von 0,1 mm für Gehäuseteile aller Art (Büromaschinen, Kameras, Elektrogeräte) erreicht werden. Bei glasfaserverstärkten POM-Varianten ist ein etwa 20% höherer Einspritzdruck an der Maschine einzustellen. Die umformende Formgebung ist für POM eher unüblich. Gute Fügeverbindungen können durch das Warmgas-, Heizelemente- und Reibungsschweißen unter Ultraschall erzeugt werden. Klebeverbindungen sind beispielsweise mit Epoxidharz herstellbar.

### Verarbeitung
Die Anwendungsbeispiele für Polyacetal liegen meist im technischen Bereich, wo die teils hervorragenden mechanischen Eigenschaften voll ausgeschöpft werden können. So werden neben Zahnrädern, Lüfterrädern, Ventilkörpern, Schnappverbindungen und Gleitlagern Bauteile für Uhrwerke, für die Feinwerktechnik und für Messgeräte hergestellt. Das weitere Produktspektrum des Werkstoffs reicht von Griffen, Scharnieren, Gardinenhaken und Tankdeckeln bis zu Rollschuhstoppern, Reißverschlüssen, Spielzeugen und Klammern für Hosenbeine. Im Möbelbereich wird POM für Beschläge, Scharniere und Türgriffe verwendet. Wegen seiner Formstabilität auch bei hohen Temperaturen findet der Werkstoff außerdem bei Espressomaschinen Anwendung.

### Handelsformen
Wie bei allen Thermoplasten üblich wird auch POM in Form von Granulaten weiter verarbeitet. Halbzeuge wie Stangen, Platten, Blöcke, Tafeln und Rohre sind auf dem Markt erhältlich.

### Alternativmaterialien
PA, PTFE, PET, PBT

Bild. Spielzeug aus POM./ Foto: BASF

Bild: Zugentlastung für Kabel aus POM.

## KUN 4.1.9
### Thermoplaste – Fluorpolymere

Fluorpolymere sind eine Gruppe technischer Kunststoffe, deren außergewöhnliche Eigenschaften auf die Polymerisation unter Einwirkung von Fluor zurückgehen. Die Herstellung von Fluorpolymeren gelang erstmals in der Mitte der 30er Jahre. Der Vertreter mit der größten Bedeutung ist *Polytetrafluorethylen* (*PTFE*), das unter den Handelsnamen *Teflon*® oder Hostaflon® vertrieben wird. Weitere Fluorpolymere sind *Perfluorethylenpropylen-Copolymer* (*FEP*) oder *Polychlortrifluorethylen* (*PCTFE*).

### Eigenschaften
PTFE ist ein hochtemperaturbeständiger, unbrennbarer Kunststoff mit der höchsten Chemikalienresistenz aller synthetisch hergestellten Werkstoffe. Die extremen Eigenschaften der Fluorpolymere gehen auf eine feste Atombindung und einer verschraubten Molekularstruktur mit einem hohen kristallinen Anteil zurück. Der Einsatzbereich von PTFE reicht von −269°C bis +280°C. Bei höheren Temperaturen erweicht der Werkstoff lediglich, schmilzt aber nicht und ist unbrennbar. Anders als FEP, das ab einer Temperatur von 360°C wie ein Thermoplast verarbeitet werden kann, zählt PTFE nur bedingt zu den thermoplastischen Werkstoffen (Schwarz 2002). Trotz der hohen Temperaturstabilität besitzt der Werkstoff nur geringe Festigkeit und Härte, ist weich und biegsam, aber auch äußerst gleitfähig. Die isolierenden Eigenschaften gegenüber elektrischen Strömen sind hervorragend. PTFE verfügt über eine undurchsichtige, milchig-weiße Erscheinung. FEP und PCTFE ähneln in ihren Eigenschaftsprofilen PTFE, haben aber nur eine untergeordnete Bedeutung.

### Verwendung
Wegen der hohen chemischen Beständigkeit ist Polytetrafluorethylen ein Hochleistungskunststoff mit idealen Eigenschaften für die Verwendung in Laborumgebungen. Weitere industrielle Verwendungsbereiche sind Lager, O-Ringe, Dichtungen, elektrische Hochtemperaturisolierungen und chemisch beanspruchte Rohrleitungen. Außerdem werden PTFE-Werkstoffe für Antihaft-Beschichtungen bei Haushaltsgeräten und technischen Teilen verwendet. Geschäumtes Filmmaterial mit mikroporöser Oberflächenstruktur wird im Textilbereich für wasserabweisende und gleichzeitig luftdurchlässige Kleidungen angewendet (z.B. *GoreTex*®). FEP findet Einsatz im chemischen Apparatebau und der Medizintechnik. Der Anwendungsbereich von PCTFE liegt in der Reaktortechnik.

### Verarbeitung
Die Verarbeitung fluorhaltiger Kunststoffe ist sehr schwierig und kostenintensiv. Da Polytetrafluorethylen nahezu unschmelzbar ist, kann es nur fast ausschließlich durch die sintertechnische Verfahrenskette FOR 2 verarbeitet werden. Im Gegensatz dazu lässt sich FEP und auch PCTFE bei hohen Temperaturen spritzgießen. Die zerspanende Bearbeitung durch Drehen, Fräsen oder Bohren ist bei allen Fluorpolymeren möglich, wird aber wegen der hohen Materialkosten in der Regel vermieden. Die Herstellung von Klebe- und Schweißverbindungen ist ebenso unüblich. Durch Wirbelsintern aufgebrachte FEP-Beschichtungen werden für den Korrosionsschutz eingesetzt. Die Verschleißverhalten metallischer Bauteile kann durch Aufsintern mit PTFE verbessert werden.

### Wirtschaftlichkeit und Handelsformen
Die hohen Kosten und aufwändige Verarbeitung macht die Materialgruppe nur für Spezialanwendungen geeignet. Als Pulver auf dem Markt erhältliche Werkstoffe bilden den Ausgangspunkt für die sintertechnische Verarbeitung.

### Alternativmaterialien
Polyimide

*Bild: Jacke aus GoreTex®.*

## KUN 4.1.10
**Thermoplaste – Polyesther**

Zur Gruppe der linearen Polyesther zählen *Polybuthylenterephthalat* (*PBT*) sowie *Polyethylenterephthalat* (*PET*) mit Handelsnamen wie Vestodur®, Arnite® oder Ultradur®. PET wurde erstmals 1966 von Akzo eingeführt und kommt insbesondere als Konstruktionswerkstoff zum Einsatz.

*Eigenschaften*
Polyesther sind teilkristalline Thermoplaste mit guten mechanischen Eigenschaften, auch bei Temperaturen von über 100°C. Vergleichbar mit der Oberflächenfarbigkeit von POM oder PA, besitzen sie eine elfenbeinartige, milchigweiße Erscheinung. Darüber hinaus ist auch die Verarbeitung für glasklare Anwendungen möglich. PBT und PET sind abriebfest, besitzen hohe Festigkeit und Steifigkeit, gute Gleit- und Isolationseigenschaften und eine sehr hohe Maßbeständigkeit, was sie vor allem für die Anfertigung von Präzisionsbauteilen geeignet macht. Die chemische Beständigkeit gegenüber Lösungsmitteln und Treibstoffen ist gut, jedoch reagieren lineare Polyesther empfindlich auf heißes Wasser, Dampf, starke Säuren und Laugen.

*Verwendung*
Eines der Hauptverwendungsgebiete für Polyesther mit ihren ausgezeichneten isolierenden Eigenschaften ist der elektronische Bereich. Die gute Maßhaltigkeit macht PBT und PET darüber hinaus für Präzisionsbauteile in der Feinmechanik geeignet. Typische Anwendungen sind Elektrowerkzeuggehäuse, Motorenteile, Zahnräder, Stecker, Spulenkörper oder Platinen. Besonders bekannt ist die spritzgeblasene PET-Kunststoffflasche. Im Vergleich zur Glasflasche ist sie wirtschaftlicher herzustellen, verfügt über ein geringeres Gewicht und kann recycelt werden. Insgesamt weisen PET-Flaschen über die gesamte Lebensdauer eine sehr gute Umweltbilanz auf. Polyestherfasern im Textilbereich sind knitterfrei, reißfest, witterungsbeständig und nehmen nur sehr wenig Wasser auf TEX 4.4.3. Formteile und Folien aus PET sind zudem unbedenklich als Verpackungen im Lebensmittelbereich einsetzbar. Weitere Anwendungsfelder sind Haushaltsgeräte, Surfsegel, Kunstrasen oder Kreditkarten.

*Verarbeitung*
PET wird vorzugsweise im Spritzguss verarbeitet. Halbzeuge wie Folien, Profile oder Platten entstehen durch Extrusion. Das Umspritzen von Metallbauteilen mit Polyestherkunststoffen ist möglich. Fügeverbindungen können geschweißt (Heißgas-, Reib-, Ultraschallschweißen) oder geklebt (z.B. Reaktions- oder Cyanacrylatklebstoffe) werden. Zur Verbesserung der Verarbeitbarkeit sind Polymerblends aus PET und PMMA, PBT oder PSU erhältlich. Auf Grund des günstigeren Abkühlverhaltens kann PBT besser im Spritzguss verarbeitet werden als PET. Polyester lassen sich einfärben.

*Handelsformen*
Halbzeuge aus PET oder PBT sind in Form von Rohren, Profilen, Tafeln oder Folien erhältlich.

*Alternativmaterialien*
PA, POM, PC, Glas, PMMA

Bild: Wasserflasche aus PET.

Bild: Surfsegel aus Polyestermaterial.

## KUN 4.1.11
### Thermoplaste – Zelluloseester

Unter Zelluloseester werden alle Kunststoffe zusammengefasst, deren molekularer Aufbau auf *Zellulose* und nicht, wie bei den meisten anderen Kunstoffen, auf Erdöl zurückzuführen ist. Als natürliche Faser ist Zellulose ein wesentlicher Bestandteil von Baumwolle, Laub- oder Nadelhölzern. Sie neigt auf Grund ihrer besonderen Wasserstoffbrückenbindung zur Kristallisation und Bildung linearer Makromoleküle.

*Eigenschaften*
Die auf Zellulose basierenden Kunststoffe sind transparente bis durchsichtige Thermoplaste. Je nach Anwendung kann die Oberfläche eine glasklare, matt transluzente oder natürlich strukturierte Erscheinung aufweisen. Das Eigenschaftsprofil der Zelluloseester richtet sich vor allem nach der Menge der enthaltenen Weichmacher. Mit zunehmendem Anteil nimmt die Wärmefestigkeit ab und die Fließfähigkeit zu, wodurch vor allem die Qualität der Verarbeitbarkeit verbessert werden kann. Auf Grund der Eigenschaft zu starker Wasseraufnahme sind die auf Zellulose basierenden Kunststoffe antistatisch und daher nicht Staub anziehend. Sie neigen im Gebrauch zu einem selbstständig polierenden Effekt. Die wichtigsten Zelluloseester sind *Zelluloseacetat (CA)*, *Zellulosetriacetat (CTA)* und *Zelluloseacetobutyrat (CAB)*. Diese sind beständig gegen Fette, Öle, Kraftstoffe oder schwache Säuren und können bis zu einer Temperatur von etwa 100°C verwendet werden.

*Verwendung*
Eine der Hauptanwendungen von Zelluloseestern sind isolierende Werkzeuggriffe. Hierzu werden sie entweder auf das metallische Bauteil aufgeschrumpft oder umspritzt. Da Zelluloseester nur schwer entflammbar sind, werden sie zudem für Sicherheitsfilme und Sicherheitsgläser verwendet. Im Textilbereich sind die Werkstoffe als Acetatfasern oder -seide bekannt. Weitere typische Anwendungen sind Hammerköpfe, Griffe von Schreibgeräten, Gehäuse in der Fernmeldetechnik, Brillenfassungen, Kfz-Lenkradummantelungen, Zahnbürstenstiele oder Spielzeuge.

*Verarbeitung*
CA und CAB lassen sich sehr gut spritzgießen oder strangpressen. Folien und Platten werden mit Breitschlitzdüsen extrudiert. CTA wird in der Regel zu Folienmaterial vergossen. Eine spanlose Umformung erfolgt im Temperaturbereich zwischen 160°C und 180°C. Zelluloseester können eingefärbt werden. Beschichtungen an metallischen Bauteilen werden durch thermisches Spritzen, Umspritzen (z.B. Griffe von Schraubendrehern) oder Wirbelsintern, unlösliche Verbindungen durch Kleblacke oder 2-Komponentenklebstoffe hergestellt. Bauteile aus Zelluloseestern können metallisiert werden.

*Alternativmaterialien*
PE, PC, PMMA

Bild: Griff eines Schraubendrehers aus Zelluloseester.

## KUN 4.1.12
## Thermoplaste – Polyimide

Polyimide (z.B. *Polyetherimid - PEI, Polyamidimid - PAI*) sind Hochleistungswerkstoffe für Anwendungsfälle unter hohen Temperaturen, die erstmals 1963 am Markt eingeführt wurden.

*Eigenschaften*
Die durch Polykondensation hergestellten Kunststoffe können sowohl thermo- als auch duroplastische Eigenschaften aufweisen. Im Vergleich mit anderen thermoplastischen Kunststoffen sind sie die Werkstoffe mit der höchsten mechanischen Warmfestigkeit, wodurch eine Verwendung zwischen -240°C und +260°C möglich ist. Darüber hinaus zeichnen sich Polyimide durch hohe Steifigkeit, hohe Verschleißfestigkeit, gute elektrische Eigenschaften und gute Gleiteigenschaften aus. Sie sind chemisch beständig gegen Lösungsmittel, Fette, Öle, Kraftstoffe, verdünnte Säuren und Laugen. Auffällig ist zudem die schwere Entflammbarkeit. Bei der Verbrennung kommt es nur zu geringer Rauchentwicklung. Die äußere Erscheinung von Polyetherimid (PEI) ist gekennzeichnet durch eine bernsteinähnliche Transparenz.

*Verwendung*
Auf Grund der hohen Werkstoffkosten werden Polyimide lediglich in Bereichen verwendet, in denen sich das Eigenschaftsprofil besonders vorteilhaft ausnutzen lässt. Die hohe Beständigkeit gegen Strahlungen macht eine Verwendung in Kernanlagen möglich. Polyimide werden darüber hinaus wegen ihrer guten Festigkeit bei hohen Temperaturen und ihrer geringen Wärmedehnung in Verbrennungsmotoren und Düsentriebwerken für die Luft- und Raumfahrt eingesetzt. Die schwere Entflammbarkeit macht den Werkstoff zudem für Teile im Flugzeuginneren geeignet. Weitere typische Verwendungen sind Kochgeräte für Mikrowellenherde, Motorenteile für Kraftfahrzeuge oder Turbinenschaufeln. Polyimid-Schaumstoffe werden zur Schalldämmung im hohen Temperaturbereich verwendet. Außerdem kommen sie in Lacken für Flugzeugrümpfe zur Anwendung.

*Verarbeitung*
Thermoplastische Polyimide wie PAI und PEI lassen sich durch Spritzgießen bei hohen Temperaturen um 350°C zu komplexen Formteilen und durch Extrusion zu Profilen und Folien verarbeiten. Zudem kann PEI durch Spritzblasen geformt und geschäumt werden. Die Verarbeitbarkeit wird durch Zumischung von niedrig schmelzenden technischen Thermoplasten (z.B. PA oder PC) verbessert. Neben Spritzgießen und Extrudieren bietet die sintertechnische Prozesskette eine Alternative zur Verarbeitung von Polyimiden mit duroplastischen Eigenschaften. Die zerspanende Bearbeitung von Polyimid-Halbzeugen ist mit Hartmetall-Werkzeugen möglich. Für Fügeverbindungen stehen Epoxid- und Phenolharzklebstoffe zur Verfügung. Metallbauteile können durch Wirbelsintern beschichtet werden.

*Wirtschaftlichkeit und Handelsformen*
Trotz ihres hohen Preises haben sich Polyimide zu einem wichtigen Material für Hochtemperaturanwendungen entwickelt. Profile und Folien sind erhältlich.

*Alternativmaterialien*
PTFE, Epoxidharze

# BASF und Kunststoffe – eine Erfolgsgeschichte

Luran® S (ASA) ist der Handelsname für mit Acrylester-Kautschuk schlagzäh modifizierte Styrol-Acrylnitrilcopolymere von BASF. Die Luran® S-Marken und ihre Blends zeichnen sich aus durch Beständigkeit gegen Witterungseinflüsse, hohe Alterungsstabilität und gute Chemikalienresistenz.

Durch seine besondere Witterungsbeständigkeit ist Luran® S bestens für Anwendungen rund ums Haus geeignet. Immer mehr Anwender entscheiden sich für Luran S auf Grund seiner Widerstandsfähigkeit gegen UV-Einstrahlung. Spröde Oberflächen und ausgebleichte Farben gehören damit der Vergangenheit an. Auch nach längerer Bewitterung zeigt Luran® S nicht das ABS-typische Vergrauen, und die Zähigkeit des Bauteils bleibt über einen langen Zeitraum erhalten. Aus diesem Grund hat sich Luran® S in den letzten Jahren einen großen Anteil im Markt für Automobilanbauteile erobert, wo das ASA beispielsweise für Außenspiegel, Lufteinlassgitter oder Lampengehäuse eingesetzt wird.

Mit PermaSkin(TM) bietet die BASF gemeinsam mit ausgewählten Partnern eine innovative Systemlösung zur Beschichtung von dreidimensionalen Bauteilen. Dabei wird eine thermoplastische Folie in einem Arbeitsschritt geformt und gleichzeitig auf die Bauteile ein- oder beidseitig aufgebracht. Die für dieses Verfahren genutzte Folie besteht aus einem speziellen Luran® S Compound und wird unter dem Markennamen LuraSkin(TM) vermarktet.

*www.basf.de*
*www.terblend-n.com*
*ww.terlux.com*

Mit Terblend® N (ABS+PA) bietet die BASF ein Blend auf Basis von ABS und Polyamid an. Es vereint die guten Eigenschaften der einzelnen Bestandteile in sich und verringert darüber hinaus auch nachteilige Merkmale, wie Schwindung und mangelnde Kälteschlagzähigkeit des PA. Terblend® N bietet eine interessante Kombination wichtiger Materialeigenschaften: überragende Schlagzähigkeit auch bei Minustemperaturen, hervorragende Zähigkeit, leichte Verarbeitbarkeit, ausgezeichnete Chemikalienbeständigkeit, gute Wärmeformbeständigkeit, hohe Oberflächenqualität sowie eine angenehme Haptik.

Bild 2:
Terblend® N weist eine hohe Festigkeit und Dimensionsstabilität auf und eignet sich hervorragend für Anwendungen im Heimwerkerbereich, beispielsweise für einen Rasentrimmer.

Bild 1:
Die schwarzen Teile in der Frontpartie des Sondermodells Golf R 32 sind aus Luran® S 778 T gefertigt: Dank eines auf Acrylat basierenden Kautschuks ist Luran® S außerdem besonders witterungsstabil. So bleiben die Bauteile auch über viele Jahre hinweg noch leuchtend Schwarz.

Bild 3:
Lüftungsdüsen aus Terblend® N

Mit dem Einsatz von Terblend® N werden Systemkosten eingespart, denn Terblend® N bietet nicht nur Gewichtsvorteile gegenüber Blends mit Polycarbonat, sondern ist ein Kunststoff, der meist nicht mehr lackiert werden muss. Die Automobilindustrie setzt Terblend® N für Mittelkonsolen, Lüftungsdüsen, Schalthebel und Airbagabdeckungen ebenso ein wie für Radioblenden oder Handschuhfächer. Auch für – allerdings lackierte – Karosserieanwendungen hat sich Terblend N bewährt. Hier wird es für Stoßfänger, Spoiler und Motorradverkleidungen verwendet.

*Anzeige*

# Terlux® Plastics Plus

Terlux® ist der Handelsname für MABS-Polymerisate von BASF. Der transparente und amorphe Thermoplast weist eine einzigartige Eigenschaftskombination auf: Transparenz kombiniert mit hoher Schlagzähigkeit, guter mechanischer Festigkeit und Wärmeformbeständigkeit. Seine Zähigkeit verdankt Terlux seinem Anteil an einem speziell modifizierten Polybutadien und verbindet so die ABS-typischen Eigenschaften einer hohen Transparenz.

Neben diesen Eigenschaften lässt sich Terlux® einfach verarbeiten und bedrucken und dank der hervorragenden Oberflächenqualität können besonders brillante optische Effekte realisiert werden. Diese für zäh modifizierte Thermoplaste außergewöhnliche Eigenschaftskombination macht Terlux® zu einer Spezialität für anspruchsvolle Anwendungen wie beispielsweise Kosmetikartikel. Gleichzeitig lässt sich der strapazierfähige Werkstoff auch für ergonomische und vor allem formschöne Gebrauchsartikel in Haushalt und Büro verarbeiten.

Zähigkeit, exzellente Chemikalienbeständigkeit, Sterilisierbarkeit und problemlose Verklebbarkeit mit anderen Materialien – diese Anforderungen stellt die Medizintechnik an einen Werkstoff. Terlux® kann diese Anforderungen erfüllen und kommt in zahlreichen Anwendungen für Medizintechnik und Diagnostik zum Einsatz.

# Terluran® HH Plastics Plus

Unter dem Markennamen Terluran® HH (High Heat) bietet die BASF ein modifiziertes ABS an, das sich durch seine außergewöhnliche Wärmeformbeständigkeit auszeichnet. Auch bei extremen Belastungen und bei Temperaturschwankungen bleibt es dimensionsstabil und formgenau. So wird Terluran® HH für thermisch hoch belastete Anwendungen verwendet und beispielsweise im Fahrzeugbau bei Karosserieaußenteilen, Radblenden, Spoilern oder Getriebeabdeckungen eingesetzt. Terluran® HH bietet dabei für viele Anwendungen die hitzebeständige Alternative.

Produktinnovationen erfordern Werkstoffe mit breitem Eigenschaftsspektrum und großer Flexibilität. Außergewöhnliche Designansprüche müssen erfüllt werden – bei gleichbleibender Qualität und überdurchschnittlicher Lebensdauer. Kein Problem – selbst komplizierte Formteile lassen sich mit Terluran® HH verwirklichen. Die leichte und zuverlässige Lackierbarkeit ist dabei ein zusätzliches Plus.

**BASF Aktiengesellschaft**
**Kommunikation Kunststoffe**  Tel.:  +49 621 60 - 42 552
**KS/KC - E100**                Fax.: +49 621 60 - 49 497
**67056 Ludwigshafen**
**Deutschland**                 plas.com@basf-ag.de

*PlasticsPlusTM*

*Unter dem Dach PlasticsPlus(TM) bündelt die BASF ein Sortiment an Spezialkunststoffen, das leistungsfähige Styrol-Kunststoffe, biologisch abbaubare Werkstoffe und Schaumstoffe umfasst.*

*Wo besondere Anforderungen zu erfüllen sind, bieten die Experten und die Produkte von PlasticsPlusTM in besonderem Maße Vielfalt, Zuverlässigkeit, Partnerschaft und innovative Lösungen.*

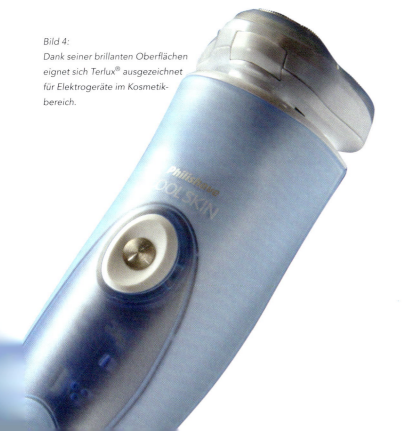

*Bild 4:*
*Dank seiner brillanten Oberflächen eignet sich Terlux® ausgezeichnet für Elektrogeräte im Kosmetikbereich.*

**The Chemical Company**

### KUN 4.1.13
### Thermoplaste – Polymerblends

Die Bezeichnung »blends« stammt aus dem Englischen und bedeutet Mischung. Demnach sind Polymerblends Mischungen verschiedener Kunststoffe, durch deren unterschiedliche Eigenschaften Werkstoffe mit besonderen Profilen gewonnen werden können. Auf Grund der meist nur eingeschränkten Möglichkeit zur sortenreinen Trennung der unterschiedlichen thermoplastischen Werkstoffe vor der Wiederverwertung stehen recyclierte Kunststoffgranulate meist nur in Form von Kunststoffgemischen als thermoplastische Blends zur Verfügung (KUN 2.3 zum Kunststoffrecycling).

*Eigenschaften*
Ein häufig verwendetes Polymerblend trägt den Handelsnamen Bayblend®, eine Mischung aus der Polystyrol-Sorte ABS und Polycarbonat (PC). Das preiswerte ABS weist in der Regel eine nur mäßige Wärmeformbeständigkeit auf, was durch Zumischung von PC ausgeglichen wird (Wärmeformbeständigkeit des Blends bis 120°C). Polycarbonat bildet die Stabilität gebende Matrix, in die ABS-Komponenten eingelagert werden VER. Bayblend® ist eine der wenigen Polymermischungen, bei denen neben der bloßen Addition der Vorzüge der Basiswerkstoffe auch ein Synergieeffekt erzielt wird. Die hohen Zähigkeitswerte unter Schlagbeanspruchung werden von keinem der beiden Partner auch nur annähernd erreicht. Der Werkstoff weist eine matt glänzende und kratzfeste Oberfläche mit hohen Härtewerten auf, ist zudem witterungsbeständig und vergilbt nicht. Die mechanischen Eigenschaften können durch Zumischung von kurzen Glasfasern verbessert werden.
Terblend® N, eine Mischung aus der Polystyrol-Sorte ABS und Polyamid PA, bietet gegenüber Blends mit Polycarbonat Gewichtsvorteile und muss nicht mehr lackiert werden.

Eine weitere preiswerte Polymermischung mit ähnlichen Eigenschaften wie Bayblend®, also hoher Wärmeformbeständigkeit und guter Maßhaltigkeit, ergibt sich durch Zumischung von hochschlagfestem Polystyrol (HI-PS) und Polyphenylenoxid (PPO). Die Verarbeitbarkeit in der Schmelze wird auf diese Weise verbessert. Unterschiedliche Anteile an Polystyrol führen zu einer großen Anzahl unterschiedlicher Güteklassen, die dem jeweiligen Anwendungsfall angepasst werden können.

| Mischbarkeit verschiedener Kunststoffe | | | | | | | | | | |
|---|---|---|---|---|---|---|---|---|---|---|
|  | PS | SAN | ABS | PA | PC | PMMA | PVC | PP | PE-LD | PE-HD | PET |
| PS | 1 | | | | | | | | | | |
| SAN | 6 | 1 | | | | | | | | | |
| ABS | 6 | 1 | 1 | | | | | | | | |
| PA | 5 | 6 | 6 | 1 | | | | | | | |
| PC | 6 | 2 | 2 | 6 | 1 | | | | | | |
| PMMA | 4 | 1 | 1 | 6 | 1 | 1 | | | | | |
| PVC | 6 | 2 | 3 | 6 | 5 | 1 | 1 | | | | |
| PP | 6 | 6 | 6 | 6 | 6 | 6 | 6 | 1 | | | |
| PE-LD | 6 | 6 | 6 | 6 | 6 | 6 | 6 | 6 | 1 | | |
| PE-HD | 6 | 6 | 6 | 6 | 6 | 6 | 6 | 6 | 6 | 1 | |
| PET | 5 | 6 | 5 | 5 | 1 | 6 | 6 | 6 | 6 | 6 | 1 |
| 1=gut mischbar  6=schlecht mischbar | | | | | | | | | | | |

*Abb. 24 nach [30]*

*Verwendung*
Die vorgestellten Mischungen sind als undurchsichtige, hellgraue Technik-Thermoplaste mit ausgewogenem Verhältnis der Eigenschaften und des Kostenfaktors bekannt. Sie kommen vor allem in der Gehäusetechnik, für Fernsehkomponenten oder Kfz-Teile zur Anwendung. PPO-Blends sind vor allem für Komponenten von Wasch- und Geschirrspülmaschinen, Pumpengehäuse oder Bauteile im Heißwasserbereich geeignet.

*Verarbeitung*
Die Verarbeitung von Polymerblends richtet sich nach den Eigenschaften der einzelnen Komponenten. In der Regel werden Formteile im Spritzguss erstellt.

*Bild links: Für die Verkleidung der neuen Daytona 675 verwendet der britische Motorradhersteller Triumph Terblend® N (ABS/PA) der BASF. Der Spezialkunststoff weist gleichzeitig eine geringe Dichte und eine hohe Zähigkeit auf. Dadurch ermöglicht er die Produktion von dünneren und damit leichteren Bauteilen. Triumph hat so das Gesamtgewicht der Maschine deutlich reduziert. Dank der guten Wärmeformbeständigkeit von Terblend N ließ sich die Verkleidung auch in der Nähe des Motors und des Auspuffes anbringen. So erhält die Daytona 675 ihre charakteristisch schmale Silhouette./*
*Foto: Triumph Motorcycles Ltd.*

## KUN 4.2
### Duroplaste

### KUN 4.2.1
### Duroplaste – Polyesterharze

Polyesterharze entstehen durch Polykondensation. Es wird zwischen gesättigten und ungesättigten (UP) Sorten unterschieden. Während die gesättigten Polyesterharze als Grundstoff für synthetische Fasern ↗ TEX 4.4 dienen, eignen sich ungesättigte Harze zur Verwendung für technische Werkstoffe. Polyesterharze wurden in den USA bereits 1937 auf den Markt gebracht. In Deutschland sind sie seit Anfang der 1950er Jahre erhältlich. Typische Markennamen sind Alpolit® oder Palatal®.

*Eigenschaften*
*Ungesättigte Polyester* (UP) sind farblose und glasklare Duroplaste mit glänzender Oberfläche. Die flüssige Ausgangsmasse muss für die technische Nutzung ausgehärtet und vernetzt werden. Hierfür werden polymerisierbare Lösungsmittel (z.B. Styrol), Katalysatoren und Beschleuniger beigemischt. Nach der Aushärtung ist erneutes Plastifizieren unmöglich. Der Vernetzungsprozess kann durch Zuführung von Wärme verkürzt werden. Je nach gewählter Mischung sind hartspröde oder zähelastische Polyestersorten einstellbar. Eine Faserzumischung (z.B. Kurzglasfasern, Aramidfasern) kann die mechanischen Eigenschaften verbessern. Ungefüllte Polyesterharze sind von etwa 120°C bis 140°C dauerhaft temperaturbeständig. Faserzusätze vergrößern den Einsatzbereich bis zu Temperaturen von 150°C. Hervorzuheben sind die hohen Festigkeits- und Steifigkeitswerte, die gute Maßgenauigkeit in der Verarbeitung, die schwere Entflammbarkeit und die chemische Beständigkeit gehärteter Polyesterharze gegenüber Wasser, Alkohol, Kraftstoffen, verdünnten Säuren und Laugen. Die gute Haftfähigkeit macht die Harze als Füllwerkstoff geeignet. Je nach Wahl des Härters sind Polyesterharze auch für Anwendungen im Lebensmittelbereich zugelassen.

*Verwendung*
Ungesättigte Polyesterharze dienen als Formmasse im Bereich der Elektrotechnik zur Herstellung von Steckerverbindungen, Zündverteilern, Sicherungen und Isolationsteilen. Mit Fasern verstärkt, werden sie als Hauptbestandteil, Halbzeug oder Füllmaterial für Bedachungen, Verkehrsschilder, Treibstofftanks, Propeller, Angelruten, Schutzhelme, Rettungsinseln, Motorhauben, Rümpfe für Boote und Segelflugzeuge oder Sportgeräte genutzt. Polyesterharze bilden die Grundlage für Verbundwerkstoffe mit Kohlenstoff- und Aramidfasern in der Raumfahrt und im Flugzeugbau. Im Baugewerbe dienen Polyestergießharze zur Herstellung von Gießharzbeton ↗ MIN 4.8 und Betonbeschichtungen. Sie werden als Spachtelmassen verwendet und kommen als Reaktionslacke und Klebstoffe zum Einsatz.

*Verarbeitung*
Duroplastische Polyesterharze werden in zähflüssigem, nicht vernetztem Zustand in Formen gegossen und können gepresst werden. Beim Gießen muss eine starke Schwindung von 7%–10% berücksichtigt werden. Nach der Aushärtung ist eine zerspanende Bearbeitung mit gehärteten Werkzeugen möglich. Zur Herstellung faserverstärkter Bauteile kommt das Handlaminieren, Wickel- oder Spritzverfahren zur Anwendung. Die umformende Bearbeitung ist auf die vom Hersteller angegebene Verarbeitungsdauer kurz vor Beendigung des Vernetzungsprozesses beschränkt. Mit Polyesterharzen können metallische und nichtmetallische Bauteile geklebt oder Beschädigungen an Polyesterbauteilen beseitigt werden. Ein abschließendes Schleifen und Polieren bearbeiteter Oberflächen ist üblich.

*Alternativmaterialien*
Epoxidharze, Aminoplaste, Phenolharze, Polyurethanharze

*Bild: Schiffsrumpf und -deck aus Polyester (GFK).*

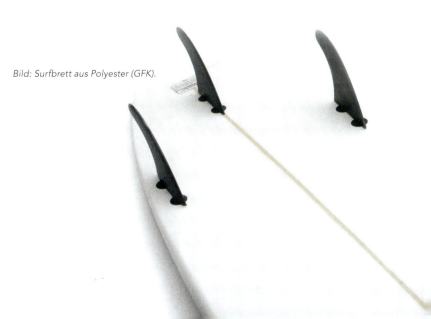

*Bild: Surfbrett aus Polyester (GFK).*

## KUN 4.2.2
### Duroplaste – Epoxidharze (EP)

Die Entwicklung von Epoxidharzen geht auf die Arbeiten des deutschen Chemikers Schlack und des Schweizers Castan zurück. Die ersten EP-Harze wurden 1946 in Basel großtechnisch hergestellt.

*Eigenschaften*
Epoxidharze sind farblose Werkstoffe mit gelblicher Transparenz. Im Vergleich zu anderen Gießharzen weisen sie die beste Haltbarkeit und Formbeständigkeit auf. Die Vielfalt der unterschiedlichen Epoxidharzsorten geht auf die steuerbaren Reaktionsbedingungen durch Beimischung unterschiedlicher Mengen von Härtern, Verdünnern und Lösungsmitteln zurück. Die grundsätzlich guten mechanischen Eigenschaften von Festigkeit, Korrosions- und Wärmebeständigkeit können durch Zugabe von Aramid- oder Glasfasern entscheidend verbessert werden. Vor allem nach Einbettung von Kohlenstofffasern sind sehr hohe Festigkeits- und Steifigkeitswerte zu erzielen. Die Stoßempfindlichkeit ist gering. Darüber hinaus weisen Epoxidharze gute elektrische und isolierende Eigenschaften auf, weshalb sie für den Einsatz im Bereich der Elektrotechnik besonders geeignet sind. Gesundheitsschutzmaßnahmen müssen bei der Verarbeitung beachtet werden.

*Bild: Carving-Ski »FreeX« – Obergurt aus epoxidharzgetränkten Carbon-Kevlarfasern, Untergurt aus GFK auf Epoxidharzbasis und »Nanocarbon« (BASE ISO 4400)./ Hersteller: Lorch-Boards Deutschland, Küchler Sport GmbH/ Design: www.UNITEDDESIGNWORKERS.com*

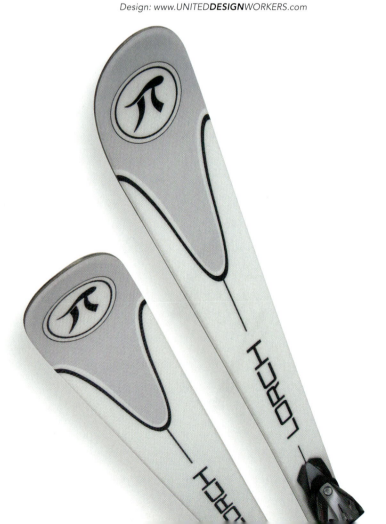

*Verwendung*
Gießwerkstoffe auf Epoxidbasis werden wie andere Harze zur Einbettung und Isolierung von Bauteilen mit elektrischen Funktionen eingesetzt. Darüber hinaus dienen sie zur Herstellung von Gießereimodellen (z.B. Kerne zum Sandgießen) oder Werkzeugen für die umformende Metallbearbeitung. Neben Polyesterharzen werden sie als Grundmaterial für Verbundwerkstoffe, zur Herstellung von Sportbooten und Fahrradrahmen, im Flugzeugbau und für Kfz-Teile im Motorraum eingesetzt.
**Epoxid-Pulverschmelzlacke** dienen als Oberflächen- und Korrosionsschutz. Außerdem finden **EP-Polymerbeton** MIN 4.8 und **EP-Klebmörtel** MIN 4.7 im Baugewerbe Verwendung. Hartschäume auf Epoxidbasis werden zum Schallschutz, zur Wärmedämmung und beim Fassadenbau verwendet. EP-Harze kommen bei Altbausanierungen zum Einsatz und werden zur Herstellung von Bodenbeschichtungen genutzt.

*Bild: Ruderboote aus Verbundwerkstoffen auf Epoxidharzbasis.*

*Verarbeitung*
Epoxidharze lassen sich ausgesprochen gut vergießen (z.B. Sandguss, Kokillenguss). Auffällig ist der geringe Schwund während der Vernetzung. Die Härtedauer kann durch Zusätze sowie eine entsprechend hohe Umgebungstemperatur verkürzt werden. Wegen der starken Klebeneigung sollten Formteile vor dem Gießen mit Trennmitteln (z.B. Silikonlösung) überzogen werden. Der Zeitraum, in dem EP-Gießharze noch umformend bearbeitet werden können, also noch nicht völlig ausgehärtet sind, wird vom Hersteller angegeben. Danach sind lediglich zerspanende Bearbeitungen mit Hartmetallwerkzeugen möglich, wodurch allerdings die Qualität der glänzenden Oberfläche gemindert wird. Abschließendes Polieren ist daher meist erforderlich. Vor allem metallische Bauteiloberflächen können mit Klebstoffen auf Basis von Epoxidharzen für Leichtbauanwendungen gefügt werden.

*Wirtschaftlichkeit und Handelsformen*
Epoxidharze sind in Form von Gießharzen und als Granulat erhältlich und relativ teuer.

*Alternativmaterialien*
Polyesterharze, Aminoplaste, Phenoplaste

## KUN 4.2.3
### Duroplaste – Phenolharze (PF)

Die Entwicklung eines Verfahrens zur Herstellung von hitzebeständigem und lösungsmittelresistentem Phenolharz aus der Kondensation von Phenol mit Aldehyd stellte Anfang des 20. Jahrhunderts einen Meilenstein in der Geschichte der Kunststoffe dar. Der Belgier Leo Hendrik Baekeland entwickelte ein Hitze-Druck-Verfahren in seiner Garage in Yonkers (New York) und meldete das Prinzip des »Bakelizer«, einem mit Druck beheizten und luftdicht verschließbaren Kessel, 1907 in den USA als Patent an. Der Werkstoff wurde unter dem Handelsnamen Bakelit® in der ganzen Welt bekannt und war der erste industriell hergestellte Kunststoff überhaupt.

*Eigenschaften*
Phenolharz ist ein gelblicher, steiffester Werkstoff mit sehr guten elektrischen Isolationseigenschaften, der zudem eine gute chemische Beständigkeit aufweist. Die mechanischen Eigenschaften des Materials werden durch Füllstoffe (z.B. Gesteins- oder Holzmehl, Grafit, Glas- oder Zellulosefasern) positiv beeinflusst, weswegen Phenolharze in der Regel verstärkt in Form von *Pressmassen* erhältlich sind. Je nach Zusätzen ist eine Typnummerierung zwischen 00 (ohne Füllstoff) und 99 (Glasfasern) üblich. Die Gebrauchstemperaturen reichen bis 150°C. Sie sind beständig gegen Öle, Fette, Benzin und Alkohol, reagieren aber empfindlich auf heißes Wasser und starke Säuren. Phenolharze sind gekennzeichnet durch einen starken Eigengeruch und für den Lebensmittelbereich nicht freigegeben.

*Bilder unten: Doppelabdeckung und Drehschalter aus Bakelit./ Foto: Manufactum*

*Verwendung*
Nach seiner Entdeckung war Bakelit in den dreißiger Jahren des 20. Jahrhunderts ein beliebter Werkstoff für Gehäuse und Griffe elektrischer Geräte. Er setzte sich als ideales Material für Thermoskannen und Bügeleisen durch. Heute finden Phenolharze vor allem Verwendung im Bereich der elektrischen Industrie als Isolatoren, Leiterplatten, Stecker, Ummantelungen oder Fassungen. Für den Fahrzeugbau werden Bremsbeläge, im Bereich des Haushalts Besteckgriffe, Toilettensitze, Telefone oder Sicherheitskästen aus dem Material gefertigt. Als flammhemmendes Bindemittel kommen Phenolharze in Hartfaserplatten und Schaumstoffen zur Anwendung. Zudem können sie zu Polymerbeton ↗ MIN 4.8 verarbeitet werden. Außerdem kommen Phenoplaste in Form von Lackharzen zur Anwendung.

*Verarbeitung*
Phenoplaste sind leicht pressbar. Die üblichen formgebenden Verfahren sind neben dem Pressen das Spritzpressen und Spritzgießen. Umformungen des duroplastischen Werkstoffs sind nicht möglich. Zerspanende Verfahren kommen nur selten zur Anwendung und beschränken sich auf das Entgraten von Formpressmassen oder dem Zuschnitt von Plattenmaterial mit Dicken von weniger als 1 mm. Fügeverbindungen werden durch Kleben hergestellt. Typische Klebstoffe sind Epoxid-, Phenol- oder Polyesterharzkleber. Bauteile aus Phenolharzen können galvanisch beschichtet werden.

*Handelsformen*
Insbesondere Phenolharz-Pressmassen sind auf dem Markt erhältlich.

*Alternativmaterialien*
Polyesterharze, Aminoplaste, Epoxidharze

## KUN 4.2.4
### Duroplaste – Aminoplaste

Aminoplaste ist der Oberbegriff für eine Gruppe duroplastischer Werkstoffe, die aus der Polykondensation von Harnstoffen mit Formaldehyd entstehen. Sie sind vor allem unter dem Handelsnamen *Melaminharze* bekannt und wurden in den 30er Jahren von Unternehmen wie Henkel, American Cynamid und Ciba entwickelt.

*Eigenschaften*
Melaminharze sind hochfest, chemikalienbeständig und besonders hitzeresistent. Darüber hinaus besitzen sie eine hohe Verschleißfestigkeit und Härte, weshalb sie besonders für strapazierfähige und kratzfeste Oberflächen geeignet sind. Aminoplaste sind nahezu farblos und können daher hellfarbig eingefärbt werden. Sie werden fast ohne Ausnahme mit Füllstoffen wie Gesteinsmehl, Textil-, Glas- oder Holzfasern eingesetzt, die die mechanischen Eigenschaften nachhaltig beeinflussen. Melaminharze können bis zu einer Temperatur von 130°C verwendet werden. Pressmassen in unterschiedlichen Typenklassen sind je nach Füllstoff in Anwendung. Glasfaserverstärktes Melaminharz weist das beste Eigenschaftsprofil auf.

*Verwendung*
Obwohl Melaminharze zu den ältesten Kunststoffen zählen, werden sie noch heute zur Herstellung von Küchengeräten, leichtem Campinggeschirr und Schraubverschlüssen für kosmetische Produkte verwendet. Weitere aktuelle Anwendungen im Bereich der Elektroindustrie sind Schalter, Stecker und Steckdosen. Melaminharze werden auch als Bindemittel und Leime im Holzbereich zur Herstellung von Sperrholz, Spanplatten und Kunstharzpressholz HOL 3.5.1 verwendet.
Laminate aus getränkten Papierschichten sind auf Grund ihrer hohen Oberflächenfestigkeit auch als Beschichtungswerkstoff von Arbeitsflächen im Laborbereich im Einsatz. Melaminharze dienen zur Veredelung und Imprägnierung von Stoffen. Schaumstoffe auf Basis von Aminoplasten werden im Bauwesen zur Schall- und Wärmedämmung verwendet.

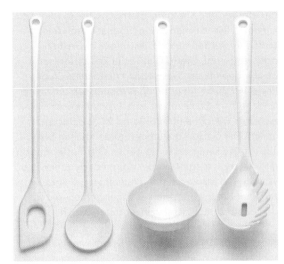

Bild: Kochlöffel aus Melamin./ Foto: Manufactum

*Verarbeitung*
Wie die Gruppe der Phenoplaste werden Aminoplaste durch Pressen oder Spritzgießen verarbeitet. Darüber hinaus können Formprofile durch Strangpressen erstellt werden. Umformende Bearbeitung ist nicht möglich. Zerspanende Verfahren werden nur selten angewendet. Klebeverbindungen werden unter Verwendung von Epoxid-, Phenol- oder Polyesterharzkleber hergestellt. Für duroplastische Werkstoffe wurden zur Herstellung lösbarer Verbindungen selbstschneidende Schrauben entwickelt.

*Alternativmaterialien*
Polyesterharze, Phenolharze, Epoxidharze

## KUN 4.2.5
### Duroplaste/Elastomere – Polyurethan (PUR)

Die Entdeckung von Polyurethan geht auf den Chemiker Otto Bayer zurück, dem es 1937 gelang, ein Verfahren zur Herstellung des Werkstoffs zu entwickeln und patentrechtlich zu schützen. 1941 folgte eine Produktionstechnik zur Erzeugung von PUR-Schaumstoffen. Die großtechnische Herstellung des Werkstoffs setzte aber erst nach dem 2. Weltkrieg ab 1951 ein.

*Eigenschaften*
Polyurethane sind transparentgelbe Werkstoffe und existieren in Form duroplastischer Gießharze oder PUR-Elastomere. Je nach Sorte können mit PUR-Gießharzen hart- bis weichelastische Oberflächen mit gummiartigen Eigenschaften hergestellt werden. Es existieren sowohl lufttrocknende Einkomponenten-Systeme als auch Reaktionssysteme aus zwei Komponenten. Polyurethan besitzt eine gute Chemikalienresistenz und ist beständig gegenüber schwachen Säuren und Laugen. Unter Witterungseinflüssen muss mit Vergilben der Materialoberfläche gerechnet werden. *PUR-Schaumstoffe* existieren in Form von Hart- und Weichschaumstoffen sowohl offen- als auch geschlossenporig KUN 4.4. Integralschäume bezeichnen in diesem Zusammenhang Werkstoffe mit porösem Kern und dichter Randzone ohne Lufteinschlüsse. Plattenmaterial aus Polyurethanhartschaum ist im Vergleich zu Styropor wesentlich dichter, beständiger und zudem schwerer zu entflammen.

*Verwendung*
Im Designbereich werden PUR-Gießharze als Formmaterial zur Anfertigung von Kleinserien verwendet. Hella Jongerius, Designerin der holländischen Gruppe Droog Design FOR 1.8, konnte in den letzten Jahren zahlreiche Produktbeispiele auf Basis dieses Werkstoffs entwickeln. Darüber hinaus werden PUR-Hartschäume zur Herstellung von Anschauungs- und Volumenmodellen in den frühen Phasen der Produktentwicklung verwendet. Im Baugewerbe kommen PUR-Schäume zur Wärmedämmung und Schallisolation zum Einsatz. Für die Möbelindustrie sind sie ein wichtiger Werkstoff zur Herstellung von Sitzkissen, Matratzen, Polsterungen und Schlafmöbeln. Polyurethanharze eignen sich für die wasserdichte Beschichtung von Textilien. Im Pkw-Innenraum übernimmt *PUR-Integralschaum* stoßdämpfende Funktion. Elastomere aus Polyurethan werden beispielsweise zur Herstellung von Reifen verwendet. Weitere Anwendungen sind Sportschuhsohlen, Bodenbeläge, Stoßdämpfer, Fahrradsattel, Lenkradumhüllungen oder die Isolation von Kühlschränken und Gefriertruhen. Etwa 90% der weltweiten Polyurethane werden zu Schaumstoffen verarbeitet.

*Verarbeitung*
Gießharze werden in der Regel geschäumt oder vergossen. Sie weisen ein Schwindmaß von nur 0,5% auf. PUR-Elastomere mit thermoplastischen Eigenschaften können im Spritzguss oder durch Extrusion formgebend bearbeitet werden. Die zerspanende Bearbeitung (z.B. Fräsen, Schleifen) von Polyurethanhartschaumplatten für den Modellbau ist möglich. Fügeverbindungen lassen sich durch Kleben oder Schweißen herstellen. Der Werkstoff verfügt über eine natürliche Klebekraft, weshalb er auch als Klebstoff für die Schuh-, Bekleidungs- und Bauindustrie geeignet ist.

*Wirtschaftlichkeit und Handelsformen*
PUR-Schaum ist ein preiswertes Material. Sowohl Gießharze als auch Schaumstoffe werden vertrieben.

*Alternativmaterialien*
Silikone, Polyestergießharze, Epoxidharze, Gummi-Elastomere

Bild: Türinnenverkleidung des Mercedes SLK aus Polyurethan-Gießhaut (Elastoskin® I). Geruchsarm, geringe Fogging- und Emissionswerte, leicht zu verarbeiten und umweltschonend./ Hersteller und Fotos: Elastogran GmbH – BASF Gruppe

Bild: Flachleiter mit einer Ummantelung aus PUR./ BASF

Bild: Umschäumtes Metallprofil aus PUR.

## KUN 4.3
## Elastomere

### KUN 4.3.1
### Elastomere – Gummi-Elastomere

#### Naturkautschuk (Latex)
Naturkautschuk wurde bereits von den Indianern des südamerikanischen Kontinents entdeckt. Den Rohstoff bildet der milchige Saft (Latex) des tropischen Kautschukbaums oder anderer Kautschuk liefernde Pflanzen. Der Name geht auf den indianischen Begriff für »Tränender Baum« (cao = Baum; ochu = Träne) zurück, da zur Latex-Gewinnung die Rinde V-förmig angeritzt wird und der Saft am Baum heruntertropft. Anschließend wird die gewonnene Milch mit Ammoniak stabilisiert, durch Zentrifugieren oder Verdampfen eingedickt und für die industrielle Nutzung aufbereitet. Die elastischen Eigenschaften von Naturgummi sind hervorragend und können in einem weiten Temperaturbereich auch unter besonders niedrigen Werten von bis zu -60°C genutzt werden. Bei der Verwendung ist zu berücksichtigen, dass sich Latex unter UV-Strahlung oder bei Kontakt mit Fetten auflösen kann. Zudem können durch das Material allergische Reaktionen der Haut hervorgerufen werden. Heute findet man Kautschuk-Plantagen in fast allen tropischen Gebieten Afrikas, Asiens und Südamerikas.

#### Verwendung
Latex wird als Grundlage zur Kaugummiherstellung verwendet. Weitere Anwendungsbereiche des natürlichen Elastomers sind Kondome, Handschuhe, Luftballons oder Kleidungsstücke. Synthetisch erzeugter Naturkautschuk (NR) ist ein wesentlicher Bestandteil vieler Reifenmischungen oder von Scheibenwischerblättern. Der Werkstoff kann seit der Entwicklung des *Dunlop-Verfahrens* im Jahr 1928 geschäumt werden. Latexschaum ist eines der wichtigsten Materialien zur Herstellung von Matratzen. Es verfügt über eine besonders hohe Punktelastizität, wodurch eine gute Körperanpassung und ein hoher Liegekomfort gewährleistet sind.
Eine weitere industrielle Nutzung sind *Latexfarben* mit Wasser abdichtenden Eigenschaften, die eine Wandfärbung in feuchten Räumlichkeiten und Bädern ermöglichen.

*Bild: »Suba-Seal«-Wärmflasche aus Naturkautschuk./ Foto: Manufactum*

*Bilder: Medizinprodukt »viport« mit Gummiunterseite. Der elastische Werkstoff passt sich der Körperkontur an./ Design: www.UNITEDDESIGNWORKERS.com/ Hersteller: Energy Lab Technologies GmbH*

#### Gummi-Elastomere
Die meisten bekannten Elastomere werden synthetisch hergestellt. Die Produktionsverfahren gehen auf Charles Goodyear zurück. Er entwickelte Mitte des 19. Jahrhunderts ein Vulkanisationsverfahren und stellte es 1851 auf der Weltausstellung in London vor. Natürliches Latex wird zwischen 130°C-140°C mit Schwefel vernetzt, wodurch die Festigkeit und chemische Widerstandsfähigkeit gesteigert werden. Die Elastizität lässt sich durch den Schwefelgehalt einstellen. Sowohl harte als auch weiche Gummisorten sind auf dem Markt erhältlich. Die Werte für Festigkeit und Abriebhärte können durch Beimengung von Füllstoffen wie Kreide, Ruß oder Talkum verbessert werden. Je nach Verwendungszweck werden zudem Weichmacher, Pigmente oder Mittel für den Alterungsschutz beigemischt. Die Auswahl des geeigneten Gummi-Elastomers erfolgt meist vor dem Hintergrund der Hitzebeständigkeit für den jeweiligen Einsatzfall.

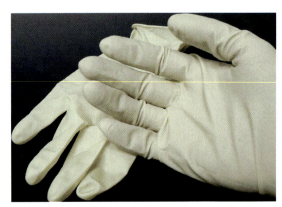

*Bild: Schutzhandschuhe aus Latex.*

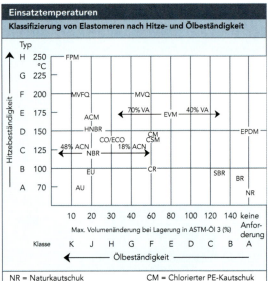

NR = Naturkautschuk
BR = Butadien-Kautschuk
SBR = Styrol-Butadien-Kautschuk
NBR = Nitril-Butadien-Kautschuk
HNBR = Hydrierter NBR-Kautschuk
EPM (EPDM) = Ethylen-Propylen-(Dien)-Kautschuk
CSM = Chlorsulfonierter PE-Kautschuk
CM = Chlorierter PE-Kautschuk
FPM = Propylen-Tetrafluorethylen-Kautschuk
CO, ECO = Epichlorhydrin-Homopol.-, Copol.- Kautschuk
MVQ = Methyl-Vinyl-Silikon-Kautschuk
MVFQ = Fluor-Silikon-Kautschuk

*Abb. 25 nach [30]*

### Styrol-Butadien-Kautschuk (SBR)

SBR ist eine preiswerte Gummisorte mit ausgezeichneter Abriebfestigkeit und guter Wärme- und Alterungsbeständigkeit. Es ist bis zu einer Temperatur von 110°C einsetzbar und verfügt über ein gutes elektrisches Isolationsvermögen. Die Elastizität ist im Vergleich zum Naturkautschuk als ungünstiger zu bewerten. Das Eigenschaftsprofil ist stark von den Füll- und Verstärkungsstoffen sowie Weichmachern abhängig.

*Verwendung*
Auf Grund der hohen Verschleißfestigkeit und Kältebeständigkeit wird der Großteil der SBR-Produktion zur Herstellung von Reifen für Pkw und Lkw verwendet. Weitere Einsatzbereiche sind Fußbodenbeläge, Draht- und Kabelisolierungen, Dichtringe und Papierbeschichtungen. Außerdem werden Moos- und Schaumgummi aus SBR hergestellt.

*Bild: Verschiedene Schaumstoffmatten aus NR.*

*Bild: Geschäumte Polsterung der Innenseite eines Hüftgurtes (Surftrapez).*

### Isoprenkautschuk (IR)

Diese Gummisorte ist ein synthetischer Nachbau des natürlichen Kautschuks (NR) mit einem ähnlichen Eigenschaftsprofil. Sie besitzt jedoch eine bessere Elastizität und ist für Temperaturen zwischen -50°C und +70°C verwendbar.

*Verwendung*
Für Isopren-Kautschuk kommen ähnliche Anwendungsfelder wie für Naturkautschuk in Betracht. Zudem wird der Werkstoff zur Reifenherstellung und als Isolationsmaterial eingesetzt. Weitere Anwendungen sind Gummifedern oder Schläuche.

### Chloroprenkautschuk (CR)

Im Vergleich zu NR, SBR oder IR verfügen Chloroprenkautschuke über eine bessere Beständigkeit gegen Witterungseinflüsse und Chemikalien. Sie sind zudem schwer entflammbar und können bei hohen Temperaturen bis zu 110°C dauerhaft eingesetzt werden. Eine kurzzeitige Anwendung ist bis zu 130°C möglich. Die bessere Wärmebeständigkeit wird allerdings mit einer geringeren Elastizität bei niedrigen Temperaturen erkauft. CR-Kautschuke können gefärbt werden.

*Verwendung*
Neben den für Elastomere üblichen Anwendungsgebieten wie Kabelummantelungen, Faltenbälge oder Dichtungselemente werden Chloroprenkautschuke vor allem für Schutzanzüge TEX 6.1 und Schuhsohlen verwendet.

### Nitrilkautschuk (NBR)

NBR-Kautschuke weisen eine hohe Abriebfestigkeit und Witterungsbeständigkeit auf, sind aber weniger elastisch als Naturkautschuke. Die gute Stabilität bei Kontakt mit Ölen, Treibstoffen, Fetten und heißem Wasser macht den elastomeren Werkstoff insbesondere für Dichtungen geeignet. Auf Grund seiner Polarität weisen Nitrilkautschuke eine gute elektrische Leitfähigkeit auf, weshalb sie für isolierende Anwendungen nicht in Frage kommen.

*Verwendung*
Nitrilkautschuke sind die wichtigsten Dichtungswerkstoffe für Kraftfahrzeuge und Maschinen aller Arten. Außerdem dienen sie zur Herstellung von Schläuchen für hydraulische und pneumatische Anlagen, Dichtringen, Reibbelägen und Pumpenmembranen. NBR-Kautschuke werden auch im Lebensmittelbereich verwendet.

### Butylkautschuk (IIR)

Kennzeichnend für Butylkautschuke sind ihre ausgezeichnete Chemikalien- und Witterungsbeständigkeit, ihre geringe Gasdurchlässigkeit und ihre gute Isolationseigenschaft vor elektrischen Strömen. Die Festigkeitswerte lassen sich durch Zusätze wie Ruß positiv beeinflussen. Butylkautschuk kann gut verarbeitet werden.

*Verwendung*
Seine geringe Durchlässigkeit für Gase macht den Werkstoff zur Herstellung von Stopfen zur Verpackung pharmazeutischer Produkte geeignet. Außerdem werden Butylkautschuke für Heißwasserschläuche und Dachabdeckungen im Baugewerbe eingesetzt.

*Bild: Moosgummi aus SBR.*

## Kapitel KUN
### Kunststoffe

### Acrylatkautschuk (ACM)

ACM-Kautschuke zeichnen sich im Vergleich zu Naturkautschuk durch eine hohe Wärmebeständigkeit aus, die eine kurzzeitige Verwendung bis etwa 170°C ermöglicht.

*Verwendung*
Typische Verwendungen sind wärmebeständige Dichtungen und O-Ringe.

Bild: O-Ringe aus Acrylatkautschuk.

### Ethylen-Propylen-Kautschuk (EPM)

EPM-Kautschuke weisen eine hohe Witterungsbeständigkeit auf und sind vor allem stabil gegen heiße Waschlaugen. Allerdings bereiten EPM Probleme bei der Verarbeitung. Die Verwendung im Temperaturbereich von -40°C bis +130°C ist möglich.

*Verwendung*
Hauptverwendungsgebiete sind Dichtungen für Wasch- und Spülmaschinen und für Fenster im Kfz-Bereich. Anwendungen aus der Schuhindustrie sind ebenfalls bekannt.

### Fluorkautschuk (FKM)

Diese Kautschuksorte besitzt eine hohe Wärmestabilität und Beständigkeit gegenüber Ölen und Treibstoffen. Kurzfristig können sie bis zu Temperaturen von 250°C verwendet werden.

*Verwendung*
Die FKM-Elastomergruppe wird für Spezialdichtungen bei hohen Temperaturen genutzt.

### Polynorbonenkautschuk (PNR)

PNR-Gummi lässt sich sehr gut mit Weichmachern füllen, weshalb er zu sehr weichen Bauteilen verarbeitbar ist. Die Wärmebeständigkeit fällt im Vergleich zu Naturkautschuk (NR) jedoch geringer aus.

Bild: Griffe aus Zellkautschuk (Moosgummi)./ Foto: Wilhelm Köpp Zellkautschuk GmbH, Aachen

*Verwendung*
Typische Anwendungen für PNR-Kautschuke sind weiche Beschichtungen oder Moosgummi.

| | Physikalische und mechanische Eigenschaften einiger Elastomere | | | | | | |
|---|---|---|---|---|---|---|---|
| | Zugfestigkeit | Elastizität | Verschleißbeständigkeit | Wetter- und Ozonbeständigkeit | Wärmebeständigkeit | Kälteflexibilität | Gasdurchlässigkeit | Dauergebrauchstemperatur (°C)* |
| NR | 1 | 1 | 3 | 5 | 5 | 1 | 4 | 100 |
| BR | 5 | 1 | 1 | 5 | 5 | 1 | 4 | 100 |
| CR | 2 | 2 | 2 | 4 | 4 | 3 | 2 | 120 |
| SBR | 2 | 4 | 2 | 5 | 4 | 2 | 4 | 110 |
| IIR | 4 | 5 | 4 | 3 | 3 | 3 | 1 | 130 |
| NBR | 2 | 4 | 3 | 5 | 4 | 4 | 2 | 120 |
| EPDM | 3 | 3 | 4 | 1 | 2 | 2 | 3 | 140 |
| CSM | 3 | 5 | 3 | 1 | 3 | 4 | 2 | 130 |
| EAM | 3 | 5 | 4 | 1 | 2 | 4 | 2 | 170 |
| ACM | 3 | 5 | 4 | 2 | 2 | 5 | 3 | 160 |
| ECO | 3 | 3 | 4 | 2 | 3 | 3 | 2 | 130 |
| AU | 1 | 2 | 1 | 2 | 3 | 4 | 2 | 130 |
| MVQ | 4 | 2 | 5 | 1 | 1 | 1 | 5 | 200 |
| FKM | 3 | 5 | 4 | 1 | 1 | 5 | 2 | 210 |
| FVMQ | 4 | 3 | 5 | 1 | 2 | 2 | 5 | 180 |

1 = ausgezeichnet; 2 = sehr gut; 3 = gut; 4 = ausreichend; 5 = schlecht
*) für optimalen Werkstoff ca. 1000 Stunden

Abb. 26 nach [30]

*Verarbeitung*
Im Gegensatz zu thermoplastischen Werkstoffen werden Gummi-Elastomere nicht in Granulate als Ausgangsstoffe für Produktionsprozesse überführt, sondern vor der eigentlichen polymeren Vernetzung formgebend verarbeitet. Die Grundwerkstoffe werden in die gewünschte Geometrie gegossen oder gepresst und dadurch vulkanisiert. In diesem Prozess ist eine Faserbeimischung möglich. *Latexschaum* entsteht nach Gießen der Ausgangsmaterialien durch Formen und Vulkanisieren unter heißem Wasserdampf. Auf Grund der weitmaschigen Struktur der Elastomere ist eine Umformung unter Wärme und ein Fügen durch Schweißen nicht möglich. Elastomere werden selten geklebt. Die Einfärbung vor der polymeren Vernetzung ist mit Hilfe von Pigmenten möglich. Elastomere lassen sich nicht recyceln.

*Alternativmaterialien*
Silikone, PUR-Elastomere

Bild: Tasche aus CR.

Bild: Surfanzug aus CR.

## KUN 4.3.2
### Elastomere – Silikone

Anders als bei der Vielzahl der existierenden Kunststoffe dient nicht Erdöl als Ausgangsstoff für die Herstellung von Silikonen, sondern Silizium.

*Eigenschaften*
Silikone sind Hochleistungswerkstoffe mit im Vergleich zu anderen Werkstoffen hohen Werkstoffkosten. Die Materialauswahl je Einsatzfall muss folglich mit dem komplexen Eigenschaftsprofil von Silikonen begründet werden. Die Elastizität ist mit der von natürlichem Gummi vergleichbar. Durch Wahl der entsprechenden Mischung kann die Elastizität hartelastisch bis weichgummielastisch eingestellt werden. Weitere Besonderheiten liegen in der Beständigkeit des Werkstoffs unter hohen Temperaturen. Silikone sind dauerhaft bis 180°C und kurzzeitig bis 220°C einsetzbar und im Allgemeinen schwer entflammbar. Selbst bei sehr niedrigen Temperaturen von -40°C ist das Material noch elastisch. Silikone sind wasser- und klebstoffabweisend und besitzen die von allen Elastomeren beste chemische Resistenz. Sie sind gute Isolatoren und physiologisch unbedenklich. Die auf dem Markt erhältlichen Silikone weisen in den meisten Fällen eine milchig-weiße transluzente Oberfläche auf. Aber auch Varianten mit blauer, gelber und roter Transparenz sind erhältlich.

Bild: Backform aus Silikon./ Hersteller: RBV Birkmann

*Verwendung*
Für den Designbereich von besonderem Interesse sind Silikone als Modellbauwerkstoff für Formen zur Herstellung von Funktionsmodellen und Kleinserien im Vakuumguss FOR 1.5. Im Bereich der Gießtechnologie (z.B. Kokillenguss, Polymerguss) dienen *Silikonspray*, *-fette* und *-folien* als Trennmedium, um ein Verkleben des Gießwerkstoffs mit dem Formmaterial zu verhindern und eine leichte Entformung des Gussteils zu ermöglichen. Im Baugewerbe werden Silikone in der Hauptsache als Fugenfüllmasse und Dichtwerkstoff für Tür- und Fensterrahmen eingesetzt. Schichtpresswerkstoffe aus Silikon werden darüber hinaus als Konstruktionswerkstoffe mit stark isolierenden Eigenschaften in der Elektrotechnik verwendet. Typische Anwendungen sind Dichtungen, Elektrostecker oder Kabelisolationen. Auf Grund der physiologischen Unbedenklichkeit und einfachen Formbarkeit werden Silikone als Brustimplantate eingesetzt oder zu Babyschnullern verarbeitet. Die Zumischung von Silikonen bei der Farbenherstellung ermöglicht die Fertigung von Isolierlacken und wasserabweisenden Innenraumfarben. *Silikon-Lackharze* bilden außerdem die Grundlage für hochtemperaturbeständige Lacke, die eine Verwendung (z.B. Ofentüren, Blechschornsteine) bis 500°C ermöglichen.

*Verarbeitung*
Als Konstruktionswerkstoffe werden Silikone in der Regel gießtechnisch verarbeitet. Nach der Aushärtung lässt sich Silikon einfach zuschneiden. Weichelastische Sorten können nur schwer präzise zerspanend bearbeitet werden. Hartelastische Schichtwerkstoffe aus Silikonharz werden einfach gefräst oder gebohrt. Zum Fügen nichtmetallischer Werkstoffe werden witterungsbeständige Klebstoffe auf Silikonbasis verwendet.

*Alternativmaterialien*
PUR-Elastomere, Gummi

Bild: Griff eines Rasierers aus Silikon.

Bild: Küchenhelfer aus Silikon./ Cook Line

## KUN 4.3.3
### Elastomere – Thermoplastische Elastomere (TPE)

Thermoplastische Elastomere vereinen die mechanischen Eigenschaften von Elastomeren mit der guten Verarbeitbarkeit von Thermoplasten.

*Eigenschaften*
TPE-Elastomere werden unter Wärme plastisch und nehmen nach Abkühlung ihr ursprüngliches elastisches Verhalten an. Die elastischen Eigenschaften gehen auf Festigkeit bildende, physikalische Vernetzungen in einer weitmaschigen chemischen Bindung zurück. TPE-Werkstoffe sind deshalb hoch verschleißfest und weisen eine gute chemische Beständigkeit auf. Verformungsprozesse können nahezu beliebig häufig wiederholt werden, so dass selbst Materialabfälle ohne Eigenschaftseinbußen wieder verwertbar sind. Die Reste werden gemahlen und dem neuen Material beigemischt. Je nach Herstellungsweise unterscheidet man Sorten auf Basis von Block-Copolymeren (z.B. *TPE-U* – Polyurethan oder *TPE-S* – Styrol) und Elastomerblends (*TPE-V*, *TPE-O*). Während bei den Block-Polymeren die harten und weichen Phasen in einem Makromolekül als Block segmentiert sind, bestehen Elastomerblends aus einer thermoplastischen Matrix mit eingelassenen elastischen Partikeln. Die Einsatztemperaturen liegen je nach Sorte zwischen -60 und +120°C.

*Bild unten: Skistockgriff aus TPE.*

*Verwendung*
TPE-S wird vorzugsweise zur Herstellung von Sportartikeln verwendet. Auf Grund der guten Haptik ist mit Kork gefülltes TPE ohne Zusatz von Weichmachern zur Fertigung von Griffen von Skistöcken beliebt. Darüber hinaus werden Skischuhe, Schuhsohlen, Tauchausrüstungen und Beläge für Hochleistungssportbahnen mit dem Werkstoff hergestellt. Weitere Verwendungsgebiete sind Tür-, Abfluss- und Rohrdichtungen, Installationsteile für das Baugewerbe, Faltenbälge, Staubkappen, Schläuche oder Feder- und Dämpfungselemente für den Fahrzeugbau. Im industriellen Bereich werden schwingungs- und vibrationsmindernde Elemente, Kabelummantelungen, Rollen, Zahnräder oder Dichtungen aus TPE-Werkstoffen hergestellt.

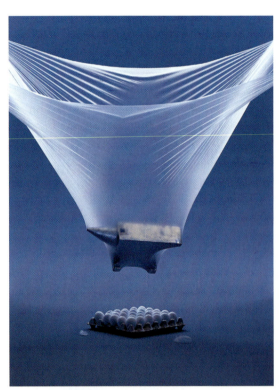

*Bild: Hochdehnbare und reißfeste Folie aus Elastollan® (TPU – Thermoplastisches Polyurethan-Elastomer)./ Hersteller und Foto: Elastogran GmbH – BASF Gruppe*

*Verarbeitung*
Thermoplastische Elastomere lassen sich wirtschaftlich durch Spritzgießen und Extrudieren verarbeiten. Darüber hinaus können Formgeometrien mit den meisten TPE-Sorten durch Extrusionsblasen hergestellt werden. Eine Warmumformung ist bei TPE-S möglich. Geschweißt werden thermoplastische Elastomere lediglich auf Basis von Elastomerblends. Klebeverbindungen sind eher unüblich. Durch Beimischung von Farbpigmenten können TPE beliebig gefärbt werden.

## KUN 4.4
## Polymerschäume

Schaumstoffe werden seit Jahrzehnten für Polsterungen von Möbeln, als Grundwerkstoff zur Herstellung von Matratzen und als Pack- und Dämmwerkstoff verwendet.

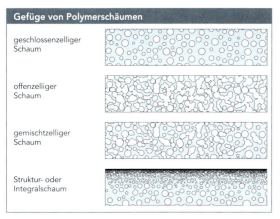

Abb. 27 nach [8]

### Eigenschaften
Polymerschäume sind Werkstoffe mit einer zelligen Struktur und offenen oder geschlossenen Poren. Sie sind von spröd-hart bis zäh-elastisch einstellbar. Aus nahezu jedem Kunststoff, egal ob Duroplast oder Thermoplast, lassen sich Schaumstoffe herstellen. Die größte Bedeutung haben PE, PP, PVC oder ABS für den Thermoplastschaumguss (TSG) und Reaktionsschäume auf PUR-Basis. Der Schäumvorgang ist das Ergebnis des Einschlusses oder der Freisetzung von Gasen durch chemische Reaktion, der Einmischung von Gasen oder der physikalischen Ausgasung von Treibmitteln ↗ FOR 3. Die synthetischen Ausgangsstoffe werden zu Weichschaumstoffen mit flexiblen Eigenschaften, zu Hartschäumen mit fester Formgeometrie oder zu Struktur- und Integralschäumen verarbeitet. Während Weich- und Hartschäume eine homogene Verteilung der Poren und Hohlräume aufweisen, sind Integral- und Strukturschäume gekennzeichnet durch einen leichten Kern mit poriger Struktur und fester Außenhaut. Die Dichte eines geschäumten Werkstoffs ist wesentlich niedriger als die ungeschäumten Materials. Schaumstoffe verhalten sich stoß- und schallabsorbierend und weisen wärmeisolierende Eigenschaften auf. Integralschäume besitzen eine hohe Steifigkeit.

Bild: Isolierung für Rohre aus PE-Schaumstoff.

### Verwendung
Schaumstoffe auf PS-Basis (Styropor) werden oft als Verpackungsmaterial oder in Form von Kugeln zur Füllung für Polstermöbel verwendet. Außerdem wird Plattenmaterial im Bauwesen zur Wärmedämmung verarbeitet. Weiche PUR-Schaumstoffe dienen vor allem zur Stoßdämpfung. Deshalb werden sie für Sportschuhsohlen, Fahrradsattel, Kopfstützen und Lenkradumhüllungen verwendet. Harte PUR-Schaumstoffe dienen zur Isolation (z.B. Türen und Wandungen von Kühlschränken) oder werden zum Zweck des Leichtbaus zur Fertigung von Sportgeräten, Fenstern oder Karosseriebauteilen für den Kfz-Bereich und im Flugzeugbau eingesetzt. Integral- und Strukturschäume auf Basis von thermoplastischem Schaumguss (TSG) werden für großvolumige Bauteile im Möbelbereich, Sportgeräte oder Gehäuse elektrischer Geräte (z.B. Computer oder Kopierer) verwendet.

Bild: Schwimmweste aus PE-Schaum./ Foto: Wilhelm Köpp Zellkautschuk GmbH, Aachen

Bild: Schwimmhilfe aus TSG.

### Verarbeitung
Polymerschaumstoffe werden entweder direkt zu Plattenmaterial geschäumt oder mit Treibmitteln versetzt. Sie werden in Form gespritzt bzw. extrudiert und anschließend zu den gewünschten Formgeometrien geschäumt. Platten aus Hartschaumstoff lassen sich zerspanend bearbeiten und mit Band-, Kreis- oder Thermosägen zuschneiden. Die Oberfläche kann mit Schleifpapier bearbeitet werden. Das Kleben von Schaumstoffen ist eher unüblich. Es stehen aber für unterschiedliche Polymerschäume Kontakt- bzw. Dispersionsklebstoffe sowie Zweikomponentengemische zur Verfügung. TSG-Bauteile können unter Wärmeeinfluss umgeformt werden.

## KUN 4.5
### Faserverstärkte Kunststoffe

*Eigenschaften*

Das mechanische Eigenschaftsprofil von Kunststoffen, speziell was Festigkeit, Steifigkeit und Härte betrifft, kann durch Einbettung von Fasern entscheidend verbessert werden. Vor allem faserverstärkte Kunststoffe auf Basis duroplastischer Harze treten in Konkurrenz zu Metallen und ermöglichen auf Grund ihres geringen Gewichts Leichtbaukonstruktionen und die Verwendung in für Kunststoffe unüblichen Bereichen. Insbesondere *Glas-, Aramid-* und *Kohlenstofffasern* ↗ KUN 1.6 haben sich in den unterschiedlichsten Anwendungsbereichen durchgesetzt. Auch die Verwendung von *Pflanzenfasern* wird unter Umweltgesichtspunkten immer häufiger (Hanf, Kokos, Holz).

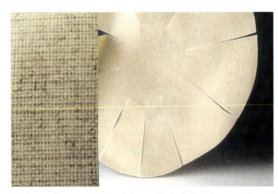

Bild: naturfaserverstärktes Polymer (linke Seite), Baumwolle und Flachs eingebettet in Matrix (rechte Seite).

Bild unten: Schutzhelm aus »Duroplast-BioShield®«, Bei duroplastischen Werkstoffen werden Pflanzenfasern in Pressverfahren in eine stabile, biopolymere Matrixverbindung eingebettet. / Fotos: Schuberth Head Protection Technology GmbH

*Verwendung*

Glasfaserverstärkte Kunststoffe haben sich für Bauteile und Leichbaukonstruktionen mit mittleren Beanspruchungen in Konkurrenz zu metallischen Werkstoffen durchgesetzt. Anwendungsbereiche sind beispielsweise Kfz-Karosserieteile wie Motorhauben, Bootsrümpfe, Segelflugzeuge, Dachsegmente für das Baugewerbe oder Verkehrsschilder. Die wesentlich höheren Kosten der Kohlenstoff- oder Karbonfasern rechnen sich vor allem dann, wenn hoch beanspruchte Bauteile mit geringem Gewicht benötigt werden. Verwendungsgebiete für CFK-Bauteile sind daher der Flugzeugbau, die Raumfahrt, Sportgeräte oder Schutzhelme.

Eine Einteilung der Verwendungsbereiche scheint vor allem vor dem Hintergrund der Faserlängen interessant. Kurzfasern kommen zur Herstellung hoch beanspruchter Bauteile im Kunststoffspritzguss zum Einsatz. In der Regel liefert der Hersteller bei Verwendung thermoplastischer Kunststoffe das Granulat mit beigemischtem Fasermaterial gleich mit. Für den Leichtbau großflächiger Bauteile werden Langfasern zur Verstärkung in das Kunststoffmaterial eingebracht. Der Rumpf von Sportbooten, Konstruktionselemente von Segelflugzeugen, Sportgeräte und Schutzhelme sind Anwendungsbeispiele. Endlosfasern werden durch Nasswickeln zu Bauteilen wie Treibstofftanks, selbsttragenden Rohren, Kühltürmen oder Windkraftanlagen verarbeitet (Franck 2000).

*Verarbeitung*

Die Verfahren zur Herstellung von Bauteilen aus faserverstärkten Kunststoffen, wie z.B. das Handlaminieren von Faserschichten, das Faserharzspritzen von Langfasern, das Nasswickeln von Endlosfasern oder das Rotationsschleudern, wurden bereits im Kapitel »Prinzipien und Eigenheiten der Kunststoffverarbeitung« erläutert ↗ KUN 2. Die Formgebung von Bauteilen aus thermoplastischen Kunststoffen mit Kurzfaserverstärkung erfolgt im Spritzguss oder durch Extrusion. Warmumformung oder Schweißen sind im Prinzip möglich. Für Bauteile aus mit Endlosfasern verstärkten duroplastischen Harzsystemen ist dies nach der Vernetzung nicht mehr möglich. Die spanabhebende Bearbeitung faserverstärkter Bauteile ist unüblich. Der beim Schleifen anfallende Faserstaub besteht aus kleinsten Partikeln (Filamenten), die bei Hautkontakt Juckreiz auslösen und eingeatmet Krebs erregen können.

*Alternativmaterialien*

Teilchenverstärkte Kunststoffpressmatten, Teilchenverstärkung bei Spritzgussbauteilen mit komplizierter Formgeometrie

## KUN 4.6
### Teilchenverstärkte Kunststoffe

Neben der Möglichkeit zur Einbettung von Fasern können die mechanischen Eigenschaften von Kunststoffen durch Verstärkung mit Teilchen und kleinen Partikeln verbessert werden. Beispiele sind Polymerbeton oder Kunststoff-Pressmassen.

*Eigenschaften*
*Polymerbeton* ist ein Verbundwerkstoff aus einem synthetischen Bindemittel (z.B. Epoxid- oder Polyesterharz, Phenolharz) und eingelagerten mineralischen Füllstoffen wie Granitsplitt, Korund, Basalt oder Quarzsand MIN 4.1.1.
Die Zusammensetzung kann je nach Beanspruchung und gewünschter Bauteilgeometrie gewählt werden. Polymerbeton weist eine hohe Druck- und Abriebfestigkeit auf, ist zudem korrosions- und witterungsbeständig und wiegt nur halb so viel wie normaler Beton. Die geringe Anzahl von Poren garantiert glatte Oberflächen und eine sehr geringe Neigung zur Wasseraufnahme. Bauteile aus Polymerbeton sind daher unempfindlich gegen Frost und zudem chemikalienresistent. Sie weisen in der Regel eine lange Lebensdauer auf und können recycliert dem Produktionsprozess wieder zugeführt werden.

*Kunststoff-Pressmassen* bestehen aus einer thermoplastischen (z.B. PA, POM) oder duroplastischen Masse (Polyesterharz, Phenole), in die feste Füllstoffpartikel wie Glasstaub oder Gesteinsmehl eingebunden sind. Die Teilchenzusätze bewirken eine höhere Festigkeit und Formstabilität bei Belastung.

*Verwendung*
Im Maschinenbau wird Polymerbeton zur Herstellung von Maschinengestellen eingesetzt. Durch die Möglichkeit der Einbettung von Führungen oder Gewinden im Gießprozess kann eine unkomplizierte und kostengünstige Fertigung mit hoher Maßgenauigkeit erzielt werden. Darüber hinaus wird Polymerbeton im Baugewerbe als besonders witterungsbeständiges Material, vor allem bei Sanierungen, genutzt. Er ist ein idealer Werkstoff für die Amphibienhaltung, da er von den Tieren als Gehfläche angenommen wird.
Pressmassen aus synthetischen Materialien werden zur Anfertigung hochfester Gehäusekomponenten im Bereich der Elektrotechnik verwendet.

*Verarbeitung*
Mit Partikeln verstärkte Kunststoffe werden gießtechnisch oder in Pressen verarbeitet. Die zerspanende Bearbeitung ist nach der Formgebung ebenso ungewöhnlich wie die Verwendung von Fügeverfahren, da sich die Option zur Einbettung von weiteren Komponenten während des Gießens ergibt. Die Oberflächen von Bauteilen aus Polymerbeton oder Pressmassen können auf Grund der guten Qualität mit Farbe beschichtet werden.

*Alternativmaterialien*
Beton, Granit für Polymerbeton, CFK oder GFK für Kunststoff-Pressmassen

*Bilder unten: Um eine hohe Präzision der »Cercon brain« zu erreichen, besteht der Gerätesockel aus Mineralguss RHENOCAST® (Polymerbeton). Der Mineralguss-Sockel hat Infrastruktur-, Präzisions- und Verbindungsteile eingegossen und zeichnet sich durch gute Dämpfung, hohe Steifigkeit, thermische Stabilität, Korrosionsbeständigkeit und Maßgenauigkeit aus./ Hersteller und Fotos: SCHNEEBERGER AG*

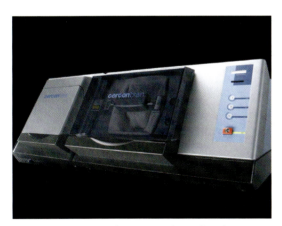

*Bilder: Scan- und Fräseinheit »Cercon brain« für Zahnersatz von DeguDent GmbH. Von berührungsfreier Abtastung des Wachsmodells, Generierung eines entsprechenden Datensatzes bis zum Fräsen des Rohlings./ Foto: DeguDent GmbH*

## KUN 5
### Eigenschaftsprofile der wichtigsten Kunststoffe

| Einige Kunststoffe in der Übersicht | |
|---|---|
| **Thermoplaste** | **Verwendung** |
| Polyethylen (PE-LD) | weiche und elastische Elemente, Dichtungen und Manschetten |
| Polyethylen (PE-HD) | steife, dimensionsstabile, kochfeste, chemikalienbeständige Spritzgussteile |
| Polypropylen (PP) | für Lüfterräder, Armaturen, Fittings, Verschlüsse, Behälter, Gehäuse |
| Polystyrol (PS) | harte, dünnwandige und formstabile Spritzguss- und Tiefziehteile |
| Polycarbonat (PC) | transparente und sehr schlagzähe Teile mit günstigem Brandverhalten |
| Polyvinylchlorid (PVC-U) | selbstverlöschende, chemisch beständige Teile mit hoher Härte und geringer Zähigkeit |
| Polyamid 6 (PA 6) | zäh, abriebfest, z.B. für Laufrollen, Kettenräder, Gleitelemente |
| Polymethylmethacrylat (PMMA) | kratzfeste und witterungsbeständige Sichtscheiben und Lampengläser |
| Polyoxymethylen/ Copolymer (POM) | Bauteile mit hoher Härte, Steifigkeit und hoher Maßbeständigkeit, Feinwerkbauteile |
| Polytetrafluorethylen (PTFE) | Bauteile mit hoher chemischer Beständigkeit (Bauteile haben aber geringe Festigkeit) |
| Polyethylenterephthalat, kristallin (PET) | abriebfeste, maßstabile Bauteile, aus Halbzeug gefertigt |
| Zelluloseester (CA) | isolierende Werkzeuggriffe, Hammerköpfe, Griffe von Schreibgeräten, Brillenfassungen, schwer entflammbar |
| Polyimid (PI) | strahlungsbeständige Bauteile, hochtemperaturfeste Bauteile, Luft- und Raumfahrt, Mikrowellenherd |
| Polymerblend, z.B. PC+ABS-Blend | über weiten Temperaturbereich hochschlagzähe Gehäuseteile |
| Styrol-Acrylnitril (SAN) | witterungsbeständige Teile mit hoher Härte und Festigkeit |
| SAN mit Acrylester (ASA) | zähe und steife Gehäuse und Abdeckungen für Außenanwendungen |
| Acrylnitril-Butadien-Styrol (ABS) | schlagzähe Gehäuse, Abdeckungen und Bedienelemente mit guter Oberfläche |
| PUR-Elastomer harte Einstellung (TPU) | verschleißfeste Laufrollen, elastische Kupplungselemente, hohes Rückstellvermögen |
| PUR-Elastomer weiche Einstellung (TPU) | weiche und sehr elastische Manschetten, Dichtungen, Dämpfungselemente und Rollen |
| **Duroplaste** | **Verwendung** |
| Polyesterharz (UP) | Steckerverbindungen, Sicherungen, Isolationsteile, Bedachungen, Verkehrsschilder, Treibstofftanks, Propeller, Angelruten, Schutzhelme, Rettungsinseln, Motorhauben, Rümpfe für Boote und Segelflugzeuge |
| Epoxidharz (EP) | Grundmaterial für Verbundwerkstoffe, Sportboote, Fahrradrahmen, Flugzeugbau, Kfz-Teile im Motorraum |
| Phenolharz (PF) | Gehäuse und Griffe elektrischer Geräte, Thermoskannen, Bügeleisen, Isolatoren, Leiterplatten, Stecker, Ummantelungen, Fassungen, Besteckgriffe, Toilettensitze, Telefone, Sicherheitskästen |
| Aminoplaste (UF/MF) | Küchengeräte, leichtes Campinggeschirr, Schalter, Stecker, Steckdosen, Bindemittel für Sperrholz und Spanplatten |
| Polyurethan Integral-Hartschaum (PUR IHS 22K) | Integralhartschaum für große Bauteile mit unterschiedlichen Wandstärken |
| **Elastomere** | **Verwendung** |
| Latex | Grundlage zur Kaugummiherstellung, Kondome, Handschuhe, Luftballons, Kleidungsstücke |
| Styrol-Butadien-Kautschuk (SBR) | Reifenmischungen, Kabelummantelung, Schläuche und Profile, Moos- und Schaumgummi |
| Isoprenkautschuk (IR) | Gummifedern, Lkw-Reifen |
| Chloroprenkautschuk (CR) | Faltenbälge, Achsmanschetten, Kühlwasserschläuche, Dachbeläge, Förderbänder, Schutzkleidung |
| Nitrilkautschuk (NBR) | wichtigster Dichtungswerkstoff im Kfz- und Maschinenbau, Schläuche |
| Butylkautschuk (IIR) | Reifenschläuche, Innenliner von Reifen, gasdichte Membranen, Pharmastopfen, Dachbeläge |
| Acrylatkautschuk (ACM) | Wellendichtungen im Kfz- Motor und -Getriebe, selbstvulkanisierender Acrylat-Latex für Vliesverfestigung |
| Ethylen-Propylen-Kautschuk (EPM) | Außenteile am Kfz, massive und Moosgummi-Dichtungsprofile, Schläuche, Kabelummantelungen |
| Fluorkautschuk (FKM) | Spezialdichtungen bei hohen Temperaturen |
| Polynorbonenkautschuk (PNR) | weiche Walzenbeläge, Moosgummi |
| Silikon | bewegte und ruhende Dichtungen, Schläuche, Elektoisolierungen, nicht haftende Transportbänder |

## Einige Kunststoffe in der Übersicht

| Thermoplaste | Dichte (kg/dm³) | Zug-E-Modul (N/mm²) | Streck-spannung (N/mm²) | Reißdehnung (%) | Längenaus-dehnungs-koeffizient ($10^{-6}$/K) | Wärmeleit-fähigkeit (J/m·k) | Verarbeitungs-schwindung (%) | minimale und maximale An-wendungstem-peratur (°C) |
|---|---|---|---|---|---|---|---|---|
| PE-LD | 0,919 | 200 | 9 | >400 | 230 | 0,3 | 1,5…3,0 | -80…70 |
| PE-HD | 0,963 | 1350 | 30 | >400 | 120…150 | 0,42 | 2,0…5,0 | -80…90 |
| PP | 0,902 | 1200 | 32 | 700 | 100…200 | 0,22 | 1,0…2,5 | 0…105 |
| PS | 1,05 | 3200 | 55 | 3 | 80 | 0,17 | 0,4…0,7 | na…70 |
| PC | 1,20 | 2400 | 63 | >80 | 70 | 0,21 | 0,7…0,8 | -100…125 |
| PVC-U | 1,38 | 3000 | 58 | 15 | 80 | 0,15 | 0,5…1,0 | -30…60 |
| PA 6 | 1,14 | 1500…3000 | 50…80 | 70…200 | 70…100 | 0,23 | 0.8…2,0 tr. | -40…90 |
| PMMA | 1,19 | 3200 | 73 | 3,5 | 80 | 0,19 | 0,3…0,8 | na…80 |
| POM | 1,41 | 3000 | 64 | 30 | 110 | 0,31 | 1,6…2,8 | -50…90 |
| PTFE | 2,16 | 420 | 10 | 350 | 130…200 | 0,24 | – | -200…260 |
| PET | 1,40 | 2800 | 80 | 70 | 70 | 0,24 | 1,3…2,0 | -50…100 |
| CA | 1,22…1,35 | – | – | – | – | – | 0,4…0,7 | – |
| PI | 1,43 | 3000…3200 | 75…100 |  | 50…60 | 0,29…0,35 | 0,1…0,5 | – |
| PC+ABS-Blend | 1,15 | 2200 | 55 | 85 | 70 | 0,20 | – | -50…90 |
| SAN | 1,08 | 3900 | 84 | 4 | 70 | 0,17 | 0,4…0,6 | na…85 |
| ASA | 1,07 | 2600 | 56 | 15 | 80…110 | 0,17 | 0,4…0,7 | -20…90 |
| ABS | 1,05 | 2400 | 50 | 20 | 80…110 | 0,17 | 0,4…0,8 | -30…80 |
| TPU | 1,23 | 250 | 55 | 400 | 140 | 0,22 | – | -20…80 |
| TPU | 1,22 | 10 | 55 | 700 | 200 | 0,19 | – | -20…80 |
| **Duroplaste** | | | | | | | | |
| UP | 1,5…2,0 | 14000…20000 | 30 | 0,6…1,2 | 20…40 | 0,70 | 0,3…0,8 | 150 |
| EP | 1,5…1,9 | 21500 | 30…40 | 4 | 11…35 | 0,88 | 0,0…0,5 | 130 |
| PF | 1,4…1,9 | 5600…12000 | 25 | 0,4…0,8 | 30…50 | 0,35 | 0,2…0,8 | 110 |
| UF/MF | 1,5…2,0 | – | – | – | – | – | 0,2…1,2 | – |
| PUR IHS 22K | 0,6 | 950 | 21 | 7 | 73 | 0,09 |  | -40…70 |
| **Elastomere** | | | | | | | | |
| Latex | – | – | – | – | – | – | – | – |
| SBR | – | – | – | – | – | – | – | -40…100 |
| IR | – | – | – | – | – | – | – | -50…70 |
| CR | – | – | – | – | – | – | – | -40…110 |
| NBR | – | – | – | – | – | – | – | -30…100 |
| IIR | – | – | – | – | – | – | – | -40…130 |
| ACM | – | – | – | – | – | – | – | -25…150 |
| EPM | – | – | – | – | – | – | – | -40…130 |
| FKM | – | – | – | – | – | – | – | -20…200 |
| PNR | – | – | – | – | – | – | – | – |
| Silikon | 1,1…1,3 | – | – | – | – | – | – | -100…180 |

## KUN 6
### Besonderes und Neuheiten im Bereich der Kunststoffe

### KUN 6.1
### Elektrizität leitende Kunststoffe (Polymerelektronik)

Von der Entwicklung elektrisch leitender Kunststoffe verspricht man sich für die Zukunft die Herstellung immer kleinerer und schnellerer Prozessoren sowie hauchdünner Bildschirme auf Folienmaterial für mobile Kommunikationslösungen. Der gesamte Bereich wird auch Polymerelektronik genannt.

*Eigenschaften*
Für polymerelektronische Anwendungen benötigt man auf der einen Seite ein Material, das einfach zu verarbeiten ist. Dafür kommen lösliche Kunststoffe als Grundbausteine in Frage. Zusätzlich muss eine Elektrizität leitende Komponente integriert werden, da konventionelle Polymere wie PET vor allem als gute Isolatoren gelten.
Anders als bei herkömmlicher Elektronik, die mit Silizium als halbleitender Komponente arbeitet, wurden für die Polymerelektronik leitfähige (z.B. *Polyanilin, Polyacetylen*) und halbleitende (z.B. *Polythiophen*) Polymere entwickelt, die in Verbindung mit isolierenden Komponenten (z.B. PET) zu elektronischen Schaltungen und *Polymer-Chips* zusammengesetzt werden können.

*Verwendung*
Anfang 2005 kam die mit 600 kHz bislang schnellste integrierte Schaltung aus Kunststoff auf den Markt. In Zukunft sollen Waren mit intelligenten Etiketten gekennzeichnet werden können, womit sich logistische Prozesse im Einzelhandel extrem vereinfachen lassen. Barcodes sollen ersetzt und die Lagerhaltung, Lieferung und Kennzeichnung, auch aus einem gewissen Abstand, per Funk ermöglicht werden (*RFID – Radiofrequenz-Identifikation*). Funkgesteuerte Kassenscanner würden den Einkauf von Lebensmitteln und anderen Waren beschleunigen. Darüber hinaus wird eine Verwendung im Diebstahlschutz, für elektronische Wasserzeichen und Eintrittskarten gedacht. Doch nicht nur im Handel wird über den Nutzen der Polymerelektronik nachgedacht. Auch in der Unterhaltungselektronik wurden die großen Potenziale elektronischer Kunststoffe erkannt. So sollen Kunststoffe, die unter Strom gesetzt leuchten, in Zukunft die Flüssigkeitskristall-Technik ersetzen und Handydisplays oder Computerflachbildschirme zu sehr niedrigen Preisen ermöglichen. Leitende Kunststoffe werden schon heute in LED verwendet. Auf Grund der einfachen Herstellbarkeit großflächiger Kunststoffschichten wird an *lichtemittierende Tapeten* als weiteres Anwendungsgebiet gedacht.

*Verarbeitung*
Unter Verwendung konventioneller Druckverfahren (z.B. Tintenstrahldrucker, Offsetdruckmaschinen) gelang es vor kurzem, Leiterbahnen aus flüssigen Polymeren mit einem Abstand von 50 Mikrometern auf Folienmaterial aufzubringen. Das Bedrucken erfolgt unter kostenintensiven Reinraumbedingungen. Für die Zukunft steht als Vision eine simple Drucktechnologie im Raum, mit der das Bedrucken von *Polymerschaltungen* analog dem Druck von Zeitungspapier mit ähnlichem Kostenaufwand erfolgen kann. Für den Bereich der Computerdisplays wird davon ausgegangen, dass sich Polymerschaltungen auf biegsame Folien aufbringen lassen und der Computer somit zu einem mobilen Begleiter werden kann.

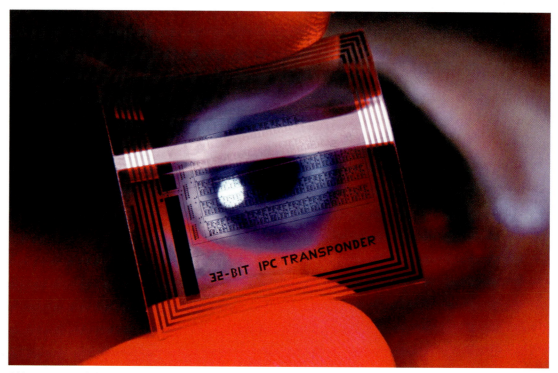

*Bild: Integrierte Schaltung für intelligente Etiketten./*
*Foto: Siemens Pressebild*

## KUN 6.2
### Biokompatible Kunststoffe

Ein weiterer Zukunftsbereich für die Entwicklung synthetischer Werkstoffe ist die Biokompatibilität. Geeignete Polymere werden zur hygienischen Herstellung medizintechnischer Produkte (z.B. Spritzen) oder für Lang- und Kurzzeitimplantate (z.B. *künstliche Blutgefäße*, *künstliche Herzklappen*, *Nahtmaterial*, *Knochennägel*) eingesetzt. Die klinische Anwendung synthetischer Werkstoffe begann schon in den 1950er Jahren. Eher zufällig hatte man nach dem 2. Weltkrieg festgestellt, dass Kunststoffsplitter zerborstener Flugzeugkanzeln im Körperinneren überlebender Piloten keinerlei chronische Reaktionen hervorgerufen hatten.

*Eigenschaften*
Die meisten Polymere, die sich heute in klinischem Einsatz befinden und zur Gruppe der biokompatiblen Kunststoffe zusammengefasst werden, kommen aus dem Bereich der industriellen Massenproduktion und sind ursprünglich für einen ganz anderen Anwendungskontext entwickelt worden (z.B. Polymethylmethacrylat – Plexiglas; Polyamide – Nylonstrümpfe).
Für die medizinische Verwendung müssen die Kunststoffe in erster Linie biokompatible Eigenschaften aufweisen. Dies bedeutet, dass im menschlichen Körper keine Infektionen oder abstoßende Reaktionen erfolgen dürfen. Die Abgabe von Fremdstoffen durch den Kunststoff ist ebenso zu vermeiden. Auf den Zusatz von Additiven wie Weichmachern oder Stabilisatoren muss daher in der Regel verzichtet werden. Eine weitere Voraussetzung ist die Möglichkeit zur kontrollierten Herstellung in steriler Umgebung. Biokompatible Kunststoffe müssen ausreichend hohe mechanische Festigkeiten aufweisen und die Stabilität über die vollständige Lebensdauer gewährleisten.

Eigenheiten und Profile einzelner biokompatibler Kunststoffe werden im Detail bei Wintermantel, Ha 1998 und Schmidt 1999 beschrieben.

*Verwendung*
Typische Anwendungen biokompatibler Kunststoffe sind Gelenkpfannen für Hüft- und Knieprothesen, der Sehnen- und Bänderersatz, künstliche Herzklappen und Blutgefäße, Gefäßimplantate, Zahnersatz, Kontaktlinsen oder Brustimplantate. Biologisch abbaubare Polymere werden in den biologischen Kreislauf des Körpers aufgenommen und zerfallen in ihre Bestandteile. PUR gehört beispielsweise zu den biologisch abbaubaren Werkstoffen. Daher werden selbstauflösendes Nahtmaterial oder Dialysemembrane häufig aus Polyurethan hergestellt. *Polylactid* wird zur Herstellung von Knochennägeln, Schrauben und Implantaten verwendet. Bioabbaubare Kunststoffe können in Zukunft das Nachwachsen ganzer menschlicher Organe ermöglichen. Da in 6–10% aller Fälle Entzündungen auftreten, ist ihre Verwendung noch mit Risiken behaftet.

Eine weitere Vision für die Verwendung biokompatibler Kunststoffe sind mikroskopisch kleine U-Boote, die das Gefäßsystem des Menschen im Körperinneren observieren und Zellen und Gefäße selbstständig heilen. Hierzu müssten sie mit künstlicher Intelligenz ausgestattet werden. Erste Entwicklungsansätze sind bereits bekannt.

*Verarbeitung*
Eine Hauptvoraussetzung für die Verwendung biokompatibler Kunststoffe ist die Verarbeitbarkeit mit konventionellen Verfahren wie Spritzgießen, Extrudieren und Blas- und Warmformen. Die Sterilisation biokompatibler Bauteile kann durch den Einsatz von Strahlung, Dampfeinwirkung oder Verwendung chemischer Substanzen erfolgen.

*Alternativmaterialien*
Titan- und Kobaltlegierungen, Biokeramiken wie Bioglas oder Hydroxylapatit

Bild: Modulare Revisionsstützpfanne aus biokompatiblem Kunststoff (PE/Weiß) zur rekonstruktiven Versorgung ausgedehnter Pfannendefekte./ Hersteller: Peter Brehm GmbH

## KUN 6.3
### Biokunststoffe

Erst seit einigen Jahren wird an der Entwicklung von Biokunststoffen (engl. bioplastics) als Verpackungsmaterial gearbeitet. Sie kommen normal in den Hausmüll und zerfallen in natürliche und ungiftige Ausgangsbestandteile. Mikroorganismen wie Pilze, Bakterien oder Enzyme sind an der *Kompostierung* beteiligt. Übrig bleiben lediglich Wasser, Kohlendioxid und eine *Biomasse*, die von der Natur verwertet werden kann.

Bild: Verpackung aus biologisch abbaubarem Copolyester Ecoflex®./ Foto: BASF

*Eigenschaften*
Da Thermoplaste (z.B. PE, PS, PP, PVC) den mengenmäßig größten Anteil bei der Herstellung von Verpackungen einnehmen, steht der Wunsch nach Substitution dieser petrochemisch hergestellten Werkstoffe durch Biokunststoffe im Blickpunkt. Der Ausgangsrohstoff Erdöl soll in einer Vielzahl der Entwicklungsansätze durch Stärke, Zellulose ↗ PAP 1.1 oder Zucker ersetzt werden. Die thermoplastische Stärke liegt dabei mit einem Marktanteil von 80% aller bislang auf dem Markt erhältlichen Biokunststoffe an erster Stelle. *Kunststoffblends* aus thermoplastischer Stärke und einem wasserabweisenden, biologisch abbaubaren polymeren Bestandteil wie Polyester, Polyvinylalkohol oder Polyurethane bilden die zweite Gruppe der bedeutenden Biokunststoffe. Milchsäure ist ein weiterer Ausgangsrohstoff zur Herstellung kompostierbarer Polymere. In diesem Kontext wird häufig *Polylactid* (*PLA*) auf der Basis von Glucose genannt, womit durchsichtige Bauteile wie Trinkbehälter hergestellt werden können. Ein weiteres interessantes Material, das von Bakterien aus Stärke oder Zucker hergestellt und biologisch abgebaut werden kann, ist *Polyhydroxybuttersäure* (*PHB*). Sie ist mechanisch stabil und kann glasklare Filme bilden. In Zukunft sollen Pflanzen zur Herstellung von PHB-Granulat genutzt werden. Die südamerikanische Zuckerindustrie plant die erste großindustrielle Herstellung dieses Kunststoffs.

Als weiterführende Literatur für den Bereich der Biokunststoffe empfiehlt sich Lörcks 2003 oder Tänzer 1999.

*Verwendung*
Die Hauptverwendungsgebiete für Biokunststoffe liegen im Bereich der Verpackungsindustrie. Tragetaschen, Behältnisse für Pflanzen, Obst- und Gemüseschalen, Einweggeschirr, Dosen, Joghurtbecher, Flaschen oder Folienverpackungen sind beispielhafte Anwendungen.

*Verarbeitung*
Biokunststoffe können auf den jeweiligen Einsatzfall und das jeweilige Verarbeitungsverfahren eingestellt werden. Somit stehen für sie die gleichen Fertigungsverfahren zur Verfügung wie für konventionelle thermoplastische Polymere. Es können Folienmaterialien, Spritzgussbauteile, tiefziehbare Flachfolien oder extrudierte Profile hergestellt werden. Die erste größere Anlagen zur Herstellung von biologisch abbaubarem Polylactid (PLA) wurde 2002 in den USA in Betrieb genommen.

*Alternativmaterialien*
Papierschaum

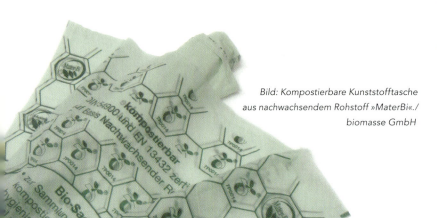

Bild: Kompostierbare Kunststofftasche aus nachwachsendem Rohstoff »MaterBi«./ biomasse GmbH

## KUN 6.4
**Hochtemperaturbeständige Kunststoffe**

Derzeit wird ein feuerfester, keramisierbarer polymere Werkstoff entwickelt, der sich bei normalen Temperaturen so verhalten und verarbeiten lassen soll, wie ein konventioneller Kunststoff. Steigt die Außentemperatur beispielsweise durch einen Brand über einen gewissen Grenzwert, erhält der Kunststoff die Eigenschaften einer feuerfesten und harten Keramik und seine Flexibilität geht verloren.

*Verwendung*
Feuerfeste Kunststoffe sollen in Zukunft für den Brandschutz in Gebäuden und Fahrzeugen eingesetzt werden. Ein Beispiel sind Kabelummantelungen von elektrischen Leitungen. Damit lassen sich die Kosten für Feuerschäden reduzieren. Anwendungen werden derzeit erprobt.

*Alternativmaterialien*
Keramikbeschichtungen, Email, hochtemperaturbeständige Metalllegierungen

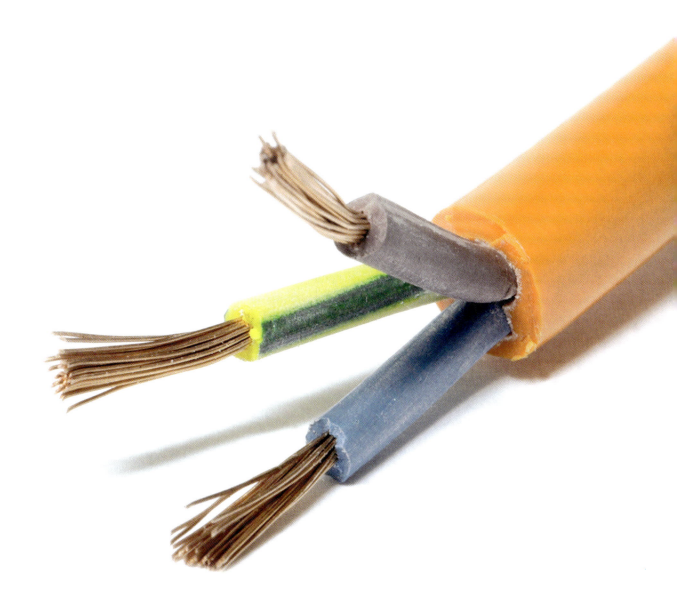

*Bild: Kabelummantelung von elektrischen Leitungen aus hochtemperaturbeständigem Kunststoff.*

## KUN
## Literatur

[1] Ashby, M.; Johnson, K.: Materials ans Design. Oxford: Butterworth-Heinemann, 3. Auflage, 2004.

[2] Bargel, H.-J.; Schulze, G.: Werkstoffkunde. Berlin, Heidelberg: Springer Verlag, 8. Auflage, 2004.

[3] Beitz, W; Grote, K.-H.: Dubbel - Taschenbuch für den Maschinenbau. Berlin, Heidelberg: Springer Verlag, 20. Auflage, 2001.

[4] Bonten, C.: Kunststofftechnik für Designer. München, Wien: Carl Hanser Verlag, 2003.

[5] Braun, D.: Kunststofftechnik für Einsteiger. München, Wien: Carl Hanser Verlag, 2003.

[6] Dobler, H.-D.; Doll, W.; Fischer, U.; Günter, W.; Heinzler, M.; Ignatowitz, E.; Vetter, R.: Fachkunde Metall. Haan-Gruiten: Verlag Europa-Lehrmittel, 54. Auflage, 2003.

[7] Domininghaus, H.: Die Kunststoffe und ihre Eigenschaften. Düsseldorf: VDI-Verlag, 5. Auflage, 1999.

[8] Eckhard, M.; Ehrmann, W.; Hammerl, D.; Nestle, H.; Nutsch, T.; Nutsch, W.; Schulz, P.; Willgerodt, F.: Fachkunde Holztechnik. Haan-Gruiten: Verlag Europa-Lehrmittel, 19. Auflage, 2003.

[9] Ehrenstein, G.W.: Mit Kunststoffen konstruieren. München, Wien: Carl Hanser Verlag, 2. Auflage, 2001.

[10] Eibeck, P.: Entwicklung funktionaler Polymere. Franfurt a.M.: Konferenzbeitrag »Material Vision - Neue Materialien für Design und Architektur«, 10.-11. November 2005.

[11] Erhard, G.: Konstruieren mit Kunststoffen. München, Wien: Carl Hanser Verlag, 1993.

[12] Flemming, M.; Ziegmann, G.; Roth, S.: Faserverbundbauweisen – Fertigungsverfahren mit duroplastischer Matrix. Berlin, Heidelberg: Springer Verlag, 1999.

[13] Franck, A.: Kunststoff-Kompendium. Würzburg: Vogel Fachbuchverlag, 5. Auflage, 2000.

[14] Greif, H.; Limper, A.; Fattmann, G; Seibel, S.: Technologie der Extrusion. München, Wien: Carl Hanser Verlag, 2004.

[15] Knappe, W.; Lampl, A.; Heuel, O.: Kunststoff-Verarbeitung und Werkzeugbau. München, Wien: Carl Hanser Verlag, 1992.

[16] Kreutz, E.; Scholten, U.: Die Kunststoffmacher. (Ausstellungskatalog), Düsseldorf: Kunst-Museums-Verein, 2004.

[17] Lefteri, C.: Plastics – materials for inspirational design. Hove, East Sussex: RotoVision, 2001.

[18] Lörcks, J.: Biologisch abbaubare Kunststoffe. Hrsg. Fachagentur Nachwachsende Rohstoffe e.V., 2003.

[19] Merkel, M.; Thomas, K.-H.: Taschenbuch der Werkstoffe. München, Wien: Fachbuchverlag Leipzig im Carl Hanser Verlag, 2003.

[20] Michaeli, W.: Einführung in die Kunststoffverarbeitung. München, Wien: Carl Hanser Verlag, 4. Auflage, 1999.

[21] Michaeli, W.: Werkstoffkunde 2 – Kunststoffe, Verarbeitung und Eigenschaften. Aachen: Institut für Kunststoffverarbeitung an der RWTH Aachen, 3. Auflage, 1993.

[22] Michaeli, W.; Brinkmann, T.; Lessenich-Henkys, V.: Kunststoff-Bauteile werkstoffgerecht konstruieren. München, Wien: Carl Hanser Verlag, 1995.

[23] Michaeli, W.; Huybrechts, D.; Wegener, M.: Dimensionierung von Faserverbundwerkstoffen. München, Wien: Carl Hanser Verlag, 1995.

[24] Moser, K.: Faser-Kunststoff-Verbund. Düsseldorf: VDI-Verlag, 1992.

[25] N.N.: Phantastisch Plastisch. (Ausstellungskatalog), hrsg. vom Kunst-Museums-Verein (Düsseldorf), München: Verlag für Messepublikationen, 1995.

[26] Nentwig, J.: Kunststoff-Folien - Herstellung, Eigenschaften, Anwendung. München, Wien: Carl Hanser Verlag, 1994.

[27] Potente, H.: Fügen von Kunststoffen. München, Wien: Carl Hanser Verlag, 2004.

[28] Retting, W.: Mechanik der Kunststoffe. München, Wien: Carl Hanser Verlag, 1991.

[29] Ruge, J.; Wohlfahrt, H.: Technologie der Werkstoffe. Braunschweig, Wiesbaden: Vieweg Verlag, 6. Auflage, 2001.

[30] Saechtling, H.; Oberbach, K.: Kunststoff Taschenbuch. München, Wien: Carl Hanser Verlag, 28. Ausgabe, 2001.

[31] Schmidt, R.: Werkstoffverhalten in biologischen Systemen. Berlin, Heidelberg: Springer Verlag, 2. Auflage, 2004.

[32] Schwarz, O.: Kunststoffkunde. Würzburg: Vogel Verlag, 6. Auflage, 2002.

[33] Schwarz, O.; Ebeling, F.W.; Lüpke, G.; Schelter, W.: Kunststoffverarbeitung. Würzburg: Vogel Verlag, 9. Auflage, 2002.

[34] Shackelford, J.F.: Werkstofftechnologie für Ingenieure. München: Parson Studium, 6. Auflage, 2005.

[35] Sprenger, T.; Struhk, C.: modulor – material total. Berlin, 2004.

[36] Tänzer, W.: Biologisch abbaubare Polymere. Weinheim: Wiley-VCH Verlag, 1999.

[37] Wintermantel, E.; Ha, S.-W.: Biokompatible Werkstoffe und Bauweisen, Leipzig: Springer Verlag, 1998.

[38] Witt, G.: Taschenbuch der Fertigungstechnik. München, Wien: Fachbuchverlag Leipzig im Carl Hanser Verlag, 2006.

*Bilder: Silikonskulpturen »Lichtring« und »Lichtwesen« von Jürgen Reichert./ Foto: J. Reichert*

Bild: Solid Color Ensemble. / Foto: Dibbern

KER
KERAMIKEN

*Abgassensor, Abreißring, Abrichter, Aschenbecher, Auflaufform, Blumentopf, Blumenvase, Bodenfliese, Bremsscheibe, Brenndüse, Brenner, Brennhilfsmittel, Brennraumisolation, Chemiepumpen, Computerchipträger, Dachziegel, Destillationskolonne, Dichtscheibe, Drucksensor, Druckwalze, Düse, Elektroherdschalter, Erkundungssatellit, Fadenführung, Fassung, Feuerfeststein, Filterelemente, Geschirr, Gleitring, Halbleiterträger, Heizleiterträger, Hitzeschild, Hochleistungspumpe, Hüftgelenkskugel, Hülse, Isolationsschicht, Isolierstab, Kachel, Kaffebecher, Kaffeeservice, Kanalklinker, Katalysatorträger, Klemmenleisten, Klinker, Kloschüssel, Kochfeld, Kolben, Kondensator, Krug, Kühlkörper, Kugellager, Laborgefäß, Laborgerät, Lampensockel, Langstabisolator, Laufbuchse, Lochziegel, Mahlbehälter, Mauerziegel, Messerklinge, Mittelohrimplantat, Mosaik, Ofenfenster, Ofenfliese, Ofenschieber, Panzerplatte, Pflasterziegel, Pinzette, PKW-Katalysator, Portliner, Porzellanfolie, Präzisionskugel, Reibschale, Röhrensockel, Römertopf, Röntgenstrahldetekor, Rohrleitung, Sanitärkeramik, Säurepumpe, Schale, Schaltergrundplatte, Schere, Schleifpapier, Schleifscheibe, Schneidplatte, Schneidwerkzeug, Schornsteinziegel, Schutzrohr, Sicherungshalter, Spülbecken, Spulenkörper, Strahldüse, Substratplatte, Suppenschale, Tasse, Teekanne, Teller, Terrakotta, Thermoelementschutzrohr, Tiegel, Töpferware, Trinkbecher, Turbinenschaufel, Vakuumgefäß, Ventil, Vollziegel, Wälzlager, Wälzkörper, Wandfliese, Wärmetauscher, Wärmetrockner, Waschbecken, Wellenschutzhülse, Wirbelersatz, Zahnersatz, Zahnfüllung, Ziehstein, Zündkerze, Zylinderauskleidung*

## Kapitel KER
### Keramiken

»Scherben bringen Glück!« lautet ein Sprichwort, das einen festen Platz in der deutschen Sprache gefunden hat. Dass mit Scherben ursprünglich aber nicht der Teil eines gebrochenen Gefäßes gemeint war, sondern vielmehr die gebrannte, verfestigte keramische Masse als solches bezeichnet wurde, ist häufig nicht bekannt. Das Sprichwort geht darauf zurück, dass Menschen der Frühantike in keramischen Behältnissen, den Scherben, Nahrungsmittel über einen längeren Zeitraum lagern konnten. Der Besitz sicherte die Lebensgrundlage im Winter und in Dürreperioden. Keramiken standen für Wohlstand und gehörten zu den ersten Handelswaren. Die leichte Verfügbarkeit und die einfache Verarbeitung plastischer Tonmassen machten das Material zum ersten von Menschenhand genutzten Werkstoff. Die ältesten Funde reichen 20000 Jahre zurück. Vor allem die Erfindung der Töpferscheibe im 4. Jahrtausend vor Christus und die Entdeckung des Porzellans im 9. Jahrhundert zählen zu den bedeutenden Meilensteinen in der frühen Entwicklungsgeschichte der keramischen Werkstoffgruppe. Da die Rezeptur chinesischen Porzellans über Jahrhunderte verborgen blieb, sprach man im 16. und 17. Jahrhundert auf dem europäischen Kontinent auf Grund der besonderen optischen Qualitäten auch vom »weißen Gold«.

Bild: Solid Color Teller./ Foto: Dibbern

**Entwicklungshistorie technischer Keramiken**

| | |
|---|---|
| 2000 v. Chr. | 2000 v. Chr. erste Keramikfiguren, keramischer Brand |
| | 1400 v. Chr. griechische Töpferei |
| 500 v. Chr. | 750 v. Chr. Dachziegel |
| 0 | um Chr. Geburt Massenherstellung (erste technische Keramik) Fensterscheiben aus rohem Glas |
| 1400 | 14.-15. Jh. Destillierkolbenaufsätze aus Keramik |
| 1700 | 17.-18. Jh. Apothekergefäße aus Fayence |
| | 1708 Joh. Friedrich Böttger europäisches Porzellan |
| 1750 | 1774 erste Keramikprothese durch Duchâteau |
| 1800 | 1808 erste Porzellanzähne durch den Zahnarzt Zonzi in Paris |
| | um 1820 erste Schamotteproduktion in England |
| 1850 | 1845 Walzen von Flachglas |
| | um 1850 Großproduktion von Glockenisolatoren |
| 1900 | um 1900 erste künstl. keramische Schleifmittel (Siliziumkarbid) |
| | um 1900 Entdeckung des Statits und erste Zündkerzen aus Porzellan |
| | 1917 Entwicklung von Sillimanit in den USA für Zündkerzen |
| 1930 | um 1930 erste Großproduktion von Oxidkeramik durch Siemens |
| | 1930 in Deutschland wird Sintertonerde für Zündkerzen entwickelt |
| | 1932 Entwicklung des Aluminiumoxidimplantats |
| | um 1935 erste Versuche mit Rutilkeramik |
| | 1936 keramische Radioröhren |
| 1950 | um 1950 erste Permanentmagnete aus Oxidkeramik auf der Basis von Ferriten |
| | um 1950 erste Varisatoren aus Silizium |
| | 1951 erste temperaturabhängige Übergangswiderstände |
| 1960 | 1959 Floatglasverfahren, Spritzgießen |
| | 1969 Gelenkprothesen aus $Al_2O_3$-Keramik (USA) |
| | 1988 Keramische Supraleiter |

Abb. 1: nach [6]

Am Grundprinzip der Herstellung keramischer Bauteile hat sich seit der Antike praktisch nichts verändert. Man nehme Ton, Lehm und Wasser, mische das Ganze miteinander, forme daraus die gewünschte Bauteilgeometrie, trockne die Masse über einige Stunden und brenne sie abschließend bei hohen Temperaturen. Fertig ist das keramische Bauteil. Neben dem klassischen Gebrauch in Lagerung, Bauwesen (z.B. Mauerziegel, Dachziegel, Kachel) und Haushalt (z.B. Geschirr, Töpfe) haben Keramiken den Sprung zum High-Tech Werkstoff geschafft und ihr Anwendungspotenzial auf die technischen Bereiche ausgedehnt. Besonders in den letzten 50 Jahren ist die Bedeutung von Industriekeramiken enorm gestiegen. Metalle wurden in einer Vielzahl von Anwendungen durch leichtere keramische Werkstoffe ersetzt. Wiesen die natürlichen Rohstoffe Ton, Kaolin, Sand und Feldspat noch den Nachteil starker Verunreinigungen auf, so ergab sich durch Herstellung hochreiner synthetischer Rohstoffpulver die Möglichkeit, die Eigenschaften keramischer Bauteile maßgeschneidert auf jeden Anwendungsfall einzustellen und das besondere Eigenschaftsprofil optimal zu nutzen.

Die zum Teil hervorragenden Eigenschaften, wie große Härte, sehr gute Isolationsfähigkeit, hoher mechanischer Widerstand, beachtliche chemische Resistenz und hohe Schmelztemperatur, machen Keramiken für eine Vielzahl von Anwendungsbereichen geeignet (Hornbogen 2002). Bereits zu Beginn des 20. Jahrhunderts wurden Zündkerzen KER 2.7 und Behältnisse für den Chemiebereich und die Feuerfestindustrie unter Zuhilfenahme keramischer Materialien erzeugt. Spezielle Isolationswerkstoffe KER 4.4 gesellten sich mit der Verbreitung des Rundfunks in den 20er Jahren des vorigen Jahrhunderts hinzu. Porzellanisolatoren wurden für den Hochspannungsbereich entwickelt. In den 60ern konnte durch die Entwicklung des Tonerdeporzellans MIN 4.1.6 eine deutliche Steigerung der Festigkeit erreicht werden, was zu einer beträchtlichen Gewichtsreduzierung führte. Im Niederspannungsbereich werden Sicherungsgehäuse und Lampensockel aus Silikatkeramiken KER 4.1 hergestellt. Ein Verfahren zur synthetischen Herstellung von biokompatiblem Aluminiumoxid KER 4.5 macht seit den 70er Jahren die Implantation keramischer Hüftgelenke möglich. Die Entwicklung eines keramischen Supraleiters im Jahr 1988, der es erlaubt, elektrische Ströme widerstandsfrei zu leiten und somit Leitungsverluste zu minimieren, stellt einen der letzten Meilensteine in der Entwicklung technischer Keramiken dar.

Schusssichere Platten, Hitzeschilder des Spaceshuttles, Turbinenschaufeln für Turbolader, Rotoren für Hochleistungspumpen, Bremsscheiben für den Airbus, Ventile für Verbrennungsmotoren, Fadenführungen für Textilherstellungsmaschinen, Ziehsteine für die Drahtherstellung, Pinzetten und Skalpelle im medizinischen Bereich oder Oberflächen, an denen Schmutz und Feuchtigkeit wie von Geisterhand abperlen, sind weitere Anwendungsbereiche, aus denen keramische Werkstoffe nicht mehr wegzudenken sind.

Das Entwicklungspotenzial der so genannten Funktionskeramiken ist allerdings noch lange nicht vollständig erschlossen. Eine Vielzahl von Forschungsvorhaben auf dem Gebiet deuten auf weitere mögliche Entwicklungssprünge hin. Durch Weiterentwicklung keramischer Verbundmaterialien (z.B. *Keramik-Matrix-Verbünde CMC*) verspricht man sich für die Zukunft, noch weitere Anwendungsbereiche erschließen zu können.

Bild: »Spirit«, Geschirr aus Porzellan./ Rosenthal AG

*Vorbild Lotusblüte – Die sich selbst reinigende Keramikoberfläche*

*Dachziegel gehören zu den klassischen Keramikprodukten. Das Unternehmen Erlus Baustoffe kopierte jetzt das Prinzip der Lotusblume und übertrug es auf die Struktur einer Dachziegel. Wasser und Schmutz, Moose und Algen perlen einfach von den mikrostrukturierten Oberflächen ab. Für die Selbstreinigung ist allerdings eine Mindesttemperatur von 10°C, eine Dachneigung von 20° und ein Lichteinfall von 30% des Tageslichts erforderlich. Die Weltneuheit ist seit Mai 2004 unter dem Namen »Lotus« auf dem Markt. Erforderlich war eine Entwicklungszeit von 7 Jahren.*

Bild: Oberflächenstruktur der Dachziegel.

## KER 1
### Charakteristika und Materialeigenschaften

Der Begriff Keramik ist abgeleitet vom griechischen »keramos«, was Tonerde oder aus Ton gebranntes Material bedeutet. Das im angelsächsischen Sprachgebrauch verwendete »ceramics« geht noch weiter und schließt die Materialgruppen Glas GLA, Email BES 1.4, Gips MIN 4.1.3 und Zement MIN 4.6 ein. Tatsächlich gibt es keine klare Definition für die Werkstoffgruppe. Vielmehr ist Keramik ein Sammelbegriff für Bauteile und Produkte, die aus einer nichtmetallischen und anorganischen Masse oder einem Pulver bei Raumtemperatur geformt werden und unter Wärmezufuhr bei hoher Temperatur ihre Festigkeit erhalten.

### KER 1.1
### Einteilung keramischer Werkstoffe

Vor dem Hintergrund des Fehlens einer eindeutigen Definition für Keramiken ist eine Einteilung der verschiedenen keramischen Werkstoffe schwierig. So haben sich im Laufe der Zeit eine ganze Reihe unterschiedlicher Gesichtspunkte herauskristallisiert, nach denen die Charakterisierung erfolgen kann.

Die anschaulichste Einteilung erfolgt mit Blick auf die möglichen Anwendungsgebiete keramischer Werkstoffe. Begriffe wie *Hochleistungskeramik*, *Konstruktionskeramik*, *Baukeramik*, *Geschirrkeramik*, *Feuerfestkeramik*, *Schneidkeramik* oder *Biokeramik* deuten das große Anwendungspotenzial der Materialgruppe an.

Bild: Wendeschneidplatten aus Hochleistungskeramik./ Foto: CeramTec AG

Allerdings eignet sich diese Einteilung auf Grund der zum Teil starken Überschneidungen nur bedingt dazu, ein Verständnis für das gesamte Profil und die vielfältigen Eigenheiten keramischer Werkstoffe aufzubauen.

Die Charakterisierung in dichte oder poröse Keramiken stellt den Grad der Porosität und die Neigung zur Aufnahme von Wasser heraus. Sie gibt einen ersten Einblick in Eigenschaftsunterschiede keramischer Bauteile, die sich durch den Herstellungsprozess und die Mischung der keramischen Rohmaterialien variieren lassen. Dichte Keramiken werden während der Formgebung stark komprimiert (Pressen) und bei hohen Temperaturen gebrannt bzw. gesintert. Die dichten Strukturen gehen vor allem auf in der Rohmasse enthaltene Magerungs- und Verdichtungsmittel zurück. Beispiele sind Porzellan KER 4.1 oder Steinzeug MIN 4.1.6, KER 4.2. Zur Herstellung poröser Keramiken wird auf die entsprechenden Zusätze verzichtet. Wasserdurchlässige offene Poren entstehen. Die *Wasseraufnahmefähigkeit* (*WAF*) eines keramischen Bauteils beschreibt das Gewichtsverhältnis von in Wasser getränkter und bei 110°C getrockneter Keramik (Frotscher 2003). Der Wert ist vor allem dann wichtig, wenn die Auswahl keramischer Baustoffe je nach Frostneigung und der Gefahr des Zerfrierens getroffen werden muss.

| Wasseraufnahme unterschiedlicher Keramiken | WAF in % |
|---|---|
| poröse Grobkeramik | > 6 |
| poröse Feinkeramik | > 2 |
| dichte Grobkeramik | < 6 |
| dichte Feinkeramik | < 2 |
| (WAF=Wasseraufnahmefähigkeit) | |

Abb. 2: nach [6]

Mit Blick auf die Gefügestruktur und Aufbereitungsqualität des Rohmaterials werden Keramiken auch in Feinkeramiken mit einem homogenen und Grobkeramiken mit einem heterogenen Gefüge unterschieden. Die Korngröße von *Feinkeramiken* liegt bei Werten unterhalb von 0,1 mm, während die von *Grobkeramiken* diesen Richtwert überschreiten (Jacobs 2005). Zu Feinkeramiken zählen beispielsweise Irdenwaren wie Blumentöpfe mit einer porösen Struktur, Steingut, Porzellan oder Gebrauchsgeschirr sowie Steinzeug. Aber auch keramische Bauteile für Sanitäranwendungen und technische Bereiche gehören zu den feinen Keramiken. Grobkeramiken sind beispielsweise Terrakotta, Dach- und Mauerziegel oder Baukeramiken. Zudem sind feuerfeste Steine den groben Keramiken mit heterogenem Gefüge zuzuzählen.

Abb. 3: nach [10]

Auch die Anzahl der einzelnen Komponenten in der Rohmasse kann herangezogen werden, um Keramiken zu charakterisieren. So bestehen *Einstoffsysteme* aus nur einem, *Zweistoffsysteme* aus zwei die Keramik bildenden Bestandteile. Porzellan gehört zu den *Dreistoffsystemen* und setzt sich aus Kaolin, Quarz (Siliziumdioxid $SiO_2$) und Feldspat zusammen.

---

Bild: Zirkondioxid-Keramikmesser./ Foto: Manufactum

**CeramTec**
THE CERAMIC EXPERTS

CeramTec AG
Innovative Ceramic Engineering

Keramische Spezialbauteile für Automotive, Elektronik, Medizintechnik, Chemie und Geräte- und Maschinenbau.

www.ceramtec.com

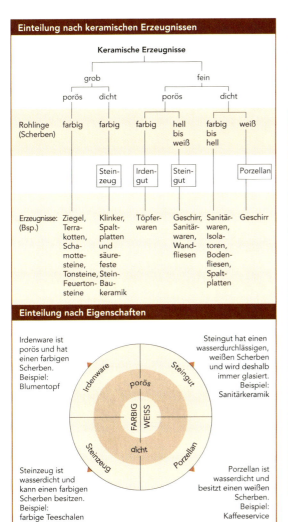

Abb. 4: nach [6, 9]

sind *Flussmittel*, senken die Schmelztemperatur und unterstützen die Bildung dichter Strukturen. Je nach Anwendungsfall unterscheidet man zwischen fetten (stark plastischen) oder mageren (unplastischen) Tonmischungen.

| Übersicht der wichtigsten keramischen Rohstoffe | |
|---|---|
| Bezeichnung | Eigenschaften; Anteil im Rohstoffgemisch (Versatz) |
| Kaolin (geschlämmt) | mäßig plastisch, gut gießfähig, weiß-gelblich brennend, Hauptbestandteil Kaolinit, mit 50% im Versatz für Porzellan |
| Kaolin (roh) | wenig plastisch, enthält viel Quarz und Feldspat, geringere Bedeutung als geschlämmter Kaolin, für Wandfliesen und Brennkapseln |
| Feuerfester Ton | stark bis gut plastisch, graue Brennfarbe, Hauptbestandteile Tonminerale mit 33...37% $Al_2O_3$, Verwendung für Feuerfesterzeugnisse |
| Steingutton | gut plastisch und gießfähig, weißbrennend, hochsinternd, mit 50% im Versatz für Steingut |
| Ziegelton, Ziegellehm | mäßig bis gut plastisch, rotbrennend, erweicht schon bei niedrigen Temperaturen, mit über 80% im Versatz für Ziegelerzeugnisse |
| Quarz | unplastischer Rohstoff, verringert Schwinden beim Trocknen und Brennen, steigert die Festigkeit mit 20...50% im Versatz für Steingut und Porzellan, mit 95% für Silikatsteine |
| Feldspat (Kalifeldspat) | unplastischer Rohstoff, bildet Glasphase, setzt Brenntemperatur herab, fördert Sintern, bewirkt breites Brennintervall, mit 5...25% im Versatz für Steingut und Porzellan, erhöht die Transparenz bei Porzellan |
| Kalkspat $CaCO_3$ | unplastischer Rohstoff, reagiert mit Ton und Quarz zu einem glasigen Bindemittel, das die Festigkeit erhöht, Porosität vermindert, Schwindung erhöht, mit 5% im Versatz für Silikasteine |
| Zinnoxid $SnO_2$, Titanoxid $TiO_2$ | unplastische Rohstoffe, für die Herstellung von Glasuren als Trübungs- und Färbungsmittel |

Abb. 5: nach [6, 13]

Die am häufigsten verwendete Charakterisierung teilt Keramiken entsprechend ihrer chemischen Zusammensetzung in Silikatkeramiken sowie Oxid- und Nichtoxidkeramiken ein. Die technische Bedeutung keramischer Werkstoffe ist zu einem Großteil der zweit- und letztgenannten Gruppe vorbehalten.

*Silikatkeramiken* ☞ KER 4.1 sind die ältesten Vertreter keramischer Werkstoffe. Sie werden seit tausenden von Jahren vom Menschen verwendet. Die Anwendungen reichen von Einsätzen im Baugewerbe (Dachziegel, feuerfeste Steine ☞ KER 4.2) über Töpferwaren wie Blumentöpfe oder ☞ MIN 4.1.6 Ofenkacheln bis hin zu Geschirr und Hochleistungssilikatkeramik ☞ KER 4.4 für die chemische Industrie und die Elektrotechnik. Silikatkeramiken gehen meist auf natürliche Rohstoffe wie Tone, Lehm oder Magnesiumverbindungen zurück. Die *Plastizität*, also *Bildsamkeit*, wird durch die Teilchengröße der Bestandteile, den Anteil plastischer Komponenten und den Feuchtigkeitsgehalt beeinflusst.

Während Kaolin, Lehm ☞ MIN 4.4.3 und Talk die Bildsamkeit, also die Möglichkeit zur plastischen Formgebung, unterstützen, verhalten sich Bestandteile wie Quarzit, Feldspat oder Sand unplastisch. Die unplastischen *Magerungsmittel* Schamotte, Sand, Stroh oder Feldspat fördern die Trocknung und verringern die Schwindung während des Ausbrennens. Kalk, Bor-, Blei- und Eisenverbindungen

Für den technischen Bereich haben insbesondere die silikatkeramischen Werkstoffe mit einem unbedeutenden Tonanteil und einer dichten Struktur eine hohe Bedeutung erlangt. Sie werden auf Grund der geringen Wärmedehnung und der guten dielektrischen Eigenschaften vor allem zum Bau von Isolatoren und Kondensatoren eingesetzt. Beispiele für silikatische Hochleistungswerkstoffe ☞ KER 4.4 sind (Merkel, Thomas 2003):

- *Cordieritkeramik* (MgO-$Al_2O_3$-$SiO_2$)
- *Lithiumkeramik* ($Li_2O$-$Al_2O_3$-$SiO_2$)
- *Steatitkeramik* (MgO-$SiO_2$)

Bild: Keramische Isolatoren./ Foto: Argillon GmbH

Oxidkeramiken KER 4.5 KER 4.6 gehen zu mehr als 90% auf Metalloxide zurück. Die Rohstoffe werden dabei auf synthetischem Weg erzeugt. Ergebnis des künstlichen Herstellungsprozesses sind Werkstoffe mit einem hohen Reinheitsgrad, die bei hohen Sintertemperaturen zu technischen Bauteilen mit gleichmäßigen Gefügen und sehr guten mechanischen Eigenschaften verarbeitet werden können. Somit haben sich die Oxidkeramiken zu den technisch wichtigsten keramischen Werkstoffen entwickelt. Die erste großtechnische Produktion von *Aluminiumoxid* KER 4.5 begann 1930 durch Siemens in Berlin. Seit dieser Zeit ist $Al_2O_3$ auf Grund der hohen Druckfestigkeit, Härte und Temperaturstabilität (Seidel 2005) einer der wichtigsten keramischen Werkstoffe überhaupt. Fadenführungen für Textilmaschinen, Schneidplatten von Fräswerkzeugen, Dichtscheiben und Kugellager sind bevorzugte Einsatzfälle. Neben dem Aluminiumoxid hat sich das *Zirkondioxid* $ZrO_2$ KER 4.6 als weitere wichtige Oxidkeramik im Markt etabliert. Es wird vorzugsweise für Schneidwerkzeuge, Ventile oder als Lagerwerkstoff verwendet. Weitere Oxidkeramiken sind *Magnesiumoxid* MgO, *Aluminiumtitanat* $Al_2TiO_5$ oder *Mischoxidkeramiken*, die beispielsweise aus unterschiedlichen Verhältnissen von Aluminiumoxid und Zirkondioxid gemischt werden. Ein übliches Verhältnis besteht aus 20% $ZrO_2$ und 80% $Al_2O_3$ (Jacobs 2005).

| Ausgewählte Oxidkeramiken | |
|---|---|
| Zusammensetzung | Produktnamen |
| $Al_2O_3$ | Aluminiumoxid, Tonerde, Korund |
| MgO | Magnesiumoxid, Magnesia, Periklas |
| BeO | Berylliumoxid |
| $ThO_2$ | Thoriumoxid |
| $UO_2$ | Urandioxid |
| $Zr_2O_2$ (stab. mit $Y_2O_3$, MgO, CaO) | stabilisiertes (od. teilstab.) Zirkonoxid |
| $BaTiO_3$ | Bariumtitanat |
| $NiFe_2O_4$ | Nickelferrit |

Manche Produkte (z.B. industr. Feuerfestwerkstoffe) können mehrere Gewichtsprozent Beimengungen oder Verunreinigungen enthalten.

Abb. 6: nach [18]

Zur Gruppe der *Nichtoxidkeramiken* KER 4.7, KER 4.8 zählen alle keramischen Werkstoffe auf Basis von Karbiden, Nitriden, Siliziden und Boriden, die genauso wie Oxidkeramiken synthetisch hergestellt werden. Sie sind vor allem gekennzeichnet durch sehr gute mechanische Eigenschaften (z.B. hohe E-Moduli KEN) und sehr hohe Temperaturfestigkeiten. Ebenso sind die hohen Härtewerte und die gute Korrosionsbeständigkeit herauszustellen. Das hervorragende Eigenschaftsprofil kann mit dem hohen Anteil kovalenter Bindungen der karbidischen und nitridischen Kristallstrukturen erklärt werden. Im Vergleich ist die Bindung oxidischer Keramiken in der Hauptsache ionisch geprägt. Der Herstellungsprozess gestaltet sich daher wesentlich aufwändiger und komplizierter. Die Rohstoffe müssen sehr fein gemahlen und bei Temperaturen von über 2000°C in einer absolut sauerstofffreien Umgebung gebrannt werden. Zu den wichtigsten Vertretern mit Bedeutung für den technischen Bereich zählen *Siliziumnitrid* ($Si_3N_4$ – KER 4.8) sowie *Siliziumkarbid* (SiC – KER 4.7). Weitere Vertreter sind z.B. *Aluminiumnitrid* (AlN) oder *Borkarbid* ($B_4C$).

| Anwendungsbereich der Hochleistungskeramik | | |
|---|---|---|
| Einsatzgebiete | Bauteile | Werkstoffe |
| Allgemeiner Maschinenbau | Gleitringe, Dichtscheiben, Wälzkörper, Hülsen, Führungselemente, Plunger und Kolben, Kugellager | Aluminiumoxid, $Al_2O_3$<br><br>teilstabilisiertes Zirkondioxid, $ZrO_2$ |
| Motorenbau | Turboladerrotoren<br><br>Ventile<br>Portliner<br>Katalysatorträger<br>Abgassensoren<br>Zündkerzenisolatoren | Siliziumnitrid, $Si_3N_4$<br>Siliziumkarbid, SiC<br>Siliziumnitrid<br>Aluminiumtitanat, $Al_2TiO_5$<br>Zirkondioxid<br><br>Aluminiumoxid |
| Turbinenbau | Wärmedämmschichten | teilstabilisiertes ($Y_2O_3$, CeO) Zirkondioxid |
| Verfahrenstechnik, Fertigungstechnik | Düsen und Führungen für Drahtzug<br>Schneidwerkzeuge<br><br><br><br>Strahldüsen<br><br>Schleifscheiben<br><br>Fadenführer<br>Messerklingen<br><br>Druckwalzen<br>Panzerungen | Aluminiumoxid<br><br>Zirkondioxid<br>Aluminiumoxid<br>Siliziumnitrid<br>kubisches Bornitrid, CBN<br>polykristalliner Diamant, PKD<br>Siliziumkarbid<br>Borkarbid, $B_4C$<br>Aluminiumoxid<br>Aluminiumoxid<br>Siliziumkarbid<br>Aluminiumoxid<br>Aluminiumoxid<br>Zirkondioxid<br>Zirkondioxidschichten<br>Aluminiumoxid |
| Hochtemperaturtechnik | Brenner, Schweißdüsen<br>Tiegel, Auskleidungen | Aluminiumoxid |
| Medizintechnik | Implantate (Hüftgelenke, Dentalbereich) | Aluminiumoxid |

Abb. 7: nach [2]

| Ausgewählte Nichtoxidkeramiken | |
|---|---|
| Zusammensetzung | Produktnamen |
| SiC | Siliziumkarbid |
| $Si_3N_4$ | Siliziumnitrid |
| TiC | Titankarbid |
| TaC | Tantalkarbid |
| WC | Wolframkarbid |
| $B_4C$ | Borkarbid |
| BN | Bornitrid |
| C | Grafit |
| AlN | Aluminiumnitrid |

Manche Produkte können mehrere Gewichtsprozent Beimengungen oder Verunreinigungen enthalten.

Abb. 8: nach [18]

Auch im Bereich keramischer Werkstoffe bedingen Anwendungen unter Extrembedingungen wie Sportfahrzeuge oder in der Luft- und Raumfahrt Eigenschaften, die lediglich durch eine Kombination von keramischem Ausgangsmaterial und Faserverstärkung zu erzielen sind. Die Verstärkung bewirkt neben der extremen Temperaturstabilität außerdem ein langsames duktiles, quasi metalltypisches Materialversagen. Das für Keramiken typische plötzliche Eintreten eines Sprödbruchs bei Überbelastung wird auf diese Weise vermieden. Für *faserverstärkte Keramiken* muss mit hohen Verarbeitungskosten gerechnet werden, die die Werkstoffe nur für Sonderanwendungen erschwinglich werden lassen.

## KER 1.2
### Bindungstyp und Eigenschaftsprofil

Die besonderen Eigenschaften technischer Keramiken gehen auf einen speziellen Zusammenhalt dieser Werkstoffe auf atomarer Ebene zurück. Während die Atomrümpfe bei Metallen durch metallische Bindung MET 1.1 zusammengehalten werden und die metallischen Eigenschaften (z.B. thermische und elektrische Leitfähigkeit) auf das Vorhandensein einer frei beweglichen Elektronenwolke zurückzuführen sind, werden keramische Werkstoffe durch eine Mischform ionischer und kovalenter Bindung charakterisiert (Meier 1993).

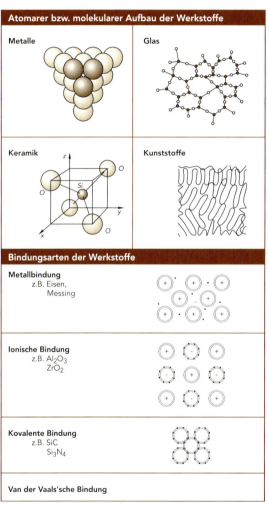

Abb. 9: nach [12]

Die *ionische Bindung* ist durch den Elektronenübergang zwischen einem metallischen und einem nichtmetallischen Atom geprägt (z.B. $Al_2O_3$ - Aluminium/Sauerstoff, $ZrO_2$ - Zirkondioxid/Sauerstoff). Bei der *kovalenten Bindung* teilen sich Nichtmetallatome gemeinsame Elektronenpaare (z.B. SiC, $Si_3N_4$). Die Bindungskräfte keramischer Werkstoffe sind weitaus stärker als bei metallischen Werkstoffen. Zuordnung, Abstand und geometrische Anordnung benachbarter Atome sind genau fixiert, so dass vor allem technische Keramiken hohe Härtewerte, hohe E-Moduli und meist auch eine sehr gute Korrosionsbeständigkeit aufweisen.

Sie sind überwiegend elektrisch isolierend, extrem temperaturbeständig und feuerfest, weisen einen hohen Schmelzpunkt auf und sind zudem durch eine geringe Wärmedehnung gekennzeichnet.

| Keramische Eigenschaften | | | | | | | |
|---|---|---|---|---|---|---|---|
| Materialvertreter | Härte | Festigkeit | Zähigkeit | Wärmeleitung | elektrische Leitung | chemische Beständigkeit | Hochtemperaturbeständigkeit |
| Eisen-Metalle | hoch | sehr hoch | sehr hoch | sehr hoch | sehr hoch | sehr niedrig | niedrig |
| Kunststoffe | sehr niedrig | sehr niedrig | sehr hoch | sehr niedrig | niedrig | hoch | sehr niedrig |
| Klassische Keramik | hoch | mittel | sehr niedrig | sehr niedrig | niedrig | hoch | hoch |
| $Al_2O_3$-Keramik (dichte Werkstoffe) | sehr hoch | hoch | niedrig | hoch | sehr niedrig | sehr hoch | sehr hoch |
| $ZrO_2$-Keramik (dichte umwandlungsverstärkte Werkstoffe) | hoch | sehr hoch | hoch | sehr niedrig | niedrig | sehr hoch | mittel |

Abb. 10: nach [13]

Die Struktur keramischer Werkstoffe ist lichtundurchlässig, verschleißfest und zeichnet sich durch eine geringe Dichte aus. Im Vergleich zu Kunststoffen, deren Eigenschaftsprofil durch eine mehr oder weniger starke Vernetzung fadenförmiger Monomere auf makromolekularer Ebene zurückgeht, liegt die Wärmebeständigkeit keramischer Werkstoffe um ein Vielfaches höher. Auch das Fehlen plastischer Verformbarkeit, das Metalle und vor allem Kunststoffe auszeichnet, kann mit den Besonderheiten der Mischform aus ionischer und kovalenter Bindung erklärt werden. Nachteilig wirken sich diese allerdings bei Überbelastung aus. Deutet sich das Materialversagen von Metallen und Kunststoffen bereits eine gewisse Zeit vor dem Bruch durch plastische Verformung an, neigen spröde Keramiken bei Überbeanspruchung zu einem plötzlichen Materialbruch. Keramiken fehlt die Fähigkeit, Spannungsspitzen abzubauen (Ilschner, Singer 2005).

## KER 2
### Prinzipien und Eigenheiten der Verarbeitung von Keramiken

Im Laufe der Zeit haben sich sowohl handwerkliche als auch industrielle Verarbeitungsverfahren etabliert, die für die Gestaltung und Entwicklung von Bauteilen und Produkten aus keramischen Werkstoffen von Bedeutung sein können. Die Prozesskette zur Herstellung von Keramiken setzt sich dabei aus folgenden Verfahrensschritten zusammen:

- Aufbereitung der Rohstoffe und Mischen der Ausgangsmaterialien
- Erzeugung eines Formteils (*Grünling*) auf Basis des Ausgangsmaterials (*Tonmasse*, *Pulver*, *Suspension*) mit oder ohne Verwendung von Flüssigkeit bei niedrigen Temperaturen
- *Brandvorbereitung* und Trocknung der keramischen Formlinge
- Verdichten der Formlinge unter Einwirkung hoher Temperaturen (*Brand*, *Sintern*)
- Nachbereitung und Veredelung

*Schwund*
*Durch hohe Temperaturen beim Brennvorgang werden flüchtige Stoffe entfernt. Dadurch rücken die Masseteilchen näher zusammen, und es kommt zum sogenannten Trockenschwund. Der Schwund ist werkstoff- und verfahrensabhängig.*

| Prozesskette zur Keramikherstellung | |
|---|---|
| Natürliche und synthetische Rohstoffe | |
| ▼ Pulver | |
| Masseaufbereitung | Mahlen<br>Mischen<br>Filtrieren<br>Granulieren<br>Sprühtrocknen |
| ▼ Masse | |
| Formen | Trocken- und Nasspressen<br>Isostatisches Pressen<br>Extrudieren<br>Schlickergießen<br>Spritzgießen<br>Grünbearbeiten<br>Weißbearbeiten |
| ▼ Grünling | |
| Brandvorbereitung | Trocknen<br>Entbindern<br>Verglühen<br>Glasieren |
| ▼ | |
| Sintern | Sintern, Reaktionssintern in verschiedenen Gasatmosphären<br>Heiß-/ Heißisostatisches Pressen |
| ▼ Rohteil | |
| Endbearbeiten | Schneiden, Lasertrennen<br>Bohren<br>Schleifen, Läppen, Honen, Polieren<br>Scheuern<br>Fügen und Montieren |
| ▼ Fertigteil | |
| Endprüfung | Prüfung des Fertigprodukts |

Abb. 11: nach [9]

Der handwerkliche keramische Prozess ist fokussiert auf den Bereich silikatkeramischer Erzeugnisse, bei dem sich auf der Grundlage plastischer Tonmassen sehr leicht keramische Formteile erzeugen lassen. Technische Keramiken wie Oxid- und Nichtoxidkeramiken werden in der Regel unter Verwendung synthetisch erzeugter und aufbereiteter Pulver hergestellt.

## KER 2.1
### Aufbereitung der Ausgangsmaterialien

Neben der Verwendung natürlicher Tonmassen oder synthetisch erzeugter keramischer Pulver ist für die Aufbereitung der Rohstoffe und Ausgangsmaterialien im Besonderen von Interesse, welche Verfahren zur Formgebung des Grünlings verwendet werden. Das Gießen macht beispielsweise die Bereitstellung einer Suspension erforderlich, während für das Trockenpressen die Umsetzung eines Granulats notwendig ist. Die einzelnen Rohstoffe werden gemahlen, mit Wasser verschlemmt oder in Form von Granulat zur Verfügung gestellt. Zudem werden organische und anorganische Additive zugesetzt, um die Bauteileigenschaften sowie die Verarbeitung positiv zu beeinflussen:

- Mittel zur Verbesserung der *Bildsamkeit*: Aluminiumoxidmonohydrat, Dextrin, Gelatine, Alginate, Lignin, Methyl- und Ethylzellulose, Paraffine und Polyvinylalkohol.
- *Bindemittel* zur Erhöhung der Festigkeit: Marmor-, Portland- und Tonerdezement mit unterschiedlichen Anteilen an Kalziumoxid, Siliziumdioxid, Aluminiumoxid und Eisenoxid sowie weitere Binder.
- *Additive* zur Verbesserung der Gießfähigkeit: Soda, Wasserglas, Natronlauge, Salmiakgeist oder Pottasche.
- *Schmiermittel* zur Reduzierung der Reibung während der Formgebung: Ölsäure, Mineralöle, Dispersionen, Wachse.

## KER 2.2
### Formen silikatkeramischer Tonmassen

Für die Formgebung silikatkeramischer Tonmassen stehen sowohl freie Techniken wie das Handmodellieren, der Aufbau von Hohlkörpern über einzelne Wülste oder die Montage noch nicht getrockneter Tonplatten als auch Werkzeuge zur Verfügung (Cosentino 1999, Frotscher 2003). In diesem Zusammenhang ist die *Töpferscheibe* das wohl bekannteste Hilfsmittel zur Erzeugung rotationssymmetrischer keramischer Körper. Nicht symmetrische Hohlkörper mit unterschiedlichen Wanddicken werden durch Treiben erzeugt.

Das Gießen in feste Formen stellt eine Technik im Handwerk dar, die vor allem im industriellen Kontext große Bedeutung erlangt hat. Beim *Schlickergießen* wird zur Formgebung eine Suspension aus Ton und Wasser (Feuchtegehalt 30–40%) in eine saugfähige, poröse Form (z.B. aus Gips) gegossen. Über die Wandung entweicht die Flüssigkeit langsam. Die Trocknung der Tonmasse bewirkt eine *Schwindung* der Formgeometrie. Zur Erstellung von Hohlkörpern wird der überflüssige *Schlicker* ausgegossen. Bei keramischen Vollkörpern muss auf Grund der Schwindung nachgegossen werden.

Bei einem Restfeuchtegehalt von 12–15% und einer Trocknungsdauer von meist mehreren Stunden bis zu einigen Tagen, abhängig von der Dicke des Scherbens, kann das Formteil ohne *Deformationsgefahr* entnommen werden.

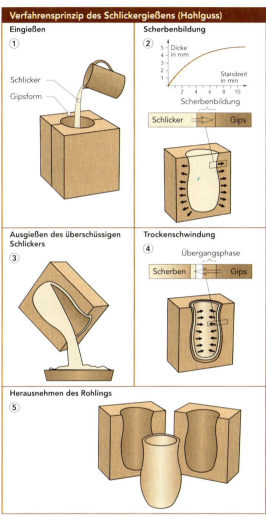

Abb. 12: nach [6]

Weitere wichtige Verfahren zur Formgebung silikatkeramischer Tonmassen sind das Strangpressen ⌲ FOR 6.6 unter Verwendung von Matrizen, das Pressen in feste und flexible Werkzeugformen ⌲ FOR 6.4, das Drehen (z.B. auch *Eindrehen*) sowie das *Quetschformen*, womit vor allem Blumentöpfe industriell geformt werden.

| Industrielle Formgebungsverfahren silikatkeramischer Tonmassen | | |
|---|---|---|
| Schlickergießen | Bildsame Formung | Pressen |
| Vollguss<br>Hohlguss<br>Kombiguss | Quetschformen<br>Spritzformen<br>Drehformen<br>Strangformen | Heißpressen<br>Isostatikpressen<br>Trockenpressen<br>Stampfen<br>Feuchtpressen |

Abb. 13: nach [6]

## Handwerkliche und industrielle Fliesenherstellung

*Am Beispiel des Herstellungsprozesses von Kacheln und Fliesen wird deutlich wie sich die Produktion silikatkeramischer Erzeugnisse von der Anwendung handwerklicher Fertigkeiten hin zu industriellen Verfahren entwickelt hat. Im Handwerk werden Rahmen als Grundlage zur Herstellung der Fliesenform genutzt, welche mit Ton gefüllt werden. Nachdem das Material sauber eingepasst ist, erfolgt die Trocknung. Ein Veredelungsprozess (z.B. Glasieren) schließt sich meist an. In einem Ofenprozess wird die keramische Fliese abschließend verfestigt.*

*Bei der industriellen Fliesenherstellung wird im Kern die Technik des Pressens zum Formen und Verdichten der Grünlinge genutzt. Zunächst wird die Pressform mit einer Tonmasse oder einer Pulversuspension befüllt. Durch gegenseitiges Verschieben von Ober- und Unterstempel erfolgt das Verdichten des Presslings zur gewünschten Formgeometrie. In einem kontinuierlichen Prozess wird der Grünling zyklisch entnommen und dem Hochtemperaturprozess zugeführt. Die Pressform kann erneut genutzt werden.*

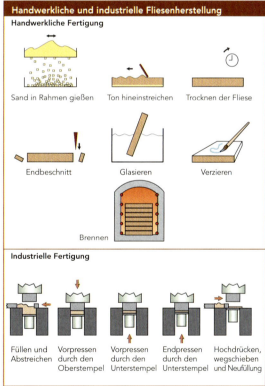

Abb. 14: nach [6]

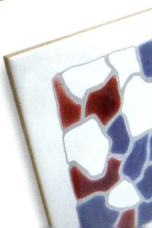

Bild: Bemalte Fliese.

## KER 2.3
### Formen pulverbasierter keramischer Ausgangsmassen

*Trockenpressen:*

*Füllstellung: Mit Pressgranulat gefüllte Form (3fach).*

*Pressstellung: Oberteil taucht ein in Unterteil.*

*Ausstoßstellung: Füllschuh schiebt gepresste Teile nach vorne ab.*

Fotos: Verband der Keramischen Industrie e.V.

In der Prozesskette zur Herstellung technischer Keramiken kommen nach Erzeugung und Aufbereitung des Keramikpulvers für die Formgebung zahlreiche Techniken zur Anwendung. Das einfachste Verfahren ist das Pressen des Ausgangsmaterials zu einem Formling. Der noch nicht verfestigte, ungesinterte Pressling wird in der Fachsprache meist *Grünling* genannt. Unterschieden wird zwischen Trocken- und Nasspressen. Das *Trockenpressen* kommt in der Regel in der Produktion hoher Stückzahlen zur Anwendung. Der Feuchtegehalt des Ausgangsmaterials beträgt weniger als 7%. Es kann eine gute Reproduzierbarkeit erreicht und eine automatisierbare Prozesskette realisiert werden. *Feuchtpressen* bei einem Wassergehalt der Ausgangsstoffe von mehr als 12% kommt zum Einsatz, wenn komplexe Formgeometrien und eine gleichmäßige Dichteverteilung im Bauteil von Bedeutung sind. Zur Erzeugung komplizierter Bauteilformen wird auch das *heißisostatische Pressen* FOR 2 verwendet. Im Gegensatz zum uniaxialen Pressen wirkt der Druck über eine Flüssigkeit von allen Seiten gleichzeitig, so dass Bauteile mit einer gleichmäßigen und vor allem hohen Dichte hergestellt werden können. Unter *Heißpressen* versteht man die Erzeugung von Pressteilen und das gleichzeitige Sintern in nur einem Verfahrensschritt.

Neben dem Pressen (z.B. Strangpressen) bilden das Spritz-, Druck- und Schlickergießen weitere Fertigungsverfahren zur Massenproduktion von Formteilen in der keramischen Prozesskette. Gießbarem keramischen Schlicker sind organische Zusätze von mehr als 30% zugesetzt. Um das Pressen des Pulvers durch die Düse zu ermöglichen, liegt der Anteil organischer Hilfsstoffe beim Spritzgießen zwischen 40% und 50%. Die Beimischung von Ölen oder Wachs als Gleitmittel verbessert die gleichmäßige Dichtbarkeit und Porosität. Wanddicken von über 10 mm können rissfrei ausgebrannt werden. Für äußerst komplexe Formgeometrien steht auch das Extrusionsverfahren FOR 4 zur Verfügung.

*Bild: Foliengießen./ Foto: Verband der Keramischen Industrie e.V.*

### Vor- und Nachteile üblicher Formgebungsverfahren

| Formgebungsverfahren | vorteilhaft ermöglicht | nachteilig verbunden mit |
|---|---|---|
| Schlickerguss | komplexe Bauteile (dünnwandig, unsymmetrisch), geringen Materialaufwand | komplizierter Rheologie, rauen Oberflächen, problematischer Formenherstellung, eingeschränkter Formtoleranz, hoher Maßtoleranz |
| Druckguss (im Vergleich zum Schlickerguss) | schnelle Scherbenbildung, sehr kleine Trockenschwindung, gute Maßhaltigkeit, Wegfall der Formenrücktrocknung, geringen Platzbedarf | aufwändigen Werkzeugen, der Notwendigkeit großer Stückzahlen, problematischen organischen Lösungsmitteln |
| Folienguss | kontinuierliche Produktion, dünne Schichten, gute Maßgenauigkeit, hohe Fertigungskapazität | beschränkter Bauteilgeometrie, notwendiger Trocknung |
| Spritzguss | komplexe Geometrie, kleine Toleranzen, gute Reproduzierbarkeit, hohe Oberflächengüte, Konturschärfe, hohe Stückzahlen | aufwändigen Werkzeugen, hohem Werkzeugverschleiß, begrenzter Bauteilgröße, aufwändigem Entbindern/Ausbrennen, auffälligen Dichtegradienten |
| Extrudieren | kontinuierliche Produktion, hohe Fertigungskapazität, große Bauteillängen, preiswerte Herstellung | deutlichen Texturen, notwendiger Trocknung |
| Trockenpressen | automatischen Prozessablauf, gute Reproduzierbarkeit, gute Maßhaltigkeit, eingeschränkte Trocknung, preiswerte große Stückzahlen | Beschränkung bei der Bauteilgeometrie, möglichen Dichtegradienten, aufwändigen Formwerkzeugen, aufwändiger Pulveraufbereitung |
| Nasspressen/ Feuchtpressen (im Vergleich zum Trockenpressen) | komplizierte Bauteilgeometrien, gleichmäßigere Dichteverteilung | notwendiger Trocknung, geringerer Verdichtung, größeren Toleranzen |
| Isostatisches Pressen | hohe Dichte ohne Textur, keine Dichtegradienten | geringen Taktzeiten |

Abb. 15: nach [9]

*Foliengießen* bezeichnet ein Verfahren zur Herstellung keramischen Folienmaterials mit einer Dicke zwischen 0,25 mm und 1 mm.

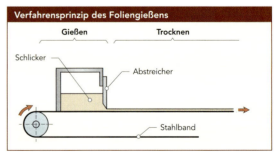

Abb. 16

*Schlicker* wird kontinuierlich durch einen Spalt auf ein über Rollen angetriebenes Stahlband gegossen und anschließend mit Warmluft getrocknet. Die flexible *Grünfolie* kann am Ende des Bandes aufgewickelt oder direkt weiter verarbeitet werden. Die endgültige Aushärtung erfährt die Folie am eigentlichen Einsatzort in einem Ofenprozess.

## KER 2.4
### Brandvorbereitung

Vor der Hochtemperaturbehandlung werden Verunreinigungen und Bindemittel entfernt, die beim anschließenden Sintern die Bildung eines gleichmäßigen Gefüges verhindern und Mikrorisse fördern würden. Gleiches gilt für die in der keramischen Masse enthaltene Feuchtigkeit. Zur Vermeidung unschöner Risse oder gar des Bruches eines ganzen Scherbens werden vor dem Brand die geformten Keramikteile über längere Zeit getrocknet. Dies ist vor allem dann wichtig, wenn zur Verbesserung der Plastizität während der Formgebung Wasser beigemischt wird. Der Feuchtegehalt eines Grünlings vor dem Brand ist erfahrungsgemäß auf einen Wert zwischen 2% bis 5% zu reduzieren. Durch die Abgabe von Wasser an die Umgebung ist während der Trocknung mit einer Schwindung zu rechnen, die für maßhaltige Keramikbauteile vor der Formgebung einzurechnen ist.

Unterschiedliche Trocknungsgeschwindigkeiten können auch während des Trocknungsprozesses zu unerwünschten Rissen führen. Vor allem bei komplexen Konturen mit unterschiedlichen Wandstärken muss daher auf eine gleichmäßige Trocknung Wert gelegt werden. Schneller trocknende Kleinteile wie Griffe oder Henkel und dünnwandige Profile werden aus diesem Grund meist über längere Zeit mit feuchten Tüchern umwickelt oder mit Wasser besprüht.

| Trocknungsrisse | |
|---|---|
| Rissform | Ursache |
| Randriss | zu großer Dickenunterschied Rand/Boden |
| Bodenriss | kein gleichmäßiges Trocknen am Boden |
| Bodenrandriss | Boden dünner als Wandung |
| Haarriss | unterschiedliche Schwindungskoeffizienten |

Abb. 17: nach [6]

## KER 2.5
### Hochtemperaturprozess

Die Formteile oder Grünlinge werden in einer abschließenden Hochtemperaturbehandlung verfestigt, die letztendlichen Eigenschaften des keramischen Bauteils entstehen. Porenräume werden reduziert, die Dichte steigt, und die einzelnen Keramikpartikel sintern bei Temperaturen von etwa 70% der Schmelztemperatur zusammen. Während die Temperaturen des Brenn- bzw. Sintervorgangs bei silikatkeramischen Ausgangswerkstoffen zwischen 800°C und etwa 1500°C liegen, erreichen diese zur Erzeugung technischer Keramiken (Oxid- und Nichtoxidkeramiken) Werte von bis zu 2000°C. Zur Erzielung besonderer Eigenschaften und für spezielle Anwendungsfälle sind auch Sintertemperaturen von über 2200°C möglich. Die Sintertemperatur und somit der Energiebedarf können durch Beimischung von Flussmitteln verringert werden.

Auf Grund der Verkleinerung der Porenräume ist während des Sinterns mit einer weiteren Schrumpfung der Bauteilmaße von 10% bis 25% zu rechnen.

Abb. 18

## KER 2.6
### Oberflächenveredelung

Maßgenauigkeit und Oberflächenqualität technischer Produkte aus Oxid- und Nichtoxidkeramiken können durch nachträgliches Polieren, Nassschleifen mit Diamant-Schleifscheiben oder durch Bearbeitung mit Ultraschall und Laser gewährleistet werden. Auch das Honen oder Läppen ist üblich. Wegen der hohen Härtewerte ist die Endbearbeitung jedoch kostenintensiv, so dass die nach dem Brand vorliegenden Bauteilmaße meist für die spätere Anwendung schon festliegen.

Bild: Waschbecken mit schmutzabweisender Spezialglasur KeraTect®./ Foto: Keramag AG

Vor allem zur optischen Oberflächenveredelung stehen darüber hinaus weitere Techniken der Dekoration zur Verfügung. Mit *Dekor* ist in diesem Zusammenhang ein formalästhetischer Schmuck, ein Muster oder eine Verzierung gemeint. Dekor lässt sich bei keramischen Bauteilen auf drei unterschiedlichen Arten bewerkstelligen.

Die einfachste Form ist das mechanische Dekor. Von Hand oder mit speziellen Werkzeugen werden meist vor dem Brand in den weichen Scherben *Facettierungen*, *Inkrustierungen*, *Kerben* oder *Reliefabdrücke* eingebracht. Zudem können gebrannte Keramiken durch Einlegearbeiten und Aufmodellierungen zusätzlich verziert werden.

Bild: Mechanisches Dekor.

Das Aufbringen von Farben bildet die zweite Möglichkeit zur dekorativen Oberflächenveredelung keramischer Oberflächen. Man unterscheidet zwischen Kalt- und Brandfarben. *Kaltfarben* werden nach, *Brandfarben* vor dem Brand aufgetragen. Brandfarben sind Tonschlicker mit eingemischten Farbpigmenten, die durch den Wärmeeinfluss im Brennofen mit der Keramik verschmelzen. *Scharffeuerfarben* auf der Basis von Kobaltaluminat oder -silikat erhöhen neben der optischen Qualität einer keramischen Oberfläche die Chemikalienbeständigkeit und Haltbarkeit des Bauteils.

Bild: »Cassini« Aufsatzwaschtisch.
Die präzise Trennung der beiden Glasurfarben ist das Resultat aus einem intensiven Entwicklungsprozess, der das Zusammenspiel von Glasur- und und keramischem Brennverhalten in Einklang bringt./
Foto: Keramag AG

| Pigmente für Kaltmal- und Brandfarben | | |
|---|---|---|
| | **Kaltmalfarbe** | **Brandfarbe** |
| Schwarz | Ruß<br>Eisenoxid<br>Manganoxid | Glanzkohlenstoff<br>Eisenoxid<br>Manganoxid |
| Rot | Eisenoxid | |
| Gelb | Goethit<br>Jarosit<br>Auripigment | |
| Weiß | Kalcit<br>Gips<br>Kaolinit<br>Huntit | |
| Blau | Kobaltaluminat<br>Ägyptisch Blau | |
| Grün | Kupferhydroxidchlorid | |

Abb. 19: nach [6]

Neben mechanischem Dekor und Farbpigmenten kann die Oberfläche keramischer Bauteile durch das Aufbringen von Glasuren veredelt werden. *Glasuren* sind dünne, auf den Scherben aufgeschmolzene Glasschichten mit Dicken von 0,15 mm bis 0,4 mm, die die Keramikoberfläche glätten und gegen Wasser und anderen Flüssigkeiten abdichten. Außerdem wird die Widerstandsfähigkeit des keramischen Behältnisses gegen mechanische Beanspruchung erhöht und die chemische Resistenz verbessert. Dies ist vor allem für technische Anwendungen wie Kanalisationsrohre, Fliesen oder chemische Laborbehältnisse von Bedeutung. Hier kommen die Keramiken nahezu ausschließlich mit glasierter Oberfläche zur Anwendung, da Lebensdauer und Wirtschaftlichkeit des Bauteils durch die Oberflächenveredelung erhöht werden.

Glasuren setzen sich aus den drei Bestandteilen *Glasbildner*, *Flussmittel* und *Stabilisatoren* zusammen (Cosentino 1999). Siliziumdioxid zählt zu den bekanntesten Glasbildnern. Flussmittel setzen die Schmelztemperatur des Glasbildners herab, damit nicht Gefahr besteht, dass der Scherben schmilzt und seine Form verliert. Die Verwendung von Stabilisatoren (z.B. Magnesium-, Natrium-, Kalium- oder Bleioxid) verhindert das Ablaufen der Glasur von der Tonoberfläche während des Brandes.

Die Aufbringung einer Glasur kann auf verschiedene Arten erfolgen. Die Rohstoffe werden zunächst in Trommelmühlen zu Feinstpartikeln gemahlen und in Wasser zu einem Schlicker gemischt.

Dieser wird in ein Behältnis gefüllt und kann mit Pinsel, Spritzpistole oder durch Eintauchen und Sieb- bzw. Stempeldruck auf die meist schon vorgebrannte Keramikoberfläche aufgebracht werden. Eine spezielle Technik des Glasurauftrags ist die *Anflugglasur*. Gasförmige Verflüchtigungen von Blei-, Bor- und Natriumoxid werden genutzt, um Beschichtungen auf den keramischen Scherben zu bringen. Beim *Salzglasieren* wird feuchtes Salz in den Ofen geworfen, sobald dieser die Spitzentemperatur für den Brand von Steinzeug erreicht hat. Natriumoxid setzt sich frei, welches mit dem Siliziumoxid des Tons eine Verbindung eingeht und eine glasartige Schicht bildet. Das Salzglasieren ist eine für die Veredelung von Kanalisationsrohren vorzugsweise verwendete Technik.

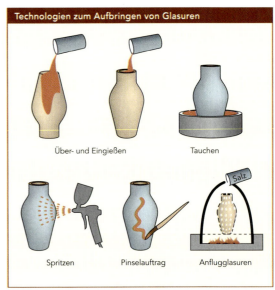

Abb. 20: nach [6]

Je nach Zeitpunkt des Glasurauftrags, unterscheidet man bei der Lage der Glasur zwischen Unter-, Inglasur- und Aufglasurdekoration. Der Auftrag von *Unterglasuren* erfolgt auf den gebrannten Scherben. Der optische Effekt setzt erst nach Aufbringung einer Überglasur ein. *Inglasuren* werden nach dem ersten Glattbrand aufgetragen. Sie vermischen sich mit der noch ungebrannten Glasur und bieten besondere Einfärbungen. Auch *Aufglasuren* werden auf die glatt gebrannte, schon glasierte Keramik aufgetragen und bewirken eine höhere Haltbarkeit.

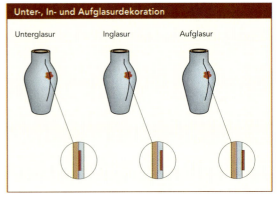

Abb. 21: nach [6]

## KER 2.7
### Fügen keramischer Bauteile

Die wirtschaftlichen und bearbeitungsspezifischen Anforderungen an technische Bauteile mit keramischen Eigenschaften bedingen in einer Vielzahl von Fällen, dass die Formgeometrie aus keramischen Einzelkomponenten zusammengesetzt werden müssen. Fügeverbindungen werden erforderlich, um Kombinationen aus unterschiedlichen Materialien herstellen zu können. Insbesondere sind Werkstoffverbünde aus Keramik und Metall zu nennen, wodurch sich die Vorzüge beider Materialgruppen nutzen lassen.

Stoffschlüssige Verbindungen können einfach unter Nutzung von Epoxid- oder Cyanacrylatkleber erzeugt werden. Auch flexible Klebstellen durch Silikonkleber sind möglich. Darüber hinaus sind Löten und Schweißen Techniken, mit denen sich Metall-Keramikverbindungen herstellen lassen.

Im Bereich formschlüssiger Verbindungen wird in der Regel mit den Verfahren *Eingießen*, *Einsintern* oder *Kitten* gearbeitet. Letzteres meint Steckverbindungen, bei denen der verbliebene Spalt zwischen den Fügepartnern mit einer Kittmasse (z.B. Zement zur Anfertigung von Isolatoren) gefüllt und ausgehärtet wird. Als Beispiel sei an dieser Stelle der *Langstabisolator* genannt.

Kraftschlüssige Verbindungen können durch Klemmen, Schrumpfen oder Schrauben hergestellt werden. Zum *Einschrumpfen* werden die erwärmten Bauteile zunächst zusammengesteckt, wobei das Metallbauteil stets außen angeordnet werden sollte. Die Fügeverbindung entsteht durch Schrumpfen während der Abkühlung. Schraubverbindungen werden beispielsweise zur Befestigung keramischer Schneidplatten an Drehmeißeln verwendet.

Eines der wohl bekanntesten Produktbeispiele, das auf einer Kombination unterschiedlicher Fügetechniken basiert, ist die *Zündkerze*. Hier muss zuerst die feste Verbindung zwischen keramischem Isolator und metallischem Kerzengehäuse (Abb. 24, Detail A) erzeugt werden. Außerdem ist eine leitende Verbindung zwischen Mittelelektrode und Anschlussbolzen sicherzustellen (Abb. 24, Detail B). Die erstgenannte Fügeverbindung entsteht durch eine Kombination aus Form- und Kraftschluss. Der Isolator wird in das erwärmte Gehäuse eingeschrumpft und mit Hilfe einer Bördelung verklemmt. Die Befestigung der Mittelelektrode in der verjüngten Spitze des Isolators wird durch Einbringen einer Glasschmelze als Kittmasse erzielt, die die Enden von Mittelelektrode und Anschlussbolzen umfließt und verankert (Boretius, Lugscheider, Tillmann 1995).

*Schweißen von Keramik*
Es lassen sich stoffschlüssige Verbindungen zwischen Keramik und Keramik aber auch zwischen Keramik und Metall herstellen. Voraussetzung hierfür ist ein vergleichbarer Ausdehnungskoeffizient.
Beim Schweißen werden die Werkstoffe unter Anwendung von Wärmeenergie und/oder Druck derart vereinigt, dass sich ein kontinuierlicher innerer Aufbau der verbundenen Werkstoffe ergibt.

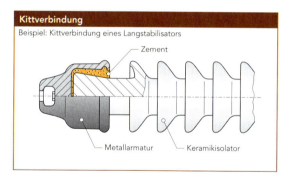

Abb. 22: nach [3]

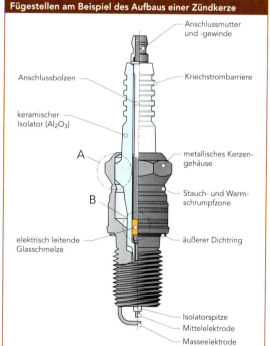

Abb. 24: nach [3]

Bild unten: Zündkerze.

*Löten von Keramik*
Es lassen sich stoffschlüssige Verbindungen zwischen Keramik und Metall aber auch zwischen Keramik und Keramik herstellen.
Die Keramik wird dazu vorher metallisiert.
Beim Löten entsteht eine flüssige Phase durch Schmelzen eines Lotes (Schmelzlöten) oder durch Diffusion an den Grenzflächen (Diffusionslöten).

| Fügeverfahren | mögliche Paarung | Zustand der Keramik | Zusätze | Anwendungsbeispiele |
|---|---|---|---|---|
| Schweißen | Keramik/Metall | gesintert | Metall | Elektronikbauteile |
| Löten | Keramik/Metall | gesintert | Lot | Elektronikbauteile |
| Kleben | Keramik/Metall | gesintert | Kleber | Kupplungsteile |
| Kleben | Keramik/Keramik | gesintert | Kleber | Kolben |
| Vulkanisieren | Keramik/Metall | gesintert | Kautschuk | Gleitringe |
| Laminieren | Keramik/Keramik | ungesintert | – | Multilager |
| Einschrumpfen | Keramik/Metall | gesintert | – | Ventilführung |
| Eingießen | Keramik/Metall | gesintert | – | Auslasskanalauskleidung |
| Einsintern | Keramik/Metall | gesintert | – | Welle mit Nabe |

Abb. 23: nach [13, 16]

## KER 3
### Keramikgerechte Gestaltung

Aus den beschriebenen Eigenschaften technischer Keramiken und den Bedingungen der sintertechnischen Herstellung lassen sich eine ganze Reihe von Grundregeln ableiten, deren Einhaltung den optimalen Einsatz keramischer Werkstoffe gewährleistet. Da die Einschränkungen in Bezug auf die Gestaltung von Pressteilen im Kapitel Pulvermetallurgie ↗ FOR 2 beschrieben werden, sind an dieser Stelle konstruktive Hinweise gegeben, die sich aus den werkstoffspezifischen Eigenheiten ergeben (Spur 1989, Tietz 1994):

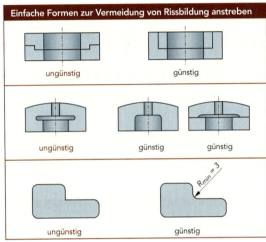

Abb. 25: nach [21]

Gerade für keramische Bauteile sind einfache Formen ohne Hinterschneidungen und Absätze zu wählen, da Bauteilkanten eine mögliche Rissbildung fördern. Um Spannungen zu vermeiden, sind Innenradien stets abzurunden und harte Kanten zu vermeiden.

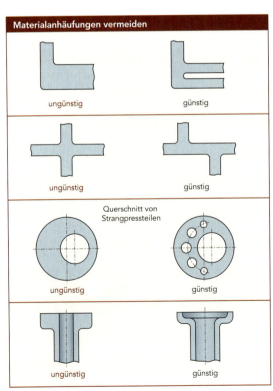

Abb. 26: nach [21]

Keramische Bauteile sind während des Sinter- oder Ofenprozesses hohen thermischen Belastungen ausgesetzt. Um die Bildung von Spannungen und Rissen zu vermeiden, muss auf gleichmäßige Aufheiz- und Abkühlgeschwindigkeit Wert gelegt werden. Auf Materialanhäufungen, unterschiedliche Materialdicken und in einem Knoten zusammenlaufende Rippen sollte verzichtet werden.

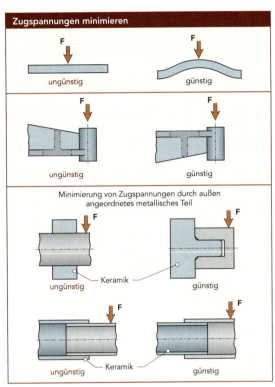

Abb. 27: nach [21]

Keramische Werkstoffe weisen eine geringe Festigkeit gegenüber Zugspannungen auf. Daher sollten Zugbeanspruchungen vermieden werden. Bei zu erwartenden hohen Druckspannungen sind Vorwölbungen vorzusehen.

Biegebeanspruchungen sollten dort ansetzen, wo starke Materialquerschnitte und Verrippungen auf Druck beansprucht werden. Durch außen angeordnete metallische Bauteile oder Hülsen können Zugspannungen minimiert werden (siehe Abb. 31).

Da während des Herstellungsprozesses keramischer Bauteile starke Maßabweichungen durch Schwindung zu erwarten sind, ist eine Nachbearbeitung in der Regel unvermeidlich. Die Formgeometrien sind so auszulegen, dass der Aufwand zur Nachbearbeitung minimiert werden kann. Zu bearbeitende Flächen sind anzuheben und Werkzeugausläufe vorzusehen. Eine Reduzierung kann auch durch Aussparungen erzielt werden.

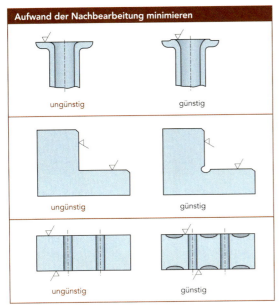

Abb. 28: nach [21]

Formschlüssige Verbindungen sind kraftschlüssigen vorzuziehen.

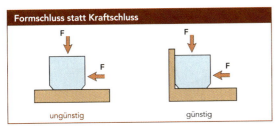

Abb. 29: nach [21]

Fügeverbindungen unter Nutzung von Gewinden sind für keramische Bauteile nur bei sehr geringen Belastungen vorstellbar. Gewindespitzen sollten gerundet und Ausläufe vorgesehen werden.

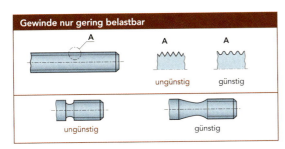

Abb. 30: nach [21]

*Bild rechts: »Cassini« Aufsatzwaschtisch mit Relief. Das eingearbeitete Relief im Rand des Aufsatzwaschtisches erfordert außerordentliches handwerkliches Geschick in der Modellierung und stellt höchste Ansprüche an die anschließende industrielle Fertigung, die die hohe und gleichbleibende Qualität garantiert./ Foto: Keramag AG*

Die zu fügenden Materialien sollten ähnliche Wärmeausdehnungskoeffizienten aufweisen, damit bei Temperaturschwankungen keine zusätzlichen Zugspannungen entstehen. Federnde oder elastische Elemente können förderlich sein, um einer Rissbildung vorzubeugen.

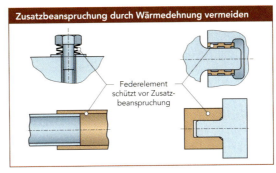

Abb. 31: nach [21]

Sind bei der späteren Nutzung des keramischen Bauteils Schlag- oder Stoßbeanspruchungen zu erwarten, sollte die Krafteinleitung auf einer möglichst großen Fläche erfolgen. Kurzzeitige Überlastungen können leicht zum Werkstoffversagen führen. Elastische, federnde Stützmaterialien können zur Dämpfung vorgesehen werden.

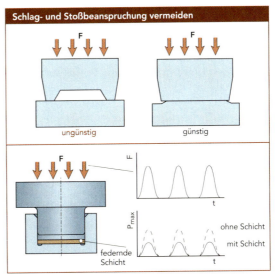

Abb. 32: nach [21]

## KER 4
### Vorstellung einzelner keramischer Werkstoffe

### KER 4.1
### Silikatkeramik – Porzellan

Porzellan gilt als edelster aller keramischen Werkstoffe. Er wurde über eine Zeitspanne von nahezu 2000 Jahren von den Chinesen aus Steinzeug entwickelt. Obwohl neueste Funde aus der West-Chou-Kultur belegen, dass die Kenntnis der Porzellankeramik bereits im 8. Jahrhundert vor Christus bestand, entsprechen die weißen und durchscheinenden keramischen Erzeugnisse erst seit dem 9. Jahrhundert unserer heutigen Vorstellung von Porzellan. Eine Blüte erlebte der Werkstoff in der Ming-Dynastie des 15. Jahrhunderts. Mittelpunkt der Porzellanproduktion mit etwa 3000 Brennöfen war damals die Stadt Ching-tê-chên. Nach Europa kam der Werkstoff durch die Entdeckungsreisen von Marco Polo erst im 14. Jahrhundert. Da die Chinesen die Rohstoffzusammensetzung und Herstellungsmethoden lange Zeit geheim hielten, misslangen zahlreiche Versuche, Porzellan in Europa nachzubilden. Vor allem im 16. und 17. Jahrhundert wurde Porzellan als »weißes Gold« gehandelt und in großen Mengen aus China importiert. Der Begriff ist wahrscheinlich auf das lateinische »porcella« für Perlmuschel zurückzuführen. Die Erfindung des europäischen Porzellans wird dem Alchimisten Johann Friedrich Böttger zugesprochen, der am 28. März 1709 seine Erfindung in Dresden vermeldete. Seit dieser Zeit wurden zahlreiche Porzellanmanufakturen aufgebaut. Eine der berühmtesten war die in Meißen. Die gekreuzten Schwerter wurden zum Markenzeichen.

Eine Besonderheit ist schwarzes Porzellan. Rosenthal ist weltweit das einzige Unternehmen, das schwarzes Porzellan produziert. Es ist sowohl in der Masse als auch in der Glasur durch Metalloxide gefärbt. Ein so kostbares Porzellan wie Porcelaine noire ist nicht für die Spülmaschine und Mikrowelle geeignet.

### Eigenschaften

Porzellan wird aus rein natürlichen, tonmineralhaltigen Rohstoffen hergestellt und weist einen dichten, weißen und transluzent durchscheinenden Scherben auf. Da sich porzellankeramische Erzeugnisse aus den drei Bestandteilen Kaolin, Quarz und Feldspat zusammensetzen, zählen sie zu den Dreistoffsystemen. Im Vergleich zu anderen silikatkeramischen Erzeugnissen wird Porzellan bei höheren Temperaturen gebrannt und weist dementsprechend höhere Härtewerte auf als andere Gebrauchskeramiken. Wegen der höheren Festigkeit sind selbst Prozellanbehältnisse mit einem dünnen Scherben bereits stabil. Porzellan wirkt wie andere Keramiken isolierend gegen elektrischen Strom, ist unempfindlich gegenüber thermischer Wärmeeinwirkung und weist eine geringe Wärmedehnung auf. Zudem ist der Werkstoff korrosionsbeständig und gegenüber einer Vielzahl von Chemikalien resistent. Der Kaolinanteil in der Porzellanrezeptur beeinflusst die Temperaturwechselbeständigkeit und Resistenz gegen äußere Einflüsse (Korrosion). Der Zusatz von Quarz wirkt sich positiv auf die Festigkeit aus, während Feldspat die Stärke der Transparenz bestimmt.

*Bild: Kollektion »Free Spirit«, Geschirr aus Porzellan./ Design: Robin Platt/ Hersteller: Rosenthal AG*

Die unterschiedlichen Porzellansorten teilt man nach Brenntemperaturen in *Weichporzellan* (1200–1320°C) und *Hartporzellan* (1340–1410°C) ein. Während die europäische Variante zum Hartporzellan zählt, gilt das chinesische Porzellan mit einem niedrigen Kaolinanteil von 20–40% und hohen Feldspatgehalt als typisches Weichporzellan. Weichporzellan ist deutlich zerbrechlicher als die harte Variante, allerdings stehen zur Dekoration reichhaltigere Farben und Möglichkeiten zur Verfügung. Neben diesen Hauptgruppen sind im Laufe der Zeit in den verschiedenen Ländern zahlreiche Porzellansorten unterschiedlicher Rezepturen entdeckt und entwickelt worden.

*Bild: »TAC«, schwarzes Porzellan./ Hersteller: Rosenthal AG*

| Porzellansorten | |
|---|---|
| Hart-porzellan | - außerordentliche Härte der Glasur und des Scherbens,<br>- hoher Kaolinanteil (50%) und Feldspatglasur,<br>- beschränkte Farbpalette für Unterglasurdekoration, da hohe Glattbrandtemperatur |
| Knochen-porzellan (Bone China) | - Weichporzellan (durch geringen Kaolinanteil),<br>- 50...60% Knochenasche o. Phosphate,<br>- 15...30% mineralisches Pegmatit und Kaolin,<br>- geringere Festigkeit als Hartporzellan,<br>- größere Farbpalette für Unterglasurdekoration, da niedrigere Glattbrandtemperatur |
| Fritten-porzellan | - gehört eher zur Weichporzellangruppe,<br>- geringere Festigkeit als Hartporzellan,<br>- größere Farbpalette für Unterglasurdekoration, da geringere Glattbrandtemperatur,<br>- zur Verblendung von Zahnersatz und Bijouteriewaren |
| Seladon-Porzellan | - gehört zur Hartporzellangruppe,<br>- grünliche Tönung (Jadeton) durch Beimischung von Chromverbindung |
| Schwarzes Porzellan | - gehört zur Hartporzellangruppe,<br>- schwarze, nichttransparente Färbung,<br>- nicht spülmaschinenfest |
| Rosa-Porzellan | - entsteht durch Beimischung bestimmter Mangansalze oder auch Goldverbindungen |
| Braunes-porzellan | - für Koch,- Brat- und Backgeschirre,<br>- Färbung durch Beimischung von Metalloxyden oder durch Verwendung braun brennender Tone |
| Elfenbein-porzellan | - gehört zur Hartporzellangruppe,<br>- weisen Farbunterschiede auf, die für die Echtheit des Elfenbeinporzellans bürgen (Farbe entsteht durch Einbrennung und nicht durch Färbung) |
| Biskuit-porzellan | - meistens Weichporzellan,<br>- unglasiert gebrannt,<br>- raue Oberfläche, aber wasserundurchlässig,<br>- für Plastiken geeignet |
| Kobalt-porzellan | - Kobaltoxid wird mit Glasfritte (Glasur) vermischt, auf glattgebranntes, weißes Porzellan aufgetragen und ein zweites Mal gebrannt (Sinterdekor),<br>- höherer Preis, da höherer Ausschuss,<br>- erkennt man an unsauberem, verschwommenem Übergang von dekorierter und undekorierter Fläche |
| Marmor-porzellan | - im Scherben unterschiedlich gefärbt (Marmor-Effekt),<br>- jedes Stück ist einzigartig durch unterschiedliche Farbstruktur |
| allgemeine Eigenschaften | - Druckfestigkeit etwa 5 Tonnen pro $cm^2$,<br>- hitzeunempfindlich,<br>- hohe elektrische Isolierfähigkeit (elektrische Durchschlagsfestigkeit: 40 000 V bei 2,5 cm Dicke; Verwendung für Isolatoren),<br>- Härte 8 in der Härteskala (Mohs),<br>- korrosionsbeständig,<br>- alterungsbeständig<br>- chemische Beständigkeit |

Abb. 33: nach [5]

*Verwendung*
Porzellan wird auf Grund seiner optischen Qualität bereits seit Jahrhunderten zur Anfertigung von Kunstwerken, Schmuckstücken und Luxusartikeln verwendet. Die hohe Hitzebeständigkeit und die glatte, dichte sowie gegen mechanische Beanspruchungen widerstandsfähige Oberfläche machen den Werkstoff zur Herstellung hochwertigen Geschirrs besonders geeignet. Ein weiterer Anwendungsbereich ist der Sanitärbereich. In der Technik kommt Hartporzellan im Elektrobereich vor allem als Isolator (z.B. groß dimensionierte Widerstände) und auf Grund der guten Beständigkeit gegenüber Laugen und Säuren in der chemischen Industrie für Laborgeräte und -behältnisse zum Einsatz. Hier hat allerdings Aluminiumoxid KER 4.5 in den letzten Jahren zahlreiche Porzellananwendungen ersetzt. Zu den wichtigen technischen Porzellanen zählen das preiswerte *Quarzporzellan* und das vergleichsweise teure *Tonerdeporzellan*, das unter Freiluftbedingungen dem Quarzporzellan überlegen ist.

Die Transparenz von Bauteilen aus technischem Porzellan ist gering, so dass diese an der Grenze zum Feinsteinzeug stehen. Zur Erzielung der notwendigen Oberflächenqualität werden technische Artikel in der Regel glasiert.

Bild: Porzellan-Schalen »Tectonics«, ein spezielles Plasma-Vakuum-Verfahren ermöglicht das dünne Beschichten mit einer besonderen Titanverbindung./ Design: Cairn Young/ Hersteller: Rosenthal AG

*Verarbeitung*
Der erste Schritt in der Prozesskette (siehe folgende Seite) zur Herstellung von Porzellanartikeln besteht in der Aufbereitung und Zusammensetzung der Ausgangsrohstoffe. Entsprechend den zu erzielenden Eigenschaften und den zur Verfügung stehenden Formgebungsverfahren werden zum Gießen teilflüssige Porzellanmassen, zur Verarbeitung durch Drehen plastische Ausgangsmassen (Wassergehalt 20%) und für die Verarbeitung in Pressen Gemische aus Granulaten (Wassergehalt 1–2%) verwendet. Vollautomatisierte Fertigungseinheiten nutzen zur Formgebung auch die Spritzgießtechnik und das heißisostatische Pressen.

Die Aufbereitung der teilflüssigen und plastischen Massen beginnt mit dem Mahlen von Quarz und Feldspat zu Pulvermischungen, die anschließend mit dem in Wasser aufgeschlämmten Kaolin zu einer Masse verrührt werden. In Filterpressen wird anschließend unter Druck das überflüssige Wasser je nach benötigtem Flüssigkeitsanteil abgepresst und die Porzellanmasse zur Formerstellung bereitgestellt. Teller und Tassen werden gedreht, Kannen, Dosen und Platten in ovale oder viereckige Formen gegossen.

Nach der Formgebung werden die rohen, gerade getrockneten und in diesem Zustand noch sehr zerbrechlichen Porzellanrohlinge bei etwa 900–1000°C vorgebrannt (*Glühbrand*), damit eine für die weitere Bearbeitung entsprechende Festigkeit entsteht. Dabei entweicht das Wasser, eine gewisse Porosität bleibt zur Aufnahme von Glasuren und Farbpartikeln erhalten. Anschließend können die Bauteile mit den unterschiedlichen Glasuren dekoriert werden KER 2.6. Weißes Porzellan wird in der Regel zweimal glasiert. Damit die Farben auf der Oberfläche festschmelzen, werden Porzellanartikel insgesamt dreimal gebrannt. Bei schwierigen Dekoren kann die Anzahl der Brennvorgänge auch darüber liegen.

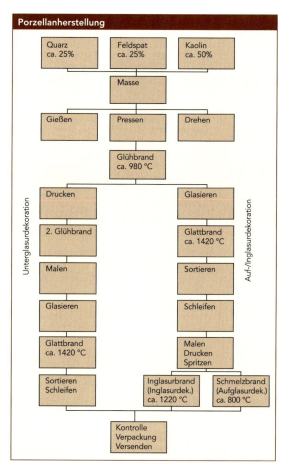

Abb. 34: nach [5]

Die handwerkliche Erstellung von Kunstartikeln aus Porzellan beginnt mit der Anfertigung eines Tonmodells, von dem ein Abguss erstellt wird. Der Abguss dient zur Anfertigung eines Gipsmodells, das wiederum als Grundlage zur Herstellung der Werkzeugform aus Gips, Kunstharzstoffen oder Metallen dient. Durch Verwendung des entstandenen Werkzeugs können die eigentlichen Porzellanstücke geformt oder gegossen werden. Da das Gipsmodell die Grundlage der eigentlichen Formgebung bildet, sollte die Herstellung mit besonderer Sorgfalt und höchster Präzision erfolgen.

*Wirtschaftlichkeit*
Zur Bewertung der Wirtschaftlichkeit von Artikeln aus Porzellan sollten die Kosten im Werkzeugbau berücksichtigt werden. Die Anfertigungskosten von Werkzeugformen zur Herstellung eines Tafel- oder Kaffeeservice aus Porzellan betragen beispielsweise etwa eine halbe Millionen Euro.

*Alternativmaterialien*
Glas- und Hochleistungssilikatkeramik für technische Anwendungen, Steinzeug, Töpferware, Steingut

## KER 4.2
### Silikatkeramik – Steinzeug und keramische Baustoffe

#### Steinzeug
Wie Porzellan weist Steinzeug eine dichte und wasserundurchlässige Struktur auf, was auf eine ähnliche chemische Zusammensetzung zurückzuführen ist. Neben der hohen Festigkeit sind vor allem die gute Chemikalienbeständigkeit und Säureresistenz hervorzuheben. Steinzeug wird in der Regel mit salz- oder porzellanähnlichen Glasuren überzogen und auch als »kochfeste« Ware bezeichnet. Zur Gruppe der dichten silikatkeramischen Werkstoffe gehören auch *Klinker* und *Fliesen*. Klinker sind besonders frostbeständig und druckfest.

#### Ziegelerzeugnisse
Silikatkeramiken mit poröser Struktur werden auf Grund der geringen Dichte und dem sich daraus ergebenden geringen Gewicht in Form von Ziegelerzeugnissen seit jeher im Bauwesen verwendet. Allgemein wird zwischen *Mauerziegeln* mit einem Hohlraumgehalt von unter 15% und *Langlochziegeln* mit einem höheren Lochanteil unterschieden. Es existieren Hohlraumgeometrien parallel und senkrecht zur Auflagefläche.

### Ziegelerzeugnisse

**Mauerziegel**
Die DIN 105 unterscheidet folgende Ziegelarten:

**Vollziegel (= MZ = Mauerziegel)**, vgl. (1) – (3)
Als Vollziegel wird ein ungelochter Ziegel bezeichnet oder ein Ziegel, dessen Lochanteil maximal 15 % der Auflagefläche beträgt, um das Ziegelgewicht zu verringern.

**Hochlochziegel (= HLz)**, vgl. (4) – (8)
Der Hochlochziegel ist senkrecht zur Auflagefläche gelocht. Der Lochanteil liegt über 15 % der Auflagefläche. Es wird unterschieden nach Lochungsart A und B.

**Langlochziegel (= LLz)**, vgl. (9) – (11)
Beim Langlochziegel laufen die Lochungen parallel zur Auflagefläche.

(1) Vollziegel ungelocht

(2) Vollziegel gelocht

(3) Vollziegel gelocht

(4) Hochlochziegel Lochung B

(5) Hochlochziegel Lochung A

(6) Hochlochziegel Lochung A

(7) Hochlochziegel Lochung A mit Griffleisten

(8) Hochlochziegel Lochung A mit Griffleisten

(9) Langlochziegel mit 1 Lochreihe in den zu vermörtelnden Flächen

(10) Langlochziegel mit 2 Lochreihen in den zu vermörtelnden Flächen

(11) Langlochziegel mit Lochreihen, die über die ganze Ziegelbreite vermörtelt worden können

Abb. 35: nach [DIN 105]

### Charakteristische Kennwerte keramischer Baustoffe

| Kenngröße | Mauervollziegel | Lochziegel | Klinkererzeugnisse |
|---|---|---|---|
| Rohdichte in kg/dm$^3$ | 1,8 | 0,4...1,4 | 1,8...2,25 |
| Porosität in % | bis 20 | 20...50 | 0...4 |
| Wärmeleitfähigkeit in W/(m·K) | 0,46...0,69 | 0,13...0,33 | 0,8...1,16 |
| Druckfestigkeit in N/mm$^2$ | 10...25 | 5...15 | 30...50 |
| Zugfestigkeit in N/mm$^2$ | 2...5 | 2...5 | 5...10 |
| Biegefestigkeit in N/mm$^2$ | 5...10 | 5...10 | 10...30 |
| E-Modul in N/mm$^2$ | 5 000...20 000 | 5 000...20 000 | 30 000...70 000 |

Abb. 36: nach [13]

#### Feuerfeste Steine
Auch feuerfeste Steine sind den keramischen Baustoffen zuzuordnen. Sie werden zum Mauern von Öfen jeglicher Art verwendet (z.B. Hochöfen, Müllverbrennungsanlagen) und weisen einen Schmelzpunkt von über 1500°C sowie eine hohe Temperaturwechselbeständigkeit auf. Die Hauptbestandteile sind $Al_2O_3$ (Tonerde) und $SiO_2$ (Kieselerde). *Schamotte*, *Silica* oder *Magnesit* zählen zu den feuerfesten Steinen.

#### *Verwendung*
Typische Verwendungen feiner Steinzeugstrukturen sind Fliesen oder Klinker. Wegen der hohen Widerstandsfähigkeit gegenüber Chemikalien wird Steinzeug in der chemischen Industrie zur Lagerung und zum Transport von Säuren eingesetzt. Anwendungsbeispiele sind Kreiselpumpen, Rohrleitungen, Rührwerke oder Säuretransportbehältnisse. Klinker kommen auch beim Bau von Abwasseranlagen zur Anwendung.

Ziegelerzeugnisse wie *Vollziegel* werden zur Herstellung von Mauerwerken, Lochziegel für die Wärmedämmung und als Untergrund für Lagerstätten eingesetzt. Die Struktur von Dachziegeln muss neben einer geringen Dichte auch Anforderungen in Bezug auf Frostbeständigkeit und Wasserundurchlässigkeit erfüllen.

#### *Verarbeitung*
Steinzeugerzeugnisse werden aus fetten, das heißt stark plastischen Tonmassen, bei Temperaturen von über 1200°C gebrannt. Die hochdichte Struktur von Klinker entsteht durch Brennen bei sehr hohen Temperaturen. Feuerfeste Schamotte wird zwischen 1320°C und 1540°C gebrannt. Die Lehm und Ton enthaltenden Massen für Ziegelerzeugnisse werden meist bei unter 1000°C verfestigt.

#### *Wirtschaftlichkeit und Handelsformen*
Keramische Baustoffe und Steinzeugerzeugnisse sind preiswert und in den unterschiedlichsten Formaten auf dem Markt erhältlich (Wendehorst 2004).

#### *Alternativmaterialien*
Porzellan, Irdenware, Beton, Polymerbeton

# Sanitärkeramische Spitzenleistungen

## Marktführer bei Sanitärkeramik

Die Keramag Keramische Werke AG mit Sitz in Ratingen sowie Werken in Wesel und Haldensleben ist der führende deutsche Markenhersteller von Sanitärkeramik für Privatbäder sowie öffentliche und gewerbliche Wasch- und Toilettenanlagen. Das Produktspektrum umfasst neben hochwertiger Keramik auch Wannen, Whirlpools und Duschsysteme sowie Badmöbel. Keramag gehört zum finnischen Sanitec-Konzern, der mit etwa 7.100 Mitarbeitern und 27 Produktionsstätten der europäische Marktführer bei Sanitärkeramik, Wannen und Duschen ist.

## Technisches und gestalterisches Potenzial

Ihre Marktbedeutung verdankt die Keramag innovativen Produkten, umfassenden Serviceleistungen und einer stringent marktorientierten Sortimentspolitik. Die große Serienvielfalt und das breite Produktprogramm werden jedem Anspruch im privaten und öffentlich-gewerblichen Bereich gerecht. Von attraktiven Solitärobjekten über Badserien sowie Sonderlösungen für bestimmte Zielgruppen bis zu kompletten sanitären Raumkonzepten reicht das Angebotsspektrum.

Die Marktführerposition verpflichtet nicht nur zur Vorreiterrolle bei Badkonzepten, Komfort und Hygiene, sondern auch zu wegweisenden Entwicklungen bei Design und Sanitärtechnik. Ein eigenes Design-Studio kreiert neue Produktlinien und kooperiert mit bekannten externen Designern wie Antonio Citterio, André Courrèges, JOOP!, Bettina Kupczyk, Hadi Teherani, Matteo Thun, Hannes Wettstein und der Porsche Design GmbH. Zahlreiche Design-Preise und andere Auszeichnungen zeugen von der anerkannt hohen Gestaltungsqualität der Produkte.

Mit innovativen Wasserspartechnologien für WCs, Urinale und Körperform-Badewannen hat Keramag schon frühzeitig Maßstäbe bei der Einsparung von Energie und Ressourcen gesetzt und damit einen wichtigen Beitrag zur Nachhaltigkeit in der Sanitärbranche geleistet. Die Entwicklung der weltweit ersten schmutzabweisenden Keramikglasur, der unsichtbaren Schnellbefestigungen für Sanitärobjekte, des wasserlosen Urinals und des elektronischen Urinal-Spülsystems, das weder Stromnetz noch Batterie benötigt, stellen Meilensteine in der technischen Entwicklung der Sanitärbranche dar und dokumentieren die Innovationskraft des Unternehmens.

*Bad-Collection JOOP!*

## Sanitärkeramik – der Stoff, aus dem Badträume sind

Sanitäre Einrichtungsgegenstände wie z. B. Waschtische und WCs werden vorwiegend aus Sanitärkeramik gefertigt. Das aus den Rohstoffen Kaolin, Ton, Quarz und Feldspat bestehende und bei hohen Temperaturen gebrannte Material besitzt eine lange Lebensdauer. Es sollte sich leicht reinigen lassen, darf unter scharfen Reinigungsmitteln nicht leiden und muss gegen Chemikalien, Temperaturwechsel und Schlag beständig sein. Dies wird vor allem durch eine Glasur erreicht, die das keramische Sanitärobjekt an allen Stellen, die mit Wasser in Berührung kommen, überzieht. Die Glasur besitzt einen großen Härtegrad, ist gegen fast alle Säuren sowie Laugen beständig und widersteht auch einer Bearbeitung mit Scheuermitteln aus feinstem Quarzpulver.

Sanitärkeramische Gegenstände werden heute aus Sanitärporzellan hergestellt. Dieses Ende der 20er Jahre des vergangenen Jahrhunderts in den USA unter dem Namen »Vitreous China« entwickelte Material hat im Vergleich zum Hartsteingut durch Verringerung der Quarzmenge im Masseversatz bei Erhöhung des Feldspatgehaltes sowie der Brenntemperatur seine Porosität verloren und eine absolut dichte Oberfläche. Dadurch konnte die Wasseraufnahmefähigkeit des Scherbens unter 1,0% gesenkt werden. Nach den Vorschriften der FECS, der europäischen Dachorganisation der sanitärkeramischen Verbände, soll Sanitärporzellan heute ein Wasseraufnahmevermögen von 0,75% – bei einer zugelassenen Toleranz von 0,25% nach oben – nicht überschreiten. Je geringer die Wasseraufnahme des Scherbens ist, desto besser werden die mechanischen Eigenschaften wie Schlag-Biegefestigkeit, Beständigkeit gegen Temperaturwechsel und Druckfestigkeit.

## Der Produktionsprozess

Sanitärporzellan wird ausschließlich im Gießverfahren hergestellt. In der Masseaufbereitung werden Ton, Kaolin, Feldspat und Quarz unter Beifügung ganz geringer Mengen wasserlöslicher Alkalien (Soda und Wasserglas) mit Wasser zu einem dünnflüssigen Schlicker verarbeitet. Das Gewicht eines Liters fertigen Schlickers beträgt ca. 1.800 Gramm. Über Rohrleitungen wird diese Masse dann in die Gipsformen der Sanitärobjekte gepumpt. Nach einer Standzeit von 75 Minuten bildet sich am Gips ein 10 bis 11 mm starker Scherben. Der restliche Schlicker, der nicht mit dem Gips in Berührung gekommen ist, wird aus der Form wieder abgelassen, da das Sanitärporzellan im Hohlguss gefertigt wird. Mit Beginn der Trocknung löst sich der Scherben durch die einsetzende Trockenschwindung von der Gipsform ab, so dass das Sanitärobjekt aus der Form genommen und weiterbearbeitet werden kann. Darauf folgt ein Trocknungsvorgang, bevor

*500 by Antonio Citterio*

das ganz trockene Keramikteil rohsortiert und vor allem im Spritzverfahren glasiert wird. Die physikalischen, mechanischen und chemischen Eigenschaften der Glasur entsprechen dabei denen eines Glases. Anschließend wird die Sanitärkeramik fachgerecht auf Brennwagen gesetzt und in einem mindestens 100 m langen Tunnelofen bei Temperaturen von bis zu 1.200°C gebrannt. Nach dem Brand werden die Produkte sorgfältig sortiert. Gute Ware wird montagegerecht geschliffen, auf einwandfreie Funktion geprüft, verpackt und versandt.

## Perfektion und Innovation

Architekten und Investoren, Bauherren und Modernisierer wissen die Kompetenz des Marktführers und die Sicherheit der großen Marke zu schätzen. Denn Keramag-Produkte bestechen nicht nur durch Design und Funktionalität, sondern zeichnen sich auch durch höchste Qualität, Langlebigkeit

*F1 Design by F. A. Porsche*

*Flow by Hadi Teherani*

und Wertigkeit sowie eine sorgfältige Verarbeitung aus. Die Marke ist ein Leistungsversprechen und steht für eine kompromisslose Perfektion von der Produktentwicklung bis zum Kundenservice. Als erster Badkeramik-Hersteller in Europa wurde Keramag nach der internationalen Qualitätsnorm DIN EN ISO 9001 zertifiziert. Das Umwelt-Managementsystem des Unternehmens ist ebenfalls frühzeitig ausgezeichnet worden. Alle Produktionsprozesse sind auf maximale Energieeinsparung und Umweltverträglichkeit ausgerichtet.

Wegweisende Entwicklungen wie die schmutzabweisende Keramikoberfläche KeraTect® haben nicht nur die Vorreiterrolle des Unternehmens in der Branche gestärkt, sondern auch die Marke in der Öffentlichkeit zu einem Begriff werden lassen. Bei KeraTect® handelt es sich um eine 2001 zunächst nur im Objektbereich eingeführte Oberflächenveredelung, die sich durch eine extrem glatte Oberfläche und einen attraktiven Hochglanzeffekt auszeichnet. Dadurch wird das Anhaften von Schmutz und Bakterien an Waschtischen, WCs, Bidets und Urinalen weitgehend verhindert. 22 Keramikserien von Keramag sind jetzt auf Wunsch in dieser – mit einer 30jährigen Funktionsgarantie versehenen – Spezialglasur erhältlich. Auch anspruchsvolle Designer-Bäder wie »JOOP!« oder »Flow by Hadi Teherani« lassen sich mit dieser innovativen Keramiktechnologie kombinieren. Die exklusive Badserie »F1 Design by F. A. Porsche« ist sogar serienmäßig mit KeraTect® ausgestattet.

Durch intensive Forschungs- und Entwicklungsarbeit ist der Sanitärkeramikhersteller den Anforderungen des Marktes fast immer um eine Nasenlänge voraus, so dass neue Standards häufig auf der Basis von Keramag-Entwicklungen definiert werden.

**Keramag AG**
Kreuzerkamp 11
D-40878 Ratingen
Tel. +49 (0)21 02/9 16-0
Fax +49 (0)21 02/9 16-2 45
info@keramag.de
www.keramag.com

**Wir schaffen bleibende Werte**
**KERAMAG**
*Part of the Sanitec Group*

## KER 4.3
### Silikatkeramik – Irdenware

Die Irdenware ist ein weiterer typischer Vertreter silikatkeramischer Werkstoffe, zu denen auch das *Steingut* und die *Töpferware* zu zählen sind.

*Eigenschaften*
Charakteristisch für Irdenware ist die Porosität des Scherbens. Sie weist somit wasserdurchlässige und -saugende Eigenschaften auf und ist nach dem Brand feuerfest. Während Steingut einen weißen Scherben bildet, ist die Töpferware durch Farbigkeit geprägt. Diese ist abhängig von den in der Ausgangsmasse enthaltenen Metalloxiden und kann zudem durch Wahl einer geeigneten Brenntemperatur zwischen gelborange und rotbraun eingestellt werden.

*Verwendung*
Irdenwaren sind vor allem aus dem Töpferhandwerk bekannt. Hierzu zählen beispielsweise Geschirr, Blumentöpfe oder Ofenfliesen. Sehr prominente Beispiele sind die optisch ansprechenden Terrakotten. Wegen der niedrigen Beständigkeit gegen Frost werden Steinguterzeugnisse nur im Hausinnern verwendet. Typische Anwendungsbeispiele sind Einrichtungen im sanitären Umfeld (*Sanitärkeramik*), Wandplatten oder Filterelemente.

*Verarbeitung*
Die Brenntemperaturen von Töpferwaren liegen zwischen 700°C und 1000°C, die von Steinguterzeugnissen zwischen 1100°C und 1280°C. Durch Beimischung von Feldspat vor dem Brand kann die Dichte des Scherbens erhöht werden. Steingut wird auf Grund der Wasserdurchlässigkeit stets glasiert.

Bild: »Flow by Hadi Teherani«, Sanitärkeramik und Badmöbel./ Foto: Keramag AG

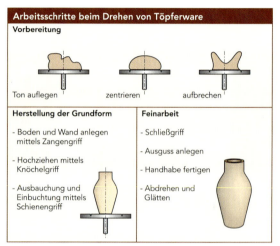

Abb. 37: nach [6]

*Wirtschaftlichkeit*
Ist eine hochwertige Qualität nicht zwingend erforderlich, wird Steingut dem Porzellan auf Grund der einfacheren Verarbeitung, den niedrigeren Brenntemperaturen sowie der Vielzahl der deckenden farbigen Glasuren meist vorgezogen.

*Alternativmaterialien*
Porzellan, Steinzeug

## KER 4.4
### Hochleistungssilikatkeramik

#### Steatit
Ein Beispiel für eine Hochleistungssilikatkeramik ist Steatit, das zu etwa 75–90% aus *Speckstein* MIN 4.1.2 besteht. Bereits im Mittelalter fand man heraus, dass Speckstein zwar bei Raumtemperatur leicht zu bearbeiten ist, sich aber Härte und Widerstandsfähigkeit durch einen Brand bei 1000°C enorm steigern lassen. Seit dieser Zeit wurden aus dem Werkstoff Kanonenkugeln gefertigt. Mit der Entwicklung der Gasbeleuchtung erlangte Speckstein eine größer werdende Bedeutung für technische Anwendungen und wurde zur Herstellung von Brennern genutzt. Der keramische Werkstoff Steatit entstand durch die Notwendigkeit der Verwertung der großen pulverförmigen Abfallmengen, die bei der Gasbrennerproduktion anfielen. Neben Speckstein bilden Ton, Talk und Flussmittel die weiteren Komponenten.

Nach dem Brand ist Steatit ein porzellanähnliches, natürliches Magnesiumsilikat mit einem dichten weißgrauen Scherben. Der Talkanteil sorgt für die Gleitfähigkeit der Masse zur Herstellung auch komplizierter Bauteilgeometrien im formgebenden Pressvorgang. Das beigesetzte Flussmittel beeinflusst die besonderen elektrischen Eigenschaften. Es wird zwischen *Normal-*, *Sonder-* und *Hochfrequenzsteatit* unterschieden. Hochfrequenz- und Sondersteatite weisen einen niedrigen Verlustfaktor beim Transport elektrischer Ströme auf. Steatit ist sowohl mechanisch als auch thermisch hoch belastbar, formstabil bis ca. 1000°C und zudem ein guter Wärmeisolator.

#### Cordierit
Neben den technischen Porzellanen und Steatit sind vor allem die Cordieritkeramiken als bedeutende Vertreter silikatkeramischer Werkstoffe zu nennen. Cordierit ist ein Magnesiumaluminiumsilikat, das durch Sintern von Speckstein oder Talkum unter Beimischung von Ton, Kaolin, Schamotte und Korund entsteht.

Die Keramikgruppe weist eine gute mechanische Festigkeit bei geringer Wärmedehnung auf und ist besonders gekennzeichnet durch eine hohe Temperaturwechselbeständigkeit. Cordieritkeramiken können sowohl ein poröses als auch dichtes Gefüge einnehmen.

*Verwendung*
Die sehr guten isolierenden Eigenschaften von Silikatkeramiken wie Steatit oder Cordierit werden im Niederspannungsbereich vor allem für Geräte im Haushalt und für Maschinen in Industrie und Handwerk genutzt (z.B. Sicherungsgehäuse). Steatit ist darüber hinaus aus dem Bereich der Lichttechnik bekannt, wo das Material für Lampensockel verwendet wird. Cordieritteile werden auch in der Wärmetechnik verwendet und für Heizungen und Wäschetrockner produziert. Steatitanwendungen sind beispielsweise Sicherungshalter, Heizleiterträger, Klemmenleisten oder Röhrensockel. Cordieritkeramik wird als Isolierkörper für elektrische Durchlauferhitzer, Heizleiterrohre, Brenndüsen, Funkenschutzkammern oder Pkw-Katalysatoren verwendet.

*Verarbeitung*
Hochleistungssilikatkeramiken ermöglichen eine preisgünstige Herstellung bei Einhaltung enger Maßtoleranzen. Zur Formgebung wird überwiegend das Trockenpressen genutzt. Die Verfestigung erfolgt bei Temperaturen zwischen 1300°C und 1400°C (Bargel, Schulze 2004).

*Alternativmaterialien*
technisches Porzellan, verschiedene Oxid- und Nichtoxidkeramiken

*Bild unten: Lampenfassungen aus Steatit.*

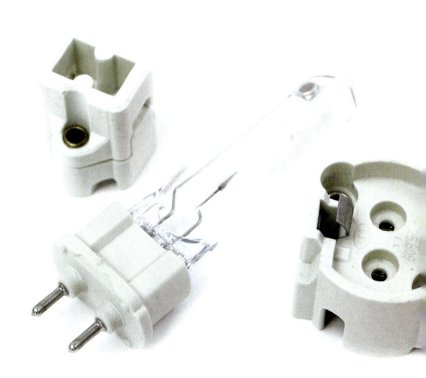

## KER 4.5
### Oxidkeramik – Aluminiumoxid

Aluminiumoxid $Al_2O_3$ ist der wichtigste oxidkeramische Hochleistungswerkstoff. Bereits in den 30er Jahren des 20. Jahrhunderts wurde an zahlreichen Anwendungen für die Oxidkeramik experimentiert. Hier hatten vor allem deutsche Wissenschaftler und Industrielle eine Vorreiterrolle eingenommen. Schon 1932 fand es wegen seiner biokompatiblen Eigenschaft als Implantatwerkstoff erstmals Verwendung.

Bild: Keramische Schneiden aus Alumiumoxid für den Textilmaschinenbau./ Foto: CeramTec AG

Bild: Komponenten für Hüftgelenkprothesen aus Aluminiumoxid./ Foto: CeramTec AG

### Eigenschaften

Aluminiumoxid ist ein keramischer Werkstoff mit weißlich-grauer Farbigkeit und einer fast einzigartigen Kombination aus hervorragenden mechanischen, chemischen, thermischen und elektrischen Eigenschaften. Vor allem die hohe Härte, die Temperaturbeständigkeit, die sehr hohe Druck- und Verschleißfestigkeit sowie die sehr gute Korrosionsbeständigkeit und Chemikalienresistenz werden für zahlreiche industrielle Anwendungsbereiche genutzt. Hinzu kommen die guten Isolationseigenschaften und die geringe Neigung zur thermischen Ausdehnung, was den Werkstoff besonders für Komponenten im Verbrennungsbereich von Fahrzeugen geeignet macht. Allerdings reagiert $Al_2O_3$ sehr empfindlich auf schnelle Temperaturwechsel. Keramiken mit Aluminiumoxidanteilen zwischen 80% und 99% haben sich für die unterschiedlichen Anwendungen in der Vergangenheit durchsetzen können. Für die Elektroindustrie wirkt sich die im Vergleich zu anderen Industriekeramiken hohe Wärmeleitfähigkeit als sehr vorteilhaft aus.

Bild unten: Zündkerze, Isolator aus Aluminiumoxid.

### Verwendung

Im technischen Bereich wird Aluminiumoxid mengenmäßig am häufigsten als Isolationsmaterial für Zündkerzen in Verbrennungsmotoren eingesetzt. Weitere Anwendungen im Maschinen- und Anlagenbau sind verschleißfeste Bauteile und Komponenten wie beispielsweise Fadenführer für die Textilindustrie sowie Dichtelemente. Im Bereich der Elektronik wird die Oxidkeramik auf Grund ihrer sehr guten isolierenden Eigenschaften als Isolationsbauteil und Trägerwerkstoff für Computerchips verwendet. Für Anwendungen der chemischen Industrie wird vor allem die gute Korrosionsbeständigkeit genutzt. Die hochtemperaturbeständigen Eigenschaften machen den Werkstoff für Brennerdüsen und zur Aufnahme von Heizleitern geeignet. Wegen der sehr guten Biokompatibilität hat Aluminiumoxid sogar einen Platz im medizinischen Bereich zur Herstellung von Implantaten gefunden ↗ KER 6.2 (Peters, Klocke 2003). Hier zählen künstliche Hüftgelenke zu den prominentesten Anwendungsbeispielen.

| Aluminiumoxid | |
|---|---|
| **Eigenschaften** | **Anwendungen** |
| - sehr hohe Härte<br>- gute Temperaturbeständigkeit<br>- gutes Isolationsverhalten<br>- hohe Warmfestigkeit<br>- sehr hohe Druckfestigkeit<br>- sehr gute Verschleißfestigkeit<br>- geringe thermische Ausdehnung<br>- hohe Korrosionsbeständigkeit<br>- sehr gute Biokompatibilität | - Kolben, Plunger<br>- Dichtscheiben<br>- Kugeln<br>- Wellenschutzhülsen<br>- Lager, Wellen<br>- Laufbuchsen<br>- Führungselemente<br>- Ventilgarnituren<br>- elektr. Durchführungen<br>- Laborgeräte, Tiegel<br>- Schutzrohre, Isolierstäbe |

Abb. 38: nach [9]

### Verarbeitung

Die Herstellung von Bauteilen aus Aluminiumoxid erfolgt innerhalb der keramischen Prozesskette. Verschiedene Pressverfahren existieren, um das Pulvermaterial in die gewünschte Ausgangsform zu bringen. Anschließend wird der Grünling bei Temperaturen zwischen 1600°C und 1700°C gesintert. In jüngster Vergangenheit wurden neue Sinterverfahren entwickelt, mit denen hochfeste und bruchsichere keramische Bauteile gefertigt werden können. Auch wird Lasersintern ↗ FOR 10.3 zur Verarbeitung von $Al_2O_3$ bereits eingesetzt.

### Wirtschaftlichkeit und Bezeichnungen

Die verschiedenen Aluminiumoxid-Werkstoffe werden mit ihrem $Al_2O_3$-Anteil angeben. Es sollte allerdings beachtet werden, dass sich trotz gleichem Aluminiumoxidgehalt die mechanischen Eigenschaften herstellerbedingt wegen differierender Pulverrezepturen unterscheiden können. Typische Sorten enthalten 94%, 96%, 98% und 99,7 % $Al_2O_3$.

### Alternativmaterialien

Zirkondioxid, Siliziumkarbid, Siliziumnitrid, Bornitrid zur elektrischen Isolation, Hochleistungssilikatkeramiken. Titanlegierungen, Zirkondioxid, Hydroxylapatit, Bioglas, Biokunststoffe für Implantate

## KER 4.6
## Oxidkeramik – Zirkondioxid

Neben Aluminiumoxid ($Al_2O_3$) konnte sich Zirkondioxid ($ZrO_2$) als die Oxidkeramik mit der zweitgrößten technischen Bedeutung in den letzten Jahren etablieren. Der Werkstoff ist auch unter dem Namen »*Zirkoniumoxid*« bekannt, wird aber umgangssprachlich »*Zirkonoxid*« genannt.

### Eigenschaften

Zirkondioxid zeichnet sich aus durch sehr hohe Festigkeiten und eine besonders gute Zähigkeit. Von allen keramischen Hochleistungswerkstoffen weist es die niedrigste Wärmeleitfähigkeit auf, deren Wert zudem von der Temperatur fast unabhängig bleibt. Die Wärmedehnung ist mit der von Gusseisen vergleichbar. Weitere herausragende Eigenschaften sind eine hohe Korrosionsbeständigkeit und Verschleißfestigkeit, die Zirkondioxid in Verbindung mit den hervorragenden tribologischen (*Tribologie*= griech.: Reibungslehre) Eigenschaften besonders geeignet für den Einsatz als Lagerwerkstoff macht. Die hervorragenden Eigenschaften gelten allerdings nicht für reines Zirkondioxid. Erst die Stabilisierung mit Zusätzen wie Magnesiumoxid (MgO), Yttriumoxid ($Y_2O_3$) oder Kalziumoxid (CaO) macht es für technische Anwendungen geeignet (Bargel, Schulze 2004). Insbesondere Zirkondioxid mit einer tetragonalen Kristallstruktur zeichnet sich wegen seines sehr feinen Gefüges durch außerordentlich hohe mechanische Festigkeit aus, die es auch als *Knochenersatzwerkstoff* geeignet macht.

| Zirkondioxid | |
|---|---|
| Eigenschaften | Anwendungen |
| - besonders hohe Zähigkeit<br>- gute mechanische Festigkeit<br>- gute Verschleißfestigkeit<br>- sehr gute erreichbare Oberflächengüte<br>- gute Hochtemperaturbeständigkeit | - Press-, Ziehmatritzen<br>- Kalibrierwerkzeuge<br>- Düsen<br>- Ventile, Kugeln<br>- Kolben, Zylinder<br>- Gleit-, Rollenlager<br>- Schneidwerkzeuge |

Abb. 39: nach [9]

### Verwendung

Insbesondere zur Herstellung von hochtemperaturbeständigen Gleitlagern für den Maschinenbau hat Zirkondioxid eine bedeutende Rolle erlangt. Positiv wirkt sich die mit Stahl oder Gusseisen vergleichbare Wärmedehnung aus. Weitere Verwendungsgebiete sind wie bei Aluminiumoxid Fadenführungen in textiltechnischen Anlagen und medizintechnische Produkte wie Skalpelle oder Pinzetten. Für Messer und Schneiden ist der Werkstoff vor allem dann geeignet, wenn der Einsatzfall hohe Kantenfestigkeit, gute Korrosionsbeständigkeit und elektrisch isolierende Eigenschaften erforderlich macht. Wegen der niedrigen Reibung bei Kontakt mit metallischen Materialien wird Zirkondioxid auch häufig für Drahtführungen genutzt. Dank seiner hohen Zähigkeit findet es bei der Herstellung von Kolben für Verbrennungsmotoren Verwendung. Außerdem ist die Oxidkeramik auf Grund des hohen Schmelzpunktes ein idealer Werkstoff für den Bau von Raketenteilen.

### Verarbeitung

Bauteile aus Zirkondioxid werden in der üblichen keramischen Prozesskette KER 2 hergestellt. Die zur Formteilerstellung genutzten Verfahren sind das Trockenpressen, Spritzgießen, Extrudieren oder Schlickergießen. Die herausragenden mechanischen Eigenschaften sind vor allem auf die beim abschließenden Sintern erzielbaren feinkristallinen Gefügestrukturen zurückzuführen. Neben den üblichen Sinterverfahren kann seit 2006 auch das Lasersintern angewendet werden. Sehr gute Oberflächenqualitäten lassen sich durch Polieren erzielen.

### Wirtschaftlichkeit und Bezeichnungen

Da Zirkondioxid die beschriebenen Qualitäten erst durch eine Stabilisierung mit unterschiedlichen Zusätzen erfährt, sind folgende Varianten auf dem Markt erhältlich:

- **teilstabilisiertes Zirkondioxid** (PSZ)
- **vollstabilisiertes Zirkondioxid** *(FSZ)*
- mit MgO teilstabilisiert (Mg-PSZ)
- mit $Y_2O_3$ vollstabilisiert (Y-FSZ)
- **tetragonales Zirkondioxid** (TZP)

### Alternativmaterialien

Aluminiumoxid, Siliziumkarbid, Siliziumnitrid, Hochleistungssilikatkeramiken

*Bild: Anspitzer aus Hochleistungskeramik (Zirkondioxid)./ Design und Projektleitung: Prof. Dipl.-Des. Andreas Kramer – Hochschule für Künste Bremen/ Prof. Dr.-Ing. Georg Grathwohl – Universität Bremen*

### KER 4.7
### Nichtoxidkeramik – Siliziumkarbid

Nichtoxidkeramiken gehen auf die Bildung von Boriden, Karbiden oder Nitriden zurück. Der wichtigste nichtoxidkeramische Werkstoff ist das Siliziumkarbid (SiC). Erst seit Ende der siebziger Jahre ist rein gesintertes SiC auf dem Markt erhältlich. Zu den ersten verfügbaren Siliziumkarbiden zählten drucklos gesintertes SSiC, heißgepresstes HPSiC und heißisostatisch verdichtetes HIPSiC (Boretius, Lugscheider, Tillmann 1995).

| Siliziumkarbid | |
|---|---|
| **Eigenschaften** | **Anwendungen** |
| - hervorragende Chemikalienbeständigkeit | - Gleitringdichtungen |
| - sehr gute Verschleißfestigkeit | - Lagerbuchsen |
| | - Wellenschutzhülsen |
| - gute Temperatureigenschaften | - Gleit-, Rollenlager |
| | - Brennerrohre, -düsen |
| - elektrische Leitfähigkeit | - Wärmetauschrohre |
| | - Ofenrollen |

Abb. 40: nach [9]

#### Eigenschaften
Die mechanischen Eigenschaften von Siliziumkarbid zeichnen sich allesamt durch hohe Temperaturbeständigkeit aus. Während Metalle nur bis 1000°C verwendet werden können, reichen die Einsatzbereiche von Siliziumkarbiden bis zu Temperaturen von 1400°C. Herausragend sind auch die hohe Wärmeleitfähigkeit, sehr hohe Festigkeit und Härte, eine sehr gute Temperaturwechselbeständigkeit sowie die geringe Wärmedehnung. Siliziumkarbid ist extrem korrosionsbeständig und zeichnet sich durch hohe Chemikalienbeständigkeit aus. In seiner reinsten Form ist es farblos. Durch den Restkohlenstoff ist technisch verwendetes SiC aber meist grünlich-schwarz eingefärbt. Mit zunehmender Reinheit verläuft die Farbigkeit in ein Flaschengrün.

#### Verwendung
Die hohe Temperaturfestigkeit macht Siliziumkarbid für feuerfeste Anwendungen (z.B. Heizleiter) oder als Isolator von Brennelementen in Kernreaktoren besonders geeignet. Darüber hinaus ist die Verwendung für sowohl chemisch beanspruchte als auch hochtemperaturbelastete Gleitlager ein weiteres wichtiges Einsatzgebiet. Beispiele sind hoch beanspruchte Chemie- oder Wasserpumpen. Der Werkstoff wird auch für Brennerdüsen und Wärmetauscher von Verbrennungsmotoren und Gasturbinen eingesetzt. Da sich die Nichtoxidkeramik aus einer chemischen Verbindung von Silizium und Kohlenstoff aufbaut, kann Siliziumkarbid auch als Halbleiter in der Elektroindustrie genutzt werden. Hier sind insbesondere hochtemperaturbeständige Schaltkreise und Sensoren zu nennen. Außerdem wird es zur Herstellung blauer LED verwendet. SiC mittlerer Qualität wird zu Schleifpapier verarbeitet.

#### Verarbeitung
Siliziumkarbid wird nach der Verdichtung in der Regel bei Temperaturen zwischen 1900°C und 2200°C, hochreines Siliziumkarbid bei Temperaturen über 2300°C versintert. Das drucklos gesinterte Siliziumkarbid SSiC entsteht beispielsweise aus feinstgemahlenem SiC-Pulver, das mit Sinteradditiven versetzt, im Trockenpressverfahren geformt und bei über 2000°C unter Verwendung eines Schutzgases gesintert werden muss. Ohne Schutzgasumgebung würde der Werkstoff oxidieren, also verbrennen bzw. $SiO_2$ bilden.

#### Wirtschaftlichkeit und Bezeichnungen
Auf Grund der sehr hohen Verarbeitungstemperaturen ist die Herstellung von Formteilen aus Siliziumkarbid kostspielig. Folgende Varianten werden vertrieben:

- *Direkt gesintertes Siliziumkarbid* (SSiC)
- *Heißgepresstes Siliziumkarbid* (HPSiC)
- *Heißisostatisch gepresstes Siliziumkarbid* (HIPSiC)
- *Reaktionsgesintertes Siliziumkarbid* (RBSiC)
- *Reaktionsgesintertes siliziuminfiltriertes Siliziumkarbid* (SiSiC)

#### Alternativmaterialien
Siliziumnitrid, Zirkondioxid, Hochleistungssilikatkeramiken

Bild: Organische Leuchtdioden-Displays (OLED-Displays ↗ KUN). Sie zeichnen sich durch besonders hohe Brillanz und Helligkeit aus./ Foto: Siemens Pressebild

Bild: Keyboard mit blauen LED-Leuchten./ Hersteller: ACCESS

## KER 4.8
## Nichtoxidkeramik – Siliziumnitrid

Innerhalb der Gruppe der Nichtoxidkeramiken zählt das Siliziumnitrid $Si_3N_4$ zum bedeutendsten Vertreter. Vergleichbar mit der Entwicklungshistorie des Siliziumkarbids wurden die Potenziale dieses Konstruktionswerkstoffs in den siebziger Jahren erforscht. Erste Nutzungen sind seit etwa einem Vierteljahrhundert vor allem für Hochtemperaturanwendungen aus dem Elektronikbereich bekannt.

### Eigenschaften
Das Profil von Siliziumnitrid setzt sich aus einer Kombination hervorragender Werkstoffeigenschaften zusammen, die nahezu von keinem anderen keramischen Werkstoff erreicht werden. Im Einzelnen sind dies hohe Härte, hohe Zähigkeit und Festigkeit (vor allem Druckfestigkeit) auch bei extremen Temperaturen und die sehr hohe Verschleiß- und Korrosionsbeständigkeit. Die Eigenschaftswerte sind stabil bis zu Temperaturen zwischen 1100°C und 1400°C. Zudem weist der Werkstoff günstige Gleiteigenschaften auf. Siliziumnitride haben eine mittlere Wärmeleitfähigkeit und dehnen sich unter Wärme nur wenig aus.

| Siliziumnitrid | |
|---|---|
| Eigenschaften | Anwendungen |
| - sehr gute mechanische Festigkeit (vor allem Druckfestigkeit)<br>- hohe Zähigkeit und Härte<br>- gute Thermoschockbeständigkeit<br>- sehr hohe Verschleiß- und Korrosionsbeständigkeit<br>- günstige Gleiteigenschaften | - Wälzlager, Wälzkörper<br>- Ventilsitze, -kegel, -kugeln<br>- Brenner, Schweißdüsen<br>- Werkzeuge |

Abb. 41: nach [9]

### Verarbeitung
Wie bei Siliziumkarbid kann die Herstellung von Siliziumnitrid lediglich auf synthetischem und somit künstlichem Weg erfolgen. Die Formteilerstellung von $Si_3N_4$ basiert auf einem Pulvergemisch aus Siliziumnitrid und Sinterhilfsmitteln. In der Regel findet der Sintervorgang zwischen 1700°C bis 1900°C unter Schutzgas und unter hohem Druck statt. Das Ausgangsmaterial wird verdichtet, und es entsteht ein vernetztes Gefüge mit den beschriebenen Eigenschaften. Durch Nachsintern lassen sich Festigkeit und Oxidationsbeständigkeit verbessern, wenn Additive wie Magnesiumoxid (MgO), Yttriumoxid ($Y_2O_3$) oder Aluminiumoxid ($Al_2O_3$) in der Pulveraufbereitung beigemischt werden (Tietz 1994). Durch Verwendung von Diamantwerkzeugen lassen sich hohe Oberflächengüten mit sehr genauen Endmaßen bei keramischen Bauteilen erzielen.

### Wirtschaftlichkeit und Bezeichnungen
Die Produktion von Bauteilen aus Siliziumnitrid ist wegen der notwendigen hohen Sintertemperatur und des hohen Drucks kostenintensiv. Je nach Herstellungsprinzip werden folgende Varianten unterschieden:

- *Direkt gesintertes Siliziumnitrid* (SSN)
- *Gasdruckgesintertes Siliziumnitrid* (GSSN)
- *Heißgepresstes Siliziumnitrid* (HPSN)
- *Heißisostatisch gepresstes Siliziumnitrid* (HIPSN)
- *Reaktionsgebundenes Siliziumnitrid* (RBSN)
- *Nachgesintertes RBSN* (SRBSN)

SSN und GSSN sind die kostengünstigsten Varianten. Sie weisen allerdings vergleichsweise geringere Festigkeiten auf.

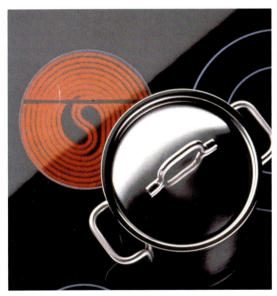

Bild: Kochplatten aus Siliziumnitrid./ Foto: SCHOTT AG

### Verwendung
Siliziumnitrid wird als Hochtemperaturwerkstoff für Schweißdüsen und Brenner sowie als Isolierwerkstoff in der Elektroindustrie eingesetzt. Auch bei dynamischen Prozessen hoch belasteter bewegter Maschinenbauteile und bei der Motorenentwicklung findet der Werkstoff Verwendung. Hier sind vor allem Gleit- und Kugellager, Mahlkugeln, Rollen und auf Fliehkraft beanspruchte Bauteile zu nennen. Siliziumnitrid lässt extreme Temperaturwechselbeanspruchung zu, wodurch es für Heizsysteme im Industrie- und Haushaltsbereich (z.B. Kochplatten) und für Hochtemperaturgasturbinen besonders geeignet ist. Wegen der Beständigkeit gegen viele Nichteisen-Metallschmelzen wird es in der Halbleiterherstellung auch als Tiegelmaterial verwendet.

### Alternativmaterialien
Siliziumkarbid, Zirkondioxid, Hochleistungssilikatkeramiken

## KER 4.9
### Keramische Beschichtungen

Die Verschleiß- und Korrosionsfestigkeit metallischer Werkstoffe lässt sich durch Aufbringung keramischer Beschichtungen verbessern. Dabei schafft erst der Metall/Kermik-Verbund für spezielle Anwendungsfälle die Möglichkeit einer wirtschaftlichen Formteilproduktion in Verbindung mit den notwendigen Materialeigenschaften.

*Eigenschaften*
Die Schichten werden auf Bauteilen aus Stahl oder Aluminium aufgebracht, steigern die chemische Beständigkeit und verringern die mechanische Reibung sowie den Verschleiß. Außerdem isolieren sie gegen elektrischen Strom und wirken wärmedämmend. Dabei übertreffen keramische Schichten meist die Härte und Verschleißfestigkeit von Hartchrombeschichtungen. Zirkondioxid ($ZrO_2$) und Aluminiumoxid ($Al_2O_3$) sind die wichtigsten Beschichtungswerkstoffe. Dicken bis zu 300 Mikrometern sind üblich. Darüber hinaus gehende Werte bis in den Millimeterbereich sind ebenfalls möglich. Zur Erzielung besonderer Eigenschaftsprofile werden verschiedene Beschichtungswerkstoffe kombiniert.

*Verwendung*
Keramische Beschichtungen steigern die Verschleißbeständigkeit vor allem von thermisch hoch belasteten Bauteilen wie Gasturbinenschaufeln. Außerdem tragen sie durch längere Maschinenlaufzeiten zur Kostensenkung bei und steigern die Produktqualität. Weitere Verwendungsgebiete sind die Wärmedämmung, der Strahlenschutz sowie die Elektroisolation. Mit Keramik beschichtete Bauteile werden in der Raumfahrt, im Flugzeugbau, im elektronischen Bereich sowie in Energie- und Chemieanlagen verwendet.

*Verarbeitung*
In der Regel erfolgt die Aufbringung der keramischen Schichten durch thermisches Spritzen BES 4.1. Vor allem wird das Plasmaspritzen mit im Vergleich zu alternativen Verfahren hohen Austrittsgeschwindigkeiten häufig bevorzugt. Schichtdicken von weniger als 10 Mikrometern können durch PVD- oder CVD-Verfahren BES 6.2 aufgebracht werden. Für eine gute Haftung des keramischen Werkstoffs ist die Vorbereitung des Haftgrunds unabdingbar. Verunreinigungen werden entfernt, die Oberfläche aufgeraut. Je nach Anwendungsfall ist zudem eine Nachbearbeitung der Keramikschicht notwendig. Die Verarbeitungseigenschaften der einzelnen keramischen Werkstoffe und die Anwendungsbereiche werden in Tietz 1994 beschrieben.

*Wirtschaftlichkeit*
Keramische Beschichtungen verlängern die Standzeit (Lebensdauer) metallischer Bauteile, verringern die Wartungskosten erheblich und senken die Häufigkeit von Betriebsausfällen.

*Alternativmaterialien*
Molybdän oder Nickel-Chrom Legierungen für den Gleit- und Verschleißschutz, Zinn- und Aluminiumlegierungen, Polyamid für den Korrosionsschutz

## KER 5
## Eigenschaftsprofile der wichtigsten Keramiken

### Keramische Werkstoffe in der Übersicht

| Bezeichnung (Typ) | Dichte $\rho$ (kg/dm³) | Längenausdehnungs- koeffizient 30…1000°C $\alpha_l$ (10⁻⁶ · 1/K) | Wärmeleitfähigkeit $\lambda$ bei 20…100°C (W/m·k) | max. Anwendungs- temperatur, (°C) belastungsabhängig | Biegefestigkeit min. (N/mm²) | E-Modul (N/mm²) | Härte (HV) (10³ N/mm²) | für mechanische Anwendungen |
|---|---|---|---|---|---|---|---|---|
| Teilstabilisiertes Zirkonoxid (PSZ) | 5…6 | 9…13 | 1,2…3 | 900…1 500 | 500…1 000 | 140 000… 210 000 | 12…20 | Sensortechnik, hochbelastbare Teile im Maschinenbau |
| Aluminiumtitanat (AlTi) | 3,0…3,7 | 5,0 | 1,5…3 | 900…1 600 | 25…40 | 10 000… 30 000 | – | Zylinderauskleidungen, Ofenschieber, Portliner |
| Aluminiumoxid 80% (Al₂O₃) | >3,2 | 6…8 | 10…16 | 1 400… 1 500 | 200 | 200 000 | 12…15 | Isolierteile, metallisierbar und hartlötbar für die Elektrotechnik und Elektronik, verschleißfeste Bauteile für Maschinen- und Anlagenbau |
| Aluminiumoxid 86% (Al₂O₃) | >3,4 | 6…8 | 14…24 | 1 400… 1 500 | 250 | 220 000 | 12…15 | – |
| Aluminiumoxid 95% (Al₂O₃) | >3,5 | 6…8 | 16…28 | 1 400… 1 500 | 280 | 220 000… 350 000 | 12…20 | Fadenführer für die Textilindustrie |
| Aluminiumoxid >99% (Al₂O₃) | 3,75… 3,94 | 7…8 | 19…30 | 1 400… 1 700 | 300 | 300 000… 380 000 | 17…23 | Implantate für die Humanmedizin |
| gesintertes Siliziumnitrid (SSN) | 3…3,3 | 2,5… 3,5 | 15…45 | 1 750 | 300…700 | 250 000… 330 000 | 4…18 | Hochtemperaturtechnik, Pumpen- und Ventilkomponenten |
| reaktionsgeb. Siliziumnitrid (RBSN) | 1,9…2,5 | 2,1…3 | 4…15 | 1 100 | 80…330 | 80 000… 180 000 | 8…10 | Filtertechnik und Formenbau |
| heißgepresstes Siliziumnitrid (HPSN) | 3,2…3,4 | 3,0… 3,4 | 15…40 | 1 400 | 300…600 | 290 000… 320 000 | 15…16 | Fadenführer, Mahlkugeln, Rollen, auf fliehkraftbeanspruchten Teilen, Düsen, Wärmeaustauscher |
| gasdruck gesintertes Siliziumnitrid (GPSN) | 3,2 | 2,7… 2,9 | 20…24 | 1 200 | 900…1 200 | 300 000… 310 000 | 15,5…16 | belastete Teile in der Hochtemperaturtechnik und im Maschinenbau |
| Aluminiumnitrid (AlN) | 3,0 | 4,5…5 | >100 | 1 750 | 200 | 320 000 | 11 | Substrate, Gehäuse und Kühlkörper |
| drucklos gesintertes Siliziumkarbid (SSiC) | 3,08… 3,15 | 4… 4,8 | 40…120 | 1 400… 1 750 | 300…600 | 370 000… 450 000 | 25…26 | Brennhilfsmittel und Maschinenbau |
| siliziuminfiltriertes Siliziumkarbid (SiSiC) | 3,08… 3,12 | 4,3… 4,8 | 110…160 | 1 380 | 180…450 | 270 000… 350 000 | 14…25 | Gleitringe, Dichtungen, Wälz- und Rollenlager, (höchste Präzision erreichbar) |
| heißgepresstes Siliziumkarbid (HPSiC) | 3,16… 3,2 | 3,9… 4,8 | 80…145 | 1 700 | 500…800 | 440 000… 450 000 | 14…29 | hoch belastbare Präzisionsbauteile im Maschinenbau (z.B. Düsen, Wärmetauscher, tragende Teile) |
| heißisostatisch gepresstes Siliziumkarbid (HPSiC) | 3,16… 3,2 | 3,5 | 80…145 | 1 700 | 640 | 440 000… 450 000 | 14…29 | – |
| rekristalisiertes Siliziumkarbid (RSiC) | 2,6…2,8 | 4,8 | 20 | 1 600 | 80…120 | 230 000… 280 000 | 25 | Brennhilfsmittel, wie Rollen und Balken |
| Borkarbid (B₄C) | 2,5 | 6 | 28 | 700…1 000 | 400 | 390 000… 440 000 | 30…40 | Bearbeitungstechnik und Verschleißschutz |
| **Grauguss (EN-GJL-200)** | 7,85 | 12,0 | – | – | 180 | 200 000 | | (hier zum Vergleich) |

| Bezeichnung (Typ) | Dichte $\rho$ (kg/dm³) | Längenausdehnungs- koeffizient 30…100°C $\alpha_l$ (10⁻⁶ · 1/K) | Längenausdehnungs- koeffizient 30…600°C $\alpha_l$ (10⁻⁶ · 1/K) | Wärmeleitfähigkeit $\lambda$ bei 20…100°C (W/m·k) | Temperatur für Durchgangswider- stand MΩ cm (°C) | Biegefestigkeit unglasiert min. (N/mm²) | für elektrotechnische Anwendungen |
|---|---|---|---|---|---|---|---|
| Quarzporzellan (C 110) | 2,2 | 3…6 | 4…7 | 1…2,5 | 350 | 20 | Chemische Technik, Elektrotechnik, Maschinen- und Anlagenbau |
| Tonerdeporzellan (C 120) | 2,3 | 3…6 | 4…7 | 1…2,6 | 350 | 90 | Hoch- und Niederspannungsisolatoren und -isolierteile auch großer Abmessungen |
| Steatit (C 220) | 2,6 | 7…9 | 7…9 | 2…3 | 530 | 120 | Hoch- und Niederspannungsisolatoren und -isolierteile auch auch für die Elektrowärmetechnik |
| Titandioxid (C 310) | 3,5 | 6…8 | – | 3…4 | – | 70 | Kondensatoren für die Hochfrequenztechnik |
| Cordierit (C 410) | 2,1 | 1…3 | 2…4 | 1,5…2,5 | 400 | 60 | Bauteile z.B. für die Wärmetechnik |
| Berylliumoxid (C 810) | 2,8 | 5…7 | 7…8,5 | 150…220 | 900 | 150 | Isolierteile, auch hartlötbar, Substrate, Vakuumgefäße |
| Magnesiumoxid (C 820) | 2,5 | 8…9 | 11…13 | 6…10 | 1 000 | 50 | Schmelztiegel, Isolierteile |
| Zirkondioxid (C 830) | 5,0 | 8…9 | 10…12 | 1,2…3,5 | 350 | 150 | Hochtemperatur-Isolierteile, Ziehwerkzeuge, Messsonden |

*Abb. 42: nach [11]*

Kapitel KER
*Keramiken*

## KER 6
**Besonderes und Neuheiten im Bereich keramischer Werkstoffe**

### KER 6.1
**Keramikschaum**

*Eigenschaften*
Schäume aus keramischen Werkstoffen bilden meist die Struktur von Polymerschaumstoffen ab und verbinden dabei die Stoff- und Lichtdurchlässigkeit von Schwammstrukturen mit der Festigkeit und Temperaturbeständigkeit von Keramiken.

| Keramikschaum | |
|---|---|
| **Physikalische und mechanische Eigenschaften** | |
| Temperaturbeständigkeit | sehr gut, -50…1000°C |
| Korrosionsbeständigkeit | gut |
| Flammenresistenz | nicht brennbar |
| Gewicht/Dichte | gering, 0,5…1 g/cm$^3$ |
| Kratzfestigkeit/ Oberflächenbeständigkeit | sehr gut, polierbar |
| Biegefestigkeit/Belastbarkeit | sehr gut, druckfest, verwindungssteif |
| Thermische Ausdehnung | sehr gering |

Abb. 43: nach [11]

*Verwendung*
Keramikschäume bieten wegen ihrer thermisch isolierenden Eigenschaften vor allem Potenziale zur Wärmedämmung von Gebäuden. Darüber hinaus reicht der Einsatzbereich des Schaummaterials bis hin zur Adsorption und Filterung von Umweltschadstoffen (z.B. Dieselrußfilter). Bislang werden Keramikschäume für den Leichtbau verwendet. Erste Ansätze zur Nutzung des Werkstoffs im Möbel- und Designbereich (z.B. Leuchten) sind bereits auf dem Markt. Hierfür werden vor allem die sich aus der Lichtdurchlässigkeit ergebenden optischen Qualitäten genutzt.

*Verarbeitung*
Es sind mehrere Verfahrensvarianten zur Herstellung von Keramikschäumen bekannt. Die einfachste Form nutzt einen Polymerschaumstoff, mit dem zunächst die Formgeometrie der gewünschten Bauteilform erstellt wird. Anschließend wird der Schaum in einen Keramikschlicker getränkt. Während des abschließenden Ofenprozesses brennt der Kunststoff aus, die Keramik verfestigt sich. Übrig bleibt eine keramisierte Schaumstoffstruktur geringer Dichte aber hoher Festigkeit.

Eine weitere Möglichkeit sieht die Einbindung einer treibfähigen und Schaum bildenden Substanz in die keramische Ausgangsmasse vor. Während des Erhitzens beginnen die Lösungsmittel in der Substanz zu kochen und bilden Luftblasen, die in der Keramikstruktur bei weiterer Steigerung der Temperatur fixiert werden.

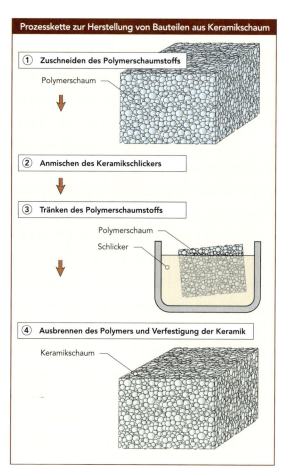

Abb. 44

Bild: Bodenleuchte »Lazy« aus Keramikschaum./
Design: ZOONdesign – Andreas Robertz

*Alternativmaterialien*
Metallschaum im Leichtbau, Glasschaum und Faserstrukturen als Dämmmaterial

## KER 6.2
## Biokeramiken

Unter der Bezeichnung »Biokeramiken« werden alle biokompatiblen keramischen Werkstoffe zusammengefasst, die natürliches Gewebe und Knochen im und am menschlichen Körper ersetzen oder für eine gewisse Dauer ergänzen können. Vor allem aus der Dentalmedizin sind keramische Werkstoffe in Form von künstlichen Gebissen, mit Glaskeramik gefüllten Zementen oder Porzellankronen seit langem bekannt. Zu den bedeutendsten biokeramischen Vertretern zählen Aluminiumoxid, Zirkondioxid, Hydroxylapatit und Bioglas GLA 6.1.

| Biokeramiken und Einsatzgebiete | |
|---|---|
| Biokeramische Werkstoffe | Medizinische Anwendungsgebiete |
| Aluminiumoxid ($Al_2O_3$) | Hüftgelenkskugeln<br>Dentalimplantate<br>Gesichtschirurgie<br>Mittelohrimplantate |
| Zirkondioxid | Hüftgelenkskugel |
| Hydroxylapatit | Orthopädische Implantate<br>Knochenersatz<br>Dentalimplantate<br>Ohrimplantate<br>Wirbelersatz |
| Bioaktive Gläser und Glaskeramiken | Implantate für die Gesichtschirurgie<br>Dentalimplantate<br>Knochenersatz<br>Wirbelersatz<br>Orthopädische Implantate |

*Abb. 45: nach [23]*

### Aluminium- und Zirkondioxid

Hochreines und dichtes $Al_2O_3$ wird schon seit 1974 in Form von Kugeln für *Hüftgelenkprothesen* verwendet. Die Einsatzhäufigkeit im medizinischen Bereich, in der Zahnmedizin und Gesichtschirurgie verdankt Aluminiumoxid der hohen Korrosions- und Abriebbeständigkeit, sowie der hohen Festigkeit und Biokompatibilität. Auffällig ist vor allem die geringe Menge von Abriebpartikeln im Vergleich zu metallischen Paarungen, was für Hüftgelenkimplantate von besonderer Bedeutung ist. Seit Mitte der neunziger Jahre wird verstärkt auch Zirkondioxid für Hüftgelenkprothesen verwendet. Gegenüber Aluminiumoxid weist $ZrO_2$ eine höhere Zug- und Biegefestigkeit auf und ist zudem zäher. Weitere Anwendungen werden in Zukunft für den Schulter-, Knie- oder Fingergelenkersatz wahrscheinlich.

| Vergleich der Eigenschaften von $Al_2O_3$, $ZrO_2$ und Knochen | | | |
|---|---|---|---|
| Eigenschaften | $ZrO_2$-TZP | $Al_2O_3$ | Knochen |
| Dichte (g/cm$^3$) | 6,08 | 3,98 | 1,7 - 2,0 |
| Elastizitätsmodul (kN/mm$^2$) | 210 | 380 - 420 | 3 - 30 |
| Druckfestigkeit (N/mm$^2$) | 2000 | 4000 - 5000 | 130 - 180 |
| Zugfestigkeit (N/mm$^2$) | 650 | 350 | 60 - 160 |
| Biegefestigkeit (N/mm$^2$) | 900 | 400 - 560 | 100 |
| Bruchzähigkeit (MN/m$^{3/2}$) | 9 | 4 - 6 | 2 - 12 |

*Abb. 46: nach [23]*

### Hydroxylapatit

Hydroxylapatit (HA) wird den Kalziumphosphaten zugeordnet und ähnelt in seiner chemischen Zusammensetzung dem Aufbau menschlicher Knochen und Zähne (Shackelford 2005). Als Knochenersatz hat sich der Werkstoff bewährt. Vor allem ein rasches Anwachsen natürlichen Gewebes wird durch die spezifische Struktur gefördert. Verbindungen mit hoher Festigkeit können entstehen. Im Vergleich zu metallischen Implantaten verläuft der Heilungsprozess wesentlich schneller. Hydroxylapatit kommt als Festkörper (z.B. Mittelohrimplantat), als Füllmaterial für Knochendefekte oder als Beschichtung im klinischen Bereich zum Einsatz.

*Verarbeitung*

Neben der normalen sintertechnischen Prozesskette werden zur Herstellung von Implantaten und Knochenersatz verstärkt schichtweise generative Verfahren wie das Laserintern und das 3D-Printing untersucht. Vor dem Hintergrund der Möglichkeit zur individuellen Herstellung der Formteile werden große Potenziale gesehen. Darüber hinaus wirkt sich die Porosität generativ erstellten Knochenersatzes positiv auf das Anwachsen menschlichen Gewebes aus (Peters, Klocke 2003).

*Alternativmaterialien*

Biokompatible Kunststoffe, Titan- oder Kobaltlegierungen, Bioglas

*Bild: Zahnersatz aus Keramik.*

## KER 6.3
### Biomorphe Keramik

Die *Bionik* hat sich in den letzten Jahren von einer Ideenfindungsmethode zur Erschließung neuer Produktkonzepte nach dem Vorbild der Natur zu einer eigenen Disziplin entwickelt, die systematisch die Ergebnisse biologischer Evolution untersucht und in innovative Produkte überführt.

Die Nutzung der Oberfläche der *Haifischhaut* zur Verbesserung der Strömungseigenschaften von Bootsrümpfen oder die Verwendung des *Lotusblumeneffektes* zur *Selbstreinigung* von Fahrzeugen oder Dachziegeln KER sind die prominentesten Beispiele für die Potenziale, die sich durch Betrachtung biologischer Zusammenhänge und Überführung in technische Systeme erschließen lassen. Weitere Innovations- und Optimierungspotenziale werden durch bionische Zusammenhänge in den nächsten Jahren erwartet.

Die Ansätze zur Entwicklung biomorpher Keramiken sind ein weiteres Beispiel dafür, wie die Ergebnisse natürlicher Evolution technische Systeme verbessern können. Unter biomorpher Keramik werden Werkstoffe verstanden, deren struktureller Aufbau dem zellularen Gewebe von Pflanzen und Hölzern ähnelt. Ziel einer Vielzahl von aktuellen Forschungsvorhaben ist es, fragil wirkende, natürliche Strukturen mit den hervorragenden Eigenschaften von Keramiken zu kombinieren.

### Verwendung
Biomorphe Keramiken sollen in Zukunft im Bereich der Isolation, als Filtersysteme oder Katalysatoren eingesetzt werden. Einige Anwendungsbeispiele mit hochtemperaturbeständigen SiC- oder $Al_2O_3$-Keramiken wurden bereits vorgestellt. Durch die Kombination von pflanzlicher Struktur und keramischem Eigenschaftsprofil werden für die Zukunft zahlreiche Anwendungsoptionen vorhergesagt.

*Bild: Struktur eines Blatts.*

### Verarbeitung
Zur Herstellung biomorpher Keramiken wird das Porenkanalsystem der zellularen Struktur von Pflanzen oder Hölzern genutzt, das in der Natur für den Transport von Wasser und Nährstoffen zuständig ist. Beim *Bio-Templing* karbonisieren die biologischen Grundmoleküle von Holz (Zellulose, Hemizellulose, Lignin HOL 5.1) zunächst in einem Hochofenprozess bei etwa 1800°C zu einer reinen Kohlenstoffstruktur. Damit es bei der Zersetzung unter Wärme (*Pyrolyse*) nicht zur Verbrennung bzw. Oxidation kommt, erfolgt der Umwandlungsprozess in einer Stickstoffatmosphäre unter Ausschluss von Sauerstoff. Anschließend wird die Kohlenstoffstruktur mit flüssigem Silizium bei 1600°C infiltriert. Das Porenkanalsystem saugt sich voll, und das Silizium verbindet sich mit dem Kohlenstoff innerhalb von 4 Stunden zu Siliziumkarbid. Da in den Porenkanälen nicht reagiertes Silizium übrig bleibt, entsteht ein hochfester Si/SiC-Verbundwerkstoff. Der Vorgang kann mit einer Versteinerung der Holzstruktur verglichen werden.

### Alternativmaterialien
Keramikschaum

## KER 6.4
## Porzellanfolien

Die Porzellanfolie ist ein keramisches Folienmaterial, das im angelieferten Zustand flexibel ist wie Papier und sehr leicht verformt werden kann. Nach der Formgebung werden die Geometrien in einem Brennvorgang bei Temperaturen zwischen 1220°C und 1280°C fixiert und der Grünzustand der Folie in die hochfeste, weiß transparente Porzellanstruktur mit hoher Temperaturbeständigkeit und guten Chemikalienresistenz überführt. Der Werkstoff wirkt elektrisch isolierend und weist eine geringe Wärmeleitfähigkeit auf.

Zur Herstellung des Folienmaterials wird Porzellanmasse mit Bindern und Weichmachern versetzt und in einem patentierten Verfahren dünn auf eine flexible Kunststofffolie aufgebracht.

### Verwendung
Porzellanfolien sind auf Grund der vielfältigen Verarbeitungsmöglichkeiten besonders für den Gestaltungs- und Designbereich interessant. So kann das Material im rein formalästhetischen Bereich für Schmückstücke oder auf Grund der optischen Qualität für Beleuchtungssysteme eingesetzt werden. In der Technik sind Porzellanfolien für die elektrische Isolation oder Wärmeleitung geeignet.

### Verarbeitung
Der Werkstoff lässt sich wie Papier und Karton biegen oder falten und kann mit konventionellen Scheren oder scharfen Klingen geschnitten werden. Mit Stempeln aus Metall, Holz oder Gips lässt sich das Folienmaterial stanzen und prägen, wobei Mindestradien von 4 mm zu beachten sind. Nach Bestreichen mit Wasser ist eine einfachere Verarbeitbarkeit beim Prägen und Biegen zu erwarten. Klebeverbindungen können durch Pressen aufgerauter und angefeuchteter Oberflächen entstehen, die nach dem Brand Schattierungen mit interessanten optischen Eigenschaften entstehen lassen. Auch das Bedrucken und Glasieren von Porzellanfolie ist möglich. Bei der Formgebung muss für das abschließende Sintern ein Schwindmaß von 14% bis 18% eingerechnet werden.

*Bild: Schale aus Porzellanfolie./ Design: Judith Marks/ Foto: Kerafol GmbH*

*Bild: Schmuck aus Porzellanfolie./ Design: Christine Conrad/ Foto: Kerafol GmbH*

### Handelsformen
Im deutschsprachigen Raum ist das Unternehmen Kerafol® als Hersteller für Weichporzellanfolien bekannt. Die Porzellanfolie Keraflex® ist weltweit patentiert. Das sich im Grünzustand befindliche Material ist in Dicken zwischen 0,5 mm bis 1,0 mm erhältlich.

### Keramikpapier
In einem ähnlichen Kontext ist das Verwendungspotenzial von Keramikpapier zu verstehen. Es besteht aus gebrochenen Aluminiumoxidfasern und kann wie gewöhnliches Papier gefaltet und geschnitten werden. Im Vergleich zu glänzendem und glattem, gestrichenem Papier weist es eine höhere Beständigkeit gegenüber äußeren Einflüssen auf, wodurch es kratzfester und alterungsbeständiger ist. Es ist temperaturschockresistent und hat eine geringe thermische Leitfähigkeit, weshalb es für Einsatztemperaturen zwischen 1260–1650°C besonders geeignet ist. Typische Anwendungsbereiche sind der Einsatz als feuerhemmende Schicht für Holz und als Hochtemperatur-Staubfilter. Außerdem wird Keramikpapier zur Reparatur von Ofenkammern verwendet. Keramikpapier ist in Dicken zwischen 0,8 mm und 3,2 mm erhältlich.

*Bild: Leuchte aus Porzellanfolie./ Design: Johanna Hitzler/ Foto: Kerafol GmbH*

*Bild rechts: Tools aus Porzellanfolie./ Design: Marion Höchtl/ Foto: Kerafol GmbH*

*Bild unten: Figuren aus Porzellanfolie./ Design: Johanna Hitzler/ Foto: Kerafol GmbH*

*Kapitel KER*
**Keramiken**

**KER**
**Literatur**

[1] **Bargel, H.-J.; Schulze, G.:** Werkstoffkunde. Berlin, Heidelberg: Springer Verlag, 8. Auflage, 2004.

[2] **Beitz, W; Grote, K.-H.:** Dubbel - Taschenbuch für den Maschinenbau. Berlin, Heidelberg: Springer Verlag, 20. Auflage, 2001.

[3] **Boretius, M.; Lugscheider, E.; Tillmann, W.:** Fügen von Hochleistungs-Keramik. Düsseldorf: VDI-Verlag, 1995.

[4] **Cosentino, P.:** Handbuch der Töpfertechniken. Berlin: Urania-Ravensburger Verlag, 1999.

[5] **Friedl, H.:** Warum? Weshalb? Wieso? 100 Fragen über Porzellan. Marktredwitz: Selbst-Verlag, 11. Auflage, 1983.

[6] **Frotscher, S.:** DTV-Atlas – Keramik und Porzellan. München: Deutscher Taschenbuch Verlag: 2003.

[7] **Hornbogen, E.:** Werkstoff – Aufbau und Eigenschaften von Keramik-, Metall-, Polymer- und Verbundwerkstoffen. Berlin, Heidelberg: Springer Verlag, 7. Auflage, 2002.

[8] **Ilschner, B.; Singer, R.F.:** Werkstoffwissenschaften und Fertigungstechnik. Berlin, Heidelberg: Springer Verlag, 4. Auflage, 2005.

[9] **Informationszentrum Technische Keramik im Verband der Keramischen Industrie e.V.:** Brevier Technische Keramik. Nürnberg: Fahner Verlag, Verband der Keramischen Industrie e.V., 4. Auflage, 1999.

[10] **Jacobs, O.:** Werkstoffkunde. Würzburg: Vogel Buchverlag, 2005.

[11] **Kollenberg, W.:** Technische Keramik – Grundlagen, Werkstoffe, Verfahrenstechnik. Essen: Vulkan-Verlag, 2004.

[12] **Maier, H.R.:** Werkstoffkunde II, Keramik – Leitfaden technische Keramik. Aachen: Lehrstuhl und Institut für Keramische Komponenten im Maschinenbau, RWTH Aachen, 3. Auflage, 1993.

[13] **Merkel, M.; Thomas, K.-H.:** Taschenbuch der Werkstoffe. München, Wien: Fachbuchverlag Leipzig im Carl Hanser Verlag, 2003.

[14] **Michalowsky, L.:** Neue keramische Werkstoffe. Leipzig, Stuttgart: Deutscher Verlag für Grundstoffindustrie, 1994.

[15] **Peters, S.; Klocke, F.:** Potenziale generativer Verfahren für die Individualisierung von Produkten, in: Zukunftschance Individualisierung. Berlin, Heidelberg: Springer Verlag, 2003.

[16] **Schaumburg, H.:** Keramik. Stuttgart: B.G. Teuber Verlag, 1994.

[17] **Sentence, B.:** Atlas der Keramik. Berne: Haupt Verlag, 2004.

[18] **Shackelford, J.F.:** Werkstofftechnologie für Ingenieure. München: Parson Studium, 6. Auflage, 2005.

[19] **Spur, G.:** Keramikbearbeitung. München, Wien: Carl Hanser Verlag, 1989.

[20] **Stattmann, N.:** Ultralight - Superstrong: Neue Werkstoffe für Gestalter. Basel: Birkhäuser Verlag, 2003.

[21] **Tietz, H.-D.:** Technische Keramik – Aufbau, Eigenschaften, Herstellung, Bearbeitung, Prüfung. Düsseldorf: VDI Verlag, 1994.

[22] **Wendehorst, R.:** Baustoffkunde. Hannover: Curt R. Vincentz Verlag, 26. Auflage, 2004.

[23] **Wintermantel, E.; Ha, S.-W.:** Biokompatible Werkstoffe und Bauweisen. Berlin, Heidelberg: Springer Verlag, 1998.

*Bild rechts: »Solid Color« Krüge./ Foto: dibbern*

Bild: Furnier aus Zebrano.

HOL
HÖLZER

*Alphorn, Altar, Angelrute, Architekturmodell, Axtstiel, Backgammonspiel, Balken, Baseballschläger, Baugerüst, Bauklotz, Beichtstuhl, Besenstiel, Betonschalung, Bettgestell, Biegeholz, Bilderrahmen, Bleistift, Blockflöte, Bogen, Bohle, Bohnenstange, Boot, Bootsinnenausbau, Bootsplanke, Bootssteg, Brett, Brücke, Bücherregal, Bühne, Bumerang, Buntstift, Butterfass, Campinganhänger, Cello, Dachbalken, Deichsel, Diele, Didgeridoo, Dübel, Einbaum, Essstäbchen, Fachwerk, Fahnenmast, Faserplatte, Fass, Fassadenelement, Fensterbrett, Fensterrahmen, Fensterladen, Feuerholz, Floß, Flöte, Flügel, Frühstücksbrett, Furnier, Futterkrippe, Galgen, Galionsfigur, Garderobe, Geige, Gehstock, Giebel, Gitarre, Griffelschachtel, Hängebrücke, Harfe, Harke, Hebel, Heugabel, Hocker, Holzeisenbahn, Holzhammer, Holzkeil, Holzlöffel, Holzpantoffel, Holzperle, Holzschmuck, Holzschnitt, Holzwolle, Hütte, Ikone, Innenausbauten, Intarsie, Jalousie, Käfig, Kamm, Karren, Kegel, Kelle, Keule, Kirche, Kirchenbank, Kirchturmuhr, Kiste, Klavier, Kleiderbügel, Klettergerüst, Kochlöffel, Kommode, Kontrabass, Korb, Korken, Kreisel, Krippe, Kruzifix, Kühlwaggon, Kugel, Kuckucksuhr, Kutsche, Ladeneinrichtung, Lanze, Latte, Laube, Lehnstuhl, Leiste, Leiter, Lineal, LKW-Aufbau, Maibaum, Marionette, Maske, Mast, Melkschemel, Mikado, Mühle, Nachtkästchen, Nähkästchen, Oboe, Obstkiste, Paddel, Palette, Palisade, Panflöte, Papier, Pappe, Paravent, Parkbank, Parkett, Pavillon, Pfahl, Pfeife, Pfeil, Pfeiler, Pforte, Pfosten, Planke, Pressspanplatte, Prothese, Pult, Puppenkopf, Rad, Räucherwerk, Regal, Reklametafel, Resonanzboden, Ruder, Ruderboot, Sarg, Schachfiguren, Schachbrett, Schale, Schaschlikstäbchen, Schaukelpferd, Schaukelstuhl, Schemel, Setzkasten, Schiffschaukel, Schiffsrahmen, Schiffstür, Schild, Schlitten, Schnitzerei, Schrank, Schreibtisch, Schuh, Schuhspanner, Schulbank, Segelschiff, Seifenkiste, Servierwagen, Ski, Skulptur, Spanplatte, Spazierstock, Speer, Spielzeug, Spindel, Spinnrad, Sportgerät, Staffelei, Staffelstab, Stall, Standuhr, Statue, Steckenpferd, Stelze, Stopfei, Stricknadel, Stuhl, Tabaksdose, Tafel, Teller, Tempel, Theke, Tisch, Tischlerplatte, Tür, Türzarge, Tor, Treppe, Trog, Trommel, Truhe, Vase, Vertäfelung, Viehtränke, Violine, Vogelhäuschen, Wandverkleidung, Wandschrank, Wäscheklammer, Wasserrad, Webstuhl, Werkzeuggriff, Wiege, Wippe, Xylophon, Zahnstocher, Zaun*

*Der Thonet-Stuhl von 1859 gilt als Prototyp des modernen Massenmöbels. Während andere Möbelfabrikanten Mitte des 19. Jahrhunderts noch versuchten, handwerkliche Einzelfertigungsprozesse für die Fabrikation zu etablieren, gelang es M. Thonet, das Bugholzverfahren im Möbelbau zu nutzen. Buchenholzstäbe wurden unter Dampfeinsatz und Druck in geschwungene Formen gebracht HOL 2.3. Das Ergebnis war eine revolutionierende Einfachheit und Eleganz in der Formgebung sowie eine bis dahin unbekannte Exaktheit in der Ausführung. Mit über 100 Millionen verkaufter Exemplare wurde der Thonet Stuhl eines der ersten in Masse gefertigten Produkte weltweit.*

*Bild: Wiener Cafe Stuhl (Nr. 18) aus Bugholz./
Hersteller: Gebrüder Thonet (Werksdesign)*

Holz ist ein natürliches und lebendiges Material, das in Natur und Umwelt einen ganz besonderen Stellenwert einnimmt. Die menschliche Gesellschaft nutzt den Rohstoff seit Urzeiten zur Energiegewinnung und als Baumaterial. Er bildet die Grundlage der Papierherstellung und ist Basismaterial für eine ganze Reihe chemischer Prozessketten. Auf Grund seiner warmen Ausstrahlung und seines individuellen Charakters ist Holz ein beliebtes Material für Wohnraumeinrichtungen und den Möbelbau. Edle Holzarten bieten Möglichkeiten zur Schaffung besonderer Atmosphären, was den Werkstoff für Luxusgegenstände, Innenverkleidungen von hochpreisigen Automobilen oder Yachten stets geeignet gemacht hat. Seine klanglichen Qualitäten erklären die Anwendung im Bereich der Musikinstrumente.

Die leichte Verarbeitbarkeit und das überaus große Angebot an unterschiedlichen Holzarten HOL 4 sind die Gründe dafür, warum gerade Architekten, Designer und Möbelbauer den Werkstoff häufig für Ihre Entwürfe verwenden. Allerdings hat der Raubbau am Naturprodukt Holz in den tropischen Regionen der Erde dazu geführt, dass gerade diese Berufsgruppen ein besonderes Verantwortungsgefühl für den Rohstoff entwickelt haben und seltene Holzarten nur mit Vorsicht verwenden.

Die Umweltproblematik in Verbindung mit dem hohen Gebrauchswert lässt in den nächsten Jahren ein großes Entwicklungspotenzial für Holzersatzwerkstoffe erwarten HOL 5.1, HOL 5.2, um auch in Zukunft eine bewusste und umweltverträgliche Nutzung der lebendigen Eigenschaften des Materials für Gestalter zu ermöglichen.

Vom Aussterben bedrohte Holzarten wie Pockholz, Afrormosia und Rio-Palisander sind in der internationalen Naturschutzbestimmung **CITES** gelistet. Im Abstand von zwei Jahren werden die Listen überarbeitet und die Aufnahme oder Streichung von einzelnen Baumsorten diskutiert (Jackson, Day 2003).

In Anhang I der CITES-Bestimmungen sind die direkt vom Aussterben bedrohten Arten aufgeführt. Jeglicher Handel mit diesen Hölzern, ihren Samen und aus ihnen erstellten Produkten ist verboten. Anhang II bezieht sich auf gefährdete Holzsorten. Legal erworbene Bestände dürfen nur mit schriftlicher Genehmigung exportiert werden. Ebenso ist für die Einfuhr eine Genehmigung erforderlich. Möchte ein Ursprungsland eine bestimmte Holzart schützen, kann es die Aufnahme in den Anhang III beantragen. Das Land erhält dann die Möglichkeit zur Kontrolle der Ausfuhr.

*Bild: »slowwood«, Sessel aus Nussbaum-Furnierholz./
Design: www.UNITEDDESIGNWORKERS.com*

## HOL 1
### Charakteristika und Materialeigenschaften

### HOL 1.1
### Holzarten und deren Einteilung

Auf der Erde existieren etwa 60000 Holzgewächse, von denen rund 10000 in ihren Eigenschaften näher untersucht sind (Spring, Glas 2005) und etwa 300 gewerblich genutzt werden. Die einzelnen Holzsarten werden in Nadel- und Laubhölzer unterteilt.

*Nadelholz* stammt von zapfentragenden Bäumen, deren Vorkommen zu einem großen Teil auf der nördlichen Hemisphäre liegt. Entwicklungsgeschichtlich gesehen sind Nadelhözer älter als Laubhölzer. Ihre Struktur ist daher einfacher aufgebaut. Das Holz zählt zu den Weichhölzern, ist hell gefärbt und preiswerter als Laubholz. Es wird daher überwiegend als Bauholz, für Schreinerarbeiten und in der Papierherstellung verwendet. Die bekanntesten Nadelhölzer sind Tanne, Fichte, Kiefer, Lärche, Eibe, Wacholder oder Douglasie.

Die Struktur von *Laubhölzern* ist im Vergleich zu der von Nadelhölzern wesentlich komplexer. Auffallend ist die Gefäßstruktur, die sich durch kleine Löcher im Holzquerschnitt manifestiert. Laubhölzer sind wesentlich härter als Nadelhözer. Eine Ausnahme bildet Balsa ↗ HOL 4, das botanisch zwar zu den Harthölzern zählt, aber das weicheste aller Holzarten ist. Weitere typische Laubhölzer sind Ahorn, Birke, Eiche, Kastanie, Palisander, Ebenholz, Nussbaum, Buche, Esche, Kirsche, Teak oder Linde.

Aus dem Blickwinkel der europäischen Holzindustrie existiert noch die Nomenklatur der *Tropenhölzer*. Diese ist jedoch nicht alternativ, sondern vielmehr als ergänzende Bezeichnung zu Nadel- und Laubhölzern zu verstehen. Gemeint sind Holzarten mit meist sehr gutem Eigenschaftsprofil aus den tropischen oder subtropischen Regionen (z.B. Mahagoni, Abachi). Einige Tropenhölzer weisen bessere mechanische Eigenschaften auf als die in Europa üblichen Hölzer, sind beständiger gegen Witterungseinflüssen, Pilz- und Insektenbefall und auf Grund ihrer optischen Qualitäten (Farbigkeit, Maserung) beliebt. Ihre Verwendung steht jedoch seit den 1970er Jahren stark in der Kritik.

### HOL 1.2
### Zusammensetzung und Struktur

Als Naturprodukt hat Holz eine enorm hohe Komplexität im Aufbau. Die Materialeigenschaften der einzelnen Holzarten werden daher nicht nur von der jeweiligen Zusammensetzung bestimmt, sondern hängen von der Anordnung und Ausrichtung der einzelnen Holzelemente, Gewebe und Zellen, als dem kleinstem Element, ab.

Im Aufbau besteht Holz je nach Holzart zu 38–51% aus *Zellulose* und zu 24–40% aus zelluloseähnlichen Stoffen. Mit 18–30% bildet *Lignin* den verholzenden und verfestigenden Anteil im Zellulosegerüst (Eckhard et al. 2003).

Die *Entlignifizierung* von Holz ist daher die Grundlage der modernen technischen Zellstoffverfahren zur Produktion des Ausgangsmaterials für die Papierindustrie ↗ PAP 1.1. Bei Nadelhölzern ist der Ligninanteil höher als bei Laubhölzern. Neben den Hauptbestandteilen enthält Holz einige Begleit- und Inhaltsstoffe (ca. 6%) wie Harze, Wachse, Fette, Stärke, Zucker, Phenole, Ligane, Chinone oder Sterine (Wendehorst 2004). Gerbstoffe schützen das Holz vor Pilzbefall und bewirken eine dunkle Färbung bei der Verkernung. Laubhölzer enthalten in der Regel mehr *Gerbstoffe* als Nadelhözer und sind daher beständiger (z.B. Kernholz der Eiche).

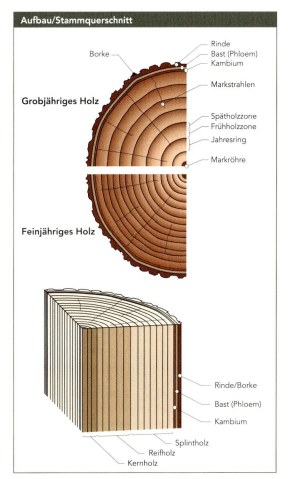

Abb. 1

Die Eigenschaften der Hölzer werden durch die Art des natürlichen Wachstums bestimmt, das je nach Jahreszeit und Klimazone sehr unterschiedlich ausfallen kann. So weisen die sich im Frühjahr bildenden Holzzellen eine geringere Dichte auf als die der späteren Monate und sind leichter und heller in ihrer Erscheinung. Aus den Veränderungen im Wachstum über das Jahr hinweg resultieren die für Bäume charakteristischen Ringe. Hinzu kommt das Phänomen, dass sich die Eigenschaften über das Lebensalter verändern. Optische Qualitäten erhält das Holz insbesondere durch den Faserverlauf, wonach es mal gefleckt, mal gewellt, geaugt oder gestreift sein kann.

*Holz. Der ökologische Rohstoff*

*Holz ist als natürlich regenerierbarer Rohstoff hinsichtlich seines Produktkreislaufs anderen Materialien in vielen Dingen überlegen. Lediglich Wasser und Sonne werden als Energiequellen für das Wachstum benötigt.*
*Es lässt sich leicht und energiesparend bearbeiten und ist recyclebar. Somit gehört Holz zu den ökologisch wertvollsten Materialien.*

*Kapitel HOL*
*Hölzer*

*Holz ist ein natürliches und lebendiges Material.*
Diese Eigenschaften verleihen dem Werkstoff seinen besonderen Reiz und Individualität, verlangen aber auch bei seiner Verwendung besondere Beachtung, da das Holz »arbeitet«.
Holz reagiert auf seine Umwelt. Es verändert im Laufe der Zeit die Farbe und reagiert auf unterschiedliche Luftfeuchtigkeit mit teilweise starken Formveränderungen.

*Schnittholz*
Schnittholz wird durch Sägen parallel zur Stammachse hergestellt.
Es kann scharfkantig geschnitten sein, aber auch Baumkanten haben.

*Schnittholz wird wie folgt unterteilt:*
Balken,
Kanthölzer,
Kreuzhölzer,
Bretter,
Bohlen,
Latten

### Stammeinteilung

**Nadelbaum / Laubbaum**
- Krone / für Brennholz
- Industrieholz / für Papier u. Spanplatten
- Zopfstück / für Kanthölzer (sehr astig)
- Mittelstamm / für Kanthölzer, Bohlen und Bretter (astig)
- Erdstamm / für Bretter, Bohlen und Leimholz (fast astrein und hochwertig)
- Wurzelstock / für Furniere mit Maserung

Abb. 2: nach [22]

Das wertvollste Material für die Holz gewinnende Industrie liegt im Bereich des inneren *Kernholzes*. Es ist sehr kompakt, haltbar und dunkel verfärbt, da die Poren und Gefäße, die ehemals zum Transport von Flüssigkeit dienten, über die Jahre durch Partikel verstopft und undurchlässig wurden. Im Vergleich dazu ist das Material aus dem Bereich der äußeren Schichten, auch *Splintholz* oder *Weichholz* genannt, weicher und heller als das der inneren Bereiche. Typische Kernholz- oder Hartholzbäume sind Lärche, Kirschbaum, Kiefer, Wacholder, Eibe, Eiche, Ulme, Mahagoni, Palisander und Teak. Eine nur schwache Verkernung zeigen die Weichholzbäume Tanne, Erle, Fichte, Birke, Hain- und Rotbuche. Die Mittelachse des Stammes, die so genannte *Markröhre*, wird bei der Holzgewinnung ausgespart. Sie besteht aus meist abgestorbenen Zellen, die häufig von Pilzen befallen sind.

Auf Fehler in der Holzstruktur wie *Ästigkeit*, *Maserungen* und Risse sowie so genannte *Harzgallen* (mit Harz gefüllte Hohlräume) muss bei der Holzverarbeitung besonders geachtet werden.

### Stammschnitte

**Einstieliger Einschnitt**
Nutzung für einen homogenen Querschnitt aus der Stammmitte. Randstücke werden zu Brettern verarbeitet.

**Radialschnitte nach der Drehmethode**
Im Wechsel werden in jedem Stammviertel Schnitte durchgeführt und der Stamm nach jedem Durchgang gedreht. Hierdurch bekommt man formstabile Bretter mit unterschiedlicher Breite.

**Spiegelschnitt**
Diese Bretter verwerfen sich nicht so stark, da die Jahresringe nahezu senkrecht auf der Brettoberfläche stehen.

**Scharfschnitt**
Diese Bretter verwerfen sich beim Trocknen nach außen. Das mittlere Brett ist durch den Kern sehr inhomogen.

**Kreuzschnitt**
Sehr homogene Stücke. Die kleinen Bretter zeigen die radiale Maserung.

**Riftschnitt**
Der Riftschnitt erzeugt Bretter mit stehenden Jahresringen.

**Radialschnitt**
Diese Bretter haben wenig Risse und Verwerfungen. Bei diesem Schnitt entsteht aber großer Materialverlust, wenn man normale Bretter haben möchte.

**Cantibay-Schnitt**
Mit diesem Schnitt erhält man eine größere Anzahl breiter Bretter. Es entsteht wenig Verschnitt, aber die Bretter können sich stärker verwerfen. Wird angewendet, wenn der Kern stark angegriffen ist.

**Viertelschnitt**
Mit diesem Schnitt erhält man formstabile Bretter ohne Verwerfung. Bretter haben eine schöne Maserung und eine gute Qualität.

Abb. 3: nach [1, 6]

## HOL 1.3
### Physikalische Eigenschaften

Die physikalischen und mechanischen Eigenschaften von Holz werden entscheidend von der Rohdichte, dem Feuchtigkeitsgehalt und der Richtung des Faserverlaufs bestimmt. Holz ist ein anisotropes Material. Parallel zur Faser, also in Richtung der Baumachse, weist es die besten Eigenschaften auf. In radialer und tangentialer Richtung nimmt die Qualität ab.

Die kapillar poröse Struktur des Holzwerkstoffs bewirkt eine leichte Flüssigkeitsauf- und abnahme. Neben dem Faserverlauf ist daher der Feuchtigkeitsgehalt für das Eigenschaftsprofil von großer Bedeutung. In trockenem Zustand werden erwartungsgemäß die besten mechanischen Resistenzen erzielt. Durch die hygroskopische Eigenschaft kann jedoch der Feuchtegehalt nur schwerlich konstant gehalten werden. Abhängig vom Flüssigkeitshaushalt der Umgebung ändert er sich, bis eine Homogenisierung mit dem Umgebungszustand erreicht ist: Das Holz arbeitet. Die mechanischen Eigenschaften können dadurch sehr differenzieren, weshalb eine genaue Kenntnis der Veränderungsprozesse besonders wichtig ist (Niemz 1993).

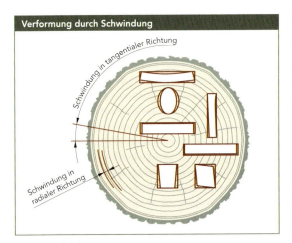

Abb. 4: nach [1]

Mit zu- oder abnehmendem *Feuchtigkeitshaushalt* sind zudem Volumenänderungen zu beachten (*Quellen* oder *Schwinden*). Diese finden bis zur *Fasersättigungsgrenze* statt, die bei etwa 30% liegt. Über diesem Wert bleibt das Volumen konstant. Die Änderungen erfolgen sowohl in radialer (2–4%) als auch in tangentialer Richtung (1,5–2%). In Faserrichtung kann das *Arbeiten* des Holzes vernachlässigt werden. Verformungen und Risse während des Trocknungsprozesses sind auf unterschiedliche Volumenveränderungen in tangentialer und radialer Richtung zurückzuführen. Hölzer sind also besonders dann bei der Verarbeitung beliebt, wenn das Maß der Ausdehnung in diese beiden Richtungen ähnlich stark ausfällt. Hier zeigt *Mahagoni* hervorragende Eigenschaften.

Mit Hilfe einer Hochtemperaturbehandlung, bei der das Holz bis auf 250°C erhitzt wird, kann Rohholz in seinen Eigenschaften gezielt positiv beeinflusst werden. Die hervorgerufene Veränderung im Aufbau der Zellwände bewirkt eine Verringerung der Feuchtigkeitsaufnahme. Das »Arbeiten« des Holzes wird nahezu verhindert, was eine hohe Materialbeständigkeit und verbesserte Verschleißeigenschaften mit sich bringt.

Die Rohdichte einer Holzart (Verhältnis von Masse zu Volumen) ist abhängig von seiner Porosität, also von Anzahl und Größe der Lufteinschlüsse, sowie von der eingeschlossenen Flüssigkeitsmenge. Es kann bei gleicher Holzart daher auf Grund des sich ändernden Flüssigkeitshaushaltes zu unterschiedlichen Dichtewerten kommen. Haltbarkeit und Dichte eines Holzes stehen in engem Zusammenhang. Je höher die Rohdichte, desto dauerhafter und härter ist das Holz. Zu den besonders widerstandsfähigen Holzarten zählen Eiche, Mahagoni und Buche.

| Holzfeuchte bei verschiedenen Bauten | |
|---|---|
| Wassergehalt | Bauwerk |
| 30% | Wasserbauwerk (direkter Kontakt mit Wasser) |
| 25…30% | Tunnel und Stollen (sehr feucht) |
| 18…25% | Gerüste und Verschalungen (feucht) |
| 16…20% | offene Bauten, überdeckt |
| 13…17% | geschlossene Bauten |
| 12…14% | geschlossene, beheizte Bauten |
| 10…12% | geschlossene, immer beheizte Bauten |

Abb. 5: nach [6]

Bild: Nahaufnahme von verwitterten, gebrochenen Holzfasern.

Auch bezüglich der *Entflammbarkeit* sind unterschiedliche Charakteristika zwischen den einzelnen Holzsorten festzustellen. Eine gute Entflammbarkeit geht einher mit einer niedrigen Rohdichte und qualifiziert diese Holzarten als besonders geeigneten Brennstoff. Eine schlechte Entflammbarkeit weist andererseits jedoch auf einen hohen Gebrauchsnutzen als Baustoff hin. Durch eine spezielle Oberflächenbehandlung mit chemischen Substanzen lässt sich die Entflammbarkeit von Holz beeinflussen.

| Brandverhalten von Hölzern | | |
|---|---|---|
| trockenes Holz | | feuchtes Holz |
| Holz mit Rinde und Ästen | besser entflammbar als | geschliffenes Holz ohne Rinde |
| vertikale Holzstücke | | horizontale Holzstücke |
| kleine Holzstücke | | große Holzstücke |
| **Entflammbarkeit von Hölzern** | | |
| leicht entflammbar | | Pappel, Kiefer, Tanne, Weide, Erle und fast alle Nadelbäume |
| weniger leicht entflammbar | | Buche, Kastanie, Mahagoni… |
| schwer entflammbar | | Ebenholz, Steineiche, Buchs, Lärche… |

Abb. 6: nach [1]

Die Eigenschaften von trockenem Holz zur Leitung von Wärme und Elektrizität sind als schlecht zu bewerten, steigen jedoch mit zunehmender Holzfeuchte. Holz ist folglich ein sehr guter Wärmeisolator mit einer im Vergleich zu anderen Materialien sehr niedrigen *Wärmeleitzahl* (siehe Abb. 7). Das natürliche Material wird daher vielfach zur Wärmedämmung im Fußbodenbereich eingesetzt. Bei der Auswahl der entsprechenden Holzart ist zu beachten, dass mit steigender Rohdichte die Wärmedämmeigenschaften abnehmen.

| Wärmeleitzahlen | |
|---|---|
| Material | Wärmeleitzahl |
| Aluminium | 238,00 W/mK |
| Eisen | 59,00 W/mK |
| Mauerwerk | 1,00 W/mK |
| Glas | 1,00 W/mK |
| Wasser | 0,23 W/mK |
| Hartgummi | 0,15 W/mK |
| Zement | 0,11 W/mK |
| Holz | < 0,1 W/mK |

Abb. 7: nach [22]

## HOL 1.4
### Mechanische Eigenschaften

Die mechanischen Eigenschaften von Holz werden von der Faserrichtung bestimmt. Parallel zum Faserverlauf fallen sowohl Biege- als auch Zug- und Druckfestigkeit höher aus als in Querrichtung. Ein weiterer wichtiger Einflussfaktor neben der Dichte, den Wachstumsverhältnissen (Standort, Klima) und der Ästigkeit ist der Flüssigkeitsgehalt. Die Festigkeit sinkt ganz entscheidend mit steigender Feuchte. Daher werden die Festigkeitswerte immer mit Bezug zur Holzfeuchte angegeben.

| Festigkeitswerte einiger Holzarten bei 12% Holzfeuchte | | | | | |
|---|---|---|---|---|---|
| Holzarten | Zugfestigkeit längs | quer | Druckfestigkeit längs | quer | Biegefestigkeit quer |
| Tanne | 84 | 2,3 | 40 | — | 62 |
| Fichte | 90 | 2,7 | 43 | 5,8 | 66 |
| Kiefer | 104 | 3,0 | 47 | 7,7 | 87 |
| Lärche | 107 | 2,3 | 47 | 5,0 | 96 |
| Eiche | 90 | 4,0 | 53 | 11,0 | 91 |
| Esche | 160 | 7,0 | 48 | 11,0 | 102 |
| Nussbaum | 100 | 3,5 | 58 | 12,0 | 119 |
| Rotbuche | 130 | 7,0 | 53 | 9,0 | 105 |
| Angaben in N/mm² | | | | | |

Abb. 8: nach [15]

| Einflüsse der Holzfeuchte auf die Festigkeitswerte | | | | | |
|---|---|---|---|---|---|
| u in % (Holzfeuchte) | 0 | 5 | 10 | 20 | 30 | 40 |
| $\sigma_z$ in % (Zugfestigkeit) | 90 | 100 | 95 | 90 | 75 | 70 |
| $\sigma_d$ in % (Druckfestigkeit) | 100 | 85 | 70 | 50 | 35 | 30 |
| $\sigma_b$ in % (Biegefestigkeit) | 90 | 100 | 90 | 60 | 50 | 50 |

Abb. 9: nach [15]

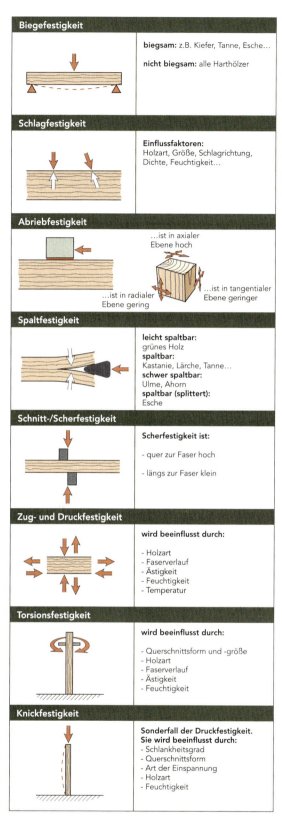

Einige Hölzer (z.B. Esche, Kiefer) weisen eine hohe Biegsamkeit und Bruchfestigkeit auf. Diese Eigenschaften werden vor allem zur Herstellung von Produkten und Gegenständen mit freier Formgebung oder Krümmung im Möbelbereich, für Musikinstrumente und Sportgeräte genutzt. Da sich Holz nach Beendigung einer Krafteinwirkung wieder seiner Ausgangsform anpasst, muss die gewünschte Formveränderung konserviert werden. Der Biegeprozess kann durch Erweichung der Zellwände unter Dampfeinwirkung vereinfacht werden HOL 2.3.

Die Härte eines Holzes gibt dessen Abriebfestigkeit an und meint den Widerstand vor Eindringen von Fremdkörpern (z.B. Nägel, Hobel) und Schmutzpartikeln in die Holzoberfläche. Die Grobporigkeit einer Holzoberfläche ist mitentscheidend für die Schmutzaufnahme und lässt Parkettböden schneller verschmutzen. Sie hat Einfluss auf die Wahl der Bearbeitungstechnik und des Werkzeugs. Wie bei den Festigkeitswerten ist die Härte von der Holzfeuchte, Rohdichte und Faserrichtung abhängig. Sie sinkt mit zunehmendem Flüssigkeitsgehalt.

**Härte von Hölzern: Grundprinzipien/Einteilung**

- Die härtesten Hölzer sind auch die schwersten.
- Kernholz ist härter als Splintholz.
- Grüne Hölzer sind weicher als trockene.
- Faserige Hölzer sind härter als weniger faserige.
- Die gefäßreichsten Hölzer sind die weichesten.
- Die härtesten Hölzer lassen sich am besten schleifen (polieren).

| | |
|---|---|
| sehr hart | Buchsbaum, Ebenholz, Steineiche |
| hart | Kirsche, Ahorn, Eiche, Eibe |
| mittelhart | Buche, Nussbaum, Kastanie, Birne, Platane, Akazie, Mahagoni, Zeder, Esche, Teak |
| weich | Tanne, Birke, Erle, Kiefer, Okoumè |
| sehr weich | Pappel, Linde, Weide, Balsa |

Abb. 11: nach [1]

Abb. 10: nach [1, 6]

Ebenso wird das E-Modul von der Holzfeuchte beeinflusst. Weitere Einflussfaktoren sind die Holzart sowie Richtung und Dauer der Krafteinwirkung. Mit steigendem Feuchtegehalt ist die Neigung zur Verformung größer, während das E-Modul KEN bei zunehmender Dichte ansteigt. Der Einfluss der Temperatur auf die Festigkeitswerte kann im Bereich zwischen -30°C und +30°C vernachlässigt werden (Merkel, Thomas 2003).

Bild: Woodon®
3D-Furnier./ Hersteller: REHOLZ®

## HOL 2
### Prinzipien und Eigenheiten der Holzverarbeitung

Sowohl bei der Einzelanfertigung als auch der Massenproduktion von Holzerzeugnissen unterscheidet man grundsätzlich drei Hauptarbeitsgebiete. In der Phase der Materialaufbereitung wird das Holz gesäubert, abgerichtet und auf die notwendigen Maße zugeschnitten.

Bild: Schnitt durch einen Holzstamm.

Je nach Bedarf werden Bohrungen angebracht und Kanten vorbereitet. Der zweite Schwerpunkt der Holzverarbeitung besteht im Fügen der einzelnen Bausteine zu einem Produkt. Dabei gibt es Möglichkeiten zur Herstellung lösbarer und unlösbarer Verbindungen, deren Erstellung und mechanische Eigenschaften durch konstruktive Maßnahmen unterstützt und optimiert werden können. Die Oberflächenbehandlung steht im Mittelpunkt des dritten Verarbeitungsgangs. Hier werden alle Tätigkeiten und Prozesse zusammengefasst, die mit der Veredelung und Eigenschaftsoptimierung von Holzoberflächen im Zusammenhang stehen (Jackson, Day 1998).

## HOL 2.1
### Materialaufbereitung

Zur Materialaufbereitung von Holz stehen eine Reihe von Werkzeugen und Hilfsmittel zur Verfügung, die für den Umgang mit den besonderen Holzeigenschaften spezielle Eigenheiten aufweisen (Vigue, Maschek-Schneider 2002; Jeremy 1997).

| Übersicht der Verarbeitungsmittel | |
|---|---|
| Messwerkzeuge | Zollstock, Rollmaßband, div. Winkelmaße, Maßstäbe, Holzlineal, Stahllineal, Gehrungsmaß, Stellschmiege, Messschieber, Wasserwaage, Knotenschnur |
| Anreißwerkzeuge | Bleistift, Vorstecher, Streichmaß, div. Zirkel |
| Sägewerkzeuge und Sägemaschinen | Gestell-, Gehrungs-, Fein-, Hand-, Bügel-, Laub-, Handstich-, Furniersäge, Fuchsschwanz, Rücken-, Stich-, Span-, Absatz-, Schweif-, Gratsäge, Tischsäge, Bandsäge, Trennsäge-, Blockbandsäge-, Kreissägemaschine, Format- und Besäumkreissägemaschine, elektr. Stichsäge, Kapp-Tischkombikreissäge, elektr. Tauchsäge, elektr. Schattenfugensäge |
| Schneidwerkzeuge und Schneidmaschinen | Bankhobel (Raubank, Fug-, Schlichthobel, Hobel mit gekrümmter Sohle, Metall- und Zahnhobel) Sims- und Falzhobel (Kehl-, Nut-, Profil- und Federhobel) Ziehklingen-, Schiff-, Schabhobel, Abrichthobelmaschine, Dickenhobelmaschine, elektrischer Handhobel |
| Fräsen | Tisch-, Kantenober-, Ober-, Lamellofräsmaschine, Umleimerfräse, Kunststoff- und Furnierfräse, Kittfräse |
| Werkzeuge mit handgeführter Klinge | div. Stechbeitel, div. Stemmeisen, div. Lochbeitel, div. Hohlbeitel, Meißel |
| Bohren, Schrauben | Reibahle, Schneckenbohrer, Bohrwinde, div. Bohrer, div. Senker, Handbohrmaschine, Schraubendreher, Akkuschrauber, Ständer-Astlochbohr-, elektr. Handbohr-, Wand-Astlochbohr-, Dübellochbohr-, Lochreihenbohr-, Langlochbohrmaschine |
| Hämmer/Herausziehen | Zimmermanns-, Klauen-, Holz-, Kunststoffhammer, Ziegenfuß, Brecheisen, Nagelversenker, Kneifzange, Kombizange, Seitenschneider |
| Pressen, Spannen, Klemmen | Schraubzwinge, Spannknecht, Bandzwinge, Kantenzwinge, Hebelleimzwinge, Stahlfeder, Gehrungszwinge, Spannschraube, Hilfsspannstock, Kanten- und Fugenleimpresse, Leimklammer, pneum. und hydr. Spannwerkzeuge |
| Feilen, Glätten, Schleifen | Holzraspel, Feile, Ziehklinge, Rundfeile, Schabhobel, Schleifpapier, Stahlwolle, Schwingschleifmaschine, elektr. Schleifbock, Band-, Kanten-, Scheiben-, Zylinder-, Breitband-, Handbandschleifmaschine, Winkelschleifer |

Abb. 12: nach [1, 6]

Bild: Holzschreibtisch mit Intarsien.

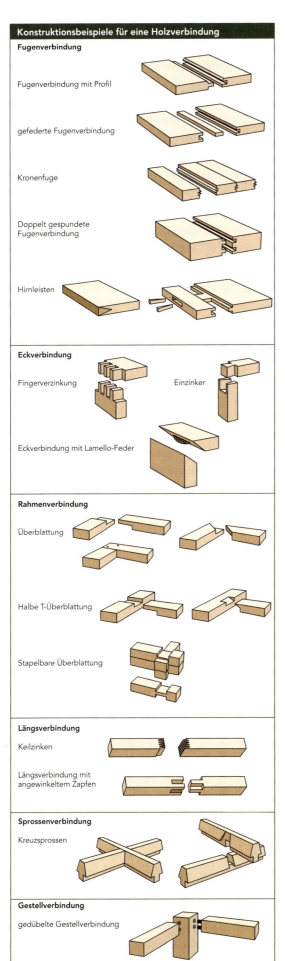

Abb. 13: nach [1, 6]

## HOL 2.2
### Fügen von Holz

Beim Fügen einzelner Holzbauteile muss je nach Anwendung entschieden werden, ob als Ergebnis eine lösbare oder unlösbare Holzverbindung geschaffen werden soll. Lösbare Verbindungen werden durch Verwendung von Verbindungsmitteln erzielt, während die dauerhafte Fixierung einer bestimmten Konstruktion durch Leime oder Kleber erreicht wird (Jackson, Day 1997). Als Neuentwicklung wurde in der Schweiz jüngst das »*WoodWelding*« zum Fügen von Holz eingeführt. Die WoodWelding Technologie bietet eine weitere Möglichkeit, um Holzbauteile mittels Ultraschallenergie zu verbinden (siehe folgende Seite). Mit dieser Technik sollen zukünftig neue Anwendungspotenziale für Holzwerkstoffe erschlossen werden.

Bild: Eckverbindung durch Zinken.

Bild: Fügeverbindung eines Holztisches./ Foto: Garpa

Bild unten: Hocker aus schichtverleimtem Nussbaumholz gedrechselt./ Design: Ray Eames/ 1960 für Time Life Building in New York entworfen/ Hersteller: Vitra

*Kapitel HOL*
**Hölzer**

Holzverbindungen müssen auf die verwendeten Profile und Abmaße abgestimmt und für den entsprechenden mechanischen Einsatzfall ausgelegt sein. Um einen Überblick über die Vielzahl der Verbindungen zu geben, sind in obiger Abbildung die möglichen Konstruktionsarten unterteilt in sechs Hauptgruppen aufgeführt. Die Darstellungen sollen als Anregung zur individuellen Anpassung verstanden werden. Sie zeigen nur einen kleinen Teil aller Möglichkeiten und informieren über die vorhandenen Prinzipien.

### Nicht lösbare Holzverbindungen

Zur Herstellung nicht lösbarer Holzverbindungen stehen in der Holzverarbeitung hauptsächlich Leime oder Kleber zur Verfügung, deren Verwendung keine nachteiligen Gefügeveränderungen der beteiligten Materialpaarungen (Holz mit Holz, Holz mit Kunststoffen, Metallen, Keramik, Stein oder Glas) bewirken. Kleber sind meist flüssige organische Stoffe. Leime werden mit Wasser als Verdünnungs- und Lösungsmittel versetzt (Dunky, Niemz 2002).

*Bild: Schnitt durch eine WoodWelding-Verbindung./*
*Foto: WoodWelding SA*

*Bild: Dübel nach einem Zugversuch./*
*Foto: WoodWelding SA*

| Klebstoffe | |
|---|---|
| Leime/natürlich | **Glutinleime:**<br>- Fugen sind elastisch<br>- nicht feuchtigkeits- und wärmebeständig<br>- nur für trockene Innenräume geeignet<br>**Kaseinleime:**<br>- Fugen sind elastisch<br>- feuchtigkeits- und schimmelbeständig<br>- nicht geeignet für freibewitterte Bauteile<br>- Festigkeit so hoch wie bei Kunstharzleimen |
| Leime/synthetisch | **Montageleime:**<br>- für Holzverbindungen<br>**Furnierleime:**<br>- generell für Furniere<br>**Mischleime:**<br>- feuchtigkeits-und witterungsbeständig<br>- für Innenbauteile und Möbel<br>**Lackleime:**<br>- lösen Nitrolackschichten an<br>- lösen Kunstharzlacke nicht an<br>**Phenolharzleime:**<br>- wasser-, koch-, tropen- und wetterbeständig<br>**Harnstoffharzleime:**<br>- nicht wasser-, koch- und wetterbeständig<br>- kurzzeitig feuchtigkeitsbeständig<br>- wird von Tischlern für das Furnieren gewählt<br>**Melaminharzleime:**<br>- beständig gegen kaltes und warmes Wasser |
| Kleber | **Epoxidharz-Kleber:**<br>- hohe Festigkeit und Elastizität<br>- relativ hoher Preis<br>**Polychloropren-Kleber (Neoprenkleber):**<br>- Ankleben von Kanten<br>- Furnieren von Rundungen/kleineren Flächen<br>- Verkleben von Holz mit Metall, Kunststoff, Gummi und Leder<br>**Polyurethan-Kleber:**<br>- für Beschichtung mit PVC-Folien<br>- feuchtigkeits- und wärmebeständig<br>- Verkleben von Kunststofffolien mit Trägerplatten<br>**Schmelz-Kleber:**<br>- Aufleimen von Kanten aus Furnieren, Kunststoff oder Vollholz<br>- feuchtigkeitsbeständig |

Abb. 14: nach [6]

»Die WoodWelding Technologie bietet eine weitere Möglichkeit, um Holzbauteile mittels Ultraschallenergie ↗ FUE 5.9 zu verbinden. Dabei wird ein thermoplastisches Verbindungselement, z.B. ein Kunststoffdübel, an der Verbindungsstelle in Schwingung versetzt und verflüssigt.

Unter geringem Druckaufwand dringt der Kunststoff in die offenporöse Struktur des Trägermaterials ein und erstarrt. Ergebnis ist eine hoch belastbare Verbindung, die gegenüber Leim- und Klebeverbindungen einen erheblichen Zeit- und Kostenvorteil mit sich bringt. Im Vergleich bietet das Verfahren auch Vorteile in Bezug auf Witterungs- und Vibrationsbeständigkeit.« (WoodWelding SA)

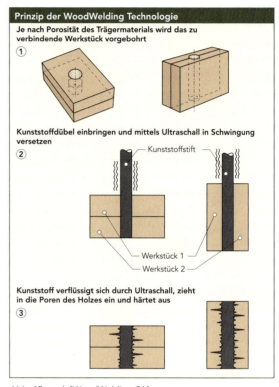

Abb. 15: nach [WoodWelding SA]

### Lösbare Holzverbindungen

Für lösbare Verbindungen stehen die handelsüblichen Mittel zur Verfügung. Die nachfolgende Grafik gibt einen Überblick.

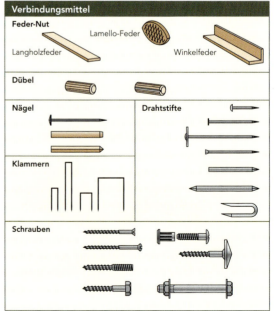

Abb. 16: nach [6]

## HOL 2.3
### Biegen von Holz

Das Biegen von Holz bietet eine sehr gute Möglichkeit zur Herstellung von Freiformflächen im Möbel- oder Schiffsbau. Durch Biegung wird zudem die Strukturfestigkeit von Holz erhöht.

Während dünnes Holz ohne Vorbehandlung gebogen werden kann, ist für dicke Holzprofile und zur Erzielung starker Biegungen die Einwirkung von Wasserdampf erforderlich. Unter Dampf erweichen die Holzfasern. Das Holzteil wird um eine Form gebogen und mit einem Haltebügel fixiert. Dieser presst die äußeren Fasern zusammen und verhindert lokales Ausreißen. Damit nach Entfernen der Haltebügel das Holzbauteil in der gewünschten Form verbleibt, ist je nach Holzart und Dicke des Profils ein Trockungsprozess von bis zu einer Woche erforderlich.

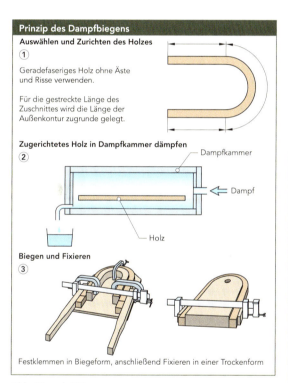

Abb. 17: nach [10]

Dünne Holzstreifen und Furniere lassen sich auch in trockenem Zustand biegen. Zur Herstellung einer begogenen Geometrie werden mehrere Schichten um eine oder mehrere Formen gebogen und mit Befestigungszwingen angepresst. Damit das *Schichtholz* HOL 3.3.3 die Form dauerhaft annimmt, muss es mit Holzleim fixiert werden. Hier bietet sich die Verwendung von **Harnstoffharzleim** an. Dieser bindet langsam ab und ermöglicht somit eine präzise und saubere Fixierung der einzelnen Schichten.

Bild rechts: Paimio Chair aus geformtem Sperrholz und laminierter, massiver Birke./ Hersteller: Huonekalu-ja Rakennustyötehdas Ab, Finnland/ Design: Alvar Aalto

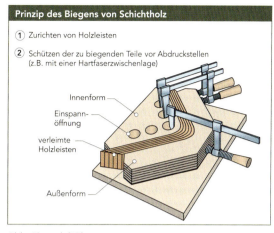

Abb. 18: nach [10]

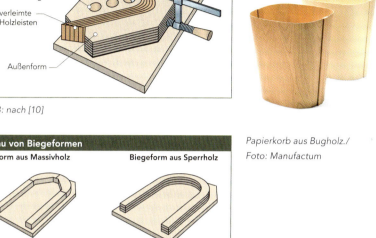

Abb. 19: nach [10]

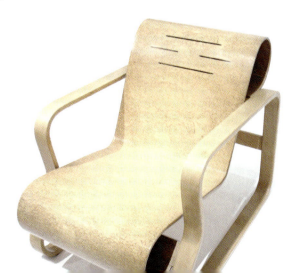

Papierkorb aus Bugholz./ Foto: Manufactum

## HOL 2.4
### Oberflächenbehandlung

**Schleifen**

Zum Schleifen von Holz stehen sowohl natürliche Schleifmittel wie Granit ⬧ MIN 4.2.1 oder Diamant ⬧ MIN 4.5.2 als auch künstliche Schleifmittel wie Siliziumkarbid ⬧ KER 4.7 zur Verfügung. Sie befinden sich zerkleinert als Korngemisch in Schleifpapier/-gewebe und Schleifscheiben. Sowohl Korngröße als auch Härte der Scheiben ⬧ TRE 1.2 zählen als Kriterien für die Wahl der für einen Anwendungsfall optimalen Lösung. Die Härte der Schleifscheibe ergibt sich aus der Kombination von Kornhärte und Kornbindung, die Güte eines Schleifpapiers aus der Unterlage, der Art der Verleimung und dem Schleifkorn.

| Körnung / Verwendung | | | | | | | | |
|---|---|---|---|---|---|---|---|---|
| Körnung | Nummer der Körnung | | | | | | | Anwendung |
| grob | 6 | 8 | 10 | 12 | 14 | 16 | 20 | 24 | Sonderschleifarbeiten |
| mittel | 30 | 36 | 46 | 54 | 60 | | | | 30…46: Entfernen von Leim-, Lack- und Anstrichschichten 54…90: Vorschleifen gehobelter und furnierter Flächen 100…180: Feinschliff |
| fein | 70 | 80 | 90 | 100 | 120 | 150 | 180 | | |
| sehr fein | 220 | 240 | 280 | 320 | 400 | 500 | 600 | 800 | 220…400: Schleifen von Spachtel, Lack und Kunststoffen 500…800: Sonderschleifarbeiten |

Abb. 20: nach [6]

**Grundieren**

Holz wird grundiert, um eine Verfestigung und Füllung der an der Oberfläche befindlichen Holzporen zu bewirken und eine Grundlage für den Verbund zwischen Holzoberfläche und Lack zu schaffen.

**Oberflächenveredelung**

Holzoberflächen können zur Veredelung auf Hochglanz poliert werden. Um gleichmäßige Ergebnisse zu erzielen, müssen die Holzporen zuerst mit Füllstoffen geschlossen werden (Grundierung). Diese bestehen aus einer Kombination von Bindemitteln (z.B. Öl) und Kleinstpartikeln wie *Reismehl* oder *Bimssteinpulver*. Durch Tränken von Holz in Kunstharz kann darüber hinaus vor der Weiterverarbeitung eine Eigenschaftsoptimierung erreicht werden.

**Holz färben**

Es gibt verschiedene Möglichkeiten, die Holzfarbe und somit die Erscheinung von Holz zu verändern. Durch Bleichmittel wie *Wasserstoffperoxid*, *Oxal-* oder *Zitronensäure* lassen sich Holzwerkstoffe aufhellen.

*Beizen* ⬧ TRE 3.4 bedeutet die Veränderung der Holzfarbigkeit unter Einsatz farbgebender Flüssigkeiten und Chemikalien. Dazu muss die Holzoberfläche vor dem Auftrag gesäubert und geschliffen werden. Harzreste sind zu entfernen. Um ein ansprechendes Ergebnis zu erzielen, sollten manche Holzarten vorgebleicht werden.

**Holzbehandlungsmittel im Überblick:**

| Behandl.-mittel | Vorteile | Nachteile | Verwendung |
|---|---|---|---|
| Nitrolack | leichte Verarbeitung, schnelle Trocknung | hoher Lösungsmittelanteil, leicht entflammbar | Innenbereich, bedingt Nassbereich |
| SH-Lack | leichte Verarbeitung, schnelle Trocknung, hohe Beständigkeit | hoher Lösungsmittelanteil, Formaldehydabspaltung, leicht entflammbar | Innenbereich, bedingt Nassbereich |
| Polyurethanlack DD-Lack | hohe Beständigkeit, hoher Lösungsmittelanteil, hohe Abriebfestigkeit | 2-Komponentenmaterial, hoher Lösungsmittelanteil, kurze Topfzeit, leicht entflammbar | Klarlack für Innenbereich, pigmentierte Lacke für Außen- und Nassbereich |
| UV-Lack | gute Beständigkeit, hohe Abriebfestigkeit, geringer Lösungsmittelanteil, geringe Auftragsmengen, schwer entflammbar | kann im Nasszustand Hautreizungen verursachen, hohe Energiekosten bei Aushärtung der Klarlacke und lasierend deckende Farben, nicht alle Farbtöne, Holzaufrauhung | Innenbereich, Nassbereich bedingt |
| Wasserlack | leichte Verarbeitung, gute Beständigkeit, geringer Lösungsmittelanteil, schwer entflammbar, Klarlack nicht vergilbend, hohe Abriebfestigkeit | Holzaufrauung, nicht anfeuernd | Innenbereich, pigmentiert für Außenbereich, Nassbereich |
| Wachs, lösemittelhaltig | leichte Verarbeitung, schnelle Trocknung | muss nach Trocknung poliert werden | Innenbereich |
| Wachs auf Wasserbasis | leichte Verarbeitung, geringer Lösungsmittelanteil | muss nach Trocknung poliert werden | Innenbereich |
| Alkydharzlack | leichte Verarbeitung, transparente Farben, gute Beständigkeit, gute Abriebfestigkeit | hoher Lösemittelanteil | Innen- und Außenbereich, Nassbereich |
| Lasuren | leichte Verarbeitung, transparente Farben, gute Beständigkeit, Feuchtigkeitsaustausch im Holz | hoher Lösemittelanteil | Innen- und Außenbereich, Nassbereich |
| Biolasuren Ökolasuren | leichte Verarbeitung, transparente Farben, gute Beständigkeit, Feuchtigkeitsaustausch im Holz, überwiegend nachwachsende Rohstoffe | hoher Lösemittelanteil | Innen- und Außenbereich, Nassbereich |
| Holz-Öl | leichte Verarbeitung, transparente Farben, gute Beständigkeit, Feuchtigkeitsaustausch im Holz, überwiegend nachwachsende Rohstoffe | hoher Lösemittelanteil | Innenbereich |
| Bio-Lack Öko-Lack | leichte Verarbeitung, gute Beständigkeit, überwiegend nachwachsende Rohstoffe | hoher Lösemittelanteil | Innenbereich |

Bild: Schleifpapier.

Abb. 21: nach [3, 23]

Ein weiteres Verfahren zur Veränderung der Holzfarbigkeit ist das *Mattieren*. Während der dünne Auftrag von Überzugsmitteln wie Schelllackmattierungen oder Harzlacke eine matte bis leicht glänzende, offene Oberfläche bewirkt, erreicht man durch den Auftrag mehrerer Schichten beim Lackieren geschlossene Oberflächenstrukturen und nach Möglichkeit auch Hochglanzeffekte. Als Lackauftragstechniken sind Spritzen BES 1.1, elektrostatisches Lackieren BES 1.2, Tauchen BES 1.3 oder Gießen verbreitet.

Bild: Bootsdeck mit witterungsbeständiger Oberflächenbehandlung.

**Lasuren** bieten gegenüber konventionellen Lacksystemen eine Reihe von Vorteilen. Nach der Behandlung scheinen Farbe und Struktur des Holzes noch durch. Darüber hinaus sind sie wasserabweisend, lassen aber dennoch Feuchtedifferenzen zu. Das Atmen des Holzes wird ermöglicht. Auf Wasser basierende Lasuren sind besonders umweltfreundlich und sehr witterungsbeständig.

### Holzschutz

Als natürliches Material ist Holz dem Befall von Pilzen und Insekten sowie unterschiedlichen Witterungen und Feuchtigkeitsschwankungen ausgesetzt. Zum Schutz vor Veränderung der mechanischen und optischen Eigenschaften dienen *Holzschutzmittel*, die sowohl vorbeugend als auch bei Schädlingsbefall bekämpfend eingesetzt werden können.
Um eine Überbelastung durch Holzschutzmittel zu vermeiden, sollte die Intensität einer Behandlung stets auf den Beanspruchungsfall abgestimmt und entsprechend dosiert werden. Bezüglich der Zusammensetzung, des Anwendungsbereiches und der Wirkung lassen sich vier Hauptgruppen unterscheiden:

- wasserlöslich zur Vorbeugung
- Emulsion zur Vorbeugung
- organisch zur Vorbeugung oder kurativen Behandlung
- Präparate für Spezialanwendungen

Aktiver *Insektenbefall* lässt sich auch durch Heißluft bei 55°C oder mit Begasungsverfahren bekämpfen. Wirkungen und Anwendungsbereiche der einzelnen Holzschutzmittel können der Fachliteratur entnommen werden (Eckhard et al. 2003, Hein 1998, Kempe 2004, Zujest 2003).

| Konstruktive Holzschutzmaßnahmen |
|---|
| 1. Es sollten ausreichende Überdachungen als Schutz vor direkter Wetterbeanspruchung eingebaut werden. |
| 2. Direkt der Witterung ausgesetzte horizontale Flächen sind zu vermeiden. |
| 3. Waagerecht verbautes Holz ist mit 15° abzuschrägen, damit das Wasser abfließen kann. |
| 4. Kanten sollten mit 2 mm Krümmungsradius brechen. |
| 5. Zapflöcher sind anzubohren, damit Wasser ablaufen kann. |
| 6. Schraubenlöcher sollten geschlossen werden. |
| 7. Ein Spritzwasserbereich 30 cm über dem Erdboden ist zu vermeiden. |
| 8. Das Ablaufen von Wasser kann durch eingefräste Tropfnuten beschleunigt werden. |
| 9. Querisolierungen wirken dem Eindringen aufsteigender Feuchtigkeit entgegen. |

Abb. 22: nach [7]

Insekten- und Pilzbefall sowie faulendes Holz lässt sich zur Verwendung am Bau oder bei Garten- und Stadtmobiliar auch präventiv durch konstruktive Maßnahmen vermeiden. Die Beachtung einiger Regeln (siehe Abb.22) verhindert die übermäßige Aufnahme von Feuchtigkeit sowie eine permanente Durchnässung des natürlichen Werkstoffs. Als Faustregel gilt, dass der Feuchtegehalt im Holz nicht dauerhaft über 20% liegen darf.

Bild: Lasiertes Holz.

Bild rechts: Wohnhaus mit Holzschindelfassade./
banz+riecks architekten

## HOL 3
### Holzwerkstoffe

### HOL 3.1
### Massivhölzer

*Massivholz* (auch Vollholz genannt) wird durch Quer- oder Längsschnitte direkt aus Rohholz gewonnen und ist in Eigenschaft und Farbigkeit weitgehend mit dem natürlichen Ausgangsmaterial vergleichbar. Es ist im Handel in konfektionierten Standardmaßen erhältlich.

Das Arbeiten mit Massiv- bzw. *Vollholz* bedeutet für die verschiedenen Anwendungsgebiete die Weiterverarbeitung vorkonfektionierter Profile der Holz verarbeitenden Industrie.

Im Bauwesen werden Massivholzplatten mehrschichtig gefügt oder als Hohlkastenprofile für Leichtbauanwendungen und zur Wärme- und Schalldämmung ausgeführt.

Bei Kauf und Verwendung vorkonfektionierter Ware ist zu berücksichtigen, dass die Standards und Maßangaben länder- oder regionenspezifisch differieren. Die Unterschiede zwischen dem metrischen und angelsächsischen System sind plausibel. Weitere Unterschiede bestehen zwischen den Regionen Skandinavien, Russland und Europa.

Bild: Schale aus Vollholz.

| Übersicht gängiger Profilformen | | |
|---|---|---|
| Bezeichnung | Querschnitt | Verwendung |
| Schattennutprofile 30° | | Profile für Wand-, Decken- und Fassadenverkleidung |
| Softlineprofil (Rundprofil) | | |
| Landhausprofil | | |
| Stabprofil | | |
| Blockhausprofil | | |
| Akustikprofil | | |
| Fasebrett (Faseprofil) | | |
| Stulpschalung | gespundet (mit Nut und Feder) / gefalzt | |
| Schweinsrückenprofil | | |
| Hobeldiele | | Profile für den Fußboden |
| Rauhspund | | |
| Rahmen, Rahmenholz | | Profile für Rahmenkonstruktionen, Möbelbau und viele Heimwerkerarbeiten |
| Glattkantbrett, scharfkantig o. gefast | | |
| Balkonprofil | | Profile für Balkon und Brüstung |
| Latte | | Profile für Unterkonstruktionen |
| Sonderprofile | Auf Wunsch und unter Berücksichtigung gewisser Mindestmengen, fertigen die modernen Hobelwerke auch Spezial- oder Sonderprofile. | |

Abb. 23: nach [22]

| Begriffe der Sägewerkprodukte | |
|---|---|
| Balken | Querschnitt quadratisch oder rechteckig bis zu einem Verhältnis von 1:2 der Querschnittkanten; größte Kante mindestens 20 cm. |
| Battens | Hobeldimensionen von 38 x 100 $mm^2$ bis 100 x 275 $mm^2$ |
| Bauholz | mindestens zweiseitig beschnitten |
| Blockware | (in Süddeutschland Blochware; in der Schweiz Klotzware) unbesäumte Bretter und Bohlen auf Stapelhölzer gestöckert, die stammweise aus einem Rundholzabschnitt erzeugt wurden. |
| Bohlen | wie Bretter, Stärke >35 mm |
| Bretter | Querschnitt flach, rechteckig (bis 35 mm Stärke); Breite i.d.R. ein Vielfaches der Stärke |
| Brettschwarten | Brett mit einer Breitseite aus angeschnittener Waldkante |
| Dimensionsware | Einschnitt gemäß Anforderung des Käufers |
| Halbholz | Balken oder Kantholz, im Kern halbiert |
| Kanthölzer | wie Balken, Abmessungen ab 60 mm bis 180 mm |
| Kreuzholz | Balken oder Kantholz, im Kern geviertelt |
| Latten | Querschnittfläche bis 32 $cm^2$ und max. 8 cm breit Beispiel 24 x 48 $mm^2$ oder 40 x 60 $mm^2$ |
| Listenware | Bauholz, eingeschnitten gemäß Aufmaßliste |
| Rahmen | Querschnitt über 32 $cm^2$, mindestens 4 cm breit aus einem Rundholzabschnitt |
| Rundschwarten | Brett mit einer Breitseite aus Waldkante |
| Spalt-/Trennware | aufgetrennte Bretter oder Bohlen |
| Vorratskantholz | Bauholz in handelsüblichen Abmessungen |

Abb. 24: nach [22]

Durch Wärme- und Druckbehandlung oder Einwirken verschiedener Substanzen können die Gebrauchseigenschaften von Holzwerkstoffen gezielt verändert werden. Neben unbehandeltem Massivholz sind daher auch Vollhölzer auf dem Markt erhältlich, deren spezifische Eigenschaften für spezielle Anwendungen (z.B. feuerbeständig) angepasst wurden.

*Pressvollholz* ist ein Werkstoff aus Laubhölzern, dessen Strukturen unter Einwirkung von Wärme (etwa 160°C) und hohen Drücken verdichtet wurden, so dass Rohdichten von bis zu 1400 kg/$m^3$ entstehen. Das Material ist hochfest und findet selbst beim Bau von Maschinen Verwendung.

Bild: Tablett aus Massivholz./ Hersteller: Ledder Werkstätten/ Foto: Bastian Heßler/ Design: www.UNITEDDESIGNWORKERS.com

Durch Dampfbehandlung ⌁ HOL 2.3 und anschließendes Stauchen entstehen *Formvollhölzer* mit eingebrachter Biegung. Sie werden zur Herstellung gekrümmter Bauteile im Möbel- und Bootsbau genutzt.

Thermisches Vergüten oder Baden in heißem Öl kann die Quell- und Schwindeigenschaften von Vollholz entscheidend verbessern. Die Holzwerkstoffe werden resistenter gegenüber Schädlingsbefall und somit geeigneter für den Einsatz im Außenbereich.

Die Nutzung und Bearbeitung von Vollholz hat folgende Nachteile:

1. Die Herstellung von großflächigen Bauelementen durch Zusammensetzen aus kleinen Profilen ist sehr zeitaufwändig.
2. Die Festigkeitswerte und Eigenschaftsprofile orientieren sich stark an der Faserrichtung.
3. Natürliches Holz arbeitet auf Grund der Veränderungen im Feuchtegehalt. Die Maßhaltigkeit kann negativ beeinflusst werden.

Hinzu kommen Kosten- und Verfügbarkeitsgründe, die die Entwicklung von Holzwerkstoffen als Plattenmaterialien mit sich brachte. Im Handel sind sehr unterschiedliche Formate erhältlich, die sich hinsichtlich ihres Aufbaus, ihrer Struktur und ihres Eigenschaftsprofils stark voneinander unterscheiden. Im Groben gliedert man die Vielzahl der verfügbaren Holzwerkstoffe in Furniere, Lagenholz, Verbundplatten und Holzspan- sowie Holzfaserplatten.

*Bild: Wiener Cafe Stuhl (Nr. 180) aus Bugholz, schwarz gebeizt./ Hersteller: Gebrüder Thonet (Werksdesign)*

*Tränkvollhölzer* sind Holzwerkstoffe, deren mechanische und elektrische Eigenschaften durch Tränken in Kunstharzen, Holzschutzmitteln oder Ölen entscheidend verbessert werden. Neben erhöhten Werten bei Dichte, Festigkeit und Härte weisen sie hervorragende Reibeigenschaften, ein verbessertes hygroskopisches Verhalten und veränderte elektrische Charakteristika auf. Insbesondere *Ölvollhölzer* haben eine große Bedeutung erlangt. *Kunstharzgetränktes Vollholz* ist weitgehend verzugsfrei und lässt sich gut bearbeiten. Es wird für Parkettböden, bei der Bleistiftherstellung und beim Modellbau eingesetzt.

*Bild: Bleistift aus getränktem Vollholz.*

*Kapitel HOL*
*Hölzer*

## HOL 3.2
## Furniere

Furniere zählen zu den ältesten bekannten Holzwerkstoffen überhaupt. Es sind dünne Holzblätter, die durch Schälen oder Messern vom Baumstamm getrennt werden.
Sie werden zu dekorativen Zwecken eingesetzt und sind Ausgangsstoffe für die Herstellung von Lagenholz HOL 3.3 und anderen Verbundkonstruktionen.

*Fotos: Buchenfurniere in einer Presse zur Herstellung eines Schichtholzseitenteils./ Becker KG*

### Einteilung und Eigenschaften
Je nach Art der Anwendung unterscheidet man *Deck-*, *Absperr-* und *Unterfurniere*. Sie weisen im Wesentlichen die Eigenschaften der Hölzer auf, aus denen sie hergestellt wurden. Deckfurniere finden meist als Dekoroberfläche bei Möbeln Verwendung oder werden bei der Herstellung von Holzplatten zur Erhöhung der Festigkeit eingesetzt. Absperrfurniere werden auf Holzplatten aufgeleimt und wirken dem Arbeiten des Holzes (Quell- und Schwindvorgänge) entgegen. Um die Anfälligkeit zur Rissbildung der Deckfurniere bei noch vorhandenen Spannungen im Holz zu verringern, werden Unterfurniere unter den Deckfurnieren aufgebracht. Die Oberflächengüte kann durch die zusätzliche Absperrfunktion des Unterfurniers verbessert und stabilisiert werden.

*Bild rechts: »slowwood«, Sessel aus Nussbaum-Furnierholz./ Design: www.UNITEDDESIGNWORKERS.com*

### Verarbeitung
Furnieren bedeutet das Aufbringen von Furnierschichten auf Werkstoffplatten oder Vollholz. Die Furniere werden zugeschnitten und je nach Leimart warm oder heiß unmittelbar nach dem Auflegen aufgepresst. Entsprechende Pressen sowie Leimauftragsmaschinen und Roller sind hierzu verfügbar. Bei Vollholz, Sperr- und Spanplatten muss immer beidseitig in gleichen Dicken furniert werden, da sich sonst das Material auf Grund ungleicher Spannungen verbiegen kann. Die Faserrichtung der Furniere sollte zudem beim Aufleimen auf Sperrholz immer quer zur Faserrichtung des Sperrholzes liegen. Bei Vollholz ist eine Harmonisierung der Faserrichtungen anzustreben.

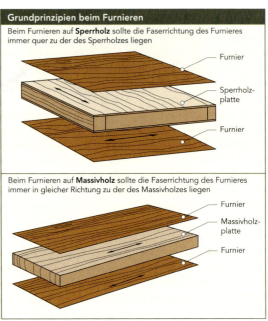

Abb. 25

### Verwendung
Neben der üblichen Form der Verwendung von Furnieren als Dekor- und Absperrschicht kann die Nutzung in Verbindung mit Kunststoffschäumen eine Gewichtsreduzierung von Holzprodukten gewährleisten. Furniere werden hierzu auf einen Holzrahmen aufgebracht und stellen die Seitenwände des dreidimensionalen Gebildes dar. Über spezielle Öffnungen werden die Zwischenräume mit Kunststoff ausgeschäumt. Auf diese Weise lassen sich beispielsweise Stühle mit sehr geringem Gewicht aus einer Kombination von Holzeindruck und Kunststoffschaum herstellen.

*Handelsformen von Furnieren*

Deckfurniere: Laubholz (Dicken: 0,5–0,75 mm)
Nadelholz (Dicken: 0,85–1 mm)
Absperrfurniere: Dicken 1,5–3,5 mm
Unterfurniere: Dicken 0,65–0,8 mm

| Handelsübliche Furnierdicken | |
|---|---|
| mm | Holzart |
| 0,50 | Nussbaum, Mahagoni, Makore, Palisander |
| 0,55 | Ahorn, Birke, Buche, Birnbaum, Kirschbaum, Afromosia, Sen, Teak |
| 0,60 | Eiche, Erle, Esche, Pappel, Rüster, Limba |
| 0,65 | Eiche, Linde, Pappel |
| 0,70 | Abachi |
| 0,90 | Kiefer, Lärche, Fichte |
| 1,00 | Tanne |

*Abb. 26: nach [6]*

## HOL 3.2.1
### Besondere Furnierhölzer

#### Kunstfurniere
Kunstfurniere weisen besondere Muster auf und werden zur Erzielung besonderer grafischer und optischer Qualitäten eingesetzt. Sie können durch Zusammensetzung einzelner Furniere mit auffallenden natürlichen Strukturen oder durch Löchern bei anschließendem Schließen der Durchlässe mittels Bedampfung hergestellt werden (Stattmann 2000).

#### Biegefurniere
Verleimt man Papier auf beiden Seiten mit sehr dünnen, etwa 0,1 mm dicken Furnieren, lässt sich die entstandene Verbundkonstruktion in Faserrichtung bis zu sehr kleinen Radien biegen. Im Modellbau ermöglichen Biegefurniere die Herstellung filigraner Strukturen. Hergestellt werden sie in Japan.

*Bild: Sitzschalen aus Formholz mit unterschiedlichen Edelholz-Deckfurnieren.*

*Bild: Decoflex-Furnier, Echtholz-Furnier auf Spezial-Papierträger./ Foto: modulor*

*Bild: Wasserfestes Formholz Becker belmadur®./ Foto: Becker KG*

# Holz: ein attraktiver Werkstoff

Die Danzer Group ist ein Unternehmen der Holz verarbeitenden Industrie. Seit über 70 Jahren verarbeitet das Unternehmen mit Hingabe und Leidenschaft den Rohstoff Holz. Kein anderes natürliches Material verfügt über einen derart eindrucksvollen Eigenschaftsmix. Die große Vielfalt an Holzarten und Holzprodukten, seine technischen Eigenschaften, die unzähligen Möglichkeiten der Weiterverarbeitung sowie seine hervorragende Ökobilanz machen den Rohstoff Holz so attraktiv.

**Danzer Group: Edle Hölzer für dekorative Zwecke**

Die Danzer Group ist spezialisiert auf Furniere und Schnittholz aus hochwertigen Laubhölzern, die als Oberflächenmaterial für dekorative Zwecke verwendet werden. Das Unternehmen ist weltweit der größte Hersteller von Laubholzfurnieren aus amerikanischen und europäischen Hölzern. Furniere werden überall dort eingesetzt, wo Individualität, Wertigkeit und Natürlichkeit gefragt sind. Möbel mit Furnieroberflächen aus Echtholz wirken im Gegensatz zu Plastikimitaten anmutig und wertig. Durch die einzigartige Holzstruktur spiegeln sie die Schönheit der Natur wider und verleihen Möbeln einen individuellen und hochwertigen Charakter. Dabei lässt sich Holz mit einer Vielzahl von Materialien wie Glas, Edelstahl, Stoff oder Lack kombinieren. Die leichte Verarbeitung und die große Anzahl unterschiedlicher Holzarten sind der Grund dafür, warum Möbelhersteller, Architekten und Designer den Rohstoff Holz nutzen.

*Konzerthaus in Pamplona, Spanien*

**Danzer-Furniere in der Royal Bank of Scotland**

Die zunehmende Bedeutung von Echtholz in der Innenverkleidung von hochwertigen Automobilen sowie für die Innenausstattung von Yachten, Privatflugzeugen oder auch Konzertsälen, Hotels und Banken macht dies deutlich. Seine warme, emotionale Ausstrahlung und seine natürliche Haptik bilden einen spannenden Kontrast zur modernen Technik. So wurde beispielsweise der gesamte Innenausbau inklusive der Möbel, Türen und Wandverkleidungen der neugebauten Zentrale der Royal Bank of Scotland in Edinburgh mit Furnieren von Danzer veredelt.

Anzeige

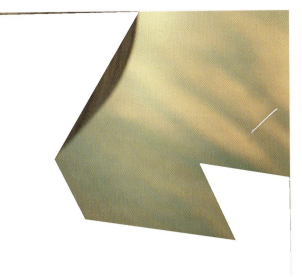

### Produktqualität und Kundenservice

In den vergangenen Jahren hat die Danzer Group erheblich in die Optimierung seiner technischen Anlagen zur Herstellung von Furnieren und Schnittholz investiert. Verbesserte Fertigungstechnik durch selbst entwickelte Produktionsmaschinen und computergestützte Abläufe sichern höchste Fertigungs- und Qualitätsstandards. Die Danzer Group sorgt damit für eine optimale Verwertung der wertvollen Ressource Holz und gewährleistet ihren Kunden die effizienteste Nutzung des Rohmaterials. Neben der Produktqualität rückt der Service immer mehr in den Fokus des Kundeninteresses. Die Optimierung des Kundenservices und die ständige Steigerung des Mehrwertes für die Kunden ist daher ein zentrales Anliegen der Danzer Group.

### Fokus auf Qualität

Die Danzer Group konzentriert sich ausschließlich auf das oberste Qualitätssegment und arbeitet deshalb nur mit den wertvollsten Hölzern, nach denen sie weltweit auf der Suche ist. Seltene Hölzer sind ein kostbarer Rohstoff und müssen bestmöglich genutzt werden. Je nach Herkunftsregion sind für hochwertiges Furnier nur zwischen einem und fünf Prozent aller Bäume eines Waldes geeignet. Jeder Holzstamm wird von Danzer-Experten im Hinblick auf seine Qualität individuell begutachtet. Nur wertvolle Stämme aus nachhaltig bewirtschafteten Wäldern werden für die Produktion genutzt. Durch den Einsatz modernster Produktionstechnologien mit höchsten Qualitätsstandards gewährleistet die Danzer Group die bestmögliche Ausnutzung des wertvollen Rohstoffes.

## HOL 3.3
### Lagenholz

Werden einzelne Furnierschichten zu Platten oder Formplatten verleimt, bezeichnet man den entstehenden Werkstoff als *Lagenholz*. Dieses weist durch Vermeidung von Wuchsfehlern infolge der Schichtung, durch die Verdichtung während der Herstellung sowie durch den Einfluss des Leims größere Festigkeiten und bessere Eigenschaften als Vollholz auf. Für die Verleimung wird Harnstoffharzleim, Phenolharzleim oder Melaminharzleim verwendet. Bei Lagenholz unterscheidet man *Furnierplatten* (Sperrholz), *Schichtholz* und *Kunstharzpressholz*.

Bild: Schubladenschrank aus Sperrholz.

## HOL 3.3.1
### Lagenholz – Furnierplatten (Sperrholz)

Zur Herstellung von Furnierplatten werden Schälfurniere zugeschnitten und unter Einwirkung von Druck und Wärme kreuzweise miteinander verleimt.

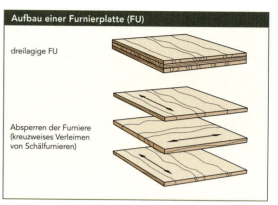

Abb. 27: nach [6]

### Eigenschaften
Durch die Neuanordnung einzelner Holzstreifen werden die nachteiligen Eigenschaften von Naturholz (Faserrichtung, Risse, Äste) vermieden. Vor allem das Arbeiten des Holzes (unerwünschte Dehnungen) wird über gegenseitiges Sperren (daher der Name »Sperrholz«) verhindert. Die Neigung zu Verzug ist gering, wodurch ausgezeichnete Werte bei der Maßhaltigkeit, auch bei klimatischen Veränderungen, erzielt werden können. Auf Grund der Zugabe von Leim und der Anordnung der geschälten Furniere sind Furnierplatten sehr fest und lassen sich mit den gleichen Werkzeugen und Maschinen bearbeiten wie die für Vollholz.

### Handelsformen und Holzarten
Die äußeren Schichten müssen stets eine identische Ausrichtung im Faserverlauf aufweisen. Daher sind Furnierplatten immer in einer ungeraden Anzahl und einer Mindestzahl von 3 Furnierschichten erhältlich (3, 5, 7, 9 oder 11). Lagenholz in Holzarten wie Limba, Rotbuche, Gabun, Fichte, Kiefer, Pappel ist verfügbar.

### Verwendung
Verwendung finden Furnierplatten im Möbelbau sowie in der Baubranche, sowohl für den Innen- als auch für den Außenbereich. Sie werden zudem als Konstruktionselemente in besonderen industriellen Sparten eingesetzt (z.B. Kühlräume).

## HOL 3.3.2
### Lagenholz – Besondere Furnierplatten

Durch die Art der Verleimung, der Anordnung der einzelnen Furniere und der Beschaffenheit der Oberfläche können Furnierplatten für einen speziellen Anwendungsfall vorbereitet und hergestellt werden. So sind Platten mit Oberflächen zur Schalldämmung und Schusshemmung, zum Schutz vor Insektiziden und mit besonderen Eigenschaften für die Verwendung in der Baubranche auf dem Markt erhältlich. Furnierplatten können bezüglich ihrer Erscheinung spezielle Veredelungen (z.B. Lackierungen) erfahren oder für eine besondere Verwendung ausgelegt werden. So können sowohl Platten mit feuerfesten Eigenschaften als auch mit Antirutsch- oder wasserabweisenden Beschichtungen hergestellt werden. Für Designer und Entwickler von besonderem Interesse sind *Multiplex-* und *Baufurnierplatten*.

### Baufurnierplatten
Durch Tränken in Kunstharz weisen Baufurnierplatten (*BFU-Platten*) eine höhere Festigkeit, vor allem gegen Biegung, als konventionelle Furnierplatten auf. Wegen ihrer hohen Verschleißresistenz sind sie insbesondere für Anwendungen im Bau- und Transportwesen geeignet.

### Multiplexplatten
Multiplexplatten sind Furnierplatten mit einer großen Anzahl von Furnierlagen.

*Bild: Tisch aus Multiplex.*

Auf Grund der Dicke von bis zu 80 mm werden sie insbesondere im Modell- und Werkzeugbau als auch für die Möbelherstellung verwendet. In Zukunft soll Multiplex auch als Material für Dämmplatten genutzt werden.

*Bild: Schallabsorbierende Holzplatten, Spanplatte mit gelochter Beschichtung.*

### HOL 3.3.3
### Lagenholz – Schichtholz

Anders als bei Furnierplatten, die aus kreuzweise verleimten Einzelfurnieren bestehen, sind bei Schichtholz die Lagen überwiegend gleichgerichtet.

*Eigenschaften*
Sinn dieser Anordnung ist die Erzielung besonders guter mechanischer Eigenschaften in Faserrichtung. Lediglich bis zu 15% der Furnierlagen dürfen zur Stabilisierung der Zugfestigkeit in Querrichtung ausgerichtet werden.

*Verwendung*
Anwendungsbereiche für Schichtholz sind vor allem dort zu finden, wo hohe Zug- und Biegebeanspruchungen gefordert sind (z.B. Modellbau, Sportgeräte).

*Handelsformen*
Schichtholz ist in Dicken von 4–100 mm erhältlich und kann mit den in der Holzbearbeitung üblichen Werkzeugen und Maschinen bearbeitet werden.

Bild: Massivholz in Schichten verleimt, Detailansicht./ Weltstadthaus in Köln, Peek & Cloppenburg / Architektur von Renzo Piano

Bild: Innenansicht des Weltstadthauses in Köln. Durch die gespannte Form der Holzträger wird die geschwungene und elegante Glasfassade ermöglicht./ Weltstadthaus in Köln, Peek & Cloppenburg / Architektur von Renzo Piano

### HOL 3.3.4
### Lagenholz – Besonderes Schichtholz

In den letzten Jahren hat die Verwendung neu entwickelter Schichthölzer wie *LVL* und *PSL* auf Grund der guten Eigenschaftsprofile und der guten Verfügbarkeit an Bedeutung gewonnen. Sie zählen zu den *Engineered Wooden Products*, einer Gruppe von Holzwerkstoffen, die für den Ersatz von Vollholz entwickelt wurden ↗ HOL 5.2.

### HOL 3.3.5
### Lagenholz – Kunstharzpressholz

Durch Verpressen von Holzfurnieren (z.B. Rotbuche) unter hohem Druck und hoher Temperatur und Zugabe von Polymerharz (8%–30%) können die Festigkeitseigenschaften von Lagenholz soweit verbessert werden, dass es als Ersatzwerkstoff für Metalle genutzt werden kann.

*Eigenschaften*
Das stabilisierende und dichtende Harz durchtränkt die Holzstruktur und bewirkt, dass die Poren geschlossen und die Zellwände dauerhaft und sicher miteinander verbunden werden. Zudem ist Kunstharzpressholz wasserabweisend, beständig gegen Öle und schwache Säuren und lässt sich gut bearbeiten. Durch die Verwendung von Harz ist das Holz bräunlich eingefärbt und weist auf Grund der Verpressung eine glatte Oberfläche auf.

*Verwendung*
Die Verwendung von Kunstharzpressholz ist besonders interessant bei technischen Produkten, die neben hohem Druck und hoher Verschleißfestigkeit ein geringes Gewicht sowie dämpfende Eigenschaften aufweisen müssen.

Bild: Snowboard aus Kunstharzpressholz./ Hersteller: Lorch boards

Einsatzfelder sind beispielsweise der Flugzeug- und Automobilbau. Kunstharzpressholz wird zur Erstellung von Sportgeräten (Ski- und Snowboardkerne) und im Modellbau genutzt. Außerdem findet es bei der Installation schusssicherer Türen und von Trennwänden Verwendung.

*Handelsformen*
Plattendicken sind erhältlich von 4–100 mm.

## HOL 3.4
## Verbundplatten

Als Verbundplatten wird Sperrholz bezeichnet, das sich aus einer Mittellage und mindestens 2 Absperrdecklagen zusammensetzt. Die Decklagen können aus sehr unterschiedlichen Materialien bestehen. Sie sind so ausgerichtet, dass sie eine Sperrfunktion gegenüber dem Kern einnehmen.

In der Anwendung haben *Tischlerplatten* und *Sperrholz-Türblätter* die größte Bedeutung. Während bei Tischlerplatten die Mittellage aus miteinander verleimten Stäben oder Leisten besteht, die über quer aufgebrachte Furnierplatten abgesperrt werden, weisen Türblätter im Kern eine Füllmasse, eingeschlossen in einem umlaufenden Rahmen, auf.

Abb. 28: nach [6]

### Eigenschaften
Die Neigung von Holz zu arbeiten und sich zu verziehen fällt bei Tischlerplatten durch das kreuzweise Absperren der einzelnen Schichten in alle Richtungen gleichmäßig gering aus, so dass eine gute Maßhaltigkeit erreicht wird. Die Platten lassen sich leicht bearbeiten und furnieren und weisen ein geringes Gewicht auf. In Richtung des Faserverlaufs der Mittelschicht verfügen Tischlerplatten über eine hohe Biegefestigkeit.

Türblätter unterscheiden sich hinsichtlich der Art ihrer Herstellung, der verwendeten Füllmasse und des Aufbaus der Deckschicht. Sie haben in der Regel ein geringes Gewicht und können mit konventionellen Holzwerkzeugen bearbeitet werden.

### Handelsformen und Holzarten
Sowohl Deck- als auch Mittellagen von Verbundplatten können je nach Einsatzfall aus mehreren Materialien bestehen. Zudem sind unterschiedliche Formate auf dem Markt erhältlich.

*Tischlerplatte*
Dicken:  – 13, 16, 19, 22, 25, 30, 38 42, 44 mm
Formate: – 1250 x 1730 mm², 1850 x 5200 mm²
Holzarten der Mittellage:
 – Fichte, Kiefer, Abachi, Okoume, Limba
Holzarten der Decklage:
 – Buche, Fichte, Limba, Okoume, Abachi, Ilomba

*Sperrholz-Türblätter*
Dicken:  – 38, 40 mm
Hohlraummittellage:
 – Pappe-/Papierwaben
 – Holzfaserplattenstreifen, Leisten
oder Füllstoffe:
 – Hohlfaserdämmplatten, Korkplatten, Schaumstoff
Decklage:
 – Furnierplatten, dünne Spanplatten, dünnes MDF

### Verwendung
Verwendungsgebiete für Verbundplatten sind der Möbelbau, Türen, Böden oder Innenausbauten. Darüber hinaus kommen sie im Boots- und Schiffsbau zur Anwendung. Beispiele aus dem Fahrzeugbereich sind Campinganhänger, Kühlwaggons, LKW-Aufbauten oder Verkleidungen für Schienenfahrzeuge. Auch bei der Herstellung von Schildern und Reklametafeln und in der Verpackungsindustrie wird häufig auf Verbundplatten zurückgegriffen.

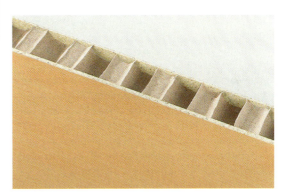

Bild: Verbundplatte mit Wabeneinlage./
Foto: Westag & Getallit AG

## HOL 3.4.1
## Besondere Verbundplatten

In den 80er Jahren wurde in Deutschland untersucht, ob schnell nachwachsender Flachs als Ersatzwerkstoff für Holz als Mittellage in Verbundplatten genutzt werden kann. Bei den damals entwickelten Flachssandwichplatten wurde die Mittellage mit Deckschichten aus MDF oder Pressspan verleimt. Das Entwicklungsvorhaben wurde allerdings in Deutschland eingestellt, so dass man heute dieses Plattenmaterial aus Frankreich oder Rumänien importieren muss.

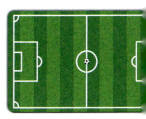

Bild: Frühstücksbrettchen, Resopal®-Schichtstoffplatte. Das Dekor aus bedruktem Papier ist mit Melaminharz verpresst./
Hersteller: REMEMBER®-Products

## HOL 3.5
### Holzspan- und Holzfaserplatten

Holzspan- oder -faserplatten bestehen aus Spänen oder Fasern, die unter Einwirkung von Wärme mit einem Kunstharzbinder verpresst werden. Als Rohstoffe kommen Abfallholz und preisgünstige Holzarten zum Einsatz. Die Dichte des Werkstoffs wird durch die Höhe des Druckes im Herstellungsprozess bestimmt.

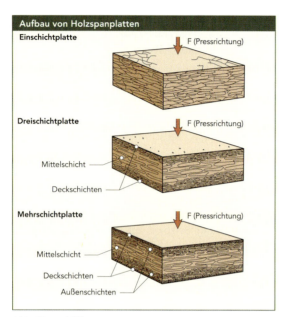

Abb. 29: nach [6]

### Eigenschaften

Auf Grund der nicht orientierten Anordnung der Späne und Fasern ist bei Holzspan- oder -faserplatten eine weitaus höhere Formstabilität zu erkennen als bei Sperrholzplatten. Die mittlere Dichte des Werkstoffs lässt sich durch den Pressdruck zwischen 450 kg/m³ und 750 kg/m³ einstellen. Durch die Einlagerung der Holzbestandteile in Harz sind die Werkstoffe resistent gegen Schimmel und Pilzbefall. Darüber hinaus können weitere Zusätze (z.B. Zement) das Eigenschaftsprofil erheblich verändern. Es existieren feuchtgeschützte und schwer entflammbare Varianten. Weiterhin gibt es auch biegbare Faserplatten HOL 3.6.

Holzspan- und -faserplatten lassen sich mit den üblichen Werkzeugen bearbeiten. Sie können sowohl furniert als auch lackiert und beschichtet werden.

### Handelsformen und Holzarten

Span- oder Faserplatten sind in Formaten bis 5,40 m in der Länge und 2 m in der Breite auf dem Markt erhältlich. Die Holzarten Kiefer, Tanne, Fichte, Pappel, Erle, Birke und Buche werden zu Platten verarbeitet.

Bild: Holzspanfaserplatte mit Nut und Feder.

### Verwendung

Auf Grund des kostengünstigen Herstellungsprozesses und des breiten Verwendungsspektrums werden Holzspan- und -faserplatten äußerst rentabel im Möbel- und Baubereich eingesetzt. Typische Anwendungen in Innenausbauten sind Trennwände, Türen und akustisch wirksame Deckenverkleidungen. In zunehmendem Maße werden die Werkstoffplatten auch für Fußböden verwendet.

Bild: Biegbare Holzspanfaserplatte.

## HOL 3.5.1
### Besondere Holzspan- und -faserplatten

### Mitteldichte Faserplatte (MDF)
Zur Herstellung von MDF-Platten werden Holzfasern geringwertiger Hölzer (meist Nadelholz) unter mittleren Drücken und Wärme mit einem synthetischen Klebstoff verpresst. Die Platten weisen in allen Richtungen ein homogenes Gefüge auf und können leicht bearbeitet werden, sind aber spröde. Die Dichte beträgt 600 kg/m$^3$ bis 900 kg/m$^3$ bei einer glatten, lackierbaren Oberfläche. Anwendungsgebiete sind beispielsweise die Herstellung von Bilderrahmen und Möbeln (Schrankwände). Nachteilig wirkt sich aus, dass das Plattenmaterial nicht wasserfest ist, quillen kann und im schlechtesten Fall zerfasert. Besonders vorbehandelte Platten sind feuerfest und resistent gegen Schädlingsbefall. MDF-Platten sind bis zu einer Dicke von 50–60 mm und in unterschiedlichen Farben erhältlich.

Bild: Bilderständer aus schwarzem MDF./
Hersteller: Ledder Werkstätten für BOESNER/
Design: www.UNITED**DESIGN**WORKERS.com

### Hartfaserplatte (HDF)
Im Vergleich zur MDF- sind HDF-Platten stärker verdichtet und weisen daher eine Rohdichte auf, die über einem Wert von 800 kg/m$^3$ liegt. Sie sind dadurch stabiler, fasern an den Rändern weniger stark aus und sind beständiger gegen Feuchte. Der Herstellprozess ist jedoch kostenintensiver, so dass HDF-Platten vor allem für dünnwandige Profilen eingesetzt werden, für die MDF-Platten nicht die erforderliche Stabilität mitbringen. Die erhältlichen Formate sind in der Regel nicht dicker als 10 mm.

### OSB-Platten (Oriented Strand Board)
OSB-Platten bestehen aus bis zu 80 mm langen und 1 mm flachen Spänen (»strands«), die in der Ebene einer Platte (»board«) orientiert sind. Die Entwicklung dieses Produktes stammt aus Nordamerika, wo Nutzung und Aufkommen von starken Nadelhölzern aus Naturwäldern durch die Etablierung großflächiger Nationalparks an Grenzen gestoßen sind. Daher wurde versucht, Plattenmaterialien zu konzipieren, mit denen unter Ausnutzung von Resthölzern ein großflächiger Verbau möglich erscheint  HOL 5.2. OSB-Platten bestehen meist aus 3 bis 5 miteinander verleimten Schichten. Sie lassen sich wie Vollholz schrauben, nageln und bohren, haben ein vergleichsweise geringes Gewicht und weisen eine fast so hohe Biegefestigkeit auf wie MDF. Die Platten sind in Dicken von 8 mm bis 22 mm erhältlich. Sie werden zur Füllung von Wandkonstruktionen und für Fußbodenbeläge verwendet. Immer häufiger kommen OSB-Werkstoffe auch im Innenausbau zur Anwendung.

Bild: OSB-Platten.

### Formspanholz
Spanholz kann auch während der Verarbeitung als breiiges Gemisch aus Spänen und Kunstharz in dreidimensionale Formen eingebracht werden. Die so entstehenden Produkte werden in aller Regel wie im Kunststoffspritzguss hergestellt. Innerverkleidungen von Fahrzeugen können auf diese Weise ebenso entstehen wie Gehäuse für Haushalts- und Hifi-Geräte.

Bild unten: Becher aus spritzgegossenem Formspanholz.

---

*Beschichtete Holzplatten*
*Für dekorative Zwecke existieren eine Vielzahl von beschichteten (z.B. mit Kunststoff) Holzfaserplatten*  *BES 2.2 Randspalte.*
*Die Oberflächen können mit unterschiedlichen Materialien beschichtet werden oder verschiedenfarbig strukturiert sein.*

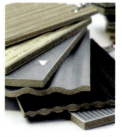

Bild: Beschichtete Reliefplatten.

*HPL (High Pressure Laminate)*
*HPL ist ein spezielles Laminat aus gepressten Holzfasern, die durch Kunstharz verbunden werden.*
*Dadurch ist es extrem steif und besonders dauerhaft mit beständigen Eigenschaften.*

# Lifestyle, Trends und handwerkliche Tradition

Wer Haus, Küche, Wohn- oder Arbeitsraum mit dekorativen Möbelelementen wie z.B. Arbeitsplatten, Fensterbänken, Möbelfronten und anderen Ausbauelementen verschönern will, der kommt an der Westag & Getalit AG nicht vorbei. Überzeugende Produkte, hohe Qualität, innovative Designideen, eine flexible Fertigung und kurze Lieferzeiten kennzeichnen das Traditionsunternehmen aus Rheda-Wiedenbrück. Als bedeutender europäischer Hersteller von Holzwerkstoff- und Kunststofferzeugnissen bietet er seinen Kunden maßgeschneiderte Lösungen aus einer Hand.

### GetaCore: Funktionalität und Qualität

Bild: GetaCore Terazzo Dekor GCT 235

Die auf Acryl basierende Mineralwerkstoff-Produktlinie der Westag & Getalit AG heißt GetaCore. Sie ist eine elegante Alternative zu traditionellen Werkstoffen wie z. B. Keramik, Granit, Metall oder Holz. Typische Anwendungsfelder sind, neben dem Küchen- und Sanitärbereich, der Innenausbau. Der Werkstoff punktet mit Farbkonstanz und einer fugenfreien Optik. Im Programm sind ca. 50 Dekore als 3 mm -, 9 mm - und 12 mm Plattenmaterial sowie 38 mm dicke Arbeitsplatten. Diese sind nicht nur als Strangware lieferbar, sondern auch fix und fertig konfektioniert. Neben klassischen Naturtönen deckt ihre Farbpalette fast jede Nuance ab. Mit allen Holzbearbeitungsmaschinen lässt sich GetaCore bearbeiten und passgenau konfektionieren, fugenlos verbinden und im Falle von Beschädigungen optisch spurenfrei reparieren.

### Digitaldrucke contra Massengeschmack

Weg vom Massengeschmack – hin zu Individualität: Wenn die Verarbeiter von Holz- und Kunststoffwerkstoffen ihren Kunden etwas Besonderes anbieten wollen, dann dürfen moderne Digitaldrucke nicht fehlen.

Großformatige, digital bedruckte Trennwände, Wand- und Nischenverkleidungen aber auch individuell bedruckte Türen und Tischplatten geben jedem Raum Charakter. Egal, ob ein stimmungsvolles Landschaftsbild, eine packende Fußballszene, lustige Kindermotive in Eigenkreation oder ausdrucksstarke geometrische Muster - dem Kundenwunsch sind kaum Grenzen gesetzt. Weder von der Farbgestaltung noch in den Maßen. Abmessungen bis zu 5200 mm Länge und 1300 mm Breite sind in Schichtstoff möglich. Eine Mindeststückzahl gibt es nicht, Aufträge werden ab ein Stück entgegen genommen.

Der Verarbeiter gibt das zu druckende Motiv (Basis können eine digitale Datei mit mindestens 200 dpi Auflösung, aber auch ein Foto, eine Zeichnung oder Ähnliches sein) seinem Fachhändler, der es an die Westag & Getalit AG weiterreicht. Nach evtl. notwendiger technischer Bearbeitung der Druckvorlage erhält der Verarbeiter schließlich das Labormuster zur Freigabe. Die Lieferzeit der Digitaldrucke beträgt ca. vier Wochen nach Auftragseingang. Sollte es den Auftraggebern an Inspiration fehlen, unterbreitet auf Wunsch auch die Westag-Dekorentwicklung Vorschläge für eine individuelle Flächengestaltung.

Das Basismaterial der Platten besteht aus kunstharzgetränkten Kraftpapieren und an der Oberfläche aus bedruckten oder durchgefärbten Dekorlagen. Die hochwertige Melaminharzversiegelung garantiert langfristig gute Produktqualität. Damit die Oberflächen dauerhaft abriebfest, stoßfest, lichtecht bleiben, wird zum wirkungsvolleren Oberflächenschutz der Druckdekore zusätzlich noch ein schützendes Overlay aufgebracht. Digitaldruckplatten von Westag & Getalit sind hitzebeständig bis 230 Grad Celsius.

## »Studioline« für individuelle Aufgaben

Das Zuschnittprogramm »Studioline« bietet in Ausstattung und Design kompetente Lösungen für alle Anwendungsfälle. Basisprodukt ist wiederum Getalit. Mehr als 100 Dekore stehen in diesem Segment zur Auswahl. Der Aufbau der Getalit-Arbeitsplatte besteht aus einem 38 mm Qualitätsspanplattenträger mit abgerundeter Vorderkante. Die Unterseite ist wasserabweisend beleimt. Es gibt sie konfektioniert bis 4040 mm Länge und 1200 mm Breite. Eckplatten, Ausfräsungen für Ceranfelder, Außenrundungen, Ausklinkungen und andere Passstücke lösen selbst schwierige Planungsprobleme. Integrierte, flächenbündige Spülbecken in verschiedenen Abmessungen sind ebenfalls verfügbar.

Bild: Arbeitsplatte mit PP-Kante / Dekor NU 742

## GetaLan-Dekore für glanzvollen Innenausbau

GetaLan Brillant-Glanz heißt die neue Ausbauplatte (standardmäßig mit den Maßen 4100 mm Länge x 1300 mm Breite x 19 mm Stärke, im Sonderprogramm auch als 16 mm und 25 mm starke Platten). Basismaterial bildet die bereits etablierte, beidseitig direkt beschichtete Spanplatte GetaLan. Ihre veredelte Oberfläche und die kontraststarken Dekore kommen den Wünschen der kreativen Planer und Verarbeiter entgegen. Fünf Uni- und dreizehn Holzdekore in vier Brillant-Glanz-Stilrichtungen zeigen lebhafte Kontraste, mutige Farbstellungen sowie warme Holztöne. Das Abriebverhalten von N bei Druckdekoren und von H bei den Uni-Dekoren erlaubt ein breites Einsatzfeld. Je großflächiger GetaLan verarbeitet werden kann, desto stärker kommt die Oberfläche und ihre Qualität zur Geltung.

Ein eigenständiges und selbstbewusstes Erscheinungsbild zaubert Akzent Avantgarde. Die hier angebotenen Dekore Palisander, Wenge, Eiche, Ahorn Weiß und Rüster schaffen die ideale Grundlage für eine spannende Raumgestaltung. In der Stilrichtung Prägnanter Purismus sprechen Farben eine kompromisslose Sprache: Brillant-Glanz Schwarz, Brillantrot, Lichtgrau, Anthrazitgrau und Rein-weiß.

Noblesse und Charakter kommen in Tradition im Trend zur Geltung. Die Dekore Mahagoni Blume, Kirschbaum Landhaus, Eisbirke Gold und Eisbirke Honig, forcieren, speziell in Kombination mit Stahl oder mit Aluminium, Temperament und Gestaltungskraft. Leichtigkeit und Harmonie vermitteln die Klassische Klarheit-Dekore: Birke geplankt, Ahornblume Gold, Buche elegant Natur, und Buche gestreift rötlich. Kombinationen mit Farbstellungen wie Schwarz oder Grau bieten sich hier an. Ebenfalls neu: die Getalit PrintLine Designholz-Kollektion. PrintLine steht für den Digitaldruck.Holzarten: jeweils drei Farbstellungen von Wurzelholz, Eiche, Palisander, Ahorn, Bambus, Zebrano, Tigerwood, Olive Esche und Multiplex.

## Fensterbänke individuell und praktisch

Besonders Fensterbänke müssen formschön, sicher und »anpassungsfähig« sein. Acht Dekore stehen bei der Fensterbank GetaLit-Classic W zur Auswahl. Die Trägerplatte von 18 mm Stärke sowie einer 18 mm starken Aufdoppelung an der Vorderseite ergeben eine Gesamtdicke von 20/38mm. In der Standardlänge von 4100 mm werden Breiten von 150, 200, 250, 300, 400 und 500 mm angeboten. Durch ihre baufeuchte-beständige Ausführung ist sie sehr widerstandsfähig gegenüber Restfeuchte in Mauerwänden und hoher Luftfeuchtigkeit. Das gilt auch für den Fensterbanktyp GetaLit Forming W mit seinen sechs Dekoren. Kern der GetaDur Fensterbank Classico bildet ein 18 mm Qualitätsspanplattenträger E 1, Oberseite aus 0,3 mm starkem Laminat. Sechs Dekore und Längen von 4100 mm sowie Breiten von 150 bis 500 mm stehen zur Auswahl. Sie lassen sich, wie alle Westag-Fensterbänke, problemlos verarbeiten bzw. anpassen und ohne viel Aufwand sicher montieren.

WESTAG & GETALIT AG
Hellweg 15
DE-33378 Rheda-Wiedenbrück
Telefon 05242-17-5176
Telefax 05242-17-5381
Internet: www.westag-getalit.de
e-Mail: steinbauer@westag-getalit.de

Kapitel HOL
*Hölzer*

Bild: Gubi-lounge chair und Gubi-lounge table aus REHOLZ® 3D-Furnier./ Hersteller: Gubi/ Design: Komplot Design

### HOL 3.6
### Biegbare Werkstoffplatten

Eine hohe Flexibilität und somit die Möglichkeit zur Biegung von Holz kann zum einen durch Verwendung spezieller Sorten (z.B. Holz des Kapokbaumes, Westafrika) innerhalb einer Sandwichstruktur oder aber auch durch einseitiges Schlitzen von Faserplatten erreicht werden. Darüber hinaus sind flexible Gewebestrukturen aus Buche oder Koto bekannt, die auf der Rückseite mit Holzstäbchen verstärkt werden.

*Eigenschaften*
Im ersten Fall bestehen biegsame Holzplatten (übliche Stärken 5–15 mm, Marke: Flexyply®) aus Sandwichstrukturen von 3 bis 5 kreuzweise verleimten Furnierschichten, die in Parallelrichtung zur Maserung leicht zu biegen sind. Sie eignen sich daher sehr gut zur Herstellung von Produkten mit geformten Flächen in zwei Dimensionen.

Eine Neuentwicklung (Markenname: Woodon®) auf dem Gebiet biegsamer Hölzer besteht aus einem 5-Schichten-Furnier-Sandwich, das sich besonders gut dreidimensional verformen lässt. Die Herstellung kugeliger Formen mit Radien von 300 mm bei Materialdicken zwischen 2 mm und 25 mm ist möglich, was das Anwendungsspektrum von Hölzern extrem vergrößert.

Bild oben und unten rechts: Schale aus 3D-Furnier./ Hersteller: REHOLZ®

Bild: links – durch starke Verformung beschädigtes Furnier/ rechts – Woodon®, hergestellt aus 3D-Furnier bei gleichem Verformungsgrad./ Hersteller: REHOLZ®

Das einseitige Schlitzen von Faserplatten mit dem Handelsnamen Topan® (HDF, MDF) bietet eine weitere sehr ökonomische Form, eine bis zur Biegsamkeit mögliche Flexibilität bei der Verwendung von Holz zu erreichen. Anwendung finden Platten mit einer Dicke von 6–9,5 mm, wobei über die gesamte Länge oder Breite im Abstand von wenigen Millimetern Schnitte in das Material eingebracht sind.

Bild: Einseitig geschlitzte Faserplatten in verschiedenen Farben.

Um reproduzierbare Ergebnisse zu erzielen, werden zur Biegung von Hölzern Schablonen verwendet HOL 2.3. Bietet der Einsatz von Sandwichstrukturen noch die Möglichkeit zu einer sehr freien Formgebung ohne notwendige Verleimung, ist dies bei der Verwendung geschlitzter Faserplatten unabdingbar. Um ein optisch ansprechendes Ergebnis zu erzielen, müssen zwei Platten in einer Form stirnseitig aufeinander gepresst und miteinander verleimt werden. Sie verbleiben solange in diesem Zustand, bis der Leim getrocknet und die Formstabilität erreicht ist.

*Verwendung*
Verwendungsgebiete für biegsame Hölzer sind Bootssitze, Inneneinrichtungen, Musikinstrumente, Architekturmodelle, Möbel und Ausstellungsutensilien. 3D-Furniere werden hauptsächlich für Sitzmöbel, Automobil-Interieur und zur Beschichtung von Gehäusen verwendet.

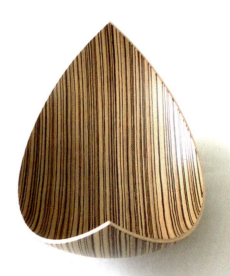

## HOL 4
### Vorstellung einzelner Holzarten

#### Europäische Nadelhölzer (NH)

| Baumart / Rohdichte bei 15%HF (Holzfeuchte) | Erscheinung | Eigenschaften | Verwendung | Beständigkeit | Anmerkung |
|---|---|---|---|---|---|
| Eibe (EIB) 0,66 g/cm³ | Splint gelblichweiß, Kern rötlich, Altersfarbe rotbraun bis orangebraun, dunkelt stark nach | ziemlich hart, schwer, sehr fest, zäh und elastisch, schwindet wenig, gutes Stehvermögen, gut zu trocknen, keine Harzkanäle, mäßig leicht zu bearbeiten, gute Oberflächenbehandlung | Drechsler-, Schnitzerei- und Bildhauerarbeiten, Messwerkzeuge, Musikinstrumente, bedingt Deckfurniere | witterungsfest, beständig gegen Pilz- und Insektenbefall | gehobelte Längsschnittflächen glänzend, schwarz gebeizt gilt sie als »deutsches Ebenholz«, markante Fladerung, sehr dekoratives Holz, Knollenmaserung besonders gefragt |
| Fichte (FI) 0,47 g/cm³ | Splint und Kern gelblichweiß, Altersfarbe gelblichbraun | weich bis mittelhart, mäßig leicht, elastisch und fest, schwindet wenig, gutes Stehvermögen, gut zu trocknen, leicht zu bearbeiten, gut zu beizen und zu imprägnieren | Tischler- und Bautischlerarbeiten, Holzwerkstoffe, Schälfurniere, Industrieholz, Papierherstellung | bedingt witterungsfest, nicht beständig gegen Pilz- und Insektenbefall | gehobelte Längsschnittflächen seidig glänzend, vorhandene Harzgallen sind auszubohren, Astquerschnitte in der Regel oval |
| Kiefer (KI) 0,52 g/cm³ | Splint gelblichweiß bis rötlichweiß, Kern dunkler, dunkelt stark nach | mäßig hart, leicht, elastisch und sehr fest, schwindet wenig, gutes Stehvermögen, gut zu trocknen, leicht zu bearbeiten, ist vor dem Beizen zu entharzen | Möbel- und Bautischlerarbeiten, Fuß- und Parkettböden, Furniere, Sperrholz, Holzwerkstoffe | mäßig witterungsfest, Splintholz nicht beständig gegen Pilz- und Insektenbefall | gehobelte Längsschnittflächen matt bis wachsig glänzend, sehr harzig, häufig vorkommende Harzgallen sind auszubohren, Kiefernholz verblaut |
| Lärche (LA) 0,59 g/cm³ | Splint gelblichweiß bis gelb, Kern rötlichbraun, dunkelt stark nach | mäßig hart, mäßig schwer, elastisch und fest, schwindet wenig, gutes Stehvermögen, gut zu trocknen, leicht zu bearbeiten, nur bedingt beiz- und imprägnierbar | Innen- und Außenarbeiten, Möbel, Deck- und Sperrfurniere | bedingt witterungsfest, unter Wasser sehr dauerhaft, wenig anfällig für Pilz- und Insektenbefall | gehobelte Längsschnittflächen teils matt, teils glänzend, gering harzig, Lärchenholz hat einen aromatischen, angenehmen Geruch |
| Tanne (TA) 0,47 g/cm³ | Splint und Kern weiß bis weißgrau, Altersfarbe rötlichgrau | weich, mäßig leicht, elastisch und fest, schwindet wenig, gutes Stehvermögen, gut zu trocknen, leicht zu bearbeiten, gut zu beizen und zu imprägnieren | Tischler- und Bautischlerarbeiten, Holzwerkstoffe, Schälfurniere, Industrieholz, Papierherstellung | mäßig witterungsfest, nicht beständig gegen Pilz- und Insektenbefall | gehobelte Längsschnittflächen matt, nicht harzig, Astquerschnitte meist rund, Tannenholz hat einen sehr unangenehmen Geruch |
| Weymouthskiefer (KIW) 0,40 g/cm³ | Splint weiß bis hellgelb, Kern gelbbraun, dunkelt stark nach | weich, ziemlich leicht, elastisch und mäßig fest, schwindet wenig, gutes Stehvermögen, gut zu trocknen, leicht zu bearbeiten, schwer zu beizen und und zu imprägnieren | bedingt für Tischler- und Bautischlerarbeiten, Sperrfurniere, Modellholz, mäßig bedingt als Bauholz | mäßig witterungsfest, nicht beständig gegen Pilz- und Insektenbefall | gehobelte Längsschnittflächen matt bis wachsig glänzend, sehr harzig, in vorhandenen Harzgallen sind Harzgallenflicken einzusetzen |
| Zirbelkiefer (KIZ) 0,42 g/cm³ | Splint gelblichweiß, Kern rötlichbraun, dunkelt stark nach | weich, leicht, mäßig elastisch und fest, gutes Stehvermögen, gut zu trocknen, leicht zu bearbeiten, schlecht zu beizen und zu imprägnieren | Innenausbau, Vertäfelungen, Möbel, Furniere, Schnitz- und Modellholz, Fuß- und Parkettböden | bedingt witterungsfest, mäßig beständig gegen Pilz- und Insektenbefall | gehobelte Längsschnittflächen mattglänzend, zahlreiche Harzgänge, auffallend viel verwachsene, kastanienbraune Äste, Astholz weich |

#### Europäische Laubhölzer (LH) / 1

| Baumart / Rohdichte bei 15%HF (Holzfeuchte) | Erscheinung | Eigenschaften | Verwendung | Beständigkeit | Anmerkung |
|---|---|---|---|---|---|
| Ahorn (AH) 0,61 g/cm³ | Holz weiß bis gelblichweiß, Altersfarbe grauweiß | mäßig hart, mittelschwer, fest, elastisch und zäh, schwindet mäßig, gutes Stehvermögen, neigt zum Reißen, ist langsam zu trocknen, gut zu bearbeiten, gute Oberflächenbehandlung | Furniere, Holzwaren, Haushaltsgeräte, Musikinstrumente | nicht witterungsfest, anfällig gegen Pilz- und Insektenbefall, bei falscher Trocknung blaustreifig | gehobelte Längsschnittflächen seidigglänzend, oft welliger Faserlauf, im Radialschnitt kleine, glänzende »Spiegel« sichtbar |
| Birke (BI) 0,65 g/cm³ | Splint weiß bis rötlichweiß, Kern gleichfarben, dunkelt stark nach | hart, schwer, fest, zäh und elastisch, schwindet mäßig, gutes Stehvermögen, mäßig gut zu trocknen, gut zu bearbeiten, gute Oberflächenbehandlung | Tische und Stühle, Fuß- und Parkettböden, Holzgegenstände, Furniere und Sperrholz | nicht witterungsfest, stark anfällig für Pilz- und Insektenbefall | gehobelte Längsschnittflächen mattglänzend, feine Porenrillen, im Radialschnitt gelbliche »Spiegel«, oft dunkelbraune Flecken, »Markflecken«, Faserverlauf unregelmäßig, ausgeprägte flammige Zeichnungen, »geflammt« |
| Birnbaum (BB) 0,74 g/cm³ | Splint blassgrau bis rötlich, Kern gleichfarben, dunkelt bei älteren Bäumen rotbraun nach | hart, schwer, zäh, wenig elastisch, gutes Stehvermögen, schwer zu trocknen, neigt zum Reißen, bedingt gut zu bearbeiten, gute Oberflächenbehandlung | Furniere für Möbel und Innenausbau, Holzgegenstände, Drechslerholz | nicht witterungsfest, anfällig für Pilz- und Insektenbefall | gleichmäßige Struktur, oft »geflammt«, im Radialschnitt zahlreiche feine Poren, gedämpftes Birnbaumholz ist farbintensiver |

Bild: Haushaltsprodukte aus Holz./ Hersteller: Birkmann

# Kapitel HOL
## Hölzer

**Balsaholz**

Balsaholz ist ein im tropischen Amerika wachsender Baum. Das Holz ist sehr leicht und einfach zu bearbeiten. Es ist das weichste aller Holzarten.

### Europäische Laubhölzer (LH) / 2

| Baumart / Rohdichte bei 15%HF (Holzfeuchte) | | Erscheinung | Eigenschaften | Verwendung | Beständigkeit | Anmerkung |
|---|---|---|---|---|---|---|
| Eiche (EI) 0,67 g/cm³ | | Splint grauweiß, schmal, Kern gelbbraun bis lederbraun, dunkelt stark nach | hart, mittelschwer, elastisch, sehr fest, schwindet wenig, gutes Stehvermögen, trocknet langsam, gut zu bearbeiten, bedingt gute Oberflächenbehandlung | Innen- und Außenarbeiten, Bauholz, Fuß- und Parkettböden, Brücken- und Wasserbau, Sperrfurniere, Möbel | Kernholz sehr witterungsfest und dauerhaft, Splintholz sehr anfällig für Pilz- und Insektenbefall | gehobelte Längsschnittflächen schwachglänzend, Porenrillen deutlich sichtbar, im Radialschnitt mattglänzende »Spiegel«, säuerlicher Geruch |
| Erle (ER) 0,53 g/cm³ | | Splint rötlichgelb bis gelbrot, dunkelt bräunlich nach | weich, leicht, schwindet mäßig, gutes Stehvermögen, gut zu trocknen, leicht zu bearbeiten, gute Oberflächenbehandlung, Ersatzholz für Nussbaumholz | Modelltischlerarbeiten, Möbel, Musikinstrumente, Bilderleisten, Sperrfurniere, Holzwerkstoffe, Ersatzholz für Nussbaumholz | nicht witterungsfest, stark anfällig für Pilz- und Insektenbefall | gehobelte Längsschnittflächen mattglänzend, Porenrillen kaum sichtbar, im Radialschnitt unregelmäßig vorhandene »Spiegel« |
| Esche (ES) 0,69 g/cm³ | | Splint weißgrau bis weißgelb, Kern gleichfarben, bei alten Bäumen dunkler, Falschkern wird Olivesche genannt | hart, schwer, fest, zäh und biegsam, schwindet wenig, gutes Stehvermögen, mäßig gut zu trocknen, gut zu bearbeiten, gute Oberflächenbehandlung | Wagen- und Karosseriebau, Sportgeräte, Deckfurniere | gering witterungsfest, nicht beständig gegen Pilz- und Insektenbefall, neigt zu Verfärbungen | gehobelte Längsschnittflächen mattglänzend, auffallend große Porenrillen, Holz mit welliger Zeichnung wird Wellenesche genannt |
| Hain- oder Weißbuche (HB) 0,77 g/cm³ | | Splint und Kern gelblichweiß bis grau, ohne Kernfärbung | sehr hart, schwer und zäh, schwindet beim Trocknen stark, reißt und wirft sich, schwer zu bearbeiten, gute Oberflächenbehandlung | Hobelsohlen, Werkzeughefte, Hammer- und Werkzeugstiele | nicht witterungsfest, anfällig für Pilz- und Insektenbefall, verstockt leicht | gehobelte Längsschnittflächen schwachglänzend, Jahresringe kaum sichtbar, oft wellig verlaufend, vergilbt gern, sorgfältige Oberflächenbehandlung notwendig |
| Kirschbaum (KB) 0,60 g/cm³ | | Splint rötlichweiß, Kern dunkler, oft grünstichig oder grünstreifig, dunkelt nach | mäßig hart, mittelschwer, fest, zäh, schwindet und reißt wenig, gut zu bearbeiten, gute Oberflächenbehandlung | Furniere für Möbel und Innenausbau, Holz für Kunstgegenstände, Musikinstrumente | bedingt witterungsfest, anfällig für Pilz- und Insektenbefall | gehobelte Längsschnittflächen schwachglänzend, im Radialschnitt hellglänzende »Spiegel« |
| Linde (LI) 0,56 g/cm³ | | Splint weißgelb bis leicht rötlich, sehr breit, Kern gleichfarben, oft grünlich getönt | weich, leicht, zäh und ziemlich elastisch, mäßig biegsam, gutes Stehvermögen, bedingt gut zu trocknen, gut zu bearbeiten, gute Oberflächenbehandlung | Schnitz- und Drechslerarbeiten, Kunstglieder, Zeichentische, Sperrfurniere, Blindholz | mäßig witterungsfest, wenig dauerhaft, anfällig für Pilz- und Insektenbefall | gehobelte Längsschnittflächen mattglänzend, gerade faserig, dichtes Gefüge, oft von bräunlichen Streifen durchzogen, im Radialschnitt kleine »Spiegel« |
| Nussbaum (NB) 0,68 g/cm³ | | Splint weißgrau bis gelbgrau, schmal, Kern graubraun bis rötlichbraun | hart, schwer, fest, zäh und sehr elastisch, schwindet wenig, gutes Stehvermögen, langsam zu trocknen, mäßig gut zu bearbeiten, mäßig gute Oberflächenbehandlung | Möbel- und Innenausbau, Fuß- und Parkettböden, Deckfuniere | mäßig witterungsfest, nicht beständig gegen Pilz- und Insektenbefall | gehobelte Längsschnittflächen mattglänzend, Porenrillen gut sichtbar, im Radialschnitt teils feine, teils auffallende »Spiegel«, frisch eingeschnitten angenehm säuerlicher Geruch |
| Pappel (PA) 0,50 g/cm³ | | Splint weißlich bis weißgrau, Kern bräunlich bis rötlich | sehr weich und leicht porös, schwindet wenig, gutes Stehvermögen, bedingt gut zu trocknen, neigt zum Werfen, leicht zu bearbeiten, mäßig gute Oberflächenbehandlung | Zeichentische, Kunstglieder, Zündhölzer, Sperrfurniere und Blindholz, Möbel, Papier | nicht witterungsfest, anfällig für Pilz- und Insektenbefall | Holzstruktur gleichmäßig, unauffällige Fladerung, grobjähriges Holz meist filzig, Bearbeitung nur mit scharfen Werkzeugen |
| Platane (PLT) 0,60 g/cm³ | | Splint weißlich bis schwach rötlich oder hellbraun, Kern hellbraun bis braun, dunkelt nach | schwer, ziemlich hart, fest, zäh und elastisch, schwindet stark, schlechtes Stehvermögen, bedingt gut zu trocknen, mäßig gut zu bearbeiten, gute Oberflächenbehandlung | Ausstattungsholz, Deckfurniere, Massivholzmöbel | gering witterungsfest, anfällig für Pilz- und Insektenbefall | gehobelte Längsschnittflächen mattglänzend, im Radialschnitt große glänzende »Spiegel«, im Sehnenschnitt rötliche Streifen |
| Rotbuche (BU) 0,69 g/cm³ | | Splintholz und Reifholz gelblichweiß, dunkelt gelbbraun nach | hart, schwer, fest, schwindet sehr stark, geringes Stehvermögen, neigt zum Reißen, ist langsam zu trocknen, gut zu bearbeiten, gute Oberflächenbehandlung | Einfache Möbel, Biegeholz, Treppen, Fuß- und Parkettböden, Sperrholz, Holz für Werkzeug-, Maschinen- und Karosseriebau | nicht witterungsfest, anfällig für Pilz- und Insektenbefall, verstockt leicht | gehobelte Längsschnittflächen matt, Porenrillen kaum sichtbar, im Radialschnitt mattglänzende »Spiegel«, gedämpftes Buchenholz leicht biegbar |
| Rüster oder Ulme (RU) 0,68 g/cm³ | | Splint gelblichweiß, Reifholz dunkler, Kern hellbraun bis braun, Altersfarbe ausgeglichen | mäßig hart, schwer, fest, schwindet mäßig, gutes Stehvermögen, ist langsam zu trocknen, neigt zum Reißen, schwer zu bearbeiten, gute Oberflächenbehandlung | Furniere, Möbel, Sitzmöbel, Sportgeräte, Fuß- und Parkettböden | nicht witterungsfest, reißt und wirft sich leicht, anfällig für Pilz- und Insektenbefall | gehobelte Längsschnittflächen matt bis glänzend, im Radialschnitt kleine »Spiegel«, gezackte Fladerung im Tangentialschnitt |

| Außereuropäische Nadelhölzer (NH) | | | | | | |
|---|---|---|---|---|---|---|
| Baumart / Rohdichte bei 15%HF (Holzfeuchte) | | Erscheinung | Eigenschaften | Verwendung | Beständigkeit | Anmerkung |
| Douglasie oder Oregon pine (DGA) 0,51 g/cm³ | | Splint weiß bis gelblichgrau, Kern gelblichbraun bis rotbraun nachdunkelnd | hart, fest, schwindet mäßig, gutes Stehvermögen, gut zu bearbeiten, nachträglicher Harzaustritt störend | Innen- und Außenbau, Vertäfelungen, Verkleidungen, Fußböden, Parkett, Sperrholz | mäßig bis gut witterungsfest, mäßig beständig gegen Pilzbefall | schmaler Splint, schlecht zu imprägnieren, kann leicht verblauen, harzhaltig, Harzaustritt möglich |
| Hemlock (HEM) 0,49 g/cm³ | | Splint gelblichgrau, Kern gelblichbraun, schwach nachdunkelnd | weich, mäßig fest, spröde, gutes Stehvermögen, gut zu bearbeiten | Innenausbau, Vertäfelungen, Saunabau, Blindholz | nicht witterungsfest, nicht beständig gegen Pilzbefall | feine Struktur, gut zu verleimen, gut zu beizen, schwer zu imprägnieren |
| Pitch Pine (PIP) 0,60 g/cm³ | | Splint gelbllichweiß bis braun, Kern gelblichbraun bis braun, nachdunkelnd | hart, schwer, sehr fest, schwindet mäßig bis gering, gutes Stehvermögen, gut zu bearbeiten | Innen- und Außenbau, Fenster, Türen, Fußböden, Außenverkleidungen | mäßig bis gut witterungsfest, nicht beständig gegen Pilzbefall | gut zu imprägnieren, Harzaustritt möglich, Splintholz ist als Red Pine (PIR) im Handel |
| Red Cedar Western (RCW) 0,37 g/cm³ | | Splint braunstreifig weiß, Kern gelbbraun bis rotbraun, schwach nachdunkelnd | weich, fest, spröde, schwindet wenig, gutes Stehvermögen, gut zu bearbeiten | Innen- und Außenbau, Fenster, Türen, Tore, Außenverkleidungen, Sperrholz, Schindeln | witterungsfest, beständig gegen Pilz- und Insektenbefall | schmaler Splint, gut zu imprägnieren, verfärbt sich dunkel |
| Redwood, Kalifornisches (RWK) 0,43 g/cm³ | | Splint weiß bis gelblichgrau, Kern rötlich bis violett, nachdunkelnd | weich, sehr fest, leicht, schwindet gering, gutes Stehvermögen, gut zu bearbeiten | Innen- und Außenbau, Außenverkleidungen | witterungsfest, beständig gegen Pilz- und Insektenbefall | schmaler Splint, gut zu imprägnieren, Verfärbungen bei Berührung mit Metallen |

| Außereuropäische Laubhölzer (LH) / 1 | | | | | | |
|---|---|---|---|---|---|---|
| Baumart / Rohdichte bei 15%HF (Holzfeuchte) | | Erscheinung | Eigenschaften | Verwendung | Beständigkeit | Anmerkung |
| Abachi oder Obesche (ABA) 0,43 g/cm³ | | Splint und Kern weißgrau bis blassgelb | weich, mäßig fest, schwindet wenig, gutes Stehvermögen, gut zu bearbeiten | Innen- und Außenbau, Modellbau, Absperrfurniere, Blindholz | nicht witterungsfest, verblaut leicht, anfällig für Insekten- und Pilzbefall | ungeeignet für Außenarbeiten, schwer zu imprägnieren, Abachi-Geruch verflüchtigt mit zunehmender Austrocknung |
| Afrormosia (AFR) 0,69 g/cm³ streuend | | Splint weiß bis hellgrau, Kern gelblichbraun bis oliv, nachdunkelnd | mäßig schwer, hart, zäh, schwindet wenig, gutes Stehvermögen, gut zu bearbeiten, gut beiz- und polierbar | Innen- und Außenbau, Parkettböden, Furniere | witterungsfest, nicht anfällig für Pilz- und Insektenbefall, gerbsäurehaltig | starker Wechseldrehwuchs, feuchtes Holz, in Verbindung mit Metallen Verfärbungen und Korrosionserscheinungen, beim Trocknen Rissbildung |
| Afzelia oder Doussié (AFZ) 0,79 g/cm³ | | Splint gelblichgrau, Kern hellbraun bis rotbraun, stark nachdunkelnd | ziemlich hart, ziemlich fest, schwindet wenig, mäßig gutes Stehvermögen, mäßig gut zu bearbeiten, spröde | Innen- und Außenbau, Fuß- und Parkettböden, Furniere, Fenster, Treppen | witterungsfest, sehr beständig gegen Pilz- und Insektenbefall | schwer zu trocknen, schwer zu imprägnieren, Rissbildung bei frischem Holz |
| Ebenholz oder Makassarebenholz (EBM) 1,05 g/cm³ | | Splint gelblichweiß bis rötlich, Kern braun bis tiefschwarz | sehr hart, sehr fest, arbeitet wenig, mit geschärften Werkzeugen gut zu bearbeiten, Oberflächenbehandlung bedingt gut | wertvolle Furniere für Möbel und Innenausstattung, Drechslerarbeiten, Kunstgegenstände, Musikinstrumente | witterungsfest, sehr beständig gegen Pilz- und Insektenbefall, termitenfest | unregelmäßiger Faserverlauf, spröde, Splintholz nicht verwertbar, Gefahr der Rissbildung, durch Schleifstaub Hautreizung |
| Iroko oder Kambala (IRO) 0,63 g/cm³ | | Splint hellgelb bis grau, Kern grüngelb bis olivbraun, stark nachdunkelnd | mäßig hart, fest, zäh, schwindet mäßig, gutes Stehvermögen, gut zu bearbeiten, mineralische Einlagerungen erschweren jedoch spanende Bearbeitung | Innen- und Außenbau, Fuß- und Parkettböden, Furniere | witterungsfest, beständig gegen Pilz- und Insektenbefall | schwer zu streichen und zu lackieren, feuchtes Holz in Verbindung mit Metallen führt zu Verfärbungen, Hautreizung durch Holzstaub |

*Bambus*

*Bambus gehört zu der Familie der Süßgräser. Es ist leicht, zäh und sehr hart. Die Bambusse erreichen riesige Dimensionen und können bis zu 38 m hoch werden bei einem Halmumfang von 80 cm. Bambus wird als Baustoff, aber auch für Bodenbeläge und Haushaltsgegenstände verwendet.*

| Außereuropäische Laubhölzer (LH) / 2 | | | | | |
|---|---|---|---|---|---|
| Baumart / Rohdichte bei 15%HF (Holzfeuchte) | Erscheinung | Eigenschaften | Verwendung | Beständigkeit | Anmerkung |
| **Linba (LMB)** 0,56 g/cm³ | Splint und Kern hellgelb oder Kern dunkelbraun bis olivgrau, nachdunkelnd | mäßig hart, fest, elastisch, schwindet mäßig, gutes Stehvermögen, gut zu bearbeiten, besonders gut zu beizen | Innenausbau, Sperrholz, Furniere | nicht witterungsfest, nicht beständig gegen Pilz- und Insektenbefall | gelegentlich weich und filzig, bei Insektenbefall braune Verfärbung |
| **Mahagoni echtes (MAE)** 0,60 g/cm³ streuend | Splint hellgrau, Kern rotbraun, nachdunkelnd | hart, fest, geringes Schwindmaß, gutes Stehvermögen, gut zu bearbeiten, Oberflächenbehandlung sehr gut | Innenausbau, Schiffs-, Yacht- und Bootsbau, Fenster, Türen, Furniere, Möbel | witterungsfest, beständig gegen Pilz- und Insektenbefall | streifig durch Wechseldrehwuchs, besondere Textur bei Pyramidenmahagoni, neigt beim Bearbeiten zum Einreißen |
| **Makore (MAK)** 0,66 g/cm³ | Splint graurosa, Kern hellrot, nachdunkelnd | mäßig hart, sehr biegefest und elastisch, mäßiges Schwindmaß, Stehvermögen befriedigend, gut zu bearbeiten, Oberflächenbehandlung gut | Innenausbau, Möbel, Fahrzeugbau, Schiffs- und Bootsbau, Fuß- und Parkettböden, Furniere, Sperrholz | witterungsfest, beständig gegen Pilz- und Insektenbefall, termitenfest | Entzündung der Schleimhäute und Hautrötungen durch Schleifstaub, Glanzstreifen durch Wechseldrehwuchs, natürlicher Glanz |
| **Mansonia oder Bété (MAN)** 0,65 g/cm³ | Splint weißgrau, Kern graubraun bis violett, verblassend | mäßig hart, mäßig fest, sehr elastisch, mäßig schwindend, mäßiges Stehvermögen, Rissbildung möglich, gut zu bearbeiten, Oberflächenbehandlung gut | Innenausbau und Möbel, Parkett, Sitzmöbel, Furniere, Drechslerarbeiten | witterungsfest, beständig gegen Pilz- und Insektenbefall, termitenfest | härter und fester als Nussbaum, gesundheitsschädlicher Schleifstaub, frisches Holz in Verbindung mit Metallen bewirkt Verfärbungen und Korrosion |
| **Padouk (PAF)** 0,80 g/cm³ | Splint weißlichgelb, Kern hell-dunkelrot, nachdunkelnd, später verblassend | sehr hart, sehr schwer, sehr elastisch, mäßig gut zu bearbeiten, schwindet wenig, Oberflächenbehandlung bedingt gut | Parkett, Sitzmöbel, Musikinstrumente, Intarsien, Furniere | witterungsfest, beständig gegen Pilz- und Insektenbefall | Wechseldrehwuchs, Innenrisse und Wuchsfehler, grobe Struktur |
| **Palisander ostindischer (POS)** 0,85 g/cm³ **Palisander Rio-(PRO)** 0,87 g/cm³ | Splint gelblich, Kern violettbraun<br><br>Splint gelblich, Kern rotbraun bis schwarz | sehr hart, fest, schwindet wenig, gutes Stehvermögen, gut zu bearbeiten mit hartmetallbestückten Werkzeugen, Oberflächenbehandlung wegen öliger Inhaltsstoffe nur bedingt gut | Drechslerarbeiten, Schnitzereien, Wasserwaagen, Druckstöcke, Furniere, Intarsien, Musikinstrumente | witterungsfest, mäßig beständig gegen Pilz- und Insektenbefall | starker, aromatischer, süßlicher Geruch, Gesundheitsschäden durch Sägespäne und Schleifstaub, bleicht bei Sonneneinstrahlung aus, Gefahr der Rissbildung beim Trocknen |
| **Ramin (RAM)** 0,65 g/cm³ | Splint gelblich, Kern gelblich bis hellbraun, schwach nachdunkelnd | mäßig hart, ziemlich fest, schwindet mäßig, mäßiges Stehvermögen, gut zu bearbeiten, Oberflächenbehandlung gut, gut beizbar | Profilbretter für Innenausbau, Furniere, Sperrholz, wichtiges Leistenholz, auch Eichersatz, Möbel | nicht witterungsfest, anfällig für Pilz- und Insektenbefall, oft schwarzblau verfärbt | für Außenverkleidungen ungeeignet, in frischem Zustand unangenehmer Geruch, Werkzeuge schnell stumpf, Gefahr der Rissbildung bei Trocknung |
| **Meranti, Dark Red (MER/DRM)** 0,71 g/cm³ streuend | Splint gelblichgrau, Kern blassrosa bis rotbraun | mäßig hart, fest, zäh, gut zu trocknen, zu bearbeiten, zu nageln und zu schrauben, zu beizen und zu lackieren, Verleimung etwas erschwert, gutes Stehvermögen | Ausstattungsholz für Möbel und Innenausbau, Furniere, Sperrholz, Konstruktionsholz für innen und außen, Fenster, Türen, Boote | im frischen Zustand pilz- und insektenanfällig, ziemlich gut witterungsbeständig | z.T. auch als Lauan bezeichnet, Austauschholz für Sipo und Okume, Handelssortierungen sind White M., Yellow M., Light Red M., Dark Red M. |
| **Niangon (NIA)** 0,63 g/cm³ streuend | Splint weißlich bis rötlichgrau, Kern hell- bis dunkelrotbraun | gutes Stehvermögen, erschwerte Trocknung, Verklebung und Oberflächenbehandlung, geringe Neigung zum Reißen, befriedigend zu bearbeiten | Furniere, Möbel, Innenausbau (Parkett, Treppen), Konstruktionsholz für innen und außen, Fenster, Türen, Boote | beständig gegen Pilz- und Insektenbefall, gute Witterungsbeständigkeit | bei Berührung mit Eisen Korrosionsgefahr, bezüglich der Eigenschaften und Verwendung ähnlich wie Eiche, Sipo, Iroko und Dark Red Meranti |
| **Sapelli oder Sapelli-Mahagoni (MAS)** 0,65 g/cm³ | Splint hellgrau bis gelbweiß, Kern rosafarben, nachdunkelnd | ziemlich hart, fest, zäh und elastisch, mäßig schwindend, gutes Stehvermögen, mäßig gut zu bearbeiten, neigt zum Einreißen, Oberflächenbehandlung sehr gut | Innen- und Außenausbau, Parkett, Handläufe, Bootsbau, Furniere | mäßig witterungsfest, beständig gegen Insekten, mäßig beständig gegen Pilzbefall | gleichmäßig drehwüchsig, spannrückig, Verblauung bei Metallberührung, durch Schleifstaub Hautreizungen, unangenehmer, scharfer Geruch, ausgezeichnete Oberflächen |
| **Sen (SEN)** 0,52 g/cm³ | Splint weißlich bis gelb, Kern weißgelb bis braun | mäßig hart, zäh und elastisch, schwindet mäßig, mäßig gutes Stehvermögen, gut zu bearbeiten, Oberflächenbehandlung gut | Innenausbau, Möbel, Furniere | nicht witterungsfest, anfällig für Pilzbefall | Farbschwankungen möglich, gelegentlich starke, dunkle Verfärbung, äußerlich eschenähnliches Holz |

## Außereuropäische Laubhölzer (LH) / 3

| Baumart / Rohdichte bei 15%HF (Holzfeuchte) | | Erscheinung | Eigenschaften | Verwendung | Beständigkeit | Anmerkung |
|---|---|---|---|---|---|---|
| Sipo (MAU) 0,59 g/cm³ | | Splint hellgrau bis rötlich, Kern hellbraun bis braun, nachdunkelnd | ziemlich hart, geringe Festigkeit, schwindet mäßig, Stehvermögen mäßig bis gut, gut zu bearbeiten, Oberflächenbehandlung gut | Innen- und Außenausbau, Bootsbau, Furniere, Fenster, Sperrholz | witterungsfest, beständig gegen Pilz- und Insektenbefall | dunkle, ringförmige Aderungen, fleckige Verfärbungen möglich, eng verwandt mit Sapelli |
| Teak (TEK) 0,69 g/cm³ | | Splint gelblichweiß bis grau, Kern gelbbraun bis dunkelbraun, nachdunkelnd | hart, fest, sehr elastisch, arbeitet wenig, sehr gutes Stehvermögen, schwindet sehr wenig, gut zu bearbeiten, Oberflächenbehandlung bedingt gut | Innen- und Außenausbau, Schiffs- und Wasserbau, Sitzmöbel, Fußböden, Kunstgegenstände, Furniere, Fenster, Außentüren | witterungsfest, beständig gegen Pilz- und Insektenbefall sowie gegen Bohrmuscheln und Termiten | Gesundheitsschäden beim Bearbeiten, Vorbohren beim Nageln und Schrauben erforderlich, starke Abnutzung der Werkzeuge, fettig anfühlend |
| Wenge (WEN) 0,88 g/cm³ | | Splint gelblichweiß, Kern braun, nachdunkelnd | hart, fest, elastisch, gutes Stehvermögen, schwindet wenig, neigt zu Splitterbildung, gut zu bearbeiten, Oberflächenbehandlung bedingt gut | Innenausbau und Möbel, Parkett, Treppenbau, Furniere | witterungsfest, beständig gegen Pilz- und Insektenbefall | Verleimung nur bedingt gut, oft Splitterbildung grobe Struktur, Farbe bleicht aus |

Abb. 30-36: nach [6]

### Erscheinungsformen unterschiedlicher Bäume

| Ahorn | Birke | Buche | Oregon Pine | Eiche |
|---|---|---|---|---|
| Esche | Fichte | Hemlock | Kiefer | Erle |
| Radiata Pine | Kirschbaum | Lärche | Southern Yellow Pine | Western Red Cedar |

Abb. 37

**Kokos**

*Die Kokospalme ist eine sehr holzige Tropenpflanze und gehört zu der Familie der Palmengewächse. Das Holz der Stämme wird z.B. für Schalen oder Schnitzarbeiten verwendet.*

Bild: Schale aus Kokosholz.

*Kapitel HOL*
*Hölzer*

## HOL 5
## Ersatzholzarten und Besonderes im Bereich der Hölzer

### HOL 5.1
### Flüssigholz

Bei Flüssighölzern handelt es sich um in den letzten Jahren entwickelte Verbundwerkstoffe, die mit den konventionellen Verfahren der Kunststofftechnologie Extrudieren, Spritzgießen oder Schäumen verarbeitet werden können. Sie weisen ähnliche mechanische und thermische Eigenschaften wie natürliches Holz auf und kommen daher als Ersatzwerkstoff in Frage. Flüssigholz bietet zudem den Vorteil, dass auch Produkte mit sehr komplizierten Formgeometrien hergestellt werden können, die bislang in Holz nicht denkbar waren.

Man unterscheidet Flüssighölzer, die zu 100% aus nachwachsenden Rohstoffen bestehen (z.B. Marken: Arboform®, Fasalex®) und Flüssighölzer als Verbundmaterial aus Kunststoff und Holz (z.B. Marke: Werzalit®). Hauptbestandteile sind »Holzabfälle« wie beispielsweise Lignin ↗ HOL 1.1, das durch Fotosynthese in jeder verholzenden Pflanze gebildet wird und in der Papierproduktion als Nebenprodukt anfällt. Bei Flüssigholz der Marke Arboform® dient dieses als Matrixwerkstoff, was mit Naturfasern wie beispielsweise Holz, Flachs, Hanf oder Chinaschilfgras vermischt wird, um ein Granulat zur Weiterverarbeitung zu gewinnen.

Zur Herstellung von Fasalex® werden neben Holzabfällen auch natürliche pflanzliche Materialien wie Sägemehl, Reisschale oder Kokosfasern als Basisstoffe genutzt. Natürliche Stärke (z.B. Mais) und biologisch abbaubare oder umweltschonende Kunststoffe runden die Rezeptur ab.

Werzalit® besteht aus Holzpartikeln und Polypropylen ↗ KUN 4.1.2 als Binder. Im Gegensatz zu den beiden erstgenannten Flüssighölzern, die in Granulatform erhältlich sind, wird zur Herstellung von Produkten aus Werzalit im Fertigungsprozess zunächst der Kunststoff geschmolzen. Dann werden die Holzpartikel zugeführt und in die Form gepresst. Auch Halbzeuge aus Werzalit® sind erhältlich.

*Eigenschaften*

Da keine Faserrichtungen auszumachen sind, weist Flüssigholz im Gegensatz zu natürlichem Holz eine gleichmäßige Eigenschaftsverteilung auf. Am Ende der Nutzung können Flüssigholz-Produkte verbrannt oder kompostiert werden, ohne dass sich schädliche Stoffe freisetzen. Ein Vorteil von Flüssigholz gegenüber synthetischen Kunststoffen ist der geschlossene $CO_2$-Kreislauf, da die Ausgangsmaterialien vollständig aus nachwachsenden Rohstoffen gewonnen werden. Weitere Besonderheiten von Flüssigholz sind die geringe Wärmeausdehnung, der geringe Formschwund und eine hohe Steifigkeit, was das Material für die Erstellung von Präzisionsbauteilen besonders geeignet macht. Durch Veränderung der Rezeptur können Flüssighölzer wasserfest gemacht werden.

*Verwendung*

Typische Verwendungen sind Formteile als Kunststoffersatz wie beispielsweise Computer, Fernseh- oder Handygehäuse und Produkte, die eine holzähnliche Haptik benötigen (z.B. im Möbel- oder Accessoirebereich). Aber auch für den Automobilinnenausbau ist die Verwendung von Flüssigholz auf Grund der nahezu identischen Eigenschaften zum natürlichen Holz als Trägermaterial für Furniere denkbar. Da Flüssigholz-Produkte sich in wenigen Stunden in Wasser zersetzen und somit kompostieren lassen, verfügt das Material außerdem über Potenziale im Gartenbau und in der Verpackungsindustrie.

Bild: Spritzgegossenes Uhrengehäuse aus Flüssigholz./
Hersteller: Arboform®

## HOL 5.2
## Engineered Wood Products

Mit dem Begriff »Engineered Wood Products« werden Holzwerkstoffe bezeichnet, die Vollholz im Baugewerbe als lasttragende Werkstoffe ersetzen können. Beispiele sind Funierschichtholz, Scrimber sowie Span- und Furnierstreifenholz. Die Materialien dieser Gruppe sind in den 90er Jahren entwickelt worden, um der gestiegenen Nachfrage nach Holzwerkstoffen nachzukommen (Dunky, Niemz 2002).

### Eigenschaften

Engineered Wood Products werden in sehr großen Abmaßen als stab- und plattenförmige Werkstoffe produziert und sind kurzfristig lieferbar. Sie weisen hohe Festigkeiten auf, da Holzfehler im endlosen Fertigungsprozess vermindert werden. Späne und Furnierstreifen werden mit Phenolharzen verklebt und sind daher beständig gegen Wasser und Feuchtigkeit. Die Belastbarkeit ist abhängig von der Faser- und Produktionsrichtung und liegt in der Regel über der von Vollholz.

Abb. 38: nach [17, 23]

### Furnierschichtholz
### (Laminated Veneer Lumber - LVL)

LVL sind Holzwerkstoffe, die aus mehreren Lagen faserparallel verklebter, 3 mm dicker Nadelholz-Furniere bestehen. Die einzelnen Schichten sind versetzt angeordnet, so dass produktionsbedingte Schwachstellen ausgeglichen werden. Furnierschichtholz wird als Platten- oder Balkenmaterial im Brücken- und Treppenbau verwendet. Auch Hohlprofile zur Verminderung des Materialeinsatzes für Leichtbaukonstruktionen sind auf dem Markt erhältlich.

### Scrimber

Dieser Holzwerkstoff entsteht durch Verleimen zerquetschter Rundhölzer unter Druck und Wärme. Da die Ausgangsmaterialien sehr lang sind, weisen Scrimber hohe Festigkeitswerte und eine hohe Steifigkeit auf.

### Spanstreifenholz
### (Laminated Strand Lumber – LSL)

Langspan- oder Spanstreifenholz ist ein platten- oder balkenförmiger Holzwerkstoff, der aus sehr langen (30 cm) und 25–40 mm breiten Spänen verklebt wird. LSL weist eine hervorragende Formstabilität auf und ist mit konventionellen Techniken zu verarbeiten. Er kann als Spezialprodukt von OSB HOL 3.5.1 verstanden werden. Die Anwendungsgebiete liegen im Innenausbau und konstruktiven Holzbau.

### Furnierstreifenholz
### (Parallel Strand Lumber – PSL)

Der Markenname Parallam® steht für ein Furnierstreifenholz, das seine hervorragenden Eigenschaften aus der Verleimung einer Vielzahl von 3 mm dicken, 1,3 cm breiten und 2,5 m langen Streifen erhält. Durch die Erhitzung mit Mikrowellen entsteht eine feste Masse, die ähnlich wie bei Strangprofilen fortlaufend verpresst und abschließend in die gewünschten Formate geschnitten wird. Das Baumaterial weist hohe Festigkeitswerte bei weitgehend standardisierter Qualität auf. Balken sind bis zu einer Länge von 20 m erhältlich. Anwendung findet Furnierstreifenholz sowohl im Wohninnen- als auch im Außenbereich als Pfosten, Stützen oder Säulen. Auch für Bodenbeläge ist Parallam® geeignet.

Bild: Parallam®.

Kapitel HOL
*Hölzer*

## HOL 5.3
## Kork

Kork ist ein pflanzliches Gewebe aus lufthaltigen Zellen mit einem weichen und warmen Charakter. Er wird vornehmlich aus der Rinde der Korkeiche gewonnen, die besonders in Portugal und Spanien verbreitet ist. Die nachwachsende Rinde wird alle 8–12 Jahre geschält, zum Trocknen etwa ein halbes Jahr gelagert und danach zu verschiedenen Formaten verarbeitet.

In den Zellulosewänden des Korks ist das Wasser abweisende und abdichtende **Suberin** eingelagert. Das Material ist daher leichter als Wasser, undurchlässig für Flüssigkeiten und Gase, wärme- und schalldämmend und ein schlechter Leiter für Elektrizität. Des Weiteren weist Kork sehr gute Elastizitätseigenschaften auf, ist zudem verschleiß- und feuerfest und gut bearbeitbar, wodurch er schon seit der Antike als Rohstoff verwendet wird. Auf Grund der chemischen Inaktivität ist die Neigung zur Fäulnis nahezu ausgeschlossen.

*Bild: Korken für Weinflaschen.*

### Verwendung
Kork findet in Bereichen Anwendung, in denen spezielle Funktionseigenschaften in Berührung mit Flüssigkeiten erreicht werden müssen (z.B. Flaschenkorken, Badematten, Schwimmgürtel). In der Antike schätzten die alten Griechen vor allem die Schwimmfähigkeit des Materials, während in der heutigen Zeit vorrangig die Verwendung auf die Dämm- und Isoliereigenschaften fokussiert ist (z.B. Wärme- und Schallisolierung beim Bau, Schutzhelme). Weitere Anwendungen sind Fußbodenbeläge, Tapeten und Schuhsohlen.

In den letzten Jahren ist Kork in der Produktion von Flaschenkorken immer mehr durch synthetische Stoffe ersetzt worden. Dies ist auf die geringeren Produktionskosten zurückzuführen. Vor allem aber konnte wegen des zunehmenden weltweiten Weinkonsums der Bedarf an Kork nicht mehr durch das natürliche Wachstum der Korkeichen gedeckt werden.

### Verarbeitung
Korkplatten werden durch das Verpressen von Korkschrott unterschiedlicher Korngröße unter Zusatz eines Bindemittels hergestellt. Zunächst liegen Blöcke vor, die dann auf die erforderlichen Formate zugeschnitten werden. Der Werkstoff lässt sich mit konventionellen Techniken bearbeiten. Fügen durch die Klebtechnik ist durchaus üblich.

### Handelsformen
Im Handel ist Kork als Plattenware oder Schüttgut erhältlich.

## HOL 5.4
### Rindentuch

Rindentuch ist ein seit 2003 mit den Markennamen BarkCloth® und BarkTex® auf dem Markt erhältliches, innovatives Material zur Anwendung im Kleidungs- und Möbelbereich. Es wird in Uganda aus der Rinde des wildwachsenden Mutuba-Feigenbaums erzeugt und im Rahmen bundesdeutscher Entwicklungshilfe gefördert.

*Eigenschaften*

Vor der Anwendung macht die Struktur des Naturprodukts eine Konservierung notwendig. Die nachwachsende Rinde wird zunächst in Handarbeit mit Holzklöppeln mehrere Tage lang weich geklopft, bis sie schließlich zu einem flachen Tuch ausgetrieben ist. Eingebrachte Textiladditive bewirken eine Oberflächenversiegelung und schützen den Werkstoff vor äußeren Einflüssen und machen ihn abriebfest. Die Kombination aus dem archaischen Herstellungsprinzip, den Eigenheiten und dem Alter des Baums, dem Erntezeitpunkt der Rinde und der Verarbeitungsweise des Rindentuch-Herstellers lassen den Werkstoff in Farbigkeit (kräftiges Beige bis dunkles Braun) und Struktur (fein bis ledrig) als einzigartig und individuell erscheinen. Der ökologische Anbau und die handwerkliche Verarbeitung garantieren Schadstofffreiheit und eine günstige Umweltbilanz. Spezielle Ausrüstungen machen den Werkstoff schmutz- und wasserabweisend, feuer- oder reißfest und bewirken eine elastische und geschmeidige Struktur.

Bild: Kleidung aus BARKTEX®./
Hersteller: Fa. BARK CLOTH, Germany

Laminate des Materials werden durch Verpressen des Rindentuchs mit Phenol- und Aminoplastpapieren unter hohem Druck erzeugt. Im Gegensatz zu handelsüblichen Schichtstoffplatten weisen Rindentuch-Laminate fühlbare Oberflächenstrukturen auf, die einen individuellen und authentischen Charakter widerspiegeln.

*Verarbeitung*

Rindentücher und Laminate lassen sich leicht verarbeiten. Im Textil- und Modebereich sind die konventionellen Verarbeitungstechnologien einsetzbar. Für den Objektbereich ist die einfache dreidimensionale Verformbarkeit des Materials herauszustellen, so dass sich das Laminat selbst zur Erstellung von Zierleisten und kompliziert geformter Geometrien eignet.

*Verwendung*

Auf Grund der besonderen Struktur und natürlichen Erscheinung ist das Material vor allem für den Accessoire- und Modebereich interessant. Im Möbelbau können Laminate aus Rindentuch zu Tischplatten und Küchenfronten verarbeitet werden. Die lichte Transparenz macht den Werkstoff für Lichtsegel, Lampenschirme und Türverkleidungen besonders geeignet. Im Bühnenbau lassen sich durch den Einsatz von Rindentuch Spezialeffekte erzielen. Weitere Anwendungen im Innenraumbereich sind Paneele, Bespannungen offener Rahmen an Schiebetüren und Paravents, Raumteiler, Verdunkelungssysteme wie Jalousien und Rollos, Sonnensegel, textile Tapeten, Messebauwände oder Wandverschalungen. Schuhe, Kopfbedeckungen, Oberbekleidungen und Schmuck sind weitere Beispiele für das große Anwendungspotenzial des Werkstoffs im Bereich der Mode. Laminate lassen sich außerdem für den hochwertigen Innenausbau von Yachten und Automobilen verwenden.

*Handelsformen*

Für das jeweilige Anwendungsgebiet sind individuelle und maßgeschneiderte Handelsformen erhältlich. Jedes Rindentuch wird mit einem Zertifikat des ugandischen Herstellers versehen.

Bild: Portemonnaie aus BARK CLOTH®./
Hersteller: Fa. BARK CLOTH, Germany

*Kapitel HOL*
***Hölzer***

**HOL
Literatur**

[1] Vigue, J.; Maschek-Schneider, H.-J.: Holz - Verarbeitung, Werkzeugkunde, Möbelentwürfe. Köln: DuMont monte Verlag, 2. Auflage, 2002.

[2] Bosshard, H.H.: Holzkunde - Teil 1-3. Stuttgart: Birkhäuser Verlag, 1982.

[3] Böttcher, P.: Oberflächenbehandlung von Holz und Holzwerkstoffen. Stuttgart: Eugen Ulmer, 2004.

[4] Crump, D.: Behandlung von Holzoberflächen. Stuttgart: Urania, 2000.

[5] Dunky, M.; Niemz, P.: Holzwerkstoffe und Leime. Berlin, Heidelberg: Springer Verlag, 2002.

[6] Eckhard, M.; Ehrmann, W.; Hammerl, D.; Nestle, H.; Nutsch, T.; Nutsch, W.; Schulz, P.; Willgerodt, F.: Fachkunde Holztechnik. Haan-Gruiten: Verlag Europa-Lehrmittel, 19. Auflage, 2003.

[7] Hein, J.T.: Holzschutz - Holz und Holzwerkstoffe erhalten und veredeln. Tamm: Wegra Verlag, 1998.

[8] Hoadley, R.B.: Holz als Werkstoff. Ravensburg: O. Meier Verlag, 1990.

[9] Jackson, A.; Day, D.: Holzverbindungen. Stuttgart: Urania Verlag, 1997.

[10] Jackson, A.; Day, D.: Werkstoff Holz. Stuttgart: Urania Verlag, 2. Auflage, 2003.

[11] Jackson, A.; Day, D.: Handbuch der Holzverarbeitung. Stuttgart: Urania Verlag, 1998.

[12] Jeremy, B.: Arbeiten mit Holz. Stuttgart: Verlag Eugen Ulmer, 1997.

[13] Kempe, K.: Holzschädlinge. Stuttgart: Fraunhofer IRB Verlag, 3. Auflage, 2004.

[14] Lefteri, C.: Holz – Material, Herstellung, Produkte. Ludwigsburg: avedition, 2003.

[15] Merkel, M.; Thomas, K.-H.: Taschenbuch der Werkstoffe. München, Wien: Fachbuchverlag Leipzig im Carl Hanser Verlag, 2003.

[16] Mönck, W.; Rug, W.: Holzbau - Bemessung und Konstruktion. Berlin: Verlag Bauwesen, 14. Auflage, 2000.

[17] Niemz, P.: Physik des Holzes und der Holzwerkstoffe. Stuttgart: DRW-Verlag, 1993.

[18] Spring, A.; Glas, M.: Holz. München: Frederking & Thaler Verlag, 2005.

[19] Stattmann, N.: Handbuch Material-Technologie. Ludwigsburg: avedition, 2000.

[20] Wendehorst, R.: Baustoffkunde. Hannover: Curt R. Vincentz Verlag, 26. Auflage, 2004.

[21] Zujest, G.: Holzschutzleitfaden für die Praxis. Berlin: Verlag Bauwesen, 2003.

**Literatur aus dem Internet:**

[22] Falger, U.; Mohr, A.; Arbeitskreis Massivholz: Handbuch Massivholz, Hamburg.

[23] Kruse, K.; Venschott, D.; Bundesforschungsanstalt für Forst- und Holzwirtschaft Hamburg: Eigenschaften und Einsatzpotentiale neuer Werkstoffe im Bauwesen, Arbeitsbericht Nr. 2001/02, Mai 2001.

Bild: Farbige Papiere.

**PAP**
**PAPIERE**

*Abfahrtsplan, Album, Aktenordner, Ankunftsplan, Arbeitsmantel, Armreifen, Atlas, Aufbewahrungsbox, Aufkleber, Ausschreibung, Bericht, Beutel, Bibel, Bilderbuch, Bilderrahmen, Briefmarke, Briefpapier, Briefumschlag, Bristolkarton, Broschüre, Brötchentüte, Brotpapier, Bucheinband, Buntpapier, Büttenpapier, Chinapapier, Couchtisch, Damastgewebe, Dämmmaterial, Dokumententasche, Drachenpapier, Druckerpapier, Eintrittskarte, Einwegpalette, Elfenbeinkarton, Fachbuch, Fahrschein, Federpennal, Filterpapier, Flaschenregal, Flugticket, Flyer, Formular, Fotopapier, Gebrauchsanleitung, Geldschein, Geschäftsausstattung, Geschenkpapier, Gewebe, Glanzpapier, Graupappe, Grußkarte, Gutschein, Hadernpapier, Halskette, Heft, Hocker, Hygienepapier, Ingrespapier, Isolierpapier, Japanpapier, Kaffeefilter, Kalender, Kamiko, Kartenspiel, Kartonage, Kassenbeleg, Katalog, Kinderbuch, Kinderlaterne, Kissenbezug, Kladde, Klapphockerbespannung, Kleid, Kochbuch, Kohlepapier, Konfetti, Konstruktionszeichnung, Kontoauszug, Kopierpapier, Korb, Korbstuhl, Kordelgeflecht, Krepppapier, Küchenpapier, Kuvert, Lamellengewebe, Lampenschirm, Landkarte, Läufer, Lederpappe, Lesezeichen, Lexikon, Lichtobjekt, Lichtsäule, Löschpapier, Luftschlange, Magazin, Malbuch, Namensschild, Netztasche, Notizzettel, Ölpapier, Origami, Packpapier, Papierflieger, Papierkragen, Papiermaché, Papiermodell, Papierschnurgeflecht, Papiersessel, Pappbecher, Pappbett, Pappe, Pappliege, Pappregal, Pappsarg, Pappstuhl, Pappteller, Pappwabenplatte, Paravent, Pergamentpapier, Plakat, Poster, Postkarte, Postverpackung, Preisschild, Puppenwagen, Puzzle, Quittung, Raumteiler, Rechnung, Recyclingpapier, Reispapier, Rezept, Rollo, Schachtel, Schal, Schale, Schatulle, Schaukelstuhlbespannung, Schlauchgeflecht, Schmuck, Schreibblock, Seidenpapier, Serviette, Shifu, Skizzenbuch, Sparbuch, Speisekarte, Spielanleitung, Spielbrett, Stadtplan, Stapeldose, Strafzettel, Strickware, Tapete, Tasche, Taschenbuch, Taschentuch, Teebeutel, Teppichboden, Terminplaner, Ticket, Tischset, Toilettenpapier, Tonpapier, Tragetasche, Transparentpapier, Überhang, Umdruck, Umreifungsband, Umzugskarton, Urkunde, Vase, Velinpapier, Velourspapier, Verpackung, Visitenkarte, Vorhang, Wellpappe, Werbeprospekt, Zeichenkarton, Zeitung, Zeugnis, Zigarettenpapier*

*Kapitel PAP*
**Papiere**

Der Name »Papier« geht auf das ägyptische *Papyrus* zurück, einer Faser, die schon 2500 vor Christus von der Papyrusstaude, einer 1–3 Meter hohen Wasserpflanze, gewonnen und beim Bau sowie zur Beschriftung genutzt wurde.

Mit dem aus Kalb- und Ziegenfell gewonnenen *Pergament* entwickelte sich am Ende der Antike ein Alternativmaterial. Die Verwendung von Papyrus blieb aber im mittelalterlichen Europa noch bis nach der Jahrtausendwende erhalten. Erst die Araber brachten ab dem 12. Jahrhundert über Nordafrika und Spanien eine Technik nach Europa, mit der Papier aus Leinen- und Baumwolllumpen hergestellt werden konnte. Im Herstellprozess ließ man die *Hadern* (*Lumpen*) zunächst anfaulen, um sie dann zu zerkleinern und unter Wasser zu zermahlen. Der *Faserbrei* (*Pulpe*) wurde anschließend mit Sieben geschöpft, gepresst und in der Luft getrocknet. Das Verfahren ging auf Entwicklungen aus dem alten China vor rund 2000 Jahren zurück und verdrängte die Verwendung von Papyrus und Pergament völlig.

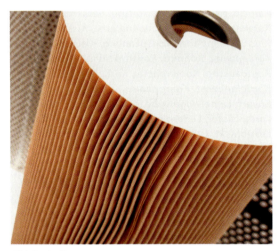

Bild: Papierfilter.

*Eines der bekanntesten Pappmöbel, der Sessel »Little Beaver« des Architekten Frank O. Gehry, zeigt, dass Wellpappe neben der Verwendung als Pack- und Dämmmaterial noch weitere Anwendungsoptionen bietet.*

Bild: Sessel mit Fußhocker aus Wellpappe./ Design: Frank O. Gehry/ »Little Beaver«/ Entwurf 1980/ Produziert durch Vitra

Der steigende Papierbedarf machte im 18. Jahrhundert die Entwicklung eines nachwachsenden Ersatzstoffes unabdingbar. Als Inspirationsquelle dienten einige Wespen- und Hornissenarten, die in der Lage waren, ihre Nester aus einem weißgrauen papierartigen Stoff zu bauen. Abgerissenes, meist schon verpilztes Totholz, wird zunächst zerkaut, um es dann mit Speichel zu binden. Das Prinzip war bereits in der Mitte des 17. Jahrhunderts bekannt, doch erst etwa 200 Jahre später wurden handwerkliche Verfahren entwickelt, die die Papierherstellung mit Holz und Rinde ermöglichte.

Im Laufe der Zeit ersetzten maschinelle Produktionsverfahren die ursprüngliche Papiermanufaktur. Zu den Meilensteinen zählen die Erfindung des *»Holländers«* (Mahlgerät) um 1670, der den Verfeinerungsprozess des Fasermaterials vereinfachte und entscheidend verkürzte, die Erfindung der *Langsieb-Papiermaschine* im Jahre 1798 und des Holzschliffs in der Mitte des 19. Jahrhunderts (Asunción 2003). Das traditionelle Papierhandwerk kommt heute nur noch bei der Herstellung hochwertiger Spezialpapiere für zum Beispiel Schullandkarten und Urkunden, oder bei der Unikatfertigung spezieller Produkte, wie Möbel und Gefäße, zur Anwendung (Digel 2002). Papiermaché (Meyer 1999 – PAP 5.2), die *Buchbinderei* (Zeier 2001, Zibell 2001), *Origami* (Kasahara 2001) oder Papiertextilien (Leitner 2005 – PAP 5.1) sind Themen, die insbesondere in Kunst und Design nach wie vor von Interesse sind. Jüngste Entwicklungen im Flugzeugbau PAP 5.4, in der Architektur PAP 5.3, im Modellbau FOR 10.4 und in der Verpackungsindustrie PAP 5.3 zeigen aber, dass das Verwendungspotenzial des Werkstoffs Papier trotz seiner fast 2000 Jahre währenden Geschichte noch immer nicht völlig ausgeschöpft ist.

Die klassische Papierproduktion ist heute vollkommen automatisiert und weltweit auf wenige Konzerne konzentriert. Hocheffiziente, automatisierte Fabrikationsanlagen werden eingesetzt, um den in den letzten Jahren extrem gestiegenen Papierbedarf zu decken. Verbrauchte im Jahr 1950 ein Deutscher noch 32 kg Papier, so waren es im Jahr 2001 schon 225 kg, also rund 600 Gramm Papier täglich (VDP 2002). Der Großteil des in Deutschland verarbeiteten Rohstoffs für die Papierindustrie wird importiert. Und das hat seinen guten Grund. Würde das gesamte notwendige Fasermaterial für die deutsche Papierindustrie in Deutschland angebaut, dann müsste eine Fläche von Bayern und Baden-Württemberg zusammen genommen vollständig mit Nadelwald-Monokulturen ohne Flächen anderer landwirtschaftlicher Nutzung überzogen sein (FÖP-Forum Ökologie und Papier). Diese Entwicklung konnte auch nicht durch einen verstärkten Einsatz digitaler Medien und Visionen wie das »Papierfreie Büro« aufgehalten werden.

## PAP 1
### Charakteristika und Herstellungsprozess

### PAP 1.1
### Zusammensetzung und Struktur

Papier ist ein flächiger Werkstoff und besteht aus Naturfasern, die in Verbindung mit Wasser eine Verfilzung und Eigenverklebung erfahren. Wasser schafft über die Ausbildung so genannter Wasserstoffbrückenbindungen zwischen den Fasern eine flexible aber feste Bindung. Diese bleibt bei normaler Luftfeuchtigkeit erhalten, löst sich jedoch bei ansteigendem Feuchtegehalt wieder auf. Feuchtes oder gar nasses Papier reißt dementsprechend schneller als trockenes.

Die zur Papierproduktion erforderlichen Fasern werden aus Hölzern, Pflanzen oder Lumpen gewonnen. Dabei gilt als Faustregel: Je länger die Fasern, desto besser die Qualität des Papiers. Im traditionellen Papierhandwerk werden daher eher Pflanzenfasern, in der Industrie aus Kostengründen *Holzschliff* und *Zellstoff* verarbeitet (Dardel 1998). Als Zellstofflieferanten kommen Nadelhölzer wie Fichte, Tanne und Kiefer oder Laubhölzer wie Birke, Buche oder Pappel in Frage. Andere Holzsorten werden auf Grund ihrer Faserstruktur oder ihres hohen Gebrauchswerts nicht verwendet. Mit Blick auf Kosten und Umwelt verarbeitet die Papier- und Zellstoffindustrie meist *Tot-* und *Schwachholz*, das beim Durchforsten von Wäldern anfällt, oder Nebenprodukte aus Sägewerken zu Fasermaterialien.

Man unterscheidet drei Hauptgruppen von Papieren:

1. Hadernpapiere und hadernhaltige Papiere,
2. holzfreie, aus Zellstoff hergestellte Papiere und
3. holzhaltige Papiere, die auf einer Mischung aus Holzschliff und Zellstoff basieren.

Hadernpapier aus Lumpenfasern weist die höchste Gebrauchs- und Verarbeitungsqualität auf. Es folgt das aus Zellstoff gefertigte Druckpapier. Die Qualität von aus gemischtem Holzschliff und Zellstoff bestehendem holzhaltigen Papier ist vom Mischverhältnis abhängig. Je mehr Holzschliff Papier enthält, desto geringer ist dessen Qualität. *Zeitungspapier* besteht beispielsweise aus bis zu 90% holzhaltigem Material.

*Hadernpapiere* bestehen aus Fasern mit natürlichem pflanzlichen Ursprung, wie beispielsweise Hanf, Sisal, Flachs, Jute oder Baumwolle, die allgemein auch zur Textilherstellung genutzt werden (Leitner 2005). Also lag der Umkehrschluss nahe, Lumpen direkt zur Papierproduktion zu verwenden. So schrieb bereits Johann Wolfgang von Goethe auf Papier, dessen Qualität und Erscheinung jedoch nur schwer mit den heutigen, meist auf Zellstoff und Altpapier basierenden Papieren zu vergleichen ist. Hadernpapiere weisen auf Grund der im Vergleich zur Holzfaser größeren Faserlänge eine höhere Festigkeit und höhere Nässeunempfindlichkeit auf. Außerdem können sie leichter beschrieben werden. Ihr Preis liegt um ein Vielfaches über dem üblicher Papiere. Daher finden sie nur für spezielle Produkte mit hohen Qualitätsanforderungen Verwendung.

Ausgangsmaterial für *holzfreie* und *holzhaltige Papiere* ist Holz. Es enthält rund zur Hälfte *Zellulosefasern*, die später das Fasermaterial eines Papierblattes bilden. Der Unterschied zwischen holzfreiem und holzhaltigem Papier besteht darin, dass für holzfreies Papier in einem Zwischenschritt die Holzfasern in Zellstoff überführt werden. Unter Zuhilfenahme chemischer Prozesse werden Verhärtungen und Lignin HOL 5.1, als verholzender und verfestigender Anteil im Zellulosegerüst vollständig entfernt. Holzhaltiges Papier ist brüchig und vergilbt schneller, während holzfreies Papier auf Grund längerer und stabilerer Fasern häufiger recycelt werden kann. Jedoch ist die Verwendung von Chemikalien (z.B. Chlor) bei der Produktion von Zellstoff unter Umweltgesichtspunkten problematisch.

| Mechanische und chemische Fasergewinnung | | |
|---|---|---|
| | Mechanische Fasergewinnung / Holzstoff | Chemische Fasergewinnung / Zellstoff |
| Ausgangsmaterial | Holz | Holz |
| Vorgang | Zerreiben unter Wasserzugabe | Mehrstündiges Kochen in schwefelsalzhaltiger Lösung |
| Ergebnis | Holzstoff (Holzschliff) | Zellstoff |
| Vorteile | - hohe Ausbeute (für 1 kg Papier werden nur 1,1 kg Holz benötigt)<br>- inländische Herstellung<br>- gute Abdeckwirkung im Papier | - lange, stabile Fasern<br>- für alle Papiersorten geeignet<br>- bis zu sechs Mal wiederverwendbar |
| Nachteile | - hoher Energieverbrauch<br>- brüchiges Papier<br>- rasches Vergilben | - fast ausschließlich Importe<br>- niedrige Ausbeute (für 1 kg Papier werden über 2 kg Holz benötigt)<br>- großer Bleichaufwand |

Abb. 1: nach [12]

*Bild: Stuhl aus Wellpappe./
Design: Frank O. Gehry/ »WiggleSide Chair«/ Entwurf 1972/ Produziert durch Vitra*

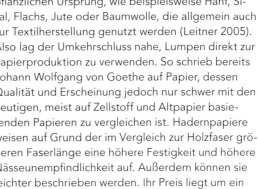

*Karton*
*Die Herstellung von Karton basiert auf den gleichen Prinzipien wie beim Papier. In der Hauptsache liegt der Unterschied im Flächengewicht (Grammatur).*
*Papier hat ein Gewicht von maximal 150 g/m², über dieser Grenze wird es als Karton bezeichnet. Man unterscheidet zwischen ein- und mehrschichtigem Karton aus bis zu fünf Faserschichten.*

*Pappe*
*Bei einem Flächengewicht von über 300 g/m² spricht man von Pappe.*

Für die Umwelt positiv zu bewerten ist allerdings die Tatsache, dass der Faserbedarf der deutschen Papierindustrie nur noch zu etwa der Hälfte über natürliches und frisches Fasermaterial gedeckt wird. Der restliche Anteil geht auf Altpapier zurück, das im Vergleich zu Frischfasern zwar qualitative Nachteile, aber einen wesentlich geringeren Energie- und Wasserbedarf aufweist. Die Menge des Altpapiereinsatzes richtet sich nach der geforderten Papierqualität und dem zu erzielenden Weißheitsgrad, wobei das Altpapier auch unterschiedliche Qualitäten haben kann. Verpackungsmaterial besteht zu 90%, Zeitungspapier zu 70% aus Altpapier. Bei höherwertigem Druckpapier geht der Anteil auf bis zu 15% zurück.

## PAP 1.2
### Herstellungsprozess von Papier

Sowohl die handwerkliche als auch die industrielle Papiererzeugung gehen auf die gleichen groben Verfahrensschritte zurück und unterscheiden sich prinzipiell nur hinsichtlich ihres Automatisierungsgrades. Faserstoffe werden mit Wasser gemischt, gemahlen und nach Verdünnung getrocknet und gestrichen (Asunción 2003).

Bild: Janus MK 2 Kalander./Foto: Voith Paper

Im ersten Schritt der industriellen Papierproduktion wird Fasermaterial aufbereitet. Die zu erzielende Papierqualität bestimmt sowohl die Art des Faserstoffs als auch die notwendigen Verfahrensschritte. Holzschliff als Zwischenstoff geht auf das mechanische Zerfasern von Holz unter Wasserzufuhr zurück; Zellstoff wird über mehrstündiges Kochen in einer schwefelsalzhaltigen Lösung gewonnen. Während der Herauslösung der Fasern aus dem Holz bleibt in der Regel ein Restgehalt von *Lignin* übrig, der eine graue bis braune Färbung bewirkt.

Will man am Ende des Prozesses völlig weißes Papier erhalten, ist ein Bleichprozess erforderlich. Als traditionelles *Bleichmittel* gilt Chlor, das aber auf Grund giftiger Abwässer unter Umweltgesichtspunkten als höchst kritisch einzuschätzen ist. Daher werden in jüngerer Vergangenheit immer häufiger Ersatzstoffe wie *Chlordioxid*, *Wasserstoffperoxid*, Sauerstoff oder Ozon verwendet.

Völlig chlorfrei gebleichte Papiere erkennt man an Hand des Aufdrucks »*TCF*« (totally chlorine free), chlorarm behandelte Papiere werden mit »*ECF*« (elementary chlorine free) gekennzeichnet. Mit »*TEF*« (totally efluent free) werden Papierproduktionen mit einem geschlossenen Wasserkreislauf ohne Abwassererzeugung bezeichnet.

Altpapier kann für die Erzeugung höherwertigen Papiers mit hohem Weißheitsgrad nur dann verwendet werden, wenn in einem gesonderten Verfahrensschritt Druckstoffe und Farbreste entfernt werden. Die Technik nennt sich »*Deinking*« (von engl.: ink = Tinte, Druckfarbe) und bezeichnet einen Waschvorgang, in dem in einem Behälter Altpapierfasern mit Wasser und Seifenchemikalien vermischt werden. Während die Altpapierfasern aufquellen, wird der Behälter unter Einbringen von Luft durchspült. Die Papierfasern werden ausgewaschen und von den wasserunlöslichen Druckfarben getrennt. Luftblasen lagern sich an die Farbpartikel an und befördern sie an die Oberfläche. Dort schwimmen sie abschließend in einem schwarzgrauen Schaum und können abgeschöpft werden.

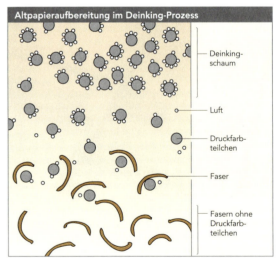

Abb. 2: nach [12]

Auf ähnliche Weise wird auch mit Folien kaschiertes Altpapier (oder auch Getränkepappkartons VER 2.4) für die Wiederverwendung aufbereitet. Im Innern eines großen runden Behälters befinden sich mittig am Boden Schermesser, die das Altpapier während des Wasch- und Quellprozesses vom Folienmaterial trennen. Auf Grund des geringeren spezifischen Gewichts schwimmt der Kunststoff nach oben und wird zusammen mit den Farbresten entsorgt.

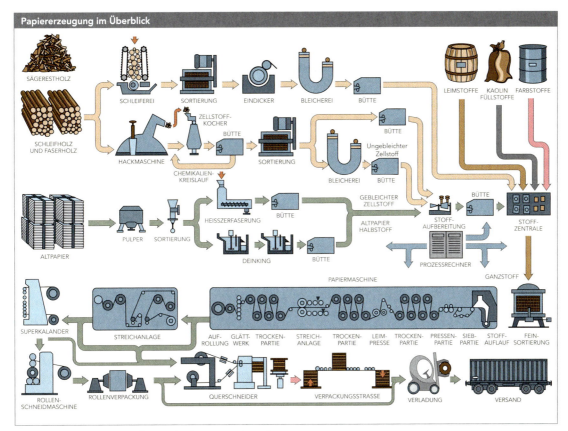

Abb. 3: nach [Vereinigung der Österreichischen Papierindustrie]

Die Aufbereitung der Fasermaterialien zu Holzschliff und Zellstoff ist der eigentlichen Papierproduktion vorgelagert und findet in gesonderten Fabrikationseinheiten statt. Die deutsche Papierindustrie importiert einen Großteil der notwendigen Fasermaterialien aus den USA, Kanada und Skandinavien, da der Bedarf nicht aus eigenem Waldbestand gedeckt werden kann. Den Papierfabriken stehen folglich Holzschliff, Zellstoff oder Altpapier als Ausgangsmaterialien zur Verfügung.

In der *Stoffzentrale* wird das Mischverhältnis zwischen den Ausgangsfasern Holzschliff, Zellstoff und Altpapier entsprechend der zu erzielenden Papierqualität und der Herstellungsrezeptur gesteuert. Bei Verwendung eines hohen Anteils an Altpapierfasern kann eine mindere Qualität durch Zugabe von Frischfasern ausgeglichen werden. *Frischfasern* weisen längere Faserstränge auf, wodurch eine höhere Reißfestigkeit des Papiers erzielt wird. Neben der Zusammensetzung des Fasermaterials wird in der Stoffzentrale die Beimischung von Zusätzen (etwa 10% der Rohstoffmasse) reguliert. Mit Leim-, Füll- und Farbstoffen wird das Eigenschaftsprofil beeinflusst und Papier für den jeweiligen Verwendungszweck vorbereitet. Kunstharz und Leim machen es widerstandsfähiger gegen Flüssigkeiten. Sie sind somit für eine angemessene *Tinten-* und *Druckfarbenfestigkeit* unabdingbar.

Mit *Füllstoffen* wie *Talkum*, *Kaolin* (Porzellanerde) oder *Kalziumkarbonat* (Kreide oder Kalkstein) wird eine glatte und weiße Oberfläche erzielt. Die Partikel sind kleiner als die Faserstoffe und können sich in die Zwischenräume verteilen.

Vertiefungen und Erhebungen werden ausgeglichen. Somit beeinflussen diese Zusatzstoffe die Dichte und Undurchsichtigkeit von Papier. Eine Verfärbung der natürlichen Fasermaterialien wird durch Farbstoffe reguliert.

### Zusatzstoffe und ihre Wirkung

**Polyethylenoxid (PEO) als Formationshilfe**
- wirkungsvoller als die Naturprodukte
- unproblematisch in der Aufbewahrung und Anwendung
- Förderung von Wasserstoffbrücken
- bessere Faserverteilung
- besonders gut zum Schöpfen dünner Blätter

**Stärke**
- verbessert die Papiereigenschaften
- erhöht die Festigkeit, die Falz-, Abrieb- und Radierfestigkeit
- erhöht die Glätte und die Maßhaltigkeit (Feuchtdehnung)

**Kalziumkarbonat ($CaCO_3$)**
- schützt das Papier gegen schwefelige Säure aus der Luft
- Papier aus alkalisch aufgeschlossenen Zellstoffen hält in Verbindung mit Kalziumkarbonat viele Jahrhunderte

**Kaolin (Porzellanerde)**
- Füllstoff, der das Papier aufhellt und ihm die Transparenz nimmt

**Fixiermittel**
- notwendig für die Fixierung von Pigmenten beim Färben

**Pottasche ($K_2CO_3$)**
- alkalische Substanz zum Kochen von jeder Art von Pflanzenfasern zur eigenen Zellstoffherstellung

Abb. 4:

Mittel zum Färben von Papier (Asunción 2003):
- natürliche Farbstoffe (*Tee, Kaffee, Zwiebelschalen*)
- *Papierfarbstoffe*
- Pigmente in Pulverform
- wasserlösliche Farben
- *Textilfarben*
- sonstige Farbstoffe (*Anilinfarben, Lederfarben, Lebensmittelfarben*, Holzfarbe)

Die vermischten Bestandteile des Papiers werden in der Papiermaschine weiterverarbeitet, bis sich ein einheitlicher Faserverbund ergibt. Innerhalb des Stoffauflaufs wird der mit Wasser stark verdünnte *Papierbrei* (Pulpe) auf die gesamte Breite eines feinmaschigen Endlossiebs verteilt. Eine erste Entwässerung wird über eine kontinuierliche Bewegung des Siebs in Längsrichtung und gleichzeitigem Schütteln in Querrichtung eingeleitet. Die Fasern verfilzen in der noch nassen Papierbahn zu einer homogenen, blattförmigen Struktur. Nach Durchlaufen des Faservlieses in einer Pressenpartie, in der durch Druckaufbringung das Papiergefüge verdichtet und zunehmend entwässert wird, liegt ein Gefüge mit einem Trockengehalt von rund 45% vor.

Bild: Aufgerolltes Papier./ Foto: Voith Paper

Die Restfeuchtigkeit wird faserschonend unter Einsatz von bis zu 100 dampfbeheizten Trockenzylindern entzogen. Das Rohpapier erhält dabei ein homogenes Feuchtigkeitsprofil mit einem Trockengehalt von rund 97%. Vor dem abschließenden Aufrollen in der Schlusseinheit der Papiermaschine wird die Blattdicke und somit das Dickenprofil im Glättwerk optimiert.

Die spätere Verwendung des Rohpapiers als Schreib- und Druckmaterial schließt in der industriellen Papierproduktion den Veredelungsprozess des Streichens ein. *Streichen* bedeutet das maschinelle Aufbringen von Pigmenten, Bindemitteln und Hilfsstoffen. Das Papier soll eine vor allem weiße, glatte und glänzende Oberfläche erhalten, um eine gute Übertragung von Druckfarben zu gewährleisten. Kaolin, Titandioxid, Satinweiß und Kaliziumkarbonat stellen geeignete Pigmente dar. Als Bindemittel werden *Latex*, *Kasein* und *Sojaprotein* verwendet. Hilfsmittelstoffe sind Dispergier- und Netzmittel, Konservierungsstoffe, Schaumverhinderer sowie pH-Einstellmittel (Schneidersöhne Forum 2000). Je nach Papierqualität, Verwendung und Streichverfahren kann der Strich einfach, zweifach oder dreifach aufgetragen werden. Hierzu steht der Streichmaschine ein Düsenwerk zur Verfügung, mit dem die Streichfarbe zunächst im Überschuss auf das Rohpapier aufgetragen wird, um es anschließend mit Messern gleichmäßig zu verteilen.

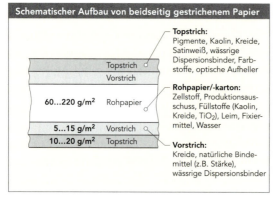

Abb. 5: nach [10]

Im letzten Arbeitsgang der maschinellen Papierproduktion erhält Papier durch die *Satinage* die endgültige Oberflächenstruktur. Sowohl der optische Eindruck als auch die Bedruckbarkeit werden verbessert; brillanter Glanz und Glätte werden dem Druckträger verliehen. Hierzu wird die Papierbahn im Kalander unter Druck und Temperatur leicht verdichtet. Der Liniendruck zwischen den einzelnen Walzen muss dabei so genau geregelt sein, dass keine *Grausatinage* durch zu starke mechanische Verdichtung auftreten kann.

***Papier in der eigenen Manufaktur***
*(Dardel 1998, Digel 2002)*

Bild: Schöpfprozess./ Foto: modulor

*Grundlagen*
*Fasern aus Altpapier oder Stoffresten, Wasser, Hilfsstoff Gelatine*

*Ausrüstung*
*Schöpfrahmen mit Fliegengitter, Kunststoffwanne (5 cm größer als Schöpfrahmen), Handtücher, 2 Platten zum Pressen*

*Anleitung*
*1. Fasermaterial zerkleinern und mit Wasser (am besten in einem Mixer) zu einem homogenen Papierbrei vermischen. Der Faserbrei ist fertig, wenn keine Knäuel mehr sichtbar sind. Anschließend wird dieser in eine Wanne gekippt und so lange mit Wasser verdünnt, bis er in einer schöpffähigen Konsistenz vorliegt.*

*2. Mit einem flächigen Sieb aus Leisten und Fliegengitterdraht zügig ohne ruckartige Bewegungen durch die flüssige Masse gehen und somit Papier schöpfen. Abtropfen lassen und dann die gleichmäßig verteilte Papierschicht auf ein bereitliegendes Tuch stürzen (Gautschen). Das mit Papier bedeckte Tuch nun auf eine Platte legen und mit einem weite-*

ren Tuch abdecken. Der Vorgang kann beliebig oft wiederholt werden, bis ein Stapel aus Papierlagen auf Tüchern entstanden ist.

3. Nun die zweite Platte auf den Papierstapel legen und ohne Wippbewegungen pressen, da sich ansonsten Risse in den noch nassen Papierlagen ausbilden könnten. Nach dem Pressvorgang sollte das obere Tuch entfernt und die weiteren Tücher mit dem Papier darauf einzeln für etwa einen Tag zum Trocknen aufgehängt werden. Ist der Trocknungsprozess abgeschlossen, können die Papierbahnen von den Tüchern abgezogen werden.

4. Da das Papier in diesem Zustand jede Flüssigkeit in sich aufsaugt, muss es zum Beschreiben abschließend gestrichen werden. Hierzu wird Gelatine mit einem Pinsel gleichmäßig aufgetragen. Das Papier abschließend trocknen lassen und mit einem Bügeleisen glätten.

## PAP 1.3
### Papiereigenschaften

## PAP 1.3.1
### Laufrichtung

Anders als bei handgeschöpften Papieren, bei denen die Fasern keine spezielle Ausrichtung aufweisen, erfahren die Fasern maschinell produzierten Papiers durch die sich während der Produktion ändernden Feuchtigkeits- und Temperaturwerte und die mechanische Belastung auf den Sieben und Walzen eine Ausrichtung in Laufrichtung der Papiermaschine. Diese hat zum Teil erhebliche Auswirkungen auf das Eigenschaftsprofil. Steifigkeit und Festigkeit sind in Laufrichtung meist höher, was bei der Weiterverarbeitung und beim Druck beachtet werden muss. In der Laufrichtung kann Papier leichter gefaltet werden, ist resistenter gegen Spannungen, lässt sich besser bedrucken und schrumpft weniger beim Trocknen (Asunción 2003). Feuchte- und Streckdehnung sind in Längsrichtung kleiner als quer zur Faser. Falze ↗ PAP 2.4 bilden sich in Laufrichtung glatter aus. Quer dazu neigen sie beim Knicken zur Rissbildung.

Die Einflüsse der Laufrichtung sollten bei den einzelnen Druckmedien wie folgt beachtet werden (Schneidersöhne Forum 2000):

*Bücher*
   Laufrichtung des Papiers parallel zum Buchrücken
*Offsetdruck*
   Laufrichtung parallel zur Achse des Druckzylinders
*Abzugspapier*
   Laufrichtung senkrecht zur Zylinderachse
*Umdruckpapier*
   Laufrichtung parallel zur Zylinderachse
*Kopierpapier, Inkjetpapier*
   Laufrichtung senkrecht zur Trommel und Fixierstation

Da die Kenntnis der Laufrichtung eine wichtige Information für das Erreichen der erforderlichen Qualität bei der Weiterverarbeitung darstellt, wird die Laufrichtung von den Papierfabriken auf Wunsch auf den Riespaketen durch einen Pfeil gekennzeichnet. Darüber hinaus wird in Angeboten und Rechnungen die Bahnbreite unterstrichen. Die Faserausrichtung ist dann parallel zu der nicht unterstrichenen Seite zu verstehen (Beispiel: 21 cm x 29,7 cm). Nach DIN EN 644 wird ein Papierbogen als Schmalbahn bezeichnet, wenn die längere Seite parallel zur Faserrichtung zeigt. Als Breitbahn ist eine entgegengesetzte Orientierung zu verstehen.

Bei unklarem Faserverlauf können die in folgender Abbildung dargestellten Prüfungen zur Erfassung der Laufrichtung durchgeführt werden.

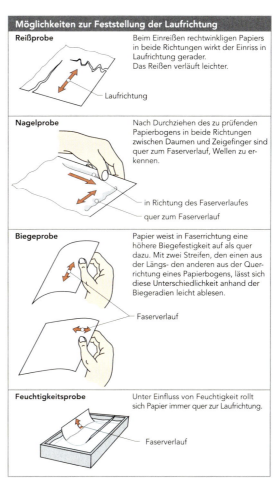

Abb. 6: nach [10]

## PAP 1.3.2
### Hygroskopie

Vergleichbar mit Holz 🐾 HOL 1.3 wird auch das Eigenschaftsprofil von Papier durch Veränderung des Raumklimas (Temperatur, Luftfeuchtigkeit) beeinflusst. Papier, Pappe und Karton sind hygroskopisch. Abhängig vom Flüssigkeits- und Temperaturhaushalt der Umgebung wird Feuchtigkeit aufgenommen oder abgegeben, bis eine Homogenisierung mit dem Umgebungszustand erreicht ist. Viele Schwierigkeiten in der Verarbeitung von Papieren sind auf die Hygroskopie zurückzuführen. Deshalb sind die klimatischen Bedingungen bei der Weiterverarbeitung stets zu berücksichtigen. Folgende Schwierigkeiten können durch Klimabeeinflussung auftreten:

Abb. 7: nach [10]

Bild: Feuchtes Papier./ Foto: modulor

## PAP 1.3.3
### Festigkeit

Eines der wichtigsten Merkmale von Papier, die insbesondere die Gebrauchseignung bestimmt, ist die Festigkeit. Sie wird durch die Art der Faser, die *Grammatur* (Flächengewicht), den Pressvorgang und die Menge des beigemischten Leims bestimmt. Leim verleiht Papier die notwendige Wasserfestigkeit.

## PAP 1.3.4
### Alterungsbeständigkeit

Das Jahr 1840 stellt ein wichtiges Datum in der Einschätzung der Alterungsbeständigkeit von Papieren dar. Der Holzschliff und die mit ihm verbundene Weiterverarbeitung und Leimung unter Verwendung von Alaun, Kaliumsulfat und Aluminiumsulfat wurde erfunden. Die Folge war ein *saures Papier*, das unter dem Einfluss von Luftfeuchtigkeit Schwefelsäure bildet. Im Laufe der Zeit verfärbt es sich dunkel und wird zudem spröde und brüchig. Alte und kostbare Bücher müssen unter hohen Kosten restauriert werden.

Seit einigen Jahren werden die positiven Auswirkungen von Kalziumkarbonat genutzt, um Papiere vor den schädlichen Substanzen der Luft zu schützen. Papiere gelten als besonders alterungsbeständig, wenn (Schneidersöhne Forum 2000):
- sie einen PH-Wert zwischen 7,7 und 9,0 aufweisen,
- ein Kalziumkarbonatpuffer von mind. 3% vorhanden ist,
- und die Rezeptur ausschließlich auf gebleichtem Zellstoff basiert.

Die DIN 6738 regelt die Kennzeichnung der Lebensdauer von Papieren in so genannte Lebensdauerklassen:

LDK 24 – 85............................ mehrere 100 Jahre
LDK 12 – 80............................ einige 100 Jahre
LDK 6 – 70.............................. mindestens 100 Jahre
LDK 6 – 40.............................. mindestens 50 Jahre

Lediglich Papiere der LDK 24 – 85 werden als alterungsbeständig bezeichnet. Papiere, bei deren Herstellung Holzschliff oder Altpapier verwendet wurde, haben eine nur beschränkte Lebensdauer.

## PAP 2
### Prinzipien und Eigenheiten der Papierveredelung und -verarbeitung

### PAP 2.1
#### Imprägnieren

Unter Imprägnieren versteht man das Tränken von Papier in flüssigen Substanzen, mit dem Ziel, das Eigenschaftsprofil für eine gewünschte Anwendung zu optimieren. Öle oder *Kunstharze* bewirken eine transparente Erscheinung. Außerdem kann Imprägnieren mit *Wachs* oder *Paraffin* eine Undurchlässigkeit gegenüber wässrigen Flüssigkeiten bewirken.

### PAP 2.2
#### Lackieren und Bedrucken

Durch Lackieren und Bedrucken können Färbungen und Zeichen auf Papier aufgetragen werden. Dabei kennt man eine ganze Reihe von Verfahren, die sich hinsichtlich des Verfahrensprinzips, des verwendeten Druck- und Lackstoffs und der einsetzbaren Papierart voneinander unterscheiden.

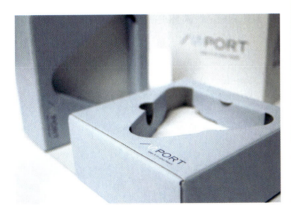

*Bild: Bedruckte Verpackung für das Medizinprodukt »viport«./ Design: www.UNITEDDESIGNWORKERS.com/ Hersteller: Energy Lab Technologies GmbH*

Eine alternative Technik zum Bedrucken von Papier ist das *Lasergravieren*. Die flexible und präzise Anwendung der Lasertechnik macht es möglich, die sensible Papieroberfläche in verschiedenen Tiefen abzutragen. Bilder und Schriften können somit in gestochener Schärfe und fühlbarer Feinheit in die Textur eingebracht werden, ohne die Rückseite eines Blattes zu verletzen. Das Verfahren eignet sich vor allem für Bilder, Logos und Schriftzüge. Anwendungsfelder sind hochwertige Drucksachen, wie Visitenkarten, Geschäftsausstattung, Mailings, Geschäftsberichte und Broschüren.

### PAP 2.3
#### Kaschieren

Papiere, Pappen und Kartonagen können unter Zuhilfenahme von Klebstoffen oder doppelseitiger Klebefolie mit anderen Materialien kaschiert werden. Bei den Klebstoffen werden die zwei Hauptgruppen Kleister und Leime unterschieden. Während *Kleister* in der Regel aus pflanzlichen Stoffen hergestellt werden, haben *Leime* eine tierische oder synthetische Grundlage. Zu den im Papierhandwerk und für die Buchbindung verwendeten Klebstoffen zählen *Methylzellulose*, *Polyvinylacetat (PVA)*, Kleister aus Weizen- oder Reisstärke sowie Fertigkleister (LaPlantz 2000). Früher wurden Leime aus tierischen Abfällen wie Häuten, Knochen oder Knorpeln hergestellt. Heute befinden sich synthetische Leime wie *Latex*, *Tischlerleim* oder *Zelluloseleim* in der Anwendung. *Wachsleim* ist eine Emulsion aus Wachs und Kasein. Er wird beispielsweise zur Leimung von Visitenkarten verwendet (Asunción 2003).

*Bild: Bedruckter Papierbecher./ Foto: PAPSTAR*

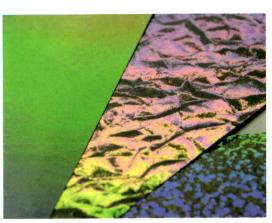

*Bild: Kaschiertes Papier.*

Differierende Ausdehnungskoeffizienten des Trägermaterials, des aufzuziehenden Papiers sowie des benutzten Klebstoffs können bei Schwankungen von Temperatur oder Feuchtigkeit unterschiedliche Verzugserscheinungen bewirken, die Verwerfungen zur Folge haben. Daher sollte mit sehr dicken und formstabilen Trägermaterialien gearbeitet werden. Die Technik des *Gegenzugs*, was das beidseitige Bekleben von Papier idealerweise der gleichen Sorte und Stärke bedeutet, kann Verwerfungen und Verzug verringern oder vermeiden. Darüber hinaus sollte darauf geachtet werden, dass zwei zu verklebende Papiere die gleiche Laufrichtung PAP 1.3.1 aufweisen. Um nachträglichen Verzug zu verhindern, ist bei der Nutzung wasserhaltiger Klebstoffe darauf zu achten, dass das Material mit Kleber eingestrichen wird, das unter Feuchteeinfluss die stärksten Formveränderungen aufweist.

*Bild links: Hocker aus Wellpappe kaschiert mit UV-lackiertem, bedrucktem Papier, bis 200 kg belastbar./ Hersteller und Foto: REMEMBER®-Products*

## PAP 2.4
### Falzen

Falzen bezeichnet das Umlegen von meist schon bedrucktem Papier unter Pressdruck zu aufeinander folgenden Seiten eines Druckwerks (z.B. Flyer). Die äußere Seite eines Papiers wird dabei gespannt, während die innere eine Stauchung erfährt. In einem abschließenden Falt- und Schneidvorgang wird das Druckwerk auf ein endgültiges Format gebracht. Mit *Falzbruch* wird die beim Falzen entstehende Linie bezeichnet. *Falzmarken* sind Orientierungshilfen, an denen Druckwerke (z.B. Briefbögen) vor der Weiterverarbeitung gefaltet werden sollen.

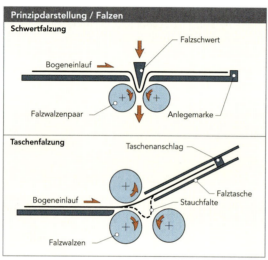

Abb. 8: nach [11]

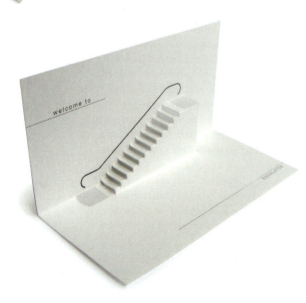

Bild: Gefalzte Karte./
Design: www.UNITEDDESIGNWORKERS.com

## PAP 3
### Vorstellung einzelner Papiere, Kartons und Pappen

*Bristolkarton,* ursprünglich in der südenglischen Stadt Bristol gefertigt, ist ein weißer, glatter und sehr lichtbeständiger Karton und findet in der Architektur häufige Verwendung.

Bild: Weißer Bristolkarton./ Foto: modulor

*Buntpapier* ist der Sammelbegriff für alle Papiere, die einseitig mit Farbe bestrichen, bedruckt, bespritzt, lackiert, gemustert oder marmoriert werden.

*Büttenpapier* ist ein besonders wertvolles, weil Blatt für Blatt einzeln geschöpftes Papier. Den Namen hat es von der Schöpfbütte, in der sich der aus gereinigten und zerfaserten Hadern (Lumpen) bestehende Papierbrei vor der Verarbeitung befindet. Es wird vor allem für Urkunden und Dokumente verwendet oder kommt bei der Herstellung von Papierschmuck zur Anwendung.

Bild: Büttenpapier./ Foto: modulor

*Chinapapier* zeichnet sich durch eine besondere Feinheit und Saugfähigkeit aus. Es wird heute noch traditionell aus dem Bast des Maulbeerbaums hergestellt, dessen Fasern hohe Stabilität und Geschmeidigkeit verleihen. Besonders geeignet ist das Papier für Radierungen, zur Wiedergabe von Holz- und Kupferstichen sowie zur Herstellung von Druckradien.

Bild: Chinapapier./
Foto: modulor

*Dünndruckpapier* kommt bei Druckmedien mit mehr als 1000 Seiten zum Einsatz (z.B. Bibel, Gesetzestexte), um den Buchumfang zu beschränken. Die sehr dünnen Seiten werden in aller Regel leicht gefärbt, um ein Durchscheinen des Drucks zu verhindern.

Im Gegensatz zu den Dünndruckpapieren soll *Dickdruckpapier* Bücher mit geringen Seitenzahlen umfangreicher erscheinen lassen. Hierzu werden die Seiten durch lufthaltige Zusätze aufgelockert.

Als *Elfenbeinkarton* wird ein mehrfarbiger, lichtdurchlässiger Karton für Modelle und Drucksachen bezeichnet.

*Fotokarton* wird zu 100% aus Altpapier hergestellt. Er ist matt, mit Farben durchtränkt, ist relativ lichtbeständig und eignet sich für den Modellbau und als Fotohintergrund.

*Bild: Schwarzer Fotokarton./ Foto: modulor*

*Glanzpapier* ist Papier, das nach dem Trocknen noch einmal gepresst wird. Die Oberflächenstruktur wird verbessert und gefestigt. Falten werden geglättet. Der Arbeitsschritt ist auch unter dem Begriff »*Satinieren*« bekannt. In Einzelproduktionen kann zum Glätten auch ein Bügeleisen verwendet werden.

*Graupappe* ist grau, biegsam und relativ zäh und für die meisten Papparbeiten als Standard bekannt.

*Bild: Graupappe./ Foto: modulor*

Aus reinem Holzschliff besteht *Holzpappe*. Sie bricht deshalb leicht und weist eine hohe Saugwirkung auf, wodurch eine Vorleimung bei der Verarbeitung erforderlich wird.

*Bild: Holzpappe./ Foto: modulor*

*Ingrespapier* wurde nach dem französischen Maler Ingres benannt, der dieses Papier zu Zeiten des Klassizismus häufig verwendete. Es wird in der Regel für Kreide- oder Kohlezeichnungen benutzt und ist leicht gefärbt.

*Japanpapier* ist auf Grund der besonders langen (10 Mal länger als Holzfasern), zum Teil sichtbaren Fasern fast unzerreißbar, wodurch es für die Verwendung in Lampenschirmen und in Buchumschlägen sowie als Isolierpapier besonders geeignet ist. Es wird noch heute von Papiermacherfamilien in Japan auf traditionelle Weise geschöpft. Durch den Verzicht von Chemikalien weisen Japanpapiere eine hohe Alterungsbeständigkeit auf und werden auch zur Restauration beschädigter Papiere und Bücher verwendet.

*Bild: Lampenschirmpapier./ Foto: modulor*

*Kohlepapier* ist mit Wachs beschichtet und wird zur Anfertigung von Durchschlägen auf mechanischen Schreibmaschinen genutzt.

*Bild: Kohlepapier./ Foto: modulor*

Innerhalb der Papiermaschine in enge Falten gelegtes *Krepppapier* ist extrem dehnbar und soll verpackte Güter vor Stößen schützen. Außerdem wird es häufig zu Dekorationszwecken verwendet.

*Bild: Krepppapier./ Foto: modulor*

*Lederpappe* verfügt über eine lederartige Anmutung, die aber nicht durch verarbeitetes Leder entsteht, sondern aus einer chemischen Behandlung von Holz resultiert. Sie wird vorwiegend zur Herstellung von Bucheinbänden und Ordnern verwendet.

Zur Erzielung einer hohen Saugfähigkeit wird *Lösch-* und *Filterpapier* ohne Füllstoffe ↗ PAP 1.2 hergestellt. Es wird meist aus einer Mischung von Zellstoff und Baumwollfasern gefertigt und ist geringfügig verleimt. Die guten Saugeigenschaften werden durch kurzzeitiges, grobes Mahlen des Fasermaterials erreicht.

Bild: Filterpapier.

*Metallpapier* ist einseitig hauchdünn mit Metall beschichtet und wird zum Aromaschutz von Kaffee, Tee oder Zigaretten oder zur Konservierung von Lebensmitteln als Verpackungsmaterial eingesetzt.

*Naturpapiere* werden nicht veredelt oder weiter verarbeitet. Sie sind folglich weder beschichtet noch gestrichen.

Bild: Naturpapier in verschiedenen Grammaturen.

*Ölpapier* dient zur Einwicklung von Bonbons und Brot sowie als wasserdichtes Papier für Trinkbecher und Milchbehälter. Der wasserabweisende Effekt wird durch Imprägnieren mit Wachs oder Paraffin erreicht.

Bild: Ölpapier./ Foto: modulor

*Packpapier* ist fest und wird zum Verpacken von Gegenständen verwendet. Da es keinen optischen Anforderungen genügen muss, wird es meist nicht gebleicht und ist in einem natürlichen Braunton erhältlich.

Bild: Packpapier./ Foto: modulor

*Pergamentpapier* ähnelt in Erscheinung und Konsistenz dem Pergament. Saugfähiges Rohpapier (z.B. aus Baumwollgewebe) wird zur Abdichtung der Oberfläche mit Schwefelsäure behandelt. Durch Pergamentieren kann Papier zudem transparent oder fettdicht gemacht werden. Zur Anwendung kommt Pergamentpapier vor allem als Packmittel für besonders fetthaltige Produkte.

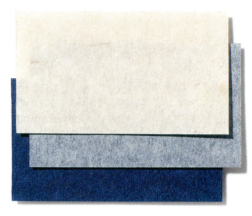

Bild: Pergamentpapier./ Foto: modulor

*Plotter-* oder *Inkjetpapier* ist sehr glattes Papier mit besonders kurzen Trocknungszeiten. Für den Druck von Farbplots ist Plotterpapier meist einseitig beschichtet, um wasserunempfindlichen Druck zu gewährleisten.

*Seidenpapiere* weisen auf Grund der verwendeten Pflanzenfasern eine besondere Geschmeidigkeit und eine flächenbezogene Masse von unter 30 g/m$^2$ auf. Es wird zum Verpacken stoßempfindlicher Gegenstände (z.B. Früchte) oder für Briefumschläge verwendet.

Bild: Seidenpapier./ Foto: modulor

Für **Teebeutelpapier** werden vor dem Hintergrund der hohen thermischen Belastung Blattfasern einer speziellen Bananenart unter Zusatz von Edelzellstoff benutzt. Das Papier ist hochporös, nassfest und geschmacksneutral.

*Bild: Teebeutel.*

Bei der Herstellung von **Transparentpapier** wird Fasermaterial aus harten Zellstoffsorten oder Hadern lange und möglichst schonend gemahlen und gerührt, bis ein Gelee entsteht. Dieses wird dann getrocknet und abschließend gefärbt. Transparentpapier ist auf Grund dieses Prozesses weniger temperaturbeständig und reagiert stark auf Feuchtigkeitsveränderungen. Oberflächenleimung macht es beschreibbar, unempfindlich gegen Fingerabdrücke und radierfest, so dass es vor allem für technische Zeichnungen und Architekturentwürfe eingesetzt wird.

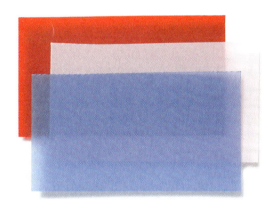

*Bild: Cromático, Transparentpapier/ Foto: modulor*

Die Bezeichnung »Velin« wurde früher für zarte Tierhäute bester Qualität verwendet. Heute versteht man unter **Velinpapier** Papiere, auf denen innerhalb des Herstellungsprozesses keine Markierungen oder Zeichen aufgebracht werden und gegen das Licht einheitlich und glatt wirken.

Die samtweiche Erscheinung von **Velourspapier** wird erreicht durch feine Beschichtung von Papier mit Viskose. Es wird für Buchumschläge und zur Dekoration von Schachteln verwendet.

*Bild: Velourspapier./ Foto: modulor*

**Vergépapier** ist ein Papier mit einer gerippten Oberfläche. Beim Schöpfvorgang wird ein Sieb mit einem Netz aus vielen feinen, untereinander liegenden Stäben verwendet. In der Längsrichtung der Stäbe ist das Papier etwa 10% weniger fest als quer dazu und reißt leichter.

**Wellpappe** ist ein braunes, vor Stößen schützendes Packmaterial, das zu 70% aus Altpapier hergestellt wird. In der Regel unterscheidet man zwischen zweischichtiger und dreischichtiger Ausführung. Die zweischichtige Version besteht aus zwei Papierschichten, von denen eine in Welle gelegt ist. Bei der dreischichtigen Ausführung ist die Wellenlage von beiden Seiten eingeschlossen.

*Bild: Wellpappe./ Foto: Ledder Werkstätten*

*Bild: Wellpappe./ Foto: modulor*

**Zeichenkarton** ist weiß und zäh, hat eine glatte Oberfläche und eignet sich zum Zeichnen und Beschriften sowie zur Anfertigung kleiner Modelle.

**Zigarettenpapier** ist hauchdünnes, leichtes und ungeleimtes Papier, das einer Imprägnierung unterzogen wird, so dass es wie flammfestes Papier zwar glimmen kann, aber nicht brennt. Es wird meist aus Fasern von Stroh und Flachs gewonnen.

*Kapitel PAP*
**Papiere**

**PAP 4**
**Papierformate und Maßeinheiten**

In Deutschland werden Papiere seit 1922 in den einheitlichen Formaten nach DIN 476 in die Reihen A (Drucksachen, Briefbögen, etc.), B (Schnellhefter und Ordner) und C (Umschläge, um Reihe A zu verschicken) unter Angabe des Flächengewichts gehandelt. DIN D gibt Sonderformate an.

Ausgangsgröße des Deutschen Normausschusses war ein Rechteck mit einer Fläche von einem Quadratmeter, wobei die kleinere Seite des Bogens zur größeren im Verhältnis 1 zu Wurzel aus 2 (1,414...) steht. Die Formate sind also entweder doppelt oder halb so groß wie das benachbarte. Die Zahl gibt jeweils an, wie oft das Ausgangsformat A0 (841 x 1189 mm$^2$) geteilt wurde. DIN A00 ist die Doppelte DIN A0 Größe.

In der B-Reihe werden die unbeschnittenen Formate zusammengefasst. Sie sind größer als die in DIN A definierten Größen, da erst nach dem Drucken, Falzen und Binden der Beschnitt erfolgt. So enthält die Reihe zum Beispiel Kuverts und Hüllen. Die C-Reihe liegt in der Größe zwischen der A- und der B-Reihe und enthält die gebräuchlichen Formate für Umschläge, Kuverts, Hüllen oder Mappen. Zu einem ungefalteten A4-Prospekt passt beispielsweise ein C4-Kuvert. Ein Printmedium mit Größe DIN A5 kann in ein C5-Kuvert eingesteckt werden.

Neben den Standardmaßen werden insbesondere in Kunst und Typographie einige alte Formate heute immer noch verwendet. Aus Spanien sind beispielsweise folgende Größen und Bezeichnungen bekannt (Asunción 2003):

Couronne.............................................. 37 x 47 cm$^2$
Double couronne................................. 47 x 74 cm$^2$
Coquille.................................................. 45 x 56 cm$^2$
Double raisin........................................ 50 x 65 cm$^2$
Jesus....................................................... 56 x 76 cm$^2$
Double colombier................................ 90 x 120 cm$^2$

Für handgeschöpfte *Japanpapiere* haben sich folgende Maße etabliert (Leitner 2005):
• 54 x 38 cm$^2$
• 94 x 63 cm$^2$
• 136 x 70 cm$^2$

Weitere aus dem Papiermacherhandwerk bekannte Maßeinheiten für Papier sind das *Blatt*, die *Lage*, die *Hand*, das *Ries* und der *Ballen*:
Lage......................... 5 Blatt
Hand....................... 5 Lagen = 25 Blätter
Ries......................... 20 Hände = 500 Blätter
Ballen..................... 10 Riese = 5000 Blätter

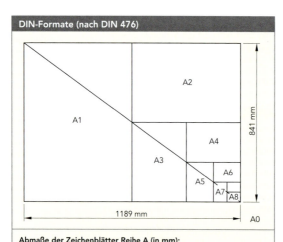

*Abb. 9*

*Foto: modulor*

## PAP 5
### Besonderes und Neuheiten im Bereich von Papier, Karton und Pappe

### PAP 5.1
### Papiertextilien

*Kamiko* bedeutet auf Deutsch »Papierhemd« und setzt sich aus den Worten »kami« für Papier und »koromo« für Mönchsgewand zusammen. Die Idee zur Verwendung des Werkstoffs Papier für Kleidungen kommt aus Japan, wo bereits vor Tausend Jahren ein buddhistischer Mönch das erste Papierhemd aus den Seiten alter Sutras (heilige Schrift Buddhas) herstellte.

Heute erfreut sich Papier im Design- und Modebereich zur Herstellung von Haute Couture immer stärkerer Beliebtheit. Zahlreiche Projekte sind aus den letzten Jahren bekannt, die meist auf der traditionellen Technik zur Herstellung eines *Shifus* (übersetzt: gewebtes Papiertuch) basieren.

Bild: Behandeltes Papier gehäkelt und eingefärbt./ Design und Foto: Marian de Graaff

*Verarbeitung*
Hochwertige, meist handgeschöpfte Papiere werden mit einer besonderen Falt- und Schneidtechnik zu endlosen Streifen geschnitten und an einem Spinnrad zu einem festen Papierfaden verdreht. Dieser lässt sich wie ein normales Textilgarn zu Geflechten, Geweben, Gestricken oder Maschenwerken weiter verarbeiten. Anregungen für den Entwurf von Papiertextilien und detaillierte Anleitungen für deren Herstellung gibt Leitner 2005.

*Verwendung*
Neben der Verwendung im Bereich der Mode können Papiergarne auch für Lichtobjekte, Taschen, Wandbespannungen, Raumteiler, Vorhänge, Kissenbezüge, Teppichböden oder Schmückstücke genutzt werden. Mit Papiergarnen lässt sich ein Koralleneffekt erzielen, der für Halsschmuck besonders geeignet erscheint. Auch im Möbelbereich sind zahlreiche Anwendungsbereiche für Papiergarne denkbar.

*Handelsformen*
Um der zeitaufwändigen Produktion des Ausgangsmaterials zu entgehen, haben sich in Europa einige Papierspinnereien etabliert, die industriell hergestellte Papiergarne, gezwirnte Papierschnüre und Papierbänder anbieten. Die Stärke des Garnmaterials wird in der Maßeinheit Nm (*Nummer metrisch*) angegeben. Diese zeigt an, wie viele Kilometer ein Kilogramm eines Garns ausmachen würde, wenn man es der Länge nach ausziehen würde. Dicke Garne haben also eine kleine, feines Garnmaterial eine große Maßeinheit. Folgende Garnqualitäten sind auf dem Markt erhältlich (Leitner 2005):

*Papiergarne*
Nm 0,16 .................. dicke Papierschnur auch eingefärbt erhältlich
Nm 0,8 .................... robuste und dicke Papierschnur erhältlich in Strängen à 500 g oder auf Spulen
Nm 1,65 ................. mitteldickes Papiergarn
Nm 7,5 .................... sehr dünn gedrehtes Papiergarn erhältlich in Weiß und Naturbraun

*Gezwirnte Papierschnüre*
Nm 0,36/4 ............. dicke, gezwirnte Papierschnüre aus vier eingedrehten Garnen in vielen Farben erhältlich
Nm 96/4 ................. fein, gezwirnte Papierschnüre erhältlich in Weiß und Naturbraun

Bild: Gezwirnte Papierschnüre./ Foto: Manufactum

*Papierbänder*
Papierraffia ............ längsgefaltete, unregelmäßige Papierstreifen, vergleichbar mit dem Rohprodukt zur Papiergarnproduktion, starker Papiercharakter

## PAP 5.2
### Papier im Wohnbereich

Neben der klassischen Verwendung als Tapeten finden Papiere und Kartonagen in Möbeln und Inneneinrichtungen immer stärkere Verwendung. Dabei sind Möbel aus Papier schon lange keine Neuheit mehr. Bereits 1851 stellten englische Industrielle auf der ersten Weltausstellung ein Verfahren vor, um mit Papier die Serienfertigung von Möbeln zu revolutionieren. Die Realisierung der Vision sollte jedoch erst in den 20er Jahren des 20. Jahrhunderts vollzogen werden. Auf Basis eines Patents von Marshall Burns Lloyd (1917) wurden unter dem Namen »*Lloyd Loom*« bis zu 10 Millionen Möbel als Ersatz für Korbmöbel vertrieben. Die noch heute produzierten Stühle, Bänke und Tische bestehen im Kern aus einem Metallgeflecht, das mit Papier umwickelt wird.

*Bild: Paravent aus Papier.*

*Bild: Papiergeflecht mit Drahtkern ist weicher als Rattan oder Weide, haltbarer, schont Kleider und knarrt nicht./ Loom Möbel »Swing Dining Chairs« von Garpa/ Foto: Garpa*

In den achtziger Jahren nutzte eine Vielzahl von Künstlern und Architekten der Postmoderne Papier und Karton, um die konventionellen Vorstellungen von Möbeln und Inneneinrichtungen neu zu interpretieren. Die Schweizer Architekten Stéphane Jaquenoud und Ralph Kaiser de Cossonay beispielsweise möblierten ein komplettes Hotel mit Möbeln aus Papier und demonstrierten damit die Möglichkeiten einer unkonventionellen Materialverwendung.

### Papiermaché

Neben den Anwendungsmöglichkeiten von Papiertextilien im Interieurbereich hat sich des Weiteren Papiermaché für die Herstellung von Lampenschirmen, Vasen und Schalen bewährt. Papiermaché besteht aus Papier und einem Bindemittel. Der Begriff kommt aus dem Französischen und bedeutet »gekautes Papier«. Zwei Herstellungsmethoden können unterschieden werden (Meyer 1999):

*Bild: Laterne aus Papier./ Foto: PAPSTAR*

Bei der ersten werden einzelne Papierstücke Lage für Lage auf einen Grundkörper geklebt bis eine stabile Formgeometrie entstanden ist. Als Grundkörper eignen sich zur Anfertigung runder Bauteile beispielsweise Luftballons. Für flächige Wandungen werden Drahtstrukturen verwendet.

Die zweite Herstellungsmethode ähnelt der klassischen Papierproduktion. Papier wird zerkleinert und mit Wasser und Bindemittel zu einem Faserbrei (*Pulpe*) gemischt. Dieser kann anschließend wie eine Formmasse verarbeitet werden. Nach dem Trocknungsprozess entstehen Formkörper mit guter Festigkeit.

### Pappwaben

Pappwabenplatten weisen, bezogen auf das Volumen, ein geringes Gewicht auf und sind auf Grund der beidseitig eingeschlossenen Wabenstruktur äußerst druckfest. Platten mit einer Dicke von nur 20 mm können, bezogen auf eine Fläche von 100 cm², ein Gewicht von bis zu 400 kg tragen, was sie besonders für den Möbel-, Messe- und Ausstellungsbau geeignet macht. Aber auch als Dämmmaterial, als Türfüllung und zur Anfertigung von Einwegpaletten finden Pappwabenplatten Verwendung.

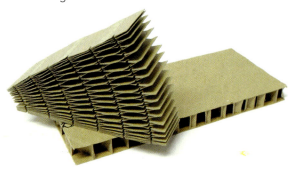

*Bild: Pappwabenplatten./ Hersteller: Honicel*

### Schadstoffreduktion durch Papier

Dass die Verwendung von Papier aber nicht nur ästhetischen Merkmalen genügt, sondern auch einen funktionalen Mehrwert in Innenräumen bieten kann, beweist die Entwicklung Schadstoff- und Umweltgifte absorbierender Papiere. Der Trend kommt aus Japan, wo bereits Möbel, Lampen und Jalousien aus keimfressendem Papier weit verbreitet sind und im Wohnbereich für ein gesünderes Klima sorgen. Neben der Verringerung unangenehmer Gerüche soll Papier gegen chemische Gifte wie Formaldehyde oder Lösungsmittel als auch gegen Naturgifte wie Kolibakterien oder Milzbranderreger wirken.

Die absorbierende Wirkung geht auf das so genannte »*Vitan-Papier*« zurück, das mit ungiftigem Titanoxid behandelt wird. Unter Lichteinfluss arbeitet Titanoxid als Katalysator und wandelt die Giftstoffe in unschädliche Substanzen wie Kohlendioxid und Wasser um. Am Institut für Werkstofftechnik der Universität Kassel wird die Verwendbarkeit für Möbel und sonstige Gegenstände aus »*Vitan-Papier*« getestet und die Tauglichkeit für den deutschen Markt geprüft.

## PAP 5.3
## Papier in der Architektur

Die in den letzten Jahren spektakulärste Verwendung von Papier in der Architektur fand im Rahmen der EXPO 2000 statt.
Der japanische Architekt Shigeru Ban konzipierte einen völlig aus Papier und Pappe bestehenden Ausstellungspavillon (Länge: 89 m, Breite: 42 m), mit dem sein Land auf der Weltausstellung repräsentiert wurde. Die Konstruktion aus Papprollen und Presspappe trug ein mit 35 m Spannweite gekrümmtes flächiges Tragwerk, dass mit einer Membranhaut aus Textilien und Papierkunststoff überdacht war.
Als Beispiel für einen ökologischen Einsatz von Baumaterialien wurde nach der EXPO das Gebäude komplett recycelt und der Bauwerkstoff als Fasermaterial der Papierindustrie zugeführt.

*Feuerschutz aus Altpapier*
Neben der Beeinflussung der visuellen Erscheinung architektonischer Gebäude durch die Verwendung von Papier kann Zellulose auch als feuerfestes Dämmmaterial verwendet werden und somit krebserregenden Spritzasbest ersetzen. Vor diesem Hintergrund hat die Fraunhofer-Gesellschaft in Zusammenarbeit mit dem freien Erfinder Wolfgang Christ ein hitzebeständiges Dämmmaterial entwickelt, das in der Hauptsache aus Zellulosefasern besteht. Die Fasern sind in ein feuerfestes Kristallgitter mineralischer Komponenten eingelassen. Im Brandfall schmelzen die mineralischen Bestandteile und ummanteln die Altpapierfasern. Eine stabile Wärmeisolierung entsteht. Das Dämmmaterial kann unter Beimischung von Bindemitteln auch im Spritzverfahren direkt auf Bauteile aufgetragen werden und gleichzeitig Stahlträger vor Rost schützen.

*Bild: Japanischer EXPO Pavillon mit Dachkonstruktion aus Papier, Hannover 2000, Architektur Shigeru Ban Architects, Tokyo/ Foto: Hiroyuki Hirai/ Tokyo*

## PAP 5.4
### Kartonage im Flugzeugbau

Ungewöhnlich, aber unter Gewichtsaspekten sinnig, ist die Verwendung von Papier in der Flugzeugindustrie. So werden mittlerweile sowohl Einrichtungsgegenstände im Flugzeuginnern als auch ganze Wandbereiche auf Basis der *Wabensandwichbauweise* unter Papiereinsatz konstruiert und gefertigt. Neben Gewichtsersparnis kann durch Kombination von Glasfasern und in Harz getränktem Papier auch die für die Luftfahrt erforderliche schwere Entflammbarkeit erzielt werden.

Abb. 10

*Eigenschaften*
Die Materialeigenschaften basieren allesamt auf den Vorteilen eines Sandwichaufbaus. Zwischen zwei dünnen Decklagen wird ein leichtes aber druckfestes Kernmaterial eingebracht, wodurch minimales Gewicht bei großer Wandstärke erreicht werden kann. Die besten Eigenschaften werden bei Aramid-Wabenkernen erzielt, die auf Grund ihrer Ähnlichkeit zur Struktur einer Bienenwabe auch »*Honeycomb*« genannt werden. In der Zwischenlage befindet sich Nomex®-Papier, ein Werkstoff aus in hitzebeständigem Phenolharz getränktem Aramid ☞ TEX 4.4.2. Das auch unter dem Markennamen Kevlar® bekannte Aramid stammt aus der Weltraumforschung und ist eine extrem zug- und reißfeste Faser und wesentlich leichter als eine Glasfaser ☞ GLA 4.7. Aramid-Waben weisen eine hohe mechanische Festigkeit, Steifigkeit, Vibrations- und Ermüdungsbeständigkeit auf, sind chemikalienbeständig und können sehr gut verklebt ☞ FUE 4 werden. Besonders zur Versteifung großflächiger Kunststoffbauteile können die Eigenheiten von Aramid-Waben genutzt werden, was sie unter anderem für den Einsatz im Flugzeugbau besonders geeignet macht.

## PAP 5.5
### Papierschaum

Zur Verpackung von stoß- und erschütterungsempfindlichen Gütern wie Porzellan oder elektronischen Produkten werden in der Regel Styroporflocken ☞ KUN 4.1.3 verwendet, die vor dem Hintergrund einer umweltverträglichen Entsorgung allerdings keine optimale Lösung darstellen. Papierschaumflocken aus nachwachsenden Rohstoffen sind seit einigen Jahren eine Alternative. Die so genannten »*Fluips*« sind zylinderförmige Flocken und bestehen aus Altpapier und *Weizenstärke*. Sie werden ohne die Verwendung chemischer Treibmittel hergestellt und sollen *Styropor* als Verpackungsmaterial in der Zukunft ablösen. Darüber hinaus wird an die Verwendung von Papierschaum als Formverpackung und Dämmmaterial gedacht. Und sogar als Katzenstreu soll sich Papierschaum eignen.

Bild: Papierschaum.

*Eigenschaften*
Die Vorteile von Papierschaum liegen neben der Verwendung nachwachsender Rohstoffe und einfachem Recycling auch in dem wenig komplexen Produktionsprozess und der positiven Energiebilanz. Zudem weist Papierschaum in Schüttel- und Rütteltests ein günstigeres Dämpfungsverhalten als Styroporflocken auf.

Bei der Herstellung wird Altpapier zunächst geschreddert, gemahlen und mit einem Volumenverhältnis von rund 50% mit Weizenstärke gemischt und zu Granulat gepresst. Unter Druck und Wasserdampf wird das Granulat in einem Extruder ☞ FOR 4 geschäumt, über eine Düse zu einer langen Stange geformt und dann in einzelne Flocken geschnitten. Das Spritzgießverfahren ☞ FOR 1.2 kommt zur Herstellung ganzer Formteile zur Anwendung. In der Schnecke wird das Papier-Stärke-Granulat zerkleinert und unter Wasserdampf in eine Form gespritzt, in der es innerhalb von 2 Sekunden aufschäumt.

Die Entsorgung von Flocken und Formteilen aus Papierschaum kann sowohl in der Bio- und Altpapiertonne als auch über den Komposthaufen geschehen. Papierschaumflocken fallen schnell zusammen, nehmen dadurch wenig Platz in Anspruch und können über die enthaltene Stärke einen Kompostierungsvorgang sogar beschleunigen.

**PAP**
**Literatur**

[1] **Asunción, J.:** Das Papierhandwerk. Bern, Stuttgart, Wien: Haupt Verlag, 2003.

[2] **Dardel, K.:** Kreatives Papierschöpfen. Bern, Stuttgart, Wien: Haupt Verlag, 2. Auflage, 1998.

[3] **Digel, M.:** Papermade. München: Mosaik Verlag, 2002.

[4] **Hartel, T.:** Papierschöpfen. Stuttgart: Urania Verlag, 2002.

[5] **Kasahara, K.:** Origami. München: Augustus Verlag, 2001

[6] **LaPlantz, S.:** Buchbinden. Bern, Stuttgart, Wien: Haupt Verlag, 2. Auflage, 2000.

[7] **Leitner, C.:** Papiertextilien. Bern, Stuttgart, Wien: Haupt Verlag, 2005.

[8] **Meyer, H.:** Papiermaché. Bern, Stuttgart, Wien: Haupt Verlag, 2. Auflage, 1999.

[9] **N.N.:** Die Roten Seiten, Band 2 – Lexikon: Papier von A – Z. Schneidersöhne Forum, 2000.

[10] **N.N.:** Die Roten Seiten, Band 3 – Papier vor dem Druck. Schneidersöhne Forum, 2000.

[11] **N.N.:** Die Roten Seiten, Band 5 – Papier nach dem Druck. Schneidersöhne Forum, 2000.

[12] **N.N.:** Abfallvermeidung im Büro. Berlin: Berliner Stadtreinigungsbetriebe (BSR), 2002

[13] **Reiner, M.; Reimer-Epp, H.:** 300 Papierrezepte. Bern, Stuttgart, Wien: Haupt Verlag, 2001.

[14] **Sprenger, T.; Struhk, C.:** modulor – material total. Berlin: 2004.

[15] **VDP (Verband deutscher Papierfabriken e.V.):** Papier 2001 – Ein Leistungsbericht. Bonn, 2002.

[16] **Weber, T.:** Die Sprache des Papiers. Bern, Stuttgart, Wien: Haupt Verlag, 2004.

[17] **Zeier, F.:** Schachtel, Mappe, Bucheinband. Bern, Stuttgart, Wien: Haupt Verlag, 2001.

[18] **Zibell, M.:** Bücher binden und gestalten. Stuttgart: Urania Verlag, 2001.

Bild: »waterbubble«, Objekt aus Borosilikatglas. / Design: Sascha Peters

## GLA
## GLÄSER

*Ampulle, Aquarium, Aschenbecher, Auflaufform, Badartikel, Bauglas, Becherglas, Bierglas, Bilderrahmen, Bildröhre, Bleiglas, Blumenvase, Borosilikatglas, Brandschutzglas, Brennglas, Brillenglas, Cocktailglas, Cognacschwenker, Dallglas, Dekorscheibe, Dessertschale, Destillierbrücke, Diatretglas, Display, Drahtglas, Duschkabine, Eierbecher, Einmachglas, Einscheibensicherheitsglas, Essigspender, Fernglas, Flachbildschirm, Flachglas, Flakon, Flasche, Flintglas, Fluoridglas, Fußbodenbelag, Gasmessglocke, Geschirr, Gewächshaus, Glasauge, Glasbaustein, Glasdach, Glasfaserkabel, Glasfaservorhang, Glasfassade, Glasfilter, Glasfolie, Glashaus, Glaskeramik, Glaskolben, Glaskrug, Glasmalerei, Glasmöbel, Glasperle, Glasrohr, Glasstatue, Glastisch, Glastür, Glasvorhang, Glaswolle, Glühbirne, Grappaglas, Hängewand, Herdinnenscheibe, Implantat, Innendekoration, Isolierglas, Jalousie, Kaffeekocher, Kaffeeglas, Kameraobjektiv, Kaminscheibe, Karaffe, Käseglocke, Kelch, Kerzenständer, Knochenersatz, Kochplatte, Kristallglas, Kronglas, Kronleuchter, Kuchenform, Ladentheke, Lamellenfenster, Lampenschirm, Lautsprecher, Lavaglas, Leuchtreklame, Leuchtstoffröhre, Lichtstreuer, Likörglas, Linse, Longdrinkglas, Lupe, Marmeladendose, Messbecher, Messkolben, Milchglas, Milchkanne, Mikrowellengeschirr, Mixer, Mobiltelefon, Murmel, Ofenglas, Opalglas, Ornamentglas, Panzerglas, PDA, Petrischale, Pilstulpe, Pipette, Plasmabildschirm, Präparateglas, Profilbauglas, Quarzglas, Reagenzglas, Rotweinglas, Rückspiegel, Rührstab, Salzstreuer, Schaufenster, Schaukasten, Scheinwerferschutzscheibe, Schlangenkühler, Schmuck, Schüssel, Seifenschale, Seitenspiegel, Sektflöte, Sektschale, Servierplatte, Sicherheitsglas, Signalleuchte, Solarzelle, Sonnenkollektor, Sonnenschutzglas, Sonnenbrille, Spiegel, Spielzeug, Springform, Spritze, Tafelglas, Teekanne, Teetasse, Teleskop, Teller, Temperglas, Textilfaser, Thermometer, Tiegel, Touchscreen, Trennwand, Treppengeländer, Trinkglas, Trinkschale, Überdachung, Uhrglas, Verbundglas, Verbundsicherheitsglas, Verkehrsleitanlage, Vitrine, Wandfliese, Wärmeschutzglas, Wasserglas, Wasserkocher, Weißweinglas, Weithalsgefäß, Whiskyglas, Windfang, Windschutzscheibe, Wintergarten, Zahnstift, Zeitschriftenhalter, Ziehglas, Zuckerdose*

## Kapitel GLA
### Gläser

*Wegen der unendlich großen Anzahl von Farbvariationen und optischen Effekten ist die Glasmurmel als Spielzeug für Kinder seit Jahrhunderten beliebt. Ihre Ursprünge reichen bis ins alte Ägypten. Nahezu jede einzelne Murmel scheint ein Unikat handwerklicher Kreativität und Präzision zu sein. Doch längst sind Produktionsverfahren im Einsatz, die eine massenhafte Herstellung von bis zu 15 Millionen Stück am Tag zu geringen Stückkosten gewährleisten. Als Ausgangsmaterial dienen zähweiche Glasstücke, die aus extrudierten Stäben geschnitten werden. Sie werden verwundenen Gewindewalzen zugeführt, von diesen zu Kugeln geformt und kühlen langsam ab. Die Bewegungen der Walzen sind in den Farbgebungen der Murmeln für allezeit festgehalten.*

Glas ist ein Material, das bereits in der frühen Antike entdeckt und eingesetzt wurde. Älteste Funde liegen aus dem 7. Jahrtausend vor Christus vor. Mehr durch Zufall wurde Glas während der Herstellung von Töpferware beim Brennen kalkhaltigen Sandes als Glasur auf Keramiken entdeckt. Seit dieser Zeit hat der Werkstoff die gesellschaftliche Entwicklung des Menschen begleitet. Die Erfindung der Glasmacherpfeife ↗ FOR 5, die Entdeckung des Bleikristalls ↗ GLA 3.3 1676 in England und nicht zuletzt die Entwicklung des Floatverfahrens ↗ GLA 2.1.1 Ende der 50er Jahre des 20. Jahrhunderts stellen Meilensteine in der Historie der Werkstoffgruppe dar. Joseph von Fraunhofer (1787–1826), Otto Schott (1851–1935) ↗ GLA 3.2 und Carl Zeiss (1816–1888) haben die Glasforschung in Deutschland ganz entscheidend beeinflusst. Noch heute sind Unternehmen nach ihnen benannt.

War bis zu Beginn des 19. Jahrhunderts der Glaswerkstoff noch sehr stark an die Architektur gekoppelt, so haben revolutionäre Entwicklungssprünge in den letzten 40 Jahren Glas zu einem Hochleistungswerkstoff mit teilweise herausragenden Eigenschaften werden lassen. Dies liegt nicht zuletzt an den Anforderungen, die durch die Automobilindustrie an den Werkstoff gestellt wurden. Spezielle Verbundgläser ↗ GLA 4.1 wurden entwickelt, die selbst den Eintritt von Kugelgeschossen zu überstehen vermögen oder hervorragende Brandschutzeigenschaften aufweisen. Aus dem Baugewerbe sind Gläser mit wärmedämmenden Eigenschaften ↗ GLA 4.2 und selbstreinigenden Strukturen ↗ GLA 6.3 bekannt. Und selbst als Bauwerkstoff wird Glas schon lange Zeit in Form von Glasbausteinen, Profilbaugläsern oder als geschäumtes Material ↗ GLA 4.6 verwendet. Spezielle Beschichtungen wie Low-E ↗ GLA 1.2 mit einer geringen Neigung zur Absorption von Energie, Schichten mit holografischen Strukturen oder elektrochromatischen Eigenschaften zur Abdunklung von Innenräumen erweitern das Anwendungsspektrum. Mittlerweile ist es möglich, mit Nanopartikeln Gläser farbig und dauerhaft kratz- und feuerfest in Dicken von wenigen Mikrometern zu beschichten.

*Bild: Glasmurmeln.*

*Bild unten: Glasskulptur »Erlebnis«./ Design: Sascha Peters*

Nicht zuletzt machte der Einsatz von Glasfasern
⌐ GLA 4.7 die Übertragung digitaler Daten und somit
die Entwicklung unserer modernen Informations-
und Wissensgesellschaft erst möglich. Insbesondere trägt die Möglichkeit zur Herstellung von
Dünngläsern ⌐ GLA 6.2 für miniaturisierte Displays
und Flachbildschirme den aktuellen Tendenzen und
Innovationen im Bereich der mobilen Kommunikation Rechnung. Inzwischen hat Glas auch Eingang
in die Hifi-Branche gefunden und wird in Form von
Glasmembranen als Lautsprecher verwendet.

Bild: Glaslautsprecher./ Foto: Glas Platz GmbH & Co. KG

Die neuesten Entwicklungen im Bereich der Glaskeramiken zielen auf Anwendungen für stark auf
Reibung beanspruchte Raketenspitzen, hochtem-
peraturwechselbeständige Gebrauchsgegenstände
wie Geschirr oder Produkte mit dreidimensionaler
Formgebung ⌐ GLA 3.5. Neben den üblichen Glaswerkstoffen wird derzeit auch am Glaszustand für
Metalle ⌐ MET 5.3 oder an glasartigen Kohlenstoffen
geforscht, die organische Eigenschaften aufweisen
können.

Bild: Isolierglas »Pavina«./
Hersteller und Foto: Bodum

## GLA 1
### Charakteristika und Herstellung

Der Begriff »Glas« wurde abgeleitet vom germanischen »glasa«, was soviel wie das Glänzende oder Schimmernde bedeutet, und stand ursprünglich als Bezeichnung für *Bernstein* ↗ MIN 4.5.1.

**GLASHÜTTE LIMBURG**

*Leuchten für alle Bereiche der Innenarchitektur. Für die Lösung von Beleuchtungsaufgaben in öffentlichen und privaten Bereichen und überall dort, wo Hochwertigkeit und langlebiges Design Ausdruck des guten Geschmacks sind.*

www.glashuette-limburg.de

### GLA 1.1
### Struktur und Eigenschaften von Gläsern

Tatsächlich ist Glas ein amorpher Werkstoff mit einem nicht strukturierten Netzwerk der beteiligten Atome (meist Silizium und Sauerstoff). Es entsteht bei schneller Abkühlung der anorganischen Schmelze ohne Bildung eines Kristallgitters. Man vergleicht den Vorgang auch mit dem Einfrieren eines Flüssigkeitszustandes, worauf die besonderen Glaseigenschaften, wie beispielsweise die Lichtdurchlässigkeit und Transparenz, zurückzuführen sind (Scholze 1988).

Bild: Glasscheiben.

Neben der hohen Transparenz ist die fehlende Kristallstruktur dafür verantwortlich, dass Glas keinen präzisen Schmelzpunkt aufweist. Vielmehr muss von einem Erweichungsbereich oder einem Schmelzintervall gesprochen werden, in dem der Werkstoff bei steigenden Temperaturen zunächst in einen weichen und dann langsam in einen flüssigen Zustand übergeht. Glas ist daher bei höheren Temperaturen leicht verformbar.

Bild: Formgebung durch Mundblasverfahren./
Foto: Glashütte Limburg

Der Werkstoff kann mit dem Mund geblasen, in Formen gepresst und unter Zuführung von Hitze gebogen werden ↗ FOR 5. Gute chemische Resistenz und geringe elektrische Leitfähigkeit machen Glas, neben der Verwendung für die Herstellung von Gebrauchsgegenständen, auch für technische und chemische Anwendungen geeignet.

| Kenngrößen von Glas im Vergleich zu anderen Baustoffen | | | | |
|---|---|---|---|---|
| Kenngröße | Kalk-Natronglas | Stahl | Aluminium | Beton |
| Dichte $\rho$ ($10^3$ kg/m$^3$) | 2,5 | 7,9 | 2,5 | 2,5 |
| Elastizitätsmodul E (N/mm$^2$) | 70 000 | 210 000 | 70 000 | 20 000...40 000 |
| Temperaturausdehnungskoeffizient $\alpha$ ($10^{-6}$/K) | 9 | 12 | 23 | 10 - 12 |
| Weitere planungsrelevante technische Werte sind: Biegezugfestigkeit 30 N/mm$^2$, (Rechenwert), Druckfestigkeit 700...900 N/mm$^2$, U-Wert (4 mm Float) 5,8 W/m$^2$K, Temperaturwechselbeständigkeit 40 K, Ritzhärte nach Mohs 5...7, Erweichungstemperatur ca. 600°C. | | | | |

Abb. 1: nach [1]

Auf Grund der geringen Zugfestigkeit und Bruchdehnung ist der Werkstoff jedoch spröde, schlagempfindlich und leicht zerbrechlich. Die *Ritzhärte* von Glas liegt in der Mohs´schen Härteskala ↗ MIN 1.1 zwischen 5 und 7 (Renno, Hübscher 2000). Gläser dehnen sich unter Wärme nur wenig aus und weisen eine hohe Temperaturwechselbeständigkeit auf. Das Material wird daher häufig als Konstruktionswerkstoff verwendet.

## GLA 1.2
### Besondere Kenngrößen für Glaswerkstoffe

Für Verglasungen ist die Kenntnis des Eigenschaftsprofils in Bezug auf Licht- und Wärmedurchlass, Wärmeleitung und Lichtreflexion von ganz entscheidender Bedeutung. Neben den üblichen Kenngrößen haben sich folgende Eigenschaftswerte zur Charakterisierung etabliert (Compagno 2002):

Die *Lichtdurchlässigkeit* $\tau_L$ (Transmission) gibt die Menge des sichtbaren Lichts in Prozent an, die eine Glasscheibe durchdringen kann und ist auf die Empfindlichkeit des menschlichen Auges bezogen.

Bild: Hochtransparentes Glas, Ausgangsmaterial für Nebelscheinwerfer oder Beamerlinsen, Transmission größer 99%./ Foto: SCHOTT AG

Die wichtigste Kennzahl ist der *Wärmeverlustkoeffizient U-Wert* (alt: k-Wert). Er charakterisiert eine Glasscheibe in Bezug auf ihre Wärmeisolationseigenschaften. Die Kenngröße gibt die Wärmeleistung an, die zur Aufrechterhaltung einer bestimmten Temperaturdifferenz pro Stunde erbracht werden muss. Einfache Glasscheiben weisen bei einer Dicke von 4 mm beispielsweise einen Wärmeverlustkoeffizienten von 5,8 W/m²K auf. Der Koeffizient fällt schon für Isoliergläser aus zwei normalen Scheiben auf einen Wert von 3 W/m²K. Je kleiner der Wert ausfällt, desto günstiger ist das Wärmedämmvermögen eines Werkstoffs.

Der *b-Faktor* (Shading Coefficient) quantifiziert den mittleren *Durchlassfaktor* der Sonnenenergie. Die Bezugsgröße ist der Gesamtenergiedurchlassgrad eines Isolierglases mit zwei Scheiben. Die Kenngröße wird insbesondere zur Berechnung der Kühllast eines Gebäudes herangezogen und ist beispielsweise zur Dimensionierung einer Klimaanlage wichtig.

Mit *Emissivität* wird die Fähigkeit einer Materialoberfläche beschrieben, Energie zu absorbieren und in Form von Strahlung wieder abzugeben. In der Regel weisen Gläser eine im Vergleich mit anderen Materialien hohe Emissivität auf.

*»Low-E«* ist eine Beschichtung mit einer besonders niedrigen Emissivität. Sie wirkt folglich der Eigenschaft von Gläsern zur Absorption von Energie entgegen und erzeugt eine hohe Wärmedämmung. Wärmestrahlen werden reflektiert. Der Innenraum von Gebäuden wird im Winter vor dem Austritt von Energie geschützt. Im Sommer wirkt der Effekt in die umgekehrte Richtung. Die Beschichtung ist für das sichtbare Licht durchlässig. Low-E-Beschichtungen werden weitestgehend für Isolier- und Schutzgläser verwendet.

Der *g-Wert* bezeichnet den Gesamtenergiedurchlassgrad und beschreibt die gesamte Energieabgabe einer Verglasung. Damit ist sowohl die Wärmestrahlung als auch die sekundäre Wärmeabgabe gemeint.

Mit dem *Lichtreflexionsfaktor* $R_L$ wird der Anteil auftreffender sichtbarer Strahlung quantifiziert, der vom Glas nach außen reflektiert wird.

---

**SCHOTT**
glass made of ideas

*Glasherstellung und -veredelung*
- Dekorative Gläser
- Entspiegelte Gläser
- Technische Gläser

www.schott.com/special_applications

## GLA 1.3
### Einteilung der unterschiedlichen Glassorten

Zur Charakterisierung der unterschiedlichen Glaswerkstoffe hat sich, ähnlich wie bei den Keramiken, ↗ KER 1.1 kein einheitlicher Ansatz durchgesetzt. Es existieren mehrere Nomenklaturen nebeneinander, die eine Vergleichbarkeit der zahlreichen Glassorten erschweren. Während der Begriff »Bleiglas« ↗ GLA 3.3 die chemische Zusammensetzung betont, zielt die Bezeichnung »Floatglas« ↗ GLA 2.1.1 auf das Herstellungsverfahren. Bei Isolier- oder Strahlenschutzglas wird hingegen die Anwendung betont, womit die drei Haupteintei-lungsraster bereits genannt wären.

*Einteilung nach chemischer Zusammensetzung*
Mit Blick auf die chemische Zusammensetzung haben sich für den Bereich der technischen Gläser sowohl oxidische- (z.B. *Quarzglas*) als auch nicht oxidische Glassorten (z.B. *Fluoridglas*) herauskristallisiert. Mit etwa 95% der gesamten Glasproduktion nehmen die 3 Gruppen *Kalknatronglas*, *Bleiglas* und *Borosilikatglas* die größte industrielle Bedeutung ein.

Bild: Glasskulptur aus Borosilikatglas./ Design: Sascha Peters

Den restlichen Anteil bilden Glaswerkstoffe mit speziellen Eigenschaften für besondere Anwendungen. Alumosilikatgläser sind beispielsweise hochtemperaturfest und werden im Kesselbau und für Verbrennungsrohre eingesetzt. Ist Glas in der Regel elektrisch nicht leitend, so finden *Phosphatgläser* meist auf Grund ihrer halbleitenden Eigenschaften Verwendung. *Boratgläser* enthalten nur wenig Siliziumdioxid und werden auch zum Löten von Metall, Glas oder Keramik eingesetzt. *Glaskeramiken* weisen eine hohe Temperaturwechselbeständigkeit auf, was sie z.B. für Weltraumteleskope, Kochfelder oder Ofenfenster besonders geeignet macht.

*Einteilung nach Fertigungsprinzip und Lieferform*
Neben der chemischen Zusammensetzung werden auch Herstellungsverfahren und Lieferform zur Charakterisierung verschiedener Hauptgruppen verwendet:

• Flachgläser
• Hohlgläser
• Glasrohre
• Schaumgläser
• Glaswolle
• Glasfasern
• Farbgläser

Etwa 25% aller Glasprodukte entfallen auf Flachgläser (z.B. Gebäude- und Fahrzeugverglasungen). Hohlerzeugnisse wie Flaschen, Trinkgefäße, Laborgeräte oder Rohre nehmen einen Anteil von ungefähr 60% der Weltproduktion ein. Etwa 5% werden in Form von *Glasfasern* genutzt. Farbgläser sind unter Verwendung von Metalloxiden eingefärbt und absorbieren einen Teil des sichtbaren Lichts.

*Einteilung nach Verwendung*
Eine weitere häufig genutzte Nomenklatur für die verschiedenen Glassorten teilt diese entsprechend ihres Verwendungsgebietes ein:

• Verpackungs- und Wirtschaftsgläser
• Sicherheitsgläser
• Schutz- und Isoliergläser
• Baugläser
• optische Gläser
• Sondergläser

Mit Verpackungs- und Wirtschaftsgläsern sind Hohlerzeugnisse für die Getränke- und Kosmetikindustrie gemeint. Zu den Sicherheitsgläsern zählen das *Einscheibensicherheitsglas (ESG)*, das *teilvorgespannte Glas (TVG)*, das *Verbund-Sicherheitsglas (VSG)* sowie *Panzer- und Drahtgläser*. *Schutzgläser* dienen zum Schall-, Strahlen- und Brandschutz und werden zur Wärmeisolierung eingesetzt. *Glasbausteine*, *Profilbaugläser*, *Schaumglas* oder *Glaswolle* werden zur Gruppe der Baugläser gezählt. Bei der Herstellung optischer Geräte finden insbesondere *Blei-*, *Kron-* und *Flintgläser* Verwendung.

## GLA 1.4
## Zusammensetzung und Herstellung

Die Glaseigenschaften werden im Wesentlichen durch die chemische Zusammensetzung und die Wirkung der beigemischten Zusätze bestimmt. Bei den meisten Glaswerkstoffen bildet Siliziumdioxid $SiO_2$ (z.B. Quarzsand, Bergkristall) den Hauptbestandteil. Es ist für die Härte verantwortlich und beeinflusst somit die Festigkeitswerte. Darüber hinaus haben noch andere Oxide wie die von Bor, Arsen, Germanium und Phosphor die Fähigkeit, Glas zu bilden (Bargel, Schulze 2004). Die Beimischung von Flussmitteln wie Natriumkarbonat (Soda – $Na_2CO_3$) und Kaliumkarbonat (Pottasche – $K_2CO_3$) ist wichtig, um die zum Teil sehr hohen Schmelzpunkte der einzelnen Komponenten herabzusetzen. Kalziumkarbonatanteile (Kalk – $CaCO_3$) erhöhen die Härte und chemische Beständigkeit. Durch Zusetzen von Bor können die thermischen und elektrischen Eigenschaften verändert werden. Eine Färbung wird durch Beimischen der Glas bildenden Ausgangsrohstoffe mit Metalloxiden erreicht. Der in handelsüblichen Glasscheiben sichtbare leichte *Grünstich* geht beispielsweise auf Eisenoxide ($Fe_2O_3$) zurück, die in kleinen Mengen in Sand vorhanden sind. Manche Oxide können auch den Effekt einer *Glasentfärbung* bewirken (Lange 1993; Vogel 1993).

| Die wichtigsten Glassorten | | |
|---|---|---|
| Kalknatronglas | Quarzglas | Alumosilikatglas |
| Bleiglas | Boratglas | Chalkogenidglas |
| Borosilikatglas | Phosphorglas | Fluoridglas |
| **Wichtige Glaszusätze** | | |
| Gruppe | Kennzeichnung der Gruppe | Wichtige Vertreter |
| Hauptrohstoffe | Rohstoffe, die die Hauptbestandteile der Gläser liefern | $SiO_2$-Rohstoffe in Form von Sanden und Quarziten; $B_2O_3$-Rohstoffe in Form von Boraten; $Al_2O_3$-Rohstoffe in Form von Feldspaten, Kaolin; Alkali- und Erdalkali-Rohstoffe in Form der Karbonate z.B. $Na_2CO_3$ |
| Läutermittel, Schmelzbeschleuniger | Stoffe, die sich in der Schmelze zersetzen und gasförmige Stoffe entwickeln | Nitrate z.B. $KNO_3$ (Freisetzen von $N_2$, $O_2$); Sulfate z.B. $Na_2SO_4$ (Freisetzen von $SO_2$); Peroxide, Chlorate (Freisetzen von $O_2$) |
| Färbungsmittel | Stoffe, die sich Glasschmelzen kolloidal oder ionogen lösen | Metalloxide von Nebengruppenelementen, z.B. erzeugt CoO blaue Färbung |
| Trübungsmittel | Stoffe, die in der Schmelze reagieren und schwerlösliche Verbindungen bilden; Stoffe, die sich in der Schmelze schwer lösen und beim Abkühlen in feindisperser Form ausscheiden | Ausscheidung von Bleiarsenat bei Zusatz von $As_2O_3$ zu bleihaltigen Gläsern; Ausscheiden von $SnO_2$ |

*Abb. 2: nach [11]*

Zur Herstellung von Glas werden die einzelnen Rohstoffe fein zerkleinert, gemischt und geschmolzen. Bei einer Temperatur von 900°C beginnen die Komponenten zusammen zu backen, ab 1500°C entsteht eine klare und flüssige Schmelze. Der Abkühlvorgang hat entscheidenden Einfluss auf die charakteristischen Kenngrößen. Eine falsche Abkühlung kann lokale Kristallisationen hervorrufen, die eine Trübung in Folge des nicht erreichten Glaszustandes verursachen.

| Zusätze und Eigenschaftsveränderung | |
|---|---|
| Zusatz | Auswirkung |
| Bleioxid (PbO) | Erhöhung der Lichtbrechung und des elektrischen Widerstandes, Schutz vor radioaktiver Strahlung |
| Kalziumoxid (CaO) | Steigerung der chemischen Resistenz, Verringerung der Schmelzviskosität, Erhöhung der Entglasungsneigung |
| Aluminiumoxid ($Al_2O_3$) | Verbesserung der thermischen und mechanischen Eigenschaften, Erhöhung der chemischen Beständigkeit |
| Boroxid ($B_2O_3$) | Verbesserung der hydrolytischen Eigenschaften und thermischen Beständigkeit, Senken der Sprödigkeit, besondere Verarbeitungsmöglichkeit durch Herabsetzung der Viskosität |
| Bariumoxid (BaO) | Senken der Aufschmelztemperatur |
| Kaliumoxid ($K_2O$) Natriumoxid $Na_2O$ | geringe chemische Beständigkeit und Temperaturwechselbeständigkeit, keine hohe Isolationsfähigkeit, Erleichtern der Herstellung und Verarbeitung (im Verarbeitungsbereich breites Temperaturintervall) |

*Abb. 3: nach [11]*

| Metalloxide und Färbungseffekt | |
|---|---|
| Metalloxide | Färbung |
| Eisenoxide (FeO) | grünblau (Flaschenglas) |
| Eisenoxide ($Fe_2O_3$) | gelbgrün bis braun, braunschwarz in Verbindung mit Braunstein |
| Kobaltoxide | blau, braun (auch zur Entfärbung) |
| Kupferoxide (z.B. CuO) | dunkelblau bis dunkelviolett oder rot (Kupferrubinrot) |
| Chromoxide ($Cr_2O_3$) | grün |
| Nickeloxide (z.B. NiO) | braun bis rotviolett (auch zur Entfärbung) |
| Manganoxide | braun bis violett |
| Uranoxide | leichtes gelb oder grün (Fluoreszenz unter UV Licht) |
| Schwefel | gelb |
| Schwefelkadmium | silber |
| Silber | silbriges gelb |
| Selen | rosa oder rot (Selenrubin) |
| Gold | rot (Goldrubin) |

*Abb. 4: nach [11]*

*Das Glas für diese Vase verdankt den lichtgrünen Schimmer den sogenannten »Seltenen Erden«, Metallen aus der dritten Gruppe des Periodensystems./ Foto: Manufactum*

## GLA 2
### Prinzipien und Eigenheiten der Glasherstellung- und verarbeitung

Bei der Glasherstellung werden je nach Verfahrensprinzip Techniken zur Flachglas- und Hohlglasherstellung unterschieden. In der Flachglasproduktion kommen heute 3 Verfahren zur industriellen Anwendung: das Gussverfahren, das Ziehverfahren und das Floatverfahren. Qualitativ hochwertige Hohlgläser werden nach wie vor traditionell mit dem Mund geblasen. Für die industrielle Hohlglasproduktion stehen maschinelle Blasverfahren, Pressen und Ziehverfahren für Glasrohre zur Verfügung.

Bild: Flachglas, Hochhausverglasung aus Floatglas.

Bild: Hohlglas, Isolierglas »Pavina«./ Hersteller: Bodum

## GLA 2.1
### Verfahren der Glasherstellung

### GLA 2.1.1
### Floatverfahren

Rund 95% der gesamten Flachglasproduktion erfolgt mit Hilfe des Floatverfahrens. Diese Technik wurde in den 50er Jahren von Pilkington in England entwickelt und ist seit 1962 im industriellen Einsatz. Heute gibt es weltweit etwa 250 Anlagen mit einer Länge von bis zu 1 km, in denen eine effiziente Produktion von Flachglas für Fenster-, Sicherheits- und Spiegelglas ermöglicht wird.

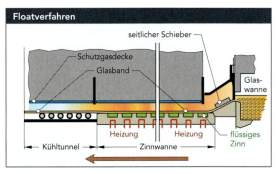

Abb. 5: nach [16]

In einem kontinuierlichen Prozess werden die Glasrohstoffe zunächst geschmolzen und bei Temperaturen von etwa 1100°C auf ein *Zinnbad* gegossen (Schmelzpunkt von Zinn: 238°C). Auf Grund der geringeren Dichte schwimmt die Glasmasse auf dem flüssigen Metall. Dabei entsteht eine idealglatte Glasmasse mit feuerpolierter, leicht spiegelnder Oberfläche. Im weiteren Prozess werden unterschiedliche Temperaturbereiche durchlaufen. Das Glas kühlt sich langsam und spannungsfrei ab. Eine Schutzgasatmosphäre verhindert die Reaktion des Luftsauerstoffs mit dem flüssigen Zinn. Glasfehler (Vogel 1993) werden somit vermieden. Nach Abkühlung auf eine Temperatur von 600°C wird das Glasband vom Zinnbad gehoben und in einem Kühlofen langsam und gleichmäßig abgekühlt. Es ist nun hart genug, um auf Rollen transportiert zu werden. Im Schwimmverfahren kann Floatglas in Dicken zwischen 0,4 mm und 25 mm und einer Breite von etwa 3 Metern hergestellt werden. Die Materialdicke richtet sich nach Menge, Geschwindigkeit und Viskosität der einlaufenden Glasmasse. Da die Glasoberflächen absolut planparallel zueinander liegen, ist eine Nachbearbeitung nicht erforderlich. Das Glas wird abschließend gewaschen und auf die benötigten Formate zugeschnitten.

Durch eingebundene Eisenoxide weist normales Floatglas eine leichte Grünfärbung mit reduzierter Lichtdurchlässigkeit auf. Weißglas ist Floatglas mit geringem Eisenanteil. Es ist durch bessere optische Qualitäten mit einer erhöhten Lichtdurchlässigkeit charakterisiert (Achilles et al. 2003).

## GLA 2.1.2
### Gussglasverfahren

Mit Hilfe der Gussglastechnik werden durchscheinende, jedoch blickdichte Flachgläser hergestellt. Die Lichtdurchlässigkeit liegt zwischen 50% und 80%. Zunächst werden in einer Wanne die Rohstoffe wie Quarzsand, Soda, Sulfat, Kalkstein und Kalkspat geschmolzen. Die Formgebung der flüssigen Glasmasse erfolgt zwischen mit Wasser gekühlten Formwalzen. Damit können sowohl glatte als auch strukturierte Glasoberflächen spannungsfrei hergestellt werden. Beschaffenheit und Ornamentik der Walzwerkzeuge werden auf die Flachglasoberfläche übertragen. Auch das Einwalzen von Drahteinlagen für Sicherheitsgläser ist möglich GLA 4.1. **Gussglas** ist in mehr als 50 Strukturen, unterschiedlichen Dicken und Farben verfügbar. Es wird z.B. für Türen, Raumteiler, Sanitärräume und Treppenhäuser verwendet.

| Liefergrößen von Floatglas | | | | |
|---|---|---|---|---|
| Größe | Dicke | Dicken-Toleranz | Lichttrans-missionsgrad, min. | Strahlungstrans-missionsgrad, min. |
| 321 × 600 cm² | 2 mm | ± 0,2 mm | 0,89 | 0,83 |
| 321 × 600 cm² | 3 mm | ± 0,2 mm | 0,88 | 0,82 |
| | 4 mm | ± 0,2 mm | 0,87 | 0,80 |
| | 5 mm | ± 0,2 mm | 0,86 | 0,77 |
| | 6 mm | ± 0,2 mm | 0,85 | 0,75 |
| | 8 mm | ± 0,3 mm | 0,83 | 0,70 |
| | 10 mm | ± 0,3 mm | 0,81 | 0,65 |
| | 12 mm | ± 0,3 mm | 0,79 | 0,61 |
| | 15 mm | ± 0,5 mm | 0,76 | 0,55 |
| 321 × 600 cm² | 19 mm | ± 1,0 mm | 0,72 | 0,48 |
| 321 × 600 cm² | 25 mm | ± 1,0 mm | 0,67 | 0,36 |

*Abb. 6: nach [1]*

*Bild: Normales Floatglas weist in der Regel eine leichte Grünfärbung auf.*

*Bild: Gussglasverfahren./ Foto: SCHOTT AG*

*Bild: Gussglas ist mit vielen unterschiedlichen Strukturen erhältlich./ Fotos oben: Joh. Sprinz GmbH & Co. KG*

*Kapitel GLA*
*Gläser*

Bild: »Light«, mundgeblasene Gläser./
Foto: Dibbern

**Überfangglas**

ist ein Flach- oder Hohlglas, welches aus zwei oder mehreren Schichten besteht und verschiedene Farben haben kann. Durch Herausschleifen oder -ätzen können durch den farbigen Kontrast interessante Strukturen entstehen.

Bild: »Cipriani« Vasen, mundgeblasenes Überfangglas (opal, klar, farbig)./ Foto: Dibbern

Bild: »Casablanca« Mundgeblasenes und handgeschliffenes Dreischichtenglas (Triplex: klar, opal, farbig)./ Foto: Dibbern

### GLA 2.1.3
### Ziehverfahren

Dieses Verfahren zur Herstellung von Flachglas wurde weitestgehend durch das Floatverfahren verdrängt. Es wird in den westlichen Industriestaaten nur noch zur Herstellung von Dünngläsern ↗ GLA 6.2 mit einer Stärke von 0,2 mm bis 2 mm eingesetzt. Darüber hinaus kommen *Ziehverfahren* zur Produktion von Glasrohren und -profilen zur Anwendung.

Bei Flachglas wird im Produktionsprozess des Ziehglasverfahrens ein Glasband unter Zuhilfenahme einer feuerfesten Düse aus der Schmelze nach oben gezogen. Sich drehende Walzenpaare befördern die leicht verfestigte Glasmasse in einen 6–8 m hohen Kühlschacht, wo sie erstarrt. Die Dicke des Flachglases wird von der Ziehgeschwindigkeit bestimmt. Es entstehen beidseitig glatt polierte Flächen, die eine Nachbearbeitung nicht erforderlich machen. Auf dem Weg zur Abbrechbühne wird das Glas langsam und spannungsfrei abgekühlt. Für alle gezogenen Gläser ist eine optische Unruhe charakteristisch.

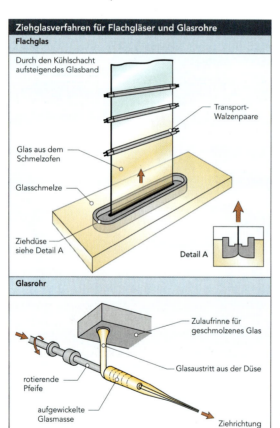

Abb. 7: nach [Informationsschrift der FLABEG GmbH, 16]

Ein häufig für die Herstellung von Glasrohren zur Anwendung kommendes Ziehverfahren ist das *Danner-Verfahren*. Auf ein sich langsam drehendes, schräg angestelltes Tonrohr, die *Dannerpfeife*, wird kontinuierlich Glasschmelze aufgetragen. Unter Zuführung von Luft wird die zähflüssige Masse am unteren Ende ausgezogen. Es entsteht eine Hohlgeometrie, die schließlich zu einem Rohr erstarrt (Pfaender 1997). Glasrohre für die chemische Industrie werden meist aus Borosilikatglas erzeugt.

### GLA 2.1.4
### Mundblasverfahren

Bereits in der Antike wurde menschliche Atemluft zur Herstellung von Hohlformen aus Glas genutzt ↗ GLA 5. Die Erfindung der *Glasmacherpfeife*, etwa 2 Jahrhunderte vor Christus, brachte einen Entwicklungssprung für die Mundblastechnik. Die *Glasbläserei* war noch bis ins 19. Jahrhundert das bedeutendste Verfahren zur Herstellung von Glashohlformen, wurde aber durch industrielle Verfahren immer weiter verdrängt. Heute kommt das Mundblasen nach wie vor zur Herstellung hochwertiger Glasartikel aus Bleikristallglas ↗ GLA 3.3 oder Kalknatronglas ↗ GLA 3.1 zur Anwendung (Ebert, Heuser 2001). Für geringe Stückzahlen wird das Glas in Formen aus mit Wasser getränktem Holz oder Grafit geblasen. Die Glasoberfläche passt sich dabei der Struktur der Formwände an.

Bilder: Mundblasverfahren zur Herstellung hochwertiger Leuchten./ Foto: Limburger Glashütte

## GLA 2.1.5
### Maschinelle Blasverfahren

Bei den maschinell unterstützten Blasverfahren wird die menschliche Atemluft durch Pressluft ersetzt und pneumatisch gesteuert. Den industriellen Blastechniken ist eine Dreiteilung des Prozesses gemein. Zunächst wird ein *Vorformling* erstellt und dem Werkzeug entnommen. In der endgültigen Werkzeugform wird das Glas erneut erwärmt und dann in die gewünschte Formgeometrie geblasen. Man unterscheidet die drei Verfahrensvarianten *Saug-Blasen*, *Blas-Blasen* und *Press-Blasen* (Nölle 1997).

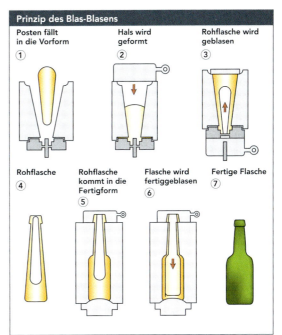

Abb. 9: nach [10]

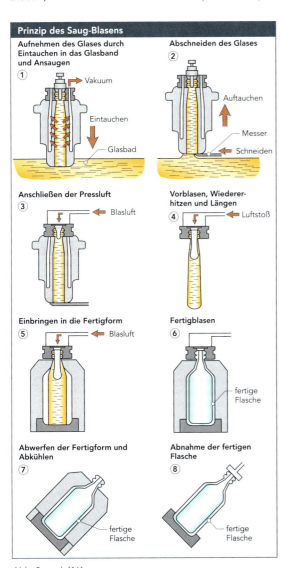

Abb. 8: nach [16]

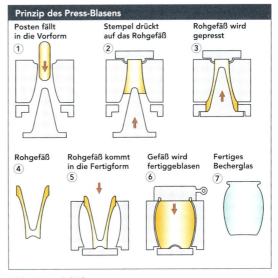

Abb. 10: nach [10]

Bild: Flaschen./ Foto: Heye Glas GmbH

Bild: Flaschenherstellung./ Foto: Heye Glas GmbH

## Kapitel GLA
*Gläser*

### GLA 2.1.6
### Pressen

Das *Glaspressen* ist bereits seit dem 19. Jahrhundert bekannt. Die Glasschmelze wird bei etwa 1200°C in eine zweiteilige Form gedrückt und passt sich der durch das Werkzeug vorgegebenen Geometrie an. Eine Strukturierung kann durch die Oberfläche der Formteile in die Glasteiloberfläche übertragen werden. Durch *Pressformen* ↗ FOR 6.4 werden dickwandige Formteile wie Bildschirme, Linsen, Einmach- und Brillengläser hergestellt. Der Abstand zwischen den zwei Werkzeugformhälften bestimmt die Bauteildicke. Ein Beispiel für die Anwendung des Pressverfahrens ist die Anfertigung von *Hohlglasbausteinen*, die aus zwei Pressglashälften zusammengesetzt werden.

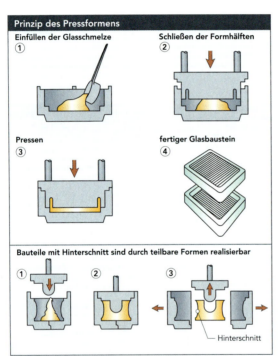

Abb. 11

Bild: Eicherbecher »Gravity« aus Pressglas./ Hersteller: Leonardo/ Design: Henner Jahns, www.UNITEDDESIGNWORKERS.com

### GLA 2.2
### Prinzipien der Glasverarbeitung

### GLA 2.2.1
### Zerspanende Glasbearbeitung

Spanabhebende Verfahren, die man vor allem von der Holz- und Metallbearbeitung kennt, sind grundsätzlich auch zur Bearbeitung von Glas einsetzbar.

Bohrungen ab einem Durchmesser von 3 mm werden mit *Diamantbohrern* eingebracht. Dabei wird aber, anders als beim Bohren von Metall ↗ TRE 1.7, der Materialabtrag nicht durch das Entstehen von Materialspänen bewirkt. Vielmehr kommt es zum Ausriss vieler kleiner Glassplitter. Um Glasbruch zu vermeiden, ist die Kühlung des Materials mit Öl oder Wasser erforderlich. Für größere Bohrungen bis zu einem Durchmesser von 200 mm finden *Rohrbohrer* Verwendung. Das Bohrergebnis kann mit Hilfe von Schmirgelbrei ↗ MIN 4.1.4 verbessert werden. Eine Alternative zur Verwendung von Bohrwerkzeugen mit festem Korn stellt das Wasserstrahlschneiden ↗ TRE 2.2 dar, mit dem sehr flexibel auch unterschiedliche Öffnungsgeometrien in den Glaswerkstoff eingebracht werden können.

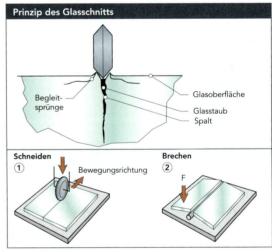

Abb. 12: nach [21, 25]

Zum Schneiden von Glas wird ein Schnittwerkzeug verwendet, das entweder mit einem Diamantkorn bestückt oder als Stahlrad ausgebildet ist. Beiden Schnittwerkzeugen ist gemein, dass sie bei Überfahren der Glasoberfläche neben einer Rille auch eine dem Schnitt förderliche Spannung hinterlassen. Die Spannung ist Resultat der Ansammlung von Glasstaub im Spalt, der diesen aufkeilt und einen glatten Bruch des Glases bewirkt, sobald von der Rückseite ein geringer Druck aufgebracht wird. Das Schneiden mit Wasser- oder Laserstrahl bilden Alternativen zu den konventionellen Glasschneidtechniken. Auch Gläser bis zu Dicken von 80 mm können mit abrasivem Wasserstrahl problemlos bearbeitet werden.

Bild: Glasschneider.

Die nach einem Schnitt vorliegenden Glaskanten sind scharf und können Schnittverletzungen verursachen. Vor der Weiterverarbeitung oder dem Transport werden Schnittkanten daher meist einer Bearbeitung unterzogen. Hierfür kann eine Vielzahl von Verfahren eingesetzt werden. Zu diesen zählen *Säumen*, *Facettieren*, Polieren, Stoßen und Schleifen (Wörner et al. 2001).

| Kantenbearbeitung | |
|---|---|
| **1. Schnittkante** Das Glas wird mit einem Diamanten oder einem Hartmetallrädchen angeritzt und anschließend gebrochen. Die dabei entstehenden Bruchkanten sind unbearbeitet und scharfkantig. | |
| **2. Gesäumte Schnittkante** Das Glas mit einer scharfen Schnittkante (wie unter Punkt 1) ist zusätzlich gesäumt (entgratet, angefast). Die somit nicht mehr scharfkantige Schnittkante reduziert die Verletzungsgefahr erheblich. | |
| **3. Geschliffene Kante (mit Saum)** Die Bruchfläche der Gläser ist matt geschliffen. Zusätzlich kann, wie unter Punkt 2 beschrieben, die Kante gesäumt werden. | |
| **4. C-Kantenschliff** Die Kante ist wie ein "C" im Schleifverfahren verrundet. Sie ist matt. | |
| **5. Facettierte Kante** Das Glas wird im Kantenbereich mit einer Facette versehen. Anbringen im Schleifverfahren. Eine Facette ist im Allgemeinen größer als ein Saum und kann jeden gewünschten Winkel zwischen 20° und 70° haben. | |
| **6. Polierte Kante** Die unter Punkt 3-5 aufgeführten Kantenausführungen können zusätzlich blank poliert werden. | |
| **7. Gestoßene Ecken** Die spitzen Ecken der Gläser in rechteckiger Form werden angeschrägt, um die Verletzungsgefahr zu vermeiden. | |

Abb. 13 nach [26]

Neben der Kantenbearbeitung von geschnittenem Flachglas wird das Schleifen auch zum Einbringen von Strukturen in Glasoberflächen verwendet und zählt zu den am häufigsten angewendeten Verfahren der Glasveredelung. Im *Glasschliff* unterscheidet man rau- und feinmatte sowie blanke Dekore. Der Schleifprozess ist über computergesteuerte Maschinen (CNC) automatisierbar, kann aber auch in Handarbeit erfolgen. Es kommen sowohl Diamantschleifscheiben als auch Korundschleifkörper zum Einsatz. Glas wird immer nass geschliffen, da es bei einer Trockenbearbeitung leicht zu Materialbruch kommen kann.

Auch die Gravur hat im Glasbereich eine große Bedeutung. Kleine rotierende Räder aus Kunststein, Kupfer oder Diamant werden genutzt, um einen Materialabtrag in der Glasoberfläche zu bewirken und Strukturen einzubringen.

Sand- oder Pulverstrahlverfahren TRE 1.1 werden darüber hinaus zur Oberflächenstrukturierung von Glasbauteilen eingesetzt. Als Strahlmittel werden Quarzsand- oder Korundkörner verwendet. Nicht zu behandelnde Flächen werden mit Schablonen abgedeckt. Ähnliche Oberflächenstrukturen wie beim Sandstrahlen entstehen durch Ätzen TRE 3.

Ein weiteres Material subtrahierendes Bearbeitungsverfahren für den Werkstoff Glas ist das *Glassägen*. Dafür haben sich Kunststein- und Diamant-Glassägen am Markt etabliert. Beide Werkzeuge besitzen keine Sägezähne, vielmehr werden schmale Rillen in das Glas geschliffen. Diamantsägen gestatten eine größere Vorschubgeschwindigkeit.

Hochwertige Glassorten mit besonderem Glanz werden unter Feuer poliert. Der glättende Effekt auf der Glasoberfläche erfolgt im plastisch-zähen Zustand nach Erwärmung auf Temperaturen zwischen 500°C und 700°C.

*Bild unten: Facettierte Kanten von Glasscheiben.*

## GLA 2.2.2
### Umformende Glasbearbeitung

Das gängigste umformende Bearbeitungsverfahren im Glasbereich ist das Biegen. In der Regel lassen sich alle Flachgläser, mit Ausnahme einiger Brandschutzgläser, bis zu einer Dicke von 10 mm biegend bearbeiten. Die Krümmung der Glasfläche erfolgt in *Biegeöfen* durch Senk- und Pressvorgänge bei Temperaturen von etwa 550–560°C. Dabei wird die erweichte Glasscheibe langsam in eine Richtung gebogen. In speziellen Anlagen ist auch die Herstellung doppelt gekrümmter Scheiben oder das Biegen von Glasrohren möglich. Beim Biegen großflächiger Glasscheiben müssen Toleranzen von 2–7 mm eingerechnet werden (Achilles et al. 2003). Das Einbringen einer allseitigen Wölbung wird *Bombieren* genannt.

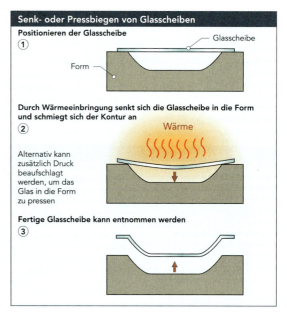

Abb. 14

Bild: Duschabtrennung aus gebogenem Glas./
Foto:
Joh. Sprinz GmbH & Co. KG

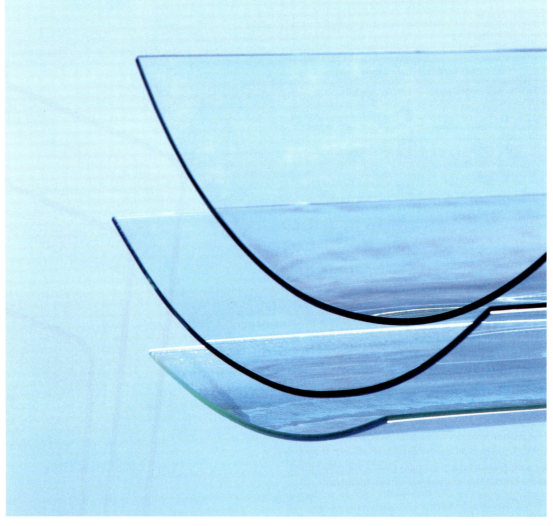

Bild: Gebogene Glasscheiben./
Foto: Joh. Sprinz GmbH & Co. KG

## GLA 2.2.3
### Fügen

Zur Erzeugung von Verbindungen zwischen Glaselementen ohne störende Konstruktionselemente werden Glasscheiben entweder an den Rändern über ihre Erweichungstemperatur erhitzt und miteinander verschweißt, unter Zuhilfenahme einer dünnen Kupferschicht gelötet oder mit Klebesubstanzen geklebt (Wendehorst 2004).

Vor allem die Klebetechnik hat im Leichtbau in den letzten Jahren stetig an Bedeutung gewonnen. Zum Kleben von Glas sind UV- und Silikonkleber auf dem Markt erhältlich. Die Aushärtung der Klebemasse erfolgt im ersten Fall durch kurzzeitige Bestrahlung der Fügestelle mit ultraviolettem Licht. Dazu müssen die Glasteile fixiert werden. Auch sind Verbindungen aus Glas- und Metallbauteilen möglich. Ein typisches Anwendungsgebiet für UV-Klebeverbindungen ist der Bau von Glasmöbeln. Wegen der Feuchteempfindlichkeit von UV-Klebern ist das Verfahren für den Außenbereich allerdings nicht geeignet. Durch Spannungen auf Grund von Volumenänderungen beim Aushärten kann es zudem leicht zu Glasbruch kommen.

Die mit Abstand gängigste Methode zur Herstellung einer Klebeverbindung an Glasteilen und -halbzeugen geht auf zweikomponentige Silikonkleber FUE 4.1 zurück. Es entstehen wasserdichte und dauerelastische Verbindungen, die Belastungen und Verschiebungen des spröden Glasmaterials abfangen. Sie sind gegen UV-Strahlung beständig und können eingefärbt werden.

Die Befestigung von Flachglas in der Architektur kann unter Zuhilfenahme von Linien- und Punkthalterungen erfolgen. Diese sind so auszulegen, dass sie zum einen von außen eingeleitete Beanspruchungen auf das Glas ausgleichen und zum anderen einen dauerhaften Kontakt des Glases mit härteren Materialien verhindern.

Bei einer *Linienlagerung* werden die Anforderungen durch Elastomerprofile realisiert, die leichte Verdrehungen der Glasscheibe und Spannungsspitzen ausgleichen können. Die flexiblen Aufnahmen sind beim Fenster- und Fassadenbau in Aluminiumstrangpressprofilen integriert.

*Punkthalterungen* werden verwendet, um einen bestimmten Abstand und somit die *Hinterlüftung* zwischen Verkleidung und Bauuntergrund zu ermöglichen. Die einzelnen Scheiben werden mit vier oder sechs Haltern auf der Baukonstruktion angebracht. Eine Abfederung von Biegezugbeanspruchungen erfolgt durch schwarz eingefärbte Kunststoffeinlagen aus Polyamid (PA6), Polyoxymethylen (POM) oder Ethylen-Propylen-Dien-Copolymer (EPDM) (Wörner et al. 2001).

*Bild: Linienhalterung für die Anbindung der Duschtrennwand an die Wand./ Foto: Joh. Sprinz GmbH & Co. KG*

*Bild: Punktgehaltenes Schiebetürsystem./ Foto: Manet Beyond Design GmbH*

*Bleiverglasung* wird aus Flachglasstücken zusammengesetzt. Die Glasstücke werden in H-förmige Bleiruten eingefasst. Die Schnittpunkte der Ruten werden verlötet.

## GLA 2.2.4
### Oberflächenbehandlung und -beschichtung

In der langen Geschichte der Glasverarbeitung hat sich eine ganze Reihe von Techniken entwickelt, mit denen die optischen Qualitäten einer Glasoberfläche entscheidend verändert werden können. Man unterscheidet Mattiertechniken, Verfahren zum Farbauftrag und zur Erstellung von Spiegelflächen sowie Beschichtungstechniken wie das CVD- oder PVD-Verfahren. Die *Sol-Gel-Technik* ist eine chemische Methode zur Erzeugung dünner Glasschichten. Dicke Beschichtungen werden unter Verwendung von farbigem Glaspulver emailliert.

Zu den *Mattierverfahren* zählen das Sandstrahlen mit feinem Quarzsand, das Schleifen und das Ätzen.

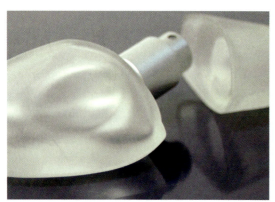

Bild: Mattierte Glasoberfläche durch Ätzen.

Während beim Ätzen fein abgestufte Mattierungen möglich sind, können durch Sandstrahlen und Schleifen je nach Korngröße auch grobe Strukturen tief in die Glasoberfläche eingebracht werden. Der Materialabtrag beim *Glasätzen* geht auf eine chemische Reaktion des Glaswerkstoffs mit Fluss- oder Salzsäure zurück. Für das partielle Mattieren werden die nicht zu bearbeitenden Oberflächen mit Lack oder einer Wachs- bzw. Harzschicht überzogen. Durch Verwendung reiner *Flusssäure* sind auch tiefe Strukturierungen in der Glasoberfläche möglich.

Bild: Dekoration einer Flasche durch Bemalen.

Seit einigen Jahren können dreidimensionale mattierte Strukturen mit dem Laser in einem Glasblock eingebracht werden. Der Laserstrahl wird in einem Punkt gebündelt und fährt die Kanten und für die Erkennbarkeit der Figur wichtigen Punkte ab.

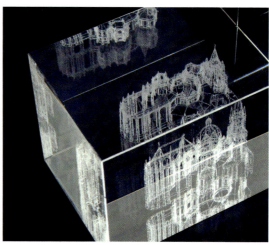

Bild: 3D-Struktur des Aachener Doms.

Die *Glasmalerei* ist das älteste Verfahren zur Einfärbung von Glasoberflächen. Genutzt werden Emailfarben, die aus mit Farbpigmenten versetztem Glasstaub bestehen (Petzold, Pöschmann 1992; Eberle 2005). Diese werden in einer Flüssigkeit angerührt und mit einem Pinsel oder einer Spritzpistole auf die zu färbende Oberfläche aufgetragen. Anschließend wird die Paste bei Temperaturen zwischen 550°C und 650°C eingebrannt. Auch Gieß-, Walz- und Tauchverfahren sind für das Aufbringen der Farbe anwendbar ↗ BES 1.3.

Bild: Siebdruck auf Autoverglasung.

Eine weitere für den Glasbereich wichtige Technik ist der *Siebdruck* ↗ BES 1.4. Es können sowohl anorganische Emailfarben als auch organische Farbsysteme übertragen und bei entsprechenden Temperaturen eingebrannt werden. Vor allem zum Bedrucken von Flachgläsern bei Haushalts-, Büro- und Elektrogeräten hat der Siebdruck eine große Bedeutung erlangt. Neben der Anwendung im dekorativen Bereich wird die Technik zum Beschichten mit Leiterbahnen genutzt.

## GLA 2.2.5
### Herstellung von Spiegelflächen

Spiegelflächen entstehen durch Aufbringen eines *Silberbelags*. Eine Lösung aus Silbersalz, Formalin und Zucker wird im Spritzverfahren auf die Glasoberfläche aufgetragen. Dort schlägt sich das Silber nieder und verbindet sich mit dem Glas. Ein anschließend aufgebrachter Kupferbezug und eine Decklackbeschichtung schützen die silbrige Spiegelfläche vor Witterungseinflüssen und mechanischen Beschädigungen. Das Silberspritzverfahren ist hochautomatisierbar und wird industriell in der Massenproduktion angewendet.

Neben diesen traditionellen Verfahren werden Techniken wie das **PVD-Verfahren**  BES 6.1 genutzt, um dünne Reflektionsschichten aus verschiedenen Metallen aufzudampfen oder zu sputtern. Im **CVD-Verfahren** BES 6.2 wird Flachglas mit Metall (Titanoxide, Silber, Zinn) beschichtet, um die Eigenschaften zur Wärmedämmung und zum Wärmeschutz zu verbessern. *Sol-Gel-Methoden* dienen dem Auftrag dünner Funktionsschichten aus Glas durch chemische Reaktionen. Im *Alkoxid-Gelverfahren* wird beispielsweise Kieselglas unter Verwendung von Tetraethylorthosilikat (TEOS) erzeugt (Lohmeyer 2001).

| Dickfilmbeschichtungen für Glasoberflächen | | |
|---|---|---|
| **Schichtarten** | **Beschichtungsverfahren** | **Schichtmaterialien** |
| Splitterbindende Schichten (Folien) | a) Laminieren<br>b) Einlitern in die geschlossene Form<br>c) Kaschieren | a) PVB-Folie<br>b) Acrylharz<br>c) Klebbare Kunststoff-Folien |
| Brandschützende Schichten | a) Einlitern in die offene Form<br>b) Einlitern in die geschlossene Form | a) Flüssigkeiten auf der Basis von Wasserglas<br>b) Flüssigkeiten auf der Basis von Acrylaten |
| Schallschützende Schichten | Einlitern in die geschlossene Form | |
| Elektrisch leitfähige Schichten (Leiterbahnen) | Siebdruck | Elektrisch leitfähige, keramische Pasten |
| Dekorative Schichten | a) Spritzen<br>b) Siebdruck | a) und b) keramische Farben auf der Basis von Glasflüssen |
| Hydrophile/hydrophobe Schichten | a) Flammpyrolyse<br>b) Sol-Gel-Beschichtungen | Silane; Siliziumverbindungen |
| Amorphe Siliziumschichten | a) Plasma-unterstützendes CVD | Silane; Siliziumverbindungen |

Abb. 16: nach [1]

**Einlitern**

*Einlitern ist das Einfüllen einer definierten Flüssigkeitsmenge.*

**Flammpyrolyse**

*Durch die Flammenpyrolyse einer siliziumorganischen Verbindung wird eine dünne, sehr dichte und fest haftende Silikatschicht auf der Oberfläche erzeugt. Diese Vorbehandlungsmethode eignet sich besonders für Metalle, Glas, Keramik und die meisten Kunststoffe und ist eine sehr effektive, zuverlässige und kostengünstige Alternative zu den anderen, meist sehr aufwändigen Vorbehandlungsmethoden.*

| Dünnfilmbeschichtungen für Glasoberflächen | | |
|---|---|---|
| **Schichtarten** | **Beschichtungsverfahren** | **Schichtmaterialien** |
| Wärmedämmschichten | a) PVD; Magnetronsputtern (therm. Bedampfen)<br>b) CVD; Online-Sprühen, Online-CVD | a) Schichtsysteme auf der Basis von Silber (Gold) und absorptionsarmen Metalloxiden<br>b) Schichtsysteme auf der Basis von elektrisch leitfähigem Zinndioxid |
| Sonnenschutzschichten | a) PVD; Magnetronsputtern (therm. Bedampfen)<br>b) CVD; Online-Sprühen | a) Schichtsysteme auf der Basis von Silber (Gold) und absorptionsarmen Metalloxiden (-sulfiden)<br>b) Schichten auf der Basis von absorptionsarmen Metalloxiden oder Metall-Mischoxiden, z.T. auch elektr. leitfähig |
| Transparente Elektroden (transparente, elektrisch leitfähige Schichten) | a) PVD; Magnetronsputtern<br>b) CVD; Online-CVD | a) Schichten und Schichtsysteme auf der Basis von elektrisch leitfähigem Indiumoxid oder Zinkoxid; Schichtsysteme auf der Basis von Silber (Gold) mit absorptionsarmen Metalloxiden<br>b) Schichtsysteme auf der Basis von elektrisch leitfähigem Zinndioxid |
| Entspiegelnde Schichten | a) PVD; Magnetronsputtern<br>b) CVD; Sol-Gel-Beschichtung mit Tauchtechnik | a) Schichtsysteme auf der Basis von absorptionsarmen Metalloxiden ($SiO_2$, $TiO_2$)<br>b) Schichtsysteme auf der Basis von absorptionsarmen Metalloxiden ($SiO_2$, $TiO_2$) |
| Verspiegelnde Schichten | a) PVD; Magnetronsputtern<br>b) CVD; Sol-Gel-Beschichtung mit Tauchtechnik | a) Schichten und Schichtsysteme auf der Basis von Metallen (Ag, Al, Cr) mit absorptionsarmen Metalloxiden<br>b) Schichtsysteme auf der Basis von absorptionsarmen Metalloxiden ($SiO_2$, $TiO_2$) |

Abb. 15: nach [1]

## GLA 2.2.6
### Entspiegelte Gläser

Entspiegelte Brillengläser verhindern die Entstehung von störenden Lichtreflexionen. Übliches Normalglas reflektiert etwa 8% des eintreffenden Lichts. Bei entspiegeltem Glas geht der Anteil auf Werte zwischen 0,5% (Marke: Luxar®) und 1% (Marke: Amiran®) zurück.

*Bild: Entspiegelte Brillengläser.*

Schon 1935 wurde ein Verfahren zur *Entspiegelung* von Gläsern entwickelt. Mehrere hauchdünne Materialschichten (z.B. Magnesiumfluorid) werden unter Vakuum aufgedampft ☞ BES 6.1. Der Grad der Entspiegelung wird von der Qualität des Beschichtungsmaterials bestimmt. Heute werden meist Silizium- oder Titanoxide verwendet.

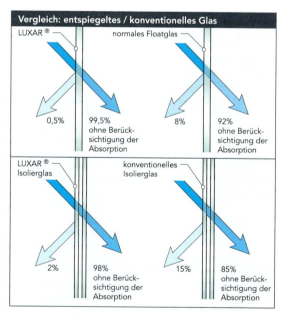

*Abb. 17: nach [1]*

Neue Entwicklungen machen die Herstellung entspiegelter Gläser auch durch Mikrostrukturierung der Glasoberfläche oder durch Sol-Gel-Beschichtung möglich. Entspiegeltes Glas wird z.B. für Glasfassaden, Türen, Bilderrahmen, Vitrinen, Schaufenster, Anzeigetafeln und Möbel aus Glas verwendet.

*Bild: Spiegeleffekte sind nicht immer erwünscht.*

## GLA 3
### Vorstellung einzelner Glaswerkstoffe

### GLA 3.1
### Kalknatronglas

Kalknatronglas bildet die mengenmäßig größte Gruppe aller genutzten Glaswerkstoffe. Unter dem natriumhaltigen Glas versteht man normales Gebrauchsglas, dass schon zu Römerzeiten zur Anfertigung von Fenstern verwendet wurde.

*Eigenschaften*
Der Werkstoff setzt sich zu 70–75% aus Siliziumdioxid ($SiO_2$), zu 4–10% aus Kalziumoxid (CaO) und zu 15% aus Natriumoxid ($Na_2O$) zusammen. Er gehört zur Gruppe der Alkali-Kalk-Gläser. Der Rezeptur werden einige weitere Zuschlagstoffe wie Magnesium- oder Aluminiumoxid zugesetzt. Kalknatronglas weist gute mechanische Eigenschaften auf und zeichnet sich durch eine porenfreie, glatte Oberfläche und sehr gute Lichtdurchlässigkeit aus. Seine hohe chemische Resistenz gegen Flüssigkeiten und leichte Säuren macht ihn zur Abfüllung und geschmacksneutralen Lagerung von Lebensmitteln besonders geeignet. Die Erweichungstemperatur liegt bei etwa 700°C. Kalknatronglasgefäße können zur Erwärmung von Nahrungsmitteln problemlos genutzt werden. Allerdings ist eine hohe Wärmedehnung zu beachten, die bei plötzlichen Temperaturwechseln zum Zerspringen des Glases führen kann. Als typischer Vertreter von Kalknatrongläsern zählt *Kronglas* zu den optischen Gläsern, weist aber anders als das Flintglas ↗ GLA 3.3 mit einem hohen Bleigehalt nur einen geringen Lichtbrechungsindex auf.

*Bild: Getränkeflaschen.*

*Verwendung*
Auf Grund der Unbedenklichkeit des Werkstoffs in Verbindung mit Lebensmitteln und seiner Lichtdurchlässigkeit werden die meisten Flaschen, Trinkgläser und dickwandigen Glasbehältnisse aus Kalknatronglas hergestellt. Im Bereich der Getränkeabfüllung verzeichnet man in den letzten Jahren eine Verdrängung des Glaswerkstoffs durch leichtere PET-Flaschen ↗ KUN 4.1.10, die zudem ein größeres Füllvolumen fassen können.

Kalknatronglas ist der klassische Werkstoff zur Fertigung von Flachgläsern wie Fensterscheiben oder Spiegelflächen. Der Werkstoff wird zur Massenproduktion von Glühbirnen, Leuchtkörpern und Scheinwerferglas verwendet. Kronglas dient zur Anfertigung von Brillengläsern und Linsen optischer Systeme wie Lichtmikroskope oder Teleskope.

*Bild: Rohlinge für Brillengläser aus Kronglas./
Foto: SCHOTT AG*

*Verarbeitung*
Die Gesamtheit aller Eigenschaften macht eine maschinelle Bearbeitung von Kalknatronglas möglich. Flachglas wird industriell unter Anwendung dreier unterschiedlicher Verfahren hergestellt. Zum einen steht seit fast einem halben Jahrhundert das Floatverfahren ↗ GLA 2.1.1 zur Verfügung. Darüber hinaus können flache Gläser durch Ziehen oder Walzen erzeugt werden. Die großindustrielle Flaschenproduktion erfolgt mit vollautomatisierten Blastechniken ↗ GLA 2.1.5. Mundgeblasene Glasbauteile aus Kalknatronglas sind nicht unüblich. Für die Herstellung von Haushaltsgläsern oder Glasbausteinen kommt das Pressen zur Anwendung ↗ GLA 2.1.6. Glasfasern aus Kalknatronglas werden durch Schleuderziehen oder Blasen erzeugt.

*Alternativmaterialien*
Polyethylenterephthalat (PET), Bleiglas/Flintglas für optische Anwendungen, Borosilikatglas für witterungsbeständige Anwendungen, Kunststoffgläser aus Acrylglas (PMMA) oder Polycarbonat (PC)

## GLA 3.2
### Borosilikatglas

Borosilikatglas wurde 1887 von Otto Schott und Ernst Abbe entwickelt und ist vor allem unter dem Handelsnamen Pyrex® (weitere: Jenaer Glas®, Duran® oder Solidex®) bekannt geworden. Es gehört seit den 1920ern neben Kalknatron- und Bleiglas zu den wichtigsten Glaswerkstoffen für technische Anwendungen. Namhafte Künstler und Gestalter wie Gerhard Marcks, Wilhelm Wagenfeld und Ilse Decho nutzten den Werkstoff für ihre Produktentwürfe und verhalfen ihm zu einer weiten Verbreitung. Bedingt durch die schlechte Ertragssituation und den zunehmenden Wettbewerbsdruck hat das Unternehmen Schott allerdings die Produktion von Borosilikatglas unter dem Handelsnamen Jenaer Glas® eingestellt.

*Eigenschaften*
Die Mischung aus 70–80% Siliziumdioxid ($SiO_2$), etwa 7–15% Boroxid ($B_2O_3$) und 2–7% Aluminiumoxid ($Al_2O_3$) verschafft Borosilikatgläsern vor allem wegen des geringen Gehalts an Alkalimetalloxiden von 4–8% hohe chemische Resistenz und Hitzebeständigkeit. Durch den Ersatz der Kalziumoxide durch Boroxide ist die Wärmedehnung im Vergleich zu Floatglas gering, weshalb der Werkstoff über eine gute Temperaturwechselbeständigkeit verfügt. Borosilikatgläser sind zudem wenig spröde und haben hervorragende stoßfeste Eigenschaften. Die maximale Einsatztemperatur z.B. von Jenaer Glas® liegt bei etwa 500°C.

Bild unten: Teekanne »CHAMBORD« aus Borosilikatglas./ Hersteller: Bodum

*Verwendung*
Borosilikatglas gilt als universell verwendbarer Glaswerkstoff, wenn neben optischer Qualität und Transparenz vor allem gute chemische Resistenz, sehr hohe Hitzebeständigkeit bei vielfachem Temperaturwechsel gefragt ist. Im Haushalt wird Borosilikatglas beispielsweise als feuerfestes Glas für Backformen, Bratpfannen oder Glasteekannen verwendet. Ein weiteres großes Anwendungsgebiet ist die chemische Industrie. Der Werkstoff kommt in der chemischen Verfahrenstechnik ebenso zum Einsatz wie in Laboratorien zur Herstellung von Geräten, Reagenzgläsern, Kolben oder Glasrohrleitungen. Zudem werden Thermometer und Glühbirnen aus Borosilikatglas gefertigt.

Bild: Halogenreflektor aus Borosilikatglas.

Auch für pharmazeutische Behältnisse wie Ampullen bietet es ein ideales Eigenschaftsprofil. In Form von Glasfasern ↗ GLA 4.7, KUN 1.6 findet das Material zur Verstärkung von Kunststoffen (GFK) und Textilien Verwendung. Die witterungsbeständigen Eigenschaften des Werkstoffs werden für Signalleuchten, Verkehrsleitanlagen und Fahrzeugscheinwerfer genutzt.

*Verarbeitung*
Die weite Verwendung von Borosilikatglas ist neben den guten Eigenschaften vor allem auch der einfachen Verarbeitbarkeit zu verdanken. Es lässt sich vor der Lampe (Brenner) blasen, weshalb es von Glaskünstlern und Kunsthandwerkern noch heute sehr beliebt ist. Die unterschiedlichsten Formen sind komplikationsfrei mit dem Mund zu blasen ↗ GLA 2.1.4.

Bild: Mundgeblasene Glasskulptur aus Borosilikatglas./ Design: Sascha Peters

*Wirtschaftlichkeit und Handelsformen*
Borosilikat-Flachglas ist in Dicken von 3 mm bis 15 mm erhältlich. Die Scheiben können eine Länge von bis zu 3300 mm und eine Breite von 2200 mm aufweisen. Üblicherweise wird der Glaswerkstoff in Rohren vertrieben.

*Alternativmaterialien*
Kiesel- bzw. Quarzglas, Kalknatronglas für Glasfasern, Glaskeramik

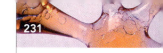

## GLA 3.3
## Bleiglas

Bleiglas ist der dritte Vertreter der für die Industrie wichtigen Glaswerkstoffe. Zusammen mit Borosilikat- und Kalknatronglas deckt es etwa 95% der weltweiten Glasproduktion ab.

### Eigenschaften

Die Herstellung von Bleigläsern erfolgt auf Basis einer Rezeptur, in der im Vergleich zur Ausgangsmischung von Normalglas das Kalziumoxid (CaO) durch Bleioxid (PbO) ersetzt wird. Bleigläser sind leicht schmelzbar, haben eine vergleichsweise hohe Dichte, ein hohes spezifisches Gewicht und sind hervorragende Isolatoren von elektrischen Strömen. Nach einer EU-Richtlinie enthält echtes Bleiglas mindestens 18% des Oxids. Bei dem zur Gruppe der Bleigläser gehörenden *Bleikristallglas* beträgt der Bleioxidanteil sogar mehr als 24%. Es weist eine besondere optische Qualität auf, die durch einen hohen Brechungsindex und einen farblosen und klaren Glanz erzielt wird. *Flintglas* ist ein in der Optik häufig verwendeter Glaswerkstoff mit einem Bleioxidgehalt von mehr als 40%.

Bild: Schleifen von Bleikristallglas./ Foto: F.X. Nachtmann Bleikristallwerke GmbH

### Verwendung

Wegen der starken Lichtbrechung und den sehr guten optischen Qualitäten wird Bleikristall vorzugsweise geschliffen und nicht zuletzt wegen seines schönen Klangs zur Anfertigung wertvoller Luxusartikel verwendet. Hierzu zählen insbesondere hochwertige Trinkgläser, Karaffen, Schalen, Vasen, Kerzenständer und andere Ziergegenstände.

Gläser mit einem Bleioxidgehalt von mehr als 65% werden für den Strahlenschutz (z.B. Röntgenstrahlung) eingesetzt, da sie schädliche Gammastrahlung absorbieren. Der zur Schmuckherstellung verwendete Edelsteinersatz *Strass* zählt ebenfalls zu den Bleigläsern.

### Verarbeitung

Bleikristall lässt sich sehr gut schleifen, schneiden und gravieren, wodurch sich Oberflächenverzierungen in Gläsern und Kunstobjekten auf einfache Weise herstellen lassen. Hoch glänzende Bleikristallgläser werden feuerpoliert. Unter Zuhilfenahme von Farben können die optischen Qualitäten gesteigert werden. Hierzu wird die äußere Glasschicht gefärbt und anschließend geschliffen. Neben der handwerklichen Bearbeitung von Bleikristall haben sich auch industrielle Verfahren etabliert. Das Glas wird maschinell gepresst, anschließend in eine Form geblasen und die Oberflächenstruktur mit Fluorwasserstoff geätzt. Der Schleifvorgang entfällt. Die Herstellung von Glasröhren erfolgt in Ziehverfahren.

### Wirtschaftlichkeit

Bleigläser sind in der Regel wesentlich teurer als andere für Trinkgefäße verwendete Glaswerkstoffe. Auf Grund der großen Quarzvorkommen und der für die Produktion der Rohstoffe (z.B. Pottasche) benötigten großen Holzmengen wird Bleikristall traditionell im Grenzgebiet zwischen Deutschland und Tschechien hergestellt und verarbeitet.

### Alternativmaterialien

Kalknatrongläser, Kronglas für optische Anwendungen, Kunststoffgläser aus Acrylglas (PMMA) oder Polycarbonat (PC)

Bild: Glas aus Bleikristallglas./
Foto: F.X. Nachtmann
Bleikristallwerke GmbH

*Kapitel GLA*
*Gläser*

## GLA 3.4
### Kieselglas (Quarzglas)

Kieselglas ist ein technisch genutzter Glaswerkstoff, der auch in der Natur vorkommt ↗ GLA 3.6. Die transparente Form ist auch als **Quarzglas** bekannt.

### Eigenschaften
Quarz- bzw. Kieselglas basiert nahezu vollständig auf Siliziumdioxid $SiO_2$ (Quarzsand). Es enthält keine Beimischungen von Soda oder Pottasche, wodurch der Schmelzpunkt mit einem Wert von 1723°C sehr hoch ist (Scholze 1988). Der Werkstoff gehört zu den hoch belastbaren Gläsern. Er ist extrem druckfest, sehr hitzebeständig und verfügt über eine hohe Temperaturwechselbeständigkeit. Kieselglas ist bis zu Temperaturen von 900°C einsetzbar. Kurzfristig hält der Werkstoff, dessen Erweichungstemperatur oberhalb von etwa 1500°C liegt, auch Werten von über 1000°C stand. Zudem ist die Wärmedehnung sehr gering. Hervorzuheben sind des Weiteren die gute Resistenz des Glaswerkstoffs gegen chemische Einflüsse und Substanzen sowie die Durchlässigkeit für UV-Strahlung.

*Bild unten: Dieser Gasofen ist mit thermisch und chemisch resistentem Hartglas ausgestattet. Alternativ hierzu wird häufig auch Quarzglas eingesetzt./ Entwicklung und Foto: MMID*

**Hartglas**
*ist chemisch resistent, thermisch beständig und weist eine hohe Erweichungstemperatur auf. Der thermische Längenausdehnungskoeffizient liegt unter $6 \times 10^{-6}\ K^{-1}$.*

### Verwendung
Quarzglas wird auf Grund seiner besonderen Eigenschaften vor allem zur Herstellung von Laborgeräten und chemischen Apparaten verwendet. Darüber hinaus hat der Werkstoff in der Optik (z.B. für Laser) und in der Elektrotechnik Platz gefunden. Eine wichtige Anwendung ist der Einsatz in der Chipindustrie (Quarzglasprodukte wie im Bild, Halterung der Siliziumwafer) sowie für Linsensysteme in der Mikrolithografie (z.B. für die Belichtungstechnik zur Erzeugung feinster Chipstrukturen auf den Siliziumwafern). Auf Grund des besonderen Eigenschaftsprofils und der hochtemperaturbeständigen Eigenschaften wurde Kieselglas für die Fenster des Space Shuttles genutzt, da diese beim Eintritt in die Erdatmosphäre besonders hohen Temperaturschwankungen ohne große Verformung standhalten mussten. Auch Ofenfenster werden aus Quarzglas gefertigt.

*Bild: Chemisch reine, komplexe Quarzglasprodukte für die Chipfertigung./ Foto: Heraeus, Hanau*

### Verarbeitung
Kieselglas ist wegen seiner hohen Schmelztemperatur und der extremen Belastbarkeit des Werkstoffs sehr schwierig zu bearbeiten. Charakteristisch sind die muschelförmigen Bruchstellen. Für spezielle Anwendungen wird Quarzglas aus Bergkristall gewonnen.

### Alternativmaterialien
Glaskeramik, Borosilikatglas

## GLA 3.5
## Glaskeramik

Die vom Unternehmen Schott ursprünglich für Weltraumteleskope entwickelte Glaskeramik ist vor allem unter dem Handelsnamen Ceran® bekannt. Sie wird seit 1973 für Kochflächen verwendet.

### Eigenschaften
Glaskeramik ist weder ein typisches Glas mit amorpher, noch eine typische Keramik mit kristalliner Struktur. Sie wird vielmehr aus der Glasschmelze durch gezielte Steuerung einer Kristallisation gewonnen. Besonderheiten des Werkstoffs sind geringe Wärmedehnung und hohe Temperaturwechselbeständigkeit. Er ist feuerfest, weshalb er für den Brandschutz besonders geeignet ist. Glaskeramikoberflächen verfügen über eine extreme Härte, sind kratzfest, mechanisch hoch belastbar und verschleißfest. Sie können porenfrei hergestellt werden, wodurch eine rasche Entfernung von Schmutzpartikeln ermöglicht wird.

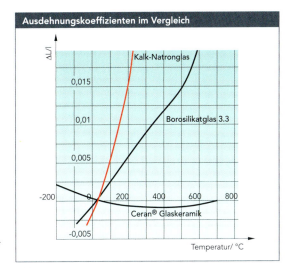
Abb. 18

Bild: Ceran® Kochfläche.

### Verarbeitung
Glaskeramik wird in einem zweistufigen Fabrikationsvorgang hergestellt. Die erste Phase unterscheidet sich nicht von der üblichen Prozesskette zur Produktion normaler Gläser. Der Schritt zu den besonderen Eigenschaften der Glaskeramik vollzieht sich durch anschließendes Keramisieren und Erhitzen auf Temperaturen von etwa 900°C (Lohmeyer 2001). Der Werkstoff erhält eine gesteuerte Polykristallinität. Glaskeramik kann verspiegelt werden.

### Alternativmaterialien
Kieselglas, Borosilikatgläser

### Verwendung
Neben der Temperaturwechselbeständigkeit und kratzfesten Oberfläche sind Kochfelder aus Glaskeramik energiesparend einsetzbar. Da die Wärme auf Ceran®-Flächen direkt nach oben geleitet wird, ist die Anwärmzeit kurz. Dadurch kann eine Energieeinsparung von 10–15% erzielt werden. Die seitlich neben der Kochfläche befindlichen Bereiche bleiben von der Erwärmung ausgeschlossen. Weitere Anwendungsbeispiele des Werkstoffs sind Sichtfenster für Kamine und Öfen, Kochgeschirr und die Außenverkleidung von Raumfahrzeugen. Für Astrospiegelträger wurde von Schott die Glaskeramik Zerodur® entwickelt. Eine seit 2004 auf dem Markt befindliche Variante dient zur Herstellung eines dreidimensional geformten Kamins. Er lässt nach allen Seiten das Erlebnis einer lodernden Flamme zu. Die Wärmequelle kann wieder ins Zentrum des Raumes wandern. Die entstehenden Abgase werden über eine Rohrleitung im Boden abgezogen.

Bild: Kamin mit Glaskeramikhaube. Entwicklung durch NOA in Zusammenarbeit mit Schott. Das Feuer ist mit einer großen, 3D-verformten Robax-Scheibe überzogen, die eine extrem niedrige thermische Ausdehnung besitzt./ Foto: NOA

## GLA 3.6
### Naturgläser

Natürliche Gläser können durch Auftreten unterschiedlicher Naturphänomene entstehen. *Fulgurite* gehen beispielsweise auf Blitzeinschläge in sandige Böden zurück. Obsidian und Bimsstein ↗MIN 4.2.2 entstehen während der Erstarrung und Abkühlung von Lava nach Vulkanausbrüchen ↗MIN. Auch Meteoriteneinschläge auf die Erdoberfläche können das Aufschmelzen von Gesteinsformationen bewirken und den glasigen Zustand von *Tektiten* durch schnelles Abkühlen hervorrufen. Darüber hinaus werden durch die bei einem Meteoriteneinschlag freigesetzte Energie *diaplektische Gläser* erzeugt. Die Gitterstruktur eines Kristalls wird dabei durch die entstehenden extremen Drücke in Form von Schockwellen zerstört und in eine ungeordnete, amorphe Anordnung überführt. Die Schockwellen nach unterirdischen Atombombenversuchen können ähnliche Auswirkungen haben. Diaplektische Gläser werden beispielsweise in der Umgebung des Nördlinger Ries gefunden, wo vor 15 Millionen Jahren ein Meteorit eingeschlagen ist.

*Verwendung*
Wurden Naturgläser in der Frühgeschichte des Menschen als Werkstoffe zur Herstellung von Waffen (z.B. Pfeilspitzen) und Werkzeugen genutzt, haben sie heute vor allem eine Bedeutung für die Erzeugung von Schmuckartikeln.

Zu den Naturgläsern zählen:
Blitzröhren, Blitzstein, Bimsstein, Brekzie, Darwinglas, diaplektische Gläser, Fulgurit, Gesteinsglas, Indochinite, Kieselglas, Köfelsit, Lechatelierit, Moldavite, Obsidian, Steinglas, Suevit (grau, rot), Tektit, Wüstenglas, Vulkanglas

## GLA 3.7
## Obsidian

Obsidian verdankt seinen Namen einem Römer namens Obsius, der das Naturglas aus Äthiopien nach Rom brachte. Kleine abgerundete Obsidian-Nuggets werden auch Apachentränen genannt. Der Fundort des Steins gibt der Sage nach die Stelle an, an der ein Indianer den Tod fand.

*Eigenschaften*
Obsidian ist ein natürliches Gesteinsglas, das nach vulkanischer Aktivität bei rascher Erstarrung gasarmer Lava entsteht. Während der kurzen Abkühlung der äußerst zähflüssigen Schmelze bilden sich keine Kristalle. Die wenigen flüchtigen Bestandteile wie Wasser oder Kohlendioxid werden in der Obsidianstruktur eingeschlossen. Besonders hervorzuheben sind die hohen Härtewerte und die optischen Qualitäten von Obsidian. Je nach enthaltenen Bestandteilen hat das Gesteinsglas eine schwarze, grünschwarze, rotbraune oder graue Oberfläche. Die optischen Eigenschaften reichen von undurchsichtig bis leicht durchschimmernd. Die schwarze Färbung geht auf kleine Mengen eingeschlossener Eisenoxide zurück, die vor allem in Hämatit- und Magnetitmineralen MIN 4.1.4 vorzufinden sind. Die Einlagerung von weißen Sphärolithen (Feldspat- oder Christobalithkristalle) bewirkt fleckige Oberflächeneffekte, weshalb man auch vom *Schneeflockenobsidian* spricht. Liegt eine Vielfarbigkeit vor, wird der Werkstoff mit *Regenbogenobsidian* bezeichnet. Die rote Variante nennt sich *Mahagoni-Obsidian*.

*Verwendung*
In der Jungsteinzeit und frühen Antike wurden aus dem äußerst harten Obsidian Messerklingen und Beile gefertigt. Die besonderen optischen Qualitäten und die gute Haltbarkeit machten den Werkstoff vor allem im Zeitalter des Hellenismus und im römischen Kaiserreich zu einem begehrten Material für Schmuck und Kunstartikel. Im Hochland Mexikos nutzte die indianische Kultur Obsidian anstelle von Flint oder Hornstein zur Herstellung von Werkzeugen und Waffen. Heute werden *Obsidianklingen* in der Augenmedizin und Schönheitschirurgie bei komplizierten Operationen verwendet. Im Vergleich zum Laserschneiden entstehen deutlich weniger Fransen, was dem Heilungsprozess zugute kommt.

*Verarbeitung*
Bei der Einfassung als Schmuckstein ist besondere Sorgfalt geboten, da der Werkstoff trotz seiner hohen Härtewerte schnell splittert. Die Bruchstellen erinnern an die Oberfläche von Seemuscheln, weshalb man auch von einem muscheligen Bruch spricht MIN 1.2. Absplitterungen wurden früher durch leichte Schläge mit einem Hammer erzeugt und konnten als messerscharfe Klingen, Pfeilspitzen und Schaber eingesetzt werden. Eine Nachbearbeitung erfolgt mit den üblichen Schleifmitteln.

*Handelsformen*
Obsidian kommt in allen vulkanischen Gebieten vor. Abbaugebiete befinden sich in Teilen Nordamerikas, in Mexiko, Japan, Äthiopien, Island, Ungarn, Italien und in der Slowakei. Besonders auf dem Gebiet der sagenumwobenen Ruinenstätte Teotihuacán, etwa 60 Kilometer nördlich von Mexiko-Stadt, werden Kunstgegenstände heute noch handwerklich produziert und angeboten.

*Alternativmaterialien*
Diamanten in der Chirurgie, Edelsteine zur Schmuckherstellung

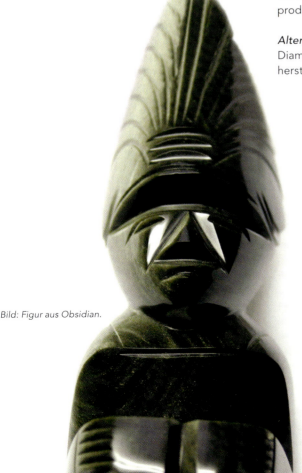

*Bild: Figur aus Obsidian.*

*Kapitel GLA*
**Gläser**

## GLA 4
### Spezialgläser

### GLA 4.1
### Sicherheitsgläser

Sicherheitsgläser sind Flachgläser, die im Vergleich zu Normalglas eine höhere Stabilität aufweisen und splitterfrei brechen. Auf dem Markt haben sich für verschiedene Einsatzzwecke folgende Sorten etabliert (Achilles et al. 2003, Kaltenbach 2003, Schäffler 2000):

- Einscheibensicherheitsglas (ESG)
- teilvorgespanntes Glas (TVG)
- Verbund-Sicherheitsglas (VSG)
- begehbares Glas
- Panzerglas
- Drahtglas

*Bild: Sicherheitsglas im Kfz-Bereich.*

Zur Herstellung von *Einscheibensicherheitsglas* (ESG) wird Flachglas einem thermischen oder chemischen Härteprozess unterzogen. Beim thermischen Härten wird zunächst auf Temperaturen zwischen 650°C und 700°C erhitzt und anschließend mit kalter Pressluft abgeschreckt. Auf Grund unterschiedlich starker Abkühlung im Innern und am Rand des Glases entsteht ein Spannungsgefälle. Der chemische Härtprozess erfolgt im Salzbad. Dieser bewirkt einen Ionenaustausch, der in der dünnen Oberflächenschicht starke Druckspannungen erzeugt. Die Bruch- und Biegefestigkeit wird durch die eingebrachten Vorspannungen verbessert. Bei Überbeanspruchung löst sich die Spannung und das Glas zerfällt in eine Vielzahl kleiner Krümel. Die Verletzungsgefahr ist dadurch deutlich verringert.

*Bild: Metalleinlagen im Verbundglas./ Foto: INGLAS GmbH & Co. KG*

*Teilvorgespanntes Glas* (TVG) entsteht durch eine langsamere Abkühlung im thermischen Herstellungsprozess von ESG. Es liegt eine im Vergleich geringere Vorspannung vor, die mit niedrigerer Festigkeit und Temperaturwechselbeständigkeit einhergeht. TVG bricht mit langen Rissen von Kante zu Kante. Eine Splitterung wird ebenfalls unterbunden.

*Verbund-Sicherheitsglas* (VSG) besteht aus zwei oder mehreren, meist gleichdicken Flachglasplatten (Float, TVG, ESG), die unter Zuhilfenahme einer oder mehrerer hochelastischer Kunststofffolien aus *Polyvinylbutyral* (PVB) unter Hitze und Druck fest miteinander verbunden werden. Dadurch erhält der Werkstoff eine hohe Temperaturwechselbeständigkeit sowie besondere schlagfeste und biegebruchsichere Eigenschaften. Bricht das Glas, so haften die einzelnen Stücke wie in einem Netz an der Folie. Schwerwiegende Verletzungen werden vermieden. Splitterungen können zudem durch einen asymmetrischen Aufbau des Glasverbundes klein gehalten werden. Für spezielle optische Eigenschaften werden Glasscheiben getönt oder mit Spiegelflächen versehen. Ein Einsatz bis zu Temperaturen von etwa 80°C ist bedenkenlos möglich.

*Begehbares Glas* für gläserne Dächer, Treppen und befahrbare Podeste wird in einem Verbund aus drei Glasscheiben aufgebaut.

*Bild: Begehbares Glas./ Foto: Joh. Sprinz GmbH & Co. KG*

Der tragende Untergrund aus zwei VSG-Scheiben ist durch eine obenliegende TVG- oder ESG-Platte geschützt. Diese wird meist mit einer rutschhemmenden Beschichtung versehen. Um die Gefahr von Glasbruch bei Scheiben mit Bohrungen und Durchbrüchen zu vermeiden, werden sie in der Regel thermisch vorgespannt.

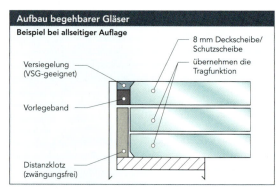

Abb. 19: nach [1, 19]

*Panzergläser* sind angriffshemmende Verbundgläser mit einer Dicke von 25 mm, die auch starken Beanspruchungen und Schüssen aus Handfeuerwaffen standhalten.

*Bild links: Begehbares Glas./ Foto: Joh. Sprinz GmbH & Co. KG*

Die Belastbarkeit und Stabilität von Gussglasscheiben kann durch eine Drahteinlage gesteigert werden. Das metallische Netz verleiht *Drahtgläsern* besondere feuerfeste Eigenschaften (Brandschutzklassen G30, G60). Zudem werden die Glasstücke bei Bruch zusammengehalten und großflächige Ausbrüche verhindert. Drahtglas wird kostengünstig produziert und stellt eine Alternative zu Verbundglas und vorgespannten Gläsern dar. Der industrielle Fertigungsprozess zur Herstellung von Drahtgläsern ist bereits seit über hundert Jahren bekannt. Drahtgewebe werden im Walzverfahren in die zu einem Band gegossene, noch zähflüssige Glasschmelze kontinuierlich eingewalzt. Die Glasoberfläche wird im Gussglasverfahren GLA 2.1.2 strukturiert. Drahtglas ist nach der Herstellung nicht vollständig durchsichtig. Es kann aber nachträglich poliert werden.

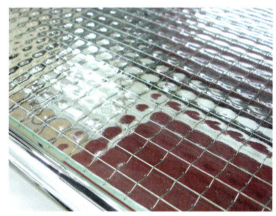

Bild: Drahtglas.

## Verwendung
Auf Grund ihrer hohen Festigkeit werden ESG, TVG und Verbundgläser als Konstruktions- und Bauwerkstoffe im Haushalt, in Labors und im Verkehrswesen eingesetzt. Vor allem liegen die Anwendungsfelder in Bereichen, in denen Personen vor Splitterungen und wegfliegenden Glasstücken geschützt werden müssen. Dies ist besonders bei der Verglasung von Fahrzeugen der Fall. Sekurit® ist ein bekannter Markenname eines Einscheibensicherheitsglases, den man besonders in Automobilen häufig vorfindet. Weitere typische Anwendungen sind Glastüren und Glaskonstruktionen im Innenausbau wie z.B. Windfanganlagen, Treppengeländer, Duschkabinen und Trennwände. Verbundgläser werden auch als Fassadengläser für Gebäude verwendet (Nijsse 2003). Hier sind Isolierverglasungen mit getönten Scheiben, Sicherheitsgläser mit absturzsicheren Eigenschaften und Dachverglasungen für besondere Belastungen zum Schutz vor Hagel oder Schnee zu nennen. Im Sportbereich werden die vorgestellten Glassorten für Glaswände zum Schutz von Zuschauern und Sportlern in Stadien verwendet. Insbesondere sind sie aus Eishockey-Arenen bekannt. Drahtgläser sind bereits seit 1894 bekannt und werden noch heute zum Schutz vor Brand und zur Einbruchsicherung eingesetzt. Besonders bei Dachverglasungen verhindert die Drahteinlage Verletzungen durch herabstürzende Bruchstücke.

## Verarbeitung
Einscheibensicherheitsgläser lassen sich nach Einbringen der Vorspannung nicht mehr bearbeiten. Besonders empfindlich für Bruch sind Kanten und Ecken.
Verbundsicherheitsgläser weisen gegenüber vorgespannten Gläsern erhebliche Vorteile in der Bearbeitbarkeit auf. VSG kann gebohrt, geschnitten und geschliffen werden. Für Dachkonstruktionen wird Verbundglas auch gebogen.
Drahtgläser lassen sich mit üblichen Glasschneidern auf Maß bringen. Der Schnitt erfolgt immer von der Seite, von der die Drahteinlage in die Glasschmelze eingedrückt wurde. Um das Rosten der Metalldrähte zu vermeiden, müssen die Kanten nach einem Schnitt entweder versiegelt oder geschliffen werden. Drahtgläser sind mit Netzeinlagen unterschiedlicher Struktur und Maschengröße erhältlich.

## Handelsformen
Drahtglas gibt es in Dicken von 7 mm und 9 mm. ESG-Glas wird mit Dicken von 4, 5, 6, 8, 10, 12, 15 und 19 mm angeboten.

## Alternativmaterialien
Kunststoffgläser aus Acrylglas (PMMA) oder Polycarbonat (PC)

Bild: »Crashglas« – 3schichtiges Verbundglas mit einer Mittelschicht aus gebrochenem ESG. In der Architektur wird der Effekt der gleichmäßigen Bruchstruktur für optische Zwecke bewusst eingesetzt.

Bild: »Crashglas«./ Lichtkuppel in Bochum

## GLA 4.2
## Schutzgläser

*Isolierglas* dient vorwiegend der Wärmedämmung oder dem Schallschutz. Es besteht aus zwei oder drei parallel zueinander angeordneten Glasplatten. In den Zwischenräumen befindet sich getrocknete Luft oder Gas mit geringer Wärmeleitfähigkeit. Die Scheiben sind in einen Rahmen eingepasst und werden an den Rändern mit einer Masse fixiert und hermetisch abgedichtet. Um die Bildung von Wasserdampf und das Beschlagen der Scheiben zu vermeiden, sind Trocknungsmittel wie *Silicagele* oder *Zeolithe* MIN 4.1.2 in die Hohlräume eingebracht.

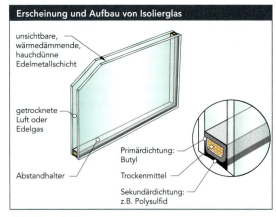

Abb. 20: nach [1]

Zur Kennzeichnung der Qualität eines Isolierglases dient der U-Wert (Wärmeverlustkoeffizient). Bestanden frühere Isoliergläser aus lediglich zwei normalen Glasscheiben und wiesen einen U-Wert von 3,0 W/m²K auf, so erreichen Isoliergläser mit einer Edelmetallbeschichtung heute bereits Werte von 1,8 W/m²K. Wird der Zwischenraum mit Edelgasen wie Argon oder Krypton befüllt, sind sogar Werte zwischen 0,9 und 1,6 W/m²K möglich. Der U-Wert von dreischeibigem Isolierglas mit Edelgasfüllung reduziert sich auf Werte zwischen 0,4 und 0,7 W/m²K.

| Prinzip außen innen | Beschreibung (Dicke in mm) | U-Wert (W/(m²K) | Lichttransmission (–) | g-Wert (–) |
|---|---|---|---|---|
| | Einfachglas unbeschichtet (6) | 5,7 | 0,89 | 0,85 |
| | Einfachglas, Zinnoxidschicht innen (6) | 3,6* | 0,75 | 0,70 |
| | Zweischeibenisolierglas (6/12/6) | 3,0 | 0,80 | 0,74 |
| | Dreischeibenisolierglas (6/8,5/5/8,5/5) | 2,2 | 0,72 | 0,70 |
| | Wärmeschutzglas, Argon, SnO₂-Schicht | 1,6 (1,8) | 0,69 | 0,68 |
| | Wärmeschutzglas, Argon, Ag-Schicht (6/14/6) | 1,3 (1,8) | 0,69 | 0,60 |
| | Wärmeschutzglas, Krypton, 2 Ag-Schichten (4/8/4/8/4) | 0,7 (2,2) | 0,66 | 0,51 |
| | Folienfenster, Luft, IR-refl. (6/20/35/35/6) | 0,6 | 0,56 | 0,40 |
| | Lichtstr. Glas mit PMMA- Kapillareinlage (7/40/7) | 1,14 | 0,61 | 0,37 |

\* berechneter Wert ausgehend von einem Emmissionswert ε=0,2
U-Wert in ( ): amtlicher Rechenwert bei luftgefülltem Scheibenzwischenraum

Abb. 21: nach [23]

*Bild links und oben: Wärmeschutzverglasung.*

Das vorgestellte Aufbauprinzip ist schon seit längerem im Gebrauch und erfüllt die herkömmlichen Anforderungen der Wärmedämmung und des Schallschutzes. Spezielle Beschichtungen oder Gasfüllungen wie Argon können vor allem die Schallschutzeigenschaften verbessern. Es werden auch Schallschutz-Verbundgläser verwendet, in die eine spezielle akustische PVB-Folie eingebracht ist. Diese wirkt als Dämpfer und verhindert die Übertragung von Schwingungen zwischen den zwei Glasscheiben. Isoliergläser zum Schutz vor Sonneneinstrahlung sind mit Gold, Silber, Kupfer oder Metalloxiden aus Titan, Chrom, Nickel bzw. Silizium beschichtet. Die Schichten reflektieren die Wärmestrahlung der Sonne, lassen aber das sichtbare Licht durch.

Durch **Sonnenschutzraster**, bewegliche **Spiegelsysteme**, **Prismenplatten**, **Lamellen** und Gewebe im Scheibenzwischenraum können **Lichtlenkung** und **-streuung** gezielt beeinflusst werden (Compagno 2002, Kaltenbach 2003). Der Winkel ausfallender Lichtstrahlen wird gesteuert, ein richtungsselektierender Sonnenschutz wird möglich. Für den Bereich des Lichtdesigns sind integrierte **holografisch-optische Elemente** (HOE) zur Lichtlenkung besonders geeignet. Sie zerlegen weißes Licht in seine Spektralfarben und sorgen somit für attraktive Farbeffekte.

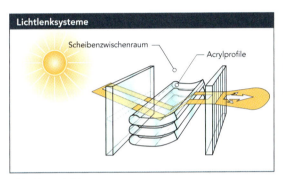

Abb. 22: nach [1]

**Wärmeschutzgläser** mit einer Eisenoxid-Beschichtung besitzen ein gutes Absorptionsvermögen für ultraviolette Strahlung. Zum Schutz vor radioaktiver Strahlung werden Glaswerkstoffe mit einem hohen Bleioxidgehalt verwendet ↗ GLA 3.3.

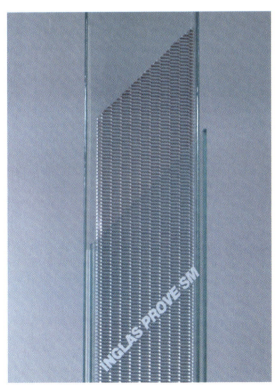

Bild: Die Sonnenschutzelemente aus Streckmetall finden in doppelschaligen Profilglasfassaden Platz und sind so bestens gegen Witterungseinflüsse und Schmutz geschützt. Die Systeme vereinen Sonnenschutz und Tageslichtqualität im Innern mit einem hochwertigen äußeren Erscheinungsbild./ Foto: INGLAS GmbH & Co. KG

**Brandschutzflachglas** erfüllt die an Verglasungen für den Bau geschlossener Räumlichkeiten durch den Gesetzgeber formulierten Feuerwiderstandsklassen F und G. Gläser der Feuerwiderstandsklasse F schützen samt Rahmenkonstruktion, Befestigung und Dichtungsmaterialien vor dem Durchschlag von Flammen und Durchtritt von Brandgas sowie Wärmestrahlung. Außerdem entsprechen sie den Forderungen nach mechanischer Belastbarkeit und weisen eine Mindestfestigkeit auf. Brandschutzgläser der Feuerwiderstandsklasse G verhindern zwar das Durchtreten von Flammen und Brandgasen, behindern aber nur bedingt die Weiterleitung von Wärmestrahlung.

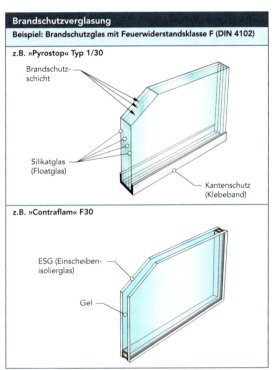

Abb. 23: nach [23]

Bild: Profilverglasung mit integriertem Sonnenschutz aus Streckmetall./ Foto: INGLAS GmbH & Co. KG

## Kapitel GLA
### Gläser

### GLA 4.3
### Bauglas – Glasbausteine

Glasbausteine in Form selbsttragender, wandbildender Hohlkörper wurden bereits in den 30er Jahren verwendet. Der Bauwerkstoff kam damit den Bestrebungen nach einer klaren, lichten Architektur ohne die im Jugendstil benutzte Ornamentik entgegen. Er schafft ein helles Arbeitsklima im Rauminnern und lässt Gebäudefassaden leichter erscheinen. Bei Glasbausteinen unterscheidet man Hohlglassteine und massive Betongläser.

#### Eigenschaften

*Hohlglassteine* werden aus zwei gepressten Hälften hergestellt und allseitig verschmolzen. Neben einer sehr guten Lichtdurchlässigkeit (etwa 80%) weisen sie auf Grund des eingeschlossenen Hohlraums hervorragende wärmeisolierende und schalldämmende Eigenschaften auf. Sie wirken zudem bei Brand feuerhemmend (Feuerwiderstandsklasse G60, G120, F60) und sind beständig gegen normale Witterungseinflüsse und Temperaturwechsel. Durch eine innenseitige Beschichtung können sie eingefärbt oder strukturiert werden. Die Hohlkörper werden auf einfache Weise ähnlich wie Keramikklinker verbaut und sind einzeln austauschbar. Da sie bei starker Belastung brechen können, werden beim Einpassen Dehnfugen vorgesehen.

Im Gegensatz zu den Hohlglassteinen bestehen *Betongläser* vollständig aus Glas. Auch sie werden im Pressverfahren erzeugt und sind in Dicken von 22–30 mm erhältlich. Durch die massive Struktur kann Betonglas als Decken- und Wandelement statisch belastet werden.

Bild: Glasbausteinwand.

#### Verwendung

Glasbausteine werden für den Bau transparenter, lichtdurchlässiger Wände (z.B. Treppenhaus, Bad) eingesetzt und sind bei bestimmten Abmessungen auch für Verglasungen zugelassen. Sowohl lineare als auch gebogene Wandkonstruktionen sind möglich. Auch können Glasbausteine begehbar ausgelegt sein.

Zur Schaffung eines fast natürlichen Lichts für künstlerische Arbeiten im Innenraum wurde die Academie voor Beldende Kunsten in Maastricht nahezu vollständig mit Glasbausteinen bestückt. Auf Grund der besonderen Verwendung des Glasbausteins als Bauwerkstoff zählt das Gebäude der Kunsthochschule zu einem der prägnantesten Bauwerke dieser Art.

| Maße und physikalische Werte von Glasbausteinen (ungefärbtes Glas) | | | | | |
|---|---|---|---|---|---|
| Richtmaß | Steinmaß | Dicke | Wärmedurchgangskoeffizient U-Wert [1] | bewertetes Schalldämmmaß $R_w$ | Lichtdurchlässigkeit $\tau_L$ |
| mm² | mm² | mm | W/(m² × K) | dB | % |
| 200 × 200 | 190 × 190 | 80 | 3,5 (mit Leichtmörtel: 3,1) | 40 | ca. 75 |
| 250 × 250 | 240 × 240 | 80 | | 42 | |
| 250 × 125 | 240 × 115 | 80 | | 45 | |
| 315 × 315 | 300 × 300 | 100 | | 42 | |
| 315 × 210 | 300 × 196 | 100 | | | |

[1] Rechenwert gemäß DIN 4108-4.

Abb. 25: nach [19]

#### Alternativen

Profilbaugläser, lichtdurchlässiger Beton

## GLA 4.4
### Bauglas – Profilbaugläser

Neben Glasbausteinen gehören lichtdurchlässige Profilbaugläser zu den Bauwerkstoffen, die heute in vielen Bereichen eingesetzt werden.

*Eigenschaften*
Profilbaugläser werden gießtechnisch in einem kontinuierlichen Walzverfahren mit und ohne Drahteinlage hergestellt.

| Eigenschaftswerte von Profilbaugläsern | | |
|---|---|---|
| Lichtdurchlässigkeit | Schalldämmung | Wärmedämmung |
| einschalig: ca. 89% | einschalig: ca. 29 dB | einschalig: U = 5,6 |
| zweischalig: ca. 81% | zweischalig: ca. 35 dB | zweischalig: U = 2,8 zweischalig mit Beschichtung: U = 1,8 |
| | dreischalig: ca. 55 dB | |

Abb. 26: nach [19]

Die Querschnittsform ist U-förmig ausgelegt und kann statisch hoch belastet werden. Lange Verglasungen sind daher auch ohne Pfostenprofile realisierbar. Es können Zwischenräume von bis zu 5 m überspannt werden (Lefteri 2002). Gegenüber Glasbausteinen bieten Profilbaugläser den Vorteil, dass sie unter Verwendung eines Rahmensystems aus Aluminium schnell und ohne hohen Aufwand zu großflächigen Wänden zusammengeschoben werden können.

Bild: Profilbauglas.

Zur Einpassung und Abdichtung des Glases in den Rahmen dient eine Dichtmasse. Eine Berührung von Glasscheibe und Metallrahmen sollte nach Möglichkeit vermieden werden. Die Einzelelemente sind unter Verwendung der Rahmenkonstruktion nachträglich austauschbar. Defekte Teilkomponenten können somit repariert werden. Auch die Verwendung von klar durchsichtigen Bereichen oder Funktionselementen wie Lüftungen ist möglich.

Zur Erhöhung des Wärme- und Sonnenschutzes kann auf der Innenseite eine Funktionsbeschichtung aus Metalloxiden aufgebracht werden. Der Grad der Lichtdurchlässigkeit und der Effekt der Schall- und Wärmedämmung hängen aber vor allem von der Verlegeart und der Anzahl der verwendeten Schalen ab.

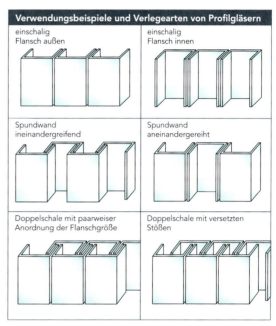

Abb. 27: nach [25]

*Verwendung*
Profilbaugläser können im Bauwesen für ganze Wandbereiche zur Innen- und Außenverglasung eingesetzt werden. Auch Dach- und Deckenkonstruktionen sind möglich.
Hoch beanspruchte Flächen erfordern eine Mindestdicke der Baugläser von 7 mm. Bei Dachverglasungen sollte auf eine Drahtverstärkung nicht verzichtet werden. In Sporthallen werden Profilbaugläser für ballwurfsichere Verglasungen verwendet.

*Wirtschaftlichkeit und Handelsformen*
Profilbaugläser sind sehr kostengünstig in verschiedenen Farben wie bronze, blau oder goldreflektierend erhältlich. Die Liefermaße liegen bei einer maximalen Länge von 7000 mm und einer Breite von bis zu 498 mm.

*Alternativen*
Glasbausteine, lichtdurchlässiger Beton

## GLA 4.5
### Bauglas – Glaswolle

Glaswolle gehört neben Steinwolle zu den Mineralfaser-Dämmstoffen und besteht aus verfilzten Glasfasern.

*Eigenschaften*
Der Werkstoff wird aus den üblichen Glasrohstoffen oder Recyclingglas hergestellt. Die Ausgangsstoffe werden geschmolzen und auf mit hoher Geschwindigkeit rotierende Walzen gebracht, wo sie zerfasern. Unter Zuführung eines Bindematerials erstarren die Fasern und können anschließend in einem Härteofen zu Dämmstoffmatten, Filzen, Bahnen und Platten mit allseitig orientierten Fasern verarbeitet werden. Innerhalb dieses Produktionsprozesses wird eine große Luftmenge in der Struktur der Glaswolle gespeichert, weshalb der Werkstoff hervorragende isolierende Eigenschaften für Schall und Wärme aufweist. Alle Mineralfasern zeichnen sich durch gute Haltbarkeit aus. In der Regel wird Kalknatronglas GLA 3.1 verwendet. Eine bessere Witterungsbeständigkeit ist mit Borosilikatglas GLA 3.2 erreichbar. Glaswolle kann bis zu 50 Jahre in Gebäudewänden verbleiben. Außerdem ist eine Wiederverwertung nach Umbauten möglich. Abfälle aus Glaswolle sind einfach zu recyceln. Glaswolle ist zudem hitze- und feuerbeständig. Die Profile von Glas- und Steinwolle sind nahezu identisch. Sie unterscheiden sich lediglich durch die für die Herstellung genutzten Rohstoffe.

*Verwendung*
Dämmstoffe aus Glaswolle werden im Baugewerbe zur Isolierung von Gebäuden oder Dachböden gegen Kälte, Wärme, Lärm und Feuer verwendet. Hier sind vor allem Dachschrägen- und Leichtbauwände zu nennen.

*Verarbeitung*
Der Einsatz von Glaswolle im Bauwesen erfolgt normalerweise in Verbindung mit Gips oder Mörtel. Verbaut geht von den Fasern kein Gesundheitsrisiko aus. Bei der Weiterverarbeitung der Dämmwerkstoffe muss allerdings mit der Entstehung gefährlicher Feinstäube gerechnet werden. Glasfasern haben überwiegend eine mittlere Länge von einigen Zentimetern bei einem Durchmesser von 3–5 Mikrometern und können mit diesen Abmaßen nicht eingeatmet werden. Durch Konfektionierung können aber Kleinstpartikel freigesetzt werden, die Haut- und Augenreizungen, Allergien und Reizungen der Atemwege hervorrufen können. Auch Krebsrisiken werden seit Jahren diskutiert.
Kritische Fasern weisen einen Durchmesser von weniger als 3 Mikrometer bei einer Länge von weniger als 0,1 mm auf. Das Tragen von Schutzbrille und Staubmaske ist anzuraten.

*Alternativmaterialien*
Steinwolle, Dämmprodukte aus nachwachsenden Rohstoffen

Bild: Glaswolle.

## GLA 4.6
### Bauglas – Schaumglas

Ähnlich wie im Kunststoff-, Metall- und Keramikbereich *MET 5.1*, *KER 6.1* sind auch unter den Gläsern geschäumte Werkstoffe mit den Handelsnamen Foamglas® auf dem Markt erhältlich, die als Bauwerkstoffe eingesetzt werden.

*Herstellung und Eigenschaften*
Schaumglas wird aus natürlichen Rohstoffen hergestellt. In einem Schmelzprozess aus Sand, Kali-Feldspat, Kalziumkarbonat und Natriumkarbonat wird ein Glas mit genau definierten Eigenschaften gewonnen. Anschließend wird dieses Glas gemahlen, mit Kohlenstoff versetzt und in einem definierten Brennprozess im Ofen bei ca. 1000°C zum Aufschäumen gebracht. Dabei wird der Kohlenstoff zu CO und $CO_2$ oxidiert. Die so entstandene Zellstruktur ist geschlossen mit dünnen Zellglaswänden, die bei einem kontrollierten Abkühlungsprozess erhalten bleiben.

Schaumglas besitzt eine hohe Druckfestigkeit ist feuchtigkeits- und säurebeständig, dampfdicht und nicht brennbar. Der Werkstoff ist in die bevorzugte Baustoffklasse A1 (Euroklasse A) eingestuft. Anwendungen sind im Temperaturbereich von -260°C bis +430°C möglich (Beylerian, Dent 2005). Schaumglas ist sowohl ökologisch als auch gesundheitlich unbedenklich, kann recycelt und problemlos entsorgt werden. Bei der Herstellung können bis zu 60% Recyclingglas verwendet werden.

| Technische Daten Foamglas® | |
| --- | --- |
| Rohdichte | 100 ... 155 kg/m³ |
| Rechenwert der Wärmeleitfähigkeit, nach DIN 4108 | 0,040 ... 0,050 W/(m × K) |
| Anwendungstyp nach DIN 18174 | WDS, WDH |
| Druckfestigkeit (Werkstandard), DIN 53421 (stauchungsfrei) | 0,70 ... 1,70 N/mm² |
| Nennwert der Kurzzeit - Druckfestigkeit fremdgütegesichert | 0,50 ... 1,20 N/mm² |
| Wärmeausdehnungskoeffizient | $8,5 \times 10^{-6}$ K⁻¹ |
| Wasserdampfdiffusionswiderstand | µ = ∞ (praktisch diffusionsdicht) |
| Wärmespeicherkapazität | 0,84 kJ/(kg × K) |

Abb. 28: nach [19]

*Verwendung*
Platten aus geschäumtem Glas eignen sich auf Grund ihrer geringen Wärmeleitfähigkeit, Dampfdichtigkeit sowie ihrer Formstabilität besonders zur Dämmung von Kellerwänden, Bodenplatten und Fundamenten sowie für Flachdächer und Terrassen. Wegen der hohen Druckfestigkeit wird Schaumglas auch beim Bau von Parkdächern eingesetzt.
Für Anwendungen im Bereich von betriebstechnischen Anlagen stehen diverse Formstücke und Halbschalen zur Dämmung von Rohren und behälterförmigen Anlagenkomponenten zur Verfügung.

Auswahlkriterium für den Einsatz von Schaumglas ist hierbei die hohe Temperaturbeständigkeit, Druckfestigkeit sowie die Anforderung an den Brandschutz.

Bild: FOAMGLAS®-Formteile werden aus natürlichen, nahezu unbegrenzt vorkommenden Rohstoffen (Sand, Dolomit, Kalk) hergestellt. Der Dämmstoff enthält keine ozonschädigenden Treibgase (FCKW/ H-FCKW usw.), Flammschutzmittel oder Bindemittel./
Fotos oben und rechts: Deutsche FOAMGLAS® GmbH

*Verarbeitung*
Die Bearbeitung von Schaumglas erfolgt mit handelsüblichem Werkzeug (Handsäge, Schleifbrett). Bei Über-Kopf-Arbeiten empfiehlt sich der Einsatz einer Schutzbrille. Schaumglasplatten können sowohl mittels Kaltkleber als auch unter Verwendung von Heißbitumen verlegt werden. Auf Grund der Wasserdampfdichtigkeit entfällt im Schichtenaufbau die ansonsten übliche Dampfbremse.

*Wirtschaftlichkeit und Handelsformen*
Schaumglas stellt mit seiner Langlebigkeit sowie seiner besonderen Materialeigenschaften eine wirtschaftliche Alternative gegenüber vielen preisgünstigen Dämmstoff-Produkten dar. Im Handel werden Platten oder Formteile in unterschiedlichen Abmessungen angeboten. Die Platten werden in Stärken ab 40 mm angeboten und haben eine Abmessung von 600 x 600mm² bzw. 600 x 450mm². Darüber hinaus gibt es werkseitig beschichtete BOARDs mit einer Abmessung von 1200 x 600 mm². Bei der Beschichtung kommen Papier, Kunststoff oder Metallfolien je nach Anforderung zum Einsatz. (Scholz, Hiese 2003). Die produktspezifische Rohdichte liegt bei 100 bis 155 kg/m³.

*Alternativmaterialien*
Polystyrol-Hartschaum (EPS/XPS), Polyurethan-Hartschaum (PUR/PIR), Keramikschaum

## GLA 4.7
### Glasfasern

Glasfasern sind dünne Fäden, die beim Auseinanderziehen von geschmolzenem Glas entstehen. Das Herstellungsprinzip ist schon lange bekannt. Im 19. Jahrhundert wurden bereits gelockte Glasfäden unter dem Begriff »Engelshaar« für die Weihnachtsdekoration genutzt. Heute haben Glasfasern eine große Bedeutung erlangt und werden zur Verstärkung von Kunststoffen und mineralischen Werkstoffen wie Beton beigemischt. Ein weiterer großer Verwendungsbereich ist die Licht- und Datenleitung.

*Eigenschaften*
Endliche Glasfasern mit guten isolierenden Eigenschaften entstehen unter Einwirkung von Fliehkräften im Schleuderverfahren mittels rotierender Scheiben oder im Düsenblasverfahren. Endlose Glasfasern werden durch Schleuderziehen direkt aus der Schmelze erzeugt und mit hoher Geschwindigkeit auf Trommeln gewickelt.

Glasfaserkabel sind flexible Hohlleiter, die nahezu vollständig aus Siliziumdioxid (Quarz) bestehen und einen Durchmesser von wenigen hundertstel Millimetern aufweisen. Die hochtransparente Faser ist mit einem Glas niedriger Lichtbrechung ummantelt. Lichtstrahlen werden durch Reflexion an den Grenzschichten der beiden Gläser kanalisiert und verlustfrei auch um Ecken herum übertragen. Der niedrige Brechungsindex im Glasmantel verhindert, dass Lichtstrahlen ausstrahlen und sich nebeneinander liegende Glasfaserkabel gegenseitig beeinflussen. Zur Weiterleitung digitaler Informationen werden elektrische Signalimpulse in Lichtwellen umgewandelt. Ist ein Lichtstrahl geschaltet, nimmt er den Wert »1« ein, bei fehlendem Licht wird eine »0« übertragen. Das Empfängergerät kann die digitalen Informationen lesen, sie in elektrische Impulse rückführen und somit die Aussendung von visuellen und auditiven Informationen ermöglichen (Eberlein 2003).

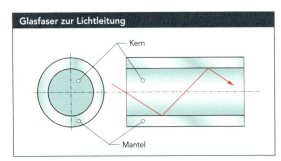

Abb. 29: nach [19]

*Verwendung*
Typische Verwendungsgebiete für Glasfasern sind Kabel zur Datenübertragung (Computer, Telefon) und flexible Leitungen für einen kontrollierten Lichttransport auch in schwer zugängliche Räume. Die besonderen optischen Effekte gehen nach Bestrahlung der Faserenden mit Leuchtdioden auf die Leitung von Lichtstrahlung innerhalb der Faser zurück. Das Licht tritt an Bruchstellen und Faserenden nach außen. Stoffe und Textilien werden zum Leuchten gebracht. In der Medizin werden Lichtleitfasern zur Ausleuchtung und Fotografie innerer Organe genutzt. Im Automobilbereich kann das Motorinnere mit Glasfaserkabeln auf Fehler untersucht werden.

Bild: Glasfasergewebe.

In Form von Vliesstoffen und Geweben dienen Glasfasern im textilen Bereich zur Wärme- und Schalldämmung. Ein weiteres klassisches Anwendungsgebiet ist die Verstärkung von Bauteilen aus Kunststoffen ↗ KUN 1.6. Beispiele hierfür sind Bootsrümpfe, Segelflugzeuge, Sportpfeile oder Kfz-Karosserieteile. Isolierglasfasern werden im Baugewerbe verbaut, Gewebe zum Feuerschutz in Tapeten und Vorhänge eingebracht. Zur Erhöhung der Festigkeit, Bruchdehnung und Schlagzähigkeit von Baumaterial für den Fassadenbau wird glasfaserbewehrtem Beton ↗ MIN 4.8, MIN 6.1 ein Glasfaseranteil von 5% beigemischt. Gewebe und Vliese werden auch als Trägermaterial für Dichtungsbahnen beim Bau von Dächern verwendet. Außerdem kommen Glasfasern als Filtermaterial in der chemischen Industrie zur Anwendung.

*Alternativmaterialien*
Kohlenstoff-, Aramid- oder Naturfasern zur Verstärkung von Kunststoffen

## GLA 5
### Eigenschaftsprofile wichtiger Glaswerkstoffe

| Einige Glaswerkstoffe in der Übersicht | | |
|---|---|---|
| Glas | Eigenschaften | Verwendung |
| Kalknatronglas | gute mechanische Eigenschaften, porenfreie und glatte Oberflächen, gute Lichtdurchlässigkeit, hohe chemische Resistenz gegen Flüssigkeiten und leichte Säuren, niedrige Temperaturwechselbeständigkeit, geringer Lichtbrechungsindex | Flaschen, Trinkgläser, Flachgläser, Fensterscheiben, Spiegelflächen, Glühbirnen, Scheinwerfergläser, Brillengläser, Glasbausteine |
| Borosilikatglas | hohe chemische Resistenz und Hitzebeständigkeit, geringe Wärmedehnung, gute Temperaturwechselbeständigkeit, stoßfest, maximale Einsatztemperatur liegt bei etwa 500°C, einfach zu verarbeiten | Kunsthandwerk, feuerfestes Glas, Backformen, Bratpfannen, Glasteekannen, Reagenzgläser, Kolben, Glasrohrleitungen, Thermometer, Glühbirnen |
| Bleiglas | leicht schmelzbar, im Vergleich zu anderen Glaswerkstoffen hohe Dichte und Gewicht, sehr gute elektrisch isolierende Eigenschaften, gute optische Qualität, lässt sich gut schleifen | wertvolle Luxusartikel (Trinkgläser, Karaffen, Schalen, Vasen, Kerzenständer), Strahlenschutzgläser, Strass (Edelsteinersatz) in der Schmuckherstellung |
| Kieselglas (Quarzglas) | hochbelastbar, sehr hoher Schmelzpunkt, sehr hitzebeständig (bis 900°C einsetzbar), extrem druckfest, geringe Wärmedehnung, gute chemische Resistenz | Ofenfenster, Laborgeräte und chemische Apparaturen, optische Gläser für Laseranwendungen |
| Glaskeramik | geringe Wärmedehnung, hohe Temperaturwechselbeständigkeit, feuerfest, extrem Hart, kratzfest, hoch belastbar und verschleißfest | Kochfelder, Sichtfenster für Kamine und Öfen, Kochgeschirr, Außenverkleidung von Raumfahrzeugen |
| Obsidian (Naturglas) | hohe Härte, besondere optische Qualitäten, vielfältige Erscheinungsformen | in der Jungsteinzeit und frühen Antike für Messerklingen und Beile, Schmuck- und Kunstartikel, Obsidianklingen (Augenmedizin und Schönheitschirurgie) |

Abb. 30

| Kenngrößen von Glas im Vergleich zu anderen Baustoffen | | | |
|---|---|---|---|
| Glas | Dichte $\rho$ (kg/dm$^3$) | E-Modul $E$ (N/mm$^2$) | Längenausdehnungskoeffizient 0…100°C $\alpha_1$ (1/°C oder 1/K)·10$^{-6}$ |
| Kalknatronglas | 2,5 | 70000 | 9 |
| Stahl | 7,9 | 210000 | 12 |
| Aluminium | 2,5 | 70000 | 23 |
| Beton | 2,5 | 20000…40000 | 10…12 |

Abb. 31: nach [1]

# Kapitel GLA
*Gläser*

*Sinterglas*

VitraPOR ist ein poröses Sinterglas aus Borosilikatglas ↗ GLA 3.2. Es zeichnet sich durch hohe Offenporigkeit, gute Temperaturwechselbeständigkeit und geringe Wärmeausdehnung aus. VitraPOR ist in vielen Formen und Größen von 5,0 mm bis über 400,0 mm in verschiedenen Körnungen erhältlich. Der Werkstoff wird überwiegend im medizinischen Bereich bei der Dialyse oder der Filtration verwendet./ Foto und Quelle: ROBU® Glasfilter Geräte

## GLA 6
### Besonderes und Neuheiten im Bereich der Gläser

### GLA 6.1
### Bioglas

Biogläser gehören zu den biokompatiblen Materialien, die für medizinische Anwendungen als Knochenersatz und Implantate genutzt werden.

*Eigenschaften*
Bereits 1968 entdeckten Wissenschaftler eine spezielle chemische Zusammensetzung, durch die Gläser eine Verbindung mit natürlichem Knochenmaterial eingehen können. Diese basiert auf den Komponenten $SiO_2$ (45%), $Na_2O$ (24,5%), CaO (24,5%) und $P_2O_5$ (6%). Gegenüber anderen biokompatiblen Materialien ist für Biogläser die rasche und direkte *Knochenanbindung* herauszustellen, die sogar noch schneller erfolgt als bei *Hydroxylapatit*. Allerdings weisen bioaktive Gläser nur geringe mechanische Festigkeiten auf, so dass sie für hoch belastete Implantate nicht in Frage kommen. Bioglas wird im Körper kontrolliert abgebaut. Es haftet auch an weichem Gewebe.

*Verwendung*
Bioaktive Gläser werden in der Regel als Knochenersatz für nicht belastete Bereiche des menschlichen Körpers verwendet. Anwendungen liegen beispielsweise in der Gesichtschirurgie (z.B. Knochenplatten) oder im dentalen Bereich (z.B. Zahnstifte). Besonders gute Eigenschaften weist Bioglas zur Behandlung empfindlicher Zähne auf. Auch kann der Werkstoff als *Knochenfüllmaterial* genutzt werden. Die speziellen Mischungen zur Behebung von Knochendefekten sind resorbierbar und werden nach 10–30 Tagen über den Organismus abgeführt (Wintermantel, Ha 1998).

*Verarbeitung*
Die Produktion von Biogläsern erfolgt mit konventionellen Verfahren zur Glasherstellung. Wichtig ist die Erzeugung hochreiner Strukturen, in denen keine Verunreinigungen enthalten sein dürfen. Die Glasschmelze wird bei Temperaturen zwischen 1300°C und 1400°C durch einfaches Gießen oder über den Spritzguss in die gewünschte Form überführt. Abschließend werden die Formteile bei 450°C bis 500°C getempert.

*Alternativmaterialien*
Aluminiumoxid, Zirkonoxid, Hydroxylapatit, biokompatible Kunststoffe, Titan- oder Kobaltlegierungen

### GLA 6.2
### Dünngläser

In den heutigen, nach Mobilität strebenden Gesellschaften erhalten Gewicht und Größe elektronischer Geräte eine immer größere Bedeutung. Dem Trend zur Miniaturisierung kommt besonders die Schott AG mit Dünngläsern entgegen, die in Form von Displaygläsern auf dem Markt angeboten werden.

*Eigenschaften*
Dünnglas ist ein Werkstoff, der aus Borosilikatglas hergestellt wird und sich mit einer Minimaldicke von 0,03 mm wie Kunststofffolie biegen lässt. Je nach Eigenschaften der Ausgangsglasmischung sind Dünngläser chemikalien- und hitzebeständig. Displaygläser sind zudem kratzfest und weisen eine sehr gute optische Qualität und hohe Lichtdurchlässigkeit auf. Die gute Temperaturwechselbeständigkeit ist das Resultat der geringen Wärmeausdehnung. Diese wird in besonderem Maße vom Alkaligehalt in der Glasrezeptur beeinflusst.

*Verwendung*
Dünngläser werden überall dort eingesetzt, wo durch den Wunsch nach Mobilität ein steigendes Bedürfnis nach leichten und kleinformatigen, elektronischen Geräten besteht. Dies betrifft vor allem den Bereich der Telekommunikation. Aber auch für den Sektor des »mobile entertaining« ist die Bedeutung flacher Displaygläser in den letzten Jahren enorm gewachsen. Typische Anwendungen von Dünnglas sind PDA, Touchscreen, TV-Flachbildschirme, Mobiltelefone, Uhren, Spielzeug oder Sensoren für Messinstrumente.

*Bild: Dünngläser dienen als Abdeckung von LCD Bildschirmen.*

*Verarbeitung*
Zunächst in Form von Bändern produziert, wird Dünnglas im weiteren Herstellungsprozess zugeschnitten und in Rechteckformaten vertrieben. Der Zuschnitt ist durch konventionelles Glasschneiden auf einfache Weise möglich ⌕ GLA 2.2.1. Auch Beschichtungen lassen sich unkompliziert auf die sehr ebene Oberfläche von Dünngläsern aufbringen. Strukturen können durch Pulverstrahlen eingebracht werden.

Die Verwendung von Dünnglas als Touchscreen-Oberfläche kann auf ganz unterschiedliche Weise erfolgen. Bei einem weit verbreiteten Konstruktionsaufbau bildet eine dickwandige Glasscheibe die Unterlage zur Aufnahme einer elektrisch leitenden Gelschicht, auf der das Dünnglas aufliegt. Ein Fingerdruck auf das Displayglas wird als Impuls auf die unten liegenden Sensoren weitergeleitet.

## GLA 6.3
### Selbstreinigende Gläser

2002 brachte Pilkington das erste selbstreinigende Glas mit dem Markennamen Activ™ auf den Markt, das einer Verschmutzung entgegenwirkt und nur einen geringen Pflegeaufwand benötigt. Glas mit selbstreinigendem Effekt ist insbesondere für großflächige Glasfassaden von Bürogebäuden interessant, da es die Reinigungskosten erheblich reduziert.

*Eigenschaften*
Der selbstreinigende Effekt kann durch hydrophob, hydrophil oder photokatalytisch wirkende Oberflächenstrukturen erreicht werden.

*hydrophil:*
Durch Aufbringen einer dünnen Beschichtung (z.B. Titanoxid) wird die Oberflächenspannung herabgesetzt, so dass sich ein gleichmäßiger Wasserfilm über die gesamte Glasfläche ausbildet. Schmutzpartikel können einfach abgewaschen werden. Ungewünschte Kalkablagerung in Folge von Tropfenbildung wird vermieden.

*photokatalytisch:*
Die hydrophilen Glaseigenschaften können durch photokatalytische Wirkung verstärkt werden. Ultraviolette Strahlen führen zur Aufspaltung natürlicher Luftfeuchtigkeit ($H_2O$) zu $O_2$- und $OH+$ Ionen. Organische Ablagerungen werden zersetzt und können leicht abgelöst werden (Achilles et al. 2003).

*hydrophob:*
Hydrophobe Oberflächen funktionieren nach dem gegenteiligen Prinzip. Sie bewirken einen wasserabstoßenden Effekt und fördern Tropfenbildung sowie leichtes Abperlen der Flüssigkeit von der Glasfläche. Dabei werden Schmutzpartikel mittransportiert. Hydrophobe Eigenschaften werden entweder durch Aufbringen einer dünnen organischen Beschichtung (z.B. Silane – Verbindung aus Silizium und Wasserstoff) oder durch Erzeugung einer Mikrostrukturierung hervorgerufen. In der Natur ist der hydrophobe Selbstreinigungseffekt von der *Lotus-Blume* bekannt. Neben Glas lassen sich auch andere Materialien wie Keramiken KER und Metalle mit wasserabstoßenden Oberflächen versehen.

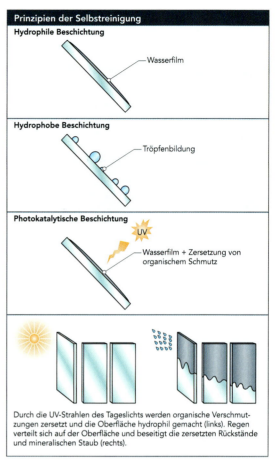

Durch die UV-Strahlen des Tageslichts werden organische Verschmutzungen zersetzt und die Oberfläche hydrophil gemacht (links). Regen verteilt sich auf der Oberfläche und beseitigt die zersetzten Rückstände und mineralischen Staub (rechts).

Abb. 30

*Verwendung*
Die Verwendung selbstreinigenden Glases ist im Prinzip für alle Außenanwendungen denkbar. Insbesondere hat der Effekt bei Duschkabinen, Glasfassaden hoher Gebäude, Wintergärten und Glasdächern einen enorm positiven Gebrauchsnutzen. Da hydrophile Oberflächen nicht verträglich sind mit Silikonen, sollten silikonfreie Dichtmassen (z.B. MS-Polymere) beim Einbau Verwendung finden. Auch die Anwendung von Dichtprofilen ist denkbar. Der selbstreinigende Effekt ist mit Eigenschaften zum Sonnen-, Wärme- und Schallschutz in Verbund- und Isoliergläsern kombinierbar.

*Handelsformen*
Pilkington erzeugt die selbstreinigenden Eigenschaften des Glases Activ™ durch eine sehr dünne Beschichtung (50 Nanometer) aus Titanoxid mit hydrophilen und photokatalytischen Eigenschaften. Das Glas ist in Dicken von 3, 4, 6, 8 und 10 mm erhältlich. Isolierglas auf Basis von Activ™ mit einem Scheibenzwischenraum von 16 mm und einer Argon-Edelgasfüllung hat einen U-Wert von 1,1 W/m²K und eine Lichtdurchlässigkeit von 74%.

## GLA 6.3
## Intelligente Gläser

In den letzten Jahren wurden zahlreiche Entwicklungen im Bereich intelligenter Gläser bekannt. Die Verwendung von Flüssigkristallfolien oder Nanobeschichtungen wird in Zukunft Glasscheiben mit blickdichten oder Infrarotstrahlen abhaltenden Eigenschaften ermöglichen.

### Intelligentes Glas zur Temperaturstabilisierung

2004 ist es britischen Wissenschaftlern gelungen, eine etwa 100 Nanometer dicke Glasbeschichtung zu entwickeln, die im Sommer Innenräume gegen wärmende Infrarotstrahlung abschirmt, im Winter aber durchlässig für diese ist. Grund für die temperaturstabilisierende Wirkung ist Vanadiumdioxid, das bis zu einer Temperatur von 70°C als Halbleiter wirkt und keine Barriere für Sonnenstrahlung darstellt. Höhere Temperaturen führen zu einer Umorientierung der Elektronen mit der gewünschten abstrahlenden Wirkung für Infrarotstrahlung. Durch Zugabe von Wolfram konnten die Wissenschaftler die Reaktionstemperatur auf 29°C senken, was einer realistischen Umgebungstemperatur in den Sommermonaten entspricht. Bis 2008 wird an der Marktfähigkeit des Produkts gearbeitet. Durch die Zugabe von Titanoxid verspricht man sich größere Zusammenhaltskräfte zwischen Beschichtung und Glasscheibe. Darüber hinaus wird an der Verminderung des materialtypischen Gelbstichs gearbeitet.

Durch Verwendung thermotroper Beschichtungen werden ähnliche Eigenschaften erwartet. Die Schichten bestehen aus zwei Materialien mit unterschiedlichem Brechungsindex (z.B. Polymerblend aus zwei unterschiedlichen Kunststoffen KUN 4.1.13), die bei steigenden Temperaturen in einen opaken und Licht streuenden Zustand übergehen. Die Zustandsveränderung ist dabei reversibel (Kaltenbach 2003).

### Verbundglas mit Sichtsteuerung

Eine besondere Form der Intelligenz weisen Verbundgläser auf, bei denen zwischen die beiden Glasscheiben eine Flüssigkristallfolie eingebracht wird. Das Anlegen einer äußeren Spannung bewirkt eine Ausrichtung der Kristalle, wodurch das Glas klar und durchsichtig erscheint. Wird der Stromfluss unterbrochen, geht die Orientierung der Kristallstruktur verloren. Auf die Scheibe gerichtete Lichtstrahlen werden diffus gestreut. Das Verbundglas ist nun für Blicke undurchsichtig und wirkt reflektierend auf Sonnenstrahlung.

### Verwendung

Verbundgläser mit eingebrachter Flüssigkristallfolie werden als Raumteiler und Trennwände genutzt. Typische Anwendungsgebiete sind beispielsweise Toilettenkabinen. Beim Betreten der Kabine wirkt die Glasscheibe zunächst klar und ist somit durchsichtig. Schließt man ab, wird die Stromzufuhr unterbrochen und die Tür erhält die gewünschte undurchsichtige Eigenschaft. Auch die Führerkabine des ICE 3 ist mit dem beschriebenen Verbundglas vom ersten Abteil getrennt. Bei normaler Fahrt des Hochgeschwindigkeitszuges gestattet das Glas dem Passagier die Sicht nach vorn. Auf Bedarf kann der Zugführer diese Trennwand für Blicke undurchsichtig einstellen.

Bild: Reisende in der Lounge im ICE T (1. Klasse) können dem Triebfahrzeugführer über die Schulter auf die Strecke schauen.

Bild: Bei Bedarf kann die Trennwand blickdicht gemacht werden./ Fotos: Mann, DB AG

### Handelsformen

Flüssigkeitskristallfolien sind in Formaten von maximal 100 x 280 mm² erhältlich und können problemlos von -40°C bis +40°C verwendet werden. LC-Displays werden bereits für Informationstafeln auf dem Markt vertrieben.

## GLA
### Literatur

[1] Achilles, A.; Braun, J.; Seger, P.; Stark, T.; Volz, T.: Glasklar – Produkte und Technologien zum Einsatz von Glas in der Architektur. München: Deutsche Verlags-Anstalt, 2003.

[2] Bargel, H.-J.; Schulze, G.: Werkstoffkunde. Berlin, Heidelberg: Springer Verlag, 2004.

[3] Beylerian, G.M.; Dent, A.: Material ConneXion - Innovative Materialien für Architekten, Künstler und Designer. München, Berlin: Prestel Verlag, 2005.

[4] Compagno, A.: Intelligente Glasfassaden. Basel: Birkhäuser Verlag, 2002.

[5] Eberlein, D.: Lichtwellenleiter-Technik. Dresden: Expert Verlag, 2003.

[6] Eberle, B.: Faszination Glas. Bern, Stuttgart: Verlag Paul Haupt, 3. Auflage, 2005.

[7] Ebert, H.; Heuser, F.: Anleitung zum Glasblasen. Herausgeber Baetz, Survival Press, 2001.

[8] Kaltenbach, F.: Transluzente Materialien – Glas, Kunststoff, Metall. München: Edition Detail, 2003.

[9] Lange, J.: Rohstoffe der Glasindustrie. Stuttgart: Deutscher Verlag für Grundstoffindustrie, 3. Auflage, 1993.

[10] Lefteri, C.: Glas – Material, Herstellung, Produkte. Ludwigsburg: avedition, 2002.

[11] Merkel, M.; Thomas, K.-H.: Taschenbuch der Werkstoffe. München, Wien: Fachbuchverlag Leipzig im Carl Hanser Verlag, 2003.

[12] Nijsse, R.: Tragendes Glas. Basel: Birkhäuser Verlag, 2003.

[13] Nölle, G.: Technik der Glasherstellung. Stuttgart: Deutscher Verlag für Grundstoffindustrie, 3. Auflage, 1997.

[14] Petzold, A.; Marusch, H.; Schramm, B.: Der Baustoff Glas. Berlin: Verlag für Bauwesen, 1990.

[15] Petzold, A.; Pöschmann, H.: Email und Emailliertechnik. Stuttgart: Deutscher Verlag für Grundstoffindustrie, 2. Auflage, 1992.

[16] Pfaender, H.G.: Schott – Glaslexikon. Landsberg am Lech: mvg - Moderne Verlagsgesellschaft mbH, 5. Auflage, 1997.

[17] Renno, D.; Hübscher, M.: Glas Werkstoffkunde. Stuttgart: Deutscher Verlag für Grundstoffindustrie, 2000.

[18] Schäffler, H.: Baustoffkunde. Würzburg: Vogel Buchverlag, 8. Auflage, 2000.

[19] Scholz, W.; Hiese, W.: Baustoffkenntnis. München: Werner Verlag, 15. Auflage, 2003.

[20] Scholze, H.: Glas, Natur, Struktur und Eigenschaften. Berlin, Heidelberg: Springer Verlag, 3. Auflage, 1988.

[21] Seiz, R.: Glaserfachbuch – Fachkunde, Fachzeichnen, Fachrechnen. Schorndorf: Hofmann Verlag, 5. Auflage, 1994.

[22] Vogel, W.: Glasfehler. Berlin, Heidelberg: Springer Verlag, 1993.

[23] Wendehorst, R.: Baustoffkunde. Hannover: Curt R. Vincentz Verlag, 26. Auflage, 2004.

[24] Wintermantel, E.; Ha, S.-W.: Biokompatible Werkstoffe und Bauweisen. Berlin, Heidelberg: Springer Verlag, 1998.

[25] Wörner, J.-D.; Schneider, J.; Funk, A.: Glasbau – Grundlagen, Berechnung, Konstruktion. Berlin, Heidelberg: Springer Verlag, 2001.

### Literatur aus dem Internet:

[26] Berliner Glas KGaA Herbert Kubatz GmbH & Co (www.berlinerglas.de) Datenblatt Kantenbearbeitung »produkte_techgläser_kantenbearbeitung.pdf«

Bild: Teppich »Lupa« aus Wolle. / Foto: JAB Teppiche Heinz Anstoetz KG

## TEX
## TEXTILIEN

*Abendkleid, Airbag, Agrartextilie, Angelschnur, Anzug, Arbeitskittel, Autoreifen, Autositz, Babysitz, Badeanzug, Badetuch, Banknote, Bastmatte, Bautextilien, Begrünungsmatte, Betonbewehrung, Bettwäsche, Billardtischbelag, Binde, Blaumann, Blazer, Bluse, Böschungssicherung, Boxershort, Brillenetui, Brustbeutel, Bügelbrettbespannung, Bürstenhaar, Büstenhalter, Cordhose, Dachbegrünung, Damenbinde, Dammbefestigung, Dämmstoff, Dartscheibe, Daunenjacke, Dessous, Dichtung, Drache, Drainagematte, Dudelsack, Einlage, Erosionsschutz, Fahrradrahmen, Fallschirm, Fechtanzug, Feinripp, Fensterleder, Filter, Filz, Fleecejacke, Förderband, Frottier, Funktionstextilie, Fußmatte, Futterstoff, Gardine, Garn, Gartenmöbel, Gartenschlauch, Geotextilie, Gepäcknetz, Gewebe, Gitarrensaite, Gleitschirm, Golfschläger, Gürtel, Handschuh, Handtuch, Handytasche, Hängematte, Haube, Heißluftballon, Heiztextilie, Hemd, Hose, Hut, Isoliermaterial, Jacke, Jeans, Jogginghose, Kaffeefilter, Kajak, Kappe, Kapuzenpullover, Kartoffelsack, Kissen, Kittel, Kleid, Kletterseil, Knieschoner, Koffer, Kopfstütze, Kordel, Kosmetiktasche, Kostüm, Krawatte, Kunstherz, Kupplungsbelag, Mantel, Matratze, Membranarchitektur, Miederware, Minirock, Mütze, Nachthemd, Laufschuh, Leder, Leichtbaudach, Leinwand, Oberbekleidung, Ölschutzmatte, Palazzohose, Pantoffel, Parka, Patchwork, Pflanzenträger, Pflanztopf, Pflaster, Pilotenanzug, Pinsel, Polster, Poncho, Portemonnaie, Protektor, Prothese, Pullover, Radlerhose, Raumanzug, Regenmantel, Regenschirmbespannung, Rennanzug, Riemen, Rindentuch, Rock, Rollrasen, Rotorblatt, Rucksack, Sakko, Samt, Sandale, Schal, Schienbeinschoner, Schlafsack, Schmuck, Schnur, Schuh, Schulranzen, Schutzbekleidung, Schutzhelm, Schutzwand, Schweißband, Schwimmhose, Segel, Segelboot, Seidenmalerei, Seil, Serviette, Sessel, Sicherheitsgurt, Sicherheitsschuh, Silbertuch, Sitzbezug, Skihose, Snowboard, Socke, Sofa, Sonnenschutzrollo, Spitze, Staubsaugerbeutel, Steppbett, Stirnband, Stoßfänger, Strandtuch, Strickjacke, Strumpf, Surfbrett, Sweatshirt, T-Shirt, Tagesdecke, Tampon, Tank, Taschentuch, Tennissaite, Teppich, Textilimplantat, Textillaminat, Tischdecke, Top, Trainingsanzug, Trikot, Tuch, Tüll, Türverkleidung, Turnschuh, Umhang, Umhängetasche, Umstandsmode, Uniform, Unterrock, Unterwäsche, Verband, Vlies, Vorhang, Wandteppich, Wäscheleine, Watte, Wendedecke, Weste, Windel, Windrad, Wrack, Wundauflage, Zelt, Zwirn*

## Kapitel TEX
### Textilien

*Für die einen ist sie die neue »Staatsoper Bayerns«. Die anderen bezeichnen sie auf Grund der anmutenden Futuristik der Wabenstruktur ehrfürchtig als »Ufo aus Stahl und Gewebe«. Gemeint ist der neue Fußballtempel »Allianz-Arena«, der im Mai 2005 im Münchner Stadtteil Fröttmaning feierlich eröffnet wurde. Die Arena besteht aus einer filigranen Stahlkonstruktion mit einer Textilhülle aus 2784 rautenförmigen Polymerkissen. In die Fassade ist ein Lichtsystem eingebracht, das das Stadion in die jeweiligen Vereinsfarben der Heimmannschaft erstrahlen lässt, also Rot für den FC Bayern München und Blau für den TSV 1860 München. Die Polymerkissen sind aus zwei 0,2 mm dicken, beschichteten ETFE-Foliengeweben aufgebaut, die durch Überdruck in der Kissenform gehalten werden. ETFE (Ethylen-Tetrafluorethylen) ist ein fluorhaltiger, sehr stabiler Kunststoff mit besonders witterungsbeständigen und schwer entflammbaren Eigenschaften. Auf diese Weise werden die maximal 66000 Zuschauer vor Regen, Schnee und Wind geschützt. Die Membrankonstruktion mit einer Lichtdurchlässigkeit von etwa 90% wurde von der Covertex GmbH aus dem Chiemgau entwickelt, das Stadion von den Architekten Jacques Herzog und Pierre de Meuron geplant.*

Das Beispiel zeigt, dass synthetische Fasern aus Polyvinylchlorid ↗TEX 4.4.7, Polyester ↗TEX 4.4.3 oder Aramiden ↗TEX 4.4.2 und mineralische Faserwerkstoffe auf der Basis von Kohlenstoff oder Glas ↗TEX 4.5 eine wachsende Bedeutung in technischen Bereichen erlangen. Neben der Architektur werden sie im Sicherheits- und Sportbereich eingesetzt. Der moderne Automobil- und Flugzeugbau wäre ohne textile Werkstoffe undenkbar. Und auch aus dem Bereich medizinischer und hygienischer Produkte ↗TEX 6.5 sind Textilien nicht mehr wegzudenken.

Bild: Textilhülle aus 2784 rautenförmigen Polymerkissen, Allianz-Arena in München./ Materialhersteller: covertex/ Fotograf: B. Ducke

Bild: Moderner Synthetik Store./ Foto: JAB Josef Anstoetz KG

Bild: Lichtsystem lässt die jeweiligen Vereinsfarben der Heimmannschaft erstrahlen, Allianz-Arena in München./ Materialhersteller: covertex/ Fotograf: B. Ducke

Ist eine steigende Bedeutung von Textilfasern im technischen Bereich zu erkennen, so nimmt deren traditionelle Bedeutung für die Bekleidungsindustrie in Europa durch die Konkurrenz aus Asien stetig ab. Prognosen gehen davon aus, dass sich das Leistungspotenzial der westlichen Textilindustrie zu Anwendungen mit einer größeren Funktionalität verlagern wird. Dies kann beispielsweise durch Verknüpfung von textilen Werkstoffen mit elektrischen Elementen geschehen. Begriffe wie »Intelligente Textilien« oder »smart texiles« kursieren als Schlagwörter seit einigen Jahren in der Branche. Die Entwicklung elektrisch leitender Polymerfasern macht einen Datentransfer in Kleidung möglich. Wärmende und leuchtende Outdoor-Jacken werden ebenso in der nahen Zukunft zu unserem Alltag gehören wie der in den Pullover integrierte MP3-Player.

| Einteilung textiler Faserstoffe / Naturfasern ||| 
|---|---|---|
| **Hauptgruppe** Untergruppe | Fasername bzw. Gattungsname | Kurzzeichen |
| **Pflanzliche Fasern (Zellulose)** |||
| Samenfasern | Baumwolle<br>Kapok | CO<br>KP |
| Bastfasern | Leinen (Flachs)<br>Hanf<br>Jute<br>Ramie | LI<br>HA<br>JU<br>RA |
| Hartfasern | Sisal<br>Manila (Abacá)<br>Kokos | SI<br>AB<br>CC |
| **Tierische Fasern (Eiweiß)** |||
| Wolle | Wolle<br>Schurwolle | WO<br>WV |
| Feine Tierhaare | Alpaka<br>Lama<br>Vikunja<br>Guanako<br>Kamel<br>Kanin<br>Angora<br>Mohair<br>Kaschmir<br>Kaschgora<br>Yak | WP<br>WL<br>WG<br>WU<br>WK<br>WN<br>WA<br>WM<br>WS<br>WSA<br>WY |
| Grobe Tierhaare | Rinderhaar<br>Rosshaar<br>Ziegenhaar | HR<br>HS<br>HZ |
| Seiden | Seide (Maulbeerseide)<br>Tussahseide | SE<br>ST |
| **Mineralische Fasern** |||
| Gesteinsfasern | Asbest (krebserzeugend) | AS |

*Abb. 1: nach [5]*

| Einteilung textiler Faserstoffe / Chemiefasern ||| 
|---|---|---|
| **Hauptgruppe** Untergruppe | Fasername bzw. Gattungsname | Kurzzeichen |
| **Chemiefasern aus natürlichen Polymeren** |||
| Zellulosische Chemiefasern | Viskose<br>Modal<br>Lyocell<br>Cupro<br>Acetat<br>Triacetat | CV<br>CMD<br>CLY<br>CUP<br>CA<br>CTA |
| Alginat | Alginat | ALG |
| Gummi | Gummi | LA |
| **Chemiefasern aus synthetischen Polymeren** |||
| Elasto | Elastan (Polyurethan)<br>Elastodien | EL<br>ED |
| Fluoro | Fluoro | PTFE |
| Polyacryl | Polyacryl<br>Modacryl | PAN<br>MAC |
| Polyamid | Polyamid<br>Aramid | PA<br>AR |
| Polychlorid | Polyvinylchlorid<br>Polyvinylindenchlorid | CLF<br>CLF |
| Polyester | Polyester | PES |
| Polyolefin | Polyethylen<br>Polypropylen | PE<br>PP |
| Polyvinylalkohol | Polyvinylalkohol | PVAL |
| **Chemiefasern aus anorganischen Stoffen** |||
| Glas<br>Kohlenstoff<br>Metall | Glas<br>Kohlenstoff<br>Metall | GF<br>CF<br>MTF |

*Abb. 2: nach [5]*

# TEX 1
## Charakteristika und Materialeigenschaften

### TEX 1.1
### Einteilung textiler Werkstoffe

Produkte des Textilgewerbes und deren Eigenschaften basieren auf Fasern. Im Allgemeinen wird zwischen Natur- und Chemiefasern unterschieden (Schnegelsberg 1999):

*Naturfasern* können pflanzlichen, tierischen und mineralischen Ursprungs sein. Baumwolle und Leinen sind die wichtigsten pflanzlichen Fasern. Kokos-, Flachs- und Hanffasern erlangen unter Umweltaspekten als nachwachsende Werkstoffe in der Zukunft eine immer größere Bedeutung. Neben der Verwendung im textilen Kontext wird auch der Gebrauch im Verbund mit Kunststoffen (KUN 1.6, VER 1 zu Kunststoffen und Composites) angestrebt. Wolle, edle Seide oder feine Tierhaare wie Mohair, Angora oder Kaschmir gehören zu den wichtigen tierischen Fasern für die Bekleidungsindustrie. Die einzige mineralische Faser, die direkt aus den Natur gewonnen wird, ist das Asbest. Wegen gesundheitsbedenklicher und krebserregender Wirkung wird auf die Verwendung aber weitestgehend verzichtet.

Durch Entwicklung chemischer Fasern auf der Basis natürlicher und synthetischer Polymere konnte die steigende Nachfrage nach preiswerten Textilien ab der Mitte des 20. Jahrhunderts gedeckt werden. Die Bedeutung natürlichen Fasermaterials insbesondere der Marktanteil von Baumwolle bei Bekleidung ging mit dem Aufkommen synthetischer Fasern wie den Polyestergarnen in den 70er Jahren auf ein Drittel zurück. Seit den 90er Jahren ist aber wieder ein Trend zu natürlichen Stoffen auszumachen. Während Zellulosefasern aus Holz- oder Baumwollfasern als Lieferant eines natürlichen Ausgangsrohstoffes zurückgehen, sind synthetische Fasern heute Resultat einer künstlichen Polymerbildung durch Polymerisation, Polykondensation und Polyaddition (KUN 1.1). Zu den *Chemiefasern* zählen auch Glas-, Keramik- und Metallfasern (TEX 4.5). Diese haben insbesondere für technische Textilien eine große Bedeutung.

*Bild: Kappe aus Cordsamt.*

## TEX 1.2
### Eigenschaften textiler Werkstoffe

Die Eigenschaften textiler Fasern sind eng mit den zur Herstellung verwendeten Ausgangsmaterialien verbunden. Allgemein gültige Aussagen zu Textilien können daher nicht getroffen werden. Es sind nur vergleichende Charakterisierungen möglich. Hierzu wurde eine Reihe von Kennzahlen entwickelt.

Wichtige Kenngrößen sind *Faserlänge*, *Faserfeinheit* und *Faserdichte*. Darüber hinaus werden zur Prüfung der Tauglichkeit des Faserwerkstoffs für einen bestimmten Anwendungsfall Aussagen zu Festigkeit (Reiß- und Scheuerfestigkeit), Dehnung und Elastizität herangezogen. Für die Bekleidungsindustrie sind die biologische und chemische Beständigkeit sowie die Neigung zur Aufnahme von Feuchtigkeit von Bedeutung. Außerdem ist für die Verarbeitung zu Garnen die *Kräuselung* relevant. Die Auslegung technischer Textilprodukte setzt die Kenntnis von Elastizitätsmodul und Schmelzpunkt voraus.

**Faserstruktur**
Aufbau und innere Struktur von Fasern

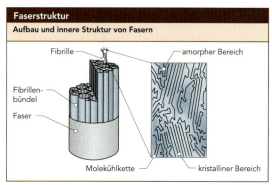

Abb. 3: nach [5]

**Strukturen synthetischer Fasern**

| Faser mit rundem Querschnitt | Faser mit Mattierung | Faser mit tribonalem Querschnitt |
|---|---|---|
| | Der Glanz wird gemildert. Verschmutzungen werden bis zu einem gewissen Grad kaschiert. | Diese Faserform verbessert das Aussehen und kaschiert den Schmutz (z.B. bei Teppichen) bis zu einem gewissen Grad. |

**Faser mit quadratischem Querschnitt**
Die Faser mit quadratischem Querschnitt, abgerundeten Ecken und vier Hohlräumen bietet besonders für Teppichböden Pflegeleichtigkeit und hohe Verschleißfestigkeit und ist damit besonders für den Einsatz im Objektbereich geeignet.

Als 4-Loch-Hohlfaser mit rundem Querschnitt, bei hohem Lufteinschluss und hervorragender Federkraft und Haltbarkeit kommt sie als Füllfaser für Kissen, Steppdecken, Schlafsäcke, Matratzen und Möbel zum Einsatz.

Abb. 4

Die *Faserfeinheit* meint die auf eine Längeneinheit bezogene Masse. Die Einheit *Tex* (tex) gibt die Fasermasse in Gramm (g) bezogen auf eine Faserlänge von einem Kilometer (km) an. Bei der Maßeinheit *Decitex* (dtex) beträgt die Bezugsfaserlänge zehn Kilometer. Textile Faserwerkstoffe werden hinsichtlich ihrer Faserfeinheit in Grob-, Fein- und Feinstfasern unterteilt. Je kleiner der Wert der Faserfeinheit ausfällt, desto weicher fühlt sich das textile Material an.

**Faserfeinheit einiger Faserwerkstoffe**

| Faserstoff | Feinheitsbereich in dtex | Mikrofasern | Feinstfasern, Feinfasern | Grobfasern |
|---|---|---|---|---|
| | | | Faserfeinheit in dtex* | |
| | | | 1  3  5  7 / 2  4  6 | 9  11  13  15  17  19 / 8  10  12  14  16  18 |
| Baumwolle | 1...4 | | | |
| Leinen | 10...40 | | | |
| Wolle, Haare | 2...50 | | | |
| Seide | 1...4 | | | |
| Viskose, Modal | 1...22 | | | |
| Acetat | 2...10 | | | |
| Polyester | 0,6...44 | | | |
| Polyamid | 0,8...22 | | | |
| Polyacryl | 0,6...25 | | | |
| Polypropylen | 1,5...40 | | | |
| Elastan | 20...5000 | | | |

Vergrößerung 250-fach

*) dtex = die Fasermasse (Garnmasse) in Gramm, bezogen auf eine Faserlänge (Garnlänge) von 10 km
tex = die Fasermasse (Garnmasse) in Gramm, bezogen auf eine Faserlänge (Garnlänge) von 1 km

Abb. 5: nach [4, 5]

*Mirkofasern* unterschreiten die Kenngröße bei einem Wert von 1 dtex. Hochdichte Gewebe können unter Verwendung synthetischer Mikrofasern hergestellt werden. Diese sind durchlässig für Gase und weisen wasserabweisende Eigenschaften auf. Sie eignen sich daher besonders für Outdoor- und Regenschutzbekleidung. Durch Einstellung des Faserquerschnitts können synthetische Fasern mit besonderen Charakteristika produziert werden. Es entstehen Fasern, die sich durch schmutzabweisende Eigenschaften für Teppichböden oder durch eingeschlossene Lufträume als Füllfasern für Schlafsäcke, Matratzen oder Decken eignen.

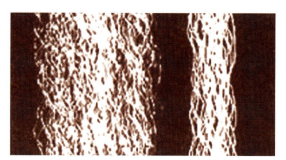

Bild: Mikro-Filamentgarn mit einer Faserfeinheit von 0,6 dtex im Vergleich zu einem Standardgarn mit 3 dtex (rechts)./
Foto: Akzo Nobel Faser AG, SB Arnheim, NL

Natürliche und synthetische Faserwerkstoffe unterscheiden sich vor allem hinsichtlich ihrer biologischen Beständigkeit. Während natürliche und auf Zellulose basierende Fasern zu Fäulnis und Verrottung neigen, kann dies bei synthetischen Chemiefasern ausgeschlossen werden.

Die Dehnbarkeit und Elastizität eines Faserwerkstoffs lassen Aussagen zum Tragekomfort eines aus dem Material hergestellten Kleidungsstücks zu. Außerdem kann die Neigung zum Knittern, also die Notwendigkeit zum Bügeln, abgelesen werden. Die Kenntnis der Kenngrößen Faserdehnung, Festigkeit und chemische sowie mechanische Resistenz ist für die Konzeption und Auslegung technischer Textilprodukte von entscheidender Bedeutung.

Auf Basis der Neigung und Fähigkeit zur Aufnahme und zum Transport von Feuchtigkeit wird die Einsatztauglichkeit von Faserwerkstoffen für Sport- und Arbeitsbekleidung bewertet. Hierbei ist besonders wichtig, dass Schweiß schnell von der Innen- zur Außenseite transportiert werden kann. Hingegen ist für Regenbekleidung ein gegenteiliger Effekt in der anderen Richtung von Bedeutung. Die Eigenschaft zur Aufnahme von Flüssigkeiten wird im Hygienebereich ↗ TEX 6.5 als sehr positiv bewertet.

## TEX 1.3
### Internationale Größentabellen für Bekleidungen

| Größentabelle für Bekleidung | | | | | | | | |
|---|---|---|---|---|---|---|---|---|
| **Herrenanzüge / Männeranzüge** | | | | | | | | |
| Deutsch | 42 | 44 | 46 | 46-47 | 48 | 50 | 50-52 | 52 | 54 |
| Amerik./Engl. | 34 | 35 | 36 | 37 | 38 | 39 | 40 | 41 | 42 |
| **Herrenhemden (Kragenweiten)** | | | | | | | | |
| Deutsch | 35-36 | 37 | 38 | 39 | 40 | 41 | 42 | 43 |
| Amerik./Engl. | 14 | 14 1/2 | 15 | 15 1/2 | 14 3/4 | 16 | 16 1/2 | 17 |
|  | XS | S | S | M | M | L | L | XL |
| **Herrensocken** | | | | | | | | |
| Deutsch | 39-40 | 40-41 | 42 | 42-43 | 43-44 | | | |
| Amerik./Engl. | 10 | 10 1/2 | 11 | 11 1/2 | 12 | | | |
| **Damenkleider / Blusen / Kostüme** | | | | | | | | |
| Deutsch | 42 | 44 | 46 | 48 | 50 | 52 | | |
| Amerikanisch | 34 | 36 | 38 | 40 | 42 | 44 | | |
| Englisch | 36 | 38 | 40 | 42 | 44 | 46 | | |
| **Damenstrümpfe** | | | | | | | | |
| Deutsch | 1 | 2 | 3 | 4 | 5 | 6 | | |
| Amerik./Engl. | 8 1/2 | 9 | 9 1/2 | 10 | 10 1/2 | 11 | | |
| **Schuhe** | | | | | | | | |
| Deut./Franz. | 35 | 36 | 37 | 38 | 39 | 40 | 41 | |
| Amerikanisch | 4 1/4 | 5 | 5 3/4 | 6 1/2 | 7 1/4 | 8 | 8 3/4 | |
| Englisch | 2 1/2 | 3 1/2 | 4 | 5 | 6 | 6 1/2 | 7 | |
| Deut./Franz. | 42 | 43 | 44 | 45 | 46 | 47 | | |
| Amerikanisch | 9 1/2 | 10 1/4 | 11 | 11 3/4 | 12 1/2 | 13 1/4 | | |
| Englisch | 8 | 9 | 9 1/2 | 10 1/2 | 11 | 12 | | |
| **Hüte** | | | | | | | | |
| Deutsch | 53 | 54 | 55 | 56 | 57 | 58 | 59 | 60 | 61 |
| Amerik./Engl. | 6 1/2 | 6 5/8 | 6 3/4 | 6 7/8 | 7 | 7 1/8 | 7 1/4 | 7 3/8 | 7 1/2 |

Abb. 6

links Abb. 7: nach [2, 5]

## TEX 1.4
### Textilpflegekennzeichnung

Die Angabe von Hinweisen zur Pflege von Textilien im Bekleidungssektor ist freiwillig. International hat sich ein Kennzeichensystem etabliert, das zwischen Waschen, Chloren, Bügeln, chemischer Reinigung und maschineller Trocknung unterscheidet.

| Internationale Textilkennzeichnung | |
|---|---|
| ⌂ | **WASCHEN** |
| 95 | **Kochwäsche / Normal** für Baumwolle, Leinen, kochecht gefärbt bzw. bedruckt |
| 95 | **Kochwäsche / Schonwaschgang** für mechanisch mildere Behandlung |
| 60 | **60°C-Buntwäsche / Normal** für Buntwäsche und Wäsche aus Baumwolle, Modal, Lyocell, Polyester sowie ihrer Mischungen |
| 60 | **60°C-Buntwäsche / Schonwaschgang** für mechanisch mildere Behandlung |
| 40 | **40°C-Buntwäsche / Normal** dunkelbunte Artikel aus Baumwolle und Polyester |
| 40 | **40°C-Feinwäsche / Schonwaschgang** für mechanisch mildere Behandlung, Feinwäsche aus Modal, Viskose, Lyocell, Polyacryl, Polyester, Polyamid |
| 40 | Feinwäsche aus Wolle filzfrei ausgerüstet |
| 30 | **30°C-Feinwäsche / Schonwaschgang** für mechanisch mildere Behandlung, nicht filzfrei ausgerüstete Wolle, Acetat |
| | **Handwäsche** nicht filzfrei ausgerüstete Wolle, Seide |
| | **Nicht waschen** sehr empfindliche Woll- und Seidenartikel |
| △ | **CHLOREN** |
| cl | Chlorbleiche ist möglich |
| | Chlorbleiche ist nicht möglich |
| | **BÜGELN** |
| ··· | **Heiß bügeln** Baumwolle, Leinen |
| ·· | **Mäßig heiß bügeln** Wolle, Seide, Polyester, Viskose |
| · | **Nicht heiß bügeln** Polyacryl, Polyamid, Acetat |
| | **Nicht bügeln** Polypropylen |
| ○ | **REINIGUNG / CHEMISCH** |
| A | **Möglich / auch Kiloreinigung** Verwendung üblicher Lösemittel ohne Einschränkung möglich |
| P | **Mit Vorbehalt möglich / auch Kiloreinigung** Perchlorethylen und Fluorkohlenwasserstoff – die gebräuchlichsten Reinigungsmittel für Normalfälle |
| P | **Keine Kiloreinigung** für mechanisch mildere Behandlung |
| F | **Keine Kiloreinigung** Fluorkohlenwasserstoff und Schwerbenzin, Verwendung bei empfindlichen Artikeln |
| F | |
| | Keine chemische Reinigung möglich |
| | **TUMBLERTROCKNUNG (Trockentrommel)** |
| ⊙⊙ | **Trocknen** Normale thermische Belastung |
| ⊙ | **Trocknen** Reduzierte thermische Belastung |
| | **Trocknen im Tumbler (Wäschetrockner) nicht möglich** |
| | Die Punkte kennzeichnen die Trocknungsstufe der Tumbler. |
| | Die Einteilung erfolgt etwa wie beim Waschen und Bügeln. Nicht trocknergeeignet sind Wolle, Seide, Polyacryl und einlaufempfindliche Maschenwaren ohne besondere Kennzeichnung. |

*Scheuerfestigkeit nach Martindale*

*Die Scheuerfestigkeit von Textilien wird auf einer Martindale-Prüfmaschine ermittelt. Hierbei wird die Stoffprobe gegen einen Kammgarnstoff gerieben, um den Verschleiß zu simulieren.*
*Bei dieser Prüfung wird die Anzahl der Scheuerhübe (Reibzyklen) erfasst, bis 3 Fäden der Probe derart durchgescheuert sind, dass sie brechen.*
*Es folgen Beispiele der Zyklenzahl für die unterschiedlichen Einsatzbereiche:*

**6000** = *leichte häusliche Nutzung*

**15000** = *normale häusliche Nutzung*

**20000** = *normale Beanspruchung*

**30000** = *starke häusliche Nutzung / normale Beanspruchung*

**40000** = *starke Beanspruchung*

## TEX 2
### Textilprodukte und ihre Herstellung

In der Textilindustrie wird das Fasermaterial vor der eigentlichen Verarbeitung zu Bekleidungsstücken und technischen Textilprodukten in der Regel zunächst in Fadenmaterialien (*Garnen*, *Zwirn*) als eindimensionalem Halbzeug überführt. Anschließend erfolgt die Herstellung textiler Flächen oder dreidimensionaler Textilstrukturen. Zu diesen zählen Flecht-, Maschen- und Nähwirkware sowie Filz oder Vlies (Völker, Brückner 2001).

*Gefachte Garne*
bestehen aus mehreren, teilweise sehr dünnen Einzelfäden, die nicht miteinander verzwirnt sind.

*Garne*
werden aus textilen Fasern gesponnen.

*Zwirne*
sind Fäden, bei denen mindestens zwei Garne miteinander verdreht sind.

**Begrifflichkeiten im Textilgewebe**

- Garne
  - Einfache Garne
    - Effektgarne
    - Spinnfasergarne
      - Rotorgarne
      - Dreizylindergarne
      - Kammgarne
      - Halbkammergarne
      - Streichgarne
    - Filamentgarne
      - Glatte Filamentgarne
      - Texturierte Filamentgarne
  - Gefachte Garne
  - Zwirne
    - Effektzwirne

**Definition** (nach DIN 60900)

Das Wort »**Garn**« wird im Sprachgebrauch vielfach als Sammelbegriff für alle nachstehend beschriebenen linienförmigen textilen Gebilde benutzt. Im engeren Sinne bedeutet »Garn« dagegen »**einfaches Garn**« im Gegensatz zu »**Zwirn**«. Deshalb wird die Benutzung des Ausdrucks »einfaches Garn« empfohlen, wenn eine eindeutige Abgrenzung gegenüber gefachten Garnen oder Zwirnen notwendig ist. Einfache Garne können Spinnfaser- oder Filamentgarne sein.

Das Wort »**Faden**« wird zur Bezeichnung von linienförmigen textilen Gebilden wie Vorgarn, einfache Garne, Zwirne, Schnüre usw. benutzt, wenn damit die Erscheinungsform (z.B. Kettfaden) und nicht die Art des Erzeugnisses gekennzeichnet werden soll.

Abb. 8: nach [5]

Bild unten: Tasche »feltfellow documents« aus Filz../ Design: Patricia Yasmine Graf/ Foto: Eugenia Torbin

## TEX 2.1
### Fadenherstellung

Zur *Garnherstellung* unterschiedet man Filamente und Spinnfasern als Ausgangsformen für die Faserverarbeitung.

Bild: Nähgarn./ Foto: Ledder Werkstätten

*Filamente* sind *Endlosfasern*, die auf einfache Weise gewickelt werden können. Seide TEX 4.4.2 und die meisten Chemiefasern können in Form von Filamenten verarbeitet werden.

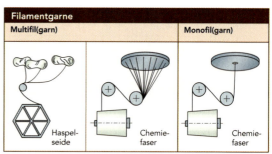

Abb. 9: nach [5]

Naturfasern wie Baumwolle, Leinen oder Jute liegen nach deren Anbau als lose Fasern vor. Für die Garnherstellung müssen die einzelnen Faserstücke fest miteinander verdreht werden. In den Spinnereien wird zunächst das Fasermaterial gelockert, gereinigt und in eine Richtung parallelisiert angeordnet. Anschließend werden die Fasern verstreckt und können versponnen werden. Zur Verarbeitung der unterschiedlichen Fasersorten sind *Rotor-*, *Streichgarn-*, *Zylinder-*, *Kammgarn-* und *Bastfaserspinnverfahren* in Gebrauch.

### Herstellungsprinzip von Spinnfasergarnen
**Spinnvorgang**

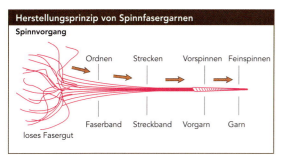

Abb. 10: nach [2]

### Verschiedene Spinnverfahren (Beispiele)

Die unterschiedlichen Fasern verhalten sich wegen ihrer unterschiedlichen Eigenschaften beim Spinnen verschieden. Daher werden den Eigenschaften entsprechend besondere Spinnverfahren eingesetzt.

**Zylinderspinnerei**
Baumwollgarne werden mit dem Dreizylinderspinnverfahren erzeugt. Dreizylindergarne sind glatte und gleichmäßige Garne.

**Rotorspinnerei**
Beim Rotorspinnen entfällt der Vorgang des Vorspinnens. Daher ist die Produktion dieses Verfahrens sehr viel ergiebiger als beim Ringspinnen. Rotorgarne haben einen anderen Charakter als Ringspinngarne. Die Fasern liegen nicht so parallel und sind daher stärker strukturiert. Sie weisen eine geringere Festigkeit als Ringspinngarne auf und können nicht so fein ausgesponnen werden.

**Streichgarnspinnerei**
Mit dem Streichgarnspinnverfahren können nahezu alle spinnfähigen Stoffe verarbeitet werden. Streichgarne haben ein grobes, rustikales Aussehen mit abstehenden Fasern.

**Kammgarnspinnerei**
Kammgarne werden durch mehrmaliges Doppeln und Verstrecken und durch das Herauskämmen der kurzen Faseranteile besonders glatt und gleichmäßig.

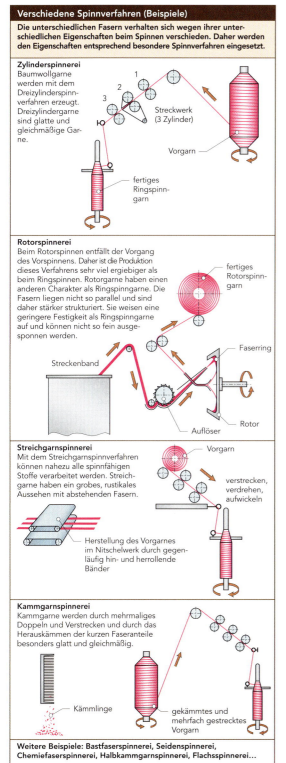

Weitere Beispiele: Bastfaserspinnerei, Seidenspinnerei, Chemiefaserspinnerei, Halbkammgarnspinnerei, Flachsspinnerei...

Abb. 11: nach [2, 5]

Die Fadenherstellung auf Basis chemischer Ausgangsfasern erfolgt im Nass-, Trocken- oder Schmelzspinnverfahren. Während bei *Nass-* und *Trockenspinnverfahren* der textile Werkstoff in einer Flüssigkeit vorliegt, wird das Material beim *Schmelzspinnverfahren* geschmolzen. Daher kommt es in der Regel nur bei synthetischen Fasern zum Einsatz. Allen Verfahren ist gemein, dass die Spinnmasse durch eine Düse gedrückt wird, wodurch so genannte *Spinnstrahlen* entstehen. Diese erstarren beim Nassspinnverfahren in einem Chemikalienbad, werden nass gesponnen und abschließend gereinigt. Beim Trockenspinnverfahren verfestigen die Spinnstrahlen unter Einfluss von Warmluft. Die Schmelzspinnmasse härtet in einem Strom kalter Luft aus.

### Nass-, Trocken- und Schmelzspinnverfahren

**Nassspinnverfahren**

Die Spinnmasse wird in ein Chemikalienbad ausgesponnen. Die Chemikalien neutralisieren das Lösemittel, die Faser verfestigt sich.

**Faserbeispiele:** Viskose, Polyacryl

**Trockenspinnverfahren**

Die Spinnmasse wird in einem Warmluftstrom ausgesponnen. Das leicht flüchtige Lösemittel verdampft, die Faser verfestigt sich.

**Faserbeispiele:** Polyacryl, Acetat

**Schmelzspinnverfahren**

Die Spinnschmelze wird in einem Kaltluftschacht ausgesponnen, kühlt sich ab, und die Fasern verfestigen sich.

**Faserbeispiele:** Polyamid, Polyester

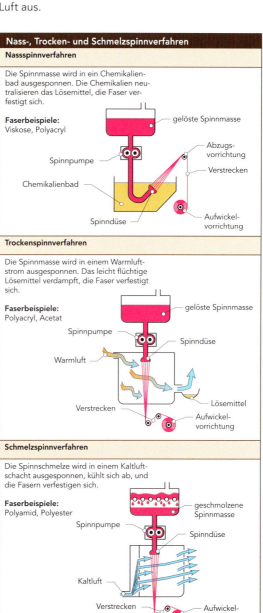

Abb. 12: nach [5]

*Die Entstehung von Fasern und Garnen aus Trevira®:*

Rohstoff: Polyesterchips.

Trevira-Filamente kommen aus der Spinndüse.

Zur Weiterverarbeitung werden die Filamente entweder auf große Spulen oder Kopse gewickelt...

... oder zu Stapelfasern geschnitten (z.B. für Bettenfüllungen), oder sie werden zu Fasergarnen versponnen.

Bilder oben: Trevira®, Polyestergarne und -fasern TEX 4.4.3/ Fotos oben: Trevira GmbH

Bei der Herstellung von *Zellulosefasern* kommen sowohl Nassspinn- als auch Trockenspinnverfahren zur Anwendung. Im Einzelnen werden Viskose-, Kupfer-, Acetat- und Lösemittelverfahren unterschieden:

Das *Vikoseverfahren* ist die mengenmäßig bedeutendste Technik. Dabei wird die Zellulose in Natronlauge und Schwefelkohlenstoff gelöst. Der zähflüssige Faserbrei wird durch Spinndüsen in ein schwefelsäurehaltiges Spinnbad gepresst und erstarrt zu feinen Spinnfäden. Die entstehenden Filamente werden aufgewickelt und abschließend ausgewaschen. Das Viskoseverfahren wird zur Herstellung von Viskose und Modal TEX 4.3.1 verwendet.

Lyocellfasern TEX 4.3.2 werden im *Lösemittelverfahren* hergestellt. Hierbei wird der Zellstoff aus Holz in ungiftigem Aminoxid gelöst. Das Verspinnen erfolgt nach Filtern direkt aus der flüssigen Masse. Der Faden bildet sich, wenn nach Verdünnen mit Wasser die Löslichkeitsgrenze der Zellulose unterschritten wird.

Beim *Kupferverfahren* erfolgt die Lösung der Zellulose in Ammoniak und Kupfersalz. Die zähflüssige Masse wird anschließend durch eine Düse gepresst und einem mit Wasser befüllten Trichter zugeführt. Hier erstarrt das Material zu Spinnstrahlen. Diese werden im Sog des Trichters beschleunigt, gestreckt und aufgewickelt. Das entstandene Fasermaterial ist unter dem Namen Cupro TEX 4.3.3 bekannt.

Im *Acetatverfahren* wird Zellulose unter Einfluss von Aceton (Acetatfasern TEX 4.3.4) oder Dichlormethan (Triacetatfasern TEX 4.3.4) in eine chemische Verbindung mit Essigsäure überführt, die in der Natur so nicht vorkommt. Wie beim Viskose- und Kupferverfahren wird der Spinnbrei mit Druck durch eine Düse gepresst. Die Fäden erstarren unter Zufuhr von Warmluft in einem Schacht und werden trocken aufgewickelt.

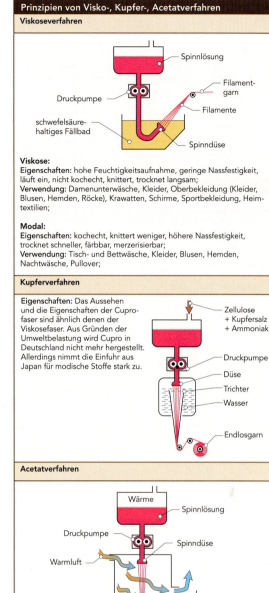

**Prinzipien von Visko-, Kupfer-, Acetatverfahren**

**Viskoseverfahren**

**Viskose:**
**Eigenschaften:** hohe Feuchtigkeitsaufnahme, geringe Nassfestigkeit, läuft ein, nicht kochecht, knittert, trocknet langsam;
**Verwendung:** Damenunterwäsche, Kleider, Oberbekleidung (Kleider, Blusen, Hemden, Röcke), Krawatten, Schirme, Sportbekleidung, Heimtextilien;

**Modal:**
**Eigenschaften:** kochecht, knittert weniger, höhere Nassfestigkeit, trocknet schneller, färbbar, merzerisierbar;
**Verwendung:** Tisch- und Bettwäsche, Kleider, Blusen, Hemden, Nachtwäsche, Pullover;

**Kupferverfahren**

**Eigenschaften:** Das Aussehen und die Eigenschaften der Cuprofaser sind ähnlich denen der Viskosefaser. Aus Gründen der Umweltbelastung wird Cupro in Deutschland nicht mehr hergestellt. Allerdings nimmt die Einfuhr aus Japan für modische Stoffe stark zu.

**Acetatverfahren**

**Eigenschaften:** niedriger Reißwiderstand, geringe Feuchtigkeitsaufnahme, dehnbar, knitterarm, hitzeempfindlich, Schmutz abweisend, einlaufsicher, seidiger Glanz, färbbar;
**Verwendung:** Futterstoffe, Abendkleider, Sommerkleider, Regenschirmbespannungen, Krawatten, Tücher, Schals;

Abb. 13: nach [2]

*Zwirne* entstehen durch Ineinanderdrehen von zwei oder mehreren Garnen. Als linienförmige Textilstrukturen weisen sie im Vergleich zu normalem Garn eine höhere Festigkeiten auf und fasern weniger stark aus. Zwirn nimmt nur wenig Schmutz auf und ist undurchlässiger für Luft. Durch die Form der Herstellung können zudem besondere Strukturen und Effekte erzielt werden. Je nach Drehrichtung wird zwischen *S-* und *Z-Zwirnen* unterschieden. Das Zwirnen kann in einer, aber auch in mehreren Stufen durchgeführt werden. Einstufige Zwirne sind meist schwächer gedreht. Sie werden daher für Handarbeiten und leichte Bekleidungsstoffe eingesetzt. Bei mehrstufig gefertigten Zwirnen sind die Fäden stärker ineinander verdreht. Sie sind daher fester und werden für strapazierfähige Stoffe und Bezüge verwendet.

*Nähzwirne* werden in der Regel aus Leinen, Baumwolle, Polyamid oder Polyester hergestellt. Hochwertige *Baumwollzwirne* werden auch »*Eisengarn*« genannt.

Zur Verbesserung der optischen Qualitäten werden Garne und Zwirne mit besonderen Effekten versehen (*Effektgarne*). Hierzu zählen Glanz-, Farb- und Struktureffekte. Auch können einzelne Garne umsponnen werden. Zu den *Struktureffekten* zählen *Noppen*, *Schleifen*, *Schlingen* oder *Knoten*.

### Effektzwirne

#### Glanzeffekte
Matt/Glanz-Effekte erreicht man durch Mischen von matten und glänzenden Fasern beim Verspinnen. Glanz- und Glitzereffekte entstehen durch den Einsatz von Metallfäden (heute selten), von metallähnlichen Folien (z.B. Lurex), von farblosen Folien, von Chemiefasern mit besonderem Querschnitt. Stoffbeispiele: Brokat, Lamé

#### Farbeffekte
**Melangegarne** enstehen durch Mischung verschiedenfarbiger Fasern beim Verspinnen. Sie ergeben in der textilen Fläche eine farblich verfließende Mehrtonwirkung. Stoffbeispiel: Marengo

**Vigoureuxgarne** erhalten ihren Farbeffekt durch streifenweises Bedrucken von Kammzügen bei der Kammgarnherstellung. Die Wirkung ist der Melangetönung ähnlich.

**Jaspégarne** entstehen durch gemeinsames Verspinnen verschiedenfarbiger Vorgarne bei geringer Drehung. Die Farbwirkung ist ähnlich, aber weniger kontrastierend als bei Mouliné.

**Moulinézwirne** erhält man durch Verdrehen zweier oder mehrerer verschiedenfarbiger Garne oder durch Verzwirnen von Mischfasergarnen, deren Rohstoffe ein unterschiedliches Färbeverhalten aufweisen. So ergibt sich in der Fläche eine gesprenkelte Farbwirkung. Stoffbeispiele: Fresko

#### Struktureffekte
**Flammengarne bzw. -zwirne** weisen langgezogene Verdickung auf in regelmäßiger oder unregelmäßiger Anordnung. Der Flammeneffekt kann beim Verspinnen oder beim Verzwirnen erreicht werden. Textile Flächen erhalten einen Leinen- oder Wildseidencharakter. Stoffbeispiel: Flammé

**Noppengarne bzw. -zwirne** kennzeichnen kurze, knotige Verdickungen. Sie entstehen durch Einstreuen der oft bunten Noppen beim Verspinnen oder durch spezielles Verzwirnen. Textilen Flächen verleihen sie eine strukturierte Oberfläche. Stoffbeispiele: Donegal, Tweed

**Schlingenzwirne** weisen Schlingen, Locken oder Knoten auf. Sie entstehen durch besondere Zwirntechniken. Textile Flächen erhalten mehr oder weniger einen körnigen Griff und eine strukturierte Oberfläche. Stoffbeispiele: Bouclé, Frisé, Frotte, Loop

**Chenille- oder Raupenzwirne** haben eine samtartige Oberfläche, sind voluminös und weich. Die raupenähnlichen Bändchen können durch Spinn-, Web- oder Kettenwirktechniken hergestellt werden. Man verwendet sie z.B. als Schussgarne bei Dekorationsstoffen. Stoffbeispiele: Chenille

**Kräuselgarne** bewirken bei textilen Flächen eine krause, unruhige Oberfläche und einen sandigen Griff. Sie enstehen durch Überdrehen (Kreppgarn) oder durch Zusammendrehen hartgedrehter Zwirne (Kräuselzwirne). Stoffbeispiele: Chiffon, Crêpe de Chine, Crêpe Georgette, Crêpe lavable, Crêpe marocain, Crêpe Satin

#### Umspinnungseffekte
Umspinnungseffekte werden erzielt durch das Umwickeln eines Grundfadens mit einem Effektfaden.

Abb. 15: nach [2, 5]

*Bild: Flammengarn.*

*Bild: Moulinézwirn.*

*Bild: Schlingenzwirn.*

*Bild: Raupenzwirn.*

### Vorgehensweise zur Herstellung von Zwirnen

#### Schematischer Vorgang des Zwirnens
- schwach gedrehter Zwirn
- stark gedrehter Zwirn

#### Z-Drehung / S-Drehung

#### Einstufige Zwirne
Zweifachzwirn, Dreifachzwirn, Vierfachzwirn

#### Mehrstufige Zwirne
Zweistufiger Zwirn vierfach, Zweistufiger Zwirn sechsfach, Zweistufiger Zwirn sechsfach

Dreistufiger Zwirn achtfach

Abb. 14: nach [25, 26]

## Kapitel TEX
### Textilien

Um ihnen eine größere Elastizität und bauschigere Struktur zu verleihen, können glatte thermoplastische Chemiefasern vor der Weiterverarbeitung einer besonderen *Textuierung* unterzogen werden. Hierzu werden sie dauerhaft gekräuselt. Die Porenräume vergrößern sich, und es wird mehr Luft eingeschlossen. Textuierte Fasern haben eine höhere Elastizität, fühlen sich weicher an, sind dehnbarer, können mehr Feuchtigkeit aufnehmen und wärmen besser. Man unterscheidet *Blasgarn-*, *Drall-*, *Wirbel-* und verschiedene *Kräuseltextuierungen*. *Multikomponentengarn* wird in einem chemisch-thermischen Prozess hergestellt.

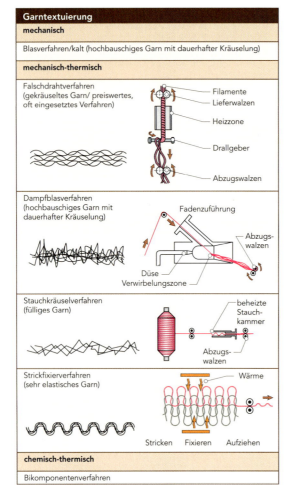

Abb. 16: nach [2, 5]

*Bild: Textuiertes Garn.*

*Bild: Geflochtenes Textilband.*

### TEX 2.2
### Textile Flächen und Strukturen

Die einfachste und älteste Form der Herstellung einer textilen Fläche ist das *Geflecht*. Es entsteht durch Unter- und Überführen von mindestens drei Fadensystemen. Bekannte geflochtene Produkte sind Bänder oder Spitzen. Diese können sowohl in Handarbeit als auch auf Maschinen hergestellt werden. Die Elastizität von Geflechten ist meist höher als die anderer textiler Halbzeuge (z.B. Gewebe). Die Zugfestigkeit kann in Richtung der Belastung durch Einbringen hochfester Zugfäden verbessert werden. Insbesondere für technische Anwendungen ist die Flechttechnik inzwischen soweit entwickelt, dass die Herstellung von *Rund-* und *Schlauchgeflechten* sowie kompakter 3D-Geflechte auf speziellen Textilmaschinen möglich ist.

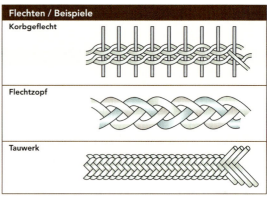

Abb. 17: nach [2, 5]

### Verwendung
Neben der Bekleidungsindustrie werden Geflechte zur Herstellung von Körben und Möbeln verwendet. Dazu werden biegsame Materialien wie Weiden, Rattan oder Bast verarbeitet. Im technischen Bereich sind geflochtene Textilstrukturen als Bandersatz oder Sehnenprothesen in der Anwendung. Auch Kabelummantelungen im Elektrobereich werden häufig aus Geflechten gefertigt.

*Bild: Kabelummantelung aus Textilgeflecht./ Foto: Manufactum*

*Flechtwerke* werden zur Kunststoffverstärkung, Rundgeflechte zur Herstellung von Sportgeräten (z.B. Tennisschläger, Fahrradrahmen) und von Düsen für die Luft- und Raumfahrt eingesetzt. Im Energiebereich finden sie in Turbinenschaufeln und Rotorblättern Verwendung.

Neben Geflechten zählen Gewebe, Vliese, Filze, Nähwirkware und Maschenwaren sowie Gestricke und Kettenwaren zu den textilen Flächenprodukten und Textilstrukturen.

### Vergleich textiler Flächen

#### Geflecht

Die Garne eines zickzackförmig verlaufenden Längsfaden-Systems verkreuzen sich diagonal zu den Warenkanten.
**Eigenschaften:** Dehnfähig, schmiegsam, formbar, Schnittkanten fransen stark;
**Verwendung:** Posamenten (Tressen, Litzen, Soutache), Bänder, Spitzen, Hüte.

#### Gewebe

Ein Längsfadensystem (Kette) und ein Querfadensystem (Schuss) verkreuzen sich rechtwinklig.
**Eigenschaften:** Haltbar, formstabil, wenig dehnfähig, wenig elastisch, geringes Porenvolumen, Schnittkanten fransen;
**Verwendung:** Jacken und Mäntel, Kostüme, Anzüge, Kleider, Hemden und Blusen, Futter, Einlagen, Bett-, Tisch- und Haushaltswäsche, Vorhänge, Polsterbezüge.

#### Vliesstoff

Ein Faservlies aus mehr oder weniger geordneten Fasern wird durch Vernadeln und/oder Verkleben, Anlösen oder Verschweißen verfestigt.
**Eigenschaften:** Eingeschränkt formstabil, Schnittkanten fransen nicht, geringes Gewicht, porös;
**Verwendung:** Einlagen, Einweg-Textilien (Tischdecken, Servietten, Slips, Tücher), Wischtücher.

#### Walkfilz

Ein Faservlies aus wirr zusammenhängenden Wollfasern bzw. Tierhaaren wird durch mechanische Bearbeitung unter Einwirkung von Feuchtigkeit und Wärme verfestigt (verfilzt).
**Eigenschaften:** Formstabil, formbar unter Einfluss von Feuchtigkeit und Wärme, gut isoliert, hygroskopisch, Schnittkanten fransen nicht;
**Verwendung:** Hüte, Unterkragen (Haka), Dekorationen, Pantoffeln, Dämmmaterial.

#### Gestricke und Einfadengewirke

Mindestens ein querlaufender Faden bildet Maschenreihen, die senkrecht ineinander hängen.
**Eigenschaften:** Weich, schmiegsam, hohes Porenvolumen, sehr dehnfähig, sehr elastisch, knitterarm, mögliche Laufmaschenbildung;
**Verwendung:** Unterwäsche, Nachtwäsche, Babywäsche, Socken und Strümpfe, Pullover, Strickjacken, Mützen und Schals, Sport- und Freizeitbekleidung.

#### Kettengewirke

Ein längslaufendes Fadensystem bildet Maschen, die sich in Warenlängsrichtung zickzackförmig verbinden.
**Eigenschaften:** Haltbar, formstabil, glatt, eingeschränkt dehnfähig, eingeschränkt elastisch, maschenfest, knitterarm;
**Verwendung:** Damenwäsche, Spitzen, Borten, elastisches Futter, Bade- und Sportbekleidung, Miederwaren, Gardinen, Bettwäsche, Technische Textilien.

*Abb. 18: nach [5]*

### Vergleich textiler Flächen
**Nähwirkwaren** / Es gibt drei Techniken:

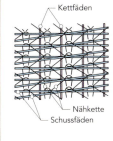

Kettfäden
Nähkette
Schussfäden

**Malimo-Technik** (Fadenlagen-Nähwirkstoffe): Schuss- und Kettfadenlagen werden kreuzweise übereinander gelegt und mit einem dritten Fadensystem übernäht.
**Verwendung:** Grundgewebe für bedruckte Kleiderstoffe, Gardinen und Dekostoffe.

**Maliwatt-Technik** (Faservlies-Nähwirkstoffe): Zur Herstellung von Verbundstoffen werden Faservliese übernäht. Das Voltex-Verfahren ist eine abgewandelte Maliwatt-Technik, wobei ein Faservlies mit einer Grundware vernadelt und dieses gerauht wird. Es entsteht eine voluminöse Oberfläche.
**Verwendung:** Bade- und Strandkleidung, Dekostoffe und Schlingenteppiche als Fliese oder Bahnenware.

**Malipol-Technik** (Polfaden-Nähwirkstoffe): In ein Grundgewebe, -gewirk, Faservlies oder einen Malimostoff wird mit Hilfe der Malipolmaschinen ein Faden eingewirkt, der frottierähnliche Schlingen bildet. Sie können bis zu 7 mm hoch sein und sind ziehfadenfest. Die Ware ist einseitig.
**Eigenschaften:** Preiswerter als Frottierwaren, da weniger Material verabeitet wird;
**Verwendung:** siehe Maliwatt-Technik.

*Abb. 19: nach [5]*

*Bild: Deck Chair »United States« aus hellen Textilgurten über einen Aluminiumrahmen gespannt./ Hersteller und Foto: Garpa*

## Kapitel TEX
*Textilien*

### TEX 2.2.1
### Textile Flächen und Strukturen – Gewebe

Gewebe sind Flechtwerke aus zwei Fadensystemen, die rechtwinklig zueinander verlaufen. Das Fadensystem in Längsrichtung wird *Kette*, das in Querrichtung dazu *Schuss* genannt. Die Erzeugung von Geweben erfolgt auf Webstühlen. Der *Kettfaden* ist darin eingespannt und weist in der Regel eine höhere Festigkeit auf als der *Schussfaden*. Daher sind textile Flächen in Schussrichtung dehnbarer. Stoffe neigen in dieser Richtung stärker zum Einlaufen. Elastische Gewebe entstehen unter Verwendung eines gummielastischen Kettfadens.

*Bild: Spanngurt aus Gewebe.*

*Bild: Webstuhl./ Fotos oben: Jumbo-Textil GmbH, Wuppertal*

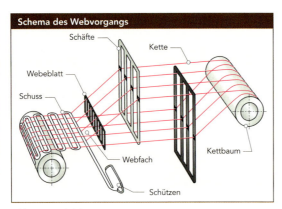

Abb. 20: nach [2]

Die unterschiedlichen Gewebestrukturen, -muster und -eigenschaften ergeben sich aus der Art und Weise, wie die beiden Fadensysteme miteinander verwebt werden. Die Verkreuzung wird *Bindung* genannt. Unter *Patrone* oder *Bindungsbild* ist die grafische Darstellungsform eines Verkreuzungssystems zu verstehen. Ein *Rapport* definiert die kleinste Bindungseinheit. Bei der Gewebeherstellung wird zwischen den drei Grundbindungen *Leinwand-*, *Köper-* und *Atlasbindung* unterschieden (Meyer zur Capellen 2001). Eine Vielzahl von Bindungen gehen auf leichte Veränderungen (Ableitungen) der Grundbindungsarten zurück. Während *Panama-* und *Ripsbindungen* zu abgeleiteten Leinwandbindungen zählen, entstehen *Ein-* bzw. *Breitgratbindungen* durch Abwandlungen der Köperbindung.

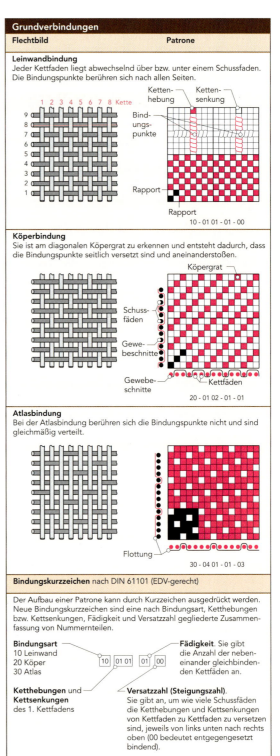

Abb. 21: nach [5]

Neben den Grundgeweben existieren noch weitere Gewebeformen mit besonderen Effekten. Sie entstehen durch Kombination aus abgeleiteter Grundbindung und einer Spezialbindung. Bekannte Spezialgewebe sind beispielsweise *Samt*, *Frottier*, *Cord* oder *Plüsch*.

*Bild: Glasfasergewebe mit Köperbindung.*

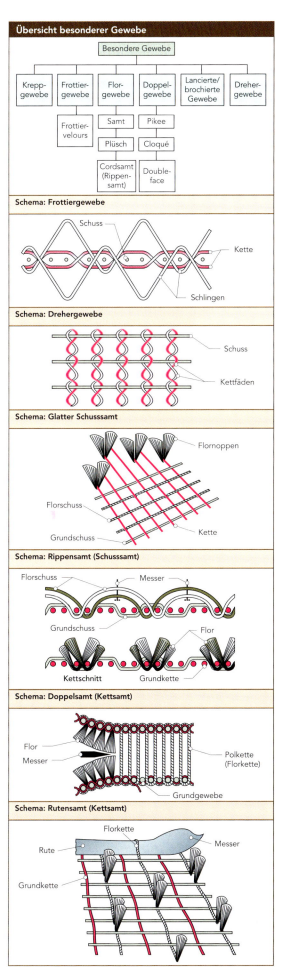

Abb. 22: nach [2]

Dreidimensionale Gewebe gehen auf das Einbringen gewebter Flächenstrukturen in dreidimensionale **Konturgewebe** zurück. **Mehrlagengewebe** zur Verstärkung von Kunststoffen werden gewickelt. Gewebe mit einer zweiwandigen Struktur für technische Anwendungen sind unter dem Namen *Abstandsgewebe* bekannt.

Bild: Wollteppich.

### Verwendung

Das Hauptverwendungsgebiet von Geweben ist die Textil- und Bekleidungsindustrie. Dabei dienen Kennwerte wie **Fadendichte**, **Fasermaterial**, **Flächengewicht** und **Bindungsart** zur Charakterisierung des *Flächentextils*. Gewebe werden des Weiteren als Grundlage zur Herstellung von Teppichen verwendet (Zarif 2003). Auch Segeltücher werden gewebt. Im Kunststoffbereich kommen Gewebe (meist aus Glasfasern  KUN 1.6) zur Verstärkung tragender Bauteile zur Anwendung. Gewebte Strukturen verwendet man als Geo- und Agrartextilien TEX 6.4 sowie im Bausektor zur Verkleidung von Fassaden und Decken. Abstandsgewebe werden im Karosserie- und Flugzeugbau (z.B. Kühlfahrzeuge) eingesetzt.

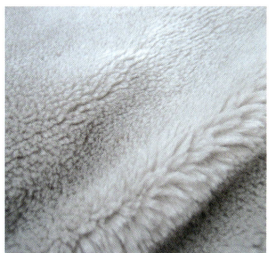

Bild: Plüsch.

### Klebpolverfahren

• Die Ziegenhaare und die Wolle werden sorgfältig gewaschen und mit Säure-Farbstoffen umweltfreundlich gefärbt.

• Die gefärbten Haare und die Wolle werden dann gemischt, so dass sich ein gleichmäßiges Vlies bildet.

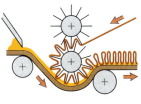

• Das Vlies wird »rippenartig« in ein erwärmtes Klebebett auf den Träger gepresst.

Bild: Tretford® Interland-Teppich, hergestellt im Klebpolverfahren./ Foto: Weseler Teppich GmbH & Co. KG

### Florgewebe, Samt und Plüsch

Florgewebe mit einer Florhöhe bis 3 mm bezeichnet man als Samt, über 3 mm als Plüsch.

## TEX 2.2.2
### Textile Flächen und Strukturen – Vlies, Filz

Vliese sind flexible Flächengebilde, die sich aus ungeordneten Natur- oder Chemiefasern zusammensetzen. Die Fasern werden in der Herstellung wirr oder richtungsorientiert miteinander verklebt, vernäht oder verschweißt. Beim Kleben werden die Fasern mit Substanzen besprüht und anschließend gepresst, so dass an den Berührungsstellen ein Zusammenhalt entsteht. Thermoplastische Chemiefasern werden zunächst erhitzt und dann an verschiedenen Stellen unter Aufbringung von Druck punktgeschweißt. Auch mechanisches Verbinden der Fasern durch Übernähen ist möglich. Bei der Vliesherstellung werden Trocken-, Nass- und Spinnvliesverfahren unterschieden (Albrecht, Fuchs, Kittelmann 2000).

*Filz* ist ein Faservlies aus Wollfasern oder Tierhaaren. Man unterscheidet *Walk-* und *Nadelfilze*. Beim Walken verhaken die Fasern unter Einfluss einer warmen Seifenlauge, eines Bindemittels oder eines gepulsten Wasserstrahls miteinander. Die Verfilzung geht auf Wärme, Druck, Feuchtigkeit und Bewegung zurück. Nadelfilze werden mit widerhakenförmigen Filznadeln erzeugt.

*Bild unten: Tasche »feltfellow medium« aus Filz./ Design: Patricia Yasmine Graf/ Foto: Eugenia Torbin*

Je nach angewendeten Verfahren weisen *Vliese* unterschiedliche Eigenschaften, bezogen auf Dehnung und Festigkeit, auf. Sie sind luftdurchlässig und fasern nicht aus. Zudem können sie sauber geschnitten werden, sind knitterfrei und formstabil. Man unterscheidet Wirr- und richtungsorientierte Vliese. Filze sind dichte aber leichte Textilprodukte mit guter Festigkeit. Sie weisen wärmeisolierende Eigenschaften auf und können je nach verwendeter Fasersorte besonders strapazierfähig und auch formbar ausgelegt sein.

*Bild: Tasche »feltfellow big« aus Filz./ Design: Patricia Yasmine Graf/ Foto: Eugenia Torbin*

### Verwendung

In der Bekleidungsindustrie werden Vliese als Verstärkungseinlagen und zur Verbesserung der wärmenden Eigenschaften von Oberbekleidung (z.B. Jackenfutter), Unterwäsche, Decken und Sportbekleidung verwendet. Ein weiteres Anwendungsgebiet ist der Hygiene- und Medizinbereich. Wegwerfartikel wie Windeln und Reinigungstücher werden zu einem großen Anteil aus Vliesen hergestellt. Auch in der Schuhindustrie kommen sie zur Anwendung. Im technischen Bereich dienen Vliese zur Verstärkung von Kunststoffen KUN 1.6 oder werden als Filtermaterial verwendet.

*Bild: Filz.*

Hüte, Trachten, Unterkragen oder Röcke sind bekannte Filzprodukte aus dem Bekleidungsbereich. Darüber hinaus wird Filz zur Verkleidung von Billardtischen, als Dekorationsmaterial oder für strapazierfähige Bodenbeläge verwendet. Im Baugewerbe dient es als Dämmmaterial. In der Papierproduktion werden Filze in Form von Transportbändern verwendet.

## TEX 2.2.3
### Textile Flächen und Strukturen – Maschenware

*Gestricke*, *Gewirke*, *Kulier-* und *Kettenware* zählen zu den Maschenwaren. Anders als bei Geweben, die aus zwei sich kreuzenden Fadensystemen entstehen, wird Maschenware durch ineinander hängende Schlaufen gebildet. Auf Grund ihres Aufbaus lassen sie sich in alle Richtungen gleich stark dehnen, sind luftdurchlässig und knittern weniger als Gewebe. Die Maschenstruktur gewährleistet eine hohe Flexibilität. Kleidungsstücke aus Maschenwaren schmiegen sich am Körper an und können sehr bequem getragen werden. Runde Maschenstrukturen und Abstandsgewirke werden für technische Anwendungen verarbeitet.

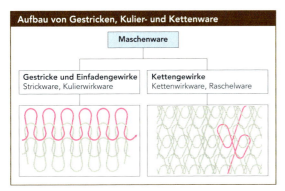

Abb. 23: nach [5]

*Gestricke* und *Kulierware* werden durch einen quer laufenden Faden gebildet. Sie sind ihrem Aussehen nach nicht zu unterscheiden. Lediglich der Herstellungsprozess weicht voneinander ab. Während bei *Strickwaren* die Einzelmaschen mit einer bewegten Nadel nacheinander entstehen, wird die Maschenreihe von Kulierware durch Bewegung sämtlicher Nadeln einer Reihe auf einmal gebildet. Strickwaren können sowohl in Handarbeit als auch maschinell entstehen. Zur Erzeugung streifenartiger Strickarbeiten wechselt man nach jeder Reihe das Fadenmaterial. Für das Rundstricken werden fünf Nadeln (*Strickspiel*) benötigt. Die Maschen sind auf vier Nadeln verteilt, während mit der fünften die Maschenbildung vollzogen wird. Bei *Strickmaschinen* unterscheidet man zwischen Rund- und Flachstrickmaschinen. Durch Verwendung von Metallfäden entsteht Strickware mit hitzebeständigen und antistatischen Eigenschaften. Kulierware wird grundsätzlich maschinell erzeugt.

Bild: Socke aus Strickware.

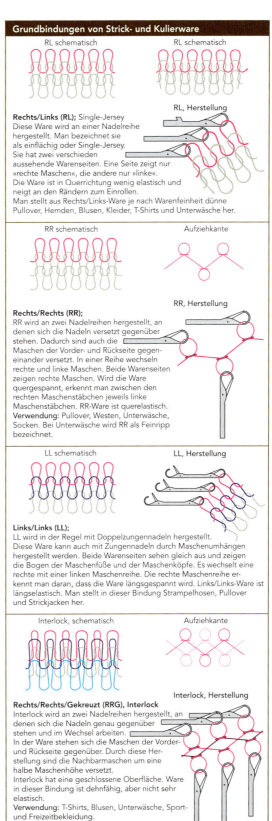

**Rechts/Links (RL); Single-Jersey**
Diese Ware wird an einer Nadelreihe hergestellt. Man bezeichnet sie als einflächig oder Single-Jersey. Sie hat zwei verschieden aussehende Warenseiten. Eine Seite zeigt nur »rechte Maschen«, die andere nur »linke«. Die Ware ist in Querrichtung wenig elastisch und neigt an den Rändern zum Einrollen. Man stellt aus Rechts/Links-Ware je nach Warenfeinheit dünne Pullover, Hemden, Blusen, Kleider, T-Shirts und Unterwäsche her.

**Rechts/Rechts (RR);**
RR wird an zwei Nadelreihen hergestellt, an denen sich die Nadeln versetzt gegenüber stehen. Dadurch sind auch die Maschen der Vorder- und Rückseite gegeneinander versetzt. In einer Reihe wechseln rechte und linke Maschen. Beide Warenseiten zeigen rechte Maschen. Wird die Ware quergespannt, erkennt man zwischen den rechten Maschenstäbchen jeweils linke Maschenstäbchen. RR-Ware ist querelastisch.
Verwendung: Pullover, Westen, Unterwäsche, Socken. Bei Unterwäsche wird RR als Feinripp bezeichnet.

**Links/Links (LL);**
LL wird in der Regel mit Doppelzungennadeln hergestellt. Diese Ware kann auch mit Zungennadeln durch Maschenumhängen hergestellt werden. Beide Warenseiten sehen gleich aus und zeigen die Bogen der Maschenfüße und der Maschenköpfe. Es wechselt eine rechte mit einer linken Maschenreihe. Die rechte Maschenreihe erkennt man daran, dass die Ware längsgespannt wird. Links/Links-Ware ist längselastisch. Man stellt in dieser Bindung Strampelhosen, Pullover und Strickjacken her.

**Rechts/Rechts/Gekreuzt (RRG), Interlock**
Interlock wird an zwei Nadelreihen hergestellt, an denen sich die Nadeln genau gegenüber stehen und im Wechsel arbeiten. In der Ware stehen sich die Maschen der Vorder- und Rückseite gegenüber. Durch diese Herstellung sind die Nachbarmaschen um eine halbe Maschenhöhe versetzt. Interlock hat eine geschlossene Oberfläche. Ware in dieser Bindung ist dehnfähig, aber nicht sehr elastisch.
Verwendung: T-Shirts, Blusen, Unterwäsche, Sport- und Freizeitbekleidung.

Abb. 24: nach [5, 24]

Kapitel TEX
**Textilien**

*Häkeln*
*Beim Häkeln oder Wirken wird der Faden mit einer Häkelnadel zu Maschen verarbeitet und miteinander verknüpft.*
*Die Häkelnadel hat an ihrer Spitze einen Haken. Mit ihm ist es möglich, den Faden durch bereits gearbeitete Maschen zu ziehen und ein zusammenhängendes Maschengebilde zu erzeugen.*

*Stricken*
*Beim Stricken werden Maschen mit Hilfe eines Fadens und einer bzw. mehrerer, glatter Nadeln erzeugt.*

Im Gegensatz zur Strick- und Kulierware entstehen *Kettengewirke* unter Verwendung mehrerer Fäden. Dabei ist für jede Masche ein Faden erforderlich. Die Kettenbildung erfolgt in Längsrichtung unter Zick-Zack-Bewegung der Kettfäden. Da die einzelnen Maschen diagonal miteinander verbunden sind, können, anders als bei den *Einfadengewirken*, nach Reißen eines Fadens keine Laufmaschen entstehen. Sie werden daher auch als »maschenfest« bezeichnet. Kettengewirke sind fester als Gestricke und Kulierware. Zur Erzielung besonderer Eigenschaften werden die Grundbindungen abgeleitet oder miteinander kombiniert. Effekte werden durch Bindungsarten wie »*Flottung*« und »*Henkel*« erzielt.

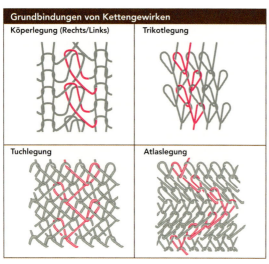

Abb. 25: nach [2, 5]

Abb. 26: nach [2]

Bild: Häkelnadel (links), Strickliesel (mitte), Stricknadeln (rechts).

*Verwendung*
Gestricke und Gewirke werden zu allen möglichen Bekleidungsstücken verarbeitet. Stricken wird insbesondere bei Pullovern, Strümpfen und flächigen Textilien wie Decken oder Schals angewendet. Weitere typische Einfadentextilien sind Unterwäsche, Bademode und Freizeitbekleidung. Im technischen Bereich kommen Gestricke insbesondere für die Polsterung von Sitzmöbeln und im Innenbereich von Automobilen zur Anwendung. Sie unterstützen Kunststoffkonstruktionen im Karosseriebau und dienen zur Herstellung sicherheitsrelevanter Produkte (Schutzhelme, Stoßfänger). Gestrickte Textilstrukturen aus metallischen Werkstoffen werden auf Grund ihrer Nichtentflammbarkeit zur Herstellung von Schutzbekleidung oder zur Schalldämmung im Motorenbau verwendet. Sie können auch für Anwendungen im Strahlenschutz eingesetzt werden. Rundgestricke werden für Schlauchfilter eingesetzt und dienen zur Produktion von Sportartikeln und Fahrrädern. Imprägnierte Abstandsgewirke werden zu bis zu 10 mm dicken Platten und Schalenelementen verarbeitet und finden in Leichtbaukonstruktionen im Flugzeug-, Boots- und Behälterbau Anwendung.

Kettenware wird bei der Herstellung von Kleidern, Unterkleidern, Blusen und Hosen verwendet. Auch im Accessoirebereich sind Kettenstrukturen beliebt. Als technische Textilien dienen Kettengewirke zur Herstellung von Geotextilien (z.B. Pflanzenträger, Dammbefestigung), Verpackungsmaterialien oder Abdeckplanen. Im Architekturbereich werden sie zur Fassadenverkleidung verwendet.

Bild: Tentakeldecke »snug« aus gehäkelter Schurwolle und Fleece./ Design: Patricia Yasmine Graf/ Foto: Clemens Warwzyniak

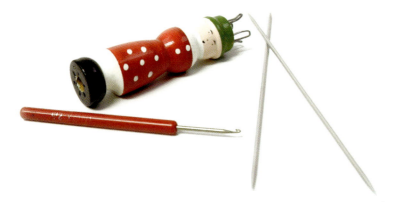

## TEX 2.2.4
### Textile Flächen und Strukturen – Nähwirkware, Tufting, Laminate

Durch Kombination flächiger Textilien können deren Eigenschaften beeinflusst werden. Zu den Verbundstoffen zählen Nähwirkwaren, Tufting und Laminate.

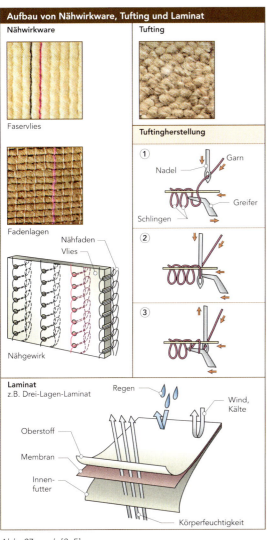

Abb. 27: nach [2, 5]

**Nähwirkware** lässt sich schnell, preisgünstig und ohne großen Aufwand herstellen. Sie entsteht durch Vernähen von Vliesen, Geweben oder einzelnen Fadenflächen. Hierfür haben sich die *Malimo-*, Maliwatt- und Malipoltechnik etabliert. Bei der erstgenannten Technik werden Gewebestrukturen aus Kett- und Schussfäden versetzt aufeinander gelegt und durch ein drittes Fadensystem verbunden. Vliese werden durch die *Maliwatttechnik* verstärkt und mit einem Faden übernäht. Es entstehen robuste Faservliese, die eine aufgeraute und voluminöse Oberflächenstruktur aufweisen können. Gewebe oder Vliese werden durch Einarbeitung von Polfäden in der *Malipoltechnik* zu frottierähnlichen Stoffen verarbeitet.

Die *Tufting-Technik* dient zum Verbinden zweier Textilflächen durch Vernähen mit einem Faden. Dabei bilden sich an einer Seite Schlingen, die der Tuftingware besondere optische und flauschige Eigenschaften verleihen.

Wetter- und windfeste *Textillaminate* entstehen durch Kleben oder Verschweißen mehrerer Faserlagen und unter Einbindung einer Kunststofffolie als Mittellage. Insbesondere Chemiefasern wie Polyester oder Polytetrafluorethylen (PTFE) finden Verwendung. Sie schmelzen unter Wärmeeinfluss. Flächige Fügeverbindungen entstehen, ohne dass die Mittellage beschädigt wird.

### Verwendung

Die preisgünstige Nähwirkware wird insbesondere im Reinigungs- und Dekorationsbereich verwendet. Malipolgewirke bilden vielfach die Grundlage zur Herstellung von Badebekleidungen. Weitere Anwendungsbeispiele sind Grundgewebe und Stoffe für Kleider, Vorhänge und Tischdecken. Malipolgewebe dienen als preisgünstige Alternative für Frottierwaren. Auch Bodenbeläge können mit der Malipoltechnik hergestellt werden. Im Baugewerbe dienen Nähgewirke zur Verstärkung von Beton oder Zement. In Verbindung mit Glasfasern finden sie auch als Wandverkleidung Verwendung. Tuftinggewebe sind insbesondere in der Teppichindustrie weit verbreitet. Mit der Tufting-Technik wird auch wärmende Oberbekleidung hergestellt. Laminate werden vor allem zu wind- und wetterfester Outdoorbekleidung verarbeitet. In diesen Kontext fällt auch die Zelt- und Taschenproduktion.

*Bild: Snowboardhandschuh aus GoreTex®.*

## TEX 3
### Prinzipien der Textilienveredelung

*Antistatisch ausrüsten:* Bei Reibung neigen Chemiefasern zu elektrostatischer Aufladung. In Folge dessen kleben die Textilien am Körper. Es können knisternde Geräusche entstehen. Durch antistatische Mittel werden diese Effekte verhindert. Außerdem nehmen antistatisch ausgerüstete Textilien nur wenig Schmutz auf.

*Beschichten:* Bestimmte Eigenschaften, Effekte und Schutzfunktionen (z.B. wetterfest, wasserabweisend, schmutzabweisend) können bei Textilien durch Beschichtung mit Streichmassen oder Schaumfolien erzielt werden.

*Beuchen:* Vor dem Bleichen oder Färben wird Baumwolle unter Druck und Hitze in mit Natronlauge befüllten Kesseln abgekocht. Letzte pflanzliche Verunreinigungen und natürliche Fette werden beim Beuchen beseitigt.

*Bleichen:* Die meisten natürlichen und synthetischen Fasern weisen eine gelbliche oder graue Färbung auf. Zur Erzielung reinweißer Textilien oder zur Vorbehandlung vor dem Färben und Drucken wird der Weißgrad des Fasermaterials mit Textilbleiche erhöht. Verwendet werden Wasserstoffperoxid ($H_2O_2$), Natriumhypochlorit (NaClO) oder Natriumchlorit ($NaClO_2$). Wolle wird mit Schwefeldioxid ($SO_2$) oder Hydrosulfit gebleicht.

*Chlorieren:* Oxidationsmittel wie Chlor und Chlor-Wasser-Lösungen entfernen die Schuppenschicht auf den Haaren der Wollfasern. Die Neigung zur Verfilzung wird reduziert.

*Dekatieren:* Beim Dekatieren werden verschiedene Eigenschaftswerte von Wollstoffen unter Einwirkung von Dampf und Druck optimiert. Der Griff wird verbessert, die Formstabilität gesteigert und die Neigung zum Einlaufen verringert.

*Drucken:* Textilien können nach dem Färben zusätzlich mit Farbe bedruckt werden. Die wichtigsten Druckverfahren sind der Siebdruck, der Ätzdruck, der Tiefdruck oder der Thermodruck.

Beim *Siebdruck* BES 1.4 wird das Negativ eines Druckbilds zunächst fototechnisch auf ein Sieb als Schablone übertragen. Die nicht zu bedruckenden Stellen werden abgedichtet. Die Farbe wird anschließend mit einem Rakel durch das Sieb gedrückt. Großflächige Druckmotive können im Siebdruck aufgebracht werden.

Der *Tiefdruck* ist ein kontinuierliches Druckverfahren, das dem Tampondruck ähnelt BES 1.5. Das Druckbild wird in Kupferwalzen graviert, mit denen dann die Farbe auf den textilen Stoff übertragen wird. Für jede Farbe wird eine gesonderte Druckwalze benötigt.

Durch Einsatz besonderer chemischer Mittel werden beim *Ätzdruck* Farbpartikel schon gefärbter Stoffe örtlich entfernt. An den behandelten Stellen entstehen Muster durch partielle Entfärbung.

Beim *Thermodruck* wird das Druckmuster von Papier unter Einfluss von Hitze und Druck auf den Stoff übertragen. Das Verfahren wird meist bei Textilien aus Polyester angewendet.

Weitere Drucktechniken sind der *Reservedruck*, der *Flockdruck*, der *Pigmentdruck*, der *Lackdruck*, der *Kettdruck* und der *Spritzdruck* (Eberle 2003).

*Bilder: Bedruckte Textilien.*

*Färben:* Das Einfärben kann auf der Ebene der Fasern, der Spinnlösung, der Stoffe oder der fertigen Textilprodukte geschehen. Während Chemiefasern meist schon in der Spinnlösung gefärbt werden, entstehen hochwertige Textilien meist auf der Basis gefärbter Garne.

Verwendung finden wässrige Farblösungen oder Dispersionen aus einer Mischung unterschiedlicher Farbstoffe.

Die Widerstandsfähigkeit der Färbung gegen äußere Einflussfaktoren wird als Farbechtheit bezeichnet. Des Weiteren unterscheidet man Stoffe mit Eigenschaften wie lichtecht, waschecht, bügelecht, wetterecht, kochecht, reibecht.

| Farbstoffe | | | |
|---|---|---|---|
| **Farbstoff** | **Anwendungsgebiet** | **Färbevorgang** | **Echtheit** |
| Direktfarbstoff (Substantivfarbstoff) | Baumwolle, Viskose, Seide | Der Farbstoff zieht direkt auf die Faser auf. | In der Regel geringe Licht-, Wasch- und Schweißechtheit. Kann durch Nachbehandlung verbessert werden. |
| Reaktivfarbstoff | Baumwolle, Viskose, Wolle, Seide | Der Farbstoff geht mit der Faser eine chemische Verbindung ein. | Hohe Echtheit. |
| Küpenfarbstoff (Küpe = alte Bez. für Färbebottich o. Färbebad) | Baumwolle, Viskose | Der wasserlösliche Farbstoff wird durch Reduktion in dem Färbebad gelöst. Nach der Färbung wird er dann durch Oxidation wieder in einen unlöslichen Farbstoff umgewandelt. | Sehr hohe Wasch-, Chlor-, Koch-, Licht-, Wetter-, Reib-, und Schweißechtheit. |
| Schwefelfarbstoff | Baumwolle, Leinen | Wasserunlöslich (vgl. Küpenfarbstoff). | Waschecht, nicht licht- und chlorecht. Nur stumpfe Farbtöne. |
| Entwicklungsfarbstoff | Baumwolle, Viskose, Polyester | Zwei verschiedene Chemikalien entwickeln sich auf der Faser zum Farbstoff. | Gute Echtheiten. |
| Metallkomplexfarbstoff | Wolle, Polyamid, Polyester | Wasserunlöslich; die Farbpartikel werden dispergiert, d.h. gleichmäßig in der Farbflotte verteilt. | Gute Echtheiten. |
| Säurefarbstoff | Wolle, Seide, Polyamid | Anfärbung in saurer Flotte. | Je nach Farbstoffaufbau und Rohstoff unterschiedliche Echtheiten. |
| Dispersionsfarbstoff | Acetat, Polyester, Polyamid | Die Farbpartikel sind in der Flotte dispergiert (fein verteilt) und werden in das Faserinnere aufgenommen (»lösen« sich in der Faser). | Gute Echtheiten. |
| Basische und kationische Farbstoffe | Polyacryl (PAN), Baumwolle, Viskose | Anfärbung durch basische Reaktion. Bei PAN gehen die Farbstoffe eine chemische Verbindung mit der Faser ein. | Bei Polyacryl sehr gute Echtheiten, sonst geringe Echtheiten. |
| Chrombeizenfarbstoff | Wolle, Synthesefasern | Die Farben werden auf der Faser mit Metallsalzen in einem wasserunlöslichen Lack umgewandelt. | Geringe Reibechtheit, sonst gute Echtheiten. |

*Abb. 28: nach [5]*

*Fixieren:* Stoffe erhalten beim Fixieren eine erhöhte Formstabilität. Falten in Kleidern, Blusen und Hosen werden auf Dauer versteift. Bei synthetischen Stoffen geschieht dies unter Einfluss von Heißluft und Druck (*Thermofixieren*). Bei Wolle werden Chemikalien verwendet. Eine der bekanntesten Methoden zur Steigerung der Formstabilität ist die Bügelfalte.

*Flammfest ausrüsten:* Insbesondere chemische Fasern, die bei Hitzeeinwirkung schmelzen und brennen können, werden mit nicht brennbaren Substanzen beschichtet und sind somit schwer entflammbar. Hautverletzungen werden präventiv verhindert.

*Fleckenschutzausrüstung:* Durch Behandlung mit silikonhaltigen Substanzen, fluorhaltigen Emulsionen oder Kunstharzen werden Stoffe fleckenabweisend. Die Substanzen haben zusätzlich auch wasserabweisende Effekte.

*Imprägnieren:* Zur Erzielung wasserabweisender Eigenschaften werden Stoffe für Regenbekleidungen und Zelte mit chemischen Mitteln getränkt (z.B. Silikon) oder mit *Paraffinwachsen* eingerieben. Die Luftdurchlässigkeit bleibt jedoch erhalten. Es existieren Imprägnierungsmittel, die selbst bei chemischer Reinigung nicht entfernt werden.

*Kalandern:* Kalandern gehört zu den Verfahren, mit denen Textilien eine besonders gleichmäßige Oberfläche erhalten und in ihren Eigenschaften optimiert werden. Hierzu werden die Textilien unter hohem Druck zwischen beheizte Zylinder gepresst. Die Gravur der Zylinderoberfläche wird auf den Stoff übertragen. Baumwollfasern erhalten durch Riffeln einen seidigen Glanz. Durch *Chintzen* entstehen leicht glänzende, wachsartige Oberflächen.

*Karbonisieren:* Pflanzliche Verunreinigungen werden beim Karbonisieren aus Wolltextilien entfernt. Zellulosebestandteile zerfallen unter Einfluss von Schwefelsäure zu Asche und können durch Klopfen bzw. Bürsten entfernt werden.

*Kaschieren:* Durch Aufeinanderkleben verschiedener Stoffe werden spezielle Eigenschaften erzielt. Synthetische Stoffe können unter Einfluss von Druck und Heißluft permanent miteinander verbunden werden. Kaschierte Textilien sind in Outdoor-Bekleidungen, Zelten oder Schuhen zu finden.

*Knitterarm ausrüsten:* Stoffe aus Viskose, Baumwolle und Leinen neigen zum Knittern. Um die Notwendigkeit zum Bügeln von Oberbekleidung wie Hemden und Blusen zu verringern, werden Textilien knitterfrei ausgerüstet. Hierfür können sowohl Chemikalien als auch Kunstharze verwendet werden. Poren und Hohlräume erhalten eine stabilisierende Struktur, sind formstabiler und trocknen schneller. Knitterarm ausgerüstete Stoffe werden auch mit den Prädikaten »bügelfrei« oder »pflegeleicht« versehen.

*Kapitel TEX*
**Textilien**

*Krumpfen:* Krumpfen ist ein Verfahren zur Vorwegnahme des Einlaufens von Stoffen, um unerwünschte Längenveränderungen nach Gebrauch zu vermeiden. Hierzu werden die Textilien im Produktionsprozess Zug- und Streckbeanspruchungen ausgesetzt, wodurch Spannungen in die Faserstruktur eingebracht werden. Eine anschließende Nassbehandlung und Trocknung simuliert die typischen Maßänderungen.

*Klopfen:* In Klopfmaschinen werden Verunreinigungen, die z.B. durch Sengen oder Karbonisieren entstehen, mechanisch entfernt.

*Laugieren:* Laugieren ist ein Veredelungsverfahren für Baumwollgewebe, bei dem mit alkalischen Substanzen (kalter Natronlauge) jedoch ohne Spannung bzw. Streckung eine bessere Anfärbbarkeit der Fasern (Farbstoffersparnis) erzielt wird. Nach der Behandlung liegt eine höhere Zugfestigkeit des Fasermaterials vor. Die Scheuerfestigkeit nimmt ab

*Mattieren:* Synthesefasern kann durch Zugabe von Chemikalien in die Spinnlösung ein mattes Aussehen verliehen werden.

*Merzerisieren:* Durch die Behandlung mit konzentrierter Natronlauge oder Ammoniak erhalten sich unter Spannung befindliche Baumwollfasern einen nahezu gleichmäßig runden Durchmesser. Merzerisieren erhöht die Reißfestigkeit von Baumwollstoffen, bewirkt einen waschbeständigen Glanz und verbessert die Weichheit aus Baumwollgarnen gefertigter Textilprodukte.

*Mottensicher ausrüsten:* Um den Befall von Wollfasern durch Motten zu verhindern, werden Textilien in chemische Substanzen wie *Eulan* oder *Mitin* getränkt. Die Wirkung geht beim Waschen oder Reinigen nicht verloren.

*Prägen (Gaufrieren):* Dreidimensionale Muster werden bei glatten Stoffen durch gravierte Walzen unter Druck und Dampf eingebracht. Bei synthetischen Stoffen können die Prägestrukturen dauerhaft unter Hitze fixiert werden. Die Muster werden bei Zellulosefasern abschließend mit Kunstharz behandelt.

*Rauen:* Mit Schleifwerkzeugen und Walzen werden die Oberflächen insbesondere von Woll-, Baumwoll- und Viskosestoffen aufgeraut. Die Zerfaserungen stehen hervor. Der Stoff erhält ein größeres Volumen und wärmende Eigenschaften.

*Ratinieren:* Durch Bürsten und Reiben werden örtlich Muster hervorgerufen.

*Scheren:* Rauwaren, Plüsch oder Samt erhalten durch Entlangführen von rotierenden Schermessern eine gleichmäßige Faserausrichtung. Durch Einsatz von Schablonen können auch Muster erzielt werden. Insbesondere bei Wollwaren dient das Verfahren zur Beseitigung von hervorstehenden Faserenden und sorgt für glatte Oberflächen.

*Sengen:* Beim Sengen werden aus Textilien herausstehende Faserenden abgebrannt. Die Textilfläche wird hierzu an einer offenen Gasflamme vorbeigeführt. Resultat ist eine hochglatte Oberfläche mit klarer Faseroptik. Das Verfahren wird überwiegend bei Baumwolle verwendet.

*Spannen:* Durch Aufspannen von Stoffen auf einen Spannrahmen während der Trocknung werden Fadenverzüge ausgeglichen, die im Produktionsprozess entstanden sind. Textile Flächen erhalten eine gleichmäßige Breite.

*Outdoorstoffe »Color protect«./ Foto: JAB Josef Anstoetz KG*

*Transparentieren:* Transparente und glasige Stoffe aus Baumwolle entstehen durch Behandlung mit Schwefelsäure. Nach dem Transparentieren sollten die Fasern merzerisiert werden.

*Walken:* Beim Walken werden Wolltextilien durch kontrollierte Verfilzung verdichtet, um den Stoffen eine größere Geschlossenheit und höhere Festigkeit zu verleihen. Die verfilzten Strukturen entstehen unter Einfluss von Feuchtigkeit, Wärme und chemischen Substanzen wie Seifen, Ameisen-, Schwefel- und Essigsäuren unter Knet- und Stauchbewegungen.

Detaillierte Informationen zur Textilienveredelung findet man in Kastner 1991, Rouette 1995 und Wulfhorst 1998. Eine Auflistung aller textilen Drucktechnologien ist in Eberle 2003 enthalten. Anwendungsfelder veredelter Textilien werden unter anderem in Beylerian, Dent 2005 gegeben.

## TEX 4
**Vorstellung einzelner Textilfasern**

### TEX 4.1
**Pflanzliche Naturfasern**

#### TEX 4.1.1
**Pflanzliche Naturfasern – Baumwolle**

Baumwolle ist als textiles Material seit etwa 8000 Jahren bekannt (Hobhouse 2001). Sie wird aus den Samenfasern der Baumwollpflanze gewonnen, die zur Reifezeit wie ein Wattebausch mit einem Durchmesser von 5–6 cm aus der Fruchtkapsel herausquellen. Die Faserkapseln werden von Hand oder mit Pflückmaschinen geerntet und anschließend zu Ballen gepresst. Auf Grund der unkomplizierten Gewinnung ist Baumwolle verhältnismäßig preisgünstig. Anbaugebiete liegen in tropischen und subtropischen Gebieten. Typische Baumwollstoffe sind Cord, Linon, Nessel, Mull, Flanell, Finette, Popeline, Kretonne und Samt.

*Eigenschaften*
Baumwollfasern bestehen zu einem großen Anteil (80–90%) aus nicht verholzter Zellulose. Die Fasern sind gegen mechanische und chemische Einflüsse äußerst widerstandsfähig sowie reiß-, nass- und kochfest. Die Naturfaser ist elastisch, aber wenig formbeständig und beult nach längerer Belastung aus. Außerdem neigt Baumwolle zum Fusseln, weist aber eine gute Feuchtigkeitsaufnahme auf und ist hautverträglich. Textilien aus Baumwolle sind einfach zu reinigen, laufen allerdings nach dem ersten Waschen leicht ein.

*Bild: Bettwäsche aus Baumwollsatin./ Foto: Manufactum*

*Verwendung*
Baumwolle wird außer für übliche Bekleidung (z.B. Hemden, T-Shirts, Kleider, Unterwäsche, Hosen, Arbeitskleidung) auch für Haushaltswäsche (z.B. Handtücher, Bettwäsche) und Heimtextilien (Vorhänge, Möbelbezüge, Gardinen) sowie Babywäsche verwendet. Nur ein sehr geringer Teil der Baumwollproduktion kommt in technischen Bereichen zur Anwendung.

*Verarbeitung*
Die natürlichen Fasern werden in Spinnereien (z.B. Dreizylinder-, Rotorspinnereien) zu Fadenmaterial verarbeitet. Baumwolle ist leicht zu färben. Die Färbung kann durch Laugieren unterstützt werden ↗ TEX 3. Außerdem erhält sie durch Merzerisisieren einen edlen Glanz. In weiteren Veredelungsschritten werden die Fasern aufgeraut und transparentiert oder werden knitterfrei, einlaufsicher und wasserabstoßend gemacht. Letzte Entwicklungen im Bereich der Produktionstechnologie und Veredelung machen eine bleibende Verformung von Gewirken und Kleidungsstücken wie BHs, Unterwäsche und Prothesen aus 100% Baumwolle möglich.

#### TEX 4.1.2
**Pflanzliche Naturfasern – Kapok**

Kapok wird auch Ceibawolle oder Pflanzendaunen genannt und aus den 1,5 bis 4 cm langen Samenfasern der Kapokfrucht gewonnen. Die tropischen Anbaugebiete des Kapokbaumes liegen in Brasilien, Indien, Mexiko, Indonesien und in Teilen Afrikas.

*Eigenschaften*
Kapokfasern sind weich und glänzend und besitzen eine sehr geringe Festigkeit. Mit etwa 0,35 g/cm$^3$ fällt die Dichte ebenfalls sehr gering aus. Ein feiner Wachsüberzug auf den Fasern bewirkt wasserabweisende Eigenschaften.

*Bild: Kapokfaser.*

*Verwendung*
Die Neigung zu fehlender Benetzbarkeit und die geringe Dichte machen Kapok insbesondere für Schwimmwesten, Rettungsringe und Matratzen geeignet. Außerdem werden die Fasern als Polstermaterial, Dämmstoff, Füll- und Isoliermaterial verwendet.

*Verarbeitung*
Auf Grund des Wachsüberzugs können Kapokfasern nicht versponnen werden. Es lassen sich aber Kapok-Vliese herstellen, die beispielsweise als Trittschalldämmung bei Parkettböden zur Anwendung kommen.

*Kapitel TEX*
**Textilien**

### TEX 4.1.3
**Pflanzliche Naturfasern – Leinen (Flachs)**

Bis die Leinenfaser in der Mitte des 19. Jahrhunderts von der Baumwolle in der Bedeutung abgelöst wurde, war die aus den Stengeln des Flachses gewonnene Naturfaser vor allem in Europa der wichtigste textile Rohstoff überhaupt. Schon im Altertum wurden Leinen für Schiffssegel verwendet. Die Flachspflanze muss jedes Jahr neu gepflanzt werden und ist nach 90–120 Tagen erntereif. Zu den Leinenstoffen zählen Drell, Siebleinen, Klötzelleinen.

*Eigenschaften*
Stoffe aus Leinen sind reißfest, sehr widerstandsfähig und flusen nicht. Wie Baumwolle ist Leinenstoff wenig elastisch und knitteranfällig. Die sehr glatte Oberfläche weist einen natürlichen, matt-seidigen Glanz auf und ist abweisend gegenüber Schmutz. Der Stoff ist zudem luftdurchlässig und nimmt leicht Feuchtigkeit auf, gibt sie aber auch schnell wieder ab. Somit ist er für Textilien in heißem Klima gut geeignet und wirkt kühlend auf die Haut. Reinleinen hat einen Leinenanteil von mindestens 85%. Bei Halbleinen beträgt dieser mindestens 40%. Neben anderen Naturfasern werden auch Chemiefasern zugemischt.

*Verarbeitung*
Flachs wird in Bastfaserspinnerein zu Leinengarn versponnen. Es lässt sich leicht färben. Leinenstoffe werden vielfach gebleicht und Veredelungsprozessen ↗ TEX 3 unterzogen, um sie knitterfrei, pflegeleicht oder farbecht zu machen.

### TEX 4.1.4
**Pflanzliche Naturfasern – Hanf**

Als Nutzpflanze wird Hanf seit fast 10000 Jahren verwendet. Damit hat die Faser eine längere Geschichte als Leinen oder Baumwolle. Es wird zwischen **Nutz-**, **Schmuck-** und **Medizinalhanf** mit dem Wirkstoff THC unterschieden. Auf Grund der halluzinogenen Wirkung ist der Anbau nur weniger Sorten für die Fasergewinnung erlaubt (Herer, Bröckers 1996).

*Eigenschaften*
Hanffasern weisen eine besonders hohe Festigkeit auf und verrotten nur langsam. Die Dehnbarkeit und Elastizität liegt in etwa im Bereich von Leinen. Das Fasermaterial neigt wenig zur Aufnahme von Wasser, was es in Ergänzung mit der Widerstandsfähigkeit gegen Salzwasser besonders für Segeltücher geeignet macht.

*Nachwachsende Werkstoffe*
Naturfasermaterialien gewinnen insbesondere in der Automobilindustrie zunehmend an Bedeutung. Schon heute werden sie für die Türinnenverkleidung, Reserveradmulde oder Hutablage verwendet. Durchschnittlich 3,5 kg Flachs oder Hanf stecken mittlerweile in jedem Pkw. Da pflanzliche Fasern leicht, biegsam und stabil sind, werden sie zur Faserverstärkung von Kunststoffen immer häufiger eingesetzt. Bei Bruch splittern diese kaum.

*Bild: Schalen aus Palmblättern.*

*Bild: Jacke aus Leinen.*

*Verwendung*
Leinenstoffe werden insbesondere für Bekleidung wie Kleider, Röcke und Hemden und für Heimtextilien wie Bettwäsche, Tisch- oder Trockentücher und Vorhänge verwendet. Man findet Flachs auch in Tapeten und Bucheinbänden. Außerdem kommt die Naturfaser bei der Herstellung von Koffern, Säcken, Taschen und Schuhen sowie zur Polsterung von Möbeln zur Anwendung. Am Bau wird es als Dämmmaterial und in Mörtel, Putz, Ziegeln und Faserzementplatten verarbeitet. Banknoten werden häufig aus Leinen hergestellt. In der Automobilindustrie dient die Faser zur Verstärkung von Brems- und Kupplungsbelägen sowie zur Ausfüllung von Pressteilen und Verkleidungselementen. Für die Zukunft wird ein vermehrter Einsatz des Materials in faserverstärkten Kunststoff- und Betonteilen erwartet. Bei Feuerfestanwendungen dient Flachs als Asbestersatz.

*Bild: Schuh aus Hanf./ Foto: Manufactum*

*Verwendung*
Das Anwendungspotenzial von Hanffasern ist vielfältig. Im Baugewerbe werden sie zu Baustoffplatten und Hohlraumziegel verarbeitet und kommen als Dämmmaterial zur Anwendung. Weitere Hanfprodukte sind Planen, Teppiche, Tücher, Netze und Seile. Kleidung aus Hanf ist in den letzten Jahren wieder populär geworden. Auch hochwertige Papiere ↗ PAP werden unter Verwendung von Hanf hergestellt. Zur Produktion von Brems- und Kupplungsbelägen wird der Naturwerkstoff im automobilen Bereich genutzt.

*Verarbeitung*
Hanffasern werden in Bastfaserspinnereien zu Garnen und Fäden verarbeitet. Auch dient das Fasermaterial zur Herstellung von Vliesen.

## TEX 4.1.5
### Pflanzliche Naturfasern – Jute

Jute wird aus den Stengeln der Jutepflanze gewonnen und zählt neben Hanf, Flachs und Ramie zu den Bastfasern. Die Anbaugebiete der 3–5 Meter hohen Pflanzen liegen in den tropischen Zonen Pakistans, Indiens, Brasiliens und Bangladeschs.

*Eigenschaften*
Die mechanischen Eigenschaften von Jutefasern sind in etwa vergleichbar mit denen von Leinen. Die Verarbeitung fällt ähnlich aus. Jutefasern verholzen stark und faulen schnell. Auffällig ist ihr starker Geruch.

Bild: Jutesack.

*Verwendung*
Jute wird in Form grober Gewebe für Verpackungen, Polster, Gurte oder Wandbespannungen verwendet. Auch dient die Naturfaser als Grundgewebe für Teppichböden und als Basismaterial für Linoleumböden. Häufig wird sie als Verpackungswerkstoff verwendet.

*Verarbeitung*
Auf Grund der starken Verholzung HOL im Reifealter lassen sich unreife Fasern leichter zu Garnen verspinnen als reife. Letztere müssen vor dem Spinnen (Bastfaserspinnerei) in einer speziellen Behandlung geschmeidig gemacht werden. Die Färbung des Materials ist unkompliziert.

## TEX 4.1.6
### Pflanzliche Naturfasern – Ramie

Ramie ist eine Bastfaser aus den Stengeln der Ramiepflanze (auch *Chinagras* genannt). Diese wird vorwiegend in den Vereinigten Staaten, China und Indien angebaut.

Bild: Ramie wird als kurze Stapelfaser für Banknoten verwendet.

*Eigenschaften*
Die Gebrauchsmerkmale der Ramiefaser ähneln denen von Flachs. Sie glänzt und ist bekannt für ihre hohe Festigkeit. Ramiefasern sind zudem saugfähig und fäulnisbeständig. Die Reißfestigkeit nimmt in nassem Zustand zu. Elastizität und Dehnbarkeit sind gering. Die Bastfasern werden überwiegend in Fasergemischen mit Wolle, Baumwolle oder Seide verarbeitet. Ihre Lichtbeständigkeit ist hoch.

*Verwendung*
Typische Produkte aus Ramiefasern sind hochbeanspruchte Seile, Fallschirmstoffe, Schlauchgewebe, Nähzwirne, Bänder und Riemen. Zudem werden sie zur Herstellung von Banknoten und als Grundgewebe für Teppiche verwendet.

Bild: Fallschirmstoff aus Ramiefasern.

*Verarbeitung*
Ramiefasern können gebleicht und gefärbt werden. Sie werden in verschiedenen Spinnverfahren zu Garnen versponnen.

### TEX 4.1.7
### Pflanzliche Naturfasern – Sisal

Sisalfasern werden aus den Blättern der Sisalagave, einer von 136 Agavenarten, gewonnen. Der Stamm wird bis zu einem Meter hoch und 12 Jahre alt. Die tropischen Anbaugebiete liegen in Brasilien, Mexiko (Yucatán), Indonesien und Ostafrika.

*Eigenschaften*
Sisalfasern haben einen harten Griff und weisen eine hohe Reißfestigkeit auf, wodurch sie insbesondere für die Verarbeitung zu Seilen und Netzen geeignet sind. Dies wird durch die hohe Resistenz der Fasern gegenüber Feuchtigkeit unterstützt. Sisalfasern sind nahezu weiß, glänzend und können auf einfache Weise gefärbt werden.

*Verwendung*
Außer für die Herstellung von Seilen und Netzen sind Sisalfasern für Teppiche, Fußmatten, Sandalen oder Möbelstoffe geeignet.

*Bild: Teppich aus Sisal.*

Bodenbeläge aus Sisal wirken klimaregulierend, sind antistatisch, schmutzabweisend und können leicht gereinigt werden. Besondere Sisal-Produkte sind Hängematten und Dartscheiben.

*Bild: Hängematte aus Sisal.*

*Verarbeitung*
Zur Vorbereitung der Verarbeitung des Fasermaterials in der Spinnerei werden Sisalblätter zunächst gereinigt, getrocknet, geschlagen und anschließend gebürstet. Nach dem Trocknen bleiben etwa 4% des ursprünglichen Blattgewichtes übrig.

### TEX 4.1.8
### Pflanzliche Naturfasern – Manila

Manila sind Hartfasern aus den Blattscheiden einer speziellen, 3–6 Meter hohen Bananenart, die in Brasilien, Indonesien, Mexiko und Ostafrika angebaut wird. Der Name der Hauptstadt der Philippinen ist von der Naturfaser abgeleitet.

*Eigenschaften*
Die Reißfestigkeit von Manila übersteigt die der Sisal- oder Baumwollfaser.

*Bild: Seile aus Manila.*

Die Widerstandsfähigkeit gegen Meerwasser ist darüber hinaus in besonderem Maße gegeben, wodurch sich die Faser besonders zur Anfertigung von Seilen, Tauen und Netzen für den Schiffsbau eignet. Manilafasern weisen zudem eine geringe Dichte auf.

*Verwendung*
Neben der Verwendung im marinen Umfeld werden Manilafasern zur Herstellung von Matten und Säcken verwendet.

*Verarbeitung*
Manilafasern können nicht gesponnen werden. Die Faserabfälle dienten früher zur Verarbeitung zu feinem und hochwertigem Papier (Manilapapier).

## TEX 4.1.9
### Pflanzliche Naturfasern – Kokos

Unter Kokosfasern versteht man die groben Haarstränge der Kokosnuss, die etwa ein Drittel der Masse der Fruchtschale ausmachen. In den tropischen Regionen der Erde werden sie zu Stricken und Geflechten verarbeitet. Als Exportware gelangen Garne und Produkte aus Kokosfasern vor allem aus Vorderindien, Sri Lanka und Indonesien in die westlichen Industrienationen.

*Eigenschaften*
Kokosfasern sind die einzigen vollständig fäulnisbeständigen Naturfasern. Sie sind sehr leicht, elastisch und bruchfest. Die hohle und luftspeichernde Struktur macht sie besonders für Dämmmaterial geeignet. Kokosfasern sind zudem sehr widerstandsfähig und scheuerfest. Sie nehmen wenig Schmutz auf und werden daher häufig zu Fußabtretern und Bodenbelägen verarbeitet.

*Verwendung*
Kokosfasern kommen in folgenden Produktbereichen zur Anwendung: Trittschallplatten, Fußmatten, Filter, Stricke, Seile, Bürstenhaare sowie Wärme- und Schalldämmfilze. Darüber hinaus finden sie im Automobilbereich als Füllmaterial für Kopfstützen Verwendung.

*Verarbeitung*
Das Naturfasermaterial wird neben Seilen oder Stricken zu Platten und Matten verarbeitet. In einem Röstprozess erfolgt zuerst die Trennung der feineren Gewebeelemente der einzelnen Stränge. Anschließend werden die Fasern gewaschen und so lange gelagert bis alle zersetzbaren Stoffe verrottet sind. Je nach Verarbeitungstechnik erfolgt eine Trennung in lang- und kurzfaserige Sorten. In jüngster Zeit werden Kokosfasern auch zur Herstellung von Pflanz- und Kulturgefäßen eingesetzt. Ein Patent wurde hierzu an der FH Osnabrück entwickelt. Die in wirrer Anordnung vorliegenden Fasern werden durch Zugabe eines Naturkautschuks KUN 4.3.1 durch Pressen in einer Topfform fixiert. Das Gefäß ist im Vergleich zu konventionellen Plastiktöpfen (meist aus Polypropylen KUN 4.1.2) natürlich abbaubar. Die im Kokosfasertopf (Marke: Cocopot®) gezüchteten Pflanzen müssen nicht mehr umgetopft oder ausgepflanzt werden. Die Wurzel kann durch die poröse Wand hindurch wachsen. Der Topf wird mit eingepflanzt und vermodert. Ein weiterer Vorteil liegt in der Natürlichkeit des Wurzelwachstums. Der im Plastiktopf übliche Drehwurzelwuchs bleibt aus. Erreicht die Wurzel die Topfwand, wird das Wachstum durch Sonneneinstrahlung gebremst.

*Bild: Blumentopf aus latexierten Kokosfasern.*

## TEX 4.2
### Tierische Naturfasern

## TEX 4.2.1
### Tierische Naturfasern – Wolle

Die Verwendung von Tierhaaren für die Textilherstellung ist seit Jahrtausenden bekannt. Das Tier, das am häufigsten zur Gewinnung von Naturfasern herangezogen wird, ist das Schaf.

*Bild: Alpakas in Bolivien.*

Es kann ein- bis zwei Mal im Jahr geschoren werden. Hierfür stehen elektrische Schermaschinen zur Verfügung. Die Länder mit der höchsten Schafwollgewinnung sind Australien, Neuseeland, China, Südafrika und Argentinien. Auch das Fell von Ziegen, Kaninchen und Kamelen liefert zum Teil hochwertige Wollsorten (z.B. Kaschmir, Mohair, Angora). In den Anden wird das Fell der Lamaarten *Alpaka*, Lama, Vikunja und Guanako für die Herstellung von Textilien genutzt. Typische Wollstoffe sind Bouclé, Flanell, Flausch, Shetland und Tweed.

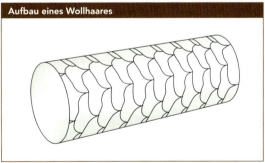
*Abb. 29*

*Bild: Decke aus Alpakafasern.*

## Eigenschaften

Wollfasern bestehen zu 85% aus Luft. Sie wirken isolierend gegen Wärmeverlust, sind dehnbar, überaus elastisch und knittern wenig. Die Oberfläche der Fasern ist stark wasserabweisend; Tropfen perlen ab. Das Faserinnere kann große Feuchtigkeitsmengen aufnehmen, ohne als feucht empfunden zu werden. Wolle ist sehr luftdurchlässig, was bei starkem Wind Wärmeeinbußen mit sich bringt. Schmutz und Gerüche setzen sich nur schwer in der Struktur der Wollfasern fest. Unter Einfluss von Wärme und Feuchtigkeit neigen sie aber zum Verfilzen. Daher werden Textilien aus Wolle nur bei Temperaturen bis 30°C gewaschen und dürfen nur mit mäßiger Hitze gebügelt werden. Auf der Haut fühlen sich Wollfasern oftmals kratzig an. Hinsichtlich Feinheit, Faserlänge und Kräuselung wird in *Fein-*, *Mittel-* und *Grobwolle* unterschieden.

In der Textilherstellung werden Wollfasern meist mit anderen Fasern vermischt. Reine Schurwolle besteht nur aus frischen Tierfasern. Hier werden keine Alttextilien verwendet. *Reißwolle* besteht aus Textilabfällen und Lumpen, die zuvor in einem Reißwolf zu einzelnen Fasern zerkleinert wurden.

Bild: Reißwolle.

### Kaschmir
*Das Haar der Kaschmirziege ist die feinste und edelste Naturfaser, noch vor der des südamerikanischen Alpakas.*

Bild: Decke aus Kaschmir./ Foto: Manufactum

### Wollsorten und deren Eigenschaften

```
                    Wolle
        ┌─────────────┼─────────────┐
   Schafwolle    feine Tierhaare   Reißwolle
        │             │                │
  Lammwolle/        Alpaka      aus wieder
  Lambswool           │         aufbereiteter
        │            Lama           Wolle
     Merino            │              │
        │         Vinkunja usw.       │
   Crossbred                      Wolle/
        │                        Reine Wolle
     Cheviot
        │
  Reine Schurwolle
   (Wollsiegel)
        │
   Beimischungen
  (Combi-Wollsiegel)
```

| Wollsorte | Eigenschaften | Herkunftstier | Verwendung |
|---|---|---|---|
| Lammwolle | weich, sehr fein | Lamm | Oberbekleidung, Schal |
| Merinowolle | sehr fein und weich, gekräuselt | Merinoschaf | Pullover, Schal, Socken |
| Cool Wool | sehr fein und leicht | austral. Merino | leichte Textilerzeugnisse |
| Croobredwolle | fein, wenig gekräuselt | Crossbedschaf | grobe und strapazierfähige Bekleidung |
| Cheviotwolle | grob, wenig gekräuselt | Cheviotschaf | Teppich, Möbelbezüge |
| Angorawolle | sehr dünn, sehr wärmend | Angorakaninchen | Oberbekleidung, Unterwäsche |
| Mohairwolle | glänzend, weich, fein | Angoraziege | Mäntel, Anzüge |
| Kaschmirwolle | sehr fein, weich, glänzend, hell | Kaschmirziege | Anzüge, Schal, Damenbekleidung |
| Kamelhaar | sehr fein, weich, glänzend | Kamel | Teppiche, Pferdedecken, Mäntel, Decken |
| Lamawolle | glänzend, fein, weich | Alpaka, Lama, Vikunja, Guanako | Pullover, Schal, Decken |
| Pashima | dünnste Naturfaser, wärmste, weichste und leichste Wolle | Chyandra-Bergziege | Pashima-Schal |

Abb. 30: nach [2]

## Verwendung

Wolle kann zu allen Bekleidungstextilien verarbeitet werden. Auf Grund der hervorragenden Wärmeisolierung und der geringen Entflammbarkeit werden Wollfasern zudem als Dämm- und Brandschutzmaterial verwendet. Arbeitskleidung und Matratzen können aus Wolle hergestellt werden.
Die Fasern werden auch für Decken, Möbelbezüge im Haushalt oder für Polsterungen in der Flugzeug- und Fahrzeugindustrie eingesetzt. Schafwolle ist der wichtigste Rohstoff für die Herstellung von Knüpfgeweben und Teppichen (Zarif 2003).

Bild: Wollteppich.

## Verarbeitung

Nach der Reinigung der geschorenen Wollfasern erfolgt ihre Weiterverarbeitung. Im textilen Herstellungsprozess wird zwischen Kamm- und Streichgarn unterschieden. Qualitativ hochwertiger ist das gekämmte Fadenmaterial, da es sich weniger kräuselt als das lediglich gestrichene, aber dafür flauschige Streichgarn. Wolle wird zu Stoffen verwebt oder zu Teppichen geknüpft. Auch lassen sich Filze und Vliese herstellen. Wolle ist leicht zu färben.
Durch Veredelung können Wollstoffe mottensicher, maschinenwaschbar und filzfrei gemacht werden.

## TEX 4.2.2
## Tierische Naturfasern – Seide

Seide gehört zu den edelsten Naturprodukten und hochwertigsten Fasern. Sie wurde in China entdeckt und gelangte erst im Jahr 550 nach Europa. Der Rohstoff stammt vom Kokon und Faden der *Seidenraupe*. Diese ernährt sich von den Blättern des Maulbeerbaumes. Die Zucht ist an den Baum gebunden und daher sehr aufwendig und kostenintensiv. Rohseide wird in China, Indien, Brasilien und Japan hergestellt. Seidenraupen werden auch in Frankreich und der Türkei gezüchtet. Chiffon, Damassé, Duchesse, Pongé, Satin, Taft oder Twill sind bekannte Seidenstoffe.

Bild: Seidenstoffe./ Foto: JAB Josef Anstoetz KG

### Eigenschaften
Charakteristisch für Seide ist ihr edler, leicht schimmernder Glanz. Sie ist zudem sehr leicht und lässt sich angenehm und bequem auf der Haut tragen. Seide weist von allen Naturfasern die größte Reiß- und Scheuerfestigkeit auf. Im Vergleich würde bei gleicher Dicke ein Seil aus Seide mehr Gewicht tragen können, als eines aus Stahl (Kesel 2005). Neben der hohen Festigkeit ist für Seidenstoffe eine gute Formbeständigkeit charakteristisch. Sie knittern kaum; Falten hängen sich leicht wieder aus. Seide reagiert allerdings empfindlich auf Hitze und Feuchtigkeit. Daher sollten Seidenstoffe bei mäßiger Temperatur entweder von Hand gewaschen oder chemisch gereinigt werden. Heißes Bügeln ist zu vermeiden. Bei richtiger Pflege können Seidenstoffe ohne Qualitätseinbußen über Jahre genutzt werden.

### Verwendung
Seide wird wegen der hohen Kosten insbesondere zu edler und repräsentativer Bekleidung verarbeitet. Zu diesen zählen Krawatten, elegante Kleider und Damenwäsche, Schals oder Hüte.

Bild: Sari aus gewebter Seide./ Indien

Der Stoff wird auch zu Dekorationszwecken in Lampenschirmen und für Bettwäsche verwendet. Seidenteppiche sind auf Grund ihres Glanzes und der Feinheit des Fadens besonders wertvoll. Da Seide sehr gut Farbstoffe aufnimmt, werden Seidenstoffe traditionell zur Malerei verwendet (Huber et al. 1998).

### Verarbeitung
Die Bestandteile des Kokons der Seidenraupe werden in unterschiedlichen Verfahren und Qualitäten zu Seide verarbeitet. Die hochwertige *Haspelseide* entsteht durch Abhaspeln mehrerer Kokons. Die kürzeren Fasern, die sich nicht wickeln lassen, werden zu Nähgarnen der *Schappeseide* im Kammgarnverfahren versponnen. Faserabfälle können zu groben *Bouretteseidengarnen* gestrichen werden. Seide nimmt sehr gut Farbstoffe auf. Besonders im asiatischen Raum ist die Seidenmalerei populär.

Ein Verzeichnis zu den wichtigsten Naturfasern mit deren Eigenschaften befindet sich in Schenek 2001.

## TEX 4.3
## Zellulosefasern

### TEX 4.3.1
### Zellulosefasern – Viskose, Modal

*Eigenschaften*
Viskose und Modal sind weiche und feine, sehr hautverträgliche Fasermaterialien mit baumwollähnlichen Eigenschaften. Sie können sowohl mit einer glänzenden als auch mit einer matten Oberfläche hergestellt werden. Nachteilig für Viskose ist die nur mäßige Nassfestigkeit. Modalfasern weisen bessere Eigenschaften auf, sind zudem elastischer und formbeständiger und besitzen günstigere Gebrauchsqualitäten (z.B. besseres Trocknungsvermögen, knitterarm). Beide Fasersorten neigen stark zur Aufnahme und Speicherung von Flüssigkeit. Wegen ihres sehr guten Quellvermögens eignen sie sich insbesondere zur Herstellung von Hygieneprodukten (z.B. Tampons).
Bekannte Marken für Viskose sind beispielsweise Enka Viskose® oder Danufil® und für Modal Micro Modal® oder Vincel®.

*Bild: Dekorativer Ausbrenner aus Viskose-Leinen-Polyester./ Foto: JAB Josef Anstoetz KG*

*Verwendung*
Viskosefasern werden für die meisten üblichen Textilien wie Unterwäsche, Kleider, Hemden, Mäntel, Vorhänge oder auch für Dekorationsstoffe und Strickwaren verwendet. Modal kommt insbesondere für Tischdecken und Bettwäsche sowie als Stoff für Hemden und Blusen zur Anwendung.

*Verarbeitung*
Die Herstellung von Modal und Viskose erfolgt auf Basis von Zellulosefasern im Viskoseverfahren ↗ TEX 2.1, die anschließend nass versponnen werden. Als Quelle für das Rohmaterial dienen Fichten, Pinien oder Buchen. Sowohl Viskose als auch Modal werden in der Textilproduktion meist mit Baumwolle und Polyester vermischt. Eine knitterfreie Veredelung lässt sich für Viskose unter Verwendung von Kunstharz erzielen.

### TEX 4.3.2
### Zellulosefasern – Lyocell

Der Fasername Lyocell ist vom Herstellungsverfahren abgeleitet. Dabei werden die Zellulosefasern aus Holz als dem Rohstoff direkt unter Anwendung ungiftiger Lösungsmittel zu einem zähflüssigen Faserbrei gelöst (griech.: lyein=lösen) und versponnen. Lyocellstoffe sind unter den Marken Tencel®, NewCell® oder Lenzing Lyocell® bekannt.

*Eigenschaften*
Lyocell ist ein überaus pflegeleichtes Fasermaterial mit einer im Vergleich zu anderen Zellulosefasern wie Viskose günstigeren Nassfestigkeit. Die Aufnahmefähigkeit von Flüssigkeit ist allerdings gering, fällt jedoch höher aus als bei Baumwolle. Lyocellfasern sind zu 100% biologisch abbaubar, gut waschbar, laugenbeständig und besitzen eine sehr gute Anfärbbarkeit.

*Bild: Gelochtes Lyocellvlies, Verwendung als Putztuch im Haushaltsbereich./ Hersteller: Jacob Holm Industries GmbH*

*Verwendung*
Zellulosefasern werden für Oberbekleidungen wie Mäntel verwendet. Sie dienen als Füttermaterial und kommen zudem zur Herstellung strapazierfähiger Stoffe zur Anwendung.

*Verarbeitung*
Lyocellfasern können intensiv gefärbt werden und eignen sich zur Herstellung von Vliesen. Zur Veredelung werden sie mechanisch aufgeraut oder können pflegeleicht ausgerüstet werden. Meist wird Lyocell in der Stoffproduktion mit anderen Fasern wie Baumwolle oder Leinen vermischt.

## TEX 4.3.3
### Zellulosefasern – Cupro

*Eigenschaften*
Cuprofasern zählen zu den Kunstseiden. Die Eigenschaften sind mit denen von Viskose vergleichbar. Sie sind besonders weich und atmungsaktiv. Die hygroskopischen Eigenschaften bewirken eine gute Feuchtigkeitsaufnahme. Stoffe aus Cuprofasern können gewaschen und gebügelt werden.
Bekannte Marken sind: Cupresa® oder Cuprama®

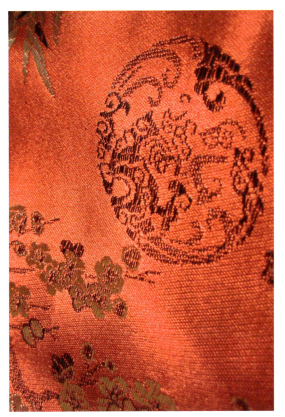

Bild: Kleiderstoff aus Cupro.

*Verwendung*
Cuprofasern werden vor allem als Futterstoffe verwendet.

*Verarbeitung*
Als Grundlage für die Herstellung von Cuprofasern dienen Linters. Dies sind die Faserreste der Baumwolle, deren Länge für ein Verspinnen nicht mehr ausreicht. In wenigen Fällen wird auch Zellstoff zur Faserproduktion verwendet. Die Fasern entstehen im Kupferverfahren unter Einsatz einer Kupfersalz-Ammoniaklösung TEX 2.1. Die in Deutschland erhältlichen Cuprofasern sind in der Regel importiert (z.B. aus Japan), da das Kupferverfahren wegen der hohen Umweltbelastung hierzulande nahezu nicht mehr angewendet wird.

## TEX 4.3.4
### Zellulosefasern – Acetat, Triacetat

Wie die anderen Zellulosefasern werden sowohl Acetat als auch Triacetfasern auf Basis natürlicher Polymere hergestellt. Sie bestehen aus einer Verbindung von Zellulose und Essigsäure. Im Handel sind sie unter den Marken Arnel®, Castella® oder Trinel® erhältlich.

*Eigenschaften*
Auf Grund des edel schimmernden Glanzes sind Acetatfasern mit Naturseide vergleichbar. Es sind sehr glatte, aber füllige Fasern, die nur wenig zum Knittern neigen. Formbeständigkeit und Elastizität sind höher als bei Viskose. Acetatfasern sind äußerst dehnbar, nehmen wenig Feuchtigkeit auf und sind hitzeempfindlich. Triacetat weist eine höhere Nassfestigkeit als Acetat auf. Der seidenähnliche Glanz geht bei Temperaturen von über 80°C verloren. Stoffe mit Acetatfasern werden daher im Feinwaschprogramm bei nicht mehr als 30°C gewaschen und nur warm gebügelt. Sie trocknen rasch. Eine chemische Reinigung wird in vielen Fällen empfohlen. Acetatfasern sind unempfindlich gegenüber Pilzbefall und Motten.

*Verwendung*
Acetatfasern werden als Kleider- und Futterstoffe verwendet. Auch edle Kleidungsstücke wie Krawatten, Tücher, Schals und Damenunterwäsche lassen sich aus den seidenähnlichen Fasern herstellen. Außerdem werden sie zur Bespannung von Regenschirmen verwendet.

Bild: Regenschirmbespannung aus Acetat.

*Verarbeitung*
Acetatfasern werden im Acetatverfahren TEX 2.1 hergestellt. Sowohl Acetat- als auch Triacetat gelten ab einer Temperatur von 180°C als thermoplastisch KUN 1.2. Unter Wärme können leicht Texturen und auch Bügelfalten eingebracht werden. Die Fasern sind färbbar. Zur Weiterverarbeitung werden sie mit synthetischen oder natürlichen Fasern vermischt.

## TEX 4.4
### Synthesefasern

### TEX 4.4.1
### Synthesefasern – Polyamid

Polyamidfasern sind hochfeste Synthesefasern, die in den 30er Jahren entwickelt wurden. Sie werden unter den Markennamen Nylon®, Tactel®, Perlon® und Dorix® gehandelt.

*Eigenschaften*
Der Aufbau von Polyamidfasern ähnelt denen natürlicher Eiweißstoffe wie Seide ↗ TEX 4.2.2. Sie weisen allerdings bessere mechanische Eigenschaften, eine höhere Reiß- und Scheuerfestigkeit sowie eine sehr gute chemische Beständigkeit auf. Sie nehmen wenig Feuchtigkeit auf und trocknen schnell. Die Nassfestigkeit liegt bei etwa 80% der Festigkeit im trockenen Zustand. Polyamidfasern sind sehr dehnbar, hochelastisch und knittern wenig.

Bild: Textil aus Polyamid.

*Verwendung*
Polyamidfasern wurden erstmals 1938 für die Herstellung von Nylonstrümpfen verwendet. Weitere typische Textilprodukte mit einem hohen Polyamidfaseranteil sind Turnhosen, Unterwäsche und Kleider. Auch Sport- und Freizeitbekleidung wird häufig mit den hochfesten Fasern hergestellt. Polyamidfasern werden zudem zur Herstellung von Angelschnüren, Teppichböden, Tennissaiten, Kletterseilen und den Borsten von Zahnbürsten verwendet.

*Verarbeitung*
Zur Herstellung von Polyamidfasern kommt das Schmelzspinnverfahren ↗ TEX 2.1 zur Anwendung. Dabei wer-den die Spinnfäden mit Kaltluft gekühlt und auf das 3–4fache gestreckt. Die Umwandlung der glatten Synthesefasern zu gekräuseltem Fasermaterial erfolgt durch Texturierung. Polyamidfasern sind ther-moplastisch verformbar und können thermofixiert werden.

### TEX 4.4.2
### Synthesefasern – Aramid

Aramidfasern sind aromatische Polyamide, die vor allem unter dem Markennamen Kevlar® im Markt gehandelt werden.

*Eigenschaften*
Herausragendes Merkmal dieser Fasergruppe ist eine extrem hohe Festigkeit. Diese liegt etwa beim Fünffachen des Wertes gewöhnlicher Fasern. Sie sind doppelt so fest wie Glasfasern und dreimal stärker als technische Polypropylen- oder Polyesterfasern. Darüber hinaus sind Aramidfasern resistent gegen eine Vielzahl von Chemikalien und verfügen über eine hohe Temperaturbeständigkeit. Ihre Dichte von 1,44 g/cm$^3$ liegt nur bei einem 16tel dessen von Stahl.

Bild: Aramidfasergewebe – Kevlar®-Gewebe.

*Verwendung*
Im Textilbereich kommen hochfeste Aramidfasern für schuss- und schnittsichere Westen, für hitze- und flammbeständige Schutzbekleidungen (z.B. Feuerwehr-, Motorrad- und Rennfahreranzüge) und als Bezugsstoffe zum Einsatz. Außerdem haben sie zur Verstärkung von Kunststoffkonstruktionen ↗ KUN 1.6 eine hohe Bedeutung (Moser 1992). Sie werden zur Verstärkung von Kfz-Reifen eingesetzt und dienen zur Herstellung technischer Gewebe, Netze und Kabel. Aramidfasern werden auch in Airbags verarbeitet.

*Verarbeitung*
Die Herstellung von Aramidfasern erfolgt im Lösungsspinnverfahren ↗ TEX 2.1. Aramidgarne können zu Geweben, Wirk- und Strickwaren verarbeitet werden.

## TEX 4.4.3
### Synthesefasern – Polyester

Polyester gehört mengenmäßig zum bedeutendsten synthetischen Fasermaterial. Es ist unter den Markennamen Trevira®, Diolen®, Vestan® und Dacron® erhältlich.

*Eigenschaften*
Neben Polyamidfasern weisen Polyesterfasern die höchste Reiß- und Scheuerfestigkeit aller Fasermaterialien auf. Diese bleibt im nassen Zustand nahezu vollständig erhalten. Neben der Festigkeit sind insbesondere bei einigen Polyesterfasern die elastischen Eigenschaften auffallend. Stoffe aus Polyesterfasern sind knitterfrei. Darüber hinaus ist die gute chemische Resistenz hervorzuheben. Das Fasermaterial ist witterungsbeständig, nimmt nur wenig Feuchtigkeit auf, ist schnell trocknend und mottenecht. Neben den normalen Fasern sind besonders feste, schwer entflammbare, gekräuselte oder hochtemperaturbeständige Arten erhältlich.

Bild: blau-weiß gestreifte Stoffe für Berufsbekleidung aus Trevira® Bioactive, Textil aus Polyestergewebe./ Foto: Trevira GmbH

*Verwendung*
Polyesterfasern sind wegen ihrer guten Lichtbeständigkeit das beherrschende Material zur Herstellung von Gardinen. Ihre Verwendung im Bereich der Bekleidungstextilien ist umfassend. So kommen sie als Stoffe für Damen- und Herren-Oberbekleidungen, Berufsbekleidung und Badeanzüge zur Anwendung. Wegen ihrer hohen Elastizität eignen sich Polyesterfasern besonders als Füllmaterial für Bettwäsche, Steppdecken und Schlafsäcke. Hochfeste Faserarten werden für Zelte, Autoreifen und Planen verwendet. Polyester wird auch zu Lederimitationen oder Bodenbelägen verarbeitet.

*Verarbeitung*
Wie andere Synthesefasern werden Polyesterfasern im Schmelzspinnverfahren ↗ TEX 2.1 hergestellt. Zur Weiterverarbeitung werden Polyesterfasern in der Regel mit Wolle, Baumwolle, Viskose oder Modal vermischt. Typische Mischungen enthalten 45%, 50%, 55%, 65% oder 70% Polyester. Polyesterfasern lassen sich unter Wärmeeinfluss verformen und textuieren.

## TEX 4.4.4
### Synthesefasern – Polyurethan

Polyurethanfasern sind vor allem in Verbindung mit der Marke Elastan® bekannt. *Elastan®* besteht mindestens aus 85% Polyurethan (PUR). Andere Hersteller vertreiben das Fasermaterial unter den Namen Enkaswing©, Dorlastan® oder Lycra®.

*Eigenschaften*
Polyurethanfasern sind äußerst elastisch und weisen eine Dehnbarkeit vergleichbar mit der von Gummi auf. Sie nehmen nur wenig Feuchtigkeit (z.B. Schweiß) auf, was sie insbesondere für Sportbekleidungen geeignet macht. Die Fasern sind lichtbeständig, schnell trocknend und lassen sich mit der Feinwäsche gut reinigen.

Bild: Umweltfreundlicher Möbelstoff »WATERBORN« aus 55% Polyurethan, 22.5% Polyester und 22.5% Nylon./ Foto: Kvadrat

*Verwendung*
PUR-Fasern werden in der Herstellung von Oberbekleidungen, Miederwaren, Badewäsche und Strümpfen verwendet. Weitere Anwendungen sind Pinsel, Bürstenborsten, Teppiche der Tufting-Technik ↗ TEX 2.2.4 oder Siebgewebe. Besonders bekannt wurde das Fasermaterial durch die Verwendung in Stretchbekleidungen.

*Verarbeitung*
Feine Synthesefasern aus Polyurethan werden im Schmelzspinnverfahren hergestellt. Im Gegensatz zu Gummi kann PUR eingefärbt werden.

## TEX 4.4.5
### Synthesefasern – Polyacryl

Polyacryltextilien bestehen zu mindestens 85% aus *Acrylnitril*. Dieses wird aus Polypropylen und Ammoniak gewonnen. Das Fasermaterial ist unter den Marken Dralon®, Dolan®, Orlon®, Acrlan® bzw. Redon® bekannt.

*Eigenschaften*
Polyacrylfasern sind besonders leicht und wärmen auf Grund ihrer Bauschigkeit. Die Elastizität und Weichheit der Fasern ist mit der von Wolle vergleichbar. Polyacryl ist sowohl licht- als auch wetterbeständig und resistent gegen chemische Substanzen. Textilien aus dem Material sind pflegeleicht und können in der Waschmaschine im Feinwaschprogramm gereinigt werden. Das Fasermaterial nimmt wenig Feuchtigkeit auf, trocknet schnell und knittert nur leicht. Während Polyacrylfasern zur Erzielung wollähnlicher und weicher Eigenschaften auf molekularer Ebene rund 7% anderer Monomere enthält, liegt das *Polyacrylnitril* (PAN) in fast reiner Form vor.

Bild: Pelzimitation aus Polyacryl.

*Verwendung*
In Mischungen mit Wolle werden Polyacrylfasern vielfach zu Oberbekleidungen wie Pullover und Jacken verarbeitet. Weitere typische Anwendungen sind Decken, Heimtextilien, Teppichböden, Pelzimitationen, Markisen und Stoffe für Möbelbezüge und Dekorationen. Das hochfeste Polyacrylnitril (PAN) kommt für Bautextilien ↗TEX 6.4 zur Anwendung. Vor allem wird es zur Erzeugung von Faserzement genutzt.

*Verarbeitung*
Polyacrylfasern werden nass oder trocken versponnen und verstreckt. Während das konventionelle Fasermaterial thermofixiert werden kann, weist reines Polyacrylnitril keine thermoplastischen Eigenschaften auf.

## TEX 4.4.6
### Synthesefasern – Polytetrafluorethylen

*Eigenschaften*
PTFE-Fasern verfügen über die höchste Chemikalienbeständigkeit aller Chemiefasern. Das milchig weiße Material ist absolut wasserabstoßend und lässt sich nur schwer einfärben. Es ist hochtemperaturbeständig (bis 280°C) und resistent gegen UV-Einstrahlung. Die Fähigkeit zur elektrischen Isolation ist hervorragend. PTFE weist den niedrigsten Reibungskoeffizienten aller bekannten Fasern auf und gleitet leicht auf anderen Stoffen. Der Markenname Fluoro® deutet auf Fasermaterial aus Polytetrafluorethylen hin.

Bild: Zahnseide aus PTFE.

*Verwendung*
PTFE-Fasern sind insbesondere aus dem Bereich wetterfester Bekleidung bekannt. Socken aus PTFE verhindern die Fußblasenbildung bei Hochleistungssportlern. Im medizinischen Bereich werden sie zur Herstellung von Zahnseide verwendet. Weitere typische Anwendungen sind flexible elektrische Kabel, Gurte und Seile. Das Material wird in der Filtration verwendet und ist in den letzten Jahren besonders auf dem Gebiet der Textilarchitektur bekannt geworden ↗TEX 4.6.

*Verarbeitung*
PTFE wird zu Fasermaterial versponnen oder zu luftdurchlässiger, mikroporöser und wasserabweisender Membranfolie geschäumt. Diese lassen sich zu Laminaten ↗TEX 2.2.4 weiterverarbeiten.

## TEX 4.4.7
### Synthesefasern – Polyvinylchlorid

*Eigenschaften*

Fasermaterial aus Polyvinylchlorid ist hitze- und waschempfindlich. Es kann nicht entflammen, ist besonders chemikalienresistent und weist eine geringe Scheuerfestigkeit auf. Die Fasern wärmen hervorragend und haben schmerzlindernde Wirkung bei Erkrankungen wie Rheuma. Auf Grund der sehr guten Elastizität sind Stoffe aus PVC-Synthesefasern knitterarm. Die Notwendigkeit zum Bügeln entfällt weitestgehend. Die Fasern werden unter den Markennamen Teviron® oder Rhovyl® angeboten.

*Bild: Kunstleder aus Polyvinylchlorid.*

*Verwendung*

PVC-Fasern haben für die Bekleidungsindustrie nur untergeordnete Bedeutung. In der Hauptsache werden aus dem Fasermaterial Kunstleder, Pelzimitationen und Dekorationsstoffe hergestellt. Die gute Chemikalienbeständigkeit machen die Fasern für Schutzanzüge und Filter geeignet. Außerdem werden sie zu Gesundheitswäsche und Rheumadecken verarbeitet.

*Verarbeitung*

Zur Produktion von Polyvinylfasern kommt das Trokkenspinnverfahren zur Anwendung. Das Fasermaterial zeigt die üblichen thermoplastischen Verarbeitungseigenschaften.

## TEX 4.4.8
### Synthesefasern – Polyolefine

*Eigenschaften*

Polyolefine wie *Polypropylen* (PP) und *Polyethylen* (PE) sind die Fasermaterialien mit der geringsten Dichte aller bekannten textilen Werkstoffe. Sie sind sehr leicht, schmelzen aber recht schnell. Hervorzuheben sind die hervorragenden elastischen Eigenschaften und die besonders geringe Feuchtigkeitsaufnahme. Daher verrotten Polyolefinfasern nur sehr langsam. PP ist 100% nassfest und verfügt über ein hohes elektrisches Isolationsvermögen. Die Chemikalienbeständigkeit der Fasern ist gut. Durch eine Parallelorientierung der PE-Moleküle lassen sich *hochfeste Polyethylenfasern* (HPPE) herstellen. Mit einer spezifischen Festigkeit, die den 15fachen Wert von Stahl erreicht, zählt HPPE zu den stärksten Fasermaterialien überhaupt.

*Bild: Seile aus hochfestem HPPE.*

*Verwendung*

Die geringe Neigung zur Wasseraufnahme macht Fasern aus Polyolefinen insbesondere für Sportartikel- und -bekleidungen geeignet. Außerdem werden die Fasern für maritime Anwendungen wie Fischernetze verwendet. Sie kommen in Badezimmertextilien zur Anwendung und werden zu Tufting- und Nadelvliesteppichen verarbeitet. Ein weiteres Einsatzgebiet sind Folien. Hochfestes HPPE kommt außerdem in der Herstellung von Seilen, Tauen und Kabeln zum Einsatz. Ein weiteres Anwen-dungsgebiet von HPPE-Geweben sind Schutztextilien wie kugelsichere Westen, Handschuhe und Fechtanzüge. Zur Verstärkung von Kunststoffen wird hochfestes PE für Sturzhelme, zur Panzerung militärischer Fahr- und Flugzeuge und für Sportgeräte verwendet.

*Verarbeitung*

Die Produktion thermoplastischer PE- oder PP-Fasern erfolgt im Schmelzspinnverfahren. HPPE wird durch eine Kombination aus Lösemittelspinnen und Hochverstrecken erzeugt.

## TEX 4.5
### Anorganische Chemiefasern

Zu den anorganischen Fasermaterialien zählen Glas-, Kohlenstoff-, Keramik- und **Metallfasern**. Auf Grund des speziellen Eigenschaftsprofils werden sie den Hochleistungsfasern zugeordnet.

*Eigenschaften*
*Glasfasern* zeichnen sich durch hohe Zugfestigkeit (bis 2400 N/mm²), geringe Faserdehnung und sehr niedrige Dichte (etwa 2,6 g/cm³) aus. Unter Einwirkung von Hitze brennen sie nicht. Es werden keine giftigen Dämpfe freigesetzt. Die chemische Beständigkeit gegenüber Laugen ist gut, ihre Feuchtigkeitsaufnahme gering. Die Kombination von Eigenschaftsprofil und Kosten macht Glasfasern zum wichtigsten anorganischen Fasermaterial.
Mit Werten bis zu 3600 N/mm² weisen die relativ teuren Kohlenstoff- bzw. Grafitfasern die höchste Zugfestigkeit aller Hochleistungsfasern auf. Sie sind hochtemperaturbeständig (bis etwa 4000°C) und weitestgehend resistent gegen chemische Einflüsse. Ihre Dichte liegt bei 1,78 g/cm³. Die Wärmedehnung ist gering. Kohlenstofffasern nehmen nahezu keine Feuchtigkeit auf. Sie dämpfen Schwingungen und leiten elektrischen Strom. Die Sprödigkeit des Werkstoffs kann sich jedoch nachteilig auswirken.

Bild: Vlies aus Metallfasern./ Foto: Fraunhofer IFAM, Institutsteil Dresden, Pulvermetallurgie und Verbundwerkstoffe

**Metallfasern** mit den entsprechenden Eigenschaften und der Farbigkeit metallischer Werkstoffe sind in Form von Geweben und Feinstdrähten auf dem Markt erhältlich. Metallisierte Polyesterbändchen werden unter dem Markennamen Lurex® in verschiedenen Farben und Effekten vertrieben. Mit dem Mtex®-Verfahren können Textilprodukte wie Garne, Gewebe oder Maschenware jeder Art thermisch mit Metallen beschichtet werden.

*Keramikfasern* weisen die für die Werkstoffgruppe üblichen Eigenschaften wie hohe thermische Beständigkeit, sehr gutes Isolationsvermögen und gute chemische Resistenz bei hoher mechanischer Widerstandsfähigkeit auf. Häufig erfolgt die Herstellung auf der Basis von Aluminiumoxid ($Al_2O_3$ – KER 4.5) oder Siliziumkarbid (SiC - KER4.7).

*Verwendung*
Glasfasern werden insbesondere zur Verstärkung von Kunststoffen (GFK - KUN 1.6) und Bauprodukten (z.B. Faserzement) eingesetzt. Anwendungsbeispiele sind Leichtbaukonstruktionen für Flugzeuge, Bootsrümpfe, Rohrleitungen, Skier, Snowboards, Lampenmasten, Verkehrsschilder, Kfz-Innenverkleidungen und Karosserieteile. Glasfasern dienen in Form von Vliesen und Geweben zur Schall- und Wärmedämmung. Die gute chemische Beständigkeit macht sie außerdem als Filtermaterial in der chemischen Industrie geeignet.

Wie Glasfasern werden Kohlenstofffasern für faserverstärkte Kunststoffe (CFK KUN 1.6) verwendet. Der im Vergleich zu Glasfasern hohe Preis des Fasermaterials lässt sich nur bei Leichtbau-Anwendungen rechtfertigen, bei denen hohe Festigkeiten gefordert sind. Dies trifft insbesondere für den Flugzeugbau (Triebwerke, Rotorblätter, Verkleidungen), die Automobilfertigung (Karosserieteile, Pleuelstangen, Kardanwellen, Tanks, Bremsen), den Bootsbau (Segelboote, Kajaks), den Sportbereich (Fahrräder, Skier, Surfbretter, Golfschläger) und den Medizinsektor (Prothesen) zu.

Bild: Karbon-Kevlar®-Gewebe.

Keramikfasern werden in Form von Zwirnen für Dichtungen und Isolierungen verwendet. Die hohe thermische Beständigkeit macht sie als Filtermaterial für die Hochtemperaturentstaubung geeignet. Sie werden als isolierende Komponenten in Polymeren zur Vakuumformteilen FOR 1.5 verarbeitet. Zudem dienen sie als Füllstoffe mit hitzebeständigen Eigenschaften zur Anfertigung von Schutzbekleidungen. Transluzente Porzellangewebe werden für Architekturmembrane genutzt. Keramikfasern werden auch in Metall-Matrix-Composites (MMC – VER 1) verarbeitet.

In der Bekleidungsindustrie dienen Metallfasern und metallisierte Garne zur Erzielung besonderer optischer Effekte (reflektierend, transluzent, selbstleuchtend). Außerdem werden sie zur Ableitung elektrostatischer Auflading verwendet.

Weitere Verwendungsbeispiele werden in Moser 1992, Koslowski 1997, Wulfhorst 1998 und Eberle 2003 aufgeführt und beschrieben.

## TEX 4.6
### Hochleistungsfasern für technische Textilien

Neben den vorgestellten zellulosischen, synthetischen und anorganischen Chemiefasern wurden für Anwendungen im technischen Bereich eine ganze Reihe von Hochleistungsfasern entwickelt, deren spezielle Eigenschaften die Verwendung von textilen Werkstoffen für technische Produkte erst möglich machen.

*Eigenschaften*

Vor allem zeichnen sich Hochleistungsfasern durch eine extreme mechanische und dynamische Festigkeit, Steifigkeit und Dehnbarkeit sowie Resistenz gegen chemische Einflüsse und Hitze- und Flammbeständigkeit aus. Zu den nicht schmelzbaren, flammbeständigen Fasern zählen Polybenzimidazolfasern (PBI), Melamin/Formaldehydharzfasern (MF), Phenol/Formaldehydharzfasern (PF), Polyimidfasern (PI) und preoxidierte Polyacrylnitrilfasern (Preoxfasern). Wegen ihrer hohen thermischen und chemischen Widerstandsfähigkeit werden vor allem Polyetheretherketonfasern (PEEK), Polyphenylensulfidfasern (PPS), Polytetrafluorethylenfasern (PTFE) oder Polyetherimidfasern (PEI) verwendet. Hohe Festigkeiten sind durch Nutzung hochfester Polyvinylalkoholfasern (PVA), hochfester Polyethylenfasern (HPPE) oder von Polybenzoxazolfasern (PBO) zu erzielen.

Auch konventionelle Fasergruppen wie Viskose, Polyethylenterephthalat (PET), Polyethylennaphthalat (PEN) oder Polyamide (PA 4.6, PA 6.6, PA 12) können mit hochfesten Eigenschaften ausgestattet werden (Loy 2001, Koslowski 1997).

*Verwendung*

Hochleistungsfasern werden vielseitig verwendet. Die Anwendungsfelder reichen von Leichtbaukonstruktionen aus Kunststoffen über Bau-, Architektur- und Geotextilien bis hin zu Produkten mit Schutzfunktionen gegen Hitze und Feuer. Sie werden als Flüssigkeitsfilter eingesetzt, unterstützen die Tragfähigkeit von Reifen oder dienen Militär und Polizei zur Panzerung von Fahrzeugen. Im Sportbereich werden sie zur Herstellung spezieller Bekleidungen wie Fecht- und Rennanzüge, Handschuhe oder Schutzhelme verwendet. Der moderne Flugzeug- und Schiffsbau wäre ohne Hochleistungsfasern gar nicht mehr denkbar. Auch im Maschinenbau finden sie in Form von Reibbelägen, Fasermatten für die Papierindustrie oder als Schläuche für Schmieröle Verwendung. Dies sind nur einige Beispiele, die eine Vorstellung von der großen Bedeutung und den unzähligen Anwendungsfeldern geben, in denen Hochleistungsfasern verarbeitet werden.

*Bild: Textilhülle aus 2784 rautenförmigen Polymerkissen aus ETFE, Allianz-Arena in München./ Materialhersteller: covertex/ Fotograf: B. Ducke*

*Kapitel TEX*
*Textilien*

*Bild: Hochwertiges Alcantara®, velourslederartiger Microfaserstoff, griffsympathisch, atmungsaktiv und pflegeleicht. Attraktiv am Arbeitsplatz und im Wohnbereich, z.B. beim Aktiv-Sitz »swopper«./ Hersteller: aeris-Impulsmöbel GmbH & Co. KG, Design: Henner Jahns*

## TEX 4.7
## Leder

Die Umwandlung von Tierhäuten und Fellen zu Leder ist dem Menschen seit Jahrtausenden bekannt. Anders als bei textilen Faserwerkstoffen muss beim Leder nicht erst eine zweidimensionale Fläche erzeugt werden, sondern diese liegt bereits vor.

### Eigenschaften und Herstellung

Die Hauptaufgabe der Lederverarbeitung besteht in der Konservierung mit geeigneten Gerbstoffen der bei Nässe zur Fäulnis und nach Austrocknen zu Rissen neigenden natürlichen Tierhaut. In der Regel werden Häute von Säugetieren wie Schweine, Schafe, Ziegen, Wild oder Rind aus den verschiedenen Bereichen *Croupon*, *Hals*, *Flanken* und *Backen* verwendet. Qualitativ hochwertiges Leder wird aus dem Croupon gewonnen. Der Halsteil ist gekennzeichnet durch Falten, während die Flanken eine nur mäßig feste und lockere Struktur aufweisen. Die Haut des Backenbereichs lässt nur eine verminderte Lederqualität zu.

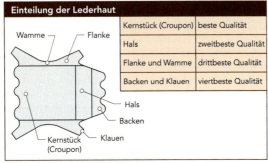

*Abb. 31: nach [6, 16]*

Der *Gerbprozess* läuft in drei Schritten ab. Zunächst müssen die Häute durch Trocknen oder Salzen konserviert und für die Lagerung oder den Transport vorbereitet werden. Beim *Weichen* werden Schmutz, Blut und Konservierungsstoffe entfernt. Wärme und Feuchtigkeit lockern die Haare, die sich durch Zugabe von Kalk- und Schwefelverbindungen beim Äschern entfernen lassen. Der eigentliche Gerbprozess erfolgt unter Verwendung pflanzlicher-, mineralischer- oder fetthaltiger *Gerbstoffe*. Eigenschaften und Farbe der Häute können durch die Wahl des Gerbstoffs beeinflusst werden. Für die Weiterverarbeitung werden die gegerbten Häute abschließend zugerichtet (z.B. Fetten, Färben, Bügeln).

### Verwendung

Leder ist vor allem aus der Bekleidungs- und Schuhindustrie bekannt. In der Schuhherstellung kommen zur Fütterung oder für das Obermaterial *Bovinae*- (Kalb, Rind) und *Caprinaeleder* (Schaf, Ziege) zum Einsatz. Lederhandschuhe sind insbesondere auf Grund ihrer wetterfesten Eigenschaften beliebt. Unterschiedliche Ledermaterialien werden zu Taschen verarbeitet oder kommen bei der Möbelherstellung (z.B. Sofa, Sessel) zur Anwendung. Rindsleder wird zur Herstellung von Sitzbezügen von hochwertigen Sportwagen und Limousinen verwendet. Die Buchbindung kann mit ganz unterschiedlichen Ledersorten wie z.B. Schafs- und Kalbsleder unterstützt werden. Arbeitsschutzbekleidung wie Schürzen, Helme oder Knieschoner sind aus Leder auf dem Markt erhältlich. Zur Reinigung von Glasscheiben werden Fensterleder benutzt. In vielen Anwendungsbereichen wurde natürliches Leder seit den 70er Jahren durch preiswerteres und leichter zu pflegendes Kunstleder aus synthetischen Materialien (z.B. Polyester, PVC-Schaumfolien) abgelöst. Die für die einzelnen Produktbereiche verwendbaren Ledersorten und Kunstlederarten werden in Hagenauer 2001 und Moog 2005 im Detail erläutert.

### Verarbeitung

Als natürliches Material weist Leder eine ungleichmäßige Fläche mit einer begrenzten Größe auf. Die Ledergröße wird in Quadratfuß angeben. Lederprodukte setzen sich in der Regel aus mehreren Einzelstücken zusammen. Zur Verarbeitung muss Leder daher konfektioniert werden. Für den Zuschnitt werden scharfe Messer verwendet. In der Lederindustrie kommen Stanzen zum Einsatz. Bei der Konfektionierung muss auf Fehler im Leder wie Flecken, ungleichmäßige Färbung oder kleine Löcher besonders geachtet werden. Spezielle Nähmaschinen, Automaten und Bügelanlagen erleichtern die Verarbeitung. Das Kleben von Leder ist üblich. Zur Herstellung von Polsterungen oder Satteln kann es genagelt, geheftet und gespannt werden.

Als Alternative für natürliches Leder ist seit einigen Jahren ein Lederersatzwerkstoff mit dem Markennamen Ledano® für die Möbelherstellung auf dem Markt erhältlich. Dieser besteht aus einer Mischung von Lederresten, Naturkautschuk, natürlichen Fetten und pflanzlichen Gerbstoffen. Es wird in der Regel auf ein Trägermaterial wie MDF ↗ HOL 3.5.1, Multiplex ↗ HOL 3.3.2 oder Sperrholz ↗ HOL 3.3 mit Weißleim verklebt und kann leicht durch konventionelle Techniken wie Schneiden, Sägen, Bohren und Schleifen bearbeitet werden.
Ledano® wird als Oberflächenauflage für Schreibtischplatten, Theken, Wandvertäfelungen, Tische und Ablagen verwendet.
Ebenso als Lederersatz wird Alcantara® häufig verwendet.

*Bild links: Lederausstattung bei Automobilen.*

| Einteilung der Lederhaut | | |
|---|---|---|
| Kernstück (Croupon) | beste Qualität | |
| Hals | zweitbeste Qualität | |
| Flanke und Wamme | drittbeste Qualität | |
| Backen und Klauen | viertbeste Qualität | |

## TEX 4.8
## Pelz

### Eigenschaften

Wegen seiner wärmenden Eigenschaften ist die Verwendung von Pelzen für Bekleidungsstücke schon aus der Steinzeit bekannt. Der klimatisierende Effekt ist dem Aufbau und der Haarstruktur des Tierfells zu verdanken, aus dem Pelze gewonnen werden. Das untere, kurze Wollhaar ist gekräuselt und unterstützt die Isolierung von Wärme durch Entstehen winziger Luftkammern. Diese werden durch das stärkere und längere *Grannen-* und *Leithaar* nach außen verschlossen. Darüber hinaus hat das *Deckhaar* eine wasserabstoßende Funktion.

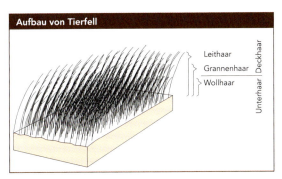

Abb. 32: nach [5]

Die besondere Elastizität und Weichheit von Pelzen geht auf *Keratin* zurück, aus dem die Haare und die oberste Lederschicht gebildet wird. Die Struktur von Pelzen ermöglicht den Austausch von Wärme und Feuchtigkeit. Ein angenehmes Gefühl beim Tragen ist die Folge. Pelz zählt seit jeher zu den edlen Bekleidungsmaterialien mit zum Teil sehr langen Lebensdauern (*Nerz* bis zu 40 Jahre). Vor dem Hintergrund des Aussterbens bedrohter Tierarten wird das Tragen von Pelzen seit Jahren von Tierschützern bekämpft.

Bild: Liege mit Fell bespannt.

### Verwendung

Pelze finden in der Bekleidungsindustrie Verwendung und werden in der Hauptsache zu Mänteln verarbeitet. Breite Verwendung finden sie vor allem in osteuropäischen Ländern für Pelzmützen, Schals und Decken. Die wärmenden Eigenschaften von Schuhen und Stiefeln werden durch Pelze unterstützt. Aus Gründen des Artenschutzes gehen 90% der Pelzherstellung auf gezüchtete Tiere zurück.

Abb. 33: nach [5]

### Herstellung und Verarbeitung

Anders als bei der Lederherstellung werden zur Herstellung weicher Pelze keine Tierhaare entfernt. Vielmehr wird darauf geachtet, dass sich nach der Überführung der Tierhaut zu Leder durch den vorsichtigen Einsatz chemischer Gerbstoffe oder Salze der Halt des Fells verbessert. Die gegerbte Tierhaut erhält durch Verwendung von Fetten eine dauerhafte Elastizität.

Zur Herstellung von Pelzen ist auf Grund der Natürlichkeit des Materials und seiner Unregelmäßigkeit in Form, Farbe und Musterung eine Vielzahl von Arbeitsschritten nötig. Diese reichen von der Auswahl der Pelzsorte über den Zuschnitt bis hin zum Nähen der einzelnen für das Kleidungsstück erforderlichen Geometrien. Detaillierte Informationen zu Herstellung, Veredelung und Verarbeitung wird in der Fachliteratur gegeben (Eberle 2003).

## TEX 5
### Eigenschaftsprofile der wichtigsten Faserwerkstoffe und Verwendung

**Faserstoffe und Eigenschaften**

| Faserstoff | | Baumwolle | Leinen | Seide | Wolle | Lyocell Modal | Viskose | Acetat | Elastan | Polyacryl | Polyamid | Polyester | Polypropylen |
|---|---|---|---|---|---|---|---|---|---|---|---|---|---|
| Höchstzugkraftdehnung | nasse Faser in % vom Trockenwert | 100 - 110 | 110 - 125 | 120 - 200 | 110 - 140 | 120 - 150 | 100 - 130 | 120 - 150 | 100 | 100 - 120 | 105 - 125 | 100 - 105 | 100 |
| Höchstzugkraftdehnung | bei Normalklima in % | 6 - 10 | 1,5 - 4 | 10 - 30 | 25 - 50 | 10 - 14 | 15 - 30 | 20 - 40 | 400 - 800 | 15 - 70 | 20 - 80 | 15 - 50 | 15 - 200 |
| Feinheitsfestigkeit | nasse Faser in % vom Trockenwert | 100 - 110 | 105 - 120 | 75 - 95 | 70 - 90 | 80 - 85 | 70 - 80 | 40 - 70 | | 50 - 80 | 80 - 95 | 95 - 100 | 100 |
| Feinheitsfestigkeit | bei Normalklima in cN/tex | 25 - 50 | 30 - 55 | 25 - 50 | 10 - 16 | 40 - 45 | 35 - 45 | 18 - 35 | 10 - 15 | 4 - 12 | 20 - 35 | 40 - 60 | 25 - 65 | 15 - 60 |
| Biologische Beständigkeit | | gering | gering | gering | gering[3] | gering | gering | gering | gut | gut | sehr gut | sehr gut | sehr gut | sehr gut |
| Feuchtigkeitsaufnahme | bei hoher Feuchte[2] in % | 14 - 18 | - 20 | 20 - 40 | 25 - 30 | 26 - 28 | 26 - 28 | 13 - 15 | 0,5 - 1,5 | 2 - 5 | 6 - 9 | 0,8 - 1 | 0 |
| Feuchtigkeitsaufnahme | bei Normalklima[1] in % | 7 - 11 | 8 - 10 | 9 - 11 | 15 - 17 | 11 - 13 | 11 - 14 | 6 - 7 | 0,5 - 1,5 | 1 - 2 | 3,5 - 4,5 | 0,2 - 0,5 | 0 |
| Faserdichte | in g/cm³ | 1,50 - 1,54 | 1,43 - 1,52 | 1,25[4] | 1,32 | 1,52 | 1,52 | 1,29 - 1,33 | 1,15 - 1,35 | 1,14 - 1,18 | 1,14 | 1,36 - 1,38 | 0,90 - 0,92 |
| Faserlänge | in mm | 10 - 60 | 450 - 900 | 50 - 350 | | 38 - 200 | 38 - 200 | 40 - 120 | | 38 - 200 | 38 - 200 | 38 - 200 | 38 - 200 |
| Faserfeinheit | in dtex | 1 - 4 | 10 - 40 | 1 - 4 | 2 - 50 | 1,1 - 3,3 | 1 - 22 | 1 - 22 | 2 - 10 | 20 - 4000 | 0,6 - 25 | 0,8 - 25 | 0,6 - 44 | 1,5 - 40 |

[1] 20°C und 65% relative Luftfeuchtigkeit
[2] 24°C und 96% relative Luftfeuchtigkeit
[3] Mottenfraß
[4] entbastet

Diese Werte sind der Denkendorfer Fasertabelle entnommen

Abb. 34: nach [5]

**Bekannte Stoffarten und deren Verwendung**

| Stoffart | Erklärung | Verwendung |
|---|---|---|
| Batist | sehr feinfädiger, leichter Stoff in Leinwandbindung, meist aus Baumwolle hergestellt, es gibt auch Leinen- und Viskosebatist. Seidenbatist besteht aus merzerisierter Baumwolle. | feine Damenwäsche, Blusen, Taschentücher, Tischtücher |
| Biber | beidseitig gerauter Baumwollstoff in Köperbindung. | Betttücher |
| Bouclé | knitterfester, sehr haltbarer Wollstoff mit noppiger Oberfläche. | Kostüme und Mäntel |
| Brokat | schwere, reich gemusterte Gewebe mit oder ohne Metallfäden. | Abendkleider, Möbelbezüge und Dekorationen |
| Chiffon | sehr feinfädiges, dünnes Gewebe in Leinwandbindung aus Seide oder Chemiefasern. Da aus sehr stark gezwirnten Garnen hergestellt, sehr knitterfest. | Schals, Sommerkleider und Blusen |
| Cord | gerippter Samt aus Baumwolle und Viskose, sehr strapazierfähig. Cord darf beim Waschen nicht gewrungen werden. | Hosen, Anzüge, Jacken und Mäntel, Möbelbezüge, Kinderkleidung |
| Damast | feiner Baumwollstoff in Atlasbindung mit großflächigen Mustern und seidigem Glanz. | Bettbezüge und Tischwäsche |
| Drell | steifes, sehr dichtes Gewebe aus Leinen oder Baumwolle, sehr strapazierfähig. | Markisen, Matratzenüberzüge und Arbeitsanzüge |
| Duchesse | dichtes, glänzendes Gewebe in Atlasbindung aus Seide oder Chemiefäden. | Kleider und Futter |
| Finette | Baumwollstoff in Köperbindung, der auf der Rückseite leicht geraut ist. Meist auf der glatten Seite bedruckt. | warme Nachtkleidung |
| Flanell | beidseitig leicht gerauter Stoff in Leinwandbindung aus Baumwolle, Viskose oder Wolle. | Nachthemden, Kinderwäsche, Sporthemden und Sportkleidung |
| Flausch | dicker, weicher Wollstoff mit aufgerauter Oberseite. | Wintermäntel, Jacken |
| Frottee | aus Schlingenzwirn hergestellt. Der Stoff hat eine raue, gekräuselte Oberfläche. | Badekleidung, nicht zu verwechseln mit Frottierstoff |
| Frottierstoff | er erhält seine Schlingen durch das Weben. Das Gewebe ist sehr saugfähig und weich. | Badekleidung und Handtücher |
| Gabardine | sehr haltbarer, feinfädiger, dicht gewebter Stoff in Köperbindung aus Woll-, Baumwoll- oder Viskosekammgarn. | Anzüge, Kostüme und Mäntel |
| Georette | weich fallender, schmiegsamer, dünner Stoff in Taft- bzw. Tuchbindung aus Seide, Chemiefasern oder Wolle. Er wird aus stark gedrehten Garnen hergestellt und erhält dadurch Kreppcharakter. | Schals, Kleider und Blusen |
| Jeansstoff | derber, blauer Baumwollstoff in Köperbindung. | Hosen, seltener Röcke und Jacken |
| Jersey | gewirkter Stoff aus Wolle oder Chemiefasern, knitterarm und sehr elastisch. | Kleider, Kostüme und Damenhosen |
| Krepp | (franz. Crêpe) Sammelbezeichnung für Gewebe mit körniger Oberfläche. Echte Kreppgewebe, z.B. Crêpe Georgette, werden aus stark gedrehten Garnen hergestellt. Bei unechten Kreppgeweben wird der Kreppcharakter durch eine spezielle Bindung oder durch chemische Einwirkung erreicht. | Kleider, Blusen und Wäsche |
| Kretonne | leinwandbindiger Stoff aus Baumwolle, oft bedruckt. | Schürzen, Hauskleider oder Dekorationen |
| Lastex | sehr elastisches Gewebe, das mit Gummifäden verarbeitet ist. | Skihosen |

Abb. 35: nach [10]

| Bekannte Stoffarten und deren Verwendung | | |
|---|---|---|
| Stoffart | Erklärung | Verwendung |
| Linon | feinfädiger, leinwandbindiger, glatter Baumwollstoff, der sehr leinenähnlich ist. | Bettwäsche, Schürzen, Berufskleidung |
| Loden | gewalkter Streichgarnstoff aus Wolle. Der Stoff wird imprägniert und dadurch wetterfest. | Sport- und Jagdkleidung sowie Wettermäntel |
| Molton | dicker, beidseitig gerauter Baumwollstoff, dessen Leinwandbindung nicht mehr zu erkennen ist. | Bügelunterlage und Unterlagen für Tischtücher |
| Mull | lose gewebter, feinfädiger, weicher Stoff aus Baumwolle oder Chemiefasern in Leinwandbindung. | Verbandstoff, Gardinen |
| Musseelin | leichtes, weich fallendes Woll-, Baumwoll- oder Chemiefasergewebe in Leinwandbindung, meist bunt bedruckt. | Kleider und Blusen |
| Nessel | ungebleichte Rohware aus Baumwolle in Leinwandbindung ohne Veredelung. Nessel ist gelblich wie die natürliche Baumwolle. Sehr preiswert, da durch Veredelungsarbeiten nicht verteuert. Nessel wird durch öfteres Waschen weiß. | einfache Bettwäsche |
| Organdy | feines, steifes, durchsichtiges Gewebe mit eingewebtem Muster, meist aus Baumwolle. | Blusen und Kleider |
| Organza | feines, steifes, durchsichtiges Gewebe in Leinwandbindung aus Seide oder Chemiefäden. | Blusen und Kleider |
| Popeline | feinfädiger Stoff aus merzerisierter Baumwolle und Chemiefasern. Die Rippen entstehen durch Verwendung stärkerer Schussfäden. | Herrenhemden, Blusen, Kleider, Mäntel und Regenbekleidung |
| Samt | Gewebe, dessen Oberfläche aus kurzen, senkrecht stehenden Fasern (Flor) gebildet wird, die in das Grundgewebe eingewebt sind. Die Flordecke entsteht durch Aufschneiden der Florfäden. Samt wird aus Baumwolle, Wolle, Viskose, Seide oder Chemiefasern hergestellt. Samt ist gegen Druck empfindlich. | Kleider, Mäntel, Kostüme, Hosen, Besatz oder modisches Beiwerk |
| Shetland | leichter, weicher Wollstoff. Wegen der leicht gerauten Oberfläche ist die Köperbindung kaum zu erkennen. | Kleider, Kostüme und Mäntel |
| Taft | dichter, gewebter Stoff aus Seide oder Chemiefasern in Leinwandbindungen, der steif fällt. | Kleider und Blusen, vor allem als Futterstoff |
| Tüll | gitterartiges, loses, oft besticktes Gewebe, meist aus Chemiefasern. | Gardinen |
| Tweed | grobfädiger, weicher Wollstoff, dessen Garn häufig meliert, d.h. aus verschiedenfarbigem Material hergestellt ist. | Kostüme, Mäntel, Anzüge und Jacken |
| Vlieseline | Vliesstoff, also kein Gewebe; die Natur- oder Chemiefasern werden durch chemische Bindemittel zusammengefügt. Schnittkanten fransen daher nicht aus. | Einlagematerial für Oberbekleidung |
| Voile | leinwandbindiges, feines Baumwollgewebe mit eingewebten Streifen oder mit Karomuster. | Herrenhemden, Blusen und Schürzen |
| Zephir | durchscheinendes, feines, leinwandbindiges Gewebe aus Baumwolle oder Chemiefasern. | Kleider, Blusen und Gardinen |

Abb. 36: nach [10]

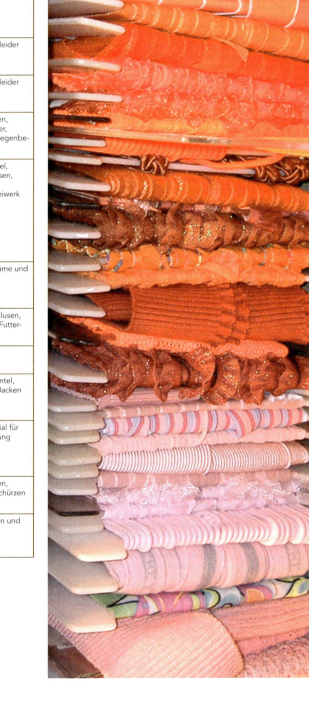

## TEX 6
### Verwendungsbereiche und Innovationsfelder technischer Textilien

### TEX 6.1
### Schutz- und Sicherheitstextilien

Die ausgeprägten Eigenschaften bezüglich mechanischer Festigkeit, chemischer Beständigkeit und Feuerfestigkeit in Verbindung mit einem geringen Gewicht machen synthetische Hochleistungsfasern für Schutz- und Sicherheitsanwendungen besonders geeignet. Die Verwendung textiler Werkstoffe konzentriert sich dabei vor allem auf spezielle Sicherheitstextilien für mobile Anwendungen.

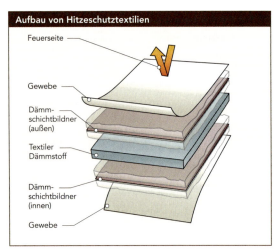

Abb. 37

*Verwendung und Eigenschaften*
Mit Hochleistungsfasern ausgestattete Schutzbekleidung dient vorwiegend zum Personenschutz. Sie kann schnitt- und schussfeste Eigenschaften aufweisen und wird im Rettungsfall als *Brandschutzkleidung* mit den hierzu benötigten Merkmalen verwendet. Im Sportbereich zählen *Fechtanzüge*, *Handschuhe* und *Protektoren* für Skater und Inliner in den Bereich der Schutzbekleidungen (Knecht 2003). Hitzebeständige Textilien kommen insbesondere bei *Feuerwehr-*, *Motorrad-* und *Pilotenanzügen* zur Anwendung. Auch *ABC-Schutzanzüge* mit chemikalienbeständigen Eigenschaften und strahlensichere Bekleidungen lassen sich unter Verwendung von Hochleistungsfasern herstellen. Sicherheitsgurte und Airbags zählen zu den besonders prominenten Beispielen für Sicherheitstextilien in mobilen Anwendungen. Ein *Sicherheitsgurt* besteht aus einem System mit Aufrolleinheit und Klemmautomatik. Der Gurt muss vor allem hohen Festigkeitsanforderungen genügen. Hauptbestandteil eines *Airbags* ist ein Luftsack, der bei einem plötzlichen Aufprall die Bewegungsenergie der Fahrzeuginsassen durch einströmendes Gas auffangen soll.

*Verwendete Faserwerkstoffe und Herstellung*
Zur Herstellung kugelsicherer Westen werden hochfeste Polyethylenfasergarne (HPPE) zu Geweben verarbeitet und mit HPPE- oder Keramikplatten als Taschenseinlagen zusätzlich verstärkt. Auch die Nutzung von Aramidfasern mit energieabsorbierenden Eigenschaften ist für Polizei und Militär üblich. HPPE Fasern werden für Bekleidungen mit flammfesten Eigenschaften in Kombination mit entsprechend ausgerüsteten Baumwollgeweben verwendet. Aramidfasern weisen hervorragende Eigenschaften zur Herstellung von hitzebeständigen Maschenwaren und Geweben für Handschuhe und Körperprotektoren auf. Die entsprechende Schutzwirkung bleibt auch bei Durchnässung eines Aramidgewebes erhalten. Weitere Fasern mit feuerbeständigen Eigenschaften sind PVC-, Polyacrylnitril- (PAN) und Melamin-Formaldehydfasern. Aktuelle Entwicklungen machen für Strahlenschutzbekleidungen neben den bewährten Kohlefaser-Materialien den Einsatz leitfähiger Metallfilamente möglich.

*Bild: Feuerwehrjacke und -hose von der Firma Watex mit hitzebeständigem »Spunlace Norafin Kermel-Vlies«./ Hersteller des Kermel-Vlies: Jacob Holm Industries GmbH*

Sicherheitsgurte werden überwiegend aus PET-Garnen hergestellt. Der Aufbau eines Gurtes nach der Köperbindung ↗ TEX 2.2.1 fördert die Absorption von Energie bei einem plötzlichen Aufprall. Die Einbindung von Aramidfasern unterstützt diesen Effekt. Zur Herstellung eines Airbags kommen meist Polyamidwerkstoffe (PA6.6, PA4.6) zur Anwendung, die die erforderliche Dehnfähigkeit, Reißfestigkeit und Steifigkeit aufweisen. PA-Gewebe werden zur Verbesserung der Temperaturbeständigkeit meist mit Silikon beschichtet. Die Leinwandbindung ↗ TEX 2.2.1 oder abgeleitete Panamabindungen ↗ TEX 2.2.1 haben sich zur Herstellung des Gewebes für den Airbag bewährt.

## TEX 6.2
### Intelligente Textilien (smart textiles)

Weiterentwicklungen im Bereich der Polymerelektronik KUN 6.1 und neue Möglichkeiten zur Integration von Sensorik und Aktorik machen so genannte »smart textiles« in der nahen Zukunft möglich. Dies sind Textilien, die neben den klassischen Funktionen einen Zusatznutzen erhalten und mit künstlicher Intelligenz ausgestattet sind. Die Einbindung mikroelektronischer Komponenten (»*wearable computers*«) werden in erheblichem Maße die zukünftigen Entwicklungen im Textilbereich bestimmen. Leitfähige Fasergewebe und textile Informationsträger machen vollkommen neuartige Produkte für den Automo-bilbereich, die Logistik, den Gesundheitssektor, für Mode und Schutzbekleidung möglich.

*Verwendung*

Zu den ersten Produktbeispielen zählt ein in eine Bekleidungstextilie eingewobener MP3-Player, der auf Sprachsteuerung reagiert. Die Elektronik ist in Kunststoffumhüllungen gekapselt und kann komplikationsfrei gewaschen werden. Die Speicherung der Musiktitel erfolgt auf einer auswechselbaren Multimedia Card. Leitfähige Gewebe übernehmen die Funktion elektrischer Verbindungen zwischen Player, Mikrofon, Speicher und Stofftastatur. Einsatzfelder liegen im Entertainmentbereich, auf dem Gebiet der Berufsbekleidung und im Gesundheitswesen.

Ein weiteres Anwendungsfeld von »smart textiles« sind elektronische Etiketten, auf denen beispielsweise Pflegeinformationen, fälschungssichere Markenmerkmale oder Daten für Großwäschereien, intelligente Waschmaschinen oder Verleihfirmen von Arbeitsbekleidung gespeichert werden können. Logistische Prozesse, Warenströme und die Lagerhaltung könnten durch Einweben von *RFID-Chips* (Radiofrequenz-Identifikation) vereinfacht werden. Die gespeicherten Informationen ließen sich aus einer größeren Entfernung per Funk lesen.
Seit Ende 2004 sind erste Outdoor-Sportjacken erhältlich, die eingewebte Heizleiter aus Karbon-Polymeren oder Licht erzeugende lumineszierende Elemente (*OLED*) enthalten. Hierdurch wird das Beheizen von Winterkleidung ermöglicht und die Sicherheit von Extremsportlern durch Beleuchtungselemente bei Nacht erhöht. Neben dem Einsatz der OLED-Technik können großflächige, leuchtende textile Flächen unter Verwendung *elektrolumineszierender Pasten* erzielt werden. Heiztextilien sind neben dem Outdoorbe-reich auch in Kindersitzen und im Gesundheitsbereich anwendbar.

Abb. 38

An der Vision einer *intelligenten Schutzbekleidung*, die Umgebungsinformationen wie Temperaturschwankungen oder Gasentwicklungen automatisch erfasst und über GPS an eine Einsatzzentrale weiterleitet, wird derzeit geforscht. Das Eingreifen in ein Katastrophenszenario von außen soll jederzeit ermöglicht und die Kontrolle über Rettungsaktionen verbessert werden.

## TEX 6.3
### Sport- und Fahrzeugtextilien

Für Sportgeräte und Fahrzeuge werden durch Auftreten großer dynamischer Kräfte hohe Ansprüche an Festigkeit und Steifigkeit der verwendeten Materialien gestellt. Gleichzeitig wird die Realisierung immer leichterer Produkte gefordert. Vor diesem Hintergrund hat sich in den letzten Jahrzehnten das Arbeiten mit hochfesten technischen Textilien und faserverstärkten Kunststoffkonstruktionen bewährt.

*Verwendung und Eigenschaften*
Die Verwendung von Faserverstärkungen für Leichtbaukonstruktionen ↗ KUN 1.6 reicht von Bootsrümpfen, Flugzeugverkleidungen bis hin zu Surfbrettern und Fahrradrahmen. Hochfeste Textilgewebe werden im Sportbereich beim Drachenfliegen, Fallschirmspringen und Segeln eingesetzt. Für Heißluftballone ist das verwendete Fasermaterial speziell hitzebeständig und flammhemmend ausgelegt.

Ein sehr anschauliches Beispiel für Funktionstextilien in einem mehrschichtigen Verbundaufbau ist der *Fahrzeugreifen*. In das elastomere Grundmaterial ist ein um einen Wulst verschlungenes Geflecht aus Stahldrähten und textilen Fasern eingebracht. Dieser tragende Kern des Reifens wird **Karkasse** genannt. Im Aufbau wird zwischen dem **Radial-** und **Diagonalreifen** unterschieden. In der Diagonalbauweise verlaufen die eingebrachten Faserstränge schräg zur Lauffläche. Beim Radialreifen liegen sie senkrecht zu ihr. Der auf dem Textilgewebe aufliegende Stahlgürtel stabilisiert die Lauffläche und ist für die hohen Festigkeitswerte verantwortlich. Die Anzahl der Gewebelagen wird durch die Reifengröße und die für den Anwendungsfall benötigte Stabilität bestimmt. Radialreifen weisen gegenüber Diagonalreifen einen geringeren Rollwiderstand und günstigere Verschleißeigenschaften auf. Mit ihnen können ein geringerer Kraftstoffverbrauch, eine bessere Bodenhaftung und günstigere Fahreigenschaften erreicht werden. Daher sind in der Regel alle Pkw mit dieser Reifenvariante ausgerüstet. Diagonalreifen werden für Last tragende Fahrzeuge bevorzugt, da sie bei geringen Geschwindigkeiten stärker abfedern und ein geringeres Gewicht aufweisen.

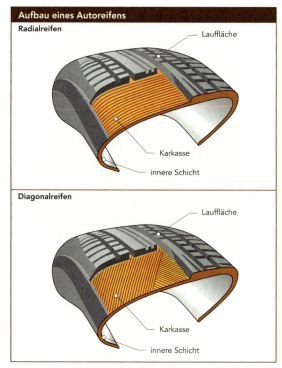

Abb. 39

*Verwendete Faserwerkstoffe und Herstellung*
Die eigentliche Lauffläche eines Reifens besteht aus einem elastomeren Kunststoff (Polyurethan- oder Isopren-Elastomere, ↗ KUN 4.2.5). In der Karkasse werden Polyamid, Viskose oder Polyester verarbeitet. In einigen Fällen kommen auch Aramidfasern zum Einsatz.
Zur Verstärkung von Bootsrümpfen, Kfz-Karosserieteilen oder Segelflugzeugen haben sich Glasfasern durchgesetzt. Die höheren Kosten für Aramid- und insbesondere für Karbonfasern können nur bei höher beanspruchten Bauteilen im Flugzeugbau, in der Raumfahrt oder im Hochleistungssport gerechtfertigt werden. Produktbeispiele sind Rennräder, Mountainbikes, Snowboards oder ultraleichte Sturzhelme.

Foto rechts: Continental AG

## TEX 6.4
### Bautextilien

Die gute Wetterbeständigkeit, wärmedämmende und hitzebeständige Eigenschaften, eine leichte Verarbeitbarkeit und die zum Teil hervorragenden mechanischen Eigenschaften machen synthetische Chemiefasern seit einigen Jahren für Anwendungen im Baubereich immer gefragter. Die Einsatzfelder der Faserwerkstoffe werden in die Hauptgebiete Architektur-, Geo- und Agrartextilien unterteilt.

*Verwendung und Eigenschaften*
*Architekturtextilien* werden insbesondere für Wand- und Fassadenverkleidungen sowie für Dach-, Zelt- und Hallenkonstruktionen eingesetzt.

Bei Wand- und Deckenverkleidungen handelt es sich in der Hauptsache um Trägerstrukturen, die den Auftrag von Putz ↗ BES 3 unterstützen und die Schall- und Wärmedämmung verbessern. In diesem Zusammenhang hat faserverstärkter Beton ↗ MIN 4.8 eine hohe Bedeutung erlangt. Zement bzw. Beton wirkt stabil gegenüber Druckbeanspruchungen, reagiert aber sehr empfindlich auf plötzliche Zugbeanspruchungen und Verformungen. Hoch belastete Betonteile werden daher durch Beimischung von Kurz- oder Langfasern sowie durch Textilstrukturen (Gelege, Geflechte, Gewebe) verstärkt. Mit den höheren Festigkeitswerten reduziert sich die Neigung zur Rissbildung, während sich die Dehnfähigkeit erhöht. Von großer Bedeutung ist auch die Gewichtseinsparung infolge der Fasereinbindung sowie die im Vergleich zu Stahlbeton hohe Korrosionsbeständigkeit und geringe Rostanfälligkeit.

Bild: Aufblasbare Hallenkonstruktionen./
Foto: Festo AG & Co. KG

Für Dach-, Hallen- und Zeltkonstruktionen haben sich in der jüngeren Vergangenheit beschichtete Textilien (Membrane) bewährt. Die notwendige Steifigkeit der Membrane wird durch Vorspannung erzielt. Pneumatisch wird ein Innendruck erzeugt oder die Membrankonstruktionen werden durch Kabel oder in Rahmenkonstruktionen mechanisch gespannt. Die moderne Membranarchitektur unterstützt den Trend zu leichten Dächern mit großen Spannflächen und flexiblen Hallenkonstruktionen.

*Geotextilien* sind die mengenmäßig wichtigste Gruppe technischer Textilien. In Form von Geweben oder Vliesen werden sie im Straßen- und Kanalbau eingesetzt, um die Vermischung verschiedener Bodenschichten zu vermeiden. Gewebte Strukturen und Kettengewirke dienen als Erosionsschutz von Hang- und Flussbefestigungen. Wasserdurchlässige Textilstrukturen übernehmen zwischen den verschiedenen Erdschichten die Funktion eines Filters und unterstützen somit die Entwässerung. Textile Strukturen werden auch zum Schutz vor Steinschlag, Hagel oder Wind eingesetzt.

Die Eigenschaften zur Trennung von Erdreich wird im Garten- und Landschaftsbau beim Anlegen von Wegen und Bepflanzungen genutzt. In der Funktion eines Pflanzenträgers unterstützen *Agrartextilien* die Begrünung von Dächern und die Verlegung von Kunstrasen. Außerdem werden sie in Bewässerungssystemen verwendet. Weitere Einsatzfelder von Agrartextilien sind die Tierhaltung, der Witterungsschutz in der Forst- und Landwirtschaft sowie der Bau von Gewächshäusern. Dabei steuern textile Gewebe in Form eines Energieschirms die Lichteinwirkung und den Wärmetransfer.

Bild: Geotextil – Netzwerkstoff 3D Tex./
Hersteller: Mayser GmbH & Co., Lindenberg

*Verwendete Faserwerkstoffe und Herstellung*
In der modernen Textilarchitektur werden meist Garne aus hochfestem PET, PA oder PTFE verwendet. Das Aufbringen einer flexiblen Membranbeschichtung erfolgt unter Verwendung von PVC, PTFE oder Silikonkautschuk. Zur Verstärkung von Zement eignen sich hochfeste Polyacrylnitril-, Polypropylen- und Glasfasern. Als Putzträgerstrukturen dienen Kettengewirke und Gewebe aus Glasfasern. Für Dachabdeckungen haben sich PET-Vliesstoffe bewährt.
Als Geo- und Agrartextilien kommen auf Grund der sehr guten Beständigkeit gegenüber äußeren Umwelteinflüssen Polyamide (PA 6, PA 6.6), Polyolefine (PE, PP), Polyesther, Polyacrylnitril oder PET zur Anwendung. Soll der textile Werkstoff nach seinem Einsatz verrotten, bietet sich die Verwendung von Naturfasern an. Die Eigenschaften bestimmter Bautextilien und Faserwerkstoffe sind in Loy 2001 und Wulfhorst 1998 aufgeführt.

## TEX 6.5
## Medizintextilien

In der Medizin und im Hygienebereich kommen Textilien auf Grund ihrer flexiblen, sich dem Körper anpassenden Eigenschaften und ihrer Absorptionsfähigkeit für eine Vielzahl von Flüssigkeiten bereits zur Anwendung. Vorteilhaft für die meisten Verwendungszecke sind das geringe Gewicht und die leichte Herstellbarkeit der häufig mehrschichtigen Vliese und Gewebestrukturen.

### Verwendung und Eigenschaften

Zu den Textilprodukten aus dem Bereich der Körperhygiene zählen Babywindeln, Inkontinenzprodukte, Tampons oder Binden. Auf Grund eines mehrlagigen Aufbaus und unter Verwendung hydrophilen Fasermaterials weisen sie vor allem eine hohe Saugfähigkeit auf. Besonderer Wert der Hersteller wird auf die Verhinderung einer Rücknässung gelegt. Unangenehme Geruchsbildung und die Vermehrung von Keimen soll durch den Aufbau eines Hygieneprodukts und der verwendeten Fasern vermieden werden. Auch Bettwäsche und Matratzen in Pflegeheimen und Krankenhäusern unterliegen speziellen Hygieneanforderungen.

In der Medizin lassen sich die Anwendungsgebiete textiler Faserwerkstoffe in die Bereiche Wundverbände, Bandagen und Implantate unterteilen. Verbände und Bandagen werden aus einer Kombination von sterilen Geweben, Pflastern, Watteprodukten und Wundkompressen aufgebaut. Die Textilien verhindern die Vermehrung von Keimen und weisen entsprechend ihrer Anwendung adhäsive, flammhemmende oder bakterienfeste Eigenschaften auf. Von großer Bedeutung für den Heilungsprozess ist eine gute Belüftung der wunden Stellen und die Verhinderung eines Flüssigkeitsstaus. Kleben an der wunden Stelle soll vermieden werden.

Die Behandlung von Hauterkrankungen wie Neurodermitis oder Pilzbefall soll in Zukunft durch Abgabe von Medikamenten wie Cortison mit intelligenten Bekleidungen möglich werden. Prototypen wurden bereits entwickelt, die auf der Verwendung spezieller Zuckermoleküle, so genannter *Cyclodextrine*, basieren. Sie lassen sich fest mit Fasern verbinden und können Pflegemittel und chemische Substanzen speichern. Außerdem sind sie gegen Körperflüssigkeiten beständig. Die Medikamente gehen nach etwa 30 Waschgängen verloren, können aber wieder aufgefüllt werden.

In der Chirurgie werden Implantate aus Textilen in der Hauptsache für künstliche Herzklappen, Blutgefäße, *Gefäßprothesen* oder den *Sehnenersatz* verwendet. Resorbierbare Polymere, die langsam im Körper abgebaut und durch körpereigenes Material ersetzt werden, sind besonders als Nahtmaterial, für Schrauben und Nägel interessant. Die hier verwendeten Faserwerkstoffe befinden sich in aktuellen Forschungsarbeiten in einem permanenten Optimierungsprozess.

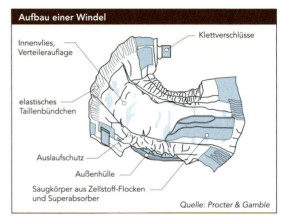

Abb. 40

### Verwendete Werkstoffe und Herstellung

Hygieneprodukte werden durch einen mehrschichtigen Aufbau aus Geweben, Vliesen und Wattestrukturen hergestellt. Für die Abdeckschichten kommen Zellstoff, Baumwoll-, Polypropylen- oder Polyesterfasern zum Einsatz. Watte besteht meist aus Baumwolle oder Viskose.

Verbandmullen werden überwiegend aus Baumwollgarnen in Leinwandbindung produziert. Flexible Verbände enthalten Polyurethanfasern. Darüber hinaus werden in Verbänden Polyamid-, Viskose-, Baumwoll-, Polyesther- und Polyolefinfasern verarbeitet. Ein Pflaster besteht aus einem Grundgewebe aus Baumwolle, auf das ein Vlies aus Polypropylen oder Viskosefasern als Abdeckschicht aufgebracht ist. Neben der Möglichkeit zur Behandlung von Hauterkrankungen durch Abgabe von Medikamenten werden derzeit Bekleidungsstoffe mit eingewebten *Silberfäden* zur Förderung des Heilungsprozesses von Verletzungen und Wunden erprobt.

Damit es im Körper des Patienten nicht zu abstoßenden Gegenreaktionen und Entzündungen kommt, muss das in der Chirurgie verwendete Fasermaterial für Implantate biokompatible Eigenschaften aufweisen KUN 6.3. Zu den *resorbierbaren Polymerfasern* zählen *Polyactide*, *Polyglycolid* (PGA), *Polyhydroxybutyrat* (PHB) oder *Polydioxanon* (PDS) (Wulfhorst 1998).

## TEX
### Literatur

[1] **Albrecht, W.; Fuchs, H.; Kittelmann, W.:** Vliesstoffe – Rohstoffe, Herstellung, Anwendung, Eigenschaften, Prüfung. Weinheim: Wiley-VCH Verlag, 2000.

[2] **Betz, E.; Gerlach, R.:** Kleine Textilkunde. Hamburg: Verlag Dr. Felix Büchner, 16. Auflage, 1999.

[3] **Beylerian, G.M.; Dent, A.:** Material ConneXion - Innovative Materialien für Architekten, Künstler und Designer. München, Berlin: Prestel Verlag, 2005.

[4] **Bobeth, W.:** Textile Faserstoffe – Beschaffenheit und Eigenschaften. Berlin, Heidelberg: Springer Verlag, 1993.

[5] **Eberle, H; Hermeling, H.; Hornberger, M.; Kilgus, R.; Menzer, D.; Ring, W.:** Fachwissen Bekleidung. Haan-Gruiten: Verlag Europa-Lehrmittel, 7. Auflage, 2003.

[6] **Hagenauer, H.:** Fachkunde für Leder verarbeitende Berufe. Essen: Verlag Ernst Heyer, 8. Auflage, 2001.

[7] **Herer, J.; Bröckers, M.:** Die Wiederentdeckung der Nutzpflanze Hanf. München: Heyne Verlag, 1996.

[8] **Hobhouse, H.:** Sechs Pflanzen verändern die Welt. Chinarinde, Zuckerrohr, Tee, Baumwolle, Kartoffel, Kokastrauch. Hamburg: Klett-Cotta, 4. Auflage, 2001.

[9] **Huber, K.; Schwinge, E.; Weiß-Maurer, R.:** Lexikon der Seidenmalerei. München: Falken-Verlag, 1998.

[10] **Kastner, A.:** Faser- und Gewebekunde. Hamburg: Verlag Dr. Felix Büchner, 14. Auflage, 1991.

[11] **Kesel, A. B.:** Bionik. Frankfurt am Main: Fischer Taschenbuch Verlag, 2005.

[12] **Knecht, P.:** Funktionstextilien – High-Tech-Produkte bei Bekleidung und Heimtextilien. Frankfurt am Main: Deutscher Fachverlag, 2003.

[13] **Koslowski, H.-J.:** Chemiefaser-Lexikon. Frankfurt am Main: Deutscher Fachverlag, 11. Ausgabe, 1997.

[14] **Loy, W.:** Chemiefasern für technische Textilprodukte. Frankfurt am Main: Deutscher Fachverlag, 2001.

[15] **Meyer zur Capellen, T.:** Lexikon der Gewebe. Frankfurt am Main: Deutscher Fachverlag, 2. Auflage, 2001.

[16] **Moog, G.E.:** Der Gerber – Handbuch für die Lederherstellung. Stuttgart: Eugen Ulmer, 2005.

[17] **Moser, K.:** Faser-Kunststoff-Verbund. Düsseldorf: VDI-Verlag, 1992.

[18] **Pollock, P.:** Korbflechten. Köln: Könemann Verlag, 1998.

[19] **Rouette, H.K.:** Lexikon für Textilveredelung. Dülmen: Laumann-Verlag, 1995.

[20] **Schenek, A.:** Naturfaser-Lexikon. Frankfurt am Main: Deutscher Fachverlag, 2001.

[21] **Schnegelsberg, G.:** Handbuch der Faser. Frankfurt am Main: Deutscher Fachverlag, 1999.

[22] **Trommer, G.:** Rotorspinnen. Frankfurt am Main: Deutscher Fachverlag, 1995.

[23] **Völker, U.; Brückner, K.:** Von der Faser zum Stoff. Hamburg: Verlag Dr. Felix Büchner, 2001.

[24] **Weber, K.-P.; Weber, M.O.:** Wirkerei und Strickerei. Frankfurt am Main: Deutscher Fachverlag, 2004.

[25] **Wulfhorst, B.:** Textile Fertigungsverfahren. München, Wien: Carl Hanser Verlag, 1998.

[26] **Zarif, M.:** Teppiche. Klagenfurt: Neuer Kaiser Verlag, 2003.

*Bild: Tasche »feltfellow XS« aus Filz./*
*Design: Patricia Yasmine Graf/*
*Foto: Eugenia Torbin*

Bild: Betonwände in der Metro in Montreal, Kanada.

**MIN
MINERALISCHE WERKSTOFFE UND
NATURSTEINE**

*Achat, Alabaster, Amethyst, Aquädukt, Aquamarin, Asbest, Asphalt, Aufzugschacht, Badewanne, Badregal, Balkon, Balustrade, Bank, Becher, Bernstein, Beton, Betonkugel, Betonrohr, Bimsstein, Bildhauerei, Bitumenbahn, Bleistift, Bodenplatte, Bohrwerkzeug, Bordstein, Bremsbelag, Brückenpfeiler, Brunnen, Bunker, Bürgersteig, Dachabdichtung, Dachziegel, Dämmmaterial, Denkmal, Diamant, Druckleitung, Dünger, Edelstein, Entwässerungsrinne, Estrich, Faserbeton, Faustkeil, Fensterbank, Fertighaus, Feuerschutzkleidung, Feuerstein, Flugasche, Fries, Fundament, Fußboden, Fußbodenheizung, Garderobe, Gartenplatte, Gebäudefassade, Gehweg, Geländer, Gewölbekeller, Gips, Gipsbinde, Gipsfaserplatte, Grabstein, Granat, Granit, Grenzstein, Halbedelstein, Haussockel, Heilmittel, Hinkelstein, Hühnengrab, Hüttensand, Innenraumverkleidung, Jaspis, Kalziumtablette, Kamineinfassung, Kanalabdichtung, Kanalisation, Katzenauge, Kirchenbau, Kläranlage, Kreide, Küchenarbeitsplatte, Landepiste, Landhausmauer, Lehmbauplatte, Marmorstatue, Maschinenbett, Mauerwerk, Mineralwolle, Modelliergips, Mörtel, Mosaik, Mühlstein, Obsidian, Opal, Onyx, Paneele, Parkbank, Parkfläche, Pflasterstein, Plastik, Polarisationsmikroskop, Porenbeton, Prisma, Puder, Putz, Pyramide, Pyrit, Quarzlampe, Quarzuhr, Radweg, Rasenkantenstein, Rauchquarz, Rosenquarz, Rubin, Sakralgebäude, Sandstein, Saphir, Säule, Schale, Schallschutz, Schieferplatte, Schleifpapier, Schleifpaste, Schleifstein, Schleuse, Schmelzofen, Schmirgel, Schmuckstein, Schneckenschutz, Schneidewerkzeug, Schornstein, Schotter, Sichtschutz, Sitzmöbel, Skalpell, Skisprungschanze, Skulptur, Smaragd, Spachtelgips, Speckstein, Splitt, Sportplatzbelag, Springbrunnen, Sockel, Stadtmauer, Stadttor, Stalagmit, Stalaktit, Staumauer, Steinboden, Steinbrücke, Steinhaus, Steinkohle, Steinlautsprecher, Steinofen, Steintreppe, Steinuhr, Stele, Stuck, Stufenpalisade, Talk, Tempel, Tennisplatzbelag, Terrasse, Thermalbad, Tigerauge, Tisch, Tonabnehmer, Tonkrug, Tonmodell, Topas, Torbogen, Trennscheibe, Trinkwasserreservoirabdichtung, Trittschutz, Tropfstein, Tunnelbauwerk, Türkis, Turmalin, Vase, Waschbecken, Waschtisch, Weinbergmauer, Wehrturm, Ytong, Zahnpasta, Zement, Zeolith, Ziegel, Zisterne*

*Kapitel MIN*
**Mineralische Werkstoffe und Natursteine**

»Raketenstation Hombroich«

*Früher war es eine mit Stacheldraht abgegrenzte Basis der NATO-Streitkräfte; heute ist es ein Ort der Ruhe und Geborgenheit. Mit der Raketenstation Hombroich unweit von Köln hat der japanische Architekt Tadao Ando einmal mehr gezeigt, wie durch intelligente Verarbeitung des Werkstoffs Beton eine besonders anmutende und beruhigende Stimmung erzeugt werden kann. Sein bevorzugtes Material sind Sichtbetonplatten mit feinporiger Struktur im Format japanischer Tatami-Matten. Lichtschlitze, Rampen und Treppen sorgen für eine Harmonie zwischen Innen- und Außenraum und machen die in die Landschaft eingebettete Architektur zu einer schwerelosen Plastik im Raum.*

*Bild: Raketenstation/ Kunsthaus der Langen Foundation Raketenbasis Hombroich./ Architekt: Tadao Ando/ Foto links: P. Gersch, Foto oben: N. Beucker*

Mineralische Werkstoffe dienen seit der Steinzeit dem Menschen zur Anfertigung von Werkzeugen und Waffen. Wetterfeste Behausungen aus Stein machten ihn sesshaft und leiteten die kulturelle und zivilisatorische Entwicklung ein.

Wie das Beispiel der Raketenstation zeigt, können Gesteinsmaterialien den Ausdruck künstlerischer Ästhetik unterstützen. Der David von Michelangelo aus edlem und leicht zu bearbeitendem Marmor ist weltbekannt. Die Technik der Bewehrung von Beton mit Stahl MIN 4.8 zur Erzeugung einer hochfesten Baukonstruktion ermöglichte gegen Ende des 19. Jahrhunderts Architekturen mit Höhen von weit mehr als 100 Metern. Neben dem Baugewerbe und der skulpturalen Kunst sind weitere typische Anwendungsbereiche von mineralischen Werkstoffen der Maschinenbau sowie die Medizin- und Umwelttechnik. Sie werden dort beispielsweise als Schneid-, Bohr- und Schleifwerkzeuge verwendet und dienen als Teilchenverstärkung in Polymeren zum Bau von Maschinenbetten (KUN 4.6 zu Polymerbeton). Mineralische Rohstoffe wie die Stein- oder Braunkohle haben nach wie vor einen großen Anteil an der Energiegewinnung in Deutschland. Diamant- und Obsidianklingen GLA 3.7 werden für chirurgische Eingriffe verwendet. Darüber hinaus bilden mineralische Rohstoffe die Grundlage für die Glas- und Keramikindustrie. Kaolinit ist beispielsweise ein wichtiger Bestandteil des Porzellanherstellungsprozesses KER 4.1.

Edelsteine werden auf Grund ihrer optischen Qualitäten seit jeher zu Repräsentationszwecken und zur Anfertigung wertvoller Schmuckstücke verwendet. Hier ist insbesondere der Diamant mit seiner herausragenden Brillanz zu nennen, der mit der Eigenschaft zur starken Brechung von Strahlen die Zerlegung weißen Lichts in das gesamte Spektrum der Farben ermöglicht. Aber auch Achat, Topas oder Smaragd sind auf Grund ihrer Farbigkeit besonders beliebt MIN 4.5.1.

Das Anwendungsspektrum mineralischer Werkstoffe für den technischen Bereich ist vielfältig. Die elektrischen Eigenschaften der Minerale Quarz und Turmalin MIN 4.5.1 machen sie für die Herstellung elektronischer Produkte geeignet. Glimmer und Olivin MIN 4.1.2 sind wichtige Bestandteile zur Herstellung von Schutzgläsern. Die Wärmeerzeugung bei der Aushärtung von Kalk und Gips MIN 4.1.3 kann beispielsweise zur Erwärmung von Fertiggerichten und Getränken genutzt werden. Ein Verpackungsprinzip für Einwegverpackungen zur Erwärmung und Kühlung von Flüssigkeiten wurde 2002 patentiert (Peters, Schneider, Seibert 2002). Die überaus hitzebeständigen Asbestfasern werden in der Raumfahrt verwendet. Für optische Anwendungen sind besonders Kalzit- und Bergkristalle MIN 4.1.5 geeignet. Saphire kommen bei der Herstellung von LEDs zur Anwendung. In der Lasertechnologie haben Rubine einen Platz gefunden MIN 4.5.1.

In der jüngeren Vergangenheit sind für Designer insbesondere gießbare harzgebundene Mineralwerkstoffe MIN 4.11 zur Gestaltung von Sitzmöbiliar, Becken im Sanitär- und Küchenbereich und Anwendungen im klinischen Kontext interessant geworden. Eine Innovation im Bereich der Industriesteine ermöglicht Architekten die Verwendung lichtdurchlässigen Betons MIN 6.1.

Bild: »Stein« in der Natur.

Bild: »Stein« für Möbel, »Lowboard«./ Hersteller: Villarocca

Bild: »Stein« für Schmuck, Saphir./ Gudrun Meyer Schmuck

# Kapitel MIN
*Mineralische Werkstoffe und Natursteine*

## MIN 1
### Charakteristika und Materialeigenschaften

### MIN 1.1
### Zusammensetzung und Struktur

Mineralische Werkstoffe und Gesteine bestehen aus einer *Körnerstruktur*, die meist durch mehrere Mineralien gebildet wird. Teilweise bestehen Gesteine auch nur aus einer Mineralgruppe (z.B. Gips- oder Kalkgestein). Mineralien sind anorganische Feststoffe mit definierter chemischer Zusammensetzung und geordneter kristalliner Gitterstruktur. Die 8 häufigsten in der Erdkruste vorkommenden Elemente sind dabei in nahezu allen der fast 4000 bekannten Mineralienarten zu finden (Spring, Glas 2001). Vor dem Hintergrund der großen Anzahl unterschiedlicher Mineraliensorten würde man eigentlich auf eine sehr hohe Zahl von Gesteinsformen schließen. Die wichtigen Gesteinsarten sind überschaubar, da viele Mineralien nur selten vorkommen. Zu den gesteinsbildenden Mineralien zählt nur eine Gruppe von etwa 200. Lediglich 30–40 Arten sind häufig vorzufinden. Das Gemisch der Gesteinsform bildenden Mineralien variiert ständig, wobei selten ein einziges Mineral vorherrschend ist. Die größte Gruppe bilden die *Silikate*.

| Häufigkeit der Elemente in der Erdkruste | | | |
|---|---|---|---|
| Atomsorte | Symbol | Massenanteil in % | Anzahl der bekannten Minerale |
| Sauerstoff | O | 49,4 | 1221 |
| Silizium | Si | 25,8 | 377 |
| Aluminium | Al | 7,57 | 268 |
| Eisen | Fe | 4,70 | 170 |
| Kalzium | Ca | 3,39 | 194 |
| Natrium | Na | 2,64 | 100 |
| Kalium | K | 2,40 | 43 |
| Magnesium | Mg | 1,94 | 105 |
| Wasserstoff | H | 0,88 | 798 |
| Titan | Ti | 0,41 | 30 |
| Chlor | Cl | 0,19 | 67 |
| Phosphor | P | 0,09 | keine Angaben |
| Kohlenstoff | C | 0,087 | 194 |

Abb. 1: nach [3, 13]

Bild: Opal./ Gudrun Meyer Schmuck

| Wichtige gesteinsbildende Mineralien | | | | |
|---|---|---|---|---|
| Name | Mohs-Härte | Dichte | Farbe | Vorkommen |
| Andalusit | 7,5…8 | 2,6…2,8 | grau, rötlich gelb | Kontaktmineral; in Gneisen und Schiefern |
| Anhydrit | 3…3,5 | 2,9…3 | farblos, weiß, grau, bläulich | in Salzlagern (mit Steinsalz, anderen Kalisalzen und Gips) |
| Apatit | 5 | 3,2 | farblos oder sehr verschieden gefärbt | in Magmagesteinen, als Knollen in Kalk- oder Dolomitgesteinen |
| Augit | 6 | 3,3…3,5 | pechschwarz, grünlich schwarz | in Ergussgesteinen und metamorphen Gesteinen |
| Biotit (Magnesiaeisenglimmer) | 2,5…3 | 2,8…3,2 | braun, braunschwarz, dunkelgrün | in Magmagesteinen und kristallinen Schiefern |
| Chlorit | 1…2 | 2,8…2,9 | graugrün | in Chloritschiefer |
| Disthen | 4,5…7 | 3,5…3,7 | grau, weiß, meist mit blauen Streifen | in kristallinen Schiefern |
| Dolomit | 3,5…4 | 2,85…2,95 | grauweiß, gelblich, bräunlich | in Dolomit- und Gipsgestein, Chlorit- und Talkschiefer |
| Epidot | 6…7 | 3,3…3,5 | dunkelgrün, schwarzgrün, grau | Kontaktmineral |
| Flussspat | 4 | 3,1…3,2 | farblos oder sehr verschieden gefärbt | auf Erzgängen |
| Gips | 1,5…2 | 2,3…2,4 | farblos, weiß, gelblich | in Salzlagern |
| Glaukonit | 2 | 2,3 | graugrün, olivgrün | in Meeressedimenten |
| Grafit | 1 | 2,1…2,3 | schwarz, braunschwarz, stahlgrau | in Gneis, Phyllit und Glimmerschiefer, auf Gängen |
| Hornblende | 5…6 | 2,9…3,4 | schwarz, graubraun, grün | in Magmagesteinen und kristallinen Schiefern |
| Kalkspat (Kalzit) | 3 | 2,6…2,8 | farblos, weiß, gelb | in Magmagesteinen |
| Kaolinit | 1 | 2,2…2,6 | weiß, gelb, grünlich, bläulich | Hauptmineral der Kaolinlager |
| Leuzit | 5,5…6 | 2,5 | weiß, grau | in Ergussgesteinen |
| Magnetit (Magneteisenerz) | 5,5 | 5…5,2 | eisenschwarz | in allen Magmagesteinen |
| Muskowit (Kaliglimmer) | 2…2,5 | 2,78…2,88 | farblos, gelblich, bräunlich | in kristallinen Schiefern (Glimmerschiefer, Gneis) |
| Nephelin | 5,5…6 | 2,6…2,65 | weiß, farblos, lichtgrau | in jüngeren Ergussgesteinen |
| Olivin | 6,5…7 | 3,3 | grün, braun, schwarz, gelbgrün | in basischen Magmagesteinen (Basalt, Melaphyr) und kristallinen Schiefern |
| Orthoklas (Kalifeldspat) | 6 | 2,53…2,56 | farblos, weiß, grünlich, fleischfarben | in fast allen magmatischen und metamorphen Gesteinen |
| Plagioklas (Kalknatronfeldspat) | 6…6,5 | 2,61…2,77 | farblos, weiß, gelb, grünlich, grauschwarz | in fast allen magmatischen und metamorphen Gesteinen |
| Pyrit (Eisenkies, Schwefelkies) | 6…6,5 | 5…5,2 | messinggelb | in verschiedenartigen Lagerstätten |

Abb. 2

| Wichtige gesteinsbildende Mineralien | | | | |
|---|---|---|---|---|
| Name | Mohs-härte | Dichte | Farbe | Vorkommen |
| Quarz | 7 | 2,65 | farblos, verschieden gefärbt | in Magma-, Sediment- und metamorphen Gesteinen |
| Schwerspat | 3...3,5 | 4,48 | an sich farblos, weiß, grau | auf Gängen und als Begleiter sulfider Erze |
| Serpentin | 3...4 | 2,5...2,6 | graugrün, gelb | in kristallinen Schiefern |
| Siderit (Spateisenstein) | 4...4,5 | 3,7...3,9 | gelblich, gelbbraun, grau | wichtiges Eisenerz; auf Gängen und in sedimentären Lagerstätten |
| Sillimanit | 6...7 | 2 | gelblich grau, grünlich, bräunlich | in Gneis und Glimmerschiefer, auf Gängen |
| Staurolith | 7...7,5 | 3,7...3,8 | bräunlich gelb, rotbraun | in metamorphen Gesteinen |
| Steinsalz | 2 | 1,9...2 | farblos, verschieden gefärbt | auf Kalisalzlagerstätten |
| Talk | 1 | 2,7...2,8 | blassgrün, grau, weiß | in Talkschiefer |
| Titanit | 5...5,5 | 3,4...3,6 | gelb, grünlich, braun, rotbraun | in Magmagesteinen (Syenit) und kristallinen Schiefern |

Abb. 3

Die meisten Mineralien bilden *Kristallstrukturen*, mit denen die spezifischen Eigenschaften und die optischen Qualitäten eng verbunden sind. Jedoch ist eine klare und reine Ausbildung in der Natur auf Grund der Vielzahl von Einflussfaktoren selten. Zur Charakterisierung der *Mineralienklassen* wird insbesondere die Kristallstruktur herangezogen. Dabei lassen sich sieben verschiedene *Kristallsysteme* unterscheiden. Die Gesamtheit der die Außenstruktur eines Kristalls bildenden Flächen nennt man *Tracht*. Unterschiedliche Kristallformen bilden den *Habitus*. Mineralische Verwachsungen zwischen einzelnen Kristallen werden als *Aggregate* bezeichnet. Wachsen zwei Kristalle so zusammen, dass sie sich spiegelbildlich bzw. symmetrisch überschneiden, spricht man auch von *Zwillingen* (Markl 2004).

Bild: Amethyst./ Gudrun Meyer Schmuck

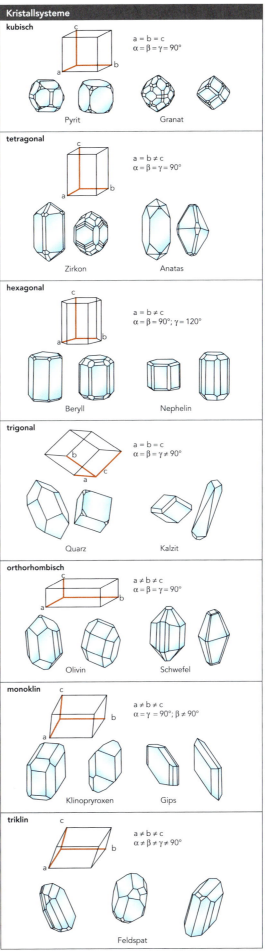

Abb. 4: nach [17]

# Kapitel MIN
## Mineralische Werkstoffe und Natursteine

Hinsichtlich ihrer chemischen Zusammensetzung werden Mineralien in verschiedene Stoffgruppen wie Silikate, Oxide, Sulfide, Karbonate oder Halogenide unterteilt. Mineralien aus einer chemischen Verbindung von Sauerstoff und Silizium sind die vorherrschende Gruppe. Silikate ($SiO_4$) und Siliziumdioxide ($SiO_2$) sind in etwa 95% aller Mineralien der Erdkruste vorzufinden. Wichtige Silikate sind Feldspat (55%–60%), Hornblende und Augit (15%–16%), Glimmer (3%–4%), Koalinit, Olivin oder Zirkon. Die vorherrschende Siliziumdioxidverbindung ist *Quarz*. Sie ist in 12% aller Mineralien enthalten (Scholz, Hiese 2003; Wendehorst 2004).

| Mineralklassen | |
|---|---|
| Mineralienklassen | Beispiele |
| Elemente | Diamant C, Gold Au, Grafit C, Kupfer Cu, Platin Pt, Schwefel S, Silber Ag, Wismut Bi |
| Karbonate | Azurit $Cu_3(Co_3)_2$, Aragonit $CaCO_3$, Calcit $CaCO_3$, Cerussit $PbCO_3$, Malachit $Cu_2(CO_3)(OH)_2$, Smithsonit $ZnCO_3$-$5H_2O$ |
| Halogenide (Halide) | Steinsalz NaCl, Flussspat (Fluorit) $CaF_2$, Sylvin |
| Oxide, Hydroxide | Anatas $TiO_2$, Cassiterit $SnO_2$, Hämatit $Fe_2O_3$, Cuprit $Cu_2O$, Korund $Al_2O_3$, Magnetit $Fe_3O_4$, Opal $SiO_2$-$nH_2O$, Quarz $SiO_2$ |
| Phosphate | Apatit $Ca_5(PO_4)_3(OH,F,Cl)$, Pyromorphit $Pb_5[Cl/(PO_4)_3]$ |
| Silikate | Beryll $Be_3Al_2(SiO_3)_6$, Dioptas $CuSiO_3$-$H_2O$, Epidot, Granat, Lapislazuli, Topas $Al_2SiO_4(F,OH)_3$, Turmalin |
| Sulfate | Anglesit $PbSO_4$, Baryt $BaSO_4$, Chalkanthit $CuSO4$, Coelestin $SrSO_4$, Gips $CaSO_4$-$2H_2O$ |
| Sulfide | a) Kiese (metallisch glänzend, hell), z.B. Kupferkies $CuFeS_2$, Magnesiumkies FeS b) Glanze (metallisch glänzend, dunkel), z.B Bleiglanz PbS c) Blenden (nicht- oder halbmetallischer Glanz), z.B. Zinkblende ZnS |

Abb. 5: nach [17, 25]

## MIN 1.2
### Eigenschaften

Neben der kristallinen Struktur unterscheiden sich Mineralien hinsichtlich Farbigkeit, Glanz, Lichtbrechung, Transparenz, Dichte, Porosität, Härte, Spaltbarkeit, Zähigkeit und Bruchverhalten voneinander. Weitere wichtige mineralische Eigenschaften sind Lumineszenz, Schmelzbarkeit und Radioaktivität. In der Regel neigen Kristalle zum Bruch entlang definierter Spaltflächen. Bei nicht sauberem Bruch entstehen körnige, muschelförmige (z.B. Quarz) oder faserige Strukturen (z.B. Kyanit). Bruchflächen frisch angeschlagener Steine werden gerne zur groben Bewertung der Gesteinsqualität herangezogen.

Zur Einteilung und Charakterisierung der Mineralien sind Härte und Dichte von besonderem Interesse. In der Mineralogie kommt die **Mohs´sche Härteskala** zur Anwendung. Diese reicht von 1 (sehr weich) bis 10 (sehr hart) und gibt die Ritzbeständigkeit wieder. Aus der Reihenfolge der in der Tabelle angegebenen Mineralien ist abzulesen, welcher Werkstoff durch welchen geritzt werden kann.

| Härteskala nach *Mohs* mit Härtevergleichsangaben | | | | | | | | | | |
|---|---|---|---|---|---|---|---|---|---|---|
| *Mohssche* Ritzhärte | 1 | 2 | 3 | 4 | 5 | 6 | 7 | 8 | 9 | 10 |
| Mineral | Talk | Gips | Kalk-spat | Fluß-spat | Apa-tit | Feld-spat | Quarz | Topas | Ko-rund | Dia-mant |
| Fingernagel | ← ritzt → | | ← ritzt nicht → | | | | | | | |
| Kupfermünze | ← ritzt → | | | ← ritzt nicht → | | | | | | |
| (Fenster-)glas | ← ritzt → | | | | | ← ritzt nicht → | | | | |
| Messer (Stahl) | ← ritzt leicht → | | | ← ritzt schwer → | | | ← ritzt nicht → | | | |
| Vickers-Härte in N/mm² (gerundet) | 20 | 300 | 1 700 | 2 430 | 5 980 | 9 120 | 10 980 | 12 260 | 20 590 | 98 070 |
| relative[*] Schleifhärte nach Rosival | 0,03 | 1 | 3,75 | 4,17 | 5,42 | 31 | 100 | 146 | 833 | 117 000 |

[*] auf Quarz = 100 bezogen.

Abb. 7: nach [25]

| Gesteinsqualitäten anhand frisch angeschlagener Bruchflächen | | |
|---|---|---|
| gute Gesteine | Merkmale | minderwertige Gesteine |
| hell klingend | ◄ Klang beim Anschlagen ► | dumpf, schleppend |
| gleichmäßig, glatt | ◄ Bruchfläche ► | uneben rau, hakig, griffelig |
| fest | ◄ Festigkeit an Ecken u. Kanten ► | leicht abzuschlagen |
| schwer zu brechen, schwer zerschlagbar | ◄ Zähigkeit ► | leicht zerschlagbar |
| nicht ritzbar | ◄ Härte ► | ritzbar |
| kompakt, massiv | ◄ Gefüge ► | rissig, brüchig, schiefrig, aufspaltend, gestört |
| spiegelnd, glänzend | ◄ Mineralien ► | blind, stumpf, getrübt, ausdruckslos |
| kräftig, rein, dunkel | ◄ Farbe ► | matt, blass, schmutzig |
| papierdünn bis fehlend | ◄ Verwitterungshaut ► | stark, dicke Schwarten und Schalen |
| gleichmäßig | ◄ Aufbau ► | stark wechselnd |
| rau, hart, fest | ◄ Gefühl ► | seifig, fettig, weich |
| geruchlos | ◄ Geruch (nach Anhauchen) ► | tonig, erdig, süßlich |
| gering bis fehlend | ◄ Abrieb ► | groß, kreidig absondernd, staubend, absandend |
| gering bis fehlend, wasserabweisend | ◄ Wasseraufnahme ► | auffällig hoch, wasserannehmend |
| keilförmig, eckig, gedrungen | ◄ Kornform von Brechprodukten ► | plattig, zackig, tafelig, scherbig, splittrig, rund |

**Beispiele gebrochener Steine**

- sauberer Bruch
- körniger Bruch
- muschelige Bruchfläche

Abb. 6: nach [31]

Bild: Natürliche Bruchfläche einer Gesteinsformation.

## Kapitel MIN
### Mineralische Werkstoffe und Natursteine

Da sich die Dichte eines Werkstoffs auf das reine Materialvolumen bezieht, ohne Poren und Zwischenräume zu berücksichtigen, wird im Bereich mineralischer Werk- und Baustoffe in der Regel mit der Angabe der Rohdichte gearbeitet. Diese errechnet sich aus der Masse im Verhältnis zum Volumen einschließlich der Poren und Zwischenräume und wird bei einer Temperatur von 105°C ohne das sich in den Poren sammelnde Wasser ermittelt. Die Rohdichte ist insbesondere zur Angabe der Wärmeleitfähigkeit, Festigkeit und Wasserundurchlässigkeit wichtig.

Für eine Vielzahl von Anwendungen ist neben der Rohdichte insbesondere die *Porenform* von Interesse. Diese teilt man in offen- und geschlossenporige Strukturen auf. Die Porosität lässt Rückschlüsse auf den Feuchtegehalt und das Verhalten mineralischer Werkstoffe gegenüber Wasser und Flüssigkeiten zu, was vor allem für die Bewertung der Frostbeständigkeit wichtig ist. Die Möglichkeit zur Aufnahme von Wasser ist besonders bei offenporigen, kapillaren Strukturen gegeben. Geschlossene Zellstrukturen verhelfen einem Werkstoff zu wasserundurchlässigen Eigenschaften.

### Dichte einiger mineralischer Werkstoffe

| Gesteinsgruppe | Reindichte [g/cm³] | Rohdichte [g/cm³] | Porosität [Vol.-%] | Wasseraufnahme [M.-%] | Würfeldruckfestigkeit (trocken) [N/mm²] |
|---|---|---|---|---|---|
| **Magmagesteine** | | | | | |
| Granit, Syenit (T)[1] | 2,62...2,85 | 2,60...2,80 | 0,4...1,5 | 0,2...0,5 | 160...420 |
| Diorit, Gabbro (T) | 2,85...3,05 | 2,80...3,00 | 0,5...1,2 | 0,2...0,4 | 170...300 |
| Basalt, Melaphyr (E)[2] | 3,00...3,15 | 2,95...3,00 | 0,2...0,9 | 0,1...0,3 | 250...400 |
| Basaltlava (E) | 3,00...3,15 | 2,20...2,35 | 20...25 | 4,0...10 | 80...150 |
| Diabas (E) | 2,85...2,95 | 2,80...2,90 | 0,3...1,1 | 0,1...0,4 | 180...250 |
| Porphyre (E) | 2,58...2,83 | 2,55...2,80 | 0,4...1,8 | 0,2...0,7 | 180...300 |
| **Sedimentgesteine** | | | | | |
| Tonschiefer | 2,82...2,90 | 2,70...2,80 | 1,6...2,5 | 0,5...0,6 | 60...170 |
| Quarzit, Grauwacke Sandsteine, | 2,64...2,68 | 2,60...2,65 | 0,4...2,0 | 0,2...0,5 | 150...300  120...200 |
| sonstige Sandsteine | 2,64...2,72 | 2,00...2,65 | 0,5...25 | 0,2...9,0 | 30...180 |
| dichte Kalksteine, Dolomite | 2,70...2,90 | 2,65...2,85 | 0,5...2,0 | 0,2...0,6 | 80...180 |
| sonstige Kalksteine | 2,70...2,74 | 1,70...2,60 | 0,5...30 | 0,2...10 | 20...90 |
| Travertin | 2,69...2,72 | 2,40...2,50 | 5,0...12 | 2,0...5,0 | 20...60 |
| **Metamorphe Gesteine** | | | | | |
| Gneise | 2,67...3,05 | 2,65...3,00 | 0,4...2,0 | 0,1...0,6 | 160...280 |
| Serpentin | 2,62...2,78 | 2,60...2,75 | 0,3...2,0 | 0,1...0,7 | 140...250 |

[1] (T) = Tiefengestein  [2] (E) = Ergussgestein

*Abb. 8: nach [31]*

### Arten der Porosität

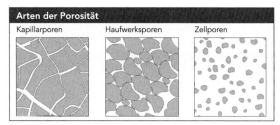

*Abb. 9: nach [24]*

Neben Dichte, Härte, Reinheit und Farbigkeit ist für die im Schmuckbereich verwendeten Edelsteine vor allem die Kenntnis der Lichtbrechung interessant. Sie gibt an, wie stark einfallendes Licht an der Materialoberfläche abgelenkt wird und lässt einen Rückschluss auf die optische Qualität und Brillanz eines Steins zu. Mit einem Wert von 2,42 hat der Diamant eine besonders hohe Lichtbrechung. Weißes Licht wird in das gesamte Farbspektrum zerlegt.

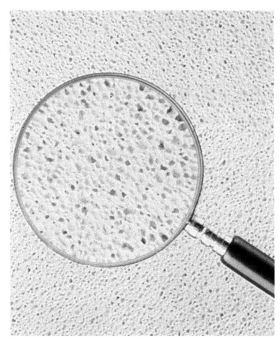

*Bild: Offenporige Struktur.*

## MIN 1.3
### Einteilung natürlicher Gesteine

»Irgendwann vor 79 n. Chr. hatte sich unter dem Vulkan eine Magmakammer gebildet. Wann das geschah, wissen wir nicht, aber die Kammer hatte ein Volumen von mindestens 3,6 Kilometern, befand sich etwa drei Kilometer unter der Oberfläche und war kompositionell geschichtet – gasblasenreiches alkalisches Magma (55% $SiO_2$ und fast 10% $K_2O$) überlagert etwas dichteres, stärker mafisches Magma. [...] Man könnte die Kammer mit einem Schwamm vergleichen, bei dem das Magma durch zahlreiche Risse im Gestein sickert. [...] In neueren Untersuchungen festgestellte Durchschnittsgeschwindigkeiten des Aufsteigens von Magma deuten darauf hin, dass das Magma in der Kammer des Vesuv ungefähr vier Stunden vor dem Ausbruch, dass heißt schätzungsweise um 9 Uhr am Morgen des 24. August, begonnen haben könnte, mit einer Geschwindigkeit von > 0,2 Metern pro Sekunde im Schlot des Vulkans aufzusteigen. [...] Wenn Magma aus der Tiefe aufsteigt, kommt es zu einem starken Druckabfall. [...] (Es) reicht (dann) schon eine kleine Veränderung der regionalen Spannungsverhältnisse aus, in der Regel infolge eines Erbebens, um die Stabilität des Systems zu stören und eine Eruption auszulösen. [...]

Die Oberfläche des Vulkans barst kurz nach 12 Uhr mittags und ermöglichte eine explosive Dekompression der Haupt-Magmakammer. Die Austrittsgeschwindigkeit des Magmas betrug schätzungsweise 1440 km/h (Mach 1). [...] Während der ersten Phase hatte der Schlot einen Durchmesser von vermutlich 100 Metern. Im weiteren Verlauf der Eruption ermöglichte die unvermeidliche Verbreiterung des Schlotes den Ausstoß von immer größeren Massen. Am Abend des 24. war die Höhe der Säule gewachsen. Zunehmend tiefere Schichten der Magmakammer wurden angezapft, bis nach ungefähr sieben Stunden der stärker mafische Bimsstein erreicht wurde. Davon wurden etwa 1,5 Millionen Tonnen pro Sekunde herausgeschleudert und von Konvektionsströmen bis in eine Maximalhöhe von schätzungsweise 33 Kilometern befördert. [...] Die bei dem Ausbruch von 79 n. Chr. freigesetzte thermale Energie betrug etwa das 100000 fache der Atombombe von Hiroshima.«

Sigurdsson, H.: Encyclopedia of Volcanes
Francis, P.: Volcanoes – A Planetary Perspective
Müller-Ulrich, B.: Dynamics of Volcanism
Bardintzeff, J.-M.; McBirney, A. R.: Volcanology

zitiert in Harris, R.: Pompeji, 2003

Bild: Vulkanlandschaft auf Java, Indonesien.

Die Vielzahl natürlicher Gesteinsformen wird hinsichtlich ihres Entstehungsprozesses in die Hauptgruppen Magmagesteine, Sedimentgesteine und metamorphe Gesteine (Umwandlungsgesteine) unterteilt. Die charakteristischen Eigenschaften lassen sich aus den Begebenheiten während der geologischen Entstehung herleiten. *Meteoriten* bilden einen Sonderfall.

Abb. 10: nach [9]

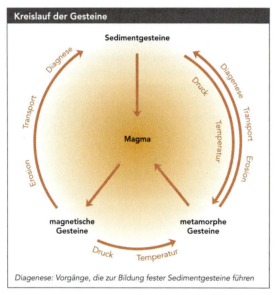

Abb. 11

*Magmagesteine* entstehen nach Abkühlung verflüssigten Gesteins (Magma), die aus der Tiefe von unterhalb der Erdkruste durch vulkanische Aktivität an die Oberfläche gelangt. Vulkane bilden sich vorwiegend an den Rändern der sich in Bewegung befindlichen Erdplatten. Druck aus dem Erdinnern kann sich hier an den Schwachstellen und Spalten der Erdkruste leicht entladen. Magma kühlt bei diesem Prozess ab und geht in feste Mineralien und Gesteinsformationen mit wetterbeständigen sowie verschleiß- und druckfesten Eigenschaften über.

Die an der Oberfläche durch Abkühlung der zähfließenden *Lava* entstehenden Gesteine werden als *Erdgussgesteine* (z.B. Basalt) bezeichnet. Eine frühzeitige Entmischung und Kristallisation der Magmamasse bewirkt auch schon innerhalb der Erdkruste die Bildung von Gesteinsformationen. Diese sind unter dem Begriff *Tiefengesteine* (z.B. Granit) bekannt und weisen ein grobkörniges, dichtes Gefüge auf. Sie kommen erst ans Tageslicht, wenn darüber liegende Schichten abgetragen werden. Mit einem Anteil von über 90% zählt Granit zu den häufigsten Tiefengesteinen. *Ganggesteine* bilden sich nach Erstarrung der flüssigen Masse in einer innen liegenden Erdspalte.

Die Bedingungen der Abkühlung haben großen Einfluss auf das Gefüge der einzelnen Gesteinsformation. Trotz gleicher Bestandteile entstehen Gesteine mit unterschiedlichen Eigenschaften und Erscheinungsformen.

| Wichtige Magmagesteine | | | | | |
|---|---|---|---|---|---|
| Chemische Charakteristik | Tiefengesteine | Ergussgesteine | | Ganggesteine | Mineralbestand |
| | | alt | jung | | |
| Saure Gesteine 65 bis 82% $SiO_2$ (hell) | Granit | Quarzporphyr | Liparit Rhyolit | Granitporphyr Pegmatit | Q Kf Pl Bi |
| | Syenit | Orthophyr | Dazit Trachyt[1)] | Syenitporphyr | Kf Pl Ho Aug Bi |
| Intermediäre Gesteine 52 bis 65% $SiO_2$ | Diorit | Porphyrit | Andesit | Dioritporphyrit | Pl Ho Bi Aug |
| Basische Gesteine 40 bis 52% $SiO_2$ (dunkel) | Gabbro Olivingabbro | Diabas Melaphyr | Basalt Olivinbasalt | Gabbroporphyrit | Pl Aug Ho Ol |
| | Peridodit Dunit | Pikrit | Pikritbasalt | Kimberlit | Aug Ol |
| Erläuterung zur Tabelle: Q = Quarz, Kf = Kalifeldspat, Pl = Plagioklas (Ca-Na-Feldspat), Bi = Biot (dunkler Glimmer), Aug = Augit. Ho = Hornblende, Ol = Olivin. | | | | | |
| [1)] Trass ist ein Trachyttuff | | | | | |

Abb. 12: nach [25]

Bild: Lockergesteine./ Foto: Anna-Maria Wiede

*Sedimentgesteine* sind das Ergebnis von Verwitterungsprozessen an festen Gesteinen der Erdoberfläche. *Klastische Sedimente* (Trümmergesteine) gehen auf mechanische Vorgänge unter dem Einfluss von Wind, Wasser, Frost und starken Temperaturwechseln zurück.
Die Bildung und Vergrößerung von Poren und Rissen führt zu einer Auflockerung der Gefügestruktur und schließlich zum Zerfall einer ganzen Gesteinsformation. Je nach Größe unterscheidet man grob-,

mittel- und feinkörnige Trümmergesteine. *Geröll, Schotter, Splitt, Kies, Sand, Ton, Lehm* und *Mergel* sind *Lockergesteine* mit unterschiedlichen Korngrößen. *Grobgesteine* mit scharfkantiger Oberflächenstruktur werden als *Brekzien* bezeichnet. *Konglomerate* sind grobkörnige Gesteine mit abgerundeten Ecken. Sandkorngroße Bestandteile bestimmen die Zusammensetzung mittelgroßer Sedimentgesteine, wonach sich der Name *Sandstein* ableitet. *Tonstein* oder *Schiefer* gehen auf feinkörnige Strukturen zurück.

| Einteilung nach Korngrößen | | | |
|---|---|---|---|
| Korngrößen in mm | | Bezeichnungen | |
| Grobkornbereich (Siebkorn) | <63 | Steine und Blöcke Blöcke ab 200 mm | nichtbindiger Boden |
| | 63 bis 20 | Kies grob | |
| | 20 bis 6,3 | mittel | |
| | 6,3 bis 2 | fein | |
| | 2 bis 0,6 | Sand grob | |
| | 0,6 bis 0,2 | mittel | |
| | 0,2 bis 0,06 | fein | |
| Feinkornbereich (Schlämmkorn) | 0,06 bis 0,02 | Schluff grob | bindiger Boden |
| | 0,02 bis 0,006 | mittel | |
| | 0,006 bis 0,002 | fein | |
| | <0,002 | Feinstkorn oder Ton | |

**Mergel:**
Meistens Gemische aus Ton und Schluff mit feinverteiltem kohlensaurem Kalk (Kalkgehalt etwa zwischen 25% und 50%). Je nach dem Kalkgehalt unterscheidet man: Mergel, Mergelton, Tonmergel, Ton.
**Geschiebemergel:**
Als Grundmoräne vom Inlandeis in der Diluvialzeit abgelagert (Gletscherablagerungen). Gesteinstrümmer aller Korngrößen vertreten: große Steinblöcke (Findlinge), Steine, Kies, Sand, Schluff und Ton.
**Geschiebelehm:**
Verwitterungsschicht an der Oberfläche des Geschiebemergels (Kalk ausgewaschen).
**Löss:**
Angewehter Boden. Hauptsächlich Grobschluff. Durch Kalk verkittet.
**Lösslehm:**
Verwitterungsboden vom Löss (Kalk ausgewaschen und Feldspat zu Tonmineralien zersetzt).
**Lehm:**
Gemische aus Schluff, Feinsand und Ton.
**Auelehm:**
Mit Sand durchsetzte Ton- bzw. Schluffablagerungen in Talauen.
**Flinz:**
Tertiäre, meist glimmerhaltige Sand-Schluff-Ton-Gemische.
**Bänderton:**
Sedimente eiszeitlicher Gletscherseen. In Ton und Schluff sind Zwischenlagen von Grobschluff und Feinsand vorhanden.
**Schluff:**
Staubfeine Sande <0,06 mm, Einzelkorn nicht mehr mit Auge erkennbar; enthält Quarz, Glimmer, Feldspat, Karbonate, wenig Ton; z.T. mit stickstoffreichen Huminstoffen. Schluff mit Kalk verkittet → Löss.

*Abb. 13: nach [25]*

Chemische Einflüsse führen zu Umsetzungsreaktionen zwischen Gestein, Atmosphäre, Wasser und den im Wasser gelösten Bestandteilen und zur Bildung chemischer Sedimente. Einige Mineralien können beispielsweise in Wasser aufgelöst und an andere Stellen transportiert werden. Nach der Verdunstung wird das Mineral abgelagert und bildet eine die Gesteinsform zementierende Verkrustung. Die Aufnahme von Wasserstoff in die Atomstruktur führt zur Bildung von Silikaten. Oxidationsprodukte resultieren aus der Reaktion mit Sauerstoff. Die Verwitterung gewisser Gesteine wird unter dem Einfluss von Abgasen beschleunigt. Vor allem ein erhöhter Gehalt von Schwefeldioxid ($SiO_2$), Kohlendioxid ($CO_2$), Ruß- oder Staubpartikeln hat in den letzten Jahrzehnten Schäden an zahlreichen Baudenkmälern hervorgerufen. Insbesondere die durch die Reaktion von Wasser mit Schwefeldioxid entstehende schweflige Säure führt zu einer Auflösung von kalk- und dolomithaltigem Gestein ↗ MIN 4.1.5.

*Ausfällungsgesteine* bilden sich im Meer oder in großen Gewässern. Meerwasser enthält eine große Menge gelöster Stoffe, die bei Veränderungen der Sättigung aus dem Wasser ausfällen. *Salzgesteine* entstehen beispielsweise in Meeresbuchten nach starker Verdunstung des Wassers durch Auskristallisation einer Verbindung aus Natrium und Chlor. *Kalkstein* bildet sich auf dem Boden kalkreicher Gewässer in Form erbsenförmiger *Oolithe*. Das Ausfällen von Kalkstein kann in Tropfsteinhöhlen beobachtet werden. Hier scheidet sich Kalk an von der Decke herabhängenden *Stalagtiten* ab oder bildet vom Boden heraufwachsende *Stalagmiten*. *Kieselgestein* entsteht nach Ausscheidung in Wasser gelöster Kieselsäure, Dolomit im Meer auf Basis des Austauschs von Kalzium durch Magnesium.

*Bild: Korallenkalk, Maya-Pyramide in Tikal, Guatemala.*

Führt der Einfluss biologischer Organismen zur Bildung oder Verwitterung von Gesteinsstrukturen, wird auch von *organischen Sedimenten* gesprochen. *Biogene Gesteine* entstehen zum Beispiel aus den kalkhaltigen Überresten im Meer lebender Organismen wie Muscheln oder Korallen. *Kohlengesteine* wie Torf, Braun- oder Steinkohle haben sich in Jahrmillionen aus pflanzlichen Überresten gebildet. *Bernstein* ist versteinertes Harz von Bäumen ☞ MIN 4.5.1. *Phosphorit* entsteht in Höhlen aus den Exkrementen von Vögeln und Fledermäusen. Die in Sedimentgesteinen enthaltenen Fossilien ausgestorbener Tierarten dienen Wissenschaftlern zur Rekonstruktion der in der Erdgeschichte vorherrschenden klimatischen und atmosphärischen Bedingungen.

Metamorphe Sedimentgesteine werden als *Paragesteine* bezeichnet. Die jeweiligen Einflussfaktoren bestimmen die Art des Umwandlungsprozesses. Druck- und Temperaturerhöhung führen zur Umkristallisation und zur Bildung kristalliner Schiefer. Entsprechend der Höhe der Druck- und Temperaturverhältnisse entstehen Marmor, Schiefer- oder Gneisgesteine.

### Wichtige Sedimente

| Klastische Sedimente | Chemische Sedimente | | Organische Sedimente |
|---|---|---|---|
| | Rückstandsgesteine | Böden | |
| Schutt<br>Geröll<br>Schotter<br>Kies<br>Brekzien<br>Konglomerate | Ausfällungsgesteine | Kalkstein<br>mergelig<br>tonig<br>kieselig<br>dolomitisch | Kalksteine und Dolomite<br>Muschelkalk<br>Schreibkreide<br>Korallenkalk |
| Sand<br>Sandsteine<br>quarzistisch<br>tonig<br>kalkig<br>Quarzit<br>Grauwacke | | Kalksinter<br>Kalktuff<br>Travertin<br>Tropfstein<br>Kalkoolith | Kieselgesteine<br>Kieselgur<br>Diatomeenerde<br>Kieselsinter<br>Feuerstein z. T. |
| | | Dolomit z. T. | |
| Tuff | | Eisengestein<br>Eisenoolith<br>Brauneisenstein | Kohlengesteine<br>Humus<br>Torf<br>Braunkohle<br>Steinkohle<br>Anthrazit<br>Harz<br>Bernstein $C_{10}H_{16}O$ (Kiefernharz)<br>Bitumen<br>Bitumenschiefer<br>Erdöl<br>Asphalt (Bitumen imprägniert in Mineralstoff, z. B. Kalkstein) |
| Tone<br>Lehm<br>Mergel<br>Schieferton<br>Tonschiefer | | Kieselgestein<br>Quarzit<br>Feuerstein z. T. | |
| Löss | Eindampfungsgesteine | Anhydrit<br>Gips<br>Steinsalz<br>Kali-Magnesia-Salze<br>Sylvin KCl<br>Carnallit<br>$KCl \cdot MgCl_2 \cdot 6H_2O$<br>Kieserit<br>$MgSO_4 \cdot H_2O$ | |

Abb. 14: nach [25]

*Metamorphe Gesteine* gehen aus Umwandlungsvorgängen in Folge von Druck, steigenden Temperaturen und Bewegungsvorgängen beim Absinken in tiefere Erdschichten hervor. Sie sind auch unter der Bezeichnung *Umwandlungsgesteine* bekannt und zeigen meist eine fließende Form. *Orthogesteine* sind umgewandelte Magmagesteine.

### Wichtige metamorphe Gesteine

**① Kristalline Schiefer**

Metamorphe Gesteine, die durch erhöhten Druck und erhöhte Temperatur – beim Absinken von Gesteinsmaterial durch geologische Vorgänge – aus anderem Gestein gebildet wurden.

**a) Ausgangsgestein: Magmagestein (Orthogesteine)**

| Ausgangsgestein | Umwandlungsgestein Druck/Temperatur | | Mineralbestand |
|---|---|---|---|
| | höher | niedriger | |
| Granit, Quarzporphyr | Granitgneis | Serizitschiefer | Quarz, Feldspat, Biotit |
| Syenit, Trachyt | Syenitgneis | Biotitschiefer | Biotit, Quarz, Feldspat |
| Diorit, Porphyrit | Dioritgneis | Hornblendeschiefer | Quarz, Feldspat, Biotit |
| Gabbro, Basalt | Eklogit<br>Amphibolit | Epidotschiefer<br>Chloritschiefer | Augit, Granat<br>Feldspat, Hornblende, Quarz |
| Periodit, Pikrit | Olivinfels | Serpentinfels<br>Talkschiefer | Olivin, Serpentin<br>Talk |

**b) Ausgangsgestein: Sedimentgestein (Paragesteine)**

| Konglomerate | Geröllgneis | Fleckengneis | versch. (Qu., Feldsp. u.a.) |
|---|---|---|---|
| Sandsteine | Quarzit | Quarzphyllit | Quarz, Muskovit, Chlorit |
| Tone, Schiefertone | Glimmerschiefer | Serizitschiefer | Qu., Bi., Muskov., Feldspat |
| Kalkmergel | Granatamphibolit | Kalkglimmerschiefer | Kalkspat, Glimmer, Granat |
| Kalksteine<br>Dolomit | Marmor<br>Dolomitmarmor | Kalkschiefer | Kalkspat<br>Dolomit |

**② Kontaktgesteine**

Gestein, das durch Wärme (ohne Druck) neu- oder umgebildet wurde.

Gesteine: a) Hornfelse (am Bruchrand durchscheinend): Kalksilikathornfelse, Knoten-, Fleck-, Fruchtschiefer
b) mit Stoffzufuhr (aus Restmagma, leichtflüchtige Stoffe, z. B. F, B): Gneise

**③ Mischgestein**

Zwischen Magma und metamorphem Gestein, entstanden aus Magma, das sich durch Wiederaufschmelzen von absinkendem Gestein bildet, Gesteinsneubildung wie Tiefengestein (Granit usw.); aus Teilschmelzen: Injektionsgneise.

Abb. 15: nach [25]

*Kontaktgesteine* bilden sich durch starke Erwärmung infolge von Berührung mit Magma in mittleren Tiefen und bei Vulkanausbrüchen. Die Ausgangsgesteine werden dabei strukturell umgewandelt oder erhalten eine vollkommen modifizierte Zusammensetzung. Bei direktem Kontakt mit Magma entstehen Gneise mit grauer Einfärbung. Hornfelse bilden sich in geringer Entfernung zur vorbeiströmenden flüssigen Erdmasse.

*Mischgesteine* (z.B. Granit) sind das Resultat einer Wiederaufschmelzung absinkender Gesteinsmassen bei extremen Temperaturen und hohem Druck. Es kommt meist zu einer Gesteinsneubildung und Entstehung vollkommen neuer Mineralien. Führen die Umgebungsbedingungen nur zu einer teilweisen Bildung von Schmelzen, können auch aderförmige Einschmelzungen in benachbarten Gesteinsstrukturen auftreten.

Neben den Naturgesteinen, die ihren Ursprung im Erdinnern haben, gelangen in Form von Meteoriten Gesteinsmassen aus dem Weltall auf die Erdoberfläche. *Meteoriten* sind Trümmerteile der ursprünglichen Materie des Sonnensystems und enthalten zum Teil Gesteinsformen, die auf der Erde nicht zu finden sind. Ihre Flugbahn wird durch die Anziehungskräfte der Erde in Richtung der Oberfläche gelenkt. In der Regel verglühen sie beim Eintritt in die Atmosphäre und sind in der Nacht als Sternschnuppen zu erkennen. Nur sehr großvolumige Meteoriten können die extremen Bedingungen beim Eintritt in die Atmosphäre überstehen. Selten werden sie gefunden. Mit einem Gewicht von 60 Tonnen wurde der bislang größte Meteorit in Namibia entdeckt. Mit einer Tiefe von 180 m und einem Durchmesser von 1,2 km liegt der größte Meteoritenkrater im amerikanischen Cañon Diablo (Arizona). Er geht auf den Einschlag eines Meteoriten mit einer Masse von mindestens 15000 Tonnen zurück. Nur kleine Teile wurden am Kraterrand entdeckt. Die restliche Masse verdampfte beim Aufprall auf die Erdoberfläche. Meteoriten bestehen aus Eisen-Nickel Verbindungen, Silikaten und Gesteinsmineralien wie Augit oder Olivin.

**MIN 1.4**
**Industriesteine und Gesteinswerkstoffe**

In der modernen Gesellschaft werden Natursteine auf Grund der inhomogenen Strukturen und der aufwändigen Verarbeitung nur noch selten in ihrer natürlichen Form verwendet. Zur Anwendung kommen vielmehr Industriesteine und Gesteinswerkstoffe, die auf der Basis mineralischer Rohstoffe hergestellt werden und wegen ihrer homogenen Struktur gleichbleibende Eigenschaften aufweisen. Die flüssige Zustandsform von harzgebundenen Mineralwerkstoffen ↗ MIN 4.6 und Betonmischungen ↗ MIN 4.5 sowie die von den Herstellern angebotenen Formate von Ziegeln, Gipsbaustoffen, Kalksandsteinen und Betonwaren ↗ MIN 4.5 erleichtern die Verarbeitung und machen einen kostengünstigen Einsatz möglich.

*Bild: Regal aus Beton und Holz./ Villa Rocca*

# Kapitel MIN
## Mineralische Werkstoffe und Natursteine

### MIN 2
### Prinzipien und Eigenheiten der Verarbeitung mineralischer Werkstoffe

Zur Beschreibung der Verarbeitungsprinzipien mineralischer Werkstoffe wird zwischen Natursteinen und künstlich erzeugten Industriesteinen unterschieden.

#### Zerspanende Bearbeitung

Die wirtschaftliche und technische Nutzung von Natursteinen beginnt mit dem Abbau der unterschiedlichen Gesteinsformen in Form ganzer Gesteinsblöcke. Für diesen Prozessschritt stehen Gesteinssägen mit diamantbesetzten Stahlbändern und Druckluftwerkzeuge zur Verfügung. In den letzten Jahren finden vermehrt auch Wasser- und Laserstrahltechniken ↗ TRE 2.2 Anwendung, die insbesondere eine effiziente Bearbeitung von Plattenformaten ermöglichen. Je nach Härte des Gesteins wird das Wasserstrahlschneiden abrasiv, das heißt unter Einbringen von Strahlkörpern ↗ TRE 1.1 (z.B. Stahlsand) in den flüssigen Strahl, durchgeführt.

*Bild: Strukturierte Natursteinfassade.*

*Foto: Bosch*

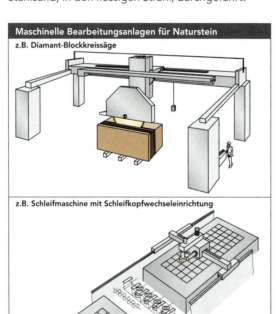

Abb. 16: nach [2]

Spaltwerkzeuge und Brechkeile können an Gesteinsformationen mit einer linear orientierten, schiefrigen Struktur den Abbau gewährleisten und die Herstellung von Plattenmaterial und Mauersteinen vorbereiten. Schottermaterial, Splitt und Pflastersteine werden weder gespalten noch geschnitten, sondern durch eine Sprengung zunächst an der Abbaustelle gewonnen und anschließend in Brechmaschinen in die erforderlichen Größen zerkleinert.

Die maschinelle Bearbeitung von Naturstein erfolgt auf Kreissägen, Fräs- und Schleifmaschinen unter Verwendung von Diamanten als Schneidkanten. Dem Handwerk stehen zur Strukturierung von Sichtflächen Hammer, Keile, Eisen, Meißel und Gravierwerkzeuge in verschiedenen Ausführungen zur Verfügung.

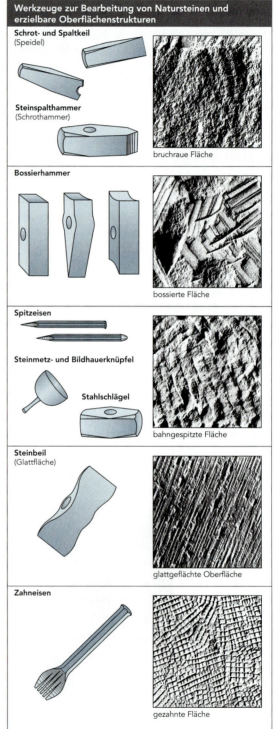

Abb. 17: nach [2]

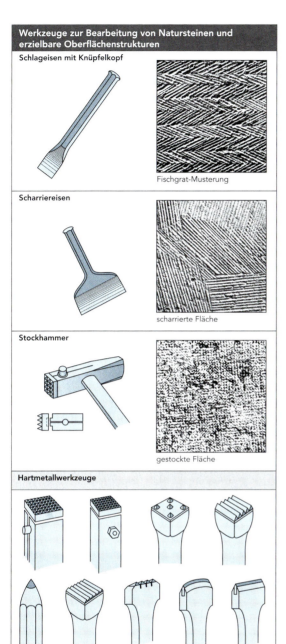

Abb. 18: nach [2]

Typische Material abtragende Techniken zur Bearbeitung von Natur- und Industriesteinen sind das Schleifen, Polieren, Schneiden, Drehen und in seltenen Fällen das Hobeln. Kreisrunde Vertiefungen und Löcher werden mit Steinbohrern oder -fräsern erzeugt.

Bild: In Muschelkalk gemeißelte Figur, Maya Pyramide.

### Fügen
Feste Verbindungen zwischen Gesteinen und mineralischen Werkstoffen werden unter Einsatz von Bindemitteln wie Gips, Kalk und Zement erzeugt ↗ MIN 4.1.3, MIN 4.6. Es wird zwischen Luft- und hydraulischen Bindemitteln unterschieden. Während Luftbindemittel nur an der Luft aushärten, verfestigen die hydraulischen Binder auch im Wasser. Bindemittel werden erst am Einsatzort mit Wasser vermischt und sind dann nur für einen begrenzten Zeitraum verarbeitbar.

### Formen
Leicht geformt werden können insbesondere mineralische Werkstoffe, die bei der Verarbeitung in einem flüssigen oder teilflüssigen Zustand vorliegen. Hierzu zählen traditionell Lehm, Ton und Gips. Sowohl Mörtel als auch Beton erfüllen darüber hinaus die Voraussetzungen für eine einfache Formbarkeit. Polymerbeton ↗ KUN 4.6 und harzgebundene Mineralwerkstoffe haben auf Grund der leichten und kostengünstigen Verarbeitbarkeit in den letzten Jahren an Bedeutung gewonnen.

### Oberflächenbehandlung
Die Qualität mineralischer Oberflächen wird in der Regel durch Schleifen und Polieren gezielt verbessert. Eine Reinigung verschmutzter Steinoberflächen kann durch Sand-, Dampf- und Hochdruckwasserstrahlen erfolgen. Für einige Gesteinssorten ist auch die Entfernung der Schmutzpartikel unter Einwirkung chemischer Substanzen möglich. Wetterunbeständige und anfällige mineralische Werkstoffe können mit wasserabweisenden Silikonharzen vor Verschmutzungen und chemischen sowie mechanischen Einflüssen geschützt werden.

Bild links: Gegossene Gipsfigur.

*Beispiele für bearbeitete Steinoberflächen:*

Bild: Oberfläche fein gestockt.

Bild: Oberfläche geflammt und gebürstet.

Bild: Oberfläche geflammt.

Bild: Oberfläche geschliffen.

Bild: Oberfläche poliert.

Fotos: cantera Naturstein Welten

## MIN 3
### Konstruktionsregeln für Natursteinmauerwerke

Beim Bau von Mauerwerken aus Natursteinen sollten einige Regeln beachtet werden, damit die Stabilität gewährleistet werden kann. Diese beziehen sich auf festigkeitsrelevante und bauphysikalische Aspekte ebenso wie auf die Ausbildung der Fugen.

Da Natursteine in der Regel eher auf Druck als auf Zug belastet werden können, sollte die Lagerfuge stets senkrecht zum Druckkraftverlauf angeordnet sein.

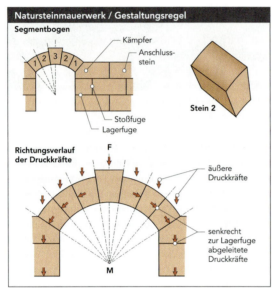

Abb. 19: nach [2]

Auf Grund erhöhter Bruchgefahr sollten spitze Winkelflächen vermieden werden.

Abb. 20: nach [2]

Eine *Stoßfuge* sollte nicht über mehr als 2 Steinschichten verlaufen.

Abb. 21: nach [2]

Es sollten nicht mehr als 3 Fugen an der *Sichtfläche* eines Mauerwerks zusammenlaufen.

Abb. 22: nach [2]

Zur Konstruktion von Natursteinmauerwerken mit hoher Stabilität sollten Stoßfugenwechsel im Abstand einer ganzen bzw. einer halben Schichthöhe erfolgen.

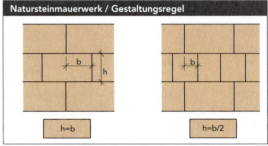

Abb. 23: nach [2]

Die *Binderlänge* L sollte das 1,5fache der Schichthöhe H betragen. Eine Mindestlänge von 30 cm ist einzuhalten.

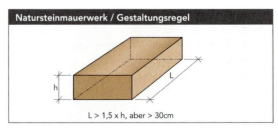

Abb. 24: nach [2]

Die *Läuferdicke* d sollte größer als die Schichthöhe h ausfallen.

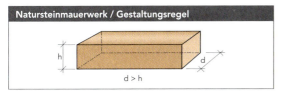

Abb. 25: nach [2]

Die größten Steine sollten an die Wandecken versetzt werden.

Abb. 26: nach [2]

Sollten im Innern eines Mauerwerks Hohlräume entstehen, sind diese mit Füllsteinen auszufüllen.

Abb. 27: nach [2]

Bei der *Fugenausbildung* ist darauf zu achten, dass der Naturstein nicht durch falsch gearbeitete Lagerfugen abplatzen kann. Hohlräume in den Fugen sind zu vermeiden.

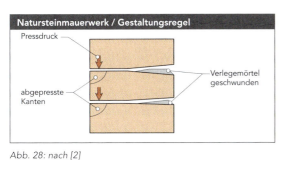

Abb. 28: nach [2]

Die Fugenausbildung sollte Rissbildung und Frostschäden durch Eindringen von Feuchtigkeit verhindern. Hierzu sind die Fugen mit Mörtel zu verschließen und eben mit der Maueroberfläche auszuarbeiten.

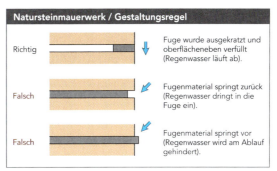

Abb. 29: nach [2]

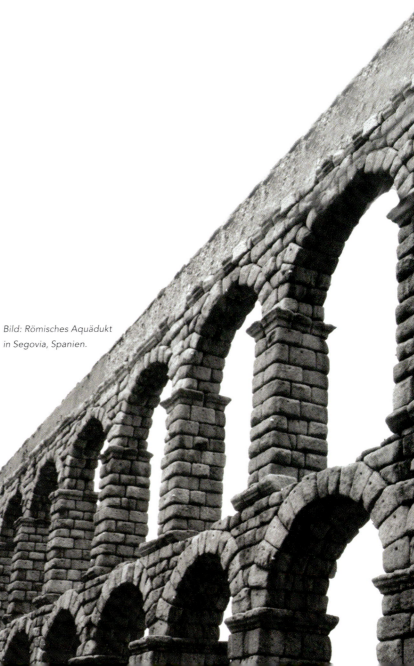

Bild: Römisches Aquädukt in Segovia, Spanien.

Kapitel MIN
*Mineralische Werkstoffe und Natursteine*

Natursteinmauerwerke können unterschieden werden durch:

- das *Fugenbild*
- die Steingröße und Formate
- Anzahl der Sichtflächen
  (ein-, zwei- oder mehrhäuptig)
- die Tiefe der Fugen

Natursteine können auf fünf unterschiedliche Weisen zur Verkleidung von Mauerwerken am Untergrund befestigt werden. Es stehen Schraubanker, Profilstege und Anker- bzw. Steckdorne zur Verfügung, die aus nichtrostendem Stahl bestehen sollten. Die Befestigungselemente ermöglichen eine Anbringung der Natursteinfassaden mit einem gewissen Abstand zum Mauergrund (>2 cm). In diesen eingebrachte Wärmedämmschichten verhelfen zur Steigerung der Energieeffizienz. Weiterhin können Natursteine auch verklebt werden.

Bild: Natursteinmauerwerk.

| Mauerwerksarten und Verwendung | | |
|---|---|---|
| Mauerwerksarten | Verwendung | Erscheinung |
| **Trockenmauerwerk:** Unbehauene oder grob behauene Bruchsteine werden ohne Verwendung von Mörtel im Verband errichtet. | Vorwiegende Verwendung im Gartenbau und für landschaftsplanerische Anlagen | |
| **Bruchsteinmauerwerk:** Grob behauene Bruchsteine werden im Verband vermörtelt, wobei die Fugen voll mit Mörtel oder Füllsteinen ausgefüllt sind. | Verwendung im Gartenbau und bei Garten- bzw. Grundstückseinfriedungen. | |
| **Zyklopenmauerwerk:** Grob behauene Bruchsteine werden im Verband polygonal gelagert und satt vermörtelt. | Verwendung für Einfriedungen, Sockelmauerwerk und Gebäudewände | |
| **Hammerrechtes Schichtenmauerwerk:** Aus teilweise behauenen Bruchsteinen hergestellt. Die Steine der Sichtflächen erhalten auf mind. 12cm Tiefe rechtwinklig bearbeitete Stoß-und Lagerfugen. | Verwendung für Einfriedungen, Sockelmauerwerk und Gebäudewände | |
| **Unregelmäßiges Schichtenmauerwerk:** Herstellung wie Zyklopen- und hammerrechtes Schichtenmauerwerk aber mit mind. 15cm tief behauenen Stoß- und Lagerfugen der Sichtflächensteine. | Einsatz für Einfriedungen, Sockelmauerwerk und Gebäudewände | |
| **Regelmäßiges Schichtenmauerwerk:** Herstellung wie Zyklopen- und hammerrechtes Schichtenmauerwerk, aber mit mind. 15cm tief behauenen Stoßfugen und vollständig behauenen Lagerfugen bei Gewölben und Bögen. Innerhalb einer Schicht darf die Höhe nicht wechseln. | Verwendung für Sockelmauerwerk, Gebäudewände, vor allem aber für Gewölbe, Stützmauern und Brückenpfeiler | |
| **Verblendmauerwerk:** Vormauerung von genau behauenen Natursteinen vor tragenden Wänden aus künstlichen Steinen oder Beton im Mischverband. | Verwendung für Gebäudewände als Sichtblende | |

Abb. 30: nach [2]

Bild: Natursteinpaneel im wilden Verband ist rationell in der Verarbeitung und authentisch in der Ausstrahlung.

Bild: Natursteinpaneel »montagna rosso«./ Fotos: cantera Naturstein Welten

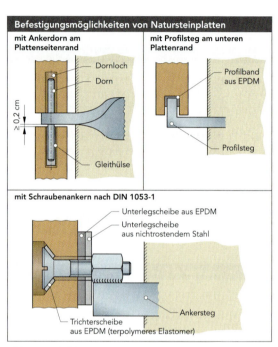

Abb. 31: nach [1]

Bild: Mit einer Materialstärke von nur 1 cm können Natursteinfassaden auf sto® Wärmedämmverbundsystemen ohne kostenaufwändige Edelstahlverankerungen realisiert werden./
Foto: cantera Naturstein Welten

## MIN 4
### Vorstellung wichtiger Gesteinswerkstoffe

### MIN 4.1
### Mineralien

#### MIN 4.1.1
#### Mineralien – Siliziumdioxide

Die Erdkruste besteht zu etwa 95% aus Verbindungen aus Silizium (Si) und Sauerstoff (O). Mit Blick auf die Kristallstrukturen wird zwischen zwei Hauptgruppen unterschieden: den Silikaten ($SiO_4$) und Siliziumdioxiden ($SiO_2$). Während die Mineralien Feldspate, Glimmer oder Koalinit der Gruppe der Silikate zuzuordnen sind, gehört Quarz zu den Siliziumdioxidvertretern.

Bild: »Quebrada de Jaspe« – Jaspisablagerungen in einem Flusslauf in Venezuela.

### Quarz

Quarz besteht vollständig aus Siliziumdioxid ($SiO_2$) und ist in etwa 12% aller Mineralien der Erdkruste enthalten. Man findet es sowohl in Magma- (z.B. Granit, Pegmatit) und Umwandlungsgesteinen (z.B. Gneis) als auch in Sedimenten wie Sandsteinen oder biogenen Gesteinen wie Kreidekalken. In reiner Form bildet es klar durchsichtiges, farbloses *Bergkristall*. *Quarzsand* geht aus komprimierten Quarzkörnern hervor. Sind feine Spuren anderer Elemente im Kristallgitter vorzufinden, erhält das Mineral eine andere Farbe. Die purpurne Verfärbung des edlen *Amethyst* geht auf Eisen zurück. Manganoxide färben *Rauchquarz* rosarot. *Citrin* ist zitronengelb, *Jaspis* blutrot.

Weitere Quarzformen mit Verunreini-gungen oder einer modifizierten Kristallstruktur sind *Achat*, *Chalcedon*, *Eisenkiesel*, *Heliotrop*, *Karneol*, *Katzenauge*, *Milchquarz*, *Moosachat*, *Onyx*, *Opal*, *Rosenquarz*, *Morion*, *Sarder* und *Tigerauge*.

*Eigenschaften*

In der Mohs´ schen Härteskala hat Quarz eine Härte von 7. Es ritzt somit Feld- und Flussspate, ist aber mechanisch weniger beständig als Korund oder Diamant. Somit können die witterungs- und chemikalienbeständigen Quarzgesteine gut geschnitten, poliert und geschliffen werden. Zur Angabe der relativen Schleifhärte von Mineralien bildet es mit einem Wert von 100 den Bezugspunkt.

*Verwendung*

Quarz findet insbesondere in der Glas- und Keramikherstellung breite Verwendung. Kieselglas GLAS 3.4 besteht nahezu vollständig aus Siliziumdioxid. Die hochwertigen optischen Eigenschaften des Bergkristalls werden in Linsen und Prismen verwendet. Das Mineral wird zu feuerfesten Steinen verarbeitet. Wegen seiner großen Härte kommt es als Schotter beim Bau von Eisenbahnstrecken zum Einsatz. Piezoelektrische Eigenschaften machen Quarz zu einem wichtigen Werkstoff in der Elektroindustrie und Messtechnik. Der *Piezoeffekt* meint eine Längenveränderung nach Anlegen eines elektrischen Feldes. Umgekehrt können Druck- und Zugspannungen als elektrische Impulse gemessen werden. Ähnliche Eigenschaften weist auch das Silikat *Turmalin* MIN 4.5.1 auf. Hochgenaue Uhren sind durch Verwendung von *Quarzkristallen* möglich geworden. Weitere Anwendungsgebiete sind Computer, Fernsehgeräte und *Quarzlampen*. In der Schmuckindustrie werden Amethyst, Tigerauge, Jaspis, Achat, Opal und Citrin zu Schmucksteinen verarbeitet MIN 4.5.1.

Bild unten: Quarzuhr./ Hersteller: DKNY »NY1214«

Bild: Grüner Heliotrop mit roten Jaspis-Einsprenkelungen/ Schmuckstein./ Gudrun Meyer Schmuck

## MIN 4.1.2
### Mineralien – Silikate

Wie Siliziumoxide sind auch Silikate ($SiO_4$) Verbindungen aus Silizium und Sauerstoff. Zu den wichtigen Silikaten, die technische Verwendung finden und wirtschaftliche Bedeutung erlangt haben, zählen Glimmer, Feldspate, Olivin, Talk, Asbest, Wasserglas, Zirkon und Zeolithe.

*Glimmer* ist die Bezeichnung für eine Gruppe von Silikat-Mineralien, die auf Grund einer schichtförmigen Orientierung innerhalb der Kristallstruktur in eine Richtung sehr gut spaltbar sind. Die Härte parallel zu den Schichtebenen beträgt lediglich 2. Senkrecht dazu erreicht sie einen Wert von 4. Es existieren Glimmergesteine mit brauner, grüner, grauer, gelber, roter oder weißer Farbigkeit. Glimmer schmilzt erst bei hohen Temperaturen. Häufige Glimmerarten sind *Biotit*, *Muskovit* und *Glaukonit* (Mehling 1993). Transparente dünne Glimmerscheiben werden zur Anfertigung von Schutzbrillen und Ofenfenstern eingesetzt. Der Werkstoff dient zur Isolation gegen Wärme und elektrischen Strom. In der Automobilindustrie wird Glimmer in Lacken verwendet.

Mit einem Anteil von 15–16% zählen *Augit* und *Hornblende* zu den bedeutendsten Mineralien der Erdkruste. Auffällig ist ihre große Widerstandsfähigkeit gegenüber Witterungseinflüssen. Das häufig schwarze Augit ist in Magmagesteinen wie Basalt oder Gabbro zu finden. Hornblende gehört zur Gruppe der metamorphen Gesteine und entsteht nach Kontakt mit flüssigem Magma. Es ist sehr fest, nicht spaltbar und weist eine hohe Zähigkeit auf. Die Verwitterung von Augit oder Hornblende führt zur Bildung von Talk, Asbest oder *Serpentin*.

*Olivin* geht im Wesentlichen auf Eisen-Magnesium-Silikatverbindungen zurück und weist Härtewerte zwischen 6 und 7 auf. Es ist in Magmagesteinen wie Basalt, Gabbro und Peridotit vorzufinden. Da Olivin in Verbindung mit Wasser verwittert, ist es nicht in Sedimentgesteinen enthalten.
In der Glasindustrie wird das Silikat-Mineral zur Herstellung besonders hitzebeständiger Gläser verwendet. Klare und durchsichtige Olivinkristalle sind sehr selten und werden zu Edel- und Schmucksteinen geschliffen.

*Talk* und *Asbest* sind Verwitterungsprodukte von Olivin, Augit und Hornblende.
Mit seinen wärmebeständigen Eigenschaften und seiner großen Absorptionsfähigkeit findet Talk vielseitige Verwendung. Während die Baubranche es als Füllstoff nutzt, dient es in der Keramikindustrie als Rohstoff zur Herstellung feuerfester Steine oder von Biskuitporzellan ↗ KER 4.2. Außerdem kommt es als Trockenschmierstoff und Poliermittel zur Anwendung und wird zur Trübung von Glas eingesetzt. Bei der Herstellung von Farben ist das Verwitterungsprodukt als Trägermaterial für Farbstoffe geeignet. In gemahlener Form ist Talk Grundstoff für eine Vielzahl kosmetischer Produkte (z.B. Puder).

Bild: Skulptur aus Speckstein.

*Speckstein* ist eine besonders dichte Form von Talk, die sich fettig anfühlt. Er kann sehr leicht bearbeitet werden und dient Jungendlichen und Kindern in der künstlerischen Ausbildung zur Anfertigung von Kleinskulpturen.

Die glasartig glänzenden *Asbestfasern* sind sehr hitzebeständig und brennen nicht. Auf Grund der wärmedämmenden Eigenschaften wurden die einige Millimeter bis wenige Zentimeter langen Fasern als Dämm- und Isoliermaterial, für Bremsbeläge, Fußbodenfliesen sowie zur Herstellung feuerfester und säurebeständiger Gewebe lange Zeit genutzt. Die gesundheitsschädlichen Nebenwirkungen für die menschlichen Atemwege und die Lunge haben allerdings dazu geführt, dass das Material aus dem Baugewerbe und anderen technischen Bereichen nahezu vollkommen verschwunden ist. Zahlreiche Gebäude mussten saniert oder abgerissen werden. Lange wurde über die Zukunft des Palastes der Republik in Berlin diskutiert. Das asbestverseuchte Gebäude soll einem orginalgetreuen Nachbau des Berliner Stadtschlosses weichen. Asbest findet heute nur noch selten Verwendung. Wegen der hohen Hitzebeständigkeit wird es aber nach wie vor in der Raumfahrt eingesetzt.

Bild: Palast der Republik in Berlin. Das asbestverseuchte Gebäude wird voraussichtlich bis April 2007 komplett demontiert.

*Feldspate* sind die häufigsten Vertreter unter den gesteinsbildenden Mineralien. Sie sind sowohl in Magmagesteinen als auch in Sediment- und Umwandlungsgesteinen zu finden. Die Kristallstruktur wird durch den Aluminiumanteil bestimmt. Die Witterungsbeständigkeit ist mäßig. Mit Werten zwischen 6 und 6,5 liegt die Härte im mittleren Bereich. Die Farbigkeit der verschiedenen Feldspatvertreter reicht von farblos, weiß und rosa über grünlich und blau bis hin zu rötlich braun. Die Strichfarbe von Feldspat ist weiß. Die Feldspatvarietäten *Plagioklas* und *Orthoklas* sind häufig in Gesteinsstrukturen enthalten.
Neben Quarz und Kaolin ist Feldspat der dritte wichtige Bestandteil in der Porzellanherstellung KER 4.1. Die Feldspatvertreter *Amazonit* und *Sodalith* dienen als Schmucksteine.

*Zeolithe* entstehen durch Verwitterung aluminiumreicher Mineralien, können aber auch auf synthetische Weise hergestellt werden. Sie werden zur Enthärtung von Wasser in Waschmitteln eingesetzt und fördern als Nahrungsmittelzusatz die Entschlackung. Außerdem finden sie als Düngemittel zur Verbesserung der Bodenqualität Verwendung und sind in Kläranlagen zur Wasseraufbereitung im Einsatz. Im Baugewerbe dienen Zeolithe als Zusatzstoff zur Senkung der Verarbeitungstemperatur von Asphalt MIN 4.9. Auf Grund der starken absorbierenden Eigenschaften für flüssige und gasförmige Stoffe werden Zeolithe als Trocknungsmittel und zur Rauchgasreinigung verwendet.

*Zirkon* ($ZrSiO_4$) zeichnet sich durch seine sehr gute Hitzeresistenz, einen Härtewert von 7,5 und eine Dichte von 4,7 g/cm$^3$ aus. Es hat hervorragende optische Eigenschaften und eine hohe Lichtbrechung. Die farblosen oder weißen Varietäten werden in geschliffener Form leicht mit Diamanten verwechselt. Gezüchtetes Zirkondioxid mit Namen »*Zirkonia*« ist daher als Diamantersatz im Handel erhältlich. Das Silikat wird auch in der Raumfahrt verwendet und kommt beim Bau von Schmelzöfen zum Einsatz. Auf Grund häufig anzutreffender radioaktiver Bestandteile wird Zirkon auch bei der radiometrischen Datierung genutzt.

Bild: Anspitzer aus Hochleistungskeramik (Zirkondioxid)./ Design und Projektleitung: Prof. Dipl.-Des. Andreas Kramer – Hochschule für Künste Bremen/ Prof. Dr.-Ing. Georg Grathwohl – Universität Bremen

**Strichfarbe**

*ist die Farbe des Mineralpulvers. Diese Eigenschaft kann zur Unterscheidung von äußerlich ähnlichen Mineralien verwendet werden.*

**Varietät**

*ist die unterschiedliche Ausbildung eines Minerals hinsichtlich Farbe, Transparenz, Tracht und Kristallgröße. Der Gitterbau des Kristalls ist jeweils identisch.*

### MIN 4.1.3
### Mineralien – Sulfate

Das vor allem für das Baugewerbe und den Modellbau wichtigste Sulfatmineral ist Gips ↗ MIN 4.6. Es entsteht durch Auskristallisierung von übersättigtem Kalziumsulfat aus Meerwasser und ist mit der chemischen Zusammensetzung $CaSO_4$ charakterisiert. Seine Dichte beträgt 2,3 g/cm³. Mit Werten zwischen 1,5 und 2 fällt die Härte sehr gering aus. In reiner Form ist das Mineral farblos bis weiß, kann aber durch Fremdbestandteile (z.B. Hämatit) auch graue oder rote Färbungen annehmen. Weiß durchscheinendes Gipsgestein mit feinkörniger Struktur ist auch unter dem Namen »*Alabaster*« bekannt. Gips wird sowohl feinkörnig als auch in massiver Form im Bergbau abgebaut. In der nordmexikanischen Stadt Chihuahua wurden die mit einer Länge von fast 15 Metern bislang größten Gipskristalle entdeckt. Auch faserige Formen kommen vor.

Bild: Rigips-Platten.

Durch Wärmezufuhr geht Wasser in der kristallinen Struktur von Gips verloren. Es bilden sich Sulfat-Varietäten wie Anhydrit mit leicht höheren Härtewerten zwischen 3 und 3,5. Diese sind in Salzlagerstätten und magmatischen Gesteinen zu finden.

*Verwendung*

Die Hauptverwendungsgebiete für Gips und Gipsbaustoffe sind der Medizinbereich, das Baugewerbe, der Modellbau und das Kunsthandwerk. Insbesondere wird die Eigenschaft von Gips dazu genutzt, beim Anrühren des feinpulverigen Bau- und Modellgipses Wasser aufzunehmen und den Werkstoff in kurzer Zeit aushärten zu lassen. Dieser Vorgang ist meist mit einer erheblichen Wärmeproduktion verbunden.

Im Baugewerbe wird Gips für Grundierungen und als Füllmittel eingesetzt und dient als Zusatzstoff bei der Herstellung von Zement. *Gipsputze* und Baustoffplatten werden beim Bau von Häusern verwendet, um rauem und unebenem Mauerwerk eine streichfähige Oberfläche zu verleihen ↗ MIN 4.6. Hierzu werden vor allem *Gipskarton*- und *Gipsfaserplatten* verwendet. Gipskartonplatten sind in verschiedenen Dicken (9,5/12,5/15/18 mm) erhältlich und setzen sich aus einem Verbund von Gips und beidseitig aufgebrachtem Karton zusammen. Sie unterstützen den Brandschutz, dienen zum Bau von Trenn- und Zwischenwänden und werden zur Verkleidung von Innenwänden und Decken eingesetzt. In Gipsfaserplatten sind Zellulosefasern eingebracht. Sie unterstützen die Aufbringung von Trockenputz auf ein Mauerwerk. Um die Jahrhundertwende waren Stuckarbeiten aus Gips in Bürgerhäusern sehr beliebt.

In der Medizin ist der Werkstoff insbesondere durch den Gipsverband bekannt geworden. Wegen der schnellen Aushärtung nach Anmischung mit Wasser ist Gips ideal geeignet für die Ruhigstellung von gebrochenen Gliedmaßen und Gelenken. Die betroffenen Stellen werden mit Gipsbinden umwickelt, die nach wenigen Minuten erstarren.

Im technischen Bereich und im Produktentwicklungsprozess hat Gips als Werkstoff zur Herstellung von Formen und Modellen eine nach wie vor große Bedeutung. Vor allem in der Kunst wird der Werkstoff bei der Anfertigung von Skulpturen und Kunstgegenständen verwendet. Insbesondere das reinweiße Alabaster mit seiner sehr guten Polierfähigkeit ist sehr beliebt und kommt auch bei Restaurationen zur Anwendung.

Durch Einsatz von Gipsbestandteilen für technische Textilien wird die Hitze- und Feuerbeständigkeit von Schutzbekleidungen erhöht.

## MIN 4.1.4
### Mineralien – Oxide

Neben Siliziumdioxiden sind weitere Oxide für die metallverarbeitende Industrie und das Baugewerbe von wirtschaftlicher Bedeutung. Zu diesen zählen Korund und die für die Eisengewinnung bedeutenden Mineralien Hämatit und Magnetit.

### Korund
Mit einem Härtewert von 9 ist Korund ($Al_2O_3$) der zweithärteste natürliche mineralische Werkstoff. Das trübgraue Oxidmineral ist meist durch Verunreinigungen braun bis blau gefärbt und weist muschelförmige Bruchstellen auf. Die rubinrote Varietät und der *Saphir* sind als Schmuckstein besonders beliebt ⇒ MIN 4.5.1. Korund findet man in natriumreichen Magmagesteinen wie Granit oder Umwandlungsgesteinen wie Marmor oder Gneis. Eine sehr häufige Korundvariante ist der braunschwarze *Schmirgel*, der auch andere mineralische Oxide wie Hämatit und Magnetit enthält. Er wird wegen seiner großen Härte als Schleifmittel für Schleifpapier und Trennscheiben verwendet und kommt beim Sandstrahlen ⇒ TRE 1.1 zum Einsatz. Als Zusatz in Betonmischungen kann Korund den ausgehärteten Gesteinsoberflächen feine Strukturen verleihen. Auf gesonderte Nachbearbeitung oder Beschichtung der Betonoberflächen kann dann meist verzichtet werden.

*Bild: Schleifpapier mit Schleifblock aus Kork.*

### Hämatit, Magnetit
Diese beiden Oxide enthalten in ihrer chemischen Zusammensetzung große Mengen an Eisen. Magnetit ($Fe_3O_4$) enthält etwa 72%. Der Eisenanteil des braunroten bis schwarzen Hämatits beträgt etwa 70%. Die Härtewerte beider Oxide liegen zwischen 5 und 6. Als klassische Eisenerze sind sie Ausgangsmineralien für die Roheisengewinnung und die Stahlerzeugung. Beide Oxidminerale lassen sich nur sehr schlecht bearbeiten.

## MIN 4.1.5
### Mineralien – Karbonate

Karbonate werden als Salz der Kohlensäure bezeichnet. Etwa 70 Karbonatformen sind auf der Erde bekannt. Zu den wichtigen zählen Kalzit und Dolomit, die in vielen Gesteinsformen zu finden sind. Ganze Gebirgsketten (Dolomiten) wurden nach ihnen benannt. Ein weiteres wichtiges Eisenerzmineral ist Siderit.

### Dolomit
Mit einer Härte zwischen 3,5 und 4 und einer transparent durchscheinenden, weißen bis braunen Struktur zählt Dolomit ($CaMg(CO_3)_2$) zur Gruppe der Karbonate. Es weist einen glasartigen Glanz und muschelförmige Bruchstellen auf und lässt sich gut spalten. Die Reaktion bei Kontakt mit Salzsäure fällt weniger stark aus als bei Kalzitmineralien (Markl 2004).

### Kalzit (Kalkspat)
Das weiße bis farblose Kalzit ist in seiner chemischen Zusammensetzung mit Kalziumkarbonat ($Ca-CO_3$) identisch. Die Witterungsbeständigkeit im Vergleich zu anderen Mineralien wie Quarz oder Feldspat ist mäßig. Dies zeigt sich häufig an Kunstgegenständen und Statuen aus der Antike. Sedimentäre Kalksteine gehen in der Hauptsache auf Kalzit zurück. In umgewandelter Form bildet es die Grundlage für Marmor und ist in Tropfsteinhöhlen in Form von Stalagmiten und Stalagtiten vorzufinden. Auf Grund der charakteristischen Eigenschaft reiner Kalzitkristalle, Lichtstrahlen entlang der optischen Achse doppelt zu brechen, werden sie in der optischen Industrie häufig für Polarisationsmikroskope verwendet.

### Siderit
Obwohl Siderit ($FeCO_3$) nur zu etwa 48% aus Eisen besteht, ist es auf Grund der leichten Verarbeitbarkeit das wichtigste Eisenerz. Die Härtewerte des braungrau gefärbten Karbonats liegen zwischen 3,5 und 4. Es lässt sich leicht spalten.

## MIN 4.1.6
## Mineralien – Ton

Tone sind Mineralgemenge, die sich auf Grund der Einlagerung von Wasser in eine plättchenartige Gefügestruktur sehr gut plastisch verformen lassen. Sie entstehen durch Verwitterung von Magmagesteinen mit hohen Feldspatanteilen wie Trachyt, Granit oder Syenit. Unter Einfluss von Kohlendioxid und Wasserdampf werden Feldspate chemisch in Aluminiumsilikate umgesetzt. Die Bildung der Tonmineralien erfolgt unter Aufnahme von Wasserstoff in die Gitterstruktur des Feldspats. Neben Aluminiumsilikaten bestehen Tone hauptsächlich aus Quarz, Glimmer und Kalzit. Je nach Fundort sind geringe Mengen Eisen-, Titan-, Magnesium-, Natrium- oder Kalziumoxide enthalten. Zu den häufigsten Tonmineralen zählen Kaolinit, Illit und Montmorillonit (Gernot 2004). Die Farbigkeit der einzelnen Tonsorten reicht je nach Zusammensatzung von weiß bis schwarz. Eisenoxide bewirken eine rote Färbung. Tonminerale haben eine einkörnige Struktur mit Korngrößen kleiner 0,002 mm.

*Primärtone* bezeichnen Tonmassen, die am Entstehungsort gefunden werden. Hingegen werden *Sekundärtone* über Entfernungen von mehreren Kilometern in Flüssen transportiert. Auf dem zurückgelegten Weg werden diese mit Verunreinigungen durchsetzt. *Residualtone* sind von Verunreinigungen befreite Sekundärtone.

Ein besonders für die Keramik- und Porzellanindustrie geeignetes Tonmineral ist das reinweiße *Kaolinit*, das auch als »china clay« bezeichnet wird. Mit einer Dichte zwischen 2,6 und 2,7 ist es ein Hochtemperaturbindemittel zur Herstellung keramischer Bauteile. Es zählt zu den Glimmergesteinen und ist leicht spaltbar. Kaolin ist die Bezeichnung für Porzellanerde. Diese setzt sich zu einem großen Anteil aus Kaolinit zusammen. Kaolin ist chemisch resistent und auch gegen starke Säuren beständig. Es vermindert die Rissbildung und verbessert die Qualität und Stoßfestigkeit keramischer Oberflächen. Außerdem ist Kaolin als ausgesprochener elektrischer Nichtleiter bekannt.

Während man in früheren Jahren auf die regionalspezifischen Eigenschaften der Tonmassen vor Ort angewiesen war, führt die Möglichkeit der industriellen Aufbereitung zu einer gewissen Uniformität des erhältlichen Materials. Die Bedeutung regionaler Unterschiede der Töpferwaren und Keramiken, die sich auf Grund der unterschiedlichen Zusammensetzung, Farbigkeit, Plastizität und Reaktion auf Hitze ergeben, geht dadurch immer mehr verloren.

Bild: Tontöpfe.

### Verwendung

Ton wird schon seit Jahrhunderten für die Produktion von Dachziegeln und Ziegelsteinen verwendet. Insbesondere ist Ton das Ausgangsmaterial für alle keramischen Erzeugnisse. Das in der Gitterstruktur des Tons chemisch gebundene Wasser unterstützt die Plastizität und Formbarkeit des Werkstoffs. Nachdem es unter hoher Temperatur ausgebrannt wurde, entsteht eine feste keramische Struktur. Auf Kaolinit-Basis werden auch feuerfeste Produkte hergestellt. In der Papier-, Kunststoff- und Farbenindustrie wird Kaolin als Füllstoff verwendet. Es glättet die Papieroberfläche und fördert Deckkraft und Reflexionsvermögen von Farben und Lacken. Im Formenbau und der bildenden Kunst unterstützt das sehr formbare Material die Erzeugung von Tonmodellen und Skulpturen. Zudem kann es auch abdichtende Funktionen im Baugewerbe und beim Bau von Mülldeponien übernehmen. In der Trinkwasseraufbereitung erhält es besondere Bedeutung bei der Säuberung von Trinkwasser. Ein weiteres Anwendungsfeld ist die Zementherstellung.

Bild: Teedose aus Ton modelliert von Kunsthandwerkern in China./ Design: ITO Design

## MIN 4.2
Magmagesteine

### MIN 4.2.1
Magmagesteine – Tiefengesteine

Tiefengesteine, die auch als *Plutonite* oder *Intrusivgesteine* bezeichnet werden, entstehen nach Abkühlung und Erstarrung magmatischer Gesteinsmassen noch innerhalb des Erdinnern (Pluto – griechischer Gott der Unterwelt). Charakteristisch ist ein sehr dichtes grobkörniges Gefüge mit sehr guten Poliereigenschaften. Als Bau- und Konstruktionswerkstoffe werden insbesondere Granit, Syenit, Diorit und Gabbro verwendet.

### Granit
Granit ist der wichtigste und häufigste Vertreter der Tiefengesteine. Er setzt sich aus den Hauptbestandteilen Feldspat (Orthoklas, Plagioklas), Quarz und Glimmer (Biotit) zusammen. Es können auch Mineralien wie Hornblende, Augit und Muskovit enthalten sein. Je nach Fundort variieren Mengenverhältnisse und Farbigkeit. Granit ist meist hell. Die Farben reichen von weiß, hellgrau, gelbgrau, rotgrau bis dunkelgrau. Das mittel- bis grobkörnige Gestein ist besonders hart und witterungsbeständig. Daher wird es schon seit Jahrtausenden als Bauwerkstoff verwendet. Seine Druckfestigkeit und Frostbeständigkeit sind hervorragend. Die Rohdichte liegt zwischen 2,6–2,8 g/cm³. Das Tiefengestein lässt sich sehr gut sägen, schleifen, strahlen und polieren. Charakteristisch ist der nach der Oberflächenbehandlung entstehende feine Glanz.

Bild: Pflastersteine.

Granit bildet die Grundlage für Bodenbeläge aller Art (z.B. Pflastersteine, Steintreppen) und wird für die Verkleidung von Mauern verwendet. Bereits die alten Ägypter nutzten das harte Gestein zur Anfertigung von Obelisken. Für die Bildhauerei ist Granit aber eher ungeeignet, da sich feine Konturen wegen der starken Sprödigkeit nur schwer erzielen lassen.

### Syenit
Das Magmagestein Syenit wurde nach der antiken ägyptischen Stadt Syene benannt, die heute den Namen Assuan trägt. Zusammensetzung und Eigenschaftsprofil ähneln dem von Granit. Es enthält aber nur selten Quarz und wird daher häufig als quarzfreies Granit bezeichnet. Syenit ist allerdings feinkörniger und weist eine meist dunkle Färbung auf. Dunkelgrüne, dunkelgraue, graurote bis schwarzgraue Arten sind häufig. Wie Granit ist das Gestein hart und witterungsbeständig, kann aber besser bearbeitet werden.
Syenit wird vor allem im Außenbereich für Bodenbeläge und Massivarbeiten eingesetzt. Der Oberflächenverschleiß tritt im Vergleich zu Granit früher ein. Weitere Anwendungen sind Fundamente, Sockel oder Pfeiler.

### Diorit
Das graugrüne bis fast schwarze Diorit besteht hauptsächlich aus Feldspat und Hornblende. Auch Biotit, Ilmenit oder Magnetit können enthalten sein. Wie Syenit ähnelt Diorit in seinen Eigenschaften und Anwendungsbereichen denen von Granit. Es wird auch für Fliesen, Fensterbänke und Bodenplatten verwendet.

| Eigenschaften der Tiefengesteine | | | | |
|---|---|---|---|---|
| Technische Eigenschaften | Granit | Syenit | Diorit | Gabbro |
| Dichte [in t/m³] | 2,7 | 2,8 | 2,9 | 3,0 |
| Werkzeugverschleiß (z.B. beim Fräsen mit Diamant) | hoch | | | geringer |
| Abriebfestigkeit | hoch | | | geringer |
| Verwitterungsbeständigkeit (z.B. Haltbarkeit der Politur) | sehr gut | | | schlechter |

Abb. 32: nach [2]

### Gabbro
Nach Granit zählt Gabbro zu den häufigsten Tiefengesteinen. Der hohe Anteil dunkler mineralischer Bestandteile wie Olivin und Pyroxen lässt es grauschwarz bis blaugrün erscheinen. Seinen Namen verdankt es einem deutschen Geologen, der ihn von einem Ort in der Toskana ableitete. Vergleichbar mit den anderen wichtigen Plutoniten findet Gabbro als Bauwerkstoff im Außenbereich Verwendung. In feuchtem Klima ist es allerdings wenig witterungsbeständig. Besondere optische Qualitäten können durch weiße oder grüne Sprenkel entstehen.

## MIN 4.2.2
### Magmagesteine – Erdgussgesteine

Während der Erstarrungsprozess der Tiefengesteine bereits im Erdinnern stattfindet, kühlen sich Erdgussgesteine erst nach Verlassen der Erdkruste ab. Der wichtigste Vertreter dieser Natursteingruppe ist Basalt. Weitere Erdgussgesteine mit aber meist nur geringen Verwendungsmöglichkeiten sind Trachyt, Andesit, Porphyr und Dazit.

### Basalt

Feinkristalliner Basalt entsteht durch rasche Abkühlung vulkanischer Lavamassen. In der Hauptsache besteht das dunkle, fast schwarze Gestein aus Feldspat und Augit. Untergeordnete mineralische Bestandteile sind Olivin, Magnetit oder Biotit. Auf Grund der feinen Struktur ist Basaltgestein sehr hart, kompakt, äußerst wetterfest, aber schwer bearbeitbar. In Deutschland ist es vor allem im Erzgebirge, am Vogelsberg, in der Rhön, im Westerwald und in der Vulkaneifel vorzufinden. Viele Meteoriten sind strukturell ähnlich aufgebaut wie Basaltgestein, das auch auf dem Mond anzutreffen ist.

*Bild: Schotter aus Basaltgestein.*

Da sich Basalt schlecht bearbeiten lässt, wird es im Baugewerbe für Pflastersteine oder in Form von Schotter für den Unterbau von Straßen und Bahngleisen genutzt. Im Garten- und Landschaftsbau konzentrieren sich die Einsatzfelder auf Grabsteine oder Stelen für Ziersteine.
Ein weiteres Anwendungsfeld ist die Betonherstellung, bei der Basalt als Zusatzstoff Verwendung findet. Im Hausinnern dient es z.B. zum Bau von Treppen oder für Wandverkleidungen.

### Andesit

Von allen Vulkangesteinen ist Andesit das zweithäufigste. Das braunrote bis fast schwarze Erdgussgestein besteht in der Hauptsache aus Plagioklas und weiteren Mineralien wie Hornblende, Glimmer und Augit. Es verfügt über eine feinkörnige und glasartige Struktur und lässt sich nur schlecht polieren. Der Name ist von den Anden abgeleitet. Andesit wird häufig im Baugewerbe und für Pflastersteine verwendet.

### Dazit

Charakteristisch für Dazit ist der hohe Gewichtsanteil an Siliziumdioxid ($SiO_2$). Die Farbigkeit des glasartigen Vulkangesteins reicht von blaugrau bis braun. An der Oberfläche können Sprenkel von Fremdmineralien eingebracht sein. Einige Dazitformen finden schon seit Jahren als Schmucksteine Verwendung. Zuletzt wurde Dazitasche beim Ausbruch des Mount Pinatuba 1991 in großen Mengen ausgestoßen. Dazitgestein wird für Fußböden und Pflastersteine verwendet.

### Porphyr (Rhyolit)

Der griechische Begriff »porphyra« bedeutet Purpurschnecke und deutet auf die auffällige Farbigkeit mancher Porphyrgesteine hin. Es ist ein wetter- und frostbeständiges, gut polierbares Gestein, das in seinen Hauptbestandteilen aus Feldspaten und Glimmer besteht. Neben den purpurnen Arten existieren auch rosarote und braune Varianten. Porphyr wird z.B. für Stufen, Mauerverkleidungen und Pflaster verwendet. Auch Denkmäler und Statuen werden aus dem Erdgussgestein angefertigt.

### Trachyt

Der jungvulkanische Trachyt verfügt über eine feinkörnige Struktur und eine graue bis bräunliche Färbung. Er ist nicht so hart wie andere Erdgussgesteine und lässt sich daher gut bearbeiten. Die porig-raue Oberfläche bleibt jedoch auch nach einer schleifenden oder polierenden Bearbeitung bestehen. Trachyt wird z.B. für Wandverkleidungen oder Treppenstufen verwendet. Aufgeschäumter Trachyt ist unter dem Namen **Bims** bekannt. **Bimssteine** waren früher als Schleifmittel und zur Entfernung von Hornhaut beim Waschen beliebt. Heute ist es ein wichtiger Rohstoff für das Baugewerbe.

*Bild unten: Bimsstein.*

## MIN 4.3
### Metamorphe Gesteine

#### MIN 4.3.1
#### Metamorphe Gesteine – Gneise, Serpentinit, Dachschiefer

Unter metamorphen Gesteinen versteht man geologische Formationen, deren mineralische Zusammensetzung durch Druck- und Temperaturerhöhungen in Folge der Bewegung der Erdplatten oder bei der Gebirgsbildung verändert wurde. Neben dem auf Grund seiner ästhetischen Qualitäten für Statuen und Kunstgegenstände verwendeten Marmor zählen zu den metamorphen Gesteinen insbesondere Gneise, Serpentinit und Schiefer. Auffällig ist die oftmals schiefrige Struktur, die sehr gut gespalten und zu Plattenmaterial verarbeitet werden kann.

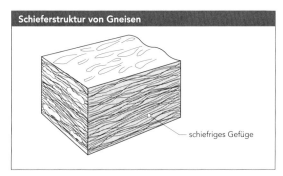

*Abb. 33: nach [2]*

### Gneis
Gneise entstehen durch Umwandlungsvorgänge von Granitgestein. Sie bestehen hauptsächlich aus Feldspat, Quarz und Glimmer. Entsprechend den verschiedenen Glimmermineralien unterscheidet man Biotitgneis, Muskowitgneis und Zweiglimmergneis. Das Farbspektrum reicht von graugrün über rötlich bis hin zu gelblichgrau. Deutlich zu erkennen ist die durch den Glimmeranteil hervorgerufene kristalline schieferähnliche Anordnung. Spaltbarkeit, Biege- und Druckfestigkeit sind mit denen von Granit vergleichbar. Gneise sind weltweit zu finden. In Deutschland konzentrieren sich die Abbaugebiete auf das Erz- und Fichtelgebirge sowie den Schwarzwald.

Das Verwendungsprofil von Gneisen ähnelt dem von Granitgestein. Gneise werden z.B. für Treppenstufen, Sitzbänke und Bodenbeläge verwendet. Weitere Anwendungen sind Mauerkonstruktionen und Randsteine.

### Serpentinit
Mit Härtewerten zwischen 2 und 3 zählt das fast vollständig aus dem Mineral Serpentin bestehende Serpentinit zu den weichen Umwandlungsgesteinen und geht auf olivinreiche Gesteinsformationen zurück. Charakteristisch ist die hell- bis dunkelgrüne Färbung, die auch schwarz gefleckt sein kann. Das Gestein fühlt sich fettig an. Polierte Oberflächen lassen sich auf einfache Weise herstellen. Die spröde Struktur verhindert die Aufnahme hoher Biegebelastungen.

Da Serpentinit nicht besonders wetterbeständig ist, wird es vornehmlich im Gebäudeinneren für Wandverkleidungen, als Grundmaterial für Säulen und zur Anfertigung von Kunstgegenständen verwendet.

### Schiefer
Dach- bzw. Glimmerschiefer gehen aus Metamorphosevorgängen von Tongestein hervor. Das ursprünglich brüchige Gesteinsmaterial wird bei Temperaturen zwischen 300°C und 650°C und hohen Drücken in einen beständigen mineralischen Bauwerkstoff mit mittel- bis grobkörniger Struktur und linearplanarem Gefüge überführt. Schiefer unterscheiden sich von Gneisen durch einen deutlich verringerten Feldspatanteil. Kennzeichnend ist die gute Spaltbarkeit entlang der planaren Ebene. Der anthrazit- bis grausilbrige, wetterbeständige Dachschiefer wird z.B. für Dacheindeckungen und Fassadenverkleidungen eingesetzt.

*Bild: Schiefertafeln für Fassaden.*

Auch für Treppenstufen, Fensterbänke, Bodenbeläge oder Terrassen wird er gerne verwendet. Früher kamen Schieferplatten als Schreibunterlage in der Schule zur Anwendung.

## MIN 4.3.2
### Metamorphe Gesteine – Marmor

Auf Grund des weißedlen Glanzes, der glatten Oberfläche und der leichten Bearbeitbarkeit erfreut sich Marmor seit der Antike als Werkstoff in Architektur und Bildhauerei großer Beliebtheit. Griechen und Römer bauten schon vor mehr als 2000 Jahren Tempel (z.B. Pantheon in Rom) und fertigten Skulpturen aus dem Gesteinsmaterial an. Besonders der reinweiße Marmor aus dem italienischen Carrara und Marmorgestein der griechischen Insel Paros galten als besonders edel und wurden als »weißes Gold« gehandelt.

Bild: Marmorskulptur aus Naxos./
Foto: Ingbert Brunk, www.ingbert-brunk.de

Bild: Springbrunnen aus Marmor.

In der Renaissance wurde Marmor wiederentdeckt und zum Bau einer Reihe bedeutender Gebäude (San-Lorenzo Kirche in Florenz, Grabmahl von Papst Leo X. in Rom) verwendet. Als schönste und vollkommenste Marmorstatue der Welt gilt der 1504 von Michelangelo geschaffene David, der mit einer Höhe von 4,34 m in Florenz zu besichtigen ist.

Marmor entsteht durch Umwandlungsvorgänge (Methamorphose) von Kalk- und Dolomitgestein unter hohem Druck und hoher Temperatur. In reiner Form ist er weiß (griech.: marmaros = weißer Stein). Verunreinigungen und Fremdbestandteile können aber vielfältige Färbungen und flecken- sowie aderförmige Strukturen bewirken. Bei Einlagerung von Eisenoxiden ist Marmor rot. Eisenhydroxide rufen gelbe bis braune Färbungen hervor. Während Grafit und Kohle Marmorgestein braunschwarz färben, gehen grüne Sorten auf Mineralien wie Olivin oder Serpentin zurück. Schattierungen im Marmor werden unter anderem durch eingeschlossene Tonpartikel hervorgerufen. Bei dünnen Platten bis zu einer Dicke von 25 mm ist die feine Transparenz für Licht auffällig, die gerne von Künstlern und Bildhauern als Ausdrucksmittel genutzt wird. Der auf Naxos arbeitende Bildhauer Ingbert Brunk setzt diese Eigenschaft ganz gezielt ein und verwandelt den Marmor der griechischen Insel in leicht wirkende und fein anmutende Skulpturen (siehe Bild links).

Da umgewandeltes Kalk- bzw. Dolomitgestein nicht besonders hart ist, lässt sich Marmor leicht bearbeiten, schleifen und polieren. Wegen des geringen Porenraums ist das Umwandlungsgestein frostbeständig. Im Vergleich zu Granit reagiert es jedoch empfindlich auf mechanische Beanspruchung und sollte daher nicht für stark beanspruchte Fußböden eingesetzt werden. Bei der Pflege von Marmoroberflächen ist darauf zu achten, dass Marmor durch Laugen oder Säuren angegriffen werden kann. Daher ist der Werkstoff für Küchen und den Außenbereich ungeeignet.

Carrara gilt heute als einziges Abbaugebiet für reinweißen Marmor. Weitere Abbaustellen befinden sich in Norwegen (Fauske), Deutschland (Erzgebirge), Griechenland (Naxos), Portugal (Estremoz), Rumänien (Rusita) und in der Türkei (Rosalia). Dort werden Marmorblöcke unter Verwendung diamantbesetzter Stahlseile oder laserstrahlunterstützter Anlagen millimetergenau aus der Bergwand geschnitten.

Bild: »Rosso Levanto«, polierter Marmor./
Foto: cantera Naturstein Welten

### Verwendung

Marmor wird heute z.B. für hochwertige Bodenbeläge und Wandverkleidungen in Empfangshallen und Treppenhäusern repräsentativer Gebäude verwendet. Leichtbauelemente (z.B. Gramablend®) ermöglichen eine effiziente Verarbeitung. Als Bodenmaterial bietet Marmor darüber hinaus zum Bau von Fußbodenheizungen ideale Voraussetzungen. Gleiches gilt für Bäder, für die sich der Naturstein wegen seiner Eigenschaft zur Speicherung von Wärme und der weichglatten Oberfläche besonders eignet. In der Pharmaindustrie wird feines Marmorpulver zur Förderung des Knochenaufbaus in Kalziumtabletten und als Beimischung von Zahnpasta verwendet. In Schleifmitteln eingesetzt, hat es für die industrielle Produktion eine wenn auch untergeordnete Bedeutung.

## MIN 4.4
### Sedimentgesteine

### MIN 4.4.1
### Sedimentgesteine – Kalksteine, Dolomite, Kreide

Kalk- und Dolomitgesteine entstehen durch chemische Verwitterungsvorgänge oder gehen auf biogene Prozesse (Ablagerung von Schnecken, Muscheln, Krebstieren, Korallen) zurück. Hauptbestandteil dieser Sedimentgesteine ist Kalziumkarbonat bzw. Kalk mit der chemischen Formel $CaCO_3$, das vor allem in den Mineralformen Kalzit und Argonit vorzufinden ist.

#### Kalkstein
Dieses Sedimentgestein setzt sich zu 80% aus Kalzit zusammen. Es ist das wichtigste Sedimentgestein und in nahezu allen geologischen Formationen zu finden. Seine Struktur kann dicht bis grobkörnig porös ausgebildet sein. Es ist wenig witterungsbeständig und kann leicht bearbeitet, geschliffen und poliert werden. Zur Identifikation von Kalksteinen und zur Ermittlung des Kalzitgehaltes wird Salzsäure verwendet. Eine chemische Reaktion führt zu einer stark zischenden Kohlendioxidentwicklung. Diese fällt bei Kalkstein wesentlich stärker aus als bei Dolomitgesteinen. Die Farbigkeit von Kalksteinen reicht entsprechend der eingebunden Mineralien (z.B. Limonit, Hämatit, Glaukonit) von schwarz über braunrot bis zu gelb.

*Kalktuffe* sind weiche Kalkgesteine mit besonders grober Porosität und wärmedämmenden Eigenschaften. Eine große wirtschaftliche Bedeutung hat das hellgelbe bis dunkelbraune Travertin. Es ist sehr einfach zu bearbeiten und verfügt über gute Wetterbeständigkeit. Häufig wird Marmor auch in Verbindung mit Kalkstein genannt. Marmor entsteht allerdings aus Umwandlungsvorgängen von Kalkstein und kann somit nicht dieser Gruppe von Sedimentgesteinen zugeordnet werden.

In Deutschland können Kalksteine an vielen Stellen abgebaut werden. Sie werden im Innen- und Außenraum z.B. für Mauerwerke, Bodenbeläge und im Gartenbau verwendet. Da Kalkstein sehr hitzeempfindlich ist, sollte es nicht für Geschosstreppen oder tragende Pfeiler eingesetzt werden. Kalzit in Kalkstein dient als Grundlage für die Baukalk- und Zementindustrie und wird darüber hinaus bei der Produktion von Kunstdünger verwendet. Auf Grund der großen Kalksteinvorkommen wurde in Köln ein ganzer Stadtteil (Köln-Kalk) nach dem Gestein benannt. Während Kalktuffe als Leichtwerkstoff zur Wärmeisolierung im Baugewerbe verwendet werden, dient feinporiges Travertin zur Herstellung von Bodenbelägen.

| Kalksteinsorten und Dolomite | | | |
|---|---|---|---|
| Steinart | Vorkommen | Farbe | Gefüge |
| **Kalksteine** | | | |
| Muschelkalk (insbesondere Trochitenkalk) | Unterfranken, Württemberg | grau bis graublau bzw. gelbbraun | mit Versteinerungen, teils porös, teils dicht (z. B. Blaubank) |
| Jurakalk (weißerJura) | Fränkischer und Schwäbischer Jura | weiß, hellgelb, hellgrau | z.T. porig und mit Versteinerungen, z.T. dicht |
| Juraschiefer | Fränkischer Jura (Solnhofen) | grau bis gelb | schiefrig, mit tonhaltigen Zwischenschichten |
| Kalktuffe oder Travertine, meist als Ablagerungen kalkhaltiger Quellen entstanden | Baden-Württemberg | hellgrau, gelblich, z.T. mit braunen Streifen | grob- bis feinporig |
| Dolomite | Oberfranken, Fränkischer Jura, Alpen | grau bis graublau und graubraun | i.a. dicht |

*Abb. 34: nach [24]*

#### Dolomite
Mit einer Rohdichte von 2,6–2,9 g/cm³ übersteigt die Härte der Dolomite die des Kalksteins. Sie bestehen zu mindestens 90% aus dem Mineral Dolomit $CaMg(CO_3)_2$ und wurden nach dem französischen Geologen Dolomieu benannt. Dolomite sind dicht und haben eine graue Farbe mit einer gelben, grünen oder hellbraunen Tönung. Spaltet man das Gestein, entstehen unsaubere und raue Bruchstellen. Charakteristisch sind die glitzernden Effekte an der zuckerkörnigen Oberflächenstruktur.
Der sehr beständige und wetterfeste Werkstoff wird z.B. für Bodenbeläge und Pflastersteine verwendet und dient zur Herstellung feuerfester Steine. Er bildet die Grundlage für *Mineralwolle* und ist ein wichtiges Material in der Stahlerzeugung.

#### Kreide
Als biogenes Sedimentgestein entstand die sehr feinkörnige Kreide aus Schalen und Ablagerungen fossiler Kleinlebewesen vor 140 bis 70 Millionen Jahren. Sie ist die reinste Form aller Kalksteine. In Europa wird sie entlang des *Kreidegürtels*, von der Insel Rügen, über Norddeutschland und Frankreich bis hin nach Großbritannien abgebaut.
Da das Gestein abfärbt, wird es im Schulbetrieb zum Schreiben auf Tafeln und in der Kunst zur Anfertigung von Zeichnungen verwendet. Im technischen Bereich und im Baugewerbe dient Kreide zum Aufbringen von Markierungen. Insbesondere die in der Nähe von Sassnitz in einem Tagebau gewonnene Rügener *Heilkreide* ist zur Linderung von Schmerzen, Förderung der Durchblutung und Pflege der Haut geeignet und hat auf der größten deutschen Insel eine Vielzahl von Heilbädern und Kureinrichtungen entstehen lassen.

*Bild: Tafelkreide.*

## MIN 4.4.2
### Sedimentgesteine – Sandsteine

Sandsteine sind fein- bis grobkörnige Festgesteine, die durch Zusammenbacken von lockerem Sand und der darin enthaltenen Mineralien entstehen. Anders als bei anderen Gesteinen ist die Zusammensetzung von Sandsteinen meist nicht durch ein Mineral geprägt, obwohl ein hoher Quarzanteil festzustellen ist. Weitere Bestandteile sind Feldspate und Glimmer. Die Färbung kann sehr unterschiedlich ausfallen und richtet sich nach dem Bindemittel und den vorherrschenden Mineralien. Neben weißen und grauschwarzen Sandsteinen existieren auch rotbraune und grüne Formen.

| Farbe bedingt durch Bindemittel und Mineralführung | |
|---|---|
| Kieselsäure, Kalk, Dolomit | weiß |
| Limonit (Brauneisen, $Fe_2O_3 \cdot nH_2O$) | rotgelb bis braun |
| Hämatit (Roteisen $Fe_2O_3$) | rot |
| Glaukonit und Chlorit | grün |
| Manganoxide | schwärzlich |
| Organische Bestandteile (Kohle) | grau bis schwarz |

Abb. 35: nach [24]

Bild: Gebäude aus Kalksandstein./ Köln

Die Beschaffenheit des Bindemittels hat großen Einfluss auf die Verfestigung des Sandsteins, seiner Härte und technischen Eigenschaften. Darüber hinaus beeinflussen Struktur und Porosität die Qualität des Sedimentgesteins nachhaltig. Als qualitativ hochwertig gelten feinkörnige Varietäten.

| Feinkörnige Sandsteine | |
|---|---|
| Arten | Beschreibung |
| Fleinstein (Fleins) | fein- bis mittelkörniger, kieseliger Sandstein, sehr hart; dunkelgrau, ähnelt Grauwacke. |
| Kohlensandstein oder Ruhrsandstein | Aus der Steinkohlenformation, fein- bis mittelkörnig, krieselig-tonig, i. Allg. sehr hart und wetterbeständig; blaugrau (kohleartig) bis gelblich. |
| Dyassandstein | Aus der Dyas- oder Permformation (oberste Abteilung des Paläozoikums = Erdaltertums), Körner von Quarz, Hornstein (mikro- oder feinkristalliner Quarz), Kieselschiefer mit tonig-kieseligem Bindemittel; bei geringem Tongehalt hart, gut wetterbeständig; gelb bis rot, auch weißlich bis grünlichgrau. |
| Buntsandstein | Aus der Buntsandsteinformation (untere Trias), fein- bis mittelkörnig, kieselig-tonig; wenn kalkfrei, gut wetterbeständig; gelbbraun bis rot, aber auch weißlichgrau bis grünlich, oft grünlich, oft streifig oder geflammt. Der Wormser Dom ist aus Buntsandstein. |
| Schilfsandstein | (Aus dem mittleren Keuper), meist feinkörnig mit tonigem oder dolomitischem Bindemittel, häufig mit schilfähnlichen Pflanzenabdrücken (von Schachtelhalmen); braunrot, graugelb, graugrün. Die Kreuzkirche in Hildesheim ist aus Schilfsandstein. |
| Rätsandstein | Aus der Rätformation (oberste Abteilung des Keupers), fein- bis grobkörnig, sehr hart, meist gelblich. |
| Liassandstein | Aus dem Lias (untere, sog. schwarze Juraformation), fein- bis mittelkörnig, kieselig, sehr hart und wetterfest; hellfarbig. |
| Angulatensandstein | (unterstes Glied der Juraformation), fein- bis grobkörnig, meist mit kalkig-eisenschüssigem Bindemittel; grau bis gelbbraun; wenn leicht spaltbar »Buchstein«, wenn besonders weich »Malbstein« genannt. |
| Doggersandstein | Aus der Doggerformation (mittlerer, sog. brauner Jura, feinkörnig, eisenschüssig, glimmerhaltig, weich, i. Allg. wenig wetterfest; gelbbraun bis dunkelrot. |
| Molassesandstein | (Molasse = Ablagerung von Konglomeraten, Sandstein, Mergeln des Alpenvorlandes); jüngste Sandsteinbildung (aus dem Teritär), kieselig und kalkmergelig; mit tonigem Bindemittel nicht als Baustein geeignet. |
| Rotsandstein oder Grünsandstein | Bezeichnungen machen lediglich eine Aussage über die Farbe des Sandsteins. Die Alte Münchener Pinakothek ist aus Regensburger Grünsandstein, der Regensburger Dom aus Abbacher Grünsandstein. |
| Solling-Platten | Bestehen aus einem plattig spaltbaren, meist glimmerhaltigen Rotsandstein des Sollings bzw. Weserberglandes, auch ähnlich wie Dachschiefer zur Dachdeckung verwendet. |
| Obernkirchner Sandstein | (bei Bückeburg), feinkörniger, gelblichgrauer Sandstein aus der Kreidezeit, sehr witterungsbeständig, zunehmend für die Denkmalrestaurierung verwendet. Das Opernhaus in Hannover ist aus Obernkirchner Sandstein. |
| Schlaitdorfer Sandstein | (Württemberg), überwiegend dolomitisches Bindemittel, z.T. auch kieselig und tonig, Wetterbeständigkeit mäßig bis schlecht, verwendet z.B. am Kölner Dom und Ulmer Münster. |
| Quadersandstein | Aus dem Elbsandsteingebirge, (südöstl. Dresden, Cotta, Reinhardtsdorf, Posta, Rathen), graue bis gelbbraune Sandsteine aus der Kreidezeit, als Werkstein, für Bildhauerarbeiten, Fassadenverkleidungen, z.B. Frauenkirche in Dresden, Figuren im Schloss Sanssouci. |

Abb. 36: nach [25]

Je nach Bindemittel werden Kiesel-, Kalk- und tonige Sandsteine unterschieden. Sandsteine mit einem kieseligen Binder (Quarz) weisen eine hohe Festigkeit und gute Witterungsbeständigkeit auf, sind allerdings nur schwer zu bearbeiten. Bei Ausfüllung der Porenräume durch ein Bindemittel können frostbeständige Eigenschaften erzielt werden. Kalksandsteine verfügen über eine ausreichende Festigkeit. Sie lassen sich leicht bearbeiten, wodurch sie für die Bildhauerei geeignet sind. Die Gesteinsoberfläche kann man allerdings nur schlecht polieren. Auffällig ist die Empfindlichkeit gegen chemische Substanzen und säurehaltige Luft. Tonige Bindemittel verleihen Sandsteinen eine poröse Struktur mit nur mäßiger Witterungsbeständigkeit. Sie nehmen leicht Wasser auf und reagieren daher empfindlich auf Frost.

Besonders harte Sandsteine mit hoher Festigkeit sind *Grauwacke* und *Konglomerate*, die aus einer festverkitteten Kieselsteinstruktur bestehen. Im Zusammenhang mit Hartsteinen werden auch häufig die hochfesten Quarzite genannt. Diese sind allerdings keine Sedimentgesteine, sondern gehen aus Umwandlungsvorgängen von Sandsteinen hervor. Verfestigungen aus tennisballgroßen Bruchstücken werden *Brekzien* genannt. Auf Grund ihres Aussehens werden sie häufig mit Kunststeinen verwechselt.

*Verwendung*
Die Verwendbarkeit von Sandstein ist vielfältig. Anwendungsgebiete liegen im Landschafts- und Gartenbau, in der Architektur und im Bauwesen. Es wird z.B. für Mauer- und Pflastersteine verwendet und dient als Grundwerkstoff zur Anfertigung von Skulpturen.

Bild: Kalksandstein.

Sandstein wurde in Deutschland zum Bau vieler Kirchen genutzt. Dass Kalksandsteine durch säurehaltige Luft angegriffen werden, kann man insbesondere am Kölner Dom erkennen.

Bild: Säureempfindlicher Kalksandstein./ Kölner Dom

Konglomerate und Grauwacke lassen sich nur schlecht bearbeiten. Sie werden daher in Form von Werksteinen als Schotter, Pflastersteine und Splitt genutzt. Die hochfesten Quarzitgesteine finden Verwendung beim Bau von Grundmauern und für stark beanspruchte Bodenbeläge und Treppen. Quarzitmehl wird Beton zugesetzt und in der Herstellung feuerfester Steine genutzt. Außerdem hat es eine gewisse Bedeutung in der Glasproduktion. Brekzien werden selten verwendet.

## Kapitel MIN
**Mineralische Werkstoffe und Natursteine**

*Entstehung einer Stampflehmwand*
*Zuerst wird die Schalung aufgebaut.*

*Diese wird mit Lehm lagenweise aufgefüllt und verdichtet. Die Schalung gleitet in diesem Prozess langsam nach oben, da der gestampfte Lehm keinen Halt durch die Schalung mehr benötigt.*

*Im letzten Schritt wird die Schalung entfernt. In der Stampflehmwand verbleiben Löcher, worin zuvor die Spanndrähte (Stabilisierung der Vorder- und Hinterschalfläche) verliefen.*
*Diese Löcher können später mit Lehm ausgetupft und verputzt werden.*

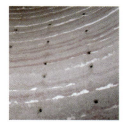

*Ausführung: LehmBauWerk/ Architektur und Foto: sol·id·ar Architekten*

### MIN 4.4.3
### Sedimentgesteine – Lehm

Seit fast 10000 Jahren wird Lehm zur Errichtung von Gebäuden verwendet und zählt somit zu einem der ältesten Werkstoffe der Menschheitsgeschichte. Er geht aus chemischen Verwitterungsvorgängen hervor, zählt somit zu den Sedimenten und besteht aus Ton, Quarz (Sand), Kalk und weiteren Bestandteilen wie den braun färbenden Eisenoxiden. Ton wirkt als Bindemittel und verklebt die Bestandteile miteinander. Regionale Unterschiede in der Zusammensetzung lassen die Eigenschaften stark variieren. Lehm ist Ton sehr ähnlich. Da aber die enthaltenen Korngrößen über denen von Ton liegen, fallen Plastizität und Wasserundurchlässigkeit geringer aus. Tonreicher Lehm wird als fett, tonarmer als mager bezeichnet.

*Bild: Stampflehmwand in der modernen Architektur. Die Stampflehmwand bereichert das Raumklima durch ihre feuchteregulierende Wirkung und gibt dem Raum eine warme und natürliche Note./ Architektur und Foto: sol·id·ar Architekten und Ingenieure*

In den unterschiedlichen Anwendungsbereichen wird die Eigenschaft genutzt, dass das Material in nassem Zustand weich ist und sich leicht verarbeiten und formen lässt. Nach der Trocknung erhält der Werkstoff eine feste Struktur. Diese kann Druck von bis zu 2–3 N/mm² standhalten, neigt aber bei zu großem Sandanteil zum Zerfallen. Ein hoher Tonanteil führt zu Rissbildung. Dieser sollte daher einen Anteil von 10% nicht übersteigen. Da Lehm bei Zugabe von Wasser quillt, muss je nach enthaltenem Tonmineral ein Schwindmaß von 3% bis 7% beachtet werden. Die Eigenschaft zur leichten Aufnahme und Abgabe von Feuchtigkeit kann zur Stabilisierung des Raumklimas im Gebäudeinneren genutzt werden. Außerdem werden Gift- und Geruchsstoffe aus der Luft gefiltert. Der Werkstoff kann zudem sehr gut Wärme speichern. Unter Beimischung von Stroh, Bims und Holzschnipseln werden gute Dämmeigenschaften erzielt. Außerdem wirken Zuschlagstoffe möglicher Rissbildung entgegen. Lehm bietet hohen Schall- und Trittschutz.

*Verarbeitung*
Die Verarbeitung von Lehm erfolgt entweder unter Verwendung vorgefertigter Lehmziegel und Lehmbauplatten, oder das Material härtet erst am Einsatzort unter Beimischung von Fasern oder mineralischen Zuschlägen aus. Lehmziegel werden in Holzrahmen geformt und getrocknet. Die industrielle Produktion erfolgt in Press- und Strangpressverfahren. Zur Herstellung eines Mauerwerks werden Lehmsteine an den Berührungsstellen angefeuchtet und mit Mörtel verbunden. Dieser besteht in der Regel aus dem gleichen Lehm der zur Herstellung der Ziegel verwendet wird. Auch der Bau von Dachkonstruktionen und Kuppeln ist mit Lehmsteinen möglich (Steingrass 2003). Lehmbauplatten bestehen aus Baulehm mit einer Verstärkung aus Jute oder Schilfrohr.

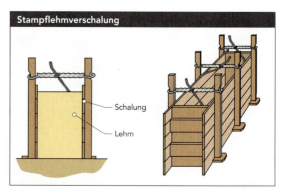

Abb. 37: nach [8]

Bei der **Stampflehmtechnik** wird Lehm in einer Holzverschalung in Schichtdicken von 10–12 cm aufgetragen und manuell oder mit pneumatischen Stampfgeräten verdichtet. Die Bearbeitung erfolgt so lange, bis die einzelnen Schichten auf etwa Zweidrittel ihrer Schütthöhe komprimiert wurden. Mit entsprechend großen Verschalungselementen ist es möglich, bis zu 2 Meter hoch zu stampfen. Wandöffnungen werden unter Verwendung von Einsatzlehren hergestellt.

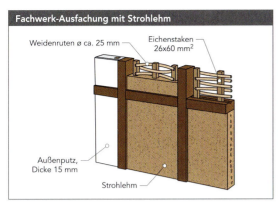

Abb. 38: nach [1]

Zur Ausfachung von *Fachwerken* wird meist eine Mischung aus Baulehm und pflanzlichen Fasern wie Stroh verwendet. Lehm wird auf ein Geflecht aus Ruten aufgetragen und kann sogar bei der Restauration historischer *Stakendecken* genutzt werden.

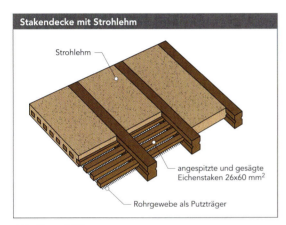

Abb. 39: nach [1]

Zum Schutz von Lehmgebäuden vor Witterungseinflüssen und Feuchtigkeit wird Lehm verputzt oder mit einer Holzverkleidung versehen. In der Regel stehen die Dachkonstruktionen von Lehmarchitekturen über, so dass ablaufender Regen von dem natürlichen Bauwerkstoff ferngehalten wird.

| Baulehmsorten und deren Verwendung | |
|---|---|
| Schwerlehm | (Rohdichte 2000...2400 kg/m³) wurde bzw. wird ohne Aufbereitung im Stampfbau, für Stützmauern und evtl. auch für Kellermauerwerk verwendet. |
| Massivlehm | (Rohdichte 1700...2000 kg/m³) wurde bzw. wird vereinzelt für alle tragenden Bauweisen (z.B. Lehmsteine) sowie für Fußböden, Gewölbe und Füllungen eingesetzt. |
| Faserlehm | oder Strohlehm (Rohdichte 1200...1700 kg/m³) ist für vorgefertigte Bauteile (Lehmsteine, Platten, Decken, Stürze) geeignet. |
| Leichtlehm | (Rohdichte 300...1200 kg/m³) ist ein Gemisch von Lehm mit leichten Zuschlägen. Er wird in den letzten Jahren vermehrt für unbelastete Wände und Decken sowie in Skelettbauten verwendet. |
| Lehmstrom | (Rohdichte 150...300 kg/m³) kann für dämmende Ausfachungen Verwendung finden. |

Abb. 40: nach [25]

## Verwendung

Da die Lehmarten aus nordafrikanischen und arabischen Regionen höhere Festigkeiten aufweisen als die europäischen und dort zudem ein sehr trockenes Klima vorherrscht, sind in diesen Gebieten auch die imposantesten Lehmarchitekturen entstanden. Als herausragend galt die im Dezember 2003 bei einem Erdbeben zerstörte Zitadelle der iranischen Stadt Bam, das größte Lehmgebäude der Welt. Ein weiteres bedeutendes Bauwerk aus dem natürlichen Sedimentgestein ist die seit 1988 zum UNESCO Weltkulturerbe zählende große Moschee von Djenné im westafrikanischen Mali. Diese bietet Platz für rund 3000 Gläubige und gilt als bekanntestes Wahrzeichen Westafrikas.

Lange in Vergessenheit geraten, erfährt das Bauen mit Lehm, auf Grund der guten Eigenschaften des Bauwerkstoffs zur Erzeugung eines stabilen Raumklimas, seit einigen Jahren eine Renaissance. Von 1995 bis 2000 haben 20 Unternehmen neue Lehmprodukte am deutschen Markt eingeführt. 1999 wurde in Berlin der erste Stampflehmbau Deutschlands seit 150 Jahren errichtet.

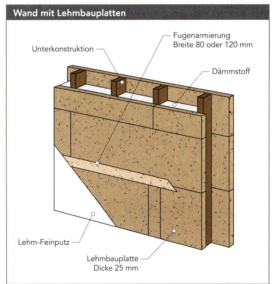

Abb. 41: nach [1]

## Handelsformen

Das handelsübliche Maß von Baulehmplatten beträgt 1500 x 625 x 20 mm³.

Bild: Fachwerkhäuser im historischen Stadtkern von Freudenberg, Deutschland

*Kapitel MIN*
**Mineralische Werkstoffe und Natursteine**

## MIN 4.5
## Natursteine

### MIN 4.5.1
### Natursteine – Edel- und Schmucksteine

Edel- und Schmucksteine sind Mineralienformen mit besonderen optischen Qualitäten. Sie werden in Schmuckstücken verarbeitet oder dekorieren wertvolle Accessoires und Kunstgegenstände. Häufig werden auch edle Gesteine mit einer attraktiven Lichtreflexion (z.B. Bernstein), *Perlen* und *Korallen* den Schmucksteinen zugeordnet. Der wertvollste Edelstein ist der Diamant MIN 4.5.2. Weitere wichtige Schmucksteine sind Saphir, Rubin, Aquamarin, Smaragd, Beryll, Topas, Türkis, Turmalin, Granat, Rosenquarz, Rauchquarz, Bergkristall, Citrin, Amethyst, Achat, Opal, Tigerauge, Onyx und Jaspis (Duda, Rejl 1997; Markl 2004; Schumann 2002). Der Wert der Edelsteine richtet sich nach Größe, Farbe und Transparenz.

*Saphir* und *Rubin* sind besonders edle Varietäten von Korund MIN 4.1.4 mit dem Härtewert 9. In ihrer chemischen Zusammensatzung gehen sie auf $Al_2O_3$ zurück. Die rote Farbe des Rubins wird durch geringe Mengen von Chromoxiden hervorgerufen. Alle andersfarbigen edlen Korundformen werden als Saphire bezeichnet. Insbesondere eine blaue Färbung wird mit Saphiren in Verbindung gebracht. Da er in allen Blautönen des Himmels gefunden wurde, glaubten die Menschen früher sogar, der Himmel sei ein riesiger Saphir, in den die Erde eingebettet worden sei. Die Hauptvorkommen liegen in Südostasien (Indien, Burma, Ceylon, Vietnam, Thailand).

*Bild: Achat\*.*

*Bild: Katzenauge\*.*

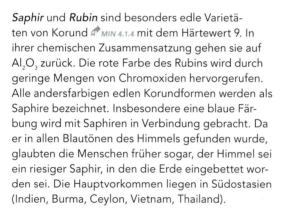

*Bild: Rubin\*.*

*Bild: Saphir\*.*

Der grüne *Smaragd*, hellblaue *Aquamarin* und gelbgrüne *Heliodor* gehören zur Beryllgruppe. Es sind allesamt harte Beryllium-Aluminium-Silikate, deren farbige Erscheinung auf Verunreinigungen wie Eisen- oder Flüssigkeitseinschlüsse zurückzuführen sind. Das Wort »Brille« ist von dieser Edelsteinsorte abgeleitet, da im Mittelalter klare Beryllsteine zu Brillengläsern und Prismen geschliffen wurden. Smaragde wurden erstmals vor 4000 Jahren in der Nähe des Roten Meeres gefunden und dienten den ägyptischen Pharaonen zur Repräsentation ihres Reichtums. Besonders große Smaragdsteine waren auch in den Inkaschätzen vorhanden. Heute werden die edelsten Smaragde in Kolumbien und Südamerika abgebaut.

*Bild: Smaragd\*.*

*Opale* sind besonders farbenreiche Edelsteine, die zu 95% aus den Trockenregionen Australiens stammen. Das außergewöhnliche Farbenspektrum führen die Ureinwohner des fünften Kontinents auf die Traumzeit zurück, in der der Schöpfer an einem Regenbogen herabstieg, um den Menschen Frieden zu bringen. Der Sage folgend, führte die erste Berührung des Schöpfers mit der Erdoberfläche zu einem Eigenleben der Steine, die von da an in den Farbnuancen des Regenbogens leuchteten. Mit Werten zwischen 5,5 und 6,5 liegen Opale im mittleren Bereich der Mohs´ schen Härteskala. Sie werden daher in der Regel eingefasst oder mit farblosem Kunstharz imprägniert. Je trockener die Umgebung der Fundstelle ist, desto größer fällt die Haltbarkeit aus. Der seltene schwarze Opal ist die wertvollste *Varietät*.

*Achat*, *Amethyst*, *Katzenauge*, *Citrin*, *Jaspis*, *Onyx*, *Tigerauge*, *Bergkristall*, *Rauch-* und *Rosenquarz* sind allesamt Quarzvarietäten MIN 4.1.1, deren chemische Zusammensatzung auf Siliziumdioxid ($SiO_2$) zurückgeht. Der Härtewert der Quarzvertreter liegt bei 7, der Lichtbrechungsindex bei 1,55. Wertvolle Färbungen bieten der purpurviolette Amethyst und das goldgelbe Citrin. Als einer der ältesten Edelsteine fällt Achat durch verschiedenfarbige Schichten auf. Er wird nicht nur als Schmuckstein, sondern auch zur Herstellung von Schalen genutzt und bildet die Grundlage der Edelsteinindustrie in Idar-Oberstein. Als weitere Besonderheit unter den Quarzsteinen ist auch der farblose und fast wasserklare Bergkristall herauszustellen.

*\*) Gudrun Meyer Schmuck*

*Topase* sind farblose Edelsteine, die in sehr unterschiedlichen Farben wie blau und grün erscheinen können. Sie haben einen ähnlich edlen Glanz wie der Diamant und werden auch als Diamantenersatz verwendet. Mit einem Härtewert von 8 ist der Topas ein sehr harter Edelstein. Als Schmucksteine begehrt sind insbesondere die braunen und gelben Varietäten. In Brasilien wird farbloser Topas »pingas d'agoa« (Wassertropfen) genannt. Dort liegen auch die größten Vorkommen.

Das Silikat *Turmalin* kommt auf der Erde in rund 50 Farbnuancen vor. Geschätzt werden in der Schmuckindustrie besonders die roten und hellgrünen Varietäten. Die reiche Farbpalette hebt sie von anderen Edelsteinen ab. Der Begriff Turmalin stammt aus dem Singhalesischen und deutet auf die Eigenschaft des Steins hin, sich durch Reibung elektrisch aufzuladen und Kleinstpartikel wie Staub und Asche anzuziehen.

Die besondere Farbigkeit machte *Türkis* schon bei der indianischen Urbevölkerung Mittelamerikas zu einem begehrten Schmuckstein. Sie liegt zwischen himmelblau und grünblau, was auf Kupfer im Kristallgitter zurückzuführen ist. Die heutigen Vorkommen liegen in Mexiko, Iran und den USA. Der Name ist von der Landesbezeichnung »Türkei« abgeleitet, wo der Edelstein zu Zeiten der osmanischen Herrschaft besonders beliebt war.

*Bernstein* hat keinen mineralischen Ursprung, sondern geht auf versteinertes Harz einer prähistorischen Fichtenart zurück. Diese war vor 50–70 Millionen Jahren in Skandinavien weit verbreitet und wurde durch eiszeitliche Erdverschiebungen vor allem im Raum des früheren ostpreußischen Küstengebiets abgelagert. Kleinere Vorkommen existieren in Dänemark, Holland, Sizilien, Mexiko und den USA. Besonders wertvoll ist der gelbbraune Bernstein, der auch als »Gold des Nordens« bezeichnet wurde, wenn Insekten luftdicht eingeschlossen und konserviert wurden. Mit einer Härte zwischen 2 und 3,5 ist Bernstein relativ weich und kann leicht bearbeitet werden. Ab einer Temperatur von 150°C wird er elastisch und beginnt zwischen 250–300°C zu schmelzen. Bernstein kann leicht zerkratzt werden und reagiert empfindlich auf Alkohol und Laugen. Das berühmteste Kunstwerk aus Bernstein ist das legendäre Bernsteinzimmer, das 1716 als Geschenk des Preußenkönigs an den russischen Zaren nach St. Petersburg kam und 1941 von der deutschen Wehrmacht geraubt wurde. Seit 1945 gilt es als verschollen. Ein Nachbau wurde 1979 begonnen und 2003 anlässlich der 300-Jahrfeier St. Petersburgs fertiggestellt.

*Bild: Bernsteinschmuck.*

*Verarbeitung*

Edelsteine werden zur Herausstellung der klaren Farbigkeit und lichtreflektierenden Transparenz vor der Nutzung als Schmuckstein geschliffen. Man unterscheidet den Brillant-, Cabochon-, Treppen- und Rosenschliff. Zum Schutz vor äußeren Einflüssen werden Edelsteine meist gefasst.

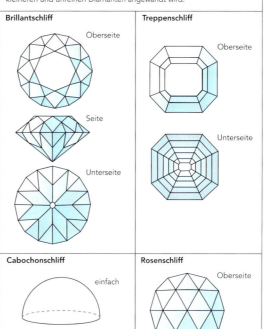

**Schliffformen**

**Häufige Schliffformen**
Diamanten werden meist im Brillantschliff bearbeitet. Dabei sind die 58 Facetten so angeordnet, dass fast das ganze Licht, das auf den Brillanten trifft, von seiner Rückseite reflektiert wird. Dadurch entsteht sein unvergleichliches »Feuer«. Der Cabochonschliff wird beim Chrysoberyll sowie beim Sternsaphir, Sternrubin und Türkis verwendet. Treppenschliff ist bei Aquamarin und Smaragd zu finden, während der Rosenschliff meist bei kleineren und unreinen Diamanten angewandt wird.

*Abb. 42: nach [15]*

*Bild: Aquamarin, facettiert*.*

*Bild: Onyx, Rosenschliff*.*

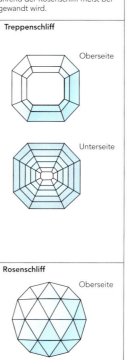

*Bild: Citrin, oval facettiert*.*

*Verwendung*

Neben der Verwendung als Schmuck- und Repräsentationssteine können Edelsteine auch technische Funktionen übernehmen. Saphire werden beispielsweise in den Spitzen von Tonabnehmern von Plattenspielern, für wissenschaftliche Instrumente und in der LED-Technologie genutzt. Rubine kommen in der Lasertechnologie zur Anwendung und werden in hochwertigen Uhrwerken verarbeitet. Seine piezo- und pyroelektrischen Eigenschaften machen Turmalin für die Elektroindustrie geeignet. Achat wird wegen der guten Widerstandsfähigkeit gegen chemische Substanzen für technische Anwendungen verwendet. Auf Grund der klaren Struktur findet Bergkristall Anwendung in optischen Geräten und wird zu Prismen und Linsen geschliffen.

## MIN 4.5.2
### Natursteine – Kohlewerkstoffe

Der *Diamant* ist die härteste in der Natur vorkommende Gesteinsart. Seine Eigenschaften gehen auf eine besonders dichte Anordnung der Kohlenstoffatome im Kristallgitter zurück, die durch eine Metamorphose von Grafit bei einer Temperatur von 2000°C und 40 GPa in Tiefengesteinen entsteht. Der hohe Brechungsindex (2,42) zerlegt weißes Licht in das gesamte Farbspektrum, weswegen der Diamant als edelster aller Schmucksteine gilt. Um die optischen Qualitäten besonders hervorzuheben, werden Rohdiamanten in der Regel im Brillanzschliff mit 58 Facetten bearbeitet. Diese bewirken eine vollständige Reflexion des eintreffenden Lichts auf der Rückseite des Steins. Diamanten werden nach Gewicht, Schliffform, Farbe und Reinheit bewertet. Die Einheit »*Karat*« wird durch Gewicht und Durchmesser des Steins ermittelt (1 Karat = 0,2 Gramm). Reine Diamanten sind äußerst selten. Im Schnitt ist eine Gesteinsmenge von etwa 200 Tonnen erforderlich, um Diamanten mit einem Gewicht von 1 Karat zu finden. Große Vorkommen befinden sich in Südafrika, Botswana, Sierra Leone, Australien und im Kongo.

| Maßeinheit Karat (1 Karat = 0,2 Gramm) | | |
|---|---|---|
| **Durchmesser** | **Karat** | |
| 1,1 mm | 0,01 ct | Wegen der beinahe feststehenden Proportionen bei Brillanten kann das ungefähre Karat-Gewicht anhand des Durchmessers ermittelt werden. |
| 2,0 mm | 0,03 ct | |
| 3,0 mm | 0,10 ct | |
| 5,1 mm | 0,50 ct | |
| 6,3 mm | 1,00 ct | |
| 8,3 mm | 2,00 ct | |
| 11,2 mm | 5,00 ct | |
| Ursprünglich war das Karat das Gewicht eines getrockneten Samenkerns des Johannisbrotbaums (Ceratonia siliqua), die als Gewicht dienten, da ihre Größe sehr einheitlich ist. Jeder ausgewachsene Samenkern der dunkelbraunen Schote hat in etwa das Gewicht von 0,2 g-Maßeinheit Karat (1 Karat = 0,2 Gramm) | | |

Abb. 43

Bild: Diamantring von Xen./ Foto: Xen GmbH

Auch der grauschwarze *Grafit* geht auf ein Kristallgitter des Kohlenstoffs zurück. Dieses ist in Schichten aufgebaut. Die Zusammenhaltkräfte zwischen den einzelnen Schichten sind jedoch gering, wodurch die Eigenschaften von Grafit stark von der Verlaufsrichtung der Schichten abhängen. Mit einer Mohshärte von 1 bis 2 zählt Grafit zu den weichen Gesteinsarten. Er reagiert unempfindlich auf Säuren, ist korrosionsbeständig und nicht schmelzbar. In Richtung der Schichtebenen leitet der Werkstoff sehr gut Wärme und elektrische Ströme. Seit den 50er Jahren ist es möglich, aus Grafit unter Einwirkung extrem hohen Druckes (bis 50000 bar) und Temperaturen von 1700°C Diamanten synthetisch herzustellen und somit für technische Anwendungen erschwinglich werden zu lassen ↗ MIN 6.2.

Ruß, Koks und Kohle haben eine ähnliche Struktur wie Grafit. Allerdings sind die Schichten nicht geordnet, sondern gegeneinander verdreht und verschoben.

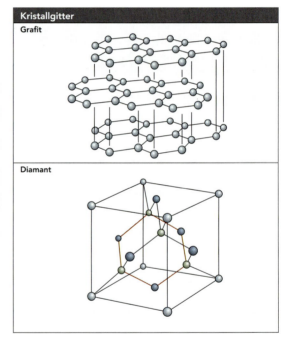

Abb. 44: nach [2]

### Verwendung

Neben der Verwendung als Schmuckstein kommen Diamanten auf Grund der großen Härte insbesondere als Schneid-, Schleif- und Bohrwerkstoff zur Anwendung. Trotz der hohen Kosten bietet der Naturstein in diesem Bereich einen äußerst effizienten Einsatz, da sich die gewünschte Oberflächenqualität fast aller Werkstoffoberflächen in meist nur einem Arbeitsschritt herstellen lässt. Mit Diamanten bestückte Skalpelle führen in der Chirurgie zu sauberen Schnitten mit geringer Narbenbildung. Diamantbesetze Stahlbänder sind aus dem Abbau anderer Natursteine wie Marmor bekannt.

Auf Grund der hervorragenden elektrischen Eigenschaften wird 90% der Grafitproduktion zur Herstellung von Elektroden verwendet. Zudem ist Grafit zur Produktion feuerfester Laborgeräte mit hoher chemischer Beständigkeit geeignet. Die abfärbenden Eigenschaften sind uns darüber hinaus von Bleistiften bekannt. Weitere Anwendungsfelder sind Schmiermittel und die Kerntechnik.

| Berühmte Diamanten | | | | |
|---|---|---|---|---|
| Name | Rohgewicht | Fundjahr | Fundland | Bemerkung |
| Cullinan | 3106 ct | 1905 | Südafrika | wurde in 105 Steine gespalten |
| Excelsior | 995,20 ct | 1893 | Südafrika | wurde in 22 Steine gespalten |
| Star of Sierra Leone | 968,90 ct | 1972 | Sierra Leone | wurde in 17 Steine gespalten |
| Präsident Vargas | 726,8 ct | 1938 | Brasilien | |
| Jonker | 726 ct | 1934 | Südafrika | |
| Koh-i-Noor (Berg des Lichts) | 186 ct | ca. 3000 v. Chr | evt. Indien | im Tower of London |
| Florentiner | 137,27 ct | unbekannt | unbekannt | gelber Diamant; Verbleib nach dem 1. Weltkrieg unbekannt |
| Regent oder Pitt | 136,75 ct | um 1700 | Indien | heute im Louvre |
| Hope | 112,5 ct | unbekannt | Indien | blauer Diamant; Smithsonian Institution (Washington) |
| Schah von Persien | 86 ct | unbekannt | unbekannt | mit Gravur seiner drei königlichen Besitzer; heute im Kreml in Moskau |
| Sancy | 55 ct | unbekannt | Indien | |
| Grüner Dresdner | 41 ct | um 1743 | Indien | im Grünen Gewölbe in Dresden |

Abb. 45: nach [11]

Bild: Diamanttrennscheibe.

## MIN 4.6
## Mineralische Bindemittel

Zur Herstellung einer Verbindung zwischen Natur- und Industriesteinen werden mineralische Bindemittel eingesetzt. Diese bestehen aus fein gemahlenem Gesteinspulver, das bei hohen Temperaturen gebrannt und mit Zuschlagstoffen vermischt wird. Am Einsatzort werden sie mit Wasser zu einer plastischen Masse vermischt und härten nach der Verarbeitung unter erheblicher Wärmeproduktion aus. Je nach verwendetem Bindemittel, Feinheit des Ausgangsstoffes und eingebrachten Zusätzen entstehen Verbindungen mit unterschiedlichen Eigenschaften für den Innen- und Außenbereich. Je nach Art der Aushärtung werden zwei Grundprinzipien unterschieden. Luftbindemittel wie Baugipse, *Luftkalke* oder Anhydrit- und Magnesiabinder verfestigen nur an der Luft. Zemente, hydraulische Kalke, Misch-, Putz- und Mauerbinder sind hydraulische Bindemittel, die selbst ohne Luftzufuhr in Wasser aushärten können (Stark, Wicht 2000).

| Bindemittel und Verwendungsbereiche | | | | |
|---|---|---|---|---|
| Bindemittel | Gestein | Brennen | Erhärtung | Hauptsächliche Verwendung |
| Baukalke | Kalkstein $CaCO_3$ | unterhalb der Sintergrenze | an der Luft (Luftkalke) | Putz- und Mauermörtel, dampfgehärtete Baustoffe |
| | Kalkmergel | | an der Luft und unter Wasser (hydraulisch erhärtende Kalke) | |
| Zemente | Kalkstein und Mergel[1] | über die Sintergrenze | an der Luft und unter Wasser | Beton und Mörtel, Betonwaren, Fertigteile |
| Baugipse | Gipsgestein[2] $CaSO_4 \cdot 2H_2O$ | bei 100 bis 800 °C | an der Luft | Innenputzmörtel, Gipsbauplatten |
| Anhydritbinder | Anhydritgestein[2] $CaSO_4$ | (nur vermahlen, mit Anreger) | | Estrichmörtel, Innenputzmörtel |
| Magnesiabinder | Magnesitgestein $MgCO_3$ | bei 700 bis 800 °C | (mit $MgCl_2$-Lösung angemacht) an der Luft | Estrichmörtel (Steinholz), Leichtbauplatten |

[1] Für Portlandzemente. Bei Eisenportland- und Hochofenzementen werden nach dem Brennen des Portlandzementklinkers noch Hüttensand zugemahlen.
[2] Gewinnung auch aus Abfallstoffen.

Abb. 46: nach [24]

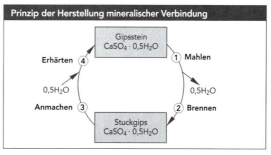

Abb. 47: nach [2]

*Baukalke* bestehen aus reinem Kalkstein oder Kalkmergel und werden durch Beimischung von Sand und Wasser zu Putz- und Mauermörtel verarbeitet (Forster 2003). Je nach Art der Verarbeitung der Aushärtung unterscheidet man zwischen Luftkalk und hydraulischem Kalk. Durch die Verwendung hydraulischer Kalke kann eine schnellere Aushärtung und höhere Festigkeit erzielt werden. Luftkalkmörtel sollte nur in trockenem Innenbereich verwendet werden.

*Baugipse* werden aus Gipsgestein ↗ MIN 4.1.3 gewonnen und als Modelliermasse für Stuckarbeiten (siehe Frössel 2003), zum Verputzen und Grundieren unebener Mauerwerke und zum Verlegen von Gipsplatten verwendet. Sie sind allerdings nur für eine trockene Umgebung geeignet, da sich Gips unter längerem Wassereinfluss auflöst. Gips nimmt Feuchtigkeit schnell auf, gibt sie aber auch leicht wieder ab. Der Kontakt mit Bauteilen und Elementen aus Stahl sollte auf Grund der korrosiven Wirkung vermieden werden.

| Bindemittel und Verwendungsbereiche | | |
|---|---|---|
| Gipsart | Eigenschaft | Anwendung |
| Stuckgips, Modelliergips | Weiß, wasserlöslich, nicht wetterbeständig | Stuck- und Rabitzarbeiten, Modellabformung, Zuatz für Feinputze |
| Putzgips | Versteift schneller als Stuckgips und ist besser verarbeitbar | Gipsputz, Gipssandputz und Gipskalkputz |
| Fertigputzgips | Versteift langsam | Putzgips mit Zusätzen und Füllstoffen |
| Haftputzgips | Besonders gute Haftung | Für einlagige Innenputze und bei problematischem Untergrund |
| Maschinenputzgips | Für maschinelle Verarbeitung geeignet | Für den Einsatz von Putzmaschinen |
| Ansetz-, Fugen- und Spachtelgips | Versteift langsam, gute Haftung durch Zusätze | Zum Ansetzen, Verbinden und Verspachteln von Gipsplatten |

Abb. 48: nach [2]

Zur Herstellung von *Zementen* werden Kalkstein und Mergel gemahlen und bei einer Temperatur von 1450°C zu Klinker gebrannt. Das graue Zementpulver entsteht durch Feinzerkleinerung des Klinkers und Beimischung von etwa 3% Gips und weiteren Zusätzen wie Hüttensand, Trass, Flugasche oder Puzzolan. Es entstehen hydraulische Bindemittel, die sowohl an der Luft als auch in Wasser aushärten können. Je nach Zusatzstoff werden Portlandzement (keine Zusätze), Hochofenzement (35%–95% Hüttensand), Puzzolanzement (10–50% Puzzolan und Flugasche) oder Kompositzement (35%–80% Hüttensand, Puzzoland, Flugasche) unterschieden.

Hauptverwendung von Zementen ist die Herstellung von Beton und Mörtel. Obwohl ähnliche Rohstoffe Verwendung finden, sind Zementverbindungen fester als gebundene Baukalke. Allerdings muss mit einer wesentlich längeren Aushärtezeit gerechnet werden. Die Erstarrung zu Zementgel kann zwar schon nach etwa 12 Stunden ausgemacht werden, doch zieht sich die Zementsteinbildung über mehrere Monate hin. Die unterschiedlichen Zementsorten werden nach Normfestigkeiten unterschieden, welche nach einer Aushärtezeit von 28 Tagen erreicht werden. Festigkeitsklassen dienen zur eindeutigen Kennzeichnung auf Zementsack oder Lieferschein.

| Festigkeitsklassen der Normenzemente | | | | |
|---|---|---|---|---|
| Festigkeitsklassen | Druckfestigkeit in N/mm² nach Tagen | | | |
| | 2 Tage min. | 7 Tage min. | 28 Tage min. | 28 Tage max. |
| 32,5 | - | >16 | >32,5 | <52,5 |
| 32,5 R | >10 | - | >32,5 | <52,5 |
| 42,5 | >10 | - | >42,5 | <62,5 |
| 42,5 R | >20 | - | >42,5 | <62,5 |
| 52,5 | >20 | - | >52,5 | - |
| 52,5 R | >30 | - | >52,5 | - |

Abb. 49: nach [2]

Zu weiteren Bindemitteln zählen *Mischbinder* zur Herstellung von Mauermörtel und niederfestem Be-ton, Putz- und Mauerbinder sowie *Magnesia*- und *Anhydritbinder*. Letztere werden für Estriche ↗ MIN 4.7 oder Leichtbauplatten verwendet.

*Bild: Gebissabguss aus Gips.*

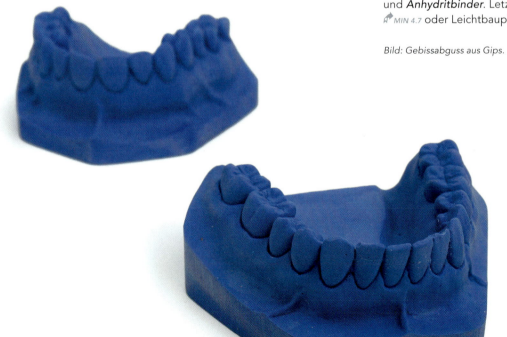

## MIN 4.7
## Mörtel

Mörtel basiert auf einer Mischung von Bindemitteln wie Zement, Gips oder Kalk, Gesteinspartikeln mit einer Korngröße von bis zu 4 mm und Wasser. Das Bindemittel sorgt für eine feste Verbindung der einzelnen Bestandteile. Die Wahl richtet sich nach dem Anwendungsfall MIN 4.6. Festigkeit und Dichte der späteren Gesteinsmasse werden insbesondere durch die geeignete Dosierung des Gemisches erzielt. Sowohl zu viel als auch zu wenig Bindemittel wirken sich negativ auf die Qualität des gehärteten Mörtels aus. Gleiches gilt für die beigemischte Wassermenge. Je nach Anforderung werden Zuschlagstoffe (Sand) beigemischt, die Festigkeit und Härte erhöhen und die Schwindung des Mörtels verringern. Durch Zusätze können Aushärtgeschwindigkeit, Farbe, Haftverbund, Dichte, Porenbildung und Wasserundurchlässigkeit des Mörtels beeinflusst werden.

| Fehlerquellen bei der Anmischung von Mörtel | |
| --- | --- |
| zu viel Bindemittel | starke Schwindung, Gefahr der Rissbildung |
| zu wenig Bindemittel | geringe Festigkeit, Dichte, Frostbeständigkeit |
| zu viel Wasser | Ausschwemmen von Bindemittel, geringe Festigkeit und Frostbeständigkeit |
| zu wenig Wasser | geringe Festigkeit, da Zuschlagstoffe nicht vollständig mit Bindemittel benetzt sind |
| verunreinigtes Wasser | Festigkeitseinbußen durch inhomogene Aushärtung |

Abb. 50

| Mörtelzusätze | | |
| --- | --- | --- |
| Zusätze | Kurzzeichen | Wirkung |
| Puzzolan (Traß) | - | Bessere Verarbeitbarkeit, weniger Ausblühungen und Verfärbungen |
| Mörtelfarben | - | Einfärben zum steinähnlichen Aussehen |
| Dichtungsmittel | DM | Verschließen der Poren (wasserdicht) |
| Erstarrungsverzögerer | VZ | Verzögert den Erstarrungsbeginn |
| Erstarrungsbeschleuniger | BE | Beschleunigt die Erstarrung |
| Luftporenbildner | LP | Erzeugt feine Luftporen, erhöht den Frostwiderstand |

Abb. 51: nach [2]

### Verwendung und Mörtelarten

Für die Hauptanwendungsbereiche werden entsprechend der Zusammensetzung des Gemisches Mauer-, Putz-, Verlege- und Estrichmörtel unterschieden (Merkel, Thomas 2003):

*Mauermörtel* dient zur Verbindung der Steine eines Mauerwerks. Er sollte nach Möglichkeit alle Fugen ausfüllen und eine gute Haftwirkung erzielen. Um Zug- und Druckbelastungen am Mauerwerk auszugleichen, werden vielfach elastische Mörteleigenschaften gefordert. Zur Verbesserung der Haftung sollte der Untergrund aufgeraut und saugfähig für Flüssigkeiten sein. Trockenes Gestein ist anzufeuchten.

*Putzmörtel* wird zum Ausgleich von Unebenheiten und zur visuellen Gestaltung von Maueroberflächen im Innen- und Außenbereich verwendet. Dabei werden entsprechende Dicke, hohe Härte, gute Haftung und gleichmäßige Beschaffenheit erwartet. Durch verschiedene Putzmethoden können optische Strukturen (gewellt, gekratzt, gespritzt) in die Oberfläche eingebracht werden (siehe auch Frössel 2003, Forster 2003).

*Verlegemörtel* wird zum Verlegen von Platten verwendet. Neben der festen Verbindung ist die Hauptfunktion des Mörtels, die Längenänderungen in Folge mechanischer Beanspruchung auf das Plattenmaterial auszugleichen und über den Untergrund abzuleiten. Sobald der Verlegemörtel angehärtet ist, werden die Fugen mit zementhaltigem Fugenmörtel aufgefüllt. Um in großflächigen Bodenbelägen Spannungen in Folge starker Temperaturwechsel zu vermeiden, sind Dehnfugen vorzusehen.

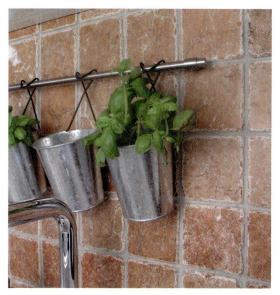

Bild: Fugenmörtel bei einer Wandverfliesung./
Foto: cantera Naturstein Welten

*Estriche* sind belastbare Mörtelschichten, die direkt auf einen tragenden Untergrund oder eine Dämmschicht aufgebracht und als Fußbodenbeschichtung verwendet werden können. Sie müssen vor allem über hohe Druck- und Verschleißfestigkeit verfügen. In der Regel werden zementhaltige Estrichmörtel eingesetzt. Industrieestriche werden in die Festigkeitsklassen ZE 30 für leichte, ZE 40 für mittlere und ZE 50 für schwere Beanspruchungen gegliedert. Timm, Heeser 1996 gibt Arbeitshilfen für die Planung von Estrichen.

## MIN 4.8
### Beton

Beton ist ein sehr druckfester und witterungsbeständiger künstlicher Stein, der aus einer Mischung von Gesteinskörnern, Zement als Bindemittel und Wasser besteht. Die Eigenschaften des gehärteten Materials hängen von Menge und Qualität der Ausgangsstoffe und den beigemischten Zusätzen ab (z.B. Luftporenbildner, Fließmittel, Pigmente, Erstarrungsverzögerer ↗ MIN 4.7). Die Biege- und Zugfestigkeit von Beton ist niedrig. Die Frostbeständigkeit wird durch die Porosität der Materialstruktur, also durch die Dichte, bestimmt und von der Art der Zuschlagstoffe beeinflusst. Entsprechend der Rohdichte unterscheidet man *Leicht-*, *Normal-* und *Schwerbeton*.

| Betonart nach Rohdichte / DIN 1045 | | | |
|---|---|---|---|
| Betonart[1] | Kurz-zeichen[3] | Trockenrohdichte in kg/dm³ bzw. t/m³ | Gesteinskörnung, z.B. |
| Leichtbeton | LC | 0,8 bis 2,0 | Blähton, Blähschiefer Hüttenbims, Naturbims |
| (Normal-)Beton[2] | C | >2,0 bis 2,6 | Sand, Kies, Splitt |
| Schwerbeton | HC | mehr als 2,6 | Schwerspat, Eisenerz Stahlgranulat |

[1] Ein Gemisch aus Zement, Wasser und feiner Gesteinskörnung heißt Zementmörtel.
[2] Wenn keine Verwechslungen mit Schwer- oder Leichtbeton möglich sind, wird der Normalbeton als »Beton« bezeichnet.
[3] Nach DIN EN 206.

Abb. 52: nach [25]

Für die einzelnen bautechnischen Anwendungen (z.B. Treppe, Fundament, Decke) werden Betonwerkstoffe mit ganz unterschiedlichen Festigkeiten benötigt. Die Auswahl wird durch Angabe der Nenn- und Serienfestigkeiten in 7 Festigkeitsklassen und zwei *Betongruppen* B I und B II erleichtert. Mit Nennfestigkeit ist die Mindestdruckfestigkeit eines Betonwerkstoffs gemeint. Die Serienfestigkeit gibt die mittlere Druckfestigkeit an. Im Vergleich zur Betongruppe B I weist Beton der Gruppe B II eine verzögerte Verarbeitungsdauer von mindestens 3 Stunden auf, um besondere Betoneigenschaften zu erzielen. Diese sind:

- Wasserundurchlässigkeit
- hoher Frostwiderstand
- hoher Tausalzwiderstand
- hohe Gebrauchstemperatur
- hohe chemische Resistenz
- hoher Verschleißwiderstand

Bild: Stehleuchte aus Beton./ Hersteller: Villa Rocca

| Festigkeitsklassen für Beton | | | | |
|---|---|---|---|---|
| Beton-gruppe | Betonfestig-keitsklasse | Nennfestig-keit $\beta_{WN}$ in N/mm² | Serienfestig-keit $\beta_{WS}$ in N/mm² | Verwendung |
| Beton B I | B 5 | 5,0 | 8,0 | nur für unbe-wehrten Beton |
| | B 10 | 10 | 15 | |
| | B 15 | 15 | 20 | für unbewehrten und bewehrten Beton |
| | B 25 | 25 | 30 | |
| Beton B II | B 35 | 35 | 40 | |
| | B 45 | 45 | 50 | |
| | B 55 | 55 | 60 | |

Abb. 53: nach [19]

Die Aufnahme hoher Zug- und Druckkräfte ist besonders für den Hoch- und Brückenbau von Bedeutung. Die benötigten Festigkeiten tragender Wände oder Pfeiler werden durch Bewehrung mit Stahl (Einbetonieren kreisförmiger Profile) erzielt. Hier darf nur Beton der Gruppe B II Verwendung finden, da dieser einer besonderen Prüfung unterliegt. Für hochbeanspruchte Teile wurden die Festigkeitsklassen B 65 bis B 115 eingeführt. Eine Profilierung der Stahloberflächen unterstützt die Kraftübertragung und damit die Tragfähigkeit des Verbundwerkstoffs (*Stahlbeton*). Um Rostbildung zu vermeiden, ist beim Eingießen des Stahls darauf zu achten, dass der witterungsanfällige Werkstoff von allen Seiten gut umschlossen wird. Zur Steigerung der Festigkeit und Schlagzähigkeit kann Beton auch mit Glasfasern verstärkt werden. Für Faserbeton ist ein Faseranteil von etwa 5% üblich (Pfaender 1997). Als Faserwerkstoffe sind für besondere Anwendungsfälle auch Stahl-, Kunststoff-, Kohlenstoff- und Zellulosefasern in der Anwendung (Röhling et al. 2000).

Oberflächengestaltung der Betonstähle

nicht-verwun-dener BSt 420 S | kalt-verwun-dener BSt 420 S | nicht-verwun-dener BSt 500 S | kalt-verwun-dener BSt 500 S | Beton-stahl-matte BSt 500 M | Bewehr-ungsdraht BSt 500 P

Abb. 54: nach [24]

### Verarbeitung

Im Laufe der Jahre haben sich zur Verarbeitung von Beton ganz unterschiedliche Betonierverfahren entwickelt. Für die meisten bautechnischen Anwendungen wird der Beton angemischt, zur Einsatzstelle befördert, in eine formbildende Verschalung eingebracht und abschließend verdichtet. Bei der Verarbeitung muss ein Schwindmaß von 0,04–0,05% beachtet werden. In der ersten Phase der Aushärtung sollten auf den Beton wirkende Erschütterungen, übermäßige Feuchtigkeit und eine rasche Abkühlung vermieden werden. Auch starke Sonneneinstrahlung und Wind können sich negativ auf die späteren Betoneigenschaften auswirken.

Zur Erzielung hoher Festigkeiten hat sich das Spritzbetonieren etabliert. Die Betonmischung wird dabei in einer überdruckfesten Schlauchleitung zum Einsatzort befördert, durch Spritzen aufgetragen und gleichzeitig verdichtet. Spritzbeton verfügt über eine hohe Dichte, ist für Wasser undurchlässig und sehr witterungsbeständig.

Die *Spritzbetoniertechnik* wird auch zum Sanieren und Verstärken von Altbeton genutzt. Um einen Zusammenhalt zwischen dem alten und neuen Material zu gewährleisten, wird die Betonfläche zunächst durch Strahlen (z.B. Hochdruckwasser-, Sand-, Flammstrahlen) vorbehandelt. Lockere Betonteilchen und Verunreinigungen werden entfernt und die Poren zur Erzielung eines festen Zusammenhalts geöffnet (Konermann 1988).

»Neben den baugewerblichen Einsatzgebieten kommt Beton auch zunehmend im Innenausbau, in Gastronomie, Laden- und Messebau zur Anwendung. Die konsequente Weiterentwicklung der Betontechnologie sowie neue Werkstoffe zur Lastaufnahme (statische Armierung, Fasern) bilden dabei die Grundlage des Einsatzes. Eine gute Fließfähigkeit, selbstverdichtende Eigenschaften, abriebfeste und nahezu porenfreie Oberflächen machen lange, dünne und komplexe Bauteilgeometrien möglich. So können heute bereits Küchenarbeitsplatten, Waschbecken, Badewannen, Tische, Bänke und Accessoires wie Vasen, Schalen oder Becher hergestellt werden.« (Villa Rocca)

## villa rocca . beton

*Gewerbliche Innenarchitekturgestaltung, Gastronomie und Ladenbau, Küchen und Bäder, individueller Möbelbau sowie Serienfertigung umfassen die Produktion der Villa Rocca.*
*www.villarocca.de*

*Bild: Freistehende Wandelemente und Fußböden aus Beton./ Hersteller: Villa Rocca*

Im Designbereich wird Beton u.a. als Werkstoff zur Herstellung von Sitzmöbeln eingesetzt.

*Bild: Treppenaufgang im Kunsthaus der Langen Foundation Raketenstation Hombroich./ Architekt: Tadao Ando/ Foto: N. Beucker*

### Verwendung

Beton wird vielseitig verwendet. Das Hauptanwendungsgebiet ist das Baugewerbe.

Dort wird es zum Gießen von z.B. Fundamenten, tragenden Wänden oder Decken verwendet. Für die Herstellung von Treppen, Fußböden und Mauern werden in der Regel industriell gefertigte Betonsteine MIN 4.10 gefertigt. Auf das Anmischen der einzelnen Bestandteile vor Ort kann dann verzichtet werden. Die Erzeugung eines Verbundwerkstoffs aus Beton und Stahl ermöglichte es gegen Ende des 19. Jahrhunderts, sehr hohe Gebäude und Brückenkonstruktionen mit großen Spannweiten zu bauen. In der Folge entstand eine Vielzahl der bekannten Hochhäuser in New York.

Werden die benötigten Wanddicken für Behälter, Tunnelauskleidungen oder Schalen geringer, kommt Spritzbeton zur Anwendung. Die hochfesten Eigenschaften des Faserbetons werden insbesondere dort genutzt, wo sehr geringe Bauteildicken die zur Steigerung der Festigkeit herkömmlichen Bewehrungsmöglichkeiten verhindern (z.B. Rohre, Fassadenelemente, Verschalungen).

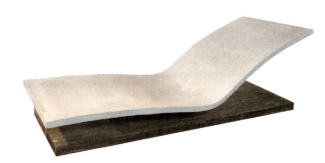

*Bild: »Liege 37°« aus Beton, beheizt, dreh- und schwenkbar gelagert./ Hersteller: Villa Rocca/ Design: Jörg Bernauer*

*Bild: Konferenztisch aus Beton./ Hersteller: Villa Rocca*

## MIN 4.9
## Bitumenhaltige Werkstoffe

Im Arabischen heißt *Bitumen* »mumiyah«, worauf der Begriff »Mumie« zurückzuführen ist. Bis sich herausstellte, dass Mumien mit Ölen und Harzen konserviert wurden, ging man davon aus, dass die schwarzen Masken aus der Verwendung von Bitumen resultieren. Bitumen ist ein Erdölprodukt, das bereits in Mesopotamien vor mehr als 6000 Jahren bekannt war und zur Abdichtung von Schiffswänden, zum Kleben von Behältnissen und zur Bemalung keramischer Gefäße verwendet wurde.

Heute sind die braunschwarzen bitumenhaltigen Werkstoffe besonders als Baustoffe im Straßenbau bekannt. Asphalt ist ein Gemisch aus Bitumen und mineralischen Bestandteilen (Gesteinsmehl, Sand). Auf Grund ähnlicher Konsistenz und Farbigkeit wird Bitumen häufig mit Teer verwechselt, der wegen seiner krebserregenden Wirkung in heutigen Straßenbelägen schon seit den 70er Jahren nicht mehr verwendet wird. Bitumen basiert auf den Bestandteilen des Erdöls, die nach Abtrennung der leicht flüchtigen Komponenten wie Benzin, Petroleum und Kerosin zurückbleiben. Unter Wärmezufuhr entsteht eine zähflüssige Masse, die nach der Abkühlung hart wird. Vor allem die Klebrigkeit der warmen Bitumenmasse muss besonders herausgestellt werden. Weitere Merkmale sind die Resistenz gegenüber einer Vielzahl chemischer Substanzen, die wasserdichten Eigenschaften und die gute Recyclingfähigkeit.

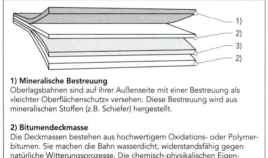

**Aufbau von Bitumenbahnen**

1) **Mineralische Bestreuung**
Oberlagsbahnen sind auf ihrer Außenseite mit einer Bestreuung als »leichter Oberflächenschutz« versehen. Diese Bestreuung wird aus mineralischen Stoffen (z.B. Schiefer) hergestellt.

2) **Bitumendeckmasse**
Die Deckmassen bestehen aus hochwertigem Oxidations- oder Polymerbitumen. Sie machen die Bahn wasserdicht, widerstandsfähig gegen natürliche Witterungsprozesse. Die chemisch-physikalischen Eigenschaften der verwendeten Bitumina bestimmen die Wärmestandsfestigkeit und das Kältebiegeverhalten der Produkte. Sie sind Garanten für die leichte Verarbeitbarkeit der Bahnen bei allen Temperaturen.

3) **Trägereinlagen**
Die Trägereinlagen armieren die Bahnen. Sie bestimmen das mechanische Verhalten, z.B. Höchstzugkraft, Dehnung, Einreiß- und Weiterreißfestigkeit, Nagelausreißfestigkeit, Perforationssicherheit und Dimensionsstabilität.

Abb. 55

Zur Verbesserung von Elastizität, Alterungsbeständigkeit und Verarbeitung werden normalem Bitumen polymere Zusätze wie Polypropylen KUN 4.1.2 oder Styrol-Butadien-Styrol (SBS) beigemischt. *Polymermodifiziertes Bitumen* ist geschmeidiger und bleibt auch noch bei niedrigen Temperaturen elastisch. Je nach Zusatz besitzt Bitumen thermoplastische oder elastische Verarbeitungseigenschaften und einen niedrigen Schmelzpunkt. Es wird häufig zu wasserdichten *Bitumenbahnen* verarbeitet, die in der Regel zur Abdichtung eingesetzt werden. Bahnen mit selbstklebenden Eigenschaften sind auf dem Markt erhältlich.

### Verwendung

Bitumenhaltige Baustoffe werden in Asphalt für Straßenbeläge, Parkflächen, Radwege und Sport- und Flugplätze verwendet. Daneben findet Bitumen z.B. zur Abdichtung von Gebäuden, Kanälen, Dächern und Brücken Verwendung. Bitumenbahnen können in Staudämmen, Kläranlagen und Trinkwasserreservoirs verbaut werden, da sie keine wasserbelastenden Stoffe freisetzen. Sie dienen auch als Unterlage zur Abdichtung von Terrassen und Garagendächern. Die flexiblen Eigenschaften gleichen Längenunterschiede aus, die durch Jahreszeitenwechsel entstehen. Risse und undichte Stellen werden vermieden. Detaillierte Informationen zur Anwendbarkeit der unterschiedlichen Bitumenarten enthält Scholz, Hiese 2003.

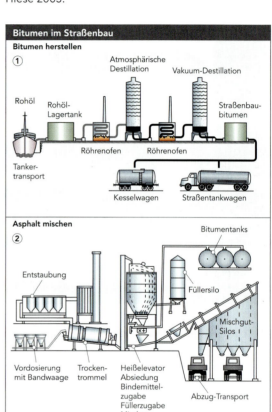
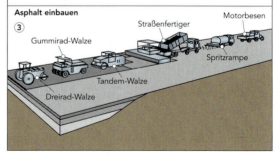

Abb. 56: nach [25]

Bild: Asphaltstraße.

## MIN 4.10
### Industriesteine mit mineralischem Binder

Im Baugewerbe werden heute, abgesehen von dekorativen Elementen, nur noch selten Natursteine verwendet. In der Regel greift man auf künstlich erzeugte Industriesteine zurück, deren maschinell definierten Formate eine effiziente und schnelle Verarbeitung ermöglichen. Künstliche Steine setzen sich aus natürlichen Rohstoffen zusammen, die mit einem mineralischen Binder verdichtet und gehärtet werden. Man unterscheidet gebrannte und ungebrannte Steine. Gebrannte Steine wie Schamottsteine, Klinker, feuerfeste Steine, Dach- und Mauerziegel werden unter den Keramiken KER 4.2 zusammengefasst.

Bild: Mauerziegel.

Zu den ungebrannten Industriesteinen zählen Kalksandsteine, Gipsbaustoffe MIN 4.1.3, Hüttensteine und Betonwaren.

### Herstellung und Eigenschaften

**Kalksandsteine** bestehen vorwiegend aus fein gemahlenem Weißkalk (CaO). Dieser wird mit Quarzsand im Mischungsverhältnis von 1:12 unter Wasserzufuhr vermischt und in Reaktionsbehältern zwischengelagert, in denen der Kalk zu Kalkhydrat auslöscht. Die Ausgangsmasse wird anschließend unter hohem Druck und bei Temperaturen zwischen 160°C und 220°C verdichtet und ausgehärtet. Die meist weißen Kalksandsteine, vor allem solche mit löchriger und geschlitzter Struktur, weisen gute schall- und wärmedämmende Eigenschaften auf. Außerdem sind sie atmungsaktiv und können Feuchtigkeit leicht abgeben und aufnehmen. Die Druckfestigkeit liegt je nach Lochanteil und Verdichtungsgrad zwischen 4 N/mm$^2$ und 60 N/mm$^2$.

**Hüttensteine** verfügen über ein den Kalksandsteinen ähnliches Eigenschaftsprofil und werden aus Kalk oder Zement in Form von *Hohlblock-*, *Loch-* und *Vollsteinen* hergestellt.

Bild: Lochstein.

Zu den *Betonwaren* zählen unter anderem *Hohlblocksteine*, *Porenbetonsteine*, *Betondachsteine*, *Betonplattenerzeugnisse*, *Betonrohre*, *Bord-* und *Pflastersteine* sowie *Faserbetonbaustoffe*. Hohlblocksteine werden aus Leichtbeton hergestellt. Sie haben eine geringe Rohdichte und gute wärmedämmende Eigenschaften. Porenbildende Zuschläge verursachen Blasenbildung, weshalb Porenbetonsteine sehr schlecht Wärme leiten und damit über sehr gute Brandschutzeigenschaften verfügen. Eine besonders bekannte Marke für Porenbeton ist *Ytong*.

Bild: YTONG-Stein./ Foto: Xella Deutschland GmbH

Dachsteine aus Beton müssen wasserundurchlässig und frostbeständig sein. Bord- und Pflastersteinen ist zur Festigkeitssteigerung ein Zuschlag aus hartem Gestein zugeführt. Betonrohre werden meist mit Stahl bewehrt und verstärkt.
Durch Beimischung von Stahl-, Glas- und Kunststofffasern KUN 1.6 werden in Faserbetonbaustoffen die Nachteile einer geringen Biege- und Zugfestigkeit sowie die hohe Rissneigung von normalem Beton vermieden.

### Verwendung

Kalksand- und Hüttensteine kommen zum Bau von Mauerwerken für den Innen- und Außenbereich zur Anwendung und werden zum Schutz vor Witterungseinflüssen verputzt.

Betonwaren werden entsprechend ihrer spezifischen Eigenschaften in den unterschiedlichsten Bereichen des Baugewerbes verwendet. Hohlblocksteine kommen beispielsweise zum Bau von Untergeschossen zur Anwendung. Betonplatten werden sowohl für Fußböden als auch für den Bau von Fassaden verwendet. Pflastersteine aus Beton werden häufig für Gehwege, Parkplätze und Fußgängerzonen benutzt. Betonrohre werden für Druckleitungen, Schutzrohre unter Verkehrswegen und für Einbauten oder Durchgänge in Baugruben verwendet. Faserbetonbausteine kommen auf Grund der guten Festigkeitswerte im Hochbau oder für hoch belastete Gebäudeteile zur Anwendung.

Bild rechts: Betonplatte.

# Unbegrenzte Anwendungen mit Varicor®

### Führender europäischer Produzent

Varicor S.A.S. ist einer der ersten Hersteller eines Solid-Surface-Werkstoffs (Mineralwerkstoff) in Europa. Seit 1986 wird im elsässischen Wisches der gleichnamige Werkstoff produziert, der von der Vertriebsorganisation Spectra mit Sitz in Gaggenau international vermarktet wird. Spectra ist eine Division der Keramag AG, dem deutschen Marktführer im Bereich Sanitärkeramik. Wie Keramag gehört die Varicor S.A.S. zur internationalen Sanitec-Gruppe. Mit seinem ständig wachsenden Umsatzvolumen konnte der Hersteller zu einem der führenden europäischen Produzenten von Mineralwerkstoffen aufsteigen.

*Waschtisch »Vitalis Pro«*

### Die Materialeigenschaften

Varicor® ist ein homogener, voll durchgefärbter Mineralwerkstoff, der zu zwei Dritteln aus dem natürlichen mineralischen Füllstoff Aluminiumhydroxid

*Sonderformteil: Vordere Blende Lautsprechergehäuse*

und zu einem Drittel aus gebundenen Polyesterharzen besteht. Die verwendeten Harzkomponenten eignen sich für die fast unbegrenzte Realisierung unterschiedlichster Produktlösungen. Varicor® ist besonders auch für Einsatzbereiche geeignet, in denen Hygiene und Lebensmittelverträglichkeit Voraussetzungen sind.

Ein spezielles Dosier- und Verarbeitungssystem der Grundstoffe macht die Besonderheit dieses Werkstoffs aus. Das in der Produktion flüssige Material kann in fast jede beliebige Form gegossen und nach dem Aushärten einfach weiterbearbeitet werden. Auch dreidimensionale Gestaltungsaufgaben sind so problemlos zu lösen. Darüber hinaus ist Varicor® warm verformbar und lässt sich mit den in der Holzverarbeitung üblichen Werkzeugen sägen, fräsen, bohren, schleifen, profilieren und nuten. Mit farblich abgestimmtem Kleber kann der Werkstoff nahezu unsichtbar und fugenlos verbunden werden. Auch die Kombination mit anderen Materialien wie Holz, NE-Metalle, Glas oder Plexiglas ist möglich. Durch Schleifen mit unterschiedlicher Körnung lässt sich der »Glanzgrad« der Oberfläche individuell gestalten.

Diese außergewöhnlichen Materialeigenschaften sind ein Grund für die stetig steigende Nachfrage. Der Werkstoff ist zudem griffsympathisch, lebensmittelecht, unempfindlich gegen Flecken, reinigungsfreundlich, wasserfest, weitgehend chemikalienresistent, schwer entflammbar, hitzebeständig und ungewöhnlich schlag- und stoßfest. Die hohe Materialdichte, die Homogenität, die Porenfreiheit und die fugenlosen Verbindungen sorgen für eine besondere Pflegeleichtigkeit und Hygiene. Eventuelle Schäden im Gebrauch lassen sich mit einem Reparatur-Set ohne Funktionseinschränkung und weitestgehend unsichtbar beseitigen, was nicht zuletzt für den Einsatz in stark frequentierten und strapazierten Bereichen spricht.

*Gerät zur Herstellung von Zahnersatz*

## Materialeigenschaften Varicor®

| Eigenschaften | Messergebnisse |
|---|---|
| Spezifisches Gewicht | $1{,}75 \pm 0{,}05$ g/cm³ bei 20°C |
| Biegefestigkeit (12-mm-Tafel) | $50 \pm 5$ N/mm² |
| Elastizitätsmodul | $9.000 \pm 500$ N/mm² |
| Druckfestigkeit | $115 \pm 10$ N/mm² |
| Schlagzähigkeit (12-mm-Tafel) | 6,5 kJ/m² |
| Schlagfestigkeit Kugelfall 450 g (12-mm-Tafel) | kein Bruch bei $100 \pm 10$ cm Fallhöhe |
| Härte Barcol | $60/55 \pm 5$ |
| Ritzfestigkeit Erichsen geschliffene Fläche | 0,1 N |
| Oberflächenwiderstand | $R_{OA} = 3{,}3 \times 10^{13}$ |
| Durchgangswiderstand | $P = 3{,}1 \times 10^{16}\ \Omega \cdot m$ |
| Volumenleitfähigkeit | $\sigma = 3{,}2 \times 10^{-17}\ \Omega^{-1} \cdot m^{-1}$ |
| Kriechstromfestigkeit | $u > 600$ V |
| Wärmeleitfähigk. bei 20° C: λ-Wert | 1,3 W/m · K |
| Formbeständigkeit bei Wärme 60' bei konstant 55° C | keine messbare Veränderung |
| 60' bei konstant 90° C | $1{,}0 \pm 0{,}2$ mm Absenkung |
| Längenänderung unter Wärmefluss | 0,05 mm/m° C |
| Kalt-/Heißwasser-Wechseltest 15-85° C, mehr als 5.000 Zyklen | keine Veränderung |
| Beständigkeit kochendes Wasser | keine sichtbare Veränderung |

| Eigenschaften | Messergebnisse |
|---|---|
| Beständigkeit trockene Hitze | keine sichtbare Veränderung bis 200° C |
| Beständigkeit Zigarettenglut | keine Veränderung nach Entfernen der Teerrückstände |
| Schwerentflammbarkeit Feuer Rauch | Bedingungen B 1 erfüllt M1/MZ F0 |
| Eignung DB-Waggonbau | geeignet, Einstufung S4, SR 2 und ST 2 |
| Wetterbeständigkeit 8.000 h | keine Veränderung |
| Lichtbeständigkeit UV-Test nach 1.000 h | keine Veränderung nach abrasiver Reinigung |
| Lebensmittelechtheit | physiologisch geeignet, für Kontakt mit Lebensmittel zugel. |
| Bearbeitungsstaub toxikologisches Verhalten | gesundheitlich unbedenklich unter Einhaltung der MAK-Grenzwerte |
| DIN-Sicherheitsdatenblatt | keine gefährliche Zubereitung bei Beachtung der Verarbeitungsrichtlinien |
| Fugenfestigkeit bei Verklebung | 60-80 % Materialfestigkeit |
| Fugendauerverhalten | keine Veränderung Kalt-/Warmwasserwechsel- und Dauertest |

*Anzeige*

## Vielfältige Einsatzmöglichkeiten

Die grundlegende Idee, aus Aluminiumhydroxid, Kunstharzen und Farbpigmenten einen Solid-Surface-Werkstoff herzustellen, der gesteinsartige Materialeigenschaften mit einer leichten Verarbeitbarkeit kombiniert, war Ende der 60er Jahre des vergangenen Jahrhunderts in den USA entstanden. Nach Aufnahme der Produktion in Frankreich entwickelte Varicor S.A.S. ein differenziertes Angebot an Produkten aus Mineralwerkstoff: Wurde zunächst nur Tafelware in fünf Farben, drei Stärken und drei Längen produziert, sind inzwischen neben Waschtischen, Becken, Spülen, Säuglingsbadewannen, Röhren und Stäben auch Formteile für ganz individuelle kundenspezifische Lösungen in 40 Standardfarben lieferbar. Auf Wunsch ist darüber hinaus fast jede Farbnuance möglich. Varicor® wird

*Sonderformteil: Duschpanel*

zum Beispiel in den Schlafwagenabteilen der CityNightLine-Züge, in Kreuzschiffen, als Ausstattungskomponente im Sanitärbereich sowie im Innenaus- und Ladenbau oder als Formteil für HiFi-Boxen, Gerätegehäuse, Rednerpulte und Pool-Umrandungen eingesetzt.
Als Besonderheit bietet dieser Werkstoff kundenspezifische Sonderlösungen nicht nur in Farbe und Form, sondern auch in den für den jeweiligen Einsatzzweck erforderlichen Materialeigenschaften.

Der Werkstoff findet sich heute zunehmend in öffentlichen Gebäuden, Messezentren, Hotels und Krankenhäusern. Haupteinsatzgebiete der Tafelware sind Küche und Bad, wo sie als Arbeitsplatte, Theke, Abdeckung oder Waschtischablage eingebaut wird. Daneben dient sie als Wandverkleidung, Tisch, Fensterbank oder Counter. In Verbindung mit den Becken, Spülen und Säuglingsbadewannen aus Varicor®, die in die Tafeln eingepasst werden, bietet der Werkstoff individuelle Formenvielfalt im anspruchsvollen Innenausbau. Ein breites Spektrum an Waschtischlösungen mit Schürzen, Wandanschlüssen und Abdeckungen aus einem Guss rundet die Gestaltungsmöglichkeiten ab.

## Marktnähe

Die vielfältigen Anwendungsgebiete und Nutzungsmöglichkeiten erfordern ein durchdachtes Vertriebssystem, das sich den ständig steigenden Marktanforderungen anpasst und neue Akzente setzt.

So betreut und beliefert Spectra eine Vielzahl unterschiedlicher holz- und kunststoffverarbeitender Handwerks- und Industriebetriebe. Zu den Kunden zählen auch OEMs (Original Equipment Manufacturer) wie die Loewe AG oder die Heinz Kettler GmbH & Co. KG, für die Lautsprechergehäuse bzw. Tischplatten für hochwertige Gartenmöbel gefertigt werden. Hier sind auch Klein- und Kleinstserien möglich.

Es ist daher nicht verwunderlich, dass man den Werkstoff in immer mehr Lebensbereichen antrifft. Varicor® ist beispielsweise seit 1998 in den Nasszellen der Airbus-Flugzeuge und jetzt auch im neuen Großraum-Jet A 380 mit passgenauen Waschtischabdeckungen, die auf einer Unterkonstruktion aus Waben-Leichtbau montiert sind, vertreten. Bei vielen Produktinnovationen entscheidet die Wahl des richtigen Werkstoffs immer mehr über den künftigen Markterfolg: So wurde erstmalig in der Dentaltechnik der komplette Gehäusekörper des weltweit modernsten Gerätes zur Herstellung von Zahnersatz aus Gold und Keramik in einem Stück aus Varicor® gegossen. Und Besucher der Stadien in Hamburg, München und Stuttgart halten sich gerne in den mit Varicor®-Komponenten gestalteten Räumen auf, die die multifunktionalen Möglichkeiten dieses vielseitigen und auf den jeweiligen Einsatzzweck abstimmbaren Werkstoffs in perfekter Einheit aus Funktionalität und Ästhetik zeigen.

Da Varicor® mit seiner großen Farbvielfalt, einem breiten Lieferprogramm und hervorragenden Materialeigenschaften einen nahezu unbegrenzten Spielraum an Gestaltungsmöglichkeiten eröffnet, haben bereits namhafte Design-Büros wie Pinin Farina, Phoenix Design, Matteo Thun und BRT-Architekten diesen Werkstoff für kreative Gestaltungen in den verschiedensten Bereichen genutzt. Mit Prüf- und Entwicklungslabors sowie einem leistungsfähigen Werkzeugbau unterstützt Varicor® die Kunden bei der Umsetzung ihrer Kreationen. Auch eigene Produkte wie die Waschtische »Vitalis Pro« oder »Tetris« sind mit Design-Preisen ausgezeichnet worden.

**Weitere Referenzen (Auszug)**
- Bürotürme im neuen Quartier Paris-Rive-Gauche
- Flughafen Algier
- Flughafen München
- Kreuzfahrtschiffe »Aida 3« und »A' Rosa Blu«
- Messe Hannover
- Messe München
- Restaurantkette Burger King
- Rheinenergie-Stadion, Köln
- Senatsgebäude, Prag
- Volkswagen Werke

*Waschtisch »Renova Pro«*

Spectra
eine Division der Keramag AG
Waldstraße 33
D-76571 Gaggenau
Tel. +49 (0)72 25/97 39-0
Fax +49 (0)72 25/97 39-49
spectra@varicor.de
www.varicor.de

Kapitel MIN
*Mineralische Werkstoffe und Natursteine*

## MIN 4.11
### Harzgebundene Industriesteine

1967 wurde der erste harzgebundene Mineralwerkstoff auf den Markt gebracht, der die Eigenschaften von Gesteinswerkstoffen mit den Vorzügen einfacher Verarbeitung verbindet. Während Natursteine und mineralisch gebundene Gesteinswerkstoffe lediglich durch aufwändige zerspanende Techniken wie Bohren, Sägen oder Schleifen bearbeitet werden können, besitzen harzgebundene Mineralwerkstoffe sowohl thermoplastische als auch duroplastische Eigenschaften ↗ KUN 1.2. Insbesondere das Unternehmen Varicor® ist mit seinem Produkt am Markt bekannt geworden.

*Bild: Waschtisch »Vitalis Pro« aus Varicor®./
Hersteller und Foto: SPECTRA – Eine Division der KERAMAG*

### Verarbeitung
Je nach Verarbeitung werden zwei Hauptgruppen harzgebundener Mineralwerkstoffe unterschieden. Eine Gruppe basiert auf einer Mischung aus Acrylpolymeren und Aluminiumhydroxid als Füllstoff. Diese lassen sich bei Temperaturen zwischen 160°C und 175°C verformen und mit Hartmetallschneiden spanend bearbeiten. Fugenlose Klebeverbindungen sind mit Zweikomponenten-Acrylklebern erzielbar. Varicor® zählt zur Gruppe der polyestergebundenen Werkstoffe mit duroplastischen Eigenschaften. Die Vernetzung des Bindemittels erfolgt erst nach der Formgebung, so dass sich das Material gießen lässt und einen freien Umgang mit Produktgeometrien möglich macht.

### Eigenschaften
Durch die Verwendung harzgebundener Mineralwerkstoffe lassen sich homogene und porenfreie Oberflächen herstellen. Diese eignen sich insbesondere für Anwendungen mit hohen hygienischen Anforderungen, da die Aufnahme von Flüssigkeiten, das Aufquellen und die Ausbreitung von Bakterien verhindert werden.

Die Oberflächen lassen sich zudem einfach unter Verwendung von Seifenlauge oder Reinigern auf Ammoniakbasis reinigen. Allerdings reagieren die Werkstoffe empfindlich auf extreme Temperaturen. Metallische Klingen hinterlassen Kratzspuren. Sowohl acryl- als auch polyester-gebundene Mineralwerkstoffe sind lebensmittelverträglich und nicht toxisch.

### Verwendung
Harzgebundene mineralische Werkstoffe konnten auf Grund des vielfältigen Eigenschaftsprofils und der leichten Verarbeitbarkeit bislang erfolgreich in einer Vielzahl von Anwendungsbereichen eingesetzt werden. Auf Grund der geschlossen porigen Oberflächen eignen sie sich insbesondere für den Sanitär-, Küchen- und Laborbereich. Produktbeispiele sind Küchenarbeitsplatten, Spülen, Becken in der chemischen Industrie oder Ablageflächen in Dentallabors. Im Wohnbereich werden die Werkstoffe für Schränke, Tische, Sitzmöbel, Garderoben und Accessoires verwendet. Vielfältige Anwendungen existieren in Kliniken, Pflegeheimen und Gaststätten.

*Bild: Varicor® in vielfaltigen Farben und verschiedenen Mustern./ Hersteller und Foto: SPECTRA – Eine Division der KERAMAG*

### Wirtschaftlichkeit und Handelsformen
Harzgebundene Mineralwerkstoffe sind in einer Vielzahl von Farben und Dekoren mit matten, halbmatten und glänzenden Oberflächenstrukturen erhältlich. Mineralwerkstoffplatten sind in Stärken zwischen 3 mm und 19 mm erhältlich. Varicor® wird als Gießmasse vertrieben. Detaillierte Informationen zu Verarbeitung, Herstellern und Handelsformen gibt Geberzahn 2004.

## MIN 5
### Eigenschaftsprofile wichtiger mineralischer Werkstoffe und Natursteine

### Übersichtstabelle wichtiger Gesteine

| Gesteinsgruppen | Rohdichte in kg/dm³ | Reindichte in kg/dm³ | Wahre Porosität in Vol.-% | Wasseraufnahme in Masse-% | Druckfestigkeit in N/mm² | Biegezugfestigkeit in N/mm² | Abnutzung (Abrieb) durch Schleifen (Verlust auf 50 cm²) in cm³ |
|---|---|---|---|---|---|---|---|
| **Erstarrungsgesteine** | | | | | | | |
| Granit, Syenit | 2,60...2,80 | 2,62...2,85 | 0,4...1,5 | 0,2...0,5 | 160...240 | 10...20 | 5...8 |
| Diorit, Gabbro | 2,80...3,00 | 2,85...3,05 | 0,5...1,2 | 0,2...0,4 | 170...300 | 10...22 | 5...8 |
| Rhyolit | 2,55...2,80 | 2,58...2,83 | 0,4...1,8 | 0,2...0,7 | 180...300 | 15...20 | 5...8 |
| Basalt | 2,95...3,00 | 3,00...3,15 | 0,2...0,9 | 0,1...0,3 | 250...400 | 15...25 | 5...9 |
| Basaltlava | 2,20...2,35 | 3,00...3,15 | 0,2...0,9 | 4,0...10,0 | 80...150 | 8...12 | 12...15 |
| Diabas | 2,80...2,90 | 2,85...2,95 | 0,3...1,1 | 0,1...0,4 | 180...250 | 15...25 | 5...8 |
| Vulkanische Tuffe | 1,80...2,00 | 2,62...2,75 | 20,0...30,0 | 6,0...15,0 | 20...30 | 2...6 | – |
| **Sedimentgesteine** | | | | | | | |
| Sandsteine | | | | | | | |
| a) quarzitische Sandsteine | 2,00...2,65 | 2,60...2,72 | 0,5...25,0 | 0,2...9,0 | 120...200 | 12...20 | 7...8 |
| b) sonstige Sandsteine | 2,00...2,65 | 2,64...2,72 | 0,5...25,0 | 0,2...9,0 | 30...180 | 3...15 | 10...14 |
| Kalksteine | | | | | | | |
| a) dichte Kalksteine, Dolomitsteine | 2,65...2,85 | 2,70...2,90 | 0,5...2,0 | 0,2...0,6 | 80...180 | 6...15 | 15...40 |
| b) Travertin | 2,40...2,50 | 2,69...2,72 | 5,0...12,0 | 2,0...5,0 | 20...60 | 4...10 | |
| **Metamorphe Gesteine** | | | | | | | |
| a) Gneise, Granulit | 2,65...3,00 | 2,67...3,05 | 0,4...2,0 | 0,1...0,6 | 160...280 | – | 4...10 |
| b) Serpentin | 2,60...2,75 | 2,62...2,78 | 0,3...2,0 | 0,1...0,7 | 140...250 | – | 8...18 |
| c) Quarz | 2,60...2,65 | 2,64...2,68 | 0,4...2,0 | 0,2...0,5 | 150...300 | 13...25 | 7...8 |
| d) Marmor | 2,65...2,85 | 2,70...2,90 | 0,5...2,0 | 0,2...0,6 | 80...180 | 6...15 | 15...40 |

Umstellung von Kilopond auf die seit 1978 gesetzliche Einheit Newton: 1 kp = 1 kg × 9,80665 m/s² = 9,80665 kg m/s² = 9,80665 Newton (N). Demnach entspricht in etwa 1 kp = 10 N.

Abb. 57: nach [2]

Kapitel MIN
*Mineralische Werkstoffe und Natursteine*

## MIN 6
### Besonderes und Neuheiten im Bereich mineralischer Werkstoffe

### MIN 6.1
### Lichtdurchlässiger Beton

Das Magazin TIME kürte ihn zur Innovation des Jahres 2005. *LiTraCon* oder kurz *LTC* ist ein Verbundwerkstoff VER aus Beton MIN 4.8 und Glasfasern GLA 4.7 mit lichtdurchlässigen Eigenschaften. Beton ist der meistverwendete Baustoff in der zeitgenössischen Architektur, wirkt aber häufig schwer, rau und kühl. Durch die Erfindung des ungarischen Architekten Áron Losonczi wird er warm und transparent und vermittelt dem Betrachter eine gewisse Leichtigkeit. Der Aufbau des Werkstoffs ist Ergebnis eines 2-jährigen Entwicklungsprozesses an der Königlichen Kunst- und Architekturhochschule in Stockholm. In Zusammenarbeit mit der Schott AG bettete der Ungar tausende Glasfasern in Beton ein. Ein Werkstoffaufbau mit einem Glasfaseranteil von 5% entstand, der den Transport von etwa 70% des ursprünglichen Lichts durch bis zu 2 Meter dicke Betonwände ermöglicht. Vergleichbar mit einem Negativfilm werden Schattenkonturen projiziert. Dickwandige Architektur verliert ihren schweren und wuchtigen Charakter.

Der Effekt funktioniert bei natürlichem als auch bei künstlichem Licht. Eine LTC-Leuchte konnte bereits realisiert und auf der Möbelmesse in Köln präsentiert werden. Das Material ist international patentrechtlich geschützt.

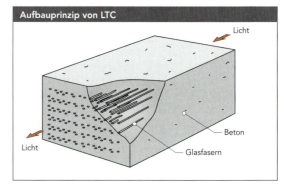

Abb. 58

Derzeit arbeiten Wissenschaftler an der Technischen Universität Budapest an der Optimierung technischer Eigenschaften wie Stabilität und Festigkeit sowie an der chemischen Resistenz.

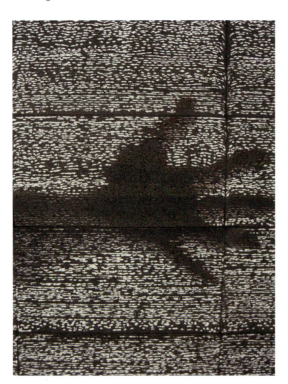

*Bilder: Anwendungen mit lichtdurchlässigem Beton von LiTraCon./ Copyright© LiTraCon Bt 2001-2006, www.litracon.hu*

## MIN 6.2
### Synthetische Diamanten

Temperaturen von bis zu 3000°C und das 40000fache des atmosphärischen Drucks haben vor 1–3 Millionen Jahren die Verwandlung von Grafit in Diamanten in einer Tiefe von 150–200 km bewirkt. Durch vulkanische Eruption wurden die seltenen Edelsteine an die Erdoberfläche gebracht und werden als wertvolle Schmucksteine und Schneidwerkstoffe in Diamantminen abgebaut. Da sich nur etwa 20% der gefundenen Rohdiamanten für die Herstellung von Schmuck eignen, sind die Steine sehr begehrt und teuer.

Mit dem Ziel, Diamanten in hervorragender optischer Qualität und mit hohen Härtewerten synthetisch herstellen zu können, wurde Mitte des 20. Jahrhundert das *HPHT-Verfahren* (Hochdruck-Hochtemperatur-Verfahren) entwickelt. In hydraulischen Pressen wird ein Druck bis zu 50000 bar aufgebaut und Grafit als Ausgangsrohstoff bei Temperaturen von 1700°C verdichtet. Kleine Diamanten mit einer Größe von 1–2 Millimeter entstehen, die insbesondere im technischen Bereich als Schneid- und Poliersteine Verwendung finden.
In der jüngeren Vergangenheit konnte auch das *CVD-Verfahren* BES 6.2 zur Herstellung synthetischer Diamanten angewendet werden.

Das Unternehmen Algordanza AG (Scheiz, Deutschland) bietet einen sehr ungewöhnlichen Service. Es verarbeitet Asche von Toten zu Diamanten. Die Asche, die zu einem großen Anteil aus Kohlenstoff besteht, wird unter hohen Temperaturen gepresst und anschließend zu einem Schmuckstein geschliffen und poliert. Idee der Dienstleistung ist es, ein unvergängliches Andenken zur Verfügung zu stellen. Aschediamanten sind in Größen zwischen 0,2 und 1 Karat erhältlich. Es können unterschiedliche Schliffarten gewählt werden. Die Farbe ist abhängig vom Borgehalt in der Asche ist entweder bläulich oder weiß.

*Bild unten: Synthetische Diamanten./ Foto: Algordanza AG*

## MIN 6.3
### Shimizu Megacity – Pyramidenstadt aus Grafit-Nanotubes

Die japanische Hauptstadt zählt etwa 8 Millionen Einwohner. Auf Grund des herrschenden Platzmangels befindet sich derzeit ein gigantisches Bauprojekt zur Schaffung von Wohnraum in Planung. In der Bucht von Tokio soll eine Pyramide aus Glas, Stahl, Beton und einem Kohlenstoff-Verbundwerkstoff entstehen, die Lebensraum für eine ganze Stadt mit 700000 Menschen bieten soll. Sie wird aus einer filigranen Struktur von etwa 50 Einzelpyramiden mit der Größe der Cheops-Pyramide in Gizeh bestehen. Mit einer Höhe von etwa Tausend Metern wird die Megacity etwa 5 Mal so groß sein wie die größte Pyramide der Welt und Raum für 25 Wolkenkratzer mit einem Gewicht von jeweils 350000 Tonnen bieten. Ein Gesamtgewicht, das bislang von keiner künstlich geschaffenen Konstruktion getragen wurde. Es ist geplant, die Struktur aus hohlen Röhren als Verkehrssystem zu nutzen. Automatisierte Minitaxen, Aufzüge, Bahnen oder Förderbänder dienen zur Fortbewegung und stellen die Mobilität der Bewohner der Pyramidenstadt sicher.

Dimension und Gewicht des geplanten Bauwerks stellen die Architekten und Ingenieure vor bislang ungelöste Probleme und machen die Entwicklung neuartiger Materialien und Bauprinzipien erforderlich. Die Gewichtsproblematik soll durch den Einsatz von »*Nanotubes*« gelöst werden, einem Verbundmaterial, das in der Hauptsache aus Kohlenstoff (Grafit) besteht. In Kombination mit Metall, Kunststoff oder Keramik sind diese etwa 10 Mal zugfester als Stahl, verfügen über eine doppelt so hohe Härte wie Diamanten und sind wesentlich stabiler und leichter als die uns bislang bekannten Bauwerkstoffe.

Das äußerst komplizierte Aufrichten der pyramidenförmigen Röhrenkonstruktion soll unter Verwendung von Druckluft gelöst werden. Dieses Bauprinzip wurde vom italienischen Architekten Dante Bini entwickelt, um den Bau von Kuppeln zu beschleunigen. Die Oberseite eines Heißluftballons wird mit einer Betonmasse bestrichen. Solange der Bauwerkstoff noch aushärtet und flexibel reagiert, entsteht durch Zufuhr von Druckluft langsam der Kuppelbau. Risse und Differenzen in der Wanddicke der Kuppel werden abschließend nachbearbeitet. Das Druckluftprinzip lässt sich auf die Problemstellung einer Pyramidenstruktur übertragen.

## MIN
## Literatur

[1] Backe, H.; Hiese, W.: Baustoffkunde. München: Werner Verlag, 10. Auflage, 2004.

[2] Bernhard, F.: Der Steinmetz und Steinbildhauer. München: Callwey Verlag, 1996.

[3] Binder, H.: Lexikon der chemischen Elemente. Stuttgart, Leipzig: Hirzel Verlag, 1999.

[4] Duda, R.; Rejl, L.: Der Kosmos Edelsteinführer. Stuttgart: Franckh-Kosmos Verlag, 1997.

[5] Forster, C.: Kalkputz Techniken. München: Callwey Verlag, 2003.

[6] Frössel, F.: Handbuch Putz und Stuck. München: Callwey Verlag, 2003.

[7] Geberzahn, W.O.: Mineralwerkstoffe – solid surfaces and engineered stones. Schwäbisch Gmünd: Best Practice Verlag, 1/2004.

[8] Gernot, M.: Das neue Lehmbau-Handbuch – Baustoffkunde, Konstruktionen, Lehmarchitektur. Staufen: Ökobuch-Verlag, 6. Auflage, 2004.

[9] Gerstenberg: Gesteine und Mineralien: Die verborgenen Schätze unserer Erde. Hildesheim: Gerstenberg Verlag, 1994.

[10] Harris, R.: Pompeji. München, Ulm: Wilhelm Heyne Verlag. 2003.

[11] Helzberg, H.: Pocket Guide Diamanten. Berlin: Verlag Gentlemen's Digest 2005.

[12] Jones, M.P.: Methoden der Mineralogie. Stuttgart: Ferdinand Enke Verlag, 1997.

[13] Jubelt, R.: Mineralien. Leipzig: Deutscher Verlag für Grundstoffindustrie, 1976.

[14] Konemann, R.: Betonoberflächen – Schützen und Instandhalten. Stuttgart: Deutsche Verlags-Anstalt, 1988.

[15] Lye, K.: Mineralien und Gesteine. München, Zürich: Delphin Verlag, 1986.

[16] Mäckler, C.: Werkstoff Stein - Material, Konstruktion, zeitgenössische Architektur. Basel: Birkhäuser Verlag, 2004.

[17] Markl, G.: Minerale und Gesteine. München: Spektrum Akademischer Verlag, 2004.

[18] Mehling, G.: Naturstein-Lexikon. München: Callwey Verlag, 1993.

[19] Merkel, M.; Thomas, K.-H.: Taschenbuch der Werkstoffe. München, Wien: Fachbuchverlag Leipzig im Carl Hanser Verlag, 2003.

[20] Peters, S.; Schneider, U.; Seibert, F.: Einwegbehälter zur Erwärmung und Kühlung von Flüssigkeiten (Europäische Patentschrift: Aktenzeichen: EP 1 120 072 B1); Throw-away container for heating and cooling liquids (United States Patent: Aktenzeichen: US 6,481,214); November 2002.

[21] Pfaender, H.G.: Schott – Glaslexikon. Landsberg am Lech: Moderne Verlagsgesellschaft mbH, 5. Auflage, 1997.

[22] Rentmeister, A.: Instandsetzung von Natursteinmauerwerk. München, Stuttgart: Deutsche Verlags-Anstalt, 2003.

[23] Röhling, S.; Eifert, H.; Kaden, R.: Beton Bau – Planung und Ausführung. Berlin: Verlag Bauwesen, 2000.

[24] Schäffler, H.: Baustoffkunde. Würzburg: Vogel Buchverlag, 8. Auflage, 2000.

[25] Scholz, W.; Hiese, W.: Baustoffkenntnis. München: Werner Verlag, 15. Auflage, 2003.

[26] Schumann, W.: Edelsteine und Schmucksteine. München: Blv Verlagsgesellschaft, 9. Auflage, 2002.

[27] Spring, A.; Glas, M.: Stein. München: Frederking & Thaler Verlag, 2001.

[28] Stark, J.; Wicht, B.: Zement und Kalk – der Baustoff als Werkstoff. Basel: Birkhäuser Verlag, 2000.

[29] Steingass, P. (Hrsg.): Moderner Lehmbau 2003. Nachhaltiger Wohnungsbau – Zukunft Ökologisches Bauen. Berlin: Fraunhofer IRB Verlag, 2003.

[30] Timm, H; Heeser, R.: Estriche – Arbeitshilfen für Planung und Qualitätssicherung. Wiesbaden, Berlin: Bauverlag, 2. Auflage, 1996.

[31] Wendehorst, R.: Baustoffkunde. Hannover: Curt R. Vincentz Verlag, 26. Auflage, 2004.

*Bild rechts: Amethyst*

Bild: Verkleidung aus kohlefaserverstärktem Kunststoff.

## VER
## VERBUNDWERKSTOFFE

*aramidfaserverstärkter Kunstoff, Bimetall, Ceramic Matrix Composite, Drahtglas, Faserzement, Getränkekartons, Glare, glasfaserverstärkter Kunstoff, Goretex, hartfaserverstärktes Aluminium, Hartmetall, Honeycomb, Hylite, karbonfaserverstärktes Siliziumkarbid, kohlenstofffaserverstärkter Kunststoff, korundverstärktes Aluminium, kunstharzgetränktes Vollholz, Lebensmittelverpackung, lichtdurchlässiger Beton, metallverstärkter Gummi, Sandwichmaterial, Schichtverbundwerkstoff, Schleifpapier, Schleifscheibe, Segelboot, Sicherheitsglas, Stahlbeton, Spanplatte, Surfbrett, Thermobimetall, Verbundplatte, Verbundrohr, Zahnbürste*

*Kapitel VER*
**Verbundwerkstoffe**

*Bild: Schichtverbundwerkstoff – Mittellage aus Polypropylen-Waben, Decklagen aus Sperrholz.*

*Bild: Schichtverbundwerkstoff – Mittellage aus Polystyrol-Hartschaum, Decklagen aus Sperrholz.*

*Bild: Schichtverbundwerkstoff – Mittellage aus Polystyrol-Hartschaum, Decklagen aus beschichteter Dünnspanplatte.*

*Bild: Schichtverbundwerkstoff – Mittellage aus Polystyrol-Hartschaum, Decklagen aus Weichfasern.*

*Bild: Schichtverbundwerkstoff – Mittellage aus Polystyrol-Hartschaum, Decklagen aus Kork.*

*Hersteller: Wilhelm Mende GmbH & Co.*

In den vergangenen Kapiteln wurden die klassischen Werkstoffgruppen (Metalle, Hölzer, Keramiken, usw.) vorgestellt, die für das Verständnis der Relation zwischen »Material und Fertigung« von entscheidender Bedeutung sind. Die Anforderungen an die Werkstofftechnik sind allerdings in den letzten Jahren enorm gestiegen. Sehr differenzierte Produktbereiche, neue gesetzliche Vorschriften, abnehmende Energieressourcen und steigende Umweltauflagen machen daher immer häufiger Werkstoffe mit besonderen, maßgeschneiderten Eigenschaften erforderlich, die nicht mehr nur durch ein einzelnes Material abgedeckt werden können. Verbünde aus zwei oder mehreren Werkstoffen wurden entwickelt, deren Eigenschaftsprofile sich anwendungsspezifisch zusammensetzen lassen. In der Fachsprache spricht man von Verbundwerkstoffen, die im angelsächsischen Sprachbereich auch als »*Composites*« bezeichnet werden. Beispiele für Verbundwerkstoffe sind mit Glasfasern verstärkte Kunststoffe, Spanplatten, Hartmetalle oder Stahlbeton.

## VER 1
### Einteilung und Aufbau

Im Aufbau werden Materialien mit speziellen Eigenschaften kombiniert, so dass durch den Verbund die nachteiligen Merkmale von den vorteilhaften Charakteristika des Verbundpartners überdeckt werden. Beispielsweise besteht eine Getränkeverpackung (Tetra Pak®) aus einem stabilen aber feuchtigkeitsempfindlichen Karton, der mit einer für Flüssigkeiten undurchlässigen Kunststoff- und Aluminiumfolie beschichtet ist. Im Verbund entsteht eine sehr leichte und raumsparende Konstruktion, die sich zur Lagerung von flüssigen Nahrungsmitteln als Alternative zu Flaschen aus Glas oder PET KUN 4.1.10 bewährt hat.

Entsprechend der Form und räumlichen Anordnung der beteiligten Komponenten können Verbundwerkstoffe wie folgt klassifiziert werden (Hornbogen 2002):

*Durchdringungsverbundwerkstoffe*
- Tränkwerkstoffe
  (z.B. kunstharzgetränktes Vollholz HOL 3.1)

*Schichtverbünde*
- Bimetalle
- Sicherheitsglas GLA 4.1
- Verbundplatten (Sperrholz HOL 3.3.1)
- Honeycomb PAP 5.4
- Getränkekartons (Tetra Pak®)

*Teilchenverbundwerkstoffe*
- Hartmetalle
- Polymerbeton KUN 4.6
- Kunststoff-Pressmatten KUN 1.6
- Spanplatte HOL 3.3.2

*Faserverbundwerkstoffe*
- faserverstärkte Kunststoffe KUN 1.6
- Drahtglas GLA 4.1
- Faserzement
- Stahlbeton MIN 4.8
- lichtdurchlässiger Beton MIN 6.1

Zur Herstellung von *Durchdringungswerkstoffen* werden offenporige Strukturen in ein aushärtbares Flüssigmaterial (z.B. Melaminharz) oder ein gesinterter Werkstoff in eine Schmelze getränkt. Nach Aushärtung bzw. Erstarrung der Flüssigkomponente entsteht ein fest verflochtener Werkstoff mit hoher Festigkeit.

*Schichtverbundwerkstoffe* bestehen aus mehreren aufeinanderliegenden Schichten. Besonders häufig sind *Dreischichtverbünde* aus einer Mittellage mit zwei aufgebrachten identischen Decklagen. Diese Konstruktion wird auch als »*Sandwichstruktur*« bezeichnet.

*Bild: Schichtverbundwerkstoff – Mittellage aus Kunststoff, Decklagen aus Kupfer.*

In *Faser-* und *Teilchenverbünden* wird Verstärkungsmaterial zur Festigkeitssteigerung in einen Werkstoff eingebettet und gebunden. Die *Bindung* wird in der Werkstofftechnik als »*Matrix*« bezeichnet (Beitz, Grote 2001).

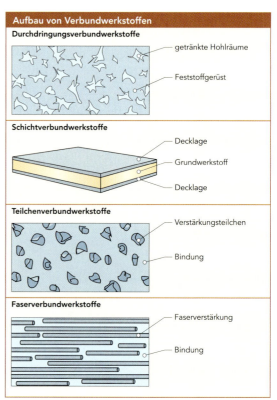

*Abb. 1: nach [3]*

Neben der Möglichkeit zur Charakterisierung der Verbundwerkstoffe entsprechend der räumlichen Anordnung ihrer Komponenten hat sich bei Teilchen- und Faserverbünden eine alternative Form der Klassifizierung durchgesetzt. Diese orientiert sich am verwendendeten Matrixwerkstoff.
Folgende Nomenklaturen haben sich entwickelt (Schippers 1999):

- PMC    polymer matrix composite
- MMC    metal matrix composite
- CMC    ceramic matrix composite
- CCC    carbon carbon composite

| Beispiele für faserverstärkte Werkstoffe | | | |
|---|---|---|---|
| Klasse | Matrix | Faser | Beispiel |
| PMC | Kunststoff | Metall | metallverstärkter Gummi |
| PMC | Kunststoff | Keramik | glasfaserverstärkter Kunststoff |
| CMC | Keramik | Metall | metalldrahtverstärktes Glas |
| CMC | Keramik | Kunststoff | kunststoffgebundener Beton |
| CMC | Keramik | Karbon | karbonfaserverstärktes Siliziumkarbid |
| MMC | Metall | Keramik | korundverstärktes Aluminium |
| MMC | Metall | Kunststoff | hartfaserverstärktes Aluminium |
| CCC | Kohlenstoff | Karbon | karbonfaserverstärkter Kohlenstoff |

*Abb. 2: nach [4, 5, 6]*

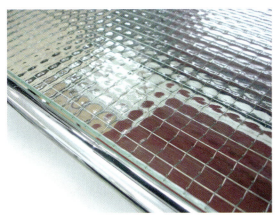

*Bild: Metalldrahtverstärktes Glas.*

*Bild: Kohlefaserverstärkter Kunststoff.*

# VER 2
## Vorstellung einzelner Verbundwerkstoffe

### VER 2.1
### Hartmetalle

Hartmetalle bestehen aus einer sprödharten keramischen Struktur, deren Poren durch eine zähweiche metallische Bindung ausgefüllt werden. Das Ergebnis sind Werkstoffe mit sehr großer Härte, hoher Schmelztemperatur und extrem hoher Verschleiß- und Abriebfestigkeit. Sie eignen sich insbesondere als Schneidwerkstoffe und Schleifmaterialien. In der Materialwissenschaft sind Hartmetalle auch unter dem Begriff »**Cermets**« bekannt, einer Nomenklatur die auf die Anfangsbuchstaben der englischen Begriffe »ceramic« und »metal« zurückzuführen ist.

*Abb. 3: nach [2, 4]*

#### Verarbeitung
Die Herstellung von Hartmetallen erfolgt innerhalb der sintertechnischen Prozesskette. Zunächst werden ein hochschmelzender Karbid-Hartstoff und ein leichter schmelzendes Metall fein zerkleinert und die entstehenden Partikel miteinander vermischt. Das Pulver wird anschließend durch Pressen in die gewünschte Form gebracht und auf eine Temperatur unterhalb der Schmelztemperatur der Hartstoffkomponente erhitzt. Die Karbidteilchen sintern zu einem porösen Rohkörper zusammen. Die Zwischenräume werden durch die metallische Bindung aufgefüllt. Als Hartstoffe eignen sich die Karbide von Wolfram (WC), Titan (TiC) oder Tantal (TaC). Für die metallische Bindung werden Kobalt, Nickel, Molybdän oder Eisen verwendet. Hartmetalle können nach Beendigung des Herstellungsverfahrens nur noch schleiftechnisch mit Stoffen bearbeitet werden, die wesentlich härter sind als die gebundenen Hartstoffteilchen (Hornbogen 2002).

#### *Verwendung*
Die konventionellen Hartmetalle auf Wolframkarbid-Basis werden insbesondere für die zerspanende Bearbeitung metallischer Werkstoffe verwendet. Typische Werkzeuge sind Wendeschneidplatten für die Drehbearbeitung. Hartmetalle mit einem hohen TiC- oder TaC-Anteil sind auf Grund der erreichbaren hohen Schnittgeschwindigkeiten für die Schlichtbearbeitung geeignet und finden bei der HSC-Bearbeitung (High Speed Cutting) Verwendung.

*Bild: Sinterbauteile aus Hartmetall./ Fotos: Kennametal Technologies GmbH*

## VER 2.2
## Bimetalle

Bimetalle sind Verbundwerkstoffe aus zwei Metallblechstreifen mit unterschiedlichen Wärmeausdehnungskoeffizienten. Diese sind aufeinander gewalzt und fest miteinander verschweißt. Kommt es zu einer Erwärmung des Bimetalls, führt die unterschiedliche Materialdehnung zu einer Verbiegung in Richtung der Seite des Verbundpartners mit der geringeren Wärmedehnung.

Bild: Herstellung plattierten Bandmaterials. Ein plattiertes Band ist ein aus mehreren unterschiedlichen Metalllagen bestehendes Verbundmaterial./ Foto: Wickeder Westfalenstahl GmbH

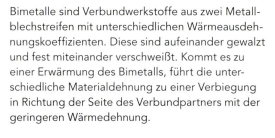

Abb. 4

Bild: Verschiedene Bimetallbauteile./ Foto: Wickeder Westfalenstahl GmbH

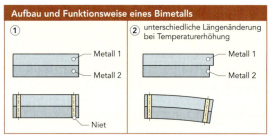

Bild: Verwendung von Bimetallen in Sicherungen./ Foto: Wickeder Westfalenstahl GmbH

### Verwendung

Bimetalle werden in Messinstrumenten, beispielsweise für Metallspiralen bei Thermometern, verwendet oder dienen als Schalter sich selbst abschaltender Kontakte. Anwendungsfelder sind Bügeleisen, Wasserkocher oder Kaffeemaschinen. Weitere Verwendungsbeispiele liegen im Bereich der Lichttechnik. Beispielsweise führt ein in der Nähe einer Glühwendel positionierter und in den Stromfluss einer Glühlampe integrierter Bimetallstreifen zum Blinken der Lampe. Der Stromfluss wird nach dem Aufheizen unterbrochen und schließt sich beim Abkühlen wieder.

## VER 2.3
## Verbundrohre

Verbundrohre bestehen aus mehreren Schichten unterschiedlicher Materialien. Üblich sind insbesondere Dreischichtstrukturen. Diese bestehen in der Mittellage aus einem 0,1 mm bis 1 mm dicken Aluminiumrohr, einer inneren Beschichtung aus hochvernetztem Polyethylen (PE-X) und einer äußeren Schicht aus hochdichtem Polyethylen (PE-HD) ↗ KUN 4.1.1. Im Vergleich zu herkömmlichen Kunststoffrohren sind Verbundrohre sehr leicht zu biegen und gut zu verarbeiten. Die Aluminiumschicht verhindert die Rückfederung und verschafft dem Verbund eine hohe Formstabilität. Beim Ablängen bleiben sie rund und gratfrei. Die Wärmedehnung ist vergleichbar mit der von Kupferrohren. Außerdem bildet das Aluminium eine Barriereschicht gegen Sauerstoff, womit Korrosion im Inneren einer Rohrkonstruktion verhindert wird. Weiterer Vorteil eines Verbundrohrs gegenüber einem konventionellen Kunststoffrohr ist die Möglichkeit zur Wiederverwendung nach der Demontage.

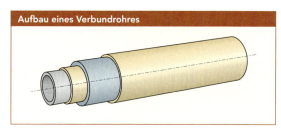

Abb. 5

### Verwendung

Verbundrohre eignen sich für Heizungsinstallationen (Fußboden- und Wandheizung) und Rohrkonstruktionen für die Trinkwasserversorgung. Weitere Anwendungsfelder liegen in den Bereichen Sanitäranlagen, Druckluftleitungen und industrieller Rohrleitungsbau. Durch die weiße Deckschicht können Verbundrohre auch im Sichtbereich Verwendung finden.

### Handelsformen

Verbundrohre sind in Wandstärken von mindestens 2 mm mit Außendurchmessern von 14, 16, 18, 20, 26 bis zu 50 mm erhältlich. Es werden Rollen in Längen von 200 mm bis 600 mm angeboten. Ja nach Hersteller sind Verbundrohre auch als Stangenware erhältlich.

## VER 2.4
### Getränkeverbundverpackung

Als Alternative für Glasbehältnisse zur Lagerung von flüssigen Nahrungsmitteln wurde bereits 1943 durch den Schweden Ruben Rausing eine Verbundverpackung entwickelt, deren Handelsname *Tetra Pak®* im Markt sehr bekannt wurde. Sie besteht aus einem quaderförmigen Karton, der auf der Innenseite mit einer für Flüssigkeiten undurchlässigen Kunststofffolie beschichtet ist. Zusätzlich ist eine Aluminiumfolie in den Aufbau des Verbundes integriert, die als Sauerstoff- und Lichtbarriere fungiert und das Nahrungsmittel somit vor dem Schimmeln schützt. Eine 1-Liter Getränkeverbundverpackung wiegt nur etwa 26 Gramm. Sie ist damit wesentlich leichter als ein gleichgroßes Behältnis aus Glas. Zudem reagiert sie unempfindlicher auf Stöße und Vibrationen und ist durch ihre Quaderform leichter zu transportieren.

*Bild: »Tetra Pak«, Getränkeverpackung.*

### Verwendung
Vor allem hat sich die Getränkeverbundverpackung für die Lagerung von haltbarer Milch bewährt. Weitere Lebensmittel, die heute in Tetra Paks® befüllt werden, sind Sahne, Fruchtsäfte, Apfelmus und Soßen aller Art.

## VER
### Literatur

[1] **Beitz, W; Grote, K.-H.:** Dubbel - Taschenbuch für den Maschinenbau. Berlin, Heidelberg: Springer Verlag, 20. Auflage, 2001.

[2] **Berns, H.:** Hartlegierungen und Hartverbundwerkstoffe. Berlin, Heidelberg: Springer Verlag, 1998.

[3] **Dobler, H.-D.; Doll, W.; Fischer, U.; Günter, W.; Heinzler, M.; Ignatowitz, E.; Vetter, R.:** Fachkunde Metall. Haan-Gruiten: Verlag Europa-Lehrmittel, 54. Auflage, 2003.

[4] **Hornbogen, E.:** Werkstoff – Aufbau und Eigenschaften von Keramik-, Metall-, Polymer- und Verbundwerkstoffen. Berlin, Heidelberg: Springer Verlag, 7. Auflage, 2002.

[5] **Kollenberg, W.:** Technische Keramik - Grundlagen, Werkstoffe, Verfahrenstechnik. Essen: Vulkan-Verlag, 2004.

[6] **Krenkel, W.:** Keramische Verbundwerkstoffe. Weinheim: Wiley-VCH, 2002.

[7] **Schippers, C.:** Metallische und keramische Verbundwerkstoffe. Doktorvortrag an der RWTH Aachen, 2.9.1999.

*Bild: Kokos und Gummi miteinander verwebt./*
*Design und Foto: Marian de Graaff*

# modulor – material total

## 14.000 Produkte für Gestalter

*Seit fast 20 Jahren beschäftigen wir uns mit dem Thema Material für gestalterische Anwendungsbereiche. Unser umfassendes Sortiment mit über 14.000 Produkten (Stand 02/2006) ist speziell auf die Anforderungen von Architekten, Produktdesignern, Theater-, Film- und Werbeleuten sowie Messe- und Ausstellungsgestaltern zugeschnitten und wird von uns so aufbereitet und katalogisiert, dass Sie schnell und zuverlässig das gewünschte Material finden können.*

## Hoch ästhetische Materialien ab Lager

Im Gegensatz zum Großhandel stellen wir unser breites Sortiment an Materialien aus Kunststoff und Gummi, Verbundwerkstoffen, Holz und Kork, Papier und Pappe, Metall, Textilien, Klebstoffen, Modellier- und Abformmassen sowie Farben und Chemie nicht ausschließlich nach dem Kriterium der technischen Verwendbarkeit, sondern vor allem nach den ästhetischen und sinnlich erfahrbaren Eigenschaften der Materialien zusammen.

Unser Focus liegt dabei auch auf Materialien, die normalerweise nicht für gestalterische Zwecke eingesetzt werden, sich aufgrund ihrer ästhetischen Reize aber dafür eignen. Daher sind Produkte wie z.B. feinste Lochbleche, die ansonsten für Lautsprecherhersteller produziert werden oder Weich-PVC-Folien, die bei der Fertigung von Büroaccessoires eingesetzt werden, meistens nicht als Handelsware sondern nur in auftragsbezogenen Fertigungsmengen (i.d.R. ab 1 to) direkt beim Hersteller erhältlich. Um unseren Kunden solche Materialien auch in kleineren Mengen zugänglich zu machen, legen wir für Sie ein Lager an, auf das sie kurzfristig zugreifen können. Gleichzeitig helfen wir damit den Herstellern dieser Produkte, neue Marktchancen zu erkennen, denn nicht selten wurden Produktentwickler oder Designer durch die bei modulor gekauften Materialien zu Anwendungen inspiriert, die dem Produzenten später ein neuartiges Geschäftsfeld aufgezeigt haben.

## Sämtliche Produkte auch in kleinen Mengen

Sämtliche Produkte des modulor-Sortiments sind somit auch in Kleinstmengen für den Modell- und Dummybau erhältlich und in kürzester Zeit ab Lager lieferbar. Nach Ihren Vorgaben zur Lieferzeit versenden wir Ihre Aufträge weltweit – wenn nötig (und möglich) auch innerhalb von 24 Stunden.

## Unsere Serviceleistungen

Wir bieten unseren Kunden diverse Serviceleistungen: Im eigenen Haus erstellen wir Zuschnitte und übernehmen für die meisten Materialien Verarbeitungen wie z.B. Abkantungen oder Bohrungen. Weitergehende Dienstleistungen wie Stanzungen, Prägungen, Oberflächenbehandlungen etc. wickeln wir in Zusammenarbeit mit unseren Partnern für Sie ab.

## Beratung in der Planungsphase

Durch die jahrelange Beschäftigung mit Materialien aller Art verfügen wir über ausgezeichnete Kenntnisse hinsichtlich Beschaffungs- und Verarbeitungsmöglichkeiten unter Berücksichtigung der benötigten Mengen. Dieses sehr spezielle Know-How hat uns zu einem begehrten Gesprächspartner gemacht, wenn es darum geht, Produkte in kleinen bis mittleren Auflagen herstellen zu lassen. In solchen Fällen stehen wir als professioneller Gesprächspartner bereits in der Planungs- und Entwicklungsphase zur Verfügung, sei es allein in beratender Funktion oder anschließend als zuverlässiger Lieferant. Sprechen Sie uns an, bevor Sie die Entscheidung treffen, nach Produkten zu suchen, die in der von Ihnen gesuchten Menge nicht erhältlich sind. Verschwenden Sie nicht Ihre kostbare Zeit und Energie mit der Suche nach »karierten Maiglöckchen« – vielleicht wissen wir, wo sie kurzfristig gestreifte Exemplare bekommen oder kennen einen Drucker, der Ihnen Karos darauf druckt.

Zu unseren Kunden zählen die großen, international tätigen Architektur- und Designbüros – ob Renzo Piano, Daniel Libeskind, Antonio Citterio oder Ingo Maurer – wie auch die kleinen und mittelständischen Architektur- und Designbüros in Europa. Auch von großen Werbeagenturen wird unser Know-How gerne in Anspruch genommen, wenn spezielle Giveaways produziert oder kundenspezifische Events ausgerichtet werden sollen. Aus jahrelanger Erfahrung weiß jeder einzelne unserer über 50 Mitarbeiter, wie unsere Kunden denken und was für Sie in Sachen Lieferfähigkeit, Schnelligkeit und Kommunikation entscheidend ist. Eine intensive und kompetente Beratung ist für uns daher wichtiger Bestandteil des Geschäftskonzepts. Sprechen Sie uns an!

*Anzeige*

## modulor-Katalog und -Webshop

Zur Information über unser Standard-Sortiment empfehlen wir den 900 Seiten starken modulor-Katalog oder den Besuch unseres Webshops. Hier wie dort finden Sie das gesamte Lagerprogramm strukturiert aufbereitet, von farbigen Abbildungen begleitet und mit sachlichen Informationen präzise erläutert und dargestellt.

## modulor-Musterkiste

Bei der Entwicklung neuer Designlösungen sowie als Quelle für besondere Gestaltungsideen spielen innovative und ästhetisch attraktive Materialien im kreativen Prozess eine zunehmend wichtige Rolle. Für erste Anregungen eignet sich hier die modulor-Musterkiste mit ca. 180 Qualitätsmustern verschiedener Materialien. Sie hat sich seit vielen Jahren als Medium zur Inspiration, Identifikation und Kommunikation zum Thema Material bewährt.

## Nicht nur Materialien...

Nicht versäumen möchten wir an dieser Stelle, auch auf unser umfangreiches Programm an Verbrauchsmaterialien hinzuweisen. Neben Materialien aus den erwähnten Werkstoffen erhalten Sie bei modulor ein attraktives Sortiment an Grafik-, Zeichen- und Bürobedarf für den täglichen Bedarf, eine interessante Auswahl an Werkzeugen für Modellbauzwecke, ein großes Programm an Klebstoffen, Modellier-, Abform- und Gießmassen sowie Klein- und Formteile (z.B. Acrylglashalbkugeln bis Ø 1 m, Magnete, Klammern etc.). Auch für diesen Teil unseres Sortiments gilt: Bei modulor finden Sie nicht nur die bekannten Standardprodukte sondern auch die Dinge, die Sie vielleicht schon lange suchen.

## Materialworks – das Portal zum Thema Material

Um Designern und Produktentwicklern unser umfangreiches Wissen zu Materialien, die wir nicht in unserem Lagersortiment führen, zugänglich zu machen, arbeiten wir seit dem Jahr 2001 zusammen mit der Stylepark AG (www.Stylepark.com) an unserem Informationsportal Materialworks. Voraussichtlich ab Herbst 2006 finden Sie unter www.materialworks.com eine Datenbank, die es Ihnen ermöglichen wird, Materialien nach den von Ihnen gewünschten Eigenschaften zu suchen und anschließend auf die dazugehörigen Bezugsquellen zuzugreifen. Im Gegensatz zu anderen Datenbanken richtet sich Materialworks in erster Linie an gestalterisch tätige Berufsgruppen. Die hinterlegten Materialien werden von uns somit nicht nur nach technischen sondern auch nach sinnlich ästhetischen Kriterien klassifiziert und suchbar gemacht – Nulltreffer ausgeschlossen.

Um dem User die weitergehende Kommunikation mit seinen Kunden zu erleichtern, werden die in der Datenbank hinterlegten Materialien auch als Muster im einheitlichen Format DIN A5 erhältlich sein. Außerdem können aussagekräftige Mustereditionen mit 40 bis 50 DIN A5 Mustern zu ausgewählten Themenbereichen wie z.B. »Vlies und Filz«, »Drahtgewebe« oder »Transluzenz« bestellt werden.

## Wertigkeit und Qualität

Seit Gründung von modulor stehen für uns Wertigkeit und Qualität im Vordergrund, dies gilt insbesondere bei der Zusammenstellung unseres umfangreichen und fachspezifischen Sortiments. Garant für unsere Kompetenz ist ein Material- und Produktangebot, das wir bei modulor selbst für gut befinden und für Sie so aufbereiten, dass Sie die Vor- und Nachteile der Materialien neben deren Eigenschaften und Anwendungsmöglichkeiten mit wenig Aufwand gegeneinander abwägen können.

Testen Sie uns!

**modulor**
material total
Gneisenaustraße 43-45
D-10961 Berlin
Germany

Tel. ++49 (0)30 690 36-0
Fax ++49 (0)30 690 36-445

info@modulor.de
www.modulor.de

Bild: Geprägtes Blech.

## FOR
## FORMEN UND GENERIEREN

*abgießen, blasformen, biegen, blasformen, bördeln, dengeln, drücken, druckgießen, druckumformen, durchziehen, eindrücken, extrudieren, extrusionsblasformen, faserharzspritzen, feingießen, flachwalzen, fließpressen, formpressen, freiformen, gesenkformen, gießen, gleitziehen, handformen, hippen, hochdruckpressen, injektionsformen, kalandrieren, kaltfließpressen, kaltwalzen, kaltumformen, kerben, kneten, koextrudieren, kokillengießen, kompressionsformen, körnen, kragenziehen, lasersintern, maskenformen, mundblasen, napffließpressen, nassgießen, nasspressen, polarwickeln, prägen, pressen, querstrangpressen, querwalzen, rändeln, radialwickeln, recken, rotationsgießen, rotationstiefziehen, rückwärtsstrangpressen, rundkneten, sandgießen, schäumen, schleudergießen, schmieden, schrägwalzen, schubumformen, schweifen, sintern, spritzgießen, spritzpressen, stauchen, stranggießen, strangpressen, streckformen, streckziehen, thermoformen, tiefen, tiefziehen, transferpressen, treiben, umformen, urformen, vakuumformen, vakuumgießen, vollformgießen, vorwärtsstrangpressen, walzen, walzziehen, warmformen, warmwalzen, weiten, wickeln, ziehen, zugdruckumformen, zugumformen*

## Kapitel FOR
### Formen und Generieren

Im folgenden Kapitel werden Verfahren vorgestellt, mit denen Material in Form, also definiert in eine vorher festgelegte Geometrie, gebracht wird. Grundsätzlich wird zwischen Verfahren des Urformens und Umformens unterschieden.

Zu den urformenden Fertigungsverfahren zählen alle Techniken, mit deren Hilfe ein fester Körper aus einem formlosen Material entsteht. Da der Werkstoff zum ersten Mal gezielt geformt wird, weisen die Verfahren sehr große Flexibilität und hohe wirtschaftliche Potenziale auf. Formlose Materialien sind beispielsweise Flüssigkeiten, Pulver, Gase, Fasern, Schmelzen oder Späne. Zu den wichtigsten urformenden Verfahren gehören Gießen, Sintern, Schäumen, die Extrusion und das Blasformen.

| Prinzip des Urformens | |
|---|---|
| Übersicht urformender Verfahren | - Bereitstellung oder Herstellung des Ausgangsmaterials als formlosen Stoff |
| - Gießen | - Herstellung eines urformfähigen Werkstoffzustandes |
| - Sintern | - Füllung eines Urformwerkzeugs mit dem Werkstoff im urformfähigen Zustand |
| - Schäumen | - Übergang des Werkstoffs im Urformwerkzeug in den festen Zustand |
| - Extrudieren | |
| - Blasformen | - Entnahme des urgeformten Erzeugnisses aus dem Urformwerkzeug |

Abb. 1: nach [4, 7]

Anders als beim Urformen wird zur Formerstellung bei umformenden Verfahren der innere Zusammenhalt eines Materials nicht verändert. Vielmehr wird eine Kraft eingeleitet, die den Werkstoff plastisch verformt bzw. umformt und einen Materialfluss auslöst. Die am häufigsten in Umformprozessen verwendete Materialgruppe ist die der Metalle. Umformverfahren lassen sich anhand der eingebrachten Beanspruchung unterteilen.

| Prinzip des Umformens | |
|---|---|
| Vorgang | Verfahren (Beispiele) |
| - Zugdruckumformen | Tiefziehen |
| - Druckumformen | Gesenkformen, Walzen |
| - Biegeumformen | Abkanten, Gesenkbiegen |
| - Schubumformen | Winden einer Druckfeder |
| - Zugumformen | Längen, Weiten |

Abb. 2: nach [4, 7]

Die erst in jüngerer Vergangenheit entwickelten schichtweise generativen Verfahren stellen in dieser Systematik eine Sondergruppe dar. Die bislang angewendeten Verfahren weisen zwar in der Hauptsache einen urformenden Charakter auf, doch muss als Besonderheit der Techniken herausgestellt werden, dass die Formerstellung additiv bzw. schichtweise erfolgt. Auf den Einsatz von Formwerkzeugen wird verzichtet, was gerade für den Designbereich besondere Potenziale erzeugt. Denn ursprünglich zur schnellen Prototypenherstellung entwickelt, werden die sehr flexiblen Verfahren mittlerweile auch für die direkte Produktion von Bauteilen wie Lampenschirmen, Hörgeräten und Zahnersatz eingesetzt. Langfristig gesehen, wird eine revolutionäre Veränderung der Fertigungprozesse für Einzelstücke und Kleinserien erwartet (Dixon 2005).

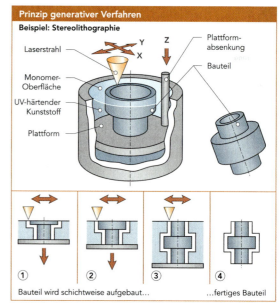

Abb. 3

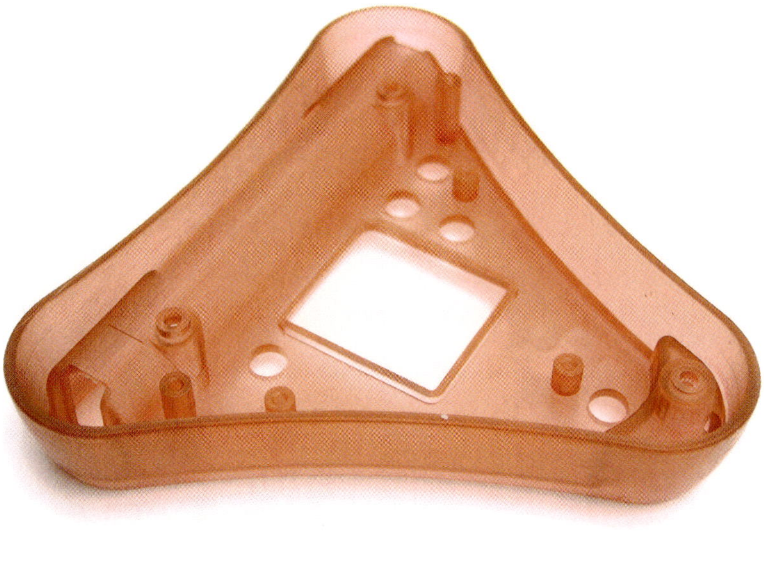

Bild links: Stereolithographiebauteil.

## FOR 1
## Urformen – Gießen

*Gießen* ist die bedeutendste Fertigungstechnik für die Produktion von Bauteilen in nur einem Prozessschritt vom Rohmaterial in die endformnahe Geometrie. Sie kommt immer dann zur Anwendung, wenn eine Fertigung mit anderen materialabtragenden Verfahren wirtschaftlich nicht durchführbar ist oder wenn besondere Werkstoffeigenschaften eines nur durch Gießen zu verarbeitenden Materials genutzt werden sollen. Zudem bieten *Abformverfahren* eine größere Gestaltungsfreiheit als andere Fertigungstechniken. Somit zählt Gießen technisch wie wirtschaftlich zu den günstigen Verarbeitungsprozessen für komplexe Formen aus Kunststoff oder Metall bei mittleren und großen Serien. Außerdem wird das Verfahren zur Fertigung von Einzelteilen und Prototypen verwendet.

Je nach *Abformmethode* unterscheidet man zwischen Gießen in verlorenen Formen und in Dauerformen. Die Bezeichnung »*Verlorene Form*« leitet sich von der Tatsache ab, dass bei diesen Verfahren (z.B. Feingießen) die *Abgussform* bei der Entnahme des Gussteils zerstört wird. Zur Herstellung verlorener Formen wird mit Dauermodellen oder verlorenen Modellen gearbeitet. Dauerformen kommen bei der Produktion größerer Stückzahlen zum Einsatz (z.B. Spritzgießen).

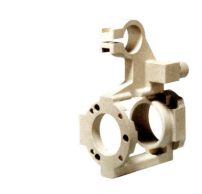

Abb. 4: nach [4]

Der gießtechnische Verfahrensablauf und die spezielle Nomenklatur wird im Folgenden an Hand des Sand-, Vollform- und Kokillengießens erläutert.

*Bilder: Realisierbare, darstellbare Formen durch das Feingießen nach dem Wachsausschmelzverfahren./ Fotos: FEINGUSS BLANK GmbH, D-Riedlingen*

# Kapitel FOR
## Formen und Generieren

### Sandgießen
(verlorene Form, Dauermodell)

Der *Sandguss* eignet sich für die Herstellung komplexer Bauteile aus Metall, von denen nur eine geringe Stückzahl benötigt wird (z.B. Turbinenlaufräder). Die Abgussform wird durch Einbetten eines Modells in Formstoff, einer Mischung aus *Quarzsand* und Binder, erzeugt. Zwei- oder mehrteilige Formkästen kommen zur Anwendung, um die spätere Entformbarkeit des Gussteils zu ermöglichen. Zunächst wird das Modell im Unterkasten positioniert, und zwar derart, dass die spätere Entnahme nicht durch Hinterschneidungen behindert wird. Der Sand wird per Hand (*Handformen*) oder durch maschinelles Rütteln (*Maschinenformen*) verdichtet und der Ober- auf den Unterkasten gesetzt. Führungsstifte sichern die genaue Lageposition und verhindern unerwünschtes Verrutschen. Neben dem Einstechen eines *Eingusskanals* sind *Speiser* erforderlich, damit die beim Abgießen überschüssige Luft aus der Form entweichen kann. Zudem wird mit flüssigem Material aus dem Speiser der *Formschwund* in der Abkühlphase ausgeglichen. Da nach der Verfestigung noch ein geringer Formschwund unausweichlich ist, sollte dieser als Aufmaß (üblich 1–2%) in der Modellerstellung berücksichtigt werden. Nach Entnahme des Modells aus dem Formkasten und Einlage von Kernen, die innere Hohlräume darstellen und Hinterschneidungen ermöglichen, kann der Abformprozess beginnen.

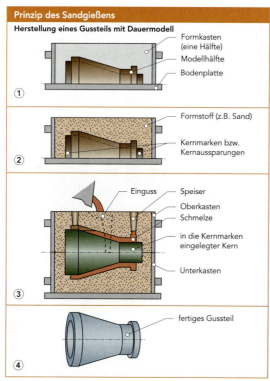

Abb. 5: nach [7]

### Vollformgießen
(verlorene Form, verlorenes Modell)

Die Aufteilung in Formhälften kann entfallen, wenn lediglich ein Bauteil gießtechnisch erstellt werden soll und dieses in einem Modell aus *Kunststoffhartschaum* KUN 4.1.3, KUN 4.2.5, KUN 4.4 vorliegt. Das *Schaumstoffmodell* wird bei der Verfahrensvariante des *Vollformgießens* vollständig in Formsand eingebettet und verbleibt beim Abformen in der Form. Unter Hitzeeinwirkung durch das flüssige Metall gast der Modellwerkstoff beim Abgießen über den Speiser und die Porosität des Sandes aus. Zur Entnahme des Bauteils wird die Form zerstört. Das Vollformgießen ist für alle Gießwerkstoffe anwendbar und sowohl für die Klein- als auch die Großserie wirtschaftlich einzusetzen.

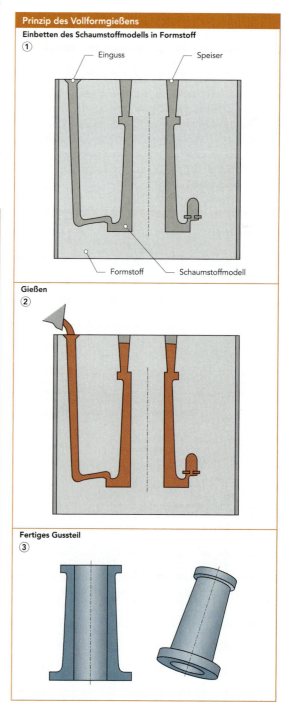

Abb. 6: nach [39]

## Kokillengießen (Dauerformen)

Der *Kokillenguss* (*Blockguss*) ist ein klassisches Verfahren des Gießens in wiederverwendbaren Dauerformen aus Gusseisen oder Stahl. Es werden meist Materialien mit niedrigem Schmelzpunkt wie Aluminium, Messing oder Magnesium vergossen. Unter Ausnutzung der Schwerkraft wird das flüssige Metall in die *Kokille* eingebracht. Die überschüssige Luft entweicht durch zusätzliche Öffnungen an der Oberseite. Zur Erzielung von Hinterschnitten und Hohlräumen werden Kerne eingelegt. Bei der Herstellung der Kokille ist das *Schwindmaß* des verwendeten Gießwerkstoffs während der Erstarrung mit einzurechnen. Der Kokillenguss weist gegenüber den sandbasierten Verfahren eine bessere Oberflächengüte und Maßhaltigkeit auf. Es ist aber auf Grund der hohen Formkosten erst bei großen Stückzahlen wirtschaftlich einsetzbar.

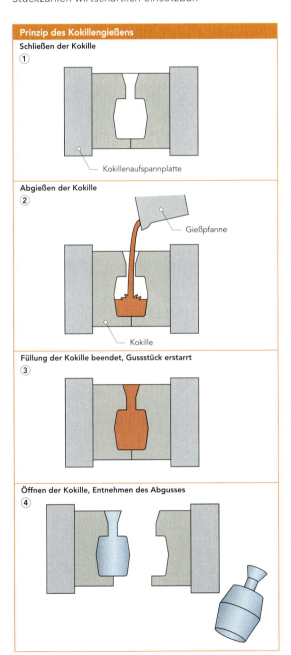

Abb. 7: nach [39]

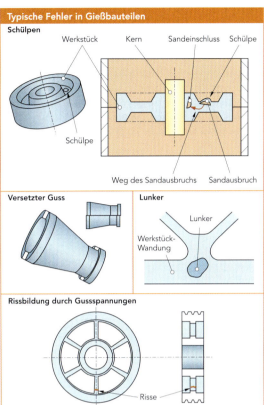

Abb. 8: nach [7]

*Warzenartige Erhöhungen an der Oberfläche eines Gussteils, die durch Verdampfen von Restfeuchtigkeit im Formstoff entstehen, werden als **Schülpen** bezeichnet. Die Feuchtigkeit führt zum Erweichen und zum Ausbrechen von Teilen der Formwand, worin sich dann das Material ausbreitet. Der ausgebrochene Formsand wird im Gussteil eingeschlossen, was Inhomogenität zur Folge hat.*

*Versetzter Guss ist Folge einer unpräzisen Formkastenführung.*

***Oberflächenvertiefungen** sind das Resultat von Schlackeeinschlüssen auf Grund unzureichender Eingussauslegung.*

*Kann das gesamte in der Form vorhandene Gas auf Grund der Bauteil-, Einguss- und Speisergeometrie nicht vollständig entweichen, sind **Hohlräume** zu erwarten. Außerdem entstehen so genannte **Lunker** durch einen ungleichmäßigen Erstarrungsprozess, der meist bei Materialanhäufungen festzustellen ist.*

*Vom Speiser kann flüssiges Material in die schon erstarrten Bereiche nicht nachgeführt werden. Bauteilspannungen auf Grund von Schwindungsdifferenzen bei unterschiedlichen Wanddicken und scharfkantigen Formteilübergängen bewirken **Oberflächenrisse** und **Bauteilverzug**.*

***Einfallstellen** sind bei Kunststoffbauteilen meist mit ungünstig ausgelegten Verrippungen zu erklären.*

## Kapitel FOR
### Formen und Generieren

**FOR 1.1
Gießen – Gestaltungsregeln**

Bei der Konstruktion gießtechnisch zu fertigender Bauteile sind einige Regeln zu beachten, durch deren Einhaltung zum einen günstige Herstellungskosten und zum anderen eine optimale Qualität gewährleistet werden können (Koller 1994; König 1992; Krause 1996; Michaeli et al. 1995; Pahl, Beitz 1986):

*Wanddicken* sollten zur Vermeidung von Spannungen konstant gehalten und zur Erzielung kurzer Zykluszeiten so dünn wie möglich ausgelegt werden. Die Fließfähigkeit des Materials ist für die Wahl der geeigneten Wandstärke, z.B. für eine ausreichende Belastbarkeit, entscheidend.

Abb. 9: nach [17]

Gleichmäßiges Abkühlen kann Lunkerbildung, das Entstehen von Hohlräumen, und Verzug verhindern. Waagerecht liegende Flächen sollten umgestaltet und Materialanhäufungen vermieden werden.

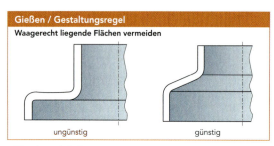

Abb. 10: nach [17]

*Bild unten: Gegossenes Turbinenrad./
Foto: FEINGUSS BLANK GmbH, D-Riedlingen*

Zur Unterstützung eines optimalen *Fließvorgangs* sind scharfe Körperkanten zu vermeiden. Außerdem sollten Ecken mit kleinen Radien versehen werden, um die Entformbarkeit zu vereinfachen.

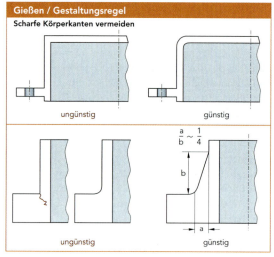

Abb. 11: nach [17]

Schrägen und ausreichende Konizitäten vereinfachen das Entformen von Bauteilen. Außerdem lassen größere Entformungsschrägen gröbere Oberflächenstrukturen zu und werden beim Entformen nicht zerstört.

Abb. 12: nach [5]

Schroffe Wanddickenänderungen begünstigen Spannungen und sollten daher vermieden werden.

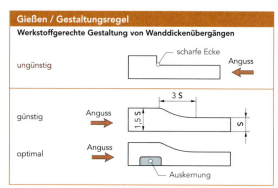

Abb. 13: nach [5]

Zur Vermeidung unschöner Einfallstellen sollten *Verrippungen* gießgerecht gestaltet sein.

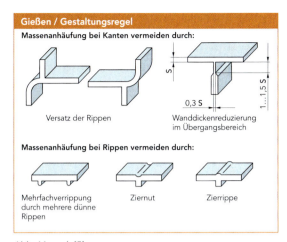

Abb. 14: nach [5]

Durch nicht optimale Fließwege infolge einer unglücklichen Positionierung des Angusses können an Kunststoffbauteilen Bindenähte entstehen.

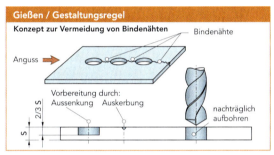

Abb. 15: nach [5]

Hinterschnitte sollten nach Möglichkeit vermieden werden, da durch die Notwendigkeit von Kernen und Seitenschiebern Komplexität und Kosten des Werkzeugs in die Höhe getrieben werden.

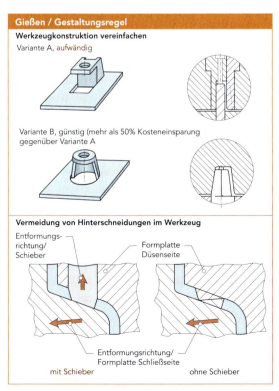

Abb. 16: nach [5]

Die Vermeidung komplizierter Gestaltungsvarianten (möglichst wenige Teileoberflächen) kann die Werkzeugkomplexität und somit die Kosten verringern.

Abb. 17: nach [17]

Um das Werkstück nicht unnötig zu verteuern und das Entgraten zu erleichtern (z.B. beim Kokillenguss), sollte eine günstige Lage der Teilungsebene gewählt werden.

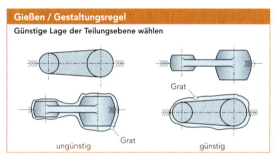

Abb. 18: nach [13]

Zur Förderung der *Montagefreundlichkeit* sollten z.B. Befestigungsschrauben zugänglich gestaltet werden.

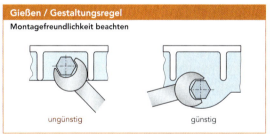

Abb. 19: nach [13]

Schräg anzubohrende Flächen bei der Gestaltung sind zu vermeiden, da die Werkzeuge leicht verlaufen oder sogar brechen können.

Abb. 20: nach [13]

Kapitel FOR
**Formen und Generieren**

Die nachfolgenden Bearbeitungsprozesse sollten beachtet werden und Verbindungsstellen zu anderen Bauteilen (z.B. Gewinde) angemessen gestaltet sein.

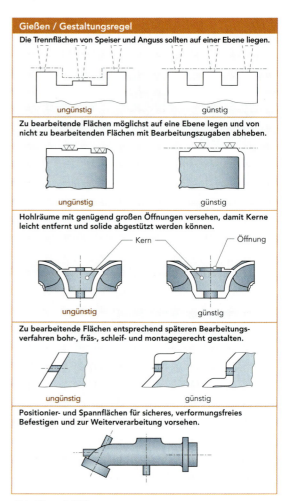

Abb. 21: nach [13]

Bild links: Kleiderhaken »Jack« aus gegossenem Metall und Kunststoff./ Entwicklung: MMID

## FOR 1.2
### Gießen – Spritzgießen

Das Spritzgießverfahren ermöglicht einen direkten und effizienten Übergang vom Rohstoff zum fertigen Bauteil. Es zählt zu den klassischen, mit Dauerformen arbeitenden Gießtechniken und ist die am häufigsten verwendete Technik zur Herstellung von Kunststoffartikeln in großen Stückzahlen.

*Verfahrensprinizip*
Zum Spritzgießen wird zunächst das Ausgangsmaterial (z.B. Kunststoffgranulat) in einen formbaren Zustand gebracht, wobei eine homogene Temperaturverteilung angestrebt wird. Bei so genannten Schneckenspritzgießmaschinen wird die Homogenität durch Mischen des Werkstoffs in einer beheizten **Schnecke** erreicht. Gleichzeitig dient die **Plastifizerschnecke** zur Beförderung des plastifizierten Materials in den Werkzeugbereich. Im nächsten Prozessschritt wird die fließfähige Masse in den Werkzeughohlraum (**Kavität**) gespritzt und abgekühlt. In einem vollautomatisierten Prozess wird während der Erstarrungszeit die Werkstoffmasse für den nächsten Bearbeitungszyklus vorbereitet. Zur Herstellung von Hinterschnitten und Hohlräumen übernehmen in Spritzgießanlagen Schieber die Funktion von Kernen ↗ FOR 1.1.

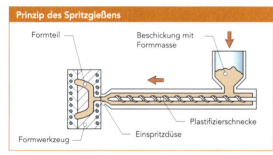

Abb. 22

*Materialien*
Das Spritzgießverfahren ist vor allem zur Verarbeitung von Kunststoffen geeignet, da diese sich mit geringem Energieeinsatz in einen formbaren Zustand bringen und weiterverarbeiten lassen. Die Verarbeitungstemperatur von thermoplastischen Kunststoffen liegt beispielsweise in einem Temperaturbereich zwischen 200–300°C. Neben der Formgebung polymerer Werkstoffe dient das Spritzgießen außerdem zur Herstellung von Grünlingen in der keramischen Prozesskette ↗ KER 4.1 und zur Produktion von Formteilen aus **Papierschaum** ↗ PAP 5.5. Das früher als Spritzgießen niedrig schmelzender Metalle bezeichnete Verfahrensprinzip ist heute unter dem Begriff **Warmkammerverfahren** bekannt und zählt zu den Druckgießprozessen.

*Anwendung*
Große Bedeutung hat das Spritzgießen bei der Herstellung von Bauteilen mit komplizierter Formteilgeometrie (z.B. Innenraumkonstruktion bei Haushaltsgeräten). Der Prozess erlaubt zudem die Integration zusätzlicher Funktionselemente wie Federn, Scharniere, Führungen oder Befestigungsklipse im **Mehrkomponentenspritzguss** (Mennig 1995).

*Bauteilgrößen, Nachbearbeitung, Genauigkeit*
Das Spektrum erzielbarer Bauteilgrößen reicht beim Spritzgießen von Teilen in Miniaturgröße bis zu Bauteilen mit bis zu 50 kg Gewicht. Die Teilegrößen werden durch die erreichbaren **Schließkräfte** der Produktionsanlage limitiert. Zur Fertigung einer Autostoßstange muss beispielsweise eine Schließkraft von 1500 Tonnen aufgebracht werden. Unterschiedliche Anlagengrößen können aus dem Lieferprogramm der Maschinenhersteller ausgewählt werden oder stehen bei Dienstleistern zur Verfügung. Mit dem Spritzgießverfahren gefertigte Bauteile benötigen keine oder nur eine sehr geringe Nachbearbeitung. Es zeichnet sich durch eine hohe Reproduktionsgenauigkeit aus.

*Wirtschaftlichkeit*
Das Spritzgießverfahren ist für den Einsatz in der Massenteilfertigung optimal geeignet. Neben den bereits genannten Vorteilen zur Fertigung sehr komplexer Geometrien mit hoher Reproduktionsgenauigkeit kann es vollständig automatisiert werden. Es weist zudem sehr kurze Zykluszeiten auf, wodurch Herstellungskosten von wenigen Euro-Cent zu erzielen sind. Auf Grund hoher Anschaffungskosten für Anlage und Formwerkzeug ist die Wirtschaftlichkeit des Verfahrens jedoch erst bei höheren Stückzahlen gewährleistet. Für jede Bauteilgeometrie muss eine neue Werkzeugform angefertigt werden. Zur Verringerung der Produktionskosten werden meist Werkzeuge mit mehreren **Kavitäten** (**Nester**) hergestellt, die gleichzeitig befüllt werden. Unterschiedliche Formmassen können direkt beim Anlagenhersteller bezogen werden. Zur Herstellung von Bauteilen mit besonders hohen Festigkeitswerten werden auch Massen mit Faserbeimischung (Glasfasern, Kohlefasern ↗ KUN 1.6 und Pflanzenfasern ↗ TEX 4.1.3) angeboten.

*Alternativverfahren*
Vakuumgießen, Polymergießen, Extrudieren

Bild: »FIT+FRESH« Seiher durch PP-Spritzgießen./
Hersteller und Foto: EMSA GmbH

Bild: Spritzgussform für das Gehäuse einer Isolierkanne.

Bild: Isolierkannen aus spritzgegossenem Kunststoff.

Fotos: EMSA GmbH

## Sonderverfahren

Sollen mehrere unterschiedliche Kunststoffarten oder -farbigkeiten in einem Bauteil verarbeitet werden, kommt das *Zweikomponentenspritzgießen* (2K-Spritzgießen) zur Anwendung.

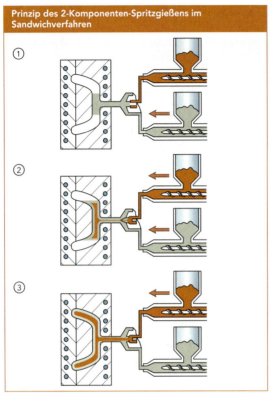

Abb. 23: nach [12]

Innerhalb meist sehr komplexer und kostspieliger Werkzeuge werden die verschiedenen Ausgangsstoffe in einem Fertigungsschritt verarbeitet. Das Ergebnis sind Kunststoffbauteile, in denen die besonderen Eigenschaften unterschiedlicher Materialien nutzbar gemacht werden können (z.B. feste und weiche Oberflächen oder transparente und blickdichte Materialien in einem Bauteil).

Bild: Elektrische Zahnbürste durch 2K-Spritzgießen./ Foto: BASF

Außerdem ist die Integration zusätzlicher Funktionen, z.B. Dichtungen oder Beschriftungen, möglich. Es wird erwartet, dass die Bedeutung des Mehrkomponentenspritzgießens zur Herstellung komplexer technischer Bauteile, auch vor dem Hintergrund der Nutzung von recycelten Werkstoffen, in Zukunft zunehmen wird.

*Gas-* und *Wasserinjektionstechniken* stellen Alternativverfahren zum konventionellen Spritzgießen mit Kernen und Schiebern bei der Herstellung von Bauteilen mit inneren Hohlräumen dar. Schmelzflüssiger Kunststoff wird zunächst in eine Hohlform eingespritzt, die die endgültige Form des Bauteils abbildet. Das Material erstarrt von außen nach innen. Die innere Hohlform entsteht unter hohem Druck durch Verdrängung des noch flüssigen Materials unter Einbringung von Gas (Stickstoff) oder Wasser als zweiter Komponente.

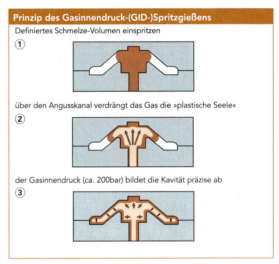

Abb. 24: nach [10, 12, 24]

Eine weitere Verfahrensvariante ist das *Thermoplast-Schaumspritzgießen* (TSG). Mit dieser Technik können dickwandige Bauteile mit einer Wandstärke von bis zu 30 mm mit großer Maßgenauigkeit hergestellt werden. Vor allem die besonders bei groß dimensionierten Kunststoffteilen auftretenden unschönen Einfallstellen werden weitestgehend vermieden. Wegen der niedrigen Druckverhältnisse während des Fertigungsprozesses fallen die Werkzeugkosten im Vergleich eher gering aus, was das Verfahren für mittlere aber auch für kleinere Stückzahlen rentabel macht. Nachteilig wirkt sich der Aufwand für die Nachbearbeitung der Oberflächen zur Erzielung hoher Qualitäten aus (Bonten 2003).

Im Zusammenhang mit der vergleichenden Darstellung unterschiedlicher Spritzgießverfahren zur Herstellung von Bauteilen mit Innenkonturen wird unter der *Mehrschalenspritzgießtechnik* ein Prozess verstanden, bei dem zunächst Einzelteile innerhalb getrennter Formen (Schalen) gefertigt und anschließend gefügt werden. So lassen sich auch Bauteile mit hochkomplexen Innenkonturen fertigen. Nicht vermeidbare Nähte wirken sich allerdings negativ auf Festigkeit und Dichtigkeit aus.

| Vergleich der Spritzgießverfahren zur Herstellung von Produkten mit komplexen Innenkonturen | | | | | | |
|---|---|---|---|---|---|---|
| Komplexität der Formteile / Anlagenaufwand | Formteile ohne Hinterschnitt | Formteile mit Hinterschnitt | Dickwandige Formteile | Formteile mit Innenkonturen | Formteile mit maßgenauen Innenkonturen | Mit Dichtigkeits-Funktionen der Innenkonturen |
| Konventionelles Spritzgießen | ++ | | + | | | |
| Konventionelles Spritzgießen mit Schiebern | | ++ | + | | | |
| Gasinjektionstechnik | | | ++ | ++ | | |
| 2-Komponentenspritzgießen | | | ++ | | | |
| Mehrschalenspritzgießen | | | | ++ | ++ | |
| Schmelzkerntechnik | | | | + | ++ | ++ |

Abb. 25: nach [5]

Bauteile mit hochkomplexen Innenkonturen (z.B. Laufräder) oder nicht entformbaren Hinterschneidungen, bei denen die inneren Strukturen auch Dichtigkeitsfunktionen übernehmen sollen, sind nur mit der *Schmelzkerntechnik* herstellbar. Kerne aus niedrig schmelzender Zinn-Wismut-Legierung werden hierzu in einer Form mit Kunststoff umspritzt. Die Legierung füllt den gesamten späteren Hohlraum aus und wird nach dem Spritzgießvorgang in induktiv beheizten Glykolbädern ausgeschmolzen (Polifke 1998). Das Kunststoffbauteil ist nun einsatzfähig.

## Weitere Sonderverfahren

In der jüngeren Vergangenheit hat sich das *Pulverspritzgießen* (PIM - Powder Injection Moulding) zur Herstellung von Metall- und Keramikbauteilen als Alternative zum Pressvorgang der sintertechnischen Prozesskette ↗ FOR 2 für Metallwerkstoffe entwickelt. Werkstoffpulver wird mit einem Binder aus thermoplastischem Kunststoff gemischt und in die Form gespritzt. Das Bauteil wird anschließend entnommen und der Binder in einer thermischen Wärmebehandlung entfernt. Ein *Grünling* entsteht, der durch abschließendes Sintern seine endgültige Verfestigung erfährt.

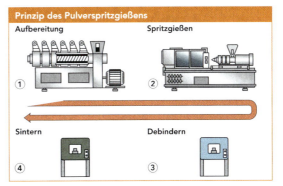

Abb. 26: nach [Institut für Kunststoffverarbeitung IKV an der RWTH Aachen]

Bild unten: Spritzgussmaschine./ Foto: CNC Speedform AG

**In-Mold Labeling (IML)**
*Folien werden im Siebdruckverfahren BES 1.4 mit Dekor versehen und anschließend...*

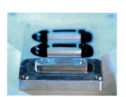

...verformt und...

...ausgestanzt.

Die fertigen Folien...

...werden automatisch in das Werkzeug eingelegt und hinterspritzt.

Bild unten: Fertiges IML-Bauteil.

Fotos: Kunststoff Helmbrechts AG

Eine Kombination verschiedener Werkstoffeigenschaften kann auch durch *Hinterspritzen* von gewebten Fasern, Textilien, Folien und Holzfurnieren erzielt werden.

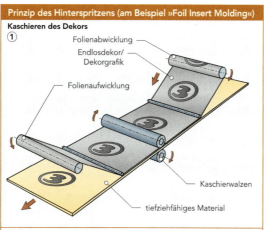
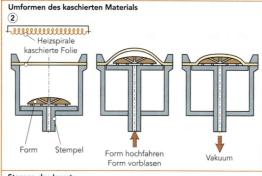
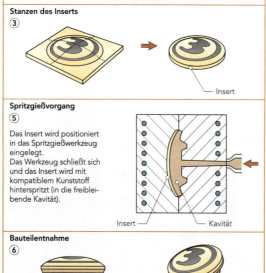

Abb. 27

Oberflächenstrukturen und -dekorationen mit besonderen ästhetischen Merkmalen sind vor allem für den Automobilinnenraum von Interesse, womit Türverkleidungen, Armaturen und Displays auf effiziente Weise hergestellt werden können. Das Hinterspritzen stellt eine günstige Alternative zum aufwändigen Kaschieren BES 2.2 – Randspalte von Kunststoffteilen dar. Außerdem entfällt aufwändiges Lackieren und Bedrucken. Folgende Produktionsverfahren haben sich am Markt etabliert:

**IMD – In-Mold Decoration** BES 2.3
Hinterspritzen von Bildetiketten von der Rolle

**IML – In-Mold Labeling**
Hinterspritzen planer Folieninserts

**FIM – Foil Insert Molding**
Hinterspritzen umgeformter Folienhalbzeuge

Das *Metallspritzen* ist ein junges Verfahren zur schnellen Herstellung von Werkzeugformeinsätzen aus einer Zinn-Wismut-Legierung. Ein schichtweise generativ erzeugtes Bauteilmodell wird mit Metall besprüht, bis eine mehrere Millimeter dicke Schicht die Bauteilform exakt abbildet. Anschließend kann das Modell entfernt und die Metallform zur Erzeugung von technischen Prototypen und Kleinserien im Kunststoffspritzguss genutzt werden.

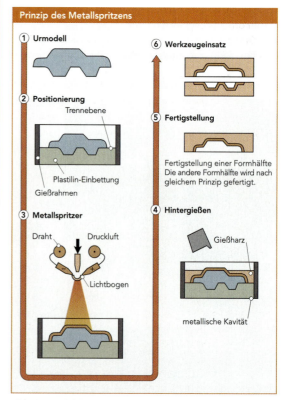

Abb. 28: nach [5]

## FOR 1.3
## Gießen – Feingießen

Das Feingießen eignet sich für metallische Bauteile und gehört zu den Gießverfahren, bei denen zur Entnahme des Gießteils die Form zerstört wird. Es können großflächige und komplizierte Gussstücke mit geringen Wandungsdicken und kleinen Querschnitten mit hoher Maßgenauigkeit und Oberflächengüte hergestellt werden. Das Verfahren ist auch unter dem Namen *Wachsausschmelzverfahren* bekannt.

*Verfahrensprinizip*
Die einteilige Feingießform entsteht unter Zuhilfenahme von Modellen aus ausschmelzbaren Materialien wie einem thermoplastischen Kunststoff oder Wachs. Diese werden durch Vakuumgießen *FOR 1.5*, generative Verfahren *FOR 10* oder Spritzgießen bei besonders hohen Stückzahlen bereitgestellt. In der Regel werden mehrere Modelle mit Geometrien für den Einguss und Abschnitt versehen und zu einer Modelltraube zusammengefügt. Durch mehrmaliges Tauchen in einem keramischen Schlicker und Besanden mit keramischem Pulver entsteht nach Trocknen auf der Modelloberfläche ein hochtemperaturbeständiger Überzug (Wandstärken 7–15 mm). Das Modell wird anschließend ausgeschmolzen, und der verbleibende Überzug zur Erhöhung der Festigkeit sowie zur Beseitigung verbliebenen Modellwerkstoffs im Ofen gesintert *FOR 2*. Die Formen werden in noch heißem Zustand ausgegossen, um eine gute Formfüllung zu erzielen. Abschließend muss die Keramikform zur Entnahme der Bauteile zerstört werden.

Eine Alternative zur Formerstellung auf Basis eines niederschmelzenden Modells bildet die direkte Generierung von Feingussschalen aus Keramik durch das *Lasersinterverfahren* (Wirtz 2000).

Bild: Aluminiumfeinguss./ Foto: FEINGUSS BLANK GmbH, D-Riedlingen

*Materialien und Anwendung*
Nahezu jede Metalllegierung auf der Basis von Aluminium, Nickel, Eisen, Titan, Kupfer, Magnesium oder Zirkonium kann durch Feingießen verarbeitet werden. Insbesondere ist das Feingießverfahren dann geeignet, wenn eine hohe Oberflächenqualität bei Werkstoffen mit hohem Schmelzpunkt gefordert ist. Die Technik wird genutzt, um Bauteile mit feinen und komplexen Konturen und geringer Wandstärke in kleiner und großer Serie abzuformen.

Hierzu zählen beispielsweise Turbinenschaufeln oder Laufräder. Im Gestaltungsbereich wird das Verfahren wegen der hohen Freiheitsgrade häufig von Bildhauern und Schmuckdesigern angewendet.

*Bauteilgrößen, Nachbearbeitung, Genauigkeit*
Nach dem Abgießvorgang müssen die gegossenen Teile vom Eingießkanal getrennt und geschliffen werden. Im Feinguss entstehen endformnahe Bauteile von wenigen Gramm bis zu 150 Kilogramm Gewicht mit sehr hoher Oberflächengüte und Maßgenauigkeit. Die üblichen Toleranzen betragen etwa +/- 0,4–0,8% vom Nennmaß (Witt 2006).

*Wirtschaftlichkeit*
Das Feingießen eignet sich als Verfahren zur Massenfertigung. Es wird aber auch in der Fertigung kleiner Stückzahlen von Bauteilen komplizierter Struktur eingesetzt. Hier ist mit nur niedrigen Rüst- und Montagekosten zu rechnen.

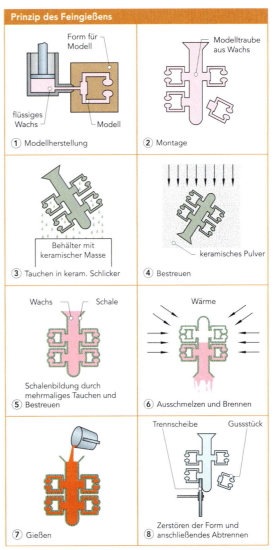

Abb. 29: nach [7]

*Alternativverfahren*
Sandgießen, Druckgießen, Kokillengießen

## Kapitel FOR
### Formen und Generieren

*Bild: Klemmbuchse, Zinkdruckgussteil als elastisches Bauteil./ Foto: Fa. MONSE GmbH & Co. KG, Velbert*

*Bild: Zinkdruckguss zur Reduktion mehrerer Bauteile zu einem einzigen./ Foto: Fa. MONSE GmbH & Co. KG, Velbert*

*Bild: Zinkdruckguss als Gehäuse für elektronische Bauteile./ Foto: Fa. MONSE GmbH & Co. KG, Velbert*

### FOR 1.4
### Gießen – Druckgießen

Der Druckguss ist das wichtigste Verfahren zur Serienfertigung komplexer Leichtbaukomponenten aus Aluminium und Magnesium.

*Verfahrensprinizip*
Die Metallschmelze wird beim Druckgießen mit hohem Druck in eine mit herkömmlichen Verfahren (Fräsen, Erodieren, usw.) gefertigte Dauerform aus Werkzeugstahl gepresst. Der hohe Druck wird über die gesamte Erstarrungszeit der Metallschmelze gehalten und garantiert das vollständige Ausfüllen der Form mit flüssigem Werkstoff, wodurch dünnwandige und komplexe Gussteile abgeformt werden können. Man unterscheidet die Verfahrensvarianten Kaltkammerdruckgießen für Werkstoffe mit hoher und Warmkammerdruckgießen für Materialien mit niedriger Schmelztemperatur.

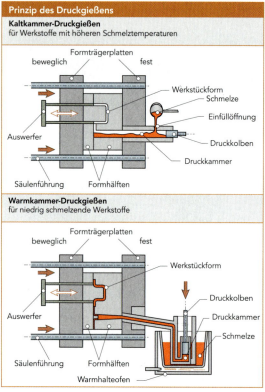

*Abb. 30: nach [7]*

Beim *Kaltkammerverfahren* liegt die Gießeinheit außerhalb der Schmelze. Das flüssige Metall wird an einer Einfüllöffnung in eine Druckkammer eingebracht. Der Druckkolben fährt langsam an, schließt zunächst den Einguss ab und staut die Schmelze zusammen, während die Luft aus der Werkstückform entweicht. In einer zweiten Phase wird der Kolben stark beschleunigt und presst die Schmelze in den Formhohlraum. Während der Erstarrung presst der Druckkolben nach, so dass Schwindvorgänge innerhalb der Flüssigphase ausgeglichen werden.

*Bild rechts: Kupplungsgehäuse durch Aluminiumdruckgießen/ Hersteller und Foto: Die Küpper-Gruppe*

Anders als bei der Kaltkammervariante befindet sich beim *Warmkammerpressen* (früher als Spritzgießen bezeichnet) die Gießeinheit in der Schmelze. Während die Druckkammer in den Werkstoff eintritt, strömt flüssiges Material durch Einlassbohrungen in die Druckkammer. Der Kolben wird nach unten gedrückt, schließt die Einlässe ab und presst das Metall in die Werkstückform. Ist der Prozess beendet, fährt der Kolben zurück. Nicht erstarrter Werkstoff fließt in die Druckkammer zurück. Die Anlage steht direkt wieder für den nächsten Abformvorgang zur Verfügung.

*Materialien*
Insbesondere das Warmkammerdruckgießen ist zur Verarbeitung niedrigschmelzender Werkstoffe geeignet. Für Aluminium- und Magnesiumlegierungen steht heute das Kaltkammerverfahren im Vordergrund (Krause 1996). Im Druckguss können zudem Kupferlegierungen vergossen werden.

*Anwendung*
Im Druckguss werden kompliziert geformte Werkstücke wie Waffeleisen, Gehäuse von Elektronikgeräten und Kühlerrippen gefertigt. Es ist inbesondere für die Feinwerktechnik von großer Bedeutung. Das dem Druckguss ähnliche *Thixogießen* war in den letzten Jahren Gegenstand zahlreicher Forschungsaktivitäten. Mit dem Verfahren werden Leichtmetalle in teilerstarrtem Zustand verarbeitet, um eine bessere Wärmebehandlung (z.B. Schweißbarkeit) und Druckdichte als bei Druckgussteilen zu erreichen. Auch die Verarbeitung von Eisenlegierungen ist mit Thixogießen möglich.

*Bauteilgrößen, Nachbearbeitung, Genauigkeit*
Durch Druckgießen können Bauteile mit einem Gewicht von wenigen Gramm bis zu 50 kg hergestellt werden. Die Bauteilgröße wird durch die Abmaße der Druckgussmaschine begrenzt. Die Grenzen liegen etwa bei Werten von 400 x 500 x 800 $mm^3$. Mit Druck gegossene Teile weisen eine sehr gute Oberflächenqualität auf. Eine Nachbearbeitung ist nur in Ausnahmefällen notwendig. Die Toleranzen liegen bei +/- 0,1–0,4% vom Nennmaß. Es sind Bauteile mit sehr kleinen Wanddicken möglich.

*Wirtschaftlichkeit*
Der Druckguss ist ein Serienverfahren. Es lassen sich Stundenleistungen von bis zu 1000 Abgüssen erreichen. Insbesondere eignet sich das Warmkammerverfahren für hohe Schussfolgen. Je nach Gusswerkstoff sind in einer Form bis zu 500000 Abgüsse möglich (Beitz, Grote 2001).

*Alternativverfahren*
Feingießen, Kokillengießen, Schleudergießen bei rotationssymmetrischen Bauteilen

## FOR 1.5
## Gießen – Gießen unter Vakuum

Bei Gießverfahren unter Einsatz von Unterdruck (Vakuum) werden zwei Verfahrensvarianten unterschieden. Während das Vakuumgießen zum Abformen von Kunststoffteilen genutzt wird, dient das Vakuumformen zur Herstellung von Metallbauteilen.

*Verfahrensprinizip*
Die Gussform beim *Vakuumgießen* entsteht durch Einbetten eines Rapid-Prototyping- oder Fräsmodells in Silikon. Nach dem Aushärten wird der Silikonkautschuk aufgeschnitten und das Modell entnommen. Nach Anbringen von Einfüll- und Entlüftungskanälen kann die Silikonform mit einem Vakuumgießharz unter Vakuum abgemustert werden, was Lufteinschlüsse nahezu verhindert ⇗ KUN 2.1.

Das *Vakuumformen* bezeichnet ein Abformverfahren ähnlich dem Sandgießen ⇗ FOR 1. Zunächst wird ein Kunststoffmodell erzeugt, das beim späteren Abgießvorgang ausgast. Eine Kunststofffolie wird unter Wärmebestrahlung und Vakuum auf eine Modellhälfte geformt und in einen mit Sand befüllten Formkasten eingepasst. Gleiches geschieht mit der zweiten Formhälfte. Das Vakuum wird über kleine Bohrungen in den Modellhälften erzeugt. Beide Formkastenhälften werden zusammengeführt und mit einem Anguss versehen, durch den die Schmelze zugeführt werden kann. Der Abformprozess geschieht unter Beibehaltung des Vakuums.

*Materialien*
Beim Vakuumgießen werden leicht fließende Polyurethan-Gießharze verarbeitet. Alle bekannten Metalle und Legierungen sind im Vakuumformprozess verarbeitbar.

Bild: Vakuumgegossene Teichleuchte./ Foto: CNC Speedform AG

*Anwendung*
Durch Vakuumgießen werden Funktionsmodelle in kleinen Serien, aber auch Ersatzteile für Oldtimer oder Wachsmodelle für den Feinguss erstellt. Das Vakuumformen wird zur Herstellung von Maschinenkomponenten in mittleren Stückzahlen genutzt.

*Bauteilgrößen, Nachbearbeitung, Genauigkeit*
Bei den Gießverfahren unter Vakuum ist der Nachbearbeitungsaufwand minimal. Im Vakuumgießen können mit den Serienbauteilen vergleichbare Reproduktionsgenauigkeiten erzielt werden.

Bauteilgrößen von bis zu 1000 x 800 x 800 mm³ sind herstellbar. Die erzielbaren Genauigkeiten sind beim Vakuumformen mit +/- 0,3–0,6% Formabweichung vom Nennmaß relativ hoch.

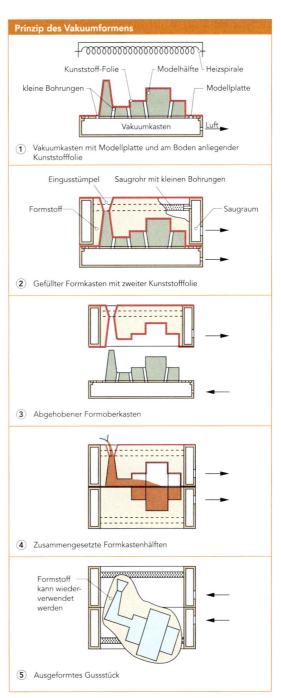

Abb. 31: nach [7]

*Wirtschaftlichkeit*
Das Vakuumgießen zählt zu den günstigsten Gießverfahren. Vorserienstückzahlen von bis zu 30 können in wenigen Tagen gefertigt werden. Dienstleister übernehmen den Verarbeitungsprozess. Das Vakuumformen ist ein traditionelles Verfahren im Maschinenbau.

*Alternativverfahren*
Sandgießen als Alternative zum Vakuumformen.

## FOR 1.6
### Gießen – Schleuder- und Rotationsgießen

Schleuder- und Rotationsgießverfahren dienen vorwiegend zur Herstellung rotationssymmetrischer Bauteile.

*Verfahrensprinizip*
Beim *Schleudergießen* wird flüssiges Metall in eine rotierende, metallische *Kokille* gegossen und durch die auftretenden Fliehkräfte an den Rand gedrückt. Dort verdichtet sich während des Erstarrungsprozesses das Gefüge, womit höhere Festigkeiten als bei Sand- oder Feinguss erzielbar sind. Die äußere Form des Gussteils wird durch die Form der Kokille bestimmt. Die innere Form bildet sich gleichmäßig infolge der Rotationskräfte aus. Zur Ausbildung von Durchbrüchen und Innenkonturen kommen Kerne zum Einsatz. Die Wandstärke wird durch die Menge des zugeführten Materials bestimmt.

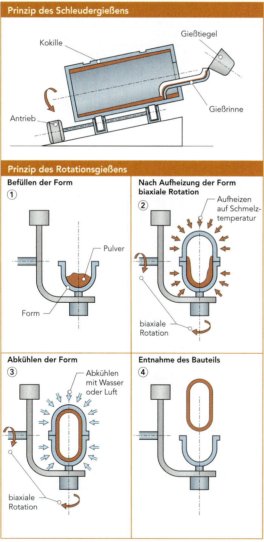

Abb. 32

Kunststoffe lassen sich in einer Verfahrensvariante, dem *Rotationsgießen*, verarbeiten. Materialpulver wird in die vorgeheizte Rotationsform eingeführt und schmilzt an den heißen Innenwänden. Die Fliehkraft bewirkt eine gleichmäßige Ausprägung der Wandstärke. Nach der Kühlung wird das Bauteil entnommen. Auf Grund der geschlossenen Werkzeugform entfällt die unschöne Nahtbildung. Zum Heizen der Formen werden auch Mikrowellen eingesetzt.

*Materialien*
Beim Schleudergießen werden in der Regel Gusseisenwerkstoffe, Schwer- und Leichtmetalle verarbeitet. Das Rotationsgießen findet für thermoplastische Kunststoffe Anwendung.

*Anwendung*
Durch Schleudergießen werden hauptsächlich hochdichte Rohre gefertigt. Auch bei der Herstellung von Ringen, Buchsen und Kugeln kommt das Verfahren zur Anwendung. Außerdem können durch Übergießen eines Rohres mit einem anderen Material verbundgegossene Bauteile mit speziellen Eigenschaften hergestellt werden. Im Kunststoffbereich wird das Rotationsformen für behälterartige Bauteile mit größeren Wandstärken (z.B. Tanks) eingesetzt. Anwendungsbereiche sind die Automobilindustrie, das Baugewerbe, die Telekommunikation oder der Gartenbau. Im Designbereich findet das Verfahren eine immer häufigere Anwendung.

*Bauteilgrößen, Nachbearbeitung, Genauigkeit*
Die rotationssymmetrischen Gießteile werden nach dem Abformvorgang im Schleuderguss einer Innenbearbeitung unterzogen, um Verunreinigungen zu entfernen. Vor allem großvolumige Bauteile bis zu einem Gewicht von 5000 kg werden abgeformt. Formgenauigkeiten von bis zu +/- 1% vom Nennmaß können eingehalten werden. Auf Grund unterschiedlicher Massen der einzelnen Bestandteile kann es bei der Verarbeitung von Legierungen allerdings zu Entmischungen kommen.

Im Rotationsgießen gefertigte Kunststoffbauteile weisen eine porige Oberfläche auf und können nur durch Lackierung oder Oberflächenstrukturen optisch aufgewertet werden. Offene Volumen bis zu 15000 Litern, einem Durchmesser von 2 Metern und einer Länge von 2,5 Metern sind herstellbar (Schwarz et al. 2002).

*Wirtschaftlichkeit*
In einer Schleudergießform werden je nach Gießwerkstoff 5000 bis 100000 Abgüsse vorgenommen. Es zählt somit zu den Serienverfahren. Im Kunststoffbereich weist das Rotationsformen niedrige Werkzeugkosten auf. Es ist daher auch bei kleinen Serien wirtschaftlich anwendbar.

*Alternativverfahren*
Blasformen, Thermoformen, Spritzgießen im Kunststoffbereich, Stranggießen

## FOR 1.7
### Gießen – Stranggießen

Das Stranggießen ist ein herkömmliches Verfahren zum Vergießen von flüssiger Metallschmelze. Es ist der abschließende Verarbeitungsschritt bei der Stahlherstellung.

*Verfahrensprinizip*
Die Schmelze wird durch eine vertikal angeordnete und bodenlose *Kokille* kontinuierlich zugeführt und erstarrt unter Wasser- und Luftkühlung zunächst in der Randzone. Der innen noch flüssige Materialstrang wird aus der Kokille gezogen und kühlt vollends innerhalb einer Rollenmechanik aus. Das gegossene Profil wird anschließend gerichtet und mit Hilfe eines Schneidbrenners abgelängt.

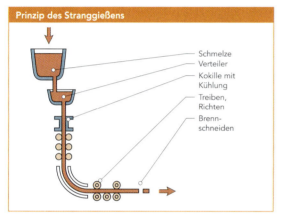

Abb. 33: nach [4]

Entsprechend der Anordnung wird zwischen horizontalem und vertikalem Stranggießen unterschieden. Außerdem lassen sich abhängig vom Format des zu gießenden Strangprofils weitere Verfahrensvarianten ausmachen. Während beim *Brammstrangguss* rechteckige Formate mit einer Breite von bis zu 1600 mm und einer Dicke von bis zu 400 mm hergestellt werden, wird das Verfahren zur Erzeugung runder, quadratischer oder profilförmiger Querschnitte als *Knüppel*- oder *Vorblockstrangguss* bezeichnet.

*Materialien*
Im Stranggießverfahren können Stahl, Kupfer und Kupferlegierungen gegossen werden. Bei der Verarbeitung von Aluminium spricht man auch vom *Wassergießen*. Profile aus Kunststoff werden im Extrusions- oder Strangpressverfahren FOR 4 hergestellt.

*Anwendung*
Das Stranggießen ist ein kontinuierlicher Abformprozess zur Herstellung von Vorprodukten oder Halbzeugen in Form von Stangen- und Blockprofilen Das Gießverfahren ist integraler Bestandteil der Stahlherstellung. Beispielerzeugnisse sind *Knüppel*, *Vorblöcke*, *Barren* und *Brammen*. Während Knüppel und Vorblöcke zu Stangen, Drähten und Profilen weiterverarbeitet werden, sind Brammen Vorprodukte für die Blechherstellung.

*Bauteilgrößen, Nachbearbeitung, Genauigkeit*
Die Profile werden maximal als Halbzeuge erzeugt, weswegen eine Nachbearbeitung in jedem Fall erforderlich ist. Es können Stranggussprofile mit bis zu mehreren Tonnen Gewicht in einem Toleranzbereich von +/- 0,8% des Nennmaßes hergestellt werden. Brammen haben eine Dicke von 100 mm bis 400 mm. Vorbrammen weisen eine Dicke 40 mm bis 100 mm auf, die beim *Dünnbrammenguss* bis auf 3 mm bis 50 mm und beim *Dünnbandgießen* auf Werte von unter 3 mm reduziert werden können.

*Wirtschaftlichkeit*
Stranggießen ist ein klassisches Verfahren der Massenproduktion.

*Alternativverfahren*
Kokillengießen

Bild: Stranggussanlage./ Foto: Stahl-Zentrum

Bild: Stranggieß-Vorblockanlage./ Foto: Stahl-Zentrum

## Kapitel FOR
### Formen und Generieren

### FOR 1.8
### Gießen – Polymergießen

Das Polymergießen ist eine sehr einfache und kostengünstige Technik zum Erzeugen von Bauteilformen aus polymeren Werkstoffen.

*Verfahrensprinizip*
Thermoplastische Kunststoffe *KUN 4.1* liegen vor der Verarbeitung in Form von Granulaten vor, werden im Formgebungsprozess geschmolzen und erstarren in der Werkzeugform. Bei Duroplasten *KUN 4.2*, wie z.B. Polyurethanharz (PUR), werden hingegen in der Verarbeitung flüssige Vorprodukte mit einem Härter gemischt, wodurch der Aushärtprozess ausgelöst wird. Vor allem Polyurethanharze werden durch Gießen verarbeitet. Das Polymergießen ist eine Technik, mit der diese Werkstoffe unter normalen Umgebungsbedingungen in Form gebracht werden können und keinen hohen Beanspruchungen ausgesetzt sind.

Bild: Vase »Soft Urn« von JongeriusLab aus gegossenem Polyurethan (rechts)./ Entwurf 1994/ »Soft Urn« aus Silikon (links)./ Entwurf 1999/ Vertrieb durch JongeriusLab, Rotterdam

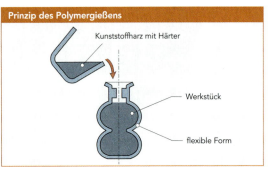

Abb. 34: nach [1]

*Anwendung*
Das Verfahren ist relativ kostengünstig und kommt daher häufig zur Herstellung großflächiger Produkte zum Einsatz (z.B. Bauteile der Innenverkleidung von Zügen und Flugzeugen). Im Designbereich wird es auch zur Anfertigung von Kleinserien angewendet. In der jüngeren Vergangenheit ist die Designerin Hella Jongerius von der niederländischen Designergruppe Droog Design mit zahlreichen durch Polymergießen hergestellten Produktentwürfen hervorgetreten (Bakker, Remakers 1998).

*Bauteilgrößen, Nachbearbeitung, Genauigkeit*
Gerade bei der Verarbeitung großvolumiger Bauteile ist eine Schwindung des Materialvolumens einzuberechnen. Außerdem kann es auf Grund fehlenden Vakuums zu Blasenbildungen kommen. Ein geringer Nachbearbeitungsaufwand ist meist nicht zu vermeiden.

*Wirtschaftlichkeit*
Das Polymergießen ist ein Serienverfahren, das sich auf Grund der niedrigen Werkzeugkosten schon bei sehr geringen Stückzahlen rechnet. Die Werkzeugkosten reichen von wenigen hundert bis zu einigen tausend Euro.

*Alternativverfahren*
Spritzgießen, Pressformen

### FOR 2
### Urformen – Sintern

Die sintertechnische Produktionskette ist ein bedeutendes Verfahren zur Herstellung von metallischen und keramischen Bauteilen auf Basis eines pulverförmigen Ausgangswerkstoffs. Da die Prinzipien zur Erzeugung von Keramiken *KER* im Detail bereits im Werkstoffkapitel beschrieben werden, wird im Folgenden das Sintern von Metallen erläutert, das in der Fachsprache mit *Pulvermetallurgie* bezeichnet wird (Schatt, Wieters 1994).

*Verfahrensprinzip*
In der Pulvermetallurgie werden Bauteile aus metallischen Pulvern als Ausgangsmaterial zunächst unter Druck geformt und anschließend bei hohen Temperaturen in einem Sintervorgang verfestigt. Auf diese Weise können Materialien oder Werkstoffkombinationen verarbeitet werden, die wegen ihrer Härte (z.B. Hartmetall *VER 2.1*, Keramik) nicht mit zerspanenden Verfahren oder auf Grund zu großer Unterschiede in den Schmelztemperaturen nicht oder nur sehr aufwändig gießtechnisch verarbeitbar sind. Ein weiterer Vorteil der Pulvermetallurgie gegenüber konventionellen Verfahren besteht in der freien Wahl der Werkstoffeigenschaften durch Mischen unterschiedlicher Pulverzusammensetzungen. Eigenschaften verschiedener Materialien können kombiniert und dem jeweiligen Einsatzfall angepasst werden. Die Pulverher- und Zusammenstellung ist deshalb ein wesentlicher Fertigungsschritt in der pulvermetallurgischen Prozesskette, vor dem eigentlichen Pressen und Versintern des Ausgangsmaterials.

*Pulverherstellung*
Metallpulver werden aus der Schmelze zerstäubt, mechanisch gemahlen, verdüst oder in elektrochemischen Verfahren zersetzt. Die Korngrößen liegen zwischen 0,06 mm und 0,5 mm.

*Mischen*
Je nach geforderten Werkstoffeigenschaften werden Pulvermischungen aus verschiedenen Reinpulvern vermischt. Zur Erleichterung des Pressvorgangs sind den Mischungen Zusätze wie beispielsweise synthetische Wachse beigemengt.

*Formgebung*
Die Verdichtung des Pulvermaterials zu einem Formkörper mit einem zunächst noch losen Zusammenhalt erfolgt in Pressformwerkzeugen. Die Räume zwischen den Poren werden verkleinert, bis sich an den Berührungsstellen zwischen den Pulverteilchen Adhäsionskräfte bilden und ein erster, zunächst aber noch sehr loser Stoffverbund auszumachen ist. Der Formkörper wird in diesem Zustand als *Grünling* bezeichnet. Er muss eine so hohe Festigkeit aufweisen, dass eine unbeschädigte Entnahme aus dem Werkzeug möglich ist.

### Sintern

Im eigentlichen Sinterprozess wird der noch lose Verbund des Grünlings in einen Werkstoffverbund mit festem Gefüge überführt. Dazu wird der Pressling einer Wärmebehandlung unter hoher Temperatur unterzogen, die unterhalb der Schmelztemperatur des Materials liegt. Diese liegt bei Eisenwerkstoffen zum Beispiel zwischen 1150–1200°C. An den Berührungsstellen der Pulverteilchen kommt es zu Diffusionsvorgängen, wodurch stoffliche Bindungen auf atomarer Ebene eingegangen werden. Die Werkstoffpartikel verschmelzen miteinander. Die Behandlungszeit beträgt zwischen 30 und 120 Minuten. Um unerwünschte Oxidation zu verhindern, erfolgt der Sintervorgang in einer Schutzgasatmosphäre (z.B. Stickstoff).

### Heißisostatisches Pressen (Hippen)

Qualitativ hochwertige Sinterbauteile können endformnah durch *Heißpressen* hergestellt werden. Die gesinterten Formen weisen geringe Porosität, homogenes Gefüge und mechanisch günstige Eigenschaften auf. Das *Hippen* kombiniert Pressen und Sintern in einem Verfahrensschritt. Pulver wird in einem Raum gekapselt und hohen Temperaturen sowie einer gleichmäßigen Druckverteilung ausgesetzt. Nach dem Sintervorgang wird die Kapselung mechanisch oder chemisch entfernt. Das Verfahren kommt zum Einsatz, wenn der Pulverwerkstoff durch konventionelle Verfahren nicht weiter verdichtet werden kann.

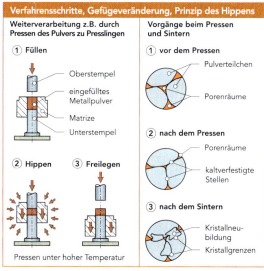

Abb. 35: nach [7]

### Materialien

Grundsätzlich sind alle metallischen Werkstoffe sintertechnisch verarbeitbar, die in Form eines Pulvers vorliegen oder erzeugt werden können. Typische Beispiele sind Bronzen, Stahl- und Eisenlegierungen. In Zukunft wird die pulvermetallurgische Herstellung von Bauteilen aus Hartmetallen oder MMC (Metal Matrix Composites VER) an Bedeutung gewinnen.

### *Anwendung*

Die Pulvermetallurgie kommt vor allem dann zur Anwendung, wenn Bauteile mit besonderen Materialeigenschaften benötigt werden. Spezielle Pulvergemische können aus unterschiedlichen Grundsubstanzen und deren Werkstoffkennwerten kombiniert werden. Somit lassen sich hochfeste Sinterstähle, Gleit- und Reibwerkstoffe mit geringer Verschleißneigung und hoher Temperaturbeständigkeit oder hochschmelzende Metalllegierungen herstellen. Diese werden größtenteils zu Bauteilen für den Automobilbau, wie beispielsweise Pleuelstangen, Zahnräder, Stoßdämpfer oder Lagerschalen verarbeitet. Durch die Möglichkeit, eine gezielte offene Porosität einzustellen, finden gesinterte Formen auch als Filter Anwendung.

### *Bauteilgrößen, Nachbearbeitung, Genauigkeit*

Abgesehen vom Formschwund beim Sinterprozess, bieten gesinterte Bauteile eine mittlere bis hohe Form- und Maßgenauigkeit. Eine Restporosität lässt sich nicht vermeiden. Die Oberflächenqualität gesinterter Bauteile kann je nach Anwendung durch eine Vielzahl von Nachbehandlungstechniken in den gebrauchsfertigen Zustand gebracht werden (Beitz, Grote 2001). Hochdichte Formteile können durch Steigerung des Pressdruckes, durch Nachpressen, Kalibrieren oder nachgelagerte *Infiltration* erzeugt werden. Die Größe gesinterter Bauteile wird durch die erreichbaren Presskräfte begrenzt. Die Bauteile sind daher meist klein und weisen ein Gewicht zwischen 1 g und 1000 g auf.

### *Wirtschaftlichkeit*

Die Pulvermetallurgie zählt zu den Verfahren der Massenfertigung. Eine wirtschaftliche Produktion ist wegen der kostspieligen Pressformen jedoch erst ab einer Stückzahl von 5000 möglich. Der hohe Freiheitsgrad in der Wahl der Werkstoffeigenschaften, eine nahezu 100%ige Materialausnutzung sowie die Formgebung in einem Schritt sprechen für die Wirtschaftlichkeit des Verfahrens.

### *Alternativverfahren*

Sollten besondere Materialeigenschaften nur pulvermetallurgisch erzielt werden können, sind keine Konkurrenzverfahren zum Sinterprozess bekannt. Ansonsten können Bauteile mit ähnlichen Geometrien in Schneid- und Gießverfahren hergestellt werden.

Bild: Wartungsfreie, selbst schmierende Sintergleitlager./ Hersteller und Foto: BT Magnet-Technologie GmbH

---

### *Direkthärtetechnik*

*Die Direkthärtetechnik beschreibt einen Vorgang, bei dem die Werkstücke noch im Sinterofen durch eine unmittelbar auf den Sinterprozess folgende Schroffabkühlung gehärtet und in der nachfolgenden Anlasszone angelassen werden. Mit den für dieses Verfahren gesondert aufbereiteten Werkstoffen wird eine Zugfestigkeit zwischen 600…1000 N/mm² realisiert. Die Bruchdehnung liegt bei mindestens 0,6%, die Biegefestigkeit über 200 N/mm² und die Härte bei mindestens 500 HV1.*

Hersteller und Fotos: BT Magnet-Technologie GmbH

## Kapitel FOR
### Formen und Generieren

### FOR 2.1
### Sintern – Gestaltungsregeln

Durch die Notwendigkeit der vollständigen Ausfüllung der Pressform beim Pressvorgang sind die Gestaltungsmöglichkeiten von Sinterbauteilen eingeschränkt. Folgende Hinweise sind zu beachten (König 1992; Fritz, Schulze 1998). Werden Grünlinge durch die Rapid-Tooling-Verfahren *Lasersintern* oder *3D-Printing* hergestellt, sind auf Grund des generativen Herstellungsprozesses ↗ FOR 10 fast beliebige Freiheitsgrade gegeben.

Der Schlankheitsgrad des Presslings (Verhältnis von Höhe zu Durchmesser) darf nicht mehr als 2,5 betragen.

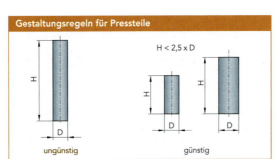

Abb. 36

Spitze Kanten und Abrundungen sowie tangentiale Übergänge am Pressteil sind aus Gründen der Bruchgefahr des Stempels ebenso zu vermeiden wie spitze Stempelformen. Auf Kreisprofile quer zur Pressrichtung sollte verzichtet werden.

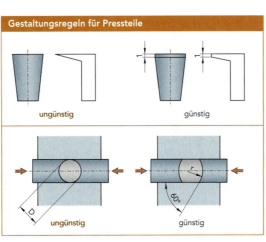

Abb. 37

Die Wandstärke des zu sinternden Bauteils ist auf 2 mm zu begrenzen, da ansonsten ungleiche Dichteverteilungen zu erwarten sind.

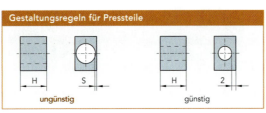

Abb. 38

Auf kleine Absätze sollte verzichtet werden. Ebenso schwierig herzustellen sind kegelige Vertiefungen, Hinterschneidungen und Zwischenflansche.

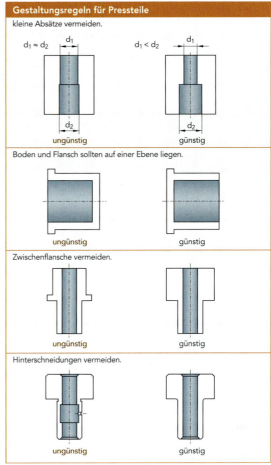

Abb. 39: nach [13]

Die Gestaltung ist so auszulegen, dass eine möglichst kostengünstige und einfache Stempelgeometrie genutzt werden kann. Auf feine Verzahnungen an der Außenkontur sollte verzichtet werden. Somit ist die Herstellung von Gewinden ausgeschlossen. Durchbrüche sind nach Möglichkeit kreisförmig auszulegen.

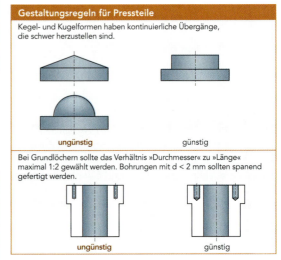

Abb. 40: nach [13]

Bild: Sinterbauteile.

Bild: Sinterbauteil aus einer Speziallegierung.

Bild: Sinterbauteil aus einer Speziallegierung.

Bild: Poröse Sinterfilter aus Bronze.

Bild: Poröse Sinterfilter aus Chromnickelstahl.

Hersteller und Fotos: Meyer Sintermetall AG

## FOR 3
### Urformen – Schäumen

Ein Materialschaum ist ein Werkstoff, dessen Volumen zu einem großen Anteil aus Hohlräumen und Poren besteht.

Bild: Schaumstoffe

*Verfahrensprinizip*
Durch Schäumen ist es möglich, Bauteile zu erzeugen, die leicht und je nach Werkstoff eine verhältnismäßig hohe Steifigkeit aufweisen (z.B. Aluminiumschaum). Drei Arbeitsweisen lassen sich bei der Herstellung von Materialschäumen unterscheiden (Beitz, Grote 2001):

**1. Schaumschlagverfahren**
Luft wird in einen Schaum bildenden Werkstoff eingerührt. Ein härtbarer Kunststoff wird beigemengt und fixiert die entstandene Schaumstruktur im Aushärteprozess. Auch Aluminiumschmelze lässt sich durch Einblasen von Luft schäumen. Allerdings ist ein Stabilisationsmaterial erforderlich, damit die Blasen in der Metallschmelze bis zum Erstarren bestehen bleiben.

**2. Mischverfahren**
Im Mischverfahren wird die sich unter chemischer Reaktion zweier Stoffe entwickelnde Ausgasung genutzt. Die Schaumstruktur entsteht nach Mischen der Werkstoffe und bleibt im ausgehärteten Zustand erhalten.

**3. Physikalisches Schäumen**
Im Kunststoffbereich wird einem schmelzflüssigen Werkstoff *Treibmittel* zugeführt. Das Gemisch kühlt ab; eine treibfähige Masse entsteht. Zur Herstellung von Metallschäumen wird ein treibfähiges Ausgangsmaterial durch Mischen von Metallpulver mit einem Treibmittel erzeugt, das anschließend zusammengepresst wird. In beiden Fällen wird die Masse nach der Aufbereitung erhitzt. Dabei entgast das Treibmittel im nun verflüssigten Werkstoff. Der Abkühlvorgang fixiert die Blasen und Hohlräume. Die Verwendung von Treibmitteln ist auch zur Erzeugung von Schaumglas ⌕ GLA 4.6 und Keramikschaum ⌕ KER 6.1 üblich.

Für das gezielte Schäumen einer definierten Geometrie ist eine materielle Begrenzung des Aufschäumvorgangs durch eine Form erforderlich. In den Zwischenraum wird die treibfähige Masse vor dem Schäumprozess eingebracht. Nach dem Schäumvorgang nimmt das Bauteil die Geometrie der Begrenzung an. Zu schäumende Massen lassen sich auch Spritzgießen ⌕ FOR 1.2.

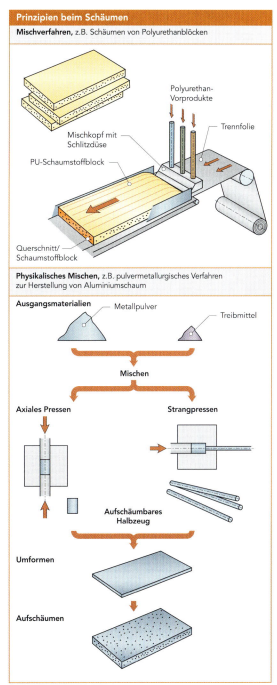

Abb. 41: nach [7]

## Kapitel FOR
### Formen und Generieren

Durch das Vermischen von zwei flüssigen Komponenten entsteht ein reaktionsfähiges Gemisch.

Das Eigenschaftsspektrum kann exakt reguliert werden: von sehr weich bis sehr hart./ Hersteller und Fotos: Elastogran GmbH – BASF Gruppe

### Materialien und Anwendung

Im Kunststoffbereich können Thermoplaste (PE, PP, PS, PUR ↗ KUN 4) relativ einfach geschäumt werden. Styropor (Polystyrol-Schaumstoff) ist der wohl bekannteste geschäumte Werkstoff, der vor allem als Packstoff und Dämmmaterial sowie im Modellbau Verwendung findet. *Polyurethan-Integralschaum* wird häufig als stoßabsorbierender Werkstoff im Pkw-Innenraum eingesetzt. Die vielen Hohlräume in den geschäumten Strukturen sind eine ideale Voraussetzung zur Isolierung vor Schall und Wärme (z.B. Kühlwände). Auch zur Herstellung von Matratzen wird das Verfahren eingesetzt.

Papierschaum ↗ PAP 5.5 stellt gegenüber Kunststoffschäumen für Dämmmaterialien und Packstoffe eine umweltschonende Alternative dar.

Geschäumtes Metall ↗ MET 5.1 wird vor allem dort genutzt, wo geringes Gewicht bei gleichzeitig hoher Steifigkeit gefordert wird. Aluminiumschäume kommen beispielsweise zur Versteifung von Cabrios im Kfz-Bereich oder im Flugzeugbau zum Einsatz. Auch Anwendungen aus dem Interieurbereich sind bereits bekannt.

In der jüngeren Vergangenheit werden Keramikschäume für den Leichtbau, zur Wärme- und Schallisolation sowie auf Grund der optischen Qualitäten im Designbereich vermehrt angewendet. Schaumglas ↗ GLA 4.6 ist als Dämmstoff für das Baugewerbe geeignet.

### Bauteilgrößen, Nachbearbeitung, Genauigkeit

Die Mindestdicke geschäumter Bauteile beträgt etwa 5 mm. Die Höchstmaße werden durch die Form begrenzt. Eine ausreichende Reproduktionsgenauigkeit kann erzielt werden. Der Nachbearbeitungsaufwand ist gering.

### Wirtschaftlichkeit

Schäumen stellt ein im Vergleich zu anderen Formgebungstechniken günstiges Verfahren dar und ist eine klassische Technik in der Serienfertigung. Das Verfahren ist insbesondere in der Kunststoffindustrie wirtschaftlich anwendbar, da nur niedrige Temperaturen und Drücke erforderlich sind und keine aufwändige Formherstellung erforderlich ist.

### Alternativverfahren

Neben den Aufschäumverfahren können Metall- und Keramikschäume auch dadurch erzeugt werden, dass flüssiger Schlicker oder Metall in eine schon bestehende Schaumstruktur eingebracht wird ↗ KER 6.1.

## FOR 4
### Urformen – Extrudieren

### Verfahrensprinizip

Extrudieren bezeichnet die Verarbeitung von Materialien im plastischen oder weichen Zustand durch Pressen unter Verwendung einer speziell geformten Düsenöffnung. Zur Erleichterung des Formgebungsprozesses wird der Ausgangswerkstoff erwärmt und in eine zähfließende Masse überführt. Ein *Extruder* ist eine kontinuierlich arbeitende Maschine, mit der Materialien auch unterschiedlicher Zusammensetzung gemischt, geknetet, anschließend gepresst und geformt werden (Greif et al. 2004). Bereits seit 1869 sind *Ein-* bzw. *Doppelschneckenextruder* bekannt, mit denen die Aufbereitung und der Transport des Materials sowie ein zeitlich konstanter Druckaufbau gewährleistet werden. Der Druck ist notwendig, um die am Ende der *Extruderstrecke* anfallende zähe und homogenisierte Masse durch die Düse zu pressen. Die Düsenform bestimmt das Profil des austretenden geformten Strangs, der nach Erstarren abgelängt wird.

In der *Koextrusion* werden Formteile aus Schichten verschiedener Materialien mit unterschiedlichen Eigenschaften in einem Verfahrensschritt verarbeitet. So ist es möglich, kostengünstig Bauteile mit einem Doppelnutzen und zwei unterschiedlichen Werkstoffbesonderheiten herzustellen (z.B. harter Kern mit weichem Überzug).

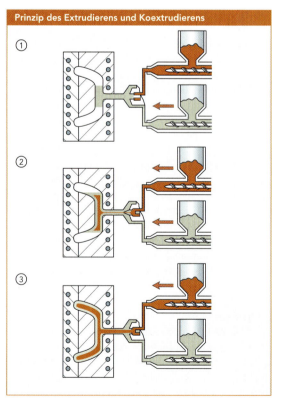

Abb. 42: nach [12]

### Materialien und Anwendung

Das Extrusionsverfahren wird seit Mitte des 19. Jahrhunderts in der Lebensmitteltechnologie angewendet. Es wurden zunächst Wurst-, dann Teigwaren und schließlich Nudeln hergestellt und verarbeitet.

Zudem gehen Knabbereien wie Erdnussflips, Käseröllchen und Lakritz auf das Extrusionsverfahren zurück. Im Kunststoffbereich ist das Extrudieren eines der wichtigsten Formgebungsverfahren überhaupt. Hier ist es insbesondere zur Herstellung von Profilen, Rohren und Folien aus Polymeren geeignet. Aber auch innovative Werkstoffe wie Flüssigholz ↗HOL 5.1 und Papierschaum ↗PAP 5.5 können im Extrusionsverfahren zu Profilen geformt werden. Zur Erzeugung keramischer Bauteile wird Pulvermaterial mit einem Binder gemischt und wie ein Kunststoffteil extrudiert. Anschließend wird der Binder unter Druck im Ofen ausgebrannt.

### Verfahrensvarianten zur Folienherstellung
**Foliengießen**

**Kalandrieren**

**Blasextrusion**

Abb. 43: nach [4, 7]

Neben dem konventionellen Extrusionsprozess wurden für das vielfältige Anwendungsprofil synthetischer Werkstoffe Verfahrensvarianten der Extrusion entwickelt, die eine wirtschaftliche Herstellung von Folien und hohlen Bauteilen ermöglicht (Dobler et al. 2003):

Zur Produktion von dickem Folienmaterial kommt beispielsweise das *Kalandrieren* zur Anwendung. Ein *Kalander* besteht aus drei oder vier sich gegenläufig drehenden, beheizten Stahlwalzen, auf denen eine extrudierte Kunststoffmasse zu einer endlosen Folie gewalzt wird. Mit Hilfe einer Prägewalze können auch bestimmte Oberflächenstrukturen in das Folienmaterial eingebracht werden. Neben der reinen Herstellung von Kunststofffolien werden Kalander auch genutzt, um Gewebebahnen ↗TEX 3 zu beschichten (z.B. für Fußbodenbeläge).

Da die erreichbare Mindestdicke bei Folien nach unten begrenzt ist, wird besonders dünnes Folienmaterial durch *Folien-* und *Blasextrusion* hergestellt. Bei der Folienextrusion wird ähnlich dem Kalandrieren zunächst ein Band über eine dünne und enge Düse extrudiert. Danach wird das Werkstoffband unter temperierten Bedingungen ausgewalzt und abschließend in einem Streckvorgang auf die endgültige Materialdicke gebracht.

Zur *Blasextrusion* kommen Ringdüsen zum Einsatz, die das Ausgangsmaterial kontinuierlich zu einem Schlauch verarbeiten. In mehreren Metern hohen Blasextrusionsanlagen erfolgt dann das Aufblasen, Strecken und finale Abkühlen zu einem dünnen Folienmaterial (Nentwig 1994).

Bild: Aus Folienblasanlage werden Folienprodukte gewonnen./ Foto: Thomas Mayer, © Der Grüne Punkt – Duales System Deutschland GmbH

Auch bei der Folienextrusion können mit den Koextrusionsverfahren zwei Materialeigenschaften kombiniert werden (VDI 1996).

*Bauteilgrößen, Nachbearbeitung, Genauigkeit*
Da im Extrusionsprozess oftmals lediglich Halbzeuge hergestellt werden, ist der Aufwand für die Nachbearbeitung gering. Das Verfahren weist eine gute bis sehr gute Reproduziergenauigkeit auf. Mit den beschriebenen Folienextrusionsprozessen kann Kunststofffolie mit einer Mindestdicke von 10 Mikrometern problemfrei in Masse hergestellt werden.

*Wirtschaftlichkeit*
Das Extrudieren ist ein traditionelles Verfahren der Serienproduktion. Die Anlagenkosten sind allerdings hoch.

*Alternativverfahren*
Spritzgießen, Extrusionsblasen

Bild: Diese Knabbereien werden mit dem Extrusionsverfahren hergestellt.

## Kapitel FOR
### Formen und Generieren

### FOR 4.1
### Extrudieren – Gestaltungsregeln

Auf Grund der richtungsorientierten Formgebung können beim Extrudieren nur Geometrien mit einfacher Struktur und konstanter Profilierung in einer Richtung erzielt werden.

Prismatische Formen lassen sich kostengünstiger und einfacher erzeugen als Geometrien mit spitzen Winkeln.

*Strangaufweitung*
Nach Austritt des Extrudats aus der Düse weitet sich die Kunststoffschmelze infolge des viskoelastischen Verhaltens auf. Um den gewünschten Querschnitt zu erzielen, muss die Düsengeometrie diese Abweichung kompensieren.

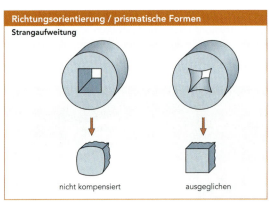

Abb. 44: nach [12]

Bild: Extrusionsprofile aus Kunststoff/
Foto: GEHR Kunststoffwerk (Mannheim)

### FOR 5
### Urformen – Blasformen

Das Mundblasen von Glas ist das wohl anschaulichste Beispiel für einen Blasformprozess und zeigt sehr deutlich das Verfahrensprinzip, auf dem alle Blasformverfahren basieren. Mundblasen ist seit der Antike bekannt und wurde schon im Römischen Reich angewendet. Die Erfindung der Glasmacherpfeife in der Mitte des 2. Jahrhunderts vor Christus im Raum des heutigen Syrien war ein gewaltiger Entwicklungsschritt in der Glasverarbeitung und machte die Herstellung von hohlen Glasgefäßen mit dünner und glatter Wandung erst möglich.

Bild: Freies Mundblasen aus der Schmelze./ Foto: Glashütte Limburg

*Verfahrensprinizip*
Das Ende der 1,20 m bis 1,50 m langen eisernen *Glasmacherpfeife* taucht in die Schmelze ein. Eine bestimmte Menge Rohmaterial (allgemein bekannt als *Glasposten*) bleibt am runden Ende des Rohrs haften. Zunächst wird der Glasposten hin und her geschwenkt (*Marbeln*), wodurch Abtropfen verhindert und eine erste äußere Form erzeugt wird. Die Formgebung des Glasgefäßes erfolgt anschließend durch Einblasen von Atemluft unter ständigem Drehen. Eine Werkstoffblase, die auch *Kübel* genannt wird, entsteht. Die gewünschte Gefäßform wird durch mehrfaches Erhitzen, Marbeln und Blasen vollendet und von der Pfeife abgeschlagen. Um Spannungen im Werkstoff zu beseitigen und somit die Neigung zum späteren Springen des Glases zu verringern, muss das Glasgefäß langsam im Kühlofen abgekühlt werden. Zur Handhabung der Glasform während des Blasprozesses werden Holzzangen verwendet. Die Produktion kann durch Blasen in Werkzeugformen aus in Wasser getränktem Holz oder Grafit standardisiert werden. War der ursprüngliche Prozess auf den »langen Atem« des Glasbläsers angewiesen, sind heute auch mit Pressluft betriebene, pneumatische Pfeifen im Einsatz.

*Bild: Mundblasen in Formen./ Foto: Glashütte Limburg*

Neben dem Blasen direkt aus der Schmelze hat sich im Laufe der Zeit die wesentlich bequemere Herstellung von Glasgefäßen mit Hilfe von Glasrohren entwickelt. Das kostenintensive Aufschmelzen des Glaswerkstoffs, das in der Regel in einer Glashütte erfolgt, entfällt. Die in unterschiedlichen Dicken und Durchmessern erhältlichen Rohre können mit konventionellen Gasbrennern in der Werkstatt auf Verarbeitungstemperatur erhitzt werden. Auch die Verwendung der Glasmacherpfeife entfällt. Das Einbringen der Atemluft erfolgt über ein Glasrohr, das an eine für den Blasprozess optimale Stelle angeschmolzen wird.

Das einzige noch erhältliche deutschsprachige Buch mit Anleitungen zum Glasblasen wurde bereits 1926 verfasst und auf Grund des immer noch aktuellen Verfahrensüberblicks im Jahr 2001 neu verlegt (Ebert, Heuser 2001).

*Anwendung*

Die maschinellen Verfahren haben das Mundblasen mit der Glasmacherpfeife weitestgehend verdrängt. Nach wie vor sind aber einige Unternehmen am Markt tätig, die den flexiblen Einsatz des Verfahrens für die industrielle Produktion nutzen. Insbesondere im Bereich des Kunsthandwerks hat das Mundblasen zur Herstellung von besonderen Glasgefäßen mit hohem künstlerischen Wert eine große Bedeutung.

*Bild: Glasobjekt »waterbubble«, mundgeblasen auf Basis von Glasrohren./ Design: Sascha Peters*

Die Verwendung von Glasrohren als Ausgangsmaterial für den Blasvorgang hat vor allem zur Herstellung komplexer Laboratoriengläser eine hohe Bedeutung. Dies hängt damit zusammen, dass Glas eine sehr gute Chemikalienbeständigkeit aufweist und daher ein idealer Werkstoff für Instrumente der chemischen Industrie ist. Zudem werden im Kunsthandwerk und Gestaltungsbereich Glasgefäße (z.B. Vasen, Leuchten) hergestellt, die sich aus einer Vielzahl von Hohlkörpern zusammensetzen. Allerdings ist die Qualität verarbeitbarer Glaswerkstoffe bei der Verwendung von Glasrohren im Hinblick auf Lichtdurchlässigkeit und Glanz geringer zu bewerten (Kalknatronglas GLA 3.1), als beim freien Mundblasen aus der Glasschmelze, wo meist das edle Bleikristall GLA 3.3 Verwendung findet.

*Materialien*

Durch Mundblasen lassen sich alle Glaswerkstoffe wie Kieselglas, Bleiglas, Kalknatronglas oder Quarzglas GLA verarbeiten.

## Kapitel FOR
### Formen und Generieren

*Bauteilgrößen, Nachbearbeitung, Genauigkeit*

Die möglichen Bauteilgrößen werden beim Mundblasen durch die verwendeten Werkzeuge (z.B. Holzklammern) für die Handhabung der Glasformen und die Kraft und Armlänge des Glasbläsers bestimmt. Die möglichen Bauteilgrößen reichen von kleinen Hohlgefäßen im Schmuckbereich bis zu größeren Schalen oder Behältern für den Laborbereich. Die Reproduziergenauigkeiten beim freien Mundblasen sind verhältnismäßig schlecht, da sich die Fertigkeiten und Erfahrungen des Glasbläsers direkt auf die Formqualität auswirken. Daher ist für die Anfertigung mehrerer Bauteile einer Geometrie das Blasen in eine Werkzeugform angeraten. Hier können Genauigkeiten im Zehntelmillimeter-Bereich garantiert werden. Der Nachbearbeitungsaufwand beim Glasblasen beschränkt sich auf eine mehrstündige Nachtemperierung. Diese ist erforderlich, um die während des mehrfachen Erwärmens des Werkstoffs eingebrachten Spannungen zu entfernen. Die Neigung zur Rissbildung und zum Springen des Glases nach mechanischer Beanspruchung oder bei leichten Stößen wird auf diese Weise verringert.

Bild: Honigspender, mundgeblasen auf Basis eines Glasrohres und einer Grafitform (siehe Bild links)./
Design: www.UNITED**DESIGN**WORKERS.com, 1996

*Wirtschaftlichkeit*
Frei mit dem Mund geblasene Glasgefäße sind teuer, weshalb sich das Verfahren nur für kleine Stückzahlen und Sonderanfertigungen lohnt.

*Alternativverfahren*
Pressformen, maschinelle Blasverfahren

### FOR 5.1
### Blasformen – Gestaltungsregeln

Beim Glasblasen werden die erzielbaren Formgeometrien durch die besonderen Werkstoffeigenschaften des Glasmaterials bestimmt. Zu einem viel größeren Anteil wirken sich die Eigenheiten des Blasprozesses auf die Qualität des Hohlgefäßes aus. Es sollten daher einige Hinweise beachtet werden, die sich zum Teil auch auf die maschinellen Blasverfahren übertragen lassen:

Die durch Blasverfahren erreichbaren Formgeometrien lehnen sich an konkave oder konvexe Kurvenformen an. Scharfe Kanten und Winkel sind in der Regel nicht oder nur schwierig zu erzielen.

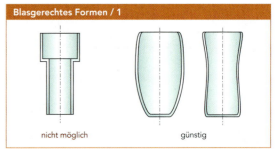

Abb. 45

Konturen innerhalb einer Hohlform sind nicht möglich.

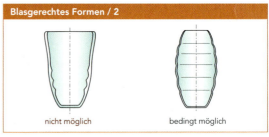

Abb. 46

Komplexe Gefäßformen lassen sich aus mehreren Geometrien zusammensetzen. Der maximale Komplexitätsgrad wird durch die Möglichkeit der Handhabung und durch die Zugänglichkeit der Brennerflamme begrenzt.

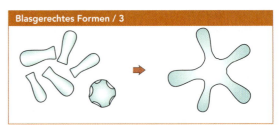

Abb. 47

Die maximale Bauteilgröße wird durch Materialdicke und Durchmesser des genutzten Glasrohrs bestimmt. Bei zu geringen Materialdicken der Glasgefäße kann es zum Bruch des Werkstoffs kommen. Gleiche Wanddickenmaße fördern gleichmäßiges Abkühlen und verhindern Spannungen.

## FOR 5.2
## Blasformen – Maschinelles Glasblasformen

Zur Herstellung von Gefäßen aus Glas haben sich verschiedene Verfahren etabliert, die eine maschinelle Massenfertigung ermöglichen (Nölle 1997).

*Verfahrensprinizip*
Während Glasflaschen mit Hilfe eines zweifachen Blasformverfahrens (*Blas-Blasformen*) wirtschaftlich hergestellt werden können, steht für die Produktion von Weithalsgefäßen (z.B. Marmeladengläser, Einmachgläser) ein Verfahren aus einer Kombination aus Pressen und anschließendem Blasen (*Press-Blasformen*) zur Verfügung GLA 2.1.5.

Der Rohwerkstoff GLA 1 wird geschmolzen und zu Vorformlingen verarbeitet. Diese werden einer ersten Form zugeführt und in eine Rohgeometrie gepresst. Anschließend wird das Rohgefäß in einer die endgültige Geometrie des Gefäßes abbildenden Form aufgeblasen. Um Spannungen im Glas zu vermeiden, werden die Weithalsgefäße langsam auf Raumtemperatur abgekühlt. Über den Umweg der Anfertigung einer gepressten Rohform kann der Prozess besser beherrscht und die Qualität gewährleistet werden.

Konventionelle Glasflaschen (z.B. herkömmliche Getränkeflaschen) werden innerhalb eines zweifachen Blasformenvorgangs in Masse produziert. Zunächst erfolgt die Ausformung des Halses eines *Vorformlings*. Anschließend wird die *Rohflasche* gedreht und auf die Endmaße geblasen.

Bild: Maschinelle Glasflaschenherstellung./ Foto: Heye Glas

*Bauteilgrößen, Nachbearbeitung, Genauigkeit*
Eine Nachbearbeitung der Glasgefäße ist nicht erforderlich. Es können sehr hohe Reproduktionsgenauigkeiten erreicht werden. Neben den vorgestellten Anwendungsbeispielen können durch maschinelles Blasformen natürlich auch größere Formgeometrien hergestellt werden, was aber die Anlagenkosten in die Höhe treibt.

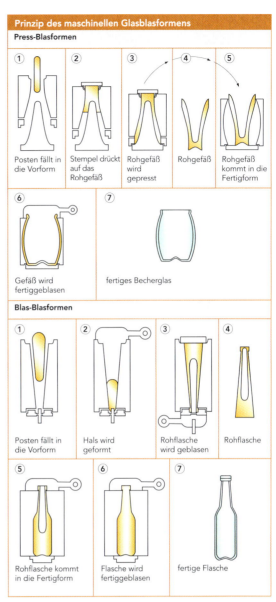

Abb. 48: nach [22]

*Wirtschaftlichkeit*
Die Investitionskosten für die Herstellung der Hohlformen sind hoch und amortisieren sich erst ab mehreren Hunderttausend Stück. Durch Blas-Blasformen können bis zu 200000 Glasflaschen täglich produziert werden. Beim Press-Blasformen richten sich die Stückzahlen nach dem Volumen der Gefäße. Ungefähr 400000 Glasformen in der Größe eines Marmeladenglases sind realistisch. Bei kleinen Gefäßen sind Stückzahlen bis zu 900000 die Regel. Für in Masse gefertigte Formen aus Glas müssen nur sehr niedrige Herstellungsstückkosten von wenigen Euro-Cent bis zu 1 Euro kalkuliert werden (Lefteri 2002).

*Alternativverfahren*
Ein Ersatz von Glasgefäßen durch Kunststoff ist möglich. Dazu kommt das Verfahren des *Extrusionsblasens* zur Anwendung.

## Kapitel FOR
### Formen und Generieren

### FOR 5.3
### Blasformen – polymerer Werkstoffe

Durch Blasformen werden im Kunststoffbereich Produkte mit einem Hohlraum hergestellt. Es wird zwischen einer kontinuierlichen und einer diskontinuierlichen Herstellung eines Vorformlings, der anschließend aufgeblasen wird, unterschieden.

Bild: Blasformen des Kinderfahrzeugs »BIG-BOBBY-CAR«./ Foto: BIG-Spielwarenfabrik, Simba-Dickie-Group

Bild: »BIG-BOBBY-CAR«./ Foto: BIG-Spielwarenfabrik, Simba-Dickie-Group

#### Verfahrensprinizip
Ausgangspunkt im kontinuierlichen Prozess des *Extrusionsblasens* ist ein schlauchartiger Vorformling, der in einem Extruder über eine ringförmige Düse hergestellt wird. Er wird in noch warmem Zustand einer Werkstückform zugeführt. Das Werkzeug schließt und quetscht den Schlauch ab. Mit Hilfe eines Messers wird der Vorformling abgetrennt. Das Aufblasen erfolgt durch die an einem Blasdorn einströmende Druckluft. Der Werkstoff wird gegen die gekühlte Formwand gepresst, kühlt ab und erstarrt. Die Geometrie der Formwand bildet die Bauteilform ab. Eine sichtbare Quetschnaht im Bodenbereich ist meist deutlich erkennbar. Nach Entnahme des Formteils durch Öffnen des Werkzeugs wird der hocheffiziente Prozess wiederholt.

Beim *Spritzgießblasen* wird ein spritzgegossener Vorformling (Pre-Formling) verwendet und einer Werkstückblasform zugeführt. Der weitere Prozessablauf erfolgt analog zum Extrusionsblasen. Das Spritzgießblasen bietet im Vergleich zum Extrusionsblasen eine bessere Prozesskontrolle vor allem in Bezug auf die zu erzielende Wandstärke (Ashby, Johnson 2004).

Ein Sonderverfahren bildet das *Streckblasen*. Die Eigenschaftswerte der Kunststoffbauteile werden über einen dem Blasen vorgelagerten Streckvorgang durch Einbringung einer Orientierung auf molekularer Ebene verbessert. Es können sowohl schlauchartige als auch spritzgegossene Vorformlinge verarbeitet werden (Michaeli 1999).

#### Materialien und Anwendung
Die Verfahren des Blasformens kommen im Kunststoffbereich vor allem zur Verarbeitung thermoplastischer Polymere (ABS, PET, PP, PC) zur Anwendung.

Der am meisten verwendete Kunststoff beim Blasformen ist PE, gefolgt von PVC und PP (Witt 2006). Typische Erzeugnisse sind Hohlkörper wie Tanks, Flaschen, Kanister, Verpackungen und Fässer. Auch Kofferhalbschalen oder Surfbretter werden extrusions- oder streckgeblasen.

#### Bauteilgrößen, Nachbearbeitung, Genauigkeit
Das Blasformen von Kunststoffen weist eine hohe Reproduktionsgenauigkeit auf, wodurch eine Nachbearbeitung so gut wie entfällt. Die Bauteilgrößen reichen von Produkten mit Rauminhalten von wenigen Millilitern bis hin zu Tanks mit einer Füllmenge von bis zu 13000 Litern.

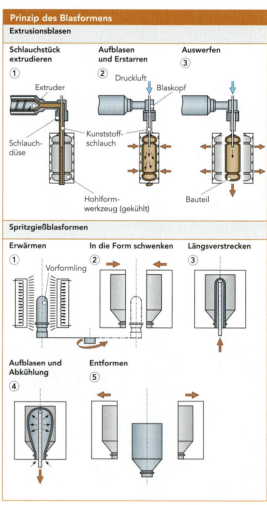

Abb. 49: nach [7, 24]

#### Wirtschaftlichkeit
Das Blasformen ist ein typisches Verfahren der Massenproduktion. Im Vergleich zu anderen formgebenden Serienverfahren fallen die Werkzeugkosten auf Grund der geringen Komplexität und der geringen Beanspruchungen relativ niedrig aus. So rechnet sich die Investition bereits ab einer Stückzahl von rund 20000 Bauteilen.

#### Alternativverfahren
Rotationsgießen, Spritzgießen, Handlaminieren, Wickeln

## FOR 6
### Druckumformen

Bei allen Druckumformverfahren erfolgt die Formerstellung durch Druckbeanspruchung. Zu den wichtigen Techniken dieser Gruppe gehören das Einpressen, das Walzen, das Schmieden, das Pressformen und das Fließ- und Strangpressen.

## FOR 6.1
### Druckumformen – Einpressen

*Verfahrensprinizip*
Bei den Verfahren des Einpressens bzw. Eindrückens einer Formkontur in einen Werkstoff kann das Werkzeug eine geradlinige oder drehende Bewegung ausführen. Zu den geradlinigen Verfahren zählt das *Einsenken*. Dabei wird ein *Formstempel* durch eine hydraulische Presse mit sehr langsamer Geschwindigkeit in den zu verformenden Werkstoff gepresst. Das Material wird plastisch verformt und nimmt die Stempelkontur an. Die Gestaltung der Formgeometrie sollte einen einfachen Werkstofffluss ermöglichen bzw. fördern. Durch Erwärmung des Materials kann der Fertigungsablauf verbessert werden.

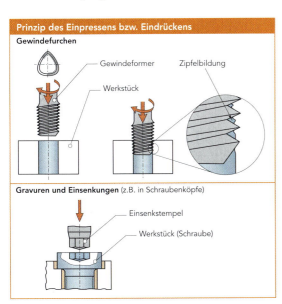

Abb. 50: nach [7]

*Materialien und Anwendung*
Das Einpressen bzw. Einsenken wird häufig zur Einbringung von Gravuren in Werkzeugelemente verwendet. Beispiele sind Formen wie Kreuzschlitz oder Innensechskant in Schraubenköpfen. Die Bewegung ist hierbei geradlinig. Ein Beispiel für eine drehend eingebrachte Werkzeugelementegravur sind *Gewindefurchen*. Die mittels Gewindeformern erzeugten Gewinde sind im Vergleich zu konventionell gebohrten Gewinden höher belastbar.

*Nachbearbeitung und Genauigkeit*
Die mit Einpresstechniken erzielbaren Genauigkeiten sind sehr hoch. Der Nachbearbeitungsaufwand ist vernachlässigbar. Bei der Warmumformung muss das Schwindmaß des verarbeiteten Werkstoffs berücksichtigt werden.

*Wirtschaftlichkeit*
Die Wirtschaftlichkeit der Verfahren ist bei der Fertigung großer Stückzahlen sehr gut. Die Techniken sind in der Massenfertigung seit langem etabliert.

*Alternativverfahren*
Fräsen, Bohren, Stanzen

## FOR 6.2
### Druckumformen – Walzen

*Verfahrensprinizip*
Die Formgebung beim Walzen erfolgt durch stetige Druckbeanspruchung mit sich drehenden Werkzeugen, den Walzen. Je nach Anwendungsfall sind in diese Profile eingebracht, deren Form sich im Werkstück abbildet. Die Technik wird sowohl zur Fertigung als auch zur Nachbearbeitung von Bauteilen (Flach- und Rundprofile) eingesetzt. Die Verarbeitung kann kalt oder warm erfolgen. Je nach Anordnung lassen sich drei Verfahrensvarianten unterscheiden: Längs-, Quer- und Schrägwalzverfahren.

Beim *Längswalzen* wird der zu bearbeitende Werkstoff senkrecht zu den Achsen der Walzen ohne Drehung bewegt. Im Vergleich rotiert beim *Querwalzen* das Material zwischen zwei gleichsinnig angeordneten profilierten Walzen. Bei den *Schrägwalzverfahren* werden die Achsen der Walzen gekreuzt.

*Längswalzverfahren:*
- Pilgerschrittwalzen zur Herstellung dünnwandiger Rohre ohne Nähte
- Reckwalzen zur Erzeugung von Flachprofilen
- Planetenwalzverfahren für Verzahnungen

*Querwalzverfahren:*
- Querwalzen für Vollkörper
- Querwalzen für Hohlkörper (z.B. Ringwalzen)
- Gewindewalzen

*Schrägwalzverfahren*
- Schräggewindewalzen

Bild: Warmbandcoil./
Foto: Stahl-Zentrum

Bild: Kaltgewalzte Coils./
Foto: Stahl-Zentrum

Bild: Einsenkung in einer Innensechskant-Schraube.

## Kapitel FOR
### Formen und Generieren

### Materialien und Anwendung
In der metallverarbeitenden Industrie ist das Walzen das wichtigste Umformverfahren. Dies hängt damit zusammen, dass im Prinzip jeder plastisch verformbare Werkstoff bearbeitet werden kann. Auf Grund der Vielzahl existierender Verfahren ist eine Eingrenzung schwierig. Detaillierte Informationen geben König 1992 oder Westkämper, Warnecke 2004. Zu den Hauptanwendungsgebieten der Walztechnik zählt die Fertigung von Rohren mit äußeren Profilen oder dünnen Wänden, von Flachprofilen mit Gravuren und von Gewinden. Profilerzeugnisse sind beispielsweise Stäbe, Drähte, Schienen oder U-Profile. Zu den Flacherzeugnissen zählen grobe und feine Bleche und Metallbänder in allen Größen. Endlosgewinde können im Schrägwalzverfahren angefertigt werden. Darüber hinaus werden Hohlkörper wie Ringe für Eisenbahnräder durch Walzen gefertigt.

### Bauteilgrößen, Nachbearbeitung, Genauigkeit
Die mit der Walztechnik erzielbaren Genauigkeiten können ganz unterschiedlich ausfallen und bewertet werden. Werden Walzverfahren zur Herstellung von Halbzeugen und Profilen eingesetzt, sind die Toleranzen grob bemessen, da eine Weiterbearbeitung in nachgelagerten Verfahren erfolgt. Das Walzen findet aber auch zur Verbesserung und Optimierung von Oberflächengüten spanend bearbeiteter Werkstücke Verwendung. Mit den unterschiedlichen Walztechniken können sowohl Bauteile für die Großindustrie als auch Formgeometrien für die Feinwerktechnik gefertigt werden.

Bild: Walzwerk./ Foto: Stahl-Zentrum

### Wirtschaftlichkeit
Walzverfahren gehören zu den klassischen Techniken in der Massenfertigung. Sie eignen sich besonders für die Herstellung von Halbzeugen. Hohe Produktionszahlen sind möglich. Die Eignung der Technik zur Fertigung von Bauteilen in kleinen Serien ist wegen der hohen Investitionskosten für Anlagen und Werkzeuge meist nicht gegeben.

### Alternativverfahren
Schmieden, Pressen, Strangpressen, Fließpressen

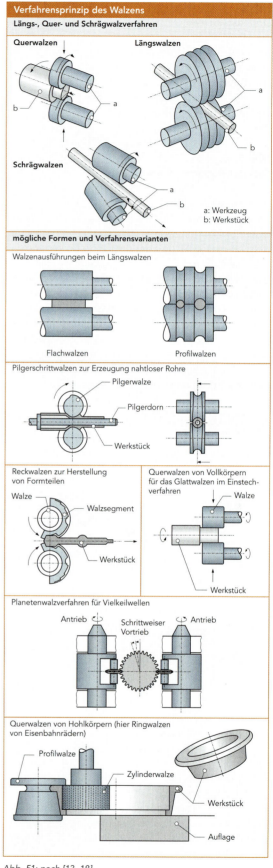

Abb. 51: nach [13, 18]

## FOR 6.3
### Druckumformen – Schmieden

*Verfahrensprinizip*

Schmieden ist ein Verfahren der Massivumformung. Rohlinge, die in etwa die Geometrie des zu fertigenden Bauteils aufweisen, werden auf Schmiedetemperatur erhitzt und über Schlag- und Pressprozesse in die gewünschte Form gebracht. Die Verarbeitungstemperaturen liegen für Aluminiumlegierungen bei etwa 500°C. Unlegierte Stähle werden hingegen bei 1200°C verarbeitet. Während des Schmiedevorgangs sollte das Material im Bereich der Schmiedetemperatur (ungefähr 80% der Schmelztemperatur) gehalten werden, da es bei höheren Temperaturen zu Oxidationsvorgängen und bei niedrigeren Temperaturen zu Rissbildung kommen kann.

Grundsätzlich unterschieden wird zwischen Freiform- und Gesenkschmieden. Während beim *Freiformschmieden* die Geometrie durch gezielte Einbringung von Schlägen verändert wird, erfolgt die Umformung beim *Gesenkschmieden* zwischen Unter- und Obergesenk, die aus warmfestem Stahl gefertigt sind und mit hydraulisch angetriebenen Pressen zusammengefahren werden. Häufig werden Rohlinge zum Gesenkschmieden durch freie Bearbeitung vorgefertigt.

*Abb. 52: nach [7, 39]*

*Materialien und Anwendung*

Klassische Schmiedewerkstoffe sind Stähle sowie Aluminium-, Titan- und Kupferlegierungen. Ein hoher Kohlenstoffanteil bei Stählen wirkt sich ungünstig für die Schmiedbarkeit aus. Typische Schmiedebauteile sind Achsen für den Fahrzeug- oder Maschinenbau, Lagerringe, Kurbelwellen, Buchsen, Schraubenschlüssel, Lochscheiben oder Turbinenschaufeln für den Energiesektor. Im Haushaltsbereich ist die Schmiedetechnik zur Herstellung von Bestecken geeignet.

*Bauteilgrößen, Nachbearbeitung, Genauigkeit*

Beim Gesenkschmieden werden Bauteile endkonturnah, also mit hoher Reproduktionsgenauigkeit gefertigt. Während des Schmiedevorgangs entstandene Grate müssen nachträglich manuell entfernt werden. Frei verarbeitet werden Bauteile mit Gewichten zwischen 1 kg und 350 Tonnen.
Beim Gesenkschmieden sind die Bauteile kleiner und weisen Gewichte zwischen 50 g und 1,5 Tonnen auf.

*Wirtschaftlichkeit*

Während das Freiformschmieden bei der Einzel- und Kleinserienfertigung zur Anwendung kommt, zählt das Gesenkschmieden zu den klassischen Serienverfahren, mit dem Schmiedeteile in hohen Stückzahlen gefertigt werden können. Schmiedegesenke werden wegen des hohen Verschleißes nach etwa 10000 bis 100000 Bauteilen ausgetauscht.

*Alternativverfahren*

Druckgießen, Strangpressen, Fließpressen, Pressformen

*Bild unten: Geschmiedeter Maulschlüssel.*

*Kapitel FOR*
*Formen und Generieren*

**FOR 6.3.1**
**Schmieden – Gestaltungsregeln**

Für das Schmieden und insbesondere das Gesenkschmieden sind folgende Gestaltungshinweise zu beachten (Fritz, Schulze 1998):

Wirtschaftlich und technisch von Vorteil ist die Teilung der Gesenkform in der Mitte der zu erstellenden Bauteilform.

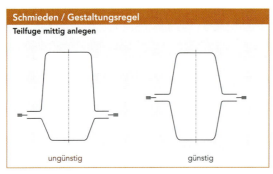

Abb. 53: nach [13]

Die Teilung des Gesenks in unmittelbarer Nähe einer Stirnfläche ist zu vermeiden.

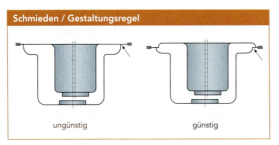

Abb. 54: nach [13]

*Bilder: Stadienfolge zur Halbwarmumformung eines Bauteils im Antriebsstrang von Pkw./ Foto: Schuler Pressen GmbH & Co. KG*

Eine ebene Gesenkteilung ist im Vergleich zu einer symmetrisch oder eben gekröpften Teilung wirtschaftlicher.

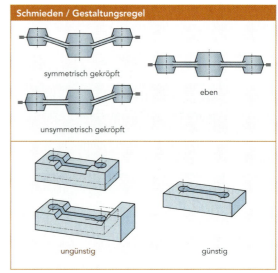

Abb. 55: nach [13]

Hinterschnitte sind nach Möglichkeit zu vermeiden, da sie nur mit erheblichem Werkzeugaufwand hergestellt werden können.

Abb. 56: nach [13]

Die Gesenkteilung hat Einfluss auf die Wahl des für die Herstellung anwendbaren Fertigungsverfahrens und den Aufwand in der Fertigung. Eine Verringerung der Kosten durch Wahl einer alternativen Gesenkteilung ist möglich.

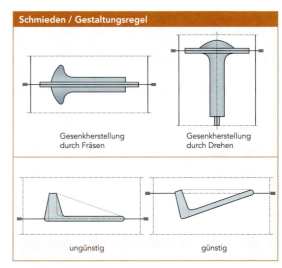

Abb. 57: nach [13]

Kantenrundungen erleichtern das Fließen des Materials während der Umformung. Ebenso kann der Werkstofffluss durch die Gesenkteilung beeinflusst und verbessert werden.

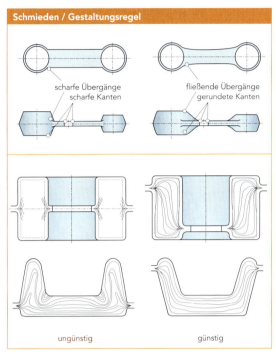

Abb. 58: nach [13]

Zu kleine Rundungen führen zu Schmiedefehlern.

Abb. 59: nach [13]

Bild: Schmiedegesenk für das rechts abgebildete Messer./ Foto: Günter Lintl/ Hersteller: Franz Güde, Solingen

### Besonderheit beim Schmieden – Damast-Stahl

Bei der »Franz Güde Damast Serie« wird der *Damast-Stahl* von der Schmiede Markus Bahlbach nach dem »Verbund-Feuerschweiß-Verfahren« von Hand hergestellt. Er wird als »Wilder Damast« bezeichnet.

Bild: Messer aus der FRANZ GÜDE DAMAST Serie./ Hersteller: Franz Güde, Solingen

Die Schichten bestehen aus hochlegiertem Werkzeugstahl, der hart aber auch spröde ist und zähhartem Nickelstahl mit 5–6 % Nickelgehalt (weich und flexibel). Diese beiden Legierungen werden zu mehr als 300 Lagen durch Falten und Tordieren verbunden.

Bild: Messer nach dem Schmiedevorgang./ Foto: Günter Lintl/ Hersteller: Franz Güde, Solingen

So erhält man einen Stahl, der sowohl sehr hart als auch elastisch ist. Aus ihm wird die Klingenform mit einem 1,5 Tonnen-Fallhammer im Gesenk geschmiedet und das Messer in über 40 Arbeitsgängen gefertigt. Die typische Damaststruktur der Klinge wird erst durch ein spezielles Ätzverfahren sichtbar. Der Stahl ist nicht rostfrei.

*Kapitel FOR*
*Formen und Generieren*

## FOR 6.4
### Druckumformen – Pressformen

*Verfahrensprinizip*
Pressformen ist ein diskontinuierlicher Vorgang, bei dem Formteile aus Pulver, Granulat oder einer zähflüssigen Materialmasse gefertigt werden. Es wird zwischen Kalt- und Warmpressen unterschieden. Beim *Warmpressen* werden die Ausgangsmaterialien dosiert eingeführt, unter Wärmeeinwirkung erweicht und in den Hohlraum des Formwerkzeugs gepresst. Unter Druck und Wärme härtet das Bauteil aus. Für Werkstoffe, die auf Basis einer chemischen Reaktion aushärten (z.B. kalt härtende Polyester- oder Epoxidharzmischungen), kann beim *Kaltpressen* auf Wärmezufuhr verzichtet werden.

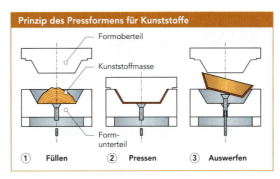

Abb. 60: nach [9]

*Materialien und Anwendung*
Durch Pressformen werden Kunststoffteile (z.B. Duroplaste) mit meist dünnen Wandstärken hergestellt, die häufig auch eine Faserunterstützung (z.B. Glasfasern) erfahren. Das Verfahren ist besonders geeignet zur Produktion elektrischer Komponenten. Es wird aber auch zur Herstellung schalenförmiger Gebrauchsgegenstände oder für Kfz-Karosserieelemente verwendet. Im Glasbereich werden feuerfeste und dickwandige Haushaltswaren (z.B. Aschenbecher), Trinkgläser, Becher und vor allem dickwandige Glasformteile wie Glasbausteine durch Pressformen erzeugt GLA 2.1.6. Auch Beleuchtungselemente und Fernsehröhren werden gepresst. Das Pressformen zählt im Keramikbereich zu den Massenproduktionsverfahren. Im Bereich der Pulvermetallurgie können Metallbauteile auf der Basis von Pulvermaterialien mit ganz spezifischen Eigenschaften zusammengestellt werden FOR 2.

*Bauteilgrößen, Nachbearbeitung, Genauigkeit*
Formgepresste Kunststoffbauteile können ein Gewicht von bis zu 50 kg aufweisen. Die erzielbaren Werkstoffdicken liegen zwischen 1,5–25 mm. Die Genauigkeit ist hoch. Das Pressformen erlaubt aber nur eine mittlere Formkomplexität, da eine komplette Ausfüllung der Pressform gewährleistet werden muss. Komplizierte Bauteilgeometrien können durch heißisostatisches Pressen FOR 2 erstellt werden. Der auf die Formmasse aufgebrachte Druck wirkt hier über eine Flüssigkeit von allen Seiten gleichzeitig.

*Wirtschaftlichkeit*
Die Werkzeugkosten liegen für einfache Geometrien in einem überschaubaren Rahmen. Das Verfahren rechnet sich aber erst ab mittleren Stückzahlen.

*Alternativverfahren*
Spritzgießen und Thermoformen für Kunststoffe, Maschinelle Blasverfahren für Glas, Spritz-, Druck- und Schlickergießen für Keramiken

Bild: Glasbaustein.

## FOR 6.5
### Druckumformen – Fließpressen

Das Fließpressen gehört wie das Strangpressen zur Gruppe der *Durchdrückverfahren*.

*Verfahrensprinizip*
Verwendet wird ein Stempel, mit dem ein Werkstück in seine endgültige Form gepresst und somit eine optimale Werkstoffausnutzung gewährleistet wird. Die Bezeichnung »*Fließpressen*« resultiert aus der Tatsache, dass es innerhalb des Prozesses zwischen Stempel und Matrize zum Fließen des Materials kommt. Je nach Fließrichtung unterscheidet man verschiedene Varianten. Im *Querfließpressen* ist beispielsweise die Erstellung von Bauteilen mit seitlichen Formelementen und Flanschen möglich. Die Werkstückform ist abhängig von den Werkstoffeigenschaften, möglichen Umformgraden, Rohteilabmessungen, der zwischen Werkstück und Matrize aufgebrachten Schmierung und der verfügbaren Maschinenleistung. Für komplexe Formen wird eine Umformung in mehreren Schritten notwendig. Dabei können die Verfahrensvarianten kombiniert werden. Bei großen Formänderungen oder schwer umformbaren Werkstoffen ist eine Erwärmung des Werkstücks auf Temperaturen zwischen 300°C und 700°C üblich (Witt 2006). Neben den starren Werkzeugen können auch Wirkmedien zur Krafteinleitung genutzt werden.

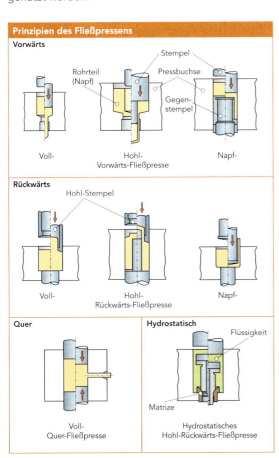

Abb. 61: nach [18]

*Materialien*
Beim Fließpressen können komplexe Bauteile (z.B. Rohre, Nieten, Wellen) unterschiedlicher Wandstärke aus Stahl mit niedrigem Kohlenstoffgehalt, Kupfer, Aluminium, Zink, Zinn und Blei sowie deren Legierungen hergestellt werden.

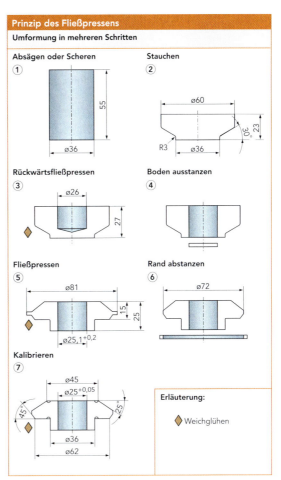

Abb. 62: nach [18]

*Anwendung*
Fließgepresste Bauteile werden im Maschinen-, Anlagen- und Fahrzeugbau eingesetzt. Darüber hinaus sind Halbzeuge im elektrotechnischen Bereich zu finden. Die Verwendung von Hülsen, Schrauben und Nieten reicht bis in den Heimwerkerbereich.

*Bauteilgrößen, Nachbearbeitung, Genauigkeit*
Beim Fließpressen können hohe und reproduzierbare Maß- und Formgenauigkeiten eingehalten werden. Zudem weisen die Bauteile eine gute Oberflächenqualität auf, wodurch eine Nachbearbeitung meist nicht notwendig ist. In einem Arbeitsgang können Materialdicken zwischen 0,1 mm und 1,5 mm gepresst und gleichzeitig eine Höhe von 250 mm erzielt werden (Dobler et al. 2003).

*Wirtschaftlichkeit*
Die Materialkosten sind auf Grund der optimalen Werkstoffausnutzung beim Fließpressen niedrig (kein Materialabfall). Zudem bietet das Verfahren eine hohe Mengenleistung. Es eignet sich daher für die Serienproduktion. Die Taktzeiten liegen je nach Bauteilgröße zwischen 0,5 und 10 Sekunden.

*Alternativverfahren*
Strangpressen bei Rohren und simplen Profilen, Schmieden bei einfachen Geometrien

# Aluminium – für Gegenwart und Zukunft

### Aluminium aus Leidenschaft

Norsk Hydro mit Basis in Norwegen ist ein international führendes Energie- und Aluminiumunternehmen und, mit Hydro Aluminium als einer der weltweit größten Aluminiumanbieter, führend in der Entwicklung von Walz- und Strangpressprodukten. Hydro Aluminium Extrusion Deutschland hat in Deutschland zwei leistungsfähige Standorte. Um mit der Zukunft der Strangpressprofile nicht nur Schritt zu halten, sondern diese auch maßgeblich zu formen, entwickeln wir unermüdlich immer neue, immer bessere Lösungen in unseren Hydro-eigenen Forschungszentren.

### Unser Werkstoff Aluminium

Aluminium ermöglicht Höchstleistungen, und das bei geringem Gewicht. Es ist dabei unübertroffen in seiner Vielseitigkeit und kombiniert Funktion mit einzigartig hoher Lebensdauer.
Aluminiumprofile sind Ergebnisse aus kreativem Design und technischen Lösungen, die vereinfachen, verbessern und zudem Kosten reduzieren können. Automobil- und Baukomponenten, Möbel, Nutzfahrzeuge sowie tragende Konstruktionen legen intelligent angewandte Materialeigenschaften wie Lebensdauer, Funktionalität, Oberflächenbeschaffenheit und Wirtschaftlichkeit zu Grunde.

Die Herstellung des Primäraluminiums ist durch die natürliche Energiequelle Wasserkraft äußerst umweltschonend. Das Recycling des gebrauchten Aluminiums sowie des Prozessschrottes führen wir mit geringem Energieaufwand ohne jeglichen Qualitätsverlust durch.

*Aluminium im Einsatz*

### Das Strangpress-Verfahren

Schnell, sicher und wirtschaftlich werden bei der Hydro Aluminium Extrusion Deutschland aus zylinderförmigen Aluminiumbolzen im Strangpressverfahren Profile gepresst. Verglichen mit konventionellem Konstruktionsmaterial erreichen Aluminiumprofile hervorragende Werte unter dem Aspekt des Lebenszyklusses – vom Entwurf über die Montage des Endproduktes bis zum Recycling.

*Die Verwendung von Aluminium erschließt unzählige Möglichkeiten*

### Full-Service von Hydro

Unternehmensintern verfügen wir über die gesamte Bandbreite der Dienstleistungen rund ums Profil für unsere Kunden: Die Herstellung des Aluminiums in Hydro-eigenen Hütten in Norwegen sichert uns die ständige interne Rohstoffversorgung. Es folgen die Verarbeitung und Veredelung der Strangpressprofile. Die nahtlose Einbindung unserer Lieferanten und Subunternehmen, das Management interner Produktionsabläufe und die enge Zusammenarbeit mit Kollegen und Kunden ergeben den Schlüssel für reibungslose Abläufe. Kurze Wege – damit die optimalen Lösungen stets so nah wie möglich liegen.

### Das Fallbeispiel

Kunde: namhafter Büromöbelhersteller
Objekt: Bein für Bürotisch

*So wird es aussehen: das Endprodukt*

## 1. Step: Das Kundenbriefing

Auf Basis bestehender Möbel aus Stahl und Gussteilen soll die Hydro Aluminium Extrusion Deutschland ein funktionelles Bein für Büromöbel eines Möbelherstellers entwickeln.
Der Kunde hat bereits spezielle Vorstellungen von seinem Produkt, bevor er auf uns zukommt.

Meistens werden die Anforderungen an ein Produkt im Dialog mit unseren qualifizierten Technikern, die Machbares aufzeigen und optimale Eigenschaftskombinationen kennen, weiter definiert und ausgefeilt. Das Profil soll modern, technisch und puristisch designed sein und dabei selbstverständlich allen Anforderungen an die Funktionalität eines Tischbeines entsprechen. Durch die Full-Service-Produktion bei der Hydro Aluminium Extrusion Deutschland sind unsere Mitarbeiter erfahren in der Herstellung von Produkten in optimalem Design und bester Qualität.
Dennoch: Es handelt sich um einen anspruchsvollen Auftrag, der eine Hand-in-Hand-Arbeit aller Beteiligten erfordert.

## 2. Step: Die technische Entwicklung

Nach der obligatorischen Erstellung des Pflichtenheftes wird entwickelt, gezeichnet, skizziert, geprüft, verworfen und neu entwickelt.
Die enge Zusammenarbeit mit Kollegen aus den Fachabteilungen Entwicklung, Design und Verarbeitung sowie mit dem Kunden ist dabei die Basis für einen reibungslosen Ablauf des gesamten Projektes.

Das Ergebnis: Es werden zwei teleskopierbare Hohlkammerprofile entwickelt, die in diesem Fall gegeneinander verklemmt werden, so dass keine gesonderten einstellbaren Führungsklötze erforderlich sind. Eine elegante Lösung, die gleichzeitig besonders wirtschaftlich ist: die Lösung ergibt sich aus der Profilkonstruktion selbst, es müssen keine Fremdgewerke aufgenommen werden.
Im Allgemeinen gilt jedoch, dass die Fertigungstoleranzen von Strangpressprofilen nicht gering genug sind, um Führungsfunktionen zu übernehmen.

*Intelligente Verarbeitung*

Die Wahl der Legierung ist in diesem Fall schnell gemacht: die Standardlegierung ENAW 6063 T66 soll es sein. Sie bringt eine sehr gute Oberflächenqualität mit und verfügt gleichzeitig über eine für dieses Produkt ausreichende mittlere Festigkeit. Bei Hohlkammerprofilen müssen aus optischen Gründen die fertigungsbedingten Strangpressnähte versteckt werden. Dies wird durch Nuten erzielt, die gleichzeitig die Aufnahmestelle für Anbauteile wie Querstreben und Tischanbindung bilden.
Die Zeichnungsfreigabe durch den Kunden ist der Startschuss für den Bau des Werkzeuges sowie die Herstellung eines ersten Prototypen.
Nach ca. vier Wochen ist es soweit: Ein Muster, welches auf den Serienproduktionsanlagen hergestellt wird und daher bereits jetzt der Serienqualität entspricht, kann begutachtet werden.

## 3. Step: Die Produktion, Verarbeitung und Veredelung

Nach Freigabe des Prototypen laufen die Strangpressmaschinen im Werk der Hydro Aluminium Extrusion Deutschland heiß, um nach vereinbarter Produktions- und Verarbeitungszeit termingerecht liefern zu können.

### Fazit:

Die enge Bindung zwischen Kunden und Lieferanten macht es möglich, früh genug die Erfahrungen aus vielen anderen Bereichen, in denen Strangpressprofile eingesetzt werden, für Design und Konstruktion von Neuentwicklungen zu nutzen. Etliche Anwendungsfälle lassen sich in neue Konstruktionen übertragen und somit doppelte Bearbeitungsschritte einsparen.

**Das Ergebnis:** ein attraktives Produkt von höchster Qualität.

Hydro Aluminium
Extrusion Deutschland GmbH

Uphuser Heerstraße 7
D-28832 Achim
Tel +49 4202 57-0
Fax +49 4942 57-239
www.aluminium-uphusen.de
info@aluminium-uphusen.de

Kapitel FOR
*Formen und Generieren*

## FOR 6.6
## Druckumformen – Strangpressen

*Verfahrensprinizip*
Anders als beim Fließpressen, bei dem es zwischen Stempel und Matrize zu einem Fließvorgang des Materials kommt, drückt der Stempel beim Strangpressen den Werkstoff durch eine **Matrize** zu langen Strängen. Zur Herstellung von Profilen ist die entsprechende Formgebung in der Matrize abgebildet. Durch Erwärmung des Werkstoffs kann beim **Warmstrangpressen** die Verarbeitung erleichtert und positiv beeinflusst werden. Durch Verwendung von Schmiermitteln werden die Reibung zwischen Werkstoff und Matrize und folglich die aufzubringende Vorschubkraft des Pressstempels verringert. Sowohl hohle als auch volle Formgeometrien können hergestellt werden.

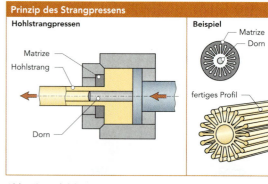

Abb. 63: nach [7]

Bild oben: Extrusionsprofile./ Foto: Norsk Hydro ASA
Bild unten: Werkzeug (Pressscheibe) für das oben links abgebildete Extrusionsprofil./ Foto: Norsk Hydro ASA

*Materialien und Anwendung*
Leicht- und Schwermetalle, die bereits bei niedrigen Temperaturen erweichen, wie Aluminium, Kupfer, Magnesium oder Stähle mit niedrigem Kohlenstoffgehalt, werden mittels Strangpressen zu Rohren, Stangen, Profilen und Drähten verarbeitet. Diese kommen als Halbzeuge in fast allen industriellen Bereichen zur Anwendung. Das Verfahren eignet sich auch zur Verarbeitung nichtmetallischer Werkstoffe. Hier ist die Formgebung von Rohlingen in der silikatkeramischen Prozesskette zu nennen ↗ KER 2. Vorformlinge aus Keramiken, Glas und Ton entstehen, die in einem abschließenden Sinterprozess ausgehärtet werden. Im Kunststoffbereich hat sich für das Strangpressen der Begriff der Extrusion ↗ FOR 4 etabliert, mit dem Profile, Stäbe und Rohre aus thermoplastischen Formmassen hergestellt werden können.

*Bauteilgrößen, Nachbearbeitung, Genauigkeit*
Der Nachbearbeitungsaufwand ist beim Strangpressen gering. Das Verfahren weist eine hohe Reproduziergenauigkeit auf. Metallbauteile sind durch Strangpressen in einem weiten Spektrum herzustellen. Im Bereich der Keramiken entstehen durch das Verfahren 2 m lange Stangen, Rohre oder Profile, die anschließend in kurze Stücke geteilt werden. Die Herstellung von Keramikrohren ab einem Außendurchmesser von 0,6 m ist möglich (Krause 1995).

*Wirtschaftlichkeit*
Das Strangpressen ist eine Technik der Massenfertigung und kommt fast ausschließlich im industriellen Bereich zum Einsatz. Es bietet die Möglichkeit, in Bauteile und Profile möglichst viele Funktionen oder Funktionsflächen zu integrieren und so den Aufwand nachfolgender Füge- und Fertigungsschritte zu verringern. Zur Herstellung von Aluminiumprofilen stellt das Strangpressen eines der wirtschaftlichsten Formgebungsverfahren dar. In der Forschung wird derzeit an einer Kombination der Verfahren Strangpressen und Biegen gearbeitet, um die wirtschaftliche Herstellung von Bauteilen mit Rundungen im Leichtbau zu ermöglichen.

*Alternativverfahren*
Fließpressen, Walzen, Extrudieren

## FOR 7
## Zugdruckumformen

Mit Zugdruckumformen wird eine Gruppe von Fertigungsverfahren bezeichnet, bei denen die Formgebung von Bauteilen, ausgehend von blechförmigen und flachen Zuschnitten, durch Zug- und Druckkräfte erfolgt. Zu diesen Verfahren zählen das *Tiefziehen*, das *Durchziehen*, das *Innenhochdruckumformen* und die *Drücktechnik* sowie deren Varianten.

## FOR 7.1
## Zugdruckumformen – Tiefziehen

Tiefziehen dient zur Umformung von Blechen zu einem Hohlkörper. Die Blechdicke verringert sich nur wenig.

*Verfahrensprinizip*
Ein *Niederhalter* fixiert den Blechzuschnitt auf dem Tiefziehwerkzeug. Die Formgebung erfolgt durch Zugdruckbeanspruchung des Blechs mit Hilfe eines Stempels, der das Material in die Öffnung der *Matrize* zieht. Ein optimaler Tiefziehprozess ergibt sich, wenn der Spalt zwischen Stempel und Werkzeug etwas größer als die Blechdicke des verwendeten Zuschnittes ist. Bei zu kleinem *Ziehspalt* müssen hohe Zugkräfte aufgebracht werden, ein zu großer Spalt führt zu unschöner Faltenbildung.
Um Risse zu vermeiden, werden starke Umformungen in einem *mehrstufigen Tiefziehprozess* durchgeführt. Zwischen den einzelnen *Tiefziehschritten* kann eine Zwischenerwärmung erfolgen. Unter *Ziehverhältnis* versteht man das Verhältnis von Ausgangsdurchmesser zu Werkstückdurchmesser.

### Ziehverhältnisse

**Ziehstufen:** Blechzuschnitt ($D$), 1. Zug ($d_1$), 2. Zug ($d_2$), Fertigzug ($d_3$)

**Ziehverhältnisse:** $\beta_1 = \frac{D}{d_1}$, $\beta_2 = \frac{d_1}{d_2}$, $\beta_3 = \frac{d_2}{d_3}$

**Erreichbare Ziehverhältnisse ($\beta$)**

| Ziehwerkstoff | Erstzug $\beta_1$ | 1. Weiterzug ohne Zwischenglühen $\beta_2$ | 1. Weiterzug mit Zwischenglühen $\beta_3$ |
|---|---|---|---|
| FeP01A (USt 1203) | 1,8 | 1,2 | 1,6 |
| RRSt 1404, RRSt 1405 | 2,0 | 1,3 | 1,7 |
| X15CrNiSi25-20 | 2,0 | 1,2 | 1,8 |
| CuZn 28 w | 2,1 | 1,3 | 1,8 |
| CuZn 37 w | 2,0 | 1,3 | 1,7 |
| Cu 95,5 w | 1,9 | 1,4 | 1,8 |
| EN AW-Al 99,5 | 1,95 | 1,4 | 1,8 |
| EN AW-AlMg1 | 2,05 | 1,4 | 1,9 |

Abb. 64: nach [7]

Die erreichbaren Ziehverhältnisse sind abhängig von Material, Dicke des Blechs, Höhe der Niederhalterkraft und Radien von Tiefziehteil und Stempelkante.

Die Verwendung von Schmierstoffen kann den Prozess positiv beeinflussen. Werden mit dem Tiefziehverfahren Durchbrüche oder kragenförmige Geometrien erstellt, spricht man vom *Kragenziehen*.

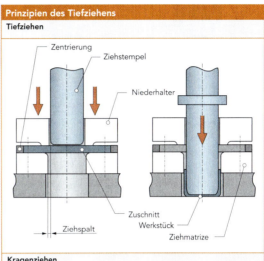

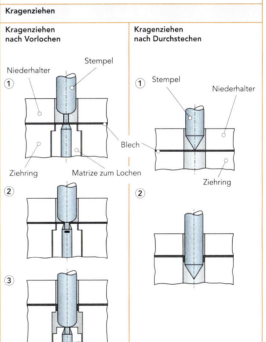

Abb. 65: nach [19]

Eine nicht unbedeutende Verfahrensvariante ist das Tiefziehen durch elastische Werkzeuge oder Wirkmedien (z.B. Flüssigkeiten). Über ein entsprechendes Medium wird eine sich gleichmäßig am Blechzuschnitt verteilende Gegenkraft erzeugt, die größere Tiefziehverhältnisse als beim konventionellen Verfahrensablauf ermöglicht. Dadurch wird die Anzahl der Arbeitsschritte verringert. Auch komplizierte Bauteilgeometrien können in wenigen Stufen oder in nur einem Prozessschritt gefertigt werden. Allerdings muss eine höhere Tiefziehkraft als beim konventionellen Verfahrensprinzip aufgebracht werden.

---

*Superformen* ist ein Begriff der Firma »Superform Aluminium« und ihrer Schwesterfirma »Superform USA«. Sie sind weltführende Lieferanten von supergeformten Komponenten aus Aluminium und Kompositen. Superformen ist ein Heißformprozess, bei dem ein Aluminiumblech auf 450 bis 500°C erhitzt und anschließend durch Hohlraum-, Blasen-, Gegendruck- oder Membranprozess dreidimensional verformt (siehe hierzu auch Abb. 66).

## Kapitel FOR
### Formen und Generieren

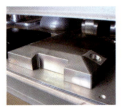
Bild: Tiefziehwerkzeug.

Bild: Tiefgezogenes Kunststoffbauteil.

Bild: Fertiges Bauteil mit bearbeiteten Konturen und Aussparungen.

Hersteller: Froli

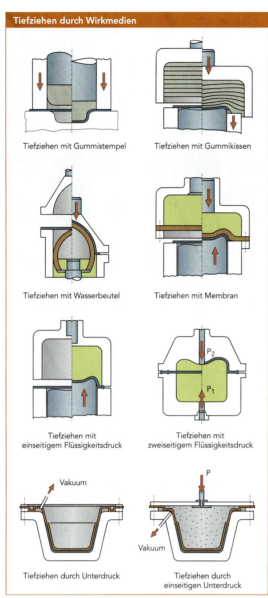

Abb. 66: nach [19]

| Fehler beim Tiefziehen und deren Ursachen | |
|---|---|
| **Fehler** | **mögliche Ursachen** |
| Risse am Boden | Werkstofffehler, Ziehspalt zu klein, Niederhaltekraft zu groß |
| Falten | Niederhaltekraft zu gering |
| Ziehriefen | Verschleiß am Ziehring, unzureichende Schmierung, Ziehspalt zu klein |

Abb. 67: nach [7, 19]

### Bauteilgrößen, Nachbearbeitung, Genauigkeit

Durch Tiefziehen können mittlere bis hohe Genauigkeiten erzielt werden. Das Verfahren weist eine hohe Reproduktionsgenauigkeit auf. Der Nachbearbeitungsaufwand ist gering. Wichtige Einflussgrößen auf die Fertigungsgenauigkeit sind die Werkzeuggeometrie, das besondere Werkstoffverhalten und die Eigenschaften der gewählten Maschine. Bauteile in einer Größe von einigen Zentimetern bis zu wenigen Metern können geformt werden. Sie lassen sich mit konventionellen Verfahren (z.B. Kleben, Schweißen, Drehen, Fräsen) weiterverarbeiten.

Bild: Sonnenbank mit großflächigen Tiefziehteilen./ Entwicklung und Foto: MMID

### Materialien und Anwendung

Tiefziehen ist eines der wichtigsten Verfahren zur Herstellung von Blechteilen. Vor allem kommt das Verfahren in der Automobil- und Verpackungsindustrie zur Anwendung. Unterschiedliche Stähle, Aluminium, Nickel, Kupfer und Zink können tiefgezogen werden. Edelmetalle wie Platin, Gold und Silber besitzen ebenfalls gute Tiefzieheigenschaften (König 1992).

Auch thermoplastische Kunststoffe lassen sich in erwärmtem Zustand verarbeiten (z.B. Joghurtbecher). Man spricht in diesem Zusammenhang auch vom **Thermo-** oder **Streckformen**. Thermoplastische Werkstoffe lassen sich im zähweichen Zustand leicht verarbeiten. Dies wird bei Kunststoffen lediglich unter Erzeugung eines Unterdrucks erreicht.

Bild links: Trinkbecher aus PS hergestellt durch Streckumformung./ Foto: PAPSTAR

### Wirtschaftlichkeit

Tiefziehen ist ein klassisches Verfahren der Massenfertigung. Es lässt aber auch die Verarbeitung von Metallen in besonderen Bereichen (z.B. Luftfahrtindustrie) der Kleinserienproduktion zu. Die Wirtschaftlichkeit wird durch die Werkzeugkosten und die Anzahl der Tiefziehschritte bestimmt. Im Kunststoffbereich sind die Kosten für Werkzeuge meist niedrig. Deshalb rechnet sich das Tiefziehen hier auch für Kleinserien. Zur Bearbeitung polymerer Werkstoffe können Formwerkzeuge aus Aluminium günstig gefertigt werden.

### Alternativverfahren

Spritzgießen, Druckgießen

## FOR 7.2
## Zugdruckumformen – Durchziehen

*Verfahrensprinizip*

Ziehen bezeichnet ein Verfahren, in dem Rohlinge, die in ihren Abmaßen bereits denen des Bauteils ähnlich sind, über *Durchziehen* durch eine Werkzeugöffnung geformt werden. Die Bauteilgeometrie wird von der Geometrie des Werkzeugdurchgangs bestimmt. Ein Führungsdorn im Innern hohler Bauteile kann während des Fertigungsprozesses behilflich sein. Das Verfahren weist einen sehr guten Materialausnutzungsgrad auf. Bei der Verarbeitung von Stabmaterial werden *Ziehbänke* verwendet.

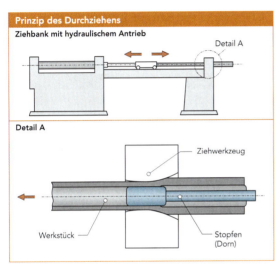

Abb. 68: nach [7, 39]

*Materialien und Anwendung*

Ziehen oder Durchziehen kommt dann zur Anwendung, wenn runde Geometrien wie Rohre und Drähte unterschiedlicher Durchmesser mit guten Oberflächenwerten erzeugt werden sollen. Neben dem industriellen Bedarf nach derartigen Formteilen (z.B. Hydraulikleitungen oder Präzisionsrohre) ist vor allem das Schmuckhandwerk zu nennen. Hier wird häufig besonders dünnes Drahtmaterial aus edlen Metallen (z.B. Gold, Silber) benötigt, das in den erforderlichen Abmaßen im Handel nicht erhältlich ist. Der optimalen Werkstoffausnutzung wird gerade bei hochwertigen Materialien ein hoher Stellenwert beigemessen.

*Bauteilgrößen, Nachbearbeitung, Genauigkeit*

Sehr gute Reproduktionsgenauigkeiten sind für das Verfahren charakteristisch. Die Oberflächen weisen gute Qualitäten auf, so dass der Nachbearbeitungsaufwand meist gering ist. Beim *Drahtziehen* werden Anfangsquerschnitte von minimal 5 mm bis maximal 30 mm Durchmesser auf Enddurchmesser von bis zu 0,03 mm gezogen. In Sonderfällen sind sogar noch kleinere Abmaße möglich. Die Ziehlängen konventioneller Ziehbänke liegen zwischen 5 m und 15 m (Witt 2006).

*Wirtschaftlichkeit*

Das Verfahren kommt sowohl in der Serienproduktion als auch zur Fertigung von Kleinenserien oder Einzelteilen zur Anwendung. Die Investitionskosten für Werkzeuge und Ziehbänke sind niedrig.

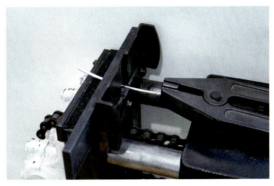

Bild: Ziehbank.

*Alternativverfahren*

Walzen

Bilder unten: Ziehwerkzeuge für unterschiedliche Geometrien und Größen.

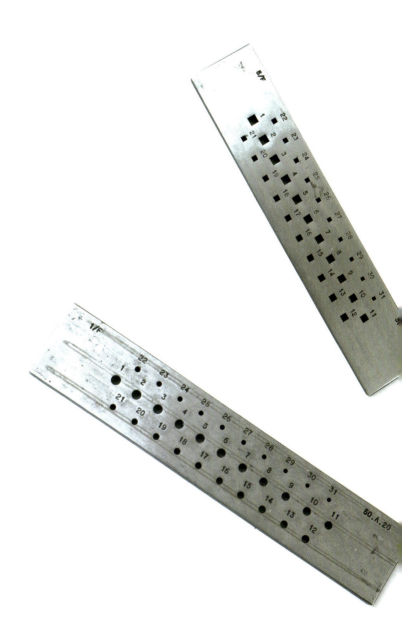

## Kapitel FOR
### Formen und Generieren

### FOR 7.3
### Ziehen – Gestaltungsregeln

Zur komplikationsfreien und wirtschaftlichen Nutzung der Ziehtechniken, insbesondere des Tiefziehens, sollten folgende Hinweise Beachtung finden (Fritz, Schulze 1998):

Komplexe und komplizierte Formteile sowie asymmetrische Geometrien sind zu vermeiden. Ausgehend von einer Kreisform als einfachster Form, kann die Verhältniszahl x zur Kostenabschätzung davon abweichender Formen genutzt werden.

Bild: Computermausgehäuse hergestellt durch Tiefziehen mit einseitigem Flüssigkeitsdruck (wirkmedienbasiertes Blechumformungsverfahren »HydroMec«)./ Institut für Umformtechnik und Leichtbau, Dortmund

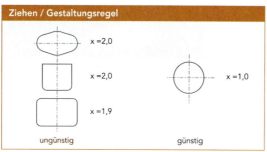

Abb. 69: nach [13]

Ebene Böden mit großen Bodenrundungen sind runden Böden vorzuziehen. Die günstigste Bodenrundung entspricht dem 0,15fachen des Stempeldurchmessers.

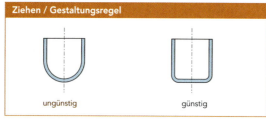

Abb. 70: nach [13]

Vertiefungen sind niedrig zu halten (h < 0,3 d). Vorzusehen sind möglichst große Radien und Schrägen.

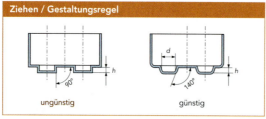

Abb. 71: nach [13]

Bauchige Mantelflächen sind kegeligen und kurvigen Flächen vorzuziehen, um Faltenbildungen zu vermeiden und eine gleichmäßige Werkstoff- und Werkzeugbeanspruchung zu gewährleisten.

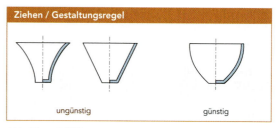

Abb. 72: nach [13]

Hinterschnitte sind nicht möglich. Die Werkstückgeometrie ist in Formen mit einfachen Grundformen aufzuteilen.

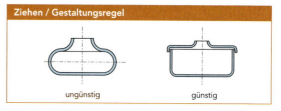

Abb. 73: nach [13]

Senkrechte Formteile sind billiger als Kegelflächen. Zudem sind Außenrollen leichter herzustellen.

Abb. 74: nach [13]

Teure Werkzeuge sind erforderlich, um tiefe Teile mit breitem Flansch herzustellen. Wirtschaftlicher ist es meist, diesen nachträglich anzubringen (z.B. durch Löten, Schweißen, Kleben).

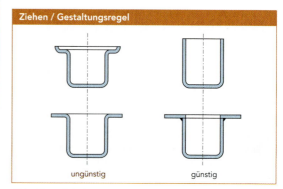

Abb. 75: nach [13]

## FOR 7.4
## Zugdruckumformen – Innenhochdruckformen

*Verfahrensprinizip*

Der Formgebungsprozess beim Innenhochdruckformen resultiert aus der Druckbeanspruchung durch eine Flüssigkeit (*Wirkmedium*), die in einen Hohlkörper eingebracht wird. In der Regel stehen Rohrprofile als Ausgangsteile zur Verfügung. Das Hohlprofil wird zunächst in ein zwei- oder mehrteiliges Werkzeug eingelegt, das die Bauteilendform aufweist. Eine Flüssigkeit wird eingepresst und formt den Rohling in die gewünschte Geometrie. Je nach Anwendungsfall wird der Vorgang mit Pressstempeln unterstützt. Der Vorteil des Innenhochdruckformens liegt darin, dass Bauteile mit komplexen Geometrien aus einem Stück hergestellt werden können, für deren Fertigung mit konventionellen Techniken mehrere Schritte und Einzelgeometrien benötigt würden. Auf Grund der fehlenden Fügenähte und Wärmebeanspruchung kann mit dem Verfahren eine sehr hohe Festigkeit und Steifigkeit erzielt werden. Darüber hinaus sind Geometrien herstellbar, die strömungstechnische Vorteile aufweisen und somit die Beförderung von Gasen und Flüssigkeiten unterstützen.

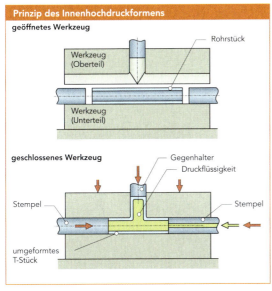

Abb. 76: nach [7]

Bild rechts: Fitting aus Kupfer, hergestellt durch Innenhochdruckformen (Rohrkuppe muss noch abgetrennt werden).

*Materialien und Anwendung*

Das Verfahren wurde entwickelt, um die Zahl der Fertigungsschritte sowie Formteile und somit die Herstellkosten von Bauteilen mit komplexen Geometrien, vor allem für die Automobilindustrie, zu senken. Wegen der hohen Drücke ist es allerdings auf den Metallbereich beschränkt. Typische durch Innenhochdruckformen gefertigte Produktbeispiele sind Komponenten für das Abgassystem von Fahrzeugen (z.B. Krümmer) oder andere typische, auf Rohrprofilen basierende Bauteile wie Gepäckträger oder Fahrradrahmen.

Bild: Bauteilherstellung mit dem Innenhochdruckformverfahren.

*Nachbearbeitung und Genauigkeit*

Mit Innenhochdruckformen werden sehr gute Qualitätswerte erzielt. Der Nachbearbeitungsaufwand der gefertigten Teile ist gering.

*Wirtschaftlichkeit*

Je nach Anwendungsfall können mit Innenhochdruckformen die Herstellungskosten komplexer Bauteile um 10–20% gesenkt werden. Zu beachten ist allerdings, dass sich der Einsatz des Verfahrens auf Grund der hohen Investitions- und Betriebskosten erst bei sehr hohen Stückzahlen rechnet.

*Alternativverfahren*

Aneinanderreihung konventioneller Verfahren wie Biegen, Drücken, Bohren, Fügen

## Kapitel FOR
### Formen und Generieren

**Besonderes Rotationsformverfahren ohne Drückfutter**
*Hierbei werden um ihre Achse rotierende Rohrabschnitte durch CNC gesteuerte Rollen radial in Form gebracht. Die Umformung geschieht in den meisten Anwendungsfällen nur gegen die materialeigenen Kräfte des umzuformenden Werkstücks. Sie kommt somit ohne eine Werkzeugform (Drückfutter) aus.*

*Schritt 1: Ausgangswerkstück (z.B. Edelstahl).*

*Schritt 2: Erhitzen der Rohrabschnitte.*

*Schritt 3: Rollierende Bearbeitung.*

*Schritt 4: Kontrollierte Abkühlung.*

*Fotos: voestalpine HTI GmbH & Co. KG*

### FOR 7.5
### Zugdruckumformen – Drücken

*Verfahrensprinizip*
Drücken bezeichnet eine Umformtechnik zur Fertigung rotationssymmetrischer Hohlkörper aus einem runden blechförmigen Zuschnitt. Das Blech wird mit Walzen gegen eine sich drehende Form gepresst. Dabei kommt es zwischen Walze und Drückform zum Fließen des Werkstoffs, was eine Verringerung der Wandstärke bewirkt. Der Prozess findet je nach Formteilgeometrie meist mehrstufig statt. Bei zu starker Umformung kann es zu Spannungen und in der Folge zu Rissen und Faltenbildung kommen.

Zur Zeit wird an der Entwicklung des *Bohrungsdrückens* als neuem Umformverfahren zur Fertigung axialsymmetrischer hohler Formteile mit Hilfe rotatorisch geführter Drückrollen und einem axial geführten Führungsstempel gearbeitet (TU Chemnitz). Im Prozess fließt das Material zwischen Stempel und Rollen. Das Bohrungsdrücken ist eine Kombination aus Drücktechnik und Fließpressen mit rückwärts orientierter Fließrichtung des Materials.

*Materialien und Anwendung*
Stahlbleche bis zu einer Dicke von 20 mm lassen sich drücktechnisch zu kesselförmigen Bauteilen und Produkten wie z.B. Fässern, Töpfen, Pkw-Felgen, Lampenreflektoren oder Präzisionsrohren verarbeiten. Neben Stählen können Leichtmetalle (Aluminium, Magnesium), deren Legierungen, NE-Metalle (z.B. Kupfer, Messing, Zinn, Blei) und Edelmetalle verarbeitet werden. Eine Wärmezufuhr kann den Fertigungsprozess vereinfachen und das Ergebnis verbessern (z.B. für Titan). Das Bohrungsdrücken wird in Zukunft eine kostengünstige Fertigung napfförmiger Teile und anderer Innenprofile ermöglichen.

*Bauteilgrößen, Nachbearbeitung, Genauigkeit*
Die erzielbare Genauigkeit wird durch die Rückfederung des Werkstücks beeinflusst, was mit einer Nachformsteuerung korrigiert werden kann. Mit einer Korrektur liegen die Toleranzen bei etwa +/- 0,2 mm. Ohne Korrektur muss je nach Bauteilgröße eine Toleranz von wenigen Millimetern einkalkuliert werden. Bauteile mit einer Größe von wenigen Zentimetern und mehreren Metern sind herstellbar. Der Nachbearbeitungsaufwand ist gering.

*Wirtschaftlichkeit*
Die Drücktechnologie weist eine hohe Materialausnutzung bei gleichzeitig geringen Werkzeugkosten auf und hat sich als Serienverfahren bewährt. Auch Kleinserien zwischen 700 und 1500 Teilen sind wirtschaftlich produzierbar. Gerade bei der Herstellung von Hohlwellen weist das Bohrungsdrücken enorme Potenziale auf.

*Alternativverfahren*
Tiefziehen, Druckgießen, Spritzgießen

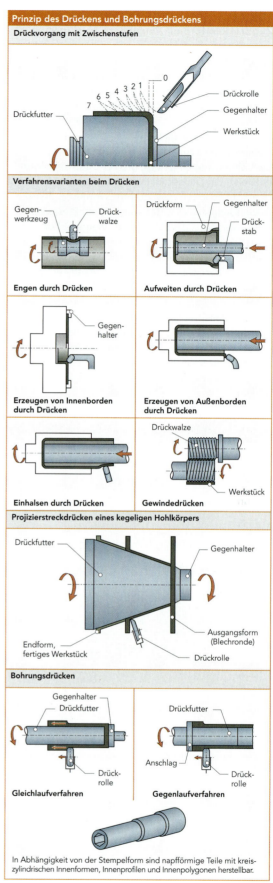

Abb. 77: nach [19]

## FOR 7.6
### Zugdruckumformen – Wölbstrukturieren

Wölbstrukturieren ist ein sehr junges Fertigungsverfahren, mit dem viereckige, hexagonale oder wabenförmige 3D-Strukturen in die Obefläche dünner und gewölbter Materialien eingebracht werden können. Die Technik hat ihren Ursprung in der Bionik und nutzt das Prinzip natürlicher Selbstorganisation.

*Verfahrensprinizip*
Im Strukturierungsprozess wird gekrümmtes Material von innen partiell abgestützt und von außen mit Druck beaufschlagt. Auf Grund der Belastung faltet sich der Werkstoff energieminimiert in dreidimensionale Strukturen mit sehr hoher Formstabilität. Die entscheidenden Vorteile des Verfahrens gegenüber anderen umformenden Techniken sind die erzielbare hohe Biegesteifigkeit bei geringer Wandstärke und niedrigem Gewicht, die hohe thermische Stabilität und die verbesserten Charakteristika zum Wärmeaustausch mit umströmenden Fluiden. Außerdem bleibt die Oberflächenqualität des Ausgangsmaterials nach dem Strukturierungsprozess erhalten. Wölbstrukturierte Materialien haben günstige akustische Eigenschaften und einen verminderten Körperschall. Die Technik ist mittlerweile soweit entwickelt, dass sich selbst Inhomogenitäten im Werkstoff nicht negativ auf den Fertigungsprozess auswirken. Bei der Weiterverarbeitung wölbstrukturierter Materialien ist im Vergleich mit anderen ebenen Profilen eine geringere Rückfederung auszumachen.

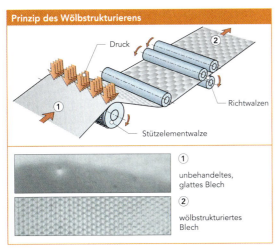

Abb. 78: nach [*]

*Materialien und Anwendung*
Wölbstrukturen können weitgehend unabhängig vom Werkstoff erzeugt werden. Typische Materialien sind Aluminium, Edelstahl, Kupfer und Titan. Beispielanwendungen finden sich in der Leuchten- und Automobilindustrie. Die Technologie wurde bereits erfolgreich bei Waschmaschinentrommeln, Maschinengehäusen, Lüftungskanälen, Lichtreflektoren, Fassaden und Dächern angewendet. Wölbstrukturierte Materialien haben sich außerdem für die Anfertigung eines extrem dünnen, implosionssicheren Elektronenstrahlrohrs bewährt.

An zukünftigen Anwendungen in der Verpackungsindustrie für Packmittel aus Karton, Papier, Kunststoffen, Verbundwerkstoffen und an thermischen Solarabsorbern wird derzeit gearbeitet.
Auf Grund der ästhetischen Qualitäten finden sich große Anwendungspotenziale wölbstrukturierter Oberflächen im Möbel- und Designbereich.

*Bild: Wäschetrommel aus wölbstrukturiertem Blech./ Miele*

*Bauteilgrößen, Nachbearbeitung, Genauigkeit*
Derzeit existieren zum Wölbstrukturieren Produktionsanlagen mit einer maximalen Bearbeitungsbreite von 1200 mm. Aluminium kann bis zu einer Wanddicke von 1,2 mm und Edelstahl bis zu einer Dicke von 1 mm verarbeitet werden. Wabenstrukturen sind mit einer Schlüsselweite von 17, 33, 39 und 50 mm und einer maximalen Strukturtiefe von 5 mm herstellbar. Da die Oberflächengüte des Ausgangsmaterials beibehalten wird, ist der Nachbearbeitungsaufwand gering. Es können hohe Genauigkeiten erzielt werden.

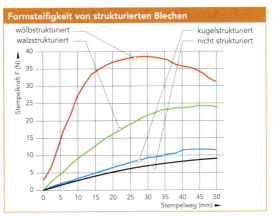

Abb. 79: nach [*]

*Wirtschaftlichkeit*
Das Fertigungsverfahren eignet sich für kleine Serien ebenso wie für die Produktion von großen Stückzahlen. Wölbstrukturieren schont die Umwelt, da Rohstoffe, Chemikalien, Transportgewicht und Energie eingespart werden. Ein Dienstleister bietet die Lohnveredelung von dünnwandigen Tafeln, Bändern und Blechen an.

*Alternativverfahren*
Walzen

---

**Bionik**
*In der Bionik dienen biologische Strukturen und Organisationformen als Vorlage und Inspiration für technische Problemlösungen, wie das folgende Beispiel einer sehr steifen Oberflächenstrukturierung zeigt:*

*Bild: Tierpanzer/ Glyptodont.*

*Bild: Hexacan®, wölbstrukturiertes Blech einer Lebensmitteldose\*.*

\*) Infos zu diesem Verfahren mit freundlicher Unterstützung der Dr. Mirtsch GmbH Strukturtechnik.

# FOR 8
## Zugumformen – Streckziehen

Streckziehen ist das industriell wichtigste Verarbeitungsverfahren, das auf eine Zugumformung zurückzuführen ist.

*Verfahrensprinizip*
Die Formveränderung beim Streckziehen erfolgt hauptsächlich durch eine in den Werkstoff eingebrachte Zugbeanspruchung. Die Materialenden vorgefertigter ebener Blechzuschnitte in den unterschiedlichsten Geometrien (z.B. rechteckig, trapezförmig, oval) werden eingespannt und solange auseinander gezogen, bis das Material plastisch fließt. In diesem Zustand wird ein Stempel gegen den Werkstoff gefahren, was zu einer Abbildung der Werkzeugkontur im Material führt. Während sich die Blechdicke verringert, erhöht sich gleichzeitig die Oberfläche des Bauteils. Die Verformung kann durch Bewegung der Spannzangen beeinflusst werden (*Tangentialstreckziehen*). Je nach Komplexität der Bauteilform wird das Streckziehen in einer oder mehreren Stufen vollzogen. Durch Streckziehen gefertigte Teile weisen höhere Festigkeitswerte auf als tiefgezogene.

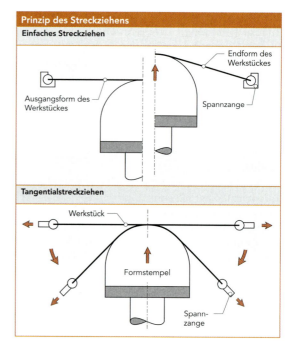
Abb. 80: nach [19]

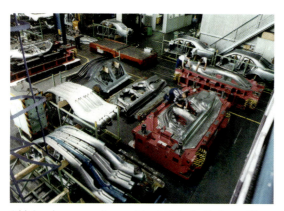
Bild: Streckgezogene Karosseriebauteile in der Fertigung für Mercedes./ Foto: Müller Weingarten AG

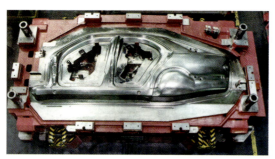
Bild: Streckziehwerkzeug für Karosseriekomponente des Mercedes./ Foto: Müller Weingarten AG

*Materialien und Anwendung*
Streckziehen kommt vor allem dann zum Einsatz, wenn besonders große Bauteile gefertigt werden. Anwendungsfelder sind der Schiffbau, die Luft- und Raumfahrtindustrie sowie der Fahrzeugbau (Karosseriekomponenten). Aluminium- und Kupferlegierungen, kohlenstoffarme Tiefziehstähle und Legierungen aus Magnesium und Titan können verarbeitet werden (König 1990).

*Bauteilgrößen, Nachbearbeitung, Genauigkeit*
Im Streckziehverfahren werden gute Reproduktionsgenauigkeiten erreicht. Rückfederungseffekte müssen berücksichtigt werden. Bei starker Überdehnung des Werkstoffs kann es allerdings zu Rissen oder Brüchen im Material kommen. Beim Streckumformen ist mit einem gewissen Nachbearbeitungsaufwand zu rechnen. Großflächige Werkstücke können Abmaße von mehr als 50 m², in Einzelfällen von bis zu 100 m² haben (König 1990).

*Wirtschaftlichkeit*
Die Investitionskosten für Formwerkzeuge sind auf Grund der Größe und der aufzubringenden Kräfte hoch. Daher ist die Wirtschaftlichkeit des Verfahrens abhängig von den Werkzeugkosten in Relation zu den Bauteilstückzahlen. Zu berücksichtigen ist jedoch, dass ab einer gewissen Bauteilgröße kein anderes wirtschaftliches Alternativverfahren zur Verfügung steht.

*Alternativverfahren*
Tiefziehen, Drücken

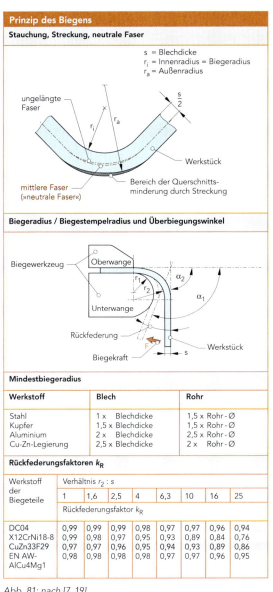

### Prinzip des Biegens

**Stauchung, Streckung, neutrale Faser**

$s$ = Blechdicke
$r_i$ = Innenradius = Biegeradius
$r_a$ = Außenradius

ungelängte Faser
mittlere Faser (»neutrale Faser«)
Werkstück
Bereich der Querschnittsminderung durch Streckung

**Biegeradius / Biegestempelradius und Überbiegungswinkel**

Biegewerkzeug
Oberwange
Unterwange
Rückfederung
Biegekraft
Werkstück

**Mindestbiegeradius**

| Werkstoff | Blech | Rohr |
|---|---|---|
| Stahl | 1 x Blechdicke | 1,5 x Rohr-Ø |
| Kupfer | 1,5 x Blechdicke | 1,5 x Rohr-Ø |
| Aluminium | 2 x Blechdicke | 2,5 x Rohr-Ø |
| Cu-Zn-Legierung | 2,5 x Blechdicke | 2 x Rohr-Ø |

**Rückfederungsfaktoren $k_R$**

| Werkstoff der Biegeteile | Verhältnis $r_2 : s$ | | | | | | | |
|---|---|---|---|---|---|---|---|---|
| | 1 | 1,6 | 2,5 | 4 | 6,3 | 10 | 16 | 25 |
| | Rückfederungsfaktor $k_R$ | | | | | | | |
| DC04 | 0,99 | 0,99 | 0,99 | 0,98 | 0,97 | 0,97 | 0,96 | 0,94 |
| X12CrNi18-8 | 0,99 | 0,98 | 0,97 | 0,95 | 0,93 | 0,89 | 0,84 | 0,76 |
| CuZn33F29 | 0,97 | 0,97 | 0,96 | 0,95 | 0,94 | 0,93 | 0,89 | 0,86 |
| EN AW-AlCu4Mg1 | 0,98 | 0,98 | 0,98 | 0,98 | 0,97 | 0,97 | 0,96 | 0,95 |

Abb. 81: nach [7, 19]

## FOR 9
## Biegen

*Verfahrensprinizip*
Die Formveränderung beim Biegen wird hauptsächlich durch Biegebeanspruchung bewirkt, durch die der Werkstoff plastisch verformt wird. Die äußeren Fasern werden gestreckt, die inneren gestaucht. Der Zwischenbereich erfährt keine Maßänderung und wird als »*neutrale Faser*« bezeichnet. Unter *Biegeradius* wird der nach der Biegeumformung innenliegende Radius verstanden. Die Verformbarkeit eines Werkstoffs ist begrenzt und wird durch den *Mindestbiegeradius* bestimmt. Bei sehr kleinen Radien kann es zu Rissen und unerwünschten Querschnittsveränderungen kommen. Zur Unterstützung des Prozesses bei besonders kleinen Radien oder großen Querschnitten muss der Werkstoff erwärmt werden.

*Bild unten: Mehrzweckstuhl »parlando« aus gebogenem Rohrgestell./ Hersteller: drabert GmbH/ Foto: Volker Bültmann, Petershagen/ Design: A. Kalweit, A. Pankonin, R. Wallbaum*

## Kapitel FOR
### Formen und Generieren

Beim *freien Biegen* wird die Formveränderung durch Krafteinbringung mittels eines Stempels oder Kunststoffhammers erzielt.
Der Werkstoff wird schrittweise in die gewünschte Geometrie gebogen, wobei eine Werkzeugauflage unterstützend genutzt wird.

*Schwenkbiegen* bezeichnet eine Verfahrensvariante, bei der ein Ende des Bauteils fest in einer Vorrichtung eingespannt und anschließend gebogen wird. Rechteckige Bleche erfahren die Formveränderung durch eine schwenkbare Biegewange. Rohre werden in einer Rohrbiegevorrichtung über eine Rolle oder durch eine Matrize gebogen.

Die Umformung beim *Gesenkbiegen* erfolgt zwischen Biegestempel und Biegegesenk, das die gewünschte Geometrie abbildet. Es wird zwischen *U-Gesenken* und *V-Gesenken* unterschieden. Das Gesenkbiegen lässt sich automatisieren.

Bild: Biegematrize./ Foto: Ledder Werkstätten

Ist ein mehrstufiger Biegeprozess zur Erzielung einer gewünschten Geometrie erforderlich, können *Biegematrizen* eingesetzt werden. Dabei wird in einer Stempelbewegung das Bauteil in die entsprechende Form gebracht. Biegematrizen gewährleisten eine hocheffiziente Nutzung der Biegetechnik zur Produktion von Umformbauteilen. Ein bekanntes Beispiel für den Einsatz von Biegematrizen ist die Produktion von *Büroklammern*.

*Bild unten: Büroklammer.*

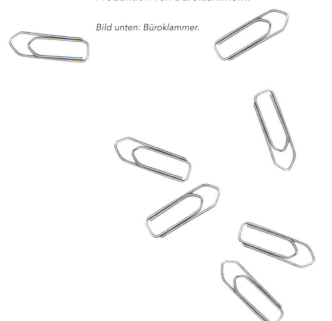

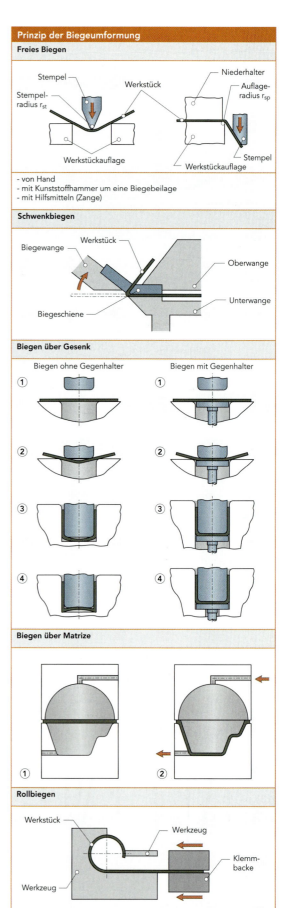

Abb. 82: nach [4, 7, 19]

*Rollbiegen* bezeichnet eine Verfahrensvariante, bei der Biegungen von über 360° erzielt werden können. Vor allem zur Erstellung von Schraubenfedern hat diese Variante eine große Bedeutung.

Am Fraunhofer IPT in Aachen wurde das Biegen unter Einfluss von Laserstrahlung bis zur Marktreife erforscht. Durch *Laserstrahlbiegen* ist es möglich, unter Einbringung von Laserenergie in einen Werkstoff eine sehr flexible Umformung in mehreren Stufen und ohne den Einsatz kostspieliger formgebender Gesenke und Matrizen zu erzielen. Der Laser fährt die Stellen ab, an denen ein Biegeradius im Werkstück entstehen soll, und führt den Umformprozess durch örtliche Erwärmung durch Laserstrahlung herbei.

*Materialien und Anwendung*
Metallische und andere »bildsame« Werkstoffe, die nach der Umformung die gewünschte Geometrieveränderung annehmen, können gebogen werden. Es werden Bleche, Profile, Rohre, Drähte und Stäbe verarbeitet, die in den unterschiedlichsten Bereichen (z.B. Fahrzeug- und Anlagenbau) zum Einsatz kommen. Auch Glas lässt sich bei Temperaturen von etwa 550°C biegen ↗ GLA 2.2.2.

*Wirtschaftlichkeit*
Das Biegen gehört zu einem der am häufigsten eingesetzten Verfahren zur Umformung von Blechen und Rundprofilen. Es wird sowohl in der Massenfertigung als auch der Produktion von Kleinserien und Einzelteilen angewendet. Zur Steigerung der Produktivität kann das Biegen mit anderen Fertigungsverfahren (Schneiden, Abkanten) kombiniert werden.

*Alternativverfahren*
Schmieden, Walzen, Drücken, Tiefziehen

FOR 9.1
Biegen – Gestaltungsregeln

**Biegen / Gestaltungsregeln**
- Die Länge der neutralen Faser entspricht der gestreckten Länge von Biegeteilen.
- Bleche sollten möglichst quer zur Walzrichtung gebogen werden.
- Der Biegeradius darf nicht beliebig klein gewählt werden.
- Das Werkstück muss beim Biegen um die Größe der elastischen Rückfederung überbogen werden damit die gewünschte Geometrie erreicht wird.

Abb. 83: nach [7]

Bild: Vorrichtung zum Bördeln einer PKW Fahrertür./
Foto: ThyssenKrupp Drauz Nothelfer GmbH

Bild unten: Klappbarer Grill aus unterschiedlichen Biegeteilen./
Hersteller: Ledder Werkstätten/ Foto: Bastian Heßler
Design: www.UNITED**DESIGN**WORKERS.com

*Bauteilgrößen, Nachbearbeitung, Genauigkeit*
Zur Betrachtung der möglichen Genauigkeiten des Biegeverfahrens muss die Eigenschaft der elastischen Rückfederung des Werkstoffs beachtet werden. Um die gewünschte Formveränderung zu erzielen, muss die Federung durch Überbiegen ausgeglichen werden. Wird der Faktor der Rückfederung in die Geometrie und Biegebeanspruchung einberechnet, ist eine gute Maßgenauigkeit möglich. Die erzielbaren Bauteilgrößen reichen von wenigen Zentimetern bis in den Bereich einiger Meter.

*Kapitel FOR*
*Formen und Generieren*

## FOR 10
### Generative Verfahren

Generative Verfahren wurden entwickelt, um in den frühen Phasen der Produktentwicklung eine schnelle Erstellung von Modellen, Prototypen und Vorserien für Designreviews, Funktions- sowie Ergonomietests zu ermöglichen (*Rapid Prototyping*).
Zum einen werden Modelle zu Präsentation von Entwicklungsergebnissen genutzt, zum anderen können Fehler frühzeitig erkannt werden.

Ausgehend von CAD-Daten, die als vollständige 3D-Geometrieinformationen vorliegen müssen, wird ein schichtweiser Aufbau durch unterschiedliche Verfahrensprinzipien (z.B. Lasersintern, Stereolithographie) ermöglicht. Da keine Formen benötigt werden, weisen generative Verfahren bezüglich der Formmöglichkeiten eine mit keiner anderen Technik vergleichbare hohe Flexibilität auf.

Das verwendete 3D-CAD-Programm muss verfahrensbedingt über eine *STL-Schnittstelle* verfügen. Die Bauteilflächen werden innerhalb dieses Formats zunächst über Dreiecke angenähert (*Triangulation*). Mit einer gesonderten Software werden anschließend die *STL-Daten* in die für generative Verfahren erforderlichen Schichtinformationen (*SLI-Daten*) umgerechnet (*Slicing*). Diese werden zur exakten Maschinenansteuerung benötigt. Die hierfür verwendete Software ist von den Anlagenherstellern erhältlich und wird beim Kauf mitgeliefert. Über Prozessparameter (z.B. Lasergeschwindigkeit beim SLS) können Herstelldauer und Oberflächenqualität entscheidend beeinflusst werden. Je nach Verfahrensprinzip ist eine abschließende Reinigung und Nachbearbeitung erforderlich.

Bei der Zusammenarbeit mit einem Dienstleister ist es lediglich erforderlich, vollständige STL-Daten eines 3D-Objekts zu liefern. Alle weiteren Prozessschritte werden vom Dienstleister übernommen, der auch die abschließende Nachbearbeitung und Reinigung der Bauteile übernimmt.

*Bild unten: Generativ erzeugtes Geometriemodell für eine Rückenlehne eines Mehrzweckstuhls.*

Eine Vielzahl unterschiedlicher schichtweise generativer Verfahrensprinzipien und Anlagentypen sind bekannt, die sich hinsichtlich der verarbeitbaren Materialien, ihrer Prinzipien sowie der erzielbaren Bauteilgrößen und -qualitäten voneinander unterscheiden. Zu den am häufigsten genutzten Verfahren zählen die Stereolithographie (SL), das Lasersintern (LS), das Fused Deposition Modelling (FDM), das Laminated Object Manufacturing (LOM) sowie das Three Dimensional Printing (3D-P).

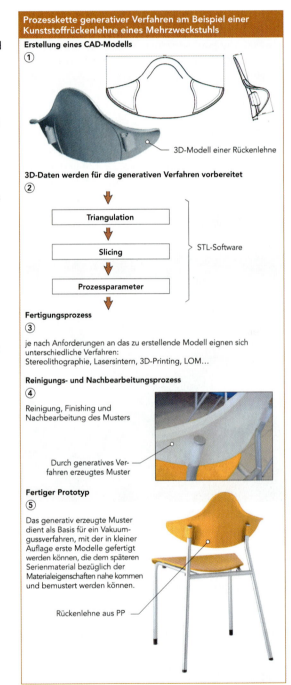

Abb. 84

## FOR 10.1
### Gestaltungsregeln und Prototypenarten

Auf Grund des formlosen Erstellungsprinzips sind bei den schichtweise generativen Verfahren keine Gestaltungsregeln zu beachten. Jedoch gibt es verfahrensbedingte Besonderheiten, die die Herstellung eines Bauteils beeinflussen können. Vor allem vor dem Hintergrund der zu erzielenden geometrischen Komplexität der benötigten Bauteilstückzahl sowie des verwendeten Materials weisen schichtweise generative Verfahren unterschiedliche Eignungen auf.

Schichtweise generative Verfahren werden bislang fast ausschließlich zur Anfertigung von Prototypen eingesetzt, um während eines Produktentwicklungsprozesses Ergebnisse abzubilden und zu verifizieren. Die Wahl des generativen Verfahrens wird bestimmt durch die Höhe der Kosten und den erforderlichen Annäherungsgrad des Entwicklungsergebnisses durch den Prototypen in den einzelnen Produktentwicklungsphasen.

Grundsätzlich werden folgende Prototypenarten unterschieden (Bonten 2003):

1. Konzeptmodell
2. Geometrieprototyp
3. Funktionsprototyp
4. Technischer Prototyp

Unter einem *Konzeptmodell* versteht man ein dreidimensionales Modell, mit dem ein Produktkonzept, bezogen auf Erscheinung und Proportion, visualisiert wird. Es gibt keine funktionalen, mechanischen oder werkstoffspezifischen Anforderungen wider. Daher wird auf den letztendlichen Serienwerkstoff verzichtet. In der frühen Produktentwicklungsphase sind Konzeptmodelle notwendig, um neben zweidimensionalen Darstellungen die rechnergestützten Entwürfe dreidimensional »begreifbar« werden zu lassen. Grobe Entwicklungs- und Gestaltungsfehler können in einem sehr frühen Entwicklungsstadium, in dem noch wenige Kostenfaktoren des Endprodukts festliegen, erkannt und behoben werden.

In einer späteren Phase des Produktentwicklungsprozesses wird die exakt definierte Produktform durch ein *Geometriemodell* angenähert. Es dient zur Prüfung der Haptik und ergonomischer Qualitäten. Die Bedienbarkeit der Produktform soll grob verifiziert werden. Geometriemodelle (auch als Design- und Ergonomiemodelle bekannt) werden noch nicht in einem der späteren Serie ähnlichen Werkstoff hergestellt. Sie entsprechen allerdings in der Qualität der gewünschten Oberfläche und im Detaillierungsgrad dem Serienprodukt, da sie oftmals zu Präsentationszwecken Verwendung finden.

Die Prüfung der Funktionsfähigkeit eines Produkts erfolgt an Hand eines *Funktionsprototyps*. Dieser muss zu einem großen Teil die späteren Produkteigenschaften repräsentieren. Neben der Durchführung von Montage- und Einbauversuchen wird der Funktionsprototyp auch den späteren mechanischen und thermischen Beanspruchungen ausgesetzt, um gegen Ende der Ausarbeitungsphase Fehler in Konstruktion und Materialauswahl beheben zu können. Der verwendete Prototypwerkstoff muss sich daher dem Serienwerkstoff in Dichte, Festigkeit und Temperaturbeständigkeit annähern und einzelne dynamische Funktionen über einen gewissen Zeitraum ermöglichen.

*Technische Prototypen* werden nach Möglichkeit im serienidentischen Material angefertigt und repräsentieren fast alle Eigenschaften des Endprodukts. Zur Erfassung etwaiger Einflüsse des Fertigungsprozesses auf das Produkt und die Produktfunktion werden Vorserien hergestellt. Dies bedeutet, dass eine größere Anzahl von Bauteilen (einige Hundert) mit dem für die Serie vorgesehenen oder einem serienähnlichen Verfahren erstellt werden. Der technische Prototyp stellt die letzte Möglichkeit dar, Entwicklungsfehler vor der Produktion des kostenintensiven Serienwerkzeugs erkennen zu können.

*Bild: Funktionsprototypen – Tasten für ein medizinisches Gerät.*

Abb. 85: nach [14, 32]

## Kapitel FOR
### Formen und Generieren

### Rapid Tooling

Am Ende einer Produktentwicklung werden zu Testzwecken Kleinserien benötigt, deren Bauteile den Serienwerkstoff und somit das Eigenschaftsprofil abbilden müssen (siehe auch Technischer Prototyp). Die Erstellung komplexer Werkzeuge, z.B. für den **Kunststoffspritzguss**, mit konventionellen Verfahren scheidet angesichts der Kosten und des notwendigen Zeitaufwandes in aller Regel aus.

Seit einigen Jahren bieten generative Verfahren die Möglichkeit einer Herstellung von Werkzeugen in wenigen Tagen, was man mit **Rapid Tooling** bezeichnet. Dafür haben sich die Verfahren Lasersintern ↗ FOR 10.3, Elektronenstrahlschmelzen (EBM) und Laserschmelzen für die Herstellung von Werkzeugen aus Metall für den Kunststoffspritzguss, von Formschalen aus Keramik für den Feinguss oder von Umformwerkzeugen für die Metallverarbeitung bewährt.

So konnte das unten abgebildete, im Laserschmelzverfahren gefertigte, Werkzeug der Firma BEGO Medical innerhalb von 4 Tagen nach Eingang der Konstruktionsdaten dem Kunden zur Verfügung gestellt werden

Neben den generativen Verfahren werden das CNC-Fräsen ↗ TRE 1.6 und das Vakuumgießen ↗ FOR 1.5 häufig im Kontext mit schneller Werkzeugerstellung (Rapid Tooling) genannt.

↗ FOR 1.2  ↗ FOR 1.3

Bild: Rapid Tooling mit Aluminium-Spritzgusswerkzeugen. Dieses Verfahren eignet sich besonders für kleinere Stückzahlen aus thermoplastischem Spritzmaterial; dabei werden Hinterschnitte in den Bauteilen nicht mit automatischen Schiebern sondern manuell über Losteile entformt./ Fotos: CNC Speedform AG

### Rapid Manufacturing

Seitdem schichtweise generative Verfahren dank ihrer Flexibilität und Ihres mittlerweile breiten Anwendungspotenzials den Prototypenbau revolutionierten, wird an eine direkte Produkterstellung gedacht. Die Vorteile des **Rapid Manufacturing** können dabei vor allem dann zum Tragen kommen, wenn Produkte zum einen eine hohe Komplexität und zum anderen einen hohen Individualisierungsgrad aufweisen, der eine Unikatfertigung rechtfertigt. Konventionelle Verfahren kommen aus Kostengründen für solche Aufgaben nicht in Frage. Erste Ansätze sind daher aus Bereichen bekannt, in denen eine Produktindividualisierung für den Menschen wirkliche Vorteile bietet. So wurde beispielsweise 2002 die erste Prozesskette zur Fertigung von individuellen Stühlen von den Designern Vogt + Weizenegger vorgestellt. Andere Beispiele sind bereits für die Bereiche Hör- und Sehhilfen angedacht und erprobt worden (**EOS GmbH**).

Bild: Individuell gefertigte Bauteile von Hörgeräten durch Rapid Manufacturing.

Die weltweit erste Rapid-Manufacturing-Prozesskette ist 2004 von der BEGO Medical GmbH aus Bremen im Bereich der Dentaltechnik etabliert worden.

Bild: Individuell angefertigter Zahnersatz im schichtbauenden Verfahren »Laserschmelzen«. Das metallische Gerüst aus einer Kobalt-Chrom-Legierung wird im nächsten Arbeitsschritt vom Zahntechniker mit Keramik verblendet, um eine möglichst zahnähnliche Optik zu erreichen./ Foto: BEGO Medical GmbH

Wurden Kronen, Inlays und Brücken bisher in einem aufwändigen und langwierigen manuellen Prozess angefertigt, so soll die vollkommen digitalisierte Prozesskette der Zukunft von der Datenaufnahme der Zahnform bis zur generativen Fertigung des Zahnersatzes einen echten Mehrwert für Patienten und Zahnarzt erbringen. Qualitativ hochwertige und passgenaue Zahngerüste werden zunächst durch das Verfahren des **Laserschmelzens** von einer Kobalt-Chrom-Legierung (entwickelt am Fraunhofer ILT) schichtweise erzeugt. Das Verblenden mit Keramik erfolgt im Dentallabor. Die Vorteile individuellen Zahnersatzes liegen auf der Hand.

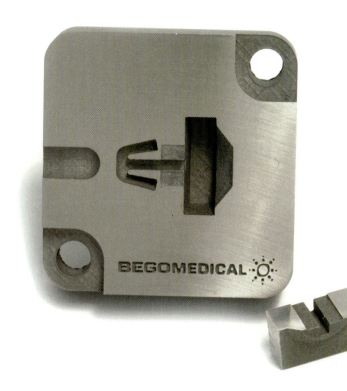

## FOR 10.2
## Generative Verfahren – Stereolithographie (SL)

Als weltweit erstes generatives Verfahren wurde die *Stereolithographie* 1984 patentiert und 1988 durch die Firma 3D-Systems Inc. kommerzialisiert.

*Verfahrensprinizip*
Das Verfahrensprinzip der Stereolithographie basiert auf der lokalen Aushärtung eines flüssigen, lichtempfindlichen Kunstharzes (Photopolymer) unter Einsatz eines Laserstrahls. Ausgehend von 3D-CAD-Daten entstehen komplexe Bauteile dabei durch schicht- bzw. zeilenweises Belichten einzelner Bauteilquerschnitte in einem Harzbad. Zu Beginn des Prozesses befindet sich die Bauteilplattform etwa eine Schichtdicke unterhalb der Oberfläche des Harzbades. Der Laser fährt die Schichtstruktur ab und härtet das Kunstharz örtlich aus. Anschließend wird die Plattform um den Wert einer Schichtdicke nach unten verfahren. Mit Hilfe einer Wischvorrichtung wird das von den Seiten nachfließende Polymerharz geglättet, bevor der Laser erneut die Schichtstruktur abfährt. Die Prozessabfolge wird so lange wiederholt, bis die komplette Bauteilhöhe erreicht ist. Überhängende Strukturen müssen durch Stützen vor dem Absinken gehindert werden. Nach Entnahme der stereolithographisch erstellten Modelle ist eine Reinigung erforderlich, um flüssiges Material oder Stützstrukturen von den Bauteilen zu entfernen. Die Lagerung der Modelle unter UV-Licht beschleunigt den abschließenden Aushärteprozess.

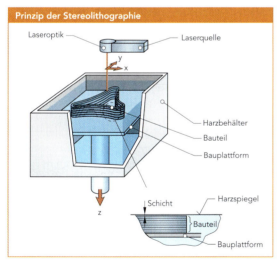

Abb. 86: nach [2]

*Materialien*
Mit Stereolithographie können ausschließlich Photopolymere verschiedener Qualitäten (temperaturbeständig, flexibel, glasklar, ...) verarbeitet werden. Werden Modelle aus dem Serienwerkstoff benötigt, muss auf alternative Verfahren ausgewichen werden.

*Anwendung*
Die Stereolithographie wird zur Bereitstellung von Geometriemodellen und Funktionsprototypen eingesetzt. Auch bei der Herstellung von Modellen für Gießvorgänge (z.B. Vakuumgießen FOR 1.5) kommt die Technik zur Anwendung.

*Bauteilgrößen, Nachbearbeitung, Genauigkeit*
Die maximalen Bauteilgrößen liegen je nach Anlagengröße und verwendetem Material zwischen 250 x 250 x 250 mm$^3$ und 1000 x 800 x 500 mm$^3$ bei einer erzielbaren Genauigkeit von +/- 0,05 mm. Die Stereolithographie gilt als das genaueste aller generativen Verfahren (Witt 2006). Bauteile mit Hohlräumen können nur bedingt hergestellt werden, da hier stets auf Öffnungen zum Herausfließen des Harzes geachtet werden muss. Großvolumige Modelle, die den maximalen Bauraum einer Anlage überschreiten, können aus mehreren Teilen zusammengesetzt und verbunden werden. Stereolithographiemodelle lassen sich leicht nachbearbeiten. Die benötigten Oberflächenqualitäten werden durch Sandstrahlen und Schleifen erzielt. Teilweise finden auch weitere zerspanende Techniken Anwendung. Mit Lack kann die natürliche Transparenz des Werkstoffs beseitigt werden.

Bild: Stereolithographievorgang./ Foto: CNC-Speedform AG

*Wirtschaftlichkeit*
Die Stereolithographie ist auf Grund ihrer Historie das am häufigsten angewandte generative Verfahren. Daher sind mit diesem Verfahren erstellte Bauteile in den letzten Jahren immer preiswerter geworden. Da die Kosten aber von vielen Faktoren wie Genauigkeit oder Bauraum abhängen, ist eine Kostenabschätzung an dieser Stelle schwerlich möglich. Sie bewegen sich in der Regel in der Größenordnung von unter hundert bis zu einigen tausend Euro. Bauteile können von Dienstleistern bezogen werden.

*Alternativverfahren*
Extrusionsverfahren, 3D-Printing, Kunststoff-Lasersintern, Laminated Object Manufacturing

*Kapitel FOR*
*Formen und Generieren*

## FOR 10.3
### Generative Verfahren – Lasersintern (LS)

Das *Lasersintern* mit seinen Verfahrensvarianten zählt zu den am häufigsten eingesetzten generativen Verfahren, da Bauteile nahe ihrer Serieneigenschaften hergestellt werden können. Von verschiedenen Unternehmen wurden unterschiedliche Anlagentypen entwickelt, die alle auf ein ähnliches Verfahrensprinzip zurückzuführen sind:

- *Selektives Lasersintern* (SLS)
- *Selective Laser Melting* (SLM)
- *Laser Cusing*

Bild: Säubern des Modells nach dem Lasersintern./ Foto: CNC-Speedform AG

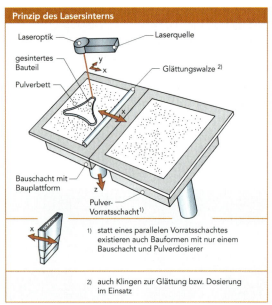

Abb. 87: nach [2]

### Verfahrensprinizip
Das LS-Verfahren basiert auf dem lokalen Sintern FOR 2 und Verschmelzen pulverförmigen Materials unter Wärmeeinwirkung eines Laserstrahls ausgehend von 3D-CAD-Daten. Komplexe Bauteile entstehen dabei durch schicht- bzw. zeilenweises Belichten einzelner Bauteilquerschnitte in einem Pulverbett. Beim Selektiven Lasersintern (SLS) erfolgt der Pulverauftrag durch eine Walze, die gleichzeitig zur Glättung des Werkstoffs verwendet wird. Der Laser fährt die Schichtstruktur ab und bewirkt das Verschmelzen der Materialpartikel, die nach der Abkühlung einen festen Werkstoffverbund ergeben. Nach Beendigung des Sintervorgangs für eine Bauteilschicht wird die Plattform um eine Schichtdicke herabgefahren. Die Walze erzeugt erneut eine geschlossene Pulverschicht. Der Sinterprozess für die nächste Schichtstruktur kann beginnen. Da das entstehende Bauteil ständig von losem Pulver umgeben ist, müssen Überhänge anders als bei der Stereolithographie nicht gesondert abgestützt werden.

Bild links: Turm mit Wendeltreppe hergestellt durch Lasersintern.

### Materialien
Grundsätzlich kann jedes schmelzbare und als Pulver vorliegende Material verwendet werden, das sich nach der Abkühlung wieder verfestigt. Verarbeitbar sind derzeit: Wachs, Thermoplaste, Metalle, Gießsand und Keramiken wie $Al_2O_3$ oder $ZrO_2$ (Peters, Klocke 2003). Die Kombination aus schichtweisem Auftrag und Sinterprozess bietet neben der hohen Formflexibilität prinzipiell auch die Möglichkeit, durch Verarbeitung unterschiedlicher Werkstoffkombinationen und Pulvergemische Produkte mit speziellen Materialeigenschaften zu erzeugen.

### Anwendung
LS-Bauteile werden vor allem als Funktionsprototypen und technische Prototypen eingesetzt. Es ist eine gute Oberflächenqualität erreichbar. Das Verfahren ist mittlerweile soweit entwickelt, dass sich selbst Formeinsätze für den Kunststoffspritzguss aus Metall (Stahl, Bronze-Nickel-Legierung), Werkzeugformen für den Leichtmetall-Druckguss oder keramische Formen für den Feinguss erstellen lassen (Wagner 2003). Mit diesen können Vorserien produziert werden. Die Forschung arbeitet zur Zeit daran, das Lasersintern für die direkte Herstellung von Produkten zu qualifizieren, bei denen ein hoher Individualisierungsgrad gegeben ist, wie z.B. bei Implantaten. Im Designbereich wurde das Verfahren zur direkten Herstellung von Lampenschirmen mit hochkomplexen Formgeometrien bereits verwendet, die auf konventionelle Weise gar nicht zu fertigen gewesen wären. Bekannt geworden ist in diesem Zusammenhang insbesondere das Unternehmen Materialise, das 2003 einen Workshop mit mehreren Designern durchgeführt hat.

### Bauteilgrößen, Nachbearbeitung, Genauigkeit
Die maximalen Bauteilgrößen liegen je nach Anlagengröße und verwendetem Material zwischen 250 x 250 x 150 mm³ und 720 x 500 x 450 mm³ bei einer erzielbaren Genauigkeit von +/- 0,1 mm (Gebhardt 2003). Für Metallbauteile sind auch Werte von +/- 0,02 mm möglich. Zur Erzeugung hochdichter Bauteile können die Formteile nach Entnahme und Säuberung mit Epoxidharz oder niedrigschmelzenden Metallen infiltriert werden.

### Wirtschaftlichkeit
Das Verfahren wird in der Regel dann eingesetzt, wenn Bauteile mit konventionellen Modellbauverfahren nicht kostengünstig herzustellen sind. Die Kosten für lasergesinterte Bauteile, Prototypen und Formeinsätze bewegen sich in der Größenordnung von wenigen hundert bis zu einigen tausend Euro. Sie liegen über denen anderer Verfahren wie der Stereolithographie, dem 3D-Printing oder dem LOM-Verfahren. Lasersinteranlagen sind weit verbreitet. Dadurch können Bauteile von Dienstleistern bezogen werden.

### Alternativverfahren
Stereolithographie, 3D-Printing bei Metallen, Elektronenstrahlschmelzen, Extrusionsverfahren bei Kunststoffen

## FOR 10.4
### Generative Verfahren – Laminate-Verfahren

Zu dieser Verfahrensgruppe zählen beispielsweise das *Laminated Object Manufacturing* (LOM), das *Layer Laminate Manufacturing* (LLM) oder die *Paper Lamination Technology* (PTL).

*Verfahrensprinizip*
Den *Laminate-Verfahren* ist gemein, dass Bauteile durch schichtweises Aufeinanderkleben von Folien entstehen. Das Schichtmaterial wird zunächst auf eine verfahrbare Plattform gelegt, mit einer Thermowalze (300°C) angedrückt und verklebt. Der Zuschnitt der Schichtkontur erfolgt durch einen Laser oder ein Schneidwerkzeug. Zur Vereinfachung der Entnahme des Bauteils wird das nicht zum Modellvolumen beitragende Folienmaterial in Rechtecke geschnitten. Es sind keine Stützkonstruktionen für überstehende Geometrien erforderlich. Da Laminate-Verfahren bei Raumtemperatur ablaufen, kann der Prozess angehalten werden, um Funktionselemente einzulegen oder überflüssiges Material in Hohlräumen zu entfernen. Die am weitesten verbreitete Anlagentechnologie mit diesem Verfahrensprinzip ist die des Laminated Object Manufacturing (LOM).

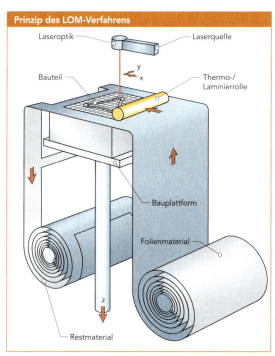

Abb. 88: nach [2]

*Materialien*
In der Regel wird Folienmaterial aus beschichtetem Papier verarbeitet, mit dem holzähnliche Eigenschaften erzielt werden können. Aber auch Folien aus Kunststoff, Metall, Keramik und glasfaserverstärkten Verbundwerkstoffen können verwendet werden und bieten eine im Vergleich erhöhte Festigkeit und Feuchtigkeitsbeständigkeit der entstehenden Bauteilgeometrie.

*Anwendung*
Laminate-Verfahren werden vor allem dann eingesetzt, wenn großvolumige Konzept- und Ergonomiemodelle mit eingeschränkter Komplexität oder Prototypen mit holzartiger Erscheinung benötigt werden. Aber auch zur Herstellung von Gießereimodellen und für Vakuumtiefziehformen findet die Technologie Anwendung. Hohlkonturen und komplexe Innenstrukturen können nur bedingt hergestellt werden.

*Bauteilgrößen, Nachbearbeitung, Genauigkeit*
Die maximale Bauteilgröße einer LOM-Anlage beträgt 800 x 600 x 550 $mm^3$. Übliche Schichtdicken liegen zwischen 0,08 mm und 0,25 mm (Witt 2006). Die Genauigkeit des Verfahrens konnte in den letzten Jahren enorm verbessert werden und liegt aktuell bei +/- 0,15 mm. Ist eine zerspanende Nachbearbeitung notwendig, ist auf die Laminierrichtung zu achten. Auf Grund der hygroskopischen Eigenschaften von Papier PAP 1.3.2 sind die Oberflächen von Papiermodellen zu versiegeln.

*Wirtschaftlichkeit*
Laminate-Verfahren gelten als wirtschaftliche Verfahren für großvolumige Bauteile. Diese können von Dienstleistern bezogen werden.

*Alternativverfahren*
Stereolithographie, 3D-Printing, Extrusionsverfahren

*Bild unten: LOM-Bauteil./ Foto: Thomas Ebel*

## FOR 10.5
### Generative Verfahren – Extrusionsverfahren

Im Bereich der Extrusionsverfahren sind Anlagentypen unterschiedlicher Nomenklatur entwickelt worden:

- *Fused Deposition Modeling* (FDM)
- *3D-Plotter*
- *Model Maker*
- *Multiphase Jet Solidification* (MJS)
- *Multi-Jet Modeling* (MJM)

*Verfahrensprinizip*
Allen Anlagentypen ist gleich, dass schmelzbare Werkstoffe (z.B. Wachs, Kunststoff) zunächst auf eine Temperatur knapp über dem Schmelzpunkt aufgeschmolzen und dann über eine durch einen Plottermechanismus geführte Düse linienartig (z.B. FDM) oder tröpfchenförmig (z.B. Model Maker) auf eine Bauteilplattform aufgebracht werden. Nach Abkühlung erstarrt der Werkstoff dort unmittelbar. Das Bauteil entsteht sukzessive durch Verschmelzung der jeweiligen Schichten. Die Schichtdicke wird durch die Glättung mit der Düse bestimmt. Hohlräume und Hinterschnitte können auf Grund des Auftragprinzips nur bedingt erzeugt werden. Herausragende Bauteilpartien erfordern bei einigen Verfahren (z.B. FDM) eine Abstützung aus Polystyrol. Gegebenenfalls wird das Stützmaterial auf einer zweiten Spule mitgeführt.

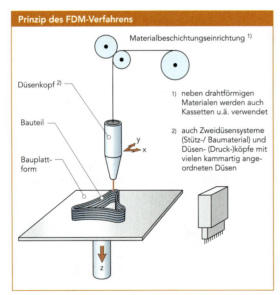

Abb. 89: nach [2]

*Anwendung*
3D-Plotter oder MJM sind wegen der geringen Genauigkeiten und Oberflächenqualitäten auf die Erstellung von Konzeptmodellen beschränkt. FDM-Modelle werden vor allem zur Herstellung von Geometrieprototypen mit thermoplastischen Eigenschaftsprofilen genutzt, die allerdings eine nur mittlere Komplexität aufweisen dürfen. Konzeptmodelle können mit Extrusionsverfahren hergestellt werden. Bedingt kommen die Verfahren im Bereich von Funktionsmodellen zum Einsatz.

*Bauteilgrößen, Nachbearbeitung, Genauigkeit*
Die je nach Anlagentechnik verwendbaren Materialien und erzielbaren Genauigkeiten können nachfolgender Tabelle entnommen werden. Die maximale Bauteilgröße liegt beim Fused Deposition Modeling bei 600 x 500 x 600 mm³.

| Materialien und Genauigkeit im Vergleich | | |
|---|---|---|
| Verfahren / Anlagen | Werkstoff | Genauigkeit |
| FDM, verschiedene Anlagen | ABS, sterilisierbares ABS für medizinische Anwendungen, Elastomer, Feingusswachs, Polycarbonat, Polyphenylsulfon (PPSU), auswaschbares Stützmaterial auf ABS-Basis | ± 0,1 mm |
| 3D-Plotter | Polyester | ± 0,3 mm |
| Model Maker | Hartwachs, Stützwachs | 0,013 mm ... 0,025 mm |
| MJM, Thermo-Jet | Thermopolymer auf Paraffinbasis | |
| MJS | alle schmelzflüssigen, thermoplastischen Materialien mit einem Schmelzpunkt <200°C | ± 0,2 mm |

Abb. 90: nach [2]

*Wirtschaftlichkeit*
Die Kosten für RP-Modelle nach dem Extrusionsprinzip sind vergleichbar mit denen für stereolithographisch und durch 3D-Printing erstellte Bauteile. Deshalb gelten die Verfahren als vergleichsweise kostengünstig. Bauteile können von Dienstleistern bezogen werden.

Bild: FDM-Bauteil aus ABS./ Foto: CNC-Speedform AG

*Alternativverfahren*
Stereolithographie bei Geometrieprototypen, 3D-Drucken für Konzeptmodelle und Geometrieprototypen

## FOR 10.6
### Generative Verfahren – 3D-Printing (3D-P)

Das 3D-Printing gilt als kostengünstigstes generatives Verfahren. Es wurde am Massachusetts Institute of Technology (MIT) in Boston mit der Vision eines 3D-Druckers für die Büroumgebung entwickelt.

*Verfahrensprinizip*
Das ursprüngliche Prinzip basiert auf der örtlichen Verfestigung eines Zellulosepulvers durch Auftrag eines Binders. Dieser wird über eine konventionelle Druckerdüse schichtweise eingebracht. Während des Prozesses befindet sich das entstehende Teil vollständig im Pulverbett. Daher sind keine Stützkonstruktionen für Überhänge und Hohlräume erforderlich. Da Anleihen aus der Drucktechnik Verwendung finden, können mit dem Verfahren im Vergleich zu anderen generativen Techniken sehr hohe Geschwindigkeiten erzielt werden. Außerdem ist das mehrfarbige Einfärben von Bauteilen möglich.

In einer erweiterten noch jungen Verfahrensvariante werden Metall- oder Keramikpulver zunächst miteinander verklebt, um sie in einem nachgelagerten Sinterprozess FOR 2 vollends zu verfestigen. Zur Erzielung einer hohen Dichte ist zwischen den beiden Verfahrensschritten eine Infiltration notwendig.

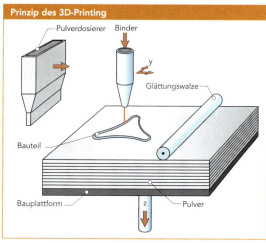

Abb. 91: nach [2]

*Materialien*
Der standardmäßig verwendete Werkstoff beim 3D-Printing ist Stärkepulver oder Gips. Waren früher geprintete Modelle nur wenig belastbar, so kann durch Infiltration mit einem elastischen Harz heute selbst die Funktion eines Faltenbalges simuliert werden. Des Weiteren sind mittlerweile spezielle Thermoplaste, Metalle und Keramiken für das Verfahren qualifiziert worden.

*Anwendung*
Durch die Möglichkeit des Färbens einzelner Bauteilbereiche eignet sich das 3D-Printing vor allem für die schnelle Visualisierung und somit für Konzeptmodelle und Geometrieprototypen. Der Einsatz in der Büroumgebung ist auf Grund des leisen Verfahrensprinzips möglich. Durch 3D-Printing erstellte und gesinterte Metall- und Keramikformen können auch als Werkzeugeinsätze genutzt werden.

*Bauteilgrößen, Nachbearbeitung, Genauigkeit*
Mit dem 3D-Drucker Z 810 der Firma Z-Corp kann eine maximale Bauteilgröße von 600 x 500 x 400 mm³ erreicht werden. Die Genauigkeiten der 3D-Printing Verfahren liegen im Bereich einer Auflösung von 600 dpi (Gebhardt 2003). Zur Erzeugung hochdichter Bauteile aus Metall oder Keramik ist eine Infiltration mit niedrig schmelzenden Metallen und anschließendem Sintern FOR 2 erforderlich.

Bild: Modell hergestelllt durch 3D-Printing.

*Wirtschaftlichkeit*
Das 3D-Printing gilt als ausgesprochen günstiges Verfahrensprinzip. Je nach Materialeinsatz und Bauteilgröße variieren die Kosten. Eine Abschätzung ist daher schwierig. Bauteile können von einer Vielzahl von Dienstleistern bezogen werden. Die Investitionskosten einer Anlage sind vergleichsweise niedrig. Zellulosepulver verarbeitende Anlagen sind je nach Größe schon für ungefähr 50000 Euro erhältlich. Anlagenhersteller sind sowohl in Europa als auch in Amerika ansässig.

*Alternativverfahren*
Stereolithographie, Extrusionsverfahren

*Kapitel FOR*
*Formen und Generieren*

## FOR 10.7
### Auswahl generativer Techniken

Nach Vorstellung wichtiger generativer Verfahren werden im Folgenden Kriterien dargestellt, die dem Entwickler und Designer die Wahl der geeigneten Technik zur Erstellung von Modellen und Prototypen erleichtern soll.

Benötigt man in einer frühen Phase des Entwicklungsprozesses ein Modell, um ein Produktkonzept dreidimensional erfahrbar zu machen, kann auf die generativen Verfahren 3D-Drucken und FDM zurückgegriffen werden. Natürlich ist bei wenig komplexen Bauteilen auch die Anwendung konventioneller Modellbautechniken möglich. Für die Erstellung komplexer Modelle entfallen allerdings aus Kostengründen die klassischen Techniken. Zur Anfertigung einer größeren Anzahl von Konzeptmodellen kommt häufig das Vakuumgießen ↗ FOR 1.5 zur Anwendung.

Für Geometriemodelle reichen die Möglichkeiten des 3D-Druckens oder der Extrusionsverfahren in den meisten Fällen völlig. Auch Modelle aus dem klassischen Modellbau können genutzt werden, um die optische Qualität eines Produkts sichtbar zu machen. Bei großvolumigen Bauteilen und vor allem dann, wenn eine holzartige Erscheinung benötigt wird, kommt das LOM-Verfahren zur Anwendung. Zur Erzielung höherer Oberflächenqualitäten werden häufig die Stereolithographie oder das Lasersintern eingesetzt. Auf das Vakuumgießen kann bei höheren Stückzahlen niederkomplexer Bauteile zurückgegriffen werden. Zur Erzielung höherer Komplexität lohnt sich bereits der Einsatz von Aluminiumwerkzeugen.

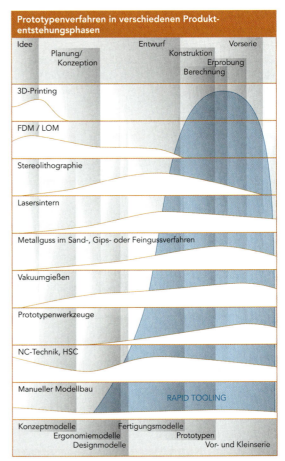

Abb. 92: nach [5]

Bild: Vakuumgegossenes Saugrohr, 4-teilig gefügt, bei 2 bar auf Dichtigkeit geprüft, stabil bis 125°C./ Foto: CNC-Speedform AG

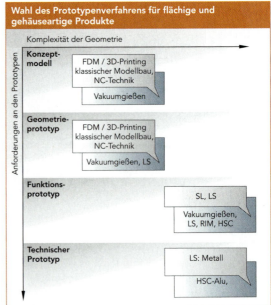

**Flächige Produkte...** sind meist großflächig und dünnwandig, Anwendung z.B. für Abdeckungen in Innenräumen von Bahn- und Luftfahrzeugen oder für Stoßfänger im Automobilbereich. Sie haben meist die Funktion des Abdeckens, sind selbsttragend und müssen oft hohen optischen Anforderungen auf der Außenseite genügen. Die Innengeometrien können auf Grund von Verrippungen, Befestigungen und Hinterschneidungen sehr komplex sein.

**Gehäuseartige Produkte...** sind meist ebenfalls dünnwandig und übernehmen Aufgaben z.B. des Abdeckens, elektrischen Isolierens, Schalldämpfens und sind innen oft selbsttragend und positionieren andere Bauteile. Anwendungen findet man in Haushalts- und Telekommunikationsgeräten, Automobilinnenräumen und EDV-Produkten. Die optischen Anforderungen an die Außenseiten und die Komplexität der innenliegenden Geometrien sind höher als bei großflächigen Produkten.

Abb. 93: nach [5]

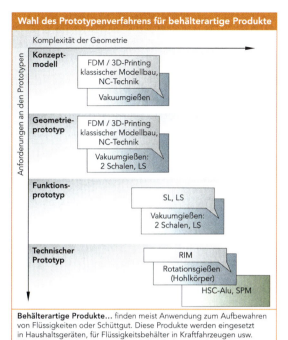

Abb. 94: nach [5]

Sind mehrere Funktionsprototypen erforderlich, ist der Einsatz eines formgebenden Verfahrens für Kunststoffteile sinnvoll. Hierzu eignet sich das Vakuumgießen für minderkomplexe Bauteile oder Lasersintereinsätze aus Metall für komplexere Bauteile.

An technische Prototypen werden sehr hohe Anforderungen gestellt, die in den meisten Fällen nur durch Lasersintern erreichbar sind. Zur Bereitstellung von Vorserien aus Kunststoff kommen Lasersintereinsätze oder mittels HSC-Fräsen (High Speed Cutting) erstellte Aluminiumwerkzeuge in Frage. Lasergesinterte Umformwerkzeuge und Werkzeugeinsätze für den Leichtmetall-Druckguss unterstützen im Metallbereich die Erzeugung technischer Prototypen. Außerdem können Prototypen und Bauteile aus Aluminium in mittels Keramik lasergesinterten Feingussformschalen erstellt werden.

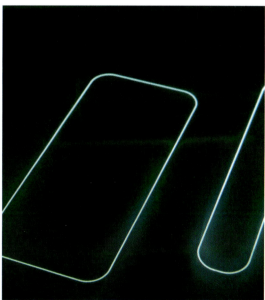

Bild: SLA-Maschine bei der Belichtung einer Bauschicht (Aufnahme mit langer Blende)/ Foto: CNC-Speedform AG

Abb. 95: nach [5]

Zur Bereitstellung von Funktionsprototypen werden in der Regel das Lasersintern und die Stereolithographie verwendet. Stereolithographiemodelle sind preislich günstiger. Jedoch bietet das Lasersintern die Möglichkeit zur Verwendung serienähnlicher Materialien und Werkstoffkombinationen, was Vorteile bei der Prüfung des Funktions- und Beanspruchungsprofils ergibt. Außerdem können an Funktionsprototypen Durchströmversuche durchgeführt und Befestigungen getestet werden. Reichen die Bauräume für die erforderlichen Prototypengrößen nicht aus, können Teilstücke auch miteinander verklebt werden.

## Kapitel FOR
### Formen und Generieren

**FOR**
**Literatur**

[1] Ashby, M.; Johnson, K.: Materials and Design. Oxford: Butterworth-Heinemann, 3. Auflage, 2004.

[2] Awiszus, B.; Bast, J.; Dürr, H.; Matthes K.-J.: Grundlagen der Fertigungstechnologie. Leipzig: Carl Hanser Verlag, 2003.

[3] Bakker, G.; Remakers, R.: Droog-Design - Spirit of the Nineties. Rotterdam: 010 Publisher, 1998.

[4] Beitz, W; Grote, K.-H.: Dubbel - Taschenbuch für den Maschinenbau. Berlin, Heidelberg: Springer Verlag, 20. Auflage, 2001.

[5] Bonten, C.: Kunststofftechnik für Designer. München, Wien: Carl Hanser Verlag, 2003.

[6] Dixon, T.: Materials Manipulation for Product Design. Konferenz: Material Vision, Franfurt, 11.11.2005.

[7] Dobler, H.-D.; Doll, W.; Fischer, U.; Günter, W.; Heinzler, M.; Ignatowitz, E.; Vetter, R.: Fachkunde Metall. Haan-Gruiten: Verlag Europa-Lehrmittel, 54. Auflage, 2003.

[8] Ebert, H.; Heuser, F.: Anleitung zum Glasblasen. Radolfzell: Herausgeber Baetz, Survival Press, 2001.

[9] Eckhard, M.; Ehrmann, W.; Hammerl, D.; Nestle, H.; Nutsch, T.; Nutsch, W.; Schulz, P.; Willgerodt, F.: Fachkunde Holztechnik. Haan-Gruiten: Verlag Europa-Lehrmittel, 19. Auflage, 2003.

[10] Eyerer, P.; Elsner, P., Knoblauch-Zander: Gasinjektionstechnik. München, Wien: Carl Hanser Verlag, 2003.

[11] Flimm, J.: Spanlose Formgebung. München, Wien: Carl Hanser Verlag, 7. Auflage, 1996.

[12] Frank, A.: Kuststoffkompendium. Würzburg: Vogel Verlag und Druck, 5. Auflage, 2000.

[13] Fritz, A.H.; Schulze, G.: Fertigungstechnik. Berlin, Heidelberg: Springer-Verlag, 4. Auflage, 1998.

[14] Gebhardt, A.: Rapid Prototyping – Werkzeuge für die schnelle Produktentstehung. München, Wien: Carl Hanser Verlag, 3. Auflage, 2003.

[15] Greif, H.; Limper, A.; Fattmann, G.; Seibel, S.: Technologie der Extrusion. München, Wien: Carl Hanser Verlag, 2004.

[16] Johannaber, F.; Michaeli, W.: Handbuch Spritzgießen. München, Wien: Carl Hanser Verlag, 2003.

[17] Koller, R.: Konstruktionslehre für den Maschinenbau. Berlin, Heidelberg: Springer Verlag, 3. Auflage, 1994.

[18] König, W.: Fertigungsverfahren – Massivumformung. Düsseldorf: VDI-Verlag, 3. Auflage, 1992.

[19] König, W.: Fertigungsverfahren – Blechumformung. Düsseldorf: VDI-Verlag, 3. Auflage, 1990.

[20] König, W., Klocke, F.: Fertigungsverfahren – Abtragen und Generieren. Berlin, Heidelberg: Springer-Verlag, 3. Auflage, 1997.

[21] Krause, W.: Fertigung in der Feinwerk- und Mikrotechnik. München, Wien: Carl Hanser Verlag, 1995.

[22] Lefteri, C.: Glas – Material, Herstellung, Produkte. Ludwigsburg: avedition, 2002.

[23] Menning, G.: Werkzeuge für die Kunststoffverarbeitung. München, Wien: Carl Hanser Verlag, 4. Auflage, 1995.

[24] Michaeli, W.; Brinkmann, T.; Lessenich-Hensky, V.: Kunststoff-Bauteile werkstoffgerecht konstruieren. München, Wien: Carl Hanser Verlag, 1995.

[25] Müller, K.: Grundlagen des Strangpressens. Renningen: expert-Verlag, 2. Auflage, 1995.

[26] Müller, W.; Förster, D.: Laser in der Metallbearbeitung. München, Wien: Fachbuchverlag Leipzig im Carl Hanser Verlag, 2001.

[27] N.N.: Coextrusion von Folien. Hrsg. VDI, Düsseldorf: VDI-Verlag, 1996.

[28] Nentwig, J.: Kunststofffolien-Herstellung, Eigenschaften, Anwendung. München, Wien: Carl Hanser Verlag, 1994.

[29] Nölle, G.: Technik der Glasherstellung. Stuttgart: Deutscher Verlag für Grundstoffindustrie, 3. Auflage, 1997.

[30] Oehler, G.; Kaiser, F.: Schnitt-, Stanz- und Ziehwerkzeuge. Berlin, Heidelberg: Springer Verlag, 8. Auflage 2001.

[31] Pahl, G.; Beitz, W.: Konstruktionslehre. Berlin, Heidelberg: Springer-Verlag, 1986.

[32] Peters, S.; Klocke, F.: Potenziale generativer Verfahren für die Individualisierung von Produkten, in: Zukunftschance Individualisierung. Berlin, Heidelberg: Springer Verlag, 2003.

[33] Polifke, M.: Schmelzkerntechnik. Dissertation Universität Essen, 1998.

[34] **Schatt, W.; Wieters, K.-P.:** Pulvermetallurgie - Technologie und Werkstoffe. Düsseldorf: VDI-Verlag, 1994.

[35] **Schwarz, O.; Ebeling, F. W.; Lüpke, G.; Schelter, W.:** Kunststoffverarbeitung. Würzburg: Vogel Verlag, 9. Auflage, 2002.

[36] **Wagner, C.:** Untersuchungen zum Selektiven Lasersintern von Metallen. Dissertation, RWTH Aachen, Aachen: Shaker Verlag, 2003.

[37] **Westkämper, E.; Warnecke, H.-J.:** Einführung in die Fertigungstechnik. Stuttgart, Leipzig, Wiesbaden: Teubner Verlag, 6. Auflage, 2004.

[38] **Wirtz, H.:** Selektives Lasersintern von Keramikformschalen für Gießanwendungen. Dissertation, RWTH Aachen, Aachen: Shaker Verlag, 2000.

[39] **Witt, G.:** Taschenbuch der Fertigungstechnik. München, Wien: Fachbuchverlag Leipzig im Carl Hanser Verlag, 2006.

Bild: Zuschnitt von Stoffartikeln./ Foto: Ledder Werkstätten

## TRE
## TRENNEN UND SUBTRAHIEREN

*ablängen, abstechdrehen, abtragen, aufbohren, außenräumen, außenrundfräsen, außenschleifen, beizen, bohren, breitschlichtdrehen, drehen, drehfräsen, einstechschleifen, feinschleifen, feinstschleifen, flachläppen, formdrehen, formfräsen, formschleifen, fräsen, funkenerodieren, gegenlauffräsen, gesenkfräsen, gewindeschneiden, gewindestrehlen, hobeln, honen, innenräumen, innenrundfräsen, innenschleifen, kegeldrehen, kernbohren, langhubhonen, längsdrehen, längsschleifen, läppen, laserstrahlbrennschneiden, laserstrahlschmelzschneiden, laserstrahlpolieren, nachformdrehen, planansenken, plandrehen, planeinsenken, planfräsen, planschleifen, polieren, polierläppen, profilbohren, profildrehen, profilfräsen, profilsenken, profilreiben, profilschleifen, querrunddrehen, räumen, reiben, runddrehen, rundfräsen, rundreiben, rundschleifen, schaben, schaftfräsen, schäldrehen, scheibenfräsen, schleifen, schlichten, schlitzfräsen, schneiden, schneiderodieren, schraubdrehen, schraubfräsen, schraubschleifen, senken, senkerodieren, spanen, spitzenlosschleifen, stanzen, stirnfräsen, stoßen, streckziehen, tieflochbohren, ultraschallschwingläppen, umfrangsfräsen, umfangsschleifen, unrunddrehen, wälzfräsen, wälzschleifen, wasserstrahlabrasivschneiden, wasserstrahlabtragen, wasserstrahlschneiden, winkelfräsen, zahnradfräsen, zerlegen, zerspanen, zerteilen, zylinderschneckenfräsen*

Material trennende oder subtrahierende Verfahren dienen zur örtlichen Aufhebung des Zusammenhalts. Dabei werden Materialteilchen vom Werkstoff getrennt und das Ausgangsvolumen des Bauteils verringert. Die für den Bereich des technischen Produktdesign wichtigsten Verfahren werden im folgenden Kapitel vorgestellt, wobei sie in die Oberklassen

- zerspanende Bearbeitung
- Schneiden
- Abtragen

eingeteilt sind.

Bild: Oberfläche beim Fräsen.

Zur Bewertung der Qualität eines trennenden Prozesses und der damit entstandenen Materialoberfläche ist die *mittlere Rautiefe* eine übliche genutzte Kenngröße. Sie gibt den Mittelwert aus der Summe der ermittelten Einzelrautiefen eines Messbereichs oder einer Bezugsstrecke an und ist meist als charakteristische Kenngröße dem jeweiligen trennenden Verfahrensprinzip zugeordnet.

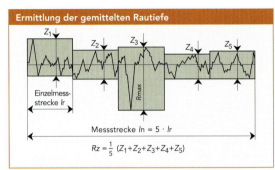

Abb. 1: nach [7, 19]

### Erzielbare Oberflächenqualitäten verschiedener Verfahren im Vergleich

| Hauptgruppe | Benennung |
|---|---|
| Urformen | Sandformgießen, Formmaskeng., Kokillengießen |
| Umformen | Schmieden, Glattwalzen, Ziehen, Pressen, Prägen, Formwalzen |
| Trennen | Schneiden, Längsdrehen, Plandrehen, Einstechdrehen, Hobeln, Stoßen, Schaben, Bohren, Aufbohren, Senken, Reiben, Umfangfräsen, Stirnfräsen, Räumen, Feilen, Rund-Längsschl., Rund-Planschleifen, Rund-Einstechschl., Flach-Umfangschl., Flach-Stirnschleifen, Polierschleifen, Rollieren, Langhubhonen, Kurzhubhonen, Rundläppen, Flachläppen, Einläppen, Schwingläppen, Polierläppen, Strahlen, Trommeln, Brennschneiden |

Abb. 2: nach [2]

## TRE 1
## Zerspanen

Bei den zerspanenden Fertigungsverfahren erfolgt der Materialabtrag durch eine *Spanbildung* in Folge des Eindringens einer geometrisch definierten (z.B. Fräsen, Bohren oder Drehen) oder undefinierten Werkzeugschneide (z.B. Strahlen, Schleifen, Honen oder Läppen) in den Werkstoff. Einfluss auf das Ergebnis der Spanbildung und somit auf die Qualität der *Schnittfläche* und *Abtragrate* haben die Form des *Schneidkeils*, die Festigkeit und Eigenschaften des gewählten Schneidstoffes sowie des zu bearbeitenden Werkstoffs, die auftretenden Kräfte und Temperaturen. Die Geometrie eines Keils wird allgemein zur Beschreibung der Spanbildung herangezogen (Bergmann 2002). In folgender Abbildung ist die gebräuchliche Nomenklatur zur Charakterisierung eines Schneidkeils zusammengefasst.

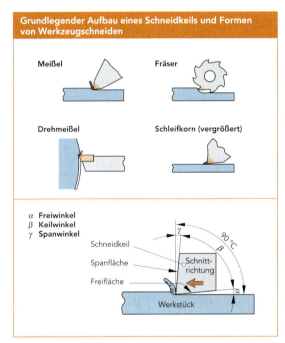

Abb. 3: nach [7, 22]

Die Wahl der geeigneten *Schneidkeilgeometrie*, insbesondere der entsprechenden Winkelgrößen, erfolgt in Abstimmung mit dem zu bearbeitenden Werkstoff. Die Auslegung der Winkelmaße basiert auf folgenden grundlegenden Sachverhalten:

- Die Verringerung des Keilwinkels hat ein einfaches Eindringen der Schneide ins Werkstück zur Folge. Gleichzeitig sollte allerdings bedacht werden, dass die Gefahr des Werkzeugbruchs steigt.
- Umgekehrtes gilt für die Größe des Spanwinkels. Ein guter Materialabtrag bei weichen Materialien ist bei einem großen Spanwinkel möglich, da die auf die Schneide wirkenden Kräfte sich verringern. Um einen Bruch der Schneide bei der Bearbeitung von harten Werkstoffen zu verhindern, wird ein kleiner bis negativer Spanwinkel empfohlen.
- Die Größe des Freiwinkels hat Einfluss auf die Reibungskräfte zwischen Werkstoff und Werkzeug. Bei weichen Materialien kann er größer gewählt werden als bei harten.

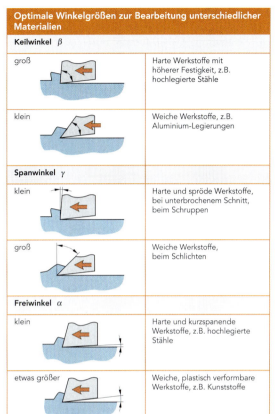

Abb. 4: nach [7]

Die Form der im Prozess entstehenden Späne kann Aufschluss auf die Qualität der späteren Werkstückfläche geben, so dass eine Anpassung von *Schnittgeschwindigkeit* und *Spanwinkel* während der Verarbeitung möglich wird.

Abb. 5: nach [1]

*Feilen*
ist ein Trennverfahren, bei dem ein eingespanntes Werkstück mit einer Feile mechanisch zerspanend bearbeitet wird.

Feilen sind mehrschneidige, spanende Werkzeuge zum Abtragen von Werkstoffen und werden im Maschinen-, Werkzeug-, Form- und Modellbau und zum Entgraten verwendet.

## Schneidstoffe

Durch den Eingriff in den Werkstoff ist das Material des Schneidkeils hohen Temperaturen und Kräften ausgesetzt, wodurch es zu Verschleiß durch Abrieb oder Werkzeugbruch kommen kann. Der Auswahl des für die Anwendung geeigneten Materials kommt daher eine hohe Bedeutung zu. Schneidstoffe bestimmen wesentlich die Wirtschaftlichkeit eines zerspanenden Fertigungsprozesses (Tönshoff, Denkena 2004).

Neben diesen grundlegenden, für einen Schneidstoff wichtigen Eigenschaften erfolgt die Auswahl des geeigneten Werkzeugmaterials meist nach wirtschaftlichen Kriterien in Relation zum gewählten Verarbeitungsverfahren und den Zerspanungseigenschaften des Werkstoffs. In nachfolgender Abbildung sind die wichtigsten Schneidstoffe entsprechend ihrer Zusammensetzung und Verwendung dargestellt. Detaillerte Informationen zu Schneidstoffen sind in der entsprechenden Fachliteratur zu finden (Degner, Lutze, Smejkal 2002).

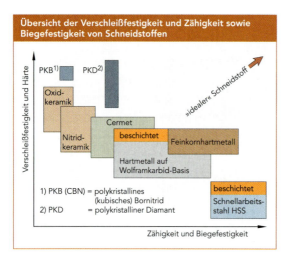

Abb. 6: nach [6, 7]

Eine hohe *Druck-* und *Biegefestigkeit* sowie gute *Zähigkeitswerte* verhelfen dazu, Ausbrüche und Verformungen an der Schneidfläche des Schneidkeils zu verhindern. Die *Warmhärte* eines Werkstoffs hat entscheidenden Einfluss auf die Standfestigkeit eines zerspanenden Werkzeugs, auch bei hohen Temperaturen. Außerdem sollte der Schneidwerkstoff eine hohe *Abrieb- und Verschleißfestigkeit* aufweisen, damit bei physikalischen oder chemischen Einflüssen der Materialabtrag am Werkzeug so gering wie möglich ausfällt. Eine gute *Wärmewechselbeständigkeit* verhindert Rissbildung bei stark wechselnden Arbeitstemperaturen.

### Eigenschaften und Verwendung von Schneidstoffen

**Schnellarbeitsstahl HSS**

| Eigenschaften | Verwendung |
|---|---|
| • Hohe Zähigkeit<br>• Hohe Biegefestigkeit<br>• Einfach herstellbar<br>• Härte unter 70 HRC<br>• Temperaturbeständigkeit bis 600 °C | Spiralbohrer, Fräser, Räumwerkzeuge, Gewindebohrer und Schneideisen, Formdrehmeißel, Werkzeuge für die Kunststoffverarbeitung, Einsatz bei stark wechselnder Schnittkraft |

**Hartmetall**

| Eigenschaften | Verwendung |
|---|---|
| • Hohe Warmhärte (bis 1000°C)<br>• Hohe Verschleißfestigkeit<br>• Hohe Druckfestigkeit<br>• Schwingungsdämpfend | Wendeschneidplatten für Fräs- und Drehwerkzeuge, Wendeplattenbohrer, schwingungsdämpfende Werkzeuge aus Vollhartmetall, für nahezu alle Werkzeuge einsetzbar |

**Cermet (Hartmetall auf der Basis von Titankarbid) (Ceramic-Metall)**

| Eigenschaften | Verwendung |
|---|---|
| • Hohe Verschleißfestigkeit<br>• Hohe Warmhärte<br>• Hohe Stabilität der Schneidkante<br>• Hohe chemische Beständigkeit | Wendeschneidplatten für die Dreh- und Fräsbearbeitung, hauptsächlich für die Schlichtbearbeitung bei hoher Schnittgeschwindigkeit |

**Wendeschneidplatten aus Keramik**
Oxidkeramik, Mischkeramik

| Eigenschaften | Verwendung |
|---|---|
| • Hohe Härte<br>• Warmhärte bis ca. 1200°C<br>• Hohe Verschleißfestigkeit<br>• Hohe Druckfestigkeit<br>• Hohe chemische Beständigkeit | Bearbeitung von Gusseisen und warmfesten Legierungen, Hartfeindrehen von gehärtetem Stahl, Zerspanen mit hoher Schnittgeschwindigkeit |

**PKB-Schneidplatte**

| Eigenschaften | Verwendung |
|---|---|
| • Sehr hohe Härte<br>• Warmhärte bis 2000 °C<br>• Hohe Verschleißfestigkeit<br>• Hohe chemische Beständigkeit | Hartdrehen: Schlichten von gehärtetem Stahl mit hoher Oberflächengüte und kleinen Toleranzen |

**PKD-Wendeschneidplatte**

| Eigenschaften | Verwendung |
|---|---|
| • Härtester Schneidstoff<br>• Hohe Verschleißfestigkeit<br>• Temperaturbeständigkeit bis 600 °C | Zerspanen von nichteisenhaltigen Werkstoffen und siliziumhaltigen Aluminiumlegierungen, die sonst zu starkem mechanischen Abrieb führen |

Bild: Wendeschneidplatten aus Hochleistungskeramik./
Foto: CeramTec AG

Abb. 7: nach [7]

## Kühlschmierstoffe

Die Verwendung von Kühlschmierstoffen ist bei der zerspanenden Bearbeitung nahezu unabdingbar. Zum einen dienen sie zur Senkung des Werkzeugverschleißes, zum anderen führt das Arbeiten mit Schmierstoffen zur Verbesserung der Qualität der bearbeiteten Werkstoffoberfläche. Die auftretende Temperatur wird gesenkt, was einer unerwünschten Materialausdehnung entgegenwirkt. Außerdem können Späne und Abrieb mit dem Kühlschmierstoff abtransportiert und es kann eine Säuberung von Werkzeug und Werkstoff bewirkt werden.

*Bild: Kühlschmierstoffe im Arbeitsprozess (Rohrschweißen)./ Foto: CeramTec AG*

Um das komplexe Potenzial von Schmierstoffen optimal nutzen zu können, ist eine genaue Kenntnis der Eigenschaften von Schmiermitteln erforderlich. Zudem richtet sich die Wahl des optimalen Schmierstoffes nach dem Fertigungsverfahren, dem zu bearbeitenden Werkstoff sowie dem verwendeten Schneidstoff. Allgemein werden Schneidöle und wassermischbare Kühlschmierstoffe unterschieden.

*Schneidöle* basieren auf Mineralölen mit meist beigemischten Zusätzen. Während ihre Schmierwirkung als hoch bewertet werden kann, fällt die Eigenschaft zum Wärmetransport und somit zur Kühlung eher gering aus.

*Wassermischbare, emulgierbare Kühlschmierstoffe* stehen als Konzentrat zur Verfügung und werden vor dem Gebrauch mit Wasser zu einer *Emulsion* unter ständigem Rühren gemischt. Die gute Kühlwirkung geht auf den bis zu 99%igen Wasseranteil zurück. Um die Verwendungsdauer von Emulsionen zu verlängern, werden Zusätze beigemengt. Zu den wassermischbaren Schmierstoffen zählen auch synthetische Schmierstoffe, die aus einem Lösungsmittel in Verbindung mit Wasser hervorgehen. Ihre transparente Erscheinung lässt die Beobachtung der zerspanenden Bearbeitung zu.

Der Kontakt mit Haut oder Schleimhäuten sollte beim Umgang mit Kühlschmierstoffen aus Gesundheitsgründen unbedingt vermieden werden. Zudem sollten die Stoffe sachgemäß entsorgt werden. Um der Umweltgefährdung von Kühlschmierstoffen zu entgehen, versucht man immer häufiger, trocken, das heißt ohne den Einsatz von Schmierstoffen, zu zerspanen oder die Möglichkeit der Kühlung mit Druckluft zu nutzen. Für die Trockenbearbeitung werden Schneidstoffe mit besonders großen Härten entwickelt. Anwendungsfälle für die unterschiedlichen Techniken können nachfolgender Abbildung entnommen werden.

| Eigenschaften und Einsatzgebiete von Kühlschmierstoffen | |
|---|---|
| Art | Verwendung |
| **Emulsion** Kühlwirkung überwiegt gegenüber Schmierwirkung | • bei hohen Arbeitstemperaturen • beim Drehen, Fräsen, Bohren • bei leicht bearbeitbaren Werkstoffen |
| **Schneidöl** Schmierwirkung überwiegt gegenüber Kühlwirkung | • bei niedriger Schnittgeschwindigkeit • bei hoher Oberflächengüte • bei schwer zerspanbaren Werkstoffen |

| Möglichkeiten der Trockenbearbeitung | | | | | |
|---|---|---|---|---|---|
| Werkstoff | Aluminium | | Stahl | | Grauguss |
| Verfahren | Gusslegierung | Knetlegierung | Hochleg. Stähle Wälzlagerstahl | Automatenstahl Vergütungsstahl | GG20... GGG70 |
| Bohren Beschichtung | MMS (Ti, Al) N | MMS unbeschichtet | MMS (Ti, Al) N +Movic | Trocken TiN | Trocken TiN |
| Reiben Beschichtung | MMS (Ti, Al) N PKD | MMS unbeschichtet | ○ | MMS PKD-Leiste | MMS PKD-Leiste |
| Gewinde schneiden | MMS TiN | × | MMS TiN | ○ | MMS Ti (C, N) |
| Gewinde formen | MMS CrN, WC/C | MMS | MMS | MMS Ti (C, N) | ○ |
| Tiefbohren Beschichtung | MMS (Ti, Al) N +MoS$_2$ | × | × | MMS (Ti, Al) N | MMS |
| Fräsen Beschichtung | Trocken TiN+MoS$_2$ CVD-Diamant | MMS unbeschichtet | MMS (Ti, Al) N +MoS$_2$ | Trocken TiN | Trocken TiN |
| Wälzfräsen | × | × | ○ | Trocken | Trocken |
| Sägen | MMS | MMS | MMS | MMS | ○ |
| Räumen Beschichtung | × | × | Trocken Ti (C, N)-Multilayer | Trocken Ti (C, N)-Multilayer | ○ |

× - keine prozesssicheren Anwendungsfälle bekannt
○ - keine Forschungsaktivitäten
MMS - Minimalmengenschmierung

Abb. 8: nach [1, 7]

## TRE 1.1
### Zerspanen – Strahlen

Die Oberflächenbehandlung mit *Strahlmitteln* ist die einfachste Form, einen Materialabtrag als Resultat einer Spanbildung herbeizuführen.

*Verfahrensprinzip*
Hierzu werden unterschiedlich große Körner in Strahlanlagen durch Druckluft oder in einem Wasserstrom beschleunigt und auf die zu bearbeitende Materialoberfläche gelenkt. Die Schneiden des Kornmaterials dringen undefiniert in den Werkstoff ein und tragen ihn ab. Die Wahl der geeigneten Korngröße sowie des Materials für das Strahlmittel richtet sich nach der gewünschten Abtragrate sowie nach Härte und Oberflächenrauigkeit der Werkstückoberfläche. Bei kleiner Korngröße ist meist ein nur geringer Spanabtrag zu erzielen, da sich das Strahlmittel in den Poren der Oberfläche festsetzen kann. Überdimensionierte Körner können hingegen zu einer Zunahme der Rauigkeit der bearbeiteten Oberfläche führen.

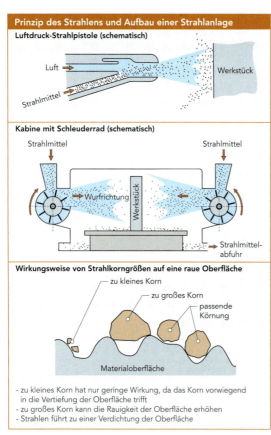

Abb. 9: nach [12]

*Anwendung, Materialien, Genauigkeit*
In erster Linien werden Strahltechniken zur Reinigung und Oberflächenvorbehandlung im Baugewerbe und in der Metallbearbeitung eingesetzt. Altlacke, Öle oder andere Verunreinigungen werden entfernt, um Werkstücke für nachgelagerte Beschichtungs- oder Fügearbeiten vorzubereiten. Auch Rost und Grate können mit Strahlmitteln abgetragen werden. Zur Erzielung optischer Effekte wird das Verfahren an Oberflächen aus Glas oder Kunststoff eingesetzt. An Glasteilen werden auf die beschriebene Weise edel-matte Oberflächen hergestellt. Zum Einbringen gerasteter Bilder werden NC-gesteuerte Sandstrahlanlagen verwendet, die eine Genauigkeit von weniger als 0,3 mm gewährleisten. Die erreichbaren Rauigkeiten liegen etwa zwischen 10 und 100 Mikrometern.
Einen Anhaltspunkt zur Auswahl des für die jeweilige Anwendung geeigneten Strahlmittels gibt die folgende Tabelle.

| Strahlmittel | | |
|---|---|---|
| | Verwendung | Bemerkung |
| Quarzsand, gesiebt | Wasser-/Sandstrahlen | Silikosegefahr |
| Stahlschrot | Grauguss, niedrig legierte Stähle | – |
| Stahlkies | Metalle | sehr preiswert |
| Stahldrahtschnitte | niedrig legierter Stahl, Guss etc. | – |
| Stahldrahtschnitte | Metalle | sehr preiswert |
| Zirkonsand | – | – |
| Elektrokorund | universell | – |
| Siliziumkarbid | universell | – |
| Hochofenschlacke | – | sehr preisgünstig |
| Kupferschlackensand | – | – |
| Aluminiumgranulat | für Aluminium-oberflächen | – |
| Bronzeschrot | für Kupfer und -legierungen | – |
| Bronzedrahtabschnitte | für Kupfer und -legierungen | – |
| gehacktes Hartholz (Walnuss-, Aprikosenkerne) | für NE-Metalle | – |
| Kunststoffgranulat | für GfK-Behälter | – |
| Glasperlen | für NE-Metalle | – |

Abb. 10: nach [12]

*Wirtschaftlichkeit*
Neben Handstrahlgeräten existieren auch Strahlanlagen. Dadurch lässt sich das Verfahren sowohl für kleine Arbeiten im Werkstattbereich als auch zur Oberflächenbehandlung von Bauteilen in großen Stückzahlen wirtschaftlich einsetzen.

*Alternativverfahren*
Schleifen, Beizen

*Bild links: Hüft-Implantat aus Titan, Oberfläche gestrahlt mit Glas-Korund./ Hersteller: Peter Brehm GmbH*

## TRE 1.2
## Zerspanen – Schleifen

Schleifen ist ein Fertiungsverfahren zur Feinbearbeitung mit folgenden Vorzügen (Witt 2006):

- gute Bearbeitung auch harter und schwer zu zerspanender Werkstoffe
- hohe Oberflächenqualität geschliffener Teile
- hohe Maß-, Form- und Lagegenauigkeit
- kleine Rauigkeit
- hohes Zerspanvolumen

Abb. 11: nach [7]

### Verfahrensprinzip
Der Materialabtrag beim Schleifen geht auf den Eingriff einer Vielzahl unregelmäßig strukturierter Schleifkornschneiden in den Werkstoff, also einer Relativbewegung zwischen Schleifmittel und Bauteiloberfläche, zurück. Das Schleifwerkzeug (Schleifscheibe, Schleifpapier) besteht in der Hauptsache aus Schleifkörnern, Bindemittel und dazwischen liegendem Porenraum.

Bild: Unterschiedliche Schleifwerkzeuge./
Foto: CNC Speedform AG

Je nach Anordnung des Schleifwerkzeugs zum zu bearbeitenden Bauteil können die einzelnen Schleifkörner unterschiedliche Schneiden aufweisen. Der Materialabtrag geschieht daher geometrisch unbestimmt. Eine Vorhersage ist nur statistisch möglich.

Während des Prozesses werden Körner aus dem Schleifwerkzeug ausgebrochen. Neue Schneiden bilden sich durch Bruch, Zersplitterungen oder ganzem Ausbrechen von Schleifkörnern, womit der Effekt einer *Selbstschärfung* von Schleifwerkzeugen erklärt werden kann.

Abb. 12: nach [7]

Es existieren unterschiedliche Werkzeugformen, in denen die Schleifkörner auf verschiedene Weise eingebettet sind oder für die Oberflächenbehandlung zur Verfügung stehen:

- starr gebundene Körnung von *Schleifscheiben* und *Schleifbändern*
- starr gebundene Körner in beweglichen *Schleifkörpern* (z.B. Gleitschleifen)
- lose gebundenes Korn in *Schleifpasten*
- ungebundene Körnung als *Schleifpulver*

Die Wahl der optimalen Körnungsgröße richtet sich bei allen Schleifwerkzeugformen nach der Oberflächenrauigkeit der Ausgangsoberfläche in Relation zur gewünschten Oberflächenqualität. Kleine Rauheitswerte bedingen feine Körnungen (Werte: 70–220). Beim Schruppen wird mit grober Körnung (Werte: 4–24) ein hoher Materialabtrag erzielt.

| Zusammenhang Rautiefe und Korngröße | | |
|---|---|---|
| Erreichbare Rautiefe (µm) | Korngröße (mesh) | Bezeichnung |
| 16…6 | 16…24 | Schruppen, Entgraten |
| 6…2,5 | 30…80 | Schlichtschleifen |
| 2,5…1 | 100…180 | Feinschleifen |
| < 1 | 200…400 | Feinstschleifen |

Abb. 13: nach [12]

Im Folgenden werden anhand des Aufbaus von Schleifscheiben die Zusammenhänge aller den Schleifprozess bestimmenden Faktoren und Einflussgrößen erläutert. Entsprechend der Bestandteile sind für die Auswahl einer geeigneten Schleifscheibe Aussagen zu Kornart, Körnung, Bindung, Härte der Schleifkörper und Gefügeart erforderlich. Die entsprechenden Informationen können der Schleifscheibenbezeichnung entnommen werden.

Härte, Zähigkeit und thermische Widerstandsfähigkeit sind die Charakteristika eines Schleifmittels, die die Bearbeitung eines Werkstoffs entscheidend beeinflussen. Es existieren sowohl natürliche als auch synthetische Schleifmittel. Zu den natürlichen zählen insbesondere *Schmirgel* MIN 4.1.4, *Diamant* MIN 4.5.2 und *Ölsandstein*. Synthetische Schleifmittel sind Korund, *Siliziumkarbid* KER 4.7 oder *Bornitrid* (Klocke, König 2005).

### Bezeichnung von Schleifscheiben

Schleifscheibe   ISO 603-1   1 F – 250 x 32 x 76,2 – C/ F30 M 4 B – 40 m/s

**Form**
- DIN ISO 603-1
- Form (1 = gerade)
- Randform (F = Halbkreis)
- Außendurchmesser
- Breite
- Bohrungsdurchmesser

**Zusammensetzung**
- Art des Schleifmittels (C = Siliziumkarbid)
- Körnung
- Härtegrad (M)
- Gefüge (4)
- Bindung (B = Kunstharz)
- Arbeitshöchstgeschwindigkeit

Abb. 14: nach [20]

### Eigenschaften wichtiger Schleifmittel und Verwendung verschiedener Körnung

| Bezeichnung | | Eigenschaften | Verwendung |
|---|---|---|---|
| Normalkorund | | 92… 97% $Al_2O_3$. Hohe Härte und Zähigkeit. Bei großen Schleifkräften geeignet. | Stahlguss, Temperguss, Schmiedeeisen. Für grobe Schleifarbeiten mit großer Zerspanleistung. |
| Edelkorund | | 99% $Al_2O_3$. Spröder als Normalkorund. Bei mittleren Schleifkräften geeignet. | Hochlegierte, hitzeempfindliche Stähle, Werkzeuge. Für Schleifarbeiten mit großen Berührungsflächen. |
| rubinroter Edelkorund | | 97% $Al_2O_3$, 1,5% $Cr_2O_3$. Schleiftechnisch günstige kubische Kornform. Hohe Härte, Zähigkeit und Abriebsfestigkeit. | Werkzeuge, Zahnradbearbeitung. Führungsbahnen. Rund-, Flach-, Profilschleifen. |
| Siliziumkarbid | schwarz | 98% SiC. Hohe Zähigkeit. | Gusseisen, Hartguss, hochlegierte C-Stähle, Al, Cu, Messing, Kunstharze, Gummi, Gestein, Glas, Porzellan. |
| | grün | 99,5% SiC. Hohe Härte und Splitterfreudigkeit. | Hartmetall, Hartguss, Hartglas, Hartkeramik (Schneidkeramik) |
| Diamant | | hohe Härte. | NE-Metalle, Nichtmetalle, gleichzeitiges Schleifen von Hartmetall und Stahl |
| Bornitrid CBN | | wesentlich höhere Wärmebeständigkeit als Diamant. | gehärtete und HSS-Stähle, Gusswerkstoffe auf Eisenbasis. |

Abb. 15: nach [1]

Die Härte eines Schleifwerkzeugs ist eine wichtige Kenngröße für die Auswahl des geeigneten Schleifmittels. Sie wird allerdings nicht nur durch die Härte der gebundenen Schleifkörner bestimmt, sondern geht vor allem auf den Widerstand der *Bindung* vor Ausbrechen der Schneidkörner zurück. Der Art der Bindung wird folglich eine entscheidende Bedeutung beigemessen. Negativ auf die Bearbeitungsqualität wirkt sich neben dem frühen Brechen von Schneidkörnern auch das Zusetzen der Porenräume aus.

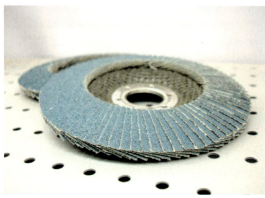

Bild: Schleifscheibe.

Die Schleifscheibe schmiert und der Materialabtrag verringert sich. Gleichzeitig ist mit einer Erhöhung der Temperatur in der *Kontaktzone* zwischen Schleifwerkzeug und Werkstück zu rechnen. Allgemein kann die Aussage getroffen werden, dass zur Bearbeitung harter Werkstoffe weiche Schleifscheiben und für weiche Werkstoffe harte Schleifscheiben benutzt werden sollten.

Die *Gefügekennziffer* beschreibt das jeweilige Verhältnis zwischen Schleifkörnern, Porenraum und Bindung. *Poren* dienen zum einen zur Aufnahme von Spänen. Zum anderen fördert ein großer *Porenanteil* die Kühlung während einer Schleifbearbeitung. Je kleiner die Gefügekennziffer, desto weniger Porenraum ist vorhanden und desto dichter liegen die Schneidkörner beieinander. Bei geringem Porenraum kann die *Kühlung* der Kontaktzone zwischen Werkstück und Schleifscheibe mit Schleiföl verbessert werden.

Zur Erhöhung von Fertigungsqualität und Formgenauigkeit müssen Schleifscheiben in gewissen Abständen abgerichtet werden. Ziel dieses Prozesses ist die exakte *Profilierung* des Schleifwerkzeugs und das Entfernen nicht benötigten Bindungsmaterials. Außerdem werden Porenräume von den Zusätzen befreit. Die Schleifscheibe wird geschärft.

Beim Arbeiten mit Schleifscheiben lassen sich verschiedene Schleifverfahren entsprechend der Anordnung von Scheibe und Werkstück zueinander unterscheiden.
Während *Planschleifen* zur Erzeugung ebener und planer Flächen dient, werden kreiszylindrische Bauteiloberflächen durch *Rundschleifen* bearbeitet. Diese können sowohl außen als auch innen am Bauteil mit den entsprechenden Schleifformgeometrien erzeugt werden. Besonders profilierte Werkzeuge lassen beim *Schraubschleifen* die Anfertigung von Gewinden und schneckenförmigen Formgeometrien zu. Das *Wälzschleifen* unterstützt die Zahnradfertigung. Durch eine gesteuerte Vorschubbewegung beim *Profilschleifen* wird die Oberflächenqualität von Nuten, Fasen und Führungsbahnen verbessert.

Abb. 16: nach [1, 7]

Zur Anwendung eines Schleifverfahrens ist die Wahl einer entsprechenden Schleifscheibe erforderlich. Aus der Schleifscheibenbezeichnung kann ihre Grundform entnommen werden.

*Anwendung, Materialien, Genauigkeit*
Grundsätzlich kann jeder feste Werkstoff wie Naturstein, Glas, Gusseisen oder Keramik geschliffen werden. Auch harte und sprödharte Materialien, die ansonsten als schwer zerspanbar gelten, sind mit der Schleiftechnik bearbeitbar. Die Anwendung reicht von der Erstellung von Schriften und Strukturen auf Glas- und Porzellanoberflächen bis zur Bearbeitung von Maschinenbauteilen und Messinstrumenten. Zur Herstellung glänzender Oberflächen von Edel- und Halbedelsteinen MIN 4.5 ist das Schleifen die wichtigste Bearbeitungstechnik. Der *Glasschliff* erfolgt immer nass, da es leicht zu einem Materialbruch kommen kann GLA 2.2.1. Schleifen ist ein klassisches Nachbearbeitungsverfahren.

Abhängig von Schleifstoff und zu behandelndem Werkstoff können sehr gute Oberflächengüten mit Rauheitswerten im einstelligen Mikrobereich bei hoher Form- und Lagegenauigkeit erzielt werden.

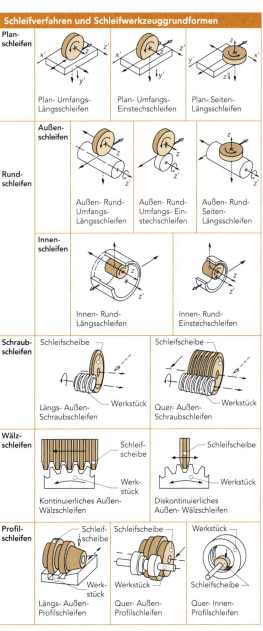

Abb. 17: nach [1]

*Wirtschaftlichkeit*
Schleiftechniken lassen sich mit den für den Einsatzfall optimalen Schleifbedingungen (Schleifverfahren, Schleifwerkzeug, Kenngrößen für den Bearbeitungsprozess) wirtschaftlich sowohl für kleine als auch für große Stückzahlen einsetzen. Beim Arbeiten mit maschinellen Schleifanlagen sind zudem hohe Zerspanvolumina erreichbar.

*Alternativverfahren*
Feinfräsen, Polieren, Beizen, Läppen, Reiben, Honen und Räumen zur Bearbeitung von Bohrungen

*Erreichbare Rautiefen in µm für Schleifverfahren (Witt 2006):*

Schleifen 8…4,0
Feinschleifen 4…1
Feinstschleifen 1…0,25

Flachschleifen 3…8
Profilschleifen 2…4
Außenrundschleifen 5…10
Innenrundschleifen 10…20
Spitzenlosschleifen 2…4

*Körnung*
Die Einheit der Körnung gibt die Maschenzahl eines Siebes auf 1 Inch Länge an, durch die das entsprechende Korn gerade noch hindurch fällt.

## TRE 1.2.1
### Schleifen– Gestaltungsregeln

Die effektive und wirtschaftliche Anwendung der Schleifverfahren kann bei Beachtung folgender Hinweise gewährleistet werden (Fritz, Schulze 1998):

Zur Bearbeitung von Flächen an Wellen mit unterschiedlichen Durchmessern sind Einstiche vorzusehen, um das Auslaufen des Schleifwerkzeuges zu gewährleisten und den Prozess zu vereinfachen. Die Einplanung eines ausreichenden Auslaufbereichs gilt auch für das Schleifen von inneren Geometrien.

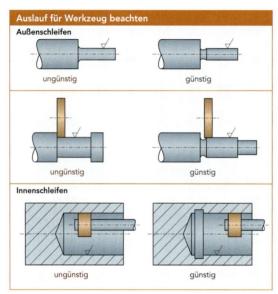

Abb. 18: nach [10]

Eine wirtschaftliche Schleifbearbeitung zylindrischer Bauteile mit mehreren Flächen ist gegeben, wenn diese in einer Bearbeitungsfläche liegen.

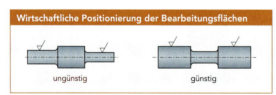

Abb. 19: nach [10]

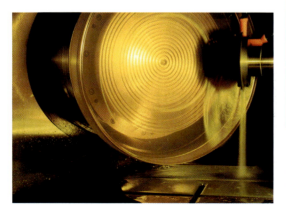

Die Bearbeitung möglichst vieler Geometrien durch *Einstechschleifen* verringert die Bearbeitungsdauer und gewährleistet eine wirtschaftliche Fertigung.

Abb. 20: nach [10]

Möglichst viele Formelemente eines Werkstücks sollten mit dem gleichen Schleifwerkzeug und der gleichen Schleifgeometrie bearbeitet werden können.
Dies gilt ebenso für Kegelgeometrien, die nach Möglichkeit eine ähnliche Form aufweisen sollten. Zu beachten ist ebenso ein möglicher Auslauf der Schleifscheiben.

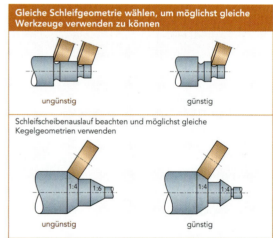

Abb. 21: nach [10]

Geometrien, die in die Bearbeitungsebene hineinragen, behindern das Arbeiten mit geraden Schleifscheiben und sind auch bei ausreichendem Auslauf zu vermeiden.

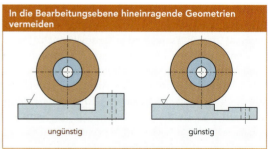

Abb. 22: nach [10]

Bild: Schleifen eines asphärischen Spiegels./ Foto: Adelheid Peters, Fraunhofer-Institut für Produktionstechnologie IPT

## TRE 1.3
## Zerspanen – Polieren

### Verfahrensprinzip
Polieren ist ein dem Läppen ähnliches Verfahrensprinzip mit dem Unterschied, dass durch das Poliermittel ein wesentlich geringerer spanabhebender Materialabtrag erfolgt. Die Zerspanung basiert auf der Überlagerung chemischer und mechanischer Wirkmechanismen. Feines Kornmaterial ist lose in einem zumeist flüssigen Medium (z.B. *Polierpasten*) gebunden, das im Bearbeitungsprozess auf der Materialoberfläche über eine längere Zeit verrieben wird. Die *Poliersuspension* reagiert mit dem Werkstück. Es kommt zur Bildung einer Reaktionsschicht, die durch die Polierkörner abgetragen wird (Klocke, König 2005).

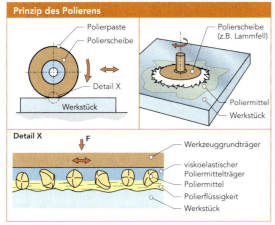

Abb. 23: nach [15]

### Anwendung, Materialien, Genauigkeit
Polieren wird zur Erstellung hochpräziser Oberflächen mit optischen Funktionalitäten, z.B. für die Reflektion und Bündelung von Lichtstrahlen (Parabolspiegel, Linsen), eingesetzt. Zudem hat das Verfahren eine große Bedeutung bei der Erzeugung dekorativ hochwertiger Oberflächen in der Schmuckherstellung. Darüber hinaus ist es eine bedeutende Bearbeitungstechnik für Gesteinsmaterialien. Die Wahl des geeigneten Stoffes aus der Vielzahl der vorhandenen Poliermittel richtet sich nach der gewünschten Oberflächenqualität sowie der Härte und Art des zu bearbeitenden Werkstoffs. Es können fast alle Metalle, Keramiken und Gesteinswerkstoffe poliert werden. Im günstigsten Fall sind durch Polieren mittlere Rauigkeitswerte von etwa 0,1 µm erreichbar. Eine hohe Qualität von Glasoberflächen wird durch *Feuerpolitur* ??? erzielt.

*Bild rechts: Knie-Implantat aus Titan, Oberfläche poliert./ Hersteller: Peter Brehm GmbH*

| Polier- (P) und Schleifmittel (S) / Verwendung | | | |
|---|---|---|---|
| Produkt | Verwendung | Bemerkung | |
| **Naturprodukte:** | | | |
| Quarz | S | Achtung: Quarzstaub erzeugt Silikose! Härte (Mohr): 7 | Werkzeugbereich, Schleifmittel für Holz und Kunststoff |
| Naturkorund | S, P | Abart: Diamantine. Härte (Mohr): 9 | |
| Bims | S | Härte (Mohr): 5…6 | |
| Schmirgel | S | enthält 50…70% Korund | Schleifen und Polieren von Stahl, GG, Holz Präzisionsschleifen v. HM, GG, Keramik, Ni-Legierungen |
| Diamant | S,P | Korngrößenbezeichnung nach DIN 848 Härte (Mohr): 10 | |
| Tripel | P | T. ist ausgeflockte Kieselsäure | |
| Polierkreide | P | enthält 80…85% Kieselsäure, 10…15% Tonerde | |
| Polierschiefer | P | Härte (Mohr): 5…6 | |
| **Synthetische Produkte:** | | | |
| Siliziumkarbid | S | Härte (Mohr): 9. Splittert leichter. | Planschleifen von HM, GG, Keramik, NE-Metallen |
| Borkarbid | S | Härte (Mohr): 9 | |
| Kubisches Bornitrid | S | Härte (Mohr): 9…10 | |
| Elektrokorund | S | Härte (Mohr): 9 | |
| Normalkorund | S | blaue bis graue Farbe, große Härte und Zähigkeit | mittelzähe bis harte Werkstoffe <60HRC, ungehärteter Stahl, Temperguss |
| Halbedelkorund | S | hellgrau bis braun, Zähigkeit geringer als bei Normalkorund | |
| Weißer Edelkorund | S | 99,9% $Al_2O_3$, größere Sprödigkeit | |
| Rosa Edelkorund | S | ca. 0,2% $Cr_2O_3$, weniger spröde als weißer | |
| Roter Edelkorund | S | ca. 3% $Cr_2O_3$ | |

Abb. 24: nach [12]

### Wirtschaftlichkeit
Polieren ist ein einfaches und kostengünstiges Verfahren. Der manuelle Einsatz ist allerdings zeitaufwändig und bündelt sehr große Personalkapazitäten. Daher ist bei höheren Stückzahlen die Anwendung von *Poliermaschinen* zu empfehlen.

### Alternativverfahren
Läppen, Beizen, chemisches Abtragen, elektrochemisches Abtragen

## TRE 1.4
### Zerspanen – Sägen

*Verfahrensprinzip*

Beim Sägen werden mit einem vielzahnigen Sägeblatt Schnitte in den zu bearbeitenden Werkstoff eingebracht. Durch verschränkte Anordnung der Zähne wird die Schnittfuge geweitet und somit die Möglichkeit des Verhakens des Sägeblatts und des Werkzeugbruchs auf Grund hoher Reibungstemperatur verringert. Beim Einspannen des Sägeblatts in eine Hand- oder Maschinensäge ist darauf zu achten, dass die Zähne in Bearbeitungsrichtung zeigen. Zur Auswahl des für den zu bearbeitenden Werkstoff optimalen Sägeblatts ist die Zahnteilung von entscheidender Bedeutung. Eine feine Zahnteilung sollte zur Bearbeitung von harten und dünnwandigen Bauteilen gewählt werden, während eine grobe *Zahnteilung* sich für weiche Materialien und große Wandstärken eignet (Dobler et al. 2003).

Bild: Kreissäge./ Foto: Ledder Werkstätten

Zur wirtschaftlichen Anfertigung von Bauteilen, vor allem bei kleinen Stückzahlen, wird der Sägevorgang maschinell unterstützt. Hierfür stehen Band-, Kreis- und Bügelsägen zur Verfügung. Die Unterschiede sind im Folgenden kurz erläutert:

*Bandsägen* arbeiten mit einem endlosen *Sägeband*. Sie ermöglichen saubere und enge Schnittfugen bei geringem Werkstoffverlust. Breite Sägebänder sollten für harte Werkstoffe oder große Schnittlängen verwendet werden. Die Schnittgeschwindigkeiten zur Metallbearbeitung liegen zwischen 200 m/min bei Stahl und 2000 m/min bei Leichtmetallen wie Aluminiumlegierungen.

Für *Bügelsägen* werden *Sägeblätter* verwendet, die hubweise über das zu trennende Halbzeug gezogen werden. Nach Beendigung eines Arbeitsschrittes wird das Werkzeug angehoben und in die Ausgangsposition gebracht, um die Sägebewegung erneut durchzuführen. Auf Grund dieses Bearbeitungsprinzips ist die Größe des zu bearbeitenden Bauteils noch oben hin auf etwa einen halben Meter begrenzt.

*Kreissägen* verwenden ein *kreisförmiges Sägeblatt* und eignen sich zur Bearbeitung von Werkstücken mit einer Größe von etwa 15 cm. Nur 30% des Blattes greifen dabei in das Material ein.

*Anwendung, Materialien, Genauigkeit*

Alle festen Materialien können mit hinreichender Genauigkeit gesägt werden. Das Sägen kommt vor allem beim *Ablängen* von Profilen (z.B. Rohre oder Leisten) und bei der Konturerstellung in Flachmaterialien zur Anwendung. Für den Zuschnitt von Holz- und Gesteinswerkstoffen ist es das am häufigsten verwendete Trennverfahren. Beim Sägen muss mit einem geringen Nachbearbeitungsaufwand gerechnet werden. Grate sollten entfernt und Kanten gesäubert werden. Anders als die beschriebenen Sägen für Holz oder Metall weisen *Glassägen* keine Sägezähne auf. Hier werden vielmehr schmale Vertiefungen in das Glas hinein geschliffen ↗ GLA 3.3.

*Wirtschaftlichkeit*

Sägen sind in allen Werkstätten vorzufinden. Die Anschaffungs- und Betriebskosten für Hand- und Maschinensägen sind niedrig. Die Technologie wird sowohl bei der Einzelanfertigung, beim Prototypenbau als auch bei kleinen Serien genutzt.

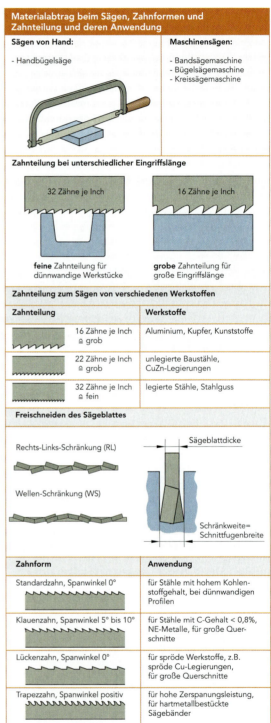

Abb. 25: nach [7]

*Alternativverfahren*

Schneiden, Drehen

## TRE 1.5
### Zerspanen – Drehen

Drehen ist eines der meistgenutzten industriellen Bearbeitungsverfahren zur Fertigung rotationssymmetrischer Bauteile aus dem Vollmaterial.

*Bild: Präzisionshartdrehbearbeitung./ Foto: Adelheid Peters, Fraunhofer-Institut für Produktionstechnologie IPT*

*Verfahrensprinzip*
Das Werkstück wird in ein *Dreibackenfutter* gespannt und in eine Drehbewegung versetzt. Zum Materialabtrag wird anschließend der Drehmeißel von außen langsam zugeführt. Folgende Verfahrensvarianten haben sich herausgebildet:

*Runddrehen* ist die am häufigsten eingesetzte Verfahrensvariante. Es werden einfache zylindrische Geometrien am Werkstück erzeugt.

Plane Flächen senkrecht zur Drehachse (z.B. Stirnflächen von Stangenmaterial) werden beim *Plandrehen* zerspanend hergestellt. Damit das Werkstück bei kleiner werdendem Durchmesser nicht bricht, sollten Drehgeschwindigkeit des Bauteils und Vorschub des Werkzeugs während der Bearbeitung langsam verringert werden.

Die Drehvariante zum Erzeugen von Absätzen und Einstichen wird *Abstechdrehen* genannt. Eine schmale und planparallele Werkzeugschneide wird senkrecht zur Drehachse dem Werkstück zugeführt und bewirkt den Materialabtrag.

Beim *Schraubdrehen* werden mit besonders profilierten Werkzeugen Gewinde erzeugt. Über eine besondere Abstufung des Werkzeugs (Gewindestrehlen) können Gewinde in einem Arbeitsgang gefertigt werden.

Beim *Profildrehen* ist die äußere Bauteilform im Werkzeug abgebildet.

Das Erstellen komplexer Formgeometrien wird durch die besondere Steuerung des Werkzeugvorschubs und der Schnittbewegung erreicht. Verfügt die Drehmaschine über keine Rechnerunterstützung (NC-Steuerung), ist insbesondere beim *Formdrehen* eine umfangreiche Erfahrung des Maschinenbedieners notwendig.

Zur Fertigung von Strukturen im Bauteilinnern stehen *Innendrehmeißel* zur Verfügung.

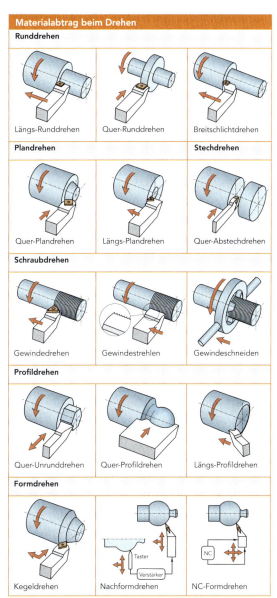

*Abb. 26: nach [1, 7]*

Neben den typischen Drehverfahren haben sich Sonderanwendungen im Markt etabliert:

*Hartdrehen* ist Drehen mit besonders warmfesten Werkzeugschneiden. Es kann auf die kostspielige Verwendung eines die Umwelt belastenden Kühlschmiermittels ↗ TRE 1 verzichtet werden. Die Drehtechnik wird bei gehärteten Stählen und zähen Werkstoffen genutzt.

Werkstücke mit unrunden Oberflächen werden im *Unrunddrehverfahren* erzeugt. Hierbei wird die Werkzeugschneide periodisch zu- oder weggeführt.

Zur Bearbeitung besonders harter Werkstoffe, die selbst als Schneidmaterialien eingesetzt werden (z.B. Schneidkeramiken ↗ KER 1.1, Hartmetalle ↗ VER 2.1), kann die Drehtechnologie durch Laserstrahlung unterstützt werden. Ein Laser wird während der Bearbeitung auf den Werkstoffbereich unmittelbar vor der Werkzeugschneide fokussiert, erwärmt diesen und ermöglicht somit einen leichteren Materialabtrag durch Plastifizieren des Materials.

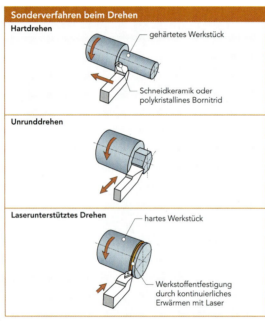

Abb. 27: nach [7, 14]

Die während der Drehbearbeitung entstehenden Späne lassen einen Rückschluss auf das bearbeitete Material und die Bearbeitungsbedingungen zu. Darüber hinaus kann die Qualität der entstehenden Werkstückoberfläche während des Prozesses abgelesen und beeinflusst werden.

Beim Drehen hartspröder Werkstoffe (z.B. Gusseisen) entstehen, begünstigt durch niedrige Schnittgeschwindigkeiten, meist *Reißspäne*. Schlechte Oberflächenqualität mit starken Rauheitsgraden sind die Folge. Werden Materialien mittlerer Festigkeit und Zähigkeit bei niedrigen Schnittgeschwindigkeiten bearbeitet, ist mit *Scherspänen* zu rechnen.

Eine gute Oberflächenqualität ist zu erwarten, wenn langgezogene, sich eindrehende *Fließspäne* entstehen. Dabei wird in der Regel mit hohen Geschwindigkeiten gearbeitet.
Um Verletzungen zu vermeiden und zudem eine leichte Entsorgung zu ermöglichen, sollten die Späne klein, kompakt und in gerollter Form anfallen. Man spricht hier von *Spiral-*, *Bröckel-* oder *Wendelspänen*.

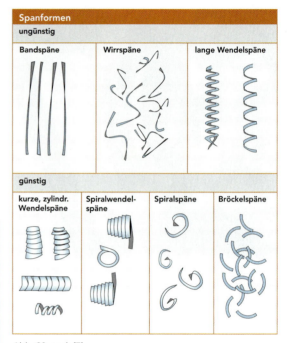

Abb. 28: nach [7]

*Anwendung, Materialien, Genauigkeit*
Meist wird die Drehtechnik zur spanenden Bearbeitung von Metallen eingesetzt. Aber auch Kunststoffe (z.B. bei Formteilen aus Polyamid) oder Keramiken lassen sich bearbeiten. Im Holzbereich wird die Fertigung am sich drehenden Bauteil *Drechseln* genannt. Gedrehte Bauteile finden in fast allen industriellen Bereichen Verwendung, von der mechanischen Uhr bis zur Antriebswelle eines Schiffes, und sind auf keine besonderen Produktgruppen beschränkt. Bedingt durch die Schnittbedingungen und den Werkzeugvorschub sind ausgezeichnete Oberflächenqualitäten erzielbar. Bei hohem Vorschub werden die Bauteile in der Regel grob vorbearbeitet (*Schruppen*), während die Feinbearbeitung bei hohen Drehgeschwindigkeiten und geringem Vorschub vollzogen wird (*Schlichten*). In der Nachbearbeitung werden Grate und an Bauteilkanten verschweißte Späne entfernt.

*Wirtschaftlichkeit*
Das Drehen lässt sich sowohl zur Grob- (Schruppen) als auch Feinbearbeitung (Schlichten) wirtschaftlich einsetzen. Es kann durch Verwendung von NC-Steuerungen automatisiert werden und ist somit sowohl für die Groß- als auch Mittelserienfertigung geeignet. Aber auch für die Einzelstückfertigung im Prototypenbau wird die Technik angewendet.

*Alternativverfahren*
Fräsen, Sägen

## TRE 1.5.1
## Drehen – Gestaltungsregeln

Beim Drehen von Bauteilen sind folgende Hinweise zu beachten (Fritz, Schulze 1998):

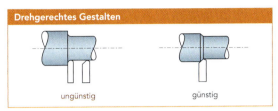

Abb. 29: nach [10]

Wellenabsätze ohne Funktion sollten nicht im 90° Winkel zur Bearbeitungsachse ausgeführt werden, da die Führung des Drehmeißels behindert würde.

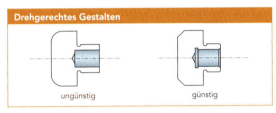

Abb. 30: nach [10]

Äußere Kanten mit 45° Fasen anstelle von Rundungen vereinfachen die Fertigung. Außerdem sind die Kanten innerer Flächen, die weiter bearbeitet werden, mit so genannten *Freistichen* zu versehen.

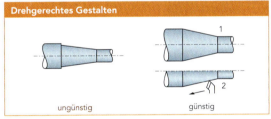

Abb. 31: nach [10]

Bild unten: Dreh- und Fräsbauteile./
Hersteller: Weber-CNC-Bearbeitung/Foto: Bastian Heßler

Beim Drehen kegeliger Formen sollte darauf geachtet werden, dass der Drehmeißel auslaufen und komplikationsfrei zugeführt werden kann.

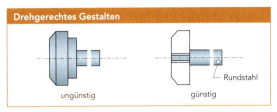

Abb. 32: nach [10]

Bauteile mit stark unterschiedlichen Durchmessern sind auf Grund des hohen Materialverlustes beim Drehen aus einem Stück günstiger aus mehreren Teilen und Halbzeugen herzustellen.

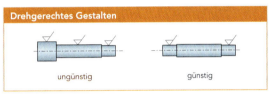

Abb. 33: nach [10]

Ebenso unwirtschaftlich ist das Abdrehen langer zylindrischer Bauteile von der Stange. Hier sollte auf Halbzeuge zurückgegriffen werden, die beispielsweise durch Ziehen auf das Endmaß gebracht werden. Die Drehtechnik wird dann lediglich für die Enden benötigt.

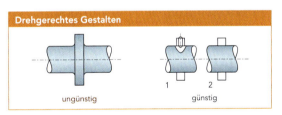

Abb. 34: nach [10]

Zur Reduzierung des Zerspanaufwandes sollte auf Wellen mit Bund verzichtet werden. Aufgeschrumpfte Ringe können weiterhelfen.

## TRE 1.6
## Zerspanen – Fräsen

Wie das Drehen und Sägen gehört das Fräsen zur Gruppe der klassischen Bearbeitungsverfahren, die in jeder gut ausgestatteten Werkstatt angewendet werden.

*Verfahrensprinzip*
Im Gegensatz zum Drehen wird beim Fräsen nicht das Werkstück, sondern das Werkzeug in eine Drehbewegung versetzt. Somit ist der Materialabtrag nicht auf die Fertigung rotationssymmetrischer Bauteile beschränkt, wodurch sich eine hohe Einsatzflexibilität ergibt. Außerdem stehen eine Vielzahl unterschiedlicher Fräser zur Verfügung, die je nach Anwendungsfall ein entsprechendes Zerspanvolumen oder die Fertigung spezieller Bauteilgeometrien ermöglichen. Grob lassen sie sich in ***Schaftfräser***, ***Aufsteckfräser*** und Fräser mit ***Wendeschneidplatten*** unterscheiden. Zur Wahl eines Fräswerkzeugs für die Bearbeitung unterschiedlicher Werkstoffhärten sind Schaftfräser grob in die Anwendungsgruppen N, H und W eingeteilt.

**Materialabrag beim Fräsen und Fräswerkzeuge**

**Fräswerkzeuge mit Wendeschneidplatten**
Schneidplatten aus Hartmetall, (Nitrid-) Keramik oder mit Schneidteil aus Diamant (PKD) bzw. Bornitrid (PKB)

*Abb. 35: nach [1, 7, 10]*

**Materialabrag beim Fräsen und Fräswerkzeuge**

**Schaftfräser**
Werkzeuge aus Schnellarbeitsstahl, Vollhartmetall oder Cermet

**Aufsteckfräser**
Werkzeuge aus Schnellarbeitsstahl oder gelöteten HM-Schneiden

*Abb. 36: nach [1, 7, 10]*

**Anwendungsgruppen von Schaftfräsern**

| Anwendungsgruppe | Werkstoffbereiche | Werkzeug |
|---|---|---|
| N | Stahl und Gusseisen mit normaler Festigkeit |  |
| H | Harte, zähharte oder kurzspanende Werkstoffe |  |
| W | Weiche, zähe oder langspanende Werkstoffe |  |

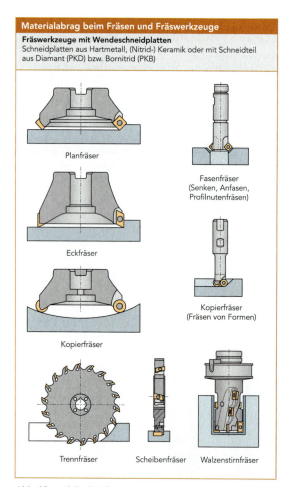

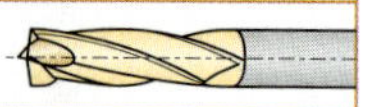

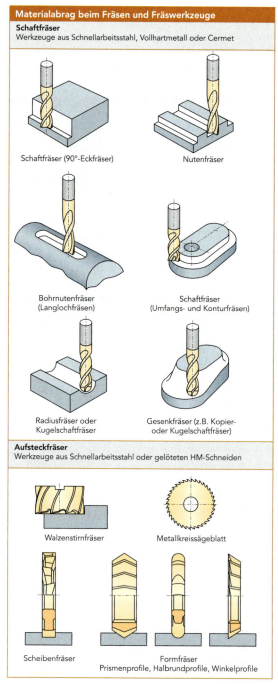

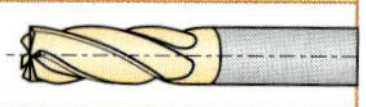

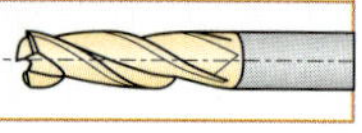

*Abb. 37: nach [7]*

Bezüglich Anordnung und Bewegung eines Fräswerkzeugs zum Werkstück lassen sich folgende Fräsverfahren unterscheiden:

Beim *Planfräsen* werden durch geradlinige Vorschubbewegungen senkrecht zur Drehachse des Fräsers mit Walzenfräsern ebene Flächen erzeugt. Ähnliche Flächen sind auch durch Verwendung von Stirnplanfräsern oder Walzenstirnfräsern möglich.

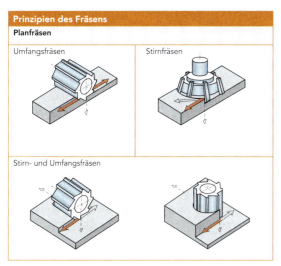

Abb. 38: nach [10]

Vergleichbar mit dem Runddrehen werden beim *Rundfräsen* rotationssymmetrische, kreiszylindrische Bauteilflächen erzeugt. Das Verfahren kann als Alternative zum Drehen gewählt werden, wenn eine geringe thermische Belastung des Werkstücks oder als Folge dessen ein verminderter Einsatz von Kühlschmiermitteln erforderlich ist.

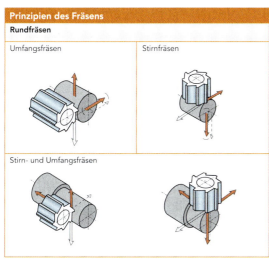

Abb. 39: nach [10]

Beim *Schraubfräsen* werden durch wendelförmige Bewegungen des profilierten Fräsers Gewinde und schraubenförmige Flächen in ein Bauteil eingebracht. Das Verfahren steht in Konkurrenz zum Schraubdrehen.

Zur Erzeugung von Verzahnungen dienen beim *Wälzfräsen* profilierte Fräser, die eine mit der Vorschubbewegung korrelierende Wälzbewegung vollziehen.

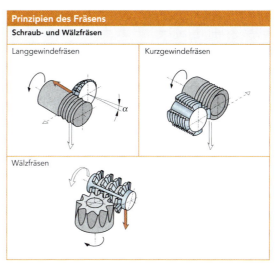

Abb. 40: nach [10]

Die Form des Fräswerkzeuges wird beim *Profilfräsen* im Werkstück abgebildet. Mit dieser Verfahrensvariante lassen sich Nuten, besondere Führungen, Radien oder Verzahnungen in Bauteilen erzeugen.

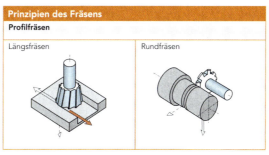

Abb. 41: nach [10]

Bild: Fräsköpfe.

*Formfräsen* dient zum flexiblen Materialabtrag und somit zur beliebigen Formerstellung mittels einer besonders gesteuerten Vorschubbewegung des Fräsers. Dieses Fräsverfahren findet vor allem im Werkzeug- und Formenbau breite Anwendung.

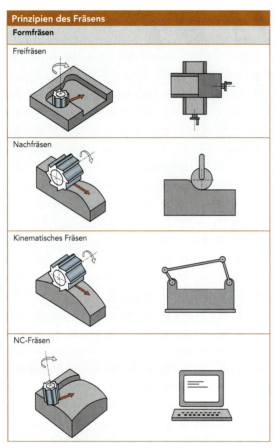

Abb. 42: nach [10]

Bild: Formfräsen.

*Anwendung, Materialien, Genauigkeit*
Fräsverfahren werden in fast allen industriellen Bereichen eingesetzt. Vor allem zur Fertigung von Werkzeugen für formgebende Verfahren (z.B. Spritzgießen, Druckgießen) haben sie eine große Bedeutung erlangt. Die Anwendung reicht von der Schmuckherstellung bis zur Fertigung von Präzisionsbauteilen für die optische Industrie.

Mit wenigen Ausnahmen können alle festen Materialen (z.B. Stahl, Leichtmetalle, faserverstärkte Kunststoffe, Stein) mit hochpräzisen Oberflächen frästechnisch bearbeitet werden. Der meist geringe Nachbearbeitungsaufwand beschränkt sich auf das Gratentfernen und Säubern der bearbeiteten Flächen. Besonders genaue und feine Konturen (Rautiefe > 1 µm) können durch eine Kombination aus Fräsverfahren und anschließender Laserbearbeitung erzeugt werden. Während mit einem Fräser zunächst Material mit großem Zerspanvolumen abgetragen wird, dient der Laser zur anschließenden Feinbearbeitung der Bauteilfläche. Die fokussierte Strahlenergie bewirkt ein Verdampfen des Materials und einen schichtweisen Werkstoffabtrag von jeweils 1 bis 5 Mikrometern. Besonders harte Materialien wie Hartmetalle, Grafit oder gehärteter Stahl werden mit Laserunterstützung bearbeitet.

*Wirtschaftlichkeit*
Das Fräsen lässt sich sowohl bei der Einzelanfertigung als auch zur Herstellung von Bauteilen in mittleren Serien wirtschaftlich einsetzen. Vor allem für höhere Stückzahlen und für die Herstellung komplexer Formgeometrien stehen HSC- und NC-Fräsanlagen zur Verfügung. Beim *Hochgeschwindigkeitsfräsen* (High Speed Cutting – HSC) werden im Vergleich zu konventionellen Fräsanlagen wesentlich höhere Schnittgeschwindigkeiten erreicht und damit einhergehend kurze Fertigungszeiten erzielt. Komplexe Formen können über eine rechnerunterstützte Zuführung des Fräswerkzeuges in bis zu 5 Achsen erzeugt werden. Somit ist ein sehr flexibler Materialabtrag in einer Aufspannung möglich. Aufwändiges Umspannen des Bauteils entfällt.

| Anwendungsgebiete der HSC-Bearbeitung | | |
|---|---|---|
| Charakteristika | Anwendungsbereich | Beispiele |
| hohes Zeitspanvolumen | Leichtmetalle, Kunststoffe, Stahl und Guss | Werkzeug- und Formenbau |
| hohe Oberflächenqualität | Präzisionsbearbeitung | Optik und Feinmechanik, Werkzeug- und Formenbau |
| niedrige Schnittkräfte | Bearbeitung dünnwandiger Werkstücke | Luft- und Raumfahrt, Automobilindustrie |
| hohe anregende Frequenz | schwingungsfreie Bearbeitung komplizierter Werkstücke | Präzisionsteile, optische Industrie |
| Wärmeabfuhr durch Späne | verzugsfreie Bearbeitung | Präzisionsteile, Trockenbearbeitung |

Abb. 43: nach [24]

*Alternativverfahren*
Drehen, Sägen, Funkenerosion, Bohren

## TRE 1.6.1
### Fräsen – Gestaltungsregeln

Wirtschaftliches Arbeiten mit der Frästechnik wird durch Beachtung nachfolgender Hinweise unterstützt:

Insbesondere beim Arbeiten mit Schaftfräsern ist auf die maximale Bearbeitungstiefe zu achten, die durch Durchmesser und Länge des Fräsers bestimmt wird. Nicht selten führt die Fertigung zu tiefer Geometrien zum Bruch des Fräsers.

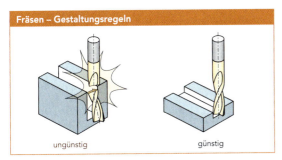

Abb. 44: nach [10]

Bei der Erzeugung von Werkstückkanten verhindert ein ausreichend großer Radius unsauber gearbeitete Bauteile.

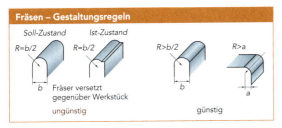

Abb. 45: nach [10]

Die Herstellung einer Vierkantgeometrie wird durch das Einbringen eines Einstiches vor der Bearbeitung erleichtert.

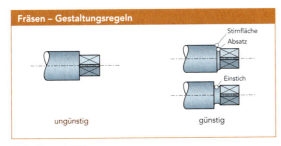

Abb. 46: nach [10]

In einer Ebene liegende Flächen erleichtern den Bearbeitungsprozess und vermeiden zeitaufwändiges Umspannen.

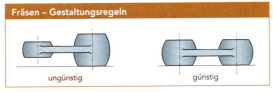

Abb. 47: nach [10]

Nutenden sollten nicht im Bereich eines Absatzes liegen.

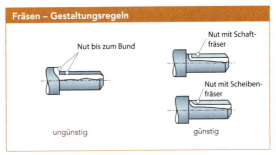

Abb. 48: nach [10]

*Bilder unten: Gefräste Bauteile eines CPU-Wasserkühlers./ Hersteller: Xice/ Design: www.UNITEDDESIGNWORKERS.com*

## TRE 1.7
## Zerspanen – Bohren

*Verfahrensprinzip*
Bohren ist die Bezeichnung für eine Gruppe von Verfahren, mit denen ins volle Material Bohrungen für Verschraubungen, Innengewinde oder Zentrierungen eingebracht werden. Je nach Bohrgeometrie kann zwischen konventionellem Bohren, Gewindebohren, Senken und Reiben unterschieden werden. Durch *Senken* werden senkrecht zur Drehachse liegende Planflächen oder symmetrisch zur Drehachse liegende Kegelflächen erzeugt. *Reiben* ist Aufbohren mit geringer Spanungsdicke zur Herstellung passgenauer Bohrungen mit hoher Oberflächengenauigkeit (Witt 2006).

Die am häufigsten eingesetzten Bohrwerkzeuge sind *Spiralbohrer*. Diese werden je nach geforderter Qualität der Bohroberfläche, Werkzeugbedingungen, Wirtschaftlichkeit und Art des zu bearbeitenden Materials ausgewählt. Die optimale Form und Steigung der Bohrschneiden richtet sich nach der Härte des Werkstoffs. Einen Anhaltspunkt bietet die grobe Einteilung in die Typen N, H und W. Eine konkrete Auswahl kann anhand nachfolgender Tabelle erfolgen. Dabei ist zu beachten, dass *Stein*-, *Metall*- und *Holzbohrer* besonders gekennzeichnet sind. Die vom Hersteller empfohlene Kühlung sollte durchgeführt werden.

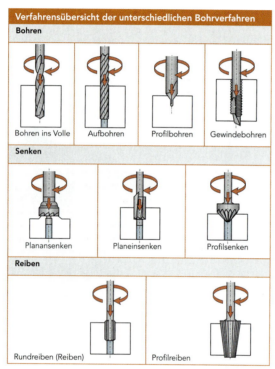

Abb. 49: nach [7]

Allen Verfahren ist gemein, dass das Werkzeug in eine Drehbewegung versetzt und in Richtung zur Drehachse gegen den Werkstoff verfahren wird. Durch Vorschub dringen die Werkzeugschneiden in das Material ein und tragen es ab. Zur Erzielung einer kontrollierten und für den Bediener des Werkzeugs sicheren Bearbeitung sollte das Bauteil fest eingespannt werden. Um ein Verlaufen des Bohrers beim Eintritt ins Vollmaterial zu verhindern, können mit speziellen Bohrern Zentrierbohrungen eingebracht werden.

| Bohrerauswahl | | | | |
|---|---|---|---|---|
| • • • = sehr gut<br>• • = gut<br>• = möglich | HSS-Bohrer | gelötete HM-Bohrer | Voll-HM-Bohrer | HM-Wendeschneidplatte |
| Bohrdurchmesser (D) | 0,5...12 mm | 9,5...30 mm | 3...20 mm | 12...60 mm |
| Bohrungstiefe | 2...6 x D | 3...5 x D | 2...5 x D | 2...4 x D |
| Werkstoff:<br>Stahl<br>Stahl, gehärtet<br>Stahl, rostfrei<br>Grauguss<br>Aluminiumlegierung | • • •<br>•<br>•<br>• • •<br>• • | • • •<br>• •<br>• •<br>• • •<br>• • | • • •<br>• • •<br>• • •<br>• • •<br>• • • | • • •<br>• • •<br>• • •<br>• • •<br>• • • |
| Oberflächengüte $R_z$ | 3 µm | 1...2 µm | 1...2 µm | 1...5 µm |
| Bohrungstoleranz | IT 10 | IT 8-10 | IT 8-10 | +0,4/-0,1 |
| Anwendbarkeit:<br>allgemeines Bohren<br>geneigte Fläche<br>Querbohrung<br>Eintauchen<br>»Paketbohren« | • • •<br>• •<br>• •<br>•<br>• • | • • •<br>• •<br>•<br>•<br>• • | • • •<br>• • •<br>• •<br>• • •<br>• • • | • • •<br>• • •<br>• • •<br>• •<br>• |

Abb. 50: nach [7]

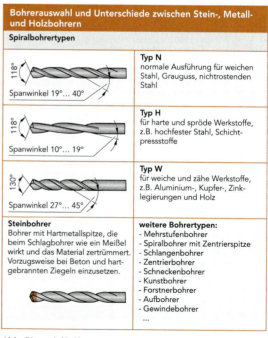

Abb. 51: nach [7, 8]

Wie beim Drehen kann die Qualität der Bearbeitung während des Bohrprozesses anhand der anfallenden Späne abgelesen werden. Eine optimale *Spanform* ist gegeben, wenn sie sich auf kurzer Strecke einkringeln. Bei abweichendem Spanaustritt sind die Bohrbedingungen entsprechend den Hinweisen nachfolgender Tabelle zu optimieren. Eine nicht abgestimmte Einstellung von Schnittgeschwindigkeit, Schneidstoff und Vorschub kann zu einem negativen Bohrergebnis führen. Indiz hierfür sind große Bohrungsdurchmesser, Formabweichungen, Bruch des Bohrers oder hörbare Vibrationen.

### Maßnahmen zur Optimierung von Bohrqualität und Spanformen

| Abhilfe-Maßnahmen | allgemeine Probleme ||||||
|---|---|---|---|---|---|---|
| | Bohrerspitze zerstört, Bohrerbruch | Bohrung zu groß im Durchmesser | Spänestau in Spannut | Vibration, Rattern | Formabweichung der Bohrung | geringe Standzeit |
| Schnittgeschwindigkeit erhöhen | | O | O | | | |
| Schnittgeschwindigkeit verringern | | | | | | |
| Vorschub verringern | | O | O | O | O | |
| Schneidstoffwahl überprüfen | O | | | | | O |
| Stabilität von Werkzeug und Werkstück erhöhen | O | O | | O | O | O |
| Kühlschmierstoffzufuhr erhöhen, Filter reinigen | | | | O | | O |

Abb. 52: nach [7, 8]

Innengewinde werden mit *Gewindebohrern* manuell oder maschinell hergestellt. Der erste Schritt besteht im Einbringen eines Kernloches. Dieses muss einen kleineren Durchmesser als das gewünschte Maß des Gewindes aufweisen und länger ausgeführt sein, damit Platz für die Ansammlung abgetragenen Materials und den Auslauf des Gewindebohrers entsteht. Hinweise zu den Maßen einer *Kernlochbohrung* werden in nachfolgender Tabelle entsprechend der üblichen Nomenklatur von Gewinden ↗ FUE 1.4 gegeben.

Die Fertigung eines Gewindes per Hand erfolgt mit Hilfe eines dreiteiligen Bohrersets. Dieses besteht aus einem *Gewindevorbohrer*, einem *Mittelschneider* und einem *Fertigschneider*, mit dem das Endgewindemaß fixiert wird. Damit die Bohrer infolge zu hoher Kräfte nicht brechen, sollte eine ausreichende Schmierung (z.B. Bohröl) verwendet werden. Zudem sollten durch mehrfaches Ein- und Ausdrehen des Werkzeuges die anfallenden Späne entfernt werden. Durch Ansenken der Kernlochbohrung wird ein Verrutschen des vorschneidenden Gewindebohrers verhindert.

*Maschinengewindebohrer* sind so gestaltet, dass das Gewinde in einem Fertigungsschritt geschnitten wird. Es existieren Bohrer für Gewinde mit Rechts- oder Linksdrall.

### Gewindebohrer und Maße der Kernlochbohrungen

| Gewindebohrer | |
|---|---|
| 3-teiliger Handgewindebohrersatz | für Grundlöcher und Durchgangsbohrungen (Regelgewinde) |
| 2-teiliger Handgewindebohrersatz | für Feingewinde und Witworth-Rohrgewinde (nur 2 Bohrer, da geringere Gewindetiefe) |
| Maschinengewindebohrer mit Linksdrall | für Durchgangslöcher (entfernt die anfallenden Späne in Vortriebsrichtung aus dem Bohrloch) |
| Maschinengewindebohrer mit Rechtsdrall | für Grundlöcher (entfernt die anfallenden Späne durch die Spannuten aus dem Bohrloch) |
| Gewindeformer (siehe auch Druckumformen) | spanloses Verfahren für die Herstellung hochbelastbarer Innengewinde und für Werkstoffe mit geringer Zugfestigkeit |

| Beispiel: (Regel- bzw. Spitzgewinde) Metrisches ISO-Gewinde DIN 13 | Gewinde Ø $M=D=d$ (mm) | Steigung $P$ (mm) | Kern Ø $D_1$ (mm) |
|---|---|---|---|
| | M 1,0 | 0,25 | 0,75 |
| | 1,1 | 0,25 | 0,85 |
| | 1,2 | 0,25 | 0,95 |
| | 1,4 | 0,30 | 1,10 |
| | 1,6 | 0,35 | 1,25 |
| | 1,8 | 0,35 | 1,45 |
| | 2,0 | 0,40 | 1,60 |
| | 2,2 | 0,45 | 1,75 |
| | 2,5 | 0,45 | 2,05 |
| | 3,0 | 0,50 | 2,50 |
| | 3,5 | 0,60 | 2,90 |
| | 4,0 | 0,70 | 3,30 |
| | 4,5 | 0,75 | 3,70 |
| | 5,0 | 0,80 | 4,20 |
| | 6,0 | 1,00 | 5,00 |
| | 7,0 | 1,00 | 6,00 |
| | 8,0 | 1,25 | 6,80 |
| | 9,0 | 1,25 | 7,80 |
| | 10,0 | 1,50 | 8,50 |
| | 11,0 | 1,50 | 9,50 |
| Weitere Gewindeformen | 12,0 | 1,75 | 10,20 |
| - Feingewinde (selbsthemmend) | 14,0 | 2,00 | 12,00 |
| - Witworth-Gewinde (für Rohre) | 16,0 | 2,00 | 14,00 |
| - Trapezgewinde (Bewegungsgewinde für wechselseitige Belastung z.B. für Spindelpressen) | 18,0 | 2,50 | 15,50 |
| | 20,0 | 2,50 | 17,50 |
| - Sägengewinde (einseitig hoch belastbar) | 22,0 | 2,50 | 19,50 |
| | 24,0 | 3,00 | 21,00 |
| - Rundgewinde (für wechselseitige, stoßartige Belastung, bei Schmutzeinwirkung und z.B. Glühlampenfassungen) | 27,0 | 3,00 | 24,00 |
| | 30,0 | 3,50 | 26,50 |
| | 33,0 | 3,50 | 29,50 |
| | 36,0 | 4,00 | 32,00 |
| | 39,0 | 4,00 | 35,00 |
| Gewindeerscheinungen | 42,0 | 4,50 | 37,50 |
| - Rechts- bzw. Linksgewinde (Linksgewinde werden gegen den Uhrzeigersinn eingeschraubt und nur dann verwendet, wenn sich ein Rechtsgewinde lösen würde) | 45,0 | 4,50 | 40,50 |
| | 48,0 | 5,00 | 43,00 |
| | 52,0 | 5,00 | 47,00 |
| | 56,0 | 5,50 | 50,50 |
| | 60,0 | 5,50 | 54,50 |
| - mehrgängige Gewinde (große axiale Bewegung bei einer Umdrehung) | 64,0 | 6,00 | 58,00 |
| | 68,0 | 6,00 | 62,00 |

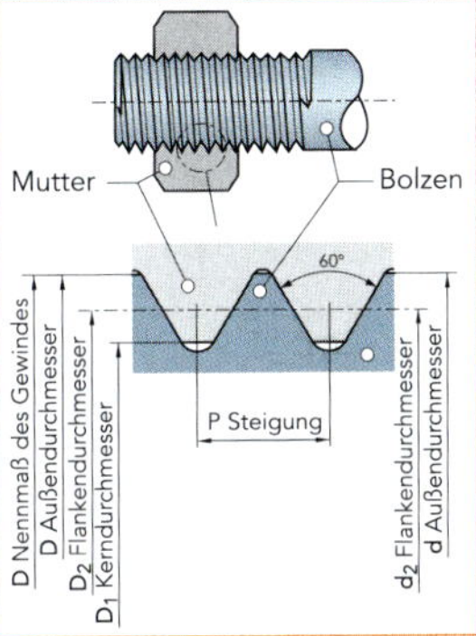

Abb. 53: nach [7, 11]

Senkwerkzeuge werden eingesetzt, um Profile an schon gefertigten Bohrungen einzubringen. Während Kegelflächen z.B. zur Auflage von Senkschrauben dienen, damit die Schraubköpfe nicht aus einer Bauteilfläche herausragen, können ebene Einsenkungen den gleichen Effekt bei Verwendung von Sechskantschrauben bewirken. Darüber hinaus können zylindrische Innenflächen als Aufnahmefläche von Wellen oder Achsen dienen.

Im Gegensatz zum Bohren und Senken, bei dem der Materialabtrag eine Formveränderung bezweckt, werden Reiben zur Verbesserung der Oberflächengüte von Innenbohrungen eingesetzt. Bei Metallbauteilen muss ein Aufmaß von 0,1 mm bis 0,5 mm berücksichtigt werden, das mit Reibahlen abgetragen werden kann, ohne große Spannungen zu erzeugen.

| Anwendung von Reibahlen | |
|---|---|
| Reibahlen/ Typen | Anwendung |
| gerade genutet | Durchgangslöcher und Grundlöcher, für harte und spröde Werkstoffe |
| Linksdrall ≈ 7° | Durchgangsbohrungen, Bohrungen mit Nuten für weiche und langspanende Werkstoffe |
| Schälreibahle Linksdrall ≈ 45° | Durchgangsbohrungen, Bohrungen mit Nuten für weiche und langspanende Werkstoffe |

Abb. 54: nach [24]

### Anwendung, Materialien, Genauigkeit
Bohrwerkzeuge können zur Bearbeitung fast aller festen Materialen (z.B. Stahl, Leichtmetalle, Kunststoffe, Holz, Stein) eingesetzt werden. Es werden meist gute Oberflächengüten mit mittleren Rauwerten von 10 bis etwa 150 Mikrometern erzielt. Je nach Schnittbedingungen ist der Nachbearbeitungsaufwand gering und beschränkt sich auf das Entfernen von Graten und die Säuberung der Bohrung von anfallenden Materialspänen.

Mit Diamantbohrern kann auch Glas gebohrt werden. Der Werkstoff wird allerdings, anders als für Metalle oder Holz beschrieben, nicht durch Spanbildung abgetragen, sondern vielmehr in Form kleiner Materialspäne herausgerissen. Zur Vermeidung von Glasbruch ist eine Kühlung mit Öl oder Wasser von ganz entscheidender Bedeutung. Bei größeren Bohrungen kann das Ergebnis durch Verwendung eines Schmirgelbreis verbessert werden.

Bild: Bohrungen in einem Stahlbauteil.

Bild: Bohrer.

### Wirtschaftlichkeit
Die Notwendigkeit zur Herstellung von Bohrungen reicht von der Befestigung von Bildern und Möbeln an den Wänden der heimischen Wohnumgebung bis zu Maschinenbauteilen für die Schwerindustrie. Bohrmaschinen sind in fast jedem Haushalt vorhanden und gehören zur Grundausstattung jeder Werkstatt. Die Bohrtechnik wird bei der Einzelanfertigung verwendet und kann selbst den Erfordernissen einer Serien- und Massenproduktion angepasst und automatisiert werden.

Bild: Steinbohrer./ Foto: Bosch

### Alternativverfahren
Fräsen, Funkenerosion

## TRE 1.7.1
## Bohren – Gestaltungsregeln

Mit Blick auf die Besonderheiten der Bohrverfahren, insbesondere der Bohrwerkzeuge, lassen sich folgende Hinweise formulieren, die effizientes und wirtschaftliches Erstellen von Bohrungen fördern (Fritz, Schulze 1998; Koller 1994):

Bohrungen mit ebenem Bohrgrund sind zu vermeiden. Konventionelle Verfahren lassen solche Geometrien nur zu, wenn zunächst vorgebohrt und nachfolgend gesenkt wird.

Abb. 55: nach [10]

Sowohl schräge Anschnitte als auch schräge Ausläufe von Bohrungen können zum Verlaufen und im Extremfall zum Brechen des Bohrers führen.

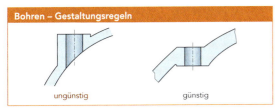

Abb. 56: nach [10]

Für Bohrungen in Wellen sind sowohl für den Anschnitt als auch für den Auslauf senkrecht zur Bohrachse liegende Flächen vorzubereiten. Es können Senk- oder Fräswerkzeuge Verwendung finden.

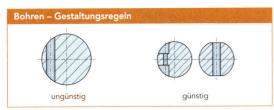

Abb. 57: nach [10]

Beim Anbringen von Bohrungen in unterschiedlich harten Werkstoffen kann es zum Verlaufen und Brechen des Bohrers kommen.

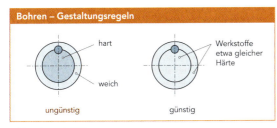

Abb. 58: nach [10]

Damit keine Lochdeformationen entstehen, muss für nachfolgende Biegevorgänge der Abstand einer Bohrung vom Bauteilrand mindestens das 5fache der Materialstärke betragen.

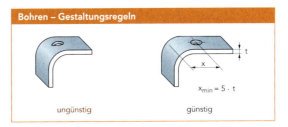

Abb. 59

Der Aufwand beim Bohren und anschließenden Befestigen von Bauteilen mit Stiften und Schrauben verringert sich, wenn Bohrungen und Gewinde an einem Werkstück die gleichen Durchmesser aufweisen.

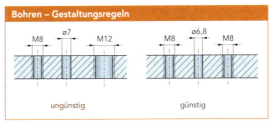

Abb. 60: nach [10]

Zur Erstellung von Gewinden sind genügend lange Vorbohrungen vorzusehen. Gewindebohrer weisen einen Anschnitt auf. Somit können Gewinde nicht bis zum Ende einer Bohrung geschnitten werden.

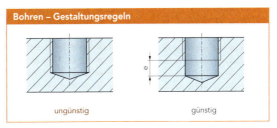

Abb. 61: nach [10]

Beim Anbringen von kegeligen Senkungen und Gewinden an einer Durchgangsbohrung ist darauf zu achten, dass die Senkung in die Bohrung übergeht. und die Gewindeabmaße den gleichen Kerndurchmesser wie die Durchgangsbohrung erforderlich machen.

Abb. 62: nach [10]

## TRE 1.8
### Zerspanen – Räumen, Hobeln, Stoßen

*Verfahrensprinzip*

Hobeln und Stoßen sind Zerspanverfahren mit sich wiederholenden, geradlinigen Schnittbewegungen. Während beim Hobeln die Schnittbewegung vom Werkstück ausgeführt wird, vollzieht beim Stoßen das Werkzeug die Vorschubbewegung.

Zum Räumen werden mehrzahnige Werkzeuge eingesetzt, die einen hohen Materialabtrag bewirken. Das Werkzeug wird geradlinig an der zu bearbeitenden Bauteiloberfläche vorgeschoben. Eine Vielzahl von Werkzeugschneiden befinden sich gleichzeitig im Eingriff, womit der hohe Materialabtrag erklärt werden kann. Der große Vorteil des Verfahrens liegt in der Möglichkeit zur Endbearbeitung von Werkstücken, auch komplexer Formgeometrien, in nur einem Hub. Es gibt Werkzeuge sowohl zum *Innen*- als auch zum *Außenräumen*. Wichtigstes Instrument zur spanenden Bearbeitung von Innenkonturen ist die *Räumnadel*. Außenräumwerkzeuge können bei komplexen Formgeometrien auch aus mehreren Zahnungsteilabschnitten zusammengesetzt sein.

*Anwendung, Materialien, Genauigkeit*

In der Metallbearbeitung wurden die Fertigungsverfahren Hobeln und Stoßen in den letzten Jahren weitgehend durch das Planfräsen ersetzt. Lediglich zur Feinbearbeitung von Bauteilflächen, die mit anderen zerspanenden Fertigungsprozessen wirtschaftlich nicht möglich ist, wird Hobeln oder Stoßen noch eingesetzt. Im Holzbereich hat das Hobeln nach wie vor Bedeutung bei der Glättung von Bauteiloberflächen und beim Entschärfen von Bauteilkanten. Räumwerkzeuge dienen vor allem zur Verbesserung der Oberflächenqualität von Bohrungen an Bauteilen aus Metall. Als typisches Nachbearbeitungsverfahren ermöglicht das Räumen eine hohe Oberflächengüte mit mittleren Rauigkeiten im einstelligen Mikrometerbereich und eine hohe Formgenauigkeit.

*Wirtschaftlichkeit*

Räumen, Hobeln und Stoßen sind klassische Fertigungsverfahren, die sowohl zur Einzelanfertigung als auch bei größeren Serien eingesetzt werden. Die Verfahren lassen sich automatisieren. Räum-, Hobel- und Stoßwerkzeuge sind in fast allen Werkstätten vorhanden. Zur Bearbeitung von Holz im Werkstattbereich stehen sowohl Hand- als auch Elektrohobel zur Verfügung.

*Alternativverfahren*

Planfräsen, Reiben und Honen zur Bearbeitung von Bohrungen

## TRE 1.8.1
### Räumen, Hobeln, Stoßen – Gestaltungsregeln

Für das Räumen, Hobeln und Stoßen können folgende Gestaltungshinweise gegeben werden (Fritz, Schulze 1998):

Das Hobeln oder Stoßen gegen eine Kante ist nicht möglich. Die Werkzeuge müssen in ihrer Bewegung über die zu bearbeitende Fläche hinauslaufen, damit ein vollständige Bearbeitung möglich ist.

Abb. 63: nach [10]

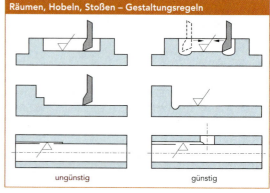

Abb. 64: nach [10]

*Bild links: Durch Räumen können mehrkantige Konturen erstellt werden, wie z.B. bei diesen Ring-Maulschlüsseln.*

Sollen mehrere Flächen eines Werkstücks durch Hobeln oder Stoßen bearbeitet werden, sollten diese nach Möglichkeit in der gleichen Bearbeitungsebene liegen.

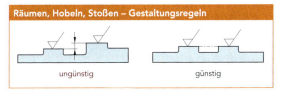

Abb. 65: nach [10]

Der Aufwand zur Bearbeitung von senkrecht liegenden Flächen ist geringer als bei Flächen beliebiger räumlicher Positionierung.

Abb. 66: nach [10]

Zur Vermeidung eines aufwändigen Sondervorrichtungsbaus sollte beim Räumen eine Abstützung des Werkstück senkrecht zur Bearbeitungsrichtung möglich sein.

Abb. 67: nach [10]

Nuten in einer kegeligen Bohrung können nur dann in einem Zug geräumt werden, wenn sie parallel zur Achse der Bohrung verlaufen.

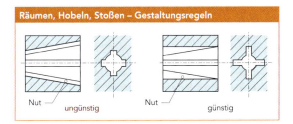

Abb. 68: nach [10]

Räumwerkzeuge für die Anfertigung vier- und sechseckiger Bohrgeometrien erfordern einen geringeren Herstellungsaufwand als Werkzeuge für dreieckige Geometrien.

Abb. 69: nach [10]

Darüber hinaus sind für Kleinserien beim Räumen möglichst gleiche Nutbreiten vorzusehen. So kann (auch bei unterschiedlichen Nuttiefen) eine Räumnadel verwendet werden.

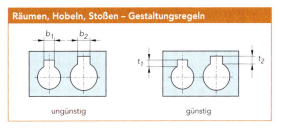

Abb. 70: nach [10]

Bild unten: Gehobelte Nuten in der Knetwalze einer Gebäckformmaschine/ Foto: Fa. NFF Janssen, Krefeld

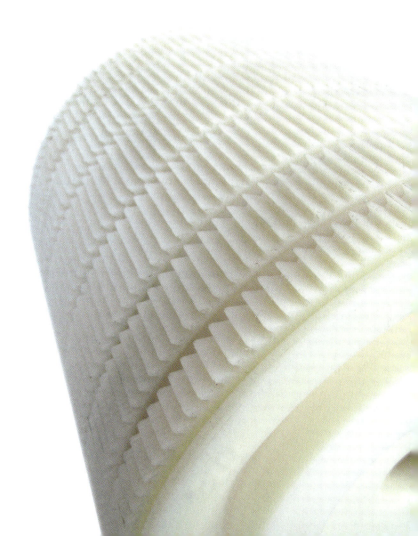

*Kapitel TRE*
*Trennen und Subtrahieren*

*Laser-Honen*
*Durch das Laser-Honen werden im Vergleich mit dem konventionellen Honprozess tribologisch günstige Oberflächenstrukturen erzielt (Tribologie – griech.: Reibungslehre).*

*Beim Laser-Honen handelt es sich um eine Kombination von Hon- und Laser-Bearbeitung.*

*Hierbei werden in einer bestimmten definierten Zone exakte Öltaschen eingebracht, um damit in diesem Bereich Mangelschmierung zu vermeiden.*

*Solch ein hydrodynamisches System kann lokal erzeugt werden, wo es die Funktion verlangt.*

*Quelle und Fotos: Gehring GmbH & Co. KG*

## TRE 1.9
## Zerspanen – Honen

Honen und Läppen sind Bearbeitungsverfahren zur Feinbearbeitung von Bauteilen und Werkstoffen im Maschinen- und Gerätebau.

### Verfahrensprinzip
Wie beim Schleifen ↗ TRE 1.2 wird zum *Honen* ein Werkzeug mit gebundenem Schleifmittel verwendet. Die Schneidstoffe befinden sich im ständigen Flächenkontakt zum Werkstoff. Grundsätzlich wird zwischen Langhub- und Kurzhubhonen unterschieden. Die Schnittbewegung beim *Langhubhonen* resultiert aus einer überlagerten Hub- und Drehbewegung. Dabei kommt es zu sich kreuzenden Bearbeitungsriefen. Der Materialabtrag beim *Kurzhubhonen* erfolgt durch Überlagerung einer Drehbewegung des Werkstücks und gleichzeitigen kurzhubigen Schwingbewegungen des Werkzeugs. Typische Kornwerkstoffe sind Korund, Diamant oder kubisch kristallines Bornitrid (CBN). Auf Grund der mehrachsigen Beanspruchung der Körner während der Schwingbewegungen schärfen sich Honwerkzeuge selbst. Der verwendete Kühlschmierstoff hat in erster Linie die Aufgabe, die bei der Bearbeitung entstehenden Werkstoffspäne wegzuspülen (Richard 2003).

*Bild: Langhubhonen./ Foto: Gehring GmbH & Co. KG*

### Anwendung, Materialien, Genauigkeit
Die Honverfahren werden zur Feinbearbeitung und Verbesserung von Form- und Oberflächengenauigkeit von Bohrungen verwendet. Dabei weisen die beim Langhubhonen durch Überlagerung von Axial- und Drehbewegung entstandenen Bearbeitungsstrukturen besonders gute Haft- und Halteeigenschaften für Schmieröle auf. Es können u.a. Stahl, Gusseisen, Messing, Grafit, Bronze oder Glas bearbeitet werden. Die erzielbaren Rautiefen liegen beim Langhubverfahren bei etwa 1 μm und im Kurzhubverfahren bei 0,1 μm. Typische Anwendungen sind in der Bearbeitung von Funktionsflächen im Motorraum zu finden (z.B. Zylinderbohrung, Durchgänge der Pleuelstange, Steuergehäuse von Hydraulikventilen). Das Kurzhubhonen wird zur Endbearbeitung zylindrischer Außenflächen (z.B. Kolbenbolzen, Steuerkolben) eingesetzt. Die Bohrungsdurchmesser liegen beim Langhubhonen zwischen 1 mm und 1200 mm.

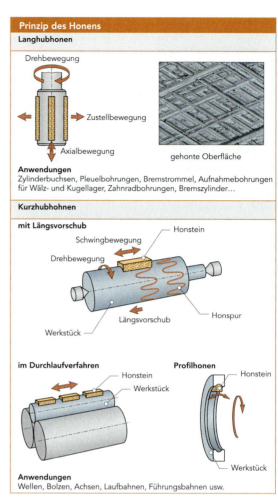

*Abb. 71: nach [7, 15]*

### Wirtschaftlichkeit
Der Materialabtrag beim Honen ist relativ gering. Die zu berabeitenden Werkstoffe müssen daher mit anderen Verfahren vorbehandelt werden und möglichst formgenau, das heißt mit einer maximalen Zugabe von 0,05 mm – 0,1 mm (Witt 2006), vorliegen. Die Anwendung der Hontechnik lohnt also nur, wenn besonders hohe Anforderungen – wie Gleiten, Dichten und Führen – an Werkstückoberflächen gestellt werden, die sich mit keinem anderen Fertigungsverfahren erzielen lassen.

### Alternativverfahren
Schleifen, Polieren, Schaben

*Bild: Gehonte Innenflächen eines Zahnrades./ Foto: Gehring GmbH & Co. KG*

## TRE 1.10
## Zerspanen – Läppen

Die Läpptechnik ähnelt in ihrem Verfahrensprinzip dem Polieren TRE 1.3. Im Vergleich kann ein größerer Materialabtrag realisiert werden.

### Verfahrensprinzip
Dieser Materialabtrag erfolgt beim Läppen an Schneiden von Körnern, die sich lose in einer pastösen Masse oder Flüssigkeit befinden. Das Läppwerkzeug gleitet während der Bearbeitung unter Druck auf dem Werkstück, wodurch die Körner auf der zu bearbeitenden Fläche abrollen und sich in den Werkstoff drücken. Während hoher Anpressdruck und grobe Körnung einen hohen Materialabtrag bewirken, lässt sich mit feineren Körnern und niedrigem Druck die Oberflächenqualität verbessern.

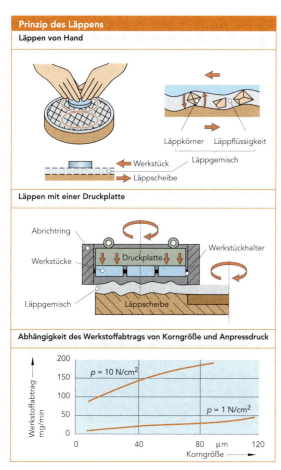

Abb. 72: nach [7, 15]

Ebenso hat die Korngrößenverteilung im Läppgemisch Einfluss auf die erzielbare Oberflächengüte. Geringe Unterschiede in den genutzten Korngrößen bewirken gleichmäßige Rautiefen und wenige Kratzer und Furchen. Da während der Bearbeitung keine Wärme auf das Werkstück übertragen wird, verziehen sich die bearbeiteten Bauteile nicht. Zudem kann auf eine Einspannung meist verzichtet werden. Als Läppmittel werden natürliche Werkstoffe wie Diamant, Korund oder Schmirgel, als auch synthetische Materialien wie Borkarbid, Siliziumkarbid oder Chromoxid verwendet.

In aktuellen Forschungsarbeiten wird die Anregung der Läppkörner mittels Ultraschall untersucht (*Ultraschallschwingläppen*), um sprödharte Werkstoffe wie z.B. Keramiken bearbeiten zu können und hohe Abtragraten zu erzielen.

### Anwendung, Materialien, Genauigkeit
Mit dem Läppverfahren sind alle plastisch nicht verformbaren Materialien zu bearbeiten. Dazu zählen Stähle, Keramiken, Kunststoffe, Hartmetalle, Aluminium, Kupfer sowie Natursteine wie Marmor, Basalt, Granit oder Edel- und Halbedelsteine. Es werden sehr hohe Oberflächengüten und Formgenauigkeiten erzielt. Flächen mit Rautiefen von 0,03 µm sind zu erreichen. Es können auch Bauteile mit einer Dicke von weniger als 0,1 mm bearbeitet werden. In der Regel werden Bauteile mit hochpräzisen Funktionsflächen, die eine Dichtigkeit gegenüber Gasen und Flüssigkeiten aufweisen müssen, geläppt (z.B. Kolben und Zylinder im Motor, Komponenten für hydraulische oder pneumatische Anwendungen). Zudem kommt das Verfahren zur Endbearbeitung optischer Bauteile und Messinstrumente zur Anwendung. Ein weiteres Verwendungsgebiet ist die Halbleitertechnik.

| Erreichbare Genauigkeiten durch Läppen | |
|---|---|
| **Formgenauigkeit** | **Rautiefe** |
| **Ebenheit** | |
| Maschinenbau | 1 µm/m...3 µm/m |
| Feinmechanik, Optik | 1 µm/m |
| Messgeräte | 0,2 µm/m |
| **Planparallelität** | 0,3 µm/m |
| **Maßgenauigkeit** | 1 µm/m |
| **Oberflächengüte** | |
| Maschinenbau | 2 µm < $R_z$ < 4 µm |
| öl- und dampfdichte Flächen | 0,2 µm < $R_z$ < 0,5 µm |
| Endmaßqualität | $R_z$ < 0,03 µm |

Abb. 73: nach [24]

### Wirtschaftlichkeit
Das Läppverfahren kann nur dann wirtschaftlich eingesetzt werden, wenn eine sehr hohe Oberflächenqualität von ebenen oder parallelen Flächen erforderlich sind und diese mit konventionellen zerspanenden Fertigungsverfahren wie Drehen oder Schleifen nicht erzielt werden können. Je nach geforderter Qualität schließt sich an eine Läppbearbeitung ein Polierprozess an. Zur Erzielung hoher Abtragraten werden die Bauteile vorgeläppt, um dann anschließend ihre endgültige Oberflächengüte bis zum Spiegelglanz durch Polieren zu erhalten (Klocke, König 2005).

### Alternativverfahren
Polieren, Schleifen, Schaben

---

**Schaben**
ist ein spanendes und verhältnismäßig aufwändiges Bearbeitungsverfahren, bei dem von Hand oder maschinell eine metallische Oberfläche in einem Muster partiell geschabt wird. Es lassen sich hiermit sehr ebene Flächen erzeugen. Dieses Verfahren wird z.B. eingesetzt, um nachträglich von Hand Reparaturarbeiten an Führungsflächen von Werkzeugmaschinen vorzunehmen.

Bild: Anschlagwinkel mit geschabter Oberfläche.

## TRE 2
## Schneiden

Zum Trennen flacher und in der Materialdicke wenig variierender Werkstoffprofile eignet sich das Schneiden. Es wird unterschieden zwischen Scherschneiden, Strahlschneiden und Thermoschneiden.

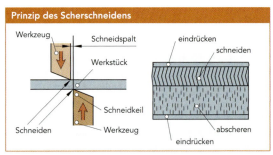

Abb. 74: nach [7]

Unterschiedliche maschinelle Verfahrensweisen haben sich für die Technik des Scherschneidens am Markt etabliert (Dobler et al. 2003).

Zur Erzeugung nahezu beliebiger Formgeometrien kann das **Knabberschneiden** in der Blechbearbeitung genutzt werden. Material wird mit einem runden oder eckigen Schneidstempel unter schnellen Hubbewegungen Stück für Stück aus der gewünschten Schnittfuge entfernt. Durch eine NC-gesteuerte Führung kann eine sehr gute Schnittqualität erzielt werden.

Mit **Tafelscheren** werden glatte, lineare Werkstückschnitte von Bauteilen ermöglicht. Das Schneidwerkzeug wird zudem zur Herstellung von Streifen genutzt. Zur Erzeugung gratfreier Schneidkanten wird das Material vor dem Schneidvorgang mit einem **Niederhalter** fixiert. Tafelscheren arbeiten mit zwei Schermessern, die gegeneinander arbeiten.

Bild: Schneiden von Stoff./ Foto: Ledder Werkstätten

## TRE 2.1
## Schneiden – Scherschneiden

*Verfahrensprinzip*
Das Scherschneiden ist ein weit verbreitetes und unkompliziertes Verfahren zur Durchführung von Materialschnitten, da lediglich zwei Schneiden (Scheren) oder eine Schneide (z.B. Schneidstempel) in Verbindung mit einer Schneidplatte benötigt werden. Der Schnitt erfolgt durch Eindrücken der Schneidkante in das Material. Zunächst führt die Krafteinleitung zu einer Umformung und Stauchung, die ab einem gewissen Umformgrad in eine plastische Verformung und damit einhergehende Rissbildung übergeht. Es kommt zur Trennung des Materials, wobei in der Schnittfläche der zunächst plastisch verformte, dann der geschnittene und letztlich gescherte Anteil meist deutlich zu erkennen sind.

Bild: Schneiden von Metallplatten/ Foto: Ledder Werkstätten

**Stanzen** sind Scherschneidewerkzeuge, bei denen das Werkstück eingespannt wird und der Schnitt durch einen geführten oder ungeführten Stempel in einem oder mehreren Schritten erfolgt.

Für die Erzielung sehr genauer, glatter Schnittkonturen in einem Schritt wird beim **Feinschneiden** das Werkstück mit einem so genannten **Gegenhalter** in seiner Position gegenüber dem Stempel allseitig fixiert. In der Regel werden Säulenführungen eingesetzt, um die exakte Krafteinbringung auch bei sehr dünnen Materialstärken zu ermöglichen.

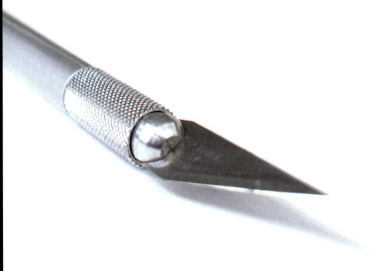

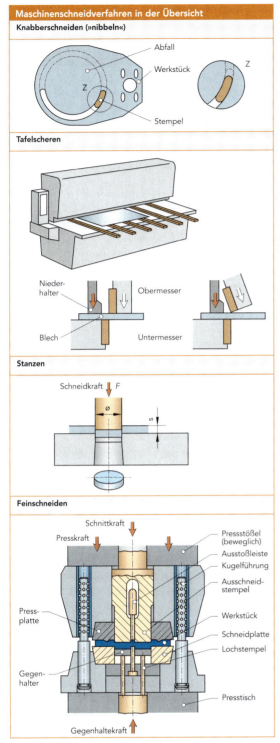

### Maschinenschneidverfahren in der Übersicht
**Knabberschneiden (»nibbeln«)**
**Tafelscheren**
**Stanzen**
**Feinschneiden**

Abb. 75: nach [7]

### Anwendung, Materialien, Genauigkeit
Mit *Handscheren* können Textilien, Papier, dünnes Holz, Kunststofffolien und Metallbleche zugeschnitten werden. Maschinelle Schneidverfahren werden indes für die Durchführung präziser Schnitte eingesetzt. Qualität und Ausprägung des Schnitts sind abhängig von Dicke, Festigkeit und Steifigkeit des zu schneidenden Werkstoffs und von der Geometrie des Schneidspalts.

Die Wahl des richtigen Spaltmaßes kann bei harten Materialien wie Metallblechen anhand der Rauigkeit der Schnittfläche ausgerichtet werden. Eine brüchige Oberfläche und eine starke Gratbildung deuten auf einen zu groß eingestellten Spalt hin. Durch eine Reduzierung kann die Oberflächengüte der Schnittfläche erhöht werden. Jedoch ist mit einem Anstieg der aufzubringenden Kräfte zu rechnen, was sich beim manuellen Stanzen als problematisch erweist. Typische Schneidspaltweiten liegen bei 3%–10% der Werkstoffdicke. Zum Schneiden weicher Materialien ist die Verringerung der Spaltweite erforderlich. Beim Feinschneiden wird die Spaltweite je nach Bedarf auf bis zu 0,5% der Materialdicke verringert.

Bild: Gestanzte Metallteile./ Foto: Ledder Werkstätten

### Wirtschaftlichkeit
Auf Grund der niedrigen Investitions- und Betriebskosten sind manuell betriebene Schneiden und Stanzen sowie Maschinenschneidanlagen im Werkstattbetrieb weit verbreitet, was sie für den Modellbau geeignet macht. Vor allem in der Automobil- und Elektroindustrie sowie in der Feinmechanik kommen die Verfahren in meist automatisierter Form zur Anwendung. Es werden Pressen eingesetzt, die die Fertigung hoher Stückzahlen gewährleisten.

### Alternativverfahren
Strahlschneiden, Fräsen, Thermoschneiden für Schaumstoffe und Kunststofffolien

Bild unten: Folgeverbundwerkzeug mit Stanzstreifen und Stanzteil./ Foto: Schuler Pressen GmbH & Co. KG

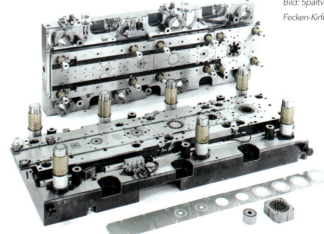

#### Schälen
ist ein trennendes Verfahren. Schälmaschinen werden verwendet, um beispielsweise Holzfurniere aus einem Holzstamm zu erzeugen. Der Holzstamm wird zwischen zwei Zentrierspitzen eingespannt, ein Schälmesser rückt entsprechend der eingestellten Furnierdicke kontinuierlich nach und schält ein endloses Furnierband.

Bild: Schälmaschine./ Foto: Becker KG

#### Spalten
ist ein trennendes Verfahren, bei dem ein Werkstoff (z.B. eine Schaumstoffplatte) mit einem Spaltmesser gespalten wird.

Bild: Spaltvorgang./ Foto: Fecken-Kirfel GmbH & Co. KG

## TRE 2.1.1
### Scherschneiden, Stanzen – Gestaltungsregeln

Scherschneiden bzw. Stanzen sind zweidimensionale Verarbeitungstechniken. Erst die Beachtung einiger Gestaltungsregeln ermöglicht eine kostenoptimale Anwendung der Verfahren:

Anzustreben sind einfache Schnittkantengeometrien und minimale Kantenlängen.

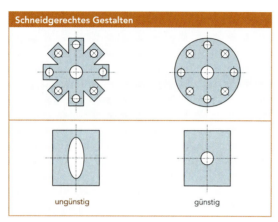

Abb. 76: nach [16]

Recht- bzw. stumpfwinklige Formen sind spitzwinkligen Schneidkonturen vorzuziehen.

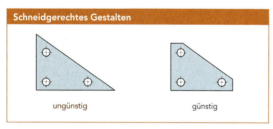

Abb. 77: nach [16]

Tangentiale Konturübergänge sind zu vermeiden.

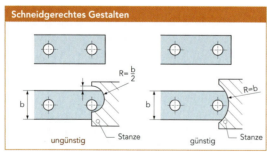

Abb. 78: nach [16]

Ausklinkungen sollten sich zum freien Ende hin verjüngen.

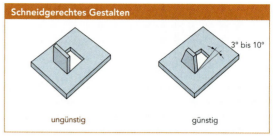

Abb. 79: nach [16]

Lange und dünne Zwischenräume sind nicht komplikationsfrei mit Stempeln zu realisieren.

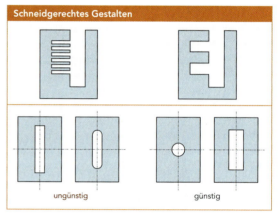

Abb. 80: nach [16]

Unerwünschte Rissbildung kann durch Einhalten von Mindestabständen zwischen Ausschnitten oder zum Rand verhindert werden.

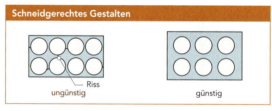

Abb. 81: nach [16]

Material wird durch Verschachtelung der Schneid- bzw. Stanzgeometrien eingespart.

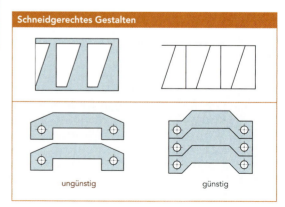

Abb. 82: nach [16]

Außerdem kann nicht benötigtes Material ausgeschnitten und weiter verwendet werden.

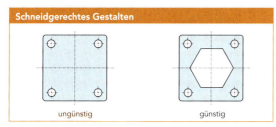

Abb. 83: nach [16]

Bild unten: Durch Stanzen eines Bleches mit versetzt liegenden Schlitzen und anschließendem Strecken des Bleches werden sogenannte Streckbleche erzeugt. Diese Bleche weisen eine Gitterstruktur auf und werden z.B. für Lüftungsgitter verwendet.

Nachfolgende Bearbeitungsschritte sind zu berücksichtigen. Bei noch zu biegenden Teilen sollten Durchbrüche einen Mindestabstand zur Biegekante aufweisen oder darüber hinauslaufen.

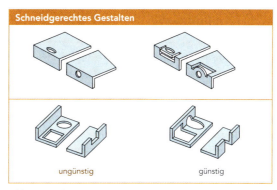

Abb. 84: nach [16]

**Besonderes Schneidverfahren**

*Schaumstoffmatten mit einer noppenartigen Oberfläche werden mit einem besonderen Schneidverfahren hergestellt: Eine Schaumstoffmatte wird zwischen zwei Noppenwalzen komprimiert. Zwischen den zwei Walzen befindet sich ein Messer, welches den komprimierten Schaumstoff aufschneidet. Nach der Expansion des Schaumstoffes wird die erzeugte, noppenartige Oberfläche sichtbar.*

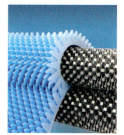

Foto:
Fecken-Kirfel GmbH & Co. KG

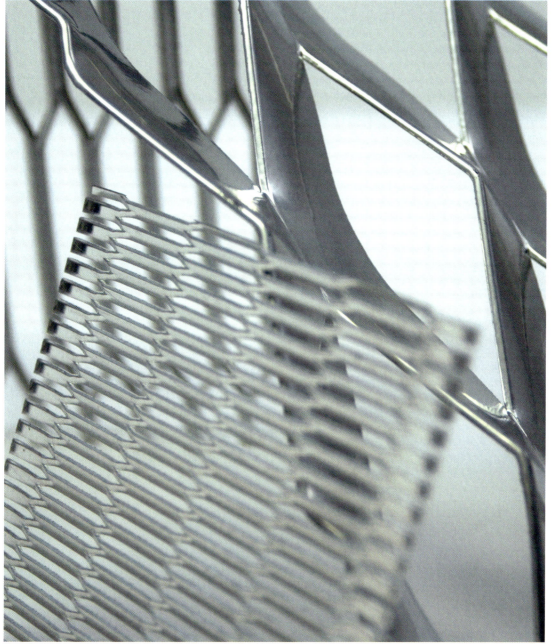

## Kapitel TRE
*Trennen und Subtrahieren*

### TRE 2.2
### Schneiden – Strahlschneiden

Beim Strahlschneiden wird im Gegensatz zum konventionellen Scherschneiden keine Schneidkante zur Abtrennung von Materialteilen benutzt, sondern ein Strahl. Dieser entsteht entweder durch Bündelung von Energie (Laserstrahlschneiden) oder eines Mediums wie Gas (Brennschneiden, Plasmaschneiden) oder Wasser (Wasserstrahlschneiden). Strahlschneidtechniken weisen daher eine hohe Flexibilität in Bezug auf die zu schneidenden Materialien und Schneidbedingungen auf.

#### Verfahrensprinzipien

*Laserstrahlschneiden* ist eine Schneidtechnik, bei der ein durch Bündelung von Lichtstrahlen entstehender Laserstrahl (Nd-YAG- oder $CO_2$-Laser) über Spiegel und Linsen einer Fokussiereinrichtung auf das zu schneidende Material gelenkt wird. Der Werkstoff schmilzt bzw. verdampft und wird durch einen Gasstrom aus dem Schneidspalt entfernt. Durch die Möglichkeit einer sehr präzisen Fokussierung des Laserstrahls auf Durchmesser zwischen 0,1 mm und 0,5 mm gilt das Laserschneiden als das thermische Schneidverfahren mit der geringsten Wärmebelastung für den Werkstoff (Förster, Müller 2001).

Beim *Brennschneiden* wird die Eigenschaft unlegierter und niedriglegierter Stähle genutzt, unter Zufuhr von Sauerstoff zu verbrennen. Zunächst wird die Anschnittstelle erhitzt, bis der Werkstoff seine Entzündungstemperatur erreicht. Sauerstoff wird zugeführt und damit das Material an der glühenden Stelle zur Oxidation (Verbrennen) gebracht. Durch den Druck des zugeleiteten Sauerstoffstroms werden die sich bildenden Oxide aus der Schnittfuge entfernt. Die Schnittgeometrie entsteht durch Vorschub des Scheidbrenners.

Ein Plasmastrahl aus hocherhitzen Gasen mit Temperaturen von 20000°C bis 30000°C schmilzt beim *Plasmaschneiden* den Werkstoff auf und bläst ihn gleichzeitig aus der Schnittfuge. Die Plasmabildung wird unter Einsatz eines Pilot-Lichtbogens zwischen Düse und Elektrode erzeugt. Das Schneidgas wird zugeführt, durch die einschnürende Wirkung der Düsenform verdichtet und durch die hohen Temperaturen des Lichtbogens in einen Plasmazustand überführt. Der Spannungsunterschied zwischen Elektrode und Werkstück fördert das Heraustreten des Plasmas. Der Lichtbogen springt auf das Werkstück über, sobald der Plasmastrahl dieses berührt.

Beim *Wasserstrahlschneiden* wird der Schnitt durch einen dünnen Wasserstrahl erzeugt, der mit hohem Druck (1500–4000 bar) auf den zu schneidenden Werkstoff ausgebracht wird. Die Vorschubgeschwindigkeit richtet sich nach Härte und Zähigkeit des Materials. Mit einer langsamen Strahlführung kann die Qualität der Schnittfuge erhöht werden.

Zum Schneiden weicher Materialien wie Schaumstoff, Papier, Kunststoff oder Gummi eignet sich der reine Wasserstrahl. Sollen Glas, Metall, Stein oder andere harte Werkstoffe geschnitten werden, wird dem Wasserstrahl ein *Abrasivmittel* beigesetzt, um die Schneidkraft zu erhöhen. Als Abrasivmittel sind alle aus der Sandstrahltechnik ↗ TRE 1.1 bekannten mineralischen Stoffe mit mittlerer und hoher Härte wie Quarz- oder Granitsand verwendbar. Durch das Verfahren können Werkstoffkombinationen aus verschiedenen Materialien in einem Prozessschritt bearbeitet werden.

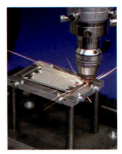
Bild: Laserstrahlschneiden./
Foto: Adelheid Peters, Fraunhofer-Institut für Produktionstechnologie IPT

Bild: Bauteile durch Brennschneiden.

Bild: Wasserstrahlschneiden./ Foto: Wilhelm Köpp Zellkautschuk GmbH, Aachen

**Prinzip des Schneidens**

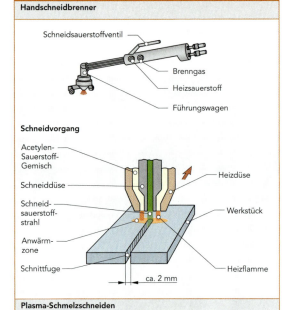
Handschneidbrenner / Schneidvorgang

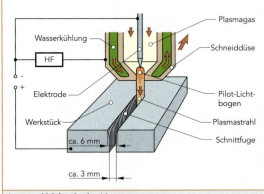
Plasma-Schmelzschneiden

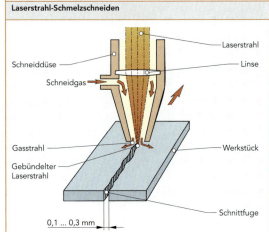
Laserstrahl-Schmelzschneiden

Abb. 85: nach [7]

*Anwendung, Materialien, Schnittbreiten*
Mit dem Laser können nahezu alle Materialien bearbeitet werden. Es wird eine hohe Konturgenauigkeit erreicht. Schnittfugen mit einer Breite von 0,1–0,5 mm sind üblich. Werkstoffdicken zwischen 0,1 mm bei Kunststofffolien und 20 mm bei Stahl sind mit Laserstrahlschneiden bearbeitbar. Bei der Verarbeitung von Glas können Schnitte in Flach- und Hohlgläsern bis zu einer Dicke von 12 mm mit einer Kantenqualität von polierten Glasflächen erzielt werden. Die neuesten Laserstrahlanlagen lassen eine Strahlführung in drei Achsen zu, wodurch Schnitte in dreidimensionale Formteile möglich sind.

Die Auswirkungen der zweidimensionalen Strahlführung auf die möglichen Schnittgeometrien sind zu beachten (Awiszus et al. 2003).

Bild: Edelstahlteil; wasserstrahlgeschnitten./ Foto: CNC Speedform AG

| Schnittfugengeometrien der Strahlschneidverfahren | | | |
|---|---|---|---|
| Blech-Dicke (mm) | Schneidverfahren | | |
| | Autogenes Brennschneiden | Plasma-Schmelzschneiden | Laserstrahlschneiden |
| 1 | | | |
| 2 | | | |
| 3 | | | |
| 5 | | | |
| 8 | | | |
| Die Fugen beim Wasserstrahlschneiden sind ein wenig dicker als beim Laserstrahlschneiden, aber sonst durchaus vergleichbar. | | | |

Abb. 86: nach [7]

Beim Brennschneiden werden unlegierte und niedrig legierte Stähle geschnitten. Die Werkstoffdicken liegen zwischen 5 mm und 500 mm. Der Schnitt ist mit einer Breite von etwa 2 mm im Vergleich zum Laserstrahlschneiden eher unpräzise. Die Schnittgeschwindigkeit ist dagegen vergleichbar.

Plasmaschneiden kommt vor allem für legierte Stähle und Nichteisenmetalle (z.B. Kupfer, Aluminium) zur Anwendung. Die maximale Materialdicke ist auf 150 mm nach oben begrenzt. Mit Plasmaschneiden können sehr gute Schneidergebnisse erzielt werden. Die Schnittfuge fällt mit einer Breite von etwa 3 mm vergleichsweise breit aus. Außerdem muss auf Grund der abnehmenden Energiedichte des Plasmastrahls mit einer sich nach oben öffnenden Fugengeometrie gerechnet werden.

Mit dem Wasserstrahl können alle festen Materialien geschnitten werden. Das Verfahren weist vor allem dann Vorteile gegenüber anderen Strahlschneidverfahren auf, wenn Bauteile und Werkstoffe eine thermische Beanspruchung nicht ohne Weiteres zulassen. Hier sind Textilien, Kunststoffe oder Gläser zu nennen. Schnittfugenbreiten von 0,1 mm unter Verwendung eines Wasserstrahls und von 1 mm bei Abrasivstrahlen können erzielt werden. Materialdicken von bis zu 150 mm sind bearbeitbar.

*Wirtschaftlichkeit*
Mit dem Laserstrahlverfahren lässt sich eine sehr hohe Schneidgeschwindigkeit erzielen. Die flexible Steuerung ermöglicht die Anwendung auch für kleine Stückzahlen. Der Programmieraufwand muss bedacht werden. Die Investitionskosten für Laserstrahlanlagen sind sehr hoch. Zudem ist eine aufwändige Abschirmung der Laserstrahlung nach außen erforderlich.

Beim Brennschneiden ist sowohl eine flexible Handsteuerung als auch eine NC-basierte Maschinensteuerung möglich. Der Brennschneider eignet sich daher sowohl für kleine als auch für größere Stückzahlen. Die Investitionskosten eines Brennschneiders liegen niedriger als die einer Laserstrahl- oder Wasserstrahlanlage.

Plasmaschneidanlagen sind teuer, lassen aber hohe Schneidgeschwindigkeiten zu. Eine Handsteuerung ist möglich, so dass auch Einzelteile geschnitten werden können.

Eine Wasserstrahlanlage erfordert relativ hohe Betriebs- und Investitionskosten. Außerdem muss ein Programmieraufwand einkalkuliert werden, so dass sich eine Einzelfertigung nur schwer rechnet. Ab kleinen und mittleren Stückzahlen kann das Wasserstrahlverfahren jedoch wirtschaftlich eingesetzt werden.

Auf Grund der hohen Investitions- und Betriebskosten für Laser- und Wasserstrahlanlagen haben sich Dienstleister am Markt etabliert.

*Alternativverfahren*
Scherschneiden für lineare Schnitte oder einfache Schneidgeometrien, Thermoschneiden, Fräsen, Sägen

Bilder: Mit dem Wasserstrahl geschnittenes Steckmöbel. Das Regal lässt sich ohne Verschraubung zusammenbauen und erhält seine Stabilität durch gewölbte Flächen./ Design: Volker Lavid, Martin Klein-Wiele, Paul Michael Pelken/ Foto: Jens Kirchner

## TRE 2.3
### Schneiden – Thermoschneiden

*Verfahrensprinizip*

Ein bis zur Rotglut elektrisch erhitzter Widerstandsdraht bewirkt beim Thermoschneiden die Materialtrennung von Werkstoffen mit niedrigem Schmelzpunkt, wie beispielsweise Styropor KUN 4.1.3.

*Bild: Durch Thermoschneiden erzeugte Konturen in einem Polystyrolschaum.*

Die Porenwände des meist schaumförmigen Werkstoffs erweichen und das Material wird durch den Draht mechanisch zur Seite gedrückt. Der Vorschub des zu bearbeitenden Bauteils erfolgt in der Regel händisch. Dabei biegt sich der Draht in Richtung der Vorschubkraft durch. Dies hat bei Kurvenkonturen eine schleppende Trennbewegung zur Folge, wodurch im Prozess eine Änderung der Schnittrichtung nur bedingt möglich ist. Schnittkurven sind daher meist konkav oder konvex geformt. Die Erstellung von Geometrien mit Ecken und scharfen Kanten ist schwierig und besonders bei Innenkonturen fast nicht sauber zu realisieren. Meist ist ein kurzer Stillstand des Vorschubs erforderlich. Bei komplizierten Schneidkonturen ist die Gefahr des Drahtbruchs latent.

Obwohl kein spanbildender Materialabtrag auszumachen ist, sind Thermoschneidgeräte auf Grund des Bandsägen ähnlichen Aufbaus vor allem unter dem Begriff *Thermosägen* bekannt.

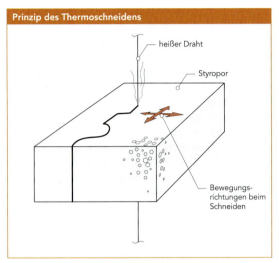

Abb. 87

*Anwendung, Materialien, Schnittbreiten*

Thermoschneiden bzw. -sägen werden vor allem zur Herstellung von Anschauungs- und Volumenmodellen in der Planung architektonischer Entwürfe und in der Konzeptionsphase von Produktentwicklungsprozessen verwendet. Meist kommen dort schaumförmige Werkstoffe KUN 4.1.3, KUN 4.4 aus Kunststoff, wie beispielsweise Styropor und Polystyrol-Hartschäume zur Anwendung. Mit dem Verfahren können aber auch weiche Schaumstoffe für Polsterungen im Möbelbereich und Kunststofffolien für Schriftzüge oder Werbemittel zugeschnitten werden.
Die verarbeitbaren Werkstoffdicken und die erreichbare Schnittbreite richten sich nach der Größe der verwendeten Thermosäge. Mit den auf dem Markt erhältlichen Geräten sind Schnitthöhen bis zu 200 mm und Arbeitsbreiten von bis zu 500 mm möglich. Die üblichen Schneiddrähte haben einen Durchmesser von 0,2 mm. Kunststofffolien sind bis zu einer Dicke von 0,5 mm verarbeitbar.

*Wirtschaftlichkeit*

Thermosägen sind sehr preiswert, weshalb sie in jeder gut ausgestatteten Modellbauwerk vorzufinden sind.

*Alternativverfahren*

Strahlschneiden, Fräsen, Scherschneiden

## TRE 3
## Abtragen

Die Gruppe der abtragenden Verfahren zählt zu den noch jungen Fertigungstechniken, die erst in den letzten Jahrzehnten entwickelt wurden. Erforderlich wurde die Anwendung der schon seit langem bekannten Prinzipien vor allem dort, wo konventionellen zerspanenden Techniken wegen der Komplexität der zu erstellenden Formen oder der Eigenschaften des zu verarbeitenden Werkstoffs Grenzen gesetzt sind. Beispielsweise erfordern Formwerkzeuge für den Kunststoffspritzguss heute sehr komplizierte Geometrien, die durch mechanische Bearbeitung wie beim Fräsen oder Drehen auch auf hochmodernen Anlagen nicht oder nur mit erheblichem Aufwand realisierbar sind. Die abtragenden Verfahren stellen daher vor allem im Werkzeug- und Formenbau zu den konventionellen zerspanenden Verfahren ergänzende Techniken dar.

**Probleme bei der Bearbeitung komplexer Geometrien mit zerspanenden Bearbeitungstechniken**
- Bearbeitungstiefe von schmalen Nuten begrenzt
- Innenkonturen mit rechten Winkeln nur schwer realisierbar
- hochvergütete Stähle, Superlegierungen und Hartmetalle lassen sich nur schwer bearbeiten
- komplexe Formen lassen sich oft durch die begrenzte Angriffsfläche der Schneide schlecht herstellen (lange Bearbeitungszeit, aufwändige Handarbeit und Bearbeitung)

Abb. 88

Außerdem stiegen in Bereichen wie der Luft- und Raumfahrtindustrie oder der Energiewirtschaft (z.B. beim Bau von Turbinen) die Ansprüche an die Materialeigenschaften so weit, dass der Einsatz hochfester Werkstoffe wie Hartmetalle oder Superlegierungen erforderlich wurde. Die Härte dieser Materialien übersteigt die der üblicherweise verwendeten Schneidwerkstoffe, so dass ein Materialabtrag mit konventionellen Fertigungsverfahren nur noch sehr kostenintensiv möglich ist. Die Abtragungsverfahren gehen daher nicht auf einen mechanischen Bearbeitungs- und Trennvorgang zurück, sondern sind Resultat thermischer, chemischer oder elektrochemischer Beanspruchungen. Große Bedeutung haben vor allem das funkenerosive Abtragen sowie das Laserstrukturieren erlangt.

*Chemisch* (Chemisches Abtragen)
Der chemische Materialabtrag ist Resultat einer chemischen Reaktion zwischen dem Werkstoff und einem Wirkmedium.

*Elektrochemisch* (Elektrochemisches Abtragen: ECM; Funkenerosives Abtragen: EDM)
Der Abtrag erfolgt durch elektrischen Stromfluss zwischen dem Werkstoff als Anode (Pluspol) und einer Elektrode in einem flüssigen Elektrolytbad.

*Thermisch* (Laserstrahlabtragen- und strukturieren)
Nach gezielter und konzentrierter Einbringung von Wärme wird der Werkstoff geschmolzen und/oder verdampft.

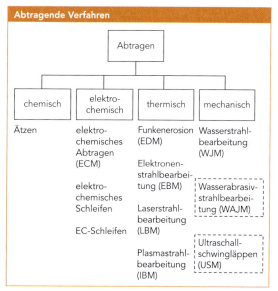

Abb. 89: nach [1]

Bild: Durch Ätzen können Oberflächen vertieft oder filigrane Aussparungen erstellt werden (Maße in der Fotodarstellung sind ungefähr 1,5fach größer als beim Originalteil)./ Hersteller: metaq GmbH

# Präzisionsformteile nach Maß

ÄTZFORMTEILE

CO$_2$-LASERSCHNITT-FORMTEILE

YAG-LASERSCHNITT-FORMTEILE

WASSERSTRAHL-FORMTEILE

KOMBINIERTE VERFAHREN

SMD-SCHABLONEN

Die Metaq GmbH mit Sitz in Wuppertal ist einer der vielseitigsten und interessantesten Anbieter von Präzisionsformteilen in Europa.
Unter Anwendung der Ätztechnik, der Laserstrahltechnik und der Wasserstrahltechnik entwickeln sich im Kundenauftrag plane Formteile höchster Präzision. Jedes Verfahren für sich, oder in Kombination, kann für den Kundenauftrag eingesetzt werden.
Metaq steht Ihnen bereits bei der Entwicklung Ihrer Produkte beratend zur Seite. Es bilden sich Lösungen, die anders gar nicht oder nur mit weit größerem Aufwand möglich sind.

*Ätzformteile nach Kundenvorgabe*

### Das Programm

Metaq fertigt überwiegend kleine Teile – auch sehr kleine Teile wie den Distanzring von nur 8 Milligramm, der im Reinraum unter einer Spezialoptik montiert wird. Wir schneiden aber auch Schwungscheiben, Zahnräder und andere Maschinenteile mit einem Gewicht von bis zu 50 Kilogramm.
Seit Gründung des Unternehmens im Jahr 1969 wurden bei Metaq mehr als 200.000 verschiedene Artikel im Kundenauftrag gefertigt. Die Stückzahlen reichten dabei vom Einzelteil für den Prototyp bis zu Großserien von über einer Million.

*Form und Struktur:*
*vielfältige Möglichkeiten*

### Die Materialien

Metaq fertigt Präzisionsteile aus Stahl- und NE-Legierungen, aus vielen nicht metallischen Werkstoffen und aus Kompositen. Die Bearbeitung dünner Metallfolien von nur 0,01 Millimeter Dicke gehört genauso zu unserem Leistungsspektrum wie das Schneiden von 100 Millimeter dicken Schaumstoffen. Je nach Fertigungsverfahren halten wir dabei Toleranzen bis in den 1/1000-Millimeter-Bereich.

*Strombrücke*

### Einbaufertig

Alle Metaq-Präzisionsteile können auf Wunsch nachgeformt, gehärtet, beschichtet, poliert, beschriftet und, in besonderen Fällen, auch vormontiert werden. Metaq arbeitet hier mit langjährigen Partnern zusammen.

*Strukturscheibe für Vakuum-Ansaugverfahren*
*als Endprodukt und nach dem Entwicklungsprozess*

### Die Anwendungen

Metaq-Kunden finden sich in sämtlichen Industriezweigen, in der Forschung und Entwicklung sowie im Modellbau. Die hohen Anforderungen, die lebenskritische Technologien wie Medizin und Raumfahrt an die Präzision stellen, bestimmen die Sorgfalt, mit der Metaq alle gestellten Aufgaben löst. Ausgefallene Materialien oder ungewöhnliche Strukturen sind für Metaq kein Hindernis, sondern Herausforderungen. Herausforderungen, denen Metaq sich gerne stellt.

### Die Werkzeuge

Die Werkzeuge für alle Metaq-Fertigungsverfahren sind CAD-Programme, welche aus dem gelieferten Datenmaterial oder durch fotodigitale Datenaufnahme erstellt werden. Diese Programme können schnell und kostengünstig aufbereitet, korrigiert oder verändert werden. In allen Metaq-Verfahren ist dasselbe Werkzeug für verschiedene Materialien und Materialstärken verwendbar. Sie stellen uns lediglich Skizzen, Zeichnungen, Datensätze oder Musterteile zur Verfügung.

*Präzisionsformteile nachbearbeitet und einbaufertig*

### Die Qualität

Weil das Ganze aus der Summe seiner Teile besteht, bestimmen die Teile auch die Qualität Ihrer Produkte. Setzen Sie auf Metaq-Qualität und sichern Sie sich die Zufriedenheit Ihrer Kunden.

### Praxisbeispiele

#### Kontaktfolien für die Piezotechnik

Piezostapelaktoren sind elektromechanische High-Tech-Antriebselemente, die zum Beispiel im Flugzeugbau zur Steuerung von Luftrudern eingesetzt werden. Dabei wird die elektrisch induzierte Verformung eines Keramikzylinders mit Vielschicht-Kondensatorstruktur ausgenutzt. Höchste Maßgenauigkeit beim Aufbau des Keramikmetallverbunds ist hierfür Voraussetzung. Auch die bei Metaq geätzten Kontaktfolien müssen diesen Anforderungen entsprechen. Die nur 0,02 Millimeter dünnen und ca. 400 Millimeter langen Messingkontaktfolien verbinden die einzelnen Keramikschichten in den Piezostapelaktoren. Die gesamte Oberfläche der Kontaktfolie ist mit 0,1 Millimeter kleinen Löchern versehen, die nur im Gegenlicht erkennbar sind.

#### Strombrücken für die Automobilindustrie

Eine weltweit agierende Unternehmensgruppe hat sich auf federgestützte Steckverbindungssysteme spezialisiert. Während für die Großserien Stanz-Biege-Werkzeuge eingesetzt werden, ist die Metaq GmbH für den Prototypbau und die Vorserien der Entwicklungspartner verantwortlich.

*Strombrücken*

Für Muster und Kleinserien wird hauptsächlich das Ätzverfahren eingesetzt. Bei Änderungen in der Entwicklungsphase lassen sich die Daten schnell

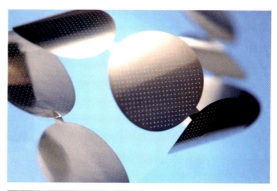

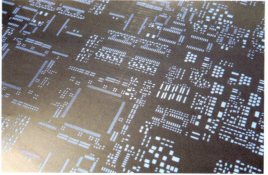

*Kontaktfolie mit 0,1 Millimeter kleinen Durchbrüchen*
*SMD-Schablone*

und kostengünstig dem neuen Entwicklungsstand anpassen. Die teure und langwierige Herstellung eines Stanz-Biege-Werkzeugs rentiert sich in den Entwicklungsstufen noch nicht. Zudem sichert sich der Kunde durch kurze Lieferfristen den oftmals entscheidenden Wettbewerbsvorteil.

### Design

Weitreichende Einsatzgebiete erobert die Ätztechnik im Bereich Design. Der Formgebung sind hierbei so gut wie keine Grenzen gesetzt. In einem Arbeitsprozess können sowohl die Kontur als auch beidseitige Oberflächenstrukturen gefertigt werden. Ätztechnik bietet eine kostengünstige Alternative zur Stanz-, Präge- und Graviertechnik. Türeinstiegsblenden im Auto, Lautsprecherabdeckungen, Scherfolien am Rasierapparat, Schilder, Schmuckelemente und Visitenkarten – sie alle sind Produkte der Ätztechnik.

Ätztechnik – ein Verfahren mit unendlichen Möglichkeiten. Fordern Sie uns!

Metaq GmbH
Karl-Bamler-Str. 40
D-42389 Wuppertal

Tel.: +49 (0) 202 609000
Fax: +49 (0) 202 6090080

E-Mail: info@metaq.de
Internet: www.metaq.de

## TRE 3.1
### Abtragen – Funkenerosives Abtragen (EDM)

*Verfahrensprinzip*
Der funkenerosive Materialabtrag (EDM) wird erreicht durch schnell aufeinanderfolgende elektrische Entladungen zwischen dem Werkstück als dem einen Pol und dem Werkzeug als dem anderen Pol in einer nicht leitenden Flüssigkeit (*Dielektrikum*).

Bild: Durch Drahterosion können in dieser Maschine Werkstücke bis zu einer maximalen Fläche von 450 x 650 mm$^2$ geschnitten werden.

Nach Aufbringung einer elektrischen Spannung bildet sich in einem genau definierten Spalt zwischen Werkstück und Werkzeug eine Ansammlung leitfähiger Partikel, über die ein Stromfluss einsetzt. Durch die in Bewegung befindlichen Teilchen und die daraus einsetzende Wärmeentwicklung bildet sich ein *Plasmakanal*. Als Folge der intensiven Erwärmung wird Material aufgeschmolzen, ausgeschleudert und verdampft. Die Abschaltung des Stromflusses bewirkt die Implosion der Gasblase und die Erstarrung der abgetragenen Teilchen, die über das Dielektrikum abtransportiert werden. Der Vorgang dauert etwa 10–50 μs. Bei 20000–100000facher Wiederholung innerhalb einer Sekunde wird ein konstanter Werkstoffabtrag erzielt (Richard 2003).

Auf Grund der verwendeten Elektrodenformen und deren Zuführung zum Werkstoff lassen sich die zwei Verfahrensvarianten funkenerosives Senken und Schneiden unterscheiden. Während beim *funkenerosiven Senken* der Materialabtrag mit einer Senkelektrode erzielt wird, deren Form sich im Werkstück abbildet, kommt beim *funkenerosiven Schneiden* eine Drahtelektrode zur Anwendung.

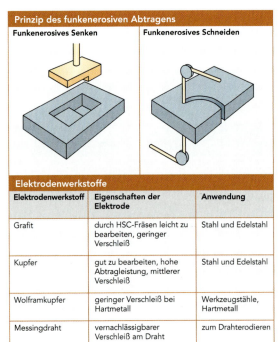

### Prinzip des funkenerosiven Abtragens
Funkenerosives Senken | Funkenerosives Schneiden

### Elektrodenwerkstoffe

| Elektrodenwerkstoff | Eigenschaften der Elektrode | Anwendung |
|---|---|---|
| Grafit | durch HSC-Fräsen leicht zu bearbeiten, geringer Verschleiß | Stahl und Edelstahl |
| Kupfer | gut zu bearbeiten, hohe Abtragleistung, mittlerer Verschleiß | Stahl und Edelstahl |
| Wolframkupfer | geringer Verschleiß bei Hartmetall | Werkzeugstähle, Hartmetall |
| Messingdraht | vernachlässigbarer Verschleiß am Draht | zum Drahterodieren |

Abb. 90: nach [1, 20]

*Verwendung, Materialien, Genauigkeit*
Funkenerosiv können alle Werkstoffe bearbeitet werden, die eine elektrische Mindestleitfähigkeit aufweisen. Die erzielbaren Genauigkeiten liegen im einstelligen Mikrometer (μm)-Bereich. Die Drahtdurchmesser liegen für das funkenerosive Schneiden zwischen 0,03 mm und 0,3 mm (Witt 2006). Während funkenerosives Senken hauptsächlich zur Herstellung von Formen für den Spritz- und Druckguss sowie von Schmiedegesenken verwendet wird, werden durch funkenerosives Schneiden Schneid-, Stanz- und Profilwerkzeuge für die spanende Bearbeitung (z.B. Profildrehmeißel) erstellt. Darüber hinaus werden Elektroden für das funkenerosive Senken unter anderem mittels funkenerosivem Schneiden gefertigt.

*Wirtschaftlichkeit*
Die Wirtschaftlichkeit der Verfahren ist insbesondere bei der Einzelfertigung von Werkzeugen gegeben, wenn in den beschriebenen Anwendungsbereichen eine kostengünstige zerspanende Bearbeitung auf Grund der hohen Formkomplexität oder der Härte des Werkstoffs nicht möglich ist. Funkenerosiv werden auch Texturen an Bauteilen eingebracht.

*Alternativverfahren*
Fräsen, konventionelles Schneiden, Laserabtragen, Strahlschneiden

## TRE 3.2
### Abtragen – Laserabtragen und -strukturieren

In aktuellen Forschungs- und Entwicklungsvorhaben wird an der Qualifizierung des Lasers für den Abtrag von Materialien und die Strukturierung von Werkstoffoberflächen gearbeitet. Dies ist bislang nur durch aufwändige Ätzprozesse oder eine kostenintensive funkenerosive Bearbeitung möglich.

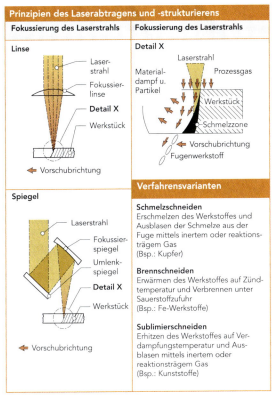

Abb. 91: nach [13]

### Verfahrensprinzip
Ähnlich wie beim Laserstrahlschneiden TRE 2.2 wird beim Laserstrahlabtragen oder -strukturieren ein Laserstrahl (Nd-YAG-, $CO_2$-, Eximer-Laser) auf den Werkstoff gelenkt und mit Spiegeln und Linsen je nach gewünschter Struktur auf die Materialoberfläche fokussiert (Förster, Müller 2001). Zwei unterschiedliche Wirkprinzipien stehen zur Verfügung:

Beim *Laserstrahlschmelzabtragen* führt Wärmeenergie zum Schmelzen des Werkstoffs. Ein Gasstrom wird über eine Düse zur Bearbeitungsstelle geführt. Der Gasstrom bewirkt außerdem das Ausblasen der Schmelze.

Das Entfernen des geschmolzenen Werkstoffs wird innerhalb der Verfahrensvariante des *Laserstrahloxidspanens* durch Einbringen reinen Sauerstoffs erreicht, wodurch der schmelzflüssige Materialanteil nahezu vollständig oxidiert.

### Anwendung, Materialien, Genauigkeit
Die Verfahren wurden zur Bearbeitung von Stählen und hochfesten metallischen Werkstoffen und Keramiken entwickelt. Die mit dem Laser abtragbaren Werkstoffdicken reichen von wenigen Mikrometern bis zu einigen Millimetern. Die Abtragraten sind beim Laserstrahlschmelzabtragen etwa um den Faktor 100 höher als beim Laserstrahloxidieren. Jedoch kann mit Strahloxidieren eine bessere Oberflächenqualität erzielt werden. Diese liegt bei Rautiefen im einstelligen Mikrobereich und ist etwa um den Faktor 10 besser als beim Schmelzabtragen (König, Klocke 1997). Neben den in der Entwicklung befindlichen Anwendungen hat sich das Verfahren zur Strukturierung einer Vielzahl von Materialien bewährt. Harte Werkstoffe können genauso bearbeitet werden wie Aluminiumlegierungen, eloxierte und beschichtete Metalle, Stähle, Leder, Hölzer, Natursteine, Textilien und Kunststoffe.

Bild: Laserstrahlstrukturieren./ Foto: Foto: Adelheid Peters, Fraunhofer-Institut für Produktionstechnologie IPT

Durch den sehr flexiblen, weil formlosen Einsatz der Lasertechnologie lassen sich die Verfahren in einem weiten Spektrum anwenden (Elektronik, Raumfahrt, Chemieanlagenbau, Textilindustrie). Sie werden vor allem im Werkzeug- und Formenbau zur Fertigung komplizierter Geometrien eingesetzt. Das Laserstrukturieren weist zur Bearbeitung von Formeinsätzen für die Kunststoffherstellung mit strukturierten Oberflächen im Spritzguss große Potenziale auf. In der Regel werden diese durch umweltbelastende und aufwändige Ätzprozesse eingebracht. In Zukunft soll das Verfahren ersetzt werden. Mit Lasern texturierte Arbeitswalzen kommen in der Blechherstellung zur Anwendung.

Ein weiterer Anwendungsbereich, in dem sich die Lasertechnologie in den letzten Jahren bewährt hat, ist der Bereich der Beschriftungen.

Bild: Ein Laser trägt in definierten Formen den vorher aufgetragenen schwarzen Laserlack ab, bis das weiße Kunststoffmaterial wieder zum Vorschein kommt./
Foto: Kunststoff Helmbrechts AG

Gerade hier wirken sich die Vorteile dieser Technologie in Form kurzer Bearbeitungs- und Lieferzeiten und Flexibilität bei Einzelanfertigungen besonders aus. Die Beschriftung entsteht in Abhängigkeit zu den eingestellten Parametern und des zu bearbeitenden Materials als Farbänderung, Gravur oder abgedampfte Oberfläche. Typische Anwendungsbereiche der Laserstrahlbeschriftung sind das Einbringen von Skalen auf Messinstrumenten, die Kennzeichnung von medizinischen Implantaten, selbstklebende Schilder, Barcodebeschriftungen oder die Untertitelung von Filmen.

### Wirtschaftlichkeit

Die Laserstrahltechnologie garantiert hohe Bearbeitungsgeschwindigkeiten und eine auf Grund des formlosen Verfahrensprinzips hohe Flexibilität auch bei kleinen Stückzahlen und Einzelanfertigungen. Vor- oder Nachbehandlungen sind in den meisten Fällen mur in geringem Maß notwendig. Auf Grund der hohen Investitions- und Betriebskosten von Laserstrahlanlagen haben sich Dienstleister am Markt etabliert. Sie garantieren schnelle Auftragsabwicklung, Produktion und Auslieferung. Für den Bereich der Laserbeschriftung haben sich mittlerweile Standards durchgesetzt, die den programmtechnischen Aufwand erheblich reduziert haben.

Bild: Beschriftung von hinterleuchteten Tasten und Drehreglern.

### Alternativverfahren

Chemisches Abtragen, Elektrochemisches Abtragen, Funkenerosives Abtragen

## TRE 3.3
### Abtragen – Chemisches Abtragen (Ätzen)

*Verfahrensprinzip*
Der Materialabtrag beim *Ätzen* erfolgt durch chemische Reaktion zwischen einem Wirkmedium und dem zu bearbeitenden Werkstoff. Durch Einwirkung flüssiger Chemikalien wird Material entweder gleichmäßig über alle Seiten des Werkstücks aufgelöst, oder es findet die zielgerichtete Einbringung einer dekorativen Struktur statt. Das Reaktionsprodukt entschwindet in Form von Gas oder lässt sich leicht entfernen. Der Ätzprozess wird beeinflusst durch Temperatur, Druck und die Eigenschaften des Werkstoffs.

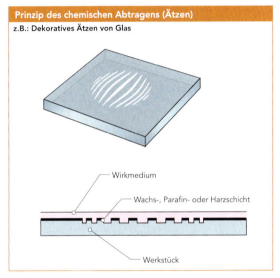

Abb. 92

*Anwendung, Materialien, Genauigkeit*
Hauptanwendungsgebiet der Ätztechnik ist die Einbringung dekorativer Strukturen, Texturen oder Beschriftungen in Bauteiloberflächen aus Glas, Holz, Stein oder Kunststoff. Außerdem können Metalle wie Kupfer, Stahl, Titan, Molybdän oder Aluminium durch Ätzen bearbeitet werden. Typische Produktbeispiele sind Uhren, Namensschilder, Werbematerialien und Dekorfolien.

Im Glasbereich wird die chemische Reaktion durch Fluss- oder Salzsäure ausgelöst. Um einen gezielten Materialabtrag zu gewährleisten, werden die nicht zu bearbeitenden Bereiche mit Lack oder einer Harz- oder Wachsschicht überzogen. Neben dem flächigen Ätzen können mit reiner Flusssäure auch deutliche Vertiefungen in die Glasoberfläche eingebracht werden (*Tiefätzen*).

Für stanztechnisch nicht herstellbare Bauteile oder für kleine Stückzahlen, deren Produktion ein aufwändiges Stanzwerkzeug nicht rechtfertigt, können Ätzverfahren auch zur Formteilfertigung angewendet werden. Damit werden komplizierte Formkonturen an Bauteilen mit Materialstärken zwischen 0,05 mm und 0,5 mm bei sehr geringen Toleranzen eingebracht. Typische Anwendungen liegen im Bereich elektronischer Bauteile (z.B. Leiterplatten).

Eine weitere Anwendung des chemischen Abtragens ist das *thermisch-chemische Entgraten* (TEM). Grate an metallischen oder nicht metallischen Werkstücken werden durch Oxidation in einer stark sauerstoffhaltigen Atmosphäre entfernt. Der Prozess ist zweigeteilt. Während das Werkstück aufgeheizt wird, findet der eigentliche Materialabtrag als sogenannte *Knallgasreaktion* in einer von der Umgebung abgedichteten und mit einem Wasserstoff-Sauerstoff-Gasgemisch gefüllten Kammer statt. Kleine Partikel an der Bauteiloberfläche werden bei Temperaturen zwischen 2500°C und 3500°C verbrannt.

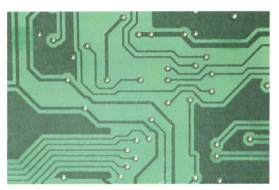

Bild: Geätzte Leiterplatte.

*Wirtschaftlichkeit*
Für die beschriebenen Anwendungsfälle standen bislang keine geeigneten Alternativverfahren zur Verfügung. Mit der Weiterentwicklung der Lasertechnologie werden Ätzverfahren mittel- bis langfristig ersetzt.

*Alternativverfahren*
Laserabtragen und -strukturieren, Funkenerosives Abtragen, Beizen

## TRE 3.4
## Abtragen – Beizen

Beizen gilt als Verfahrensvariante des chemischen Abtragens, bei der der Schwerpunkt nicht im Bereich der Formgebung liegt, sondern vielmehr auf die Oberflächenvorbehandlung konzentriert ist.

*Verfahrensprinzip und Materialien*
Durch Beizen werden metallische Werkstoffe von Rost und anderen Oxidationsprodukten befreit, um die Haftung für die spätere Beschichtung zu verbessern. Dabei erfolgt der Materialabtrag wie beim chemischen Abtragen durch Reaktion zwischen der Beize und dem zu behandelnden Werkstoff. Als Reaktionsprodukte bilden sich Gase oder Flüssigkeiten, die durch Abzugsanlagen oder Pumpen leicht abgeführt werden können.

Im Holzbereich werden durch Verwendung von Beizmitteln folgende Effekte erzielt (Eckhard et al. 2003):

- Ausgleich der Farbunterschiede von Vollholz und Furnier
- Hervorheben der Holzstruktur (Maserung)
- Individuelles Färben einzelner Objekte und Konstruktionselemente
- Verbesserung der Lichtbeständigkeit des Holzes und seiner Farbigkeit
- Schutz vor Schimmelbefall

Es wird zwischen *Farbstoffbeizen* auf Lösemittel- oder Wasserbasis und *chemischen Beizen* unterschieden. Sie können gebrauchsfertig bezogen oder als Pulverbeize mit warmem Wasser angemischt werden.

Unter *Abbeizen* versteht man die Beseitigung einer alten Farbschicht oder Oberflächenbeschichtung. Nach Einwirken des Abbeizmittels kann sie abgewischt oder mechanisch unter Verwendung von Drahtbürsten beseitigt werden.

*Anwendung*
Beizen wird zur Oberflächenbehandlung einer Vielzahl von Werkstoffen (Metalle, Kunststoffe, Hölzer, Gewebe) eingesetzt. Für den Metallbereich gibt nachfolgende Tabelle einen Überblick über verwendete Lösungen und Säuren. Bei Emailbeschichtungen dienen Abtragsbeizen zur Schaffung aktiver Oberflächen. Auch kann die Beiztechnik für desinfizierende Wirkungen eingesetzt werden.

Zur Färbung von Nadelhölzern sollten chemische Beizen gewählt werden, da der natürliche Unterschied zwischen hellem Frühholz und dunklem Spätholz erhalten bleibt. Für Laubhölzer sind in der Regel wasserlösliche und lösemittelhaltige Farbstoffbeizen in Anwendung.

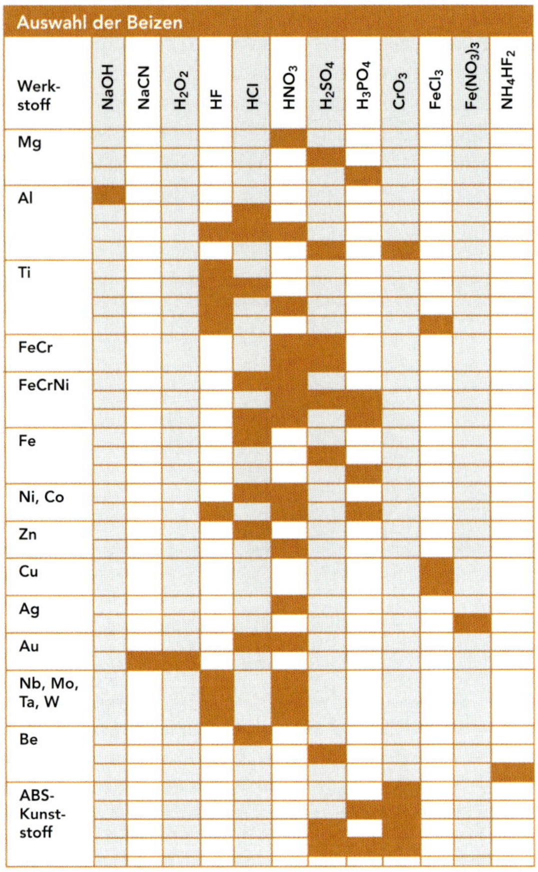

**Auswahl der Beizen**

| Werkstoff | NaOH | NaCN | $H_2O_2$ | HF | HCl | $HNO_3$ | $H_2SO_4$ | $H_3PO_4$ | $CrO_3$ | $FeCl_3$ | $Fe(NO_3)_3$ | $NH_4HF_2$ |
|---|---|---|---|---|---|---|---|---|---|---|---|---|
| Mg | | | | | | ■ | | | | | | |
| Al | ■ | | | | | | | | | | | |
| Ti | | | | ■ | | ■ | | | | | | |
| FeCr | | | | | | | | | | ■ | | |
| FeCrNi | | | | | | ■ | ■ | | | | | |
| Fe | | | | | ■ | ■ | ■ | ■ | | | | |
| Ni, Co | | | | | | ■ | ■ | | | | | |
| Zn | | | | | ■ | | | | | | | |
| Cu | | | | | | ■ | | | | | ■ | |
| Ag | | | | | | ■ | | | | | | |
| Au | | | | | ■ | ■ | | | | | | |
| Nb, Mo, Ta, W | | | | ■ | | ■ | | | | | | |
| Be | | | | | | | | | | | | |
| ABS-Kunststoff | | | | | | | ■ | | ■ | | | ■ |

Abb. 93: nach [12]

*Wirtschaftlichkeit*
Da für den Abtrag von Rost und anderen unerwünschten Belägen mit Hilfe des Beizverfahrens keine großen Personalkosten entstehen und eine Vielzahl von Bauteilen in einem Arbeitsgang bearbeitet werden können, gilt das Verfahren als wirtschaftlich. Für die Großserienproduktion sind Beizanlagen im Einsatz. Die Belastung der Umwelt durch die Entstehung chemischer Abfallprodukte ist jedoch ein Nachteil dieses Verfahrens. Je nach Anwendungsfall sollte deshalb auf Alternativverfahren zurückgegriffen werden.

Im Holzbereich stellt das Beizen eine kostengünstige Alternative zum Lackieren dar. Außerdem können farbige Holzoberflächen hergestellt werden, ohne dass die natürliche *Maserung* des Holzes verloren geht.

*Alternativverfahren*
Schleifen, Strahlen, chemisches Abtragen, Lackieren zur Färbung von Holz

## TRE 3.5
## Abtragen – Elektrochemisches Abtragen (ECM)

*Verfahrensprinzip*
Mit dem Ziel, einen elektrochemischen Materialabtrag zu bewirken, werden an das zu bearbeitende metallische Werkstück der positive Pol und an ein elektrisch leitendes Werkzeug der Negativpol einer Gleichspannungsquelle angelegt. Zwischen Anode (+ Pol) und Kathode (-Pol) befindet sich eine flüssige Elektrolytlösung, durch die ein elektrischer Stromfluss erzeugt wird. In Folge kommt es an beiden Elektroden zu elektrochemischen Reaktionen, die einen Materialabtrag am Werkstück hervorrufen. Innerhalb des geschlossenen Stromflusses werden Metallionen aus dem Werkstück gelöst und gehen in die Lösung über.

*Anwendung, Materialien, Genauigkeit*
Das Verfahren ist für eine Vielzahl metallischer und hochfester Werkstoffe (z.B. Stahl unterschiedlicher Legierungselemente, Nickellegierungen, Titanlegierungen, Kobaltlegierungen) anwendbar. Typische Anwendungsgebiete sind das Senken (z.B. Triebwerksbau), Bohren (z.B. Turbinenbau) und Entgraten (z.B. in der Fahrzeugindustrie). Zudem lassen sich Verunreinigungen wie Fette, Öle und Reste von Schleif- und Schmiermitteln elektrochemisch entfernen (*elektrochemisches Polieren*). Hochreine Bauteile werden gerade in der Luft- und Raumfahrt benötigt.

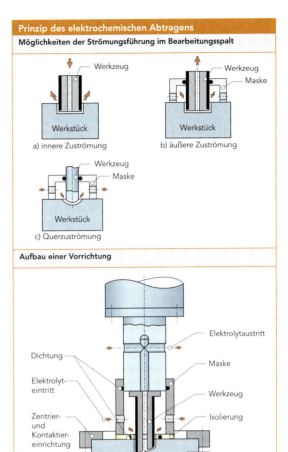

Abb. 94: nach [13]

Bild: Beschichtete und unbeschichtete Musterplatten unterschiedlicher Oberflächentexturen.

*Elektrochemisches Ätzen* wird genutzt, um Oberflächenstrukturen und Texturen zu Dekorationszwecken in Bauteiloberflächen einzubringen. Die nicht zu bearbeitenden Flächen werden mit Masken oder festen bzw. pastösen Schichten aus Wachs oder Lacken abgedeckt. Produktbeispiele sind Metallschilder, Uhrengehäuse oder Schmuck. Strukturierte Formeinsätze werden beispielsweise für den Kunststoffspritzguss von Bauteilen mit dekorativen Oberflächen z.B. für den Automobilinnenraum verwendet.

Rautiefen von weniger als 1 μm lassen sich elektrochemisch erzielen. Meist liegt die Genauigkeit aber im einstelligen Mikrobereich.

*Wirtschaftlichkeit*
Die elektrochemischen Verfahren eignen sich insbesondere für die Serien- und Massenproduktion. Außerdem weist das Verfahren ein hohes Potenzial zum Entgraten von Bauteilen in der Großserie auf, da sich der Prozess schlecht auf konventionelle Weise automatisieren lässt.

Bild: Spritzgusswerkzeug mit genarbter Oberflächenoptik./ Hersteller: Froli

*Alternativverfahren*
Chemisches Abtragen, Laserabtragen und -strukturieren, Funkenerosives Abtragen, Polieren

## TRE
## Literatur

[1] Awiszus, B.; Bast, J.; Dürr, H.; Matthes K.-J.: Grundlagen der Fertigungstechnologie. München, Wien: Carl Hanser Verlag, 2003.

[2] Beitz, W; Grote, K.-H.: Dubbel - Taschenbuch für den Maschinenbau. Berlin, Heidelberg: Springer Verlag, 20. Auflage, 2001.

[3] Bergmann, W.: Werkstofftechnik 2. München, Wien: Carl Hanser Verlag, 3. Auflage, 2002.

[4] Blume, F.: Einführung in die Fertigungstechnik. Heidelberg: Hüthig Verlag, 9. Auflage, 1990.

[5] Bonten, C.: Kunststofftechnik für Designer. München, Wien: Carl Hanser Verlag, 2003.

[6] Degner, W.; Lutze, H.; Erhard, S.: Spanende Formung. München, Wien: Carl Hanser Verlag, 2002.

[7] Dobler, H.-D.; Doll, W.; Fischer, U.; Günter, W.; Heinzler, M.; Ignatowitz, E.; Vetter, R.: Fachkunde Metall. Haan-Gruiten: Verlag Europa-Lehrmittel, 54. Auflage, 2003.

[8] Eckhard, M.; Ehrmann, W.; Hammerl, D.; Nestle, H.; Nutsch, T.; Nutsch, W.; Schulz, P.; Willgerodt, F.: Fachkunde Holztechnik. Haan-Gruiten: Verlag Europa-Lehrmittel, 19. Auflage, 2003.

[9] Förster, D.; Müller, W.: Laser in der Metallverarbeitung. München, Wien: Fachbuchverlag Leipzig im Carl Hanser Verlag, 2001.

[10] Fritz, A.H.; Schulze, G.: Fertigungstechnik. Berlin, Heidelberg, New York: Springer-Verlag, 4. Auflage, 1998.

[11] Hoischen, H.: Technisches Zeichnen. Düsseldorf: Cornelsen Verlag Schwann-Girardet, 29. Auflage, 2003.

[12] Müller, K.-P.: Lehrbuch Oberflächentechnik. Braunschweig, Wiesbaden: Vieweg Verlag, 1996.

[13] König, W., Klocke, F.: Fertigungsverfahren – Abtragen und Generieren. Berlin, Heidelberg, New York: Springer-Verlag, 3. Auflage, 1997.

[14] König, W., Klocke, F.: Fertigungsverfahren – Drehen, Fräsen, Bohren. Berlin, Heidelberg: Springer-Verlag, 7. Auflage, 2002.

[15] König, W., Klocke, F.: Fertigungsverfahren – Schleifen, Honen, Läppen. Berlin, Heidelberg: Springer-Verlag, 4. Auflage, 2005.

[16] Koller, R.: Konstruktionslehre für den Maschinenbau. Berlin, Heidelberg: Springer-Verlag, 3. Auflage, 1994.

[17] Krause, W.: Fertigung in der Feinwerk- und Mikrotechnik. München, Wien: Carl Hanser Verlag, 1995.

[18] Oehler, G.; Kaiser, F.: Schnitt-, Stanz- und Ziehwerkzeuge. Berlin, Heidelberg: Springer Verlag, 8. Auflage 2001.

[19] Perovic, B.: Fertigungstechnik. Berlin, Heidelberg: Springer-Verlag, 1990.

[20] Reichert, A.: Fertigungstechnik 1. Hamburg: Verlag Handwerk und Technik, 14. Auflage, 2003.

[21] Schönherr, H.: Spanende Fertigung. München, Wien: Oldenbourg Verlag, 2002.

[22] Tönshoff, H.K.; Denkena, B.: Spanen. Berlin, Heidelberg: Springer-Verlag, 2. Auflage, 2004.

[23] Westkämper, E.; Warnecke, H.-J.: Einführung in die Fertigungstechnik. Stuttgart, Leipzig, Wiesbaden: Teubner Verlag, 6. Auflage, 2004.

[24] Witt, G.: Taschenbuch der Fertigungstechnik. München, Wien: Fachbuchverlag Leipzig im Carl Hanser Verlag, 2006.

*Bild rechts: Feines Schneidwerkzeug mit Wechselklinge für Papier und dünne Folien.*

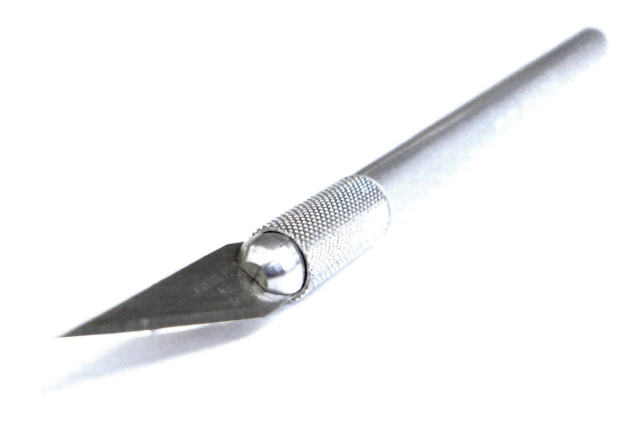

465

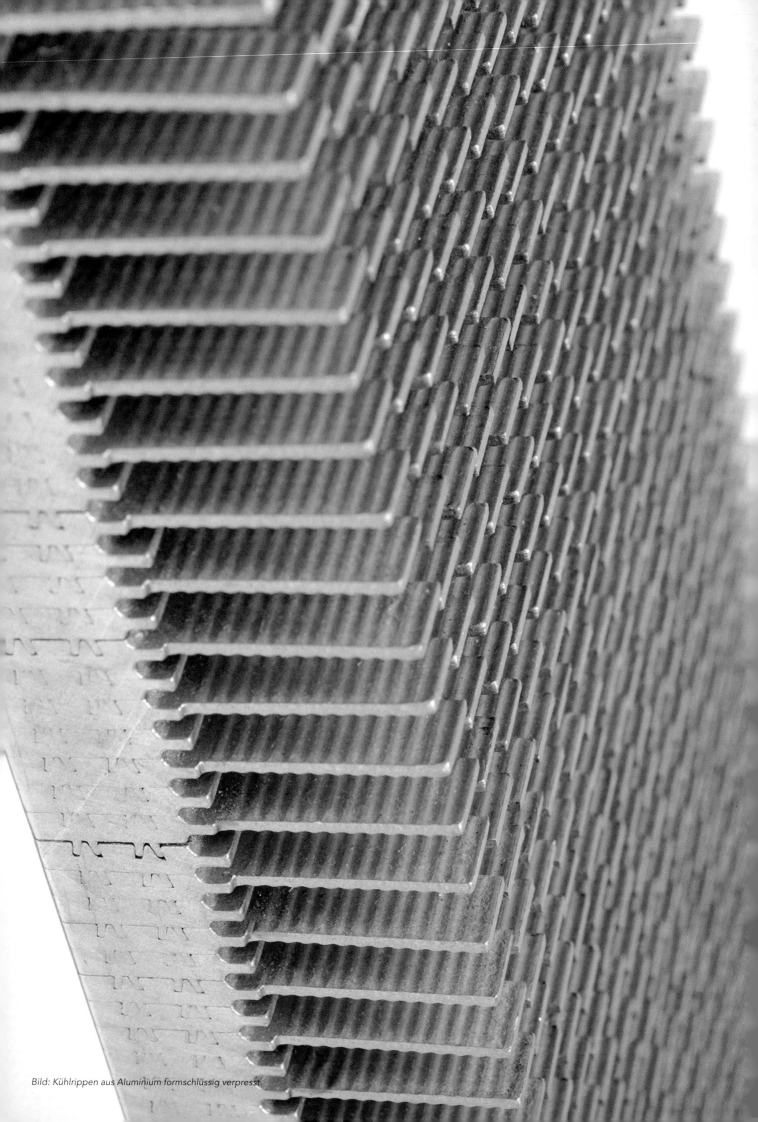
Bild: Kühlrippen aus Aluminium formschlüssig verpresst.

## FUE
## FÜGEN UND VERBINDEN

*ankleben, annähen, bandschweißen, bekleben, bördeln, diffusionsschweißen, doppeldrahtschweißen, elektronenstrahlschweißen, engspaltschweißen, fugenlöten, gaspressschweißen, gasschmelzschweißen, häkeln, hartlöten, heften, hochtemperaturlöten, inertgasschweißen, kaltpressschweißen, kaschieren, kleben, klemmen, laminieren, laserschweißen, lichtbogenschweißen, löten, nachlinksschweißen, nachrechtsschweißen, nieten, plasmaschweißen, pressschweißen, punktschweißen, quernahtschweißen, reibschweißen, rollennahtschweißen, schmelzschweißen, schrauben, schutzgasschweißen, schweißen, spaltlöten, strahlschweißen, stricken, stumpfschweißen, tandemschweißen, tauchlöten, tiefschweißen, unterpulverschweißen, unterwasserschweißen, verbindungsschweißen, wärmeleitungsschweißen, weben, weichlöten, widerstandsbuckelschweißen, widerstandspressschweißen*

# Kapitel FUE
## Fügen und Verbinden

Unter Fügen wird das Verbinden zweier oder mehrerer Bauteilkomponenten und Einzelteile verstanden. Unterschiedliche Wirkmechanismen können einen Zusammenhalt bewirken. Zur Beschreibung der Fügetechniken und -prinzipien hat sich folgende Einteilung bewährt:

- formschlüssiges Fügen
- kraftschlüssiges Fügen
- stoffschlüssiges Fügen

### Formschlüssiges Fügen
Unter Verwendung von Verbindungselementen wie *Nieten*, *Bolzen*, *Stiften* oder *Passfedern* bzw. Passschrauben werden zwei Bauteile formschlüssig miteinander verbunden. Die Formkonturen greifen ineinander und ermöglichen die Kraftübertragung. Außerdem können formschlüssige Verbindungen durch Einbetten, Aus- bzw. Umgießen erreicht werden.

Bild: Schraube und Mutter verbinden die Schenkel der Rohrschelle formschlüssig. Die Rohrschelle verbindet sich in Richtung der Rohrmittelachse kraftschlüssig.

### Kraftschlüssiges Fügen
Sehr anschaulich kann das Wirkprinzip von kraftschlüssigen Verbindungen am Beispiel der Schraubverbindung erläutert werden. In Folge des Zusammenpressens mehrerer Bauteilflächen entstehen Reibungskräfte, die den Zusammenhalt bewirken.

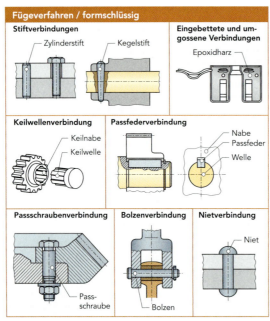

Abb. 1: nach [9, 13]

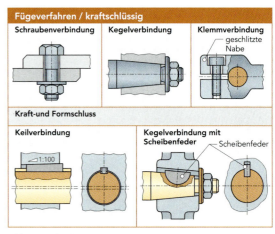

Abb. 2: nach [9]

### Stoffschlüssiges Fügen
Schweiß-, Löt- und Klebeverbindungen sind stoffschlüssige Verbindungen und basieren auf der Entstehung von Kohäsions- und Adhäsionskräften.

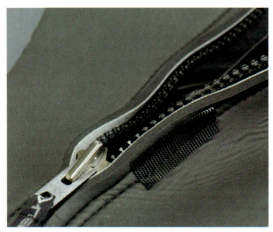

Bild: Der Reißverschluss ist eine formschlüssige Verbindung.

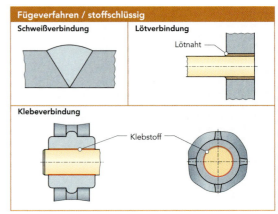

Abb. 3: nach [9]

## FUE 1
### An-/Einpress- und Schnappverbindungen

In der Gruppe der An-/Einpress- und Schnappverbindungen werden Möglichkeiten zusammengefasst, mit denen ein form- oder kraftschlüssiger Zusammenhalt zwischen zwei Bauteilen realisiert werden kann.

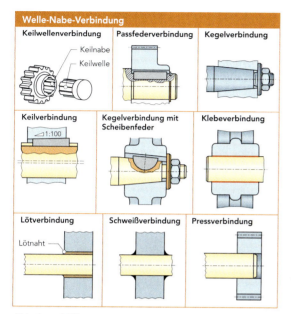

Abb. 4: nach [9]

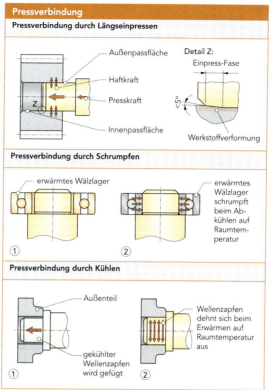

Abb. 5: nach [9]

Zu den wichtigsten und am häufigsten angewendeten Fügeprinzipien zählen Press-, Niet-, Schnapp- und Schraubverbindungen.

## FUE 1.1
### An-/Einpress- und Schnappverbindungen – Pressverbindungen

*Fügeprinzip*
Pressverbindungen entstehen durch Reib- und Presskräfte an den sich berührenden Flächen zweier Bauteile. Eine Möglichkeit des Zusammenschiebens der notwendigerweise sehr genau gefertigten Bauteilflächen besteht in der Nutzung hydraulischer Pressen, mit deren Hilfe die Bauteile ineinander geschoben werden. Um ein Festfressen oder Verhaken der Materialoberflächen zu vermeiden, werden diese vor dem Fügeprozess geölt.
Mit einer anderen Methode werden kleine Maßänderungen über eine Temperaturschwankung erzeugt. Dabei wird das Außenteil entweder erhitzt oder das Innenteil gekühlt. Der nach dem Fügen einsetzende Schrumpf- beziehungsweise Dehnprozess hat die Erzeugung der für die Verbindung notwendigen Presskräfte zur Folge. Zur Erwärmung dienen Ölbäder oder Brenner. Die Maßänderung durch Kühlen kann mit Trockeneis erzeugt werden. Zu beachten bleibt, dass temperaturempfindliche Teile z.B. aus Kunststoffen vor dem Erwärm- oder Kühlprozess entfernt werden sollten. Außerdem kann das langsame konstante Erhitzen eines großflächigen Bauteils unerwünschte Verzugserscheinungen verhindern.

*Wirtschaftlichkeit*
Pressverbindungen werden in der Industrie zur wirtschaftlichen Herstellung von Passungen zwischen Wellen und Lagern genutzt. Aber auch in Kleinserien und in der Einzelanfertigung von Bauteilen und Maschinenkomponenten wird die Pressverbindung angewendet. Eine Kombination mit Klebstoffen kann die Qualität der Fügestelle und die wirtschaftliche Effizienz des Verfahrens unterstützen (Endlich 1995).

*Alternativverfahren*
Schweißen, Löten, Kleben

Bild: Das Rillenkugellager wird in die Bohrung des Kunststoffrades eingepresst.

# Kapitel FUE
## Fügen und Verbinden

*Sicherungsringe* sichern Teile gegen Längsverschieben, wobei auch Längskräfte aufgenommen werden können.

*Sie gibt es für Wellen (wie hier dargestellt) als auch für Bohrungen.*

*Bild: Verriegelung der Verdeckhülle beim Golf Cabriolet.*
*Funktion: Der Bolzen wird in die Karosserie eingeschraubt. Das Oberteil befindet sich verrastet mit dem Unterteil an der Persenning. Durch die Feder und die Federschenkel im Oberteil kann nun die Persenning durch leichtes Aufdrücken auf den Kugelbolzen verriegelt werden. Das Entriegeln erfolgt durch einfaches Abziehen./*
*Foto: Böllhoff Gruppe*

### FUE 1.2
### An-/ Einpress- und Schnappverbindungen – Schnappverbindungen

*Fügeprinzip*

Eine Schnappverbindung bezeichnet eine formschlüssige Verbindung zwischen zwei Bauteilen unter Ausnutzung der Materialelastizität ohne zusätzliches Fügeelement. Während des Zusammensteckens muss eine Wulst überwunden werden, die sich kurzzeitig verformt und dann in die Ausgangslage zurückfedert. Kunststoffe und Federstähle werden für Schnappverbindungen eingesetzt, die sowohl lösbar als auch unlösbar ausgeführt werden können. Bei lösbaren Verbindungen weist die Wulst in beiden Richtungen eine Schräge auf. Diese ist bei nicht löslichen Schnappverbindungen lediglich in Richtung des ersten Fügevorgangs vorhanden. Auf der Rückseite der Wulst verhindert eine plane Fläche das unbeabsichtigte Auseinandergehen der beiden Bauteile.

Abb. 6: nach [22]

*Bild unten: Durch Schnappverbindungen kann bei Skistöcken die Stocklänge auf die individuelle Körpergröße eingestellt werden.*

*Verwendung und Wirtschaftlichkeit*

Schnapphaken, die je nach Anwendung kugelig, als Biegefeder oder in zylindrischer Form konzipiert sein können, bieten vor allem im Kunststoffbereich den Vorteil, eine Reduzierung der Teileanzahl eines Bauteils oder einer Bauteilgruppe zu ermöglichen. Das leichte Befestigen und Lösen einer Schnappverbindung ohne Werkzeug ist oftmals notwendig, um kostengünstige Montageprozesse vor allem im Automobilbau zu ermöglichen. Eine Fügestelle kann darüber hinaus durch das zu fügende Bauteil verdeckt werden, was Schnappverbindungen besonders geeignet für Gehäusekonstruktionen bei Computern, Handys oder Küchengeräten macht. Weitere Anwendungsgebiete sind Verpackungsverschlüsse für Lebens- und Reinigungsmittel sowie Scharniere oder Blenden. Zur Befestigung von Zierleisten werden Schnappverbindungen mit zusätzlichen Befestigungselementen benötigt.

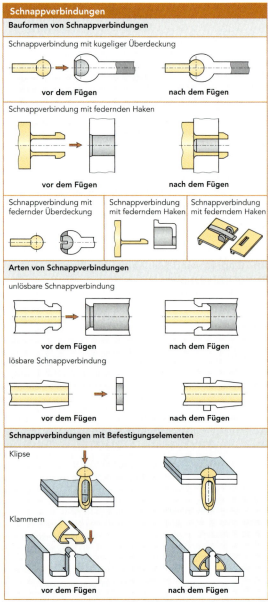

Abb. 7: nach [9]

## FUE 1.2.1
### Schnappverbindungen – Gestaltungsregeln

Die Konstruktion eines Schnappelements muss das Einfedern des Fügeelements gewährleisten.

Abb. 8: nach [12]

Das Versagen einer Schnappverbindung kann durch eine Steigerung der Nachgiebigkeit auf Basis einer konstruktiven Optimierung verhindert werden. Ringförmige Schnapphaken sollten geschlitzt werden.

Bei der Auslegung von Schnapphaken aus Kunststoff sollten scharfkantige Formelemente und Ecken vermieden werden, um Bauteilrisse und Bindenahtprobleme zu vermeiden ☞ FOR 1.1.

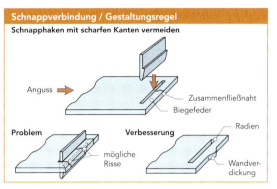

Abb. 9: nach [9]

Bilder unten: »CLIP & CLOSE« Frischhaltedose, Schnappverbindung mit Filmscharnier./ Foto: EMSA GmbH

### Filmscharniere

*Filmscharniere (Filmgelenke) sind flexible, dünnwandige Gelenkrillen zwischen zwei Funktionselementen. Dadurch werden Einzelteile eingespart; die Montagezeit wird gesenkt. Spritzgegossene Teile aus Polypropylen (PP) eigenen sich besonders für Filmscharniere und –gelenke, da dieser Werkstoff die nötige Weichheit und Dehnbarkeit für eine dauerhafte Funktion aufweist.*

Abb. 10: nach [12]

*Kapitel FUE*
**Fügen und Verbinden**

## FUE 1.3
### An-/ Einpress- und Schnappverbindungen – Nieten

*Fügeprinzip*
Die nicht lösbare und formschlüssige Nietverbindung zweier Bauteile entsteht durch plastisches Verformen eines zylindrischen Befestigungselementes, dem so genannten *Niet*. Für ihre Anfertigung ist grundsätzlich eine Bohrung sowie eine zumindest einseitige Zugänglichkeit der zu fügenden Stelle erforderlich. Unterschiedliche Nietverfahren werden je nach Form des Niets, der Zugänglichkeit der Verbindungsstelle und des zur Verfügung stehenden Nietwerkzeuges oder der Art des Umformprozesses unterschieden. Nieten mit einem Durchmesser von über 10 mm werden vor dem Fügeprozess erhitzt.

### Hammernietverbindung
Ein mit einem Kopf versehener Metallbolzen (Niet), wird mit einem Nietenzieher durch die vorgebohrte Öffnung zweier überlappender Bauteile geführt und zusammengepresst. Die überstehende Seite wird abschließend mit einem Hammer zu einem Schließkopf geformt.

### Stanznietverbindung
Sind Bohrungen nur schwierig oder gar nicht anzubringen, kommen Halbhohl- oder Vollnieten zum Einsatz, die sich selbst in das zu fügende Material stanzen.

### Blindnietverbindung
Soll die Nietstelle nur einseitig zugänglich sein, kommen Blindnieten zur Anwendung. Diese Nietenform besteht aus einer Hülse und einem am Ende der Hülse über eine Sollbruchstelle angebrachten Dorn. Mit einem geeigneten Nietwerkzeug wird die Hülse am Kopf nach unten gedrückt und gleichzeitig eine entgegensetzte Zugkraft auf den Dorn ausgeübt. Diese verformt das Hülsenende zu einem Schließkopf, bis der Dorn an der Sollbruchstelle reißt.

*Die RIVSET® Stanzniettechnik ist ein Verfahren zur mechanischen, hochfesten Verbindung von gleichen oder aber auch kombinierten Werkstoffen, welches problemlos mehrlagige Verbindungen ermöglicht. Hier als Beispiel eine Eckverstärkung für Transportbehälter aus Aluminium./ Foto: Böllhoff Gruppe*

### Durchsetzfügen
Mit einem Alternativprinzip FUE 3 werden zwei übereinander liegende Bleche oder Profile ohne den Einsatz von Nieten in einem Kaltumformvorgang durch einen Stempel unlösbar und formschlüssig miteinander verbunden. Das Durchsetzfügen eignet sich für Bleche bis zu einer Dicke von rund 5 mm.

### Nietverbindungen
**Nietverfahren** (nach DIN 8593-5, außer *)

Nieten, Hohlnieten, Zwischenzapfnieten
Zapfennieten, Hohlzapfennieten, Stanznieten*

### Nietformen

| Bezeichnung | DIN | Verwendung |
|---|---|---|
| Halbrundniet | 124 | Stahlbau |
|  | 660 | Metallbau, Fahrzeugbau |
| Senkniet | 302 | Stahlbau |
|  | 661 | Metallbau, Fahrzeugbau |
| Linsenniet | 662 | Leisten, Beschläge, Trittflächen, Laufgänge |
| Flachrundniet | 674 | Karosserie- und Flugzeugbau, für Beschläge und Feinbleche, Kunststoffe und Pappe |
| Flachsenkniet | 675 | Leder-, Gewebe- und Kunststoffriemen, Gurte |
| Halbhohlniet mit Flachrundkopf | 6791 | Verbinden empfindlicher Werkstoffe, wirtschaftlich verarbeitbar durch den Einsatz von Nietmaschinen |
| Halbhohlniet mit Senkkopf | 6792 | Verbinden empfindlicher Werkstoffe, wirtschaftlich verarbeitbar durch den Einsatz von Nietmaschinen |
| Hohlniet, zweiteilig | 7331 | Verbinden von Metallen mit Leder, Kunststoff, Hartpapier, empfindlichen Metallteilen |
| Blindniet mit Sollbruchdorn | 7337 | Vernieten von Einzelelementen, bei denen die Schließkopfseite im Allgemeinen nicht zugänglich ist; schnelle, auch automatische Verarbeitung; Blechbau, Fahrzeugbau, Metallbau, Aluminiumkonstruktionen |
| Niet | 7338 | Kupplungs- und Bremsbeläge |
| Hohlniet einteilig | 7339 | zum Verbinden von Metallen mit empfindlichen Werkstoffen (Leder, Gummi, Keramik), da nur geringe Schließkräfte erforderlich sind; E-Technik, Blechbau, hohe Bauteile |
| Rohrniet | 7340 | |
| Nietstift | 7341 | bei großen Klemmlängen, zum Verbinden zusammensteckbarer Teile, als Gelenkstifte und Achsen |

Abb. 11: nach [2, 14, 26]

*Materialien*

Mit Nieten können Leicht- und Schwermetalle sowie Kunststoffe nicht lösbar miteinander verbunden werden. Für andere Materialien sind Nietverbindungen eher ungeeignet. Als Nietwerkstoffe dienen Stahl, Kupfer, Messing und Aluminiumlegierungen. Auch Kunststoff- und Titannieten werden in Ausnahmefällen verwendet.

*Verwendung*

Im Maschinen- und Stahlbau hat das Schweißen den Fügevorgang des Nietens fast vollständig ersetzt. Nieten kommen jedoch zur Erzeugung von Blechverbindungen im Fahr- und Flugzeugbau immer häufiger zur Anwendung, da keine nachteiligen Gefügeveränderungen und damit einhergehende Festigkeitsnachteile an den gefügten Stellen zu erwarten sind. Dies gilt vor allem für Leichtbauteile aus Aluminiumlegierungen, bei denen zudem die Vorteile einer einfachen Montage und Demontage von Nietverbindungen genutzt werden. Zum Bau eines Airbus sind beispielsweise rund 3,5 Millionen Nieten erforderlich (Dobler et al. 2003). Die Möglichkeit zur Verbindung unterschiedlicher Materialien durch Nietenverbindungen wird darüber hinaus vor allem dort genutzt, wo Materialpaarungen zwischen Stahl und Aluminium z. B. bei Rohrverbindungen das Schweißen verhindern. Das Fügen von Kunststoffen mit Weichnieten aus Kupfer, Messing und Aluminium ist üblich (Ehrenstein 2002). Außerdem können Nietverbindungen bei Gehäusen elektrischer Geräte und Möbeln ästhetische Qualitäten hervorheben oder Anzeichenfunktionen übernehmen (Matthes, Riedel 2003).

*Wirtschaftlichkeit*

Nietverbindungen verursachen auf Grund der nur bedingten Möglichkeit zur Automatierung des Fügevorgangs relativ hohe Kosten. Außerdem wird zur Herstellung optimaler Nietverbindungen ein großer Erfahrungsschatz benötigt. Sie sind daher für die Serienfertigung weniger geeignet als Schweiß- oder Klebverfahren. Für die Anfertigung von technischen Prototypen, Sonderanfertigungen und Unikaten ist das Nieten allerdings nach wie vor ein häufig verwendetes Fügeverfahren.

Bild: Stahlkonstruktion mit Nietverbindungen.

*Alternativverfahren*

Widerstandspunktschweißen, Laserschweißen, WIG-Schweißen, MIG-Schweißen, Kleben

## FUE 1.3.1
## Nieten – Gestaltungsregeln

Biegebelastungen von Nietverbindungen sollten vermieden werden.

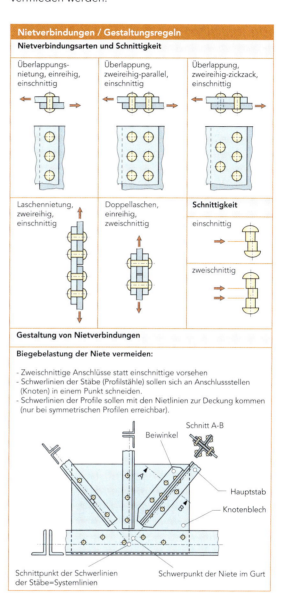

Abb. 12: nach [23, 26]

Der notwendige Einbauraum, vor allem bei Blindnieten, ist bei der Auslegung von Bauteilen zu berücksichtigen.

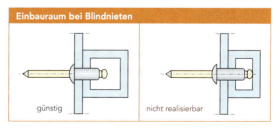

Abb. 13

*Kapitel FUE*
*Fügen und Verbinden*

## FUE 1.4
### An-/Einpress- und Schnappverbindungen – Schrauben

Durch ihre nahezu universelle Verwendbarkeit ist die Schraube das am häufigsten genutzte Befestigungs- und Fixierelement überhaupt. Schrauben gewährleisten eine schnelle und jederzeit lösbare Verbindung ohne Risiko der Beschädigung von Bauteilen.

*Fügeprinzip*
Eine Schraubverbindung resultiert aus Reibkräften, die beim Zusammenpressen der Bauteiloberflächen durch das Anziehen von Schraube und Schraubenmutter oder beim Einschrauben in ein vorgefertigtes Gewindeloch eines Werkstückes entstehen. Schrauben können auf Zug beansprucht werden, wodurch größere Haltekräfte als beispielsweise beim Verbinden mit Nägeln erzielt werden können.

*Bild: Zylinderschraube mit Innensechskant.*

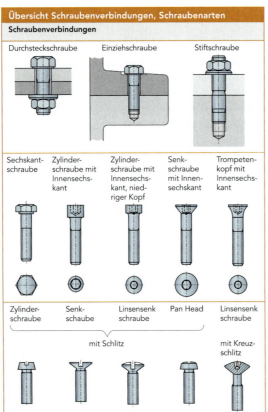

Abb. 14: nach [9]

Die einzelnen Schraubenarten werden nach Verwendungsart, Kopfform, Gewindeprofil und Schraubenantrieb unterschieden. **Losdreh-** oder **Setzsicherungen** verhindern unbeabsichtigtes Lösen.

*Bild: Direktverschraubung AMTEC® in Kunststoffteile. Die AMTEC® Schraube gewährleistet eine materialschonende, gegen Ausreißen optimal gesicherte Schraubverbindung./ Foto: Böllhoff Gruppe*

| Schraubenarten | | |
|---|---|---|
| **Holzschrauben** | **Eigenschaften** | **Verwendung** |
| Allzweckschraube | gelb verzinkt, kunststoffbeschichtet | Verbinden von Holzplatten |
| Schnellbauschraube | oberflächengehärtet, phosphatiert | Befestigung von Gipskarton, Kunststoffen, Holz, Alu |
| Sechskant-Holzschraube | höheres Drehmoment | feste Holzverbindungen |
| **Blechschrauben** | **Eigenschaften** | **Verwendung** |
| Senkkopf-, Linsenkopf-, Sechskant-, Linsensenkblechschraube | gehärtet | Blechverschraubungen, auch Kunststoffplatten |
| Bohrschraube | Bohrspitze für Grundloch | Verbindung dicker Bleche (10mm) |
| Schneidschraube | selbstschneidend, gehärtet | Verschraubungen ohne Gewinde |
| **Gewindeschrauben** | **Eigenschaften** | **Verwendung** |
| Maschinenschraube | lang, mit Sechskantkopf | Baukonstruktionen, Gestelle |
| Zylinderkopf-, Senkkopf-Schlitzschraube | lang, beschichtet | leichte Holz- und Metallarbeiten |
| Gewindeschneidschraube | 3 verschiedene Gewindetiefen | Erstellen von Gewindebohrungen |
| **Muttern** | **Verwendung** | |
| Sechskantmutter | alle Verbindungen | |
| Hutmutter | Vermeidung von Gewindeendebeschädigung | |
| Flügelmutter | häufiges Lösen der Verbindung | |
| Stopmutter | festsitzende Verbindungen | |
| Rändelmutter | häufiges Lösen von Hand | |
| Ringmutter | Transportmöglichkeit | |
| **Setz- und Losdrehsicherungen, Unterlegscheiben** | | |

Abb. 15

Abb. 16: nach [9]

*Materialien*
Für Innenräume werden unbehandelte Schrauben, für Außenbereiche zum Schutz vor Rost galvanisch ⌐ BES 6.3 mit Zink oder Nickel beschichtete Schrauben verwendet. Rostfreie Schrauben aus Messing oder Maschinenbronze kommen im Sanitärbereich zur Anwendung. In chemisch belasteteten oder ständiger Feuchtigkeit ausgesetzten Bereichen werden Schrauben aus hochfesten Legierungen verwendet. Kunststoffschrauben kommen im Elektronikbereich zum Einsatz.

## Schraubensicherungsmethoden

| Beispiele | Art / Wirksamkeit |
|---|---|
| Federring / Spannscheibe | mitverspannt-federnd / Wird nicht als wirksame Sicherung gegen Losdrehen unter wechselnden Querschiebungen angesehen. Begrenzte Wirksamkeit bei axial beanspruchten Schrauben der Festigkeitsklasse ≤ 6.9. Zur beschränkten Kompensierung von Setzbeträgen. |
| Scheibe mit Nase / Kronenmutter | formschlüssig / Geignet nur für überwiegend axial beanspruchte Schrauben der Festigkeitsklasse ≤ 6.9. Bei höheren Festigkeitsklassen mögliche Zerstörung des Formschlusses. |
| Sicherungsmutter / Gewindestift in Schraube | klemmend / Nur dort empfehlenswert, wo bei querbelasteten Verbindungen primär eine Restvorspannkraft zu erhalten ist und ein Auseinanderfallen verhindert werden soll. |
| Sperrzahnmutter und Sperrzahnschraube | sperrend (verzahnt) / Dort zu empfehlen, wo hoch vorgespannte Verbindungen vorzugsweise quer zur Schraubenachse beansprucht werden. Begrenzte Wirksamkeit bei gehärteten Oberflächen mit HRc > 35. |
| klebstoffbeschichtetes Gewinde oder | klebend (stoff- und formschlüssig) / Gesamter Bereich gering- und hoch- vorgespannter, vorzugsweise quer zur Schraubenachse beanspruchter Verbindungen, auch bei harten Oberflächen. Vor allem, wenn gleichzeitige Eindichtung verlangt wird. Verwendung begrenzt bis zu einer Temperatur von +200°C |
| Doppelmutter | kraftschlüssig / Nur dort empfehlenswert, wo geringe Belastungen vorliegen |
| Sechskantmutter mit Splint | formschlüssig / Nur dort empfehlenswert, wo eine Verliersicherung gegeben sein soll. |
| Splintsicherung | formschlüssig / Nur dort empfehlenswert, wo eine Verliersicherung gegeben sein soll. |

Abb. 17: nach [14, 21]

### Verwendung

Schrauben werden je nach Ausführung zur Verbindung zweier oder mehrerer Bauteile auch unterschiedlicher Materialien eingesetzt, können aber auch zur Abstandsmessung oder Einhaltung und Veränderung gewisser Lagepositionen (*Stellschraube*) genutzt werden. Ähnlich der Nietverbindung finden aus ästhetischen Gründen vor allem auch beschichtete Schrauben im Möbel-, Interieur- und Produktbereich Verwendung.

*Bild: Sicherungsmutter.*

## FUE 1.4.1
## Schrauben – Gestaltungsregeln

Schrauben dürfen weder auf Biegung noch auf Abscherung beansprucht werden.

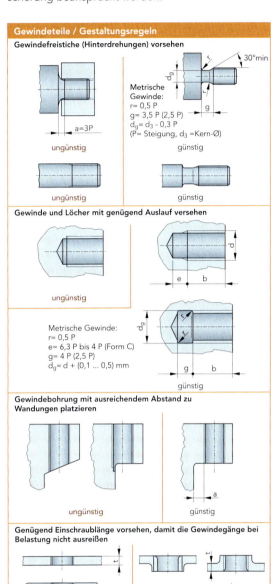

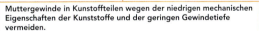

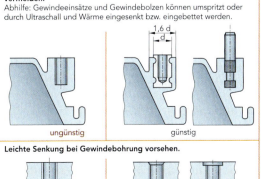

Abb. 18: nach [26]

*Für die Erzeugung von hochfesten Gewinden in Metallen geringer Scherfestigkeit bietet Böllhoff eine hervorragende Lösung zur Gewindeverstärkung: HELICOIL® plus und HELICOIL® Tangless Gewindeeinsätze sorgen für hochfeste, verschleißfreie, thermisch belastbare Gewinde höchster Präzision.*

*Diese Gewindeeinsätze eignen sich auch für die Ausschussrückgewinnung und Reparatur von Innengewinden.*

*Die Gewindeeinsätze AMTEC® der Firma Böllhoff sind speziell für den Einbau nach dem Entformen – after-moulding – konzipiert. Das Ergebnis sind verschleißfreie, belastbare Gewinde in hochwertigen Kunststoffteilen.*
*Beim Einbau stehen folgende Methoden zur Verfügung:*
*Warm-Einbetten, Ultraschall-Einschweißen, Expansionsverankern oder Selbstschneidend-Eindrehen./*
*Hersteller und Fotos: Böllhoff Gruppe*

## Kapitel FUE
### Fügen und Verbinden

Für Schrauben und verspannte Teile möglichst Werkstoffe mit ähnlichem Ausdehnungskoeffizienten wählen.

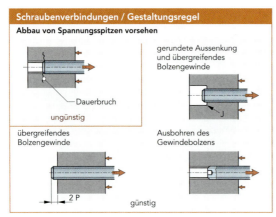

Abb. 19: nach [26]

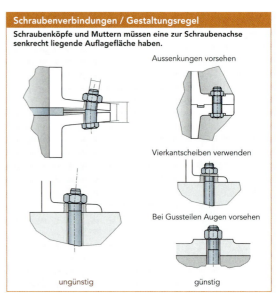

Abb. 20: nach [26]

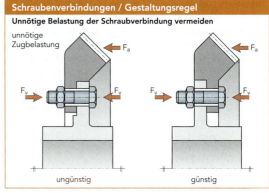

Abb. 21: nach [26]

Bild: Stablängsverbinder und Dominostablängsverbinder aus Titan für die Stabilisierungs- und Korrekturoperation in Brust und Lendenwirbelsäule./ Foto: Peter Brehm GmbH

Abb. 22: nach [26]

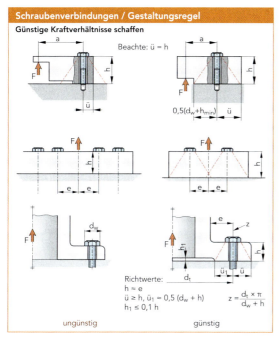

Abb. 23: nach [26]

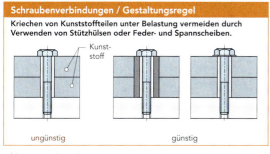

Abb. 24: nach [26]

Abb. 25: nach [26]

## FUE 2
## Fügen durch Einbetten und Ausgießen

### Fügeprinzip
Unter Einbetten, Um- bzw. Ausgießen versteht man formschlüssiges Verbinden zweier Bauteile, wenn ein Teil das Ergänzungsstück des anderen Bauteils darstellt oder mehrere Einzelteile durch ein dazwischen liegendes Material verbunden werden. Bauteile können zudem in ihrer Lageposition fixiert und gegenüber der äußeren Umgebung abgedichtet werden.

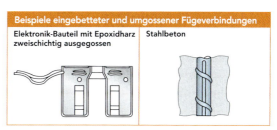

Abb. 26: nach [13]

### Materialien
Das Fügen durch Einbetten und Ausgießen kann bei allen Materialverbindungen zur Anwendung kommen, bei denen ein Material bei niedrigen Temperaturen vergossen werden kann und das eingebettete oder umgossene Bauteil nicht durch thermische oder chemische Beanspruchungen angegriffen wird. Zum Vergießen eignen sich beispielsweise Gießharze auf Epoxid- oder Polyurethanbasis ↗ KUN 4.2.2, KUN 4.2.5, Silikonkautschuk ↗ KUN 4.3 oder Polyurethanschäume ↗ KUN 4.2.5, KUN 4.4. Im Baugewerbe und Möbelbereich ist an Beton bzw. Zement als gießbares Material zu denken ↗ MIN 4.8.

### Anwendung
Insbesondere im Elektronikbereich kommt das Verfahren häufig zum Einsatz. Außerdem kann das Eingießen von Funktionsteilen in der Möbelindustrie ↗ MIN 4.8 ebenso diesem Fügeprinzip zugeordnet werden, wie das Mehrkomponentenspritzgießen ↗ FOR 1.2 unterschiedlicher Kunststoffe.

### Wirtschaftlichkeit
Das Verfahren bietet eine günstige Möglichkeit, vor allem solche Bauteile miteinander zu verbinden, die gegen die Umgebung abgedichtet werden müssen (z.B. elektrische Leitungen und elektronische Komponenten im Elektronikbereich).

### Alternativverfahren
Kleben, An-/Einpress- und Schnappverbindungen

# Profile können sich endlich sehen lassen!

### DAVEX® Anwendungen

Wirtschaftlichkeit ist die Grundlage moderner Profilgestaltung. Für die Bereiche Hochbau, Trockenbau, Regal- und Fahrzeugbau hat ThyssenKrupp DAVEX den Materialeinsatz optimiert. Zusätzlich bietet das Unternehmen ästhetisch ansprechende Lösungen, wie sie sichtbare Tragwerke verlangen, an. So ermöglicht DAVEX® den repräsentativen Einsatz von Profilen im sichtbaren Bau von hoher gestalterischer Qualität. Die Technik wurde daher bereits mit dem Innovationspreis Stahl ausgezeichnet.

Das DAVEX®-Verfahren kombiniert optische Leichtigkeit und Auflockerung durch Transparenz und innovativen Materialeinsatz. Für den herkömmlichen Einsatz können die Profile durch flexible Maße und neuartige Querschnitte nun kosteneffizienter und kundengerechter produziert werden.

**Verschiedene Materialien und Querschnitte**
Das DAVEX®-Verfahren erlaubt individuelle gestalterische Freiheit bei Material und Querschnitt.

www.davex.de

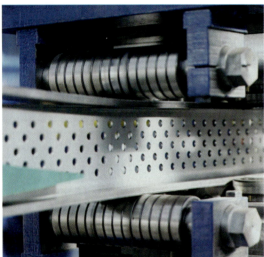

Bild: Detail der Produktion.

Die bereits verwirklichten Gebäude demonstrieren eindrucksvoll den qualitativen Fortschritt durch die Verwendung von DAVEX®-Trägern. So zum Beispiel die Verglasung des Campus 3 Gebäudes in Braunschweig, der Bau einer elliptischen Industriehalle in Dernbach, der über 40 Meter hohe gläserne Turm des Robert-Bosch-Krankenhauses in Stuttgart und das Snow Center in Dubai.

Bild: Robert-Bosch-Krankenhaus, Stuttgart.

### Effizienz durch Innovation

Im DAVEX®-Verfahren wird die Verbindung der Profilkomponenten mechanisch hergestellt. In die Gurte (die oberen und unteren Teile des Profils) wird jeweils eine Nut eingewalzt, während der Steg (die mittlere Komponente) an den Kanten mit einer Prägung versehen wird. Nachdem der Steg in die Nut der beiden Gurte eingestellt wurde, fügt eine Schließnut rechts und links vom Steg die Verbindung kraft- und formschlüssig, indem der Gurtwerkstoff in die Kontur des Stegs fließt. Der größte Vorteil ist die Verwirklichung außergewöhnlicher Dickenunterschiede zwischen Gurt und Steg. Hierdurch können Profile mit gleichen Tragfähigkeiten wirtschaftlicher produziert werden. Die Möglichkeit, Hybridprofile aus verschiedenen Werkstoffen zu kombinieren, eröffnet neue Anwendungen und Funktionen für den Einsatz von DAVEX®-Profilen.

### Flexibilität nach Kundenwunsch

Am Standort Gelsenkirchen werden die Profile in einer 90 Meter langen Fertigungsanlage hergestellt. Durch die flexible Produktionsanlage sind auch kleine Lose nach Maßgabe der Kunden möglich.

|  | min [mm] | max [mm] |
|---|---|---|
| Profilhöhe | 25 | 200 |
| Profilbreite | 25 | 180 |
| Gurtdicke | 2,0 | 10 |
| Stegdicke | 0,6 | 5 |
| Profillänge | 4 000 | 13 000 |
| Dickenverhältnis | Steg ≤ 0,5 x Gurt | |

### Design oder Standard – DAVEX® trägt!

Neben DAVEX®-Standardträgern der Werkstoffe S235, S355MC sowie Edelstahl 1.4301 können eigene Sonderanfertigungen konfektioniert werden. Weitere Werkstoffe sind ebenfalls auf Anfrage erhältlich.

Stahlprofile werden nicht zwingend als optisch hochwertige Designprofile verwandt. Ihr großes Potenzial liegt in einer hohen Wirtschaftlichkeit durch höhere Gewichtsreduktion (wesentlich dünnere Stege als in gewalzten oder geschweißten Profilen), sowie in der Optimierung ihrer statischen Eigenschaften. Zur Verwirklichung anwendungsspezifischer Geometrien im Fassadenbau, Trockenbau, Hochregallagerbau und Karosseriebau für Nutzfahrzeuge können Stahlprofile selbstverständlich auf die Anforderungen hin spezifiziert werden.

Edelstahlträger finden als Standardversionen oder als kundenspezifische Profile Anwendung im tragenden Stahlbau mit korrosiven Medien, zum Beispiel in der Nahrungsmittel- und chemischen Industrie.

Dünnwandige Leichtbauprofile werden nach Maßgabe der Kunden in Stahl (auf Wunsch auch mit verzinktem Vormaterial) gefertigt, um im tragenden und nicht tragenden Stahlleichtbau, z.B. im Trockenbau, Regalbau oder in Deckensystemen verwandt zu werden.

Bild: Industriehalle, Dernbach.

Hybride Profile stellen sicherlich die spektakulärste Möglichkeit des DAVEX®-Verfahrens dar. Die unterschiedlichen Werkstoffe (Metalle und Kunststoffe) lassen sich zur gezielten elektrischen Entkopplung, und zur akustischen und thermischen Isolierung im Hochbau kombinieren. Weitere Möglichkeiten liegen im Fahrzeugbau, sowie im Bereich Laden- und Möbelbau.

Bild: Detailansicht Campus 3, Braunschweig.

Darüber hinaus entwickelt DAVEX® asymmetrische Profile, deren Stege beispielsweise außerhalb der Mittelachse liegen, sowie Träger mit 2 Stegen, welche im Fahrzeug- und Möbelbau und im Bereich der Beleuchtung und Beschilderung eingesetzt werden.

### DAVEX® Gestaltung und Innovation

Kontakt:
ThyssenKrupp DAVEX GmbH
Kurt-Schumacher-Straße 100
45881 Gelsenkirchen
Tel.:  +49 209 35986-0
Fax.: +49 209 35986-44
info.davex@thyssenkrupp.com
www.davex.de

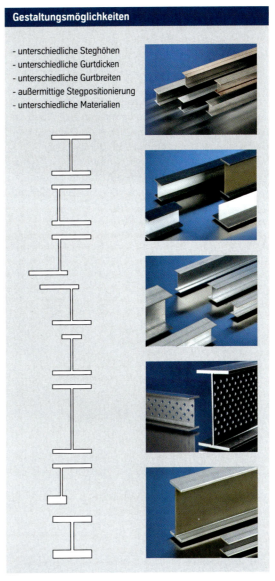

**Gestaltungsmöglichkeiten**

- unterschiedliche Steghöhen
- unterschiedliche Gurtdicken
- unterschiedliche Gurtbreiten
- außermittige Stegpositionierung
- unterschiedliche Materialien

Bild: Campus 3, Braunschweig.

## ThyssenKrupp DAVEX

Ein Unternehmen von ThyssenKrupp Steel

**ThyssenKrupp**

*Kapitel FUE*
*Fügen und Verbinden*

**Clinchen/ Durchsetzfügen**

*Beim Clinchen (Durchsetzfügen FUE 1.3 und Abb. 27) werden Bleche oder Profile durch Kaltumformung des Materials form- und kraftschlüssig miteinander verbunden. Es kann sich hierbei um zweilagige oder auch um mehrlagige Verbindungen handeln. Außerdem können beschichtete sowie vorlackierte Bleche ohne Beschädigung der Oberfläche miteinander verbunden werden. Mit Hilfe einer Stempel-Matrizenkombination entsteht eine druckknopfähnliche, hochfeste Verbindung.*
*Quelle: Böllhoff Gruppe*

**BÖLLHOFF**
*Joining together!*

**Stanzniettechnik**
**RIVSET®**
**Fügetechnik**
**RIVCLINCH®**

- Anwendungsberatung in der Produktionsplanung
- kundenbezogenen Automatisierung
- Entwicklung, Konstruktion und Produktion

www.boellhoff.com

### FUE 3
### Fügen durch Umformen

Neben den beschriebenen Verfahren bietet das gezielte Umformen von Blech-, Rohr- und Profilteilen sowie von drahtförmigen Körpern zu form- oder kraftschlüssigen Verbindungen eine einfache Alternative, einen Zusammenhalt zwischen zwei Bauteilen herzustellen. Dabei können Kleb- und Dichtstoffe die Festigkeit von Umformverbindungen unterstützen. Nachfolgende Abbildungen sollen einen Überblick über die bestehenden Möglichkeiten geben. Besonders bekannte Prinzipien sind *Bördeln* und *Falzen*.

Abb. 27: nach [13]

*Materialien und Anwendung*
Fügen durch Umformen kommt in der Regel bei Metallen und deren Legierungen zur Anwendung, da die vollzogene Gestaltänderung nach der erforderlichen Krafteinbringung nur unwesentlich zurückgebildet wird und somit eine kraftschlüssige Verbindung gewährleistet werden kann. Besonders gefalzte Verbindungen sind uns bekannt bei Deckeln von Lebensmitteldosen.

Ein innovatives Beispiel für einen Montage- bzw. Fügeprozess durch Umformung ist das linienförmige Verbingungsverfahren Davex® (Matthes, Riedel 2003). Spezialprofile können mit dem jungen Verfahren kostengünstig und beanspruchungsgerecht hergestellt werden. In mehreren hintereinander geschalteten Prozessschritten wird der Fügeprozess vorbereitet und letztendlich eine formschlüssige Verbindung hergestellt.

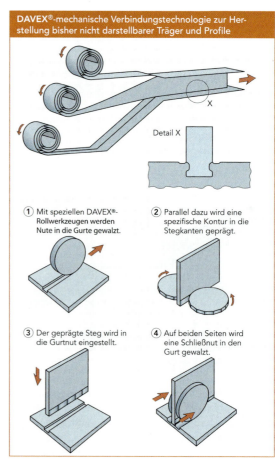

Abb. 28: nach [ThyssenKrupp DAVEX GmbH]

*Wirtschaftlichkeit*
Sind Festigkeitswerte einzuhalten, bietet das Fügen durch Umformprozesse eine wirtschaftlich günstige Möglichkeit zur Verbindung zweier Bauteile, da keine nachteiligen Gefügeveränderungen durch thermische Beanspruchungen oder Bohrungen in Kauf genommen werden müssen.

*Alternativverfahren*
Kleben, Schweißen, Löten

## FUE 4
## Kleben

Laut DIN wird ein Klebstoff als »nicht metallischer Stoff verstanden, der Werkstoffe durch Oberflächenhaftung (*Adhäsion*) so verbindet, dass die Bindung eine ausreichende innere Festigkeit (*Kohäsion*) besitzt.« Die Art des Klebstoffs und die Qualität der Haftung zwischen Klebstoff und Bauteil sind folglich für die Ausprägung fester und beständiger Klebeverbindungen von entscheidender Bedeutung. Der Klebstoff muss zum einen eine hohe innere Festigkeit aufweisen, was meist erst nach der vollständigen Aushärtung gewährleistet ist, und zum anderen eine gute Benetzung der Klebeflächen herbeiführen.

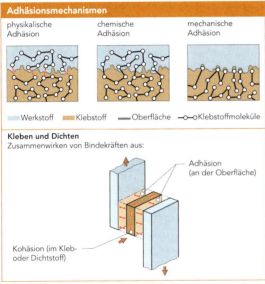

Abb. 29

Drei Mechanismen werden unterschieden, auf deren Wirkprinzipien die Haftung zwischen Klebstoff und Bauteiloberfläche beruht. Die Ausbildung intermolekularer Bindungskräfte bezeichnet man als *physikalische Adhäsion*. Hierunter sind beispielsweise Wasserstoffbrücken zu verstehen, die sich zwischen Sauerstoff- und Wasserstoffatomen ausbilden. Hinzu kommen Adhäsionskräfte zwischen benachbarten und dicht nebeneinander liegenden Molekülen. Unter *chemischer Adhäsion* versteht man den Anteil des Zusammenhalts, der auf chemische Bindungen zwischen Klebstoff und Bauteiloberfläche zurückzuführen ist. Bilden sich mechanische Verankerungen zwischen der Klebmasse und der Flächenrauheit aus, wird von *mechanischer Adhäsion* gesprochen. Dieser Anteil kann durch eine geeignete Vorbehandlung der Bauteiloberflächen (Säubern und Aufrauen) vor dem Auftragen des Klebstoffes erhöht werden.

Im Vergleich zu den Adhäsionskräften wird die Festigkeit und somit Funktionsfähigkeit einer Klebeverbindung zu einem erheblich höheren Anteil durch Kohäsionskräfte bewirkt, die sich im Innern des Klebstoffes ausbilden. Je nach Abbindemechanismus lassen sich Klebstoffe in zwei Hauptgruppen unterteilen (Maciej 2003):

Chemisch reagierende Klebstoffe
- Polyadditionsklebstoffe
- Polymerisationsklebstoffe
- Polykondensationsklebstoffe

Physikalisch abbindende Klebesubstanzen
- Lösungsmittel- und Dispersionsklebstoffe
- Schmelzklebstoffe
- Haftklebstoffe
- Kontaktklebstoffe

*Chemisch reagierende Klebstoffe* erzeugen die Haftung auf Grund einer chemischen Reaktion (*Reaktionsklebstoffe*), in der sich Monomere zu Polymeren KUN 1.1 verbinden. Bei *Zweikomponenten-Klebern* setzt die Reaktion durch Vermischen der beiden getrennt voneinander gelagerten Substanzen ein. Einzelmoleküle vernetzen sich zu einer hochfesten Klebeverbindung. Der Abbindevorgang von chemisch reagierenden *Einkomponenten-Klebstoffen* wird durch Umweltfaktoren wie das Auftreffen von Licht, das Eindringen von Sauerstoff oder Feuchtigkeit eingeleitet.

*Physikalisch abbindende Klebstoffe* erhalten ihre Festigkeit durch das Entschwinden des flüssigen Anteils innerhalb eines Trocknungsprozesses. Die als Polymere schon in der Ausgangssubstanz vorhandenen langen Molekülketten und auch verzweigten Netzstrukturen verhaken miteinander zu einer zähen Masse. Es handelt sich ausnahmslos um Einkomponentensysteme.

Für beide Hauptgruppen gilt die Beachtung der sich über die Aushärtezeit verändernden Festigkeitswerte. Während des Abbindevorgangs nimmt die Festigkeit zunächst schnell dann immer langsamer zu. Der Höchstwert wird erst nach einigen Stunden oder Tagen erreicht, nimmt dann allerdings in Folge von Umwelteinflüssen (*Alterung*) mit der Zeit wieder ab.

*Kapitel FUE*
**Fügen und Verbinden**

## FUE 4.1
## Klebstoffarten

Im Folgenden wird ein kurzer Überblick über die derzeit wichtigsten verwendeten Klebstoffe gegeben. Weitergehende Detailinformationen sind der Fachliteratur zu entnehmen: Endlich 1995, Endlich 1998, Habenicht 2002, Habenicht 2003, Quarks 2000, Michaeli 1999, Modulor 2003.

*Reaktionsklebstoffe*
**Polyadditionsklebstoffe** bestehen aus Kunststoffkomponenten auf Epoxid- oder Polyurethanbasis. Es sind Ein- oder Zweikomponentengemischen, die sich in einer Polyaddition ↗ KUN 1.1 zu Duroplasten ↗ KUN 4.2 oder Elastomeren ↗ KUN 4.3 ausbilden. Klebstoffe dieser Kategorie haben eine sehr hohe Festigkeit und sind besonders geeignet für das Verkleben von Keramiken wie Porzellan, Metallen und Holz-Aluminium-Verbindungen. Außerdem können einzelne Kunststoffsorten mit Polyadditionsklebstoffen verarbeitet werden. Um die optimale Festigkeit innerhalb der Klebeverbindung aus Zweikomponentengemischen zu erhalten, sollte das auf der Verpackung angegebene Mischungsverhältnis zwischen Härter und Binder eingehalten werden. Die Abbindezeit kann durch Einbringen von Wärme reduziert werden.

Beispiel:
• Zweikomponenten-Epoxidharzkleber

**Acrylat- und Cyanacrylatklebstoffe** gehören zur Gruppe der Polymerisationsklebstoffe, die durch chemische Reaktion (Polymerisation ↗ KUN 1.1) zu Duroplasten oder Thermoplasten ↗ KUN 4.1 aushärten. Bei Cyanacrylatklebern wird die Bindung durch die in der Luft enthaltene Feuchtigkeit bewirkt und dauert nur wenige Sekunden. Sie sind daher im Volksmund als **Sekundenkleber** bekannt und können bei fast allen Materialien hochfeste und extrem dünne Klebeverbindungen ausbilden. Der Anwendungsbereich von Sekundenklebern ist jedoch meist auf sehr kleine Bauteile beschränkt. Cyanacrylatkleber sind nur bedingt feuchtigkeits- und temperaturstabil. Acrylatklebstoffe können in Form von Ein- oder Zweikomponentensystemen vorliegen. Einkomponentenacrylatkleber härten unter Lichteinfluss aus, Zweikomponentenacrylkleber nutzen einen Binder. Die Erscheinung der ausgehärteten glasklaren Klebeverbindung ähnelt sehr der von Plexiglas ↗ KUN 4.1.7, wodurch Acrylatkleber vor allem bei Glas-/Glas- und Glas-/Metallverbindungen eingesetzt werden.

Beispiele:
• Cyanacrylatkleber (alle möglichen Sekundenkleber)
• Einkomponentenacrylatkleber (Acrifix® 192)
• Zweikomponentenacrylatkleber (UHU® plus acrylat, Pattex® Kraft mix)
• Glaskleber (Loctite® Glaskleber, Praktikus® Glas- und Porzellankleber, Pattex® Blitz Glas, UV Glaskleber Bison®)

Im Vergleich zu Polyadditions- und Polymerisationsklebstoffen haben **Polykondensationsklebstoffe**, zu denen **Phenolharzkleber** und **Silikone** gehören, nur geringe Bedeutung. Da sich während des Aushärteprozesses von Phenolharz Wassermoleküle abspalten, muss dieser bei Temperaturen zwischen 100°C und 200°C erfolgen, was den Klebstoff für den Modellbau und im Heimbereich ungeeignet werden lässt. Die witterungsbeständigen Silikone ↗ KUN werden als Dichtmassen eingesetzt und härten unter Einfluss von Luftfeuchte aus.

Beispiel:
• Silikone

*Physikalisch abbindende Klebstoffe*
Bei **Lösungsmittelklebstoffen** sind Polymere (lange Molekülketten) in organischen Lösungsmitteln gelöst. Der Aushärteprozess erfolgt durch Entschwinden des flüssigen Anteils in die Umgebung, was durch Wärmezufuhr beschleunigt werden kann. Vor dem Gebrauch ist die Verträglichkeit des Lösungsmittels mit den zu fügenden Materialien zu prüfen, da sonst unerwünschte Gefügeveränderungen eintreten können. Alleskleber sind typische Vertreter dieser Klebstoffgruppe. Mit neuesten Entwicklungen soll der Lösungsmitteleinsatz reduziert werden. Eine andere Klebstoffklasse sind reine Lösungsmittel, bei denen die Fügeverbindung durch Anlösen in einem thermoelastischen Kunststoff erfolgt.

Beispiele:
• reine Lösungsmittelklebstoffe (Dichlormethan)
• Kleblacke (tesa®-, Pritt®-Alleskleber, Ruderer® L 530)
• Plastikkleber (UHU® plast, Köroplast® SF, Forex® PVC-Klebstoff)

**Dispersionsklebstoffe** verwenden Wasser als Flüssigphase, in der die festen Komponenten als Dispersion verteilt sind. Wie bei Lösungsmittelklebstoffen erfolgt die Abbindung durch Verdunsten des wässrigen Anteils. Dispersionsklebstoffe wie Holzleim, Styroporkleber oder Klebestifte werden zum Fügen von Materialien verwendet, die eine poröse und saugfähige Struktur aufweisen (z.B. Holz, Pappe, Papier, Stoff). Sie werden heute auch als Ersatz für Lösungsmittelklebstoffe benutzt.
Auch **Kleister** gehören zu den Dispersionsklebstoffen, da die auf tierischen oder pflanzlichen Grundstoffen basierenden Klebstoffe (meist auf Stärkebasis) Wasser als Quell- und Lösungsmittel aufweisen. Hochviskose Klebesubstanzen bilden eine nicht fadenziehende Masse und werden zum Verkleben von Papier verwendet.

Beispiele:
• Holzkleber (Ponal®, Wicoll®, Bindulin® Holzkleber, UHU® coll)
• Styroporkleber (decotric® Styroporkleber, UHU® por)
• Klebestifte (Pritt® Klebestift, tesa® Klebstift)
• Kleister (Tapetenkleister, Stärkekleister)

*Bild: Schubladen eines Holzschrankes, geleimte Eckverbindung mit Zinken.*

*Schmelzklebstoffe* (auch bekannt als *Heißkleber*) sind frei von Lösungsmitteln und gehören zur Gruppe der Thermoplaste ↗ KUN 4.1. Sie werden durch Wärmezufuhr verflüssigt und dann auf die zu fügenden Bauteilflächen aufgebracht. Die Klebstoffe erstarren umgehend nach Auftrag bei Raumtemperatur und ermöglichen somit sehr kurze Abbindzeiten. Schmelzklebstoffe werden zum Verkleben von Pappe und Holz mit Kunststoffen oder Metallen in der Verpackungs-, Holz- und Möbelindustrie eingesetzt. Auch in der Textilverarbeitung und Schuhindustrie kommen sie zum Einsatz.

Beispiel:
- Heißkleber (Heißklebesticks, Pattex® Patronen)

*Kontaktklebstoffe* bestehen aus verschiedenen Kautschuksorten, die in einem Lösungsmittel oder einer Dispersion gelöst sind. Sie werden auf die zu verklebenden Oberflächen aufgetragen und trocknen dort an. Die Aushärtung erfolgt durch Zusammenpressen, wobei die Klebung durch Hineindiffundieren der Polymere in die jeweils andere Werkstoffoberfläche erfolgt. Kontaktklebstoffe bleiben nach Aushärten elastisch. Sie sind daher für flexible Materialien wie Leder oder Gummi besonders geeignet.

Beispiele:
- Kontaktklebstoffe (Pattex® Kraftkleber, Pattex® Kontakt, Kövulfix®, UHU® Alleskleber Kraft, selbstklebende Briefumschläge)
- Gummiklebstoffe (Flicken für Fahrradschläuche, Vulkanisierlösung)

*Haftklebstoffe* sind hochviskose Polymere, die die Eigenschaften einer Flüssigkeit nach dem Aushärten nicht völlig verlieren und sich daher den zu fügenden Bauteiloberflächen anpassen. Sie eignen sich zum ein- oder beidseitigen Auftrag auf ein Trägermaterial (Kunststofffilm, Gewebeband) und bleiben dauerhaft klebrig. Je nach Anwendungsfall kommen sie für unterschiedliche Klebmischungen in Frage, um die Funktionsfähigkeit von selbstklebenden Folien, Etiketten und Klebebändern zu gewährleisten.

Beispiele:
- Haftklebstoffe (doppelseitiges Klebeband, Klebepads, Aufkleber, Klebefolien, Tesafilm, Haftnotizen)

*Montagekleber* sind elastische Einkomponentenkleber, die sich besonders im Sanitärbereich zum Abdichten von Fugen eignen. Hierzu zählen auch spezielle Papiermontagekleber, die sich sehr einfach von der Papieroberfläche wieder ablösen lassen.

Beispiele:
- Montagekleber (Silikon-Acryl-Dichtmassen in Kartuschen, decotric Montage-Fix, Fixogum® für Papier)

**Vorgehen beim Kleben**
1. Herstellen passender Fügeflächen
2. Reinigen der Fügeflächen
3. Vorbehandlung der Fügeflächen
4. Auftragen des Klebers
5. Abwarten, bis der Kleber verbindungsfähig ist
6. Fügen und Fixieren
7. Aushärten des Klebers
8. Entfernen der Fixierung

Abb. 30: nach [29]

## Wirtschaftlichkeit

Kleben ist ein weit verbreitetes, aber im Vergleich zu anderen Fügetechniken noch sehr junges Verfahren zur Herstellung stoffschlüssiger Verbindungen zwischen gleichen oder auch unterschiedlichen Materialien und Bauteilen. Die entscheidenden Vorteile des Verfahrens gegenüber anderen Methoden bestehen darin, dass die Werkstofffestigkeit der zu fügenden Teile nicht durch Bohrungen für Schrauben, Nieten oder Stifte oder durch hohe Temperaturbeanspruchungen beim Schweißen oder Löten negativ beeinflusst wird und sich Verbindungen mit einem geringen Gewicht erzielen lassen. Als fast einzigem Verfahren können durch Kleben außerdem großflächige Verbindungen zwischen dünnen Materialien und Folien unkompliziert und effizient hergestellt werden. Nach dem Aushärten des Klebstoffs sind die Fügestellen nahezu unsichtbar, was das Kleben für eine Vielzahl von Anwendungen konkurrenzlos macht. Geringe Wärmebeständigkeit und Festigkeitseinbußen durch Umwelteinflüsse (z.B. Feuchtigkeit) sind allerdings Nachteile des Verfahrens.

## Anwendung

Klebeverbindungen sind auf keinen Produktbereich beschränkt und kommen in allen Lebensbereichen zur Anwendung. In der jüngeren Vergangenheit werden immer häufiger konventionelle Fügemethoden durch innovative Klebetechniken verdrängt, was das Anwendungsprofil von Klebstoffen enorm erweitert. Ein Beispiel hierfür ist der Einsatz von Klebeverbindungen im Aluminiumkarosseriebau, wodurch eine Gewichtsminderung bei gleichzeitiger Erhöhung der Materialsteifigkeit erzielt werden kann. Neu entwickelte Klebstoffe machen zudem das Kleben von Zahnersatz möglich, womit die universelle Verwendbarkeit von Klebeverfahren und Klebstoffen deutlich wird.

## Alternativverfahren

Schweißen, Löten, An-/Einpressverbindungen, Umformfügen

## Kapitel FUE
### Fügen und Verbinden

### Kleben von Kunststoffen / Teil 1

| Kunststoff | Acryl (PMMA) | Polystyrol (PS) | Polystyrolschaum (Styrofoam, Styropor) | Polycarbonat (PC) | Polyester (PET) | Polypropylen (PP) | Polyvinylchlorid hart (PVC-hart) | Polyvinylchlorid weich (PVC-weich) | Polyurethan (PUR) |
|---|---|---|---|---|---|---|---|---|---|
| Acryl (PMMA) | | 5,6,7,8,9, 13,14 | | | | | | | |
| Polystyrol (PS) | | | 5,6,7,8,9, 13,14 | 5,6,7,8,9, 13,14 | | | | | |
| Polystyrolschaum (Styrofoam, Styropor) | | 1,9,13,14 | 1,9,13,14 | 1,9,13,14 | | | | | |
| Polycarbonat (PC) | | 5,6,7,8,9, 13,14 | 5,6,7,8,9, 13,14 | 1,9,13,14 | 5,6,7,8,9, 13,14 | | | | |
| Polyester (PET) | | 5,6,7,8,9, 13,14 | 5,6,7,8,9, 13,14 | 1,9,13,14 | 5,6,7,8,9, 13,14 | 5,6,7,8,9, 13,14 | | | |
| Polypropylen (PP) | | 13,6 | 13,6 | 13 | 13,6 | 13,6 | 13,6 | | |
| Polyvinylchlorid hart (PVC-hart) | | 5,6,7,9,13, 14 | 5,6,7,9,13, 14 | 1,9,13,14 | 5,6,7,9,13, 14 | 5,6,7,9,13, 14 | 13,6 | 5,6,7,9,13, 14 | |
| Polyvinylchlorid weich (PVC-weich) | | 3,9 | 3,9 | 13 | 3,9 | 3,9 | 13 | 3,9,13 | 3,9 |
| Polyurethan (PUR) | | 5,6,7,9,13, 14 | 5,6,7,9,13, 14 | 1,9,13,14 | 5,6,7,9,13, 14 | 5,6,7,913, 14 | | 5,6,7,9,13, 14 | 3,9 | 5,6,7,9,13, 14 |

1. Alleskleber
2. Papierklebstoffe
3. Kontaktklebstoffe
4. Heißklebstoffe
5. Zwei-Komponenten-Klebstoffe
6. Sekundenkleber
7. Silikon
8. Lösungsmittel
9. Kunststoffklebstoffe
10. Holz- und Papierleime
11. Kleister
12. Rubber-Cement
13. Doppelseitige Klebebänder
14. Montageklebstoffe
15. Gummiklebstoffe

Abb. 31: nach [34]

### Kleben von Kunststoffen / Teil 2

| | | Kunststoff höherenergetisch | Kunststoff niederenergetisch | Gummi Vollgummi, Latex | Gummi Moosgummi (EVA-Schaum) | Papier und Pappe Papier | Papier und Pappe Pappe | Holz Sperrholz, Balsa, MDF... | Metall Metall |
|---|---|---|---|---|---|---|---|---|---|
| Kunststoff | höherenergetisch | siehe Teil 1 | | | | | | | |
| | niederenergetisch (PP, PE...) | siehe Teil 1 | | | | | | | |
| Gummi | Vollgummi, Latex | 3,5,6,13,14,15 | | 1,6,13 | | | | | |
| | Moosgummi (EVA-Schaum) | 3,5,6,13 | | 3,6,13,14 | 1,3,4,5,6,7,13,14 | | | | |
| Papier und Pappe | Papier | | | 3,6,13,14 | 1,3,4,6,13,14 | 1,2,10,11,12,13 | | | |
| | Pappe | | | 3,6,13,14 | 1,3,4,5,6,13,14 | 1,2,10,11,12,13 | 1,2,4,10,11,12,13 | | |
| Holz | Sperrholz, Balsa, MDF... | | | 3,5,6,13,14 | 1,34,5,6,13,14 | 1,3,13 | 1,2,10,11,13 | 1,2,4,10,11,13,14 | |
| Metall | Metall | | | | | | | 1,3,4,5,13,14 | 1,3,4,10,13,14 | 1,5,6,7,13,14 |

| Kunststoff höherenergetisch | Kunststoff niederenergetisch | Gummi Vollgummi, Latex | Gummi Moosgummi | Papier | Pappe | Holz | Metall |
|---|---|---|---|---|---|---|---|
| 3,5,6,9,13,14 | siehe Teil 1 | 6,13 | | | | | |
| 1,3,9,13 | | 6,13 | 13 | | | | |
| 1,3,4,9,10,13,14 | | | 6,13 | | | | |
| 1,3,4,9,10,13,14 | | | 6,13 | | | | |
| 3,4,5,6,7,9,13,14 | | | 6,13 | | | | |

Abb. 32: nach [34]

Bild: Mehr als 20 tesa® Klebeverbindungen bieten in elektronischen Geräten wie Digitalkameras, Handys oder Laptops festen Halt./ Foto: tesa AG

Bild: Vielfältige Anwendung von tesa® Stanzlingen bei der Montage von Spiegelsets in der Automobilindustrie./ Foto: tesa AG

## FUE 4.2
## Kleben – Gestaltungsregeln

Neben der Wahl des geeigneten Klebstoffs und der Vorbehandlung der zu klebenden Bauteiloberflächen hat vor allem die Auslegung und Konstruktion der zu fügenden Bauteiloberflächen einen Einfluss auf die spätere Festigkeit der Fügestelle. Folgende Gestaltungsregeln und -hinweise sollten Beachtung finden, da Klebeverbindungen insbesondere auf Beanspruchungen seitlich zur Klebefläche empfindlich reagieren (Endlich 1995, Habenicht 2003, Habenicht 2002):

Klebeverbindungen sollten stets flächig und im Idealfall überlappend ausgeführt sein. Die Überlappungslänge sollte mindestens das 5fache der Fügeteildicke betragen. Stumpfe Verbindungen sind als ungünstig zu bewerten.

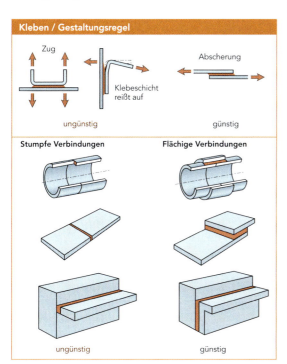

Abb. 33

Da die meisten Klebstoffe günstige Adhäsions- und Kohäsionseigenschaften aufweisen, sollten Fugen möglichst dünn und gleichmäßig über die gesamte Klebefläche ausgeführt werden.

Zudem sind die Klebeflächen vor dem Klebevorgang sorgfältig zu säubern und zu trocknen.

Klebeverbindungen sollten möglichst gleichmäßig und nur über die ganze Fläche beansprucht werden. Biege- und Scherbeanspruchungen der Klebfläche sind zu vermeiden.

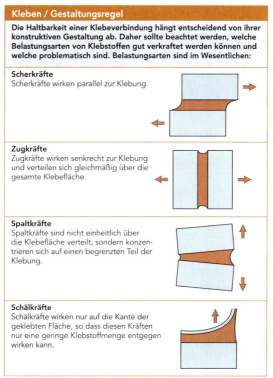

Abb. 34: nach [34]

Während des Abbindeprozesses sind die zu fügenden Bauteile gegen Verrutschen zu sichern.

Bild: Klebefolie – Einsatz von tesa® Stanzlingen in Digitalkameras./ Foto: tesa AG

*Kapitel FUE*
**Fügen und Verbinden**

## FUE 5
### Schweißen

Schweißen gehört zur Gruppe der Fertigungsverfahren, mit denen stoffschlüssige Verbindungen hergestellt werden können. Das Material wird entweder durch Zufuhr von Wärme oder durch Reibung aufgeschmolzen. Die Materialpartner erstarren anschließend zu einer nicht lösbaren, dichten Verbindung. Die Fügeverbindung weist in der Regel ähnliche Festigkeiten wie das Bauteil selbst auf. Bei den meisten Verfahren ist die Zufuhr eines dem Werkstoff ähnlichen oder artgleichen Materials erforderlich.

Auf Grund der flexiblen Anwendungsmöglichkeiten hat sich das Schweißen zu einer der wichtigsten Fügetechniken in der Metallverarbeitung entwickelt und kommt in fast allen technischen Bereichen zum Einsatz. Geschweißte Leichtmetall- und Stahlkonstruktionen finden insbesondere im Karosserie- oder beim Brückenbau Verwendung.

Durch Auftragschweißen ⚑ BES 5.1 kann zudem Material auf hoch beanspruchte und verschlissene Zonen aufgebracht werden, um die Lebensdauer spezieller Funktionsteile zu erhöhen. Nahezu alle Stahlsorten und Nichteisenmetalle können geschweißt werden. Selbst Verbindungen zwischen thermoplastischen Kunststoffbauteilen sind mit speziellen Schweißverfahren herstellbar. Der Kunststoff wird durch Wärmezufuhr in einen viskosen Zustand gebracht. Unter Druck entsteht dann eine dauerhafte Verbindung (Fahrenwaldt, Schuler 2003; Killing, Killing 2002).

*Bild: Schweißnaht an einer Stahlkonstruktion.*

Bekannt ist eine Vielzahl von Schweißverfahren. Sie unterscheiden sich hinsichtlich ihres Verfahrensprinzips, der zu verarbeitbaren Materialien und der zu erzielenden Verbindungsqualität. Die Wahl des Schweißverfahrens hängt vom Anwendungsfall ab.

Grundsätzlich werden die Verfahren in folgende Hauptgruppen unterteilt:

- Widerstandsschweißen
- Lichtbogenschweißen
- Gasschmelzschweißen
- Strahlschweißen
- Pressschweißen

Gas- und Lichtbogenschweißen gelten als klassische Handschweißverfahren.

*Bilder links: Schweißnaht an einem Leitungsrohr und an einer Klimmzugstange (verchromt).*

Beim Widerstandsschweißen wird die benötigte Wärme durch einen elektrischen Widerstand erzeugt. Zwischen einer Elektrode und dem Werkstück ist in einem anderen Verfahren ein Lichtbogen zu erkennen. Ein verbrennendes Gasgemisch führt beim Gasschmelzschweißen zur Materialzustandsveränderung an der Fügestelle. Energetische Strahlung erzeugt beim Auftreffen auf die Materialoberfläche beim Strahlschweißen die für den Fügeprozess erforderliche Wärme, während das Pressschweißen mit Wärmezufuhr unter Druck und Reibung arbeitet.

| Verfahrensübersicht / Schweißen | | | | |
|---|---|---|---|---|
| Verfahren, Kurzzeichen, Kennnummer | | | Hauptsächliche Anwendungsgebiete | Schweißbare Werkstoffe |
| Lichtbogenhandschweißen | E | 111 | Allgemeiner Stahlbau, Baustellen | Alle Stähle |
| MIG-Schweißen | MIG | 131 | Dicke und sehr dünne Bauteile | Leg. Stähle, NE-Metalle |
| MAG-Schweißen | MAG | 135 | Allg. Stahlbau; hohe Abschmelzleistung | Stähle |
| WIG-Schweißen | WIG | 141 | Dünnere Bleche; Luft- und Raumfahrt | Alle Metalle |
| Plasma-Schweißen | WP | 15 | Dicke Querschnitte; dünne Fugen | Stähle, Leichtmetalle |
| Gasschweißen | G | 311 | Rohrleitungen; Installationen; Reparaturen | Unlegierte Stähle |
| Laserstrahlschweißen | | 751 | Präzisionsteile | Stähle, Leichtmetalle |
| Punktschweißen | RP | 21 | Bleche, Karosseriebau | Alle Metalle |
| Reibschweißen | FR | 42 | Rotationssymmetrische Bauteile | Metalle, Kunststoffe |

Abb. 35: nach [9]

Bild: Schutzgasschweißen./ Foto: Ledder Werkstätten.

## FUE 5.1
### Schweißen – Gestaltungsregeln

Schweißen ist ein komplexer und nicht ungefährlicher Arbeitsprozess. Schweißnähte reagieren zudem empfindlich auf Beanspruchungen, da durch Wärmeeinleitung während des Schweißvorgangs Gefügeveränderungen stattfinden. Hinsichtlich der ergonomischen und beanspruchungsgerechten Gestaltung von Schweißkonstruktionen sind daher einige Richtlinien zu beachten, die im Folgenden erläutert werden (in Anlehnung an Bauer 1991; Dilthey 2002; Fritz, Schulze 1998; Koller 1994; Fahrenwaldt 1994; Neuhoff 2002):

Die Anzahl von Schweißnähten ist zu minimieren. Zudem sollte ein Kreuzen vermieden werden.

Abb. 36

Die Zugänglichkeit des Schweißgerätes muss durch eine geeignete Gestaltung oder durch intelligente Aufteilung in Einzelteile gewährleistet sein.

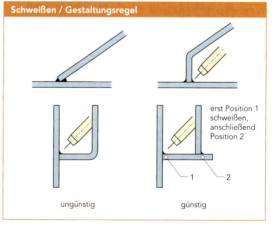

Abb. 37: nach [24]

Durch Vorbearbeitung ist das Spaltmaß der Fugen möglichst auf ein konstantes Maß zu bringen. Eventuell sollten die Nahtfugen durch Fräsen mit einer Fase versehen werden.

Abb. 38

Schweißnähte sollten zur Vermeidung von Materialüberhitzungen nicht in den Bereich kleiner Bauteilquerschnitte gelegt werden. Außerdem sind möglichst kleine Nahtdicken zu wählen.

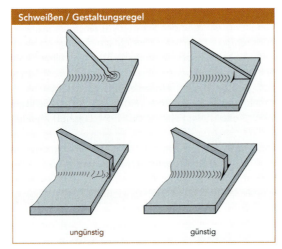

Abb. 39: nach [24]

Des Weiteren sollten Schweißnähte nicht in stark beanspruchte Bereiche liegen. Zug- und Scherbeanspruchungen sind zu vermeiden. Die Wurzel einer Schweißnaht sollte zudem nicht in der unter Zug beanspruchten Zone liegen.

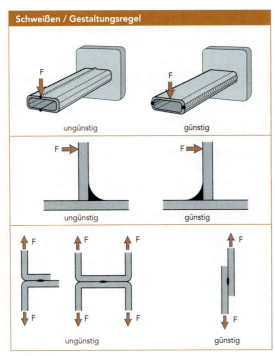

Abb. 40: nach [24]

Möglicher Verzug in Folge starker Wärmeeinbringung beim Schweißen ist zu beachten. Schweißnähte sollten daher kurz und in Stücke unterteilt sein. Durch symmetrische Anordnung der Schweißnähte können Verformungen verhindert werden.

Abb. 41: nach [24]

Die geeignete Gestaltung der Fügestelle kann unkontrolliertes Verlaufen von Schweißbädern vermeiden.

Abb. 42: nach [24]

Beim Punktschweißen ist eine ebene Auflagefläche für die Elektroden zu gewährleisten. Außerdem sollte ein einfacher und von beiden Seiten möglicher Zugang zur Schweißstelle ermöglicht werden.
Die Gestaltung von Elektrodensonderformen kann durch einfache Bauteilgeometrien verhindert werden.

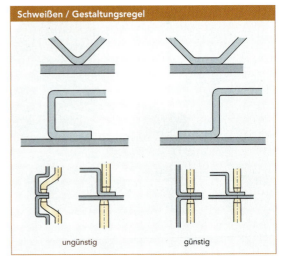

Abb. 43: nach [24]

Das Maß der Überlappung zweier Bauteile, der Abstand eines Schweißpunktes vom Rand sowie zu verarbeitende Blechdicken sind dem Durchmesser eines Schweißpunktes anzupassen.

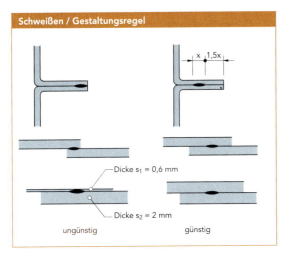

Abb. 44: nach [24]

Kehlnähte können zwar im Einzelfall wirtschaftlicher sein, lenken aber den Kraftfluss um und begünstigen die Kerbwirkung.

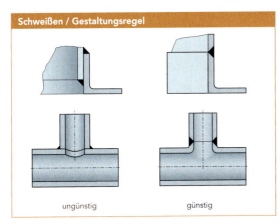

Abb. 45: nach [17]

Bild: Widerstandspunktschweißen in der Automobilindustrie./ Foto: KM Europa Metal AG, Osnabrück

## FUE 5.2
### Schweißen – Widerstandspunktschweißen

*Verfahrensprinizip*
Grundlage für das Widerstandspunktschweißen ist die Wärmeerzeugung am Widerstand der Werkstücke innerhalb eines Stromkreises zwischen zwei mit Wasser gekühlten Elektroden. Diese werden an beiden Seiten der Fügestelle angelegt und mit einem Schweißstrom hoher Stromstärke bei niedriger Spannung beaufschlagt. Der Widerstand des zu verarbeitenden Materials hat lokales Aufheizen und Verschmelzen zur Folge, wodurch sich linsenförmige Schweißpunkte ergeben. Der Fügeprozess wird durch Aufeinanderpressen der Elektroden abgeschlossen. Stromstärke, Druck und Schweißdauer müssen dem Material und der Geometrie der Fügestelle angepasst werden.

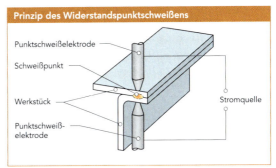

Abb. 46: nach [16]

Bild: Punktschweißen.

*Materialien*
Stähle und Leichtmetalle können durch Widerstandspunktschweißen unlösbar miteinander verbunden werden.

*Anwendung und Bauteilgrößen*
Haupteinsatzgebiet ist die Verarbeitung von Blechen und Bauteilen geringer Wandstärke in nahezu allen Bereichen, vom Kochtopf bis zum hochbeanspruchten Flugzeugteil. Weitere Anwendungsgebiete sind der Karosseriebau, der Waggonbau, Stahlmatten für das Baugewerbe sowie Elektronik- und Haushaltgeräte. Der Blechdickenbereich beginnt bei Feinstpunktschweißungen mit 2 x 0,01 mm. In Mehrimpulsanlagen können auch Bleche mit einem Maximaldurchmesser von 2 x 10 mm geschweißt werden (Matthes, Richter 2003).

*Nachbearbeitung und Qualitäten*
Beim Widerstandsschweißen werden gute Qualitäten erzielt. Es ist fast keine Nachbearbeitung erforderlich.

*Wirtschaftlichkeit*
Punktschweißen ist ein günstiges Schweißverfahren und kann sehr flexibel eingesetzt werden. Im Automobilbau verliert es jedoch zunehmend gegenüber Alternativverfahren (z.B. Stanznieten) an Bedeutung.

*Alternativverfahren*
Laserschweißen, WIG-Schweißen, MIG-Schweißen, Ultraschallschweißen, Kleben, Stanznieten

## FUE 5.3
### Schweißen – Lichtbogenhandschweißen

*Verfahrensprinizip*

Die Wärme zum Aufschmelzen der zu fügenden Materialoberflächen wird bei diesem Verfahren durch einen Lichtbogen erzeugt. Dieser bildet sich zwischen einer Elektrode als dem einen Pol und dem Werkstück als dem anderen Pol bei niedrigen Spannungen bis etwa 40 V aus (Anklemmen einer Polklemme erforderlich). Er resultiert aus einer elektrischen Entladung bei kurzzeitigem Berühren des Bauteils. Elektronen prallen mit großer Geschwindigkeit auf die Fügestelle und schmelzen sowohl die Bauteiloberflächen als auch die zugeführte Elektrode. Im Verarbeitungsprozess kommt der Wahl der richtigen Elektrode große Bedeutung zu. Diese wird entsprechend der Art des Materials, der Werkstückstärke und der Art der Schweißstromquelle ausgewählt. Das Kernmaterial der Elektrode sollte aus einem Material gleicher oder ähnlicher Zusammensetzung wie das der bearbeiteten Oberflächen bestehen. Gase, die beim Schmelzen der Elektrodenhülle entstehen, stabilisieren den Lichtbogen und verhindern schnelles Abkühlen der Fügestelle. Unerwünschte Spannungen werden vermieden. Außerdem bewirken die Legierungselemente in der Hülle eine verbesserte Festigkeit und Zähigkeit der Schweißnaht nach der Abkühlung. Die Komponenten der Umhüllung setzen sich nach dem Erstarren als Schlacke auf der Schweißnaht ab.

Beim elektrischen Schweißen ist das Tragen einer Schutzbrille unerlässlich. Zudem sollte die Schweißstelle vor anderen Personen abgeschirmt sein, da selbst seitlicher Einfall von Strahlen ins Auge Schädigungen hervorrufen kann.

Aufbau und Kennzeichnung von Stabelektroden, die in Längen zwischen 300 mm und 450 mm und Durchmesserstufen von 2 mm bis 6 mm erhältlich sind, werden in folgender Abbildung grob skizziert:

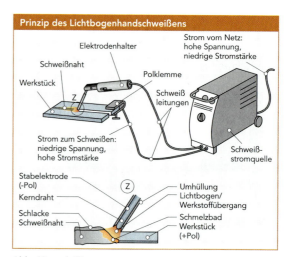

Abb. 48: nach [9]

*Materialien*

Fast alle Eisen- und Nichteisenmetalle sind im Lichtbogenschweißverfahren verarbeitbar. Hierzu zählen insbesondere un- und niedriglegierte Stähle sowie Nickel-, Zirkonium- und Kupferlegierungen. Entsprechendes Elektrodenmaterial ist erforderlich.

*Anwendung und Bauteilgrößen*

Auf Grund der geringen Spannung ist das Lichtbogenschweißen für Handschweißungen im Anlagenbau und wegen der Unempfindlichkeit gegen Windeinfluss auf Baustellen ungefährlich. Außerdem kommt das Verfahren beim Stahl- und Brückenbau sowie Maschinen-, Apparate- und Großgerätebau zur Anwendung. Die zu verarbeitenden Bauteildicken reichen von dünnen Profilen mit Dicken von etwa 2 mm bis hin zu größeren Bauteilen mit einer Wandstärke von maximal 20 mm. Bei Werkstückdicken von unter 2 mm wird die Anwendung von WIG- und Gasschmelzverfahren empfohlen. Um Verzug zu vermeiden, sollten lange Schweißnähte in mehrere kleine Einheiten aufgeteilt werden.

*Nachbearbeitung und Qualität*

Nach dem Schweißvorgang muss die Schlacke der geschmolzenen Elektrodenhülle von der Fügenaht entfernt werden. Die Qualität der Schweißnaht hängt von der Qualifikation des Schweißpersonals ab.

*Wirtschaftlichkeit*

Lichtbogenhandschweißen ist gekennzeichnet durch eine hohe Anpassungsfähigkeit, Mobilität und Vielseitigkeit. Es verursacht nur geringe Betriebs- und Investitionskosten und eignet sich daher auch für Produktionen mit geringen Stückzahlen und Reparaturarbeiten. Auch bei engen Platzverhältnissen ist das Verfahren noch einsetzbar.

*Alternativverfahren*

Laserschweißen, Schutzgasschweißen, Gasschmelzverfahren

### Bezeichnung von Stabelektroden

Elektroden-Kurzzeichen (Beispiel): **EN 499 E 42 0 RR 1 2**

- Norm-Nummer
- Kurzzeichen für umhüllte Stabelektrode
- Kennziffer für Streckgrenze, Zugfestigkeit und Bruchdehnung des Schweißgutes
- Kennziffer für die Kerbschlagarbeit
- Kurzzeichen für den Umhüllungstyp
- Kennziffer für die Ausbringung und die Stromart
- Kennziffer für die Schweißposition

**Umhüllungstypen** (Auswahl):

| Kurzzeichen | Schweißtechnische Eigenschaften/ Anwendungsbereiche |
|---|---|
| A | feiner Tropfenübergang, für flache Schweißnähte, nicht für Zwangslagen geeignet |
| R | für Dünnblechschweißung, für alle Schweißpositionen (außer Fallnaht) geeignet |
| RR | vielseitig verwendbar, feinschuppige Nähte, gutes Wiederzünden |
| RB | gute Kerbschlagzähigkeit, risssicher, für alle Schweißpositionen (außer Fallnaht) geeignet |

Abb. 47: nach [9]

## FUE 5.4
## Schweißen – Schutzgasschweißen

### Verfahrensprinizip
Die Schweißverfahren unter Schutzgas gehören zu den Lichtbogenschweißverfahren, bei denen ein Lichtbogen das Material an der Fügestelle aufschmilzt. Im Gegensatz zum Lichtbogenhandschweißen wird die Stabilisierung des Lichtbogens und die Abschirmung der Schmelze gegenüber der Umgebung durch Verwendung von Schutzgas gewährleistet. Auf eine Umhüllung der Elektrode kann daher verzichtet werden. Dadurch entfällt die Ablagerung von Schlacke. Es werden entweder abschmelzende Metallelektroden von der Rolle verwendet, oder es kommt eine nicht schmelzende Wolframelektrode zum Einsatz. Als Schutzgase finden in der Hauptsache reduzierte Gase, oxidierende Mischgase und inerte Gase Verwendung. Der Begriff »inert« kommt aus dem Griechischen und bedeutet reaktionsträge. Gemeint sind alle Edelgase, die sich beim Schweißen neutral verhalten und selbst bei hohen Temperaturen keine Verbindungen mit anderen Stoffen eingehen. Bei der Auswahl des geeigneten Gases müssen Materialeinsatz und Verfahrensart berücksichtigt werden (Baum, Fichler 1999).

- *MIG – Metall-Inertgas-Schweißen* unter Verwendung von Argon (Ar) oder Helium (He) als inerte Gase
- *MAG – Metall-Aktivgas-Schweißen* unter Einsatz von $CO_2$ oder Mischgasen aus Argon und $CO_2$ oder $O_2$
- *WIG – Wolfram-Inertgas-Schweißen*, Mischgase und inerte Gase auf Basis von Argon (Ar) oder Helium (He)
- *WP – Wolfram-Plasmaschweißen*, Mischgase und inerte Gase auf Basis von Argon (Ar) oder Helium (He)

### Materialien
MIG: Nichteisenmetalle, hochlegierte Stähle
MAG: nicht- oder niedriglegierte Stähle
WIG: Stähle, Leichtmetalle, Zr-, Mo-, Ti-, Cu-, Ni-Legierungen, Sondermetalle wie Tantal
WP: Stähle, Nichteisenmetalllegierungen

### Anwendung und Bauteilgrößen
Das Metallschutzgasschweißen kann automatisiert werden und kommt daher in der Automobilindustrie und im Anlagenbau zum Einsatz. Schutzgasschweißen mit Wolframelektroden wird vor allem zur Verbindung von Rohren eingesetzt. Bauteile bis zu einer Mindestdicke von 1 mm sind verarbeitbar. Durch WP lassen sich auch Blechdicken von 0,1 mm schweißen.

### Nachbearbeitung und Qualität
Mit Schutzgasschweißen können qualitativ höherwertigere Schweißnähte als beim Gasschmelz- oder Lichtbogenhandschweißen erzielt werden. Auf Grund der fehlenden Schlackebildung ist bei einem optimal durchgeführten Schweißprozess meist nur ein geringer Aufwand für die Nachbearbeitung erforderlich.

### Wirtschaftlichkeit
Die Anschaffungs- und Betriebskosten von Schutzgasschweißverfahren unter Einsatz von Wolframelektroden liegen höher als beim Metallschutzgas- oder Gasschmelzschweißen.

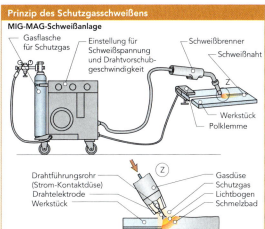

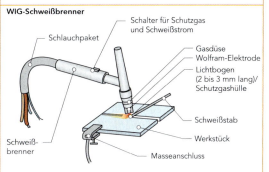

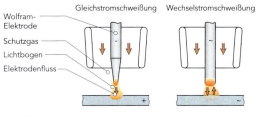

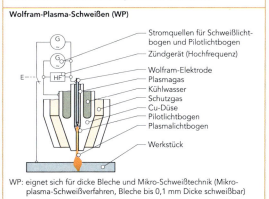

Abb. 49: nach [9]

*Bild: Schutzgasschweißen./ Foto: KM Europa Metal AG, Osnabrück*

*Bild: Aluminium mit Schutzgas geschweißt (WIG).*

### Alternativverfahren
Laserschweißen, Gasschmelzverfahren, Lichtbogenhandschweißen

## FUE 5.5
### Schweißen – Gasschmelzschweißen

*Verfahrensprinizip*

Gasschmelzschweißen, auch als *Autogenschweißen* bekannt, zählt neben dem Lichtbogenschweißen zu den Handschweißverfahren. Das Schmelzbad an der Fügestelle entsteht durch lokale Einwirkung einer Brenngasflamme aus einem Acetylen-Sauerstoff-Gemisch, das einer Gasflasche entnommen und der Schweißstelle zugeführt wird. Aus Gründen der klaren Unterscheidbarkeit sind die Gasflaschen farblich gekennzeichnet. Das Acetylen-Sauerstoff-Gemisch sollte ein Mischungsverhältnis von 1:1 (Matthes, Richter 2003) aufweisen. Dieses wird an Ventilen am Brenner eingestellt. Es entsteht eine Flamme mit bestimmter Form, Größe und Leistung, die nach Möglichkeit konstant gehalten werden sollte. Der Arbeitsdruck für Sauerstoff beträgt in der Regel 2,5 bar, der für Acetylen 0,25 bis 0,5 bar (Dobler et al. 2003). Der Zusatzwerkstoff wird der Schweißstelle in Form eines Drahtmaterials zugeführt.

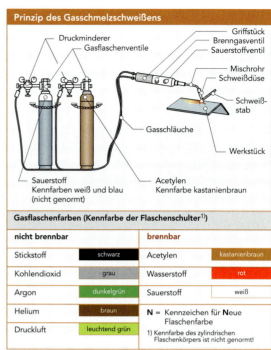

Abb. 51: nach [9]

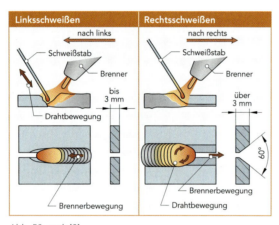

Abb. 50: nach [9]

Bleche bis zu einer Dicke von 3 mm werden nach links, darüber liegende Werkstückdicken nach rechts geschweißt. Beim Linksschweißen weist die Flamme in Schweißrichtung, wodurch das Schmelzbad nicht im Bereich der höchsten Temperatur liegt und einen nur geringen Umfang aufweist. Eine beschränkte Wärmeeinbringung ist bei kleinen Blechdicken notwendig, um Verzug zu verhindern und eine hohe Schweißgeschwindigkeit zu ermöglichen. Zur Erzielung langsamer Abkühlprozesse zeigt die Flamme beim Rechtsschweißen auf die schon gefügte Schweißverbindung. Durch die Wärmekonzentration ist das Fügen dicker Bleche bei positiver Beeinflussung der Festigkeitswerte der Schweißnaht möglich (Fahrenwaldt 1994).

Beim Autogenschweißen ist zum Schutz der Augen vor Spritzern eine Brille mit dunklen Gläsern zu tragen.

*Materialien*

Das Verfahren wird hauptsächlich zur Bearbeitung unlegierter und niedriglegierter Stähle eingesetzt. Hochlegierte Stähle und Nichteisenmetalle wie Aluminium, Messing und Kupfer werden unter Verwendung eines Flussmittels geschweißt. Allerdings wurde bei diesen Werkstoffen das Verfahren weitgehend durch das Lichtbogenhandschweißen oder Schutzgasschweißen ersetzt.

*Anwendung und Bauteilgrößen*

Das Gasschmelzverfahren ist ein Handschweißverfahren mit ortsunabhängiger Wärmequelle und wird im Maschinen- und Apparatebau sowie im Installations- und Heizungsbereich meist dort eingesetzt, wo Schweißnähte schwer zu erreichen sind oder kleinere Reparaturen an Kesseln, Rohren und dünnen Blechen bis zu einer Dicke von etwa 8 mm durchgeführt werden müssen.

*Nachbearbeitung und Qualität*

Wie beim Lichtbogenhandschweißen ist die Qualität der Schweißnaht von der Qualifikation des Schweißpersonals abhängig. Dies gilt auch für den Umfang der Nachbearbeitung.

*Wirtschaftlichkeit*

Für das Gasschmelzschweißen sind geringe Investitionskosten erforderlich. Es zählt zu den Verfahren die im Handwerk und für Reparaturarbeiten gerne Anwendung finden. Bei der Reparatur von Rohren mit einer maximalen Schweißnahtlänge von 150 mm bietet das Verfahren wirtschaftliche Vorteile gegenüber alternativen Schweißverfahren.

*Alternativverfahren*

Lichtbogenhandschweißen, Schutzgasschweißen

## FUE 5.6
## Schweißen – Warmgasschweißen

### Verfahrensprinizip
Die Wärmezufuhr erfolgt beim Warmgasschweißen durch einen heißen Luftstrom, der einem handgeführten Schweißgerät entströmt. Das heiße Gas erwärmt die zu fügenden Bauteiloberflächen und einen Zusatzwerkstoff, bis die Materialien einen zähflüssigen Zustand erreicht haben. Unter Druck werden die Werkstoffflächen miteinander verbunden, das Material an den Oberflächen fließt ineinander. Der Zusatzwerkstoff kann von oben mit der Hand (Schweißstab) oder über eine Andrückrolle (Schweißschnur) zugeführt werden und sollte aus dem gleichen Material wie der Grundwerkstoff sein. Weicht die Positionierung des Schweißzusatzes von der idealen Orientierung im rechten Winkel ab, können Querrisse und Wölbungen in der Fügenaht entstehen. Zur Erzeugung einer konstanten Temperatur sollte die Schweißdüse in fächelnder Bewegung über die zu fügende Naht geführt werden.

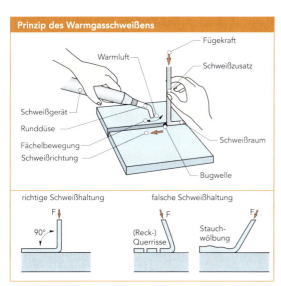

Abb. 52: nach [5 und 29]

### Materialien
Mit Warmgasschweißen können die meisten thermoplastischen Kunststoffe ↗KUN gefügt werden (z.B. Polystyrol, Polypropylen, Polyethylen). Ausnahme sind Kunststoffe, die sich auf Grund ihrer Struktur oder ihres Molekulargewichts schwer plastifizieren lassen, wie beispielsweise gegossenes Polymethylacrylat (Michaeli 1999). Durch Warmgasschweißen werden auch Bitumenmatten ↗MIN 4.9 mit wasserabweisenden Eigenschaften verarbeitet.

### Anwendung und Bauteilgrößen
Da das Warmgasschweißen manuell eingesetzt werden kann, ist es besonders geeignet für die Herstellung von Prototypen und Modellen aus plattenförmigen Halbzeugen mit Dicken von bis zu 5 mm und Folien aus thermoplastischen Kunststoffen. Es wird auch zur Reparatur und Montage im Apparate-, Behälter- und Rohrleitungsbau eingesetzt und findet beim Verlegen von Fußbodenbelägen Anwendung. Im Baugewerbe wird das Warmgasschweißen zum Verlegen von Bitumenmatten genutzt. Diese weisen thermoplastische Eigenschaften auf und werden beispielsweise zum Abdichten von Garagendächern und Terrassen verwendet.

Bild: Schweißen von Wickelrohren mit Hand-Schweiß-Extruder./ Foto: Wegener GmbH

### Nachbearbeitung und Qualität
Konstanter Druck auf die zu fügenden Oberflächen, saubere Führung von Schweißdüse und Zusatzwerkstoff und konstanter Gasdurchsatz beeinflussen die Qualität der Schweißnaht positiv. Beim Verlegen von Fußböden wird nach dem Schweißen die überstehende Schweißraupe mit einem scharfen Messer entfernt. Um Rissbildung beim Verlegen von Bitumenmatten zu vermeiden, sollte auf eine Nahtüberlappung von mindesten 50 mm geachtet werden.

### Wirtschaftlichkeit
Das Verfahren kommt in der Regel nicht in der Serienproduktion zum Einsatz. Investitions- und Betriebskosten sind im Vergleich zu anderen Schweißverfahren gering.

### Alternativverfahren
Reibschweißen, Ultraschallschweißen, Heizelementeschweißen

Bild: Schweißen mit Hand-Schweiß-Extruder./ Fotos: Wegener GmbH

**Kapitel FUE**
*Fügen und Verbinden*

### FUE 5.7
### Schweißen – Laserschweißen

*Verfahrensprinizip*
Beim Laserschweißen erwärmt ein über eine optische Einrichtung präzise fokussierbarer Laserstrahl ($CO_2$- oder Nd-YAG-Laser) die Schweißstelle lokal auf Schmelztemperatur. Die Werkstoffschmelze erstarrt und bildet dann die Schweißnaht. Auf Grund des geringen Strahldurchmessers ist die Nahtstelle vorzubereiten. Meist ist kein Zusatzwerkstoff erforderlich. Der Schweißvorgang kann unter Schutzgas, Vakuum oder in normaler Atmosphäre durchgeführt werden. Durch die freie und flexible Führung des Laserstrahls ist die Anfertigung präziser dreidimensionaler Schweißnähte möglich. Meist geht die Einwirkung des Laserstrahls mit einer festigkeitssteigernden Gefügeveränderung einher.

Bild: Laserschweißen – $CO_2$-Schweißkopf beim Schweißen von Werkstücken unterschiedlicher Blechdicke (Tailored Blank)./ Foto: ThyssenKrupp Drauz Nothelfer GmbH

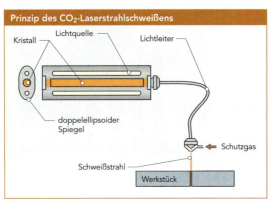

Abb. 53: nach [15 und 27]

*Materialien*
Mit der Laserschweißtechnik können fast alle Metalle geschweißt werden. Insbesondere zählen hierzu niedrig- und hochlegierte Stähle sowie Aluminium- und Titanlegierungen. Auch beschichtete Werkstoffe (z.B. verzinkte Bleche) können mit dem Laser geschweißt werden (Müller, Förster 2001). Im Kunststoffbereich findet das Verfahren für thermoplastische Werkstoffe Anwendung.

*Anwendung und Bauteilgrößen*
Die generellen Anwendungsgebiete des Laserschweißens liegen in Produktionsbereichen, in denen qualitativ hochwertige Bauteile und Produkte im feinwerktechnischen aber auch großvolumigen Bereich benötigt werden. Hierzu gehören der Maschinenbau, die Mikrosystem- und Medizintechnik, der Flug- und Fahrzeugbau sowie die Raumfahrt.

Ein aktuelles Beispiel ist der Airbus A380, für dessen Herstellung eine automatisierbare Laserstrahltechnik mit einem großflächig verfahrbaren Laserkopf entwickelt wurde. Kunststoffe werden insbesondere für die Verpackungsindustrie durch Laserschweißen gefügt.

*Nachbearbeitung und Qualität*
Auf Grund der lokal begrenzten und sehr präzisen Wärmeeinbringung weisen mit Laserschneiden geschweißte Bauteile nur geringen Verzug auf. Eine Nachbearbeitung ist meist nicht nötig. Zudem werden hohe Festigkeitswerte in den Schweißnähten erzielt.

*Wirtschaftlichkeit*
Für Anschaffung und Betrieb von Laserschweißanlagen sind hohe Kosten einzuplanen. Zudem bedarf es einer sorgfältigen Abschirmung der Schweißstelle vor der für das Augenlicht gefährlichen Laserstrahlung. Die Wirtschaftlichkeit ist folglich erst bei großen Produktionszahlen und großvolumigen Bauteilen gegeben, bei denen sich die hohen Vorschubgeschwindigkeiten positiv auswirken. Eine Automatisierung des Fügeprozesses über eine programmierte Schweißführung, auch unter Einsatz von Schweißrobotern, ist möglich. Dienstleister in Laserzentren sind am Markt tätig.

*Alternativverfahren*
Schutzgasschweißen, Elektronenstrahlschweißen im Flugzeugbau, Ultraschall-, Warmgas- und Heizelementeschweißen für Kunststoffe

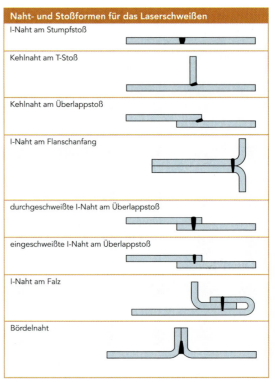

Abb. 54: nach [31]

## FUE 5.8
### Schweißen – Reibschweißen

*Verfahrensprinizip*
Das Reibschweißverfahren zählt zu den Pressschweißverfahren. Reibungswärme wird genutzt, um die zu fügenden Bauteiloberflächen zu plastifizieren. Es wird kein Zusatzwerkstoff benötigt.

Beim *Vibrationsschweißen* werden die Werkstückoberflächen zusammengedrückt und gegeneinander gerieben, bis die oberen Materialschichten in einen zähflüssigen Zustand übergehen. Die lineare oder zirkulierende Bewegung endet. Die Fügeverbindung entsteht während des Erstarrungsprozesses.

Das *Rotationsreibschweißen* arbeitet nach dem gleichen Prinzip. Zwei rotationssymmetrische Bauteile werden gefügt, indem das eine Bauteil gegen das andere feststehende gedrückt und dabei eine rotierende Bewegung ausgeführt wird. Der Fügeprozess wird analog zum Vibrationsschweißen abgeschlossen.

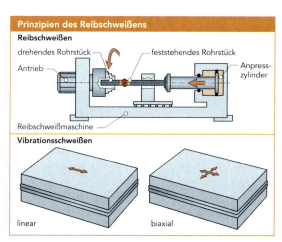

Abb. 55: nach [5, 9]

*Materialien*
Die Verfahren sind insbesondere für den Kunststoffbereich geeignet, da die erforderliche Energie zur Plastifizierung des Materials im Vergleich zu anderen Werkstoffen hier nicht sonderlich hoch ist. Dies trifft auf fast alle thermoplastischen Kunststoffe zu. Die Reibschweißtechnik kann aber auch bei Metallen wie Stahl, Aluminium, Blei, Magnesium- und Nickellegierungen angewendet werden. Besondere Potenziale weist die Technologie dann auf, wenn neben artgleichen auch artähnliche Werkstoffkombinationen gefügt werden sollen. Die Erzeugung von Mischverbindungen kann durch integrierte Induktionserwärmung verbessert werden.

*Anwendung und Bauteilgrößen*
Das Vibrationsschweißen kommt zur Herstellung von großflächigen Fügeverbindungen bei ebenen Werkstückpaarungen im Kfz-Bereich zum Einsatz. Rohre oder Stangen werden durch Rotationsreibschweißen gefügt. Insbesondere ist das Verfahren für neu entwickelte Sonderwerkstoffe interessant, bei denen der wirtschaftliche Einsatz erst durch gefügte Werkstoffkombinationen mit billigeren Trägerwerkstoffen gewährleistet werden kann.

*Nachbearbeitung und Qualität*
Sowohl beim Vibrations- als auch beim Rotationsreibschweißen können dichte und mechanisch belastbare Fügeverbindungen hergestellt werden. Charakteristisch für das Rotationsreibschweißen ist die typische Schweißwulst.

*Wirtschaftlichkeit*
Reibschweißverfahren sind kostengünstig, da sich die Prozesszyklen auf kurze Verarbeitungszeiten begrenzen lassen. Die Verfahren sind seit über 30 Jahren als automatisierbare Schweißverfahren etabliert. In den letzten Jahren konnten immer wieder neue Anwendungsfelder erschlossen werden.

*Alternativverfahren*
Heizelementeschweißen, Ultraschallschweißen und Warmgasschweißen für Kunststoffe, Laserschweißen und Löten für Metalle, Kleben

*Bild: Ventil eines Verbrennungsmotors. Das Ventil besteht aus zwei unterschiedlichen Materialien, die mittels Reibschweißen gefügt sind. Die Materialpaarung besteht aus einem hochwarmfesten Werkstoff für das Kopfstück und einem härtbaren Schaftmaterial mit guten Gleiteigenschaften für die Ventilführung.*

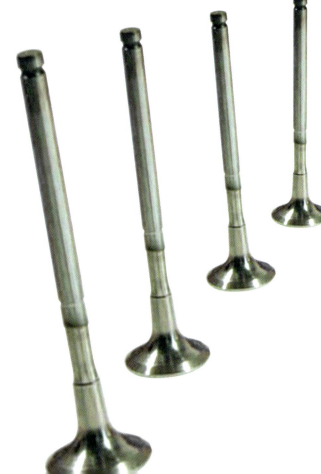

## FUE 5.9
### Schweißen – Ultraschallschweißen

*Verfahrensprinizip*
Wie das Reibschweißen zählt auch das Ultraschallschweißen zu den Pressschweißverfahren. Die Fügeverbindung wird durch Aufschmelzen der Materialoberfläche in Folge von Reiberwärmung und unter Einbringen einer Druckbeanspruchung erzielt. Ultraschallschwingungen werden parallel zur Berührungsebene der zu fügenden Bauteiloberflächen eingeleitet. Dadurch wird Wärme erzeugt, und die oberen Materialschichten werden aufgerissen. Die Ausbildung der Fügeverbindung an den verflüssigten Bauteiloberflächen erfolgt während der Erstarrung unter Druck. Um eine gute Schalleinleitung zu gewährleisten, ist auf eine saubere und großflächige Ankopplung der *Sonotrode* zu achten.

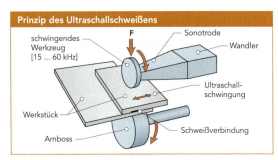

Abb. 56: nach [27]

*Materialien*
Durch Ultraschallschweißen können Werkstücke aus Stahl, Aluminium, Kupfer, Titan und Nickel gefügt werden. Außerdem ist die Herstellung stoffschlüssiger Verbindungen von Bauteilen aus thermoplastischen Kunststoffen durch Anwendung mechanischer Ultraschallschwingungen möglich. Dies gilt für fast alle Thermoplaste mit Ausnahme solcher, die auf Grund ihres Dämpfungsfaktors Schallschwingungen in hohem Maße absorbieren. Erst kürzlich wurde auch eine Verfahrensvariante des Ultraschallschweißens zur Erzeugung permanenter Verbindungen von Holzbauteilen entwickelt ⇒ HOL 2.2.

*Anwendung und Bauteilgrößen*
Schweißen mit Ultraschall kommt vorwiegend dann zum Einsatz, wenn besonders dünne Metallbauteile mit Widerstandspunktschweißen nicht zu verarbeiten sind. Haupteinsatzgebiet ist die Elektroindustrie, in der die Herstellung von Fügeverbindungen zwischen Drähten, dünnen Folien oder Blechen einen Schwerpunkt bildet. Es wird auch zur Herstellung von Bimetallen ⇒ VER genutzt. Im Kunststoffbereich ist der Einsatz der Technik durch die Größe der zu fügenden Fläche sowie durch den Grad der Dreidimensionalität der Konturen begrenzt. Die maximale Flächengröße beträgt etwa 1500 mm². Weitere Anwendungsfelder liegen im Bereich der Spiele-, Textil- und Automobilindustrie.

*Nachbearbeitung und Qualität*
Der Verzug beim Ultraschallschweißen von Metallbauteilen fällt auf Grund der niedrigen Wärmeeinwirkung sehr gering aus. Jedoch hat das Verfahren bezüglich der Festigkeit der Schweißnähte Nachteile. Eine Nachbearbeitung der Fügestellen ist meist nicht erforderlich. Im Kunststoffbereich kann bei hochfrequenten Schwingungen eine feine Fusselbildung ausgemacht werden. Bei bestimmten Schwingungsbedingungen können zudem Bauteilschädigungen an besonders dünnen Bauteilgeometrien entstehen.

Bild: Sender für alte Menschen, Gehäusehälften durch Ultraschallschweißen gefügt und somit wasserdicht./ Entwicklung und Foto: MMID

*Wirtschaftlichkeit*
Ultraschallschweißen ist vor allem bei Kleinteilen ein besonders kostengünstiges Fügeverfahren. Die Produktion sehr großer Losgrößen ist möglich. Die Schweißtechnik eignet sich im Kunststoffbereich aber auch für Kleinserien bis zu einer Teilezahl von 50000 Stück. Fügeverbindungen können in weniger als einer Sekunde hergestellt werden. Ultraschallschweißanlagen mit pneumatischem oder elektrischem Antrieb sind auf dem Markt verfügbar.

*Alternativverfahren*
Kleben, Widerstandspunktschweißen, Reibschweißen und Heizelementeschweißen bei Kunststoffen, Leimen für Holzbauteile, Schraubverbindungen

## FUE 5.10
### Schweißen – Heizelementeschweißen

*Verfahrensprinizip*

Ein *Heizelement* ist ein elektrisch beheiztes metallisches Bauteil, das in seiner Form der zu erzeugenden Fügenahtgeometrie angepasst ist. Die zu fügenden polymeren Werkstückoberflächen werden gegen die Heizelemente gedrückt. Dabei erwärmen sich die oberen Schichten in nur wenigen Sekunden und werden in einen zähpastösen Zustand überführt. Ist die gewünschte Dicke der Schmelzschicht erreicht, werden die Bauteile getrennt. Das Heizelement kann entfernt werden. Anschließend werden die Werkstückteile wieder zusammengebracht und unter Druck gefügt. Die entstehenden Schweißverbindungen sind mechanisch hoch belastbar. Die Heizelementtemperaturen liegen je nach Werkstoff zwischen 230 °C und 450 °C. Heizelemente werden aus Aluminium-Bronzelegierungen, hochfesten Alumniumlegierungen oder für das Hochtemperaturschweißen aus Stahl gefertigt.

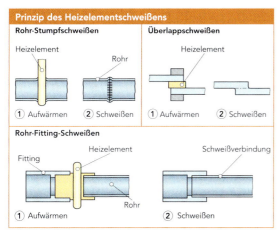

Abb. 57: nach [9]

*Materialien*

Wie bei den Alternativverfahren zum Schweißen von Kunststoffen können mit Heizelementen die meisten thermoplastischen Werkstoffe *KUN 4.1* verarbeitet werden. Ausnahmen sind Kunststoffe wie PMMA *KUN 4.1.7*, die sich auf Grund ihrer Struktur oder ihres Molekulargewichts schwer plastifizieren lassen (Michaeli 1999). Von einigen Herstellern werden spezielle Kunststoffe (z.B. Durethan®) mit verringerten Schmelzhaftungen angeboten, die extra für das Heizelementeschweißen entwickelt wurden.

*Anwendung und Bauteilgrößen*

Mit Heizelementen lassen sich sowohl kleine als auch große Bauteilflächen, auch mit nicht ebenen Kontaktflächen, verbinden. Ein typisches Anwendungsgebiet ist das Fügen von Rohrleitungen aus Polyethylen *KUN 4.1.1* oder Polypropylen *KUN 4.1.2* in der Trink- oder Wasserversorgung. Ein weiterer Bereich ist die Verarbeitung von Halbzeugen wie Tafeln und Fensterprofilen. Das Verfahren wird außerdem zur Herstellung von Kunststoffteilen im Kfz-Bereich (z.B. Leuchtensysteme) und von Lebensmittelverpackungen angewendet. Außerdem hat es in der Medizintechnik eine Bedeutung.

*Nachbearbeitung und Qualität*

Durch Heizelementeschweißen im Serieneinsatz werden gute bis sehr gute Schweißnahtqualitäten erzielt. Ein geringer Nachbearbeitungsaufwand ist üblich. Die entstehende Schmelzwulst kann mit Schmelzfangnuten verdeckt werden.

*Wirtschaftlichkeit*

Heizelementeschweißen ist die im Kunststoffbereich am häufigsten zur Anwendung kommende Schweißtechnik. Es ist ein Verfahren der Serienfertigung, große Losgrößen sind realisierbar. Die Zykluszeiten liegen meist bei über 40 Sekunden. Sollte die Naht lediglich hohe Dichtewerte aufweisen und nur geringen Kräften ausgesetzt sein, kann die Dauer des Schweißzyklusses minimiert werden. Durch Aufheizen auf Temperaturen von über 400 °C kann die Zykluszeit zudem um etwa 10 Sekunden verringert werden. Im Vergleich zu einfachen Fügegeometrien ist die Herstellung von Konturheizelementen, deren Form an eine dreidimensionale Nahtgeometrie angepasst ist, recht kostenintensiv.

*Alternativverfahren*

Reibschweißen, Ultraschallschweißen, Warmgasschweißen, Kleben

## FUE 6
## Löten

Durch Löten werden, vergleichbar mit Schweißvorgängen, Bauteile und Werkstückoberflächen gleicher oder unterschiedlicher Metalle stoffschlüssig verbunden.

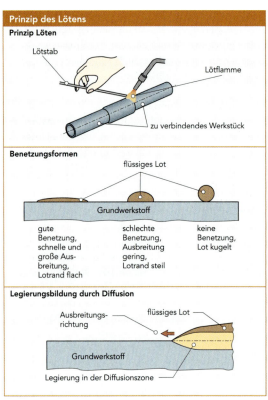

Abb. 58: nach [9]

Während beim Schweißen die Werkstücke selbst bis in den flüssigen Bereich erwärmt werden, bleiben die Fügeoberflächen beim Löten fest. Ein Zusatzmaterial (*Lot*) wird vielmehr benötigt und aufgeschmolzen, um die Werkstücke fest miteinander zu verbinden. Die Schmelztemperatur liegt dabei unterhalb der der zu fügenden Grundkörper. Das flüssige Lot benetzt die Flächen und diffundiert in die Oberflächenporen hinein. Es kommt zu einer Legierungsbildung im Grenzbereich zwischen Lot und Werkstück. Damit diese optimal ablaufen kann, sollten die Bauteiloberflächen nach Möglichkeit metallisch rein sein. Oxidschichten müssen vor dem Löten mechanisch entfernt und deren Bildung beim Erwärmen der Werkstücke unter Verwendung eines Flussmittels oder innerhalb einer Schutzgasatmosphäre verhindert werden. Arbeiten unter Vakuum kann zudem eine Oxidschichtbildung vermeiden. Die meist pastenförmigen Flussmittel werden vor der Lötarbeit auf die Fügestelle aufgetragen, damit sich Oxide ablösen können. Außerdem verhindern sie deren Neubildung.

Die Auswahl des Flussmittels richtet sich nach der Schmelztemperatur des zur Anwendung kommenden Lotes. Sie werden an Hand ihres Wirktemperaturbereiches charakterisiert. Um Korrosion zu vermeiden, müssen nach dem Löten Flussmittelreste entfernt werden.

### Übersicht der Lötverfahren

| Weichlöten | Hartlöten | Hochtemperaturlöten |
|---|---|---|
| unter 450°C mit Flussmittel | über 450°C mit Flussmittel, unter Schutzgas oder im Vakuum | über 900°C unter Schutzgas oder im Vakuum |

**Beispiele**

| Art der Lötstelle | Lötspalttiefe gering | Lötspalttiefe vergrößert | zusätzliche Erhöhung der Festigkeit |
|---|---|---|---|
| Blechnaht gerade | | | |
| Blechnaht T-förmig | | | Schweißpunkt |
| Rundteil mit Flachteil | | | Kerbverzahnung eingepresst |
| Rohrverbindung | | | gebördelt / aufgeweitet |
| Eignung zum Weichlöten | ungeeignet | gut geeignet | sehr gut geeignet |
| Eignung zum Hartlöten | möglich | sehr gut geeignet | unnötiger Aufwand |

Abb. 59: nach [9]

Lötverbindungen sind dicht und können elektrischen Strom und Wärme leiten. Sie lassen sich im Vergleich zu Schweißnähten auf sehr einfache Weise herstellen. Zudem ist eine großflächige Ausführung unproblematisch. Die Eigenschaften, insbesondere die Festigkeit einer Lötverbindung, hängen entscheidend von der Spaltbreite zwischen den Werkstückpartnern und dem Diffusionsverhalten der Materialien ab. Zum einen muss sichergestellt sein, dass die Geometrie des Lötspalts eine gute Ausbreitung und Benetzung des flüssigen Lotes auf den Werkstückoberflächen ermöglicht, zum anderen müssen die zu fügenden Materialien eine Diffusion des Lotes in das Gefüge zulassen. Lötspaltabmaße unter 0,02 mm sind auf Grund zunehmender Bindefehler ebenso problematisch wie Spaltbreiten oberhalb von 0,5 mm. Bearbeitungsriefen von Dreh- und Fräsprozessen sollten in Richtung des fließenden Lotes liegen, um die durch den Spalt erzeugte Kapillarwirkung nicht zu behindern. Außerdem sind Werkstück und Lot vor der Verarbeitung genügend stark zu erwärmen. Dabei sollte der Erwärmungsprozess eine Obergrenze von 4 Minuten nicht überschreiten, da nach längerem Wärmeeinfluss die Flussmittel ihre Wirksamkeit verlieren, und es zu einer ungewünschten Oxidbildung kommen kann.

## FUE 6.1
### Löten – Lötverfahren

Die bekannten Lötverfahren lassen sich an Hand der Arbeitstemperaturen, in denen das Lot geschmolzen wird, unterscheiden (Fahrenwaldt 1994; Beitz, Grote 2001).

Liegt die Arbeitstemperatur unter einem Wert von 450°C, spricht man von *Weichlöten*. Es wird vor allem dort eingesetzt, wo Lötverbindungen keiner hohen Belastung ausgesetzt sind oder die zu fügenden Grundwerkstoffe eine besondere Wärmeempfindlichkeit aufweisen. Dies trifft beispielsweise auf den Bereich der Elektro- und Halbleitertechnik zu. Aber auch bei Gas- und Elektroinstallationen ist das Weichlöten eine häufig eingesetzte Fügetechnik und kommt insbesondere im Schmuckbereich zur Anwendung. Typische Lötwerkstoffe sind niedrig schmelzende Legierungen der Metalle Zinn, Kadmium und Zink, die unterhalb einer Temperatur von 450°C verarbeitet werden können.

Sollen höhere Festigkeiten erzielt werden oder eine besonders breite Spaltgeometrie vorliegen, werden Materialpaarungen bei Temperaturen von über 450°C hart gelötet. Anwendungsfelder sind beispielsweise Verbindungen kraftübertragender Bauteile im Schiffs-, Fahrzeug- und Flugzeugbau. Außerdem werden Rohrleitungssysteme (z.B. Wasser-, Ölleitungen) oder Fahrradrahmen hart gelötet. Die Festigkeit beim *Hartlöten* kann durch eine Verlängerung der Spalttiefe erhöht werden. Hartlotwerkstoffe bestehen aus Kupfer-, Silber- oder Aluminiumlegierungen. Um die Verarbeitungstemperatur herabzusetzen, enthalten sie Zusätze aus Zinn oder Phosphor.

Können durch Hartlöten die geforderten Festigkeitswerte nicht erreicht werden, kommen besonders feste hochschmelzende Lötsysteme zum Einsatz. *Hochtemperaturlöten* erfolgt bei Temperaturen von über 900°C unter Vakuum oder Schutzgas. Hier können auch hochfeste Stahlverbindungen erzielt werden, die beispielsweise im Luftfahrtbereich, Turbinenbau oder in der Reaktortechnik dynamischen Belastungen ausgesetzt sind. Somit hat sich das Hochtemperaturlöten als wirtschaftliches Verfahren neben modernen Strahlschweißverfahren behauptet. Verwendet werden Lote auf Nickelbasis, Edelmetalle oder Legierungen von Silber, Gold, Palladium und Platin.

Die Energieeinleitung beim Löten kann unter Berücksichtigung der jeweils notwendigen Arbeitstemperatur auf unterschiedliche Weise geschehen.

Das *Kolbenlöten* eignet sich zum Weichlöten. Die Erwärmung des angelegten Lotes erfolgt durch einen von Hand geführten Kolben, der elektrisch oder mit Gas beheizt werden kann. Beachtet werden sollte, dass die Kolbenspitze vor jedem Lötvorgang gereinigt und verzinnt wird.

Beim *Lotbadlöten* (Weichlöten) wird zunächst das Lot in einem Bad geschmolzen. Die Werkstücke werden anschließend in dem Bad aus flüssigem Material erwärmt, bis dass das Lot den zu fügenden Spalt vollständig ausfüllt. Das Flussmittel muss vorher auf die zu fügenden Bauteile aufgebracht werden.

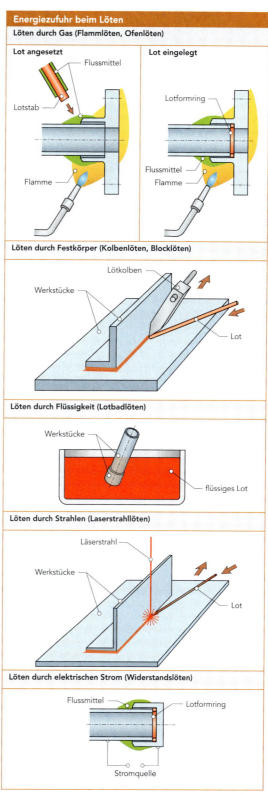

Abb. 60: nach [9]

*Flammlöten* bezeichnet ein Lötverfahren, bei dem die Fügestelle mit einem Gasbrenner erwärmt und anschließend das Lot hinzugeführt wird. Das Lot kann eingesetzt oder angelegt werden. Zum Löten von Rohren werden Lote in Form von Ringen verwendet. Das Flammlöten findet sowohl zum Weich- als auch zum Hartlöten Verwendung.

Beim *Laserstrahllöten* wird die zur Erwärmung notwendige Energie durch einen Laserstrahl eingebracht. Das Verfahren eignet sich auch zum Hochtemperaturlöten für hochfeste Fügeverbindungen. Es weist zudem eine hohe Flexibilität auf und ist automatisierbar.

Beim *Widerstandslöten* wird die Fügestelle durch das Durchströmen eines elektrischen Widerstandes erwärmt. Das Verfahren eignet sich sowohl zum Weich- als auch zum Hartlöten kleiner Werkstücke mit kurzen Nähten bei eingelegtem Lot.

Bild: Lötstellen auf einer Elektronikplatine.

## Materialien
Durch Löten können im Prinzip alle metallischen Werkstoffe dauerhaft miteinander verbunden werden. Insbesondere für Bauteile aus Kupfer, Rotguss, Messing und Stahl stellt es eine ideale Fügetechnik dar.

Bild: Gelötete Fügeverbindung eines Stahlrohrgestells (anschließend lackiert).

## Anwendung und Bauteilgrößen
Lötverbindungen kommen insbesondere in der Elektronikindustrie zum Einsatz, wenn elektrisch leitende Fügeverbindungen mit geringer Wärmezufuhr hergestellt werden müssen (Scheel 1999). Außerdem werden Rohrverbindungen im Gas- und Installationsbereich häufig durch Löten erzeugt. Das Hart- und Hochtemperaturlöten kommt darüber hinaus im Schiffs-, Fahrzeug- und Flugzeugbau zum Einsatz. Zur Herstellung von Schmuckstücken und luxuriösem Accesssoir (z.B. Silberbesteck) ist es das vorherrschende Fügeverfahren.

## Nachbearbeitung und Qualität
Wie beim Schweißen hängt auch die Qualität einer Lötstelle von der Qualifizierung und Erfahrung des ausführenden Personals ab. Fehler enstehen insbesondere dann, wenn das Flussmittel auf Grund zu hoher Temperaturen verbrennt und das Lot nicht richtig benetzen kann. Auch kann es zu Qualitätseinbußen kommen, wenn falsches Lot oder Flussmittel verwendet wurde oder die Berührflächen nicht gründlich gereinigt wurden.

## Wirtschaftlichkeit
Im Vergleich zum Schweißen verursacht Löten geringere Investitionskosten. Das Verfahren eignet sich jedoch nur für kurze Verbindungsnähte, wodurch die Wirtschaftlichkeit lediglich bei kleinen Stückzahlen oder kleinen Fügegeometrien wie beispielsweise bei Platinen gegeben ist. Zudem muss bei der Auswahl des Lötverfahrens der Festigkeitsnachteil gegenüber dem Schweißen bedacht werden.

## Alternativverfahren
Reibschweißen, Ultraschallschweißen, Kleben, Schraubverbindungen

## FUE 6.2
### Löten – Gestaltungsregeln

Auslegung und Gestaltung des zwischen den zu lötenden Bauteilflächen bestehenden Abstands ist von besonderer Bedeutung für die Herstellung einer festen Lötverbindung. Folgende Hinweise können in Anlehnung an Fahrenwaldt 1994, Fritz, Schulze 1998 und Dobler et al. 2003 helfen:

Ein dünner, sich verengender Spalt ist Voraussetzung für eine tragfähige, dichte und saubere Lötverbindung. Der Abstand zwischen den beiden Fügeflächen sollte im Idealfall zwischen 0,05 mm und 0,2 mm betragen.

Die Lötspalttiefe ist nicht länger als 15 mm auszulegen, da sonst keine vollständige Füllung mit flüssigem Lot durch die entstehende Kapillarwirkung gewährleistet ist.

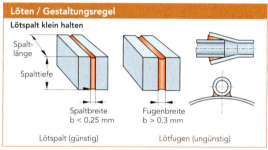

Abb. 61: nach [9]

Guter Kontakt zwischen Lot und Werkstück wird erzielt, wenn das Lot eingelegt wird.

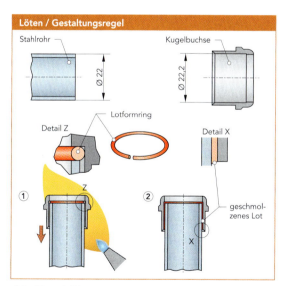

Abb. 62: nach [9]

Entweichungsmöglichkeiten für die aus der Lötverbindung ausströmende Luft sind vorzusehen.

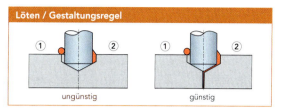

Abb. 63: nach [17]

Laschen- bzw. Überlappungsverbindungen sind den Stumpflötungen vorzuziehen.

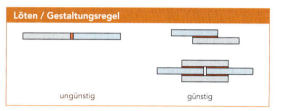

Abb. 64: nach [17]

Eckverbindungen sollten so konstruiert werden, dass sich die Fügestellen überlappen.

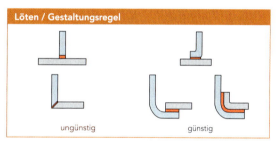

Abb. 65: nach [17]

*Kapitel FUE*
*Fügen und Verbinden*

## FUE 7
### Nähen, Stricken, Weben

*Fügeprinzip*

Nähen, Stricken und Weben sind seit Jahrhunderten existierende Verfahren zur Herstellung von Verbindungen zwischen textilen Materialien. Durch Nähen können zwei oder mehrere unterschiedlich dicke Werkstoffe verbunden werden. Eine flexible Verbindung entsteht durch eine Abfolge von Materialdurchdringung, Schlaufenbildung und Verknoten mit einem meist textilen Faden. Eine Vielzahl unterschiedlicher Stichfolgen existiert, die sich hinsichtlich erreichbarer Festigkeit und Breite der Verbindung für die jeweilige Anwendung unterscheiden. Stricken bzw. Weben sind Verfahren zur Herstellung flächiger Stoffe. Mit einer oder mehreren Nadeln werden beim Stricken Fäden zunächst zu Maschen, dann zu einem flächigen Maschenwerk verschlungen. Beim Weben werden Gewebe und Stoffe durch Kreuzen und Verflechten von Fäden erzeugt ↗ TEX 2.2.1.

*Bild: Vernähen von Stoffteilen./ Foto: Ledder Werkstätten*

*Materialien*

Vor allem Textilien und Leder aber auch Papier und dünne Metall- bzw. Kunststofffolien können mit Fadenmaterial aus Baumwolle, Seide, Viskose, Polyethylen, Polyester, Nylon oder Aramidfasern ↗ TEX genäht werden. Sollten Vorbohrungen eingebracht sein, sind auch dickere Bauteile aus Metall oder Glas nähbar. Für besondere Anwendungen sind dünne Metallfäden und Glasfasern auf dem Markt erhältlich. Neben textilen Fäden können auch andere Materialien gestrickt werden. Gleiches gilt für die Webtechnik, wobei an Metall- und Kunststoffgewebe beispielsweise für technische Funktionen oder Agrartextilien zu denken ist.

*Anwendung*

Nähen, Stricken und Weben sind typische Verfahren zur Herstellung von Textilien. Weitere Hauptanwendungsgebiete der Nähtechnik sind die Herstellung von Zelten, Segeln und Schuhen. In der jüngeren Vergangenheit sind Metall- und Kunststoffgewebe auch in der Architektur zu finden. Als Wind- und Regenfilter in Gebäudeaußenfassaden ermöglichen semitransparente Gewebe besondere visuelle Eindrücke (z.B. Projektionsflächen) und eröffnen die Umsetzung eines Gebäudes als »Lichtskulptur« ↗ TEX.

Traditionelle Näh-, Strick- und Flechtverfahren werden in Neuentwicklungen auch beim Bau von Karosserien für Automobile eingesetzt (z.B. Mercedes SLR Mc Laren). Über Anleihen aus der Textilindustrie wurde es möglich, extrem leichte und ausreichend steife Bauteile aus kohlefaserverstärkten Kunststoffen ↗ KUN 1.6 mit einem hohen Automatisierungsgrad für den Fahrzeugbau zu qualifizieren.

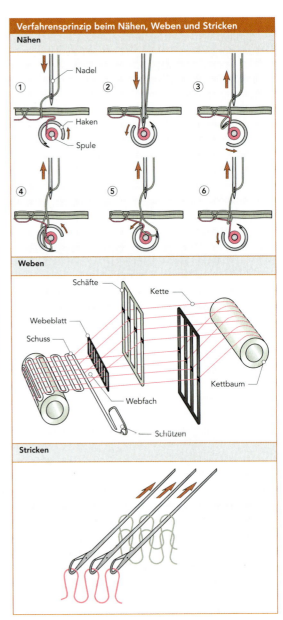

Abb. 66

*Wirtschaftlichkeit*

Nähen und Stricken sind schnelle, günstige und flexible Verfahren zur Verbindung textiler Materialien. Elektrische Nähmaschinen für den Heimbereich sind günstig erhältlich. Maschinelle Anlagen lohnen den Einsatz erst bei hohen Stückzahlen.

*Alternativverfahren*

Kleben

## FUE 8
### Wirtschaftlichkeit verschiedener Fügeverfahren und deren Kombinationen

In folgender Abbildung wird am Beispiel zweier zu fügender Bleche aus Metall eine Übersicht gegeben, wie die Wirtschaftlichkeit existierender Fügeverfahren im Vergleich zu bewerten ist. Das Kleben bildet vielfach eine Alternative zu konventionellen Fügetechniken, da Nebenfunktionen wie das Dichten oder eine Isolation einhergehen. Diese müssten ansonsten in zusätzlichen Arbeitsschritten und mit zusätzlichem Aufwand realisiert werden. Die Anwendung kombinierter Fügeverfahren bietet darüber hinaus gehende Potenziale.

| Kostenvergleich verschiedener Fügearten | | |
|---|---|---|
| Kostenfaktor | | Fügeart |
| 1,0 | | Punktschweißen (unlegierter und nicht rostender Stahl) |
| 1,3 | | Buckelschweißen (unlegierter und nicht rostender Stahl) |
| 1,7 | | Kleben (2-Komponentenkleber) |
| 2,6 | | Halbrundniet DIN 660 |
| 2,9 | | Punktschweißen (Aluminium) |
| 2,9 | | Metall-Lichtbogenschweißen 1-seitig (unlegierter und nicht rostender Stahl) |
| 3,4 | | Senkniet DIN 661 (Aluminium) |
| 3,5 | | Senkniet DIN 661 (unlegierter und nicht rostender Stahl) |
| 3,6 | | Durchgangsloch |
| 3,7 | | Gewindeschneiden |
| 3,7 | | Hartlöten in Schutzgasdurchlauflöten (unlegierter und nicht rostender Stahl) |
| 3,9 | | Setzmutter |
| 4,1 | | Blechdurchzug DIN 7952 (unlegierter und nicht rostender Stahl) |
| 4,3 | | Schutzgaslichtbogenschweißen von Hand 1-seitig (Aluminium) |
| 4,4 | | Schweißmutter DIN 929 (unlegierter und nicht rostender Stahl) |
| 4,4 | | Metall-Lichtbogenschweißen von Hand 2-seitig (unleg. und nicht rostender Stahl) |
| 6,9 | | Hartlöten Flamme (unlegierter und nicht rostender Stahl) |
| 7,4 | | Schutzgaslichtbogenschweißen von Hand 2-seitig (Aluminium) |

Abb. 67: nach [13]

*Bild: Unterschiedliche Fügeverbindungen an einem Produkt: »nomad«, 3 teiliges multifunktionales off-table-Besteck. Messer, Gabel und Löffel sind zusammengeclipst und geschützt in einem farbigen Cover und lassen sich zum Essen und Schneiden leicht trennen. Der integrierte Flaschenöffner hängt an einem Gewebeband, vernäht mit einem Karabinerhaken./ Foto: WMF Württembergische Metallwarenfabrik AG*

## FUE
## Literatur

[1] Ashby, M.; Johnson, K.: Materials and Design. Oxford: Butterworth-Heinemann, 3. Auflage, 2004.

[2] Bauer, C.-O.: Handbuch der Verbindungstechnik. München, Wien: Carl Hanser Verlag, 4. Auflage, 1991.

[3] Baum, L.; Fichler, V.: MIG-, MAG-Schweißen. Düsseldorf: Deutscher Verlag für Schweißtechnik, 4. Auflage, 1999.

[4] Beitz, W; Grote, K.-H.: Dubbel – Taschenbuch für den Maschinenbau. Berlin, Heidelberg: Springer Verlag, 20. Auflage, 2001.

[5] Bonten, C.: Kunststofftechnik für Designer. München, Wien: Carl Hanser Verlag, 2003.

[6] Brunst, W.: Fügeverfahren. Mainz: Krausskopf-Verlag, 1979.

[7] Decker, K.-H.: Maschinenelemente. München, Wien: Carl Hanser Verlag, 15. Auflage, 2001.

[8] Dilthey, U.; Brandenburg, A.: Schweißtechnische Fertigungsverfahren 3 – Gestaltung und Festigkeit von Schweißkonstruktionen. Berlin, Heidelberg: Springer Verlag, 2. Auflage, 2002.

[9] Dobler, H.-D.; Doll, W.; Fischer, U.; Günter, W.; Heinzler, M.; Ignatowitz, E.; Vetter, R.: Fachkunde Metall. Haan-Gruiten: Verlag Europa-Lehrmittel, 54. Auflage, 2003.

[10] Ehrenstein, G.W.: Konstruieren mit Kunststoffen. München, Wien: Carl Hanser Verlag, 2. Auflage, 1999.

[11] Ehrenstein, G.W.: Mit Kunststoffen konstruieren. München, Wien: Carl Hanser Verlag, 2. Auflage, 2002.

[12] Endemann, U.: Optimale Schnappverbindungen, in: Kunstoffe 84. München, Wien: Carl Hanser Verlag, Nr. 4, 1994.

[13] Endlich, W.: Fertigungstechnik mit Kleb- und Dichtstoffen. Braunschweig, Wiesbaden: Vieweg Verlag, 1995.

[14] Endlich, W.: Kleb- und Dichtstoffe in der modernen Technik – Ein Praxisbuch der Kleb- und Dichtstoffanwendung. Essen: Vulkan-Verlag, 1998.

[15] Fahrenwaldt, H.J.: Schweißtechnik – Verfahren und Werkstoffe. Braunschweig, Wiesbaden: Vieweg Verlag, 1994.

[16] Fahrenwaldt, H.J., Schuler, V.: Praxiswissen Schweißtechnik – Werkstoffe, Verfahren, Fertigung. Braunschweig, Wiesbaden: Vieweg Verlag, 2003.

[17] Fritz, A.H.; Schulze, G.: Fertigungstechnik. Berlin, Heidelberg: Springer-Verlag, 4. Auflage, 1998.

[18] Greuling, H.; Bach, A., Dreifert, M.: Kleben. Reihe Quarks-Skript, Köln: WDR, 2000.

[19] Habenicht, G.: Kleben – erfolgreich und fehlerfrei. Braunschweig, Wiesbaden: Vieweg Verlag, 2. Auflage, 2003.

[20] Habenicht, G.: Kleben – Grundlagen, Technologie, Anwendungen. Berlin, Heidelberg: Springer Verlag, 4. Auflage, 2002.

[21] Hoischen, H.: Technisches Zeichnen. Düsseldorf: Cornelsen Verlag Schwann-Girardet, 29. Auflage, 2003.

[22] Killing, R.; Killing, U.: Verfahren der Schweißtechnik. Düsseldorf: DVS-Verlag, 2002.

[23] Köhler/Rögnitz: Maschinenteile. Stuttgart: B.G. Teubner, 7. Auflage, 1986

[24] Koller, R.: Konstruktionslehre für den Maschinenbau. Berlin, Heidelberg: Springer-Verlag, 3. Auflage, 1994.

[25] Maciej, M.: Untersuchungen zum Einfluss der Diffusion von Makromolekülen auf die Grenzschichtbildung zwischen Klebschichten und Fügeteilen in Kunststoffklebverbindungen. Dissertation, Universität Paderborn, 2003.

[26] Matek, W., Roloff, H.: Maschinenelemente. Braunschweig, Wiesbaden: Vieweg Verlag, 16. Auflage, 2003.

[27] Matthes, K.-J.; Richter, E.: Schweißtechnik. München, Wien: Fachbuchverlag Leipzig im Carl Hanser Verlag, 2. Auflage, 2003.

[28] Matthes, K.-J.; Riedel, F.: Fügetechnik. München, Wien: Fachbuchverlag Leipzig im Carl Hanser Verlag, 2003.

[29] Michaeli, W.: Einführung in die Kunststoffverarbeitung. München, Wien: Carl Hanser Verlag, 4. Auflage, 1999.

[30] Michaeli, W.; Brinkmann, T.; Lessenich-Henkys, V.: Kunststoff-Bauteile werkstoffgerecht konstruieren. München, Wien: Carl Hanser Verlag, 1995.

[31] Müller, W.; Förster, D.: Laser in der Metallbearbeitung. München, Wien: Fachbuchverlag Leipzig im Carl Hanser Verlag, 2001.

[32] **Neuhoff, N.**: Berechnung und Gestaltung von Schweißkonstruktionen. Düsseldorf: DVS-Verlag, 2002.

[33] **Scheel, W.**: Baugruppentechnik der Elektronik. Berlin: Verlag Technik, 2. Auflage, 1999.

[34] **Sprenger, T.; Struhk, C.**: modulor – material total. Berlin, 2004.

[35] **Steinhilper, W.; Röper, R.**: Maschinen- und Konstruktionselemente 2. Berlin, Heidelberg: Springer Verlag, 4. Auflage, 2000.

*Bild: Die Einzelteile dieses Modellflugzeugs können durch sehr einfache Fügeverbindungen zusammengebaut werden.*

Bild: Möbel mit einer hochglänzenden Lackoberfläche.

## BES
## BESCHICHTEN UND VEREDELN

*aluminieren, anlassen, anodisieren, aufkohlen, auftraglöten, auftragschweißen, bedampfen, beuchen, bedrucken, beizen, bemalen, beschichten, bleichen, borieren, brünieren, carbonitrieren, chlorieren, chromatisieren, dekatieren, drucken, druckluftspritzen, einsatzhärten, eloxieren, emaillieren, färben, feueraluminieren, feuerverbleien, feuerverzinken, feuerverzinnen, fixieren, flammspritzen, galvanisieren, glühen, grobkornglühen, härten, heißprägen, hochdruckspritzen, imprägnieren, inchromieren, kalandern, karbonitrieren, kaschieren, lackieren, laminieren, laugieren, lichtbogenspritzen, mattieren, merzerisieren, metallspritzen, nassemaillieren, nasslackieren, nassverzinken, nitrieren, normalglühen, phosphatieren, plasmaspritzen, plattieren, pulverlackieren, putzen, rauen, ratinieren, scheren, schmelztauchen, sengen, sheradisieren, siebdrucken, silizieren, spachteln, spannungsarmglühen, sprengplattieren, spritzlackieren, sputtern, tampondrucken, tauchlackieren, transparentieren, vakuumbedampfen, verputzen, walken, walzplattieren, weichglühen, wirbelsintern*

## Kapitel BES
### Beschichten und Veredeln

In fast jedem modernen Produktionsprozess kommen Beschichtungstechniken zur Anwendung. Die auf die Bauteiloberflächen aufgebrachten Zusatzstoffe bewirken eine Verbesserung der Verschleiß- und Korrosionseigenschaften, die Erzeugung leitfähiger oder isolierender Schichten oder dienen dekorativen und optischen Zwecken. Beschichtungsverfahren werden auch zur Reparatur und Ausbesserung verschlissener Funktionsflächen und zur Verlängerung der Produktlebensdauer (Standzeit) angewendet.

*Bilder unten: Metalloptik bei einer Skibrille aus hochflexiblem Kunststoff (TPU)./ Lack von: BERLAC AG, Lacquers & Effects, Schweiz*

Aufbau:
1. Schicht: PVD Metallisierung.
2. Schicht: eingefärbter BERLACRYL Zweikomponentenklarlack für PVD.

| Übersicht aller Beschichtungsverfahren | | | | |
|---|---|---|---|---|
| Beschichten nach DIN 8580 | Beschichten aus dem ionisierten Zustand | Galvanisches Beschichten | Chemisches Beschichten | |
| | Beschichten aus dem gas- o. dampfförm. Zustand | Vakuum-bedampfen | Vakuum-bestäuben | |
| | Beschichten durch Löten | Auftrag-Weichlöten | Auftrag-Hartlöten | Auftrag-Hochtemperatur-löten |
| | Beschichten durch Schweißen | Schmelz-auftrag-schweißen | | |
| | Beschichten aus dem körnigen o. pulverförm. Zustand | Wirbel-sintern | Elektro-statisches Beschichten | Beschichten durch thermisches Spritzen |
| | Beschichten aus dem breiigen Zustand | Putzen, Verputzen | | |
| | Beschichten aus dem plastischen Zustand | Spachteln | | |
| | Beschichten aus dem flüssigen Zustand | Schmelz-tauchen | Anstreichen, Lackieren | Beschichten durch Gießen | Emaillieren, Glasieren |

Abb. 1: nach [3]

Die Auswahl des für den einzelnen Verwendungsfall am besten geeigneten Beschichtungsverfahrens hängt, neben dem Beschichtungsmaterial, vor allem vom Werkstoff des Bauteils, der erforderlichen Schichtdicke und dem gewünschten Eigenschaftsprofil sowie der späteren Anwendung ab. Im nachfolgenden Kapitel werden die wichtigsten Beschichtungstechniken mit den entsprechenden Eckdaten zusammenfassend vorgestellt.

## BES 1
### Beschichten aus flüssigem Zustand

## BES 1.1
### Beschichten aus flüssigem Zustand – Spritzen

Spritzlackieren gehört zu den am häufigsten angewendeten Verfahren zum Aufbringen einer Lackbeschichtung.

*Verfahrensprinzip*
Man unterscheidet das Druckluftspritzen und das Hochdruckspritzen (*Airless-Spritzen*). Während beim *Druckluftspritzen* das Beschichtungsmaterial mit Druckluft von 2 bis 4 bar zerstäubt und auf das Bauteil aufgesprüht wird, erfolgt beim *Hochdruckspritzen* eine starke Komprimierung des Lacks bis auf etwa 100–250 bar ohne Verwendung von Druckluft. Die Spritzluft muss frei sein von Öl und Wasser. Lackpartikel treffen aus größerer Entfernung (ca. 3 Meter) auf die Oberfläche und bilden dort eine sich verfestigende Schicht. Je nach Richtungsorientierung des Lacknebels ist mit unterschiedlichen Schichtdicken zu rechnen.

| Prinzip des Spritzens | | |
|---|---|---|
| Verfahren/Beschreibung | Vorteile/Nachteile | Anwendung |
| **Spritzlackieren** (Druckluftspritzen) Druckluft von 2 bis 6 bar zerstäubt den Beschichtungsstoff (Lack) und sprüht ihn auf das Bauteil. | Nur für flächige, nicht gegliederte Bauteile geeignet. Großer Lackverlust (Overspray). | Standardbeschichtung für flächige Bauteile in der Einzel- und Kleinserienfertigung. |
| **Hochdruckspritzen** (Airless-Spritzen) Der Lack wird in der Spritzpistole unter einen Druck von ca. 250 bar gesetzt und zerstäubt feinneblig beim Austritt aus der Spritzdüse. | Feinneblige Zerstäubung auch zähflüssiger Lacke. Ungeeignet für gegliederte Bauteile. Keine allseitige Beschichtung. | Große, flächige Bauteile: Schiffsrümpfe, Tanks, Stahlbauten, Maschinenverkleidungen. |

Abb. 2: nach [9]

*Anwendung und Materialien*
Beim Spritzlackieren können nur ebene Flächen gleichmäßig mit Lack oder Flüssigkunststoff (Latex) beschichtet werden. Die farbigen Dekorationen und Texturen werden beispielsweise in der Möbelindustrie verwendet. Darüber hinaus liegen Anwendungsfelder im Bereich des Korrosionsschutzes. Außerdem dienen Lackschichten zum Schutz von Stoffoberflächen vor äußeren Einwirkungen und Witterungseinflüssen. Auf Grund der starken Richtungsorientierung des Partikelnebels muss mit einem hohen Verlust an Beschichtungsmaterial gerechnet werden. Dieser kann bei filigranen Teilen bis zu 95% betragen (Westkämper, Warnecke 2004).
Mit normalen Drucklufthandpistolen wird eine Lackausbeute von bis zu 38% erzielt.

Overspray bezeichnet in diesem Zusammenhang den Lackanteil, der am Bauteil vorbei gespritzt wird (Eckhard et al. 2003). Bei komplexen Bauteilgeometrien mit Durchbrüchen und Hinterschneidungen sollten Tauch- oder elektrostatisch unterstützte Beschichtungsverfahren BES 4.3 bevorzugt werden. Hier kann die Lackausbeute auf Werte zwischen 75% und 85% gesteigert werden. Auch Klebstoffe können gespritzt werden.

Typische unter Hochdruck gespritzte Bauteile sind beispielsweise Karosserien, Maschineneinhäusungen, Tanks, Stahlbauten oder Rohrkonstruktionen. Die Lackausbeute liegt bei Verwendung einer Airless-Handpistole bei 40% bis 50% (Müller 2003).

Bild: Lackierroboter./ Foto: Dürr AG

*Schichtdicken*
Durch Druckluftlackieren werden in einem Arbeitsschritt Schichtdicken zwischen 20 und 40 Mikrometern erreicht. Beim Hochdruckspritzen liegen sowohl die erreichbaren Dicken mit 60 und 80 Mikrometern als auch die erzielbaren Qualitäten höher.

*Wirtschaftlichkeit*
Spritzlackieren ist das klassische Verfahren zur Beschichtung flächiger Bauteile in der Einzel- und Kleinserienfertigung. *Airbrush-Pistolen* werden im Gestaltungsbereich vorwiegend für das Erstellen von Graffiti eingesetzt. Hochdruckspritzanlagen sind kostenintensiver als einfache Handspritzgeräte oder Spritzkabinen und werden dadurch vorwiegend für großflächige Bauteile eingesetzt (z.B. Schiffsrümpfe). Allerdings ist beim Hochdruckspritzverfahren mit einem deutlich höheren Nutzungsgrad zu rechnen.

Alternative Lackier- und Spritztechniken und deren Anwendungsfelder für den Kreativbereich werden in Rehm 1996 beschrieben.

*Alternativverfahren*
elektrostatisches Lackieren, elektrostatisches Pulverbeschichten, Tauchlackieren, Beizen für Holzwerkstoffe

**Veredelung**
ist ein Prozess, bei dem ein Werkstoff in den Eigenschaften verbessert oder aufgewertet wird. Die Notwendigkeit der Veredelung kann sich aus rein optischen Gründen, aber auch aus produktionstechnischen oder werkstofftechnischen Gründen ergeben.

Bild: Endlackierung von Vakuumgießteilen./ Foto: CNC Speedform AG

Bild: Unterschiedliche Lackschichten auf einer MDF-Platte für eine Möbeloberfläche.

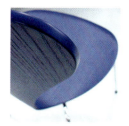

Bild: Stuhl mit lackierter Holzoberfläche.

## BES 1.2
### Beschichten aus flüssigem Zustand – Elektrostatisches Lackieren

Vergleichbar mit den Kräften, die in magnetischen Feldern beobachtet werden können, werden beim elektrostatischen Lackieren Anziehungskräfte auf Lackpartikel genutzt, um Lackschichten auf Bauteiloberflächen aufzubringen.

*Verfahrensprinzip*
Lacktröpfchen werden durch elektrostatische Hochspannung innerhalb der Sprühpistole negativ aufgeladen und anschließend versprüht. Sie bewegen sich entlang elektrostatischer Feldlinien in Richtung der geerdeten Werkstoffoberfläche. Während die Ladungsunterschiede dort abfließen, haftet der Lack gleichmäßig an. Um ein allumseitiges Lackieren zu ermöglichen, wird das Bauteil bewegt. Alternativ können auch mehrere Sprühquellen zur Anwendung kommen.

Bild: Tauchlackieren einer Autokarrosserie./
Foto: Dürr AG

Ein ähnliches Verfahrensprinzip wird beim *elektrostatischen Tauchlackieren* genutzt. Das geerdete Bauteil wird in ein elektrostatisch geladenes Lackbad getaucht. Die Lackpartikel bewegen sich zum Bauteil, entladen sich an der Oberfläche und haften dort an. Gleichmäßige Schichten auch an schwer zugänglichen Stellen sind somit möglich.

*Anwendung und Materialien*
Die beim elektrostatischen Lackieren verwendeten Anstrichmaterialien enthalten überwiegend Wasser und Bindemittel ohne umweltbelastende Lösungsmittel. Das Sprühlackieren erfolgt in der Regel in einer Sprühkabine, in der z.B. Maschinengehäuse oder Fahrradrahmen beschichtet werden. Insbesondere bei Pkw-Karosserien findet das elektrostatische Tauchlackieren Anwendung, um die für einen umfassenden Korrosionsschutz notwendige Grundbeschichtung auch an tief eindringenden Unebenheiten aufzutragen.

*Schichtdicken*
Die Schichtdicken beim elektrostatisch unterstützten Sprühlackieren liegen zwischen 60 und 80 Mikrometern. Beim Tauchlackieren werden Schichten von nicht mehr als 50 Mikrometern erzielt.

**Prinzip des Elektrosprühverfahrens und Tauchlackierens**

| Verfahren/Beschreibung | Vorteile/Nachteile | Anwendung |
|---|---|---|
| **Elektrostatisches Lackieren** (Elektrospritzlackieren) Aus einem Sprühkopf wird der Lack feinnebelig versprüht und dabei die Tröpfchen von einer anliegenden Hochspannung elektrostatisch aufgeladen. Sie bewegen sich entlang der elektrischen Feldlinien zum geerdeten Bauteil und haften dort an. | Allseitige und gleichmäßige Beschichtung auch feingliedriger Bauteile. Geringer Lackverlust (Overspray) Mit lösungsmittelfreien Lacken umweltfreundlich. | Beschichtung gegliederter Bauteile in der Spritzkabine: Pkw-Karosserien. Maschinengehäuse in der Klein- und Mittelserienfertigung. Fahrradrahmen. |
| **Elektrotauchlackieren** (Elektrophorese-Tauchlackieren) Das geerdete Bauteil wird in ein Lackbad getaucht, an dem eine Spannung anliegt. Die Lackteilchen laden sich auf, wandern durch elektrische Kräfte zum Bauteil und bleiben dort haften. | Gleichmäßiger und tief in Unebenheiten eindringender Auftrag auch an schwer zugänglichen Stellen und in Hohlräumen. | Korrosionsschutzbeschichtung für Pkw-Karosserien und andere stark gegliederte Bauteile (Korrosionsgrundbeschichtung). |

Abb. 3: nach [9]

*Wirtschaftlichkeit*
Für das elektrostatische Lackieren existieren neben vollautomatisierten Anlagen auch Handsprühgeräte für kleine und mittlere Serien, wobei sich die Anschaffungskosten moderat gestalten. Im Vergleich zum konventionellen Sprühlackieren können durch elektrostatisch unterstützte Verfahren komplexe Bauteilgeometrien, auch mit einer Vielzahl von Durchbrüchen, ohne großen Lackverlust umweltschonend beschichtet werden.

*Alternativverfahren*
Sprühlackieren, elektrostatisches Pulverbeschichten, Tauchlackieren

## BES 1.3
### Beschichten aus flüssigem Zustand – Tauchen

Mit Tauchbeschichten wird das Beschichten dreidimensionaler Werkstücke in einem Flüssigkeitsbad bezeichnet.

*Verfahrensprinzip*
Das Prinzip ist eines der einfachsten Beschichtungsverfahren überhaupt. Unterschieden werden muss zwischen dem konventionellen Tauchprozess in bei Raumtemperatur flüssigen Beschichtungsmaterialien (z.B. Lacke, Imprägniermittel) und dem *Schmelztauchen* in bis über die Schmelztemperatur erhitzten Werkstoffen (z.B. *Feuerverzinken* bei 450°C). Gegenüber anderen Verfahren wirkt sich vorteilhaft aus, dass der Beschichtungsstoff beim Tauchvorgang an ausnahmslos alle Oberflächenbereiche des Bauteils gelangt und die bei den Sprühverfahren häufig auftretenden Schattenbereiche vermieden werden. Schmelztechnisch erstellte Metallüberzüge resultieren aus einer atomaren Reaktion von Flüssigmetall mit dem Bauteilwerkstoff. Lufteinschlüsse sollten vermieden werden, da diese Explosionen verursachen könnten.

| Prinzip des Tauchens | | |
|---|---|---|
| Verfahren/Beschreibung | Vorteile/Nachteile | Anwendung |
| Schmelztauchen von Metallen (z.B. Feuerverzinken) Das Stahlbauteil wird in eine Zinkschmelze (Temperatur ca. 450 °C) getaucht und reagiert mit dem Metall. Nach dem Herausheben aus der Schmelze bleibt eine Zinkschicht auf dem Bauteil haften. | Guter Korrosionsschutz gegen Atmosphäreneinflüsse. Fest mit dem Bauteil verbundene Metallschicht. Verzug der Bauteile durch Erwärmung. | Pkw-Karosserien, Lkw-Chassis, Schrauben, Kleinteile, Träger- und Stahlbauprofile |

Abb. 4: nach [9]

*Anwendung und Materialien*
Eintauchverfahren kommen zum Einfärben oder Lackbeschichten von Bauteilen jeglicher Art in Betracht. Für den Textilbereich sind sie ohne Alternative. Das Schmelztauchen wird zum Aufbringen von Metallüberzügen aus Zinn, Zink, Blei oder Aluminium auf Stahlbauteile zum Zweck des Korrosionsschutzes angewendet. Übliche in Metallschmelze getauchte Bauteile sind Pkw-Karossen, Schrauben oder Stahlprofile für das Baugewerbe.

| Technisch verwendete Schmelztauchschichten | |
|---|---|
| Schmelztauchschichten | Basiswerkstoff |
| Al- oder Al-Legierungen (Schmelzpunkt von Al: 659°C) | niedrig legierter Stahl, Chromstahl, Cr/Ni-Stahl |
| Pb- oder Pb-Legierungen (Schmelzpunkt von Pb: 327°C) | niedrig legierter Stahl, Zink, Cu- und Al-Werkstoffe |
| Sn- oder Pb/Sn-Legierungen (Schmelzpunkt von Sn: 323°C) | niedrig legierter Stahl, Gusseisen, Al-, Ni-, Co- oder Cu-Werkstoffe, Messing, Bronze, Zink, Kadmium, Blei, Silber, Gold, Platin |
| Zn- oder Zn-Legierungen (Schmelzpunkt von Zn: 420°C) | niedrig legierter Stahl, Gusseisen, Bronze, Messing, Cu-Werkstoffe |

Abb. 5: nach [18]

*Schichtdicken*
Durch Tauchbeschichten werden sehr gleichmäßige Schichten mit konstanten Dicken erzielt. Bei den einfachen Tauchvorgängen kann die Dicke durch mehrfaches Wiederholen des Vorgangs variiert und beeinflusst werden. Die erreichbaren Metallschichten durch Schmelztauchen weisen Dicken von bis zu 300 Mikrometern auf.

| Erreichbare Schichtdicken beim Schmelztauchen | |
|---|---|
| Verfahren | Schichtdicke in μm |
| Feueraluminieren | 20…100 |
| Feuerverbleien | 5…300 |
| Feuerverzinnen | 2…20 |
| Feuerverzinken | 7…20 |

Abb. 6: nach [18]

*Wirtschaftlichkeit*
Auf Grund des einfachen Verfahrensprinzips werden Tauchprozesse vor allem in der wirtschaftlichen Großserienproduktion mit guten Automatisierungsmöglichkeiten eingesetzt.

Bild: Durch Schmelztauchen verzinkte Schrauben.

*Alternativverfahren*
Spritzlackieren, elektrostatisches Lackieren, thermisches Spritzen oder Galvanisieren bei Metallbauteilen

*Beschriftung mit Laserstrahl*
Ein Laser trägt in definierten Formen den vorher aufgetragenen schwarzen Laserlack ab, bis das weiße Kunststoffmaterial wieder zum Vorschein kommt.

Erscheint eine gelaserte Anzeige tagsüber im Auto unauffällig schwarz mit weißen Symbolen, wird diese nachts durch Hinterleuchtung für den Fahrer hell und deutlich sichtbar.

Fotos: Kunststoff Helmbrechts AG

## BES 1.4
### Beschichten aus flüssigem Zustand – Siebdruck

Die Ursprünge des Siebdruckverfahrens liegen in China, wo schon vor einigen Jahrhunderten Drucksiebe aus Pferdehaaren geflochten und zum Bedrucken von Kleiderstoffen genutzt wurden. Auf das entstandene Gewebe wurde die Negativform des gewünschten Objekts gemalt und anschließend die Farben durch die offenen Poren vorsichtig getupft.

*Verfahrensprinzip*
Seit den Anfängen des Verfahrens hat sich relativ wenig am Grundprinzip der Siebdrucks geändert. Heute sind die Rahmen aus Aluminium (übliche Größen 100 x 75 cm$^2$) und werden mit einem Gewebe bespannt. Für diese werden keine Tierhaare mehr verwendet, sondern es kommen vielmehr Kunststoff- (Polyester, Nylon) und Naturfasern oder Metalldrähte (Edelstahl, Bronze) zur Anwendung (Hofmann, Spindler 2004). Die Dicke der Faserstränge und somit die Feinheit des Siebes richtet sich nach der gewünschten Genauigkeit und Auflösung des späteren Drucks.

Die *Druckschablone* wird in der Regel fotolithografisch hergestellt. Hierzu wird das Gewebe mit einer lichtempfindlichen Emulsion bestrichen und anschließend mit der Negativform des Drucks belichtet. Das fotosensitive Material härtet aus und bewirkt eine Abdichtung des Siebs an den Stellen, die nachher nicht für die Druckfarbe durchlässig sein sollen. Die restliche Emulsion wird ausgewaschen. Für den eigentlichen Druck wird eine hochviskose Masse, bestehend aus Farbpartikeln, Binder und Lösungsmittel, mit einem *Rakel* über das Sieb der entstandenen Schablone gezogen. Die Farbpartikel dringen durch die noch durchlässigen Bereiche des Gewebes und erreichen die zu bedruckende Fläche. Siebtechnisch erstellte Drucke weisen auf Grund der Gewebestruktur stets eine gewisse Rasterung auf (vgl. mit der Pixelerscheinung beim digitalen Druck), da das Druckmotiv durch die Fasern natürlich nur bedingt angenähert werden kann. Für einen Vielfarbendruck sind mehrere Siebe erforderlich.

Das Aufbringen eines Drucks auf unebenen, dreidimensionalen Oberflächen kann durch Verwendung eines über eine Zahnstange gesteuerten Rollblocks innerhalb einer Siebdruckanlage vorgenommen werden. Zur Beschichtung bahnförmiger Materialien kommen *Rotationssiebdruckwerke* zur Anwendung (Eberle et al. 2003).

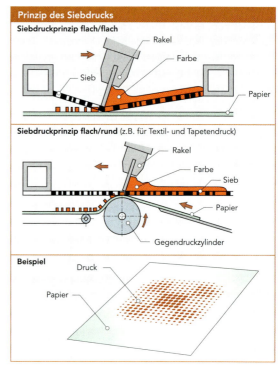

Abb. 7: nach [14]

*Anwendung und Materialien*
Mit dem Siebdruckverfahren können im Grunde alle Materialien bedruckt werden, die eine feste Konsistenz aufweisen (Glas, Kunststoff, Keramik, Holz, Stein, Metall). Dabei ist fast jegliche Art von Druckfarben verwendbar. Für die Dekoration von Lebensmitteln können sogar Schokolade, Kakao oder Marmelade aufgebracht werden.

Im traditionellen Druckgewerbe hat der Siebdruck für das Bedrucken selbstklebender Folien mit ca. 40% aller Einsatzfälle die größte Bedeutung. Mit Anteilen von je 20% folgen die Bereiche Kunststoff, Papier und Karton. Eine weitere interessante Anwendung, gerade vor dem Hintergrund der großen Gestaltungsfreiräume, ist die Möglichkeit zum Bedrucken von Kleidung und textilen Stoffen wie T-Shirts. Aber auch Metalle können im Siebdruckverfahren beschichtet werden. Hier ist vor allem das Drucken von Schaltkreisen, Leiterplatten und elektronischen Leitungen in der Computerindustrie zu nennen. Und auch im Glasbereich wird das Verfahren für das Bedrucken von Flachgläsern im Haushalts-, Büro- und Elektrogerätebereich wirtschaftlich eingesetzt.

Weitere typische Anwendungen sind das Aufbringen von Heizelementen auf die PKW-Heckscheiben, das Bedrucken von Verkehrs- und Reklameschildern oder einer Musik-CD bzw. DVD.

Bild: Kunststoff PRIPLAK® durch Siebdruck beschichtret./ Hersteller: Arjo Wiggins

Für die Keramikindustrie werden mittels Siebdruck Dekore auf Tellern und Tassen aufgebracht.

Im Bereich der freien Künste wird die Technologie schon seit den 20er Jahren des vorigen Jahrhunderts zur Erstellung von Kunstgrafiken genutzt.

*Schichtdicke*
Die im Siebdruckverfahren erreichbaren Schichtdicken liegen zwischen 10 und 100 Mikrometern.

Bild: »SUPERLINE« Messbecher durch Siebdruck beschichtet./ Foto: EMSA GmbH

*Wirtschaftlichkeit*
Die Kosten für Ausrüstung und Farbe zum Siebdrucken sind verhältnismäßig gering. Die Arbeitsprozesse sind einfach zu handhaben und gut reproduzierbar. Das Verfahren eignet sich sowohl zur Erstellung einzelner Drucke als auch für größere Stückzahlen. Besonders wirtschaftlich ist die Verwendung von nur einer Farbe, da auf den Wechsel eines Siebes verzichtet werden kann. Bei zwei Dritteln aller industriell vergebenen Siebdruckaufträge werden weniger als 1000 Bögen pro Druckauftrag gedruckt. Trotz der Entwicklungen im digitalen Druckbereich konnte sich das Verfahren auf Grund der fast unbegrenzten Einsatzmöglichkeiten, der vergleichsweise hohen Farbdicke, der Wetterbeständigkeit und Abriebfestigkeit der gedruckten Schichten bislang erfolgreich behaupten. Lediglich zum Bedrucken großflächiger Poster hat das Verfahren an Bedeutung verloren. Siebdruck-Dienstleister sind auf dem Markt vorhanden.

*Alternativverfahren*
Tampondruck, Lackieren, Digitaldruck, Wassertransferdruck

Bild unten: Verschiedene Verpackungen durch Siebdruck beschichtet./ Foto: HUBER VERPACKUNGEN GmbH + Co. KG

# RAL ist die Sprache der Farbwelt

**RAL**
*Deutsches Institut für Gütesicherung und Kennzeichnung e.V.*

*Siegburger Straße 39
D-53757 Sankt Augustin*

*Telefon:
+49-(0) 2241-16 05-0*

*RAL-Institut@RAL.de
www.RAL.de*

Seit 1927 bedient sich die deutsche Farbenwirtschaft der RAL-Farben. Seither wurden sie im In- und Ausland zu einem Begriff für standardisierte Farbvorlagen. Im Normenwerk wie im Handel, in der Architektur wie im Straßenverkehr und in den einzelnen Zweigen industrieller Fertigung – überall sind es RAL-Farben, die das farbliche Bild bestimmen.

Die Industrie verwendet bei der Herstellung ihrer Produkte die RAL-Farbvorlagen, um somit auf einfachste Art und Weise, Farben zu definieren und unmissverständlich festzulegen. Dazu gehören u.a. die Lack- und Farbenindustrie, die Textil- und Kunststoffindustrie und der gesamte Automotive-Bereich.

RAL-Farben sind nicht nur in Deutschland ein Begriff, sie sind vielmehr weltweit bekannt und im Einsatz.

Farbe ist mit allen Dingen und Gegenständen verknüpft, mit denen der Mensch in Berührung kommt. Jedes Objekt, ob es auf natürliche Weise entstanden ist oder künstlich geschaffen wurde, hat neben allen seinen anderen typischen Eigenschaften auch eine Farbe, die bunt, schwarz oder weiß sein kann.

Einen äußerst starken Einfluss nimmt die Farbe auch auf den Menschen. Durch farbliche Gestaltung von Wohn- und Arbeitsräumen kann das persönliche Wohlbefinden sehr weitgehend positiv oder negativ beeinflusst werden. Auch können mit Hilfe von Farben Menschen geleitet werden. Grün vermittelt z.B. den Eindruck von Gefahrlosigkeit, Rot hingegen signalisiert Gefährdung. Diese allgemein empfundene Wahrnehmung entspricht der natürlichen Empfindung des Menschen, unabhängig von eigenen Farbvorlieben.

Darüber hinaus ist Farbe ein sehr wichtiges und häufig sogar entscheidendes Verkaufsargument. Farbe kann tarnen oder warnen, locken oder abstoßen.

So steht der Mensch lebenslang, teils bewusst oder unbewusst, unter dem Einfluss von Farbe. Daher erscheint es umso verständlicher, dass ein derart alltäglicher Begriff mehr Problematik enthält als jede andere Materialeigenschaft. Das beginnt bereits mit dem Begriff der Farbe selbst, der sowohl die Farbe des Objektes bezeichnet als auch den farbgebenden Anstrich meinen kann.

Auch wird der Farbeindruck mit abnehmendem Tageslicht schwächer und erlischt schließlich vollständig. Weiterhin verändert eine Farbe vollständig ihren Charakter, wenn sie statt mit weißem, mit farbigem Licht beleuchtet wird.

**Warum nun RAL-Farbvorlagen?**

Man geht davon aus, dass der Mensch etwa 10 Millionen Farben visuell unterscheiden kann. Da aber die Übergänge von einer »Farbe« zur nächsten derart fließend sind, kann man eine praktische Allgemeingültigkeit aus dem visuellen Erscheinungsbild nicht ableiten.

Auch leuchtet es unmittelbar ein, dass ein solch großes Spektrum von möglichen Farben keine wirtschaftliche Produktion ermöglicht. Die farbverwendende Wirtschaft hat deshalb eine Auswahl an Farben getroffen, die als Standardfarben zur Anwendung empfohlen werden. Für diese Farben hat RAL im Auftrag der betroffenen Wirtschaftskreise Farbvorlagen entwickelt, die diese als Referenzstandard für die Definition der eigenen Farbtöne verwenden.

## Die RAL CLASSIC FARBSAMMLUNG

Die RAL Farben mit dem vierstelligen Nummerncode sind seit über 75 Jahren ein Maßstab der Farbgebung. Die anfänglich 40 Farben umfassende Farbsammlung wuchs im Laufe der Zeit auf 210 Farbtöne. Die Basissammlung für matte Farbtöne ist das Register RAL840-HR, für glänzende Farbtöne das Register RAL 841-GL.

Farbtöne des öffentlichen Lebens wie beispielsweise Feuerwehr-, Post-, Verkehrs- und Signalfarben sowie diverse Regelungen aus DIN-Normen sind in dieser Sammlung enthalten.

Weitere Produkte innerhalb der RAL-CLASSIC-Sammlung sind der Farbfächer K5 mit vollflächiger Farbdarstellung und die Übersichtsfächer K1 und K7.

Abgerundet wird das Produktangebot durch Übersichtskarten und DIN A4 Einzelfarbtonkarten.

## Das RAL DESIGN SYSTEM

Das RAL DESIGN System wurde speziell für die professionelle Farbgestaltung entwickelt. Es enthält 1688 systematisch geordnete Farbtöne und folgt dabei dem von der CIE (Commisson International d'Eclairage) festgelegten international verwendeten Farbmeßsystem. Die Farbabstände der einzelnen Farben sind durch die CIELAB-Farbabstandsformel definiert, die auch in der DIN 6174 verankert ist. Jeder dieser mit einer siebenstelligen Farbnummer gekennzeichnete Farbton ist eine definierte, eigenständige RAL-Farbe. Im Gegensatz zu den Farben der RAL-CLASSIC Sammlung, deren Zahlen willkürlich zugeordnet sind, gibt die jeweilige Farbnummer einen messtechnisch ermittelten Wert für Buntton, Helligkeit und Buntheit an. So ist beispielsweise RAL 210 60 30 eine Farbe mit dem Buntton 210, der Helligkeit 60 und der Buntheit 30. Möchte man diese Farbe mit einer anderen helleren Farbe harmonisch kombinieren, so kann man z.B. RAL 210 70 30 wählen, da diese in Buntton und Buntheit mit der zuerst genannten Farbe übereinstimmt, aber einen größeren Helligkeitswert besitzt.

Aufgrund dieser definierten Eigenschaften der Farbtöne des RAL DESIGN Systems ist ein problemloses Kombinieren und Gestalten innerhalb dieses Systems leicht möglich.

Die Abbildung 1 zeigt den räumlichen Aufbau des RAL DESIGN Systems. In diesem sind die Bunttöne in der Abfolge der Spektralfarben im Kreis angeordnet, die Benennung erfolgt nach Winkelgraden.

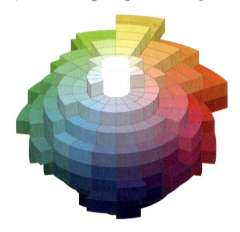

*Abbildung 1*

In den Abbildungen 2 und 3 wird der Begriff der Buntheit deutlich. Die Buntheit einer Farbe ist die Intensität ihrer Farbigkeit, sie nimmt von der zentralen Unbuntachse nach außen hin zu.

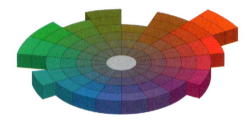

*Abbildung 2*

*Abbildung 3*

Die einzelnen Produkte des RAL DESIGN System entsprechen analog den genannten Produkten der RAL CLASSIC Sammlung.

## Kapitel BES
### Beschichten und Veredeln

## BES 1.5
### Beschichten aus flüssigem Zustand – Tampondruck

Neben dem Sieb-, dem Wassertransfer- und dem Digitaldruck ist der Tampondruck eine der bedeutendsten Drucktechniken.

*Verfahrensprinzip*
Beim Tampondruck wird das Druckbild als Vertiefung in eine Platte geätzt (Ätztiefe 15–30 µm) und die entstandene Senke, auch unter dem Begriff *Klischee* bekannt, mit Farbe befüllt. Zur Übertragung der Farbe auf die zu bedruckende Bauteiloberfläche werden *Silikontampons* verwendet. Silikonkautschuk  KUN 4.3.2 hat besondere medien- und farbabweisende Eigenschaften und eignet sich daher als ideales Material für den Farbtransport. Während des Drucks werden die Tampons über das Klischee geführt und in die mit Farbe gefüllten Vertiefungen abgesenkt. Das Druckbild haftet in Form der Farbpartikel an der Silikonoberfläche und kann übertragen werden. Ein Mehrfarbendruck ist mit dem beschriebenen Verfahrensprinzip möglich.

*Anwendung und Materialien*
Auf Grund der unterschiedlichen elastischen Eigenschaften der verwendeten Silikontampons können im Prinzip alle festen Materialien wie Kunststoffe, Glaswerkstoffe, Metalle, Keramiken, Hölzer, Leder oder Gesteine im Tampondruck bedruckt werden. Die Drucktechnologie kommt somit in vielen industriellen Bereichen zur Anwendung und hat vor allem für kleine Bauteile eine große Bedeutung. Ein großer Vorteil des Verfahrens gegenüber anderen Drucktechnologien ist die Möglichkeit zum Bedrucken unebener und dreidimensional geformter Flächen. Typische, mit einem Tampon bedruckte Produkte sind Werbeartikel wie beispielsweise Kugelschreiber, Feuerzeuge und Schlüsselanhänger, Spielzeuge, Sportartikel, Fotoapparate oder auch medizinische Geräte. Da auch sehr feine Druckbilder erzeugt werden können, wird das Verfahren auch zur Aufbringung von Beschriftungen angewendet (Müller 2003).

Bild unten: Taschenmesser mit Lacken von BERLAC beschichtet. Schalen aus schwarzem Kunststoff (ABS) mit silberner BERLAPRINT Tampondruckfarbe und anschließend mit schützendem UV-Klarlack beschichtet./
Lacke von: BERLAC AG, Lacquers & Effects, Schweiz

**Folienbeschriftung**
*Für die Beschriftung von Bauteilen oder Schildern können auch selbstklebende, konturgeschnittene Folien verwendet werden.*

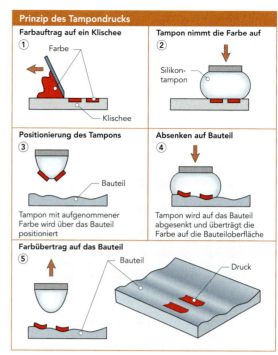

Abb. 8: nach [2]

*Schichtdicken*
Im Tampondruck werden Schichtdicken von etwa 6 bis 10 Mikrometern aufgetragen (Ashby, Johnson 2004).

Bild: Bedrucken von Bauteilen durch Tampondruck./
Foto: Kunststoff Helmbrechts AG

*Wirtschaftlichkeit*
Der Tampondruck ist ein günstiges Druckverfahren, mit dem zeitlich kurze Druckvorgänge möglich sind. Die Investitions- und Betriebskosten einer Tampondruckmaschine sind vergleichsweise gering. In der Hauptsache wird die Produktivität des Verfahrens durch die kleinen Druckformate beschränkt. Der maximale Druckbereich beträgt meist nicht mehr als einen Quadratmeter. Zahlreiche Dienstleister erledigen Aufträge im Tampondruck.

*Alternativverfahren*
Siebdruck, Lackieren, Digitaldruck, Wassertransferdruck

## BES 1.6
### Beschichten aus flüssigem Zustand – Emaillieren (Glasieren)

Emaillieren bezeichnet ein Verfahren zum Aufbringen einer glasartigen Schicht auf eine feste Materialoberfläche, mit dem schon im alten Ägypten vor 3000 Jahren die Masken von Pharaonen als Grabbeilage dekoriert wurden.

*Verfahrensprinzip*
Zum Emaillieren dient ein farbloses Glas als Grundstoff. Dieses wird fein pulverisiert, mit destilliertem Wasser zu einem *Schlicker* vermischt und durch Tauchen, Spritzen, Gießen oder einfach mit dem Pinsel auf die Oberfläche metallischer Werkstoffe aufgebracht. Anschließend wird getrocknet und das Email bei Temperaturen zwischen 800°C – 950°C (Bergmann 2002) in die Materialoberfläche eingebrannt. Das Gemisch schmilzt innerhalb weniger Minuten, verteilt sich gleichmäßig und erstarrt beim Abkühlen in einen glasartigen Zustand. Vor der Beschichtung müssen die Metalloberflächen gereinigt werden. Dies kann durch Abkochen, Bürsten, Beizen oder Glühen geschehen (Adams 1999).

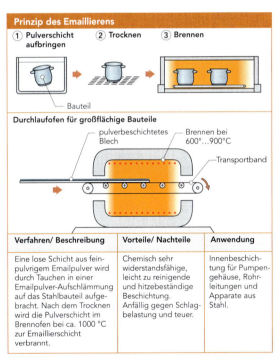

Abb. 9: nach [2, 9]

Meist wird Email in mehreren Schichten aufgetragen. Die erste Schicht ist das *Grundemail*, durch die eine gute Haftung mit dem Untergrund hergestellt wird. Das *Deckemail* bewirkt die letztendliche Eigenschaft der entstehenden Oberfläche. Email ist in mehreren Farben erhältlich. Die Schichten lassen sich leicht reinigen und weisen gegenüber Chemikalien eine ebenso hohe Resistenz auf wie Glas. Zudem sind sie bis etwa 450°C hitzebeständig. Die Härte von Email übersteigt die anderer Beschichtungen wie Lacken oder Silikonharzen und ist somit robust gegen mechanischen Abrieb.

*Schichtdicken*
Die Dicken von Emailbeschichtungen liegen zwischen 0,1 mm und 1,5 mm.

*Anwendung und Materialien*
Emailbeschichtungen findet man auf Grund der Widerstandsfähigkeit gegenüber einer Vielzahl von Chemikalien vor allem im chemischen Apparatebau. Darüber hinaus macht die glasartige Erscheinung in den unterschiedlichsten Farben das Verfahren schon seit einigen Jahrhunderten für die Schmuckherstellung interessant. Emaillierte Produkte sind wegen der leicht zu reinigenden und hitzebeständigen Oberflächen im Haushaltsbereich, im Bad und bei der Wasseraufbereitung zu finden. Außerdem ist das Verfahren für die pharmazeutische Industrie geeignet, da aus der Beschichtung nahezu keine Fremdstoffe an die Umgebung abgegeben werden.

Stahl, Gusseisen, Aluminiumlegierungen, Kupfer sowie Gold können emailliert werden. Für Silber benötigt man einen Spezialsilberfondant.

*Wirtschaftlichkeit*
Emaillieren ist ein im Vergleich teures und energieintensives Beschichtungsverfahren. Es wurde daher im Laufe der letzten Jahre von anderen Beschichtungsverfahren verdrängt, wird aber auf Grund der besonderen Eigenschaften von Email für bestimmte Anwendungen wirtschaftlich eingesetzt. Stehen die ästhetischen Qualitäten im Vordergrund, kann mit keinem Alternativverfahren ein ähnlicher Effekt erzielt werden.

*Alternativverfahren*
Pulverbeschichten, Lackieren

*Bild unten: Badewanne aus Gusseisen, innen weiß emailliert und außen weiß lackiert./ Foto: Manufactum*

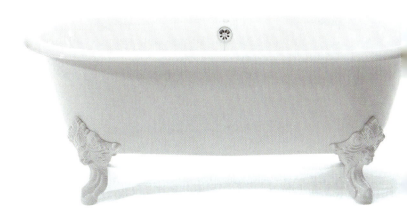

## Kapitel BES
### Beschichten und Veredeln

## BES 2
## Dekorationsverfahren

### BES 2.1
### Dekorationsverfahren – Wassertransferdruck

Der Wassertransferdruck ist ein relativ neues Verfahren, das für das Drucken auf dreidimensionalen Flächen und Körpern erhebliche Potenziale aufweist. Es ist auch unter den Namen *Cubic Printing*, *3D-Printing*, *3D Coating* oder *Water Transfer Printing* bekannt.

*Verfahrensprinzip*
Beim Wassertransferdruck wird das entsprechende Druckbild oder Dekor zuerst auf einen Trägerfilm gedruckt und auf ein Wasserbad gelegt. Die Trägersubstanz löst sich auf, Dekor oder Druck schwimmen auf der Oberfläche der Flüssigkeit. Anschließend werden die Farben mit einem Aktivator angelöst. Ein Ölfilm entsteht, der das gewünschte Dekor vollständig abbildet. Die zu bedruckenden Bauteile werden nach Vorbehandlung oder Grundierung einfach in das Wasserbad getaucht. Der allseitige Wasserdruck bewirkt ein gleichmäßiges Anlegen des Druckbildes auf die Körperoberfläche. Selbst komplexe Freiformflächen erhalten auf diese Weise ein gewünschtes Muster. Es können auch strukturierte Druckbilder aufgebracht werden. Nach dem Druckvorgang werden die Flächen gereinigt und Farbrückstände entfernt und getrocknet. Abschließend erfolgt in der Regel eine Fixierung des Druckbildes mit einem Klarlack.

*Anwendung und Materialien*
Im Wassertransferdruck können dreidimensionale Körper aus Kunststoff, Keramik, Metall, Glas oder Holz bedruckt werden. Das Dekorationsverfahren ist insbesondere für Autolackierungen geeignet. Ein prominentes Beispiel ist das Smart City-Coupé, das seit Anfang 1999 mit so genannten *Bodypanels* ausgeliefert wird, die keinen einheitlichen Farbton, sondern ein wolkiges Design aus ineinander laufenden Farbflächen tragen. Weitere Anwendung findet die Technik bei Gehäusen für elektrische Geräte von Computerbildschirmen, Notebooks, Fernsehern, Uhren, Digitalkameras, Mobiltelefonen, Kaffeemaschinen und Kühlschränken, im Interieurbereich für Bilderrahmen, Türknöpfe und Möbel oder im Sportbereich für Autofelgen, Tennisschläger, Fahrräder und Sturzhelme. Dienstleister bieten den Druck von mehreren Hundert Standarddekoren (z.B. Wurzelholz-, Carbon-, Granit-, Marmoreffekte und Verspiegelungen). Auch können individuelle Filme auf Basis einer Vorlage erstellt und selbst fotorealistische Motive gedruckt werden.

*Schichtdicken*
Die üblichen erzielbaren Schichtdicken der Druckbilder liegen für den Wassertransferdruck bei etwa 6–10 Mikrometern (Ashby, Johnson 2004).

Bild: Mobiltelefondekor in Wurzelholzoptik durch Wassertransferdruck./ Foto: Dips ›n‹ Pieces, Wiehl

Bild: Mobiltelefondekor in Karbonoptik durch Wassertransferdruck./ Foto: Dips ›n‹ Pieces, Wiehl

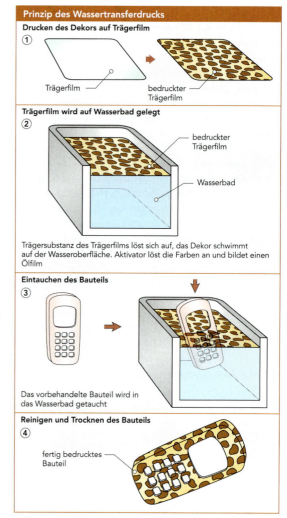

Abb. 10

*Wirtschaftlichkeit*
Mit dem Verfahren lassen sich beliebige Stückzahlen kostengünstig und qualitativ hochwertig bedrucken. Der Wassertransferdruck ist insbesondere für undefinierte Freiformflächen geeignet.

*Alternativverfahren*
Siebdruck, Tampondruck, Heißprägen

Bild: Innenraumdekor durch Wassertransferdruck./ Foto: Dips ›n‹ Pieces, Wiehl

## BES 2.2
### Dekorationsverfahren – Heißprägen

**Verfahrensprinzip**
Heißprägen ist ein Trockendruckverfahren, bei dem das Dekor unter Wärme (250-300°C) und hohem Druck von einer Folie mit Hilfe eines Stempels auf eine Oberfläche übertragen wird. Farbpigmente lösen sich von der Trägerfolie und gehen mit dem Bauteil eine Klebeverbindung ein.

Die Ursprünge des Verfahrens können weit zurückverfolgt werden. Bereits vor 4000 Jahren wurde in Ägypten *Blattgold* zum Verzieren von Mumien verwendet. Erste Prägeverfahren entstanden im Mittelalter, wo Mönche zur Kennzeichnung ihrer Bücher Metallletter auf lederne Buchrücken aufbrachten. Nachdem in den 30er Jahren des 20. Jahrhunderts die produktionstechnischen Voraussetzungen zur Herstellung von Metall- und Farbfolien entdeckt wurden, konnte mit der steigenden Bedeutung synthetischer Werkstoffe in den 50er und 60er Jahren die Technik des Heißprägens entwickelt werden. Sowohl einfache Markierungen, Ziffern, Linien und Schriften lassen sich auf Oberflächen aus thermoplastischen, duroplastischen und elastomeren Werkstoffen übertragen. Mit den heutigen Folien sind die Prägungen abrieb- und kratzfest und verfügen über eine hohe Resistenz gegenüber physikalischen und chemischen Einflüssen. Zur Steigerung der Effizienz kommen bei größeren Stückzahlen auch beheizte *Prägeräder* oder *-walzen* zum Einsatz.

Bild: Heißprägung auf einem Eiskratzer.

**Schichtdicken**
Es lassen sich Schichtdicken zwischen 1 und 50 Mikrometern realisieren.

**Anwendung und Materialien**
Das Heißprägen ist in fast allen Bereichen der Kunststoffindustrie eingeführt. Neben textlichen Hinweisen werden überwiegend dekorative Elemente aufgebracht. Das Verfahren wird für Bauteile aus synthetischen Materialien ebenso angewendet wie für Holz, Leder, Textilien, Papier, Kartonagen und lackierte Metallteile. Vor allem aus dem Bereich der Verpackungsindustrie, der Pharmazie, der Unterhaltungselektronik und der Fahrzeugindustrie sind Heißprägefolien nicht mehr wegzudenken.

Anwendungsbeispiele sind Wappen auf Reisepässen, Hologramme auf Scheckkarten, Hinweise auf Infusionsbeuteln, Schriften für Bucheinbände, Verwendungshinweise auf Bügeleisen, Pflegeinformationen auf Lederwaren oder Ohrmarken für Kälber.

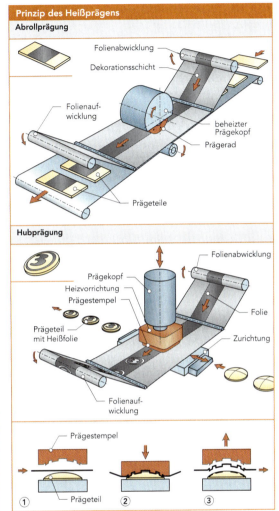
Abb. 11

**Wirtschaftlichkeit**
Die Anlagenkosten für das Heißpressen sind moderat, und auch das Handling mit den Bauteilen ist einfach. Daher eignet sich das Verfahren sowohl für große als auch für kleine Serien. Dekorwechsel sind leicht durch Austauschen der Folienrollen zu realisieren. Die Potenziale der Technologie sind noch lange nicht ausgeschöpft. Mögliche Steigerungsraten werden in den Bereichen Sicherheit und Automobilbau erwartet.

**Alternativverfahren**
Siebdruck, Wassertransferdruck, Tampondruck, In-Mold Decoration

---

*Kaschieren/Laminieren* ist das Verbinden mehrerer Lagen gleicher oder verschiedener Materialien, in der Regel von Folien → PAP 2.3.

Laminate sind mehrlagige Werkstoffe, die durch Verpressen und Verkleben mindestens zweier Lagen gleicher oder verschiedener Materialien entstehen → KUN 1.6. Es gibt einseitige Schutzlaminate in Form von Klebe-, Kunststoff- oder auch Metallfolien, die die mechanischen, thermischen, chemischen oder auch optischen Eigenschaften eines Bauteils verbessern. Es lassen sich auch Profile ummanteln.

Bild: Schichtholz mit metallischer Profilummantelung.

HPL (High Pressure Laminate) ist ein spezielles Laminat, das aus gepressten Holzfasern und Kunststoff besteht → HOL 3.5.1. Es wird zur Beschichtung von Möbeln (z.B. Tische, Arbeitsplatten, Schränke) verwendet.

Bild: HPL gibt es in sehr vielen Farben, Mustern und Oberflächenstrukturen/
Hersteller: ABET Inc.

## Kapitel BES
### Beschichten und Veredeln

### BES 2.3
### Dekorationsverfahren – In-Mold Decoration

Die Technik der In-Mold Decoration (IMD-Verfahren) kombiniert das *Heißprägen* ↗ BES 2.2 mit der Möglichkeit zum *Hinterspritzen* von Folien ↗ FOR 1.2. Kunststoffteile entstehen, die in einem Verfahrensschritt gespritzt und mit einem Druckbild versehen werden.

#### Verfahrensprinzip
Eine bedruckte, heißgeprägte Folie (meist aus Polyester ↗ KUN 4.1.10) wird in ein Spritzgießwerkzeug eingelegt und plastifizierter Kunststoff unter hohem Druck zugeführt. Die Folie presst sich unter Wärme in die Kavität und bildet den gewünschten Formkörper ab. Gleichzeitig löst sich beim Auftreffen der Schmelze das Dekor vom Folienträger und überträgt sich auf das Formteil. Nach Abkühlung der Kunststoffmasse wird das Bauteil vom Träger entnommen und Folienmaterial mit Hilfe einer Vorschubeinrichtung erneut in Position gebracht. Die Folie kann Endlosdekore oder einzelne Bilder im Vielfarbdruck tragen.

Das Verfahren wurde erstmals 1985 von der Leonhard Kurz GmbH auf dem Markt präsentiert.

*Bild: Wechselschalen von Sony Ericsson, beschichtet im IMD-Verfahren./ Foto: Kunststoff Helmbrechts AG*

#### Schichtdicken
Sehr geringe Wanddicken sind mit In-Mold Decoration zu realisieren. Ein Beispiel sind Scheckkarten mit einer Wandstärke von nur 0,8 mm. Toleranzen von weniger als 0,2 mm können eingehalten werden.

#### Anwendung und Materialien
Mit dem IMD-Verfahren werden vollflächige Druckbilder auch auf komplizierte Freiformflächen mit großen Radien übertragen, die bislang nur in aufwändigen Heißprägeverfahren in einem separaten Arbeitsgang hergestellt werden konnten. Dabei lassen sich sowohl Farben übertragen (z.B. Wurzelholzdekore) als auch Bauteiloberflächen mit Bildern, Texten und metallischen Bereichen realisieren. Das Verfahren findet als Dekorationsverfahren weitere Anwendung im Bereich der Kosmetik- und Verpackungsindustrie. Auch Gehäuse von Elektrogeräten der Unterhaltungsindustrie und Kunststoffverkleidungen in der Automobilindustrie werden durch das Verfahren bedruckt.

*Bild: Display, bedruckt durch IMD-Verfahren.*

Weitere Anwendungsfelder sind der Sportbereich (Skibindungen, Turnschuhsohlen), die Möbelindustrie oder Haushaltsgeräte wie Staubsauger, Bügeleisen oder Kaffeemaschinen. Heute können fast alle Thermoplaste durch die IMD-Technik verarbeitet werden. Eine Ausnahme bildet lediglich Polyethylen. Wenn die Rohstoffe keine groben Verunreinigungen enthalten, lassen sich selbst recycelte Polymere verwenden.

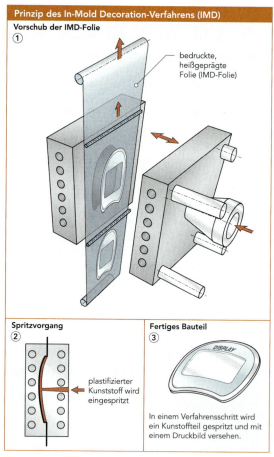

Abb. 12

#### Wirtschaftlichkeit
Die Reduzierung von Formgebung und Dekoration auf einen Prozessschritt führt zu einer erheblichen Senkung der Produktionskosten.
Es entfallen Handling und Zwischenlagerung. Der Wechsel eines Dekors kann einfach durch Wechsel einer Folienrolle erfolgen. Somit können auch Kleinserien ohne Werkzeug- oder Rohstoffwechsel kostengünstig realisiert werden. Meist müssen bei einem Dienstleister Folienmindestlängen abgenommen werden.

#### Alternativverfahren
Heißprägen, Siebdruck, Tampondruck, Wassertransferdruck

## BES 3
### Beschichten aus breiigem Zustand – Putzen

Putzen oder Verputzen ist ein Beschichtungsverfahren auf Basis eines breiigen Zustandes des Beschichtungswerkstoffs. Es hat den Zweck, ein Mauerwerk vor Witterungseinflüssen und Feuchtigkeit zu schützen und darüber hinaus eine gewisse Wärmedämmung zu ermöglichen.

Bild: Verputzte Wände im Hausinnenbereich./ banz+riecks architekten

### Verfahrensprinzip
Nach grober Säuberung des Mauergrunds und Entfernung alter und beschädigter Putzschichten kann mit dem Auftrag des für den entsprechenden Anwendungsfall optimalen Mörtels MIN 4.7 begonnen werden. Dieser wird in der Regel kurz vor der Verarbeitung angemischt, dann aufgestrichen, angeworfen oder unter Druck aufgespritzt. Damit der Putz durch Feuchtigkeitsentzug nicht zu schnell abbindet, sollte der Untergrund vorher befeuchtet werden. Dies gilt vor allem für stark saugende Materialienuntergründe.

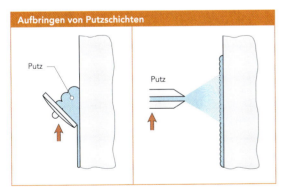

Abb. 13

### Schichtdicken
Während für den Hausinnenbereich einlagige Putzschichten von etwa 1 mm völlig ausreichen, sollten für den Außenbereich mindestens 2 Schichten aufgebracht werden. Dabei ist darauf zu achten, dass eine Mörtelschicht eine Höchstdicke von 1 mm nicht überschreitet, da die Gefahr des Abrutschens der breiigen Masse mit steigendem Gewicht zunimmt.

### Anwendung und Materialien
Beim Putzen wird zwischen Kunstharzputzen und mineralischen Putzen unterschieden:

*Kunstharzputze* werden mit organischen Bindemitteln hergestellt und in der Regel gebrauchsfertig angeboten. Sie sind leicht zu verarbeiten, werden nur dünn aufgetragen und eignen sich daher sehr gut für dekorative Arbeiten.

*Mineralische Putze* werden direkt vor der Verarbeitung aus Bestandteilen wie Sand, Zement MIN 4.6, Kalk MIN 4.4.1 oder Gips MIN 4.6 unter Verwendung von Bindemitteln angemischt. Die Kombination der Einzelbestandteile in Verbindung mit dem benutzten Bindemittel wird auf den entsprechenden Anwendungsfall abgestimmt. Während feuchtigkeitsregulierende *Kalkmörtel* im Innenbereich Verwendung finden, kommen Mörtel aus Kalkzement auf Grund der guten Dehnfähigkeit und großen Festigkeit im Außenbereich zur Anwendung. Zementmörtel ist nur gering elastisch aber resistent gegen Feuchtigkeit. Deshalb wird er im Kellerbereich eingesetzt. Gips- und Anhydritmörtel werden ausschließlich im Innenbereich verarbeitet.

Bild: Wohnhaus mit verputzter Außenfassade./ banz+riecks architekten

### Wirtschaftlichkeit
Putzen bzw. Verputzen ist ein wirtschaftliches Verfahren zur Versiegelung von Mauerwerken gegen äußere Witterungseinflüsse.

## BES 4
### Beschichten aus festem Zustand

### BES 4.1
### Beschichten aus festem Zustand – Thermisches Spritzen

Die thermischen Spritzverfahren haben in den letzten Jahren für die Reparatur von Bauteilen und zur Neuteilherstellung an Bedeutung gewonnen. Die Gründe hierfür sind vielfältig (Witt 2006):

- Eine Kombination verschiedener Schichtwerkstoffe ist möglich.
- Die Kosten bei Reparatur verschlissener Werkstückoberflächen sind niedrig.
- Die niedrige thermische Belastung der Werkstücke vermeidet Verzug und unerwünschte Gefügeveränderungen.
- Das Verfahren ist von der Werkstückgröße unabhängig und auch für komplexe Formgeometrien geeignet.

*Verfahrensprinzip*
Beim thermischen Spritzen wird das Ausgangsmaterial für die Schichterzeugung in der Regel innerhalb einer Spritzeinheit aufgeschmolzen, durch eine Gaszuleitung an der Wärmequelle zerstäubt und mit Druck auf die vorbereitete Bauteilfläche gespritzt. Die Oberfläche des Werkstücks wird thermisch wenig beansprucht. Die ursprünglichen Materialeigenschaften bleiben somit erhalten. Die Eigenschaftswerte der Materialpaarung lassen sich durch die Kombination von Schicht- und Grundwerkstoff sehr flexibel einstellen. Zudem stehen für jeden Anwendungsfall unterschiedliche Verfahrenvarianten zur Verfügung, die sich hinsichtlich Form des Ausgangsmaterials (Pulver, Draht oder Stab), Temperatur und Leistung der Wärmequelle sowie Aufbau der Spritzeinheit voneinander unterscheiden. Folgende Varianten stehen zur Verfügung: *Flamm-*, *Plasma-*, *Laser-*, *Lichtbogen-*, *Drahtexplosions-* oder *Detonationsspritzen*.

*Schichtdicken*
Die durch thermisches Spritzen erreichbaren Schichtdicken liegen zwischen 30 µm und einigen wenigen Millimetern.

*Anwendung und Materialien*
Thermisches Spritzen kommt für den Auftrag von Metall- und Kunststoffbeschichtungen in Betracht, um mechanisch hoch beanspruchte Bauteile gegen Verschleiß und Abrieb zu schützen oder elektrisch leitende, isolierende und wärmedämmende Schichten aufzubringen. In Verbindung mit einer nachträglichen Bearbeitung können auch Verschleißstellen und Herstellungsfehler partiell ausgebessert werden (Anwendungen: Spritzgussformen für Kunststoff). Typische Spritzmaterialien für Gleit- und Verschleißschutzschichten sind Molybdän- oder Nickel-Chrom-Legierungen.

Zum Korrosionsschutz werden Zinn- und Aluminiumlegierungen oder Polyamid eingesetzt.
Auch das Aufbringen von keramischen Beschichtungen ist mit dem Verfahren möglich. Ein Kunststoffauftrag wird in der Regel durch das Pulverflammspritzen vorgenommen. Typische Produkte sind Turbinenschaufeln oder andere mechanisch und thermisch stark beanspruchte Maschinenteile wie Walzen, Lager oder Transportrollen sowie der Unterbodenschutz von Pkw.

**Prinzip des thermischen Spritzens**

**Thermisches Spritzen**

| Verfahren/ Beschreibung | Vorteile/ Nachteile | Anwendung |
|---|---|---|
| Das Beschichtungsmetall (Draht oder Pulver) wird in der Spritzpistole geschmolzen und von einem heißen Druckgasstrom auf das Bauteil gespritzt. Je nach Erschmelzungsart unterscheidet man Flammspritzen, Lichtbogenspritzen und Plasmaspritzen. | Auftrag beliebiger Metalle, Legierungen und Verbindungen. Mechanisch-thermisches Haften der Schicht. Keine thermische Veränderung des Basiswerkstoffs. | Verschleiß- oder Gleitschichten, z.B. aus Molybdän oder NiCrBSi-Legierungen auf Walzen. Erosionsschutzschichten auf Turbinenschaufeln. |

Beispiel: Drahtflammspritzdüse

**Plasmaspritzen**

| Verfahren/ Beschreibung | Vorteile/ Nachteile | Anwendung |
|---|---|---|
| In einer Plasmagas- oder Hochgeschwindigkeits-Spritzpistole wird Metall- oder Keramikpulver geschmolzen und mit großer Geschwindigkeit auf das vorgeheizte Bauteil geschossen. Es bildet sich dort eine festhaftende Schicht. | Auftrag hochschmelzender Einkomponentenschichten und zusammengesetzter Verbundschichten. Nachträglicher und mehrmaliger Auftrag nach Abnutzung ist möglich. | Beschichtung von Turbinenschaufeln, Verschleißplatten, Messerschneiden, Prägewalzen. Schichten aus NiCr80-20 mit Wolframkarbid-Partikeln sowie aus Keramik. |

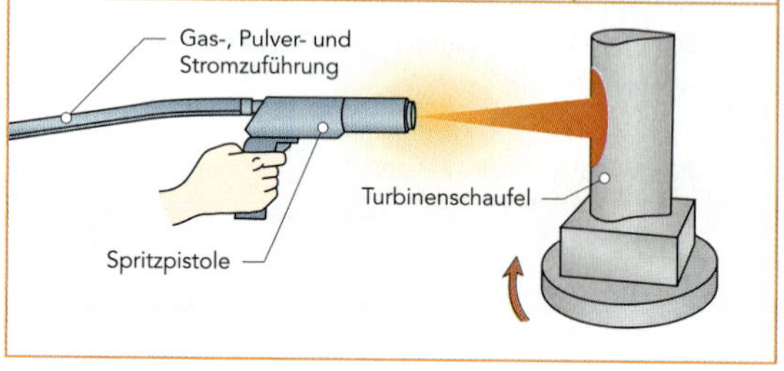

Abb. 14: nach [4, 9, 18]

*Wirtschaftlichkeit*
Thermische Spritzverfahren sind durch eine gute Wirtschaftlichkeit gekennzeichnet. Die Ausfallzeiten der Anlagen sind in den meisten Fällen kurz. Vor allem die Möglichkeit zum Aufbringen einer extrem dünnen Schicht aus hochwertigem Material macht das Verfahren für eine Vielzahl von Anwendungen geeignet.

*Alternativverfahren*
Emaillieren, elektrostatisches Pulverbeschichten bei Kunststoffbeschichtungen, Auftragschweißen/-löten zur Aufbringung hochfester Verschleißschichten

## BES 4.2
### Beschichten aus festem Zustand – Pulverbeschichten

Die Anfänge der Beschichtung mit pulverförmigen und schmelzbaren Überzugsmassen reichen bis in die 50er und 60er Jahre zurück, als ökologische Aspekte eine immer stärkere Bedeutung erhielten. Im Laufe der Jahre wurden Pulverlacke entwickelt, die durch Wärmeeinwirkung auf die Bauteiloberflächen aufgeschmolzen und chemisch vernetzt werden, woraus sich ein gut haftender und geschlossener Überzug ergibt. Wie andere Oberflächenbehandlungstechniken haben auch die Verfahren zur Pulverbeschichtung funktionale und dekorative Funktionen (Pietschmann 2002).

| Aufgaben von Pulverlackbeschichtungen | |
|---|---|
| Dekoration | Schutz |
| - Farbe<br>- Glanz<br>- Verlauf/ Struktur | - mechanische Belastung - Elektroisolation<br>- Korrosionsbeständigkeit - Bewitterung<br>- Chemikalienbeständigkeit |

Abb. 15: nach [19]

*Verfahrensprinzip*
Bei der einfachsten Form der Pulverbeschichtung wird pulverförmiges Material über ein Rüttelsieb oder eine Nadelwalze, in Flüssigkeit gelöste Werkstoffpartikel (Schlicker) über eine Düse auf einen flächigen Werkstoff gestreut oder geschüttet. Der anschließende Temperierungs- und Trocknungsvorgang bewirkt ein Aufschmelzen der Werkstoffbeschichtung, die während der Abkühlung glattgezogen wird.

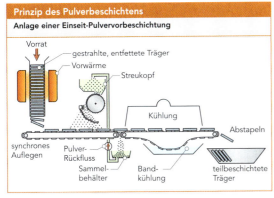

Abb. 16: nach [12]

Das Eigenschaftsprofil der entstehenden Beschichtung richtet sich nach der Zusammensetzung des Werkstoffpulvers bzw. des zugeführten Schlickers und kann reproduzierbar auf den gegebenen Einsatzfall eingestellt werden.

*Anwendung und Materialien*
Vor allem findet das beschriebene Verfahren Anwendung zur Beschichtung von flachen und bahnenförmigen Materialien jeglicher Art oder textilen Stoffen in der Bekleidungsindustrie. Als Beschichtungswerkstoff können eine Vielzahl thermoplastischer Kunststoffe wie Polyethylen (PE), Polyamid (PA), Polyurethan (PU) und Keramiken dienen.

Industrielle Verwendung finden mit Kunststoff beschichtete Bauteile beispielsweise als Förder- oder Transportbänder. Flächige Keramikschichten werden zur Herstellung aktiver Brennstoffzellen benötigt. Sowohl im Bauwesen als auch in der Architektur gehört die Pulverbeschichtung seit Jahren zu den Standardverfahren.

*Schichtdicken*
Schichtdicken zwischen 150 µm und 300 µm sind erzielbar.

*Wirtschaftlichkeit*
Die beschriebenen Anlagentypen werden bei zum Teil sehr hohen Investitionskosten vor allem wirtschaftlich in der Produktion mittlerer bis großer Stückzahlen eingesetzt. Die erzielbaren Fertigungskapazitäten und die Reproduziergenauigkeit sind hoch.

Das Beschichten mit Keramikschlicker ist das bevorzugte Produktionsverfahren zur Herstellung großflächiger und dünner Keramikschichten.

*Alternativverfahren*
elektrostatische Pulverbeschichtung, Spritzen, Emaillieren

Bild: »xice« Computerkühler mit pulverbeschichtetem Blechgehäuse. Durch den dicken Auftrag dieses Beschichtungsverfahrens können kleine Ungenauigkeiten vom Schweißen oder Nachbearbeiten optimal ausgebessert werden.

## BES 4.3
### Beschichten aus festem Zustand – Elektrostatisches Pulverbeschichten

Beim elektrostatischen Pulverbeschichten wird der physikalische Effekt der elektrostatischen Anziehung genutzt, um das Aufbringen einer Kunststoffschicht zu ermöglichen. Es hat in der Gruppe der Beschichtungsverfahren aus dem festen Zustand die weitaus größte Bedeutung (Westkämper, Warnecke 2004).

| Prinzip des elektrostatischen Pulverbeschichtens | | |
|---|---|---|
| Verfahren/ Beschreibung | Vorteile/ Nachteile | Anwendung |
| In Kabinen werden aus Sprühköpfen die Kunststoffteilchen zu einem feinen Nebel versprüht. Sie laden sich durch eine angelegte Hochspannung elektrostatisch auf und bewegen sich entlang elektrischer Feldlinien zum geerdeten Bauteil. In einem Einbrennofen (200 °C) schmilzt die Pulverschicht zusammen und härtet aus. | Lösungsmittelfreies Beschichten mit duroplastischen Harzen. Rückgewinnung des Overspray-Lackpulvers. Umweltfreundlich. Allseitige Beschichtung und gute Haftung auf dem Bauteil. | Beschichtung flächiger und gegliederter Bauteile in der Klein- und Großserienfertigung. |

Abb. 17: nach [9]

Bild unten: DeguDent F3 Fräsgerät für den Dentalbereich mit standsicherem und verwindungssteifem Gussfuß. Der Gerätefuß ist durch elektrostatisches Pulverbeschichten eingefärbt.

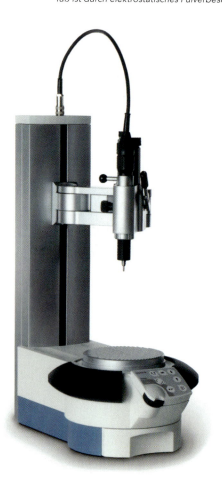

### Verfahrensprinzip
Ein meist duroplastisches Pulver wird fluidisiert und einer Sprühpistole zugeführt. Während der Partikelstrom durch Anlegen einer Hochspannung elektrostatisch negativ aufgeladen wird, erfolgt eine positive Orientierung des Werkstücks durch Erdung der zu beschichtenden Bauteiloberfläche. Die Pulverpartikel entströmen dem Sprühkopf und wandern innerhalb des sich bildenden elektrischen Feldes entlang der Feldlinien zum Substrat. Dort haften sie, so lange sich der elektrostatische Ladungsunterschied ausgeglichen hat. Anschließend wird die Pulverschicht auf etwa 200°C erhitzt. Sie schmilzt und härtet nach Abkühlung an der Bauteiloberfläche zu einem Lackfilm aus. Das Ergebnis ist eine qualitativ hochwertige, homogene Kunststoffbeschichtung mit gleichmäßiger Dicke. Eine allumseitige Beschichtung eines Bauteils ist durch Verwendung von den Drall der Pulverwolke fördernden Sprühpistolentypen möglich (Müller 2003).

### Anwendung und Materialien
Das elektrostatische Pulverbeschichten ist begrenzt auf Materialien, die den Ofenprozess unbeschadet überstehen. Deshalb wird das Verfahren vor allem zur Beschichtung von Metallen eingesetzt (Stahl, Aluminium, Kupfer und andere Metalllegierungen). Typische Beschichtungsmaterialien sind Polyvinylchlorid (PVC), Polyethylen (PE), Polyamid (PA), Epoxidharze, Polyesterharze und Polyacrylatharze (Pietschmann 2002). Durch eine besondere elektrostatische Vorbehandlung können auch nichtmetallische Materialien wie Keramiken, Hölzer oder Polymere mit dem Verfahren behandelt werden. Die Zahl der einsetzbaren Materialfarben ist unbegrenzt. Anwendungsgebiete sind die Automobilindustrie, Gebäudefassadenteile, Beschlagteile, Kühlschränke, Waschmaschinen, Heizkörper, die Möbelindustrie oder Sportartikel wie beispielsweise Skier oder Snowboards.

### Schichtdicken
Die erreichbaren Schichtdicken liegen zwischen 40 und 600 Mikrometern. In besonderen Anwendungsfällen kann das Vorwärmen der zu beschichtenden Bauteiloberfläche auf 150°C–180°C eine Dicke von 1 mm ermöglichen (Blume 1990).

### Wirtschaftlichkeit
Das Verfahren wird sowohl für die Klein- als auch Großserienfertigung wirtschaftlich eingesetzt. Es ist leicht automatisierbar und dient zur Endbearbeitung. Die Investitionskosten sind moderat. Durch die Möglichkeit der Rückgewinnung des ungenutzten Pulvermaterials ist eine umweltschonende Beschichtung möglich.

### Alternativverfahren
Pulverbeschichten, Wirbelsintern, thermisches Flammspritzen

## BES 4.4
### Beschichten aus festem Zustand – Wirbelsintern

Das Wirbelsintern ist ein spezielles Verfahren zur Aufbringung einer Kunststoffbeschichtung. Es wurde 1952 von E. Gemmer bei der Knappsack AG in Frankfurt am Main entwickelt.

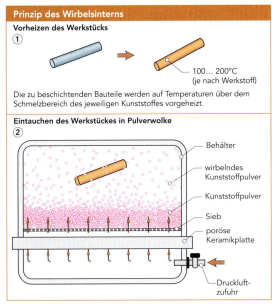

Abb. 18: nach [3]

*Verfahrensprinzip*
Thermoplastisches Kunststoffpulver wird durch Anlegen von Druckluft an einer porösen Bodenplatte in einer geschlossenen Kammer gleichmäßig verwirbelt. Die zu beschichtenden Bauteile werden auf Temperaturen über dem Schmelzbereich des jeweiligen Kunststoffes (100°C bis 200°C) vorgeheizt und in die Pulverwolke getaucht. Die Partikel bleiben an der vorher aufgerauten Bauteiloberfläche haften, schmelzen auf und erstarren während der Kühlung zu einem festen und gleichmäßig dicken Kunststofffilm. Die Bauteile werden in der Regel vor dem Beschichtungsvorgang gestrahlt, um sie von unerwünschten Ölen, Fetten und sonstigen Ablagerungen zu befreien. Die Beschichtungen haben lange Standzeiten und verhindern das Rosten der beschichteten Bauteile.

*Anwendung und Materialien*
Das Verfahren dient ausschließlich der Erzeugung von Schichten aus thermoplastischen Kunststoffen (z.B. Polyamid, Polyethylen, Polyester). Es kommt meist für Kleinteile und drahtähnliche Bauteile zur Anwendung, bei denen große Schichtdicken ohne besondere Anforderungen an optische Qualitäten erforderlich sind (Pietschmann 2002). Die Schichten verbessern den Korrosionsschutz (Wetterbeständigkeit) und die Gleiteigenschaften oder werden zu dekorativen Zwecken aufgebracht. Es sind Lacküberzüge entwickelt worden, deren Farbigkeit anhand der üblichen RAL-Tabelle ausgewählt werden kann.

Typische Produktbeispiele liegen im Bereich des Haushalts (z.B. Geschirrspülkörbe), der Wasseraufbereitung und Wasserbereitstellung (z.B. Wasserarmaturen, Warmwasserbehälter, Rohrleitungssysteme). Aber auch Zaunpfähle oder Verkehrseinrichtungen werden durch Wirbelsintern beschichtet.

*Schichtdicken*
Die üblichen Schichtdicken beim Wirbelsintern liegen zwischen 200 Mikrometern und einem Millimeter.

*Wirtschaftlichkeit*
Das Wirbelsintern ist das am häufigsten eingesetzte Verfahren zur Herstellung von Kunststoffbeschichtungen und ist sowohl für mittlere als auch große Stückzahlen geeignet.

*Alternativverfahren*
Thermisches Spritzen (Flammspritzen), Pulverbeschichten

*Foto unten: Geschirrspülkorb mit wirbelgesinterter Oberfläche.*

## BES 5
## Beschichten durch Schweißen und Löten

### BES 5.1
### Beschichten durch Schweißen und Löten – Auftragschweißen

Schweißen wird nicht nur zum Fügen von Bauteilen eingesetzt, sondern findet auch zur Aufbringung von Schichtwerkstoffen in großen Dicken (Millimeterbereich) Anwendung.

**Prinzip des Auftragschweißens**

| Verfahren / Beschreibung | Vorteile / Nachteile | Anwendung |
|---|---|---|
| Auftrag des Werkstoffs durch Lichtbogenhandschweißen oder MAG-Schweißen mehrerer, nebeneinander liegender Schweißraupenlagen oder durch Unterpulverbandschweißen, Elektroschlackeschweißen und Laserauftragschweißen geschlossener Schichten. | Auftrag von harten Verschleißschichten auf vergüteten Bauteilen. Reparaturen und Werterhalt abgenutzter Bauteile. | Gleitbahnen an Werkzeugmaschinen. Verschleißschichten auf Walzen, Mahlkörpern, Turbinenschaufeln, Pumpenlaufrädern. |

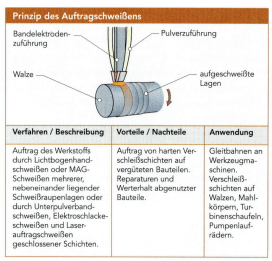

*Abb. 19: nach [9]*

*Verfahrensprinzip*

Beim Auftragschweißen wird entweder ein dem Grundwerkstoff ähnliches oder auch ein sich vollkommen unterscheidendes Material an der Bauteiloberfläche aufgeschmolzen. Infolge des gleichzeitigen Anschmelzens der oberen Werkstückbereiche kommt es zur Vermischung der beiden Materialien und zum Einbrennen des Schweißzusatzes in den Grundwerkstoff. In der Regel werden mehrere Schweißschichten aufgebracht, weshalb dem Vermischungsgrad sowie der Einbrenntiefe der untersten Materiallage eine besondere Bedeutung für die letztendliche Qualität zukommt. Das Auftragschweißen kann mit den bekannten Schweißverfahren wie Lichtbogenschweißen FUE 5.3, Laserstrahlschweißen FUE 5.7, MIG- oder MAG-Schweißen FUE 5.4 erfolgreich durchgeführt werden. Grundsätzlich wird eine geringe Einbrenntiefe und Vermischung angestrebt, damit die Eigenschaften des Grundwerkstoffs nicht verändert werden (Witt 2006).
Der Vermischungsgrad ist abhängig von der Auftragtechnik, der eingebrachten Energie und der Schweißposition sowie der Polung der Elektrode beim MIG-/MAG-Schweißen oder der Art von Lichtbogen und Schutzgas.

*Anwendung und Materialien*

Das Auftragschweißen dient in erster Linie zum örtlich begrenzten Aufbringen von Verschleißschutzschichten oder hitzebeständigen Schichten auf Bauteile aus Metall, um den Widerstand gegen mechanischen Abrieb zu erhöhen.

Das Verfahren ist daher vor allem für hoch belastete Bauteile wie Walzen, Turbinenschaufeln, Pumpenwellen oder Baggerschaufeln von Bedeutung. Außerdem kann es auch zur Reparatur von Gesenken und Spritz- oder Druckgussformen eingesetzt werden. Standzeit und Funktionsfähigkeit kostenintensiver Werkzeuge werden entscheidend verlängert bzw. verbessert.

*Schichtdicken*

Die erreichbaren Schichtdicken beim Auftragschweißen liegen im Millimeterbereich in einer Größenordnung von 1–6 mm. Die Rauigkeit auftragsgeschweißter Schichten ist mit 0,5–2 mm groß (Müller 2003).

**Charakteristika der Auftragschweißverfahren**

| Schweißverfahren | Zusatzwerkstoff | Arbeitsweise | Abschmelzleistung | Anlagenkosten | Anwendung | Aufmischungsgrad | Schichtdicke (einlagig) |
|---|---|---|---|---|---|---|---|
| E-Hand, Gas | Elektrode/Stab | manuell | 1 kg/h | gering | kleine Flächen, Kanten, Reparatur | schwer beherrschbar, 15–30% | 2–4 mm |
| WIG | Stab/Draht | manuell, mechanisiert | 2 kg/h | gering | kleine bis mittlere Flächen, Kanten, Reparatur, Neufertigung | 10–30% | 1,6–5 mm |
| MIG/MAG | Draht/Fülldraht | manuell, mechanisiert, automatisiert | 8–9 kg/h | erhöht | kleine bis große Flächen, Neufertigung, Reparatur | hoch, 15–25% | 4–8 mm |
| UP | Band/Draht | mechanisiert, automatisiert | 10–40 kg/h | erhöht | große Teile, Neufertigung | hoch, 13–40% | 5–8 mm |
| Plasma | Pulver (Draht) | (manuell), mechanisiert, automatisiert | 2–30 kg/h | erhöht | kleine bis große Flächen, Neufertigung, Reparatur | gering, 5–20% | 1–6 mm |
| Strahl | Pulver | (manuell), automatisiert | 1–2 kg/h | hoch | kleinste bis kleine Flächen, Neufertigung, Reparatur | gering, 5–20% | 1–6 mm |
| RES | Band/Draht | mechanisiert, automatisiert | 18 kg/h | erhöht | große Teile, Neufertigung | hoch, 10–15% | 4–5 mm |

*Abb. 20: nach [4]*

*Wirtschaftlichkeit*

Als klassisches Nachbearbeitungsverfahren dient das Auftragschweißen zur Wirtschaftlichkeitssteigerung bearbeiteter Bauteile. Es wird sowohl in der Einzel- als auch Serienfertigung eingesetzt.

*Alternativverfahren*

Schmelztauchen, Auftraglöten, thermisches Spritzen, elektrochemisches Abscheiden

## BES 5.2
### Beschichten durch Schweißen und Löten – Auftraglöten

Löten ist das am häufigsten eingesetzte Fügeverfahren, mit dem vor allem Kontaktstellen in der Elektroindustrie aufgebracht werden können. Dass Löten auch als Beschichtungstechnologie eingesetzt werden kann, ist indes weniger bekannt.

*Verfahrensprinzip*
Der Beschichtungswerkstoff wird beim Auftraglöten in Form eines Vlieses zunächst auf die Größe der zu bearbeitenden Fläche vorkonfektioniert und aufgelegt. Zusätzlich wird ein *Lotvlies* aus Lot und Binder benötigt, damit nach Erwärmung auf eine Temperatur von mehr als 450°C beim Hart- oder Hochtemperaturlöten ↗FUE 6 der Beschichtungswerkstoff in die Poren der Bauteiloberfläche eindringen kann. Voraussetzung für die optimale Benetzung des Grundwerkstoffes mit Lot ist, dass die Oberflächen gereinigt wurden und eine metallische Kontaktfläche aufweisen. Oxidierte Stellen, Oberflächenbeläge oder mit Schmiermitteln verunreinigte Bereiche müssen vorab entfernen werden. Die Metallschicht entsteht nach Erstarrung durch Legierungsbildung zwischen Lot und Grundwerkstoff.

Abb. 21: nach [3]

*Anwendung und Materialien*
Auftraglöten dient zur Erzeugung von Verschleißschutzschichten aus Hartmetallen. Typische Beschichtungslote sind Silberhartlote, Kupferbasislote sowie Messing- und Bronzelote. Für Verarbeitungstemperaturen von über 900°C eignen sich insbesondere Nickelbasis- oder Edelmetall-Lote auf Gold-, Paladium- oder Platinbasis (Bach et al. 2005). Die Schutzschichten dienen in der Hauptsache zur Erhöhung der Standzeiten von spanabhebenden Werkzeugschneiden wie beispielsweise Drehmeisseln, Scheibenfräsern oder Sägeblättern.

*Schichtdicken*
Beim Auftraglöten werden Schichtdicken von mehreren Millimetern erzielt.

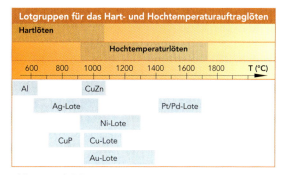

Abb. 22: nach [4]

*Wirtschaftlichkeit*
Wie das Auftragschweißen bezweckt das Auftraglöten eine Verbesserung der Funktionstauglichkeit von Bauteilen und gilt somit als ein die Wirtschaftlichkeit von Bauteilen förderndes Verfahren. Wegen der relativ einfachen Technologie ist das Verfahren sowohl für Arbeiten an einzelnen Bauteilen als auch für die Serienfertigung geeignet. Insbesondere Silberbasislote haben sich auf Grund der im Vergleich mit anderen edelmetallhaltigen Loten niedrigen Schmelztemperaturen für manuelles Flammlöten an der Luft bewährt.

*Alternativverfahren*
Auftragschweißen, thermisches Spritzen, elektrochemisches Abscheiden

## Kapitel BES
### Beschichten und Veredeln

### BES 6
### Beschichten aus gasförmigem und ionisiertem Zustand

#### BES 6.1
#### Beschichten aus gasförmigem und ionisiertem Zustand – PVD-Verfahren

Allen PVD-Verfahren (PVD - *Physical Vapour Deposition*) ist gemein, dass sehr dünne Metallschichten, ausgehend von einem *Metalldampf*, auf eine Bauteiloberfläche unter Vakuum abgeschieden werden. Es lassen sich die Verfahrensvarianten Aufdampfen, Sputtern und Ionenplattieren unterscheiden (Müller 1996).

*Verfahrensprinzip*
Beim *Aufdampfen* wird der Beschichtungswerkstoff unter Drücken zwischen 0,01 Pa bis 1 Pa und Temperaturen von 400°C bis 500°C im Vakuum verdampft. Die Dämpfe kondensieren auf der vergleichsweise kühlen Bauteiloberfläche und bilden eine feste Werkstoffschicht. Die Eignung der Verfahrensvariante zur gleichmäßigen Beschichtung komplexer Formgeometrien ist auf Grund des geradlinigen Teilchenflugs als gering zu bewerten.

Zum *Ionenplattieren* wird das Beschichtungsmaterial positiv und das zu beschichtende Werkstück negativ geschaltet. Ionisierte Metallteilchen bilden sich an der Verdampferquelle, werden im elektrischen Feld zum Bauteil hin beschleunigt, prallen dort auf und dringen mit Geschwindigkeit in die Oberfläche hinein. Das Resultat ist eine fest mit dem Bauteiluntergrund verbundene Materialbeschichtung. Beim Ionenplattieren erreicht man Aufdampfraten von bis zu 0,01 g/cm²s (Bach et al. 2005).

Im Gegensatz zum Aufdampfvorgang, bei dem Teilchen durch Verdampfen erzeugt werden, benötigt man zum *Sputtern* ein Prozessgas und eine Hochspannungsquelle. Das negativ gepolte Beschichtungsmaterial wird durch Argon(+)-Ionen eines Plasmastrahls als Moleküle oder Einzelatome herausgeschlagen. Nach Beschleunigung kondensieren diese im elektrischen Feld auf der Substratoberfläche und bilden eine sehr feine Metallschicht. Das Sputtern ist im Vergleich sehr flexibel anwendbar, da der Schichtwerkstoff nicht thermisch sondern durch Impulsübertragung herausgelöst wird.

*Anwendung und Materialien*
Sputtern kommt insbesondere in der Kunststoffindustrie zur Anwendung, um die Vorzüge geringen Gewichts und niedriger Produktionskosten von Kunststoffen mit den optischen Qualitäten von Metallen zu verbinden (z.B. Haushaltsgeräte). Außerdem können durch PVD-Verfahren beschichtete Bauteile in Bereichen der Spiegelung und Reflektion eingesetzt werden. Reflektoren in Pkw-Scheinwerfern sind dafür ein Beispiel. Optische Schichten finden auch in der Mikroelektronik Verwendung. Eine Metallisierung von Kunststoffbauteilen kann zudem der Leitung elektrischer Ströme zu Erdungszwecken dienen.

*Bild unten: Keypad beschichtet mit PVD-Metallisierung. Über dieser Metallisierung ist ein Zweikomponentenklarlack BERLACRYL als Schutzschicht aufgebracht/ Lack von: BERLAC AG, Lacquers & Effects, Schweiz*

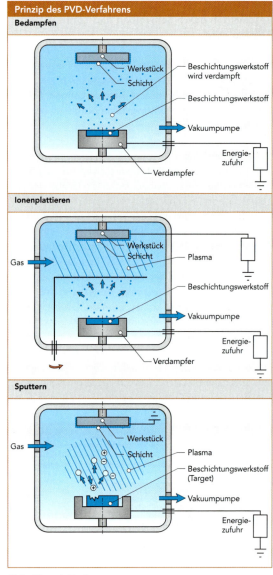

Abb. 22: nach [3, 4]

PVD-Schichten werden für den Verschleiß- und Korrosionsschutz verwendet oder dienen zur Wärmedämmung. Typische Beschichtungswerkstoffe sind Metalle und Metalllegierungen wie Aluminium, Titan, Kupfer oder Nickel. Neben Kunststoffen werden auch Gläser und Keramiken unter Vakuum bedampft. So kann unter anderem Flachglas mit einer Spiegelfläche erzeugt werden ⇗ GLA 2.2.5.

*Schichtdicken*
Die erreichbaren Schichtdicken reichen vom Nano- bis in den Mikrometerbereich. Maximal kann etwa 80 μm Metall aufgetragen werden (Ashby, Johnson 2004).

*Wirtschaftlichkeit*
Die Investitionskosten für PVD-Anlagen sind sehr hoch, lassen allerdings eine Großserienproduktion zu. Vorteil der Verfahren ist unter Umweltgesichtspunkten das Nichtverwenden von Chemikalien.

*Alternativverfahren*
CVD-Verfahren, Elektrolytisches Abscheiden, Chemisches Abscheiden, Anodisieren

## BES 6.2
### Beschichten aus gasförmigem und ionisiertem Zustand – CVD-Verfahren

*Chemical Vapour Deposition* (CVD) meint zu deutsch ein Verfahrensprinizip, das auf einer chemischen Dampfabscheidung basiert. Wie die PVD-Technik gehört es zur Gruppe der Dünnschichtverfahren.

*Verfahrensprinzip*
Gasförmiges metallisches Beschichtungsmaterial wird dem so genannten Reaktorraum zugeführt, in dem sich das zu beschichtende Bauteil befindet. Dieses wird auf eine hohe Temperatur erhitzt, die abhängig vom Schichtmaterial zwischen 500°C und 1100°C liegt. In Folge der Erwärmung kommt es zu einer chemischen Reaktion zwischen dem reaktiven Gas und dem Material des Werkstücks. Die Metallverbindung zerfällt und scheidet sich als Hartstoffschicht an der heißen Bauteiloberfläche ab. Wegen des ungerichteten Werkstofftransports können komplexe Formgeometrien gleichmäßig beschichtet werden. CVD-Schichten wachsen mit einer Geschwindigkeit von etwa 1 µm in der Minute (Müller 2003). Das Verfahrensprinzip lässt sich sowohl unter Niederdruckbedingungen als auch unter Atmosphärendruck durchführen. Die Erwärmung ist auch durch einen Laserstrahl möglich, wodurch die präzise örtliche Aufbringung eines Musters erreicht werden kann.

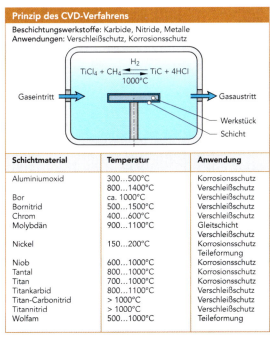

Abb. 23: nach [3, 18]

CVD-Schichten sind sehr dicht und weisen eine gute Haftfestigkeit auf. Sie haben gute mechanische Eigenschaften, bieten sehr guten Korrosionsschutz, können elektrisch isolierend wirken und sind beständig gegen organische Laugen.

*Anwendung und Materialien*
Im Bereich des Maschinenbaus dient das Verfahren zum Aufbringen einer Hartschicht auf mechanisch besonders stark beanspruchte Bauteile wie Werkzeuge, Schneidplatten, Führungsrollen oder Fadenführungen in Textilmaschinen. In der Elektroindustrie werden im CVD-Verfahren Halbleiterschichten und Isolationsschichten für elektrische Schaltkreise hergestellt. Es wird auch zur Beschichtung von Metallfäden eingesetzt. Außerdem hat das CVD-Verfahren eine große Bedeutung zur Beschichtung von Flachglas mit Metallen wie Titan, Silber oder Zinn, um die Eigenschaften zur Wärmedämmung und zum Wärmeschutz zu verbessern.

Typische Beschichtungswerkstoffe sind Aluminium, Chrom, Molybdän, Nickel, Wolfram, Titan und dessen Nitride sowie Karbide. Außerdem können durch das Verfahren Bauteile mit den typischen technischen Keramiken wie Aluminiumoxid KER 4.5, Siliziumnitrid KER 4.8 und Siliziumkarbid KER 4.7 beschichtet werden.

*Schichtdicken*
Es lassen sich Schichtdicken von über 20 µm erreichen (Westkämper, Warnecke 2004).

*Wirtschaftlichkeit*
Wirtschaftlich nachteilig im Vergleich zu den PVD-üblichen Verfahren wirken sich die für das CVD-Verfahren hohen Temperaturen aus.

*Alternativverfahren*
PVD-Verfahren, Auftraglöten, Elektrolytisches Abscheiden, Chemisches Abscheiden

## BES 6.3
### Beschichten aus gasförmigem und ionisiertem Zustand – Elektrolytisches Abscheiden

Das Verfahren der galvanischen Beschichtung ist ein seit dem Beginn des 19. Jahrhunderts bekanntes Prinzip zum Aufbringen einer Werkstoffschicht.

*Verfahrensprinzip*
Das Bauteil befindet sich in einer elektrisch leitenden *Metallsalzlösung* und ist als Kathode (Negativpol) geschaltet. Durch Anlegen einer elektrischen Spannung wird ein Strom metallischer Ionen, ausgehend von einer löslichen Anode, aus dem gewünschten Beschichtungswerkstoff erzeugt. Die Ionen wandern durch das *Elektrolysebad* zur Kathode, entladen sich dort und setzen sich in der Bauteiloberfläche fest. Für einen optimal verlaufenden galvanischen Vorgang sind elektrisch leitende und absolut saubere Werkstückoberflächen erforderlich. Bauteilflächen, die nicht beschichtet werden sollen, können mit einem Schutzlack oder besonderen Masken abgedeckt werden.

*Anwendung und Materialien*
Im technischen Bereich dient die *Galvanik* vor allem zum Verschleiß- und Korrosionsschutz. Außerdem werden elektrolytisch abgeschiedene Schichten zur Verbesserung der Gleiteigenschaften eingesetzt. Für den Gestaltungs- und Produktbereich hat das Verfahren seit der Herstellung von Beschichtungen für Silberbestecke und im Schmuckbereich eine große Bedeutung. Heute wird es für eine Vielzahl von Produkten in den unterschiedlichsten Bereichen eingesetzt. Dies liegt in der Tatsache begründet, dass so gut wie jedes Metall galvanisch beschichtet werden kann. Kunststoffe und andere nicht elektrisch leitende Werkstoffe müssen vor der Verarbeitung metallisiert werden. Dies kann mittels der PVD- oder CVD-Technik erfolgen. Typische Schichtwerkstoffe in der Galvanik sind Chrom, Aluminium, Kupfer, Blei, Nickel, Nickel, Kobolt, Bronze, Zinn und Edelmetalle wie Gold oder Silber (Ashby, Johnson 2004).

*Schichtdicken*
Die gut zu steuernden Schichtdicken liegen zwischen 1 und 50 Mikrometern. Für besondere Anwendungen können auch Schichten bis 500 μm und 1 mm erreicht werden (z.B. Chrom oder Nickel) (Blume 1990).

*Wirtschaftlichkeit*
Die Existenz kostenintensiver galvanotechnischer Anlagen macht das Verfahren besonders geeignet für die Mittel- und Großserienproduktion.

*Alternativverfahren*
PVD-Verfahren, CVD-Verfahren, Chemisches Abscheiden, Anodisieren für Aluminium

Bild unten: Titan-Look eines Auto-Innentürgriffs aus Kunststoff (PA). Mit einer Chromgalvanik und anschließend mit einem eingefärbten BERLACRYL Zweikomponenten-Metalliclack beschichtet. Lack von: BERLAC AG, Lacquers & Effects, Schweiz

Bild unten: Galvanisierte Zifferblätter aus Messing. Dekorative Veredelung und Skalierung mit BERLAC Tampondruckfarben, Decklacken und Klarlacken.
Lacke von: BERLAC AG, Lacquers & Effects, Schweiz

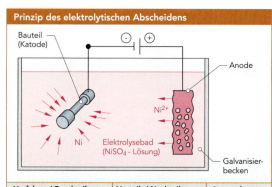

**Prinzip des elektrolytischen Abscheidens**

| Verfahren/ Beschreibung | Vorteile/ Nachteile | Anwendung |
|---|---|---|
| Das zu beschichtende Bauteil wird in ein Elektrolysebad (Metallsalzlösung) gehängt und in einem Galvanikbecken als Kathode geschaltet. Auf dem Bauteil schlägt sich durch elektrochemische Vorgänge eine Metallschicht ab. | Auftrag glatter, geschlossener Metallschichten mit dekorativem Aussehen. Hoher Aufwand zur Vermeidung der Umweltbelastung durch Chemikalien der Galvanik. | Vernickeln und Verchromen, z.B. von Pkw-Teilen und vielen Kleinteilen. Verschleißschutz mit Hartnickel und Hartchrom auf Glattwälzen. |

| Schicht | Korrosionswiderstand auf Stahl | Oxidationswiderstand | Verschleißwiderstand (abrasiv) | Verschleißwiderstand (adhäsiv gegen Stahl) | Gleitvermögen | Haftfestigkeit auf Stahl | Einfluss auf Bauteilfestigkeit | Härte HV | Maximale Anwendungstemperatur (°C) |
|---|---|---|---|---|---|---|---|---|---|
| Aluminium | ooo [1] | oo | ooo [2] | | o | o | — | 50 | 400 |
| Chrom | ooo [3] | ooo | ooo | oo | oo | ooo | ↓ | 900 | 500 |
| Kobalt | oo | o | o | oo | oo | ooo | ↓ | 280 | 400 |
| Kobalt + Chromoxid | oo | oo | oo | ooo | o | ooo | — / ↓ | 420 | 800 |
| Nickel | oo | oo | o | o | o | ooo | ↓ | 250 | 500 |
| Nickel + Siliziumkarbid | oo | o | oo | ooo | o | ooo | ↓ | 420 | 400 |
| Stromlos Nickel | oo | o | oo | ooo | ooo | ooo | ↓ ↓ | 500 900 | 500 500 |
| 400°C / 1h | | | | | | | | | |
| Stromlos Nickel + Siliziumkarbid | oo | | ooo | oo | | ooo | | 650 | 400 |
| Stromlos Nickel+ Diamant | oo | | ooo | oo | | ooo | ↓ | 700 | 500 |
| Stromlos Nickel+ PTFE | o | | o | ooo | ooo | ooo | ↓ | 280 | 300 |
| Kupfer | oo | o | o | oo | ooo | ooo | — | 190 | 350 |
| Messing | oo | | oo | oo | oo | ooo | | 600 | <200 |
| Bronze | oo | | oo | oo | oo | ooo | | 700 | <200 |
| Zink | ooo [1] | | o | o | oo | ooo | | 80 | 250 |
| Silber | o | o | o | ooo | ooo | ooo | | 60 | 850 |
| Cadmium | ooo [1] | | o | o | oo | ooo | ↓ | 80 | 220 |
| Nickel / Cadmium | ooo | o | | | | ooo | | 320 | 500 |
| Zinn | ooo | | o | ooo | ooo | oo | — | 5 | 100 |
| Blei | ooo | | o | ooo | ooo | oo | | 5 | 200 |
| Blei / Zinn | ooo | | o | ooo | ooo | oo | | 10 | 100 |

[1] kathodischer Schutz; [2] anodisiert; [3] abhängig von Schichtsystem (Ni/Cr).

o niedrig; oo mittel; ooo hoch; — kein Einfluss; ↓ Abnahme;
* nach 400°C / 16 h

Abb. 24: nach [9, 18]

## BES 6.4
**Beschichten aus gasförmigem und ionisiertem Zustand – Chemisches Abscheiden**

Das Beschichtungsverfahren der chemischen Abscheidung ist Resultat der modernen chemischen Forschung. Schwermetalllösungen werden verwendet, um durch einen chemischen Reduktionsprozess ohne das Fließen eines elektrischen Stroms Metallschichten auf einer Bauteiloberfläche aufzubringen.

*Verfahrensprinzip*
Das Werkstück wird in eine *Elektrolytlösung* getaucht, in der sich ein Salz des zu beschichtenden Werkstoffs befindet. Dem Salz ist meist ein starkes Reduktionsmittel zugesetzt, das sich auf der Bauteiloberfläche gezielt abscheidet. Typische Reduktionsmittel sind beispielsweise (Müller 1996):

- *Formaldehyd* zum Versilbern oder Verkupfern
- *Hypophosphit* zur Abscheidung von Nickel
- *Borwasserstoffderivate* zur Aufbringung einer Schicht aus Nickel
- *Hypophosphit* zum Abscheiden von Legierungen auf Basis von Nickel-Chrom, Nickel-Eisen, Nickel-Cobalt oder Nickel-Kupfer

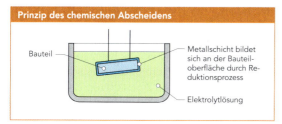

Abb. 25

*Anwendung und Materialien*
Das Verfahrensprinzip findet vor allem dann Anwendung, wenn zur Verbesserung des Verschleiß- und Korrosionsschutzes ein billiger Grundwerkstoff mit einem teuren Material beschichtet werden soll (z.B. bei Stählen). Typische Beschichtungswerkstoffe sind Nickel und Kupfer oder deren Legierungen. Außerdem werden Edelmetallschichten aus Silber oder Gold zu dekorativen Zwecken aufgetragen. Kunststoffe lassen sich durch chemisches Abscheiden mit einer elektrisch leitenden Schicht versehen.

*Schichtdicken*
Durch chemisches Abscheiden können Schichtdicken zwischen 10 und 120 Mikrometern erzielt werden.

*Wirtschaftlichkeit*
Der Beschichtungsprozess der chemischen Abscheidung ist kostenintensiver als bei der elektrolytischen Abscheidung. Der Vorgang ist im Vergleich langsam und bedarf hoher Kosten für die Bereitstellung der Chemikalien bzw. des Reduktionsmittels. Die Anwendung des Verfahrens richtet sich demzufolge nicht nach den wirtschaftlichen, sondern den physikalischen Gegebenheiten des Anwendungsfalls.

*Alternativverfahren*
PVD-Verfahren, CVD-Verfahren, Elektrolytisches Abscheiden

*Bild: Versilberte Schiedsrichterpfeife./ Foto:Manufactum*

### BES 6.5
### Beschichten aus gasförmigem und ionisiertem Zustand – Anodisieren

Anodisieren ist die internationale Bezeichnung des in Deutschland unter *Eloxieren* (Eloxal: Elektrolytische Oxidation von Aluminium) bekannten Beschichtungsverfahrens.

*Verfahrensprinzip*
Aluminium ist ein sehr reaktionsfreudiges Metall. Die ungeschützten Bauteiloberflächen sind in der Regel mit einer Schicht aus Aluminiumoxid versehen, da reines Aluminium sehr schnell mit dem Sauerstoff der Umgebung reagiert. Diese Reaktionsfreudigkeit wird beim Anodisieren genutzt, um dickere Schichten kontrolliert aufbringen zu können. Das Aluminiumbauteil wird dabei anodisch (Positivpol) geschaltet und in ein Bad mit saurer Schwefel-, Chrom- oder Oxalsäure-Elektrolytlösung (Negativpolung) getaucht. Durch den leichten Stromfluss bilden sich in der Lösung positiv geladene Wasserstoffionen, die eine elektrochemische Korrosion an der Aluminiumoberfläche bewirken. Reiner Sauerstoff (negativ gepolt) scheidet sich am Bauteil ab und bildet als Reaktionsprodukt eine dichte und sehr harte Schicht aus Aluminiumoxid ($Al_2O_3$). Diese bietet Schutz gegen mechanische Einflüsse und ist witterungsbeständig. Die Nachbehandlung erfolgt mit heißem destilliertem Wasser oder mit Wasserdampf (Westkämper, Warnecke 2004). Eloxiertes Aluminium kann problemlos zur Weiterverarbeitung zurückgewonnen werden, was das Verfahren zu einer umweltverträglichen und nachhaltigen Beschichtungstechnik macht.

Bild: Eloxierte Titanbauteile./ Foto: Peter Brehm GmbH

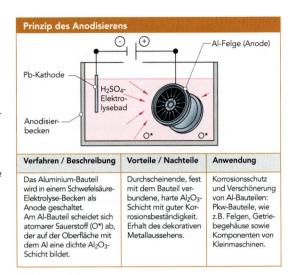

**Prinzip des Anodisierens**

| Verfahren / Beschreibung | Vorteile / Nachteile | Anwendung |
|---|---|---|
| Das Aluminium-Bauteil wird in einem Schwefelsäure-Elektrolyse-Becken als Anode geschaltet. Am Al-Bauteil scheidet sich atomarer Sauerstoff (O*) ab, der auf der Oberfläche mit dem Al eine dichte $Al_2O_3$-Schicht bildet. | Durchscheinende, fest mit dem Bauteil verbundene, harte $Al_2O_3$-Schicht mit guter Korrosionsbeständigkeit. Erhalt des dekorativen Metallaussehens. | Korrosionsschutz und Verschönerung von Al-Bauteilen: Pkw-Bauteile, wie z.B. Felgen, Getriebegehäuse sowie Komponenten von Kleinmaschinen. |

Abb. 26: nach [9]

*Anwendung und Materialien*
Das Verfahren ist wegen der beschriebenen Reaktion auf Aluminiumbauteile begrenzt. Die aufgebrachte Oxidschicht dient als Korrosionsschutz oder zu dekorativen Zwecken. Auf Grund des durchschimmernden Charakters können Aluminiumbauteile gefärbt werden, ohne dass der Metallcharakter verloren geht. Die Farblösungen (Eloxalfarbe) diffundieren dabei in die Aluminiumoxidschicht hinein und bleiben vor Umwelteinflüssen geschützt. Mehrfarbeneffekte können erzielt werden, wenn nach einer ersten Färbung das Bauteil zunächst getrocknet wird. Längere Behandlungszeiten sind einzurechnen. Typische Produktbeispiele sind Autofelgen oder andere Aluminiumbauteile, die vor allem dekorativen Zwecken dienen (z.B. Gerätegehäuse der Unterhaltungsindustrie). Außerdem wird die Witterungsbeständigkeit von Gebäudefassaden mit Eloxalschichten verbessert. Zum Schutz vor Korrosion werden beispielsweise Getriebegehäuse, Kolben und Zylinder durch Hartanodisieren behandelt.

*Schichtdicken*
5–25 Mikrometer dicke Schichten sind für den Korrosionsschutz üblich. Die Schichtdicken für dekorative Zwecke können bis zu 500 µm betragen. Die maximal zu bearbeitende Bauteilgröße liegt bei etwa 7000 x 2000 x 800 mm³.

*Wirtschaftlichkeit*
Mittlere bis hohe Investitionskosten sind für die Anlagentechnologie zum Anodisieren einzuplanen. Dienstleister sind vorhanden, bei denen entsprechende Bauteilbehandlungen zu moderaten Kosten, auch bei kleinen und mittleren Serien, eingekauft werden können.

*Alternativverfahren*
Lackieren, PVD-Verfahren, Chemisches Abtragen, Elektrolytisches Abtragen

## BES 7
## Diffusionsschichten

Neben den vorgestellten Beschichtungstechniken existieren noch Verfahren zur Wärmebehandlung von Bauteilen und Oberflächen, durch die die Werkstoffeigenschaften entscheidend beeinflusst (z.B. Oberflächenhärte) oder Spannungen abgebaut werden können (z.B. nach dem Glasblasen). Die Stoffeigenschaften an der Bauteiloberfläche werden durch das wechselseitige Eindringen und Austreten von Atomen des behandelten Werkstoffs und von Fremdatomen aus der Umgebung und durch Bildung so genannter Diffusionsschichten bestimmt. Die bedeutendsten Verfahren sind aus dem Bereich der Wärmebehandlung von Stählen bekannt und sollen im Folgenden kurz vorgestellt werden:

*Glühen* ist die einfachste Form der Festigkeitssteigerung von Stahlwerkstoffen. Der Werkstoff wird langsam auf die Glühtemperatur erwärmt, über eine gewisse Zeit auf dieser Temperatur gehalten und langsam abgekühlt. Eine Veränderung des Metallgefüges ↗ MET 1.1 ist die Folge. Je nach gewünschter Gefügestruktur wird in unterschiedlichen Temperaturbereichen gearbeitet. Man unterscheidet das *Diffusionsglühen* bei sehr hohen Temperaturen zwischen 1100°C und 1300°C, das *Grobkornglühen* bei 950–1100°C, das *Normalglühen* im Bereich von Werten zwischen 850°C und 950°C, das *Weichglühen* bei etwa 700°C und das *Rekristallisations-* und *Spannungsarmglühen* (Bargel, Schulze 2004; Beitz, Grote 2001).

*Aufkohlen* bzw. *Einsatzhärten* meint eine mehrstündige Wärmebehandlung eines Stahlwerkstoffs in einer Umgebung mit hohem Kohlenstoffgehalt und bei Temperaturen zwischen 900°C und 1000°C. Ziel der Behandlung ist die Erhöhung der Härteeigenschaften der Randzone eines Bauteils durch Anreicherung mit Kohlenstoffatomen.

Beim *Nitrieren* wird eine Festigkeitssteigerung durch Aufnahme von Stickstoff in die Randzone des Werkstoffs erzielt. Die Anreicherung erfolgt durch einen Glühvorgang bei etwa 550°C in einer Stickstoff abgebenden Salzschmelze. Es kommt zur Bildung einer sehr harten Metallnitridschicht.

Durch *Härten* können Festigkeit und Härte von Stahlwerkstoffen mit einem Kohlenstoffgehalt von mehr als 0,3% zielgerichtet verbessert werden. Das Material wird zunächst auf die Härtetemperatur erhitzt, auf dieser Temperatur gehalten und dann in Wasser oder Öl abgeschreckt. Da der Werkstoff neben der gewünschten Festigkeitssteigerung durch das Abschrecken auch spröde wird, empfiehlt sich ein erneutes abschließendes Erwärmen (*Anlassen*) auf eine allerdings wesentlich geringere Temperatur. Die Erwärmung wird über eine gewisse Dauer aufrecht erhalten.

Der Härtevorgang ist auch durch Anwendung der Laserstrahltechnik möglich. Das *Laserhärten* wird zum präzisen Randschichthärten kleiner Bereiche eines Bauteils angewendet. Im Vergleich zum konventionellen Härten ist bei den Laserverfahren kein zusätzliches Abschreckmittel erforderlich. Die Einhärttiefe liegt zwischen 2 und 3 mm (Förster, Müller 2001).

*Vergüten* ist eine Wärmebehandlung aus Härten und anschließendem Anlassen auf Temperaturen zwischen 500°C und 800°C. Es wird eine hohe Festigkeit und große Zähigkeit erzielt. Beispiele für vergütete Bauteile sind Schrauben oder Bolzen.

| Wärmebehandlungstemperaturen einiger Vergütungsstähle | | | | |
|---|---|---|---|---|
| Stahl | Weichglühen | Normalglühen | Vergüten | |
| | | | Härten [1] | Anlassen |
| C35E | 650...700°C | 860...900°C | 840...880°C | 550...660°C |
| 34Cr4 | 680...720°C | 850...890°C | 830...870°C | 540...680°C |
| 34CrMo4 | 680...720°C | 850...890°C | 830...870°C | 540...680°C |
| [1] Unterer Wert gilt für Härten in Wasser, oberer Wert für Härten in Öl | | | | |

Abb. 27: nach [9]

Beim *Phosphatieren* entsteht durch Eintauchen von Stahl- und Aluminiumbauteilen in heiße Lösungen aus Phosphorsäure und Schwermetallphosphaten eine etwa 15 μm Schutzschicht, die den Verschleißschutz und die Gleiteigenschaften verbessert. Außerdem dienen Phosphatschichten als Grundierung beim Lackieren ↗ BES 1 oder als Trägerschicht von Schmierstoffen beim Umformen (z.B. Fließpressen ↗ FOR 6.5).

Durch Einbringen von Chrom in die Randzone von Stahl beim *Chromatisieren* ↗ MET 3.3.8 wird die Korrosionsbeständigkeit erhöht. Die Bauteile werden bis zu 10 Stunden bei 1000–1200°C in einer Chrom abgebenden Atmosphäre gelagert und abschließend langsam abgekühlt. Während des Prozesses lagert sich Chrom mit einem Anteil von etwa 35% in die Randschicht ein (Beitz, Grote 2001).

Eine ähnliche Verbesserung wird mit Diffusionsschichten aus Aluminium erreicht. Die Beständigkeit von unlegierten und legierten Stählen gegenüber atmosphärischen Einflüssen oder konzentrierter Salpetersäure wird durch *Aluminieren* wesentlich erhöht. Hierzu werden die Bauteile in Aluminiumpulver bei etwa 1000°C geglüht, wobei sich eine Schicht aus Aluminiumoxid ↗ KER 4.5 bildet.

*Silizieren* bezeichnet ein thermochemisches Verfahren zum Einbringen von Silizium in die Randschichten von Stahlwerkstoffen. Kohlenstoffarme Stähle werden mit einem heißen $SiCl_4$-Gas behandelt (Westkämper, Warnecke 2004). Das Resultat ist eine spröde, aber thermisch sehr beständige Oberflächenschicht mit einem Siliziumgehalt von etwa 20%.

*Lackierte Haut auf Schaumstoff*
Die Möbelkollektion »The Silly Side« hat eine lackierte Haut, geschmeidig wie Latex, aber robust wie Leder.

*Die Beschichtung »Mellow Face« wird direkt auf dem Schaumstoff aufgetragen. Die herkömmlichen Polstertechniken mit ihren Beschränkungen sind hierbei überflüssig. Jede Form ist möglich, ganz gleich ob rund, ob kugelförmig oder hohl./ Fotos: Leolux*

## BES 8
### Beschichten – Gestaltungshinweise

Wenn auch nicht auf den ersten Blick ersichtlich, so sollten auch zur Anwendung der Oberflächen- und Beschichtungstechniken Konstruktionsregeln eingehalten werden. Die Behandlung kann dadurch vereinfacht und kostengünstig durchgeführt werden. Folgende Gestaltungsregeln lassen sich nach Müller 2003 formulieren:

Als Grundregel für alle Oberflächentechnologien gilt, dass das zu behandelnde Werkstück immer so konstruiert sein sollte, dass alle festen, flüssigen und gasförmigen Medien den Oberflächenbereich auf einfachem Weg erreichen und wieder verlassen können. Für chemische Medien wie beispielsweise Beizen müssen gegebenenfalls Auslaufbohrungen vorgesehen werden.

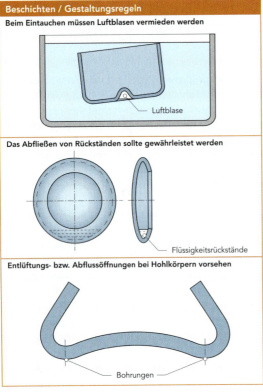

Abb. 28: nach [18]

Durchbrüche, Kerben, Vertiefungen und Bohrungen sollten so ausgelegt werden, dass beim Eintauchen in Flüssigkeiten keine Luftblasen entstehen und beim Ausleeren keine Rückstände verbleiben.

Ebenso sollte die Gestaltung von Falzen und Bördelungen die Füllung und Entleerung von Wirkmedien begünstigen. Lufteinschluss an geschlossenen Falzverbindungen kann beispielsweise beim Einbrennen von Email oder Lack zu unerwünschte Blasenbildung führen.

Idealerweise sind Bohrungen zu versenken, damit es zu keinem Materialstau an den Kanten kommen kann. Zudem ist die Anordnung von Bohrungen in Relation zur Befüllungsstrategie mit Wirkmedien so zu wählen, dass sich keine Luftblasen bilden, und vor allem auch die Innenflächen einer Bohrung vollständig benetzt werden können.

Die Gestaltung von Knotenpunkten sollte so erfolgen, dass keine Spitzen an den Ausläufen des Beschichtungsmaterials entstehen (z.B. Nasenbildung).

Erhebungen von der Werkstückoberfläche, beispielsweise durch Schweißnähte, sollten vermieden werden. Schweißnähte sollten abgeschliffen, Niet- oder Schraubköpfe versenkt werden. Gegebenenfalls können Schraubköpfe mit Kappen versehen werden.

Scharfe Kanten sind durch Rundungen und Schrägen zu ersetzen. Zudem sollten Grate an den Kanteninnenseiten liegen, damit mögliche Beschichtungsfehler nicht sichtbar werden. Spitze Ecken und Winkel sollten mit zusätzlichem Material durch Schweißauftragen aufgefüllt werden.

Bei der Weiterverarbeitung eines beschichteten Bauteils, vor allem beim Biegen, sollten die Eigenschaften des Beschichtungsmaterials und die Mindestkrümmungsradien Beachtung finden. Empfehlungen für Email, Lack oder galvanische Schichten sehen als Mindestradius 0,5 mm oder das 1,5fache der Materialstärke vor.

Sollte das Bauteil während des Beschichtungsprozesses eine starke Wärmebeanspruchung erfahren (z.B. beim Emaillieren oder Schmelztauchen), ist in den Prozessen einem möglichen Verzug entgegenzuwirken.

Vertiefungen am Rand eines Werkstücks sind mit zusätzlichen Versteifungen am Blechzuschnitt zu verstärken. Zudem sollten Bohrungen einen Mindestrandabstand des 5fachen der Materialdicke aufweisen.

Löcher sollten von Biegekanten weit genug entfernt liegen, damit in den Biegeradien keine Beschädigungen durch Befestigungselemente entstehen oder die Lochungen nicht ungewollt verformt werden.

Schlanke Versteifungsrippen können den Verzug bei einer Wärmebehandlung an Gusswerkstücken verringern.

Um ungewünschte Kapillarwirkungen zu vermeiden, sollten Schweißnähte dicht und ausgefüllt sein.

An Knotenpunkten ist darauf zu achten, dass keine spitzen Ausläufe entstehen, die eine Oberflächenbehandlung negativ beeinflussen würden.

## BES
### Literatur

[1] Adams, K.H.: Oberflächenvorbehandlung. Weinheim: WILEY-VCH Verlag, 1999.

[2] Ashby, M.; Johnson, K.: Materials and Design. Oxford: Butterworth-Heinemann, 3. Auflage, 2004.

[3] Awiszus, B.; Bast, J.; Dürr, H.; Matthes K.-J.: Grundlagen der Fertigungstechnologie. Leipzig: Carl Hanser Verlag, 2003.

[4] Bach, F.-W.; Laarmann, A.; Möhwald, K.; Wenz, T.: Moderne Beschichtungsverfahren. Weinheim: WILEY-VCH Verlag, 2005.

[5] Bargel, H.-J.; Schulze, G.: Werkstoffkunde. Berlin, Heidelberg: Springer Verlag, 8. Auflage, 2004.

[6] Beitz, W; Grote, K.-H.: Dubbel - Taschenbuch für den Maschinenbau. Berlin, Heidelberg: Springer Verlag, 20. Auflage, 2001.

[7] Bergmann, W.: Werkstofftechnik 2. München, Wien: Carl Hanser Verlag, 3. Auflage, 2002.

[8] Blume, F.: Einführung in die Fertigungstechnik. Heidelberg: Hüthig Verlag, 9. Auflage, 1990.

[9] Dobler, H.-D.; Doll, W.; Fischer, U.; Günter, W.; Heinzler, M.; Ignatowitz, E.; Vetter, R.: Fachkunde Metall. Haan-Gruiten: Verlag Europa-Lehrmittel, 54. Auflage, 2003.

[10] Eberle, H; Hermeling, H.; Hornberger, M.; Kilgus, R.; Menzer, D.; Ring, W.: Fachwissen Bekleidung, Haan-Gruiten: Verlag Europa-Lehrmittel, 7. Auflage, 2003.

[11] Eckhard, M.; Ehrmann, W.; Hammerl, D.; Nestle, H.; Nutsch, T.; Nutsch, W.; Schulz, P.; Willgerodt, F.: Fachkunde Holztechnik. Haan-Gruiten: Verlag Europa-Lehrmittel, 19. Auflage, 2003.

[12] Endlich, W.: Fertigungstechnik mit Kleb- und Dichtstoffen. Braunschweig, Wiesbaden: Vieweg Verlag, 1995.

[13] Förster, D.; Müller, W.: Laser in der Metallverarbeitung. München, Wien: Fachbuchverlag Leipzig im Carl Hanser Verlag, 2001.

[14] Gefatter, A.: Druckreif. Stuttgart: avedition, 1996.

[15] Giessmann, A.: Substrat- und Textilbeschichtung. Berlin, Heidelberg: Springer Verlag, 2003.

[16] Hofmann, H.; Spindler, J.: Verfahren der Oberflächentechnik. München, Wien: Fachbuchverlag Leipzig im Carl Hanser Verlag, 2004.

[17] Müller, K.-P.: Lehrbuch Oberflächentechnik. Braunschweig, Wiesbaden: Vieweg Verlag, 1996.

[18] Müller, K.-P.: Praktische Oberflächentechnik. Braunschweig, Wiesbaden: Vieweg Verlag, 4. Auflage, 2003.

[19] Pietschmann, J.: Industrielle Pulverbeschichtung. Braunschweig, Wiesbaden: Vieweg Verlag, 2002.

[20] Rehm, M.: Kreative Lackiertechniken. Stuttgart: Deutsche Verlags-Anstalt, 1996.

[21] Westkämper, E.; Warnecke, H.-J.: Einführung in die Fertigungstechnik. Stuttgart, Leipzig, Wiesbaden: Teubner Verlag, 6. Auflage, 2004.

[22] Witt, G.: Taschenbuch der Fertigungstechnik. München, Wien: Fachbuchverlag Leipzig im Carl Hanser Verlag, 2006.

*Bild unten: Beschichtete Duschbrause./*
*Lacke von: BERLAC AG, Lacquers & Effects, Schweiz*

*Untergrund: Kunststoff ABS.*
*Aufbau unten:*
*1. Schicht: Eingefärbter BERLACRYL Zweikomponenten-Metallglanzlack.*
*Aufbau oben:*
*1. Schicht: Chromgoldgalvanik.*
*2. Schicht: Transparenter BERLACRYL Zweikomponenten-Klarlack.*

Bild: Spritzgusswerkzeug/ Foto: STIHL

## GES
## KOSTENREDUZIERENDES GESTALTEN UND KONSTRUIEREN

*Abnutzung, AIDA, Alleinstellungsmerkmal, Anschaffungskosten, Austauschbarkeit, Bedienfreundlichkeit, Briefing, Break-Even-Point, Cash-Flow, Chemieverträglichkeit, Betriebskosten, Entsorgungsgerechtheit, Deckungsbeitrag, Demontage, Entwicklungskosten, Ergonomie, Ersatzteile, Einsparpotenziale, Fertigungsgerechtheit, Fertigungs–tiefe, Geräuschlosigkeit, Geräuschreduktion, Investitionen, Ist-Kosten, Kalkulation, Kosteneffizienz, Kostenplan, Lagerkosten, Lebensdauer, Materialeinsatz, Materialgerechtheit, Materialkosten, Montagegerechtheit, Nachhaltigkeit, Nutzungsgrad, Stapelbarkeit, Ökologie, Positionshilfen, Preiseffizienz, Qualität, Recycelbarkeit, Rendite, Reparaturkosten, Reproduzierbarkeit, Phasenplan, Projektmanagement, Substitution, Solidität, Soll-Kosten, Standardisierung, Transportkosten, Umweltfreundlichkeit, Werkzeugkosten, Wertanmutung, Wertschöpfung, Wiederverwertung, Zeitplan, Zerlegbarkeit, Zielgruppe, Zuverlässigkeit*

## Kapitel GES
### Kostenreduzierendes Gestalten und Konstruieren

In den bisherigen Kapiteln wurden in Bezug auf die Eigenheiten der unterschiedlichen Materialien und Fertigungsverfahren Anhaltspunkte gegeben, mit denen die Funktionsweise einer Konstruktion gewährleistet und die Produktion eines Bauteils komplikationsfrei durchgeführt werden kann. Durch die sich stetig verschärfenden Wettbewerbsbedingungen mit kürzer werdenden Innovationszyklen liegt ein besonderer Fokus des Gestalters und Konstrukteurs darauf, kostenoptimale Bauteile und Produkte hervorzubringen. Dabei kann er mit Blick auf den gesamten Produktlebenszyklus eine Vielzahl der Kostenfaktoren beeinflussen und die Rentabilität von Produkten entscheidend mitbestimmen. Zu den Stellschrauben zählen insbesondere die Fertigungs-, Montage-, Material-, Lager- und Transport- sowie Recycling- und Entsorgungskosten. Auf den folgenden Seiten werden Maßnahmen für das kostenreduzierende Gestalten und Konstruieren zusammengefasst und anhand von Konstruktions- und Gestaltungsbespielen erläutert.

| Kostenreduzierendes Konstruieren | | | |
|---|---|---|---|
| Entwicklungs-kosten | Herstellungs-kosten | Betriebs-, Wartungs- und Instandhaltungs-kosten | Recycling- und/oder Beseitigungs-kosten |

**Herstellungskosten**

**A. Forderungen reduzieren**

**B. Kostengünstige Prinziplösung**

**C. Fertigungsoperationen reduzieren oder kostengünstig gestalten**

1. Standardisieren (d.h. Typenvielfalt reduzieren, Baureihen-, Baukastenbauweise)
2. Baugruppen reduzieren (Monobaugruppenbauweise)
3. Bauteilezahl reduzieren (integrierte Bauweise)
4. Einfache Bauteilgestalt (differenzierte Bauweise)
5. Flächenzahl reduzieren
6. Flächengröße reduzieren
7. Fertigungsoperationen reduzieren (toleranzgerechtes Konstruieren)
8. Nebentätigkeiten reduzieren
9. Eigenfertigung reduzieren
10. Günstigere Fertigungsverfahren
11. Günstigere Oberflächenformen
12. Einheitliches Fertigungsverfahren
13. Fertigungskosten minimieren (fertigungsgerechtes Konstruieren)
14. Losgrößen erhöhen (Mehrfachverwendung, Baureihen, Baukasten)
15. Einheitliches Werkzeug anstreben
16. Fertigungsgerechter Werkstoff

**D. Montageoperationen reduzieren oder kostengünstig gestalten**

1. Bauteilezahl reduzieren
2. Nebentätigkeiten reduzieren
3. Kurze Fügewege anstreben
4. Einfache Fügebewegungsformen
5. Selbsttätiges Positionieren
6. Mehrfache Verwendung von Montageeinrichtungen (gleiche Teile)
7. Bauteileordnung bei Zwischentransport aufrecht erhalten
8. Ordnen von Bauteilen vereinfachen
9. Fehlmontagen automatisch verhindern

**E. Materialmengen reduzieren, teures Material substituieren**

1. Bauteilezahl reduzieren
2. Unnötige Materialmengen vermeiden
3. Bauteilgröße reduzieren
4. Wiederverwertung von Abfallmaterial
5. Wiederverwendung gebrauchter Produkte (Recycling)
6. Umschichten von Material
7. Teures Material substituieren (Partial-, Insert-/Outsertbauweise)

**F. Prüfoperationen reduzieren oder kostengünstig gestalten**

1. Stochastische Prüfungen
2. Prüfungen automatisieren
3. Bei Eintreten eines Fehlers: Folgeoperationen verhindern

**G. Lager- und Transportkosten reduzieren**

1. Bauteilezahl reduzieren
2. Typenvielfalt reduzieren
3. Klein bauen
4. Leicht bauen
5. Transport- und lagergerechte Gestaltung (stapelbar)

**H. Recycling- und Entsorgungskosten reduzieren**

1. Trennbarkeit der Materialien vorsehen
2. Umweltschonende Materialien einsetzen
3. Materialeinsatz reduzieren

Abb. 1: nach [2]

Bild: Kinderwagen »Gecko«/ Durch das schlüssige Konstruktionskonzept lassen sich alle gezeigten Varianten realisieren. Er ist somit umfangreich einsetzbar./ Hersteller: bugaboo/ Foto: bugaboo

## GES 1
## Fertigungsgerechte Gestaltung

Die Hinweise zu Realisierung einer kostenoptimierten Fertigung, beziehen sich im Wesentlichen auf die Reduzierung des Fertigungsaufwandes und die Möglichkeit zu einer effizienten Produktion.

Mit einer integrierten Bauweise kann die Teileanzahl und somit der Fertigungs- und Montageaufwand erheblich reduziert werden.

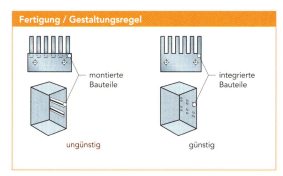

Abb. 2: nach [2]

Durch Standardisierung und Modularbauweise lassen sich Baugruppen reduzieren.

Abb. 3

Zur Realisierung einfacher Fertigungsoperationen sollten komplexe Bauteilstrukturen in mehrere einfach zu fertigende Komponenten zerlegt werden. Hierbei muss der spätere Montageaufwand in Relation zu der zu erwartenden Kostenersparnis gesetzt werden.

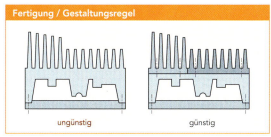

Abb. 4

Die Verringerung der Größe der zu bearbeitenden Flächen geht mit einer Reduktion des Fertigungsaufwandes einher.

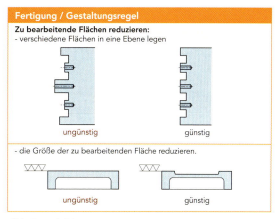

Abb. 5: nach [2]

Die Bearbeitung mehrerer Bauteile und Bauteilflächen in einem Fertigungsschritt hat einen kostenreduzierenden Effekt.

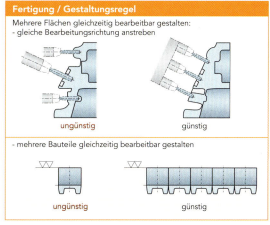

Abb. 6: nach [2]

Zur Vermeidung von Werkstückumspannungen sollten nach Möglichkeit alle Fertigungsoperation aus einer Bearbeitungsrichtung erfolgen.

Abb. 7: nach [2]

*Kapitel GES*
**Kostenreduzierendes Gestalten und Konstruieren**

*Schnapphaken*

*Schnapphaken bzw. Rasthaken werden zur schnellen Anbringung oder Montage von Teilen benötigt. Die Teile werden über die Schnapphaken ohne zusätzliche Elemente miteinander gefügt. Nach dem Verbinden sollte die Fügegeometrie möglichst spannungsfrei sein.*

Durch die Wahl von Schnapphaken anstelle von Schraubverbindungen kann die Anzahl der Fertigungsoperationen verringert werden.

Abb. 8

Einsparpotenziale können auch unter Verwendung von Standardteilen und Halbzeugen erschlossen werden, die keiner Neukonstruktion bedürfen und deren Produktion in hohen Stückzahlen kostengünstig realisiert werden kann.

Abb. 9: nach [2]

Bild: Baugerüste lassen sich durch die Verwendung von Halbzeugen und Standardteilen kostengünstig umsetzen.

Es sollte immer darauf geachtet werden, mit Werkzeugen und Fertigungsverfahren zu produzieren, die eine kostengünstigere Produktion zulassen.

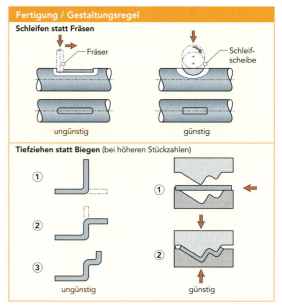

Abb. 10: nach [2]

Durch eine Fertigung von Bauteilen in hohen Stückzahlen lassen sich erhebliche Einsparpotenziale erschließen.

Bild: Stapelbare Stühle und Bänke aus Kunststoff werden in sehr hohen Stückzahlen preisgünstig hergestellt und sind weit verbreitet.

Es ist zu prüfen, ob spanlose Verfahren auf Grund der entstehenden Kosten den zerspanenden Techniken vorzuziehen sind.

**Fertigung / Gestaltungsregel**

Tiefziehen, Biegen oder Gießen anstatt Drehen (bei hohen Stückzahlen)

Drehteil — ungünstig
Biegeteil — günstig
Gussteil — günstig

Abb. 11: nach [2]

Durch die Wahl alternativer Materialien und die Verwendung kostengünstiger Produktionsverfahren lassen sich erhebliche Einsparpotenziale erzielen.

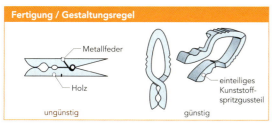

Abb. 12

Die Werkzeugkosten verringern sich meist durch Vermeidung nicht symmetrischer Bauteile. Eine Vereinheitlichung der Bemaßung wirkt sich zudem günstig auf die Fertigungskosten aus.

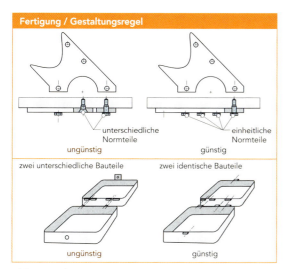

Abb. 13: nach [2]

Grunsätzlich sollte die Bauteilgeometrie eine kostengünstige Fertigung zulassen. Einfache sind komplexen Formgeometrien vorzuziehen.

Abb. 14: nach [1]

*Bild rechts: OTIS Ampelsäule/ Das Gehäuse (hier aufgeklappt) ist durch ein einziges Aluminium-Strangpressprofil und zwei Kappen aus Kokillenguss realisiert und somit sehr preisgünstig herzustellen./ Hersteller: OTIS/*
*Design: www.UNITEDDESIGNWORKERS.com*

## GES 2
### Montagegerechte Gestaltung

Vielfach unterschätzt, können die Kosten für die Montage einzelner Teile und Einheiten zu Baugruppen und Produkten einen ganz erheblichen Anteil an den gesamten Produktkosten einnehmen. In Hochlohnländern werden meist automatisierende Montageprozesse angestrebt, die eine Beachtung der späteren Montagevorgänge schon in den frühen Konstruktionsphasen erforderlich macht.

Bei der Montage sollte auf eine einfache Zuführung der Einzelteile mit kurzen Wegen Wert gelegt werden. Verklemmen ist zu vermeiden.

Abb. 15: nach [2]

Bild: Dieser Kinderwagen lässt sich spielend leicht komplett auseinander und zusammen bauen./ Hersteller: bugaboo/ Foto: bugaboo

Durch die Bereithaltung der zu montierenden Teile in einer geordneten Anordnung kann der Aufwand zur Lageerkennung verringert werden.

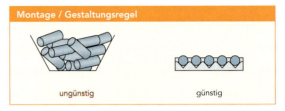

Abb. 16: nach [2]

Nach Möglichkeit ist die Konstruktion mehrfach symmetrischer Bauteile anzustreben, damit bei der späteren Montage nicht nach der richtigen Ausrichtung gesucht werden muss.

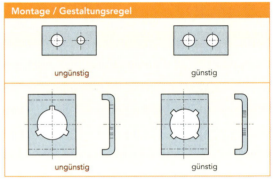

Abb. 17: nach [2]

Zur Vereinfachung der Lageerkennung sind asymmetrische Erkennungsmerkmale an die Bauteilaußenseite zu legen.

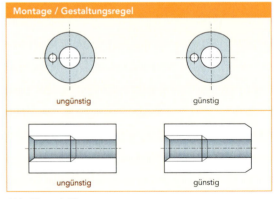

Abb. 18: nach [2]

Durch Einplanung spezieller Flächen kann manuelles oder automatisiertes Greifen vereinfacht werden.

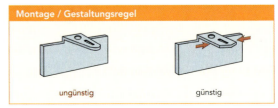

Abb. 19: nach [2]

Durch Schrägen, Senkungen, Führungen und Positionshilfen kann die Positionierung vereinfacht werden. Idealerweise ist eine Selbstpositionierung anzustreben.

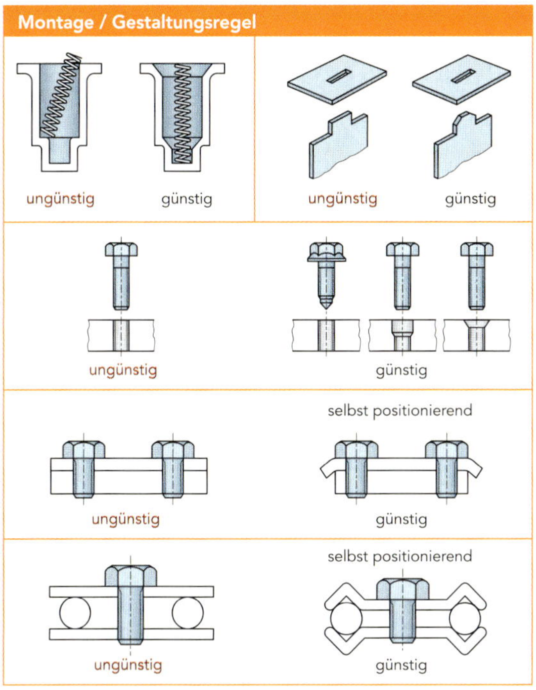

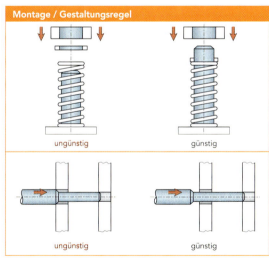

Abb. 20: nach [2]

Das gleichzeitige Montieren mehrerer Einzelkomponenten sollte vermieden, Fügevorgänge gestaffelt werden. Schnappverbindungen können bei der Vorfixierung unterstützen.

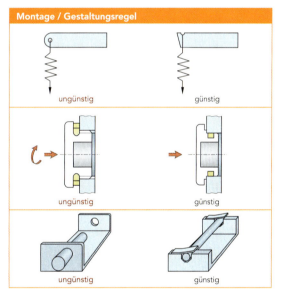

Abb. 21: nach [2]

Die Montage biegeschlaffer Bauteile wie Kabel oder textile Komponenten sollte vermieden werden, da meist ein erheblicher manueller Montageaufwand entsteht.

Endanschläge können Montagevorgänge erheblich vereinfachen.

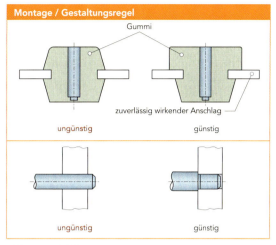

Abb. 22: nach [2]

Durch einfache Fügebewegungen kann der Montageaufwand verringert werden. Grundsätzlich sind translatorische Bewegungen rotatorischen Fügebewegungen vorzuziehen. Lange Wege sind zu vermeiden.

Abb. 23: nach [2]

Zu fügende Stellen sollten so gestaltet sein, dass sie vom montierenden Personal gut eingesehen und mit dem Werkzeug leicht erreicht werden können.

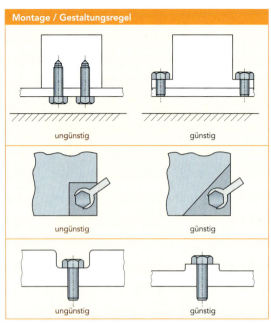

Abb. 24: nach [2]

Durch Verringerung der Anzahl der zu fügenden Einzelkomponenten und der Anzahl der Fügerichtungen kann der Montageaufwand reduziert werden.

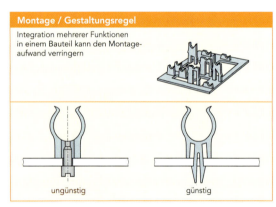

Abb. 25: nach [2]

## GES 3
### Materialkosten reduzierende Gestaltung

Ein weiterer Kostenfaktor, der durch eine angemessene Gestaltung kostenoptimierend beeinflusst werden kann, ist der des Materialaufwandes. Folgende Überlegungen sollten zur Senkung der Materialkosten in der Konstruktion eines Produkts Beachtung finden:

Durch eine integrierte Gestaltung und Konstruktion kann die Teileanzahl reduziert werden. Bauteilabmessungen sollten so klein wie möglich gewählt werden.

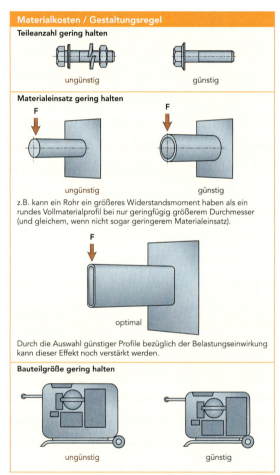

Abb. 26

Hochpreisige Materialien sollten nur dort eingesetzt werden, wo die Verwendung eines kostengünstigen Werkstoffs nicht möglich erscheint.

*Bild links: Federelement aus Kunststoff des Bettensystems »Sensus«. Die Feder wird in einem einfach aufgebauten Werkzeug gespritzt. Das rote Spannkreuz in der Mitte kann zur Härteeinstellung optional ergänzt werden./ Hersteller: Froli*

Um Gewicht zu senken und Materialkosten einzusparen, sollte Material nur an den Stellen eingesetzt werden, wo es aus optische Gründen oder zu Festigkeitszecken erforderlich ist. Diese Maßnahme ist immer in Relation zu den zu erwartenden Fertigungskosten zu betrachten.

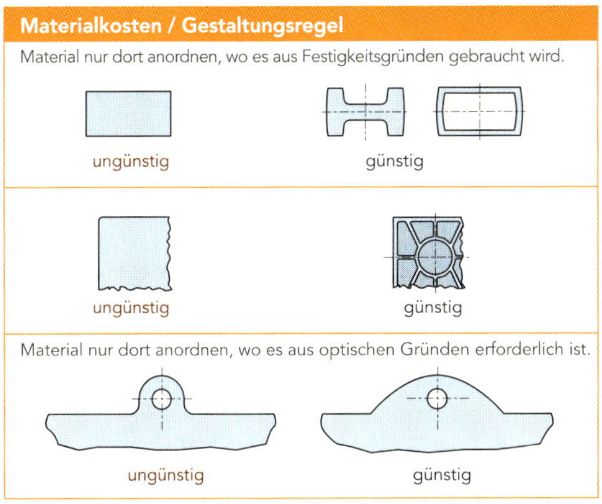

**Materialkosten / Gestaltungsregel**
Material nur dort anordnen, wo es aus Festigkeitsgründen gebraucht wird.

ungünstig — günstig

Material nur dort anordnen, wo es aus optischen Gründen erforderlich ist.

ungünstig — günstig

*Abb. 27: nach [2]*

Nach Möglichkeit sollte der Materialaufwand durch die Verwendung geeigneter Halbzeuge gering gehalten werden.

Die Möglichkeit zur Verwendung von Restwerkstoffen (z.B. Stanzabfälle) ist im Einzelfall zu prüfen. Es kann sich auch anbieten, gebrauchte Bauteile und ganze Baugruppen erneut zu verwenden.

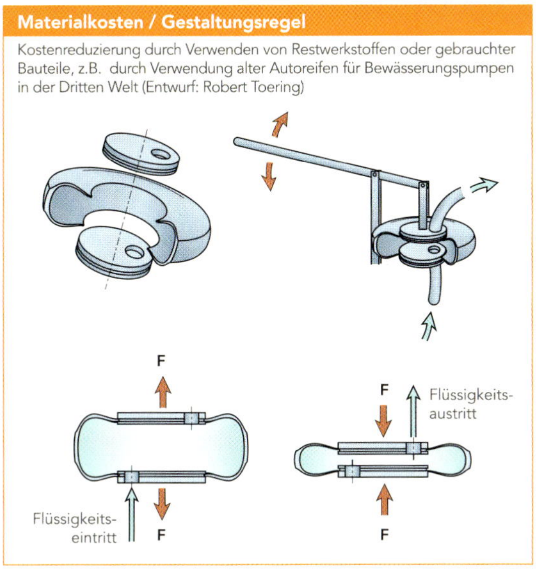

**Materialkosten / Gestaltungsregel**
Kostenreduzierung durch Verwenden von Restwerkstoffen oder gebrauchter Bauteile, z.B. durch Verwendung alter Autoreifen für Bewässerungspumpen in der Dritten Welt (Entwurf: Robert Toering)

*Abb. 28: nach [3]*

## GES 4
### Recycling- und entsorgungsgerechte Gestaltung

Nicht erst die sich verschärfenden Umweltauflagen der europäischen Union machen eine recycling- und entsorgungsgerechte Gestaltung zu einem wichtigen Kostenaspekt. Produkte mit einer hohen Qualität, langen Lebensdauer und einer leichten Recyclierbarkeit werden angestrebt. Insbesondere folgende Aspekte sollten berücksichtigt werden:

Die Verwendung einer geringen Anzahl verschiedener und sortenrein zu trennender Werkstoffe ermöglicht ein einfaches Recycling.

Durch Kennzeichnung der verwendeten Werkstoffe kann eine Sortierung und Trennung im Recyclingprozess vereinfacht werden.

Die Möglichkeit zur Wiederverwendung ganzer Baugruppen sollte schon in der Konstruktionsphase bedacht werden.

Eine leichte Demontage einzelner Bauteilkomponenten fördert die Reduzierung der Entsorgungskosten (siehe auch »Montagegerechtes Gestalten«).

*Bild: OTIS-Ampelsäule für Fahrtreppen und Fahrsteige, leichte Demontage der Bauteile./ Hersteller: OTIS Escalator/ Design: www.UNITED**DESIGN**WORKERS.com*

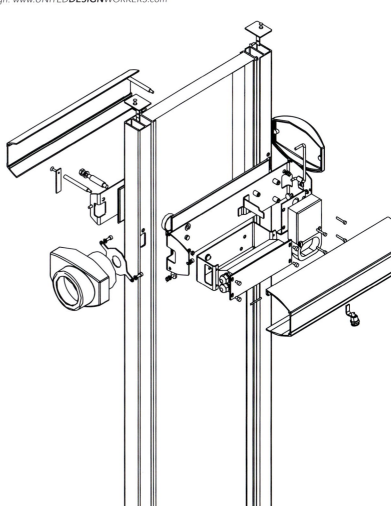

*Kapitel GES*
**Kostenreduzierendes Gestalten und Konstruieren**

### GES 5
### Lager- und transportkostengerechte Gestaltung

Meist werden die Einflüsse der Gestaltung und Konstruktion auf die späteren Lager- und Transportkosten in den Entwicklungsphasen unterschätzt. In den letzten Jahren ist durch die Verstärkung der Produktion in Fernost und die hohe Variantenvielfalt der Produkte eine Kostenoptimierung in diesem Bereich in den Fokus des Interesses gerückt. Folgende Anhaltungspunkte können zur Reduzierung dieses Kostenfaktors herangezogen werden.

Insbesondere die Standardisierung eines Produktes und die Reduzierung der Typenvielfalt wirkt sich positiv auf die Lager- und Transportkosten aus.

*Bild: Kunststoffprodukte, die durch ihre Form optimal zu stapeln sind, nehmen sehr wenig Lagerraum in Anspruch und sind kostengünstig zu transportieren.*

Konstruktiv sollten Produkte nach einem Baureihen- bzw. Baukastenprinzip aufgebaut sein.

Lager- und transportgerechte Konstruktionen werden durch leicht stapelbare, ineinander verschiebbare oder klappbare Gestaltungsprinzipien gefördert. Die Packungsdichte erhöht.

*Abb. 29*

Mit der Reduzierung der Baugröße geht auch die Minimierung der Lager- und Transportkosten einher.

*Abb. 30*

*Bilder unten: Stapelbarer, klappbarer Tisch aus dem Möbelprogramm »parlando«./ Hersteller: drabert/ Design: www.UNITEDDESIGNWORKERS.com*

## GES
**Literatur**

[1] **Bonten, C.**: Kunststofftechnik für Designer. München, Wien: Carl Hanser Verlag, 2003.

[2] **Koller, R.**: Konstruktionslehre für den Maschinenbau. Berlin, Heidelberg: Springer-Verlag, 3. Auflage, 1994.

[3] **Papanek, V.**: Das Papanek-Konzept – Design für eine Umwelt des Überlebens. München: Nymphenburger Verlagshandlung GmbH, 1972.

Bild: »flat_mate«, freischwingender, staffelbarer Klappstuhl./
Design: Riad Hamadmad Dipl. Des. (FH)/
Hersteller: möbelbau kaether & weise

## KEN
## WERKSTOFFKENNWERTE

Zur Auswahl eines geeigneten Materials für eine entsprechende Produkt- und Kundenanforderung ist es notwendig, seine genauen Eigenschaften und Besonderheiten zu kennen und erfassen zu können. Um das Materialverhalten in Berechnungen berücksichtigen sowie die Eigenschaften einzelner Materialien vergleichen zu können wurden Materialkennwerte definiert und entwickelt. Die wichtigsten Kennwerte werden im Folgenden aufgeführt.

### Gewicht und Dichte

Die Kenntnis des absoluten Gewichts bzw. der absoluten Masse eines Werkstoffs eignet sich nur bedingt, um das ideale Material für eine Anwendung auswählen zu können. Hierzu wurde die Dichte als vergleichender Kennwert eingeführt. Sie gibt das Verhältnis von Masse zu Volumen (g/cm$^3$) an und ist auch als spezifisches Gewicht eines Werkstoffs bekannt. Die *Porosität* eines Werkstoffs bezeichnet in diesem Zusammenhang den Anteil von Hohlräumen im Verhältnis zum Gesamtvolumen.

### Härte

Unter Härte wird der Widerstand verstanden, den ein Werkstoff auf Grund seiner Molekularkräfte dem Eindringen eines Fremdkörpers entgegensetzt. Es sind verschiedene *Härteprüfverfahren* bekannt, bei denen die Eindringtiefe eines genormten *Prüfköpers* (z.B. Pyramide oder Kegel) in einem zu prüfenden Werkstoff gemessen wird. An Hand der Abmessungen des Abdrucks wird auf die Härte geschlossen. Da das *Eindringverhalten* von Gestalt und Härte des eindringenden Körpers abhängt, muss bei der Angabe von Zahlenwerten auch immer das Härteprüfverfahren genannt werden. Wichtige Härtekennwerte werden in den Prüfverfahren nach *Rockwell*, *Vickers* und *Brinell* ermittelt. Für Kunststoffe kommt auch das Verfahren nach *Shore* zum Einsatz.

### Festigkeit

Die Festigkeit gibt den Widerstand eines Körpers gegen eine äußere Beanspruchung an. Man unterscheidet die *Zug-*, *Druck-*, *Knick-*, *Biege-*, *Schub-*, und *Torsionsfestigkeit*. Eine Überbeanspruchung kann zu einer Rissbildung führen. Der Festigkeitswert eines Werkstoffs wird über eine Versuchsprobe ermittelt. In dieser wird die Deformation unter Beaufschlagung mit einer bestimmten Beanspruchung gemessen. Die flächenbezogene Kraft (N/mm$^2$) wird in diesem Zusammenhang als *Spannung* bezeichnet. Mit *Reißfestigkeit* ist beispielsweise die Spannung gemeint, die ein Probekörper zum Zeitpunkt der Rissbildung ertrug. Die *Biegefestigkeit* ist die zum Bruch eines Stabes führende Beanspruchung auf Biegung, der Biegeradius der maximale Radius vor Bruch. Die maximale Spannung mit der ein Probekörper beaufschlagt werden kann, bezeichnet die *Zugspannung*. Diese wird häufig herangezogen, um die Festigkeitseigenschaften von unterschiedlichen Werkstoffen im Vergleich darzustellen und grundlegende Aussagen ableiten zu können. Die *Verschleißfestigkeit* eines Materials gibt den Widerstand gegen *Abrieb* an. Unter *Warmfestigkeit* versteht man die Festigkeit eines Werkstoffs bei erhöhten Temperaturen.

### Steifigkeit

Die Steifigkeit bezeichnet den Widerstand eines Werkstoffs gegen Verformung. Zur Charakterisierung der Materialsteifigkeit wurde das *Elastizitätsmodul* (kurz: E-Modul) eingeführt. Es gibt den Zusammenhang von Spannung und Verformung (meist *Dehnung*) und somit das Verhalten bei mechanischer Beanspruchung eines festen Körpers an. Je größer das E-Modul desto geringer fällt die Verformung unter Belastung aus.

Die *Elastizitätsgrenze* beschreibt den Punkt, bis zu dem nach Belastung beim Werkstoff keine bleibende Verformung entsteht. Er verhält sich elastisch, die Deformation bildet sich bis zu seiner Ausgangsform zurück. Bei größeren Dehnungen treten auch nach Entlastung plastische Verformungen auf.

### Zähigkeit

Mit Zähigkeit wird die Fähigkeit eines Materials zur Energieaufnahme und somit sein Widerstand gegen Bruch bezeichnet. Da sie von vielen Faktoren abhängt (Beanspruchungsart, Geometrie, Temperatur, usw.), ist die Zähigkeit keine eindeutig zu definierende Eigenschaft eines Werkstoffs. Als spröde wird ein Werkstoff (z.B. Keramik) bezeichnet, wenn er bei einer schlagartigen Beanspruchung zerspringen.

### Dehnfähigkeit

Die Dehnfähigkeit (*Duktilität*) eines Materials beschreibt die Eigenschaft zur Formunbeständigkeit unter Krafteinwirkung. Die *Bruchdehnung* ist hierzu ein häufig zur Anwendung kommender Kennwert, mit dem beschrieben wird, welche plastische Verformung maximal erreicht werden kann, bevor ein Material bricht. Es wird die prozentuale Verlängerung im Augenblick des Bruches, bezogen auf die Anfangsmesslänge, angegeben. Als anisotroper Werkstoff verändert sich das Volumen von Holz im Verhältnis zur Raumfeuchte. Gibt es Feuchte an die Umgebung ab, schwindet es; die Aufnahme von Wasser, führt zum Quellen. Kennwerte zur Beschreibung dieses besonderen Verhaltens beim Holz sind das *Schwind*- sowie das *Quellmaß*.

### Dämpfung

Unter Dämpfung versteht man die Neigung eines Materials zur Umwandlung mechanischer Belastungen insbesondere dynamischer Beanspruchungen in Wärme. Bei Materialien mit hohen Dämpfungseigenschaften kommt es zu hohen Wärmeentwicklungen, die sich auf das Eigenschaftsprofil in aller Regel negativ auswirken.

### Wärmeleitfähigkeit, Wärmedämmung, Wärmeausdehnung

Die Geschwindigkeit mit der Wärme innerhalb der molekularen Struktur eines Materials weitergeleitet wird, beschreibt die Wärmeleitfähigkeit und somit den maximal möglichen Wärmeverlust. Sie hängt von der Beweglichkeit der atomaren Bindungen im Molekül und dem Vorhandensein freier Elektronen ab und gibt die Wärmemenge an, die pro Sekunde bei einer Temperaturdifferenz von 1K (=1°C) auf einer Länge von 1 m durch einen Stoffquerschnitt von 1 m$^2$ transportiert wird. Je kleiner die *Wärmeleitzahl* desto größer ist die Wärmedämmung. Mit *Wärmeausdehnung* wird die Formveränderung (Ausdehnung) von Materialien unter Einwirkung von Wärme beschrieben. Sie hängt entscheidend vom molekularen Aufbau ab und wird mit dem thermischen *Wärmeausdehnungskoeffizienten* erfasst.

### Elektrische Eigenschaften

Unter der elektrischen Leitfähigkeit versteht man die Eigenschaft eines Stoffs elektrischen Strom weiterzuleiten. Wie bei der Wärmeleitfähigkeit gehen gute elektrische Eigenschaften mit dem Vorhandensein freier Elektronen einher.

### Optische Eigenschaften

Die *Lichtdurchlässigkeit* eines Materials sowie die Eigenschaften zur Lichtreflexion sind besonders für transparent Werkstoffe (z.B. Glas) von Interesse und werden stets im Verhältnis zu einer freien Öffnung angegeben.

### Chemische Resistenz und Beständigkeit gegen Umwelteinflüsse

Die Einhaltung von Materialeigenschaften unter Einwirkung von chemischen Substanzen wird als chemische Resistenz bezeichnet. Vor allem bei der Verwendung von natürlichen Materialien ist die Kenntnis der Beständigkeit gegen Umwelteinflüsse (Frost, Verwitterung) von besonderem Interesse. Diese wird auch als *Witterungs*- oder *Korrosionsbeständigkeit* bezeichnet.

# Sachwortverzeichnis

## Symbole
3D-Furnier 157, 178
3D-Plotter 414
3D-Printing 378, 518
3D-Printing (3D-P) 415
3D Coating 518

## A
Abbeizen 462
ABC-Schutzanzug 292
Abdruckstellen 76
Abet 519
Abformmethode 361
Abformverfahren 361
Abguss 71
Abgussform 361
Abrasivmittel 452
Abrieb 548
Abriebfestigkeit 424
Abrollprägung 519
Abschrecken 24
Absperrfurnier 166
Absperrschicht 166
Abstandsgewebe 265
Abstechdrehen 433
Abtragen 455
Abtragrate 423
Abzugspapier 197
Acetat 281
Acetatverfahren 260
Achat 317, 332
Acrlan 284
Acrylatkautschuk (ACM) 100
Acrylatklebstoffe 482
Acrylglas 84
Acrylnitril-Butadien-Styrol-Copolymerisat (ABS) 79
Additive 66, 122
Adhäsion 481
Aggregate 303
Agrartextilien 295
Airbag 292
Airless-Spritzen 509
Al-Gusslegierung 36
Al-Knetlegierung 36
Alabaster 320
Alkoxid-Gelverfahren 227
Allianz-Arena 254, 287
Alpaca 50
Alpaka 277
Alpolit 93
Alterung 481
Alterungsbeständigkeit 198
Altsilber 51
Aluminieren 533
Aluminiumbronze 41
Aluminiumdioxid 145
Aluminiumdruckgießen 372
Aluminiumdruckguss 36
Aluminiumfeinguss 371
Aluminiumlegierungen 36
Aluminiumnitrid 120
Aluminiumoxid 120, 138

Aluminiumschaum 56
Aluminiumtitanat 120
Amazonit 319
Amethyst 317, 332
Aminoplaste 96
amorph 21
amorphe Metalle 58
AMTEC 474
Andesit 324
Anflugglasur 126
Angorawolle 278
Anguss 75
Angusskanal 70, 76
Anhydritbinder 336
Anilinfarbe 195
Anlassen 24, 533
Anodisieren 532
anorganische Chemiefasern 286
Anspitzer 139, 319
Antiklopfmittel 46
Antistatisch ausrüsten 270
Aquamarin 332
Aramid 282
Aramidfaser 67, 104
Arbeiten 155
Arbeitsplatte 177
Arboform 184
Architekturtextilien 295
Arnite 87
Aromaschutz 202
Asbest 318
Asbestfaser 319
Asphaltstraße 340
Ästigkeit 154
Atlasbindung 264
Ätzdruck 270
Ätzen 461
Auelehm 309
Aufblasbare Möbel 62
Aufblasverfahren 27
Aufdampfen 528
Aufglasuren 126
Aufkohlen 32, 533
Aufprallschutz 56
Aufsteckfräser 436
Auftraglöten 527
Auftragschweißen 526
Augit 318
Ausfällungsgesteine 309
Ausgießen 477
Außenräumen 444
Außenschleifen 430
Auswerfer 76
Automatenstähle 32
Autoscheinwerfer 70
Autoverglasung 226

## B
b-Faktor 215
Backen 288
Backform 101
Badmöbel 136
Bakelit 95
Balken 164
Ballen 204

Balsaholz 180
Bambus 181
Bänderton 309
Bandsägen 432
Banknoten 275
BarkCloth 187
BarkTex 187
Barren 375
Basalt 324
Basaltgestein 324
Bastfaserspinnverfahren 258
Battens 164
Baufurnierplatten 171
Baugipse 336
Bauglas 216, 242
Bauholz 164
Baukalke 336
Baukeramik 118
Baumwolle 273
Baumwollzwirn 261
Baustähle 32
Bauteilverzug 363
Bautextilien 295
Bauxit 36
Bayblend 92
Becher 79
Bedrucken 199, 270
bedrucktes Papier 173
begehbares Glas 236
Beizen 162, 462
belmadur 167
bemalte Fliese 123
Bergkristall 317, 332
Bernstein 214, 310, 333
Berufsbekleidung 283
Beschichten 270
beschichtete Holzplatten 175
Beschichtung 70
Beschriftung mit Laserstrahl 511
Beständigkeit gegen Umwelteinflüsse 549
Besteck 50
Beton 338
Betondachsteine 341
Betongläser 240
Betongruppen 338
Betonplattenerzeugnisse 341
Betonrohre 341
Betonwaren 341
Bettwäsche 273
Beuchen 270
Bezeichnung von Stahlwerkstoffen 34
BFU-Platten 171
biegbare Holzspanfaserplatte 174
Biegbare Werkstoffplatten 178
Biegefestigkeit 424, 548
Biegefurnier 167
Biegematrize 406
Biegen 405
Biegeofen 224
Biegeradius 405
Bienenwachs 52
Bilderständer 175
Bildsamkeit 119, 122
Bimetall 354

Bims 324
Bimssteine 324
Bimssteinpulver 162
Bindemittel 122
Bindenähte 69
Binderlänge 314
Bindung 264, 352, 428
Bindungsart 265
Bindungsbild 264
Bio-Templing 146
biogene Gesteine 310
Bioglas 246
Biokeramik 118, 145
Biokompatible Kunststoffe 109
Biokunststoffe 74, 110
Biomasse 110
Biomorphe Keramik 146
Bionik 403
Biotit 318
Biskuitporzellan 131
Bitumen 340
Bitumenbahnen 340
bitumenhaltige Werkstoffe 340
Blas-Blasen 221
Blas-Blasformen 385
Blasextrusion 381
Blasformen 69, 382, 386
Blasgarntextuierung 262
Blasstahlwerk 27
Blatt 204
blattartige Gefügestruktur 30
Blattgold 519
Blattsilber 50
Blei 46
Bleichen 270
Bleichmittel 194
Bleigewichte 46
Bleiglas 216, 231
Bleikristallglas 231
Bleiruten 225
Bleistift 46
Bleiverglasung 225
Bleiweiß 46
Bleiwolle 46
Blindniet 472
Blindnietverbindung 472
Blockgießen 28
Blockguss 363
Blockware 164
Blumengießer 78
Blumentopf 277
board 175
Bodenleuchte 144
Bodenrandriss 125
Bodenriss 125
Bodypanels 518
Bohlen 164
Bohren 440
Bohrungsdrücken 402
Bolzen 468
Bombieren 224
Boratgläser 216
Bördeln 480
Bordsteine 341
Borkarbid 120

Bornitrid 428
Borosilikatglas 216, 230
Borwasserstoffderivate 531
Bouretteseidengarn 279
Bovinaeleder 288
Bramme 22
Brammen 375
Brammstrangguss 375
Brand 122
Brandfarben 126
Brandschutzflachglas 239
Brandschutzkleidung 292
Brandvorbereitung 122, 125
Braunes Porzellan 131
Breitgratbindung 264
Brekzien 309
Brennschneiden 452, 459
Bretter 164
Brettschwarten 164
Brinell 548
Bristolkarton 200
Bröckelspäne 434
Bronze 41
Bruchdehnung 549
Buchbinderei 192
Bücher 197
Bugholz 161
Buntpapier 200
Büttenpapier 200
Butylkautschuk (IIR) 99

C
Cantibay-Schnitt 154
Caprinaeleder 288
Carving-Ski 94
Ceran 233
Cermet 424
Cermets 353
CFK 67
Chalcedon 317
chemischer Adhäsion 481
Chemisches Abscheiden 531
Chemisches Abtragen 455, 461
chemische Beizen 462
chemische Resistenz 549
Chemisch reagierende Klebstoffe 481
Cheviotwolle 278
Chinagras 275
Chinapapier 200
china clay 322
chinesische Porzellanmalerei 126
Chlordioxid 194
Chlorieren 270
Chloroprenkautschuk (CR) 99
Christbaumkugeln 50
Chrom 47
Chromatisieren 533
Chrombeschichtung 47
Chromgalvanik 530
Chromgestell 47
CITES 152
Citrin 317, 332
Clinchen 480
Composites 352
Cool Wool 278

Cord 264, 273
Cordierit 137
Cordieritkeramik 119
Cordsamt 255
Cortenstahl 31
Crashglas 237
Croobredwolle 278
Croupon 288
Cubic Printing 518
Cuprama 281
Cupresa 281
Cupro 260, 281
CVD-Verfahren 227, 347, 529
Cyanacrylatklebstoffe 482
Cyclodextrine 296

D
Dachkonstruktion aus Papier 207
Dachschiefer 325
Dachziegel 117
Dacron 283
Damast-Stahl 391
Dämpfung 549
Danufil 280
Dauermodelle 361
Davex 480
Dazit 324
Decitex 256
Deckemail 517
Deckfurnier 166
Deckhaar 289
Decoflex-Furnier 167
Deformationsgefahr 123
Dehnfähigkeit 549
Dehnung 548
Deinking 194
Dekatieren 270
Dekor 125
Dekorationsverfahren 518
Dekorblech 36
Delrin 85
Designmodell 409
Diagenese 308
Diagonalreifen 294
Diamant 334, 428
Diamantbohrer 222
Diamanttrennscheibe 335
diaplektische Gläser 234
Dichte 548
Dickdruckpapier 201
Dielektrikum 458
Diffusionsglühen 533
Diffusionslöten 127
Diffusionsschichten 533
Digitaldruck 176
Dimensionsware 164
Diolen 283
Diorit 323
Direkthärtetechnik 377
Direktverschraubung 474
Direkt gesintertes Siliziumkarbid 140
Direkt gesintertes Siliziumnitrid 141
Dispersionsklebstoffe 482
Dolan 284
Dolomit 321

## Sachwortverzeichnis

Doppelsamt 265
Doppelschneckenextruder 380
Dorix 282
Dorlastan 283
Drahterosion 458
Drahtglas 237
Drahtgläser 216
Drahtstifte 160
Drahtziehen 399
Dralltextuierung 262
Dralon 284
Drechseln 434
Drehen 433
Drehergewebe 265
Drehmeißel 423
Dreibackenfutter 433
Dreischichtverbünde 352
Dreistoffsysteme 118
Drücken 402
Druckfarbenfestigkeit 195
Druckfestigkeit 424, 548
Druckgießen 372
Druckluftspritzen 509
Druckschablone 512
Drücktechnik 397
Druckumformen 387
Dübel 160
Duktilität 549
Dunlop-Verfahren 98
Dünnbandgießen 375
Dünnbrammenguss 375
Dünndruckpapier 201
Dünngläser 246
Duran 230
Durchdringungsverbundwerkstoffe 352
Durchdringungswerkstoffe 352
Durchdrückverfahren 393
Durchlassfaktor 215
Durchsetzfügen 472, 480
Durchziehen 397, 399
Duroplast-BioShield 104
Duroplaste 65, 69, 93
Duschabtrennung 224
Duschbrause 90

### E
E-Modul 548
EBM 410
ECF 194
Echtholz-Furnier 167
Eckverbindung 159
Ecoflex 110
Edelmetalle 23, 25, 48
Edelstahl 35
Edelstähle 31
Edelstahlseife 35
Edelsteine 332
Effektgarn 261
Eicherbecher 222
Einbetten 477
Eindringverhalten 548
Eindrücken 387
Einfadengewirke 263, 268
Einfallstellen 76, 363
Eingießen 127

Eingusskanal 362
Einkomponenten-Klebstoff 481
Einlitern 227
Einpressen 387
Einsatzhärten 533
Einsatzstähle 32
Einscheibensicherheitsglas (ESG) 216, 236
Einschneckenextruder 380
Einschrumpfen 127
Einsenken 387
Einsintern 127
Einstechschleifen 430
Einstoffsysteme 118
Einweg-Memory-Effekt 57
Eisengarn 261
Eisenkiesel 317
Eisenschwamm 27
Eisenwerkstoffe 25, 26
Elastan 283
Elastizität 23
Elastizitätsgrenze 548
Elastizitätsmodul 548
Elastollan 102
Elastomere 64, 69, 98
elektrische Eigenschaften 549
Elektrizität leitende Kunststoffe 108
Elektrochemisches Abtragen 455
Elektrochemisches Abtragen (ECM) 463
Elektrochemisches Ätzen 463
Elektrolichtbogenverfahren 27
elektrolumineszierender Pasten 293
Elektrolysebad 530
Elektrolytisches Abscheiden 530
Elektrolytlösung 531
Elektronenstrahlschmelzen 410
Elektronenwolke 21
Elektronikplatine 500
elektrostatischen Tauchlackieren 510
Elektrostatisches Lackieren 510
Elektrostatisches Pulverbeschichten 524
Elfenbeinkarton 201
Elfenbeinporzellan 131
Eloxal 532
Eloxieren 532
Emaillieren 517
Emissivität 215
Emulsion 425
Endlosfaser 66, 258
Engineered Wood Products 172, 185
Enkaswing 283
Entflammbarkeit 156
Entgraten 75, 423
Entlignifizierung 153
Entlüftungskanäle 71
entsorgungsgerechte Gestaltung 545
entspiegelnde Schichten 227
entspiegelte Gläser 228
Entspiegelung 228
EP-Klebmörtel 94
EP-Polymerbeton 94
Epoxid-Pulverschmelzlacke 94
Epoxidharz 71
Epoxidharz-Kleber 160
Epoxidharze (EP) 94

Erdgussgestein 324
Erdgussgesteine 308
Erdnussflips 381
Erdöl 62
Ergonomiemodell 409
Estrich 337
ETFE-Foliengewebe 254
Ethylen-Propylen-Kautschuk (EPM) 100
Extruder 380
Extruderstrecke 380
Extrudieren 380
Extrusionsblasen 385, 386
Extrusionsprofile 382
Extrusionsverfahren 414

### F
Facettieren 223
Facettierung 125
Fachwerk 331
Fachwerkhaus 331
Fadendichte 265
Fadenherstellung 258
Fahrradleuchte 84
Fahrzeugreifen 294
Fahrzeugtextilien 294
Falzbruch 200
Falzen 200, 480
Falzmarke 200
Färben 271
Farbgläser 216
Farbstoffbeize 462
Fasalex 184
Faserbetonbaustoffe 341
Faserbrei 192
Faserdichte 256
Faserfeinheit 256
Faserharzspritzen 72
Faserharzspritzverfahren 71
Faserlänge 256
Fasermaterial 68, 265
Faserstruktur 256
Faserverbund 196, 352
Faserverbundwerkstoffe 66, 352
faserverstärkte Keramik 120
Faserverstärkte Kunststoffe 104
Faserwickeltechnik 68
Faserzumischung 66
Fassade aus Blei 46
Fechtanzug 292
Feder 32
Federstahl 23, 32
Federverbindung 159
Feilen 423
Feinblei 46
Feingießen 361, 371
Feinkeramik 118
Feinschleifen 429
Feinschneiden 448
Feinwolle 278
Feldspat 119, 319
Fell 289
Fensterbank 177
Fertigschleifen 429
Fertigschneider 441
fertigungsgerechte Gestaltung 539

Festigkeit 548
Fettspreizer 57
Feuchtigkeitshaushalt 155
Feuchtpressen 124
feuerfester Ton 119
feuerfeste Steine 133
Feuerfestkeramik 118
Feuerpolitur 431
Feuerschutz aus Altpapier 207
Feuerverzinken 511
Feuerwehranzug 292
Fibrille 256
Filamente 258
Filmscharniere 471
Filterpapier 202
Filz 258, 266
Finette 273
Fingerverzinkung 159
Fitting 401
Fixieren 271
Flächengewicht 265
Flachgläser 216
Flachglasproduktion 218
Flachleiter 97
Flachrundniet 472
Flachs 274
Flachsenkniet 472
Flammengarn 261
Flammlöten 500
Flammpyrolyse 227
Flanell 273
Flanken 288
Flaschenherstellung 221
Flechtwerke 262
Flechtzopf 262
Fleckenschutzausrüstung 271
Flexyply 178
Fliesen 133
Fliesenherstellung 123
Fließpressen 393
Fließvorgang 364
Flintglas 216
Flinz 309
Floatglas 218
Floatverfahren 218
Flockdruck 270
Florgewebe 265
Flottung 268
Fluips 208
Fluoridglas 216
Fluorkautschuk (FKM) 100
Fluoro 284
Fluorpolymere 86
Flüssigholz 184
Flussmittel 119, 126
Foamglas 243
Foil Insert Molding 370
Folienblasanlage 381
Folienextrusion 381
Folienbeschriftung 516
Foliengießen 124
Formaldehyd 531
Formfräsen 438
Formgedächtniseffekt 57
Formgedächtnislegierungen 57

Formhobeln 444
Formschlüssiges Fügen 468
Formschwund 362
Formspanholz 175
Formstempel 387
Formvollhölzer 165
Fotokarton 201
Fräsen 436
Fräsköpfe 437
freies Biegen 406
Freifläche 423
Freiformschmiede 389
Freiformschmieden 389
Freiwinkel 423
Frischen 26
Frischfaser 195
Frischhaltedose 78
Frittenporzellan 131
Frottier 264
Frottiergewebe 265
Frühstücksbrett 173
Fügen 70
Fugenausbildung 315
Fugenbild 316
Fugenmörtel 337
Fugenverbindung 159
Fügen keramischer Bauteile 127
Fügeprinzip 474
Füllstoffe 195
Funkenerosives Abtragen 455
Funkenerosives Abtragen (EDM) 458
funkenerosives Schneiden 458
funkenerosives Senken 458
Funktionsprototyp 409
Furnier 166
Furnierleim 160
Furnierplatten 170
Furnierschichtholz 185
Furnierstreifenholz 185
Fused Deposition Modeling (FDM) 414

G
g-Wert 215
Gabbro 323
Galvanik 530
Ganggesteine 308
Garne 258
Garnherstellung 258
Gasdruckgesintertes Siliziumnitrid 141
Gasinjektionstechnik 368
Gasschmelzschweißen 492
Gaufrieren 272
Gautschen 196
geätzte Leiterplatte 461
Gebissabguss 336
gebogenes Rohrgestell 405
gebogene Glasscheiben 224
gefachte Garne 258
Gefäßprothesen 296
Geflecht 68, 263
geflochtenes Textilband 262
gefräste Bauteile 439
Gefügekennziffer 428
Gegenhalter 448
Gegenzug 199

Gelbgold 48
Gelbmessing 42
Gelege 68
gemischtzelliger Schaum 103
Generative Verfahren 408
Geometriemodell 408, 409
Geotextilien 295
Gerbprozess 288
Gerbstoffe 288
Geröll 309
Geschiebelehm 309
Geschiebemergel 309
Geschirr 117
Geschirrkeramik 118
geschlossenzelliger Schaum 103
geschmiedeter Maulschlüssel 389
Gesenkbiegen 406
Gesenkschmiede 389
Gesenkschmieden 389
gespundete Fugenverbindung 159
Gesteinswerkstoffe 311
Gestellverbindung 159
Gestricke 263, 267
GetaCore 176
Getränkeverbundverpackung 355
Gewebe 68, 263
Gewicht 548
Gewindebohrer 441
Gewindedrehen 433
Gewindeeinsätze 475
Gewindefurchen 387
Gewindeschneiden 433
Gewindestrehlen 433
Gewindevorbohrer 441
Gewirke 267
gezwirnte Papierschnur 205
GFK 67
Gießen 361
Gießerei 28
Gießkanne 77
Gipsfaserplatten 320
Gipsfigur 313
Gipskartonplatten 320
Gipsputz 320
Glanzpapier 201
Glas 214
Glasbaustein 216, 240
Glasbildner 126
Glasentfärbung 217
Glasfaser 104, 286
Glasfasergewebe 68, 264
Glasfaserkabe 244
Glasfasern 67, 216, 244
Glasherstellung 218
Glasieren 517
Glaskeramik 216, 233
Glaslautsprecher 213
Glasmacherpfeife 382
Glasmurmel 212
Glasoberfläche 226
Glasposten 382
Glaspressen 222
Glasrohre 216
Glasschliff 223, 429
Glasschneider 222

## Sachwortverzeichnis

Glasschnitt 222
Glasskulptur 212, 216
Glassorten 216
Glasuren 126
Glaswerkstoffe 229, 245
Glaswolle 216, 242
glatter Schusssamt 265
Glaukonit 318
Glimmer 318
Glühbrand 131
Glühen 22, 533
Glühtemperatur 33
Glutinleim 160
Gneis 325
Gold 25, 48
Goldinlay 49
Goldmünzen 49
Goldring 48
Goldtombak 42
Golfscooter 72
GoreTex 86, 269
Grafit 334
Grafit-Nanotubes 347
Grafitform 384
Gramablend 326
Grammatur 198
Granit 323
Grannenhaar 289
Grate 75
Grauguss 30
Graupappe 201
Grausatinage 196
Grauwacke 329
Grobgesteine 309
Grobkeramik 118
Grobkornglühen 533
Grobwolle 278
Grundemail 517
Grundieren 162
Grundstähle 31
Grünfärbung 219
Grünfolie 124
Grünling 122, 124, 367, 376
Grünspan 39
Grünstich 217
Guggenheim-Museum 38
Gummi-Elastomere 98
Gusseisen 30
Gussglas 219
Gussglasverfahren 219

### H

Haarriss 125
Habitus 303
Hadern 192
Hadernpapier 193
Haftklebstoffe 483
Haifischhaut 146
Häkeln 268
Halbhohlniet mit Flachrundkopf 472
Halbhohlniet mit Senkkopf 472
Halbholz 164
Halbmetalle 25
Halbrundniet 472
Halbwarmumformung 390

Halogenreflektor 230
Hals 288
Hämatit 321
Hammernietverbindung 472
Hand 204
Hand-Schweiß-Extruder 493
Handformen 362
Handlaminieren 68, 71, 72
Handscheren 449
Handschneidbrenner 452
Handschuhe 292
Hanf 274
Hängematte 276
Harnstoffharzleim 160, 161
Hart-PVC 82
Hartdrehen 434
Härte 548
Härten 24, 533
Härteprüfverfahren 548
Hartfaserplatte (HDF) 175
Hartglas 232
Hartlöten 499
Hartmetall 353, 424
Hartporzellan 130, 131
Hartschaumplatten 80
Harzgallen 154
harzgebundene Industriesteine 344
Haspelseide 279
Haufwerksporen 306
Haushaltsprodukte 179
Heilkreide 327
Heißgepresstes Siliziumkarbid 140
Heißgepresstes Siliziumnitrid 141
heißisostatisches Pressen 377
heißisostatische Pressen 124
Heißisostatisch gepresstes Siliziumkarbid 140
Heißisostatisch gepresstes Siliziumnitrid 141
Heißprägen 519, 520
Heißpressen 124, 377
Heizelement 497
Heizelementeschweißen 70, 497
Heizwert 73
Helicoil 475
Heliodor 332
Heliotrop 317
Henkel 268
Hexacan 403
hexagonal 21
High Pressure Laminate 519
Hinterlüftung 225
Hinterschnitt 75
Hinterspritzen 370, 520
Hippen 377
Hirnleisten 159
Hobeln 444
hochfeste Polyethylenfasern (HPPE) 285
Hochfrequenzsteatit 137
Hochgeschwindigkeitsfräsen 438
Hochleistungsfaser 287
Hochleistungskeramik 118, 139, 424
Hochleistungssilikatkeramik 137
Hochofen 26, 29
Hochtemperaturbest. Kunststoffe 111

Hochtemperaturlöten 499
Hochtemperaturprozess 125
hochtransparentes Glas 215
Hocker 159, 199
Hohlblocksteine 341
Hohlglas 218
Hohlgläser 216
Hohlglassteine 222, 240
Hohlniet 472
Hohlräume 363
Holländer 192
holografisch-optische Elemente (HOE) 239
Holzarten 153, 179
Holzfaser 155
holzfreie Papiere 193
holzhaltige Papiere 193
Holzpappe 201
Holzschindelfassade 163
Holzschliff 193
Holzschutz 163
Holzschutzmittel 163
Holzspanfaserplatte 174
Holzstamm 158
Holzverarbeitung 158
Holzverbindung 159
Holz biegen 161
Holz färben 162
Honen 446
Honicel 206
Hornblende 318
Hostaflon 86
Hostaform 85
HPHT-Verfahren 347
HPL 519
HPL (High Pressure Laminate) 175
Hubprägung 519
Hüft-Implantat 426
Hüftgelenkprothese 138, 145
Hüttensteine 341
Hydrolyse 74
HydroMec 400
hydrophil 248
hydrophob 248
Hydroxylapatit 145, 246
Hygroskopie 198
Hypophosphit 531

### I

Implantate aus Titan 38
Imprägnieren 199, 271
In-Mold Decoration 370, 520
In-Mold Labeling (IML) 370
Industriesteine 311
Infiltration 377
Infrarotunterstütztes Wickeln 71
Inglasuren 126
Ingrespapier 201
Inkjetpapier 197, 202
Inkrustierung 125
Innendrehmeißel 433
Innenhochdruckformen 401
Innenhochdruckumformen 397
Innenschleifen 430
Innensechskant-Schraube 387

*Insektenbefall 163*
*Integralschaum 103*
*intelligente Etiketten 108*
*Intelligente Gläser 249*
*Intelligente Textilien 293*
*internationale Größentabellen 257*
*Ionenplattieren 528*
*ionische Bindung 121*
*Irdenware 119, 136*
*Iridium 52*
*Isolierglas 213, 238*
*Isolierung 103*
*Isoprenkautschuk (IR) 99*

*J*
*Japanischer EXPO Pavillon 207*
*Japanpapier 201, 204*
*Jaspis 317, 332*
*Jenaer Glas 230*
*Joghurtbecher 79*
*Jute 275*

*K*
*Kabelummantelung 111*
*Kaffee 195*
*Kalander 381*
*Kalandern 271*
*Kalandrieren 69, 381*
*Kalkmörtel 521*
*Kalknatronglas 216, 229*
*Kalksandstein 329*
*Kalksandsteine 341*
*Kalkspat 119, 321*
*Kalkstein 309, 327*
*Kalktuffe 327*
*Kaltarbeitsstähle 32*
*Kaltfarben 126*
*kaltgewalzte Coils 387*
*Kaltkammerverfahren 372*
*Kaltpressen 392*
*Kalzit 321*
*Kalziumkarbonat 195*
*Kamelhaar 278*
*Kamiko 205*
*Kamin 233*
*Kammgarnspinnverfahren 258*
*Kanister 44*
*Kantholz 164*
*Kaolin 119, 195*
*Kaolinit 322*
*Kapillarporen 306*
*Kapok 273*
*Karat 48, 334*
*Karbon-Kevlar 286*
*Karbonate 321*
*Karbonfaser 67*
*Karbonisieren 271*
*Karkasse 294*
*Karneol 317*
*Karosserie 72*
*Karton 193, 200*
*Kartonage im Flugzeugbau 208*
*Kaschieren 199, 271, 519*
*kaschiertes Papier 199*
*Kaschmir 278*

*Kaschmirwolle 278*
*Kasein 196*
*Kaseinleim 160*
*Käseröllchen 381*
*Katzenauge 317, 332*
*Kavität 367*
*Kegeldrehen 433*
*Kegelverbindung 469*
*Keilverbindung 469*
*Keilwellenverbindung 469*
*Keilwinkel 423*
*Keilzinken 159*
*Keramik-Matrix-Verbünde CMC 117*
*Keramikfaser 286*
*keramikgerechte Gestaltung 128*
*Keramikmesser 118*
*Keramikpapier 147*
*Keramikschaum 144*
*keramische Baustoffe 133*
*keramische Beschichtungen 142*
*keramische Isolatoren 119*
*keramische Schneiden 138*
*Keratin 289*
*Kerben 125*
*Kermatal 85*
*Kernholz 154*
*Kernlochbohrung 441*
*Kettdruck 270*
*Kette 264*
*Kettengewirke 263, 268*
*Kettenware 267*
*Kettfaden 264*
*Kevlar 67, 282*
*Kies 309*
*Kieselgestein 309*
*Kieselglas 232*
*Kitten 127*
*Klammer 160*
*klappbarer Grill 407*
*Klappgrill 35*
*klastische Sedimente 308*
*Kleben 481*
*Kleber 160*
*Klebeverbindung 469*
*Klebpolverfahren 265*
*Klebstoffarten 482*
*Kleiderstoff 281*
*Kleister 199, 482*
*Klemmbuchse 372*
*Klinker 133*
*Klopfen 272*
*Knabberschneiden 448*
*Knickfestigkeit 548*
*Knochenanbindung 246*
*Knochenfüllmaterial 246*
*Knochennägel 109*
*Knochenporzellan 131*
*Knoten 261*
*Knüppel 375*
*Knüppelstrangguss 375*
*Kobaltporzellan 131*
*Kochfläche 233*
*Kochlöffel 96*
*Kochplatte 141*
*Koextrusion 380*

*Kohäsion 481*
*Kohlengesteine 310*
*Kohlenstofffaser 67, 104, 286*
*Kohlepapier 201*
*Kohlewerkstoffe 334*
*Kokille 363, 374, 375*
*Kokillengießen 363*
*Kokillenguss 363*
*Kokos 183, 277*
*Koks 26*
*Kolbenlöten 499*
*kompostierbare Kunststofftasche 110*
*Kompostierung 110*
*Konglomerate 309, 329*
*Konstruktionskeramik 118*
*Kontaktgesteine 310*
*Kontaktklebstoffe 483*
*Kontaktzone 428*
*Konturgewebe 265*
*Konzeptmodell 409*
*Köperbindung 264*
*Kopierpapier 197*
*Korallen 332*
*Korbgeflecht 262*
*Kork 186, 352*
*Kornbildung 21*
*Körnerstruktur 302*
*Korngrenzen 21*
*Körnung 429*
*Koronarsonden 57*
*Korrosion 23*
*Korrosionsbeständigkeit 23, 549*
*Korund 321*
*kovalente Bindung 121*
*Kraftschlüssiges Fügen 468*
*Kragenziehen 397*
*Kräuseltexturierung 262*
*Kräuselung 256*
*Kreide 195, 327*
*Kreidegürtel 327*
*kreisförmiges Sägeblatt 432*
*Kreissäge 432*
*Kreissägen 432*
*Krepppapier 201*
*Kretonne 273*
*Kreuzholz 164*
*Kreuzschnitt 154*
*Kreuzsprossen 159*
*Kristallgitter 21*
*Kristallstruktur 21*
*Kristallstrukturen 303*
*Kristallsysteme 303*
*Kronenfuge 159*
*Kronglas 216, 229*
*Krügerrand 49*
*Krumpfen 272*
*Kübel 382*
*kubisch-flächenzentriert 21*
*kubisch-raumzentriert 21*
*Küchenhelfer 101*
*kugelförmige Grafitstrukturen 30*
*Kühlschmierstoffe 425*
*Kühlschrankeinsätze 80*
*Kühlung 428*
*Kulierware 267*

## Sachwortverzeichnis

Kunstfurnier 167
Kunstharz 199
Kunstharzgetränktes Vollholz 165
Kunstharzpressholz 170, 172
Kunstharzputze 521
künstliche Blutgefäße 109
künstliche Herzklappen 109
Kunststoff-Pressmassen 105
Kunststoffblends 110
Kunststoffhartschaum 362
Kunststoffrecycling 73
Kunststoffrippen 76
Kupferacetat 39
Kupferblech 39
Kupferkabel 40
Kupfernickel 45
Kupferrohr 39
Kupferverfahren 260
Kupferverkleidung 39
Kupplungsgehäuse 372
Kurzfaser 66
Kurzhubhonen 446

### L

Lackdruck 270
Lackieren 199
Lackierroboter 509
lackierte Haut auf Schaumstoff 534
Lackleim 160
Lackschichten 509
Lage 204
Lagenholz 170
lagerkostengerechte Gestaltung 546
Lakritz 381
Lamawolle 278
Lamellen 239
lamellenartige Gefügestruktur 30
Lamello-Feder 159
Lametta 44
Laminat 269
Laminate-Verfahren 413
Laminated Object Manufacturing (LOM) 413
Laminated Strand Lumber (LSL) 185
Laminated Veneer Lumber (LVL) 185
Laminieren 519
Lammfell 431
Lammwolle 278
Lampenfassung 137
Lampenschirmpapier 201
Langfaser 66
Langholzfeder 160
Langhubhonen 446
Langlochziegel 133
Langsieb-Papiermaschine 192
Langstabisolator 127
Längswalzen 387
Längswalzverfahren 387
Läppen 447
Laser-Honen 446
Laserabtragen 459
Lasergravieren 199
Laserhärten 533
Laserlack 460
Laserschweißen 494

Lasersintern 378
Lasersintern (LS) 412
Laserstrahlabtragen 455
Laserstrahlbiegen 407
Laserstrahllöten 500
Laserstrahloxidspanen 459
Laserstrahlschmelzabtragen 459
Laserstrahlschneiden 452
Laserstrahlstrukturieren 455
Laserstrukturieren 459
Laser Cusing 412
Lasiertes Holz 163
Lasuren 163
Laterne 206
Latex 64, 196, 199
latexierte Kokosfasern 277
Latexschaum 100
Latten 164
Laubbaum 154
Laubhölzer 153
Laufgeräusche 66
Laufrichtung 197
Laugieren 272
Lava 308
Layer Laminate Manufacturing (LLM) 413
Lebensmittelfarben 195
LED 140
Ledano 288
Leder 288
Lederfarbe 195
Lederpappe 202
Legierungen 22
Legierungs-/Begleitelemente 28
Lehm 309, 330
Leichtbeton 338
Leim 160, 199
Leinen 274
Leinwandbindung 264
Leithaar 289
Lenzing Lyocell 280
Lexan 81
Lichtbogenhandschweißen 490
lichtdurchlässiger Beton 346
Lichtdurchlässigkeit 549
lichtemittierende Tapeten 108
Lichtlenkung 239
Lichtreflexionsfaktor RL 215
Lignin 194
Linienlagerung 225
Linon 273
Linsenniet 472
Listenware 164
Lithiumkeramik 119
LiTraCon 346
Lochsteine 341
Lockergesteine 309
Löschpapier 202
Losdrehsicherung 474
Lösemittelverfahren 260
Löss 309
Lösslehm 309
Lösungsmittelklebstoffe 482
Lot 50, 498
Lotbadlöten 499
Löten 498

Löten von Keramik 127
Lötstellen 500
Lotus-Blume 248
Lotusblumeneffekt 146
Lotusblüte 117
Lötverbindung 469
Lötverfahren 499
Lotvlies 527
Low-E 215
LTC 346
Luftkalke 335
Lüftungsdüsen 90
Lumpen 192
Lunker 363
Luran 90
LVL 172
Lycra 283
Lyocell 280

### M

MAG 491
Magerungsmittel 119
Magmagestein 323
Magmagesteine 308
Magnesiabinder 336
Magnesit 133
Magnesiumdruckguss 37
Magnesiumlegierungen 37
Magnesiumoxid 120
Magnetit 321
Mahagoni 155
Mahagoni-Obsidian 235
Makrolon 81
Makroverschleiß 427
Malachit 20
Malimotechnik 269
Malipoltechnik 269
Maliwatttechnik 269
Mangelschmierung 446
Manila 276
Marbeln 382
Markröhre 154
Marmor 326
Marmorporzellan 131
Marmorskulptur 326
Martindale 257
Maschenware 267
maschinelles Glasblasformen 385
maschinelle Blasverfahren 221
maschinelle Glasflaschenherstellung 385
Maschinenformen 362
Maschinengewindebohrer 441
Maserung 154, 462
Massivholz 164
Mast für Surfsegel 72
Materialaufbereitung 158
Matrix 352
Matrize 396, 397
Mattieren 163, 272
Mattierverfahren 226
Mauermörtel 337
Mauerziegel 133, 341
MDF 175
mechanischer Adhäsion 481
mechanisches Dekor 125

Medizinalhanf 274
Medizinprodukt 98
Medizintextilien 296
Mehrlagengewebe 265
Mehrschalenspritzgießtechnik 368
Mehrstoffbronze 41
mehrstufigen Tiefziehprozess 397
Mehrzweckstuhl 47, 405
Meißel 423
Melamin 96
Melaminharz 96
Melaminharzleim 160
Memorymetall 57
Mennige 46
Mergel 309
Merinowolle 278
Merzerisieren 272
mesh 427
Messbecher 78
Messing 42
Metall-Aktivgas-Schweißen 491
Metall-Inertgas-Schweißen 491
Metallbindung 23
Metallbohrer 440
Metalldampf 528
Metalle 25
Metalleinlagen im Verbundglas 236
Metallfaser 286
Metallionen 21
metallische Bindung 21
metallische Gläser 58
metallische Profilummantelung 519
Metallpapier 202
Metallsalzlösung 530
Metallschaum 56
Metallsorten 25
Metallspritzen 370
Metallwerkstoffe 54
metamorphe Gesteine 310
Meteoriten 308, 311
Methyltertiärbutylether 46
Methylzellulose 199
MIG 491
Mikroverschleiß 427
Milchquarz 317
Mindestbiegeradius 405
Mineralien 317
Mineralienklassen 303
mineralische Bindemittel 335
mineralische Putze 521
Mineralwolle 327
Mirkofaser 256
Mischbarkeit 92
Mischbinder 336
Mischgesteine 311
Mischleim 160
Mischoxidkeramik 120
Mitteldichte Faserplatte (MDF) 175
Mittelschneider 441
Mittelwolle 278
mittlere Rautiefe 422
Möbelstoff 283
Modal 280
Modelleisenbahn 43
Modellflugzeug 79

Model Maker 414
Mohairwolle 278
Mohs' sche Härteskala 305
Monomere 63
Montagefreundlichkeit 365
montagegerechte Gestaltung 542
Montagekleber 483
Montageleim 160
Moosachat 317
Moosgummi 99
Morion 317
Mörtel 337
Mörtelarten 337
Motorradanzug 292
Motorsäge 37
Mottensicher ausrüsten 272
Moulinézwirn 261
Mull 273
Multi-Jet Modeling (MJM) 414
Multikomponentengarn 262
Multiphase Jet Solidification (MJS) 414
Multiplexplatten 171
Mundblasen in Formen 383
Mundblasverfahren 214, 220
mundgeblasene Gläser 220
mundgeblasene Glasskulptur 230
Muschelkalk 313
Muskovit 318

**N**

Nachgesintertes RBSN 141
Nachwachsende Werkstoffe 274
Nadelbaum 154
Nadelfilz 266
Nadelholz 153
Nägel 160
Nähen 502
Nähgarn 258
Nahtmaterial 109
Nähwirkware 269
Nähzwirn 261
Nanocarbon 94
Nanotubes 347
Nassspinnverfahren 259
Nasswickeln 71, 72
Naturfaser 255
Naturgläser 234
Naturkautschuk (Latex) 98
natürliche Gesteine 307
Naturpapier 202
Natursteinmauerwerk 316
Natursteinpaneel 316
Neopren-Kleber 160
Nerz 289
Nessel 273
Nester 367
Neusilber 50
neutrale Faser 405
NewCell 280
nibbeln 449
Nichteisenleichtmetalle 36
Nichteisenwerkstoffe 25
Nichtmetalle 25
Nichtoxidkeramik 140
Nickellegierungen 45

Niederhalter 397, 448
Niet 472
Nieten 468, 472
Nietstift 472
Nitrieren 533
Nitrierstähle 32
Nitrilkautschuk (NBR) 99
Noppen 261
Normalbeton 338
Normalfrequenzsteatit 137
Normalglühen 533
Nummer metrisch 205
Nutzhanf 274
Nut und Feder 174
Nylon 83, 282

**O**

O-Ring 100
Oberflächenrisse 363
Oberflächentexturen 463
Oberflächenveredelung 125, 162
Oberflächenvertiefung 363
Obsidian 235
Obsidianklingen 235
offenzelliger Schaum 103
Offsetdruck 197
ökologischer Rohstoff 153
OLED 293
OLED-Display 140
Olivin 318
Ölpapier 202
Ölsandstein 428
Öltaschen 446
Ölvollholz 165
Onyx 317, 332
Oolithe 309
Opal 302, 317, 332
optische Eigenschaften 549
optische Gläser 216
organische Leuchtdioden-Displays 140
organische Sedimente 310
Organische Solarzellen 53
Origami 192
Orlon 284
Orthogesteine 310
Orthoklas 319
OSB-Platten (Oriented Strand Board) 175
Osmium 52
Oxalsäure 162
Oxidation 39
Oxide 321
Oxidkeramik 120, 138

**P**

Packpapier 202
Palatal 93
Palladium 52
Palmblätter 274
Panamabindung 264
Panzerglas 216, 236
Paper Lamination Technology (PTL) 413
Papier 200
Papierband 205
Papierbecher 199
Papierbrei 196

## Sachwortverzeichnis

*Papierfarbstoff 195*
*Papierfilter 192*
*Papierformate 204*
*Papiergarn 205*
*Papiergeflecht 206*
*Papierkorb 161*
*Papiermaché 206*
*Papierproduktion 195*
*Papierschaum 208, 367*
*Papiertextilien 205*
*Papierveredelung 199*
*Papier im Wohnbereich 206*
*Papier in der Architektur 207*
*Pappe 193, 200*
*Pappmöbel 192*
*Pappwaben 206*
*Pappwabenplatten 206*
*Papyrus 192*
*Paraffin 199*
*Paraffinwachsen 271*
*Paragesteine 310*
*Parallam 185*
*Parallel Strand Lumber (PSL) 185*
*Pariser Urmeter 52*
*Pashima 278*
*Passfeder 468*
*Patina 31, 40, 41*
*Patrone 264*
*PE-HD 77*
*PE-LD 77*
*PE-X 77*
*Pelz 289*
*Pelzimitation 284*
*Perfluorethylenpropylen-Copolymer (FEP) 86*
*Pergament 192*
*Pergamentpapier 202*
*Perlen 332*
*Perlon 83, 282*
*PET 87*
*Pflanzenfaser 67, 104*
*Pflanzliche Naturfasern 273*
*Pflasterstein 323*
*Pflastersteine 341*
*Phenolharze (PF) 95*
*Phenolharzkleber 482*
*Phenolharzleim 160*
*Phosphatgläser 216*
*Phosphatieren 533*
*Phosphorit 310*
*photokatalytisch 248*
*Physical Vapour Deposition 528*
*physikalische Adhäsion 481*
*Physikalisch abbindende Klebesubstanzen 481*
*Physikalisch abbindende Klebstoffe 482*
*Piezoeffekt 317*
*Pigmentdruck 270*
*Pilotenanzug 292*
*PKB-Schneidplatten 424*
*PKD-Wendeschneidplatten 424*
*Plagioklas 319*
*Plandrehen 433*
*Planfräsen 437*
*Planhobeln 444*

*Planschleifen 428*
*Plasmaschneiden 452*
*Plasmaspritzen 522*
*Plastifizerschnecke 367*
*Plastizität 23, 119*
*Platin 52*
*Platinmetalle 52*
*Platinnugget 52*
*Plexiglas 65, 84*
*Plotterpapier 202*
*Plüsch 264*
*Polieren 431*
*Polierkörner 431*
*Polierkreide 431*
*Poliermaschinen 431*
*Polierpasten 431*
*Polierscheibe 431*
*Polierschiefer 431*
*Poliersuspension 431*
*polierter Marmor 326*
*Polyacetylen 108*
*Polyacryl 284*
*Polyacrylnitril (PAN) 284*
*Polyactide 296*
*Polyaddition 64*
*Polyadditionsklebstoffe 482*
*Polyamid 282*
*Polyamidimid - PAI 89*
*Polyamid (PA) 83*
*Polyanilin 108*
*Polybuthylenterephthalat (PBT) 87*
*Polycarbonat (PC) 81*
*Polychloropren-Kleber 160*
*Polychlortrifluorethylen (PCTFE) 86*
*Polydioxanon (PDS) 296*
*Polyester 283*
*Polyesterchips 259*
*Polyesterharze 71, 93*
*Polyesther 87*
*Polyetherimid - PEI 89*
*Polyethylenterephthalat (PET) 87*
*Polyethylen (PE) 77, 285*
*Polyformaldehyd 85*
*Polyglycolid (PGA) 296*
*Polyhydroxybuttersäure (PHB) 110*
*Polyhydroxybutyrat (PHB) 296*
*Polyimide 89*
*Polykondensation 64*
*Polykondensationsklebstoffe 482*
*Polylactid (PLA) 110*
*Polymer-Chips 108*
*Polymer-modifiziertes Bitumen 340*
*Polymerbeton 105*
*Polymerblends 92*
*Polymere 63*
*Polymerelektronik 108*
*polymerer Werkstoffe 386*
*Polymergießen 69, 376*
*Polymerisation 63*
*Polymerkissen 287*
*Polymerschaltung 108*
*Polymerschäume 103*
*Polymerschäumen 69*
*Polymethylmethacrylat (PMMA) 84*
*Polynorbonenkautschuk (PNR) 100*

*Polyolefine 77, 285*
*Polyoxymethylen/ Polyacetal (POM) 85*
*Polypropylen-Waben 352*
*Polypropylen (PP) 78, 285*
*Polystyrol-Hartschaum 352*
*Polystyrol (PS) 79*
*Polytetrafluorethylen 284*
*Polytetrafluorethylen (PTFE) 86*
*Polythiophen 108*
*Polyurethan 71, 283*
*Polyurethan-Integralschaum 380*
*Polyurethan-Kleber 160*
*Polyurethan (PUR) 97*
*Polyvinylacetat (PVA) 199*
*Polyvinylbutyral (PVB) 236*
*Polyvinylchlorid 285*
*Polyvinylchlorid (PVC) 82*
*Popeline 273*
*Poren 428*
*Porenbetonsteine 341*
*Porenform 306*
*poröse Sinterfilter 378*
*Porosität 548*
*Porphyr 324*
*Porzellan 119, 130*
*Porzellanerde 195*
*Porzellanfolie 147*
*Porzellanherstellung 132*
*Prägen 272*
*Prägeräder 519*
*Prägewalzen 519*
*Präzisionshartdrehbearbeitung 433*
*Pre-Formling 386*
*Prepag 68*
*Press-Blasen 221*
*Press-Blasformen 385*
*Pressbiegen 224*
*Pressen 69, 222*
*Pressfederverbindung 469*
*Pressformen 71, 222, 392*
*Pressglas 222*
*Pressmassen 95*
*Pressscheibe 396*
*Pressverbindung 469*
*Pressvollholz 164*
*Primärtöne 322*
*Priplak 513*
*Prismenplatten 239*
*Profilbaugläser 216, 241*
*Profildrehen 433*
*Profilfräsen 437*
*Profilhobeln 444*
*Profilierung 428*
*Profilschleifen 428*
*Profilverglasung 239*
*Protektoren 292*
*Prototyp-Kilogramm 52*
*Prüfköper 548*
*PS-Schaum 79*
*PSL 172*
*Pulpe 192, 206*
*Pulver 122*
*Pulverbeschichten 523*
*Pulvermetallurgie 376*
*Pulverspritzgießen 369*

*Punkthalterung 225*
*Punktschweißen 489*
*PUR-Schaumstoff 97*
*Putzen 521*
*Putzmörtel 337*
*PVC-P 82*
*PVC-U 82*
*PVD-Verfahren 227, 528*
*PVD Metallisierung 508*
*Pyrex 230*
*Pyrolyse 74, 146*

**Q**
*Qualitätsstähle 31*
*Quarz 119, 317*
*Quarzglas 216, 232*
*Quarzkristalle 317*
*Quarzlampe 317*
*Quarzporzellan 131*
*Quarzsand 317, 362*
*Quarzuhr 317*
*Quecksilber 48*
*Quellen 155*
*Quellmaß 549*
*Querfließpressen 393*
*Querwalzen 387*
*Querwalzverfahren 387*

**R**
*Radialreifen 294*
*Radialschnitt 154*
*Radiofrequenz-Identifikation 108*
*Rahmen 164*
*Rakel 512*
*RAL 514*
*RAL-Farbvorlagen 514*
*RAL Design System 515*
*Ramie 275*
*Randriss 125*
*Rapid Manufacturing 410*
*Rapid Prototyping 408*
*Rapid Prototyping Modell 70*
*Rapid Tooling 410*
*Rapport 264*
*Rasierer 101*
*Ratinieren 272*
*Rattan 206*
*Rauchquarz 317, 332*
*Rauen 272*
*Räumen 444*
*Raumgitter 21*
*Räumnadel 444*
*Raupenzwirn 261*
*reaktionsfähiges Gemisch 380*
*Reaktionsgebundenes Siliziumnitrid 141*
*Reaktionsgesintertes siliziuminfiltriertes Siliziumkarbid 140*
*Reaktionsgesintertes Siliziumkarbid 140*
*Reaktionsklebstoffe 481, 482*
*Rechts-Links-Schränkung (RL) 432*
*recyclinggerechte Gestaltung 545*
*Redon 284*
*Regal 311*
*Regenbogenobsidian 235*
*Regenschirmbespannung 281*

*Reiben 440*
*Reibschweißen 495*
*Reismehl 162*
*reißfeste Folie 102*
*Reißfestigkeit 548*
*Reißspäne 434*
*Reißverschluss 468*
*Reißwolle 278*
*Rekristallisationsglühen 533*
*Relief 129*
*Reliefabdruck 125*
*Reservedruck 270*
*Residualtone 322*
*Resopal 173*
*resorbierbaren Polymerfaser 296*
*Revisionsstützpfanne 109*
*RFID 108*
*RFID-Chip 293*
*RFK 67*
*Rhodium 52*
*Rhovyl 285*
*Rhyolit 324*
*Ries 204*
*Riftschnitt 154*
*Rigips 320*
*Rillenkugellager 469*
*Rindentuch 187*
*Rippensamt 265*
*Ripsbindung 264*
*Ritzhärte 214*
*Rivset 472*
*Rockwell 548*
*Rohflasche 385*
*Rohrbohrer 222*
*Rohrniet 472*
*Rohrschelle 468*
*Rohrschweißen 425*
*Rollbiegen 407*
*Rosa Porzellan 131*
*Rosenquarz 317, 332*
*Rotationsformen 374*
*Rotationsformverfahren ohne Drückfutter 402*
*Rotationsgießen 69, 72, 374*
*Rotationsreibschweißen 495*
*Rotationssiebdruckwerk 512*
*Rotgold 48*
*Rotguss 41*
*Rotmessing 42*
*Rotorspinnverfahren 258*
*Rottombak 42*
*Roving 68*
*Rubin 332*
*Ruderboot 94*
*Runddrehen 433*
*Rundfräsen 437*
*Rundgeflecht 262*
*Rundschleifen 428*
*Rundschwarten 164*
*Rutensamt 265*
*Ruthenium 52*

**S**
*S-Zwirn 261*
*Sägeblätter 432*

*Sägen 432*
*Salzgesteine 309*
*Salzglasieren 126*
*Samt 264, 273*
*Sand 309*
*Sandgießen 362*
*Sandguss 362*
*Sandstein 309*
*Sandwichstruktur 352*
*Sanitärkeramik 134*
*Saphir 301, 321, 332*
*Sarder 317*
*Satinage 196*
*Saug-Blasen 221*
*Säumen 223*
*saures Papier 198*
*Schaben 447*
*Schaftfräser 436*
*Schälen 449*
*schallabsorbierende Holzplatten 171*
*Schälmaschine 449*
*Schamott 133*
*Schappeseide 279*
*Scharffeuerfarben 126*
*Scharfschnitt 154*
*Schäumen 379*
*Schaumglas 216, 243*
*Schaumgläser 216*
*Schaumstoffmatten 99*
*Schaumstoffmodell 362*
*Scheren 272*
*Scherschneiden 448*
*Scherspäne 434*
*Scheuerfestigkeit 257*
*Schichtholz 161, 170, 172*
*Schichtverbünde 352*
*Schichtverbundwerkstoffe 352*
*schichtverleimt 159*
*Schieber 365, 367*
*Schiefer 309, 325*
*Schiffsmodell 51*
*Schiffsrumpf 93*
*schlagfestes Polystyrol (SB) 79*
*Schlankheitsgrad 378*
*Schlauch 82*
*Schlauchgeflecht 262*
*Schleifbändern 427*
*Schleifen 162, 261, 427*
*Schleifkorn 423*
*Schleifkörpern 427*
*Schleifpapier 427*
*Schleifpasten 427*
*Schleifpulver 427*
*Schleifscheibe 427, 428*
*Schleifscheiben 427*
*Schleudergießen 69, 72, 374*
*Schlichten 434*
*Schlicker 122, 124, 523*
*Schlickergießen 122*
*Schlingen 261*
*Schlingenzwirn 261*
*Schluff 309*
*Schmelz-Kleber 160*
*Schmelzkerntechnik 369*
*Schmelzklebstoffe 483*

## Sachwortverzeichnis

Schmelzlöten 127
Schmelzschneiden 459
Schmelzspinnverfahren 259
Schmiedegesenk 391
Schmieden 389
Schmiermittel 122
Schmirgel 428
Schmuck 52
Schmuckhanf 274
Schmucksteine 332
schmutzabweisende Spezialglasur 125
Schnapphaken 76, 540
Schnappverbindungen 470
Schnecke 367
Schneeflockenobsidian 235
Schneiden 448
Schneidkeil 423
Schneidkeilgeometrie 423
Schneidkeramik 118
Schneidöle 425
Schneidstoffe 424
Schnellarbeitsstähle 32
Schnellarbeitstag (HSS) 424
Schnittfläche 423
Schnittgeschwindigkeit 423
Schnittholz 154
Schnittverluste 73
Schotter 309, 324
Schrägwalzverfahren 387
Schraubdrehen 433
Schrauben 160, 474
Schraubfräsen 437
Schraubschleifen 428
Schruppen 434
Schruppschleifen 429
Schubfestigkeit 548
Schubladen 80
Schülpen 363
Schurwolle 268
Schuss 264
Schussfaden 264
Schutz- und Isoliergläser 216
Schutz- und Sicherheitstextilien 292
Schutzbrillen 84
Schutzgasschweißen 487, 491
Schutzglas 238
Schutzgläser 216
Schutzhandschuhe 98
Schutzhelm 104
schwarzes MDF 175
schwarzes Porzellan 130
Schweißen 486
Schweißen von Keramik 127
Schweißnaht 486
Schweißverbindung 469
Schwenkbiegen 406
Schwerbeton 338
Schwimmball 82
Schwimmhilfe 103
Schwimmweste 103
Schwinden 155
Schwindmaß 71, 363, 549
Schwund 122
Scrimber 185
Sedimentgesteine 308

Sehnenersatz 296
Seide 279
Seidenpapier 202
Seidenraupe 279
Seile 276
Sekundärtone 322
Sekundenkleber 482
Sekurit 237
Seladonporzellan 131
selbstreinigende Gläser 248
Selbstreinigung 146
Selbstschärfung 427
selbst reinigende Keramikoberfläche 117
Selective Laser Melting (SLM) 412
Selektives Lasersintern (SLS) 412
Seltene Erden 217
Sengen 272
Senkniet 472
Serpentin 318
Serpentinit 325
Sessel 152, 166
Setzsicherung 474
Shifus 205
Shimizu Megacity 347
Shore 548
Sicherheitsgläser 216, 236
Sicherheitsgurt 292
Sicherungsmutter 475
Sicherungsringe 470
Sichtbetonplatten 300
Sichtfläche 314
Siderit 321
Siebdruck 226, 270, 512
Silber 50
Silberbelag 227
Silberersatz 50
Silica 133
Silicon Valley 53
Silikat 318
Silikatkeramik 119, 130
silikatkeramische Tonmasse 122
Silikon 64, 101, 482
Silikon-Lackharze 101
Silikonfett 101
Silikonfolie 101
Silikonform 70
Silikongießform 70
Silikonöl 70
Silikonspray 101
Silikontampon 516
Silizieren 533
Silizium 53
Siliziumdioxid 317
Siliziumkarbid 120, 140, 428
Siliziumnitrid 120, 141
Sinterbauteile 353
Sinterglas 246
Sintergleitlager 377
Sintern 122, 376
Sisal 276
Sitzschale 167
Skistockgriff 102
SLA-Maschine 417
SLI-Daten 408
Slicing 408

Smaragd 332
smart textiles 293
Sniatal 85
Snowboard 172
Snowboardhandschuh 269
Sodalith 319
Sojaprotein 196
Sol-Gel-Methode 227
Sol-Gel-Technik 226
Solarzellen 53
Solidex 230
Sonderfrequenzsteatit 137
Sondergläser 216
Sonnenschutzelemente 239
Sonnenschutzraster 239
Sonnenschutzschichten 227
Sonotrode 496
Spalten 449
Spaltvorgang 449
Spanbildung 423
Spanfläche 423
Spanform 441
Spannen 272
Spanngurt 264
Spannung 548
Spannungsarmglühen 533
Spanstreifenholz 185
Spanwinkel 423
Speckstein 137, 318
Speiser 362
Sperrholz 161, 170
Sperrholz-Türblätter 173
Spezialgläser 236
Speziallegierung 378
Spiegelflächen 227
Spiegelschnitt 154
Spiegelsysteme 239
Spielzeug 85
Spielzeugauto 43
Spinndüse 259
Spinnstrahlen 259
Spiralbohrer 440
Spiralspäne 434
Splintholz 154
Splitt 309
Sportgeräte 63
Sporttextilien 294
Springbrunnen 326
Spritzbetoniertechnik 339
Spritzdruck 270
Spritzen 509
Spritzgießblasen 386
Spritzgießen 69, 71, 72, 367
Spritzgießverfahren 367
Spritzgussmaschine 369
Spülbecken 35
Sputtern 528
Stabilisatoren 126
Stahl 31
Stahlbeton 338
Stahlsorten 31
Stalagmiten 309
Stalagtiten 309
Stammschnitte 154
Stampflehmtechnik 330

Stampflehmwand 330
Stanzen 448
Stanzling 484
Stanzniettechnik 472
Stanznietverbindung 472
Steatit 137
Steatitkeramik 119
Stechdrehen 433
Steckmöbel 453
Steifigkeit 548
Steinbohrer 440, 442
Steingut 119, 136
Steingutton 119
Steinzeug 119, 133
Stellschraube 475
Stent 57
Stereolithographie 70
Stereolithographiebauteil 360
Stereolithographie (SL) 411
Stifte 468
STL-Daten 408
STL-Schnittstelle 408
Stoffschlüssiges Fügen 468
Stoffzentrale 195
Stoßen 444
Stoßfuge 314
Strahlanlage 426
Strahlen 426
Strahlmittel 426
Strahlschneiden 452
strand 175
Strangaufweitung 382
Stranggieß-Vorblockanlage 375
Stranggießen 375
Stranggussanlage 375
Strangpressen 396
Strass 231
Streckblasen 386
Streckbleche 451
Streckformen 398
Streckmetall 239
Streckziehwerkzeug 404
Streichen 196
Streichgarnspinnverfahren 258
Strichfarbe 319
Stricken 268, 502
Strickliesel 268
Strickmaschine 267
Strickspiel 267
Strickware 267
Struktureffekten 261
strukturierte Natursteinfassade 312
Strukturschaum 103
Stuhl 72
Styrol-Butadien-Kautschuk (SBR) 99
Styrol/Acrylnitril-Copolymer (SAN) 79
Styropor 79, 208
Suberin 186
Sublimierschneiden 459
Sulfate 320
Superlegierungen 45
Surfanzug 100
Surfbrett 93
Surfbrettfinne 67
Surfsegel 87

Suspension 122
Syenit 323
Synthesefaser 282
synthetische Diamanten 347

T
Tablett 164
Tactel 282
Tafelkreide 327
Tafelschere 448
Talk 318
Talkum 195
Tampondruck 516
Tangentialstreckziehen 404
Target 528
Tasche 100
Tastatur 64
Tauchen 511
Tauchlackieren 510
Tauwerk 262
TCF 194
Technische Prototypen 409
technische Textilien 287
Tee 195
Teebeutelpapier 203
Teekanne 230
Teesieb 81
TEF 194
Teflon 86
Teilchenverbund 352
Teilchenverbundwerkstoffe 352
Teilchenverstärkte Kunststoffe 105
teilstabilisiertes Zirkondioxid 139
teilvorgespanntes Glas (TVG) 216, 236
Tektiten 234
Teller 116
Temperguss 30
Tencel 280
Tentakeldecke 268
Teppich 276
Terblend 90
Terluran 91
Terlux 91
tesa 484
tetragonales Zirkondioxid 139
Tetra Pak 355
Teviron 285
Tex 256
Textilfarbe 195
Textilgeflecht 262
Textilgurt 263
Textilienveredelung 270
Textilien flammfest ausrüsten 271
Textilien knitterarm ausrüsten 271
Textillaminat 269
Textilpflegekennzeichnung 257
textuiertes Garn 262
Textuierung 262
thermisch-chemisches Entgraten (TEM) 461
thermisches Entgraten 75
Thermisches Spritzen 522
Thermodruck 270
Thermofixieren 271
Thermoformen 69, 398

Thermoplast-Schaumspritzgießen (TSG) 368
Thermoplaste 64, 69, 77
Thermoplastische Elastomere (TPE) 102
Thermosägen 454
Thermoschneiden 454
Thixogießen 372
Thonet-Stuhl 152
Tiefätzen 461
Tiefdruck 270
Tiefengestein 323
Tiefengesteine 308
Tiefziehen 69, 397
Tiefziehschritte 397
Tiefziehwerkzeug 398
Tierische Naturfasern 277
Tigerauge 317, 332
Tintenfestigkeit 195
Tischlerleim 199
Tischlerplatten 173
Titanlegierungen 38
Titanoxid 119
Titanzink 43
Ton 309, 322
Tonerdeporzellan 131
Tonmasse 122
Tonstein 309
Tontöpfe 322
Topan 178
Topas 333
Töpferscheibe 122
Töpferware 136
Torsionsfestigkeit 548
TPE-O 102
TPE-S 102
TPE-U 102
TPE-V 102
TPU 102
Tracht 303
Trachyt 324
Tränkvollholz 165
Transmission 215
Transparentieren 272
Transparentpapier 203
transportkostengerechte Gestaltung 546
Trass 308
Treibmittel 379
Trennmittel 70
Tretford 265
Trevira 259, 283
Triacetat 281
Triangulation 408
Tribologie 446
Trinkbecher 78
Trockenpressen 124
Trockenspinnverfahren 259
Trompete 42
Tufting 269
Tufting-Technik 269
Tupperware 77
Türinnenverkleidung 97
Türkis 333
Turmalin 317, 333

## Sachwortverzeichnis

### U

U-Gesenk 406
Überblattung 159
Überfangglas 220
Uhrengehäuse 184
Ultradur 87
Ultraform 85
Ultraschallschweißen 496
Ultraschallschwingläppen 447
Umdruckpapier 197
umformende Glasbearbeitung 224
umschäumtes Metallprofil 97
Umwandlungsgesteine 310
Ungesättigte Polyester (UP) 93
Unrunddrehverfahren 434
Unterfurnier 166
Unterglasuren 126
Urformen 361
Urmodell 70

### V

V-Gesenk 406
Vakuumformen 373
Vakuumgießen 69, 373
Vakuumkammer 71
Varicor 342
Varietät 319, 332
Vaseline 70
Velinpapier 203
Velourspapier 203
Verbund-Sicherheitsglas (VSG) 216, 236
Verbundglas mit Sichtsteuerung 249
Verbundplatten 173
Verbundrohr 354
Verbundschaum 73
Verbundwerkstoffe 25
Veredelung 509
Vergépapier 203
Vergüten 533
Vergütungsstähle 32
Verlegemörtel 337
Verlorene Form 361
verlorene Modelle 361
Verpackung 199
Verpackungen 513
Verpackungs- und Wirtschaftsgläser 216
Verrippung 364
Verschleiß 23
Verschleißfestigkeit 424, 548
verspiegelnde Schichten 227
Versteifungsrippen 76
Vestan 283
Vestodur 87
Vibrationsschweißen 70, 495
Vickers 548
Vikoseverfahren 260
Vincel 280
Viskose 280
Vitan-Papier 206
Vlies 263, 266
Vliese 68
Vollformgießen 362
vollstabilisiertes Zirkondioxid 139
Vollsteine 341
Vollziegel 133

Vorblöcke 375
Vorblockstrangguss 375
Vorformling 221, 385
Vorschleifen 429

### W

Wabensandwichbauweise 208
Wachs 199
Wachsausschmelzverfahren 371
Wachsleim 199
Wafer 53
Walken 272
Walkfilz 263, 266
Walzen 387
Wälzfräsen 437
Wälzhobeln 444
Wälzschleifen 428
Walzwerk 388
Walzwerke 69
Wanddicken 364
Warmarbeitsstähle 32
Warmbandcoil 387
Wärmeausdehnung 549
Wärmeausdehnungskoeffizient 549
Wärmedämmschichten 227
Wärmedämmung 549
Wärmeleitfähigkeit 549
Wärmeleitzahl 156, 549
Wärmeschutzglas 238, 239
Wärmeverlustkoeffizient U-Wert 215
Wärmewechselbeständigkeit 424
Warmfestigkeit 548
Warmgasschweißen 70, 493
Warmhärte 424
Warmkammerpressen 372
Warmkammerverfahren 367
Warmpressen 392
Warmstrangpressen 396
Wasseraufnahmefähigkeit (WAF) 118
wasserfestes Formholz 167
Wassergießen 375
Wasserinjektionstechnik 368
Wasserstoffperoxid 162, 194
Wasserstrahlschneiden 452
Wassertransferdruck 518
Water Transfer Printing 518
wearable computers 293
Weben 502
Webstuhl 264
Weich-PVC 82
Weichen 288
Weichfaser 352
Weichholz 154
Weichlot 44
Weichlöten 499
Weichporzellan 130
Weißblech 44
Weißblechdosen 44
Weißgold 48
Weizenstärke 208
Wellen-Schränkung (WS) 432
Wellpappe 192, 199, 203
Wendelspäne 434
Wendeschneidplatten 118, 424, 436
Werkstoffkennwerte 548

Werkzeugstähle 32
Werzalit 184
Widerstandslöten 500
Widerstandspunktschweißen 489
WIG 491
Wilder Damast 391
Winkelfeder 160
Wirbelsintern 525
Wirbeltexturierung 262
wirkmedienbasiertes Blechumformungs-
  verfahren 400
Wirkmedium 401
Wirrglas 68
Wirrspäne 434
Witterungsbeständigkeit 549
Wölbstrukturieren 403
wölbstrukturiertes Blech 403
Wolfram-Inertgas-Schweißen 491
Wolfram-Plasmaschweißen 491
Wolle 277
Wollfett 52
Wollteppich 265, 278
Woodon 178
WoodWelding 159
WP 491

### Y

Ytong 341

### Z

Z-Zwirn 261
Zähigkeit 548
Zähigkeitswerte 424
Zahnersatz 145
Zahnteilung 432
Zeichenkarton 203
Zeitungspapier 193
Zellkautschuk 100
Zellporen 306
Zellstoff 193
Zellulose 88, 153
Zelluloseacetat (CA) 88
Zelluloseacetobutyrat (CAB) 88
Zelluloseester 88
Zellulosefaser 193, 260, 280
Zelluloseleim 199
Zellulosetriacetat (CTA) 88
Zement 336
Zeolithe 238, 319
Zerspanen 423
zerspanende Glasbearbeitung 222
Ziegelerzeugnisse 133
Ziegellehm 119
Ziegelton 119
Ziehbänke 399
Ziehspalt 397
Ziehverfahren 220
Ziehverhältnis 397
Ziehwerkzeuge 399
Zigarettenpapier 203
Zinkdruckguss 43, 372
Zinklegierungen 43
Zinnbad 218
Zinnbeschichtung 44
Zinnbronze 41

*Zinngeschrei 44*
*Zinnlegierungen 44*
*Zinnoxid 119*
*Zinnpest 44*
*Zirkon 319*
*Zirkondioxid 120, 139, 145*
*Zirkonia 319*
*Zirkoniumoxid 139*
*Zirkonoxid 139*
*Zitronensäure 162*
*Zugdruckumformen 397*
*Zugfestigkeit 548*
*Zugspannung 548*
*Zunder 33*
*Zunderschicht 33*
*Zündkerze 127*
*Zwangsentformung 75*
*Zweikomponenten-Kleber 481*
*Zweikomponentenklarlack 508*
*Zweikomponentenspritzgießen 368*
*Zweistoffsysteme 118*
*Zweiweg-Memory-Effekt 57*
*Zwiebelschalen 195*
*Zwilling 303*
*Zwirne 258, 261*
*Zylinderspinnverfahren 258*

## Adressenverzeichnis

Artur Monse GmbH+Co. KG
Dieselstraße 3
42551 Velbert
Germany

Aeris Impulsmöbel GmbH+Co. KG
Ahrntaler Platz 2-6
85540 Haar
Germany

Algordanza AG
Alexanderstrasse 8
7000 Chur
Switzerland

Andreas Stihl AG+Co. KG
Badstraße 115
71336 Waiblingen
Germany

Argillon GmbH
Bahnhofstraße 43
96257 Redwitz
Germany

Banz+Riecks Architekten BDA
Friederikastraße 86
44789 Bochum
Germany

Bark Cloth
Talhauser Straße 18
79285 Ebringen
Germany

BASF Aktiengesellschaft
Kommunikation Kunststoffe
67056 Ludwigshafen
Germany
Tel.: +49/621/60-46910
waldemar.oldenburger@basf.com
www.basf.de/kunststoffe
www.basf-ag.de

Bauer Engineering GmbH
Dipl.-Ing. Christoph Bauer
Wickingweg 21
49479 Ibbenbüren
Germany

BEGA Gantenbrink-Leuchten KG
P.O.Box 3160
58689 Menden
Germany

Bego GmbH+Co.
Wilhelm-Herbst-Straße 1
28359 Bremen
Germany

Berlac AG
Allmendweg 39
4450 Sissach
Switzerland

Berleburger Schaumstoffwerk GmbH
P.O.Box 1180
57301 Bad Berleburg
Germany

BIG-Spielwarenfabrik GmbH+Co. KG
P.O.Box 1238
90702 Fürth
Germany

Bodum AG
Kantonsstrasse 100
6234 Triengen
Switzerland

B.T. Dibbern GmbH+Co. KG
P.O.Box 1163
22933 Bargteheide
Germany

BT Magnet-Technologie GmbH
Forellstraße 100
44629 Herne
Germany

Bugaboo International B.V.
Paasheuvelweg 29
1105 BG Amsterdam
Netherlands

Cantera Naturstein Handel
W. Horstmann GmbH
Adolph-Brosang-Straße 32
31515 Wunstorf
Germany

CeramTec AG Innovative
Ceramic Engineering
Fabrikstraße 23-29
73207 Plochingen/Neckar
Germany
Tel.: +49/7153/611-0
info@ceramtec.de
www.ceramtec.com

CNC Speedform AG
Dammstraße 54-56
33824 Werther
Germany

Continental AG
Büttnerstraße 25
30165 Hannover
Germany

Covertex GmbH
Berghamer Strasse 19
83119 Obing
Germany

CPE Creative Precision Engineering
Am Steinbruch 26
40822 Mettmann
Germany

DaimlerChrysler AG
Mercedes Car Group
70546 Stuttgart
Germany

DANZERGROUP
getting closer

Danzer Furnierwerke GmbH
Weststraße 18
77694 Kehl am Rhein
Germany
Tel.: +49/7851/743-0
info@danzerkehl.de
www.danzer.de

DeguDent GmbH
Rodenbacher Chaussee 4
63457 Hanau-Wolfgang
Germany

Der Grüne Punkt
Duales System Deutschland GmbH
Frankfurter Straße 720-726
51145 Köln
Germany

Deutsche Bahn AG
Kommunikation BIB
Köthener Straße 3
10963 Berlin
Germany

Deutsche Foamglas GmbH
Landstraße 27-29
42781 Haan
Germany

Dips'n'Pieces
Werner-von-Siemens Straße 1
51674 Wiehl-Bomig
Germany

Dr. Mirtsch GmbH
Oderstraße 60
14513 Teltow
Germany

Dürr AG
Otto-Dürr-Straße 8
70435 Stuttgart
Germany

E.L. Fielitz GmbH
Brunnhausgasse 3
85049 Ingolstadt
Germany

Elastogran GmbH
Landwehrweg
49448 Lemförde
Germany

EMSA GmbH
Grevener Damm 215-225
48282 Emsdetten
Germany

Energy-Lab Technologies GmbH
Burchardstraße 21
20095 Hamburg
Germany

F.X. Nachtmann
Bleikristallwerke GmbH
Zacharias-Frank-Straße 7
92660 Neustadt a. d. Waldnaab
Germany

Fachhochschule Oldenburg/
Ostfriesland/Wilhelmshaven
Constantiaplatz 4
26723 Emden
Germany

Fecken-Kirfel GmbH+Co. KG
Prager Ring 1-15
52070 Aachen
Germany

Feinguss Blank GmbH
Industriestraße 18
88499 Riedlingen
Germany

Festo AG+Co. KG
P.O.Box
73726 Esslingen
Germany

Franz Güde GmbH
Katternberger Straße 175
42655 Solingen
Germany

Fraunhofer-Institut für Fertigungstechnik und Angewandte Materialforschung IFAM
Winterbergstraße 28
01277 Dresden
Germany

Fraunhofer-Institut für
Produktionstechnologie IPT
Steinbachstraße 17
52074 Aachen
Germany

Fraunhofer-Institut für
Siliziumtechnologie ISIT
Fraunhoferstraße 1
25524 Itzehoe
Germany

Fritz Becker KG
P.O.Box 1164
33062 Brakel
Germany

Froli Kunststoffwerk Fromme GmbH
Liemker Straße 27
33758 Schloss Holte-Stukenbrock
Germany

Garpa Garten+Park
Einrichtungen GmbH
Kiehnwiese 1
21039 Escheburg
Germany

Gehr Vertriebsgesellschaft mbH
Kunststoffwerke
Casterfelder Straße 172
68219 Mannheim
Germany

Glas Platz GmbH+Co. KG
Auf den Pühlen 5
Tel.: 51674 Wiehl-Bomig
Germany

Glashütte Limburg
Gantenbrink GmbH+Co. KG
P.O.Box 1463
65534 Limburg
Germany
Tel.: +49/6431/204-0
info@glashuette-limburg.de
www.glashuette-limburg.de

Gregor+Strozik Design GmbH
Brückstraße 33
44787 Bochum
Germany

Gudrun Meyer Schmuck
Große Beckstraße 25
44787 Bochum
Germany

H.J. Küpper GmbH+Co. KG
Metallbearbeitung
Haberstraße 36
42551 Velbert
Germany

Heraeus Holding GmbH
Heraeusstraße 12-14
63450 Hanau
Germany

Heraeus Noblelight GmbH
Reinhard-Heraeus-Ring 7
63801 Kleinostheim
Germany

Heye-Glas GmbH
Lohplatz 1
31683 Obernkirchen
Germany

Hirai Photo Office
2-12-16-201 Aobadai Meguro-Ku
Tokyo 153-0042
Japan

Huber Verpackungen
GmbH+Co. KG
Otto-Meister-Straße 2
74613 Öhringen
Germany

Hydro Aluminium Extrusion
Deutschland GmbH
P.O.Box 1152
28817 Achim
Germany
Tel.: +49/4202/57-0
info.haed@hydro.com
www.aluminium-uphusen.hydro.com

HydroformParts GmbH
Alter Holzhafen 19
23966 Wismar
Germany

Ingbert Brunk
Monastiri Oursoulinon, Kastro
84300 Naxos-Chora
Greek

Inglas Innovative Glassysteme
GmbH+Co. KG
Im Winkel 4/1
88048 Friedrichshafen
Germany

JAB Josef Anstoetz KG
P.O.Box 100451
33504 Bielefeld
Germany

Jacob Holm Industries GmbH
Lettenweg 118
4123 Allschwil
Switzerland

Adressenverzeichnis

**Joh. Sprinz GmbH+Co. KG**
Goethestraße 36
88214 Ravensburg
Germany

**JongeriusLab**
Eendrachtsweg 67
3012 LG Rotterdam
Netherlands

**Jumbo-Textil GmbH**
P.O.Box 260108
42243 Wuppertal
Germany

**Kemper Digital GmbH**
Königswall 6
45657 Recklinghausen
Germany

**Kennametal Holding GmbH**
Wehlauer Straße 73
90766 Fürth
Germany

**Keppler+Fremer GmbH**
Weggenhofstrasse 27
47798 Krefeld
Germany

**Kerafol**
**Keramische Folien GmbH**
Stegenthumbach 4-6
92676 Eschenbach
Germany

**KERAMAG**
Part of the Sanitec Group

**Keramag AG**
P.O.Box 101420
40834 Ratingen
Germany
Tel.: +49/2102/916-0
info@keramag.de
www.keramag.de

**KM Europa Metal Aktiengesellschaft**
P.O.Box 3320
49023 Osnabrück
Germany

**Koch+Bergfeld**
**F. Blume GmbH+Co. KG**
Kirchweg 200
28199 Bremen
Germany

**Kramer Design**
Grauten Ihl 26
48301 Nottuln
Germany

**Kunststoff Helmbrechts AG**
Pressecker Straße 39
95233 Helmbrechts
Germany

**Kvadrat A/S**
Lundbergsvej 10
8400 Ebeltoft
Denmark

**Ledder Werkstätten gGmbH**
Ledder Dorfstraße 65
49545 Tecklenburg
Germany

**LehmBauWerk**
**Jörg Depta+Dirk Homann GbR**
Leydenallee 39
12167 Berlin
Germany

**Lehrstuhl für Umformtechnik**
**Universität Dortmund**
Baroper Straße 301 / Campus Süd
44221 Dortmund
Germany

**Leolux Meubelfabriek B.V.**
Kazernestraat 15
5928 NL Venlo
Netherlands

**LiTraCon Bt.**
Tanya 832
6640 Csongrád
Hungary

**Loick AG**
Heide 26
46286 Dorsten
Germany

**Lorch-Boards Deutschland**
**Küchler Sport GmbH**
Fritz-Arnold-Straße 11
78467 Konstanz
Germany

**Manet beyond design GmbH**
Gewerbepark 4
6142 Mieders
Austria

**Manufactum**
**Thomas Hoof Produkt GmbH**
Hiberniastraße 6
45731 Waltrop
Germany

**Marian De Graaff**
Karel de Grotelaan 139
5615 SR Eindhoven
Netherlands

**Mayser Technik GmbH+Co. KG**
Bismarckstraße 2
88161 Lindenberg/Allgäu
Germany

**Memory Metalle GmbH**
Am Kesselhaus 5
79576 Weil am Rhein
Germany

**metaq**

**Metaq GmbH**
Karl-Bamler-Straße 40
42389 Wuppertal
Germany
Tel.: +49/202/609000
info@metaq.de
www.metaq.de

**Meyer Sintermetall AG**
Worbenstrasse 20
2557 Studen (BE)
Switzerland

**MMID Full Service Design Team B.V.**
Westvest 145
2611 AZ Delft
Netherlands

**modulor**
material total

**Modulor**
**Handelsgesellschaft mbH+Co. KG**
Gneisenaustraße 43-45
10961 Berlin
Germany
Tel.: +49/30/69036-0
info@modulor.de
www.modulor.de

**Müller Weingarten AG**
Schussenstraße 11
88250 Weingarten
Germany

**Niederrheinische Formenfabrik**
**Gerh. Janssen und Sohn**
Moerser Straße 33
47798 Krefeld
Germany

**Noa**
Bendstrasse 50-52
52066 Aachen
Germany

P' Auer AG
Bruggacherstrasse 18
8117 Fällanden
Switzerland

Papstar
Vertriebsgesellschaft mbH+Co. KG
P.O.Box
53922 Kall/Eifel
Germany

Patricia Yasemine Graf
Ungarnstraße 10
52070 Aachen
Germany

Peter Brehm GmbH
Chirurgie-Mechanik
P.O.Box 62
91084 Weisendorf
Germany

Platin Gilde International GmbH
Feldbergstraße 59
61440 Oberursel
Germany

Produktgestaltung Claudia Christl
Clausewitzstraße 6
28211 Bremen
Germany

RAL
Deutsches Institut für Gütesicherung
und Kennzeichnung e.V.
Siegburger Straße 39
53757 Sankt Augustin
Germany
Tel.: +49/2241/1605-0
ral-institut@ral.de
www.ral.de

RBV Birkmann GmbH+Co. KG
Bokler Straße 5
33790 Halle/Westfalen
Germany

Reholz GmbH
Sachsenallee 11
01723 Kesseldorf
Germany

Rheinzink GmbH+Co. KG
Bahnhofstraße 90
45711 Datteln
Germany

Rhombus Rollen GmbH+Co.
P.O.Box 1550
42908 Wermelskirchen
Germany

Riad Hamadmad
Hermann-Köhl-Straße 7
28199 Bremen
Germany

RKL Ruhr Kristall Glas AG
Ruhrglasstraße 50
45329 Essen
Germany

Robu Glasfilter-Geräte GmbH
Schützenstraße 13
57644 Hattert
Germany

Röhm GmbH+Co. KG
Kirschenallee 45
64293 Darmstadt
Germany
Tel.: +49/6151/18-01
info@plexiglas.de
www.roehm.com

Rosenthal AG
Philip-Rosenthal-Platz 1
95100 Selb
Germany

Schneeberger GmbH
P.O.Box 70
75339 Höfen/Enz
Germany

Schott AG
Advanced Materials
Hüttenstraße 1
31073 Grünenplan
Germany
Tel.: +49/5187/771-0
info.gruenenplan@schott.com
www.schott.com/architecture

Schuberth Head Protection
Technologie GmbH
Rebenring 31
38106 Braunschweig
Germany

Schuler Pressen GmbH+Co. KG
Bahnhofstraße 41
73033 Göppingen
Germany

Shigeru Ban Architects
5-2-4 Matsubara Setagaya
Tokyo 156-0043
Japan

Siemens AG
Wittelsbacherplatz 2
81730 München
Germany

Sol·id·ar Architekten und Ingenieure
Winzerstraße 32a
13593 Berlin
Germany

Spectra
Eine Division der Keramag AG
Waldstraße 33
76571 Gaggenau
Germany
Tel.: +49/7225/9739-0
spectra@varicor.de
www.varicor.de

Stahl-Informations-Zentrum
P.O.Box 104842
40039 Düsseldorf
Germany

Staudt Lithographie GmbH
Kohlenstraße 34
44795 Bochum
Germany

Studio Heiner Orth
Elbuferstraße 44
21436 Marschacht
Germany

Tesa AG
Quickbornstraße 24
20253 Hamburg
Germany

ThyssenKrupp DAVEX
Ein Unternehmen von ThyssenKrupp Steel

ThyssenKrupp Davex GmbH
Kurt-Schumacher-Straße 100
45881 Gelsenkirchen
Germany
Tel.: +49/209/35986-0
vertrieb.davex@thyssenkrupp.com
www.davex.de

ThyssenKrupp Drauz Nothelfer GmbH
Bleicherstraße 7
88212 Ravensburg
Germany

## Adressenverzeichnis

**Trevira GmbH**
Philipp-Reis-Straße 2
65795 Hattersheim
Germany

**Uvex Sports GmbH+Co. KG**
Fichtenstraße 43
90763 Fürth
Germany

**Villa Rocca OHG**
Auerstraße 6
79108 Freiburg
Germany
Tel.: +49/761/44048
info@villarocca.de
www.villarocca.de

**Villi Glas G.m.b.H**
Sittersdorf 42
9133 Miklauzhof
Austria

**Voestalpine HTI GmbH+Co. KG**
In den Bruchwiesen 11-13
76855 Annweiler am Trifels
Germany

**Voith Paper Fabrics GmbH+Co. KG**
P.O.Box 2000
89510 Heidenheim
Germany

**Weber
CNC-Bearbeitung**
Am Selder 51
47906 Kempen
Germany

**Weseler Teppich GmbH+Co. KG**
Fusternberger Straße 57-63
46485 Wesel
Germany

**Westag+Getalit AG**
Hellweg 15
33378 Rheda-Wiedenbrück
Germany
Tel.: +49/5242/17-0
werbung@westag-getalit.de
www.westag-getalit.de

**Wickeder Westfalenstahl GmbH**
Hauptstraße 6
58739 Wickede
Germany

**Wilhelm Böllhoff GmbH+Co KG**
Archimedesstraße 1
33649 Bielefeld
Germany
Tel.: +49/521/4482-01
info@boellhoff.com
www.boellhoff.com

**Wilhelm Köpp
Zellkautschuk GmbH+Co.**
P.O.Box 370123
52035 Aachen
Germany

**Wilhelm Mende GmbH+Co.**
Thüringer Straße 106
37534 Gittelde
Germany

**M.H. Wilkens+Söhne GmbH**
An der Silberpräge
28309 Bremen
Germany

**Wirtschaftsvereinigung Metalle e.V
Initiative Zink**
Am Bonneshof 5
40474 Düsseldorf
Germany

**Wirtschaftsvereinigung Stahl**
Sohnstraße 65
40237 Düsseldorf
Germany
Tel.: +49/211/6707-846

**WMF Württembergische
Metallwarenfabrik AG**
Eberhardstraße
73309 Geislingen/Steige
Germany

**WoodWelding SA**
Bundesstrasse 3
6304 Zug
Switzerland

**WVS-Werkstoff-Verbund-Systeme
GmbH**
Erlenweg 15
88410 Bad Wurzach-Seibranz
Germany

www.UNITEDDESIGNWORKERS.com

Andreas Kalweit,
Christof Paul,
Reiner Wallbaum

Schlossstraße 1a
44795 Bochum
Germany
Tel.: +49/234/97056-83
www.uniteddesignworkers.com

**Xella International GmbH**
Franz-Haniel Platz 6-8
47119 Duisburg
Germany

**Xen GmbH**
Sandkampstraße 100
48432 Rheine
Germany

**Zoon Design**
Robensstraße 50
52070 Aachen
Germany

## VITAE

**ANDREAS KALWEIT** (*1968) studierte nach seiner Betriebsschlosser-Lehre Maschinenbau und Industrie-Design an der Fachhochschule Niederrhein und Universität GH Essen und absolvierte beide Studiengänge mit Auszeichnung. Parallel zu seinem Studium Industrie-Design arbeitete Andreas Kalweit als freiberuflicher Ingenieur und Designer und spezialisierte sich im Bereich Produktplanung und -entwicklung. Seine Mehrfachqualifikation setzte er besonders in der Vermittlung zwischen Konstruktion, Design und Fertigung ein.
Als Partner von UNITEDDESIGNWORKERS ist er seitdem erfolgreich im Industrie- und Corporatedesign für namhafte Unternehmen tätig.

*andreas@uniteddesignworkers.com*

**CHRISTOF PAUL** (*1971) ist als Industrial Designer seit 2003 Partner der UNITEDDESIGNWORKERS. Als Projektleiter in interdisziplinären Teams entwickelte er Methoden zur Innovationsgestaltung und kundenadäquaten Darstellung. In zahlreichen Projekten baute er umfangreiche Erfahrungen in Produktergonomie, Zeit- und Kostenmanagement, Konstruktion und Fertigung auf.
Christof Paul studierte Design an der Universität GH Essen und University of Art and Design Helsinki (UIAH). Nach dem Studienabschluss arbeitete er in namenhaften Büros in den Niederlanden und Deutschland.

*christof@uniteddesignworkers.com*

**DR. SASCHA PETERS** (*1972) studierte Maschinenbau und Produktdesign an der RWTH Aachen und der ABK Maastricht. Von 1997 bis 2003 war er wissenschaftlicher Mitarbeiter am Fraunhofer-Institut für Produktionstechnologie IPT. Für Industriekunden entwickelte er Produktinnovationen und war verantwortlich für das Corporate Design des Sondermaschinenbaus am Institut. Seine internationalen Forschungsarbeiten fokussierten auf die Optimierung der Schnittstelle zwischen Design und Engineering. Die daraus resultierenden Ergebnisse mündeten in eine Dissertation, mit der er 2004 an der Universität GH Essen promovierte. Seit 2003 ist Dr. Sascha Peters im Design- und Innovationsmanagement der Bremer Design GmbH beschäftigt und ist stellvertretender Leiter des Design Zentrum Bremen.

*dr.peters@saschapeters.com*

**REINER WALLBAUM** (*1965) hat bei Volkswagen in Hannover Werkzeugmacher gelernt und in der Automobilproduktion gearbeitet. Seine eigenen Ansprüche an Arbeit, Kooperation und Produktentwicklung hat er danach in eigenständigen Unternehmungen verfolgt und umgesetzt. Parallel hierzu studierte er an der Universität GH Essen Industrial-Design. Als Partner von UNITEDDESIGNWORKERS sieht er heute seine zentrale Aufgabe darin, gemeinsam mit seinen Kunden eine Arbeitsatmosphäre für Produktentwicklungen zu schaffen, welche nicht von Zweifeln, sondern von Neugier, Wagemut und Erneuerung geprägt ist.

*reiner@uniteddesignworkers.com*

## NACHWORT

*Der Abdruck von Bildern, Bildunterschriften und Anzeigen im Buch erfolgte mit freundlicher Unterstützung und Genehmigung der genannten Unternehmen, Designer, Fotografen und Institutionen. Wir haben die uns zur Verfügung gestellten Informationen mit größtmöglicher Sorgfalt behandelt und nach bestem Wissen eingepflegt. Sollte sich trotz aller Mühen und der zahlreichen Prüfungen, trotz unzähliger Telefonate und E-Mails dennoch ein Fehler eingeschlichen haben, bitten wir die Autoren und Urheber, dies zu entschuldigen und uns Ungenauigkeiten für die nächste Ausgabe mitzuteilen. Freuen Sie sich bitte mit uns darüber, dass Sie mit Ihren Produkten und Verfahren Teil dieses Fachkompendiums sein können und dazu beitragen, eine verbesserte Kooperation zwischen Designern und Ingenieuren herzustellen.*

*Die Herausgeber*

### Danke schön...

*Dr.-Ing. Christoph Ader, Dipl.-Ing. Christoph Bauer, Daniela Becher, Dipl.-Des. Nico Beucker, Einrichtungshaus Blennemann, Susanne Borgmann, Frank Braun, Dipl.-Ing. Dipl.-Wirt. Ing. Achim Flesser, Peter Garzke, Dipl.-Des. Petra Gersch, Prof. Dr. Dietrich Grönemeyer, Judith Haselroth M.A., Dipl.-Ing. (FH) Arch. Markus Hermann, Reiner Hellwig, Andreas Herf, Gisela Heßler-Edelstein, Bastian Hessler, Dipl.-Inform. Jörg Holstein, Henner Jahns, Dipl.-Des. Ute Kranz, Dr. Burkhard Küchler, Katharina Langer, Dipl.-Des. Andreas Mandel, Gudrun Meyer Schmuck, Dipl.-Ing. Dipl.-Des. (BA) Fabian Seibert, Dipl.-Des. Anna Rosa Stohldreier, Tobias Treude, Dipl.-Ing. (FH) M. Arch. Michael Pelken, Jasmin Peter, Lea Reck, Dipl. Arch. Dietmar Riecks, Staudt Lithographie, Dipl.-Des. Marion Stolte, Thorsten Strozik, Ruhr Projekt, Dentallabor Walkowiak, Dipl.-Ing. (FH) Jens Wallbaum, Dipl.-Ing. (FH) Knuth Wallbaum, Tina Wallbaum, Stefan Weber, Anna-Maria Wiede, Heinrich Wiede, Carsten Wischmann und an all diejenigen, die uns in den letzten 2 Jahren so viele wertvolle Hinweise und Informationen gegeben haben.*